“十三五”国家重点出版物出版规划项目

# 中国生物物种名录

## 第一卷 植物

### 总名录（下册）

王利松 贾 渝 张宪春 覃海宁 编著

科学出版社
北 京

## 内 容 简 介

本书收录了中国苔藓、蕨类和种子植物共 462 科，4017 属，35 856 种。每一种的内容包括中文名、学名和国内外地理分布。

本书可作为中国植物学和生物多样性研究的基础资料，也可作为环境保护、林业、医学等从业人员及高等院校师生的参考书。

**图书在版编目（CIP）数据**

中国生物物种名录. 第一卷，植物总名录：全 3 册/王利松等编著. —北京：科学出版社, 2018.3

“十三五”国家重点出版物出版规划项目　国家出版基金项目

ISBN 978-7-03-056824-3

Ⅰ. ①中…　Ⅱ. ①王…　Ⅲ. ①生物–物种–中国–名录 ②植物–中国–名录
Ⅳ. ①Q152-62 ②Q948.52-62

中国版本图书馆 CIP 数据核字（2018）第 046864 号

责任编辑：马　俊　孙　青　王　静 / 责任校对：郑金红
责任印制：张　伟 / 封面设计：刘新新

科学出版社 出版
北京东黄城根北街 16 号
邮政编码：100717
http：//www.sciencep.com

北京虎彩文化传播有限公司 印刷

科学出版社发行　　各地新华书店经销

*

2018 年 3 月第　一　版　　开本：889 × 1194 1/16
2019 年 4 月第二次印刷　　印张：102
字数：3 598 000

**定价：580.00 元**

（如有印装质量问题，我社负责调换）

# Species Catalogue of China

## Volume 1 Plants

### A Synoptic Checklist（III）

Authors: Lisong Wang　Yu Jia　Xianchun Zhang　Haining Qin

**Science Press**
Bei jing

# 《中国生物物种名录》编委会

# 总　序

生物多样性保护研究、管理和监测等许多工作都需要翔实的物种名录作为基础。建立可靠的生物物种名录也是生物多样性信息学建设的首要工作。通过物种唯一的有效学名可查询关联到国内外相关数据库中该物种的所有资料，这一点在网络时代尤为重要，也是整合生物多样性信息最容易实现的一种方式。此外，“物种数目”也是一个国家生物多样性丰富程度的重要统计指标。然而，像中国这样生物种类非常丰富的国家，各生物类群研究基础不同，物种信息散见于不同的志书或不同时期的刊物中，加之分类系统及物种学名也在不断被修订。因此建立实时更新、资料翔实，且经过专家审订的全国性生物物种名录，对我国生物多样性保护具有重要的意义。

生物多样性信息学的发展推动了生物物种名录编研工作。比较有代表性的项目，如全球鱼类数据库（FishBase）、国际豆科数据库（ILDIS）、全球生物物种名录（CoL）、全球植物名录（TPL）和全球生物名称（GNA）等项目；最有影响的全球生物多样性信息网络（GBIF）也专门设立子项目处理生物物种名称（ECAT）。生物物种名录的核心是明确某个区域或某个类群的物种数量，处理分类学名称，厘清生物分类学上有效发表的拉丁学名的性质，即接受名还是异名及其演变过程；好的生物物种名录是生物分类学研究进展的重要标志，是各种志书编研必需的基础性工作。

自 2007 年以来，中国科学院生物多样性委员会组织国内外 100 多位分类学专家编辑中国生物物种名录；并于 2008 年 4 月正式发布《中国生物物种名录》光盘版和网络版（http://www.sp2000.org.cn/），此后，每年更新一次；2012 年版名录已于同年 9 月面世，包括 70 596 个物种（含种下等级）。该名录自发布受到广泛使用和好评，成为环境保护部物种普查和农业部作物野生近缘种普查的核心名录库，并为环境保护部中国年度环境公报物种数量的数据源，我国还是全球首个按年度连续发布全国生物物种名录的国家。

电子版名录发布以后，有大量的读者来信索取光盘或从网站上下载名录数据，取得了良好的社会效果。有很多读者和编者建议出版《中国生物物种名录》印刷版，以方便读者、扩大名录的影响。为此，在 2011 年 3 月 31 日中国科学院生物多样性委员会换届大会上正式征求委员的意见，与会者建议尽快编辑出版《中国生物物种名录》印刷版。该项工作得到原中国科学院生命科学与生物技术局的大力支持，设立专门项目，支持《中国生物物种名录》的编研，项目于 2013 年正式启动。

组织编研出版《中国生物物种名录》（印刷版）主要基于以下几点考虑。①及时反映和推动中国生物分类学工作。“三志”是本项工作的重要基础。从目前情况看，植物方面的基础相对较好，2004 年 10 月《中国植物志》80 卷 126 册全部正式出版，*Flora of China* 的编研也已完成；动物方面的基础相对薄弱，《中国动物志》虽已出版 130 余卷，但仍有很多类群没有出版；《中国孢子植物志》已出版 80 余卷，很多类群仍有待编研，且微生物名录数字化基础比较薄弱，在 2012 年版中国生物物种名录光盘版中仅收录 900 多种，而植物有 35 000 多种，动物有 24 000 多种。需要及时总结分类学研究成果，把新种和新的修订，包括分类系统修订的信息及时整合到生物物种名录中，以克服志书编写出版周期长的不足，让各个方面的读者和用户及时了解和使用新的分类学成果。②生物物种名称的审订和处理是志书编写的基础性工作，名录的编研出版可以推动生物志书的编研；相关学科，如生物地理学、保护生物学、生态学等的研究工作需要及时更新的生物物种名录。③政府部门和社会团体等在生物多样性保护和可持续利用的实践中，希望及时得到中国物种多样性的统计信息。④全球生物物种名录等国际项目需要中国生物物种名录等区域性名录信息不断更新完善，因此，我们的工作也可以在一定程度上推动全球生物多样性编目与保护工作的进展。

编研出版《中国生物物种名录》（印刷版）是一项艰巨的任务，尽管不追求短期内涉及所有类群，难度也是很大的。衷心感谢各位参编人员的严谨奉献，感谢几位副主编和工作组的把关和协调，特别感谢不幸过世的副主编刘瑞玉院士的积极支持。感谢国家出版基金和科学出版社的资助和支持，保证了本系列丛书的顺利出版。在此，对所有为《中国生物物种名录》编研出版付出艰辛努力的同仁表示诚挚的谢意。

虽然我们在《中国生物物种名录》网络版和光盘版的基础上，组织有关专家重新审订和编写名录的印刷版。但限于资料和编研队伍等多方面因素，肯定会有诸多不尽如人意之处，恳请各位同行和专家批评指正，以便不断更新完善。

陈宜瑜

2013 年 1 月 30 日于北京

# 植物卷总名录册编写说明

植物卷总名录册全面收录了在中国有分布记录的野生高等植物，包括部分重要栽培和外来归化植物，共 462 科 4017 属 35 856 种，其中 829 种为重要栽培植物，242 种为外来归化植物。苔藓植物 151 科 609 属 3082 种，116 变种，31 亚种；蕨类植物 38 科 176 属 2127 种；裸子植物 10 科 45 属 268 种；被子植物 263 科 3187 属 30 379 种。相关物种信息以截至 2013 年年底之前发表的文献资料为据。总名录由于内容较多，因此按照内容多少，兼顾类群分为上、中、下三册，其中上册内容包括全部苔藓、蕨类和裸子植物，全部被子植物分为中册和下册，按照科学名首字母顺序，A—L 为中册，M—Z 为下册。

与植物卷各分册一样，本册编研工作是以 2007 年中国科学院生物多样性委员会发起的物种 2000 中国节点项目(http://www.sp2000.org.cn/)的网络编目数据为基础，整合了《中国植物志》、*Flora of China* 等重大分类学成果及其后发表的新分类学研究成果。截至目前，物种 2000 中国节点项目已向社会公布了多个版本的年度中国生物物种名录，2015 年版名录有 8 万余种(含种下单元)在中国有分布记录的生物物种，包括全部高等植物。植物工作组曾于 2007 年和 2009 年分别邀请国内外 80 余位分类学家对高等植物名录进行了较为全面的审核工作。物种 2000 中国节点 2014 年年度名录(截至 2013 年年底资料)包括中国高等植物名称 105 835 条，其中接受名 40 837 条，含 438 科 3995 属 35 493 种，另有异名 64 998 条；每条生物物种条目包括 10 余个信息项(http://www.catalogueoflife.org/annual-checklist/2016/info/about)。出于简洁和方便使用的考虑，本册只包括了其中的学名(接受名)、中名及分布 3 项内容。从这个意义上说，本册是物种 2000 中国节点高等植物名录的简化版本。但在原有数据基础上，根据大量原始文献考证，我们对网络版数据曾存在的错误和遗漏进行了订正。本册收录的数据反映了 *Flora of China* 出版后，中国植物分类学研究近 10 余年的研究进展。比如，收录了新科，如节蒴木科(Borthwickiaceae J. X. Su, Wei Wang, Li Bing Zhang et Z. D. Chen)；新属，如孔药楠属(*Sinopora* J. Li, N. H. Xia et H. W. Li)、征镒麻属(*Zhengyia* T. Deng, D. G. Zhang et H. Sun)、尚武菊属(新拟) (*Shangwua* Y. J. Wang, E. von Raab-Straube, A. Susanna et J. Q. Liu)、拟合头菊属(新拟) (*Parasyncalathium* J. W. Zhang, D. E. Boufford et H. Sun)和海南菊属(*Hainanecio* Y. Liu et Q. E. Yang)；新记录属，如菲比芥属(新拟) (*Fibigia* Medicus)、厚棱芥属(新拟)(*Pachyneurum* Bunge)、红药草属(新拟) (*Erythranthe* Spach)、拟蛇舌草属(新拟) (*Oldenlandiopsis* Terrell et W. H. Lewis)、拟线柱兰属(*Zeuxinella* Aver.)、藏菊属(新拟) (*Tibetoseris* Sennikov)等。据我们粗略统计，*Flora of China* 完成后，平均每年仍有 200 余种中国新植物被发现和描述。

考虑到与国际接轨，在丛书编委和专家建议下，各大类群的分类系统相应采用了国际广泛使用的新系统，被子植物从原来沿用的恩格勒系统更新为 APG III 分类系统(Chase and Reveal, 2009)，裸子植物从原来的郑万钧系统更新为克氏系统(Christenhusz *et al*., 2011)。科下属级类群的概念原则上遵照 *Flora of China* 的处理，也根据类群专家意见酌情采纳部分新的研究结论，如《兰科植物属志》(*Genera Orchidacearum* 1–6 卷) (Pridgeon *et al*., 1999, 2001, 2003, 2005, 2009, 2014; Chase *et al*., 2015)。苔藓植物与 2013 年出版的《中国生物物种名录》植物卷苔藓分册系统一致，蕨类植物则按照 *Flora of China* 的分类处理。

本册的编研遵循植物卷编写指南，主要原则包括：①收录截至 2013 年 12 月 31 日前有正式文献发表记录的中国高等植物种类；②收录范围以在中国境内有分布记录的野生高等植物种类[包括种、记载的中国野生植物种、亚种和变种(不包括变型)]为主，并包括部分分布较为广泛的栽培植物和外来归化植物；③包括的基本信息为：中文名、学名和地理分布。

中文名以在《中国植物志》、*Flora of China*、《中国高等植物图鉴》《中国树木志》《中国药用植物志》和《中国孢子植物志志》(苔藓部分)中曾使用，并广为熟知的中文名为主要依据。对发表在国外杂志的新种类和新分布记录的类群，依据植物的区别特征、产地或作者的原始意图新拟定中文名，以(新拟)表示。如麻栗坡檬果樟(新拟) (*Caryodaphnopsis malipoensis* Bing Liu et Y. Yang)和厚棱芥属(新拟) (*Pachyneurum* Bunge)。学名只包括该类群目前所使用的名称(接受名)，不包括其分类学和命名学异名；名称作者参考 *Authors of Plant Names* (Brummitt and Powell, 1992)和 IPNI(The International Plant Names Index: http://www.ipni.org/)采用的作者缩写规范。地理分布为该类群已知的国内和国外分布，描述顺序为先国内后国外，其间由分号分隔。国内分布详细到省级，国外分布详细到洲、地区或国家，并按地理连续性顺序排列，分布地点存疑的在该分布地点前加“？”提示。栽培和外来归化植物请参考丛书其他各分册，本总名录册不做标识。

按丛书原编研计划，本册为植物卷其余分册的索引版本，所收录物种应与各个分册(共 12 册)保持一致。苔藓、蕨类和裸子植物基本上如此，但被子植物部分稍有变化，由于总名录和分册同步编研，出版时间紧凑，本册在部分分类群的信息上有别于相关分册，主要体现在个别属的概念及归属问题上。例如，苦苣苔科依 *Flora of China* 处理，接受所有属，而分册则作大量属的归并；广义糯米条属(*Abelia* R. Br.)仍留在忍冬科(Caprifoliaceae)，分册则采纳狭义概念并置于北极花科(Linnaeaceae)中；五叶参属(*Pentapanax* Seem.)保持独立，分册则并入楤木属(*Aralia* L.)中。

本册苔藓植物和蕨类植物部分分别由中国科学院植物研究所贾渝研究员和张宪春研究员编著；王利松博士和覃海宁博士负责种子植物部分编著，并负责全书统稿。

作者特别感谢丛书副主编洪德元院士和马克平研究员的支持和指导。感谢赵一之教授协助审稿；薛纳新女士协助录入；中国科学院生物多样性委员会刘忆南和黄祥忠女士负责课题组织协调；科学出版社编辑为图书的出版花费大量心血！感谢诸位分类学前辈及同仁的卓越贡献，协助和指导，在此未能一一提及，深表歉意。本书得到了中国科学院重点部署项目“《中国生物物种名录》编制”和国家出版基金的资助。本书类群覆盖非常广，参考资料众多，由于编研时间较短，加上作者水平所限，纰漏之处在所难免，敬请读者批评指正。

作者谨识

2015 年国庆节于北京香山

# 目 录

# 341. 木兰科 Magnoliaceae Juss.

## 长蕊木兰属 **Alcimandra** Dandy

长蕊木兰 **Alcimandra cathcartii** (Hook. f. et Thomson) Dandy
分布：云南、西藏；不丹、印度、缅甸、越南

## 厚朴属 **Houpoëa** (Thunb.) N. H. Xia et C. Y. Wu

日本厚朴 **Houpoëa obovata** (Thunb.) N. H. Xia et C. Y. Wu
分布：栽培于广东和中国东北部；原产于日本

厚朴 **Houpoëa officinalis** (Rehder et E. H. Wilson) N. H. Xia et C. Y. Wu
分布：河南、陕西、甘肃、安徽、浙江、江西、湖南、湖北、四川、贵州、福建、广东、广西

长喙厚朴 **Houpoëa rostrata** (W. W. Sm.) N. H. Xia et C. Y. Wu
分布：云南、西藏；缅甸

## 长喙木兰属 **Lirianthe** Spach

绢毛木兰 **Lirianthe albosericea** (Chun et C. H. Tsoong) N. H. Xia et C. Y. Wu
分布：海南

香港木兰 **Lirianthe championii** (Benth.) N. H. Xia et C. Y. Wu
分布：贵州、广东、广西、海南；越南

夜香木兰 **Lirianthe coco** (Loureiro) N. H. Xia et C. Y. Wu
分布：浙江、云南、福建、台湾、广东、广西；越南

山玉兰 **Lirianthe delavayi** (Franch.) N. H. Xia et C. Y. Wu
分布：四川、贵州、云南

显脉木兰 **Lirianthe fistulosa** (Finet et Gagnep.) N. H. Xia et C. Y. Wu
分布：云南

福建木兰 **Lirianthe fujianensis** N. H. Xia et C. Y. Wu
分布：福建

大叶木兰 **Lirianthe henryi** (Dunn) N. H. Xia ct C. Y. Wu
分布：云南；缅甸、泰国

矮木兰 **Lirianthe nana** (Dandy) N. H. Xia et Q. N. Vu
分布：云南；越南

馨香玉兰 **Lirianthe odoratissima** (Y. W. Law et R. Z. Zhou) N. H. Xia et C. Y. Wu
分布：云南

## 鹅掌楸属 **Liriodendron** L.

鹅掌楸 **Liriodendron chinense** (Hemsl.) Sarg.
分布：陕西、安徽、浙江、江西、湖南、湖北、四川、重庆、贵州、云南、福建、广西；越南

亚美马褂木 **Liriodendron sinoamericanum** P. C. Yieh ex C. B. Shang et Zhang R. Wang
分布：中国各地广泛栽培

## 木兰属 **Magnolia** L.

霸王岭木兰(新拟) **Magnolia bawangensis** Law, R. Z. Zhou et D. M. Liu
分布：海南

紫花望春玉兰 **Magnolia biondii** var. **purpurascens** Y. L. Wang et S. Z. Zhang
分布：陕西、甘肃

紫色柱果木兰 **Magnolia cylindrica** var. **purpurascens** Y. L. Wang et S. Z. Zhang
分布：浙江

荷花玉兰 **Magnolia grandiflora** L.
分布：栽培于长江以南各省(自治区、直辖市)；原产于美洲(东南部)

喙果木兰(新拟) **Magnolia hookeri** var. **longirostrata** D. X. Li et R. Z. Zhou
分布：云南

广南木兰 **Magnolia kwangnanensis** S. G. Chen et Q. W. Zeng
分布：云南

岩生西康玉兰 **Magnolia wilsonii** var. **petrosa** Y. W. Law et M. R. Jia
分布：四川

## 木莲属 **Manglietia** Blume

香木莲 **Manglietia aromatica** Dandy
分布：贵州、云南、广西；越南

石山木莲 **Manglietia calcarea** X. H. Song
分布：贵州

西藏木莲 **Manglietia caveana** Hook. f. et Thomson
分布：云南、西藏；印度、缅甸

睦南木莲 **Manglietia chevalieri** Dandy
分布：云南；老挝、越南

桂南木莲 **Manglietia conifera** Dandy
分布：湖南、贵州、云南、广东、广西；越南

粗梗木莲 **Manglietia crassipes** Y. W. Law
分布：广西

大叶木莲 **Manglietia dandyi** (Gagnep.) Dandy
分布：云南、广西；老挝、越南

落叶木莲 **Manglietia decidua** Q. Y. Zheng
分布：江西

川滇木莲 **Manglietia duclouxii** Finet et Gagnep.
分布：四川、云南、广西；越南

木莲 **Manglietia fordiana** Oliv.
分布：安徽、浙江、江西、湖南、贵州、云南、福建、广东、广西、海南；越南

木莲(原变种) **Manglietia fordiana** var. **fordiana**
分布：安徽、浙江、江西、湖南、贵州、云南、福建、广东、广西；越南

海南木莲 **Manglietia fordiana** var. **hainanensis** (Dandy) N. H. Xia
分布：海南

滇桂木莲 **Manglietia forrestii** W. W. Sm. ex Dandy
分布：云南、广西

泰国木莲 **Manglietia garrettii** Craib
分布：云南；泰国、越南

苍背木莲 **Manglietia glaucifolia** Y. W. Law et Y. F. Wu
分布：贵州

大果木莲 **Manglietia grandis** Hu et W. C. Cheng
分布：云南、广西

广南木莲 **Manglietia guangnanica** D. X. Li et R. Z. Zhou
分布：云南

广州木莲(新拟) **Manglietia guangzhouensis** A. Q. Dong, Q. W. Zeng et F. W. Xing
分布：广东

红河木莲 **Manglietia hongheensis** Y. M. Shui et W. H. Chen
分布：云南

中缅木莲 **Manglietia hookeri** Cubitt et W. W. Sm.
分布：贵州、云南；缅甸、泰国

红花木莲 **Manglietia insignis** (Wall.) Blume
分布：湖南、四川、贵州、云南、西藏、广西；印度、缅甸、尼泊尔、泰国

开甫木莲(?多瓣木莲) **Manglietia kaifui** Q. W. Zeng et X. M. Hu
分布：云南

毛桃木莲 **Manglietia kwangtungensis** (Merr.) Dandy
分布：湖南、福建、广东、广西

马关木莲(新拟) **Manglietia lawii** N. H. Xia et W. F. Liao
分布：云南

长梗木莲 **Manglietia longipedunculata** Q. W. Zeng et Y. W. Law
分布：广东

亮叶木莲 **Manglietia lucida** B. L. Chen et S. C. Yang
分布：云南

椭圆叶木莲 **Manglietia oblonga** Y. W. Law, R. Z. Zhou et X. S. Qin
分布：广西

倒卵叶木莲 **Manglietia obovalifolia** C. Y. Wu et Y. W. Law
分布：贵州、云南

卵果木莲 **Manglietia ovoidea** H. T. Chang et B. L. Chen
分布：云南、广西

厚叶木莲 **Manglietia pachyphylla** Hung T. Chang
分布：广东

巴东木莲 **Manglietia patungensis** Hu
分布：湖南、湖北、四川、重庆

毛瓣木莲 **Manglietia rufibarbata** Dandy
分布：云南；越南

四川木莲 **Manglietia szechuanica** Hu
分布：四川、云南

毛果木莲 **Manglietia ventii** Tiep
分布：云南；越南

锈毛木莲 **Manglietia zhengyiana** N. H. Xia
分布：云南

## 含笑属 **Michelia** L.

白兰 **Michelia alba** DC.
分布：云南、福建、广东、广西、海南；原产于印度尼西亚

狭叶含笑 **Michelia angustioblonga** Y. W. Law
分布：贵州

**合果木** **Michelia baillonii** (Pierre) Finet et Gagnep.
分布：云南；柬埔寨、印度、缅甸、泰国、越南

**苦梓含笑** **Michelia balansae** (Aug. DC.) Dandy
分布：贵州、云南、福建、广东、广西、海南；越南

**平伐含笑** **Michelia cavaleriei** Finet et Gagnep.
分布：湖南、湖北、四川、贵州、云南、福建、广东、广西

**平伐含笑(原变种)** **Michelia cavaleriei** var. **cavaleriei**
分布：湖南、湖北、四川、贵州、云南、福建、广东、广西

**阔瓣含笑** **Michelia cavaleriei** var. **platypetala** (Hand.-Mazz.) N. H. Xia
分布：湖南、湖北、贵州、广东、广西

**黄兰** **Michelia champaca** L.
分布：云南、西藏、台湾、广东、广西、海南，栽培于福建；印度、印度尼西亚、马来西亚、缅甸、尼泊尔、泰国、越南

**黄兰(原变种)** **Michelia champaca** var. **champaca**
分布：福建、台湾、广东、广西、海南；印度

**毛叶脉黄兰** **Michelia champaca** var. **pubinervia** (Blume) Miq.
分布：云南、西藏；印度、印度尼西亚、马来西亚、缅甸、尼泊尔、泰国、越南

**乐昌含笑** **Michelia chapensis** Dandy
分布：江西、湖南、贵州、云南、广东、广西；越南

**台湾含笑** **Michelia compressa** (Maxim.) Sarg.
分布：台湾；日本、菲律宾

**美丽含笑(新拟)** **Michelia concinna** H. Jiang et E. D. Liu
分布：云南

**西畴含笑** **Michelia coriacea** Chang et B. L. Chen
分布：云南

**紫花含笑** **Michelia crassipes** Y. W. Law
分布：湖南、广东、广西

**南亚含笑** **Michelia doltsopa** Buch.-Ham. ex DC.
分布：云南、西藏；不丹、印度、缅甸、尼泊尔

**雅致含笑** **Michelia elegans** Y. W. Law et Y. F. Wu
分布：浙江

**含笑花** **Michelia figo** (Lour.) Spreng.
分布：栽培于华南

**素黄含笑** **Michelia flaviflora** Y. W. Law et Y. F. Wu
分布：云南；越南

**多花含笑** **Michelia floribunda** Finet et Gagnep.
分布：湖南、湖北、四川、重庆、云南、西藏；老挝、缅甸、泰国、越南

**金叶含笑** **Michelia foveolata** Merr. ex Dandy
分布：江西、湖南、湖北、贵州、云南、福建、广东、广西、海南；越南

**福建含笑** **Michelia fujianensis** Q. F. Zheng
分布：江西、福建

**棕毛含笑** **Michelia fulva** Chang et B. L. Chen
分布：云南、广西

**香子含笑** **Michelia gioii** (A. Chev.) Sima et H. Yu
分布：云南、广西、海南；越南

**广东含笑** **Michelia guangdongensis** Y. H. Yan, Q. W. Zeng et F. W. Xing
分布：广东

**广西含笑** **Michelia guangxiensis** Y. W. Law et R. Z. Zhou
分布：广西

**鼠刺含笑** **Michelia iteophylla** C. Y. Wu ex Y. W. Law et Y. F. Wu
分布：云南

**尖峰岭含笑(新拟)** **Michelia jianfenglingensis** G. A. Fu et K. Pan
分布：海南

**西藏含笑** **Michelia kisopa** Buch.-Ham. ex DC.
分布：西藏；不丹、印度、尼泊尔

**壮丽含笑** **Michelia lacei** W. W. Sm.
分布：云南；缅甸、泰国、越南

**长柄含笑** **Michelia leveilleana** Dandy
分布：湖南、湖北、贵州、云南

**醉香含笑** **Michelia macclurei** Dandy
分布：云南、广东、广西、海南；越南

**黄心含笑** **Michelia martini** (H. Lév.) Finet et Gagnep. ex H. Lév.
分布：河南、湖南、湖北、四川、贵州、云南、广东、广西；越南

**屏边含笑** **Michelia masticata** Dandy
分布：云南；老挝、越南

**深山含笑** **Michelia maudiae** Dunn
分布：安徽、浙江、江西、湖南、贵州、福建、广东、广西

**深山含笑(原变种)** **Michelia maudiae** var. **maudiae**
分布：安徽、浙江、江西、湖南、贵州、福建、广东、广西

**红花深山含笑(新拟)** **Michelia maudiae** var. **rubicunda** Yi et J. C. Fan
分布：四川

**白花含笑** **Michelia mediocris** Dandy
分布：湖南、广东、广西、海南；柬埔寨、越南

**观光木** **Michelia odora** (Chun) Noot., B. L. Chen et Noot.
分布：江西、湖南、云南、福建、广东、广西、海南；越南

**马关含笑** **Michelia opipara** Chang et B. L. Chen
分布：云南

**石碌含笑** **Michelia shiluensis** Chun et Y. F. Wu
分布：海南

**野含笑** **Michelia skinneriana** Dunn
分布：浙江、江西、湖南、福建、广东、广西

**球花含笑** **Michelia sphaerantha** C. Y. Wu ex Y. W. Law et Y. F. Wu
分布：云南

**绒毛含笑** **Michelia velutina** DC.
分布：云南、西藏；不丹、印度、尼泊尔

**绿瓣含笑(新拟)** **Michelia viridipetala** Law, R. Z. Zhou et Q. F. Yi
分布：云南

**峨眉含笑** **Michelia wilsonii** Finet et Gagnep.
分布：江西、湖南、湖北、四川、重庆、贵州、云南

**川含笑** **Michelia wilsonii** subsp. **szechuanica** (Dandy) J. Li
分布：湖南、湖北、四川、重庆、贵州、云南

**峨眉含笑(原亚种)** **Michelia wilsonii** subsp. **wilsonii**
分布：江西、湖北、四川、贵州、云南

**五指山含笑(新拟)** **Michelia wuzhishangensis** G. A. Fu et K. Fan
分布：海南

**黄花含笑** **Michelia xanthantha** C. Y. Wu ex Y. W. Law et Y. F. Wu
分布：云南

**云南含笑** **Michelia yunnanensis** Franch. ex Finet et Gagnep.
分布：四川、贵州、云南、西藏

## 天女花属 **Oyama** (Nakai) N. H. Xia et C. Y. Wu

**毛叶天女花** **Oyama globosa** (Hook. f. et Thomson) N. H. Xia et C. Y. Wu
分布：四川、云南、西藏；不丹、缅甸、印度

**天女花** **Oyama sieboldii** (K. Koch) N. H. Xia et C. Y. Wu
分布：吉林、辽宁、河北、安徽、浙江、江西、湖南、湖北、贵州、福建、广西；日本、朝鲜

**圆叶天女花** **Oyama sinensis** (Rehder et E. H. Wilson) N. H. Xia et C. Y. Wu
分布：四川

**西康天女花** **Oyama wilsonii** (Finet et Gagnep.) N. H. Xia et C. Y. Wu
分布：四川、贵州、云南

## 厚壁木属 **Pachylarnax** Dandy

**华盖木** **Pachylarnax sinica** (Y. W. Law) N. H. Xia et C. Y. Wu
分布：云南

## 拟单性木兰属 **Parakmeria** Hu et W. C. Cheng

**恒春拟单性木兰** **Parakmeria kachirachirai** (Kaneh. et Yamam.) Y. W. Law
分布：台湾

**乐东拟单性木兰** **Parakmeria lotungensis** (Chun et C. H. Tsoong) Y. W. Law
分布：浙江、江西、湖南、贵州、福建、广东、广西、海南

**光叶拟单性木兰** **Parakmeria nitida** (W. W. Sm.) Y. W. Law
分布：云南、西藏；缅甸

**峨眉拟单性木兰** **Parakmeria omeiensis** W. C. Cheng
分布：四川

**云南拟单性木兰** **Parakmeria yunnanensis** Hu
分布：云南、西藏；缅甸

## 盖裂木属 **Talauma** Juss.

**盖裂木** **Talauma hodgsonii** Hook. f. et Thomson
分布：云南、西藏；不丹、印度、缅甸、尼泊尔、泰国

### 焕镛木属 **Woonyoungia** Y. W. Law

焕镛木 **Woonyoungia septentrionalis** (Dandy) Y. W. Law
分布：贵州、云南、广西

### 玉兰属 **Yulania** Spach

天目玉兰 **Yulania amoena** (W. C. Cheng) D. L. Fu
分布：安徽、江苏、浙江、江西、湖北、福建

望春玉兰 **Yulania biondii** (Pamp.) D. L. Fu
分布：河南、陕西、甘肃、湖南、湖北、四川、重庆

滇藏玉兰 **Yulania campbellii** (Hook. f. et Thomson) D. L. Fu
分布：云南、西藏；不丹、印度、缅甸、尼泊尔

北川玉兰 **Yulania carnosa** D. L. Fu et D. L. Zhang
分布：四川

楔叶玉兰 **Yulania cuneatifolia** T. B. Chao, Zhi X. Chen et D. L. Fu
分布：河南

黄山玉兰 **Yulania cylindrica** (E. H. Wilson) D. L. Fu
分布：河南、安徽、浙江、江西、湖北、福建

光叶玉兰 **Yulania dawsoniana** (Rehder et E. H. Wilson) D. L. Fu
分布：湖南、四川

玉兰 **Yulania denudata** (Desr.) D. L. Fu
分布：陕西、安徽、浙江、江西、湖南、湖北、重庆、贵州、云南、广东

椭蕾玉兰 **Yulania elliptigemmata** (C. L. Guo et L. L. Huan) N. H. Xia
分布：湖北

鸡公山玉兰 **Yulania jigongshanensis** (T. B. Chao, D. L. Fu et W. B. Sun) D. L. Fu
分布：河南

紫玉兰 **Yulania liliiflora** (Desr.) D. C. Fu
分布：陕西、湖北、四川、重庆、云南、福建

奇叶玉兰 **Yulania mirifolia** D. L. Fu, T. B. Chao et Zhi X. Chen
分布：河南

多花玉兰 **Yulania multiflora** (M. C. Wang et C. L. Min) D. L. Fu
分布：陕西

罗田玉兰 **Yulania pilocarpa** (Z. Z. Zhao et Z. W. Xie) D. L. Fu
分布：湖北

凹叶玉兰 **Yulania sargentiana** (Rehder et E. H. Wilson) D. L. Fu
分布：四川、云南

时珍玉兰 **Yulania shizhenii** D. L. Fu et F. W. Li
分布：四川

二乔木兰 **Yulania soulangeana** (Soul.-Bod.) D. L. Fu
分布：中国大部分地区栽培

武当玉兰 **Yulania sprengeri** (Pampanini) D. L. Fu
分布：河南、陕西、甘肃、江西、湖南、湖北、四川、重庆、贵州、云南

星花玉兰 **Yulania stellata** (Sieb. et Zucc.) N. H. Xia
分布：归化于浙江；原产于日本

湖北玉兰 **Yulania verrucata** D. L. Fu, T. B. Chao et S. S. Chen
分布：湖北

青皮玉兰 **Yulania viridula** D. L. Fu, T. B. Chao et Zhi X. Chen
分布：陕西

宝华玉兰 **Yulania zenii** (W. C. Cheng) D. L. Fu
分布：江苏

## 342. 金虎尾科 Malpighiaceae Juss.

### 盾翅藤属 **Aspidopterys** A. Juss.

贵州盾翅藤 **Aspidopterys cavaleriei** H. Lév.
分布：贵州、云南、广东、广西

广西盾翅藤 **Aspidopterys concava** (Wall.) A. Juss.
分布：广西；越南、老挝、柬埔寨、印度尼西亚、马来西亚、菲律宾、泰国

花江盾翅藤 **Aspidopterys esquirolii** H. Lév.
分布：四川、贵州、广西

多花盾翅藤 **Aspidopterys floribunda** Hutch.
分布：云南

盾翅藤 **Aspidopterys glabriuscula** A. Juss.
分布：云南、广东、广西、海南；不丹、印度、菲律宾、越南

**蒙自盾翅藤** **Aspidopterys henryi** Hutch.
分布：云南

**小果盾翅藤** **Aspidopterys microcarpa** H. W. Li ex S. K. Chen
分布：广西；越南

**毛叶盾翅藤** **Aspidopterys nutans** (Roxb. ex DC.) A. Jussieu
分布：云南；印度、尼泊尔、老挝、越南、柬埔寨、缅甸、泰国

**倒心盾翅藤** **Aspidopterys obcordata** Hemsl.
分布：云南、海南

**倒心盾翅藤(原变种)** **Aspidopterys obcordata** var. **obcordata**
分布：云南

**海南盾翅藤** **Aspidopterys obcordata** var. **hainanensis** Arènes
分布：海南

## 飞鸢果属 Hiptage Gaertn.

**尖叶风筝果** **Hiptage acuminata** Wall. ex A. Juss.
分布：云南；孟加拉国、印度、缅甸

**风筝果** **Hiptage benghalensis** (L.) Kurz.
分布：贵州、云南、福建、台湾、广东、广西、海南；孟加拉国、不丹、柬埔寨、印度、印度尼西亚、老挝、马来西亚、尼泊尔、菲律宾、泰国、越南

**风筝果(原变种)** **Hiptage benghalensis** var. **benghalensis**
分布：贵州、云南、福建、台湾、广东、广西、海南；孟加拉国、不丹、柬埔寨、印度、印度尼西亚、老挝、马来西亚、尼泊尔、菲律宾、泰国、越南

**越南风筝果** **Hiptage benghalensis** var. **tonkinensis** (Dop) S. K. Chen
分布：云南；老挝、越南

**白花风筝果** **Hiptage candicans** Hook. f.
分布：云南；印度、老挝、缅甸、泰国

**白花风筝果(原变种)** **Hiptage candicans** var. **candicans**
分布：云南；印度、缅甸、泰国

**越南白花风筝果** **Hiptage candicans** var. **harmandiana** (Pierre) Dop
分布：云南；老挝

**白蜡叶风筝果** **Hiptage fraxinifolia** F. N. Wei
分布：广西

**披针叶风筝果** **Hiptage lanceolata** Arènes
分布：贵州

**罗甸风筝果** **Hiptage luodianensis** S. K. Chen
分布：贵州

**小花风筝果** **Hiptage minor** Dunn
分布：贵州、云南

**多花风筝果** **Hiptage multiflora** F. N. Wei
分布：广西

**田阳风筝果** **Hiptage tianyangensis** F. N. Wei
分布：贵州、广西

**云南风筝果** **Hiptage yunnanensis** Huang ex S. K. Chen
分布：云南

## 皱翅果属 Ryssopterys Blume ex Juss.

**翅实藤** **Ryssopterys timoriensis** (DC.) Blume ex A. Juss.
分布：台湾；印度尼西亚、马来西亚、澳大利亚、太平洋岛屿

## 三星果属 Tristellateia Thouars

**三星果** **Tristellateia australasiae** A. Rich.
分布：台湾；马来西亚、泰国、越南、热带澳大利亚、太平洋岛屿

# 343. 锦葵科 Malvaceae Juss.

## 秋葵属 Abelmoschus Medik.

**长毛黄葵** **Abelmoschus crinitus** Wall.
分布：贵州、云南、广西、海南；印度、老挝、缅甸、尼泊尔、泰国、越南

**咖啡黄葵** **Abelmoschus esculentus** (L.) Moench
分布：河北、山东、江苏、浙江、湖南、湖北、云南、广东、海南；原产于印度

**黄蜀葵** **Abelmoschus manihot** (L.) Medik.
分布：河北、山东、河南、陕西、湖南、湖北、四川、贵州、云南、福建、台湾、广东、广西；印度、尼泊尔、菲律宾、泰国

**黄蜀葵(原变种)** **Abelmoschus manihot** var. **manihot**
分布：河北、山东、河南、陕西、湖南、湖北、四川、贵州、云南、福建、广东、广西；印度、尼泊尔

**刚毛黄蜀葵** **Abelmoschus manihot** var. **pungens** (Roxb.) Hochr.
分布：湖北、四川、贵州、云南、台湾、广东、广西；印度、尼泊尔、菲律宾、泰国

黄葵 **Abelmoschus moschatus** (L.) Medik.

分布：江西、湖南、云南、台湾、广东、广西；柬埔寨、印度、老挝、泰国、越南

木里秋葵 **Abelmoschus muliensis** K. M. Feng

分布：四川

箭叶秋葵 **Abelmoschus sagittifolius** (Kurz.) Merr.

分布：广东、广西、贵州、海南、云南；柬埔寨、印度、老挝、马来西亚、缅甸、泰国、越南、澳大利亚

## 苘麻属 **Abutilon** Tourn. ex Adans.

滇西苘麻 **Abutilon gebauerianum** Hand.-Mazz.

分布：云南

几内亚磨盘草 **Abutilon guineense** (Schumach.) Baker f. et Exell

分布：海南、四川、台湾、云南；印度尼西亚、马来西亚、巴布亚新几内亚、澳大利亚；非洲

几内亚磨盘草(原变种) **Abutilon guineense** var. **guineense**

分布：海南、台湾；印度尼西亚、马来西亚、巴布亚新几内亚、澳大利亚；非洲

小花磨盘草 **Abutilon guineense** var. **forrestii** (S. Y. Hu) Y. Tang

分布：四川、云南

恶味苘麻 **Abutilon hirtum** (Lam.) Sweet

分布：云南；巴基斯坦、斯里兰卡、泰国、越南、澳大利亚、印度、印度尼西亚、越南；亚洲(西南部)、非洲

恶味苘麻(原变种) **Abutilon hirtum** var. **hirtum**

分布：云南；印度、印度尼西亚、巴基斯坦、斯里兰卡、泰国、越南、 澳大利亚

元谋恶味苘麻 **Abutilon hirtum** var. **yuanmouense** K. M. Feng

分布：云南

磨盘草 **Abutilon indicum** (L.) Sweet

分布：四川、贵州、云南、福建、台湾、广东、广西、海南；不丹、尼泊尔、柬埔寨、印度、印度尼西亚、老挝、缅甸、斯里兰卡、泰国、越南

圆锥苘麻 **Abutilon paniculatum** Hand.-Mazz.

分布：四川、云南

金铃花 **Abutilon pictum** (Gillies ex Hooker) Walp.

分布：辽宁、北京、江苏、浙江、湖北、云南、福建；原产于南美洲

红花苘麻 **Abutilon roseum** Hand.-Mazz.

分布：四川、云南

华苘麻 **Abutilon sinense** Oliv.

分布：湖北、四川、贵州、云南、广东、广西；泰国

华苘麻(原变种) **Abutilon sinense** var. **sinense**

分布：湖北、四川、贵州、云南、广东、广西；泰国

无齿华苘麻 **Abutilon sinense** var. **edentatum** K. M. Feng

分布：云南

苘麻 **Abutilon theophrasti** Medik.

分布：除西藏外其他各省(自治区、直辖市)均有分布；原产于印度，现欧洲、北美洲和日本栽培并归化

## 蜀葵属 **Alcea** L.

裸花蜀葵 **Alcea nudiflora** (Lindl.) Boiss.

分布：新疆；哈萨克斯坦、吉尔吉斯斯坦、俄罗斯、塔吉克斯坦、乌兹别克斯坦

蜀葵 **Alcea rosea** L.

分布：原产于中国西南地区；全世界温带地区广泛引种栽培

## 药葵属 **Althaea** L.

药葵 **Althaea officinalis** L.

分布：陕西、云南、江苏有栽培；俄罗斯

## 昂天莲属 **Ambroma** L. f.

昂天莲 **Ambroma augustum** (L.) Linnaeus f.

分布：广东、广西、贵州、云南；不丹、印度、印度尼西亚、马来西亚、尼泊尔、菲律宾、泰国、越南、澳大利亚、太平洋群岛

## 六翅木属 **Berrya** Roxb.

六翅木 **Berrya cordifolia** (Willd.) Burret

分布：台湾；柬埔寨、印度、印度尼西亚、老挝、缅甸、泰国、越南、马来西亚、菲律宾、斯里兰卡

## 木棉属 **Bombax** L.

澜沧木棉 **Bombax cambodiense** Pierre

分布：云南；缅甸、柬埔寨、泰国

木棉 **Bombax ceiba** L.

分布：江西、四川、贵州、云南、福建、台湾、广东、广西、海南；孟加拉国、不丹、老挝、缅甸、尼泊尔、巴布亚新几内亚、印度、印度尼西亚、马来西亚、菲律宾、斯

里兰卡

**长果木棉** **Bombax insigne** var. **tenebrosum** (Dunn) A. Robyns
分布：云南

## 柄翅果属 **Burretiodendron** Rehder

**柄翅果** **Burretiodendron esquirolii** (H. Lév.) Rehder
分布：贵州、云南、广西；缅甸、泰国

**元江柄翅果** **Burretiodendron kydiifolium** Hsu et R. Zhuge
分布：云南

## 刺果藤属 **Byttneria** Loefl.

**刺果藤** **Byttneria grandifolia** DC.
分布：云南、广东、广西、海南；孟加拉国、不丹、尼泊尔、柬埔寨、印度、老挝、泰国、越南

**全缘刺果藤** **Byttneria integrifolia** Lace
分布：云南；缅甸、泰国

**粗毛刺果藤** **Byttneria pilosa** Roxb.
分布：云南；老挝、缅甸、泰国、越南、孟加拉国、印度、印度尼西亚、马来西亚

## 吉贝属 **Ceiba** Mill.

**吉贝** **Ceiba pentandra** (L.) Gaertn.
分布：广东、广西、云南；原产于热带美洲，也可能原产于非洲(西部)，归化于泛热带地区

## 大萼葵属 **Cenocentrum** Gagnep.

**大萼葵** **Cenocentrum tonkinense** Gagnep.
分布：云南；泰国、老挝、越南

## 一担柴属 **Colona** Cav.

**一担柴** **Colona floribunda** (Wall. ex Kurz.) Craib
分布：云南；老挝、缅甸、越南、泰国、印度

**狭叶一担柴** **Colona thorelii** (Gagnep.) Burret
分布：云南；马来西亚、缅甸、泰国、老挝

## 山麻树属 **Commersonia** J. R. Forst. et G. Forst.

**山麻树** **Commersonia bartramia** (L.) Merr.
分布：云南、广东、广西；印度、马来西亚、菲律宾、越南、印度尼西亚、澳大利亚

## 田麻属 **Corchoropsis** Sieb. et Zucc.

**田麻** **Corchoropsis crenata** Sieb. et Zucc.
分布：辽宁、河北、山西、山东、河南、陕西、甘肃、安徽、江苏、浙江、江西、湖南、湖北、四川、贵州、福建、广东、广西；日本、韩国

**田麻(原变种)** **Corchoropsis crenata** var. **crenata**
分布：河北、山西、河南、陕西、甘肃、安徽、江苏、浙江、江西、湖南、湖北、四川、贵州、福建、广东、广西；日本、韩国

**光果田麻** **Corchoropsis crenata** var. **hupehensis** Pamp.
分布：辽宁、河北、山东、河南、甘肃、安徽、江苏、湖北；朝鲜

## 黄麻属 **Corchorus** L.

**甜麻** **Corchorus aestuans** L.
分布：安徽、广东、广西、海南；孟加拉国、不丹、印度、老挝、马来西亚、缅甸、尼泊尔、巴基斯坦、斯里兰卡、越南、澳大利亚、西印度群岛；热带非洲、中美洲

**甜麻(原变种)** **Corchorus aestuans** var. **aestuans**
分布：安徽、广东、广西、海南、湖北、湖南、江苏、江西、四川、台湾、云南、浙江；孟加拉国、不丹、印度、老挝、马来西亚、缅甸、尼泊尔、巴基斯坦、斯里兰卡、越南、澳大利亚、西印度群岛；热带非洲、中美洲

**短茎甜麻** **Corchorus aestuans** var. **brevicaulis** (Hosok.) Liu et Lo
分布：台湾

**黄麻** **Corchorus capsularis** L.
分布：陕西、安徽、江苏、江西、湖南、湖北、贵州、福建、广东、广西、海南；孟加拉国、印度、印度尼西亚、日本、马来西亚、缅甸、巴基斯坦、菲律宾、斯里兰卡

**长蒴黄麻** **Corchorus olitorius** L.
分布：安徽、江西、湖南、四川、云南、福建、广东、广西、海南；广布于整个热带地区

**三室黄麻** **Corchorus trilocularis** L.
分布：云南；阿富汗、不丹、印度、印度尼西亚、巴基斯坦、斯里兰卡、澳大利亚；热带非洲、南亚

## 滇桐属 **Craigia** W. W. Sm. et W. E. Evans

**桂滇桐** **Craigia kwangsiensis** Hsue
分布：广西

**滇桐** **Craigia yunnanensis** W. W. Sm. et W. E. Evans
分布：贵州、云南、西藏、广西；越南

## 十裂葵属 **Decaschistia** Wight et Arn.

**中越十裂葵** **Decaschistia mouretii** Gagnep.
分布：广东、海南；越南

**中越十裂葵(原变种) Decaschistia mouretii** var. **mouretii**
分布：广东；越南

**十裂葵 Decaschistia mouretii** var. **nervifolia** (Masam.) H. S. Kiu
分布：海南

## 海南椴属 Diplodiscus Turcz.

**海南椴 Diplodiscus trichospermus** (Merr.) Y. Tang, M. G. Gilbert et Dorr
分布：广西、 海南

## 火绳树属 Eriolaena DC.

**南火绳 Eriolaena candollei** Wall.
分布：四川、云南、广西；不丹、印度、老挝、缅甸、泰国、越南

**光叶火绳 Eriolaena glabrescens** A. DC.
分布：云南；泰国、越南

**桂火绳 Eriolaena kwangsiensis** Hand.-Mazz.
分布：云南、广西

**五室火绳 Eriolaena quinquelocularis** (Wight et Arn.) Wight
分布：云南；印度

**火绳树 Eriolaena spectabilis** (DC.) Planch. ex Mast.
分布：贵州、云南、广西；印度、不丹、尼泊尔

**泡火绳 Eriolaena wallichii** DC.
分布：云南；印度、尼泊尔

## 蚬木属 Excentrodendron H. T. Chang et R. H. Miao

**长蒴蚬木 Excentrodendron obconicum** (Chun et F. C. How) H. T. Chang et R. H. Miao
分布：广西

**蚬木 Excentrodendron tonkinense** (A. Chev.) H. T. Chang et R. H. Miao
分布：云南、广西；越南

## 梧桐属 Firmiana Marsili

**石生火桐(新拟) Firmiana calcarea** C. F. Liang et S. L. Mo ex Y. S. Huang
分布：广西

**火桐 Firmiana colorata** (Roxb.) R. Br.
分布：云南；不丹、印度、印度尼西亚、马来西亚、缅甸、尼泊尔、斯里兰卡、泰国、越南

**丹霞梧桐 Firmiana danxiaensis** Hsue et H. S. Kiu
分布：广东

**海南梧桐 Firmiana hainanensis** Kosterm.
分布：海南

**广西火桐 Firmiana kwangsiensis** Hsu
分布：广西

**云南梧桐 Firmiana major** (W. W. Sm.) Hand.-Mazz.
分布：四川、云南

**美丽火桐 Firmiana pulcherrima** H. H. Hsue
分布：海南

**梧桐 Firmiana simplex** (L.) W. Wight
分布：山西、山东、陕西、安徽、江苏、浙江、江西、湖南、湖北、四川、贵州、云南、福建、台湾、广东、广西、海南；日本；欧洲、北美洲

## 棉属 Gossypium L.

**树棉 Gossypium arboreum** L.
分布：长江流域和黄河流域普遍栽培；起源于印度，旧世界热带亚热带地区广泛栽培

**树棉(原变种) Gossypium arboreum** var. **arboreum**
分布：栽培于长江，黄河流域；栽培于旧世界热带地区和亚热带地区，原产于印度

**钝叶树棉 Gossypium arboreum** var. **obtusifolium** (Roxb.) Roberty
分布：四川、云南、台湾、广东、广西；起源于印度、斯里兰卡

**海岛棉 Gossypium barbadense** L.
分布：云南、广东、广西、海南；印度、太平洋群岛；热带亚洲、非洲、北美洲、南美洲热带地区

**海岛棉(原变种) Gossypium barbadense** var. **barbadense**
分布：广东、广西、海南、云南；印度、太平洋群岛；亚洲热带地区、非洲、北美洲、南美洲热带地区

**巴西海岛棉 Gossypium barbadense** var. **acuminatum** (Roxb. ex G. Don) Triana et Planchon
分布：云南、广东、海南；热带美洲

**草棉 Gossypium herbaceum** L.
分布：甘肃、新疆、四川、云南、广东；印度；西南亚

**陆地棉 Gossypium hirsutum** L.
分布：中国各地均有栽培；原产于墨西哥，全世界暖温带地区广泛栽培

## 扁担杆属 Grewia L.

苘麻叶扁担杆 **Grewia abutilifolia** W. Vent ex Juss.
分布：贵州、云南、台湾、广东、广西、海南；柬埔寨、老挝、马来西亚、缅甸、印度、印度尼西亚、泰国、越南

密齿扁担杆 **Grewia acuminata** Juss.
分布：云南；柬埔寨、印度、印度尼西亚、老挝、马来西亚、缅甸、泰国、越南

狭萼扁担杆 **Grewia angustisepala** H. T. Chang
分布：云南

扁担杆 **Grewia biloba** G. Don
分布：河北、山西、山东、河南、陕西、安徽、江苏、浙江、江西、湖南、湖北、四川、贵州、云南、台湾、广东、广西；朝鲜

扁担杆(原变种) **Grewia biloba** var. **biloba**
分布：河北、山西、山东、河南、陕西、安徽、江苏、浙江、江西、湖南、四川、贵州、云南、台湾、广东、广西；韩国

小叶扁担杆 **Grewia biloba** var. **microphylla** (Maxim.) Hand.-Mazz.
分布：四川、云南

小花扁担杆 **Grewia biloba** var. **parviflora** (Bunge) Hand.-Mazz.
分布：河北、山西、山东、河南、陕西、安徽、江苏、浙江、江西、湖南、湖北、四川、贵州、云南、广东、广西

短柄扁担杆 **Grewia brachypoda** C. Y. Wu
分布：四川、云南

朴叶扁担杆 **Grewia celtidifolia** Juss.
分布：贵州、云南、台湾、广东、广西；柬埔寨、老挝、马来西亚、缅甸、泰国、越南、印度尼西亚

崖县扁担杆 **Grewia chuniana** Burret
分布：海南

同色扁担杆 **Grewia concolor** Merr.
分布：福建、海南

复齿扁担杆 **Grewia cuspidatoserrata** Burret
分布：云南

毛果扁担杆 **Grewia eriocarpa** Juss.
分布：贵州、云南、台湾、广东、广西；不丹、柬埔寨、老挝、马来西亚、缅甸、尼泊尔、斯里兰卡、泰国、越南、印度、印度尼西亚、菲律宾

镰叶扁担杆 **Grewia falcata** C. Y. Wu
分布：云南、广西；柬埔寨、老挝、马来西亚、缅甸、泰国、越南

黄麻叶扁担杆 **Grewia henryi** Burret
分布：江西、贵州、云南、福建、广东、广西

粗毛扁担杆 **Grewia hirsuta** Vahl
分布：广东、广西；孟加拉国、柬埔寨、印度、老挝、马来西亚、缅甸、尼泊尔、斯里兰卡、泰国、越南

广东扁担杆 **Grewia kwangtungensis** H. T. Chang
分布：广东

细齿扁担杆 **Grewia lacei** Drumm. et Craib
分布：云南；泰国、缅甸、老挝

阔腺扁担杆 **Grewia latiglandulosa** Z. Y. Huang et S. Y. Liu
分布：广西

长瓣扁担杆 **Grewia macropetala** Burret
分布：云南、广东、广西

光叶扁担杆 **Grewia multiflora** Juss.
分布：云南；印度、印度尼西亚、马来西亚、缅甸、尼泊尔、巴基斯坦、澳大利亚

寡蕊扁担杆 **Grewia oligandra** Pierre
分布：广东、广西、海南；柬埔寨、老挝、马来西亚、缅甸、泰国、越南

大叶扁担杆 **Grewia permagna** C. Y. Wu ex H. T. Chang
分布：云南

海岸扁担杆 **Grewia piscatorum** Hance
分布：福建、台湾、海南

钝叶扁担杆 **Grewia retusifolia** Pierre
分布：广西；澳大利亚、印度尼西亚、越南

菱叶扁担杆 **Grewia rhombifolia** Kaneh. et Sasaki
分布：台湾

无柄扁担杆 **Grewia sessiliflora** Gagnep.
分布：广东、广西；老挝、泰国、越南

椴叶扁担杆 **Grewia tiliifolia** Vahl
分布：广西、云南；柬埔寨、印度、老挝、马来西亚、缅甸、泰国、越南，非洲(东部)

稔叶扁担杆 **Grewia urenifolia** (Pierre) Gagnep.
分布：云南、广西、海南；柬埔寨、老挝、马来西亚、缅甸、泰国、越南

盈江扁担杆 **Grewia yinkiangensis** Hsu et R. Zhuge
分布：云南

## 山芝麻属 **Helicteres** L.

山芝麻 **Helicteres angustifolia** L.

分布：江西、湖南、云南、福建、台湾、广东、广西、海南；柬埔寨、印度尼西亚、日本、老挝、马来西亚、缅甸、菲律宾、泰国、越南、澳大利亚

长序山芝麻 **Helicteres elongata** Wall. ex Mast.

分布：云南、广西；孟加拉国、不丹、印度、缅甸、泰国

细齿山芝麻 **Helicteres glabriuscula** Wall. ex Mast.

分布：贵州、云南、广西；缅甸

雁婆麻 **Helicteres hirsuta** Lour.

分布：广东、广西、海南；柬埔寨、印度、老挝、马来西亚、菲律宾、泰国、越南

火索麻 **Helicteres isora** L.

分布：云南、海南；印度、印度尼西亚、马来西亚、斯里兰卡、泰国、越南、澳大利亚、尼泊尔、不丹、柬埔寨

剑叶山芝麻 **Helicteres lanceolata** DC.

分布：云南、广东、广西；印度尼西亚、老挝、缅甸、泰国、越南、柬埔寨

钝叶山芝麻 **Helicteres obtusa** Wall. ex Masters

分布：云南；印度、缅甸、泰国

矮山芝麻 **Helicteres plebeja** Kurz.

分布：云南；不丹、老挝、缅甸、泰国、越南、印度

平卧山芝麻 **Helicteres prostrata** S. Y. Liu

分布：广西

粘毛山芝麻 **Helicteres viscida** Blume

分布：云南、海南；印度尼西亚、老挝、马来西亚、缅甸、越南、泰国

## 泡果苘属 **Herissantia** Medicus

泡果苘 **Herissantia crispa** (Linn.) Brizicky

分布：海南、台湾；印度、印度尼西亚、越南；原产于热带美洲，归化于泛热带地区

## 银叶树属 **Heritiera** Aiton

长柄银叶树 **Heritiera angustata** Pierre

分布：云南、海南；柬埔寨

银叶树 **Heritiera littoralis** Aiton

分布：台湾、广东、广西、海南；柬埔寨、越南、印度、菲律宾、马来西亚、印度尼西亚、斯里兰卡、澳大利亚；亚洲(西南部)、非洲

蝴蝶树 **Heritiera parvifolia** Merr.

分布：海南；印度、缅甸、泰国

## 木槿属 **Hibiscus** L.

旱地木槿 **Hibiscus aridicola** J. Anthony

分布：四川、云南

滇南芙蓉 **Hibiscus austroyunnanensis** C. Y. Wu et Feng

分布：云南

大麻槿 **Hibiscus cannabinus** L.

分布：广东、河北、黑龙江、江苏、辽宁、云南、浙江；原产于非洲、印度

香芙蓉 **Hibiscus fragrans** Roxb.

分布：云南；孟加拉国、印度、缅甸

樟叶槿 **Hibiscus grewiifolius** Hassk.

分布：海南；印度尼西亚、老挝、缅甸、泰国、越南

海滨木槿 **Hibiscus hamabo** Sieb. et Zucc.

分布：浙江；日本、朝鲜、印度、太平洋岛屿

思茅芙蓉 **Hibiscus hispidissimus** Griff.

分布：云南；孟加拉国、缅甸、斯里兰卡、泰国；非洲

美丽芙蓉 **Hibiscus indicus** (Burm. f.) Hochr.

分布：四川、云南、台湾、广东、广西、海南

美丽芙蓉(原变种) **Hibiscus indicus** var. **indicus**

分布：四川、云南、广东、广西

全缘叶美丽芙蓉 **Hibiscus indicus** var. **integrilobus** (S. Y. Hu) K. M. Feng

分布：台湾

贵州芙蓉 **Hibiscus labordei** H. Lév.

分布：贵州、广西

光籽木槿 **Hibiscus leviseminus** M. G. Gilbert, Y. Tang et Dorr

分布：陕西、甘肃

草木槿 **Hibiscus lobatus** (Murray) Kuntze

分布：海南；不丹、印度、马来西亚、缅甸、尼泊尔、巴基斯坦、斯里兰卡、马达加斯加；非洲

大叶木槿 **Hibiscus macrophyllus** Roxb. ex Hornem.

分布：云南；柬埔寨、印度、印度尼西亚、马来西亚、缅甸、巴基斯坦、泰国、越南

芙蓉葵 **Hibiscus moscheutos** L.

分布：北京、山东、江苏、上海、浙江、云南；原产于北美洲

木芙蓉 **Hibiscus mutabilis** L.

分布：辽宁、河北、山东、安徽、江苏、江西、湖北、四川、贵州、广西、浙江有栽培，原产于福建、广东、湖南、

台湾、云南

**庐山芙蓉 Hibiscus paramutabilis** L. H. Bailey

分布：江西、湖南、广西

**庐山芙蓉(原变种) Hibiscus paramutabilis** var. **paramutabilis**

分布：江西、湖南、广西

**长梗庐山芙蓉 Hibiscus paramutabilis** var. **longipedicellatus** K. M. Feng

分布：广西

**朱槿 Hibiscus rosa-sinensis** L.

分布：北京、四川、云南、福建、台湾、广东、广西、海南

**朱槿(原变种) Hibiscus rosa-sinensis** var. **rosa-sinensis**

分布：北京、四川、云南、福建、台湾、广东、广西、海南

**重瓣朱槿 Hibiscus rosa-sinensis** var. **rubro-plenus** Sweet

分布：北京、四川、云南、广东、广西、海南

**玫瑰茄 Hibiscus sabdariffa** L.

分布：福建、广东、海南、台湾、云南；可能原产于非洲，栽培于热带地区

**吊灯扶桑 Hibiscus schizopetalus** (Dyer) Hook. f.

分布：云南、福建、台湾、广东、广西、海南；起源于东非

**华木槿 Hibiscus sinosyriacus** L. H. Bailey

分布：江西、湖南、贵州、广西

**刺芙蓉 Hibiscus surattensis** L.

分布：海南、香港、云南；不丹、柬埔寨、印度、老挝、缅甸、菲律宾、斯里兰卡、泰国、越南，澳大利亚；非洲

**木槿 Hibiscus syriacus** L.

分布：安徽、江苏、浙江、四川、云南、台湾、广东、广西，栽培于河北、山东、河南、陕西、江西、湖南、湖北、贵州、西藏、福建、海南；栽培于世界热带、亚热带和温带大部分地区。

**台湾芙蓉 Hibiscus taiwanensis** S. Y. Hu

分布：台湾

**黄槿 Hibiscus tiliaceus** L.

分布：福建、广东、海南、台湾；柬埔寨、印度、印度尼西亚、老挝、马来西亚、缅甸、菲律宾、泰国、越南，泛热带地区

**野西瓜苗 Hibiscus trionum** L.

分布：各省(自治区、直辖市)均有分布；原产于非洲(中部)，现欧洲、亚洲和北美洲广布

**云南芙蓉 Hibiscus yunnanensis** S. Y. Hu

分布：云南

## 鹧鸪麻属 Kleinhovia L.

**鹧鸪麻 Kleinhovia hospita** L.

分布：台湾、海南；热带非洲、亚洲和大洋洲

## 翅果麻属 Kydia Roxb.

**翅果麻 Kydia calycina** Roxb.

分布：云南；不丹、尼泊尔、巴基斯坦、泰国、印度、缅甸、越南

**光叶翅果麻 Kydia glabrescens** Mast.

分布：云南；不丹、印度、越南

**光叶翅果麻(原变种) Kydia glabrescens** var. **glabrescens**

分布：云南；不丹、印度、越南

**毛叶翅果麻 Kydia glabrescens** var. **intermedia** S. Y. Hu

分布：云南

## 花葵属 Lavatera L.

**花葵 Lavatera arborea** L.

分布：北京；欧洲

**新疆花葵 Lavatera cachemiriana** Cambess.

分布：新疆；印度、克什米尔地区、吉尔吉斯斯坦、尼泊尔、巴基斯坦、俄罗斯、塔吉克斯坦

**三月花葵 Lavatera trimestris** L.

分布：北京；欧洲

## 锦葵属 Malva L.

**锦葵 Malva cathayensis** M. G. Gilbert, Y. Tang et Dorr

分布：辽宁、内蒙古、河北、山西、山东、河南、陕西、新疆、安徽、江苏、浙江、江西、湖南、湖北、四川、贵州、云南、西藏、福建、台湾、广东、广西；原产于印度

**圆叶锦葵 Malva pusilla** Sm.

分布：河北、山西、山东、河南、陕西、甘肃、新疆、安徽、江苏、四川、贵州、云南、西藏；哈萨克斯坦、吉尔吉斯斯坦、蒙古国、土库曼斯坦、乌兹别克斯坦；亚洲、欧洲

**野葵 Malva verticillata** L.

分布：安徽、福建、甘肃、广东、广西、贵州、河北、河南、湖北、湖南、江苏、江西、吉林、辽宁、内蒙古、宁夏、青海、陕西、山东、山西、四川、新疆、西藏、云南、

浙江；不丹、印度、韩国、蒙古国、缅甸、巴基斯坦；欧洲、非洲(东部)，归化于北美洲

**野葵(原变种) Malva verticillata** var. **verticillata**

分布：安徽、福建、广东、广西、贵州、河北、河南、湖北、湖南、江苏、江西、吉林、辽宁、内蒙古、宁夏、青海、陕西、山东、山西、四川、新疆、西藏、云南、浙江；?不丹、印度、韩国、缅甸；欧洲、非洲

**冬葵 Malva verticillata** var. **crispa** L.

分布：甘肃、江西、湖南、四川、贵州、云南；印度、巴基斯坦；欧洲、北美洲

**中华野葵 Malva verticillata** var. **rafiqii** Abedin

分布：河北、山西、山东、陕西、甘肃、新疆、安徽、江苏、浙江、江西、湖南、湖北、四川、贵州、云南、广东；印度、巴基斯坦、朝鲜

## 赛葵属 Malvastrum A. Gray

**穗花赛葵 Malvastrum americanum** (L.) Torr.

分布：福建、台湾；印度、印度尼西亚、菲律宾、澳大利亚；北美洲、南美洲

**赛葵 Malvastrum coromandelianum** (L.) Gürcke

分布：四川、云南、福建、台湾、广东、广西、海南、香港；原产于美洲热带和亚热带地区，现广布于全球热带地区

## 悬铃花属 Malvaviscus Fabr.

**小悬铃花 Malvaviscus arboreus** Cav.

分布：云南、福建、广东；原产于中北美洲，热带和暖温带地区栽培

**垂花悬铃花 Malvaviscus penduliflorus** DC.

分布：云南、台湾、广东；不丹、印度、印度尼西亚、缅甸、尼泊尔、巴基斯坦、菲律宾、斯里兰卡、泰国、太平洋岛屿；非洲、美洲

## 梅蓝属 Melhania Forssk.

**梅蓝 Melhania hamiltoniana** Wall.

分布：云南；印度、缅甸

## 马松子属 Melochia L.

**马松子 Melochia corchorifolia** L.

分布：长江以南地区；日本，泛热带分布

## 破布叶属 Microcos L.

**海南破布叶 Microcos chungii** (Merr.) Chun

分布：云南、海南；越南

**破布叶 Microcos paniculata** L.

分布：云南、广东、广西、海南；柬埔寨、印度、印度尼西亚、老挝、马来西亚、缅甸、斯里兰卡、泰国、越南

**毛破布叶 Microcos stauntoniana** G. Don

分布：海南；柬埔寨、老挝、缅甸、泰国、越南、印度尼西亚、马来西亚

## 枣叶槿属 Nayariophyton T. K. Paul

**枣叶槿 Nayariophyton zizyphifolium** (Griff.) D. G. Long et A. G. Miller

分布：云南；不丹、印度、泰国

## 瓜栗属 Pachira Aubl.

**瓜栗 Pachira aquatica** Aubl.

分布：云南、台湾、广东；原产于热带美洲，现热带地区栽培或归化

## 平当树属 Paradombeya Stapf

**平当树 Paradombeya sinensis** Dunn

分布：四川、云南

## 午时花属 Pentapetes L.

**午时花 Pentapetes phoenicea** L.

分布：四川、云南、广东、广西；印度、孟加拉国、印度尼西亚、日本、马来西亚、缅甸、尼泊尔、菲律宾、斯里兰卡、泰国、越南

## 翅子树属 Pterospermum Schreb.

**翅子树 Pterospermum acerifolium** Willd.

分布：云南；孟加拉国、不丹、印度、老挝、马来西亚、缅甸、尼泊尔、泰国

**翻白叶树 Pterospermum heterophyllum** Hance

分布：福建、广东、广西、海南

**景东翅子树 Pterospermum kingtungense** C. Y. Wu ex Hsue

分布：云南

**窄叶半枫荷 Pterospermum lanceifolium** Roxb.

分布：云南、广东、广西；印度、马来西亚、缅甸、越南

**勐仑翅子树 Pterospermum menglunense** Hsue

分布：云南

**台湾翅子树 Pterospermum niveum** Vidal

分布：台湾；菲律宾

**变叶翅子树 Pterospermum proteus** Burkill

分布：云南

**截裂翅子树 Pterospermum truncatolobatum** Gagnep.

分布：云南、广西；越南

云南翅子树 **Pterospermum yunnanense** Hsue
分布：云南

## 翅苹婆属 **Pterygota** Schott et Endl.

翅苹婆 **Pterygota alata** (Roxb.) R. Br.
分布：云南、海南；印度、菲律宾、越南、孟加拉国、不丹、马来西亚、缅甸、泰国

## 梭罗树属 **Reevesia** Lindl.

俦亭梭罗 **Reevesia botingensis** H. H. Hsue
分布：海南

台湾梭罗 **Reevesia formosana** Sprague
分布：台湾

瑶山梭罗 **Reevesia glaucophylla** H. H. Hsue
分布：湖南、贵州、广东、广西

剑叶梭罗 **Reevesia lancifolia** H. L. Li
分布：海南

罗浮梭罗 **Reevesia lofouensis** Chun et H. H. Hsue
分布：广东、海南

长柄梭罗 **Reevesia longipetiolata** Merr. et Chun
分布：海南

隆林梭罗 **Reevesia lumlingensis** Hsue ex S. J. Xu
分布：广西

圆叶梭罗 **Reevesia orbicularifolia** Hsue
分布：云南

梭罗树 **Reevesia pubescens** Mast.
分布：湖南、四川、贵州、云南、广西、海南；不丹、印度、老挝、缅甸、泰国

梭罗树(原变种) **Reevesia pubescens** var. **pubescens**
分布：四川、贵州、云南、广西；不丹、印度(北部)、老挝、缅甸、泰国

广西梭罗 **Reevesia pubescens** var. **kwangsiensis** Hsue
分布：广西

泰梭罗 **Reevesia pubescens** var. **siamensis** (Craib) J. Anthony
分布：云南；泰国、缅甸

雪峰山梭罗 **Reevesia pubescens** var. **xuefengensis** C. J. Qi
分布：湖南

密花梭罗 **Reevesia pycnantha** Y. Ling
分布：江西、福建

粗齿梭罗 **Reevesia rotundifolia** Chun
分布：广东、广西

红脉梭罗 **Reevesia rubronervia** H. H. Hsue
分布：云南

上思梭罗 **Reevesia shangszeensis** H. H. Hsue
分布：广西

两广梭罗 **Reevesia thyrsoidea** Lindl.
分布：广东、广西、海南；柬埔寨、越南

绒果梭罗 **Reevesia tomentosa** H. L. Li
分布：福建、广东、广西；缅甸

## 黄花稔属 **Sida** L.

黄花稔 **Sida acuta** Burm. f.
分布：云南、福建、台湾、广东、广西、海南；不丹、柬埔寨、尼泊尔、泰国、印度、老挝、越南

桤叶黄花稔 **Sida alnifolia** L.
分布：江西、云南、福建、台湾、广东、广西、海南；泰国、印度、越南

桤叶黄花稔(原变种) **Sida alnifolia** var. **alnifolia**
分布：江西、云南、福建、台湾、广东、广西、海南；印度、泰国、越南

小叶黄花稔 **Sida alnifolia** var. **microphylla** (Cav.) S. Y. Hu
分布：云南、福建、广东、广西、海南；印度

倒卵叶黄花稔 **Sida alnifolia** var. **obovata** (Wall. ex Mast.) S. Y. Hu
分布：云南、广东、广西、海南；印度

圆叶黄花稔 **Sida alnifolia** var. **orbiculata** S. Y. Hu
分布：广东

中华黄花稔 **Sida chinensis** Retz.
分布：云南、台湾、海南

长梗黄花稔 **Sida cordata** (Burm. f.) Borss. Waalk.
分布：云南、福建、台湾、广东、广西、海南；印度、菲律宾、斯里兰卡、泰国

心叶黄花稔 **Sida cordifolia** L.
分布：福建、广东、广西、海南、四川、台湾、云南；不丹、印度、印度尼西亚、尼泊尔、巴基斯坦、菲律宾、斯里兰卡、泰国；非洲、南美洲

湖南黄花稔 **Sida cordifolioides** K. M. Feng
分布：湖南

爪哇黄花稔 **Sida javensis** Cav.
分布：台湾；印度尼西亚、马来西亚、菲律宾；非洲

**粘毛黄花稔 Sida mysorensis** Wight et Arn.

分布：云南、台湾、广东、广西、海南；泰国、柬埔寨、印度、印度尼西亚、老挝、菲律宾、越南

**东方黄花稔 Sida orientalis** Cav.

分布：云南、台湾；印度

**五爿黄花稔 Sida quinquevalvacea** J. L. Liu

分布：四川

**白背黄花稔 Sida rhombifolia** L.

分布：湖北、四川、贵州、云南、福建、台湾、广东、广西、海南；不丹、柬埔寨、印度、老挝、尼泊尔、泰国、越南；泛热带地区

**棒叶黄花稔 Sida subcordata** Span.

分布：云南、广东、广西、海南；泰国、印度、印度尼西亚、老挝、缅甸、越南

**拔毒散 Sida szechuensis** Matsuda

分布：四川、贵州、云南、广西

**云南黄花稔 Sida yunnanensis** S. Y. Hu

分布：四川、贵州、云南、广东、广西

## 苹婆属 Sterculia L.

**短柄苹婆 Sterculia brevissima** H. H. Hsue ex Y. Tang, M. G. Gilbert et Dorr

分布：云南

**台湾苹婆 Sterculia ceramica** R. Br.

分布：台湾；菲律宾、马来西亚、马达加斯加

**樟叶苹婆 Sterculia cinnamomifolia** Tsai et Mao

分布：云南

**粉苹婆 Sterculia euosma** W. W. Sm.

分布：贵州、云南、西藏、广西

**香苹婆 Sterculia foetida** L.

分布：广东、广西、海南；柬埔寨、印度、印度尼西亚，?马来西亚、缅甸、菲律宾、斯里兰卡、泰国、越南；原产于印度，栽培于澳大利亚(北部)、非洲热带地区、南美洲

**绿花苹婆 Sterculia gengmaensis** H. H. Hsue ex Y. Tang, M. G. Gilbert et Dorr

分布：云南

**广西苹婆 Sterculia guangxiensis** S. J. Xu et P. T. Li

分布：广西

**海南苹婆 Sterculia hainanensis** Merr. et Chun

分布：广西、海南

**蒙自苹婆 Sterculia henryi** Hemsl.

分布：云南；越南

**蒙自苹婆(原变种) Sterculia henryi** var. **henryi**

分布：云南；越南

**大围山苹婆 Sterculia henryi** var. **cuneata** Chun et H. H. Hsue

分布：云南

**膜萼苹婆 Sterculia hymenocalyx** K. Schum.

分布：云南；越南

**凹脉苹婆 Sterculia impressinervis** Hsue

分布：云南

**大叶苹婆 Sterculia kingtungensis** H. H. Hsue ex Y. Tang, M. G. Gilbert et Dorr

分布：云南

**西蜀苹婆 Sterculia lanceifolia** Roxb.

分布：四川、贵州、云南；孟加拉国、印度

**假苹婆 Sterculia lanceolata** Cav.

分布：四川、贵州、云南、广东、广西；老挝、缅甸、泰国、越南

**小花苹婆 Sterculia micrantha** Chun et H. H. Hsue

分布：云南

**苹婆 Sterculia monosperma** Vent.

分布：云南、福建、台湾、广东、广西；印度、印度尼西亚、越南、马来西亚、泰国

**苹婆(原变种) Sterculia monosperma** var. **monosperma**

分布：云南、福建、台湾、广东、广西；印度、印度尼西亚、马来西亚、泰国、越南

**野生苹婆 Sterculia monosperma** var. **subspontanea** (H. H. Hsue et S. J. Xu) Y. Tang, M. G. Gilbert et Dorr

分布：广西

**家麻树 Sterculia pexa** Pierre

分布：云南、广西；老挝、泰国、越南

**屏边苹婆 Sterculia pinbienensis** Tsai et Mao

分布：云南、广西

**基苹婆 Sterculia principis** Gagnep.

分布：云南；老挝、缅甸、泰国

**河口苹婆 Sterculia scandens** Hemsl.

分布：云南；越南

**思茅苹婆 Sterculia simaoensis** Y. Y. Qian

分布：云南

**罗浮苹婆 Sterculia subnobilis** Hsue

分布：广东、广西

**信宜苹婆 Sterculia subracemosa** Chun et H. H. Hsue
分布：广东、广西

**北越苹婆 Sterculia tonkinensis** Aug. DC.
分布：云南；越南

**绒毛苹婆 Sterculia villosa** Roxb.
分布：云南；印度、不丹、柬埔寨、缅甸、尼泊尔、泰国

**元江苹婆 Sterculia yuanjiangensis** H. H. Hsue et S. J. Xu
分布：云南

## 可可属 Theobroma L.

**可可 Theobroma cacao** L.
分布：云南、海南栽培；原产于南美洲，热带广泛栽培

## 桐棉属 Thespesia Sol. ex Corrêa

**白脚桐棉 Thespesia lampas** (Cav.) Dalzell et A. Gibson
分布：广东、广西、海南、云南；印度、印度尼西亚、老挝、尼泊尔、菲律宾、泰国、越南；非洲(东部)

**桐棉 Thespesia populnea** (Linn.) Solander ex Corrêa
分布：台湾、广东、海南；柬埔寨、印度、日本、菲律宾、斯里兰卡、泰国、越南；非洲、热带地区

## 椴树属 Tilia L.

**紫椴 Tilia amurensis** Rupr.
分布：黑龙江、吉林、辽宁；朝鲜、俄罗斯

**紫椴(原变种) Tilia amurensis** var. **amurensis**
分布：黑龙江、吉林、辽宁；朝鲜、俄罗斯

**毛紫椴 Tilia amurensis** var. **araneosa** C. Wang et S. D. Zhao
分布：吉林

**小叶紫椴 Tilia amurensis** var. **taquetii** (C. K. Schneid.) Liou et Li
分布：黑龙江、吉林、辽宁；朝鲜、俄罗斯

**美齿椴 Tilia callidonta** H. T. Chang
分布：云南

**华椴 Tilia chinensis** Maxim.
分布：河南、陕西、甘肃、湖北、四川、云南、西藏

**华椴(原变种) Tilia chinensis** var. **chinensis**
分布：河南、陕西、甘肃、湖北、四川、云南、西藏

**多毛椴 Tilia chinensis** var. **intonsa** (E. H. Wilson) Y. C. Hsu et R. Zhuge
分布：四川

**秃华椴 Tilia chinensis** var. **investita** (V. Engl.) Rehder
分布：陕西、湖北、四川、云南、西藏

**短毛椴 Tilia chingiana** Hu et W. C. Cheng
分布：安徽、江苏、浙江、江西

**美丽椴树 Tilia concinna** Pigott
分布：安徽

**白毛椴 Tilia endochrysea** Hand.-Mazz.
分布：安徽、浙江、江西、湖南、福建、广东、广西

**毛糯米椴 Tilia henryana** Szyszyl.
分布：河南、陕西、安徽、江苏、浙江、江西、湖南、湖北

**毛糯米椴(原变种) Tilia henryana** var. **henryana**
分布：安徽、河南、湖北、湖南、江苏、江西、陕西、浙江

**糯米椴 Tilia henryana** var. **subglabra** V. Engl.
分布：安徽、江苏、浙江、江西

**华东椴 Tilia japonica** (Miq.) Simonk.
分布：山东、安徽、江苏、浙江；日本

**胶东椴 Tilia jiaodongensis** S. B. Liang
分布：山东

**黔椴 Tilia kueichouensis** Hu
分布：贵州、云南

**丽江椴 Tilia likiangensis** H. T. Chang
分布：云南

**糠椴 Tilia mandshurica** Rupr. et Maxim.
分布：黑龙江、吉林、辽宁、内蒙古、河北、山东、江苏；日本、朝鲜、俄罗斯

**糠椴(原变种) Tilia mandshurica** var. **mandshurica**
分布：黑龙江、吉林、辽宁、内蒙古、河北、山东、江苏；日本、韩国、俄罗斯

**棱果辽椴 Tilia mandshurica** var. **megaphylla** (Nakai) Liou et Li
分布：黑龙江；朝鲜

**卵果糠椴 Tilia mandshurica** var. **ovalis** (Nakai) Liou et Li
分布：吉林；日本

**瘤果糠椴 Tilia mandshurica** var. **tuberculata** Liou et Li
分布：辽宁

**膜叶椴 Tilia membranacea** H. T. Chang
分布：江西、湖南

**南京椴 Tilia miqueliana** Maxim.

分布：安徽、江苏、浙江、江西、广东；日本

**蒙椴 Tilia mongolica** Maxim.

分布：辽宁、内蒙古、河北、山西、河南

**大叶椴 Tilia nobilis** Rehder et E. H. Wilson

分布：河南、四川、云南

**鄂椴 Tilia oliveri** Szyszyl.

分布：陕西、甘肃、湖南、湖北、四川

**鄂椴(原变种) Tilia oliveri** var. **oliveri**

分布：陕西、甘肃、湖南、湖北、四川

**灰背椴 Tilia oliveri** var. **cinerascens** Rehder et E. H. Wilson

分布：湖北

**少脉椴 Tilia paucicostata** Maxim.

分布：河北、河南、陕西、甘肃、湖南、湖北、四川、云南

**少脉椴(原变种) Tilia paucicostata** var. **paucicostata**

分布：河南、陕西、甘肃、湖南、湖北、四川、云南

**红皮椴 Tilia paucicostata** var. **dictyoneura** (V. Engl. ex C. K. Schneid.) H. T. Chang et E. W. Miao

分布：河北、河南、陕西、甘肃、湖南

**毛少脉椴 Tilia paucicostata** var. **yunnanensis** Diels

分布：甘肃、四川、云南

**泰山椴 Tilia taishanensis** S. B. Liang

分布：山东

**椴树 Tilia tuan** Szyszyl.

分布：江苏、浙江、江西、湖南、湖北、四川、贵州、云南、广西

**椴树(原变种) Tilia tuan** var. **tuan**

分布：江苏、浙江、江西、湖南、湖北、四川、贵州、云南、广西

**长苞椴 Tilia tuan** var. **chenmoui** (Cheng) Y. Tang

分布：云南

**毛芽椴 Tilia tuan** var. **chinensis** (Szyszyl.) Rehder et E. H. Wilson

分布：江苏、浙江、湖南、湖北、四川、贵州

## 刺蒴麻属 Triumfetta L.

**单毛刺蒴麻 Triumfetta annua** L.

分布：浙江、江西、湖南、湖北、四川、贵州、云南、广东、广西；不丹、尼泊尔、巴基斯坦、印度、马来西亚；非洲

**毛刺蒴麻 Triumfetta cana** Blume

分布：贵州、云南、西藏、福建、广东、广西、海南；柬埔寨、老挝、尼泊尔、泰国、越南、印度、印度尼西亚、马来西亚、缅甸

**粗齿刺蒴麻 Triumfetta grandidens** Hance

分布：广东、海南；柬埔寨、泰国、马来西亚、越南

**粗齿刺蒴麻(原变种) Triumfetta grandidens** var. **grandidens**

分布：广东、海南；缅甸、越南

**秃刺蒴麻 Triumfetta grandidens** var. **glabra** R. H. Miau ex H. T. Chang

分布：海南

**长勾刺蒴麻 Triumfetta pilosa** Roth

分布：四川、贵州、云南、广东、广西；不丹、柬埔寨、印度、老挝、马来西亚、尼泊尔、巴布亚新几内亚、斯里兰卡、泰国、越南、澳大利亚；热带非洲

**铺地刺蒴麻 Triumfetta procumbens** G. Forst.

分布：中国南海群岛；日本、马来西亚、澳大利亚、印度洋群岛、西南太平洋群岛

**刺蒴麻 Triumfetta rhomboidea** Jacquem.

分布：云南、福建、台湾、广东、广西；热带地区广布

**菲岛刺蒴麻 Triumfetta semitriloba** Jacquin

分布：台湾；菲律宾；热带美洲

## 梵天花属 Urena L.

**地桃花 Urena lobata** L.

分布：安徽、福建、广东、广西、贵州、海南、湖北、湖南、江苏、江西、四川、台湾、西藏、云南、浙江；孟加拉国、不丹、柬埔寨、印度、印度尼西亚、日本、老挝、缅甸、尼泊尔、泰国、越南；泛热带地区

**地桃花(原变种) Urena lobata** var. **lobata**

分布：安徽、江苏、浙江、江西、湖南、四川、贵州、云南、西藏、福建、台湾、广东、广西、海南；不丹、柬埔寨、印度、日本、老挝、缅甸、尼泊尔、泰国、越南；泛热带

**中华地桃花 Urena lobata** var. **chinensis** (Osbeck) S. Y. Hu

分布：安徽、江西、湖南、四川、云南、福建、广东

**粗叶地桃花 Urena lobata** var. **glauca** (Blume) Borssum Waalkes

分布：四川、贵州、云南、福建、广东；孟加拉国、缅甸、

印度、马来西亚

**湖北地桃花** **Urena lobata** var. **henryi** S. Y. Hu

分布：湖北

**云南地桃花** **Urena lobata** var. **yunnanensis** S. Y. Hu

分布：四川、贵州、云南、广西

**梵天花** **Urena procumbens** L.

分布：浙江、江西、湖南、福建、台湾、广东、广西、海南

**梵天花(原变种)** **Urena procumbens** var. **procumbens**

分布：浙江、江西、湖南、福建、台湾、广东、广西、海南

**小叶梵天花** **Urena procumbens** var. **microphylla** K. M. Feng

分布：浙江

**波叶梵天花** **Urena repanda** Roxb. ex Sm.

分布：贵州、云南、广西；泰国、柬埔寨、印度、老挝、越南

### 蛇婆子属 **Waltheria** L.

**蛇婆子** **Waltheria indica** L.

分布：云南、福建、台湾、广东、广西、海南、香港；原产于热带美洲，现世界热带地区广布

### 隔蒴苘属 **Wissadula** Medik.

**隔蒴苘** **Wissadula periplocifolia** (Linn.) Presl. ex Thwaites

分布：海南；柬埔寨、印度、印度尼西亚、老挝、斯里兰卡、泰国

## 344. 竹芋科 Marantaceae R. Br.

### 竹叶蕉属 **Donax** Lour.

**竹叶蕉** **Donax canniformis** (G. Forst.) K. Schum.

分布：台湾；柬埔寨、印度、印度尼西亚、马来西亚、菲律宾、泰国、越南

### 竹芋属 **Maranta** L.

**竹芋** **Maranta arundinacea** L.

分布：云南、台湾、广东、广西、海南栽培；原产于热带美洲，现广植于各热带地区

**竹芋(原变种)** **Maranta arundinacea** var. **arundinacea**

分布：云南、台湾、广东、广西、海南；北美洲、南美洲，现广植于各热带地区

**斑叶竹芋** **Maranta arundinacea** var. **variegata** Hort.

分布：台湾、广东

**花叶竹芋** **Maranta bicolor** Ker Gawl.

分布：广东、广西；南美洲

### 柊叶属 **Phrynium** Willd.

**海南柊叶** **Phrynium hainanense** T. L. Wu et S. J. Chen

分布：广东、海南

**少花柊叶** **Phrynium oliganthum** Merr.

分布：福建、广东、海南；越南

**具柄柊叶** **Phrynium pedunculiferum** D. Fang

分布：广西

**尖苞柊叶** **Phrynium placentarium** (Lour.) Merr.

分布：贵州、云南、西藏、广东、广西、海南；不丹、印度、印度尼西亚、缅甸、菲律宾、泰国、越南

**柊叶** **Phrynium rheedei** Suresh et Nicolson

分布：云南、福建、广东、广西；印度、越南

**云南柊叶** **Phrynium tonkinense** Gagnep.

分布：云南；越南

### 穗花柊叶属 **Stachyphrynium** K. Schum.

**穗花柊叶** **Stachyphrynium sinense** H. Li

分布：云南

## 345. 角胡麻科 Martyniaceae Horan.

### 角胡麻属 **Martynia** L.

**角胡麻** **Martynia annua** L.

分布：云南；原产于中美洲，各地引种或归化；柬埔寨、印度、老挝、缅甸、尼泊尔、巴基斯坦、斯里兰卡、越南；中美洲

## 346. 藜芦科 Melanthiaceae Batsch ex Borkh.

### 白丝草属 **Chionographis** Maxim.

**白丝草** **Chionographis chinensis** K. Krause

分布：湖南、福建、广东、广西

**十万大山白丝草(新拟)** **Chionographis shiwandashanensis** Y. F. Huang et R. H. Jiang

分布：广西

### 胡麻花属 **Heloniopsis** A. Gray

**胡麻花** **Heloniopsis umbellata** Baker

分布：台湾

## 重楼属 **Paris** L.

五指莲重楼 **Paris axialis** H. Li
分布：四川、云南

巴山重楼 **Paris bashanensis** F. T. Wang et Ts. Tang
分布：湖北、四川

凌云重楼 **Paris cronquistii** (Takht.) H. Li
分布：四川、贵州、云南、广西

凌云重楼(原变种) **Paris cronquistii** var. **cronquistii**
分布：四川、贵州、云南、广西

短瓣凌云重楼 **Paris cronquistii** var. **brevipetalata** H. X. Yin et H. Zhang
分布：四川

西畴重楼 **Paris cronquistii** var. **xichouensis** H. Li
分布：云南

大理重楼 **Paris daliensis** H. Li et V. G. Soukup
分布：云南

金线重楼 **Paris delavayi** Franch.
分布：江西、湖南、湖北、四川、贵州、云南；越南

独龙重楼 **Paris dulongensis** H. Li et Kurita
分布：云南

海南重楼 **Paris dunniana** H. Lév.
分布：贵州、云南、海南

球药隔重楼 **Paris fargesii** Franch.
分布：江西、湖南、湖北、四川、贵州、云南、广东、广西；越南

球药隔重楼(原变种) **Paris fargesii** var. **fargesii**
分布：江西、湖南、湖北、四川、贵州、云南、广东；越南

具柄重楼 **Paris fargesii** var. **petiolata** (Baker ex C. H. Wright) F. T. Wang et Ts. Tang
分布：江西、四川、贵州、广西

长柱重楼 **Paris forrestii** (Takht.) H. Li
分布：云南、西藏；缅甸

贵州重楼(新拟) **Paris guizhouensis** S. Z. He
分布：贵州

禄劝花叶重楼 **Paris luquanensis** H. Li
分布：云南

毛重楼 **Paris mairei** H. Lév.
分布：四川、贵州、云南

花叶重楼 **Paris marmorata** Stearn
分布：四川、云南、西藏；不丹、印度、尼泊尔

多蕊重楼 **Paris polyandra** S. F. Wang
分布：四川

七叶一枝花 **Paris polyphylla** Smith
分布：山西、河南、陕西、甘肃、安徽、江苏、浙江、江西、湖南、湖北、四川、贵州、云南、西藏、福建、台湾、广东、广西；不丹、印度、老挝、缅甸、尼泊尔、泰国、越南

七叶一枝花(原变种) **Paris polyphylla** var. **polyphylla**
分布：甘肃、湖南、湖北、四川、贵州、云南、西藏、台湾、广东、广西；不丹、印度、尼泊尔、越南

白花重楼 **Paris polyphylla** var. **alba** H. Li et R. J. Mitch.
分布：湖北、贵州、云南

华重楼 **Paris polyphylla** var. **chinensis** (Franch.) H. Hara
分布：安徽、江苏、江西、湖南、湖北、四川、贵州、云南、福建、台湾、广东、广西；老挝、缅甸、泰国、越南

峨眉重楼 **Paris polyphylla** var. **emeiensis** H. X. Yin, H. Zhang et D. Xue
分布：四川

广东重楼 **Paris polyphylla** var. **kwantungensis** (R. H. Miao) S. C. Chen et S. Yun Liang
分布：广东

宽叶重楼 **Paris polyphylla** var. **latifolia** F. T. Wang et C. Yu Chang
分布：山西、河南、陕西、安徽、江西、湖北

小重楼 **Paris polyphylla** var. **minor** S. F. Wang
分布：四川

矮重楼 **Paris polyphylla** var. **nana** H. Li
分布：四川

攀西直瓣重楼 **Paris polyphylla** var. **panxiensis** J. L. Liu
分布：四川

长药隔重楼 **Paris polyphylla** var. **pseudothibetica** H. Li
分布：云南

狭叶重楼 **Paris polyphylla** var. **stenophylla** Franch.
分布：山西、陕西、甘肃、安徽、江苏、浙江、江西、湖南、湖北、四川、贵州、云南、西藏、福建、台湾、广西；

不丹、印度、缅甸、尼泊尔

四叶重楼 **Paris quadrifolia** L.

分布：黑龙江、新疆；蒙古国、俄罗斯；欧洲

皱叶重楼 **Paris rugosa** H. Li et Kurita

分布：云南

显柱重楼(新拟) **Paris stigmatosa** Shu-dong Zhang

分布：云南

黑籽重楼 **Paris thibetica** Franch.

分布：甘肃、四川、贵州、云南、西藏；不丹、缅甸、印度

黑籽重楼(原变种) **Paris thibetica** var. **thibetica**

分布：甘肃、四川、贵州、云南、西藏；不丹、印度

无瓣重楼 **Paris thibetica** var. **apetala** Hand.-Mazz.

分布：四川、云南、西藏；不丹、缅甸、印度

卷瓣重楼 **Paris undulata** H. Li et V. G. Soukup

分布：四川

平伐重楼 **Paris vaniotii** H. Lév.

分布：湖南、贵州、云南；缅甸

北重楼 **Paris verticillata** M. Bieb.

分布：黑龙江、吉林、辽宁、内蒙古、河北、山西、陕西、甘肃、安徽、浙江、四川；日本、韩国、蒙古国、俄罗斯

南重楼 **Paris vietnamensis** (Takht.) H. Li

分布：云南、广西；越南

文县重楼 **Paris wenxianensis** Z. X. Peng et R. N. Zhao

分布：甘肃

## 延龄草属 Trillium L.

吉林延龄草 **Trillium camschatcense** Ker Gawl.

分布：吉林；日本、韩国、俄罗斯；北美洲

西藏延龄草 **Trillium govanianum** Wall. ex Royle

分布：西藏；不丹、尼泊尔、印度

台湾延龄草 **Trillium taiwanense** S. S. Ying

分布：台湾

延龄草 **Trillium tschonoskii** Maxim.

分布：陕西、甘肃、安徽、浙江、湖北、四川、云南、西藏、福建、台湾；不丹、日本、朝鲜、缅甸、印度

## 藜芦属 Veratrum L.

兴安藜芦 **Veratrum dahuricum** (Turcz.) Loes.

分布：黑龙江、吉林、辽宁、内蒙古；朝鲜、俄罗斯

台湾藜芦 **Veratrum formosanum** Loes.

分布：台湾

毛叶藜芦 **Veratrum grandiflorum** (Maxim. ex Baker) Loes.

分布：浙江、江西、湖南、湖北、四川、云南

阿尔泰藜芦 **Veratrum lobelianum** Bernh.

分布：新疆；哈萨克斯坦、蒙古国、俄罗斯；欧洲

毛穗藜芦 **Veratrum maackii** Regel

分布：黑龙江、吉林、辽宁、内蒙古、河北、山东；日本、朝鲜、俄罗斯

蒙自藜芦 **Veratrum mengtzeanum** Loes.

分布：贵州、云南

小花藜芦 **Veratrum micranthum** F. T. Wang et Ts. Tang

分布：四川、云南

藜芦 **Veratrum nigrum** L.

分布：黑龙江、吉林、辽宁、内蒙古、河北、山西、山东、河南、陕西、甘肃、湖北、四川、贵州；哈萨克斯坦、蒙古国、俄罗斯；欧洲

长梗藜芦 **Veratrum oblongum** Loes.

分布：江西、湖北、四川

尖被藜芦 **Veratrum oxysepalum** Turcz.

分布：黑龙江、吉林、辽宁；日本、朝鲜、俄罗斯

牯岭藜芦 **Veratrum schindleri** Loes.

分布：河南、安徽、江苏、浙江、江西、湖南、湖北、福建、广东、广西

狭叶藜芦 **Veratrum stenophyllum** Diels

分布：四川、云南

狭叶藜芦(原变种) **Veratrum stenophyllum** var. **stenophyllum**

分布：四川、云南

滇北藜芦 **Veratrum stenophyllum** var. **taronense** F. T. Wang et Z. H. Tsi

分布：云南

大理藜芦 **Veratrum taliense** Loes.

分布：四川、云南

## 丫蕊花属 Ypsilandra Franch.

高山丫蕊花 **Ypsilandra alpina** F. T. Wang et Ts. Tang

分布：云南、西藏；缅甸

小果丫蕊花 **Ypsilandra cavaleriei** H. Lév. et Vaniot

分布：湖南、贵州、广东、广西

金平丫蕊花 **Ypsilandra jinpingensis** W. H. Chen et Y. M. Shui
分布：云南

甘肃丫蕊花 **Ypsilandra kansuensis** R. N. Zhao et Z. X. Peng
分布：甘肃

丫蕊花 **Ypsilandra thibetica** Franch.
分布：湖南、四川、广西

云南丫蕊花 **Ypsilandra yunnanensis** W. W. Sm. et Jeffrey
分布：云南、西藏；不丹、缅甸、尼泊尔

### 棋盘花属 **Zigadenus** Michx.

棋盘花 **Zigadenus sibiricus** (L.) A. Gray
分布：黑龙江、吉林、辽宁、内蒙古、河北、山西、湖北、四川；日本、朝鲜、蒙古国、俄罗斯

## 347. 野牡丹科 Melastomataceae Juss.

### 异形木属 **Allomorphia** Blume

异形木 **Allomorphia balansae** Cogn.
分布：云南、广西、海南；泰国、越南

刺毛异形木 **Allomorphia baviensis** Guillaumin
分布：云南、广西；泰国、越南

翅茎异形木 **Allomorphia curtisii** (King) Ridl.
分布：云南；老挝、马来西亚、泰国、越南

腾冲异形木 **Allomorphia howellii** (Jeffrey et W. W. Sm.) Diels
分布：云南

尾叶异形木 **Allomorphia urophylla** Diels
分布：云南、广东、广西

### 褐鳞木属 **Astronia** Bl.

褐鳞木 **Astronia ferruginea** Elmer
分布：台湾

### 棱果花属 **Barthea** Hook. f.

棱果花 **Barthea barthei** (Hance ex Benth.) Krasser
分布：湖南、福建、台湾、广东、广西

棱果花(原变种) **Barthea barthei** var. **barthei**
分布：湖南、福建、台湾、广东、广西

宽翅棱果花 **Barthea barthei** var. **valdealata** C. Hansen
分布：广西

### 柏拉木属 **Blastus** Lour.

耳基柏拉木 **Blastus auriculatus** Y. C. Huang ex C. Chen
分布：云南

南亚柏拉木 **Blastus borneensis** Cogn. ex Boerlage
分布：海南；印度尼西亚、马来西亚、泰国、越南

短柄柏拉木 **Blastus brevissimus** C. Chen
分布：广西

柏拉木 **Blastus cochinchinensis** Lour.
分布：湖南、贵州、云南、福建、台湾、广东、广西、海南；柬埔寨、印度、老挝、缅甸、越南

密毛柏拉木 **Blastus mollissimus** H. L. Li
分布：广西

刺毛柏拉木 **Blastus setulosus** Diels
分布：广东、广西

薄叶柏拉木 **Blastus tenuifolius** Diels
分布：广西

云南柏拉木 **Blastus tsaii** H. L. Li
分布：云南

### 野海棠属 **Bredia** Blume

双腺野海棠 **Bredia biglandularis** C. Chen
分布：广西

赤水野海棠 **Bredia esquirolii** (H. Lév.) Lauener
分布：四川、贵州

野海棠 **Bredia hirsuta** var. **scandens** Ito et Matsum.
分布：台湾

长萼野海棠 **Bredia longiloba** (Hand.-Mazz.) Diels
分布：江西、湖南、云南、广东

小叶野海棠 **Bredia microphylla** H. L. Li
分布：江西、广东、广西

金石榴 **Bredia oldhamii** Hook. f.
分布：台湾

过路惊 **Bredia quadrangularis** Cogn.
分布：安徽、浙江、江西、湖南、福建、广东、广西

短柄野海棠 **Bredia sessilifolia** H. L. Li
分布：贵州、广东、广西

鸭脚茶 **Bredia sinensis** (Diels) H. L. Li
分布：浙江、江西、湖南、福建、广东

云南野海棠 **Bredia yunnanensis** (Lév.) Diels
分布：四川、云南

## 药囊花属 Cyphotheca Diels

药囊花 **Cyphotheca montana** Diels
分布：云南

## 藤牡丹属 Diplectria (Bl.) Reichb.

藤牡丹 **Diplectria barbata** (Triana ex C. B. Clarke) Franken et Roos
分布：海南；印度、越南、马来西亚

## 异药花属 Fordiophyton Stapf

短柄异药花 **Fordiophyton brevicaule** C. Chen
分布：香港

短葶无距花 **Fordiophyton breviscapum** (C. Chen) Y. F. Deng et T. L. Wu
分布：湖南、广东

心叶异药花 **Fordiophyton cordifolium** C. Y. Wu ex C. Chen
分布：广东

大名山异药花(新拟) **Fordiophyton damingshanense** S. Y. Liu et X. Q. Ning
分布：广西

败蕊无距花 **Fordiophyton degeneratum** (C. Chen) Y. F. Deng et T. L. Wu
分布：广东、广西

异药花 **Fordiophyton faberi** Stapf
分布：浙江、江西、湖南、四川、贵州、云南、福建、广东、广西

长柄异药花 **Fordiophyton longipes** Y. C. Huang ex C. Chen
分布：云南

无距花 **Fordiophyton peperomiifolium** (Oliv.) Hansen
分布：广东

匍匐异药花 **Fordiophyton repens** Y. C. Huang ex C. Chen
分布：云南

劲枝异药花 **Fordiophyton strictum** Diels
分布：云南、广西；越南

## 酸脚杆属 Medinilla Gaudich.

附生美丁花 **Medinilla arboricola** F. C. How
分布：海南

顶花酸脚杆 **Medinilla assamica** (C. B. Clarke) C. Chen
分布：云南、广东、广西、海南；印度、泰国、越南、老挝、缅甸

西畴酸脚杆 **Medinilla fengii** (S. Y. Hu) C. Y. Wu et C. Chen
分布：云南、台湾

台湾酸脚杆 **Medinilla formosana** Hayata
分布：台湾

糠秕酸脚杆 **Medinilla hayatana** H. Keng
分布：台湾

锥序酸脚杆 **Medinilla himalayana** Hook. f. ex Triana
分布：云南、西藏；印度、不丹

酸脚杆 **Medinilla lanceata** (Nayar) C. Chen
分布：云南、海南

矮酸脚杆 **Medinilla nana** S. Y. Hu
分布：云南、西藏；越南

沙巴酸脚杆 **Medinilla petelotii** Merr.
分布：云南；越南

红花酸脚杆 **Medinilla rubicunda** (Jack) Blume
分布：云南、西藏、广西、海南；印度、缅甸、不丹、尼泊尔、泰国、马来西亚

北酸脚杆 **Medinilla septentrionalis** (W. W. Sm.) H. L. Li
分布：云南、广东、广西；缅甸、泰国、越南

## 野牡丹属 Melastoma L.

地菍 **Melastoma dodecandrum** Lour.
分布：安徽、浙江、江西、湖南、贵州、福建、广东、广西；越南

大野牡丹 **Melastoma imbricatum** Wall. ex Triana
分布：云南、西藏、广西；柬埔寨、老挝、印度、缅甸、泰国、越南、马来西亚

细叶野牡丹 **Melastoma intermedium** Dunn
分布：台湾

野牡丹 **Melastoma malabathricum** L.
分布：浙江、江西、湖南、四川、贵州、云南、西藏、福建、台湾、广东、广西、海南；柬埔寨、印度、日本、老挝、马来西亚、缅甸、尼泊尔、菲律宾、泰国、越南、太平洋岛屿

毛菍 **Melastoma sanguineum** Sims
分布：福建、广东、广西、海南；印度、印度尼西亚、马

来西亚

**毛菍(原变种) Melastoma sanguineum** var. **sanguineum**

分布：福建、广东、广西、海南；印度、印度尼西亚、马来西亚

**宽萼毛菍 Melastoma sanguineum** var. **latisepalum** C. Chen

分布：海南、香港

## 谷木属 Memecylon L.

**天蓝谷木 Memecylon caeruleum** Jack

分布：云南、西藏、海南；柬埔寨、印度尼西亚、越南

**蛇藤谷木 Memecylon celastrinum** Kurz.

分布：西藏；缅甸、新加坡、泰国

**海南谷木 Memecylon hainanense** Merr. et Chun

分布：云南、海南

**狭叶谷木 Memecylon lanceolatum** Blanco

分布：台湾；印度尼西亚、菲律宾

**谷木 Memecylon ligustrifolium** Champ. ex Benth.

分布：云南、福建、广东、广西、海南

**谷木(原变种) Memecylon ligustrifolium** var. **ligustrifolium**

分布：云南、福建、广东、广西、海南

**单果谷木 Memecylon ligustrifolium** var. **monocarpum** C. Chen

分布：云南

**禄春谷木 Memecylon luchuenense** C. Chen

分布：云南

**黑叶谷木 Memecylon nigrescens** Hooker et Arnott

分布：广东、海南

**棱果谷木 Memecylon octocostatum** Merr. et Chun

分布：广东、海南

**少花谷木 Memecylon pauciflorum** Blume

分布：广东、海南；印度、印度尼西亚、老挝、马来西亚、缅甸、泰国、越南；大洋洲

**垂枝谷木(新拟) Memecylon pendulum** Chih C. Wang, Y. H. Tseng, Y. T. Chen et Kun C. Chang

分布：台湾

**滇谷木 Memecylon polyanthum** H. L. Li

分布：云南

**细叶谷木 Memecylon scutellatum** (Loureiro) Hooker et Arnott

分布：广东、广西、海南；柬埔寨、老挝、马来西亚、缅甸、泰国、越南

## 金锦香属 Osbeckia L.

**头序金锦香 Osbeckia capitata** Benth. ex Walp.

分布：云南；不丹、印度

**金锦香 Osbeckia chinensis** L.

分布：吉林、安徽、江苏、浙江、江西、湖南、湖北、四川、贵州、云南、西藏、福建、台湾、广东、广西、海南；柬埔寨、印度、印度尼西亚、日本、老挝、马来西亚、缅甸、尼泊尔、菲律宾、泰国、越南、澳大利亚

**金锦香(原变种) Osbeckia chinensis** var. **chinensis**

分布：吉林、安徽、江苏、浙江、江西、湖南、湖北、四川、贵州、云南、福建、台湾、广东、广西、海南；柬埔寨、印度、印度尼西亚、日本、老挝、马来西亚、缅甸、尼泊尔、菲律宾、泰国、越南、澳大利亚

**宽叶金锦香 Osbeckia chinensis** var. **angustifolia** (D. Don) C. Y. Wu et C. Chen

分布：四川、云南、海南；印度、尼泊尔至越南

**蚂蚁花 Osbeckia nepalensis** Hook. f.

分布：云南、西藏、广西；不丹、印度、老挝、缅甸、尼泊尔、泰国、越南

**蚂蚁花(原变种) Osbeckia nepalensis** var. **nepalensis**

分布：云南、西藏、广西；不丹、印度、老挝、缅甸、尼泊尔、泰国

**白蚂蚁花 Osbeckia nepalensis** var. **albiflora** Lindl.

分布：云南、西藏；尼泊尔

**花头金锦香 Osbeckia nutans** Wall. ex C. B. Clarke

分布：西藏；印度、不丹、尼泊尔

**星毛金锦香 Osbeckia stellata** Buch.-Ham. ex Ker Gawl.

分布：浙江、江西、湖南、湖北、四川、贵州、云南、西藏、福建、台湾、广东、广西、海南；不丹、柬埔寨、老挝、印度、缅甸、尼泊尔、泰国、越南

## 尖子木属 Oxyspora DC.

**墨脱尖子木 Oxyspora cernua** (Roxb.) Hook. f. et Thomson ex Triana

分布：西藏；印度、不丹

**东南亚尖子木(新拟) Oxyspora curtisii** King

分布：云南；老挝、马来半岛、泰国、越南

**尖子木 Oxyspora paniculata** (D. Don) DC.

分布：贵州、云南、西藏、广西；印度、不丹、缅甸、尼泊尔、老挝、柬埔寨、越南

翅茎尖子木 **Oxyspora teretipetiolata** (C. Y. Wu et C. Chen) W. H. Chen et Y. M. Shui
分布：云南

刚毛尖子木 **Oxyspora vagans** (Roxb.) Wall .
分布：云南、西藏、广西；印度、缅甸、泰国

滇尖子木 **Oxyspora yunnanensis** H. L. Li
分布：贵州、云南

## 锦香草属 **Phyllagathis** Blume

细辛锦香草 **Phyllagathis asarifolia** C. Chen
分布：广西

锦香草 **Phyllagathis cavaleriei** (Lév. et Vaniot) Guillaumin
分布：浙江、江西、湖南、四川、贵州、云南、福建、广东、广西

聚伞锦香草 **Phyllagathis cymigera** C. Chen
分布：云南

三角齿锦香草 **Phyllagathis deltoidea** C. Chen
分布：广西

红敷地发 **Phyllagathis elattandra** Diels
分布：云南、广东、广西

直立锦香草 **Phyllagathis erecta** (S. Y. Hu) C. Y. Wu ex C. Chen
分布：云南、广西

刚毛锦香草 **Phyllagathis fengii** C. Hansen
分布：云南

细梗锦香草 **Phyllagathis gracilis** (Hand.-Mazz.) C. Chen
分布：湖南

海南锦香草 **Phyllagathis hainanensis** (Merr. et Chun) C. Chen
分布：海南

密毛锦香草 **Phyllagathis hispidissima** (C. Chen) C. Chen
分布：云南；越南

宽萼锦香草 **Phyllagathis latisepala** C. Chen
分布：湖北

长芒锦香草 **Phyllagathis longearistata** C. Chen
分布：广西

大叶熊巴掌 **Phyllagathis longiradiosa** (C. Chen) C. Chen
分布：贵州、云南、广西

大叶熊巴掌(原变种) **Phyllagathis longiradiosa** var. **longiradiosa**
分布：贵州、云南、广西

丽萼熊巴掌 **Phyllagathis longiradiosa** var. **pulchella** C. Chen
分布：广西

毛锦香草 **Phyllagathis melastomatoides** (Merr. et Chun) W. C. Ko
分布：海南

毛锦香草(原变种) **Phyllagathis melastomatoides** var. **melastomatoides**
分布：海南

短柄毛锦香草 **Phyllagathis melastomatoides** var. **brevipes** W. C. Ko
分布：海南

毛柄锦香草 **Phyllagathis oligotricha** Merr.
分布：江西、湖南、广东、广西

卵叶锦香草 **Phyllagathis ovalifolia** H. L. Li
分布：云南、广西；越南

偏斜锦香草 **Phyllagathis plagiopetala** C. Chen
分布：湖南、广西

斑叶锦香草 **Phyllagathis scorpiothyrsoides** C. Chen
分布：广西；越南

刺蕊锦香草 **Phyllagathis setotheca** H. L. Li
分布：广东、广西；越南

窄叶锦香草 **Phyllagathis stenophylla** (Merr. et Chun) H. L. Li
分布：海南

须花锦香草 **Phyllagathis tentaculifera** C. Hansen
分布：云南

三瓣锦香草 **Phyllagathis ternata** C. Chen
分布：广东

四蕊熊巴掌 **Phyllagathis tetrandra** Diels
分布：云南、海南；越南

腺毛锦香草 **Phyllagathis velutina** (Diels) C. Chen
分布：云南、福建

## 偏瓣花属 **Plagiopetalum** Rehder

偏瓣花 **Plagiopetalum esquirolii** (Lév.) Rehder
分布：四川、贵州、云南、广西；缅甸、越南

四棱偏瓣花 **Plagiopetalum tenuicaule** (C. Chen) C. Hansen
分布：广西

## 肉穗草属 **Sarcopyramis** Wall.

肉穗草 **Sarcopyramis bodinieri** H. Lév. et Vaniot
分布：四川、贵州、云南、西藏、福建、台湾、广西

楮头红 **Sarcopyramis napalensis** Wall.
分布：浙江、江西、湖南、湖北、四川、贵州、云南、西藏、福建、广东、广西；不丹、印度、印度尼西亚、马来西亚、缅甸、尼泊尔、菲律宾、泰国

## 卷花丹属 **Scorpiothyrsus** H. L. Li

红毛卷花丹 **Scorpiothyrsus erythrotrichus** Merr. et Chun ex H. L. Li
分布：海南

上思卷花丹 **Scorpiothyrsus shangszeensis** C. Chen
分布：广西

黄毛卷花丹 **Scorpiothyrsus xanthotrichus** (Merr. et Chun) H. L. Li
分布：海南

## 蜂斗草属 **Sonerila** Roxb.

蜂斗草 **Sonerila cantonensis** Stapf.
分布：云南、广东；越南

直立蜂斗草 **Sonerila erecta** Jack
分布：江西、湖南、云南、广东、广西；印度、缅甸、中南半岛、马来西亚至菲律宾

海南桑叶草 **Sonerila hainanensis** Merr.
分布：海南

溪边桑勒草 **Sonerila maculata** Roxb.
分布：云南、西藏、福建、广东、广西；柬埔寨、印度、不丹、印度尼西亚、尼泊尔、缅甸、泰国、老挝、越南、马来西亚

海棠叶蜂斗草 **Sonerila plagiocardia** Diels
分布：江西、云南、广东、广西；泰国、老挝、柬埔寨、越南、马来西亚

报春蜂斗草 **Sonerila primuloides** C. Y. Wu ex C. Chen
分布：云南

## 八蕊花属 **Sporoxeia** W. W. Sm.

棒距八蕊花 **Sporoxeia clavicalcarata** C. Chen
分布：云南

八蕊花 **Sporoxeia sciadophila** W. W. Sm.
分布：云南

## 长穗花属 **Styrophyton** S. Y. Hu

长穗花 **Styrophyton caudatum** (Diels) S. Y. Hu
分布：云南、广西

## 虎颜花属 **Tigridiopalma** C. Chen

虎颜花 **Tigridiopalma magnifica** C. Chen
分布：广东

# 348. 楝科 Meliaceae Juss.

## 米仔兰属 **Aglaia** Lour.

马肾果 **Aglaia edulis** (Roxburgh) Wall.
分布：云南；不丹、柬埔寨、印度、印度尼西亚、老挝、马来西亚、缅甸、泰国、越南

山椤 **Aglaia elaeagnoidea** (A. Jussieu) Benth.
分布：贵州、云南、台湾、广东、广西、海南；柬埔寨、印度、印度尼西亚、老挝、马来西亚、巴布亚新几内亚、菲律宾、斯里兰卡、泰国、越南、澳大利亚、太平洋群岛

望谟崖摩 **Aglaia lawii** (Wight) C. J. Saldanha et Ramamorthy
分布：贵州、云南、西藏、台湾、广东、广西、海南；不丹、印度、印度尼西亚、老挝、马来西亚、缅甸、巴布亚新几内亚、菲律宾、泰国、越南、印度洋群岛、太平洋群岛

米仔兰 **Aglaia odorata** Lour.
分布：广东、广西、海南；柬埔寨、老挝、泰国、越南

碧绿米仔兰 **Aglaia perviridis** Hiern
分布：云南；孟加拉国、不丹、印度、老挝、马来西亚、泰国、印度洋群岛

椭圆叶米仔兰 **Aglaia rimosa** (Blanco) Merr.
分布：台湾；印度尼西亚、巴布亚新几内亚、菲律宾、太平洋群岛

曲梗崖摩 **Aglaia spectabilis** (Miq.) S. S. Jain et Bennet
分布：云南；不丹、柬埔寨、印度、印度尼西亚、老挝、马来西亚、缅甸、巴布亚新几内亚、菲律宾、泰国、越南、澳大利亚(东北部)、太平洋群岛

星毛崖摩 **Aglaia teysmanniana** (Miq.) Miq.
分布：云南；印度尼西亚、马来西亚、巴布亚新几内亚、菲律宾、泰国

## 山楝属 **Aphanamixis** Blume

山楝 **Aphanamixis polystachya** (Wall.) R. Parker

分布：云南、福建、台湾、广东、广西、海南；不丹、印度、印度尼西亚、老挝、马来西亚、巴布亚新几内亚、菲律宾、斯里兰卡、泰国、越南、太平洋群岛

## 洋椿属 **Cedrela** P. Browne

洋椿 **Cedrela odorata** L.

分布：栽培于广东；原产于热带南美洲

## 溪杪属 **Chisocheton** Blume

溪杪 **Chisocheton cumingianus** subsp. **balansae** (C. de Candolle) Mabberley

分布：云南、广东、广西；不丹、老挝、印度、缅甸、泰国、越南

## 麻楝属 **Chukrasia** A. Juss.

麻楝 **Chukrasia tabularis** A. Juss.

分布：浙江、贵州、云南、西藏、福建、广东、广西、海南；不丹、印度、印度尼西亚、老挝、马来西亚、尼泊尔、越南、斯里兰卡、泰国

## 浆果楝属 **Cipadessa** Blume

浆果楝 **Cipadessa baccifera** (Roth) Miq.

分布：四川、贵州、云南、广西；不丹、印度、印度尼西亚、老挝、马来西亚、尼泊尔、菲律宾、泰国、斯里兰卡、越南

## 樫木属 **Dysoxylum** Blume

兰屿樫木 **Dysoxylum arborescens** (Blume) Miq.

分布：台湾；澳大利亚、印度尼西亚、马来西亚、巴布亚新几内亚、菲律宾、印度洋群岛、太平洋群岛

肯氏樫木 **Dysoxylum cumingianum** C. DC.

分布：台湾；印度尼西亚、马来西亚、菲律宾

密花樫木 **Dysoxylum densiflorum** (Blume) Miq.

分布：云南；印度尼西亚、马来西亚、缅甸、泰国

樫木 **Dysoxylum excelsum** Blume

分布：云南、西藏、广西；印度、印度尼西亚、不丹、老挝、尼泊尔、巴布亚新几内亚、菲律宾、斯里兰卡、泰国、越南、太平洋所罗门群岛

红果樫木 **Dysoxylum gotadhora** (Buch.-Ham.) Mabberley

分布：云南、海南；不丹、印度、老挝、尼泊尔、泰国、越南

多脉樫木 **Dysoxylum grande** Hiern

分布：云南、广东、广西、海南；不丹、印度、印度尼西亚、马来西亚、泰国、越南

香港樫木 **Dysoxylum hongkengense** (Tutcher) Merr.

分布：云南、台湾、广东、广西、海南

总序樫木 **Dysoxylum laxiracemosum** C. Y. Wu et H. Li

分布：云南

皮孔樫木 **Dysoxylum lenticellatum** C. Y. Wu et H. Li

分布：云南；缅甸、泰国

墨脱樫木 **Dysoxylum medogense** C. Y. Wu et H. Li

分布：西藏

海南樫木 **Dysoxylum mollissimum** Bl.

分布：云南、广东、广西、海南；不丹、印度、马来西亚、缅甸、菲律宾、印度尼西亚

少花樫木 **Dysoxylum pallens** Hiern

分布：云南、海南；不丹、柬埔寨、印度、缅甸、泰国

大花樫木 **Dysoxylum parasiticum** (Osbeck) Kosterm.

分布：台湾；印度尼西亚、马来西亚、巴布亚新几内亚、菲律宾、澳大利亚(东北部)、太平洋群岛

## 非洲楝属 **Khaya** A. Juss.

非洲楝 **Khaya senegalensis** (Desr.) A. Juss.

分布：福建、台湾、广东、广西、海南；原产于热带非洲

## 楝属 **Melia** L.

楝 **Melia azedarach** L.

分布：河北、山西、山东、河南、陕西、甘肃、安徽、江苏、浙江、江西、湖南、湖北、四川、贵州、云南、西藏、福建、台湾、广东、广西、海南；不丹、印度、印度尼西亚、老挝、尼泊尔、巴布亚新几内亚、菲律宾、斯里兰卡、泰国、越南、所罗门群岛、热带澳大利亚

## 地黄连属 **Munronia** Wight

羽状地黄连 **Munronia pinnata** (Wall.) W. Theobald

分布：重庆、贵州、广东、广西、海南；不丹、印度、印度尼西亚、马来西亚、缅甸、尼泊尔、斯里兰卡、泰国、越南

单叶地黄连 **Munronia unifoliolata** Oliv.

分布：湖南、湖北、四川、贵州、云南、广东、海南；越南

鹦歌岭地黄连(新拟) **Munronia yinggelingensis** R. J. Zhang, Y. S. Ye et F. W. Xing

分布：海南

## 雷楝属 **Reinwardtiodendron** Koord.

雷楝 **Reinwardtiodendron humile** (Hassk.) Mabberley
分布：海南；印度尼西亚、柬埔寨、老挝、泰国、马来西亚、越南、菲律宾

## 香椿属 **Toona** (Endl.) M. Roem.

红椿 **Toona ciliata** M. Roem.
分布：四川、云南、广东、海南；孟加拉国、不丹、柬埔寨、印度、印度尼西亚、老挝、马来西亚、缅甸、尼泊尔、巴基斯坦、巴布亚新几内亚、菲律宾、斯里兰卡、泰国、越南、澳大利亚、太平洋岛屿

红花香椿 **Toona fargesii** A. Chev.
分布：福建、广东、广西、湖北、四川、云南；?不丹、?印度、?缅甸

香椿 **Toona sinensis** (Juss.) Roem.
分布：河北、河南、陕西、甘肃、安徽、江苏、浙江、江西、湖南、湖北、四川、贵州、云南、西藏、福建、广东、广西；不丹、印度、印度尼西亚、老挝、马来西亚、缅甸、尼泊尔、泰国

## 杜楝属 **Turraea** L.

杜楝 **Turraea pubescens** Hell.
分布：广东、广西、海南；印度、老挝、巴布亚新几内亚、菲律宾、泰国、越南、澳大利亚(东部)、印度尼西亚

## 割舌树属 **Walsura** Roxb.

越南割舌树 **Walsura pinnata** Hassk.
分布：云南、广西、海南；柬埔寨、印度尼西亚、老挝、马来西亚、缅甸、菲律宾、泰国、越南

割舌树 **Walsura robusta** Roxb.
分布：云南、广西、海南；孟加拉国、不丹、老挝、缅甸、泰国、越南、印度、马来西亚

## 木果楝属 **Xylocarpus** Koen.

木果楝 **Xylocarpus granatum** K. D. Koenig
分布：海南；印度尼西亚、巴布亚新几内亚、菲律宾、斯里兰卡、泰国、印度、马来西亚、越南、太平洋群岛(西部)；东非

# 349. 防己科 Menispermaceae Juss.

## 崖藤属 **Albertisia** Becc.

崖藤 **Albertisia laurifolia** Yamam.
分布：云南、广西、海南；越南

## 古山龙属 **Arcangelisia** Becc.

古山龙 **Arcangelisia gusanlung** H. S. Lo
分布：海南

## 球果藤属 **Aspidocarya** Hook. f. et Thomson

球果藤 **Aspidocarya uvifera** Hook. f. et Thomson
分布：云南；印度、缅甸、泰国

## 锡生藤属 **Cissampelos** L.

锡生藤 **Cissampelos pareira** var. **hirsuta** (Buch. ex DC.) Forman
分布：贵州、云南、广西；泛热带

## 木防己属 **Cocculus** DC.

樟叶木防己 **Cocculus laurifolius** DC.
分布：湖南、贵州、西藏、台湾；印度、印度尼西亚、日本、老挝、马来西亚、缅甸、尼泊尔、泰国

木防己 **Cocculus orbiculatus** (L.) DC.
分布：山东、河南、陕西、安徽、江苏、浙江、江西、湖南、湖北、四川、贵州、云南、福建、台湾、广东、广西、海南；印度、印度尼西亚、日本、老挝、马来西亚、尼泊尔、菲律宾，引种在印度洋群岛和太平洋岛屿

木防己(原变种) **Cocculus orbiculatus** var. **orbiculatus**
分布：安徽、福建、广东、广西、贵州、海南、河南、湖北、湖南、江苏、江西、陕西、山东、四川、台湾、云南、浙江；马来西亚

毛木防己 **Cocculus orbiculatus** var. **mollis** (Wall. ex Hook. f. et Thomson) Hara
分布：四川、贵州、云南、广西；尼泊尔、印度

## 轮环藤属 **Cyclea** Arn. et Wight

毛叶轮环藤 **Cyclea barbata** Miers
分布：广东、海南；印度、印度尼西亚、老挝、缅甸、泰国、越南

纤花轮环藤 **Cyclea debiliflora** Miers
分布：云南；印度

纤细轮环藤 **Cyclea gracillima** Diels
分布：台湾、海南

粉叶轮环藤 **Cyclea hypoglauca** (Schauer) Diels
分布：江西、湖南、贵州、云南、福建、广东、广西、海南；越南

海岛轮环藤 **Cyclea insularis** (Makino) Hatsus.
分布：贵州、台湾、广西；日本

**海岛轮环藤(原亚种) Cyclea insularis** subsp. **insularis**
分布：台湾；日本

**黔贵轮环藤 Cyclea insularis** subsp. **guangxiensis** H. S. Lo
分布：贵州、广西

**弄岗轮环藤 Cyclea longgangensis** J. Y. Luo
分布：广西

**云南轮环藤 Cyclea meeboldii** Diels
分布：云南；印度

**台湾轮环藤 Cyclea ochiaiana** (Yamamoto) S. F. Huang et T. C. Huang
分布：台湾

**铁藤 Cyclea polypetala** Dunn
分布：云南、广西、海南；泰国

**轮环藤 Cyclea racemosa** Oliv.
分布：福建、广东、贵州、湖北、湖南、江西、?山西、四川、浙江

**四川轮环藤 Cyclea sutchuenensis** Gagnep.
分布：湖南、湖北、四川、贵州、云南、广东、广西

**南轮环藤 Cyclea tonkinensis** Gagnep.
分布：云南、广西；老挝、越南

**西南轮环藤 Cyclea wattii** Diels
分布：重庆、贵州、云南；印度

## 秤钩风属 Diploclisia Miers

**秤钩风 Diploclisia affinis** (Oliv.) Diels
分布：安徽、浙江、江西、湖南、湖北、四川、贵州、云南、福建、广东、广西

**苍白秤钩风 Diploclisia glaucescens** (Blume) Diels
分布：云南、广东、广西、海南；印度、印度尼西亚、缅甸、巴布亚新几内亚、菲律宾、斯里兰卡、泰国

## 藤枣属 Eleutharrhena Forman

**藤枣 Eleutharrhena macrocarpa** (Diels) Forman
分布：云南；印度

## 天仙藤属 Fibraurea Lour.

**天仙藤 Fibraurea recisa** Pierre
分布：云南、广东、广西；越南、老挝、柬埔寨

## 夜花藤属 Hypserpa Miers

**夜花藤 Hypserpa nitida** Miers
分布：云南、福建、广东、广西、海南；孟加拉国、印度、印度尼西亚、老挝、马来西亚、缅甸、菲律宾、斯里兰卡、泰国

## 蝙蝠葛属 Menispermum L.

**蝙蝠葛 Menispermum dauricum** DC.
分布：黑龙江、吉林、辽宁、内蒙古、河北、山西、山东、陕西、宁夏、甘肃、安徽、江苏、浙江、江西、湖南、湖北、贵州；日本、韩国、俄罗斯

## 粉缘藤属 Pachygone Miers

**粉绿藤 Pachygone sinica** Diels
分布：广东、广西

**肾子藤 Pachygone valida** Diels
分布：贵州、云南、广西

**滇粉绿藤 Pachygone yunnanensis** H. S. Lo
分布：云南

## 连蕊藤属 Parabaena Miers

**连蕊藤 Parabaena sagittata** Miers
分布：贵州、云南、西藏、广西；孟加拉国、不丹、印度、老挝、缅甸、尼泊尔、泰国、越南

## 细圆藤属 Pericampylus Miers

**细圆藤 Pericampylus glaucus** (Lam.) Merr.
分布：浙江、江西、湖南、四川、贵州、福建、台湾、广东、广西、海南；印度、印度尼西亚、老挝、马来西亚、缅甸、菲律宾、泰国、越南

## 密花藤属 Pycnarrhena Miers ex Hook. f. et Thomson

**密花藤 Pycnarrhena lucida** (Teijsm. et Binn.) Miq.
分布：海南；柬埔寨、印度、印度尼西亚、老挝、马来西亚、泰国

**硬骨藤 Pycnarrhena poilanei** (Gagnep.) Forman
分布：云南、海南；泰国、越南

## 防己属 Sinomenium Diels

**风龙 Sinomenium acutum** (Thunb.) Rehder et E. H. Wilson
分布：河南、安徽、浙江、江西、湖北、四川、贵州、云南、广东、广西、山西(南部)；印度、日本、尼泊尔、泰国

## 千金藤属 Stephania Lour.

**白线薯 Stephania brachyandra** Diels
分布：云南；缅甸

**短梗地不容 Stephania brevipedunculata** C. Y. Wu et D. D. Tao
分布：西藏

**金线调乌龟 Stephania cephalantha** Hayata
分布：安徽、福建、广东、广西、贵州、湖北、湖南、江苏、江西、陕西、?山西、四川、台湾、浙江

**景东千金藤 Stephania chingtungensis** H. S. Lo
分布：云南

**一文钱 Stephania delavayi** Diels
分布：四川、贵州、云南

**齿叶地不容 Stephania dentifolia** H. S. Lo et M. Yang
分布：云南

**荷包地不容 Stephania dicentrinifera** H. S. Lo et M. Yang
分布：云南

**血散薯 Stephania dielsiana** Y. C. Wu
分布：湖南、贵州、广东、广西

**大叶地不容 Stephania dolichopoda** Diels
分布：云南、广西；印度

**川南地不容 Stephania ebracteata** S. Y. Zhao et H. S. Lo
分布：四川

**雅丽千金藤 Stephania elegans** Hook. f. et Thomson
分布：云南；尼泊尔、印度

**地不容 Stephania epigaea** H. S. Lo
分布：四川、贵州、云南

**江南地不容 Stephania excentrica** H. S. Lo
分布：江西、湖南、湖北、四川、贵州、福建、广西

**西藏地不容 Stephania glabra** (Roxb.) Miers
分布：西藏；孟加拉国、印度、缅甸、尼泊尔、泰国

**纤细千金藤 Stephania gracilenta** Miers
分布：西藏；尼泊尔

**海南地不容 Stephania hainanensis** H. S. Lo et Y. Tsoong
分布：海南

**草质千金藤 Stephania herbacea** Gagnep.
分布：湖南、湖北、四川、贵州

**河谷地不容 Stephania intermedia** H. S. Lo
分布：云南

**千金藤 Stephania japonica** (Thunb.) Miers
分布：河南、安徽、江苏、浙江、江西、湖南、湖北、四川、重庆、贵州、云南、福建、广西、海南；孟加拉国、印度、印度尼西亚、日本、韩国、老挝、马来西亚、缅甸、尼泊尔、斯里兰卡、泰国、越南、澳大利亚、太平洋岛屿

**千金藤(原变种) Stephania japonica** var. **japonica**
分布：河南、安徽、江苏、浙江、江西、湖南、湖北、福建、海南；印度、日本、韩国、马来西亚、斯里兰卡、泰国、澳大利亚、太平洋岛屿

**桐叶千金藤 Stephania japonica** var. **discolor** (Bl.) Forman
分布：四川、贵州、云南、广西；印度、老挝、马来西亚、缅甸、尼泊尔、泰国、越南、澳大利亚

**光叶千金藤 Stephania japonica** var. **timoriensis** (DC.) Forman
分布：云南、广西；孟加拉国、印度尼西亚、澳大利亚、太平洋岛屿

**桂南地不容 Stephania kuinanensis** H. S. Lo et M. Yang
分布：广西

**广西地不容 Stephania kwangsiensis** H. S. Lo
分布：云南、广西

**临仓地不容 Stephania lincangensis** H. S. Lo et M. Yang
分布：云南

**粪箕笃 Stephania longa** Lour.
分布：云南、福建、台湾、广东、广西、海南；老挝

**长柄地不容 Stephania longipes** H. S. Lo
分布：云南

**大花地不容 Stephania macrantha** H. S. Lo et M. Yang
分布：云南

**马山地不容 Stephania mashanica** H. S. Lo et B. N. Chang
分布：广西

**台湾千金藤 Stephania merrillii** Diels
分布：台湾

**小花地不容 Stephania micrantha** H. S. Lo et M. Yang
分布：广西

**米易地不容 Stephania miyiensis** S. Y. Zhao et H. S. Lo
分布：四川

九药千金藤(新拟) **Stephania novenanthera** Heng-Chang Wang
分布：广西

药用地不容 **Stephania officinarum** H. S. Lo et M. Yang
分布：云南

汝兰 **Stephania sinica** Diels
分布：湖南、湖北、四川、贵州、云南

西南千金藤 **Stephania subpeltata** H. S. Lo
分布：四川、云南、广西

小叶地不容 **Stephania succifera** H. S. Lo et Y. Tsoong
分布：海南

四川千金藤 **Stephania sutchuenensis** H. S. Lo
分布：四川

粉防己 **Stephania tetrandra** S. Moore
分布：安徽、浙江、江西、湖南、湖北、福建、台湾、广东、广西、海南

黄叶地不容 **Stephania viridiflavens** H. S. Lo et M. Yang
分布：贵州、云南、广西

云南地不容 **Stephania yunnanensis** H. S. Lo
分布：云南

云南地不容(原变种) **Stephania yunnanensis** var. **yunnanensis**
分布：云南

毛萼地不容 **Stephania yunnanensis** var. **trichocalyx** H. S. Lo et M. Yang
分布：云南

### 大叶藤属 **Tinomiscium** Miers

大叶藤 **Tinomiscium petiolare** Miers ex Hook. f. et Thomson
分布：云南、广西；印度尼西亚、马来西亚、巴布亚新几内亚、泰国、越南

### 青牛胆属 **Tinospora** Miers

波叶青牛胆 **Tinospora crispa** (L.) Hook. f. et Thomson
分布：云南；柬埔寨、印度、印度尼西亚、老挝、马来西亚、缅甸、菲律宾、泰国

台湾青牛胆 **Tinospora dentata** Diels
分布：台湾

广西青牛胆 **Tinospora guangxiensis** H. S. Lo
分布：广西

海南青牛胆 **Tinospora hainanensis** H. S. Lo et Z. X. Li
分布：海南

青牛胆 **Tinospora sagittata** (Oliv.) Gagnep.
分布：山西、陕西、江西、湖南、湖北、四川、贵州、云南、西藏、福建、广东、广西、海南；越南

青牛胆(原变种) **Tinospora sagittata** var. **sagittata**
分布：山西、陕西、江西、湖南、湖北、四川、贵州、云南、西藏、福建、广东、广西、海南；越南

峨眉青牛胆 **Tinospora sagittata** var. **craveniana** (S. Y. Hu) H. S. Lo
分布：四川

云南青牛胆 **Tinospora sagittata** var. **yunnanensis** (S. Y. Hu) H. S. Lo
分布：云南、广西

中华青牛胆 **Tinospora sinensis** (Lour.) Merr.
分布：云南、广东、广西；柬埔寨、印度、尼泊尔、斯里兰卡、泰国、越南

## 350. 睡菜科 Menyanthaceae Dumort.

### 睡菜属 **Menyanthes** L.

睡菜 **Menyanthes trifoliata** L.
分布：黑龙江、吉林、辽宁、河北、浙江、四川、贵州、云南、西藏；克什米尔地区、尼泊尔、蒙古国、俄罗斯、日本；中亚、西南亚、欧洲、北非、北美洲

### 荇菜属 **Nymphoides** Ség.

水金莲花 **Nymphoides aurantiaca** (Dalz. ex Hook.) Kuntze
分布：台湾；印度、斯里兰卡

小荇菜 **Nymphoides coreana** (Lév.) Hara
分布：辽宁、台湾；日本、朝鲜、俄罗斯

水皮莲 **Nymphoides cristata** (Roxb.) Kuntze
分布：江苏、湖南、湖北、四川、福建、台湾、广东、海南；印度

刺种荇菜 **Nymphoides hydrophylla** (Lour.) Kuntze
分布：广东、广西、海南；印度、老挝、泰国、越南

金银莲花 **Nymphoides indica** (L.) Kuntze
分布：黑龙江、吉林、辽宁、河南、江苏、浙江、江西、

湖南、贵州、云南、福建、台湾、广东、广西、海南；柬埔寨、印度、日本、朝鲜、马来西亚、缅甸、尼泊尔、斯里兰卡、越南、澳大利亚、太平洋岛屿、印度尼西亚

**龙潭荇菜 Nymphoides lungtanensis** S. P. Li

分布：台湾

**荇菜 Nymphoides peltata** (S. G. Gmel.) Kuntze

分布：青海、西藏之外的大部分地区；日本、韩国、蒙古国、俄罗斯

## 351. 帽蕊草科 Mitrastemonaceae Makino

### 帽蕊草属 Mitrastemon Makino

**帽蕊草 Mitrastemon yamamotoi** Makino

分布：云南、福建、台湾、广东、广西；柬埔寨、印度尼西亚、日本、马来西亚、泰国

**帽蕊草(原变种) Mitrastemon yamamotoi** var. **yamamotoi**

分布：云南、福建、台湾、广东、广西；柬埔寨、印度尼西亚、日本、马来西亚、泰国

**多鳞帽蕊草 Mitrastemon yamamotoi** var. **kanehirae** (Yamamoto) Makino

分布：台湾

## 352. 粟米草科 Molluginaceae Bartl.

### 星粟草属 Glinus L.

**星粟草 Glinus lotoides** L.

分布：云南、台湾、海南；印度尼西亚、马来西亚、斯里兰卡、菲律宾；南亚和东南亚、南欧、热带非洲、大洋洲、热带美洲

**长梗星粟草 Glinus oppositifolius** (L.) Aug. DC.

分布：台湾、海南；澳大利亚(北部)；亚洲、热带非洲

### 粟米草属 Mollugo L.

**线叶粟米草 Mollugo cerviana** (L.) Ser.

分布：河北、新疆；哈萨克斯坦、缅甸、蒙古国、印度、斯里兰卡、澳大利亚；南亚和东南亚、南欧、非洲

**无茎粟米草 Mollugo nudicaulis** Lam.

分布：广东、海南；西印度群岛、古巴、太平洋岛屿、阿富汗、巴基斯坦、印度；热带非洲

**粟米草 Mollugo stricta** L.

分布：山东、河南、陕西、安徽、江苏、浙江、江西、湖南、湖北、四川、贵州、云南、西藏、福建、台湾、广东、广西、海南；热带和亚热带亚洲

**种棱粟米草 Mollugo verticillata** L.

分布：山东、福建、台湾、广东、广西、海南；日本；南欧、热带美洲

## 353. 桑科 Moraceae Gaudich.

### 见血封喉属 Antiaris Lesch.

**见血封喉 Antiaris toxicaria** Lesch.

分布：云南、广东、广西、海南；斯里兰卡、印度、缅甸、泰国、马来西亚、印度尼西亚、越南

### 波罗密属 Artocarpus J. R. Forst. et G. Forst.

**野树波罗 Artocarpus chama** Buch.-Ham.

分布：云南；孟加拉国、不丹、印度、老挝、马来西亚、缅甸、泰国

**面包树 Artocarpus communis** J. R. Forst. et G. Forst.

分布：台湾、海南栽培；可能原产于热带亚洲，热带地区广泛栽培

**贡山波罗蜜 Artocarpus gongshanensis** S. K. Wu ex C. Y. Wu et S. S. Chang

分布：云南

**波罗蜜 Artocarpus heterophyllus** Lam.

分布：云南、广东、广西、海南；原产于印度，热带地区广泛栽培

**白桂木 Artocarpus hypargyreus** Hance

分布：江西、湖南、云南、福建、广东、广西、海南

**野波罗蜜 Artocarpus lakoocha** Wall. ex Roxb.

分布：云南；印度、印度尼西亚、老挝、缅甸、尼泊尔、越南

**南川木波罗 Artocarpus nanchuanensis** S. S. Chang, S. H. Tan et Z. Y. Liu

分布：重庆

**牛李 Artocarpus nigrifolius** C. Y. Wu

分布：云南

**光叶桂木 Artocarpus nitidus** Tréc

分布：湖南、云南、广西、海南；菲律宾、柬埔寨、印度尼西亚、老挝、马来西亚、泰国、越南

**光叶桂木(原亚种) Artocarpus nitidus** subsp. **nitidus**

分布：菲律宾

**披针叶桂木 Artocarpus nitidus** subsp. **griffithii** (King ex Hook. f.) F. M. Jarrett

分布：云南；柬埔寨、印度尼西亚、老挝、马来西亚、泰

国、越南

桂木 **Artocarpus nitidus** subsp. **lingnanensis** (Merr.) F. M. Jarrett
分布：湖南、云南、广东、广西、海南；柬埔寨、越南、泰国

短绢毛波罗蜜 **Artocarpus petelotii** Gagnep.
分布：云南；越南

猴子瘿袋 **Artocarpus pithecogallus** C. Y. Wu
分布：云南

二色波罗蜜 **Artocarpus styracifolius** Pierre
分布：湖南、云南、广东、广西、海南；老挝、越南

胭脂 **Artocarpus tonkinensis** A. Chev. ex Gagnep.
分布：贵州、云南、福建、广东、广西、海南；柬埔寨、越南

黄果波罗蜜 **Artocarpus xanthocarpus** Merr.
分布：台湾；菲律宾、印度尼西亚

## 构树属 **Broussonetia** L. Heritier ex Vent.

藤构 **Broussonetia kaempferi** var. **australis** T. Suzuki
分布：安徽、浙江、江西、湖南、湖北、四川、贵州、云南、福建、台湾、广东、广西

楮 **Broussonetia kazinoki** Sieb. et Zucc.
分布：河南、安徽、江苏、浙江、江西、湖南、湖北、四川、贵州、云南、福建、台湾、广东、广西、海南；日本、韩国

落叶花桑 **Broussonetia kurzii** (Hook. f.) Corner
分布：云南；不丹、印度、缅甸、老挝、越南、泰国

构树 **Broussonetia papyrifera** (Linn) L'Hér. ex Vent.
分布：中国南北各地；老挝、柬埔寨，太平洋岛屿、印度、缅甸、泰国、越南、马来西亚、日本、朝鲜

## 水蛇麻属 **Fatoua** Gaudich.

细齿水蛇麻 **Fatoua pilosa** Gaudich.
分布：台湾；菲律宾、印度尼西亚、巴布亚新几内亚、澳大利亚、太平洋岛屿

水蛇麻 **Fatoua villosa** (Thunb.) Nakai
分布：河北、河南、安徽、江苏、浙江、江西、湖北、贵州、云南、福建、台湾、广东、广西、海南；印度尼西亚、巴布亚新几内亚、菲律宾、日本、韩国、马来西亚、澳大利亚

## 榕属 **Ficus** L.

石榕树 **Ficus abelii** Miq.
分布：江西、湖南、四川、贵州、云南、福建、广东、广西、海南；尼泊尔、印度、孟加拉国、缅甸、越南、泰国

高山榕 **Ficus altissima** Blume
分布：云南、广东、广西、海南；尼泊尔、不丹、印度、缅甸、越南、泰国、马来西亚、印度尼西亚、菲律宾

菲律宾榕 **Ficus ampelos** Burm. f.
分布：台湾；印度尼西亚、菲律宾、日本

环纹榕 **Ficus annulata** Blume
分布：云南；缅甸、越南、泰国、马来西亚、印度尼西亚、菲律宾

橙黄榕 **Ficus aurantiaca** Griff.
分布：台湾；菲律宾、印度尼西亚、越南、泰国、缅甸

大果榕 **Ficus auriculata** Lour.
分布：四川、贵州、云南、广东、广西、海南；尼泊尔、泰国、不丹、缅甸、印度、越南、巴基斯坦

北碚榕 **Ficus beipeiensis** S. S. Chang
分布：重庆

黄果榕 **Ficus benguetensis** Merr.
分布：台湾；日本、菲律宾

垂叶榕 **Ficus benjamina** L.
分布：贵州、云南、台湾、广东、广西、海南；老挝，尼泊尔、不丹、印度、缅甸、泰国、越南、马来西亚、菲律宾、巴布亚新几内亚、柬埔寨、所罗门群岛、澳大利亚

垂叶榕(原变种) **Ficus benjamina** var. **benjamina**
分布：贵州、云南、台湾、广东、广西、海南；柬埔寨、印度、老挝、马来西亚、缅甸、尼泊尔、巴布亚新几内亚、菲律宾、泰国、越南、澳大利亚、太平洋群岛

丛毛垂叶榕 **Ficus benjamina** var. **nuda** (Miq.) Barrett
分布：云南；尼泊尔、印度、越南、泰国、菲律宾、巴布亚新几内亚、不丹、缅甸

硬皮榕 **Ficus callosa** Willd.
分布：云南、广东；斯里兰卡、印度、缅甸、泰国、越南、马来西亚、印度尼西亚、菲律宾

龙州榕 **Ficus cardiophylla** Merr.
分布：广西；越南

无花果 **Ficus carica** L.
分布：中国南北均有栽培；原产于地中海沿岸，分布于土耳其至阿富汗

大叶赤榕 **Ficus caulocarpa** (Miq.) Miq.
分布：台湾；斯里兰卡、缅甸、泰国、马来西亚、印度尼西亚、菲律宾、日本、巴布亚新几内亚

**沙坝榕 Ficus chapaensis** Gagnep.

分布：四川、云南；越南

**纸叶榕 Ficus chartacea** Wall. ex King

分布：云南；缅甸、越南、泰国、马来西亚、印度尼西亚

**纸叶榕(原变种) Ficus chartacea** var. **chartacea**

分布：云南；印度尼西亚、马来西亚、缅甸、泰国、越南

**无柄纸叶榕 Ficus chartacea** var. **torulosa** King

分布：云南；越南、泰国、马来西亚

**雅榕 Ficus concinna** (Miq.) Miq.

分布：广东、广西、贵州、云南、浙江、江西、福建、西藏；缅甸、不丹、印度、马来西亚、菲律宾、泰国

**糙毛榕 Ficus cumingii** Miq.

分布：台湾；印度尼西亚、巴布亚新几内亚、菲律宾

**钝叶榕 Ficus curtipes** Corner

分布：贵州、云南；孟加拉国、不丹、印度、印度尼西亚、马来西亚、缅甸、尼泊尔、泰国、越南

**歪叶榕 Ficus cyrtophylla** (Wall. ex Miq.) Miq.

分布：贵州、云南、西藏、广西；印度、不丹、缅甸、泰国、越南

**大明山榕 Ficus daimingshanensis** S. S. Chang

分布：湖南、广西

**定安榕 Ficus dinganensis** S. S. Chang

分布：海南

**枕果榕 Ficus drupacea** Thunb.

分布：云南、广东、海南；不丹、斯里兰卡、印度、孟加拉国、尼泊尔、缅甸、越南、老挝、泰国、马来西亚、印度尼西亚、菲律宾、巴布亚新几内亚、澳大利亚

**枕果榕(原变种) Ficus drupacea** var. **drupacea**

分布：广东、海南；孟加拉国、印度、印度尼西亚、老挝、马来西亚、缅甸、尼泊尔、巴布亚新几内亚、菲律宾、斯里兰卡、泰国、越南、澳大利亚

**毛枕果榕 Ficus drupacea** var. **pubescens** (Roem. et Schult.) Corner

分布：云南；不丹、尼泊尔、缅甸、老挝、越南、孟加拉国、印度、斯里兰卡

**印度榕 Ficus elastica** Roxb.

分布：云南；不丹、尼泊尔、印度、缅甸、印度尼西亚、马来西亚

**矮小天仙果 Ficus erecta** Thunb.

分布：江苏、浙江、江西、湖南、湖北、贵州、云南、福建、台湾、广东、广西；日本、韩国、越南

**黄毛榕 Ficus esquiroliana** H. Lév.

分布：四川、贵州、云南、西藏、福建、台湾、广东、广西、海南；越南、老挝、泰国、印度尼西亚、缅甸

**线尾榕 Ficus filicauda** Hand.-Mazz.

分布：云南、西藏；缅甸、印度

**线尾榕(原变种) Ficus filicauda** var. **filicauda**

分布：云南、西藏；印度、缅甸

**长柄线尾榕 Ficus filicauda** var. **longipes** S. S. Chang

分布：西藏

**水同木 Ficus fistulosa** Reinw. ex Blume

分布：云南、福建、台湾、广东、广西、海南；孟加拉国、印度、印度尼西亚、马来西亚、缅甸、菲律宾、泰国、越南

**台湾榕 Ficus formosana** Maxim.

分布：浙江、江西、湖南、贵州、云南、福建、台湾、广东、广西、海南；越南

**金毛榕 Ficus fulva** Reinw. ex Blume

分布：云南；文莱、印度、印度尼西亚、马来西亚、缅甸、泰国、越南

**扶绥榕 Ficus fusuiensis** S. S. Chang

分布：广西

**冠毛榕 Ficus gasparriniana** Miq.

分布：江西、湖南、湖北、四川、贵州、云南、福建、广东、广西；不丹、印度、老挝、缅甸、泰国、越南

**冠毛榕(原变种) Ficus gasparriniana** var. **gasparriniana**

分布：江西、湖南、湖北、贵州、云南、福建、广东、广西；印度、老挝、缅甸、泰国、越南

**长叶冠毛榕 Ficus gasparriniana** var. **esquirolii** (Lév. et Vaniot) Corner

分布：江西、湖南、四川、贵州、云南、广东、广西

**菱叶冠毛榕 Ficus gasparriniana** var. **laceratifolia** (Lév. et Vaniot) Corner

分布：四川、贵州、云南、广西；不丹、缅甸

**曲枝榕 Ficus geniculata** Kurz.

分布：四川、云南、海南；柬埔寨、印度、老挝、缅甸、尼泊尔、泰国、越南

**大叶水榕 Ficus glaberrima** Blume

分布：贵州、云南、西藏、广东、广西、海南；不丹、尼泊尔、越南、泰国、缅甸、印度、印度尼西亚

**广西榕 Ficus guangxiensis** S. S. Chang

分布：广西

**贵州榕 Ficus guizhouensis** S. S. Chang

分布：贵州、云南、广西

**藤榕 Ficus hederacea** Roxb.

分布：贵州、云南、广东、广西、海南；尼泊尔、不丹、印度、缅甸、老挝、泰国

**尖叶榕 Ficus henryi** Warb.

分布：甘肃、湖南、湖北、四川、贵州、云南、西藏、广西；越南

**异叶榕 Ficus heteromorpha** Hemsl.

分布：山西、河南、陕西、甘肃、安徽、江苏、浙江、江西、湖南、湖北、四川、贵州、云南、福建、广东、广西；缅甸

**山榕 Ficus heterophylla** L. f.

分布：云南、广东、海南；柬埔寨、印度、印度尼西亚、老挝、马来西亚、缅甸、斯里兰卡、泰国、越南

**尾叶榕 Ficus heteropleura** Blume

分布：台湾、海南；不丹、印度、孟加拉国、缅甸、泰国、柬埔寨、越南、马来西亚、菲律宾、印度尼西亚

**粗叶榕 Ficus hirta** Vahl

分布：浙江、江西、湖南、贵州、云南、福建、广东、广西、海南；不丹、印度、印度尼西亚、缅甸、尼泊尔、泰国、越南

**对叶榕 Ficus hispida** L. f.

分布：贵州、云南、广东、广西、海南；柬埔寨、印度尼西亚、缅甸、巴布亚新几内亚、斯里兰卡、越南、老挝、尼泊尔、不丹、印度、泰国、马来西亚、澳大利亚

**大青树 Ficus hookeriana** Corner

分布：贵州、云南、广西；不丹、印度、尼泊尔

**糙叶榕 Ficus irisana** Elmer

分布：台湾；日本、印度尼西亚、菲律宾

**壶托榕 Ficus ischnopoda** Miq.

分布：贵州、云南；不丹、孟加拉国、印度、缅甸、越南、泰国、马来西亚

**滇缅榕 Ficus kurzii** King

分布：云南；印度尼西亚、马来西亚、缅甸、泰国、越南

**光叶榕 Ficus laevis** Blume

分布：贵州、云南、广西；印度、印度尼西亚、马来西亚、缅甸、斯里兰卡、泰国、越南

**青藤公 Ficus langkokensis** Drake

分布：湖南、四川、云南、福建、广东、广西、海南；印度、老挝、越南

**瘤枝榕 Ficus maclellandii** King

分布：云南；孟加拉国、不丹、印度、马来西亚、缅甸、泰国、越南

**榕树 Ficus microcarpa** L. f.

分布：浙江、贵州、云南、福建、台湾、广东、广西、海南；不丹、印度、马来西亚、缅甸、尼泊尔、巴布亚新几内亚、斯里兰卡、泰国、越南、澳大利亚

**那坡榕 Ficus napoensis** S. S. Chang

分布：广西

**森林榕 Ficus neriifolia** Sm.

分布：云南、西藏；尼泊尔、不丹、印度、缅甸

**九丁榕 Ficus nervosa** B. Heyne ex Roth

分布：四川、贵州、云南、福建、台湾、广东、广西、海南；不丹、印度、缅甸、尼泊尔、斯里兰卡、泰国、越南

**苹果榕 Ficus oligodon** Miq.

分布：贵州、云南、西藏、广西、海南；缅甸、尼泊尔、不丹、印度、越南、泰国、马来西亚

**直脉榕 Ficus orthoneura** H. Lév. et Vaniot

分布：贵州、云南、广西；缅甸、泰国、越南

**卵叶榕 Ficus ovatifolia** S. S. Chang

分布：云南

**琴叶榕 Ficus pandurata** Hance

分布：河南、安徽、浙江、江西、湖南、湖北、四川、贵州、云南、福建、广东、广西、海南；泰国、越南

**蔓榕 Ficus pedunculosa** Miq.

分布：台湾；菲律宾、印度尼西亚、巴布亚新几内亚

**翅托榕 Ficus periptera** D. Fang et H. N. Qin

分布：广西

**翅托榕(原变种) Ficus periptera** var. **periptera**

分布：广西

**毛翅托榕 Ficus periptera** var. **hirsutula** D. Fang et D. H. Qin

分布：广西

**豆果榕 Ficus pisocarpa** Blume

分布：贵州、云南、广西；文莱、印度尼西亚、马来西亚、泰国

**多脉榕 Ficus polynervis** S. S. Chang

分布：云南

**钩毛榕 Ficus praetermissa** Corner

分布：云南；印度、老挝、缅甸、泰国、越南

**平枝榕 Ficus prostrata** (Wall. ex Miq.) Miq.
分布：云南；孟加拉国、印度、越南

**褐叶榕 Ficus pubigera** (Wall. ex Miq.) Kurz.
分布：贵州、云南、西藏、广东、广西；印度、缅甸、尼泊尔、不丹、泰国、老挝、越南、马来西亚

**褐叶榕(原变种) Ficus pubigera** var. **pubigera**
分布：云南、广东、广西；印度、马来西亚、缅甸、尼泊尔、泰国、越南

**鳞果褐叶榕 Ficus pubigera** var. **anserina** Corner
分布：云南；老挝

**大果褐叶榕 Ficus pubigera** var. **maliformis** (King) Corner
分布：贵州、云南、西藏、广西；不丹、印度、缅甸

**网果褐叶榕 Ficus pubigera** var. **reticulata** S. S. Chang
分布：云南

**球果山榕 Ficus pubilimba** Merr.
分布：福建、广东、海南；越南、缅甸、泰国、马来西亚、斯里兰卡

**绿岛榕 Ficus pubinervis** Blume
分布：台湾；印度尼西亚、印度、菲律宾

**薜荔 Ficus pumila** L.
分布：河南、陕西、安徽、江苏、浙江、江西、湖南、湖北、四川、贵州、云南、福建、台湾、广东、广西；日本、越南

**薜荔(原变种) Ficus pumila** var. **pumila**
分布：河南、陕西、安徽、江苏、浙江、江西、湖南、湖北、四川、贵州、云南、福建、台湾、广东、广西；日本、越南

**爱玉子 Ficus pumila** var. **awkeotsang** (Makino) Corner
分布：浙江、福建、台湾

**小果薜荔 Ficus pumila** var. **microcarpa** G. Y. Li et Z. H. Chen
分布：浙江

**舶梨榕 Ficus pyriformis** Hook. et Arn.
分布：湖南、福建、广东、广西、海南；越南

**聚果榕 Ficus racemosa** L.
分布：贵州、云南、广西；印度、斯里兰卡、巴基斯坦、尼泊尔、越南、泰国、印度尼西亚、巴布亚新几内亚、缅甸、澳大利亚

**聚果榕(原变种) Ficus racemosa** var. **racemosa**
分布：贵州、云南、广西；印度、印度尼西亚、缅甸、尼泊尔、巴布亚新几内亚、巴基斯坦、斯里兰卡、泰国、越南、澳大利亚

**柔毛聚果榕 Ficus racemosa** var. **miquelli** (King) Corner
分布：云南；印度、缅甸、越南

**菩提树 Ficus religiosa** L.
分布：云南、广东、广西；原产于印度、尼泊尔和巴基斯坦，热带地区栽培

**红茎榕 Ficus ruficaulis** Merr.
分布：台湾；马来西亚、菲律宾

**心叶榕 Ficus rumphii** Blume
分布：云南；不丹、印度、印度尼西亚、马来西亚、缅甸、尼泊尔、泰国、越南

**乳源榕 Ficus ruyuanensis** S. S. Chang
分布：贵州、广东、广西

**羊乳榕 Ficus sagittata** Vahl
分布：云南、广东、广西、海南；不丹、印度、缅甸、泰国、越南、印度尼西亚、菲律宾、密克罗尼西亚

**匍茎榕 Ficus sarmentosa** Buch.-Ham. ex Sm.
分布：河北、河南、陕西、甘肃、安徽、江苏、浙江、江西、湖南、湖北、四川、贵州、云南、西藏、福建、台湾、广东、广西、海南；不丹、印度(东北部)、日本、克什米尔地区、韩国、缅甸、尼泊尔、巴基斯坦、越南

**匍茎榕(原变种) Ficus sarmentosa** var. **sarmentosa**
分布：西藏；不丹、缅甸、尼泊尔、印度

**大果爬藤榕 Ficus sarmentosa** var. **duclouxii** (Lév. et Vaniot) Corner
分布：四川、云南

**珍珠莲 Ficus sarmentosa** var. **henryi** (King ex Oliv.) Corner
分布：陕西、甘肃、浙江、江西、湖南、湖北、四川、贵州、云南、福建、台湾、广东、广西

**爬藤榕 Ficus sarmentosa** var. **impressa** (Champ. ex Benth.) Corner
分布：河南、陕西、甘肃、安徽、江苏、浙江、江西、湖南、湖北、四川、贵州、云南、福建、广东、海南

**尾尖爬藤榕 Ficus sarmentosa** var. **lacrymans** (Lév.) Corner
分布：江西、湖南、湖北、四川、贵州、云南、福建、广东、广西；越南

**长柄爬藤榕 Ficus sarmentosa** var. **luducca** Corner
分布：陕西、湖北、贵州、云南、西藏、广东、广西；印

度、克什米尔地区、尼泊尔、巴基斯坦

白背爬藤榕 **Ficus sarmentosa** var. **nipponica** (Franch. et Sav.) Corner

分布：浙江、江西、湖北、四川、贵州、云南、西藏、福建、台湾、广东、广西；日本、朝鲜

少脉爬藤榕 **Ficus sarmentosa** var. **thunbergii** (Maxim.) Corner

分布：浙江；日本、朝鲜

鸡嗉子榕 **Ficus semicordata** Buch.-Ham. ex Sm.

分布：贵州、云南、西藏、广西；不丹、印度、马来西亚、缅甸、尼泊尔、泰国、越南

棱果榕 **Ficus septica** Burm. f.

分布：台湾；印度尼西亚、日本、巴布亚新几内亚、澳大利亚、太平洋岛屿

极简榕 **Ficus simplicissima** Lour.

分布：海南；越南、柬埔寨

缘毛榕 **Ficus sinociliata** Z. K. Zhou et M. G. Gilbert

分布：广东

肉托榕 **Ficus squamosa** Roxb.

分布：云南；不丹、印度、缅甸、尼泊尔、泰国

竹叶榕 **Ficus stenophylla** Hemsl.

分布：浙江、江西、湖南、湖北、贵州、云南、福建、台湾、广东、广西、海南；越南、老挝、泰国

劲直榕 **Ficus stricta** (Miq.) Miq.

分布：云南；印度、越南、马来西亚、印度尼西亚

棒果榕 **Ficus subincisa** Buch.-Ham. ex Sm.

分布：云南、广西；不丹、克什米尔地区、尼泊尔、印度、缅甸、泰国、老挝、越南

笔管榕 **Ficus subpisocarpa** Gagnep.

分布：浙江、云南、福建、台湾、广东、广西、海南；日本、老挝、马来西亚、缅甸、泰国、越南

假斜叶榕 **Ficus subulata** Blume

分布：贵州、云南、西藏、广东、广西、海南；不丹、印度尼西亚、马来西亚、缅甸、尼泊尔、巴布亚新几内亚、泰国

滨榕 **Ficus tannoensis** Hayata

分布：台湾

地果 **Ficus tikoua** Bureau

分布：陕西、甘肃、湖南、湖北、四川、贵州、云南、西藏、广西；印度、老挝、越南

斜叶榕 **Ficus tinctoria** G. Forst.

分布：福建、广西、贵州、海南、台湾、西藏、云南；不丹、印度、印度尼西亚、马来西亚、缅甸、尼泊尔、巴布亚新几内亚、菲律宾、斯里兰卡、泰国、越南、澳大利亚

斜叶榕(原亚种) **Ficus tinctoria** subsp. **tinctoria**

分布：台湾、海南；印度尼西亚、巴布亚新几内亚、菲律宾、澳大利亚

梁料榕 **Ficus tinctoria** subsp. **gibbosa** (Blume) Corner

分布：贵州、云南、西藏、福建、台湾、广西、海南；不丹、印度、印度尼西亚、马来西亚、缅甸、尼泊尔、斯里兰卡、泰国、越南

匍匐斜叶榕 **Ficus tinctoria** subsp. **swinhoei** (King) Corner

分布：台湾；菲律宾

钝叶毛果榕 **Ficus trichocarpa** var. **obtusa** (Hassk.) Corner

分布：台湾；印度尼西亚、菲律宾

楔叶榕 **Ficus trivia** Corner

分布：贵州、云南、广东、广西；越南

楔叶榕(原变种) **Ficus trivia** var. **trivia**

分布：贵州、云南、广东、广西；越南

光叶楔叶榕 **Ficus trivia** var. **laevigata** S. S. Chang

分布：贵州、广西

岩木瓜 **Ficus tsiangii** Merr. ex Corner

分布：湖南、湖北、四川、贵州、云南、广西

平塘榕 **Ficus tuphapensis** Drake

分布：贵州、云南、广西、海南；越南

波缘榕 **Ficus undulata** S. S. Chang

分布：广东

越桔榕 **Ficus vaccinioides** Hemsl. ex King

分布：台湾

杂色榕 **Ficus variegata** Blume

分布：福建、广东、广西、海南、台湾、云南；印度、印度尼西亚、日本、马来西亚、缅甸、菲律宾、泰国、越南、澳大利亚、太平洋群岛

变叶榕 **Ficus variolosa** Lindl. ex Benth.

分布：浙江、江西、湖南、贵州、云南、福建、广东、广西、海南；老挝、越南

白肉榕 **Ficus vasculosa** Wall. ex Miq.

分布：贵州、云南、广东、广西、海南；马来西亚、缅甸、泰国、越南

**黄葛树 Ficus virens** Aiton

分布：陕西、浙江、湖南、湖北、四川、贵州、云南、西藏、福建、广东、广西、海南；不丹、柬埔寨、印度、印度尼西亚、日本、老挝、马来西亚、缅甸、巴布亚新几内亚、菲律宾、斯里兰卡、泰国、越南、澳大利亚

**岛榕 Ficus virgata** Reinw. ex Blume

分布：台湾；菲律宾、印度尼西亚、巴布亚新几内亚、菲律宾、太平洋岛屿；大洋洲

**云南榕 Ficus yunnanensis** S. S. Chang

分布：云南

## 柘属 Maclura Nutt.

**景东柘 Maclura amboinensis** Blume

分布：云南、西藏；印度尼西亚、马来西亚、巴布亚新几内亚、泰国

**构棘 Maclura cochinchinensis** (Lour.) Corner

分布：安徽、浙江、江西、湖南、湖北、四川、贵州、云南、西藏、福建、台湾、广东、广西、海南；不丹、印度、中南半岛、日本、马来西亚、缅甸、尼泊尔、菲律宾、斯里兰卡、泰国、越南、澳大利亚、太平洋岛屿

**柘藤 Maclura fruticosa** (Roxb.) Corner

分布：云南；孟加拉国、印度、缅甸、泰国、越南

**毛柘藤 Maclura pubescens** (Trécul) Z. K. Zhou et M. G. Gilbert

分布：贵州、云南、广东、广西；印度尼西亚、马来西亚、缅甸

**柘 Maclura tricuspidata** Carrière

分布：河北、山西、山东、河南、陕西、甘肃、安徽、江苏、浙江、江西、湖南、湖北、四川、贵州、云南、福建、广东、广西；日本、朝鲜

## 牛筋藤属 Malaisia Blanco

**牛筋藤 Malaisia scandens** (Lour.) Planch.

分布：云南、台湾、广东、广西、海南；印度尼西亚、马来西亚、菲律宾、越南、澳大利亚、泰国、缅甸

## 桑属 Morus L.

**桑 Morus alba** L.

分布：全国均有栽培；广布于世界各地

**桑(原变种) Morus alba** var. **alba**

分布：全国均有栽培；广布于世界各地

**鲁桑 Morus alba** var. **multicaulis** (Perr.) Loudon

分布：陕西、江苏、浙江、四川

**鸡桑 Morus australis** Poir.

分布：辽宁、河北、山西、山东、河南、陕西、甘肃、安徽、江苏、浙江、江西、湖南、湖北、四川、云南、西藏、福建、台湾、广东、广西、海南；不丹、印度、日本、韩国、缅甸、尼泊尔

**华桑 Morus cathayana** Hemsl.

分布：河北、山东、河南、陕西、安徽、江苏、浙江、湖南、湖北、四川、福建、广东；日本、韩国

**华桑(原变种) Morus cathayana** var. **cathayana**

分布：河北、河南、陕西、安徽、江苏、浙江、湖南、湖北、四川、福建、广东；日本、韩国

**贡山桑 Morus cathayana** var. **gongshanensis** (Z. Y. Cao) Z. Y. Cao

分布：云南

**荔波桑 Morus liboensis** S. S. Chang

分布：贵州

**奶桑 Morus macroura** Miq.

分布：云南、西藏；不丹、中南半岛、马来西亚、缅甸、印度、泰国

**蒙桑 Morus mongolica** (Bureau) C. K. Schneid.

分布：黑龙江、吉林、辽宁、内蒙古、河北、山西、山东、河南、陕西、安徽、江苏、湖南、湖北、四川、贵州、云南、西藏、广西；日本、韩国、蒙古国

**黑桑 Morus nigra** L.

分布：河北、山东、新疆；原产于亚洲(西部，如伊朗)，其他地区也有栽培

**川桑 Morus notabilis** C. K. Schneid.

分布：四川、云南

**吉隆桑 Morus serrata** Roxb.

分布：西藏；印度、尼泊尔

**裂叶桑 Morus trilobata** (S. S. Chang) Z. Y. Cao

分布：贵州

**长穗桑 Morus wittiorum** Hand.-Mazz.

分布：湖南、湖北、贵州、广东、广西

## 鹊肾树属 Streblus Lour.

**鹊肾树 Streblus asper** Lour.

分布：云南、广东、广西、海南；不丹、柬埔寨、印度、印度尼西亚、老挝、马来西亚、尼泊尔、菲律宾、斯里兰卡、泰国、越南

**刺桑 Streblus ilicifolius** (Vidal) Corner

分布：云南、广西、海南；孟加拉国、印度、印度尼西亚、

马来西亚、缅甸、菲律宾、泰国、越南

假鹊肾树 **Streblus indicus** (Bureau) Corner

分布：云南、广东、广西、海南；印度、泰国

双果桑 **Streblus macrophyllus** Blume

分布：云南、广西；越南、马来西亚、菲律宾、印度尼西亚

叶被木 **Streblus taxoides** (Roth) Kurz.

分布：海南；印度、印度尼西亚、马来西亚、菲律宾、斯里兰卡、泰国、越南

米扬 **Streblus tonkinensis** (Dubard et Eberh.) Corner

分布：云南、广东、广西、海南；越南

尾叶刺桑 **Streblus zeylanicus** (Thwaites) Kurz.

分布：云南、海南；印度、斯里兰卡、缅甸、越南

## 354. 辣木科 Moringaceae Martinov

### 辣木属 **Moringa** Adans.

辣木 **Moringa oleifera** Lam.

分布：云南、台湾、广东；印度

## 355. 芭蕉科 Musaceae Juss.

### 象腿蕉属 **Ensete** Horan.

象腿蕉 **Ensete glaucum** (Roxb.) Cheesman

分布：云南；印度、印度尼西亚、缅甸、尼泊尔、巴布亚新几内亚、菲律宾、泰国

象头蕉 **Ensete wilsonii** (Tutcher) Cheesman

分布：云南

### 芭蕉属 **Musa** L.

小果野蕉 **Musa acuminata** Colla

分布：云南、福建、台湾、广东、广西；印度、印度尼西亚、马来西亚、缅甸、菲律宾、泰国、越南

小果野蕉(原变种) **Musa acuminata** var. **acuminata**

分布：云南、福建、台湾、广东、广西；印度、印度尼西亚、马来西亚、缅甸、菲律宾、泰国、越南

中华小果野蕉(新拟) **Musa acuminata** var. **chinensis** Hakkinen et Wang Hong

分布：云南

野蕉 **Musa balbisiana** Colla

分布：云南、西藏、广东、广西、海南；印度、印度尼西亚、马来西亚、缅甸、尼泊尔、巴布亚新几内亚、菲律宾、斯里兰卡、泰国

芭蕉 **Musa basjoo** Sieb. et Zucc.

分布：江苏、浙江、江西、湖南、湖北、四川、贵州、云南、福建、广东、广西；原产于日本、朝鲜

陈氏芭蕉(新拟) **Musa chunii** Hakkinen

分布：云南

红蕉 **Musa coccinea** Andrews

分布：云南、广东、广西；越南

台湾芭蕉 **Musa formosana** (Warb. ex Schum.) Hayata

分布：台湾

兰屿芭蕉 **Musa insularimontana** Hayata

分布：台湾

阿宽蕉 **Musa itinerans** Cheesman

分布：云南；印度、缅甸、泰国

阿宽蕉(原变种) **Musa itinerans** var. **itinerans**

分布：云南；印度、缅甸、泰国

越南蕉(新拟)**Musa itinerans** var. **annamica** (R. V. Valmayor, L. D. Danh et Hakkinen) Hakkinen

分布：广东；越南

华芭蕉 **Musa itinerans** var. **chinensis** Hakkinen

分布：云南、广东

广东芭蕉 **Musa itinerans** var. **guangdongensis** Hakkinen

分布：广东

海南阿宽蕉 **Musa itinerans** var. **hainanensis** Hakkinen et X. J. Ge

分布：海南

葛马兰芭蕉 **Musa itinerans** var. **kavalanensis** H. L. Chiu, C. T. Shii et T. Y. A. Yang

分布：台湾

乐昌芭蕉 **Musa itinerans** var. **lechangensis** Hakkinen

分布：广东

版纳芭蕉 **Musa itinerans** var. **xishuangbannaensis** Hakkinen

分布：云南

阿西蕉 **Musa rubra** Wall. ex Kurz.

分布：云南；缅甸、泰国

血红蕉 **Musa sanguinea** Hook. f.

分布：西藏；印度、印度尼西亚

蕉麻 **Musa textilis** Née

分布：云南、广东、广西；原产于印度尼西亚和菲律宾

**大蕉 Musa × paradisiaca** L.

分布：云南、福建、台湾、广东、广西、海南；原产于亚洲热带地区，热带地区广泛栽培

**云南芭蕉(新拟) Musa yunnanensis** Hakkinen et Wang Hong

分布：云南

**云南芭蕉(原变种) Musa yunnanensis** var. **yunnanensis**

分布：云南

**蔡氏芭蕉 Musa yunnanensis** var. **caii** Hakkinen et H. Wang

分布：云南

**景东芭蕉 Musa yunnanensis** var. **jingdongensis** Hakkinen et H. Wang

分布：云南

**永平芭蕉 Musa yunnanensis** var. **yongpingensis** Hakkinen et H. Wang

分布：云南

**在富芭蕉(新拟) Musa zaifui** Hakkinen et H. Wang

分布：云南

### 地涌金莲属 **Musella** (Franch.) H. W. Li

**地涌金莲 Musella lasiocarpa** (Franch.) C. Y. Wu ex H. W. Li

分布：贵州、云南

**地涌金莲(原变种) Musella lasiocarpa** var. **lasiocarpa**

分布：贵州、云南

**红苞地涌金莲(新拟) Musella lasiocarpa** var. **rubribracteata** Zhenghong Li et H. Ma

分布：四川

## 356. 杨梅科 Myricaceae Rich. ex Kunth

### 杨梅属 **Myrica** L.

**青杨梅 Myrica adenophora** Hance

分布：台湾、广东、广西

**毛杨梅 Myrica esculenta** Buch.-Ham. ex D. Don

分布：四川、贵州、云南、广东、广西；不丹、印度、缅甸、泰国、越南

**云南杨梅 Myrica nana** A. Chev.

分布：贵州、云南

**杨梅 Myrica rubra** (Lour.) Sieb. et Zucc.

分布：江苏、浙江、江西、湖南、四川、贵州、云南、福建、台湾、广东、广西、海南；日本、朝鲜、菲律宾

## 357. 肉豆蔻科 Myristicaceae R. Br.

### 风吹楠属 **Horsfieldia** Willd.

**风吹楠 Horsfieldia amygdalina** (Wall.) Warb.

分布：云南、广东、广西、海南；孟加拉国、印度、老挝、缅甸、泰国、越南

**大叶风吹楠 Horsfieldia kingii** (Hook. f.) Warb.

分布：云南、广西、海南；印度、泰国

**云南风吹楠 Horsfieldia prainii** (King) Warburg

分布：云南；印度、印度尼西亚、巴布亚新几内亚、菲律宾、泰国

### 红光树属 **Knema** Lour.

**假广子 Knema elegans** Warburg

分布：云南；柬埔寨、缅甸、泰国、越南

**小叶红光树 Knema globularia** (Lam.) Warb.

分布：云南；柬埔寨、印度尼西亚、老挝、马来西亚、缅甸、泰国、越南

**狭叶红光树 Knema lenta** Warburg

分布：云南；孟加拉国、印度、缅甸、泰国、越南

**大叶红光树 Knema linifolia** (Roxb.) Warb.

分布：云南；印度、孟加拉国、缅甸

**红光树 Knema tenuinervia** W. J. de Wilde

分布：云南；印度、老挝、尼泊尔、泰国

**密花红光树 Knema tonkinensis** (Warburg) W. J. de Wilde

分布：云南；老挝、越南

### 肉豆蔻属 **Myristica** Gronov.

**肉豆蔻 Myristica fragrans** Houtt.

分布：云南、台湾，栽培于广东；原产于印度尼西亚，热带地区广泛栽培

**云南肉豆蔻 Myristica yunnanensis** Y. H. Li

分布：云南；泰国

## 358. 桃金娘科 Myrtaceae Juss.

### 岗松属 **Baeckea** L.

**岗松 Baeckea frutescens** L.

分布：浙江、江西、福建、广东、广西、海南；柬埔寨、印度、印度尼西亚、马来西亚、缅甸、巴布亚新几内亚、

泰国、菲律宾、越南、澳大利亚

## 子楝树属 **Decaspermum** J. R. Forst. et G. Forst.

白毛子楝树 **Decaspermum albociliatum** Merr. et L. M. Perry
分布：海南

琼南子楝树 **Decaspermum austrohainanicum** H. T. Chang et R. H. Miao
分布：海南

秃子楝树 **Decaspermum glabrum** Chang et Miau
分布：广东

子楝树 **Decaspermum gracilentum** (Hance) Merr. et L. M. Perry
分布：贵州、台湾、广东、广西、海南；越南

海南子楝树 **Decaspermum hainanense** (Merr.) Merr.
分布：海南

柬埔寨子楝树 **Decaspermum montanum** Ridl.
分布：海南；柬埔寨、马来西亚、泰国、越南

五瓣子楝树 **Decaspermum parviflorum** (Lam.) A. J. Scott
分布：贵州、云南、西藏、广东、广西、海南；柬埔寨、印度、印度尼西亚、马来西亚、缅甸、菲律宾、泰国、越南、太平洋岛屿

圆枝子楝树 **Decaspermum teretis** Craven
分布：海南

## 桉属 **Eucalyptus** L'Hér.

白桉 **Eucalyptus alba** Reinw. ex Blume
分布：广东、广西；澳大利亚、东帝汶、印度尼西亚、巴布亚新几内亚

广叶桉 **Eucalyptus amplifolia** Naudin
分布：江西、湖南、湖北、四川、福建、广东、广西；澳大利亚

布氏桉 **Eucalyptus blakelyi** Maiden
分布：江西、云南；澳大利亚

葡萄桉 **Eucalyptus botryoides** Sm.
分布：江西、四川、台湾、广东、广西；澳大利亚

赤桉 **Eucalyptus camaldulensis** Dehnh.
分布：安徽、浙江、江西、湖南、四川、贵州、云南、福建、台湾、广东、广西；澳大利亚

赤桉(原变种) **Eucalyptus camaldulensis** var. **camaldulensis**
分布：中国有栽培

渐尖赤桉 **Eucalyptus camaldulensis** var. **acuminata** (Hook.) Blak.
分布：云南、广东、广西；澳大利亚

短喙赤桉 **Eucalyptus camaldulensis** var. **brevirostris** (F. V. Muell. ex Miq.) Blakely
分布：广东、广西；澳大利亚

钝盖赤桉 **Eucalyptus camaldulensis** var. **obtusa** Blakely
分布：广东、广西；澳大利亚

垂枝赤桉 **Eucalyptus camaldulensis** var. **pendula** (F. V. Muell. ex Miq.) Blakely et Jacobs
分布：广东；澳大利亚

柠檬桉 **Eucalyptus citriodora** Hook.
分布：浙江、江西、湖南、四川、贵州、云南、福建、广东、广西；澳大利亚

常桉 **Eucalyptus crebra** F. V. Muell.
分布：广东；澳大利亚

窿缘桉 **Eucalyptus exserta** F. V. Muell.
分布：浙江、江西、湖南、四川、贵州、福建、广东、广西、海南；澳大利亚

蓝桉 **Eucalyptus globulus** Labill.
分布：浙江、江西、四川、贵州、云南、福建、台湾、广西；原产于大洋洲(东南部)和塔斯马尼亚

蓝桉(原亚种) **Eucalyptus globulus** subsp. **globulus**
分布：浙江、江西、四川、贵州、云南、台湾、广西、种植于福建；原产于澳大利亚、塔斯马尼亚

直杆蓝桉 **Eucalyptus globulus** subsp. **maidenii** (F. Mueller) Kirkpatrick
分布：江西、四川、云南、广西；原产于澳大利亚(东南部)

大桉 **Eucalyptus grandis** W. Hill ex Maiden
分布：台湾、广东、广西；澳大利亚

斜脉胶桉 **Eucalyptus kirtoniana** F. V. Muell.
分布：贵州、广东、广西；澳大利亚

二色桉 **Eucalyptus largiflorens** F. V. Muell.
分布：广东、广西；澳大利亚

纤脉桉 **Eucalyptus leptophleba** F. V. Muell.
分布：江西、广东、广西；澳大利亚

斑皮桉 **Eucalyptus maculata** Hook.
分布：江西、四川、台湾、广东、广西；澳大利亚

蜜味桉 **Eucalyptus melliodora** A. Cunn. ex Schauer
分布：云南、广东、广西；澳大利亚

小帽桉 **Eucalyptus microcorys** F. V. Muell.
分布：台湾、广东、广西；澳大利亚

圆锥花桉 **Eucalyptus paniculata** Sm.
分布：江西、广东、广西；澳大利亚

粗皮桉 **Eucalyptus pellita** F. V. Muell.
分布：云南、广东、广西；澳大利亚

阔叶桉 **Eucalyptus platyphylla** F. V. Muell.
分布：广东；澳大利亚

多花桉 **Eucalyptus polyanthemos** Schauer
分布：江西、云南；澳大利亚

斑叶桉 **Eucalyptus punctata** DC.
分布：新疆、四川、福建、广东、广西；澳大利亚

桉 **Eucalyptus robusta** Sm.
分布：安徽、浙江、江西、湖南、四川、贵州、云南、福建、台湾、广东、广西、海南；澳大利亚

野桉 **Eucalyptus rudis** Endl.
分布：浙江、江西、福建、广东、广西；澳大利亚

柳叶桉 **Eucalyptus saligna** Sm.
分布：江西、福建、台湾、广东、广西；澳大利亚

细叶桉 **Eucalyptus tereticornis** Sm.
分布：安徽、浙江、四川、贵州、云南、福建、广东、广西；澳大利亚

毛叶桉 **Eucalyptus torelliana** F. V. Muell.
分布：云南、广东、广西；澳大利亚

## 番樱桃属 **Eugenia** L.

吕朱番樱桃 **Eugenia aherniana** C. B. Rob.
分布：广东；菲律宾

红果仔 **Eugenia uniflora** L.
分布：四川、云南、福建、台湾；南美洲

## 红胶木属 **Lophostemon** Schott

红胶木 **Lophostemon confertus** (R. Br.) Peter G. Wilson et Waterh.
分布：云南、台湾、广东、广西、海南；澳大利亚

## 白千层属 **Melaleuca** L.

白千层 **Melaleuca cajuputi** subsp. **cumingiana** (Turcz.) Barlow
分布：四川、云南、福建、台湾、广东、广西；澳大利亚、印度尼西亚

细花白千层 **Melaleuca parviflora** Lindl.
分布：福建、广东；澳大利亚

## 香桃木属 **Myrtus** L.

香桃木 **Myrtus communis** L.
分布：广东、广西；地中海地区

## 番石榴属 **Psidium** L.

草莓番石榴 **Psidium cattleyanum** Sabine
分布：云南、台湾、广东、海南；原产于南美洲(巴西)

番石榴 **Psidium guajava** L.
分布：四川、云南、台湾、广东、广西、海南栽培并有归化；原产于热带美洲

## 玫瑰木属 **Rhodamnia** Jack

玫瑰木 **Rhodamnia dumetorum** (DC.) Merr. et L. M. Perry
分布：海南；柬埔寨、老挝、马来西亚、越南、泰国

玫瑰木(原变种) **Rhodamnia dumetorum** var. **dumetorum**
分布：海南；柬埔寨、老挝、马来西亚、泰国、越南

海南玫瑰木 **Rhodamnia dumetorum** var. **hainanensis** Merr. et L. M. Perry
分布：海南

## 桃金娘属 **Rhodomyrtus** (DC.) Rchb.

桃金娘 **Rhodomyrtus tomentosa** (Aiton) Hassk.
分布：浙江、江西、湖南、贵州、云南、福建、台湾、广东、广西；印度、印度尼西亚、日本、柬埔寨、马来西亚、老挝、泰国、越南、菲律宾、斯里兰卡

## 蒲桃属 **Syzygium** Gaertn.

肖蒲桃 **Syzygium acuminatissimum** (Blume) DC.
分布：台湾、广东、广西、海南；印度、印度尼西亚、马来西亚、缅甸、菲律宾、泰国、太平洋岛屿、巴布亚新几内亚

白果蒲桃 **Syzygium album** Q. F. Zheng
分布：福建

线枝蒲桃 **Syzygium araiocladum** Merr. et L. M. Perry
分布：广西、海南；越南

华南蒲桃 **Syzygium austrosinense** (Merr. et L. M. Perry) Chang et Miau
分布：浙江、江西、湖南、湖北、四川、贵州、福建、广

东、广西、海南

滇南蒲桃 **Syzygium austroyunnanense** H. T. Chang et R. H. Miao

分布：云南、广西

香胶蒲桃 **Syzygium balsameum** (Wight) Wall. ex Walp.

分布：云南、西藏；越南、缅甸、印度、泰国

短棒蒲桃 **Syzygium baviense** (Gagnep.) Merr. et L. M. Perry

分布：云南；越南

无柄蒲桃 **Syzygium boisianum** (Gagnep.) Merr. et L. M. Perry

分布：海南；泰国、越南

短序蒲桃 **Syzygium brachythyrsum** Merr. et L. M. Perry

分布：云南

补崩蒲桃 **Syzygium bubengense** C. Chen

分布：云南

黑嘴蒲桃 **Syzygium bullockii** (Hance) Merr. et L. M. Perry

分布：广东、广西、海南；越南、老挝

假赤楠 **Syzygium buxifolioideum** H. T. Chang et R. H. Miao

分布：海南

赤楠 **Syzygium buxifolium** Hooker et Arn.

分布：安徽、浙江、江西、湖南、湖北、四川、贵州、福建、台湾、广东、广西、海南；日本、越南

赤楠(原变种) **Syzygium buxifolium** var. **buxifolium**

分布：安徽、浙江、江西、湖南、湖北、四川、贵州、福建、台湾、广东、广西、海南；日本、越南

轮叶赤楠 **Syzygium buxifolium** var. **verticillatum** C. Chen

分布：安徽、江西、湖南、贵州、福建、广东、广西

华夏蒲桃 **Syzygium cathayense** Merr. et L. M. Perry

分布：云南、广西

子凌蒲桃 **Syzygium championii** (Benth.) Merr. et L. M. Perry

分布：广东、广西、海南；越南

密脉蒲桃 **Syzygium chunianum** Merr. et L. M. Perry

分布：广西、海南

钝叶蒲桃 **Syzygium cinereum** (Kurz.) Wall. ex Merr. et L. M. Perry

分布：广西；马来西亚、泰国、越南

棒花蒲桃 **Syzygium claviflorum** (Roxb.) Wall. ex Steud.

分布：云南、海南；不丹、印度、印度尼西亚、马来西亚、缅甸、巴布亚新几内亚、泰国、越南、澳大利亚

团花蒲桃 **Syzygium congestiflorum** H. T. Chang et R. H. Miao

分布：云南

散点蒲桃 **Syzygium conspersipunctatum** (Merr. et L. M. Perry) Craven et Biffin

分布：海南

乌墨 **Syzygium cumini** (L.) Skeels

分布：云南、福建、广东、广西、海南；不丹、印度、印度尼西亚、老挝、马来西亚、尼泊尔、斯里兰卡、泰国、越南、澳大利亚

乌墨(原变种) **Syzygium cumini** var. **cumini**

分布：云南、福建、广东、广西、海南；不丹、印度、印度尼西亚、老挝、马来西亚、尼泊尔、斯里兰卡、泰国、越南、澳大利亚

长萼乌墨 **Syzygium cumini** var. **tsoi** (Merr. et Chun) H. T. Chang et R. H. Miao

分布：广西、海南

岛生蒲桃 **Syzygium densinervium** var. **insulare** E. C. Chang

分布：台湾

卫矛叶蒲桃 **Syzygium euonymifolium** (F. P. Metcalf) Merr. et L. M. Perry

分布：福建、广东、广西

细叶蒲桃 **Syzygium euphlebium** (Hayata) Mori

分布：台湾

水竹蒲桃 **Syzygium fluviatile** (Hemsl.) Merr. et L. M. Perry

分布：贵州、广西、海南

台湾蒲桃 **Syzygium formosanum** (Hayata) Mori

分布：台湾

滇边蒲桃 **Syzygium forrestii** Merr. et L. M. Perry

分布：云南

簇花蒲桃 **Syzygium fruticosum** (Roxb.) DC.

分布：贵州、云南、广西；孟加拉国、印度、缅甸、泰国

**短药蒲桃 Syzygium globiflorum** (Craib) Chantar. et J. Parnell
分布：云南、广西、海南；泰国

**贡山蒲桃 Syzygium gongshanense** P. Y. Bai
分布：云南

**轮叶蒲桃 Syzygium grijsii** (Hance) Merr. et L. M. Perry
分布：安徽、浙江、江西、湖南、湖北、贵州、福建、广东、广西

**广西蒲桃 Syzygium guangxiense** H. T. Chang et R. H. Miao
分布：广西

**海南蒲桃 Syzygium hainanense** H. T. Chang et R. H. Miao
分布：海南

**红鳞蒲桃 Syzygium hancei** Merr. et L. M. Perry
分布：福建、广东、广西、海南

**贵州蒲桃 Syzygium handelii** Merr. et L. M. Perry
分布：湖南、湖北、贵州、广东、广西

**万宁蒲桃 Syzygium howii** Merr. et L. M. Perry
分布：海南

**桂南蒲桃 Syzygium imitans** Merr. et L. M. Perry
分布：广西；越南

**凹脉赤楠 Syzygium impressum** N. H. Xia, Y. F. Deng et K. L. Yip
分布：香港

**褐背蒲桃 Syzygium infrarubiginosum** H. T. Chang et R. H. Miao
分布：海南

**蒲桃 Syzygium jambos** (L.) Alston
分布：四川、贵州、云南、福建、广东、广西、海南；越南、老挝、柬埔寨、印度尼西亚、马来西亚

**蒲桃(原变种) Syzygium jambos** var. **jambos**
分布：四川、贵州、福建、广东、广西、海南、云南均有栽培；马来西亚；亚洲

**线叶蒲桃 Syzygium jambos** var. **linearilimbum** H. T. Chang et R. H. Miao
分布：云南

**大花赤楠 Syzygium jambos** var. **tripinnatum** (Blanco) C. Chen
分布：台湾；菲律宾

**尖峰蒲桃 Syzygium jienfunicum** H. T. Chang et R. H. Miao
分布：海南

**恒春蒲桃 Syzygium kusukusense** (Hayata) Mori
分布：台湾

**广东蒲桃 Syzygium kwangtungense** (Merr.) Merr. et L. M. Perry
分布：广东、广西

**少花老挝蒲桃 Syzygium laosense** var. **quocense** (Gagnep.) Chang et Miau
分布：云南；柬埔寨、越南

**粗叶木蒲桃 Syzygium lasianthifolium** H. T. Chang et R. H. Miao
分布：广东

**山蒲桃 Syzygium levinei** (Merr.) Merr. et L. M. Perry
分布：广东、广西、海南；越南

**长花蒲桃 Syzygium lineatum** (DC.) Merr. et L. M. Perry
分布：广西；印度尼西亚、马来西亚、缅甸、泰国、越南

**马六甲蒲桃 Syzygium malaccense** (L.) Merr. et L. M. Perry
分布：云南、台湾；马来西亚

**阔叶蒲桃 Syzygium megacarpum** (Craib) Rathakr. et N. C. Nair
分布：云南、广西、海南；孟加拉国、缅甸、泰国、越南

**黑长叶蒲桃 Syzygium melanophyllum** H. T. Chang et R. H. Miao
分布：云南

**竹叶蒲桃 Syzygium myrsinifolium** (Hance) Merr. et L. M. Perry
分布：云南、海南

**竹叶蒲桃(原变种) Syzygium myrsinifolium** var. **myrsinifolium**
分布：云南、海南

**大花竹叶蒲桃 Syzygium myrsinifolium** var. **grandiflorum** H. T. Chang et R. H. Miao
分布：海南

**南屏蒲桃 Syzygium nanpingense** Y. Y. Qian
分布：云南

**水翁蒲桃 Syzygium nervosum** DC.
分布：云南、西藏、广东、广西、海南；印度、印度尼西

亚、马来西亚、缅甸、斯里兰卡、泰国、越南、澳大利亚

倒披针叶蒲桃 **Syzygium oblancilimbum** H. T. Chang et R. H. Miao
分布：云南

高檐蒲桃 **Syzygium oblatum** (Roxb.) Wall. ex Steud.
分布：云南、西藏；孟加拉国、柬埔寨、印度、印度尼西亚、马来西亚、泰国、越南

香蒲桃 **Syzygium odoratum** (Lour.) DC.
分布：广东、广西、海南；越南

圆顶蒲桃 **Syzygium paucivenium** (C. B. Rob.) Merr.
分布：台湾；菲律宾

假多瓣蒲桃 **Syzygium polypetaloideum** Merr. et L. M. Perry
分布：云南、广西

红枝蒲桃 **Syzygium rehderianum** Merr. et L. M. Perry
分布：湖南、福建、广东、广西

滇西蒲桃 **Syzygium rockii** Merr. et L. M. Perry
分布：云南

皱萼蒲桃 **Syzygium rysopodum** Merr. et L. M. Perry
分布：海南

怒江蒲桃 **Syzygium salwinense** Merr. et L. M. Perry
分布：云南、广西

洋蒲桃 **Syzygium samarangense** (Blume) Merr. et L. M. Perry
分布：四川、云南、福建、台湾、广东、广西、海南；原产于印度尼西亚、巴布亚新几内亚、马来西亚、泰国

石生蒲桃 **Syzygium saxatile** H. T. Chang et R. H. Miao
分布：云南

四川蒲桃 **Syzygium sichuanense** H. T. Chang et R. H. Miao
分布：四川

兰屿赤楠 **Syzygium simile** (Merr.) Merr.
分布：台湾；菲律宾

纤枝蒲桃 **Syzygium stenocladum** Merr. et L. M. Perry
分布：海南

硬叶蒲桃 **Syzygium sterrophyllum** Merr. et L. M. Perry
分布：云南、广西、海南；越南

思茅蒲桃 **Syzygium szemaoense** Merr. et L. M. Perry
分布：云南、广西

台湾棒花蒲桃 **Syzygium taiwanicum** H. T. Chang et R. H. Miao
分布：台湾

细轴蒲桃 **Syzygium tenuirhachis** H. T. Chang et R. H. Miao
分布：广西

方枝蒲桃 **Syzygium tephrodes** (Hance) Merr. et L. M. Perry
分布：海南

四角蒲桃 **Syzygium tetragonum** (Wight) Wall. ex Walp.
分布：云南、西藏、广西、海南；不丹、印度、缅甸、尼泊尔、泰国

黑叶蒲桃 **Syzygium thumra** (Roxb.) Merr. et L. M. Perry
分布：云南；马来西亚、缅甸、老挝、泰国

假乌墨 **Syzygium toddalioides** (Wight) Walp.
分布：云南；印度、缅甸、泰国、越南

狭叶蒲桃 **Syzygium tsoongii** (Merr.) Merr. et L. M. Perry
分布：湖南、广西、海南；越南

毛脉蒲桃 **Syzygium vestitum** Merr. et L. M. Perry
分布：云南；越南

文山蒲桃 **Syzygium wenshanense** H. T. Chang et R. H. Miao
分布：云南

西藏蒲桃 **Syzygium xizangense** Chang et Miau
分布：西藏

云南蒲桃 **Syzygium yunnanense** Merr. et L. M. Perry
分布：云南

锡兰蒲桃 **Syzygium zeylanicum** (L.) DC.
分布：广东、广西；柬埔寨、印度、印度尼西亚、老挝、马来西亚、缅甸、斯里兰卡、泰国、越南

## 359. 肺筋草科 Nartheciaceae Fr. ex Bjurzon

### 粉条儿菜属 **Aletris** L.

高山粉条儿菜 **Aletris alpestris** Diels
分布：陕西、四川、贵州、云南

**头花粉条儿菜 Aletris capitata** F. T. Wang et Ts. Tang
分布：四川

**灰鞘粉条儿菜 Aletris cinerascens** F. T. Wang et Ts. Tang
分布：云南、广西

**无毛粉条儿菜 Aletris glabra** Bureau et Franch.
分布：陕西、甘肃、江西、湖北、四川、贵州、云南、西藏、福建、台湾；不丹、印度

**腺毛粉条儿菜 Aletris glandulifera** Bureau et Franch.
分布：甘肃、四川

**星花粉条儿菜 Aletris gracilis** Rendle
分布：云南、西藏；不丹、印度、缅甸

**疏花粉条儿菜 Aletris laxiflora** Bureau et Franch.
分布：四川、贵州、西藏

**大花粉条儿菜 Aletris megalantha** F. T. Wang et C. L. Tang
分布：云南

**短粉条儿菜 Aletris nana** S. C. Chen
分布：云南、西藏；尼泊尔

**少花粉条儿菜 Aletris pauciflora** (Klotzsch) Hand.-Mazz.
分布：四川、云南、西藏；不丹、印度、克什米尔地区、缅甸、尼泊尔

**少花粉条儿菜(原变种) Aletris pauciflora** var. **pauciflora**
分布：四川、云南、西藏；不丹、印度、克什米尔地区、缅甸、尼泊尔

**穗花粉条儿菜 Aletris pauciflora** var. **khasiana** F. T. Wang et T. Tang
分布：四川、云南、西藏；印度

**长柄粉条儿菜 Aletris pedicellata** F. T. Wang et Ts. Tang
分布：四川

**短柄粉条儿菜 Aletris scopulorum** Dunn
分布：浙江、江西、湖南、福建、广东；日本

**单花粉条儿菜(新拟) Aletris simpliciflora** R. Li et S. D. Zhang
分布：西藏

**粉条儿菜 Aletris spicata** (Thunb.) Franch.
分布：河北、山西、河南、陕西、甘肃、安徽、江苏、浙江、江西、湖南、湖北、四川、贵州、云南、福建、台湾、广东、广西；日本、马来西亚、菲律宾

**狭瓣粉条儿菜 Aletris stenoloba** Franch.
分布：陕西、甘肃、湖北、四川、贵州、云南、广东、广西

**雅安粉条儿菜 Aletris yaanica** G. H. Yang
分布：四川

## 360. 莲科 Nelumbonaceae A. Rich.

### 莲属 Nelumbo Adans.

**莲 Nelumbo nucifera** Gaertn.
分布：青海、西藏外全国分布；不丹、印度、印度尼西亚、日本、韩国、马来西亚、缅甸、尼泊尔、巴布亚新几内亚、巴基斯坦、菲律宾、俄罗斯、斯里兰卡、泰国、越南、澳大利亚；亚洲(西南部)

## 361. 猪笼草科 Nepenthaceae Dumort.

### 猪笼草属 Nepenthes L.

**猪笼草 Nepenthes mirabilis** (Lour.) Druce
分布：广东、海南；柬埔寨、老挝、?缅甸、泰国、越南、澳大利亚、太平洋岛屿、南亚诸岛

## 362. 白刺科 Nitrariaceae Lindl.

### 白刺属 Nitraria L.

**帕米尔白刺 Nitraria pamirica** L. I. Vassiljeva
分布：新疆；哈萨克斯坦、吉尔吉斯斯坦、塔吉克斯坦、土库曼斯坦、乌兹别克斯坦

**大白刺 Nitraria roborowskii** Kom.
分布：内蒙古、陕西、宁夏、甘肃、青海、新疆；蒙古国、俄罗斯

**小果白刺 Nitraria sibirica** Pall.
分布：吉林、辽宁、内蒙古、河北、山西、山东、陕西、宁夏、甘肃、青海、新疆；蒙古国、俄罗斯

**泡泡刺 Nitraria sphaerocarpa** Maxim.
分布：内蒙古、甘肃、新疆；蒙古国、哈萨克斯坦

**白刺 Nitraria tangutorum** Bobrov
分布：内蒙古、河北、陕西、宁夏、甘肃、青海、新疆、西藏

### 骆驼蓬属 Peganum L.

**骆驼蓬 Peganum harmala** L.
分布：内蒙古、河北、山西、宁夏、甘肃、青海、新疆、

西藏；阿富汗、哈萨克斯坦、吉尔吉斯斯坦、蒙古国、巴基斯坦、俄罗斯、塔吉克斯坦、土库曼斯坦、乌兹别克斯坦；南亚、欧洲、北非

多裂骆驼蓬 **Peganum multisectum** (Maxim.) Bobrov
分布：内蒙古、陕西、宁夏、甘肃、青海、新疆、西藏

骆驼蒿 **Peganum nigellastrum** Bunge
分布：内蒙古、河北、山西、河南、陕西、宁夏、甘肃、新疆；蒙古国、俄罗斯

## 363. 紫茉莉科 Nyctaginaceae Juss.

### 黄细心属 **Boerhavia** L.

红细心 **Boerhavia coccinea** Mill.
分布：海南；非洲、美洲

黄细心 **Boerhavia diffusa** L.
分布：四川、贵州、云南、福建、台湾、广东、广西、海南；柬埔寨、印度、印度尼西亚、日本、老挝、马来西亚、缅甸、尼泊尔、菲律宾、泰国、越南、澳大利亚、太平洋岛屿；非洲、美洲

直立黄细心 **Boerhavia erecta** L.
分布：海南；泰国、新加坡、马来西亚、印度尼西亚、太平洋岛屿；东亚

花莲黄细心 **Boerhavia hualienense** Chen et Wu
分布：台湾

匍匐黄细心 **Boerhavia repens** L.
分布：福建、广东；亚洲、非洲、美洲

### 叶子花属 **Bougainvillea** Comm. ex Juss.

光叶子花 **Bougainvillea glabra** Choisy
分布：栽培于全国；原产于南美洲(巴西)

叶子花 **Bougainvillea spectabilis** Willd.
分布：中国南部；原产于美洲

### 粘腺果属 **Commicarpus** Standl.

中华粘腺果 **Commicarpus chinensis** (L.) Heimerl
分布：海南；巴基斯坦、印度、缅甸、马来西亚、泰国、越南、印度尼西亚

澜沧粘腺果 **Commicarpus lantsangensis** D. Q. Lu
分布：四川、云南、西藏

### 紫茉莉属 **Mirabilis** L.

紫茉莉 **Mirabilis jalapa** L.
分布：各省(自治区、直辖市)广为引种栽培；原产于热带美洲，现世界温带至热带地区广泛引种和归化

### 山紫茉莉属 **Oxybaphus** L'Hér. ex Willd.

中华山紫茉莉 **Oxybaphus himalaicus** var. **chinensis** (Heimerl) D. Q. Lu
分布：陕西、甘肃、四川、云南、西藏

### 腺果藤属 **Pisonia** L.

腺果藤 **Pisonia aculeata** L.
分布：台湾、海南；澳大利亚；亚洲、非洲、美洲

抗风桐 **Pisonia grandis** R. Br.
分布：台湾、海南；印度、印度尼西亚、马来西亚、斯里兰卡、澳大利亚、马达加斯加、马尔代夫、太平洋岛屿

胶果木 **Pisonia umbellifera** (J. R. Forst. et G. Forst.) Seem.
分布：台湾、海南；印度、印度尼西亚、马来西亚、菲律宾、泰国、越南、澳大利亚、马达加斯加、太平洋岛屿

## 364. 睡莲科 Nymphaeaceae Salisb.

### 芡属 **Euryale** Salisb.

芡实 **Euryale ferox** Salisb.
分布：黑龙江、吉林、辽宁、内蒙古、河北、山西、山东、河南、陕西、安徽、江苏、浙江、江西、湖南、湖北、四川、贵州、云南、福建、台湾、广东、广西、海南；孟加拉国、印度、日本、克什米尔地区、朝鲜、俄罗斯

### 萍蓬草属 **Nuphar** Sm.

欧亚萍蓬草 **Nuphar lutea** (L.) Sm.
分布：新疆；哈萨克斯坦、俄罗斯；亚洲(西南部)、欧洲、非洲

萍蓬草 **Nuphar pumila** (Timm) DC.
分布：黑龙江、吉林、内蒙古、河北、河南、新疆、安徽、江苏、浙江、江西、湖北、贵州、福建、台湾、广东、广西；日本、朝鲜、蒙古国、俄罗斯；欧洲

萍蓬草(原亚种) **Nuphar pumila** subsp. **pumila**
分布：黑龙江、吉林、内蒙古、河北、河南、新疆、安徽、江苏、浙江、江西、湖北、贵州；日本、韩国、蒙古国、俄罗斯

中华萍蓬草 **Nuphar pumila** subsp. **sinensis** (Hand.-Mazz.) D. E. Padgett
分布：安徽、浙江、江西、湖南、贵州、福建、广东、广西

### 睡莲属 **Nymphaea** L.

白睡莲 **Nymphaea alba** L.
分布：河北、山东、陕西、浙江；克什米尔地区、俄罗斯；亚洲(西南部)、欧洲、非洲

**雪白睡莲 Nymphaea candida** C. Presl

分布：新疆；克什米尔地区、哈萨克斯坦、俄罗斯；亚洲(西南部)、欧洲

**柔毛齿叶睡莲 Nymphaea lotus** var. **pubescens** (Willd.) Hook. f. et Thomson

分布：云南；孟加拉国、印度、印度尼西亚、缅甸、巴布亚新几内亚、巴基斯坦、菲律宾、斯里兰卡、泰国、越南

**延药睡莲 Nymphaea nouchali** Burm. f.

分布：安徽、广东、海南、湖北、台湾、云南；阿富汗、孟加拉国、印度、印度尼西亚、缅甸、尼泊尔、巴布亚新几内亚、巴基斯坦、菲律宾、斯里兰卡、泰国、越南、澳大利亚

**睡莲 Nymphaea tetragona** Georgi

分布：黑龙江、吉林、辽宁、内蒙古、河北、山西、山东、河南、陕西、新疆、江苏、浙江、江西、湖南、湖北、四川、贵州、云南、西藏、福建、台湾、广东、广西、海南；印度、日本、克什米尔地区、哈萨克斯坦、朝鲜、俄罗斯、越南；欧洲、北美洲

## 365. 金莲木科 Ochnaceae DC.

### 赛金莲木属 **Campylospermum** Tiegh.

**齿叶赛金莲木 Campylospermum serratum** (Gaertner) Bittrich et M. C. E. Amaral

分布：海南；斯里兰卡、柬埔寨、印度、印度尼西亚、马来西亚、菲律宾、老挝、泰国、越南

**赛金莲木 Campylospermum striatum** (Tiegh.) M. C. E. Amaral

分布：海南；越南

### 金莲木属 **Ochna** L.

**金莲木 Ochna integerrima** (Lour.) Merr.

分布：广东、广西、海南；柬埔寨、印度、马来西亚、缅甸、巴基斯坦、泰国、越南、老挝

### 合柱金莲木属 **Sauvagesia** L.

**合柱金莲木 Sauvagesia rhodoleuca** (Diels) M. C. E. Amaral

分布：广东、广西

## 366. 铁青树科 Olacaceae R. Br.

### 赤苍藤属 **Erythropalum** Blume

**赤苍藤 Erythropalum scandens** Blume

分布：贵州、云南、西藏、广东、广西、海南；孟加拉国、文莱、不丹、印度、印度尼西亚、老挝、马来西亚、缅甸、泰国、菲律宾、越南、柬埔寨

### 蒜头果属 **Malania** Chun et S. K. Lee

**蒜头果 Malania oleifera** Chun et S. K. Lee

分布：云南、广西

### 铁青树属 **Olax** L.

**尖叶铁青树 Olax acuminata** Wall. ex Benth.

分布：云南；不丹、印度、缅甸

**疏花铁青树 Olax austrosinensis** Y. R. Ling

分布：广西、海南

**铁青树 Olax imbricata** Roxb.

分布：台湾、海南；印度、印度尼西亚、缅甸、斯里兰卡、马来西亚、菲律宾、泰国

### 海檀木属 **Ximenia** L.

**海檀木 Ximenia americana** L.

分布：海南；印度、印度尼西亚、马来西亚、缅甸、菲律宾、斯里兰卡、泰国、澳大利亚，太平洋岛屿；非洲、美洲

## 367. 木犀科 Oleaceae Hoffmanns. et Link

### 流苏树属 **Chionanthus** L.

**白枝流苏树 Chionanthus brachythyrsus** (Merr.) P. S. Green

分布：海南；越南

**厚叶李榄 Chionanthus coriaceus** Yuen P. Yang et S. Y. Lu

分布：台湾；菲律宾

**广西流苏树 Chionanthus guangxiensis** B. M. Miao

分布：广西

**海南流苏树 Chionanthus hainanensis** (Merr. et Chun) B. M. Miao

分布：海南

**李榄 Chionanthus henryanus** P. S. Green

分布：云南；缅甸

**长花流苏树 Chionanthus longiflorus** (H. L. Li) B. M. Miao

分布：云南

**枝花流苏树 Chionanthus ramiflorus** Roxb.

分布：贵州、云南、台湾、广西、海南；印度、尼泊尔、

菲律宾、越南、太平洋岛屿

枝花流苏树(原变种) **Chionanthus ramiflorus** var. **ramiflorus**

分布：贵州、云南、台湾、广西、海南；印度、尼泊尔、越南、澳大利亚、太平洋群岛

大花流苏树 **Chionanthus ramiflorus** var. **grandiflorus** B. M. Miao

分布：贵州

流苏树 **Chionanthus retusus** Lindl. et Paxton

分布：河北、山西、河南、陕西、甘肃、江西、四川、云南、福建、台湾、广东；日本、朝鲜

疣叶流苏树 **Chionanthus verruculatus** D. Fang

分布：广西

## 雪柳属 **Fontanesia** Labill.

雪柳 **Fontanesia philliraeoides** subsp. **fortunei** (Carrière) Yaltirik

分布：河北、山东、河南、陕西、安徽、江苏、浙江、湖北

## 连翘属 **Forsythia** Vahl

秦连翘 **Forsythia giraldiana** Lingelsh.

分布：河南、陕西、甘肃、四川

丽江连翘 **Forsythia likiangensis** Ching et Feng ex P. Y. Bai

分布：四川、云南

东北连翘 **Forsythia mandschurica** Uyeki

分布：辽宁

奇异连翘 **Forsythia mira** M. C. Chang

分布：河南、陕西

连翘 **Forsythia suspensa** (Thunb.) Vahl

分布：河北、山西、山东、河南、陕西、安徽、湖北、四川，国内北方地区广泛栽培

金钟花 **Forsythia viridissima** Lindl.

分布：安徽、江苏、浙江、江西、湖南、湖北、云南、福建

## 梣属 **Fraxinus** L.

狭叶梣 **Fraxinus baroniana** Diels

分布：陕西、甘肃、四川

小叶梣 **Fraxinus bungeana** A. DC.

分布：辽宁、河北、山西、山东、河南、安徽

白蜡树 **Fraxinus chinensis** Roxb.

分布：中国广布；日本、韩国、俄罗斯、越南

白蜡树(原亚种) **Fraxinus chinensis** subsp. **chinensis**

分布：中国广布；韩国

花曲柳 **Fraxinus chinensis** subsp. **rhynchophylla** (Hance) E. Murray

分布：黑龙江、吉林、辽宁、河北、山西、山东、河南、陕西、甘肃；日本、朝鲜、俄罗斯

疏花梣 **Fraxinus depauperata** (Lingelsh.) Z. Wei

分布：陕西、湖南、湖北

锈毛梣 **Fraxinus ferruginea** Lingelsh.

分布：贵州、云南、西藏；缅甸

多花梣 **Fraxinus floribunda** Wall.

分布：浙江、贵州、云南、西藏、广东、广西；阿富汗、不丹、印度、日本、克什米尔地区、老挝、缅甸、尼泊尔、泰国、越南

光蜡树 **Fraxinus griffithii** C. B. Clarke

分布：湖南、湖北、福建、台湾、广东、广西、海南；孟加拉国、印度、印度尼西亚、日本、缅甸、菲律宾、越南

湖北梣 **Fraxinus hupehensis** S. T. Chu et C. B. Shang

分布：湖北

苦枥木 **Fraxinus insularis** Hemsl.

分布：陕西、甘肃、安徽、江苏、浙江、江西、湖南、湖北、四川、贵州、云南、福建、台湾、广东、广西、海南；日本

白枪杆 **Fraxinus malacophylla** Hemsl.

分布：云南、广西；泰国

水曲柳 **Fraxinus mandschurica** Ruprecht

分布：黑龙江、吉林、辽宁、河北、山西、河南、陕西、甘肃、湖北；日本、韩国、俄罗斯

尖萼梣 **Fraxinus odontocalyx** Hand.-Mazz. ex E. Peter

分布：陕西、安徽、浙江、湖北、四川、贵州、福建、广东、广西

秦岭梣 **Fraxinus paxiana** Lingelsh.

分布：陕西、湖南、湖北

象蜡树 **Fraxinus platypoda** Oliv.

分布：陕西、甘肃、湖北、四川、贵州、云南；日本

斑叶梣 **Fraxinus punctata** S. Y. Hu

分布：湖北

**楷叶梣 Fraxinus retusifoliolata** Feng ex P. Y. Bai
分布：云南

**庐山梣 Fraxinus sieboldiana** Blume
分布：安徽、江苏、浙江、江西、福建；日本

**锡金梣 Fraxinus sikkimensis** (Lingelsh.) Hand.-Mazz.
分布：四川、云南、西藏；印度

**天山梣 Fraxinus sogdiana** Bunge
分布：新疆；哈萨克斯坦、吉尔吉斯斯坦、塔吉克斯坦、乌兹别克斯坦

**宿柱梣 Fraxinus stylosa** Lingelsh.
分布：河南、陕西、甘肃、四川

**三叶梣 Fraxinus trifoliolata** W. W. Sm.
分布：四川、云南

**椒叶梣 Fraxinus xanthoxyloides** (G. Don) A. DC.
分布：西藏；阿富汗、印度、克什米尔地区、巴基斯坦；非洲

## 素馨属 Jasminum L.

**白萼素馨 Jasminum albicalyx** Kobuski
分布：广西

**大叶素馨 Jasminum attenuatum** Roxb. ex G. Don
分布：云南；印度、缅甸、泰国

**红素馨 Jasminum beesianum** Forrest et Diels
分布：四川、贵州、云南

**樟叶素馨 Jasminum cinnamomifolium** Kobuski
分布：云南、海南

**咖啡素馨 Jasminum coffeinum** Hand.-Mazz.
分布：云南、广西；越南

**毛萼素馨 Jasminum craibianum** Kerr
分布：海南；泰国

**双子素馨 Jasminum dispermum** Wall.
分布：云南、西藏；不丹、印度、克什米尔地区、尼泊尔

**丛林素馨 Jasminum duclouxii** (H. Lév.) Rehder
分布：云南、广西

**扭肚藤 Jasminum elongatum** (Bergius) Willd.
分布：贵州、云南、广东、广西、海南；印度、印度尼西亚、马来西亚、缅甸、越南；大洋洲

**盈江素馨 Jasminum flexile** Vahl
分布：云南；印度、斯里兰卡

**探春花 Jasminum floridum** Bunge
分布：河北、山西、山东、河南、陕西、甘肃、湖北、四川、贵州

**窝穴素馨 Jasminum foveatum** R. H. Miao
分布：广西

**倒吊钟叶素馨 Jasminum fuchsiifolium** Gagnep.
分布：贵州、云南、广西

**素馨花 Jasminum grandiflorum** L.
分布：四川、云南；亚洲(西南部)

**广西素馨 Jasminum guangxiense** B. M. Miao
分布：广西

**绒毛素馨 Jasminum hongshuihoense** Z. P. Jien ex B. M. Miao
分布：贵州、云南、广西

**矮探春 Jasminum humile** L.
分布：甘肃、四川、贵州、云南、西藏；阿富汗、印度、塔吉克斯坦；亚洲(西南部)

**矮探春(原变种) Jasminum humile** var. **humile**
分布：四川、贵州、云南、西藏；阿富汗、印度、塔吉克斯坦；亚洲

**狭叶矮探春 Jasminum humile** var. **microphyllum** (L. C. Chia) P. S. Green
分布：甘肃、四川、云南、西藏

**清香藤 Jasminum lanceolaria** Roxb.
分布：陕西、甘肃、安徽、浙江、江西、湖南、湖北、四川、贵州、云南、福建、台湾、广东、广西、海南；不丹、印度、缅甸、泰国、越南

**栀花素馨 Jasminum lang** Gagnep.
分布：云南、广西；越南

**桂叶素馨 Jasminum laurifolium** var. **brachylobum** Kurz.
分布：云南、西藏、广西、海南；印度、缅甸

**长管素馨 Jasminum longitubum** L. C. Chia ex B. M. Miao
分布：广西

**野迎春 Jasminum mesnyi** Hance
分布：四川、贵州、云南

**小萼素馨 Jasminum microcalyx** Hance
分布：云南、海南；越南

**毛茉莉 Jasminum multiflorum** (Burm. f.) Andrews
分布：贵州；可能原产于印度或东南亚，广泛栽培

**青藤仔 Jasminum nervosum** Lour.
分布：贵州、云南、西藏、台湾、广东、广西、海南；不

丹、柬埔寨、印度、老挝、缅甸、尼泊尔、越南

**银花素馨 Jasminum nintooides** Rehder

分布：云南

**迎春花 Jasminum nudiflorum** Lindl.

分布：陕西、甘肃、四川、云南、西藏

**迎春花(原变种) Jasminum nudiflorum** var. **nudiflorum**

分布：陕西、甘肃、四川、云南、西藏

**垫状迎春 Jasminum nudiflorum** var. **pulvinatum** (W. W. Sm.) Kobuski

分布：四川、云南、西藏

**素方花 Jasminum officinale** L.

分布：四川、贵州、云南、西藏；不丹、印度、克什米尔地区、尼泊尔、塔吉克斯坦

**素方花(原变种) Jasminum officinale** var. **officinale**

分布：四川、贵州、云南、西藏；不丹、印度、克什米尔地区、尼泊尔、塔吉克斯坦

**具毛素方花 Jasminum officinale** var. **piliferum** P. Y. Bai

分布：西藏

**西藏素方花 Jasminum officinale** var. **tibeticum** C. Y. Wu ex P. Y. Bai

分布：四川、西藏

**厚叶素馨 Jasminum pentaneurum** Hand.-Mazz.

分布：广东、广西、海南；越南

**心叶素馨 Jasminum pierreanum** Gagnep.

分布：海南；柬埔寨、越南

**多花素馨 Jasminum polyanthum** Franch.

分布：四川、贵州、云南

**披针叶素馨 Jasminum prainii** H. Lév.

分布：贵州、广西

**白皮素馨 Jasminum rehderianum** Kobuski

分布：海南

**云南素馨 Jasminum rufohirtum** Gagnep.

分布：云南；老挝、越南

**茉莉花 Jasminum sambac** (L.) Aiton

分布：湖南、贵州、云南、福建、广东、广西；原产于印度，广泛栽培

**亮叶茉莉 Jasminum seguinii** H. Lév.

分布：四川、贵州、云南、广西、海南；泰国

**亮叶茉莉(原变种) Jasminum seguinii** var. **seguinii**

分布：四川、贵州、云南、广西、海南；泰国

**攀枝花亮叶茉莉(新拟) Jasminum seguinii** var. **panzhihuaense** J. L. Liu

分布：四川

**华素馨 Jasminum sinense** Hemsl.

分布：浙江、江西、湖南、湖北、四川、贵州、云南、福建、台湾、广东、广西

**腺叶素馨 Jasminum subglandulosum** Kurz.

分布：云南；印度、缅甸、泰国

**滇素馨 Jasminum subhumile** W. W. Sm.

分布：四川、云南；印度、缅甸、尼泊尔

**密花素馨 Jasminum tonkinense** Gagnep.

分布：贵州、云南、广西；越南

**川素馨 Jasminum urophyllum** Hemsl.

分布：湖南、湖北、四川、贵州、云南、福建、台湾、广东、广西

**异叶素馨 Jasminum wengeri** C. E. C. Fisch.

分布：云南；缅甸

**元江素馨 Jasminum yuanjiangense** P. Y. Bai

分布：云南

**淡红素馨 Jasminum × stephanense** Lemoine

分布：四川、云南、西藏

## 女贞属 Ligustrum L.

**台湾女贞 Ligustrum amamianum** Koidz.

分布：台湾、香港；日本

**狭叶女贞 Ligustrum angustum** B. M. Miao

分布：贵州、广西

**长叶女贞 Ligustrum compactum** (Wall. ex G. Don) Hook. f. et Thomson ex Brandis

分布：湖北、四川、云南、西藏；印度、尼泊尔

**长叶女贞(原变种) Ligustrum compactum** var. **compactum**

分布：湖北、四川、云南、西藏；印度、尼泊尔

**毛长叶女贞 Ligustrum compactum** var. **velutinum** P. S. Green

分布：湖北、四川、云南、西藏

**散生女贞 Ligustrum confusum** Decne.

分布：云南；孟加拉国、不丹、印度、缅甸、尼泊尔、越南

散生女贞(原变种) **Ligustrum confusum** var. **confusum**
分布：云南、西藏；孟加拉国、不丹、印度、缅甸、尼泊尔、印度、越南

大果女贞 **Ligustrum confusum** var. **macrocarpum** C. B. Clarke
分布：西藏；印度

紫药女贞 **Ligustrum delavayanum** Har.
分布：湖北、四川、贵州、云南

扩展女贞 **Ligustrum expansum** Rehder
分布：湖北

细女贞 **Ligustrum gracile** Rehder
分布：四川、云南

广东女贞(新拟) **Ligustrum guangdongense** R. J. Wang et H. Z. Wen
分布：广东

丽叶女贞 **Ligustrum henryi** Hemsl.
分布：陕西、甘肃、湖南、湖北、四川、贵州、云南、广西

日本女贞 **Ligustrum japonicum** Thunb.
分布：浙江、台湾；日本、朝鲜

蜡子树 **Ligustrum leucanthum** (S. Moore) P. S. Green
分布：陕西、甘肃、安徽、江苏、浙江、江西、湖南、湖北、四川、福建

华女贞 **Ligustrum lianum** P. S. Hsu
分布：浙江、江西、湖南、贵州、福建、广东、广西、海南

台湾女贞 **Ligustrum liukiuense** Koidz.
分布：台湾；日本

长筒女贞 **Ligustrum longitubum** (P. S. Hsu) P. S. Hsu
分布：安徽、浙江、江西

女贞 **Ligustrum lucidum** W. T. Aiton
分布：河南、陕西、甘肃、安徽、江苏、浙江、江西、湖南、湖北、四川、贵州、云南、西藏、福建、广东、广西、海南

女贞(原变种) **Ligustrum lucidum** var. **lucidum**
分布：河南、陕西、甘肃、安徽、江苏、浙江、江西、湖南、湖北、四川、贵州、云南、西藏、福建、广东、广西、海南

喜德女贞 **Ligustrum lucidum** var. **xideense** J. L. Liu
分布：四川

玉山女贞 **Ligustrum morrisonense** Kaneh. et Sasaki
分布：台湾

倒卵叶女贞 **Ligustrum obovatilimbum** B. M. Miao
分布：广东

水蜡树 **Ligustrum obtusifolium** Sieb. et Zucc.
分布：黑龙江、辽宁、山东、江苏、浙江；日本、朝鲜

水蜡树(原亚种) **Ligustrum obtusifolium** subsp. **obtusifolium**
分布：黑龙江、辽宁、山东、江苏、浙江；日本、朝鲜

东亚女贞 **Ligustrum obtusifolium** subsp. **microphyllum** (Nakai) P. S. Green
分布：江苏、浙江；日本、韩国

辽东水蜡树 **Ligustrum obtusifolium** subsp. **suave** (Kitag.) Kitag.
分布：黑龙江、辽宁、山东、江苏、浙江

总梗女贞 **Ligustrum pedunculare** Rehder
分布：陕西、湖南、湖北、四川、贵州

阿里山女贞 **Ligustrum pricei** Hayata
分布：台湾

斑叶女贞 **Ligustrum punctifolium** M. C. Chang
分布：香港；越南

小叶女贞 **Ligustrum quihoui** Carrière
分布：山东、河南、陕西、安徽、江苏、浙江、江西、湖北、四川、贵州、云南、西藏

凹叶女贞 **Ligustrum retusum** Merr.
分布：海南；越南

粗壮女贞 **Ligustrum robustum** subsp. **chinense** P. S. Green
分布：河北、安徽、江西、湖南、四川、贵州、云南、福建、广东、广西

裂果女贞 **Ligustrum sempervirens** (Franch.) Lingelsh.
分布：四川、云南

小蜡 **Ligustrum sinense** Lour.
分布：陕西、甘肃、安徽、江苏、浙江、江西、湖南、湖北、四川、贵州、云南、西藏、福建、台湾、广东、广西、海南；越南

小蜡(原变种) **Ligustrum sinense** var. **sinense**
分布：安徽、江苏、浙江、江西、湖南、湖北、四川、贵州、云南、福建、台湾、广东、广西、海南；越南

滇桂小蜡 **Ligustrum sinense** var. **concavum** M. C. Chang
分布：云南、广西

**多毛小蜡 Ligustrum sinense** var. **coryanum** (W. W. Sm.) Hand.-Mazz.
分布：四川、云南

**异型小蜡 Ligustrum sinense** var. **dissimile** S. J. Hao
分布：贵州、云南、广西

**罗甸小蜡 Ligustrum sinense** var. **luodianense** M. C. Chang
分布：贵州、云南、广东

**光萼小蜡 Ligustrum sinense** var. **myrianthum** (Diels) Hoefker
分布：陕西、甘肃、江西、湖南、湖北、四川、贵州、云南、福建、广东、广西

**峨边小蜡 Ligustrum sinense** var. **opienense** Y. C. Yang
分布：四川

**皱叶小蜡 Ligustrum sinense** var. **rugosulum** (W. W. Sm.) M. C. Chang
分布：云南、西藏；越南

**宜昌女贞 Ligustrum strongylophyllum** Hemsl.
分布：陕西、甘肃、湖北、四川

**细梗女贞 Ligustrum tenuipes** M. C. Chang
分布：广西

**兴仁女贞 Ligustrum xingrenense** D. J. Liu
分布：贵州、云南

**云贵女贞 Ligustrum yunguiense** B. M. Miao
分布：贵州、云南

## 胶核木属 Myxopyrum Blume

**海南胶核木 Myxopyrum pierrei** Gagnep.
分布：海南；老挝、泰国、越南

**阔叶胶核木 Myxopyrum smilacifolium** Blume
分布：海南；孟加拉国、柬埔寨、印度、老挝、缅甸、泰国、越南

## 木犀榄属 Olea L.

**滨木犀榄 Olea brachiata** (Lour.) Merr.
分布：广东、海南；东南亚、越南

**尾叶木犀榄 Olea caudatilimba** L. C. Chia
分布：云南

**木犀榄 Olea europaea** L.
分布：陕西、安徽、江苏、江西、湖南、湖北、四川、贵州、福建、台湾、广东、广西、海南；原产于地中海地区或西南亚

**木犀榄(原亚种) Olea europaea** subsp. **europaea**
分布：陕西、安徽、江苏、浙江、江西、湖南、湖北、四川、贵州、云南、西藏、福建、台湾、广东、广西、海南；地中海地区；亚洲(西南部)

**锈鳞木犀榄 Olea europaea** subsp. **cuspidata** (Wall. ex G. Don) Cif.
分布：云南；阿富汗、印度、克什米尔地区、尼泊尔、巴基斯坦；亚洲(西南部)、非洲

**广西木犀榄 Olea guangxiensis** B. M. Miao
分布：贵州、广东、广西

**海南木犀榄 Olea hainanensis** H. L. Li
分布：广东、海南

**疏花木犀榄 Olea laxiflora** H. L. Li
分布：云南

**狭叶木犀榄 Olea neriifolia** H. L. Li
分布：海南

**腺叶木犀榄 Olea paniculata** R. Br.
分布：云南；印度、印度尼西亚、克什米尔地区、马来西亚、尼泊尔、巴布亚新几内亚、巴基斯坦、斯里兰卡、澳大利亚

**小叶木犀榄 Olea parvilimba** (Merr. et Chun) B. M. Miao
分布：海南

**红花木犀榄 Olea rosea** Craib
分布：云南；柬埔寨、老挝、泰国、越南

**喜马木犀榄 Olea salicifolia** Wall. ex G. Don
分布：西藏；印度、缅甸

**方枝木犀榄 Olea tetragonoclada** L. C. Chia
分布：广西

**云南木犀榄 Olea tsoongii** (Merr.) P. S. Green
分布：四川、贵州、云南、广东、广西、海南

## 木犀属 Osmanthus Lour.

**红柄木犀 Osmanthus armatus** Diels
分布：湖北、四川

**狭叶木犀 Osmanthus attenuatus** P. S. Green
分布：贵州、云南、广西

**宁波木犀 Osmanthus cooperi** Hemsl.
分布：安徽、江苏、浙江、江西、福建

山木犀 **Osmanthus delavayi** Franch.
分布：四川、贵州、云南

双瓣木犀 **Osmanthus didymopetalus** P. S. Green
分布：海南

无脉木犀 **Osmanthus enervius** Masam. et K. Mori
分布：台湾；日本

石山桂花 **Osmanthus fordii** Hemsl.
分布：广东、广西

木犀 **Osmanthus fragrans** (Thunb.) Lour.
分布：四川、贵州、云南

细脉木犀 **Osmanthus gracilinervis** L. C. Chia ex R. L. Lu
分布：浙江、江西、湖南、广东、广西

显脉木犀 **Osmanthus hainanensis** P. S. Green
分布：海南

蒙自桂花 **Osmanthus henryi** P. S. Green
分布：湖南、贵州、云南

冬树 **Osmanthus heterophyllus** (G. Don) P. S. Green
分布：台湾；日本

冬树(原变种) **Osmanthus heterophyllus** var. **heterophyllus**
分布：台湾；日本

异叶柊树 **Osmanthus heterophyllus** var. **bibracteatus** (Hayata) P. S. Green
分布：台湾

锐叶木犀 **Osmanthus lanceolatus** Hayata
分布：台湾

厚边木犀 **Osmanthus marginatus** (Champ. ex Benth.) Hemsl.
分布：安徽、浙江、江西、湖南、四川、贵州、云南、福建、台湾、广东、广西、海南；日本

厚边木犀(原变种) **Osmanthus marginatus** var. **marginatus**
分布：安徽、浙江、江西、湖南、四川、贵州、云南、福建、台湾、广东、广西、海南；日本

长叶木犀 **Osmanthus marginatus** var. **longissimus** (H. T. Chang) R. L. Lu
分布：浙江、江西、湖南、贵州、福建、广西

牛矢果 **Osmanthus matsumuranus** Hayata
分布：安徽、浙江、江西、贵州、云南、台湾、广东、广西；柬埔寨、印度、老挝、越南

小叶月桂 **Osmanthus minor** P. S. Green
分布：浙江、江西、福建、广东、广西

毛柄木犀 **Osmanthus pubipedicellatus** L. C. Chia ex H. T. Chang
分布：广东

网脉木犀 **Osmanthus reticulatus** P. S. Green
分布：湖南、四川、贵州、广东、广西

短丝木犀 **Osmanthus serrulatus** Rehder
分布：四川、福建、广西

香花木犀 **Osmanthus suavis** King ex C. B. Clarke
分布：云南、西藏；不丹、印度、缅甸、尼泊尔

坛花木犀 **Osmanthus urceolatus** P. S. Green
分布：湖北、四川

毛木犀 **Osmanthus venosus** Pamp.
分布：湖北

野桂花 **Osmanthus yunnanensis** (Franch.) P. S. Green
分布：四川、云南、西藏

## 丁香属 Syringa L.

西蜀丁香 **Syringa komarowii** C. K. Schneid.
分布：陕西、甘肃、湖北、四川、云南

西蜀丁香(原亚种) **Syringa komarowii** subsp. **komarowii**
分布：陕西、甘肃、四川、云南

垂丝丁香 **Syringa komarowii** subsp. **reflexa** (C. K. Schneid.) P. S. Green et M. C. Chang
分布：湖北、四川

皱叶丁香 **Syringa mairei** (H. Lév.) Rehder
分布：四川、云南、西藏

蓝丁香 **Syringa meyeri** C. K. Schneid.
分布：辽宁

蓝丁香(原变种) **Syringa meyeri** var. **meyeri**
分布：北京

小叶蓝丁香 **Syringa meyeri** var. **spontanea** M. C. Chang
分布：辽宁、北京

紫丁香 **Syringa oblata** Lindl.
分布：吉林、辽宁、内蒙古、河北、山西、山东、河南、陕西、宁夏、甘肃、青海、四川；朝鲜

紫丁香(原亚种) **Syringa oblata** subsp. **oblata**
分布：吉林、辽宁、内蒙古、河北、山西、山东、河南、

陕西、宁夏、甘肃、青海、四川

朝阳丁香 **Syringa oblata** subsp. **dilatata** (Nakai) P. S. Green et M. C. Chang
分布：吉林、辽宁；朝鲜

松林丁香 **Syringa pinetorum** W. W. Sm.
分布：四川、云南、西藏

羽叶丁香 **Syringa pinnatifolia** Hemsl.
分布：内蒙古、陕西、宁夏、甘肃、青海、四川

华丁香 **Syringa protolaciniata** P. S. Green et M. C. Chang
分布：甘肃、青海

巧玲花 **Syringa pubescens** Turcz.
分布：吉林、辽宁、河北、山西、山东、河南、陕西、宁夏、甘肃、青海、湖北、四川；朝鲜

巧玲花(原亚种) **Syringa pubescens** subsp. **pubescens**
分布：河北、山西、山东、河南、陕西

光萼巧玲花 **Syringa pubescens** subsp. **julianae** (C. K. Schneid.) M. C. Chang et X. Y. Chen
分布：湖北

小叶巧玲花 **Syringa pubescens** subsp. **microphylla** (Diels) M. C. Chang et X. L. Chen
分布：河北、山西、河南、陕西、宁夏、甘肃、青海、湖北、四川

关东巧玲花 **Syringa pubescens** subsp. **patula** (Palib.) M. C. Chang et X. L. Chen
分布：吉林、辽宁；朝鲜

巧玲花(原变种) **Syringa pubescens** var. **pubescens**
分布：河北、山西、山东、河南、陕西

黄药小巧玲花 **Syringa pubescens** var. **flavoanthera** (X. L. Chen) M. C. Chang
分布：陕西

甘肃巧玲花 **Syringa pubescens** var. **potaninii** (C. K. Schneid.) P. S. Green et M. C. Chang
分布：甘肃

暴马丁香 **Syringa reticulata** (Blume) H. Hara
分布：黑龙江、吉林、辽宁、内蒙古、河北、山西、河南、陕西、宁夏、甘肃、四川；日本、韩国、俄罗斯

暴马丁香(原亚种) **Syringa reticulata** subsp. **reticulata**
分布：日本

荷花丁香 **Syringa reticulata** subsp. **amurensis** (Rupr.) P. S. Green et M. C. Chang
分布：黑龙江、吉林、辽宁、内蒙古；朝鲜、俄罗斯

北京丁香 **Syringa reticulata** subsp. **pekinensis** (Rupr.) P. S. Green et M. C. Chang
分布：内蒙古、河北、山西、河南、陕西、宁夏、甘肃、四川

四川丁香 **Syringa sweginzowii** Koehne et Lingelsh.
分布：四川

藏南丁香 **Syringa tibetica** P. Y. Bai
分布：西藏

毛丁香 **Syringa tomentella** Bureau et Franch.
分布：四川

红丁香 **Syringa villosa** Vahl
分布：黑龙江、吉林、辽宁、河北、山西；朝鲜半岛、俄罗斯

红丁香(原亚种) **Syringa villosa** subsp. **villosa**
分布：河北、山西

辽东丁香 **Syringa villosa** subsp. **wolfii** (C. K. Schneid.) J. Y. Chen et D. Y. Hong
分布：黑龙江、吉林、辽宁；朝鲜半岛、俄罗斯(远东地区)

圆叶丁香 **Syringa wardii** W. W. Sm.
分布：云南、西藏

云南丁香 **Syringa yunnanensis** Franch.
分布：四川、云南、西藏

## 368. 柳叶菜科 Onagraceae Juss.

### 柳兰属 **Chamerion** (Rafin.) Rafin. ex Holub

柳兰 **Chamerion angustifolium** (L.) Holub.
分布：甘肃、贵州、河北、黑龙江、河南、湖北、江西、吉林、辽宁、内蒙古、宁夏、青海、陕西、山东、山西、四川、新疆、西藏、云南；阿富汗、不丹、印度、日本、韩国、蒙古国、缅甸、尼泊尔、巴基斯坦、俄罗斯；亚洲(东南部-西南部)、欧洲、非洲(北部)、北美洲

柳兰(原亚种) **Chamerion angustifolium** subsp. **angustifolium**
分布：黑龙江、吉林、内蒙古、河北、陕西、宁夏、甘肃、青海、新疆、四川、云南、西藏；阿富汗、不丹、印度、日本、韩国、缅甸、尼泊尔、巴基斯坦、俄罗斯

毛脉柳兰 **Chamerion angustifolium** subsp. **circumvagum** (Mosquin) Hoch
分布：黑龙江、吉林、辽宁、内蒙古、河北、山西、山东、河南、陕西、宁夏、甘肃、青海、江西、湖北、四川、贵

州、云南、西藏；俄罗斯、阿富汗、缅甸、不丹、印度、尼泊尔、巴基斯坦、日本、朝鲜；欧洲、北美洲

**网脉柳兰 Chamerion conspersum** (Hausskn.) Holub.

分布：陕西、青海、四川、云南、西藏；尼泊尔、不丹、印度、缅甸

**宽叶柳兰 Chamerion latifolium** (L.) Holub

分布：青海、新疆、云南、西藏；阿富汗、不丹、印度、日本、蒙古国、尼泊尔、巴基斯坦、俄罗斯、塔吉克斯坦；亚洲(西南部和中部)、欧洲、北美洲

**喜马拉雅柳兰 Chamerion speciosum** (Decne.) Holob

分布：西藏；印度、尼泊尔、巴基斯坦、喜马拉雅地区特有

## 露珠草属 Circaea L.

**高山露珠草 Circaea alpina** L.

分布：黑龙江、吉林、辽宁、内蒙古、河北、山西、山东、河南、陕西、甘肃、青海、安徽、浙江、江西、湖北、四川、贵州、云南、西藏、台湾；阿富汗、不丹、印度、日本、哈萨克斯坦、韩国、蒙古国、缅甸、尼泊尔、俄罗斯、泰国、越南

**高山露珠草(原亚种) Circaea alpina** subsp. **alpina**

分布：黑龙江、吉林、辽宁、内蒙古、河北、山西；日本、哈萨克斯坦、韩国、蒙古国、俄罗斯

**狭叶露珠草 Circaea alpina** subsp. **angustifolia** (Hand.-Mazz.) Boufford

分布：四川、云南、西藏

**深山露珠草 Circaea alpina** subsp. **caulescens** (Kom.) Tatew.

分布：黑龙江、吉林、辽宁、河北、山西、山东、安徽；日本、俄罗斯、蒙古国、朝鲜；亚洲(西南部)

**高原露珠草 Circaea alpina** subsp. **imaicola** (Asch. et Mahg.) Kitam.

分布：山西、河南、陕西、甘肃、青海、安徽、浙江、江西、湖北、四川、贵州、云南、西藏、台湾；尼泊尔、越南、泰国、缅甸、印度、不丹、阿富汗

**高寒露珠草 Circaea alpina** subsp. **micrantha** (Skvortsov) Boufford

分布：甘肃、四川、云南、西藏；缅甸、印度、不丹、尼泊尔

**水珠草 Circaea canadensis** subsp. **quadrisulcata** (Maxim.) Boufford

分布：黑龙江、吉林、辽宁、内蒙古、河北、山东；日本、朝鲜、俄罗斯

**露珠草 Circaea cordata** Royle

分布：黑龙江、吉林、辽宁、河北、山西、山东、河南、陕西、甘肃、浙江、江西、湖南、湖北、四川、贵州、云南、西藏、台湾；印度、日本、克什米尔地区、韩国、尼泊尔、巴基斯坦、俄罗斯

**谷蓼 Circaea erubescens** Franch. et Sav.

分布：山西、陕西、安徽、江苏、浙江、江西、湖南、湖北、四川、贵州、云南、福建、台湾、广东；日本、韩国

**秃梗露珠草 Circaea glabrescens** (Pamp.) Hand.-Mazz.

分布：山西、陕西、甘肃、湖北、四川、台湾

**南方露珠草 Circaea mollis** Sieb. et Zucc.

分布：黑龙江、吉林、辽宁、河北、山东、河南、甘肃、安徽、江苏、浙江、江西、湖南、湖北、四川、贵州、云南、福建、广东、广西；柬埔寨、印度、日本、韩国、老挝、缅甸、俄罗斯、越南

**卵叶露珠草 Circaea ovata** Boufford

分布：四川、云南；日本、韩国

**匍匐露珠草 Circaea repens** Wall. ex Asch. et Magnus

分布：湖北、四川、云南、西藏；缅甸、不丹、尼泊尔、印度、巴基斯坦

**北方露珠草 Circaea skvortsovii** Boufford

分布：河北；日本

## 柳叶菜属 Epilobium L.

**毛脉柳叶菜 Epilobium amurense** Hausskn.

分布：黑龙江、吉林、辽宁、内蒙古、河北、山西、山东、河南、陕西、甘肃、青海、安徽、浙江、江西、湖南、湖北、四川、贵州、云南、西藏、福建、台湾、广东、广西；不丹、印度、日本、韩国、缅甸、尼泊尔、巴基斯坦、俄罗斯

**光滑柳叶菜 Epilobium amurense** subsp. **cephalostigma** (Hausskn.) C. J. Chen

分布：吉林、辽宁、河北、山东、河南、陕西、甘肃、安徽、浙江、江西、湖南、湖北、四川、贵州、云南、福建、广东、广西；日本、俄罗斯、朝鲜

**新疆柳叶菜 Epilobium anagallidifolium** Lam.

分布：新疆；日本、俄罗斯；欧洲、北美洲

**长柱柳叶菜 Epilobium blinii** H. Lév.

分布：四川、云南

**短叶柳叶菜 Epilobium brevifolium** D. Don

分布：河南、陕西、甘肃、安徽、浙江、江西、湖南、湖

北、四川、贵州、云南、西藏、福建、台湾、广东、广西；不丹、印度、缅甸、尼泊尔、菲律宾、越南

短叶柳叶菜(原亚种) **Epilobium brevifolium** subsp. **brevifolium**

分布：云南、西藏；印度、尼泊尔

腺茎柳叶菜 **Epilobium brevifolium** subsp. **trichoneurum** (Hausskn.) P. H. Raven

分布：河南、陕西、甘肃、安徽、浙江、江西、湖南、湖北、四川、贵州、云南、西藏、福建、台湾、广东、广西；越南、缅甸、印度、不丹、尼泊尔、菲律宾

东北柳叶菜 **Epilobium ciliatum** Raf.

分布：黑龙江、吉林；日本、韩国、俄罗斯

雅致柳叶菜 **Epilobium clarkeanum** Hausskn.

分布：云南；缅甸、印度

圆柱柳叶菜 **Epilobium cylindricum** D. Don

分布：甘肃、贵州、湖北、四川、西藏、云南；阿富汗、不丹、印度、克什米尔地区、吉尔吉斯斯坦、尼泊尔、巴基斯坦、俄罗斯；亚洲(西南部)

川西柳叶菜 **Epilobium fangii** C. J. Chen, Hoch et P. H. Raven

分布：四川、云南

多枝柳叶菜 **Epilobium fastigiatoramosum** Nakai

分布：黑龙江、吉林、辽宁、内蒙古、河北、山西、山东、陕西、宁夏、甘肃、青海、四川；日本、韩国、蒙古国、俄罗斯

鳞根柳叶菜 **Epilobium gouldii** P. H. Raven

分布：西藏；印度

柳叶菜 **Epilobium hirsutum** L.

分布：吉林、辽宁、内蒙古、河北、山西、山东、河南、陕西、宁夏、甘肃、新疆、安徽、江苏、浙江、江西、湖南、湖北、四川、贵州、云南、西藏、广东；阿富汗、印度、日本、韩国、蒙古国、尼泊尔、巴基斯坦、俄罗斯；亚洲(西南部)、欧洲、非洲、北美洲

合欢柳叶菜 **Epilobium hohuanense** S. S. Ying

分布：台湾

锐齿柳叶菜 **Epilobium kermodei** P. H. Raven

分布：湖南、湖北、四川、贵州、云南、广西；缅甸

矮生柳叶菜 **Epilobium kingdonii** P. H. Raven

分布：四川、云南、西藏

大花柳叶菜 **Epilobium laxum** Royle

分布：新疆；巴基斯坦、印度；亚洲(西南部)

细籽柳叶菜 **Epilobium minutiflorum** Hausskn.

分布：甘肃、河北、吉林、辽宁、内蒙古、宁夏、陕西、山西、新疆、西藏；阿富汗、哈萨克斯坦、韩国、吉尔吉斯斯坦、蒙古国、巴基斯坦、俄罗斯、塔吉克斯坦、乌兹别克斯坦；亚洲(西南部)

南湖柳叶菜 **Epilobium nankotaizanense** Yamam.

分布：台湾

沼生柳叶菜 **Epilobium palustre** L.

分布：甘肃、河北、黑龙江、吉林、辽宁、内蒙古、青海、陕西、山西、四川、新疆、西藏、云南；印度、日本、哈萨克斯坦、韩国、蒙古国、尼泊尔、巴基斯坦、俄罗斯；归化于亚洲(东南部)、欧洲和北美洲

硬毛柳叶菜 **Epilobium pannosum** Hausskn.

分布：四川、贵州、云南；越南、缅甸、印度

小花柳叶菜 **Epilobium parviflorum** Schreb.

分布：甘肃、贵州、河北、河南、湖北、湖南、内蒙古、陕西、山东、山西、四川、新疆、云南；阿富汗、印度、日本、韩国、尼泊尔、巴基斯坦、俄罗斯；亚洲(西南部)、非洲，归化于新西兰和北美洲

网籽柳叶菜 **Epilobium pengii** C. J. Chen, Hoch et P. H. Raven

分布：台湾

阔柱柳叶菜 **Epilobium platystigmatosum** C. B. Rob.

分布：河北、河南、陕西、甘肃、青海、湖北、四川、云南、台湾、广西；日本、菲律宾

长籽柳叶菜 **Epilobium pyrricholophum** Franch. et Sav.

分布：山东、河南、陕西、安徽、江苏、浙江、江西、湖南、湖北、四川、贵州、福建、广东、广西；俄罗斯、日本

长柄柳叶菜 **Epilobium roseum** Schreb.

分布：新疆；哈萨克斯坦、俄罗斯；亚洲、欧洲

长柄柳叶菜(原亚种) **Epilobium roseum** subsp. **roseum**

分布：新疆；哈萨克斯坦、俄罗斯；亚洲、欧洲

多脉柳叶菜 **Epilobium roseum** subsp. **subsessile** (Boiss.) P. H. Raven

分布：新疆；俄罗斯、哈萨克斯坦；亚洲(西南部和中部)

短梗柳叶菜 **Epilobium royleanum** Hausskn.

分布：甘肃、贵州、河南、湖北、青海、陕西、四川、新疆、西藏、云南；阿富汗、不丹、印度、克什米尔地区、尼泊尔、巴基斯坦；亚洲(西南部)

**鳞片柳叶菜 Epilobium sikkimense** Hausskn.

分布：陕西、甘肃、青海、四川、云南、西藏；印度、不丹、巴基斯坦、缅甸

**亚革质柳叶菜 Epilobium subcoriaceum** Hausskn.

分布：陕西、甘肃、青海、四川、云南、西藏

**台湾柳叶菜 Epilobium taiwanianum** C. J. Chen, Hoch et P. H. Raven

分布：台湾

**天山柳叶菜 Epilobium tianschanicum** Pavlov

分布：新疆；哈萨克斯坦、吉尔吉斯斯坦、俄罗斯、塔吉克斯坦，天山地区特有

**光籽柳叶菜 Epilobium tibetanum** Hausskn.

分布：四川、云南、西藏；不丹、尼泊尔、印度、巴基斯坦、阿富汗；亚洲(西南部)

**滇藏柳叶菜 Epilobium wallichianum** Hausskn.

分布：甘肃、湖北、四川、贵州、云南、西藏；印度、缅甸、不丹、尼泊尔

**埋鳞柳叶菜 Epilobium williamsii** P. H. Raven

分布：青海、四川、云南、西藏；尼泊尔、印度、缅甸

## 倒挂金钟属 Fuchsia L.

**倒挂金钟 Fuchsia hybrida** Hort. ex Sieber et Voss.

分布：中国广泛栽培；世界广泛栽培

## 山桃草属 Gaura L.

**小花山桃草 Gaura parviflora** Douglas

分布：辽宁、河北、北京、山东、河南、安徽、江苏、浙江、湖北、福建；原产于北美洲，亚洲、欧洲、南美洲、大洋洲有引种并逸生

## 丁香蓼属 Ludwigia L.

**水龙 Ludwigia adscendens** (L.) Hara

分布：福建、广东、广西、海南、湖南、江西、台湾、云南、浙江；印度、印度尼西亚、日本、马来西亚、尼泊尔、巴基斯坦、菲律宾、斯里兰卡、泰国；归化于亚洲(南部-东南部)、非洲、澳大利亚

**假柳叶菜 Ludwigia epilobioides** Maxim.

分布：黑龙江、吉林、辽宁、内蒙古、河北、山西、山东、河南、陕西、安徽、江苏、浙江、江西、湖南、湖北、四川、贵州、云南、福建、台湾、广东、广西、海南；日本、韩国、俄罗斯、越南

**草龙 Ludwigia hyssopifolia** (G. Don) Exell

分布：福建、广东、广西、海南、台湾、云南；孟加拉国、不丹、印度、印度尼西亚、马来西亚、缅甸、尼泊尔、菲律宾、新加坡、斯里兰卡、泰国、越南；归化于澳大利亚、太平洋群岛、亚洲(东南部)、南美洲、非洲

**毛草龙 Ludwigia octovalvis** (Jacq.) P. H. Raven

分布：福建、广东、广西、贵州、海南、江西、四川、台湾、西藏、云南、浙江；印度、日本、马来西亚、缅甸、新加坡、泰国、越南；归化于澳大利亚、太平洋群岛、亚洲(南部-东南部-西南部)、欧洲、北美洲、非洲、南美洲

**卵叶丁香蓼 Ludwigia ovalis** Miq.

分布：安徽、江苏、浙江、湖南、福建、台湾、广东；日本、韩国

**黄花水龙 Ludwigia peploides** subsp. **stipulacea** (Ohwi) Raven

分布：安徽、浙江、福建、广东；日本

**细花丁香蓼 Ludwigia perennis** L.

分布：江西、云南、福建、台湾、广东、广西、海南；孟加拉国、不丹、尼泊尔、印度、斯里兰卡、印度尼西亚、菲律宾、日本、缅甸、澳大利亚、太平洋岛屿；亚洲(西南部)、非洲

**丁香蓼 Ludwigia prostrata** Roxb.

分布：云南、广西、海南；不丹、印度、印度尼西亚、尼泊尔、菲律宾、斯里兰卡

**台湾水龙 Ludwigia taiwanensis** C. I. Peng

分布：江西、湖南、四川、云南、福建、台湾、广东、广西、海南

## 月见草属 Oenothera L.

**! 月见草 Oenothera biennis** L.

分布：黑龙江、吉林、辽宁、内蒙古、河北、北京、天津、山东、河南、安徽、江苏、浙江、湖南、湖北、四川、贵州、云南、台湾、广东、广西；原产于北美洲，现世界温带和亚热带地区广布

**!海滨月见草 Oenothera drummondii** Hook.

分布：福建、广东；北美洲，归化于亚洲(西南部)、欧洲、非洲、澳大利亚、南美洲

**黄花月见草 Oenothera glazioviana** Michli

分布：安徽、贵州、河北、河南、湖南、江苏、江西、吉林、陕西、四川、云南、浙江；阿富汗、印度、日本、巴基斯坦、俄罗斯、澳大利亚、太平洋群岛；亚洲(西南部)、欧洲、非洲、南美洲和北美洲

**裂叶月见草 Oenothera laciniata** Hill

分布：福建、台湾；日本；原产于北美洲东部，归化于澳大利亚、欧洲、非洲(南部)、中美洲、南美洲

**曲序月见草** **Oenothera oakesiana** (A. Gray) Robbins ex Walson et J. M. Coult.

分布：福建；原产于北美洲，欧洲有归化

**小花月见草** **Oenothera parviflora** L.

分布：辽宁；美国、新西兰、南非；欧洲

**粉花月见草** **Oenothera rosea** L'Hér. ex Aitch.

分布：浙江、江西、四川、贵州、云南、广西；原产于中美洲和南美洲，现北美洲、欧亚大陆、日本、南非有栽培

**待宵草** **Oenothera stricta** Ledeb. et Link

分布：福建、广西、贵州、湖北、江西、陕西、山东、四川、台湾、云南；印度、印度尼西亚、日本、巴基斯坦、俄罗斯、斯里兰卡，原产于南美洲，归化于太平洋群岛、澳大利亚、亚洲(西南部)、欧洲、非洲、北美洲

**四翅月见草** **Oenothera tetraptera** Cav.

分布：四川、贵州、云南、台湾；美国(中部及南部)

**长毛月见草** **Oenothera villosa** Thunb.

分布：黑龙江、吉林、辽宁；原产于北美洲

## 369. 山柚子科 Opiliaceae Valeton

### 山柑藤属 **Cansjera** Juss.

**山柑藤** **Cansjera rheedei** J. F. Gmel.

分布：广东、广西、海南、云南；柬埔寨、印度、印度尼西亚、老挝、马来西亚、缅甸、尼泊尔、菲律宾、斯里兰卡、泰国、越南、太平洋群岛、澳大利亚

### 台湾山柚属 **Champereia** Griff.

**台湾山柚** **Champereia manillana** (Blume) Merr.

分布：云南、台湾、广西；印度、印度尼西亚、马来西亚、缅甸、菲律宾、泰国、越南、巴布亚新几内亚

**台湾山柚(原变种)** **Champereia manillana** var. **manillana**

分布：台湾；印度、印度尼西亚、马来西亚、缅甸、巴布亚新几内亚、菲律宾、泰国、越南

**茎花山柚** **Champereia manillana** var. **longistaminea** (W. Z. Li) H. S. Kiu

分布：云南、广西

### 鳞尾木属 **Lepionurus** Blume

**鳞尾木** **Lepionurus sylvestris** Blume

分布：云南；不丹、印度、印度尼西亚、老挝、马来西亚、缅甸、尼泊尔、巴布亚新几内亚、泰国、越南

### 山柚子属 **Opilia** Roxb.

**山柚子** **Opilia amentacea** Roxb.

分布：云南；澳大利亚；南亚和东南亚、热带非洲

### 尾球木属 **Urobotrya** Stapf

**尾球木** **Urobotrya latisquama** (Gagnep.) Hiepko

分布：云南、广西；缅甸、泰国、老挝、越南

## 370. 兰科 Orchidaceae Juss.

### 脆花兰属 **Acampe** Lindl.

**窄果脆兰** **Acampe ochracea** (Lindl.) Hochr.

分布：云南；斯里兰卡、印度、不丹、缅甸、老挝、泰国、柬埔寨、越南

**短序脆兰** **Acampe papillosa** (Lindl.) Lindl.

分布：云南、海南；尼泊尔、不丹、印度、缅甸、泰国、老挝、越南、孟加拉国

**多花脆兰** **Acampe rigida** (Buch.-Ham. ex J. E. Sm.) P. F. Hunt

分布：贵州、云南、台湾、广东、广西、海南；不丹、印度、缅甸、泰国、老挝、越南、柬埔寨、马来西亚、斯里兰卡、尼泊尔；非洲

### 坛花兰属 **Acanthephippium** Blume ex Endl.

**中华坛花兰** **Acanthephippium gougahense** (Guillaumin) Seidenf.

分布：广东；泰国、越南南部

**锥囊坛花兰** **Acanthephippium striatum** Lindl.

分布：云南、福建、台湾、广西；尼泊尔、印度、越南、泰国、马来西亚、印度尼西亚

**坛花兰** **Acanthephippium sylhetense** Lindl.

分布：云南、台湾；印度、孟加拉国、缅甸、老挝、泰国、日本、马来西亚

### 合萼兰属 **Acriopsis** Bl.

**合萼兰** **Acriopsis indica** Wight

分布：云南；缅甸、老挝、柬埔寨、菲律宾、印度、泰国、越南、马来西亚、印度尼西亚

### 指甲兰属 **Aerides** Lour.

**指甲兰** **Aerides falcata** Lindl. et Paxton

分布：云南；柬埔寨、印度、老挝、缅甸、泰国、越南

**扇唇指甲兰** **Aerides flabellata** Rolfe ex Downie

分布：云南；老挝、缅甸、泰国

香花指甲兰 **Aerides odorata** Lour.
分布：云南、广东；不丹、印度、印度尼西亚、老挝、马来西亚、缅甸、尼泊尔、菲律宾、泰国、越南

小蓝指甲兰 **Aerides orthocentra** Hand.-Mazz.
分布：云南

多花指甲兰 **Aerides rosea** Lodd. ex Lindl. et Paxton
分布：贵州、云南、广西；不丹、印度、缅甸、老挝、越南、泰国

## 气穗兰属 **Aeridostachya** (Hook. f.) Brieger

气穗兰 **Aeridostachya robusta** (Blume) Brieger
分布：台湾；印度尼西亚、马来西亚、巴布亚新几内亚、菲律宾、泰国、太平洋群岛

## 禾叶兰属 **Agrostophyllum** Blume

禾叶兰 **Agrostophyllum callosum** Rchb. f.
分布：云南、西藏、海南；尼泊尔、不丹、印度、缅甸、泰国、越南

台湾禾叶兰 **Agrostophyllum inocephalum** (Schauer) Ames
分布：台湾；菲律宾

扁茎禾叶兰 **Agrostophyllum planicaule** (Wall. ex Lindl.) Rchb. f.
分布：云南；印度

## 无柱兰属 **Amitostigma** Schltr.

台湾无柱兰 **Amitostigma alpestre** Fukuy.
分布：台湾

抱茎叶无柱兰 **Amitostigma amplexifolium**
分布：四川

四裂无柱兰 **Amitostigma basifoliatum** (Finet) Schltr.
分布：四川、云南

棒距无柱兰 **Amitostigma bifoliatum**
分布：甘肃、四川

头序无柱兰 **Amitostigma capitatum** T. Tang et F. T. Wang
分布：湖北、四川

长距无柱兰 **Amitostigma dolichocentrum** T. Tang, F. T. Wang et K. Y. Lang
分布：四川

峨眉无柱兰 **Amitostigma faberi** (Rolfe) Schltr.
分布：四川、贵州、云南

长苞无柱兰 **Amitostigma farreri** Schltr.
分布：云南、西藏

贡嘎无柱兰 **Amitostigma gonggashanicum** K. Y. Lang
分布：四川

无柱兰 **Amitostigma gracile** (Blume) Schltr.
分布：辽宁、河北、山东、河南、陕西、安徽、江苏、浙江、湖南、湖北、四川、贵州、福建、台湾、广西；日本、朝鲜

卵叶无柱兰 **Amitostigma hemipilioides** (Finet) T. F. Wang et F. T. Wang
分布：云南、贵州(中部)

一花无柱兰 **Amitostigma monanthum** (Finet) Schltr.
分布：陕西、甘肃、四川、云南、西藏

蝶花无柱兰 **Amitostigma papilionaceum** T. Tang, F. T. Wang et K. Y. Lang
分布：四川

少花无柱兰 **Amitostigma parceflorum** (Finet) Schltr.
分布：四川、重庆

球距无柱兰 **Amitostigma physoceras** Schltr.
分布：四川

大花无柱兰 **Amitostigma pinguicula** (Rchb. f. et S. Moore) Schltr.
分布：浙江

黄花无柱兰 **Amitostigma simplex** T. Tang et F. T. Wang
分布：四川、云南

滇蜀无柱兰 **Amitostigma tetralobum** (Finet) Schltr.
分布：四川、云南

西藏无柱兰 **Amitostigma tibeticum** Schltr.
分布：云南、西藏

三叉无柱兰 **Amitostigma trifurcatum** T. Tang, F. T. Wang et K. Y. Lang
分布：云南

文山无柱兰 **Amitostigma wenshanense** W. H. Chen, Y. M. Shui et K. Y. Lang
分布：云南

齿片无柱兰 **Amitostigma yuanum** Tang et F. T. Wang
分布：云南、西藏

## 兜蕊兰属 **Androcorys** Schltr.

兜蕊兰 **Androcorys ophioglossoides** Schltr.
分布：陕西、甘肃、青海、贵州

尖萼兜蕊兰 **Androcorys oxysepalus** K. Y. Lang
分布：云南

剑唇兜蕊兰 **Androcorys pugioniformis** (Lindl. ex Hook. f.) K. Y. Lang
分布：青海、四川、云南、西藏；不丹、克什米尔地区、尼泊尔、印度

小兜蕊兰 **Androcorys pusillus** (Ohwi et Fukuy.) Masam.
分布：台湾；日本

蜀藏兜蕊兰 **Androcorys spiralis** T. Tang et F. T. Wang
分布：四川、云南、西藏

## 安兰属 **Ania** Lindl.

狭叶安兰 **Ania angustifolia** Lindl.
分布：贵州、云南；缅甸、泰国、越南

香港安兰 **Ania hongkongensis** (Rolfe) T. Tang et F. T. Wang
分布：福建、广东；越南

绿花安兰 **Ania penangiana** (Hook. f.) Summerh.
分布：台湾、海南；越南、泰国、马来西亚、印度

南方安兰 **Ania ruybarrettoi** S. Y. Hu et Barretto
分布：广西、海南、香港；越南

高褶安兰 **Ania viridifusca** (Hook.) T. Tang et F. T. Wang ex Summerh.
分布：云南；缅甸、泰国、越南、印度

## 金线兰属 **Anoectochilus** Bl.

保亭金线兰 **Anoectochilus baotingensis** (K. Y. Lang) Ormerod
分布：海南

滇南开唇兰 **Anoectochilus burmannicus** Rolfe
分布：云南；马来西亚、缅甸、老挝、泰国

滇越金线兰 **Anoectochilus chapaensis** Gagnep.
分布：云南；越南

独龙金线兰(新拟) **Anoectochilus dulongensis** Ormerod
分布：云南

峨眉金线兰 **Anoectochilus emeiensis** K. Y. Lang
分布：四川

台湾银线兰 **Anoectochilus formosanus** Hayata
分布：台湾；日本

海南开唇兰 **Anoectochilus hainanensis** H. Z. Tian, F. W. Xing et L. Li
分布：海南

恒春银线兰 **Anoectochilus koshunensis** Hayata
分布：台湾

丽蕾金线兰 **Anoectochilus lylei** Rolfe ex Downie
分布：云南；越南、泰国

麻栗坡金线兰(新拟) **Anoectochilus malipoensis** W. H. Chen et Y. M. Shui
分布：云南

屏边金线兰 **Anoectochilus pingbianensis** K. Y. Lang
分布：云南

金线兰 **Anoectochilus roxburghii** (Wall.) Lindl.
分布：浙江、江西、湖南、四川、云南、西藏、福建、广东、广西、海南；日本、泰国、老挝、越南、印度、不丹、尼泊尔、孟加拉国

兴仁金线兰 **Anoectochilus xingrenensis** Z. H. Tsi et X. H. Jin
分布：贵州

浙江金线兰 **Anoectochilus zhejiangensis** Z. Wei et Y. B. Chang
分布：浙江、福建、广西

## 简瓣兰属 **Anthogonium** Wall. ex Lindl.

简瓣兰 **Anthogonium gracile** Lindl.
分布：贵州、云南、西藏、广西；不丹、印度、缅甸、泰国、老挝、越南、孟加拉国、柬埔寨、尼泊尔、斯里兰卡

## 无叶兰属 **Aphyllorchis** Blume

高山无叶兰 **Aphyllorchis alpina** King et Pantl.
分布：西藏；尼泊尔、印度

尾萼无叶兰 **Aphyllorchis caudata** Rolfe ex C. Downie
分布：云南；泰国、越南

大花无叶兰 **Aphyllorchis gollanii** Duthie
分布：西藏；印度

无叶兰 **Aphyllorchis montana** Rchb. f.
分布：贵州、云南、台湾、广西、海南、香港；印度、斯里兰卡、越南、柬埔寨、泰国、马来西亚、印度尼西亚、菲律宾、日本

小花无叶兰 **Aphyllorchis pallida** Bl.
分布：海南；印度尼西亚、菲律宾

圆瓣无叶兰 **Aphyllorchis rotundatipetala** C. S. Leou, S. K. Yu et C. T. Lee
分布：台湾

单唇无叶兰 **Aphyllorchis simplex** T. Tang et F. T. Wang
分布：广东

## 拟兰属 **Apostasia** Blume

拟兰 **Apostasia odorata** Blume
分布：云南、广东、广西、海南；印度、印度尼西亚、柬埔寨、越南、老挝、马来西亚、泰国

多枝拟兰 **Apostasia ramifera** S. C. Chen et K. Y. Lang
分布：海南

深圳拟兰 **Apostasia shenzhenica** Z. J. Liu et L. J. Chen
分布：广东

剑叶拟兰 **Apostasia wallichii** R. Br.
分布：海南、云南；孟加拉国、柬埔寨、印度、印度尼西亚、日本(南部)、马来西亚、缅甸、尼泊尔、巴布亚新几内亚、菲律宾、斯里兰卡、泰国、越南、澳大利亚

## 牛齿兰属 **Appendicula** Blume

小花牛齿兰 **Appendicula annamensis** Guillaumin
分布：海南；越南

牛齿兰 **Appendicula cornuta** Blume
分布：广东、海南；缅甸、泰国、越南、马来西亚、印度尼西亚、菲律宾、柬埔寨、印度

长叶牛齿兰 **Appendicula fenixii** (Ames) Schltr.
分布：台湾；菲律宾

台湾牛齿兰 **Appendicula reflexa** Blume
分布：台湾；印度、印度尼西亚、马来西亚、巴布亚新几内亚、菲律宾、泰国、越南、澳大利亚、太平洋岛屿

## 蜘蛛兰属 **Arachnis** Blume

窄唇蜘蛛兰 **Arachnis labrosa** (Lindl. et Paxton) Rchb. f.
分布：台湾、海南、广西、云南；不丹、印度、缅甸、越南、?日本

窄唇蜘蛛兰(原变种) **Arachnis labrosa** var. **labrosa**
分布：广西、海南、台湾、云南；不丹、印度、?日本、缅甸、越南

赵氏蜘蛛兰 **Arachnis labrosa** var. **zhaoi** (Z. J. Liu, S. C. Chen et S. P. Lei) S. C. Chen et J. J.
分布：海南

## 竹叶兰属 **Arundina** Blume

竹叶兰 **Arundina graminifolia** (D. Don) Hochr.
分布：浙江、江西、湖南、四川、贵州、云南、西藏、福建、台湾、广东、广西、海南；不丹、柬埔寨、印度、印度尼西亚、老挝、马来西亚、缅甸、尼泊尔、斯里兰卡、泰国、越南

## 鸟舌兰属 **Ascocentrum** Schltr.

鸟舌兰 **Ascocentrum ampullaceum** (Roxb.) Schltr.
分布：云南；尼泊尔、不丹、印度、缅甸、泰国、老挝

尖叶鸟舌兰 **Ascocentrum pumilum** (Hayata) Schlech.
分布：台湾

## 高山兰属 **Bhutanthera** Renz

白边高山兰 **Bhutanthera albomarginata** (King et Pantl.) Renz
分布：西藏；不丹、尼泊尔

高山兰 **Bhutanthera alpina** (Hand.-Mazz.) Renz
分布：云南；不丹、印度

## 胼胝兰属 **Biermannia** King et Pantl.

胼胝兰 **Biermannia calcarata** Aver.
分布：广西；越南

## 白及属 **Bletilla** Rchb. f.

小白及 **Bletilla formosana** (Hayata) Schlech.
分布：陕西、甘肃、江西、四川、贵州、云南、西藏、台湾、广西；日本

黄花白及 **Bletilla ochracea** Schltr.
分布：河南、陕西、甘肃、湖南、湖北、四川、贵州、云南、广西；越南

华白及 **Bletilla sinensis** (Rolfe) Schltr.
分布：云南；泰国、缅甸

白及 **Bletilla striata** (Thunb. ex A. Murray) Rchb. f.
分布：陕西、甘肃、安徽、江苏、浙江、江西、湖南、湖北、四川、贵州、福建、广东、广西；日本、朝鲜、缅甸

## 苞叶兰属 **Brachycorythis** Lindl.

短距苞叶兰 **Brachycorythis galeandra** (Rchb. f.) Summerh.
分布：湖南、四川、贵州、云南、台湾、广东、广西；印度、缅甸、泰国、越南

长叶苞叶兰 **Brachycorythis henryi** (Schltr.) Summerh.
分布：贵州、云南；缅甸、泰国、越南

孟连苞叶兰 **Brachycorythis menglianensis** Y. Y. Qian
分布：云南

北大武苞叶兰 **Brachycorythis peitawuensis** T. P. Lin et W. M. Lin
分布：台湾

## 藓兰属 **Bryobium** Lind.

藓兰 **Bryobium pudicum** (Ridley) Y. P. Ng et P. J. Cribb
分布：云南；马来群岛、新加坡

## 石豆兰属 **Bulbophyllum** Thouars

赤唇石豆兰 **Bulbophyllum affine** Lindl.
分布：云南、台湾、广东、广西、海南；尼泊尔、不丹、印度、日本、泰国、老挝、越南

白毛卷瓣兰 **Bulbophyllum albociliatum** (T. S. Liu et H. J. Su) Seidenf.
分布：台湾

白毛卷瓣兰(原变种) **Bulbophyllum albociliatum** var. **albociliatum**
分布：台湾

杉林溪卷瓣兰 **Bulbophyllum albociliatum** var. **shanlinshiense** T. P. Lin et Y. N. Chang
分布：台湾

维明石豆兰 **Bulbophyllum albociliatum** var. **weimingianum** T. P. Lin et Kuo Huang
分布：台湾

芳香石豆兰 **Bulbophyllum ambrosia** (Hance) Schltr.
分布：云南、福建、广东、广西、海南；尼泊尔、越南

芳香石豆兰(原亚种) **Bulbophyllum ambrosia** subsp. **ambrosia**
分布：云南、福建、广东、广西、海南；越南

西南石豆兰 **Bulbophyllum ambrosia** subsp. **nepalense** J. J. Wood
分布：云南；尼泊尔

大叶卷瓣兰 **Bulbophyllum amplifolium** (Rolfe) M. S. Balakr. et Chowdhuri
分布：贵州、云南、西藏；不丹、印度、缅甸

梳帽卷瓣兰 **Bulbophyllum andersonii** (Hook. f.) J. J. Sm.
分布：四川、贵州、云南、广西；缅甸、印度、越南

柄叶石豆兰 **Bulbophyllum apodum** Hook. f.
分布：云南；印度、印度尼西亚、老挝、马来西亚、缅甸、?巴布亚新几内亚、菲律宾、泰国、越南、太平洋岛屿

台湾石豆兰 **Bulbophyllum aureolabellum** T. P. Lin
分布：云南、台湾

二色卷瓣兰 **Bulbophyllum bicolor** Lindl.
分布：香港

团花石豆兰 **Bulbophyllum bittnerianum** Schltr.
分布：云南；泰国

波密卷瓣兰 **Bulbophyllum bomiense** Z. H. Tsi
分布：云南、西藏

短葶卷瓣兰 **Bulbophyllum brevipedunculatum** T. C. Hsu et S. W. Chung
分布：台湾

短序石豆兰 **Bulbophyllum brevispicatum** Z. H. Tsi et S. C. Chen
分布：云南

尖叶石豆兰 **Bulbophyllum cariniflorum** Rchb. f.
分布：西藏；尼泊尔、不丹、印度、泰国

链状石豆兰 **Bulbophyllum catenarium** Ridley
分布：云南；马来群岛、越南

尾萼卷瓣兰 **Bulbophyllum caudatum** Lindl.
分布：西藏；尼泊尔、印度

茎花石豆兰 **Bulbophyllum cauliflorum** Hook. f.
分布：西藏；印度

城口卷瓣兰 **Bulbophyllum chondriophorum** (Gagnep.) Seidenf.
分布：陕西、浙江、四川、重庆、福建

断尾卷瓣兰 **Bulbophyllum confragosum** T. P. Lin et Y. N. Chang
分布：台湾

环唇石豆兰 **Bulbophyllum corallinum** Tixier et Guillaumin
分布：云南；缅甸、越南、泰国

短耳石豆兰 **Bulbophyllum crassipes** Hook. f.
分布：云南；不丹、印度、缅甸、泰国、马来西亚

大苞石豆兰 **Bulbophyllum cylindraceum** Lindl.
分布：云南；不丹、印度、尼泊尔

直唇卷瓣兰 **Bulbophyllum delitescens** Hance
分布：云南、西藏、福建、广东、海南；印度、越南

戟唇石豆兰 **Bulbophyllum depressum** King et Pantling
分布：云南、广东、海南；印度、泰国

普洱石豆兰 **Bulbophyllum didymotropis** Seidenf.
分布：云南；泰国

圆叶石豆兰 **Bulbophyllum drymoglossum** Maxim. ex M. Okubo
分布：云南、台湾、广东、广西；日本、朝鲜

独龙江石豆兰 **Bulbophyllum dulongjiangense** X. H. Jin
分布：云南

高茎卷瓣兰 **Bulbophyllum elatum** (Hook. f.) J. J. Sm.
分布：云南、西藏；不丹、尼泊尔、印度、越南

匍茎卷瓣兰 **Bulbophyllum emarginatum** (Finet) J. J. Sm.
分布：云南、西藏；尼泊尔、不丹、印度、缅甸、越南

墨脱石豆兰 **Bulbophyllum eublepharum** Rchb. f.
分布：云南、西藏；不丹、印度

麻栗坡卷瓣兰 **Bulbophyllum farreri** (W. W. Smith) Seidenf.
分布：云南；缅甸、越南

钝萼卷瓣兰 **Bulbophyllum fimbriperianthium** W. M. Lin, L. L. Huang et T. P. Lin
分布：台湾

狭唇卷瓣兰 **Bulbophyllum fordii** (Rolfe) J. J. Sm.
分布：云南、广东

尖角卷瓣兰 **Bulbophyllum forrestii** Seidenf.
分布：云南；缅甸、泰国

富宁卷瓣兰 **Bulbophyllum funingense** Z. H. Tsi et Chen
分布：云南；越南

贡山卷瓣兰 **Bulbophyllum gongshanense** Z. H. Tsi
分布：云南

短齿石豆兰 **Bulbophyllum griffithii** (Lindl.) Rchb. f.
分布：云南、台湾；尼泊尔、越南、不丹、印度

钻齿卷瓣兰 **Bulbophyllum guttulatum** (Hook. f.) Balakr.
分布：西藏；印度、尼泊尔、不丹、越南

线瓣石豆兰 **Bulbophyllum gymnopus** Hook. f.
分布：云南；不丹、印度、泰国

海南石豆兰 **Bulbophyllum hainanense** Z. H. Tsi
分布：海南

飘带石豆兰 **Bulbophyllum haniffii** Carrière
分布：云南；老挝、缅甸、泰国、马来西亚

角萼卷瓣兰 **Bulbophyllum helenae** (Kuntze) J. J. Sm.
分布：云南；尼泊尔、印度、缅甸、不丹

河南卷瓣兰 **Bulbophyllum henanense** J. L. Lu
分布：河南

落叶石豆兰 **Bulbophyllum hirtum** (J. E. Sm.) Lindl.
分布：云南；尼泊尔、印度、缅甸、泰国、越南

莲花卷瓣兰 **Bulbophyllum hirundinis** (Gagnep.) Seidenf.
分布：安徽、云南、台湾、广西、海南；越南

莲花卷瓣兰(原变种) **Bulbophyllum hirundinis** var. **hirundinis**
分布：安徽、云南、台湾、广西、海南；越南

张氏卷瓣兰 **Bulbophyllum hirundinis** var. **puniceum** T. P. Lin et Y. N. Chang
分布：台湾

穗花卷瓣兰 **Bulbophyllum insulsoides** Seidenf.
分布：台湾

瘤唇卷瓣兰 **Bulbophyllum japonicum** (Makino) Makino
分布：湖南、福建、台湾、广东、广西；日本

白花卷瓣兰 **Bulbophyllum khaoyaiense** Seidenf.
分布：云南；泰国

卷苞石豆兰 **Bulbophyllum khasyanum** Griff.
分布：云南；不丹、印度、越南、泰国、马来西亚

台南卷瓣兰 **Bulbophyllum kuanwuense** S. W. Chung et T. C. Hsu
分布：台湾

台南卷瓣兰(原变种) **Bulbophyllum kuanwuense** var. **kuanwuensis**
分布：台湾

克森豆兰 **Bulbophyllum kuanwuense** var. **luchuensis** T. P. Lin et W. M. Lin
分布：台湾

石仙桃豆兰 **Bulbophyllum kuanwuense** var. **rutilum** T. P. Lin et W. M. Lin
分布：台湾

广东石豆兰 **Bulbophyllum kwangtungense** Schltr.
分布：浙江、江西、湖南、湖北、贵州、云南、福建、广

东、广西

乐东石豆兰 **Bulbophyllum ledungense** T. Tang et F. T. Wang

分布：海南

短葶石豆兰 **Bulbophyllum leopardinum** (Wall.) Lindl.

分布：云南、西藏；尼泊尔、不丹、印度、老挝、越南

南方卷瓣兰 **Bulbophyllum lepidum** (Blume) J. J. Smith

分布：海南；柬埔寨、印度尼西亚、老挝、马来西亚、泰国、越南

齿瓣石豆兰 **Bulbophyllum levinei** Schltr.

分布：浙江、江西、湖南、云南、福建、广东、广西；越南

长臂卷瓣兰 **Bulbophyllum longibrachiatum** Z. H. Tsi

分布：云南；越南

副萼石豆兰 **Bulbophyllum maanshanense** Z. J. Liu, L. J. Chen et W. H. Rao

分布：云南

乌来卷瓣兰 **Bulbophyllum macraei** (Lindl.) Rchb. f.

分布：台湾；日本、斯里兰卡、印度、越南

紫纹卷瓣兰 **Bulbophyllum melanoglossum** Hayata

分布：福建、台湾、海南

勐海石豆兰 **Bulbophyllum menghaiense** Z. H. Tsi

分布：云南

勐仑石豆兰 **Bulbophyllum menglunense** Z. H. Tsi et Y. Z. Ma

分布：云南

钩梗石豆兰 **Bulbophyllum nigrescens** Rolfe

分布：云南；泰国、越南

黑瓣石豆兰 **Bulbophyllum nigripetalum** Rolfe

分布：云南；泰国

拟泰国卷瓣兰 **Bulbophyllum nipondhii** Seidenf.

分布：云南；泰国

密花石豆兰 **Bulbophyllum odoratissimum** (Smith) Lindl.

分布：四川、云南、西藏、福建、广东、广西；尼泊尔、不丹、印度、缅甸、泰国、老挝、越南

毛药卷瓣兰 **Bulbophyllum omerandrum** Hayata

分布：浙江、湖南、湖北、福建、台湾、广东、广西

麦穗石豆兰 **Bulbophyllum orientale** Seidenf.

分布：云南；泰国、越南

德钦石豆兰 **Bulbophyllum otoglossum** Tuyama

分布：云南；尼泊尔、不丹

卵叶石豆兰 **Bulbophyllum ovalifolium** (Blume) Lindl.

分布：云南；印度尼西亚、马来西亚、泰国

白花石豆兰 **Bulbophyllum pauciflorum** Ames

分布：台湾、海南

斑唇卷瓣兰 **Bulbophyllum pecten-veneris** (Gagnep.) Seidenf.

分布：安徽、湖北、福建、台湾、广西、海南、香港；老挝、越南

长足石豆兰 **Bulbophyllum pectinatum** Finet

分布：云南、台湾；印度、缅甸、泰国、越南

彩色卷瓣兰 **Bulbophyllum picturatum** (Lodd.) Rchb. f.

分布：云南；印度、缅甸、泰国、越南

屏东卷瓣兰 **Bulbophyllum pingtungense** S. S. Ying et C. Chen

分布：台湾

锥茎石豆兰 **Bulbophyllum polyrrhizum** Lindl.

分布：云南；印度、缅甸、尼泊尔、泰国

版纳石豆兰 **Bulbophyllum protractum** Hook. f.

分布：云南；印度、缅甸、泰国、越南

滇南石豆兰 **Bulbophyllum psittacoglossum** Rchb. f.

分布：云南；越南、泰国、缅甸

曲萼石豆兰 **Bulbophyllum pteroglossum** Schltr.

分布：云南；不丹、印度、缅甸

球花石豆兰 **Bulbophyllum repens** Griffith

分布：海南；印度、越南

伏生石豆兰 **Bulbophyllum reptans** (Lindl.) Lindl.

分布：贵州、云南、西藏、广西、海南；尼泊尔、不丹、印度、缅甸、越南

藓叶卷瓣兰 **Bulbophyllum retusiusculum** Rchb. f.

分布：甘肃、湖南、湖北、四川、贵州、云南、西藏、台湾、海南；不丹、印度、老挝、马来西亚、缅甸、尼泊尔、泰国、越南

若氏卷瓣兰 **Bulbophyllum rolfei** (Kuntze) Seidenf.
分布：云南；不丹、尼泊尔、印度

美花卷瓣兰 **Bulbophyllum rothschildianum** (O'Brien) J. J. Sm.
分布：云南；印度

红心石豆兰 **Bulbophyllum rubrolabellum** T. P. Lin
分布：台湾

窄苞石豆兰 **Bulbophyllum rufinum** Rchb. f.
分布：云南；缅甸、老挝、越南、泰国

囊唇石豆兰 **Bulbophyllum scaphiforme** J. J. Vermeulen
分布：云南；泰国、越南

少花石豆兰 **Bulbophyllum secundum** Hook. f.
分布：云南；印度、缅甸、尼泊尔、泰国、越南

鹳冠卷瓣兰 **Bulbophyllum setaceum** T. P. Lin
分布：台湾

二叶石豆兰 **Bulbophyllum shanicum** King et Pantl.
分布：云南；缅甸

伞花石豆兰 **Bulbophyllum shweliense** W. W. Sm.
分布：云南、广东；泰国、越南

匙萼卷瓣兰 **Bulbophyllum spathulatum** (Rolfe ex Cooper) Seidenf.
分布：云南；印度、缅甸、泰国、老挝、越南

球茎卷瓣兰 **Bulbophyllum sphaericum** Z. H. Tsi et H. Li
分布：四川、云南

短足石豆兰 **Bulbophyllum stenobulbon** Parish et Rchb. f.
分布：贵州、云南、广东；不丹、印度、缅甸、泰国、老挝、越南

细柄石豆兰 **Bulbophyllum striatum** (Griff.) Rchb. f.
分布：云南；印度、不丹、尼泊尔、泰国、越南

直葶石豆兰 **Bulbophyllum suavissimum** Rolfe
分布：云南；缅甸、泰国

聚株石豆兰 **Bulbophyllum sutepense** (Rolfe ex Downie) Seidenf. et Smitinand
分布：云南；泰国、老挝

带叶卷瓣兰 **Bulbophyllum taeniophyllum** Parish et Rchb. f.
分布：云南；缅甸、泰国、老挝、越南、马来西亚、印度尼西亚

台湾卷瓣兰 **Bulbophyllum taiwanense** (Fukuy.) Seidenf.
分布：台湾

云北石豆兰 **Bulbophyllum tengchongense** Z. H. Tsi
分布：云南

金枝双花豆兰 **Bulbophyllum tenuislinguae** T. P. Lin et Shu H. Wu
分布：台湾

天贵卷瓣兰 **Bulbophyllum tianguii** K. Y. Lang et D. Luo
分布：广西

虎斑卷瓣兰 **Bulbophyllum tigridum** Hance
分布：广东

小叶石豆兰 **Bulbophyllum tokioi** Fukuy.
分布：台湾

球茎石豆兰 **Bulbophyllum triste** Rchb. f.
分布：云南；尼泊尔、印度、缅甸、泰国

香港卷瓣兰 **Bulbophyllum tseanum** (S. Y. Hu et Barretto) Z. H. Tsi
分布：香港

伞花卷瓣兰 **Bulbophyllum umbellatum** Lindl.
分布：四川、贵州、云南、西藏、台湾；尼泊尔、不丹、印度、缅甸、泰国、越南

直立卷瓣兰 **Bulbophyllum unciniferum** Seidenf.
分布：云南；泰国

等萼卷瓣兰 **Bulbophyllum violaceolabellum** Seidenf.
分布：云南；老挝

双叶卷瓣兰 **Bulbophyllum wallichii** (Lindl.) Rchb. f.
分布：云南；印度、尼泊尔、不丹、缅甸、泰国、越南

睫毛卷瓣兰 **Bulbophyllum wightii** Rchb. f.
分布：台湾；斯里兰卡

五指山石豆兰 **Bulbophyllum wuzhishanense** X. H. Jin
分布：海南

小副萼石豆兰 **Bulbophyllum xiajinchuangense** Z. J. Liu, L. J. Chen et W. H. Rao
分布：云南

革叶石豆兰 **Bulbophyllum xylophyllum** Par. et Rchb. f.
分布：贵州；缅甸

蒙自石豆兰 **Bulbophyllum yunnanense** Rolfe
分布：云南；不丹、尼泊尔

## 蜂腰兰属 **Bulleyia** Schltr.

蜂腰兰 **Bulleyia yunnanensis** Schltr.
分布：云南；不丹、印度

## 虾脊兰属 **Calanthe** R. Br.

辐射虾脊兰 **Calanthe actinomorpha** Fukuy.
分布：台湾

泽泻虾脊兰 **Calanthe alismatifolia** Lindl.
分布：河北、浙江、湖南、四川、贵州、云南、西藏、台湾、广西；不丹、印度、日本、越南

长柄虾脊兰 **Calanthe alleizettei** Gagnep.
分布：云南；越南

流苏虾脊兰 **Calanthe alpina** Hook. f. ex Lindl.
分布：陕西、甘肃、四川、云南、西藏、台湾；日本、印度、尼泊尔、不丹

狭叶虾脊兰 **Calanthe angustifolia** (Blume) Lindl.
分布：台湾、广东、海南；印度尼西亚、马来西亚、菲律宾

弧距虾脊兰 **Calanthe arcuata** Rolfe
分布：陕西、甘肃、湖南、湖北、四川、贵州、云南、台湾

银带虾脊兰 **Calanthe argenteostriata** C. Z. Tang et S. J. Cheng
分布：贵州、云南、广东、广西；越南

台湾虾脊兰 **Calanthe arisanensis** Hayata
分布：台湾

翘距虾脊兰 **Calanthe aristulifera** Rchb. f.
分布：福建、台湾、广东、广西；日本

二裂虾脊兰 **Calanthe biloba** Lindl.
分布：云南；不丹、尼泊尔、印度、缅甸

大序虾脊兰 **Calanthe bingtaoi** J. W. Zhai, L. J. Chen et Z. J. Liu
分布：云南

肾唇虾脊兰 **Calanthe brevicornu** Lindl.
分布：湖北、四川、云南、西藏、广西；尼泊尔、不丹、缅甸、印度

棒距虾脊兰 **Calanthe clavata** Lindl.
分布：云南、西藏、福建、台湾、广东、广西、海南；印度、缅甸、泰国、越南

剑叶虾脊兰 **Calanthe davidii** Franch.
分布：陕西、甘肃、湖南、湖北、四川、贵州、云南、西藏、台湾；印度、日本、尼泊尔、越南

少花虾脊兰 **Calanthe delavayi** Finet
分布：甘肃、四川、云南、西藏

密花虾脊兰 **Calanthe densiflora** Lindl.
分布：四川、云南、西藏、台湾、广东、广西、海南；不丹、印度、越南

虾脊兰 **Calanthe discolor** Lindl.
分布：安徽、江苏、浙江、江西、湖南、湖北、贵州、福建、广东、香港；日本、韩国

独龙虾脊兰 **Calanthe dulongensis** H. Li, R. Li et Z. L. Dao
分布：云南

天全虾脊兰 **Calanthe ecarinata** Rolfe
分布：四川

峨眉虾脊兰 **Calanthe emeishanica** K. Y. Lang et Z. H. Tsi
分布：四川

天府虾脊兰 **Calanthe fargesii** Finet
分布：甘肃、四川、重庆、贵州

福贡虾脊兰 **Calanthe fugongensis** X. H. Jin et S. C. Chen
分布：云南

钩距虾脊兰 **Calanthe graciliflora** Hayata
分布：安徽、浙江、江西、湖南、湖北、四川、贵州、云南、福建、台湾、广东、广西

钩距虾脊兰（原变种） **Calanthe graciliflora** var. **graciliflora**
分布：安徽、浙江、江西、湖南、湖北、四川、贵州、云南、福建、台湾、广东、广西

雪峰虾脊兰 **Calanthe graciliflora** var. **xuefengensis** Z. H. Tsi
分布：湖南

通麦虾脊兰 **Calanthe griffithii** Lindl.
分布：西藏；不丹、缅甸、印度

叉唇虾脊兰 **Calanthe hancockii** Rolfe
分布：四川、云南、广西

疏花虾脊兰 **Calanthe henryi** Rolfe
分布：湖北、四川

**西南虾脊兰 Calanthe herbacea** Lindl.
分布：云南、西藏、广西；印度、越南

**葫芦茎虾脊兰 Calanthe labrosa** (Rchb. f.) Rchb. f.
分布：云南；缅甸、泰国

**乐昌虾脊兰 Calanthe lechangensis** Z. H. Tsi et T. Tang
分布：广东

**开唇虾脊兰 Calanthe limprichtii** Schltr.
分布：四川

**南方虾脊兰 Calanthe lyroglossa** Rchb. f.
分布：台湾、海南；日本、菲律宾、印度、缅甸、越南、老挝、柬埔寨、泰国、马来西亚

**细花虾脊兰 Calanthe mannii** Hook. f.
分布：江西、湖北、四川、贵州、云南、西藏、广东、广西；尼泊尔、缅甸、越南、不丹、印度

**墨脱虾脊兰 Calanthe metoensis** Z. H. Tsi et K. Y. Lang
分布：云南、西藏

**南昆虾脊兰 Calanthe nankunensis** Z. H. Tsi
分布：广东

**戟形虾脊兰 Calanthe nipponica** Makino
分布：西藏；日本

**香花虾脊兰 Calanthe odora** Griff.
分布：贵州、云南、广西；孟加拉国、不丹、印度、老挝、越南、柬埔寨、泰国

**圆唇虾脊兰 Calanthe petelotiana** Gagnep.
分布：贵州、云南；越南

**车前虾脊兰 Calanthe plantaginea** Lindl.
分布：云南、西藏；克什米尔地区、印度、尼泊尔、不丹

**车前虾脊兰(原变种) Calanthe plantaginea** var. **plantaginea**
分布：云南、西藏；不丹、印度、克什米尔地区、尼泊尔

**泸水车前虾脊兰 Calanthe plantaginea** var. **lushuiensis** K. Y. Lang et Z. H. Tsi
分布：云南

**镰萼虾脊兰 Calanthe puberula** Lindl.
分布：云南、西藏；越南、不丹、印度、日本、尼泊尔

**反瓣虾脊兰 Calanthe reflexa** Maxim.
分布：安徽、浙江、江西、湖南、湖北、四川、贵州、云南、台湾、广东、广西；日本、朝鲜

**囊爪虾脊兰** Calanthe sacculata Schltr.
分布：重庆、贵州

**大黄花虾脊兰 Calanthe sieboldii** Decne. ex Regel
分布：湖南、台湾；日本、朝鲜

**匙瓣虾脊兰 Calanthe simplex** Seidenf.
分布：云南；泰国

**中华虾脊兰 Calanthe sinica** Z. H. Tsi
分布：云南

**二列叶虾脊兰 Calanthe speciosa** (Blume) Lindl.
分布：台湾、海南、香港

**长距虾脊兰 Calanthe sylvatica** (Thouars) Lindl.
分布：湖南、云南、西藏、台湾、广东、广西；尼泊尔、缅甸、斯里兰卡、越南、不丹、印度、日本、泰国、马来西亚、印度尼西亚、菲律宾、马达加斯加；非洲

**三棱虾脊兰 Calanthe tricarinata** Lindl.
分布：陕西、甘肃、湖北、四川、贵州、云南、西藏、台湾；克什米尔地区、尼泊尔、不丹、印度、日本

**裂距虾脊兰 Calanthe trifida** T. Tang et F. T. Wang
分布：云南；缅甸

**三褶虾脊兰 Calanthe triplicata** (Willemet) Ames
分布：福建、广东、广西、海南、台湾、云南；不丹、柬埔寨、印度、印度尼西亚、日本、老挝、马来西亚、菲律宾、斯里兰卡、越南、澳大利亚、马达加斯加、太平洋群岛(西南部)

**无距虾脊兰 Calanthe tsoongiana** T. Tang et F. T. Wang
分布：浙江、江西、贵州、福建

**无距虾脊兰(原变种) Calanthe tsoongiana** var. **tsoongiana**
分布：浙江、江西、贵州、福建

**贵州虾脊兰 Calanthe tsoongiana** var. **guizhouensis** Z. H. Tsi
分布：贵州

**文山虾脊兰 Calanthe wenshanensis** J. W. Zhai, L. J. Chen et Z. J. Liu
分布：云南

**四川虾脊兰 Calanthe whiteana** King et Pantl.
分布：四川；缅甸、印度、不丹

**药山虾脊兰(新拟)** **Calanthe yaoshanensis** Z. X. Ren et H. Wang
分布：云南

**峨边虾脊兰** **Calanthe yuana** Tang et F. T. Wang
分布：湖北、四川

**白花长距虾脊兰** **Calanthe × dominyi** Lindl.
分布：台湾

## 美柱兰属 Callostylis Bl.

**竹叶美柱兰** **Callostylis bambusifolia** (Lindl.) S. C. Chen et J. J. Wood
分布：云南、广西；印度、缅甸、泰国、越南

**美柱兰** **Callostylis rigida** Blume
分布：云南；印度、缅甸、越南、老挝、泰国、马来西亚、印度尼西亚

## 布袋兰属 Calypso Thou.

**布袋兰** **Calypso bulbosa** var. **speciosa** (Schltr.) Makino
分布：吉林、内蒙古、甘肃、四川、云南、西藏；日本

## 钟兰属 Campanulorchis Brieger

**钟兰** **Campanulorchis thao** (Gagnep.) S. C. Chen et J. J. Wood
分布：海南；越南

## 头蕊兰属 Cephalanthera Rich.

**高山头蕊兰** **Cephalanthera alpicola** Fukuy.
分布：台湾

**硕距头蕊兰** **Cephalanthera calcarata** S. C. Chen et K. Y. Lang
分布：云南

**大花头蕊兰** **Cephalanthera damasonium** (Mill.) Druce
分布：云南；不丹、印度、缅甸；亚洲(西南部)、欧洲

**银兰** **Cephalanthera erecta** (Thunb.) Bl.
分布：陕西、甘肃、安徽、浙江、江西、湖北、四川、贵州、云南、福建、台湾、广东、广西；日本、韩国

**银兰(原变种)** **Cephalanthera erecta** var. **erecta**
分布：河北、陕西、甘肃、安徽、江西、四川、重庆、贵州、云南、西藏、福建、台湾、广东、广西；尼泊尔、不丹

**南岭头蕊兰** **Cephalanthera erecta** var. **oblanceolata** N. Pearce et P. J. Cribb
分布：重庆、云南、广东；不丹、尼泊尔

**金兰** **Cephalanthera falcata** (Thunb. ex A. Murray) Blume
分布：安徽、江苏、浙江、江西、湖南、湖北、四川、贵州、云南、福建、广东、广西；日本、朝鲜

**金兰(原变种)** **Cephalanthera falcata** var. **falcata**
分布：安徽、江苏、浙江、江西、湖南、湖北、四川、贵州、云南、福建、广东、广西；日本、朝鲜

**怒江头蕊兰** **Cephalanthera falcata** var. **flava** X. H. Jin et S. C. Chen
分布：云南

**纤细头蕊兰** **Cephalanthera gracilis** S. C. Chen et G. H. Zhu
分布：云南

**矮头蕊兰(新拟)** **Cephalanthera humilis** X. H. Jin
分布：云南

**长苞头蕊兰** **Cephalanthera longibracteata** Blume
分布：吉林、辽宁；日本、韩国、俄罗斯

**头蕊兰** **Cephalanthera longifolia** (L.) Fritsch
分布：甘肃、河南、湖北、陕西、山西、四川、西藏、云南；不丹、印度、克什米尔地区、缅甸、尼泊尔、巴基斯坦；亚洲(西南部)、欧洲、非洲(北部)

**金佛山兰** **Cephalanthera nanchuanica** (S. C. Chen) X. H. Jin et X. G. Xiang
分布：重庆、贵州

## 黄兰属 Cephalantheropsis Guillaumin

**铃兰黄兰** **Cephalantheropsis halconensis** (Ames) S. S. Ying
分布：台湾；菲律宾

**白花黄兰** **Cephalantheropsis longipes** (Hook. f.) Ormerod
分布：云南、西藏、台湾、广西；不丹、印度、缅甸、菲律宾、越南

**黄兰** **Cephalantheropsis obcordata** (Lindl.) Ormerod
分布：云南、福建、台湾、广东、海南；印度、印度尼西亚、日本、老挝、马来西亚、缅甸、菲律宾、泰国、越南

## 牛角兰属 Ceratostylis Blume

**牛角兰** **Ceratostylis caespitosa** (Rolfe) T. Tang et F. T. Wang
分布：海南

叉枝牛角兰 **Ceratostylis himalaica** Hook. f.
分布：云南、西藏；尼泊尔、不丹、印度、缅甸、老挝、越南、马来西亚

管叶牛角兰 **Ceratostylis subulata** Blume
分布：海南；印度、老挝、越南、柬埔寨、泰国、马来西亚、印度尼西亚、菲律宾

## 低药兰属 **Chamaeanthus** Schltr. ex J. J. Sm.

低药兰 **Chamaeanthus wenzelii** Ames
分布：台湾；菲律宾

## 叠鞘兰属 **Chamaegastrodia** Makino et F. Maek.

川滇叠鞘兰 **Chamaegastrodia inverta** (W. W. Sm.) Seidenf.
分布：四川、云南

叠鞘兰 **Chamaegastrodia shikokiana** Makino et F. Maek.
分布：四川、西藏；日本、印度

戟唇叠鞘兰 **Chamaegastrodia vaginata** (Hook. f.) Seidenf.
分布：湖北、四川；印度

## 独花兰属 **Changnienia** S. S. Chien

独花兰 **Changnienia amoena** S. S. Chien
分布：陕西、安徽、江苏、浙江、江西、湖南、湖北、四川

麻栗坡独花兰(新拟) **Changnienia malipoensis** D. H. Peng, Z. J. Liu et J. W. Zhai
分布：云南

## 叉柱兰属 **Cheirostylis** Blume

短距叉柱兰 **Cheirostylis calcarata** X. H. Jin et S. C. Chen
分布：云南

中华叉柱兰 **Cheirostylis chinensis** Rolfe
分布：贵州、台湾、广西、海南；菲律宾、缅甸、越南

叉柱兰 **Cheirostylis clibborndyeri** S. Y. Hu et Barretto
分布：台湾、香港

雉尾叉柱兰 **Cheirostylis cochinchinensis** Bl.
分布：台湾；越南

大花叉柱兰 **Cheirostylis griffithii** Lindl.
分布：云南；尼泊尔、泰国、印度、缅甸

粉红叉柱兰 **Cheirostylis jamesleungii** S. Y. Hu et Barretto
分布：香港

琉球叉柱兰 **Cheirostylis liukiuensis** Masam.
分布：台湾、香港；日本

麻栗坡叉柱兰 **Cheirostylis malipoensis** X. H. Jin et S. C. Chen
分布：云南

箭药叉柱兰 **Cheirostylis monteiroi** S. Y. Hu et Barretto
分布：香港

羽唇叉柱兰 **Cheirostylis octodactyla** Ames
分布：台湾；菲律宾、越南

屏边叉柱兰 **Cheirostylis pingbianensis** K. Y. Lang
分布：云南

细小叉柱兰 **Cheirostylis pusilla** Lindl.
分布：云南；印度、泰国、马来西亚

红衣叉柱兰 **Cheirostylis rubrifolius** T. P. Lin et W. M. Lin
分布：台湾

匍匐叉柱兰 **Cheirostylis serpens** Aver.
分布：广西

东部叉柱兰 **Cheirostylis tabiyahanensis** (Hayata) Pearce et Cribb
分布：台湾

全唇叉柱兰 **Cheirostylis takeoi** (Hayata) Schltr.
分布：台湾；日本、越南

反瓣叉柱兰 **Cheirostylis thailandica** Seidenf.
分布：云南；泰国

和社叉柱兰 **Cheirostylis tortilacinia** C. S. Leou
分布：台湾

云南叉柱兰 **Cheirostylis yunnanensis** Rolfe
分布：湖南、四川、贵州、云南、广东、广西、海南；印度、缅甸、泰国、越南

## 异型兰属 **Chiloschista** Lindl.

广东异型兰 **Chiloschista guangdongensis** Z. H. Tsi
分布：广东

宽唇异型兰 **Chiloschista parishii** Seidenf.
分布：台湾

台湾异型兰 **Chiloschista segawai** (Masam.) Masam. et Fukuy.
分布：台湾

异型兰 **Chiloschista yunnanensis** Schltr.
分布：四川、云南

## 宿唇兰属 **Chroniochilus** J. J. Sm.

中华宿唇兰 **Chroniochilus sinicus** L. J. Chen et Z. J. Liu
分布：云南

## 金唇兰属 **Chrysoglossum** Blume

锚钩金唇兰 **Chrysoglossum assamicum** Hook. f.
分布：西藏、广西(东部)；印度、越南

金唇兰 **Chrysoglossum ornatum** Blume
分布：云南、台湾、广西、海南；尼泊尔、不丹、柬埔寨、越南、泰国、马来西亚、印度尼西亚、菲律宾、斯里兰卡、印度

## 隔距兰属 **Cleisostoma** Blume

美花隔距兰 **Cleisostoma birmanicum** (Schltr.) Garay
分布：海南；缅甸、越南、泰国

金塔隔距兰 **Cleisostoma filiforme** (Lindl.) Garay
分布：云南、广西、海南；尼泊尔、印度、缅甸、泰国、越南

长叶隔距兰 **Cleisostoma fuerstenbergianum** Kraenzl.
分布：贵州、云南；老挝、越南、柬埔寨、泰国

隔距兰 **Cleisostoma linearilobatum** (Seidenf. et Smitinand) Garay
分布：云南；不丹、印度、泰国

长帽隔距兰 **Cleisostoma longioperculatum** Z. H. Tsi
分布：云南

西藏隔距兰 **Cleisostoma medogense** Z. H. Tsi
分布：西藏

勐海隔距兰 **Cleisostoma menghaiense** Z. H. Tsi
分布：云南

南贡隔距兰 **Cleisostoma nangongense** Z. H. Tsi
分布：云南

大序隔距兰 **Cleisostoma paniculatum** (Ker Gawl.) Garay
分布：江西、四川、西藏、福建、台湾、广东、广西、海南；越南

短茎隔距兰 **Cleisostoma parishii** (Hook. f.) Garay
分布：广东、广西、海南；缅甸

大叶隔距兰 **Cleisostoma racemiferum** (Lindl.) Garay
分布：云南；不丹、印度、缅甸、泰国、老挝、越南、尼泊尔

尖喙隔距兰 **Cleisostoma rostratum** (Lodd.) Seidenf. ex Aver.
分布：贵州、云南、广西、海南、香港；泰国、老挝、越南、柬埔寨

蜈蚣兰 **Cleisostoma scolopendrifolium** (Makino) Garay
分布：河北、山东、安徽、江苏、浙江、四川、福建；日本、朝鲜

毛柱隔距兰 **Cleisostoma simondii** (Gagnep.) Seidenf.
分布：云南、福建、广东、海南；老挝、印度、泰国、越南

毛柱隔距兰(原变种) **Cleisostoma simondii** var. **simondii**
分布：云南；印度、老挝、泰国、越南

广东隔距兰 **Cleisostoma simondii** var. **guangdongense** Z. H. Tsi
分布：福建、广东、海南

短序隔距兰 **Cleisostoma striatum** (Rchb. f.) Garay
分布：云南、广西、海南；印度、马来西亚、越南、泰国

绿花隔距兰 **Cleisostoma uraiense** (Hayata) Garay et Sweet
分布：台湾；日本、菲律宾

红花隔距兰 **Cleisostoma williamsonii** (Rchb. f.) Garay
分布：贵州、云南、广东、广西、海南；不丹、印度、越南、泰国、马来西亚、印度尼西亚、缅甸

## 拟隔距兰属 **Cleisostomopsis** Seidenf.

拟隔距兰 **Cleisostomopsis eberhardtii** (Finet) Seidenf.
分布：广西；越南

## 贝母兰属 **Coelogyne** Lindl.

云南贝母兰 **Coelogyne assamica** Linden et Rchb. f.
分布：云南；不丹、印度、老挝、缅甸、泰国、越南

髯毛贝母兰 **Coelogyne barbata** Griff.
分布：四川、云南、西藏；尼泊尔、不丹、印度

滇西贝母兰 **Coelogyne calcicola** Kerr
分布：云南；老挝、越南、泰国、缅甸

**眼斑贝母兰 Coelogyne corymbosa** Lindl.
分布：云南、西藏；尼泊尔、不丹、印度、缅甸

**贝母兰 Coelogyne cristata** Lindl.
分布：西藏；尼泊尔、不丹、印度

**红花贝母兰 Coelogyne ecarinata** C. Schweinf.
分布：云南；缅甸

**流苏贝母兰 Coelogyne fimbriata** Lindl.
分布：江西、云南、西藏、福建、广东、广西、海南；越南、老挝、柬埔寨、泰国、马来西亚、印度、不丹、印度尼西亚、尼泊尔、缅甸

**栗鳞贝母兰 Coelogyne flaccida** Lindl.
分布：贵州、云南、广西；印度、尼泊尔、不丹、缅甸、老挝、泰国、越南

**褐唇贝母兰 Coelogyne fuscescens** Lindl.
分布：云南；不丹、印度、老挝、缅甸、尼泊尔、泰国、越南

**贡山贝母兰 Coelogyne gongshanensis** H. Li
分布：云南

**格力贝母兰 Coelogyne griffithii** Hook. f.
分布：云南；印度、缅甸

**白花贝母兰 Coelogyne leucantha** W. W. Sm.
分布：四川、云南；缅甸

**单唇贝母兰 Coelogyne leungiana** S. Y. Hu
分布：香港

**长柄贝母兰 Coelogyne longipes** Lindl.
分布：云南、西藏；尼泊尔、不丹、印度、缅甸、老挝、泰国

**麻栗坡贝母兰 Coelogyne malipoensis** Z. H. Tsi
分布：云南；越南

**小花贝母兰 Coelogyne micrantha** Lindl.
分布：云南；缅甸、印度

**密茎贝母兰 Coelogyne nitida** (Wall. ex D. Don) Lindl.
分布：云南；不丹、印度、老挝、缅甸、尼泊尔、泰国、越南

**卵叶贝母兰 Coelogyne occultata** Hook. f.
分布：云南、西藏；不丹、缅甸、印度

**长鳞贝母兰 Coelogyne ovalis** Lindl.
分布：云南、西藏；尼泊尔、印度、缅甸、不丹、越南

**黄绿贝母兰 Coelogyne prolifera** Lindl.
分布：云南；不丹、印度、老挝、缅甸、尼泊尔、泰国、越南

**美丽贝母兰 Coelogyne pulchella** Rolfe
分布：云南；缅甸

**狭瓣贝母兰 Coelogyne punctulata** Lindl.
分布：云南、西藏；不丹、印度、缅甸、尼泊尔

**三褶贝母兰 Coelogyne raizadae** S. K. Jain et S. Das
分布：云南、西藏；不丹、印度、老挝、尼泊尔

**挺茎贝母兰 Coelogyne rigida** Parish et Rchb. f.
分布：云南；越南、泰国、缅甸、印度

**腾冲贝母兰(新拟) Coelogyne ruidianensis** Ormerod
分布：云南

**撕裂贝母兰 Coelogyne sanderae** Kraenzl.
分布：云南；缅甸、越南

**疣鞘贝母兰 Coelogyne schultesii** Jain et S. Das
分布：云南；尼泊尔、不丹、印度、缅甸、泰国、越南

**双褶贝母兰 Coelogyne stricta** (D. Don) Schltr.
分布：云南、西藏；尼泊尔、不丹、印度、缅甸、老挝、越南

**疏茎贝母兰 Coelogyne suaveolens** (Lindl.) Hook. f.
分布：云南；印度、泰国

**高山贝母兰 Coelogyne taronensis** Hand.-Mazz.
分布：云南

**吉氏贝母兰 Coelogyne tsii** X. H. Jin et H. Li
分布：云南

**禾叶贝母兰 Coelogyne viscosa** Rchb. f.
分布：云南；越南、老挝、缅甸、泰国、马来西亚、印度

**维西贝母兰 Coelogyne weixiensis** X. H. Jin
分布：云南

**镇康贝母兰 Coelogyne zhenkangensis** S. C. Chen et K. Y. Lang
分布：云南

## 吻兰属 Collabium Blume

**锚钩吻兰 Collabium assamicum** (Hook. f.) Seidenf.
分布：西藏、广西；印度、越南

**吻兰 Collabium chinense** (Rolfe) T. Tang et F. T. Wang
分布：云南、西藏、福建、台湾、广东、广西、海南；越

南、泰国

**南方吻兰** **Collabium delavayi** (Gagnep.) Seidenf.
分布：湖南、湖北、贵州、云南、广东、广西

**台湾吻兰** **Collabium formosanum** Hayata
分布：台湾；越南

**云南吻兰(新拟)** **Collabium yunnanense** Ormerod
分布：云南

## 蛤兰属 Conchidium Griffith

**高山蛤兰** **Conchidium japonicum** (Maxim.) S. C. Chen et J. J. Wood
分布：安徽、浙江、贵州、福建、台湾；日本

**网鞘蛤兰** **Conchidium muscicola** (Lindl.) Rauschert
分布：云南；不丹、印度、老挝、缅甸、尼泊尔、?斯里兰卡、泰国、越南

**蛤兰** **Conchidium pusillum** Griff.
分布：云南、西藏、福建、广东、广西、海南；印度、缅甸、泰国、越南

**菱唇蛤兰** **Conchidium rhomboidale** (Tang et F. T. Wang) S. C. Chen et J. J. Wood
分布：广西、贵州、海南、云南；?越南

## 珊瑚兰属 Corallorhiza Gagneb.

**珊瑚兰** **Corallorhiza trifida** Chatel.
分布：吉林、内蒙古、河北、甘肃、青海、新疆、四川、贵州；印度、日本、克什米尔地区、朝鲜、尼泊尔、俄罗斯；欧洲、北美洲

## 铠兰属 Corybas Salisb.

**梵净山铠兰** **Corybas fanjingshanensis** Y. X. Xiong
分布：贵州

**杉林溪铠兰** **Corybas himalaicus** (King et Pantl.) Schltr.
分布：台湾；不丹、印度

**艳紫盔兰** **Corybas puniceus** T. P. Lin et W. M. Lin
分布：台湾

**铠兰** **Corybas sinii** T. Tang et F. T. Wang
分布：台湾、广西

**台湾铠兰** **Corybas taiwanensis** T. P. Lin et S. Y. Leu
分布：台湾

**大理铠兰** **Corybas taliensis** T. Tang et F. T. Wang
分布：四川、云南

## 管花兰属 Corymborkis Thouars

**管花兰** **Corymborkis veratrifolia** (Reinw.) Blume
分布：云南、台湾、广西；柬埔寨、印度尼西亚、印度、泰国、马来西亚、日本、老挝、马来西亚、缅甸、斯里兰卡、越南、菲律宾、澳大利亚(北部)、太平洋岛屿(西南部)

## 杜鹃兰属 Cremastra Lindl.

**杜鹃兰** **Cremastra appendiculata** (D. Don) Makino
分布：山西、河南、陕西、甘肃、安徽、江苏、浙江、江西、湖南、湖北、四川、重庆、贵州、云南、西藏、台湾、广东、广西；不丹、印度、日本、韩国、尼泊尔、泰国、越南

**杜鹃兰(原变种)** **Cremastra appendiculata** var. **appendiculata**
分布：云南、西藏、台湾；不丹、印度、尼泊尔

**翅柱杜鹃兰** **Cremastra appendiculata** var. **variabilis** (Blume) I. D. Lund
分布：山西、河南、陕西、甘肃、安徽、江苏、浙江、江西、湖南、湖北、四川、重庆、贵州、广东、广西；日本、朝鲜、泰国、越南

**贵州杜鹃兰** **Cremastra guizhouensis** Q. H. Chen et S. C. Chen
分布：贵州

**麻栗坡杜鹃兰** **Cremastra malipoensis** G. W. Hu
分布：云南

**斑叶杜鹃兰** **Cremastra unguiculata** (Finet) Finet
分布：江西；日本、朝鲜

## 沼兰属 Crepidium Bl.

**浅裂沼兰** **Crepidium acuminatum** (D. Don) Szlach.
分布：贵州、云南、西藏、台湾、广东；不丹、柬埔寨、印度、印度尼西亚、老挝、缅甸、尼泊尔、菲律宾、泰国、越南、澳大利亚

**无叶沼兰** **Crepidium aphyllum** (King et Pantl.) A. N. Rao
分布：西藏；印度

**云南沼兰** **Crepidium bahanense** (Hand.-Mazz.) S. C. Chen et J. J. Wood
分布：云南

**兰屿沼兰** **Crepidium bancanoides** (Ames) Szlach.
分布：台湾；日本、菲律宾

**二耳沼兰** **Crepidium biauritum** (Lindl.) Szlach.
分布：云南；印度、老挝、缅甸、泰国

美叶沼兰 **Crepidium calophyllum** (Rchb. f.) Szlach.
分布：云南、海南；柬埔寨、印度、印度尼西亚、马来西亚、缅甸、泰国、越南

凹唇沼兰 **Crepidium concavum** (Seidenf.) Szlach.
分布：云南；泰国

二脊沼兰 **Crepidium finetii** (Gagnep.) S. C. Chen et J. J. Wood
分布：海南；越南

海南沼兰 **Crepidium hainanense** (Tang et F. T. Wang) S. C. Chen et J. J. Wood
分布：海南

琼岛沼兰 **Crepidium insulare** (Tang et F. T. Wang) S. C. Chen et J. J. Wood
分布：海南

细茎沼兰 **Crepidium khasianum** (Hook. f.) Szlach.
分布：云南；印度、泰国

铺叶沼兰 **Crepidium mackinnonii** (Duthie) Szlach.
分布：云南；孟加拉国、印度

鞍唇沼兰 **Crepidium matsudae** (Yamamoto) Szlach.
分布：台湾；日本

齿唇沼兰 **Crepidium orbiculare** (W. W. Smith et Jeffrey) Seidenf.
分布：云南

卵萼沼兰 **Crepidium ovalisepalum** (J. J. Smith) Szlach.
分布：云南；泰国、印度尼西亚

深裂沼兰 **Crepidium purpureum** (Lindl.) Szlach.
分布：四川、云南、台湾、广西；印度、菲律宾、斯里兰卡、泰国、越南

心唇沼兰 **Crepidium ramosii** (Ames) Szlach.
分布：台湾；菲律宾

四川沼兰 **Crepidium sichuanicum** (Tang et F. T. Wang) S. C. Chen et J. J. Wood
分布：四川

## 宿苞兰属 Cryptochilus Wall.

宿苞兰 **Cryptochilus luteus** Lindl.
分布：云南；不丹、印度、越南

玫瑰宿苞兰 **Cryptochilus roseus** (Lindl.) S. C. Chen et J. J. Wood
分布：海南、香港

红花宿苞兰 **Cryptochilus sanguineus** Wall.
分布：云南、西藏；不丹、印度、缅甸、尼泊尔

## 隐柱兰属 Cryptostylis R. Br.

隐柱兰 **Cryptostylis arachnites** (Blume) Hassk.
分布：台湾、广东、广西；柬埔寨、缅甸、巴布亚新几内亚、印度、斯里兰卡、越南、泰国、老挝、马来西亚、菲律宾、印度尼西亚

台湾隐柱兰 **Cryptostylis taiwaniana** Masam.
分布：台湾；菲律宾

## 柱兰属 Cylindrolobus Bl.

鸡冠柱兰 **Cylindrolobus cristatus** (Rolfe) S. C. Chen et J. J. Wood
分布：云南；缅甸、泰国

柱兰 **Cylindrolobus marginatus** (Rolfe) S. C. Chen et J. J. Wood
分布：云南；缅甸、泰国

细茎柱兰 **Cylindrolobus tenuicaulis** (S. C. Chen et Z. H. Tsi) S. C. Chen et J. J. Wood
分布：西藏

## 兰属 Cymbidium Sw.

夏凤兰 **Cymbidium aestivum** Z. J. Liu et S. C. Chen
分布：云南

纹瓣兰 **Cymbidium aloifolium** (L.) Sw.
分布：贵州、云南、广东、广西；孟国拉国、印度、缅甸、越南、老挝、泰国、柬埔寨、马来西亚、斯里兰卡、尼泊尔、印度尼西亚

椰香兰 **Cymbidium atropurpureum** (Lindl.) Rolfe
分布：海南；印度尼西亚、马来西亚、菲律宾、泰国、越南

保山兰 **Cymbidium baoshanense** F. Y. Liu et H. Perner
分布：云南

昌宁兰 **Cymbidium changningense** (X. M. Xu) Z. J. Liu et S. C. Chen
分布：云南

垂花兰 **Cymbidium cochleare** Lindl.
分布：云南、台湾；印度、缅甸、越南

丽花兰 **Cymbidium concinnum** Z. J. Liu et J. Y. Zhang
分布：云南

**莎叶兰 Cymbidium cyperifolium** Wall. ex Lindl.
分布：四川、贵州、云南、广东、广西、海南；尼泊尔、不丹、印度、缅甸、泰国、越南、柬埔寨、菲律宾

**莎叶兰(原变种) Cymbidium cyperifolium** var. **cyperifolium**
分布：四川、贵州、云南、广东、广西、海南；不丹、柬埔寨、印度、缅甸、尼泊尔、菲律宾、泰国、越南

**送春 Cymbidium cyperifolium** var. **szechuanicum** (Y. S. Wu et S. C. Chen) S. C. Chen et Z. J. Liu
分布：四川、贵州、云南；不丹

**冬凤兰 Cymbidium dayanum** Rchb. f.
分布：云南、福建、台湾、广东、广西、海南；不丹、印度、缅甸、越南、老挝、柬埔寨、泰国、马来西亚、印度尼西亚、菲律宾、日本

**落叶兰 Cymbidium defoliatum** Y. S. Wu et S. C. Chen
分布：四川、贵州、云南、福建

**福兰 Cymbidium devonianum** Paxton
分布：云南；不丹、印度、尼泊尔、越南、泰国

**独占春 Cymbidium eburneum** Lindl.
分布：云南、广西、海南；尼泊尔、印度、缅甸、越南

**独占春(原变种) Cymbidium eburneum** var. **eburneum**
分布：云南、广西、海南；印度、缅甸、尼泊尔

**龙州兰 Cymbidium eburneum** var. **longzhouense** Z. J. Liu et S. C. Chen
分布：广西

**莎草兰 Cymbidium elegans** Lindl.
分布：四川、云南、西藏；尼泊尔、不丹、印度、缅甸

**莎草兰(原变种) Cymbidium elegans** var. **elegans**
分布：四川、云南、西藏；不丹、印度、缅甸、尼泊尔

**泸水兰 Cymbidium elegans** var. **lushuiense** (Z. J. Liu, S. C. Chen et X. C. Shi) Z. J. Liu et S. C. Chen
分布：云南

**建兰 Cymbidium ensifolium** (L.) Sw.
分布：安徽、浙江、江西、湖南、湖北、四川、贵州、云南、西藏、福建、台湾、广东、广西、海南；柬埔寨、印度、印度尼西亚、日本、老挝、马来西亚、巴布亚新几内亚、菲律宾、斯里兰卡、泰国、越南

**长叶兰 Cymbidium erythraeum** Lindl.
分布：四川、贵州、云南、西藏；尼泊尔、不丹、印度、缅甸、越南

**长叶兰(原变种) Cymbidium erythraeum** var. **erythraeum**
分布：四川、贵州、云南、西藏；不丹、印度、缅甸、尼泊尔

**黄花长叶兰 Cymbidium erythraeum** var. **flavum** (Z. J. Liu et J. Yong Zhang) Z. J. Liu, S. C. Chen et P. J. Cribb
分布：云南

**蕙兰 Cymbidium faberi** Rolfe
分布：河南、陕西、甘肃、安徽、浙江、江西、湖南、湖北、四川、贵州、云南、西藏、福建、台湾、广东、广西；尼泊尔、印度

**多花兰 Cymbidium floribundum** Lindl.
分布：浙江、江西、湖南、湖北、四川、贵州、云南、西藏、福建、台湾、广东、广西；越南

**金蝉兰 Cymbidium gaoligongense** Z. J. Liu et J. Y. Zhang
分布：云南

**春兰 Cymbidium goeringii** (Rchb. f.) Rchb. f.
分布：河南、陕西、甘肃、安徽、江苏、浙江、江西、湖南、湖北、四川、贵州、云南、福建、台湾、广东、广西；日本、朝鲜、印度、不丹

**秋墨兰 Cymbidium haematodes** Lindl.
分布：云南、海南；印度、印度尼西亚、老挝、巴布亚新几内亚、斯里兰卡、泰国

**虎头兰 Cymbidium hookerianum** Rchb. f.
分布：四川、贵州、云南、西藏、广西；尼泊尔、不丹、印度、越南

**美花兰 Cymbidium insigne** Rolfe
分布：海南；泰国、越南

**黄蝉兰 Cymbidium iridioides** D. Don
分布：四川、贵州、云南、西藏；尼泊尔、越南、不丹、印度、缅甸

**寒兰 Cymbidium kanran** Makino
分布：安徽、浙江、江西、湖南、四川、贵州、云南、西藏、福建、台湾、广东、广西、海南；日本、朝鲜

**兔耳兰 Cymbidium lancifolium** Hook.
分布：浙江、湖南、四川、贵州、云南、西藏、福建、台湾、广东、广西、海南；不丹、柬埔寨、印度、印度尼西亚、日本、老挝、马来西亚、缅甸、尼泊尔、巴布亚新几内亚、泰国、越南

**兔耳冬蕙兰 Cymbidium latifolium** L. J. Chen, L. Q. Li et Z. J. Liu
分布：云南

碧玉兰 **Cymbidium lowianum** (Rchb. f.) Rchb. f.
分布：云南；缅甸、泰国、越南

碧玉兰(原变种) **Cymbidium lowianum** var. **lowianum**
分布：云南；缅甸、泰国

浅斑碧玉兰 **Cymbidium lowianum** var. **iansonii** (Rolfe) P. J. Cribb et Du Puy
分布：云南；缅甸

大根兰 **Cymbidium macrorhizon** Lindl.
分布：四川、重庆、贵州、云南；印度、日本、老挝、缅甸、尼泊尔、巴基斯坦、泰国

象牙白 **Cymbidium maguanense** F. Y. Liu
分布：云南

硬叶兰 **Cymbidium mannii** Rchb. f.
分布：贵州、云南、广东、广西、海南；尼泊尔、不丹、印度、缅甸、越南、老挝、柬埔寨、泰国、孟加拉国、马来西亚

大雪兰 **Cymbidium mastersii** Griff. ex Lindl.
分布：云南；不丹、印度、缅甸、泰国

细花兰 **Cymbidium micranthum** Z. J. Liu et J. Y. Zhang
分布：云南

多根兰 **Cymbidium multiradicatum** Z. J. Liu ex S. C. Chen
分布：云南

珍珠矮 **Cymbidium nanulum** Y. S. Wu et S. C. Chen
分布：贵州、云南、海南

峨眉春蕙 **Cymbidium omeiense** Y. S. Wu et S. C. Chen
分布：四川

少叶硬叶兰 **Cymbidium paucifolium** Z. J. Liu et J. Y. Zhang
分布：云南

邱北冬蕙兰 **Cymbidium qiubeiense** K. M. Feng et H. Li
分布：贵州、云南

长茎兔耳兰 **Cymbidium recurvatum** Z. J. Liu, S. C. Chen et P. J. Cribb
分布：云南

二叶兰 **Cymbidium rhizomatosum** Z. J. Liu et J. Y. Zhang
分布：云南

薛氏兰 **Cymbidium schroederi** Rolfe
分布：云南；越南

豆瓣兰 **Cymbidium serratum** Schltr.
分布：湖北、四川、贵州、云南、台湾

川西兰 **Cymbidium sichuanicum** Z. J. Liu et S. C. Chen
分布：四川

墨兰 **Cymbidium sinense** (Jack ex Andrews) Willd.
分布：安徽、江西、四川、贵州、云南、福建、台湾、广东、广西、海南；印度、日本、缅甸、泰国、越南

果香兰 **Cymbidium suavissimum** Sander ex C. H. Curtis
分布：贵州、云南；缅甸、越南

奇瓣红春素 **Cymbidium teretipetiolatum** Z. J. Liu et J. Y. Zhang
分布：云南

斑舌兰 **Cymbidium tigrinum** Parish ex Hook.
分布：云南；缅甸、印度

莲瓣兰 **Cymbidium tortisepalum** Fukuy.
分布：四川、云南、台湾

莲瓣兰(原变种) **Cymbidium tortisepalum** var. **tortisepalum**
分布：四川、云南、台湾

春剑 **Cymbidium tortisepalum** var. **longibracteatum** (Y. S. Wu et S. C. Chen) S. C. Chen et Z. J. Liu
分布：四川、贵州、云南

西藏虎头兰 **Cymbidium tracyanum** L. Castle
分布：贵州、云南、西藏；缅甸、泰国、越南

文山红柱兰 **Cymbidium wenshanense** Y. S. Wu et F. Y. Liu
分布：云南；越南

文山红柱兰(原变种) **Cymbidium wenshanense** var. **wenshanense**
分布：云南；越南

五裂红柱兰 **Cymbidium wenshanense** var. **quinquelobum** (Z. J. Liu et S. C. Chen) Z. J. Liu, S. C. Chen et P. J. Cribb
分布：云南

**滇南虎头兰 Cymbidium wilsonii** (Rolfe ex Cook) Rolfe
分布：云南；越南

**紫花冬蕙兰 Cymbidium xpurpuratum** L. J. Chen, L. Q. Li et Z. J. Liu
分布：云南

**怒江兰 Cymbidium × nujiangense** X. P. Zhou, S. P. Lei et Z. J. Liu
分布：云南

## 杓兰属 Cypripedium L.

**无苞杓兰 Cypripedium bardolphianum** W. W. Sm. et Farrer
分布：甘肃、四川、西藏

**杓兰 Cypripedium calceolus** L.
分布：黑龙江、吉林、辽宁、内蒙古；日本、朝鲜、俄罗斯；欧洲

**褐花杓兰 Cypripedium calcicola** Schltr.
分布：四川、云南

**白唇杓兰 Cypripedium cordigerum** D. Don
分布：西藏；尼泊尔、不丹、克什米尔地区、印度、巴基斯坦

**大围山杓兰 Cypripedium daweishanense** (S. C. Chen et Z. J. Liu) S. C. Chen et Z. J. Liu
分布：云南

**对叶杓兰 Cypripedium debile** Rchb. f.
分布：甘肃、湖北、四川、重庆、台湾；日本

**雅致杓兰 Cypripedium elegans** Rchb. f.
分布：云南、西藏；尼泊尔、不丹、印度

**毛瓣杓兰 Cypripedium fargesii** Franch.
分布：甘肃、湖北、四川、重庆

**华西杓兰 Cypripedium farreri** W. W. Sm.
分布：甘肃、四川、贵州、云南

**大叶杓兰 Cypripedium fasciolatum** Franch.
分布：湖北、四川、重庆

**黄花杓兰 Cypripedium flavum** P. F. Hunt et Summerh.
分布：甘肃、湖北、四川、云南、西藏

**台湾杓兰 Cypripedium formosanum** Hayata
分布：台湾

**玉龙杓兰 Cypripedium forrestii** Cribb
分布：云南

**毛杓兰 Cypripedium franchetii** E. H. Wilson
分布：山西、河南、陕西、甘肃、湖北、四川、重庆

**紫点杓兰 Cypripedium guttatum** Sw.
分布：黑龙江、吉林、辽宁、内蒙古、河北、山西、山东、陕西、宁夏、四川、云南、西藏；不丹、朝鲜、俄罗斯；欧洲、北美洲

**绿花杓兰 Cypripedium henryi** Rolfe
分布：山西、陕西、甘肃、湖北、四川、贵州、云南

**高山杓兰 Cypripedium himalaicum** Rolfe
分布：西藏；尼泊尔、不丹、印度

**扇脉杓兰 Cypripedium japonicum** Thunb.
分布：陕西、甘肃、安徽、浙江、江西、湖南、湖北、四川、贵州；日本

**长瓣杓兰 Cypripedium lentiginosum** P. J. Cribb et S. C. Chen
分布：云南

**丽江杓兰 Cypripedium lichiangense** S. C. Chen et Cribb
分布：四川、云南

**波密杓兰 Cypripedium ludlowii** Cribb
分布：西藏

**大花杓兰 Cypripedium macranthos** Swartz
分布：黑龙江、吉林、辽宁、内蒙古、山东、湖北、台湾；日本、朝鲜、俄罗斯

**麻栗坡杓兰 Cypripedium malipoense** S. C. Chen ex Z. J. Liu
分布：云南

**斑叶杓兰 Cypripedium margaritaceum** Franch.
分布：四川、云南

**小花杓兰 Cypripedium micranthum** Franch.
分布：四川、重庆

**巴郎山杓兰 Cypripedium palangshanense** T. Tang et F. T. Wang
分布：四川、重庆

**离萼杓兰 Cypripedium plectrochilum** Franch.
分布：湖北、四川、云南、西藏；缅甸

**宝岛杓兰 Cypripedium segawae** Masamune
分布：台湾

**山西杓兰 Cypripedium shanxiense** S. C. Chen
分布：内蒙古、陕西、甘肃、青海、湖北、四川；日本、

俄罗斯

四川杓兰 **Cypripedium sichuanense** H. Perner
分布：四川

暖地杓兰 **Cypripedium subtropicum** S. C. Chen et K. Y. Lang
分布：西藏

太白杓兰 **Cypripedium taibaiense** G. H. Zhu et S. C. Chen
分布：陕西

西藏杓兰 **Cypripedium tibeticum** King ex Rolfe
分布：甘肃、四川、贵州、云南、西藏；不丹、印度

宽口杓兰 **Cypripedium wardii** Rolfe
分布：四川、云南、西藏

乌蒙杓兰 **Cypripedium wumengense** S. C. Chen
分布：云南

云南杓兰 **Cypripedium yunnanense** Franch.
分布：四川、云南、西藏

## 肉果兰属 **Cyrtosia** Bl.

二色肉果兰 **Cyrtosia integra** (Rolfe ex Downie) Garay
分布：云南；泰国、老挝、越南

肉果兰 **Cyrtosia javanica** Blume
分布：台湾；印度、斯里兰卡、越南、泰国、马来西亚、印度尼西亚、菲律宾

矮小肉果兰 **Cyrtosia nana** (Rolfe ex Downie) Garay
分布：贵州、广西；泰国、越南

血红肉果兰 **Cyrtosia septentrionalis** (Rchb. f.) Garay
分布：河南、安徽、浙江、湖南；日本

## 掌裂兰属 **Dactylorhiza** Neck. ex Nevski

芒尖掌裂兰 **Dactylorhiza aristata** (Fisch. ex Lindl.) Soó
分布：河北、山西、山东、河南；日本、朝鲜、俄罗斯；北美洲

紫斑掌裂兰 **Dactylorhiza fuchsii** (Druce) Soó
分布：新疆；蒙古国、俄罗斯；欧洲

掌裂兰 **Dactylorhiza hatagirea** (D. Don) Soó
分布：黑龙江、吉林、内蒙古、宁夏、甘肃、青海、新疆、四川、西藏；不丹、克什米尔地区、蒙古国、尼泊尔、巴基斯坦

紫点掌裂兰 **Dactylorhiza incarnata** subsp. **cruenta** (O. F. Müll.) P. D. Sell
分布：新疆；俄罗斯；欧洲

阴生掌裂兰 **Dactylorhiza umbrosa** (Kar. et Kir.) Nevski
分布：新疆；阿富汗、哈萨克斯坦、巴基斯坦、俄罗斯、土库曼斯坦、乌兹别克斯坦；亚洲(西南部)

凹舌掌裂兰 **Dactylorhiza viridis** (L.) R. M. Bateman, Pridgeon et M. W. Chase
分布：黑龙江、吉林、辽宁、内蒙古、河北、山西、河南、陕西、宁夏、甘肃、青海、新疆、湖北、四川、云南、西藏、台湾；不丹、日本、克什米尔地区、哈萨克斯坦、韩国、吉尔吉斯斯坦、蒙古国、尼泊尔、俄罗斯、土库曼斯坦；亚洲(西南部)、欧洲、北美洲

## 丹霞兰属 **Danxiaorchis** J. W. Zhai, F. W. Xing et Z. J. Liu

丹霞兰 **Danxiaorchis singchiana** J. W. Zhai, F. W. Xing et Z. J. Liu
分布：广东

## 石斛属 **Dendrobium** Sw.

钩状石斛 **Dendrobium aduncum** Wall. ex Lindl.
分布：湖南、贵州、云南、广东、广西、海南；不丹、印度、缅甸、泰国、越南

矮石斛 **Dendrobium bellatulum** Rolfe
分布：云南；印度、缅甸、泰国、老挝、越南

双槽石斛 **Dendrobium bicameratum** Lindl.
分布：云南；印度、尼泊尔、不丹、缅甸

长苏石斛 **Dendrobium brymerianum** Rchb. f.
分布：云南；泰国、缅甸、老挝、越南

短棒石斛 **Dendrobium capillipes** Rchb. f.
分布：云南；印度、缅甸、泰国、老挝、越南、尼泊尔

翅萼石斛 **Dendrobium cariniferum** Rchb. f.
分布：云南；印度、缅甸、泰国、老挝、越南

黄石斛 **Dendrobium catenatum** Lindl.
分布：安徽、浙江、四川、云南、福建、台湾、广西；日本

长爪石斛 **Dendrobium chameleon** Ames
分布：台湾；菲律宾

毛鞘石斛 **Dendrobium christyanum** Rchb. f.
分布：云南；越南、泰国

**束花石斛** **Dendrobium chrysanthum** Lindl.
分布：贵州、云南、西藏、广西；印度、尼泊尔、不丹、缅甸、泰国、老挝、越南

**线叶石斛** **Dendrobium chryseum** Rolfe
分布：四川、云南、台湾；印度、缅甸

**杓唇扁石斛** **Dendrobium chrysocrepis** E. C. Parish et Rchb. f. ex Hook. f.
分布：云南；缅甸

**鼓槌石斛** **Dendrobium chrysotoxum** Lindl.
分布：云南；印度、缅甸、泰国、老挝、越南

**蛇状石斛(新拟)** **Dendrobium cobra** Ormerod
分布：云南

**草石斛** **Dendrobium compactum** Rolfe ex W. Hackett
分布：云南；缅甸、泰国

**玫瑰石斛** **Dendrobium crepidatum** Lindl. ex Paxton
分布：贵州、云南；印度、尼泊尔、不丹、缅甸、泰国、老挝、越南

**木石斛** **Dendrobium crumenatum** Sw.
分布：台湾；缅甸、老挝、越南、柬埔寨、马来西亚、印度尼西亚、斯里兰卡、菲律宾、印度、泰国

**晶帽石斛** **Dendrobium crystallinum** Rchb. f.
分布：云南、海南；缅甸、泰国、老挝、柬埔寨、越南

**兜唇石斛** **Dendrobium cucullatum** R. Br. ex Lindl.
分布：贵州、云南、广西；不丹、印度、老挝、马来西亚、缅甸、尼泊尔、越南

**叠鞘石斛** **Dendrobium denneanum** Kerr
分布：贵州、云南、广西、海南；印度、老挝、缅甸、尼泊尔、泰国、越南

**密花石斛** **Dendrobium densiflorum** Lindl.
分布：西藏、广东、广西、海南；尼泊尔、不丹、印度、缅甸、泰国

**齿瓣石斛** **Dendrobium devonianum** Paxton
分布：贵州、云南、西藏、广西；不丹、印度、缅甸、泰国、越南

**黄花石斛** **Dendrobium dixanthum** Rchb. f.
分布：云南；缅甸、泰国、老挝

**反瓣石斛** **Dendrobium ellipsophyllum** T. Tang et F. T. Wang
分布：云南；缅甸、老挝、柬埔寨、泰国、越南

**燕石斛** **Dendrobium equitans** Kraenzl.
分布：台湾；菲律宾

**景洪石斛** **Dendrobium exile** Schltr.
分布：云南；越南、泰国

**串珠石斛** **Dendrobium falconeri** Hook.
分布：湖南、云南、台湾、广西；不丹、印度、缅甸、泰国、越南

**梵净山石斛** **Dendrobium fanjingshanense** Z. H. Tsi ex X. H. Jin et Y. W. Zhang
分布：贵州

**流苏石斛** **Dendrobium fimbriatum** Hook.
分布：贵州、云南、广西；印度、尼泊尔、不丹、缅甸、泰国、越南

**棒节石斛** **Dendrobium findlayanum** Parish et Rchb. f.
分布：云南；缅甸、泰国、老挝

**曲茎石斛** **Dendrobium flexicaule** Z. H. Tsi, S. C. Sun et L. G. Xu
分布：河南、湖南、湖北、四川

**双花石斛** **Dendrobium furcatopedicellatum** Hayata
分布：台湾

**曲轴石斛** **Dendrobium gibsonii** Lindl.
分布：云南、广西；尼泊尔、不丹、印度、缅甸、泰国、越南

**红花石斛** **Dendrobium goldschmidtianum** Kraenzl.
分布：台湾；菲律宾

**杯鞘石斛** **Dendrobium gratiosissimum** Rchb. f.
分布：云南；印度、缅甸、泰国、老挝、越南

**海南石斛** **Dendrobium hainanense** Rolfe
分布：海南

**细叶石斛** **Dendrobium hancockii** Rolfe
分布：河南、陕西、甘肃、湖南、湖北、四川、贵州、云南、广西；越南

**苏瓣石斛** **Dendrobium harveyanum** Rchb. f.
分布：云南；缅甸、泰国、越南

**河口石斛(新拟)** **Dendrobium hekouense** Z. J. Liu et L. J. Chen
分布：云南

**河南石斛** **Dendrobium henanense** J. L. Lu et L. X. Gao
分布：河南

**疏花石斛** **Dendrobium henryi** Schltr.
分布：湖南、贵州、云南、广西；泰国、越南

**重唇石斛 Dendrobium hercoglossum** Rchb. f.
分布：安徽、江西、湖南、贵州、云南、广东、广西、海南；老挝、马来西亚、泰国、越南

**尖刀唇石斛 Dendrobium heterocarpum** Lindl.
分布：云南；斯里兰卡、印度、尼泊尔、不丹、缅甸、泰国、老挝、越南、菲律宾、马来西亚、印度尼西亚

**金耳石斛 Dendrobium hookerianum** Lindl.
分布：云南、西藏；印度

**霍山石斛 Dendrobium huoshanense** C. Z. Tang et S. J. Cheng
分布：安徽

**小黄花石斛 Dendrobium jenkinsii** Wall. ex Lindl.
分布：云南；不丹、印度、老挝、缅甸、泰国、越南

**夹江石斛 Dendrobium jiajiangense** Z. Y. Zhu, S. J. Zhu et H. B. Wang
分布：四川

**广坝石斛 Dendrobium lagarum** Seidenf.
分布：海南；泰国

**菱唇石斛 Dendrobium leptocladum** Hayata
分布：台湾

**矩唇石斛 Dendrobium linawianum** Rchb. f.
分布：台湾、广西

**聚石斛 Dendrobium lindleyi** Stend.
分布：贵州、广东、广西、海南；不丹、印度、缅甸、泰国、老挝、越南

**喇叭唇石斛 Dendrobium lituiflorum** Lindl.
分布：云南、广西；印度、缅甸、泰国、老挝、越南

**美花石斛 Dendrobium loddigesii** Rolfe
分布：贵州、云南、广东、广西、海南；老挝、越南

**罗河石斛 Dendrobium lohohense** T. Tang et F. T. Wang
分布：湖南、湖北、重庆、贵州、云南、广东、广西

**长距石斛 Dendrobium longicornu** Lindl.
分布：云南、西藏、广西；尼泊尔、不丹、缅甸、印度、越南

**吕宋石斛 Dendrobium luzonense** Lindl.
分布：台湾；菲律宾

**勐腊石斛 Dendrobium menglaense** X. H. Jin et H. Li
分布：云南

**细茎石斛 Dendrobium moniliforme** (L.) Swartz
分布：河南、陕西、甘肃、安徽、浙江、江西、湖南、四川、贵州、云南、福建、台湾、广东、广西；不丹、印度、日本、韩国、缅甸、尼泊尔、越南

**细茎石斛(原变种) Dendrobium moniliforme** var. **moniliforme**
分布：河南、陕西、甘肃、安徽、浙江、江西、湖南、四川、贵州、云南、福建、台湾、广东、广西；不丹、印度、日本、韩国、缅甸、尼泊尔、越南

**麻栗坡石斛 Dendrobium moniliforme** var. **malipoense** L. J. Chen et Z. J. Liu
分布：云南

**藏南石斛 Dendrobium monticola** P. F. Hunt et Summerh.
分布：西藏、广西；印度、尼泊尔、泰国、越南、老挝

**杓唇石斛 Dendrobium moschatum** (Buch.-Ham.) Sw.
分布：云南；印度、尼泊尔、不丹、缅甸、泰国、老挝、越南

**石斛 Dendrobium nobile** Lindl.
分布：湖北、四川、贵州、云南、西藏、台湾、广西、海南、香港；不丹、印度、老挝、缅甸、尼泊尔、泰国、越南

**琉球石斛 Dendrobium okinawense** Hatusima et Ida
分布：台湾；日本

**少花石斛 Dendrobium parciflorum** Rchb. f. ex Lindl.
分布：云南；印度、泰国、老挝、越南

**紫瓣石斛 Dendrobium parishii** Rchb. f.
分布：贵州、云南；印度、缅甸、泰国、老挝、越南

**肿节石斛 Dendrobium pendulum** Roxb.
分布：云南；印度、老挝、缅甸、泰国、越南

**报春石斛 Dendrobium polyanthum** Wallich ex Lindl.
分布：云南；印度、老挝、缅甸、尼泊尔、泰国、越南

**单葶草石斛 Dendrobium porphyrochilum** Lindl.
分布：云南、广东；尼泊尔、不丹、印度、缅甸、泰国、越南

**针叶石斛 Dendrobium pseudotenellum** Guillaumin
分布：云南；越南

**竹枝石斛 Dendrobium salaccense** (Blume) Lindl.
分布：云南、西藏、海南；缅甸、泰国、老挝、越南、马来西亚、印度尼西亚、不丹、印度、斯里兰卡

**广西石斛 Dendrobium scoriarum** W. M. Sw.
分布：云南、广西；越南

**始兴石斛(新拟) Dendrobium shixingense** Z. L. Chen, S. J. Zeng et J. Duan
分布：广东

华石斛 **Dendrobium sinense** T. Tang et F. T. Wang
分布：海南

勐海石斛 **Dendrobium sinominutiflorum** S. C. Chen, J. J. Wood et H. P. Wood
分布：云南

小双花石斛 **Dendrobium somae** Hayata
分布：台湾

剑叶石斛 **Dendrobium spatella** Rchb. f.
分布：云南、福建、广西、海南、香港；不丹、柬埔寨、印度、老挝、缅甸、泰国、越南

梳唇石斛 **Dendrobium strongylanthum** Rchb. f.
分布：云南、海南；缅甸、泰国、越南

叉唇石斛 **Dendrobium stuposum** Lindl.
分布：云南；不丹、印度、缅甸、泰国、印度尼西亚、马来西亚、菲律宾

具槽石斛 **Dendrobium sulcatum** Lindl.
分布：云南；印度、缅甸、泰国、老挝

刀叶石斛 **Dendrobium terminale** Parish et Rchb. f.
分布：云南；印度、缅甸、泰国、越南、马来西亚

球花石斛 **Dendrobium thyrsiflorum** Rchb. f.
分布：云南；印度、缅甸、泰国、老挝、越南

翅梗石斛 **Dendrobium trigonopus** Rchb. f.
分布：云南；缅甸、泰国、老挝、越南

王氏石斛 **Dendrobium wangliangii** G. W. Hu, C. L. Long et X. H. Jin
分布：云南

大苞鞘石斛 **Dendrobium wardianum** Warner
分布：云南；?不丹、印度、缅甸、泰国、越南

高山石斛 **Dendrobium wattii** (Hook. f.) Rchb. f.
分布：云南；印度、缅甸、泰国、越南

黑毛石斛 **Dendrobium williamsonii** Day et Rchb. f.
分布：云南、广西、海南；印度、缅甸、越南

大花石斛 **Dendrobium wilsonii** Rolfe
分布：四川、重庆、贵州、云南

西畴石斛 **Dendrobium xichouense** S. J. Cheng et C. Z. Tang
分布：云南

## 足柱兰属 **Dendrochilum** Blume

足柱兰 **Dendrochilum uncatum** Rchb. f.
分布：台湾；菲律宾

## 绒兰属 **Dendrolirium** Bl.

白绵绒兰 **Dendrolirium lasiopetalum** (Willd.) S. C. Chen et J. J. Wood
分布：海南、香港；不丹、柬埔寨、印度、老挝、缅甸、尼泊尔、泰国、越南

绒兰 **Dendrolirium tomentosum** (J. Koenig) S. C. Chen et J. J. Wood
分布：云南、海南；印度、老挝、缅甸、泰国、越南

## 锚柱兰属 **Didymoplexiella** Garay

锚柱兰 **Didymoplexiella siamensis** (Rolfe ex Downie) Seidenf.
分布：台湾、海南；泰国、日本、越南

## 拟锚柱兰属 **Didymoplexiopsis** Seidenf.

拟锚柱兰 **Didymoplexiopsis khiriwongensis** Seidenf.
分布：海南；泰国、越南

## 双唇兰属 **Didymoplexis** Griff.

小双唇兰 **Didymoplexis micradenia** (Rchb. f.) Hemsl.
分布：台湾；印度尼西亚、太平洋岛屿

双唇兰 **Didymoplexis pallens** Griff.
分布：福建、台湾；阿富汗、印度、孟加拉国、泰国、马来西亚、印度尼西亚、菲律宾、巴布亚新几内亚、太平洋岛屿、日本、越南、澳大利亚

中越双唇兰 **Didymoplexis vietnamica** Ormerod
分布：广西；越南

## 无耳沼兰属 **Dienia** Lindl.

简穗无耳沼兰 **Dienia cylindrostachya** Lindl.
分布：西藏；不丹、印度、尼泊尔

无耳沼兰 **Dienia ophrydis** (J. Koenig) Ormerod et Seidenf.
分布：云南、福建、台湾、广东、广西、海南；不丹、柬埔寨、印度、印度尼西亚、日本、老挝、马来西亚、缅甸、尼泊尔、巴布亚新几内亚、菲律宾、斯里兰卡、泰国、越南、澳大利亚

## 密花兰属 **Diglyphosa** Blume

密花兰 **Diglyphosa latifolia** Blume
分布：云南；印度、马来西亚、印度尼西亚、菲律宾、巴布亚新几内亚

## 尖药兰属 **Diphylax** Hook. f.

长苞尖药兰 **Diphylax contigua** (T. Tang et F. T. Wang) T. Tang, F. T. Wang et K. Y. Lang
分布：云南

西南尖药兰 **Diphylax uniformis** (T. Tang et F. T. Wang) T. Tang, F. T. Wang et K. Y. Lang
分布：四川、贵州、云南

## 双蕊兰属 **Diplandrorchis** S. C. Chen

双蕊兰 **Diplandrorchis sinica** S. C. Chen
分布：辽宁

## 合柱兰属 **Diplomeris** D. Don

毛叶合柱兰 **Diplomeris hirsuta** (Lindl.) Lindl.
分布：中国南部；印度、尼泊尔

合柱兰 **Diplomeris pulchella** D. Don
分布：四川、贵州、云南、西藏；印度、缅甸、越南

## 蛇舌兰属 **Diploprora** Hook. f.

蛇舌兰 **Diploprora championii** (Lindl.) Hook. f.
分布：云南、福建、台湾、广西、香港；斯里兰卡、印度、缅甸、泰国、越南

## 双袋兰属 **Disperis** Sw.

双袋兰 **Disperis neilgherrensis** Wight
分布：台湾、香港；印度、印度尼西亚、日本、巴布亚新几内亚、菲律宾、斯里兰卡、泰国、太平洋岛屿

## 五唇兰属 **Doritis** Lindl.

五唇兰 **Doritis pulcherrima** Lindl.
分布：海南；印度、缅甸、老挝、柬埔寨、越南、泰国、马来西亚、印度尼西亚

## 厚唇兰属 **Epigeneium** Gagnep.

宽叶厚唇兰 **Epigeneium amplum** (Lindl.) Summerh.
分布：云南、西藏、广西；尼泊尔、不丹、印度、缅甸、泰国、越南

厚唇兰 **Epigeneium clemensiae** Gagnep.
分布：贵州、云南、海南；老挝、越南

单叶厚唇兰 **Epigeneium fargesii** (Finet) Gagnep.
分布：安徽、浙江、江西、湖南、湖北、四川、云南、福建、台湾、广东、广西；不丹、泰国、越南

双角厚唇兰 **Epigeneium forrestii** Ormerod
分布：云南

景东厚唇兰 **Epigeneium fuscescens** (Griff.) Summerh.
分布：云南、西藏、广西；印度、不丹、尼泊尔

高黎贡厚唇兰 **Epigeneium gaoligongense** Hong Yu et S. G. Zhang
分布：云南

拟色厚唇兰 **Epigeneium mimicum** Ormerod
分布：广西、?广东；泰国

台湾厚唇兰 **Epigeneium nakaharae** (Schltr.) Summerh.
分布：台湾

双叶厚唇兰 **Epigeneium rotundatum** (Lindl.) Summerh.
分布：云南、西藏、广西；尼泊尔、不丹、印度、缅甸

长爪厚唇兰 **Epigeneium treutleri** (Hook. f.) Ormerod
分布：云南；印度

广西厚唇兰 **Epigeneium tsangianum** Ormerod
分布：广西

## 火烧兰属 **Epipactis** Zinn

短苞火烧兰 **Epipactis alata** Aver. et Efimov
分布：云南；越南

火烧兰 **Epipactis helleborine** (L.) Crantz
分布：辽宁、河北、山西、陕西、甘肃、青海、新疆、安徽、湖北、四川、贵州、云南、西藏；不丹、尼泊尔、阿富汗、哈萨克斯坦、吉尔吉斯斯坦、巴基斯坦、俄罗斯、塔吉克斯坦、乌兹别克斯坦；亚洲(西南部)、欧洲、非洲(北部)、北美洲

火烧兰(原变种) **Epipactis helleborine** var. **helleborine**
分布：辽宁、河北、山西、陕西、甘肃、青海、新疆、安徽、湖北、四川、贵州、云南、西藏；阿富汗、不丹、哈萨克斯坦、吉尔吉斯斯坦、尼泊尔、巴基斯坦、俄罗斯、塔吉克斯坦、乌兹别克斯坦；亚洲(西南部)、欧洲、非洲(北部)、北美洲有归化

青海火烧兰 **Epipactis helleborine** var. **tangutica** (Schltr.) S. C. Chen et G. H. Zhu
分布：甘肃、青海

矮茎火烧兰 **Epipactis humilior** (T. Tang et F. T. Wang) S. C. Chen et G. H. Zhu
分布：四川、云南、西藏

大叶火烧兰 **Epipactis mairei** Schltr.
分布：陕西、甘肃、湖南、湖北、四川、贵州、云南、西藏；不丹、缅甸、尼泊尔

新疆火烧兰 **Epipactis palustris** (L.) Crantz
分布：新疆；俄罗斯；欧洲

细毛火烧兰 **Epipactis papillosa** Franch. et Sav.
分布：辽宁；日本、朝鲜

卵叶火烧兰 **Epipactis royleana** Lindl.
分布：西藏；不丹、印度、克什米尔地区、哈萨克斯坦、尼泊尔、巴基斯坦、塔吉克斯坦、乌兹别克斯坦

尖叶火烧兰 **Epipactis thunbergii** A. Gray
分布：浙江；韩国、日本

疏花火烧兰 **Epipactis veratrifolia** Boiss. et Hohen.
分布：四川、云南、西藏；阿富汗、印度、缅甸、尼泊尔、巴基斯坦、高加索地区；亚洲(西南部)、非洲

北火烧兰 **Epipactis xanthophaea** Schltr.
分布：黑龙江、吉林、辽宁、河北、山东

## 虎舌兰属 **Epipogium** Gmel. et Borkh.

裂唇虎舌兰 **Epipogium aphyllum** Sw.
分布：黑龙江、吉林、辽宁、内蒙古、山西、甘肃、新疆、四川、云南、西藏、台湾；不丹、俄罗斯、印度、克什米尔地区、日本、朝鲜；欧洲

日本虎舌兰 **Epipogium japonicum** Makino
分布：四川、台湾；日本

垦丁上须兰 **Epipogium kentingense** T. P. Lin et Shu H. Wu
分布：台湾

虎舌兰 **Epipogium roseum** (D. Don) Lindl.
分布：云南、西藏、台湾、广东、海南；越南、老挝、泰国、印度、克什米尔地区、尼泊尔、斯里兰卡、马来西亚、印度尼西亚、菲律宾、日本、太平洋岛屿；热带非洲

## 毛兰属 **Eria** Lindl.

匍茎毛兰 **Eria clausa** King et Pantl.
分布：云南、西藏、广西；印度、不丹、缅甸、越南

半柱毛兰 **Eria corneri** Rchb. f.
分布：贵州、云南、福建、台湾、广东、广西、海南；日本、越南

足茎毛兰 **Eria coronaria** (Lindl.) Rchb. f.
分布：云南、西藏、广西、海南；不丹、印度、尼泊尔、泰国、越南

香港毛兰 **Eria gagnepainii** Hawkes et Heller
分布：云南、西藏、海南、香港；越南

香花毛兰 **Eria javanica** (Sw.) Blume
分布：云南、台湾；印度、缅甸、老挝、泰国、马来西亚、印度尼西亚、菲律宾、巴布亚新几内亚

绿化毛兰 **Eria lanigera** Seidenf.
分布：云南；印度、缅甸、泰国、老挝、越南

墨脱毛兰 **Eria medogensis** S. C. Chen et Z. H. Tsi
分布：西藏

竹枝毛兰 **Eria paniculata** Lindl.
分布：云南；尼泊尔、不丹、印度、缅甸、泰国、老挝、柬埔寨

版纳毛兰 **Eria pudica** Ridl.
分布：云南；新加坡、马来西亚

高山毛兰 **Eria reptans** (Franch. et Sav.) Makino
分布：安徽、浙江、贵州、福建、台湾；日本

细茎毛兰 **Eria tenuicaulis** S. C. Chen et Z. H. Tsi
分布：西藏

条纹毛兰 **Eria vittata** Lindl.
分布：西藏；印度、缅甸、泰国

砚山毛兰 **Eria yanshanensis** S. C. Chen
分布：云南

## 毛梗兰属 **Eriodes** Rolfe

毛梗兰 **Eriodes barbata** (Lindl.) Rolfe
分布：云南；?不丹、印度、缅甸、泰国、越南

## 钳喙兰属 **Erythrodes** Blume

钳唇兰 **Erythrodes blumei** (Lindl.) Schltr.
分布：云南、台湾、广东、广西；马来西亚、印度、印度尼西亚、缅甸、越南、泰国

钳唇兰(原变种) **Erythrodes blumei** var. **blumei**
分布：云南、台湾、广东、广西；马来西亚、印度、印度尼西亚、缅甸、越南、泰国

密花小唇兰 **Erythrodes blumei** var. **aggregatus** T. P. Lin et W. M. Lin
分布：台湾

硬毛钳唇兰 **Erythrodes hirsuta** (Griff.) Ormerod
分布：海南；不丹、印度、缅甸、泰国、越南

## 倒吊兰属 **Erythrorchis** Bl.

倒吊兰 **Erythrorchis altissima** (Blume) Blume
分布：台湾、海南；印度、缅甸、越南、老挝、柬埔寨、泰国、马来西亚、印度尼西亚、菲律宾、日本

## 花蜘蛛兰属 **Esmeralda** Rchb. f.

口盖花蜘蛛兰 **Esmeralda bella** Rchb. f.
分布：云南、西藏；印度、缅甸、尼泊尔、泰国

花蜘蛛兰 **Esmeralda clarkei** Rchb. f.
分布：云南、海南；尼泊尔、不丹、印度、缅甸、泰国、

越南

## 美冠兰属 **Eulophia** R. Br.

台湾美冠兰 **Eulophia bicallosa** (D. Don) P. F. Hunt et Summerh.

分布：海南；尼泊尔、印度、缅甸、泰国、马来西亚、印度尼西亚、巴布亚新几内亚、澳大利亚

长苞美冠兰 **Eulophia bracteosa** Lindl.

分布：云南、广东、广西；印度、孟加拉国、缅甸

长距美冠兰 **Eulophia dabia** (D. Don) Hochr.

分布：江苏、湖北、四川、贵州、云南；土库曼斯坦、塔吉克斯坦、阿富汗、孟加拉国、不丹、克什米尔地区、乌兹别克斯坦、巴基斯坦、印度、尼泊尔

宝岛美冠兰 **Eulophia dentata** Ames

分布：台湾；菲律宾

黄花美冠兰 **Eulophia flava** (Lindl.) Hook. f.

分布：广西、海南、香港；尼泊尔、印度、老挝、缅甸、越南、泰国

美冠兰 **Eulophia graminea** Lindl.

分布：安徽、贵州、云南、台湾、广东、广西、海南；尼泊尔、印度、斯里兰卡、越南、老挝、缅甸、泰国、马来西亚、新加坡、印度尼西亚、日本

毛唇美冠兰 **Eulophia herbacea** Lindl.

分布：云南、广西；尼泊尔、泰国、印度、老挝、孟加拉国

单花美冠兰 **Eulophia monantha** W. W. Sm.

分布：云南

美花美冠兰 **Eulophia pulchra** (Thouars) Lindl.

分布：台湾；斯里兰卡、印度、越南、老挝、柬埔寨、泰国、马来西亚、印度尼西亚、菲律宾、巴布亚新几内亚、太平洋岛屿、澳大利亚；非洲(东部)

美花美冠兰(原变种) **Eulophia pulchra** var. **pulchra**

分布：台湾；柬埔寨、印度、印度尼西亚、老挝、马来西亚、巴布亚新几内亚、菲律宾、斯里兰卡、泰国、越南，东非、马达加斯加、澳大利亚、太平洋岛屿

辐花美冠兰 **Eulophia pulchra** var. **actinomorpha** W. M. Lin, K. Huang et T. P. Lin

分布：台湾；澳大利亚

线叶美冠兰 **Eulophia siamensis** Rolfe ex Downie

分布：贵州；泰国

剑叶美冠兰 **Eulophia sooi** W. T. Chun et T. Tang ex S. C. Chen

分布：贵州、广西

紫花美冠兰 **Eulophia spectabilis** (Dennst.) Suresh

分布：江西、云南；不丹、柬埔寨、印度、印度尼西亚、老挝、马来西亚、缅甸、尼泊尔、巴布亚新几内亚、菲律宾、斯里兰卡、泰国、越南、太平洋岛屿

无叶美冠兰 **Eulophia zollingeri** (Rchb. f.) J. J. Sm.

分布：江西、云南、福建、台湾、广东、广西；斯里兰卡、印度、马来西亚、印度尼西亚、巴布亚新几内亚、日本、泰国、越南、菲律宾、澳大利亚

## 金石斛属 **Flickingeria** A. D. Hawkes

滇金石斛 **Flickingeria albopurpurea** Seidenf.

分布：云南；泰国、越南、老挝

狭叶金石斛 **Flickingeria angustifolia** (Blume) Hawkes

分布：广西、海南；越南、泰国、马来西亚、印度尼西亚

二色金石斛 **Flickingeria bicolor** Z. H. Tsi et S. C. Chen

分布：云南

红头金石斛 **Flickingeria calocephala** Z. H. Tsi et S. C. Chen

分布：云南

金石斛 **Flickingeria comata** (Blume) Hawkes

分布：台湾；菲律宾、马来西亚、印度尼西亚、澳大利亚、巴布亚新几内亚、太平洋岛屿

同色金石斛 **Flickingeria concolor** Z. H. Tsi et S. C. Chen

分布：云南

流苏金石斛 **Flickingeria fimbriata** (Blume) Hawkes

分布：云南、广西、海南；泰国、越南、菲律宾、马来西亚、印度尼西亚、印度

土富金石斛 **Flickingeria shihfuana** Lin et Huang

分布：台湾

三脊金石斛 **Flickingeria tricarinata** Z. H. Tsi et S. C. Chen

分布：云南

## 冷兰属 **Frigidorchis** Z. J. Liu et S. C. Chen

冷兰 **Frigidorchis humidicola** (K. Y. Lang et D. S. Deng) Z. J. Liu et S. C. Chen

分布：青海

## 盔花兰属 **Galearis** Rafin.

卵唇盔花兰 **Galearis cyclochila** (Franch. et Sav.) Soó

分布：黑龙江、吉林、青海；日本、朝鲜、俄罗斯

**黄龙盔花兰 Galearis huanglongensis** Q. W. Meng et Y. B. Luo
分布：四川

**北方盔花兰 Galearis roborowskyi** (Maxim.) X. Qi Chen, P. J. Cribb et S. W. Gale
分布：河北、河南、甘肃、青海、新疆、四川、西藏；不丹、印度、尼泊尔

**二叶盔花兰 Galearis spathulata** (Lindl.) P. F. Hunt
分布：陕西、甘肃、青海、四川、云南、西藏；不丹、印度、尼泊尔

**河北盔花兰 Galearis tschiliensis** (Schltr.) X. Qi Chen, P. J. Cribb et S. W. Gale
分布：河北、山西、陕西、甘肃、青海、四川、云南、西藏

**斑唇盔花兰 Galearis wardii** (W. W. Sm.) P. F. Hunt
分布：四川、云南、西藏

## 山珊瑚兰属 Galeola Lour.

**反瓣山珊瑚 Galeola cathcartii** Hook. f.
分布：云南；泰国、印度

**山珊瑚 Galeola faberi** Rolfe
分布：四川、云南(东南部)

**直立山珊瑚 Galeola falconeri** Hook. f.
分布：安徽、湖南、台湾；不丹、印度、泰国

**毛萼山珊瑚 Galeola lindleyana** (Hook. f. et Thomson) Rchb. f.
分布：河南、陕西、安徽、湖南、四川、贵州、云南、西藏、台湾、广东、广西；不丹、印度、印度尼西亚、尼泊尔

**蔓生山珊瑚 Galeola nudifolia** Lour.
分布：海南；印度、不丹、缅甸、越南、泰国、马来西亚、印度尼西亚、菲律宾

## 盆距兰属 Gastrochilus D. Don

**镰叶盆距兰 Gastrochilus acinacifolius** Z. H. Tsi
分布：海南

**二脊盆距兰 Gastrochilus affinis** (King et Pantl.) Schltr.
分布：云南；印度

**膜翅盆距兰 Gastrochilus alatus** X. H. Jin et S. C. Chen
分布：云南

**大花盆距兰 Gastrochilus bellinus** (Rchb. f.) Kuntze
分布：云南；缅甸、泰国、越南

**流苏盆距兰 Gastrochilus brevifimbriatus** S. R. Yi
分布：重庆

**盆距兰 Gastrochilus calceolaris** (Buch.-Ham. ex J. E. Sm.) D. Don
分布：云南、西藏、海南；尼泊尔、印度、不丹、缅甸、泰国、越南、马来西亚

**缘毛盆距兰 Gastrochilus ciliaris** F. Maekawa
分布：台湾；日本

**列叶盆距兰 Gastrochilus distichus** (Lindl.) Kuntze
分布：云南、西藏；尼泊尔、不丹、印度

**城口盆距兰 Gastrochilus fargesii** (Kraenzl.) Schltr.
分布：四川、重庆、云南

**台湾盆距兰 Gastrochilus formosanus** (Hayata) Hayata
分布：陕西、湖北、福建、台湾

**红斑盆距兰 Gastrochilus fuscopunctatus** (Hayata) Hayata
分布：台湾

**贡山盆距兰 Gastrochilus gongshanensis** Z. H. Tsi
分布：云南

**广东盆距兰 Gastrochilus guangtungensis** Z. H. Tsi
分布：云南、广东

**海南盆距兰 Gastrochilus hainanensis** Z. H. Tsi
分布：海南(中部)；泰国、越南

**何氏盆距兰 Gastrochilus hoii** T. P. Lin
分布：台湾

**细茎盆距兰 Gastrochilus intermedius** (Griff. ex Lindl.) Kuntze
分布：四川；印度、泰国、越南

**黄松盆距兰 Gastrochilus japonicus** (Makino) Schltr.
分布：台湾、香港；日本

**狭叶盆距兰 Gastrochilus linearifolius** Z. H. Tsi et Garay
分布：西藏；印度

**金松盆距兰 Gastrochilus linii** Ormerod
分布：台湾

**麻栗坡盆距兰 Gastrochilus malipoensis** X. H. Jin et S. C. Chen
分布：云南

**宽唇盆距兰 Gastrochilus matsudae** Hayata
分布：台湾

南川盆距兰 **Gastrochilus nanchuanensis** Z. H. Tsi
分布：重庆

江口盆距兰 **Gastrochilus nanus** Z. H. Tsi
分布：贵州

无茎盆距兰 **Gastrochilus obliquus** (Lindl.) Kuntze
分布：四川、云南；尼泊尔、不丹、印度、缅甸、老挝、越南、泰国

滇南盆距兰 **Gastrochilus platycalcaratus** (Rolfe) Schltr.
分布：云南；缅甸、泰国

小唇盆距兰 **Gastrochilus pseudodistichus** (King et Pantl.) Schltr.
分布：云南；印度、泰国、越南、不丹

合欢盆距兰 **Gastrochilus rantabunensis** C. Chow ex T. P. Lin
分布：湖南、台湾

红松盆距兰 **Gastrochilus raraensis** Fukuy.
分布：台湾

四肋盆距兰 **Gastrochilus saccatus** Z. H. Tsi
分布：云南

中华盆距兰 **Gastrochilus sinensis** Z. H. Tsi
分布：浙江、贵州、云南、福建

歪头盆距兰 **Gastrochilus subpapillosus** Z. H. Tsi
分布：云南

宣恩盆距兰 **Gastrochilus xuanenensis** Z. H. Tsi
分布：湖北、贵州

云南盆距兰 **Gastrochilus yunnanensis** Schltr.
分布：云南；孟加拉国、泰国、越南

## 天麻属 Gastrodia R. Br.

白花天麻(新拟) **Gastrodia albida** T. C. Hsu et C. M. Kuo
分布：台湾

云南天麻(新拟) **Gastrodia albidoides** Y. H. Tan et T. C. Hsu
分布：云南

原天麻 **Gastrodia angusta** S. Chow et S. C. Chen
分布：云南

无喙天麻 **Gastrodia appendiculata** C. S. Leou et N. J. Chung
分布：台湾

闭花赤箭 **Gastrodia clausa** T. C. Hsu, S. W. Chung et C. M. Kuo
分布：台湾

八代天麻 **Gastrodia confusa** Honda et Tuyama
分布：台湾；日本、朝鲜

拟八代赤箭 **Gastrodia confusoides** T. C. Hsu, S. W. Chung et C. M. Kuo
分布：台湾

高山天麻 **Gastrodia dyeriana** King et Pantl.
分布：云南、西藏；印度、尼泊尔

天麻 **Gastrodia elata** Bl.
分布：安徽、福建、甘肃、贵州、河北、河南、湖北、湖南、江苏、江西、吉林、辽宁、内蒙古、陕西、山西、四川、台湾、西藏、云南、浙江

天麻(原变种) **Gastrodia elata** var. **elata**
分布：安徽、福建、甘肃、贵州、河北、河南、湖北、湖南、江苏、江西、吉林、辽宁、内蒙古、陕西、山西、四川、台湾、西藏、云南、浙江

卵果天麻 **Gastrodia elata** var. **obovata** Y. J. Zhang
分布：陕西

夏天麻 **Gastrodia flavilabella** S. S. Ying
分布：台湾

折柱赤箭 **Gastrodia flexistyla** T. C. Hsu et C. M. Kuo
分布：台湾

春天麻 **Gastrodia fontinalis** T. P. Lin
分布：台湾

细天麻 **Gastrodia gracilis** Blume
分布：台湾；日本

南天麻 **Gastrodia javanica** (Blume) Lindl.
分布：福建、台湾；菲律宾、日本、泰国、马来西亚、印度尼西亚

海南天麻 **Gastrodia longitubularis** Q. W. Meng, X. Q. Song et Y. B. Luo
分布：海南

勐海天麻 **Gastrodia menghaiensis** Z. H. Tsi et S. C. Chen
分布：云南

北插天天麻 **Gastrodia peichatieniana** S. S. Ying
分布：台湾

冬天麻 **Gastrodia pubilabiata** Sawa
分布：台湾；日本

**叉脊天麻** **Gastrodia shimizuana** Tuyama
分布：台湾；日本

**苏氏天麻(新拟)** **Gastrodia sui** C. S. Leou, T. C. Hsu et C. L. Yeh
分布：台湾

**疣天麻** **Gastrodia tuberculata** F. Y. Liu et S. C. Chen
分布：云南

**乌来赤箭** **Gastrodia uraiensis** T. C. Hsu et C. M. Kuo
分布：台湾

**武夷山天麻** **Gastrodia wuyishanensis** D. M. Li et C. D. Liu
分布：福建

## 地宝兰属 Geodorum Jacks.

**大花地宝兰** **Geodorum attenuatum** Griff.
分布：云南、海南；越南、老挝、泰国、缅甸

**地宝兰** **Geodorum densiflorum** (Lam.) Schltr.
分布：四川、贵州、云南、台湾、广东、广西、海南；柬埔寨、印度、印度尼西亚、日本、老挝、马来西亚、缅甸、巴布亚新几内亚、斯里兰卡、泰国、越南、澳大利亚

**西南地宝兰** **Geodorum esquirolei** Schltr.
分布：贵州

**贵州地宝兰** **Geodorum eulophioides** Schltr.
分布：贵州

**美丽地宝兰** **Geodorum pulchellum** Ridl.
分布：云南；泰国、越南

**多花地宝兰** **Geodorum recurvum** (Roxb.) Alston
分布：云南、广东、海南；越南、柬埔寨、泰国、缅甸、印度

## 斑叶兰属 Goodyera R. Br.

**阿里山斑叶兰** **Goodyera arisanensis** Hayata
分布：台湾

**大花斑叶兰** **Goodyera biflora** (Lindl.) Hook. f.
分布：河南、陕西、甘肃、安徽、江苏、浙江、湖南、湖北、四川、贵州、云南、西藏、福建、台湾、广东；尼泊尔、印度、朝鲜、日本、越南

**波密斑叶兰** **Goodyera bomiensis** K. Y. Lang
分布：湖北、云南、西藏、台湾

**莲座叶斑叶兰** **Goodyera brachystegia** Hand.-Mazz.
分布：贵州、云南

**大武斑叶兰** **Goodyera daibuzanensis** Yamam.
分布：台湾

**多叶斑叶兰** **Goodyera foliosa** (Lindl.) Benth. ex C. B. Clarke
分布：四川、云南、西藏、福建、台湾、广东、广西；不丹、印度、日本、韩国、缅甸、尼泊尔、越南

**烟色斑叶兰** **Goodyera fumata** Thwaites
分布：云南、西藏、台湾、海南；印度、印度尼西亚、缅甸、斯里兰卡、越南、泰国、菲律宾、马来西亚、日本

**脊唇斑叶兰** **Goodyera fusca** (Lindl.) Hook. f.
分布：云南、西藏；尼泊尔、不丹、印度、缅甸

**白网脉斑叶兰** **Goodyera hachijoensis** Yatabe
分布：台湾；日本

**高黎贡斑叶兰** **Goodyera hemsleyana** King et Pantl.
分布：云南；印度

**光萼斑叶兰** **Goodyera henryi** Rolfe
分布：甘肃、浙江、江西、湖南、湖北、四川、贵州、云南、台湾、广东、广西；日本、朝鲜

**硬叶毛兰** **Goodyera hispida** Lindl.
分布：云南；印度、泰国、越南

**花格斑叶兰** **Goodyera kwangtungensis** C. L. Tso
分布：台湾、广东

**南湖斑叶兰** **Goodyera nankoensis** Fukuy.
分布：台湾

**垂叶斑叶兰** **Goodyera pendula** Maxim.
分布：台湾；日本

**高斑叶兰** **Goodyera procera** (Ker Gawl.) Hook.
分布：安徽、浙江、四川、贵州、云南、西藏、福建、台湾、广东、广西、海南；孟加拉国、不丹、柬埔寨、印度、印度尼西亚、日本、老挝、缅甸、尼泊尔、菲律宾、斯里兰卡、泰国、越南

**长苞斑叶兰** **Goodyera recurva** Lindl.
分布：湖南、云南、福建；不丹、印度

**小斑叶兰** **Goodyera repens** (L.) R. Br.
分布：黑龙江、吉林、辽宁、内蒙古、河北、山西、河南、陕西、甘肃、青海、新疆、安徽、湖南、湖北、四川、云

南、西藏、福建、台湾；不丹、印度、日本、克什米尔地区、韩国、缅甸、尼泊尔、俄罗斯；欧洲、北美洲

**滇藏斑叶兰 Goodyera robusta** Hook. f.

分布：贵州、云南、西藏、台湾；印度

**红花斑叶兰 Goodyera rubicunda** (Blume) Lindl.

分布：云南、台湾；印度、印度尼西亚、日本、马来西亚、巴布亚新几内亚、菲律宾、越南、澳大利亚、太平洋岛屿

**斑叶兰 Goodyera schlechtendaliana** Rchb. f.

分布：山西、河南、陕西、甘肃、安徽、江苏、浙江、江西、湖南、湖北、四川、贵州、云南、西藏、福建、台湾、广东、广西、海南；不丹、印度、印度尼西亚、日本、韩国、尼泊尔、泰国、越南

**歌绿斑叶兰 Goodyera seikoomontana** Yamam.

分布：台湾、香港

**绒叶斑叶兰 Goodyera velutina** Maxim.

分布：浙江、湖南、湖北、四川、云南、福建、台湾、广东、广西、海南；日本、朝鲜

**绒叶斑叶兰(原变种) Goodyera velutina** var. **velutina**

分布：浙江、福建、台湾、湖北、湖南、广东、海南、广西、四川、云南

**斑纹鸟嘴莲 Goodyera velutina** var. **albonervosa** T. P. Lin et Y. N. Chang

分布：台湾

**绿花斑叶兰 Goodyera viridiflora** (Bl.) Lindl. ex D. Dietr.

分布：江西、云南、福建、台湾、广东、海南；不丹、印度、印度尼西亚、日本、马来西亚、尼泊尔、巴布亚新几内亚、菲律宾、泰国、越南、澳大利亚

**秀丽斑叶兰 Goodyera vittata** Benth. ex Hook. f.

分布：西藏；尼泊尔、印度、不丹

**卧龙斑叶兰 Goodyera wolongensis** K. Y. Lang

分布：四川

**天全斑叶兰 Goodyera wuana** T. Tang et F. T. Wang

分布：四川

**兰屿斑叶兰 Goodyera yamiana** Fukuy.

分布：台湾

**小小斑叶兰 Goodyera yangmeishanensis** T. P. Lin

分布：台湾、广东

**川滇斑叶兰 Goodyera yunnanensis** Schltr.

分布：四川、云南

## 火炬兰属 Grosourdya Rchb. f.

**火炬兰 Grosourdya appendiculata** (Blume) Rchb. f.

分布：海南；菲律宾、越南、印度、泰国、缅甸、马来西亚、印度尼西亚

## 手参属 Gymnadenia R. Br.

**角距手参 Gymnadenia bicornis** T. Tang et K. Y. Lang

分布：西藏

**手参 Gymnadenia conopsea** (L.) R. Br.

分布：黑龙江、吉林、辽宁、内蒙古、河北、山西、陕西、甘肃、四川、云南、西藏；日本、韩国、俄罗斯；欧洲

**短距手参 Gymnadenia crassinervis** Finet

分布：四川、云南、西藏

**峨眉手参 Gymnadenia emeiensis** K. Y. Lang

分布：四川

**西南手参 Gymnadenia orchidis** Lindl.

分布：陕西、甘肃、青海、湖北、四川、云南、西藏；印度、尼泊尔、巴基斯坦、克什米尔地区、不丹

## 玉凤花属 Habenaria Willd.

**小花玉凤花 Habenaria acianthoides** Schltr.

分布：甘肃、青海、四川

**凸孔坡参 Habenaria acuifera** Wall. ex Lindl.

分布：四川、云南、广西；印度、缅甸、越南、泰国、老挝、马来西亚

**落地金钱 Habenaria aitchisonii** Rchb. f.

分布：青海、四川、贵州、云南、西藏；阿富汗、不丹、印度、克什米尔地区

**绿梢玉凤花 Habenaria amplexicaulis** Rolfe ex Downie

分布：云南；泰国、越南

**海南玉凤花(新拟) Habenaria anomaliflora** H. Kurzweil et S. Chantanaorrapint

分布：海南

**毛瓣玉凤花 Habenaria arietina** Hook. f.

分布：西藏；尼泊尔、不丹、印度

**薄叶玉凤花 Habenaria austrosinensis** T. Tang et F. T. Wang

分布：云南；泰国

**滇蜀玉凤花 Habenaria balfouriana** Schltr.

分布：四川、云南

毛葶玉凤花 **Habenaria ciliolaris** Kraenzl.

分布：甘肃、浙江、江西、湖南、湖北、四川、贵州、云南、福建、台湾、广东、广西、海南；越南

斧萼玉凤花 **Habenaria commelinifolia** (Roxb.) Wall. ex Lindl.

分布：云南；印度、尼泊尔、缅甸、泰国、越南

香港玉凤花 **Habenaria coultousii** Barretto

分布：香港

长距玉凤花 **Habenaria davidii** Franch.

分布：湖南、湖北、四川、贵州、云南、西藏

厚瓣玉凤花 **Habenaria delavayi** Finet

分布：四川、贵州、云南

鹅毛玉凤花 **Habenaria dentata** (Sw.) Schltr.

分布：安徽、浙江、江西、湖南、湖北、四川、贵州、云南、西藏、福建、台湾、广东、广西；尼泊尔、印度、缅甸、越南、老挝、泰国、柬埔寨、日本

二叶玉凤花 **Habenaria diphylla** Dalzell

分布：云南；印度、泰国

小巧玉凤花 **Habenaria diplonema** Schltr.

分布：四川、云南、福建

雅致玉凤花 **Habenaria fargesii** Finet

分布：甘肃、四川

齿片玉凤花 **Habenaria finetiana** Schltr.

分布：云南

线瓣玉凤花 **Habenaria fordii** Rolfe

分布：云南、广东、广西

褐黄玉凤花 **Habenaria fulva** T. Tang et F. T. Wang

分布：云南、广西；缅甸

密花玉凤花 **Habenaria furcifera** Lindl.

分布：云南；印度、尼泊尔、不丹、缅甸、泰国

粉叶玉凤花 **Habenaria glaucifolia** Bureau et Franch.

分布：陕西、甘肃、四川、贵州、云南、西藏

毛唇玉凤花 **Habenaria hosokawae** Fukuy.

分布：台湾

湿地玉凤花 **Habenaria humidicola** Rolfe

分布：浙江、贵州、云南；缅甸

粤琼玉凤花 **Habenaria hystrix** Ames

分布：广东、海南；菲律宾、印度尼西亚

大花玉凤花 **Habenaria intermedia** D. Don

分布：西藏；克什米尔地区、尼泊尔、印度

岩坡玉凤花 **Habenaria iyoensis** Ohwi

分布：台湾；日本

细裂玉凤花 **Habenaria leptoloba** Benth.

分布：香港

宽药隔玉凤花 **Habenaria limprichtii** Schltr.

分布：湖北、四川、云南；越南

线叶十字兰 **Habenaria linearifolia** Maxim.

分布：黑龙江、吉林、辽宁、内蒙古、河北、山东、河南、安徽、江苏、浙江、江西、湖南、福建；日本、韩国、俄罗斯

坡参 **Habenaria linguella** Lindl.

分布：贵州、云南、广东、广西、海南；越南

细花玉凤花 **Habenaria lucida** Lindl.

分布：云南、台湾、广东、海南；印度、缅甸、越南、老挝、柬埔寨、泰国

棒距玉凤花 **Habenaria mairei** Schltr.

分布：四川、云南、西藏

南方玉凤花 **Habenaria malintana** (Blanco) Merr.

分布：浙江、四川、云南、广西、海南；印度、马来西亚、缅甸、尼泊尔、菲律宾、泰国、越南

滇南玉凤花 **Habenaria marginata** Colebr.

分布：云南；克什米尔地区、尼泊尔、不丹、印度、缅甸、泰国

版纳玉凤花 **Habenaria medioflexa** Turrill

分布：云南；越南、泰国

勐远玉凤花 **Habenaria myriotricha** Gagnep.

分布：云南；老挝、越南

细距玉凤花 **Habenaria nematocerata** T. Tang et F. T. Wang

分布：云南

丝瓣玉凤花 **Habenaria pantlingiana** Kraenzl.

分布：台湾、广西、海南；尼泊尔、印度、日本、越南

剑叶玉凤花 **Habenaria pectinata** (J. E. Sm.) D. Don

分布：云南；尼泊尔、印度

裂瓣玉凤花 **Habenaria petelotii** Gagnep.

分布：安徽、浙江、江西、湖南、四川、贵州、云南、福建、广东、广西；越南

莲座玉凤花 **Habenaria plurifoliata** T. Tang et F. T. Wang

分布：云南、广西

**丝裂玉凤花 Habenaria polytricha** Rolfe

分布：江苏、浙江、四川、台湾、广西；日本、菲律宾

**肾叶玉凤花 Habenaria reniformis** Hook. f.

分布：广东、海南；尼泊尔、印度、越南、柬埔寨、泰国

**橙黄玉凤花 Habenaria rhodocheila** Hance

分布：江西、湖南、贵州、福建、广东、广西、海南；越南、老挝、柬埔寨、泰国、马来西亚、菲律宾

**齿片坡参 Habenaria rostellifera** Rchb. f.

分布：贵州、云南；泰国、柬埔寨、马来西亚、越南

**喙房坡参 Habenaria rostrata** Lindl.

分布：四川、云南；缅甸、老挝、泰国、越南

**十字兰 Habenaria schindleri** Schltr.

分布：吉林、辽宁、河北、安徽、江苏、浙江、江西、湖南、福建、广东；日本、朝鲜

**中缅玉凤花 Habenaria shweliensis** W. W. Sm. et Banerji

分布：贵州、云南；缅甸

**中泰玉凤花 Habenaria siamensis** Schltr.

分布：贵州；泰国

**狭瓣玉凤花 Habenaria stenopetala** Lindl.

分布：贵州、西藏、台湾；克什米尔地区、尼泊尔、印度、越南、泰国、菲律宾、日本

**四川玉凤花 Habenaria szechuanica** Schltr.

分布：陕西、四川、云南

**西藏玉凤花 Habenaria tibetica** Schltr. ex Limpr.

分布：甘肃、青海、四川、云南、西藏

**丛叶玉凤花 Habenaria tonkinensis** Seidenf.

分布：云南、广西；越南、柬埔寨、老挝

**绿花玉凤花 Habenaria viridiflora** (Rottler ex Sw.) R. Br.

分布：广西；印度、斯里兰卡、越南、老挝、泰国、柬埔寨

**王氏玉凤花(新拟) Habenaria wangii** Ormerod

分布：云南

**卧龙玉凤花 Habenaria wolongensis** K. Y. Lang

分布：四川

**川滇玉凤花 Habenaria yuana** Tang et F. T. Wang

分布：四川

## 滇兰属 Hancockia Rolfe

**滇兰 Hancockia uniflora** Rolfe

分布：云南；日本、越南

## 香兰属 Haraella Kudo

**香兰 Haraella retrocalla** (Hayata) Kudo

分布：台湾

## 舌喙兰属 Hemipilia Lindl.

**美叶舌喙兰 Hemipilia calophylla** Parish et Rchb. f.

分布：云南；缅甸、泰国、越南

**心叶舌喙兰 Hemipilia cordifolia** Lindl.

分布：四川、云南、西藏、台湾；不丹、缅甸、尼泊尔、印度

**粗距舌喙兰 Hemipilia crassicalcarata** S. S. Chien

分布：山西、陕西、四川

**扇唇舌喙兰 Hemipilia flabellata** Bureau et Franch.

分布：四川、贵州、云南

**长距舌喙兰 Hemipilia forrestii** Rolfe

分布：四川、云南、西藏

**裂唇舌喙兰 Hemipilia henryi** Rolfe

分布：湖北、四川

**广西舌喙兰 Hemipilia kwangsiensis** T. Tang et F. T. Wang ex K. Y. Lang

分布：云南、广西

**短距舌喙兰 Hemipilia limprichtii** Schltr.

分布：贵州、云南

## 紫斑兰属 Hemipiliopsis Y. B. Luo et S. C. Chen

**紫斑兰 Hemipiliopsis purpureopunctata** (K. Y. Lang) Y. B. Luo et S. C. Chen

分布：西藏；印度

## 角盘兰属 Herminium L.

**裂瓣角盘兰 Herminium alaschanicum** Maxim.

分布：内蒙古、河北、山西、陕西、宁夏、甘肃、青海、四川、云南、西藏；蒙古国

**狭唇角盘兰 Herminium angustilabre** King et Pantl.

分布：云南；印度

**厚唇角盘兰 Herminium carnosilabre** T. Tang et F. T. Wang

分布：云南

**矮角盘兰 Herminium chloranthum** T. Tang et F. T. Wang

分布：四川、云南、西藏

**条叶角盘兰 Herminium coiloglossum** Schltr.
分布：云南

**无距角盘兰 Herminium ecalcaratum** (Finet) Schltr.
分布：四川、云南

**雅致角盘兰 Herminium glossophyllum** T. Tang et F. T. Wang
分布：四川、云南

**宽唇角盘兰 Herminium josephii** Rchb. f.
分布：四川、云南、西藏；不丹、印度、尼泊尔

**叉唇角盘兰 Herminium lanceum** (Thunb. ex Sw.) Vuijk
分布：河南、陕西、安徽、浙江、江西、湖南、湖北、四川、贵州、云南、福建、台湾、广东、广西、甘肃；印度、印度尼西亚、日本、克什米尔地区、韩国、马来西亚、缅甸、尼泊尔、菲律宾、泰国、越南

**耳片角盘兰 Herminium macrophyllum** (D. Don) Dandy
分布：西藏；巴基斯坦、克什米尔地区、印度、不丹、尼泊尔

**角盘兰 Herminium monorchis** (L.) R. Br.
分布：黑龙江、吉林、辽宁、内蒙古、河北、山西、山东、河南、陕西、宁夏、甘肃、青海、安徽、四川、云南、西藏；印度、日本、克什米尔地区、朝鲜、蒙古国、尼泊尔、巴基斯坦、俄罗斯；亚洲(西部和中部)、欧洲

**长瓣角盘兰 Herminium ophioglossoides** Schltr.
分布：四川、云南

**西藏角盘兰 Herminium orbiculare** Hook. f.
分布：西藏；不丹、印度

**秀丽角盘兰 Herminium quinquelobum** King et Pantl.
分布：云南；尼泊尔、印度

**披针唇角盘兰 Herminium singulum** T. Tang et F. T. Wang
分布：四川、云南

**宽萼角盘兰 Herminium souliei** Schltr.
分布：四川、云南、西藏

**宽叶角盘兰 Herminium tangianum** (S. Y. Hu) K. Y. Lang
分布：云南

**云南角盘兰 Herminium yunnanense** Rolfe
分布：云南

## 爬兰属 Herpysma Lindl.

**爬兰 Herpysma longicaulis** Lindl.
分布：云南；不丹、尼泊尔、印度、缅甸、越南、泰国、印度尼西亚

## 翻唇兰属 Hetaeria Blume

**滇南翻唇兰 Hetaeria affinis** (Griff.) Seidenf. et Ormerod
分布：云南；不丹、印度、缅甸、泰国、越南

**四腺翻唇兰 Hetaeria anomala** Lindl.
分布：台湾、海南；印度、印度尼西亚、老挝、马来西亚、缅甸、菲律宾、泰国、越南

**长序翻唇兰 Hetaeria finlaysoniana** Seidenf.
分布：广西、海南；斯里兰卡、泰国

**斜瓣翻唇兰 Hetaeria obliqua** Blume
分布：海南；泰国、马来西亚、印度尼西亚

**矩叶翻唇兰 Hetaeria oblongifolia** Bl.
分布：台湾；印度尼西亚、日本(南部)、马来西亚、缅甸、巴布亚新几内亚、菲律宾、泰国、越南、澳大利亚、太平洋岛屿

**香港翻唇兰 Hetaeria youngsayei** Ormerod
分布：海南、香港；泰国

## 槽舌兰属 Holcoglossum Schltr.

**大根槽舌兰 Holcoglossum amesianum** (Rchb. f.) Christenson
分布：云南；缅甸、泰国、老挝、越南、印度

**短距槽舌兰 Holcoglossum flavescens** (Schltr.) Z. H. Tsi
分布：湖北、四川、云南、福建

**圆柱叶槽舌兰 Holcoglossum himalaicum** (Deb, Sengupta et Malick) Aver.
分布：云南；缅甸、不丹、印度

**管叶槽舌兰 Holcoglossum kimballianum** (Rchb. f.) Garay
分布：云南；泰国、老挝、缅甸、越南

**狭叶槽舌兰 Holcoglossum linearifolium** Z. J. Liu, S. C. Chen et L. J. Chen
分布：云南

**舌唇槽舌兰 Holcoglossum lingulatum** (Aver.) Aver.
分布：云南、广西；越南

**小花槽舌兰 Holcoglossum nagalandensis** (Phukan et Odyuo) X. H. Jin
分布：云南；印度

**怒江槽舌兰 Holcoglossum nujiangense** X. H. Jin et S. C. Chen
分布：云南

峨眉槽舌兰 **Holcoglossum omeiense** X. H. Jin et S. C. Chen
分布：四川

尖叶槽舌兰 **Holcoglossum pumilum** (Hayata) X. H. Jin
分布：台湾

槽舌兰 **Holcoglossum quasipinifolium** (Hayata) Schltr.
分布：台湾

滇西槽舌兰 **Holcoglossum rupestre** (Hand.-Mazz.) Garay
分布：云南

心启槽舌兰 **Holcoglossum singchianum** G. Q. Zhang, L. J. Chen et Z. J. Liu
分布：云南

中华槽舌兰 **Holcoglossum sinicum** Christenson
分布：云南

凹唇槽舌兰 **Holcoglossum subulifolium** (Rchb. f.) Christenson
分布：云南、海南；缅甸、泰国、越南

筒距槽舌兰 **Holcoglossum wangii** Christenson
分布：云南、广西；越南

维西槽舌兰 **Holcoglossum weixiense** X. H. Jin et S. C. Chen
分布：云南

## 无喙兰属 **Holopogon** Kom. et Nevski

无喙兰 **Holopogon gaudissartii** (Hand.-Mazz.) S. C. Chen
分布：辽宁、山西、河南

叉唇无喙兰 **Holopogon smithianus** (Schltr.) S. C. Chen
分布：陕西、四川

## 湿唇兰属 **Hygrochilus** Pfitzer

湿唇兰 **Hygrochilus parishii** (Rchb. f.) Pfitzer
分布：云南；印度、老挝、缅甸、泰国、越南

## 袋唇兰属 **Hylophila** Lindl.

袋唇兰 **Hylophila nipponica** (Fukuyama) S. S. Ying
分布：台湾

## 瘦房兰属 **Ischnogyne** Schltr.

瘦房兰 **Ischnogyne mandarinorum** (Kraenzl.) Schltr.
分布：陕西、甘肃、湖北、四川、重庆、贵州

## 旗唇兰属 **Kuhlhasseltia** J. J. Sm.

旗唇兰 **Kuhlhasseltia yakushimensis** (Yamam.) Ormerod
分布：陕西、安徽、浙江、湖南、四川、台湾；日本、菲律宾

## 盂兰属 **Lecanorchis** Blume

全唇皿柱兰 **Lecanorchis bihuensis** T. P. Lin et Shu H. Wu
分布：台湾

盂兰 **Lecanorchis japonica** Blume
分布：湖南、福建、台湾；日本

士賢皿柱兰 **Lecanorchis latens** T. P. Lin et W. M. Lin
分布：台湾

多花盂兰 **Lecanorchis multiflora** J. J. Sm.
分布：云南；泰国、马来西亚、印度尼西亚

全唇盂兰 **Lecanorchis nigricans** Honda
分布：福建、台湾；日本

亚辐射皿兰 **Lecanorchis subpelorica** T. C. Hsu et S. W. Chung
分布：台湾

灰绿盂兰 **Lecanorchis thalassica** T. P. Lin
分布：台湾

## 袋距兰属 **Lesliea** Seidenf.

袋距兰 **Lesliea mirabilis** Seidenf.
分布：云南；泰国

## 羊耳蒜属 **Liparis** Rich.

白花羊耳蒜 **Liparis amabilis** Fukuy.
分布：台湾

狭瓣羊耳蒜(新拟) **Liparis angustioblonga** P. H. Yang et X. H. Jin
分布：陕西

扁茎羊耳蒜 **Liparis assamica** King et Pantl.
分布：云南；印度

玉簪羊耳蒜 **Liparis auriculata** Blume ex Miq.
分布：台湾；日本

狭翅羊耳蒜 **Liparis averyanoviana** Szlach.
分布：贵州、广西；老挝、越南

圆唇羊耳蒜 **Liparis balansae** Gagnep.
分布：四川、云南、西藏、广西、海南；越南、泰国

**须唇羊耳蒜 Liparis barbata** Lindl.

分布：台湾、海南；印度、印度尼西亚、马来西亚、缅甸、巴布亚新几内亚、菲律宾、斯里兰卡、泰国、太平洋群岛

**保亭羊耳蒜 Liparis bautingensis** T. Tang et F. T. Wang

分布：海南

**折唇羊耳蒜 Liparis bistriata** Parish et Rchb. f.

分布：云南、西藏；印度、缅甸、泰国

**镰翅羊耳蒜 Liparis bootanensis** Griff.

分布：江西、湖南、四川、贵州、云南、西藏、福建、台湾、广东、广西、海南；不丹、印度、菲律宾、缅甸、越南、泰国、马来西亚、印度尼西亚、日本

**褐花羊耳蒜 Liparis brunnea** Ormerod

分布：广东

**羊耳蒜 Liparis campylostalix** Rchb. f.

分布：黑龙江、吉林、辽宁、内蒙古、河北、山西、山东、河南、甘肃、湖北、四川、贵州、云南、西藏、台湾；日本、朝鲜、俄罗斯

**二褶羊耳蒜 Liparis cathcartii** Hook. f.

分布：四川、云南；尼泊尔、不丹、印度

**丛生羊耳蒜 Liparis cespitosa** (Thouars) Lindl.

分布：云南、西藏、海南；太平洋岛屿；热带非洲和亚洲广布

**平卧羊耳蒜 Liparis chapaensis** Gagnep.

分布：贵州、云南、广西；越南、缅甸

**陈氏羊耳蒜(新拟) Liparis cheniana** X. H. Jin

分布：西藏

**细茎羊耳蒜 Liparis condylobulbon** Rchb. f.

分布：台湾；泰国、马来西亚、印度尼西亚、菲律宾、巴布亚新几内亚、太平洋岛屿

**心叶羊耳蒜 Liparis cordifolia** Hook. f.

分布：云南、西藏、台湾、广西；不丹、尼泊尔、印度、越南

**心叶羊耳蒜(原变种) Liparis cordifolia** var. **cordifolia**

分布：云南、西藏、台湾、广西；不丹、尼泊尔、印度、越南

**贡山心叶羊耳蒜(新拟) Liparis cordifolia** var. **gongshanensis** X. H. Jin

分布：云南

**大名山羊耳蒜(新拟) Liparis damingshanensis** L. Wu et Y. S. Huang

分布：广西

**小巧羊耳蒜 Liparis delicatula** Hook. f.

分布：云南、西藏、海南；印度、老挝、越南

**大花羊耳蒜 Liparis distans** C. B. Clarke

分布：四川、贵州、云南、西藏、广西、海南；印度、泰国、老挝、越南

**福建羊耳蒜 Liparis dunnii** Rolfe

分布：福建

**扁球羊耳蒜 Liparis elliptica** Wight

分布：四川、云南、西藏、台湾；印度、越南、泰国、印度尼西亚、斯里兰卡、缅甸、尼泊尔、菲律宾、太平洋岛屿

**宝岛羊耳蒜 Liparis elongata** Fukuy.

分布：台湾

**贵州羊耳蒜 Liparis esquirolii** Schltr.

分布：贵州

**小羊耳蒜 Liparis fargesii** Finet

分布：陕西、甘肃、湖南、湖北、四川、贵州、云南

**锈色羊耳蒜 Liparis ferruginea** Lindl.

分布：福建、海南、香港；泰国、柬埔寨、越南、马来西亚、印度尼西亚

**裂唇羊耳蒜 Liparis fissilabris** T. Tang et F. T. Wang

分布：海南

**低地羊耳蒜 Liparis formosana** Rchb. f.

分布：台湾、香港；日本

**紫花羊耳蒜 Liparis gigantea** C. L. Tso

分布：贵州、云南、西藏、台湾、广东、广西、海南

**方唇羊耳唇 Liparis glossula** Rchb. f.

分布：云南、西藏；尼泊尔、印度

**恒春羊耳蒜 Liparis grossa** Rchb. f.

分布：台湾；?缅甸、菲律宾

**广西羊耳蒜(新拟) Liparis guangxiensis** C. L. Feng et X. H. Jin

分布：广西

**具棱羊耳蒜 Liparis henryi** Rolfe

分布：台湾

**日月潭羊耳蒜 Liparis hensoaensis** Kudo

分布：台湾

**长苞羊耳蒜 Liparis inaperta** Finet

分布：浙江、江西、四川、贵州、福建、广西

**尾唇羊耳蒜 Liparis krameri** Franch. et Sav.

分布：湖北；日本、朝鲜、俄罗斯

**广东羊耳蒜 Liparis kwangtungensis** Schltr.

分布：福建、广东

**宽叶羊耳蒜 Liparis latifolia** Lindl.

分布：海南；印度尼西亚、马来西亚、泰国

**阔唇羊耳蒜 Liparis latilabris** Rolfe

分布：云南；越南

**月桂羊耳蒜 Liparis laurisilvatica** Fukuy.

分布：台湾

**良如羊耳蒜 Liparis liangzuensis** T. P. Lin et W. M. Lin

分布：台湾

**黄花羊耳蒜 Liparis luteola** Lindl.

分布：海南；印度、缅甸、泰国、越南

**三裂羊耳蒜 Liparis mannii** Rchb. f.

分布：云南；印度、越南

**凹唇羊耳蒜 Liparis nakaharae** Hayata

分布：台湾

**南岭羊耳蒜 Liparis nanlingensis** H. Z. Tian et F. W. Xing

分布：广东

**见血青 Liparis nervosa** (Thunb. ex A. Murray) Lindl.

分布：浙江、江西、湖南、湖北、四川、贵州、云南、西藏、福建、台湾、广东、广西；热带广布

**香花羊耳蒜 Liparis odorata** (Willd.) Lindl.

分布：浙江、江西、湖南、湖北、四川、贵州、云南、福建、台湾、广东、广西、海南；不丹、尼泊尔、印度、缅甸、老挝、越南、泰国、日本、太平洋岛屿

**对生叶羊耳蒜 Liparis oppositifolia** Szlach.

分布：云南；柬埔寨、老挝、?越南

**长唇羊耳蒜 Liparis pauliana** Hand.-Mazz.

分布：浙江、江西、湖南、湖北、贵州、云南、广东、广西

**狭叶羊耳蒜 Liparis perpusilla** Hook. f.

分布：云南；不丹、尼泊尔、印度

**柄叶羊耳蒜 Liparis petiolata** (D. Don) P. F. Hunt et Summerh.

分布：江西、湖南、云南、西藏、广西；尼泊尔、不丹、印度、泰国、越南

**小花羊耳蒜 Liparis platyrachis** Hook. f.

分布：云南；印度、尼泊尔

**中越羊耳蒜 Liparis pumila** Aver.

分布：云南、海南；越南

**云顶羊耳蒜 Liparis reckoniana** T. C. Hsu

分布：台湾

**翼蕊羊耳蒜 Liparis regnieri** Finet

分布：云南；越南、泰国、缅甸

**蕊丝羊耳蒜 Liparis resupinata** Ridl.

分布：云南、西藏；尼泊尔、不丹、印度

**若氏羊耳蒜 Liparis rockii** Ormerod

分布：云南

**齿突羊耳蒜 Liparis rostrata** Rchb. f.

分布：云南、西藏；尼泊尔、印度

**绛唇羊耳蒜 Liparis rubrotincta** T. C. Hsu

分布：台湾

**阿里山羊耳蒜 Liparis sasakii** Hayata

分布：台湾

**管花羊耳蒜 Liparis seidenfadeniana** Szlach.

分布：四川、贵州

**滇南羊耳蒜 Liparis siamensis** Rolfe ex Downie

分布：云南；老挝、缅甸、泰国

**台湾羊耳蒜 Liparis somae** Hayata

分布：台湾；印度

**插天山羊耳蒜 Liparis sootenzanensis** Fukuy.

分布：台湾；越南

**疏花羊耳蒜 Liparis sparsiflora** Aver.

分布：海南；越南

**扇唇羊耳蒜 Liparis stricklandiana** Rchb. f.

分布：贵州、云南、西藏、广东、广西、海南；不丹、越南、印度

**云南羊耳蒜 Liparis superposita** Ormerod

分布：云南

**折苞羊耳蒜 Liparis tschangii** Schltr.

分布：四川、云南；老挝、泰国、越南

**长茎羊耳蒜 Liparis viridiflora** (Blume) Lindl.

分布：福建、广东、广西、海南、四川、台湾、西藏、云南；孟加拉国、不丹、柬埔寨、印度、印度尼西亚、老挝、

马来西亚、缅甸、尼泊尔、菲律宾、斯里兰卡、泰国、越南

## 血叶兰属 Ludisia A. Rich.

血叶兰 **Ludisia discolor** (Ker Gawl.) A. Rich.
分布：云南、广东、广西、海南；柬埔寨、老挝、菲律宾、缅甸、越南、泰国、马来西亚、印度尼西亚

## 钗子股属 Luisia Gaudich.

小花钗子股 **Luisia brachystachys** (Lindb.) Blume
分布：云南；印度、缅甸、老挝、越南、不丹

心唇钗子股 **Luisia cordata** Fukuy.
分布：台湾

长瓣钗子股 **Luisia filiformis** Hook. f.
分布：云南；印度、泰国、不丹、老挝、越南

纤叶钗子股 **Luisia hancockii** Rolfe
分布：浙江、湖北、福建

长穗钗子股 **Luisia longispica** Z. H. Tsi et S. C. Chen
分布：云南

吕氏金钗兰 **Luisia lui** T. C. Hsu et S. W. Chung
分布：台湾

紫唇钗子股 **Luisia macrotis** Rchb. f.
分布：云南；印度、老挝、越南

大花钗子股 **Luisia magniflora** Z. H. Tsi et S. C. Chen
分布：云南

台湾钗子股 **Luisia megasepala** Hayata
分布：台湾

钗子股 **Luisia morsei** Rolfe
分布：贵州、云南、广西、海南；老挝、越南、泰国

宽瓣钗子股 **Luisia ramosii** Ames
分布：广西、海南；菲律宾、越南

叉唇钗子股 **Luisia teres** (Thunb.) Bl.
分布：四川、贵州、云南、台湾、广西；日本、朝鲜

长叶钗子股 **Luisia zollingeri** Rchb. f.
分布：云南；印度、印度尼西亚、马来西亚、泰国、越南

## 原沼兰属 Malaxis Sol. ex Sw.

原沼兰 **Malaxis monophyllos** (L.) Sw.
分布：黑龙江、吉林、辽宁、内蒙古、河北、山西、河南、陕西、宁夏、甘肃、青海、湖北、四川、云南、西藏、台湾；日本、朝鲜、俄罗斯；欧洲、北美洲

三伯花柱兰 **Malaxis sampoae** T. P. Lin et W. M. Lin
分布：台湾

## 槌柱兰属 Malleola J. J. Sm. et Schltr.

槌柱兰 **Malleola dentifera** J. J. Sm.
分布：云南、海南；越南、泰国、马来西亚、印度尼西亚

海南槌柱兰 **Malleola insectifera** (J. J. Sm.) J. J. Sm. et Schltr. ex J. J. Sm. et Schltr.
分布：海南；泰国

西藏槌柱兰(新拟) **Malleola tibetica** W. C. Huang et X. H. Jin
分布：西藏

## 小囊兰属 Micropera Lindl.

小囊兰 **Micropera poilanei** (Guill.) Garay
分布：海南；越南

西藏小囊兰(新拟) **Micropera tibetica** X. H. Jin et Y. J. Lai
分布：西藏

## 拟蜘蛛兰属 Microtatorchis Schltr.

拟蜘蛛兰 **Microtatorchis compacta** (Ames) Schltr.
分布：台湾；菲律宾

## 葱叶兰属 Microtis R. Br.

葱叶兰 **Microtis unifolia** (Forst.) Rchb. f.
分布：安徽、浙江、江西、湖南、四川、福建、台湾、广东、广西；印度尼西亚、日本、菲律宾、澳大利亚、太平洋岛屿

## 短瓣兰属 Monomeria Lindl.

短瓣兰 **Monomeria barbata** Lindl.
分布：贵州、云南、西藏；尼泊尔、印度、缅甸、泰国、越南

云南短瓣兰(新拟) **Monomeria fengiana** Ormerod
分布：云南

## 拟毛兰属 Mycaranthes Bl.

拟毛兰 **Mycaranthes floribunda** (D. Don) S. C. Chen et J. J. Wood
分布：云南；不丹、柬埔寨、印度、老挝、缅甸、尼泊尔、泰国、越南

指叶拟毛兰 **Mycaranthes pannea** (Lindl.) S. C. Chen et J. J. Wood
分布：贵州、云南、西藏、广西、海南；不丹、柬埔寨、

印度、印度尼西亚、老挝、马来西亚、缅甸、新加坡、泰国、越南

## 全唇兰属 **Myrmechis** Blume

全唇兰 **Myrmechis chinensis** Rolfe
分布：湖北、四川、福建

阿里山全唇兰 **Myrmechis drymoglossifolia** Hayata
分布：台湾

日本全唇兰 **Myrmechis japonica** (Rchb. f.) Rolfe
分布：四川、云南、西藏、福建；日本、韩国

矮全唇兰 **Myrmechis pumila** (Hook. f.) T. Tang et F. T. Wang
分布：云南；不丹、印度、缅甸、尼泊尔、泰国、越南

宽瓣全唇兰 **Myrmechis urceolata** T. Tang et K. Y. Lang
分布：云南、广东、海南

## 风兰属 **Neofinetia** Hu

风兰 **Neofinetia falcata** (Thunb. ex A. Murray) Hu
分布：甘肃、浙江、江西、湖北、四川、福建；日本、朝鲜

短距风兰 **Neofinetia richardsiana** Christenson
分布：重庆

西昌风兰 **Neofinetia xichangensis** Z. J. Liu et J. Y. Zhang
分布：四川

## 新型兰属 **Neogyna** Rchb. f.

新型兰 **Neogyna gardneriana** (Lindl.) Rchb. f.
分布：云南、西藏；尼泊尔、不丹、印度、缅甸、泰国、老挝、越南

## 鸟巢兰属 **Neottia** Guett.

尖唇鸟巢兰 **Neottia acuminata** Schltr.
分布：吉林、内蒙古、河北、山西、陕西、甘肃、青海、湖北、四川、云南、西藏、台湾；日本、朝鲜、俄罗斯、印度、尼泊尔

高山对叶兰 **Neottia bambusetorum** (Hand.-Mazz.) Szlach.
分布：云南

二花对叶兰 **Neottia biflora** (Schlechter) Szlach.
分布：四川

短茎对叶兰 **Neottia brevicaulis** (King et Pantling) Szlach.
分布：云南；印度

短唇鸟巢兰 **Neottia brevilabris** T. Tang et F. T. Wang
分布：重庆

北方鸟巢兰 **Neottia camtschatea** (L.) Rchb. f.
分布：内蒙古、河北、陕西、甘肃、青海、新疆；俄罗斯、哈萨克斯坦

巨唇对叶兰 **Neottia chenii** S. W. Gale et P. J. Cribb
分布：甘肃、四川

叉唇对叶兰 **Neottia divaricata** (Panigrahi et P. Taylor) Szlach.
分布：西藏；印度

扇唇对叶兰 **Neottia fangii** (Tang et F. T. Wang ex S. C. Chen et G. H. Zhu) S. C. Che
分布：四川

长唇对叶兰 **Neottia formosana** S. C. Chen, S. W. Gale et P. J. Cribb
分布：台湾

福贡对叶兰 **Neottia fugongensis** (X. H. Jin) T. C. Hsu et S. W. Chung
分布：云南

合欢山双叶兰 **Neottia hohuanshanensis** T. P. Lin et Shu H. Wu
分布：台湾

日本对叶兰 **Neottia japonica** (Blume) Szlach.
分布：台湾；日本

卡氏对叶兰 **Neottia karoana** Szlach.
分布：云南；印度

关山对叶兰 **Neottia kuanshanensis** (H. J. Su) T. C. Hsu et S. W. Chung
分布：台湾

高山鸟巢兰 **Neottia listeroides** Lindl.
分布：山西、甘肃、四川、云南、西藏；尼泊尔、不丹、印度、巴基斯坦、克什米尔地区

毛脉对叶兰 **Neottia longicaulis** (King et Pantling) Szlach.
分布：西藏；不丹、印度

大花鸟巢兰 **Neottia megalochila** S. C. Chen
分布：四川、云南

**梅峰对叶兰 Neottia meifongensis** (H. J. Su et C. Y. Hu) T. C. Hsu et S. W. Chung
分布：台湾

**小叶对叶兰 Neottia microphylla** (S. C. Chen et Y. B. Luo) S. C. Chen, S. W. Gale et P. J. Cribb
分布：云南

**浅裂对叶兰 Neottia morrisonicola** (Hayata) Szlach.
分布：台湾

**短柱对叶兰 Neottia mucronata** (Panigrahi et J. J. Wood) Szlach.
分布：四川、云南；不丹、印度、日本、尼泊尔

**南川对叶兰 Neottia nanchuanica** (S. C. Chen) Szlach.
分布：重庆

**台湾对叶兰 Neottia nankomontana** (Fukuyama) Szlach.
分布：台湾

**圆唇对叶兰 Neottia oblata** (S. C. Chen) Szlach.
分布：重庆

**凹唇鸟巢兰 Neottia papilligera** Schltr.
分布：黑龙江、吉林；日本、朝鲜、俄罗斯

**西藏对叶兰 Neottia pinetorum** (Lindl.) Szlach.
分布：云南、西藏、福建；不丹、印度、尼泊尔

**耳唇对叶兰 Neottia pseudonipponica** (Fukuyama) Szlach.
分布：台湾

**对叶兰 Neottia puberula** (Maxim.) Szlach.
分布：黑龙江、吉林、辽宁、内蒙古、河北、山西、甘肃、青海、四川、重庆、贵州；日本、韩国、俄罗斯

**对叶兰(原变种) Neottia puberula** var. **puberula**
分布：黑龙江、吉林、辽宁、内蒙古、河北、陕西、甘肃、青海、四川、贵州；日本、朝鲜、俄罗斯

**花叶对叶兰 Neottia puberula** var. **maculata** (Tang et F. T. Wang) S. C. Chen, S. W. Gale et P. J. Crib
分布：甘肃、四川

**川西对叶兰 Neottia smithii** (Schlechter) Szlach.
分布：四川

**无毛对叶兰 Neottia suzukii** (Masamune) Szlach.
分布：台湾

**太白山鸟巢兰 Neottia taibaishanensis** P. H. Yang et K. Y. Lang
分布：陕西

**小花对叶兰 Neottia taizanensis** (Fukuy.) Szlach.
分布：台湾

**耳唇鸟巢兰 Neottia tenii** Schltr.
分布：云南

**天山对叶兰 Neottia tianschanica** (Grubov) Szlach.
分布：新疆

**大花对叶兰 Neottia wardii** (Rolfe) Szlach.
分布：湖北、四川、云南、西藏

**云南对叶兰 Neottia yunnanensis** (S. C. Chen) Szlach.
分布：云南

## 兜被兰属 Neottianthe Schltr.

**大花兜被兰 Neottianthe camptoceras** (Rolfe) Schltr.
分布：四川

**川西兜被兰 Neottianthe compacta** Schltr.
分布：四川

**二叶兜被兰 Neottianthe cucullata** (L.) Schltr.
分布：黑龙江、吉林、辽宁、内蒙古、河北、山西、河南、陕西、甘肃、青海、安徽、浙江、江西、湖北、四川、贵州、云南、西藏、福建；不丹、印度、日本、朝鲜、蒙古国、尼泊尔、俄罗斯；欧洲

**二叶兜被兰(原变种) Neottianthe cucullata** var. **cucullata**
分布：黑龙江、吉林、辽宁、内蒙古、河北、山西、河南、陕西、甘肃、青海、安徽、浙江、江西、湖北、四川、云南、西藏、福建；不丹、印度、日本、韩国、蒙古国、尼泊尔、俄罗斯

**密花兜被兰 Neottianthe cucullata** var. **calcicola** (W. W. Sm.) Soó
分布：甘肃、青海、四川、贵州、云南、西藏；不丹、印度、尼泊尔

**淡黄花兜被兰 Neottianthe luteola** K. Y. Lang et S. C. Chen
分布：云南

**长圆叶兜被兰 Neottianthe oblonga** K. Y. Lang
分布：云南

**卵叶兜被兰 Neottianthe ovata** K. Y. Lang
分布：四川

**侧花兜被兰 Neottianthe secundiflora** (Hook. f.) Schltr.
分布：四川、云南、西藏；印度、尼泊尔、缅甸、不丹

## 云叶兰属 **Nephelaphyllum** Blume

云叶兰 **Nephelaphyllum tenuiflorum** Blume

分布：海南、香港；印度尼西亚、马来西亚、越南、泰国

## 芋兰属 **Nervilia** Comm. ex Gaudich.

广布芋兰 **Nervilia aragoana** Gaudich.

分布：湖北、四川、云南、西藏、台湾；尼泊尔、不丹、印度、孟加拉国、缅甸、越南、老挝、泰国、马来西亚、日本、菲律宾、印度尼西亚、巴布亚新几内亚、澳大利亚、太平洋岛屿

白脉芋兰 **Nervilia crociformis** (Zoll. et Moritzi) Seidenf.

分布：台湾；印度、印度尼西亚、马来西亚、尼泊尔、巴布亚新几内亚、菲律宾、泰国、越南、澳大利亚；非洲

流苏芋兰 **Nervilia cumberlegei** Seidenf. et Smitin.

分布：台湾；泰国

毛唇芋兰 **Nervilia fordii** (Hance) Schltr.

分布：四川、云南、广东、广西；泰国、越南

兰屿芋兰 **Nervilia lanyuensis** S. S. Ying

分布：台湾

七角叶芋兰 **Nervilia mackinnonii** (Duthie) Schltr.

分布：贵州、云南；印度、缅甸

滇南芋兰 **Nervilia muratana** S. W. Gale et S. K. Wu

分布：云南

毛叶芋兰 **Nervilia plicata** (Andrews) Schltr.

分布：甘肃、四川、云南、福建、台湾、广东、广西；孟加拉国、不丹、印度、印度尼西亚、老挝、马来西亚、缅甸、巴布亚新几内亚、菲律宾、泰国、越南、澳大利亚

大汉山脉叶兰 **Nervilia tahanshanensis** T. P. Lin et W. M. Lin

分布：台湾

台东芋兰 **Nervilia taitoensis** (Hayata) Schltr.

分布：台湾

台湾芋兰 **Nervilia taiwaniana** S. S. Ying

分布：台湾

## 三蕊兰属 **Neuwiedia** Blume

麻栗坡三蕊兰(新拟) **Neuwiedia malipoensis** Z. J. Liu, L. J. Chen et Ke Wei Liu

分布：云南

三蕊兰 **Neuwiedia singapureana** (Baker) Rolfe

分布：云南、海南、香港；越南、泰国、马来西亚、新加坡、印度尼西亚

## 象鼻兰属 **Nothodoritis** Z. H. Tsi

象鼻兰 **Nothodoritis zhejiangensis** Z. H. Tsi

分布：浙江

## 怒江兰属 **Nujiangia** X. H. Jin et D. Z. Li

怒江兰(新拟) **Nujiangia griffithii** (Hook. f.) X. H. Jin et D. Z. Li

分布：云南；阿富汗、巴基斯坦

## 鸢尾兰属 **Oberonia** Lindl.

显脉鸢尾兰 **Oberonia acaulis** Griff.

分布：云南、西藏；不丹、印度、缅甸、尼泊尔、泰国、越南

显脉鸢尾兰(原变种) **Oberonia acaulis** var. **acaulis**

分布：云南、西藏；不丹、印度、缅甸、泰国、越南

绿春鸢尾兰 **Oberonia acaulis** var. **luchunensis** S. C. Chen

分布：云南

长裂鸢尾兰 **Oberonia anthropophora** Lindl.

分布：海南；马来西亚、越南、缅甸、泰国

阿里山鸢尾兰 **Oberonia arisanensis** Hayata

分布：台湾；日本

滇南鸢尾兰 **Oberonia austroyunnanensis** S. C. Chen et Z. H. Tsi

分布：云南

中华鸢尾兰 **Oberonia cathayana** Chun et T. Tang ex S. C. Chen

分布：广西

狭叶鸢尾兰 **Oberonia caulescens** Lindl.

分布：湖南、湖北、四川、云南、西藏、台湾、广东；尼泊尔、印度、越南、不丹

棒叶鸢尾兰 **Oberonia cavaleriei** Finet

分布：江西、四川、贵州、云南、广西；印度、缅甸、尼泊尔、泰国、越南

无齿鸢尾兰 **Oberonia delicata** Z. H. Tsi et S. C. Chen

分布：云南、福建

剑叶鸢尾兰 **Oberonia ensiformis** (J. E. Sm.) Lindl.

分布：云南、广西；尼泊尔、印度、缅甸、老挝、越南、泰国

镰叶鸢尾兰 **Oberonia falcata** King et Pantl.

分布：云南

**短耳鸢尾兰** **Oberonia falconeri** Hook. f.
分布：云南；印度、老挝、越南、泰国、马来西亚、尼泊尔

**齿瓣鸢尾兰** **Oberonia gammiei** King et Pantl.
分布：云南、海南；孟加拉国、老挝、越南、泰国、缅甸

**橙黄鸢尾兰** **Oberonia gigantea** Fukuy.
分布：台湾

**全唇鸢尾兰** **Oberonia integerrima** Guillaumin
分布：云南；老挝、越南，马来群岛

**小叶鸢尾兰** **Oberonia japonica** (Maxim.) Makino
分布：福建、台湾；日本、朝鲜

**条裂鸢尾兰** **Oberonia jenkinsiana** Griff. ex Lindl.
分布：云南；印度、缅甸、泰国、越南

**坎布里鸢尾兰** **Oberonia kanburiensis** Seidenf.
分布：云南；泰国

**广西鸢尾兰** **Oberonia kwangsiensis** Seidenf.
分布：云南、西藏、广西；越南、泰国

**阔瓣鸢尾兰** **Oberonia latipetala** L. O. Williams
分布：云南

**圆唇莪白兰** **Oberonia linguae** T. P. Lin et Y. N. Chang
分布：台湾

**长苞鸢尾兰** **Oberonia longibracteata** Lindl.
分布：海南；斯里兰卡、泰国、越南

**小花鸢尾兰** **Oberonia mannii** Hook. f.
分布：云南、西藏、福建；印度

**勐海鸢尾兰** **Oberonia menghaiensis** S. C. Chen
分布：云南

**勐腊鸢尾兰** **Oberonia menglaensis** S. C. Chen et Z. H. Tsi
分布：云南

**鸢尾兰** **Oberonia mucronata** (D. Don) Ormerod et Seidenf.
分布：云南；孟加拉国、不丹、印度、印度尼西亚、老挝、马来西亚、缅甸、尼泊尔、菲律宾

**橘红鸢尾兰** **Oberonia obcordata** Lindl.
分布：西藏；尼泊尔、印度、泰国

**扁莛鸢尾兰** **Oberonia pachyrachis** Rchb. f. ex Hook. f.
分布：云南、西藏；不丹、印度、缅甸、泰国、尼泊尔、越南

**宝岛鸢尾兰** **Oberonia pumila** (Fukuy. ex S. C. Chen et K. Y. Lang) Ormerod
分布：台湾

**宝岛鸢尾兰(原变种)** **Oberonia pumila** var. **pumilum**
分布：台湾

**圆唇小骑士兰** **Oberonia pumila** var. **rotunda** T. P. Lin et W. M. Lin
分布：台湾

**裂唇鸢尾兰** **Oberonia pyrulifera** Lindl.
分布：云南；印度、不丹、泰国

**华南鸢尾兰** **Oberonia recurva** Lindl.
分布：广西；印度

**玫瑰鸢尾兰** **Oberonia rosea** Hook. f.
分布：台湾；马来西亚、越南

**红唇鸢尾兰** **Oberonia rufilabris** Lindl.
分布：云南、海南；孟加拉国、尼泊尔、印度、马来西亚、缅甸、泰国、越南、柬埔寨

**齿唇莪白兰** **Oberonia segawae** T. C. Hsu et S.-W. Chung
分布：台湾

**密花鸢尾兰** **Oberonia seidenfadenii** (H. J. Su) Ormerod
分布：台湾

**套叶鸢尾兰** **Oberonia sinica** (S. C. Chen et K. Y. Lang) Ormerod
分布：甘肃

**圆柱叶鸢尾兰** **Oberonia teres** Kerr
分布：云南；越南

**密苞鸢尾兰** **Oberonia variabilis** Kerr
分布：海南；泰国、越南

## 小沼兰属 **Oberonioides** Szlach.

**小沼兰** **Oberonioides microtatantha** (Schlechter) Szlach.
分布：江西、福建、台湾

## 齿唇兰属 **Odontochilus** Blume

**短柱齿唇兰** **Odontochilus brevistylis** Hook. f.
分布：云南、西藏；马来西亚、泰国、越南

**红萼齿唇兰** **Odontochilus clarkei** Hook. f.
分布：西藏；印度、缅甸

**小齿唇兰** **Odontochilus crispus** (Lindl.) Hook. f.
分布：云南、西藏；不丹、印度、尼泊尔

西南齿唇兰 **Odontochilus elwesii** C. B. Clarke ex Hook. f.

分布：四川、贵州、云南、台湾、广西；不丹、印度、缅甸、泰国、越南

广东齿唇兰 **Odontochilus guangdongensis** S. C. Chen, S. W. Gale et P. J. Cribb

分布：湖南、广东

台湾齿唇兰 **Odontochilus inabae** (Hayata) T. P. Lin

分布：台湾；日本、越南

齿唇兰 **Odontochilus lanceolatus** (Lindl.) Blume

分布：云南、台湾、广东、广西；不丹、印度、缅甸、尼泊尔、泰国、越南

南岭齿唇兰 **Odontochilus nanlingensis** (L. P. Siu et K. Y. Lang) Ormerod

分布：台湾、广东

齿爪齿唇兰 **Odontochilus poilanei** (Gagnep.) Ormerod

分布：云南、西藏；日本、缅甸、泰国、越南

腐生齿唇兰 **Odontochilus saprophyticus** (Aver.) Ormerod

分布：海南；越南

一柱齿唇兰 **Odontochilus tortus** King et Pantl.

分布：云南、西藏、广西、海南；不丹、缅甸、泰国、越南

## 红门兰属 **Orchis** L.

四裂红门兰 **Orchis militaris** L.

分布：新疆；阿富汗、蒙古国、俄罗斯；亚洲(西南部)、欧洲

## 山兰属 **Oreorchis** Lindl.

西南山兰 **Oreorchis angustata** L. O. Williams ex N. Pearce et Cribb

分布：四川、云南

大霸山兰 **Oreorchis bilamellata** Fukuy.

分布：台湾

短梗山兰 **Oreorchis erythrochrysea** Hand.-Mazz.

分布：四川、云南、西藏

长叶山兰 **Oreorchis fargesii** Finet

分布：陕西、甘肃、浙江、湖南、湖北、四川、云南、福建、台湾

囊唇山兰 **Oreorchis foliosa** var. **indica** (Lindl.) N. Pearce et Cribb

分布：四川、云南、西藏、台湾；不丹、印度、日本、尼泊尔

狭叶山兰 **Oreorchis micrantha** Lindl.

分布：西藏、台湾；不丹、尼泊尔、印度、缅甸

硬叶山兰 **Oreorchis nana** Schltr.

分布：湖北、四川、云南

大花山兰 **Oreorchis nepalensis** N. Pearce et Cribb

分布：西藏；尼泊尔

少花山兰 **Oreorchis oligantha** Schltr.

分布：甘肃、四川、云南、西藏

矮山兰 **Oreorchis parvula** Schltr.

分布：四川、云南

山兰 **Oreorchis patens** (Lindl.) Lindl.

分布：黑龙江、吉林、辽宁、河南、甘肃、江西、湖南、四川、贵州、云南、台湾；日本、朝鲜、俄罗斯

## 羽唇兰属 **Ornithochilus** (Wall. ex Lindl.) Benth. et Hook.

羽唇兰 **Ornithochilus difformis** (Wall. ex Lindl.) Schltr.

分布：四川、云南、广东、广西；缅甸、老挝、越南、泰国、马来西亚、印度尼西亚、不丹、印度、尼泊尔

盈江羽唇兰 **Ornithochilus yingjiangensis** Z. H. Tsi

分布：云南

## 耳唇兰属 **Otochilus** Lindl.

白花耳唇兰 **Otochilus albus** Lindl.

分布：西藏；尼泊尔、印度、缅甸、泰国、越南

狭叶耳唇兰 **Otochilus fuscus** Lindl.

分布：云南；尼泊尔、不丹、印度、缅甸、越南、柬埔寨、泰国

宽叶耳唇兰 **Otochilus lancilabius** Seidenf.

分布：云南、西藏；尼泊尔、不丹、印度、越南、老挝

耳唇兰 **Otochilus porrectus** Lindl.

分布：云南；印度、缅甸、泰国、越南、尼泊尔

## 拟石斛属 **Oxystophyllum** Bl.

拟石斛 **Oxystophyllum changjiangense** (S. J. Cheng et C. Z. Tang) M. A. Clements

分布：海南

## 粉口兰属 **Pachystoma** Blume

绿岛粉口兰 **Pachystoma ludaoense** S. C. Chen et Y. B. Luo

分布：台湾

**粉口兰 Pachystoma pubescens** Blume
分布：贵州、云南、台湾、广东、广西、海南；尼泊尔、不丹、印度、缅甸、老挝、柬埔寨、泰国、越南、马来西亚、巴布亚新几内亚、印度尼西亚、孟加拉国、菲律宾、澳大利亚

## 曲唇兰属 Panisea (Lindl.) Lindl.

**平卧曲唇兰 Panisea cavaleriei** Schlechter
分布：贵州、云南、广西

**矮曲唇兰 Panisea demissa** (D. Don) Pfitzer
分布：中国中部和南部；印度、老挝、缅甸、尼泊尔、泰国、越南

**海南曲唇兰(新拟) Panisea moi** M. Z. Huang, J. M. Yin et G. S. Yang
分布：海南

**曲唇兰 Panisea tricallosa** Rolfe
分布：云南、海南；尼泊尔、不丹、印度、越南、泰国、老挝

**单花曲唇兰 Panisea uniflora** (Lindl.) Lindl.
分布：云南；尼泊尔、不丹、印度、缅甸、泰国、老挝、越南、柬埔寨

**云南曲唇兰 Panisea yunnanensis** S. C. Chen et Z. H. Tsi
分布：云南；越南

## 兜兰属 Paphiopedilum Pfitzer

**卷萼兜兰 Paphiopedilum appletonianum** (Gower) Rolfe
分布：广西、海南；柬埔寨、老挝、泰国、越南

**根茎兜兰 Paphiopedilum areeanum** O. Gruss
分布：云南；缅甸

**杏黄兜兰 Paphiopedilum armeniacum** S. C. Chen et F. Y. Liu
分布：云南

**小叶兜兰 Paphiopedilum barbigerum** T. Tang et F. T. Wang
分布：贵州、云南、广西；越南

**巨瓣兜兰 Paphiopedilum bellatulum** (Rchb. f.) Stein
分布：贵州、云南、广西；缅甸、泰国

**红旗兜兰 Paphiopedilum charlesworthii** (Rolfe) Pfitzer
分布：云南；缅甸、泰国

**同色兜兰 Paphiopedilum concolor** (Bateman) Pfitzer
分布：贵州、云南、广西；缅甸、越南、老挝、柬埔寨、泰国

**角状兜兰 Paphiopedilum cornuatum** Z. J. Liu, O. Gruss et L. J. Chen
分布：云南

**德氏兜兰 Paphiopedilum delenatii** Guillaumin
分布：云南、广西；越南

**长瓣兜兰 Paphiopedilum dianthum** T. Tang et F. T. Wang
分布：贵州、云南、广西；越南

**白花兜兰 Paphiopedilum emersonii** Koop. et Cribb
分布：贵州、广西；越南

**格力兜兰 Paphiopedilum gratrixianum** Rolfe
分布：云南；老挝、越南

**格力兜兰(原变种) Paphiopedilum gratrixianum** var. **gratrixianum**
分布：云南；老挝、越南

**沧源格力兜兰 Paphiopedilum gratrixianum** var. **cangyuanense** Z. J. Liu et L. J. Chen
分布：云南

**广东兜兰 Paphiopedilum guangdongense** Z. J. Liu et L. J. Chen
分布：广东

**绿叶兜兰 Paphiopedilum hangianum** Perner et O. Gruss
分布：云南；越南

**巧花兜兰 Paphiopedilum helenae** Aver.
分布：广西；越南

**亨利兜兰 Paphiopedilum henryanum** Braem
分布：云南、广西；越南

**亨利兜兰(原变种) Paphiopedilum henryanum** var. **henryanum**
分布：云南、广西；越南

**无斑兜兰 Paphiopedilum henryanum** var. **christae** Braem
分布：中国与越南边界；越南

**带叶兜兰 Paphiopedilum hirsutissimum** (Lindl. ex Hook. f.) Stein
分布：贵州、云南、广西；印度、老挝、泰国、越南

**波瓣兜兰 Paphiopedilum insigne** (Wall. ex Lindl.) Pfitzer
分布：云南；印度

麻栗坡兜兰 **Paphiopedilum malipoense** S. C. Chen et Z. H. Tsi

分布：贵州、云南、广西；越南

麻栗坡兜兰(原变种) **Paphiopedilum malipoense** var. **malipoense**

分布：贵州、云南、广西；越南

窄瓣兜兰 **Paphiopedilum malipoense** var. **angustatum** (Z. J. Liu et S. C. Chen) Z. J. Liu et S. C. Chen

分布：云南

钩唇兜兰 **Paphiopedilum malipoense** var. **hiepii** (Aver.) Cribb

分布：云南；越南

浅斑兜兰 **Paphiopedilum malipoense** var. **jackii** (S. H. Hu) Aver. et al.

分布：云南；越南

硬叶兜兰 **Paphiopedilum micranthum** T. Tang et F. T. Wang

分布：贵州、云南、广西；越南

飘带兜兰 **Paphiopedilum parishii** (Rchb. f.) Stein

分布：云南；缅甸、泰国、老挝

紫纹兜兰 **Paphiopedilum purpuratum** (Lindl.) Stein

分布：云南、广东、广西、海南；越南

清涌兜兰(新拟) **Paphiopedilum qingyongii** Z. J. Liu et L. J. Chen

分布：西藏

白旗兜兰 **Paphiopedilum spicerianum** (Rehb. f.) Pfitzer

分布：云南；缅甸

虎斑兜兰 **Paphiopedilum tigrinum** Koop. et Haseg.

分布：云南；缅甸

天伦兜兰 **Paphiopedilum tranlienianum** O. Gruss et Perner

分布：云南；越南

秀丽兜兰 **Paphiopedilum venustum** (Wall. ex Sims) Pfitzer

分布：西藏；尼泊尔、不丹、印度

紫毛兜兰 **Paphiopedilum villosum** (Lindl.) Stein

分布：云南；印度、老挝、缅甸、越南、泰国

紫毛兜兰(原变种) **Paphiopedilum villosum** var. **villosum**

分布：云南；印度、缅甸、泰国、越南

白边兜兰 **Paphiopedilum villosum** var. **annamense** Rolfe

分布：云南；越南

包氏兜兰 **Paphiopedilum villosum** var. **boxallii** (Rchb. f.) Pfitzer

分布：云南；缅甸、越南

密毛兜兰 **Paphiopedilum villosum** var. **densissimum** (Z. J. Liu et S. C. Chen) Z. J. Liu et X. Qi Chen

分布：云南

彩云兜兰 **Paphiopedilum wardii** Summerh.

分布：云南；缅甸

文山兜兰 **Paphiopedilum wenshanense** Z. J. Liu et J. Y. Zhang

分布：云南

## 凤蝶兰属 **Papilionanthe** Schltr.

白花凤蝶兰 **Papilionanthe biswasiana** (Ghose et Mukerjee) Garay

分布：云南；缅甸、泰国

台湾凤蝶兰 **Papilionanthe taiwaniana** (S. S. Ying) Ormerod

分布：台湾

凤蝶兰 **Papilionanthe teres** (Roxb.) Schltr.

分布：云南；尼泊尔、不丹、印度、孟加拉国、缅甸、泰国、老挝、越南

万代凤蝶兰 **Papilionanthe vandarum** (Rchb. f.) Garay

分布：中国南部；不丹、印度、缅甸

## 虾尾兰属 **Parapteroceras** Aver.

虾尾兰 **Parapteroceras elobe** (Seidenf.) Aver.

分布：云南、海南；越南、泰国

## 白蝶兰属 **Pecteilis** Raf.

滇南白蝶兰 **Pecteilis henryi** Schltr.

分布：云南；老挝、泰国、越南、柬埔寨、缅甸

狭叶白蝶兰 **Pecteilis radiata** (Thunb.) Raf.

分布：河南；日本

龙头兰 **Pecteilis susannae** (L.) Raf.

分布：江西、四川、贵州、云南、福建、广东、广西、海

南；柬埔寨、印度尼西亚、老挝、泰国、越南、马来西亚、缅甸、印度、尼泊尔

## 钻柱兰属 **Pelatantheria** Ridl.

尾丝钻柱兰 **Pelatantheria bicuspidata** (Rolfe et Downie) T. Tang et F. T. Wang

分布：贵州、云南；泰国

锯尾钻柱兰 **Pelatantheria ctenoglossa** Ridley

分布：云南；柬埔寨、老挝、泰国、越南

钻柱兰 **Pelatantheria rivesii** (Guillaumin) T. Tang et F. T. Wang

分布：云南、广西；老挝、越南

## 肥根兰属 **Pelexia** Poit. ex Lindl.

肥根兰 **Pelexia obliqua** (J. J. Sm.) Garay

分布：香港；原产于中美洲，引种于印度尼西亚、太平洋岛屿

## 悬生兰属 **Pendulorchis** Z. J. Liu, K. Wei Liu et G. Q. Zhang

高黎贡悬生兰 **Pendulorchis gaoligongense** G. Q. Zhang, K. Wei Liu et Z. J. Liu

分布：云南

## 巾唇兰属 **Pennilabium** J. J. Sm.

巾唇兰 **Pennilabium yunnanense** S. C. Chen et Y. B. Luo

分布：云南；印度、泰国

## 阔蕊兰属 **Peristylus** Blume

小花阔蕊兰 **Peristylus affinis** (D. Don) Seidenf.

分布：江西、湖南、湖北、四川、贵州、云南、广东、广西；尼泊尔、印度、缅甸、老挝、泰国

条叶阔蕊兰 **Peristylus bulleyi** (Rolfe) K. Y. Lang

分布：四川、云南

长须阔蕊兰 **Peristylus calcaratus** (Rolfe) S. Y. Hu

分布：江苏、浙江、江西、湖南、云南、台湾、广东、广西；越南

凸孔阔蕊兰 **Peristylus coeloceras** Finet

分布：四川、云南、西藏；缅甸

大花阔蕊兰 **Peristylus constrictus** (Lindl.) Lindl.

分布：云南；尼泊尔、不丹、印度、缅甸、越南、泰国、柬埔寨

狭穗阔蕊兰 **Peristylus densus** (Lindl.) Santapau et Kapadia

分布：浙江、江西、贵州、云南、福建、广东、广西；孟加拉国、柬埔寨、印度、日本、韩国、缅甸、泰国、越南

西藏阔蕊兰 **Peristylus elisabethae** (Duthie) Gupta

分布：西藏；不丹、尼泊尔、印度

盘腺阔蕊兰 **Peristylus fallax** Lindl.

分布：四川、云南、西藏；尼泊尔、不丹、印度

一掌参 **Peristylus forceps** Finet

分布：甘肃、湖北、四川、贵州、云南、西藏

台湾阔蕊兰 **Peristylus formosanus** (Schltr.) T. P. Lin

分布：台湾；日本

条唇阔蕊兰 **Peristylus forrestii** (Schltr.) K. Y. Lang

分布：四川、云南

阔蕊兰 **Peristylus goodyeroides** (D. Don) Lindl.

分布：浙江、江西、湖南、四川、贵州、云南、台湾、广东、广西；尼泊尔、不丹、印度、缅甸、越南、泰国、老挝、柬埔寨、马来西亚、菲律宾、印度尼西亚、巴布亚新几内亚

兰屿阔蕊兰 **Peristylus gracilis** Bl.

分布：台湾；印度尼西亚

金川阔蕊兰 **Peristylus jinchuanicus** K. Y. Lang

分布：四川、云南

撕唇阔蕊兰 **Peristylus lacertifer** (Lindl.) J. J. Sm.

分布：四川、云南、福建、台湾、广东、广西、海南；印度、印度尼西亚、日本、马来西亚、缅甸、菲律宾、泰国、越南

撕唇阔蕊兰(原变种) **Peristylus lacertifer** var. **lacertifer**

分布：四川、云南、福建、台湾、广东、广西、海南；印度、印度尼西亚、日本、马来西亚、缅甸、菲律宾、泰国、越南

短裂阔蕊兰 **Peristylus lacertifer** var. **taipoensis** (S. Y. Hu et Barretto) S. C. Chen, S. W. Gale et P. J. Cribb

分布：台湾、香港

纤茎阔蕊兰 **Peristylus mannii** (Rchb. f.) Mukerjee

分布：四川、云南；印度

小巧阔蕊兰 **Peristylus nematocaulon** (Hook. f.) Banerji et P. Pradhan

分布：西藏；不丹、印度、尼泊尔

**川西阔蕊兰 Peristylus neotineoides** (Ames et Schltr.) K. Y. Lang
分布：四川

**滇桂阔蕊兰 Peristylus parishii** Rchb. f.
分布：云南、广西；印度、缅甸、尼泊尔、越南、泰国

**触须阔蕊兰 Peristylus tentaculatus** (Lindl.) J. J. Sm.
分布：云南、福建、广东、广西、海南；越南、泰国、柬埔寨

## 鹤顶兰属 Phaius Lour.

**仙笔鹤顶兰 Phaius columnaris** C. Z. Tang et S. J. Cheng
分布：贵州、云南、广东

**少花鹤顶兰 Phaius delavayi** (Finet) P. J. Cribb et Perner
分布：甘肃、四川、云南、西藏

**黄花鹤顶兰 Phaius flavus** (Blume) Lindl.
分布：湖南、四川、贵州、云南、西藏、福建、台湾、广东、广西、海南；不丹、印度、印度尼西亚、日本、老挝、马来西亚、尼泊尔、巴布亚新几内亚、菲律宾、斯里兰卡、泰国、越南

**海南鹤顶兰 Phaius hainanensis** C. Z. Tang et S. J. Cheng
分布：海南

**河口鹤顶兰(新拟) Phaius hekouensis** Tsukaya, M. Nakaj. et S. K. Wu
分布：云南

**紫花鹤顶兰 Phaius mishmensis** (Lindl. et Paxton) Rchb. f.
分布：云南、西藏、台湾、广东、广西；不丹、印度、缅甸、越南、老挝、泰国、菲律宾、日本

**长颈鹤顶兰 Phaius takeoi** (Hayata) H. J. Su
分布：云南、台湾；越南

**鹤顶兰 Phaius tancarvilleae** (L'Héritier) Blume
分布：云南、西藏、福建、台湾、广东、广西、海南；亚洲和大洋洲热带和亚热带广布

**中越鹤顶兰 Phaius tonkinensis** (Aver.) Aver.
分布：广西；越南

**大花鹤顶兰 Phaius wallichii** Lindl.
分布：云南、西藏、香港；不丹、印度、越南

**文山鹤顶兰 Phaius wenshanensis** F. Y. Liu
分布：云南

## 蝴蝶兰属 Phalaenopsis Blume

**蝴蝶兰 Phalaenopsis aphrodite** Rchb. f.
分布：台湾；菲律宾

**蝴蝶兰(原亚种) Phalaenopsis aphrodite** subsp. **aphrodite**
分布：台湾；菲律宾

**台湾蝴蝶兰 Phalaenopsis aphrodite** subsp. **formosana** Christenson
分布：台湾

**尖囊蝴蝶兰 Phalaenopsis braceana** (Hook. f.) Christenson
分布：云南；不丹、越南

**大尖囊蝴蝶兰 Phalaenopsis deliciosa** Rchb. f.
分布：云南、海南；柬埔寨、印度、印度尼西亚、老挝、马来西亚、缅甸、尼泊尔、菲律宾、斯里兰卡、泰国、越南

**小兰屿蝴蝶兰 Phalaenopsis equestris** (Schauer) Rchb. f.
分布：台湾；菲律宾

**囊唇蝴蝶兰 Phalaenopsis gibbosa** Sweet
分布：云南；越南

**海南蝴蝶兰 Phalaenopsis hainanensis** T. Tang et F. T. Wang
分布：云南、海南

**红河蝴蝶兰 Phalaenopsis honghenensis** F. Y. Liu
分布：云南

**萼脊蝴蝶兰 Phalaenopsis japonica** (Rchb. f.) Kocyan et Schuit.
分布：浙江、云南；日本、朝鲜

**罗氏蝴蝶兰 Phalaenopsis lobbii** (Rchb. f.) H. R. Sweet
分布：云南；印度、不丹、缅甸、越南

**麻栗坡蝴蝶兰 Phalaenopsis malipoensis** Z. J. Liu
分布：云南

**版纳蝴蝶兰 Phalaenopsis mannii** Rchb. f.
分布：云南；尼泊尔、印度、缅甸、越南、不丹

**滇湿唇蝴蝶兰 Phalaenopsis marriottiana** var. **parishii** (Rchb. f.) Kocyan et Schuit.
分布：云南；泰国、老挝、越南

**小花蝴蝶兰 Phalaenopsis mirabilis** (Seidenf.) Schuit.
分布：云南；泰国

**滇西蝴蝶兰** **Phalaenopsis stobartiana** Rchb. f.
分布：云南

**东亚蝴蝶兰** **Phalaenopsis subparishii** (Z. H. Tsi) Kocyan et Schuit.
分布：浙江、湖南、湖北、四川、贵州、福建、广东

**小尖囊蝴蝶兰** **Phalaenopsis taenialis** (Lindl.) Christenson et Pradhan
分布：云南、西藏；不丹、印度、缅甸、尼泊尔、泰国

**华西蝴蝶兰** **Phalaenopsis wilsonii** Rolfe
分布：四川、贵州、云南、西藏、广西；越南

## 石仙桃属 **Pholidota** Lindl. ex Hook.

**节茎石仙桃** **Pholidota articulata** Lindl.
分布：四川、贵州、云南、西藏；尼泊尔、不丹、印度、缅甸、越南、柬埔寨、泰国、马来西亚、印度尼西亚、老挝

**细叶石仙桃** **Pholidota cantonensis** Rolfe
分布：浙江、江西、湖南、福建、台湾、广东、广西

**石仙桃** **Pholidota chinensis** Lindl.
分布：浙江、贵州、云南、西藏、福建、广东、广西、海南；越南、缅甸

**凹唇石仙桃** **Pholidota convallariae** (Rchb. f.) Hook. f.
分布：云南；印度、缅甸、越南、泰国

**宿苞石仙桃** **Pholidota imbricata** Hook.
分布：四川、云南、西藏；尼泊尔、不丹、印度、斯里兰卡、缅甸、越南、老挝、柬埔寨、泰国、马来西亚、印度尼西亚、巴布亚新几内亚、巴基斯坦、澳大利亚、太平洋西南部岛屿

**单叶石仙桃** **Pholidota leveilleana** Schltr.
分布：贵州、云南、广西；越南

**长足石仙桃** **Pholidota longipes** S. C. Chen et Z. H. Tsi
分布：云南

**尖叶石仙桃** **Pholidota missionariorum** Gagnep.
分布：贵州、云南、西藏；不丹、缅甸、越南

**西畴石仙桃** **Pholidota niana** Y. T. Liu, R. X. Li et C. L. Long
分布：云南

**粗脉石仙桃** **Pholidota pallida** Lindl.
分布：云南；不丹、印度、老挝、缅甸、尼泊尔、泰国、越南

**尾尖石仙桃** **Pholidota protracta** Hook. f.
分布：云南、西藏；尼泊尔、不丹、印度、缅甸

**绿春石仙桃** **Pholidota recurva** Lindl.
分布：云南；尼泊尔、印度、缅甸、越南、泰国

**贵州石仙桃** **Pholidota roseans** Schltr.
分布：贵州；越南

**云南石仙桃** **Pholidota yunnanensis** Rolfe
分布：湖南、湖北、四川、贵州、云南、广西；越南

## 馥兰属 **Phreatia** Lindl.

**垂茎馥兰** **Phreatia caulescens** Ames
分布：台湾；菲律宾、太平洋岛屿

**馥兰** **Phreatia formosana** Rolfe
分布：云南、台湾；越南、泰国

**大馥兰** **Phreatia morii** Hayata
分布：台湾

**台湾馥兰** **Phreatia taiwaniana** Fukuy.
分布：台湾

## 苹兰属 **Pinalia** Lindl.

**钝叶苹兰** **Pinalia acervata** (Lindl.) Kuntze
分布：云南、西藏；不丹、柬埔寨、印度、老挝、缅甸、尼泊尔、泰国、越南

**粗茎苹兰** **Pinalia amica** (Rchb. f.) Kuntze
分布：云南、台湾；不丹、柬埔寨、印度、老挝、缅甸、尼泊尔、泰国、越南

**双点苹兰** **Pinalia bipunctata** (Lindl.) Kuntze
分布：云南；印度、泰国、越南

**密苞苹兰** **Pinalia conferta** (S. C. Chen et Z. H. Tsi) S. C. Chen et J. J. Wood
分布：西藏

**台湾苹兰** **Pinalia copelandii** (Leavitt) W. Suarez et Cootes
分布：台湾；菲律宾

**中越苹兰** **Pinalia donnaiensis** (Gagnep.) S. C. Chen et J. J. Wood
分布：云南；老挝、越南

**反苞苹兰** **Pinalia excavata** (Lindl.) Kuntze
分布：西藏；不丹、印度、尼泊尔

**禾颐苹兰** **Pinalia graminifolia** (Lindl.) Kuntze
分布：云南、西藏；不丹、印度、缅甸、尼泊尔

**中日苹兰** **Pinalia japonica** (Maxim.) Ormerod
分布：台湾；日本

**龙陵苹兰 Pinalia longlingensis** (S. C. Chen) S. C. Chen et J. J. Wood
分布：云南

**长苞苹兰 Pinalia obvia** (W. W. Smith) S. C. Chen et J. J. Wood
分布：云南、广西、海南

**大脚筒 Pinalia ovata** (Lindl.) W. Suarez et Cootes
分布：台湾；印度尼西亚、日本、巴布亚新几内亚、菲律宾

**厚叶苹兰 Pinalia pachyphylla** (Aver.) S. C. Chen et J. J. Wood
分布：贵州、云南、广西；越南

**五脊苹兰 Pinalia quinquelamellosa** (Tang et F. T. Wang) S. C. Chen et J. J. Wood
分布：海南

**云南苹兰(新拟) Pinalia salwinensis** (Hand.-Mazz.) Ormerod
分布：云南

**密花苹兰 Pinalia spicata** (D. Don) S. C. Chen et J. J. Wood
分布：云南、西藏；不丹、印度、缅甸、尼泊尔、泰国、越南

**鹅白苹兰 Pinalia stricta** (Lindl.) Kuntze
分布：云南、西藏；不丹、印度、缅甸、尼泊尔、越南

**马齿苹兰 Pinalia szetschuanica** (Schlechter) S. C. Chen et J. J. Wood
分布：湖南、湖北、四川、云南、广东

**滇南苹兰 Pinalia yunnanensis** (S. C. Chen et Z. H. Tsi) S. C. Chen et J. J. Wood
分布：云南

## 舌唇兰属 Platanthera Rich.

**南方舌唇兰 Platanthera angustata** Lindl.
分布：海南、香港；印度尼西亚、泰国

**弧形舌唇兰 Platanthera arcuata** Lindl.
分布：西藏；不丹、印度、尼泊尔

**滇藏舌唇兰 Platanthera bakeriana** (King et Pantl.) Kraenzl.
分布：四川、云南、西藏；尼泊尔、不丹、印度

**细距舌唇兰 Platanthera bifolia** (L.) Rich.
分布：黑龙江、吉林、辽宁、河北、山西、山东、河南、甘肃、青海、四川；日本、朝鲜、蒙古国、俄罗斯；亚洲(西部)、欧洲、非洲(北部)

**短距舌唇兰 Platanthera brevicalcarata** Hayata
分布：台湾；日本

**察瓦龙舌唇兰 Platanthera chiloglossa** (T. Tang et F. T. Wang) K. Y. Lang
分布：四川、云南、西藏

**二叶舌唇兰 Platanthera chlorantha** Custer ex Rchb.
分布：黑龙江、吉林、辽宁、内蒙古、河北、山西、山东、河南、陕西、甘肃、青海、四川、云南、西藏；日本、韩国、俄罗斯；亚洲(西部)、欧洲

**藏南舌唇兰 Platanthera clavigera** Lindl.
分布：西藏；不丹、印度、尼泊尔、克什米尔地区

**弓背舌唇兰 Platanthera curvata** K. Y. Lang
分布：四川、云南、西藏

**大明山舌唇兰 Platanthera damingshanica** K. Y. Lang et H. S. Guo
分布：浙江、湖南、福建、广东、广西

**反唇舌唇兰 Platanthera deflexilabella** K. Y. Lang
分布：四川

**长叶舌唇兰 Platanthera devolii** (T. P. Lin et T. W. Hu) T. P. Lin et K. Inoue
分布：台湾

**独龙舌唇兰(新拟) Platanthera dulongensis** X. H. Jin et Efimov
分布：云南、西藏

**小叶舌唇兰 Platanthera dyeriana** Kraenzl.
分布：云南；印度

**高原舌唇兰 Platanthera exelliana** Soó
分布：四川、云南、西藏；不丹、尼泊尔、印度

**对耳舌唇兰 Platanthera finetiana** Schltr.
分布：甘肃、湖北、四川

**贡山舌唇兰 Platanthera handel-mazzettii** K. Inoue
分布：云南

**高黎贡舌唇兰 Platanthera herminioides** T. Tang et F. T. Wang
分布：云南

**密花舌唇兰 Platanthera hologlottis** Maxim.
分布：黑龙江、吉林、辽宁、内蒙古、河北、山东、河南、

安徽、江苏、浙江、江西、湖南、四川、云南、福建、广东；日本、朝鲜、俄罗斯

舌唇兰 **Platanthera japonica** (Thunb. ex A. Murray) Lindl.

分布：河南、陕西、甘肃、安徽、江苏、浙江、湖南、湖北、四川、重庆、贵州、云南、广西；日本、朝鲜

广西舌唇兰 **Platanthera kwangsiensis** K. Y. Lang

分布：广西

披针唇舌唇兰 **Platanthera lancilabris** Schltr.

分布：云南

白鹤参 **Platanthera latilabris** Lindl.

分布：四川、云南、西藏；尼泊尔、不丹、印度、克什米尔地区

条叶舌唇兰 **Platanthera leptocaulon** (Hook. f.) Soó

分布：四川、云南、西藏；尼泊尔、不丹、印度

丽江舌唇兰 **Platanthera likiangensis** T. Tang et F. T. Wang

分布：云南

长距舌唇兰 **Platanthera longicalcarata** Hayata

分布：台湾

长粘盘舌唇兰 **Platanthera longiglandula** K. Y. Lang

分布：四川

尾瓣舌唇兰 **Platanthera mandarinorum** Rchb. f.

分布：山东、河南、陕西、安徽、江苏、浙江、江西、湖南、湖北、四川、贵州、云南、福建、台湾、广东、广西；日本、朝鲜

尾瓣舌唇兰(原亚种) **Platanthera mandarinorum** subsp. **mandarinorum**

分布：山东、河南、安徽、江苏、江西、湖南、湖北、四川、贵州、云南、福建、广东、广西；日本、朝鲜

宝岛舌唇兰 **Platanthera mandarinorum** subsp. **formosana** T. P. Lin et K. Inoue

分布：台湾

厚唇舌唇兰 **Platanthera mandarinorum** subsp. **pachyglossa** (Hayata) T. P. Lin et K. Inoue

分布：台湾

小舌唇兰 **Platanthera minor** (Miq.) Rchb. f.

分布：河南、安徽、江苏、浙江、江西、湖南、湖北、四川、贵州、云南、福建、台湾、广东、广西、海南；日本、朝鲜

小花舌唇兰 **Platanthera minutiflora** Schltr.

分布：陕西、甘肃、新疆、四川、云南、西藏；哈萨克斯坦、吉尔吉斯斯坦

长喙兰 **Platanthera neottianthoides** (Tang et F. T. Wang) R. M. Bateman et P. J. Cribb

分布：云南、广西；泰国

大花舌唇兰 **Platanthera ophiocephala** (W. W. Sm.) Tang et Wang

分布：云南；缅甸

齿瓣舌唇兰 **Platanthera oreophila** (W. W. Sm.) Schltr.

分布：四川、云南

卵唇舌唇兰(新拟) **Platanthera ovatilabris** X. H. Jin et Efimov

分布：云南

北插天山舌唇兰 **Platanthera peichatieniana** S. S. Ying

分布：台湾

棒距舌唇兰 **Platanthera roseotincta** (W. W. Sm.) T. Tang et F. T. Wang

分布：云南、西藏；缅甸

高山舌唇兰 **Platanthera sachalinensis** F. Schmidt

分布：台湾；日本、俄罗斯

长瓣舌唇兰 **Platanthera sikkimensis** (Hook. f.) Kraenzl.

分布：云南；尼泊尔、印度

滇西舌唇兰 **Platanthera sinica** T. Tang et F. T. Wang

分布：云南

蜻蜓舌唇兰 **Platanthera souliei** Kraenzl.

分布：黑龙江、吉林、辽宁、内蒙古、河北、山西、山东、河南、陕西、甘肃、青海、四川、云南；日本、朝鲜、俄罗斯

条瓣舌唇兰 **Platanthera stenantha** (Hook. f.) Soó

分布：云南、西藏；尼泊尔、不丹、印度、缅甸

狭瓣舌唇兰 **Platanthera stenoglossa** Hayata

分布：台湾；日本

独龙江舌唇兰 **Platanthera stenophylla** T. Tang et F. T. Wang

分布：云南、西藏

台湾舌唇兰 **Platanthera taiwanensis** (S. S. Ying) X. Qi Chen, S. W. Gale et P. J. Cribb

分布：台湾

筒距舌唇兰 **Platanthera tipuloides** (L. f.) Lindl.

分布：安徽、浙江、江西、湖南、福建、香港；日本、朝

鲜、俄罗斯

西南舌唇兰 **Platanthera uniformis** T. Tang et F. T. Wang

分布：贵州、四川、云南

尖药兰 **Platanthera urceolata** (Hook. f.) R. M. Bateman

分布：四川，云南；不丹、印度、缅甸、尼泊尔

东亚舌唇兰 **Platanthera ussuriensis** (Regel et Herder) Maxim.

分布：吉林、河北、河南、陕西、安徽、江苏、浙江、江西、湖南、湖北、四川、福建、广西；日本、朝鲜、俄罗斯

黄山舌唇兰 **Platanthera whangshanensis** (S. S. Chien) Efimov

分布：安徽

阴生舌唇兰 **Platanthera yangmeiensis** T. P. Lin

分布：台湾

## 独蒜兰属 **Pleione** D. Don

白花独蒜兰 **Pleione albiflora** Cribb et C. Z. Tang

分布：云南；缅甸

艳花独蒜兰 **Pleione aurita** P. J. Cribb et H. Pfennig

分布：云南

长颈独蒜兰 **Pleione autumnalis** S. C. Chen et G. H. Zhu

分布：云南

独蒜兰 **Pleione bulbocodioides** (Franch.) Rolfe

分布：陕西、甘肃、安徽、湖南、湖北、四川、贵州、云南、西藏、福建、广东、广西

陈氏独蒜兰 **Pleione chunii** C. L. Tso

分布：湖北、贵州、云南、广东、广西

芳香独蒜兰 **Pleione confusa** Cribb et C. Z. Tang

分布：云南；缅甸

台湾独蒜兰 **Pleione formosana** Hayata

分布：浙江、江西、福建、台湾

黄花独蒜兰 **Pleione forrestii** Schltr.

分布：云南

黄花独蒜兰(原变种) **Pleione forrestii** var. **forrestii**

分布：云南

白瓣独蒜兰 **Pleione forrestii** var. **alba** (H. Li et G. H. Feng) P. J. Cribb in P. J. Cribb et Butte

分布：云南

大花独蒜兰 **Pleione grandiflora** (Rolfe) Rolfe

分布：云南；越南

毛唇独蒜兰 **Pleione hookeriana** (Lindl.) Rollisson

分布：贵州、云南、西藏、广东、广西；不丹、印度、老挝、缅甸、尼泊尔、泰国

矮小独蒜兰 **Pleione humilis** (Smith) D. Don

分布：西藏；不丹、印度、缅甸、尼泊尔

卡氏独蒜兰 **Pleione kaatiae** P. H. Peeters

分布：四川

春花独蒜兰 **Pleione kohlsii** Braem

分布：云南

四川独蒜兰 **Pleione limprichtii** Schltr.

分布：四川、云南；缅甸

秋花独蒜兰 **Pleione maculata** (Lindl.) Lindl.

分布：云南；尼泊尔、不丹、印度、缅甸、泰国

小叶独蒜兰 **Pleione microphylla** S. C. Chen et Z. H. Tsi

分布：广东

美丽独蒜兰 **Pleione pleionoides** (Kraenzl. ex Diels) Braem et H. Mohr

分布：湖北、重庆、贵州

疣鞘独蒜兰 **Pleione praecox** (J. E. Sm.) D. Don

分布：云南、西藏；不丹、印度、缅甸、尼泊尔、泰国、孟加拉国、老挝、越南

岩生独蒜兰 **Pleione saxicola** T. Tang et F. T. Wang ex S. C. Chen

分布：云南、西藏；不丹

二叶独蒜兰 **Pleione scopulorum** W. W. Sm.

分布：云南、西藏；印度、缅甸

云南独蒜兰 **Pleione yunnanensis** (Rolfe) Rolfe

分布：四川、贵州、云南、西藏；缅甸

滇西独蒜兰 **Pleione × christianii** H. Perner

分布：云南

大理独蒜兰 **Pleione × taliensis** P. J. Cribb et Butterfield

分布：云南

## 柄唇兰属 **Podochilus** Blume

柄唇兰 **Podochilus khasianus** Hook. f.

分布：广东、广西、海南；印度、不丹、越南、孟加拉国

云南柄唇兰 **Podochilus oxystophylloides** Ormerod

分布：广西

## 朱兰属 **Pogonia** Juss.

朱兰 **Pogonia japonica** Rchb. f.
分布：黑龙江、吉林、内蒙古、山东、河南、安徽、浙江、江西、湖南、湖北、四川、贵州、云南、福建、广西；日本、朝鲜

小朱兰 **Pogonia minor** (Makino) Makino
分布：台湾；日本

云南朱兰 **Pogonia yunnanensis** Finet
分布：四川、云南、西藏

## 多穗兰属 **Polystachya** Hook.

多穗兰 **Polystachya concreta** (Jacq.) Garay et Sweet
分布：云南；印度、斯里兰卡、越南、老挝、柬埔寨、泰国、马来西亚、印度尼西亚、菲律宾；非洲、热带和亚热带北美洲

## 鹿角兰属 **Pomatocalpa** Breda

鹿角兰 **Pomatocalpa spicatum** Breda
分布：海南；印度、不丹、缅甸、泰国、老挝、越南、马来西亚、印度尼西亚、菲律宾

台湾鹿角兰 **Pomatocalpa undulatum** subsp. **acuminatum** (Rolfe) S. Watthana et S. W. Chung
分布：台湾

## 小红门兰属 **Ponerorchis** Rchb. f.

短距小红门兰 **Ponerorchis brevicalcarata** (Finet) Soó
分布：四川、云南

黄花小红门兰 **Ponerorchis chrysea** (W. W. Sm.) Soó
分布：云南、西藏；不丹

广布小红门兰 **Ponerorchis chusua** (D. Don) Soó
分布：黑龙江、吉林、内蒙古、河南、陕西、宁夏、甘肃、青海、湖北、四川、西藏；不丹、印度、日本、朝鲜、缅甸、尼泊尔、俄罗斯

齿缘小红门兰 **Ponerorchis crenulata** (Schltr.) Soó
分布：云南

奇莱小红门兰 **Ponerorchis kiraishiensis** (Hayata) Ohwi
分布：台湾

华西小红门兰 **Ponerorchis limprichtii** (Schltr.) Soó
分布：河南、陕西、甘肃、四川、云南

毛轴小红门兰 **Ponerorchis monophylla** (Collett et Hemsl.) Soó
分布：云南；缅甸

峨眉小红门兰 **Ponerorchis omeishanica** (T. Tang, F. T. Wang et K. Y. Lang) S. C. Chen, P. J. Cribb et S. W. Gale
分布：四川

普格小红门兰 **Ponerorchis pugeensis** (K. Y. Lang) S. C. Chen, P. J. Cribb et S. W. Gale
分布：四川

四川小红门兰 **Ponerorchis sichuanica** (K. Y. Lang) S. C. Chen, P. J. Cribb et S. W. Gale
分布：四川

台湾小红门兰 **Ponerorchis taiwanensis** (Fukuy.) Ohwi
分布：台湾

高山小红门兰 **Ponerorchis takasagomontana** (Masam.) Ohwi
分布：台湾

白花小红门兰 **Ponerorchis tominagae** (Hayata) H. J. Su et J. J. Chen
分布：台湾

## 孔唇兰属 **Porolabium** Tang et F. T. Wang

孔唇兰 **Porolabium biporosum** (Maxim.) T. Tang et F. T. Wang
分布：山西、青海

## 盾柄兰属 **Porpax** Lindl.

盾柄兰 **Porpax ustulata** (Parish et Rchb. f.) Rolfe
分布：云南；缅甸、泰国

## 长足兰属 **Pteroceras** Hasselt ex Hassk.

长葶长足兰 **Pteroceras asperatum** (Schltr.) P. F. Hunt
分布：云南

长足兰 **Pteroceras leopardinum** (Parish et Rchb. f.) Seidenf. et Smitinand
分布：云南；缅甸、印度、泰国、越南、菲律宾、马来群岛

滇越长足兰 **Pteroceras simondianus** (Gagnep.) Aver.
分布：云南；越南

## 火焰兰属 **Renanthera** Lour.

中华火焰兰 **Renanthera citrina** Aver.
分布：云南；越南

火焰兰 **Renanthera coccinea** Lour.
分布：云南、广西、海南；缅甸、泰国、老挝、越南

云南火焰兰 **Renanthera imschootiana** Rolfe
分布：云南；越南、印度

## 菱兰属 **Rhomboda** Lindl.

小片菱兰 **Rhomboda abbreviata** (Lindl.) Ormerod
分布：贵州、广东、广西、海南；印度、缅甸、尼泊尔、泰国

贵州菱兰 **Rhomboda fanjingensis** Ormerod
分布：贵州

艳丽菱兰 **Rhomboda moulmeinensis** (Parish et Rchb. f.) Ormerod
分布：四川、贵州、云南、西藏、广西；缅甸、泰国

白肋菱兰 **Rhomboda tokioi** (Fukuy) Ormerod
分布：台湾、广东；日本、越南

## 钻喙兰属 **Rhynchostylis** Blume

海南钻喙兰 **Rhynchostylis gigantea** (Lindl.) Ridl.
分布：海南；越南、老挝、柬埔寨、缅甸、泰国、马来西亚、印度尼西亚、新加坡

钻喙兰 **Rhynchostylis retusa** (L.) Blume
分布：贵州、云南；斯里兰卡、不丹、印度、老挝、缅甸、柬埔寨、马来西亚、印度尼西亚、菲律宾、尼泊尔、泰国、越南

## 紫茎兰属 **Risleya** King et Pantl.

紫茎兰 **Risleya atropurpurea** King et Pantl.
分布：四川、云南、西藏；印度、不丹、缅甸

## 寄树兰属 **Robiquetia** Gaudich.

大叶寄树兰 **Robiquetia spatulata** (Blume) J. J. Sm.
分布：海南；印度、缅甸、泰国、老挝、越南、柬埔寨、马来西亚、印度尼西亚、不丹、新加坡

寄树兰 **Robiquetia succisa** (Lindl.) Seidenf. et Garay
分布：云南、福建、广东、广西、海南；不丹、印度、缅甸、泰国、老挝、柬埔寨、越南

## 拟囊唇兰属 **Saccolabiopsis** J. J. Sm.

台湾拟囊唇兰 **Saccolabiopsis taiwaniana** S. W. Chung, T. C. Hsu et T. Yukawa
分布：台湾

拟囊唇兰 **Saccolabiopsis wulaokenensis** W. M. Lin, L. L. Huang er T. P. Lin
分布：台湾

## 大喙兰属 **Sarcoglyphis** Garay

短帽大喙兰 **Sarcoglyphis magnirostris** Z. H. Tsi
分布：云南

大喙兰 **Sarcoglyphis smithiana** (Kerr) Seidenf.
分布：云南；老挝、泰国、越南

## 肉兰属 **Sarcophyton** Garay

肉兰 **Sarcophyton taiwanianum** (Hayata) Garay
分布：台湾

## 鸟足兰属 **Satyrium** Sw.

鸟足兰 **Satyrium nepalense** D. Don
分布：湖南、四川、贵州、云南、西藏；不丹、尼泊尔、印度、缅甸、斯里兰卡

鸟足兰(原变种) **Satyrium nepalense** var. **nepalense**
分布：贵州、云南、西藏；不丹、印度、缅甸、尼泊尔、斯里兰卡

缘毛鸟足兰 **Satyrium nepalense** var. **ciliatum** (Lindl.) Hook. f.
分布：湖南、四川、贵州、云南、西藏；不丹、印度、尼泊尔

云南鸟足兰 **Satyrium yunnanense** Rolfe
分布：四川、云南

## 匙唇兰属 **Schoenorchis** Blume

匙唇兰 **Schoenorchis gemmata** (Lindl.) J. J. Sm.
分布：云南、西藏、福建、广西、海南、香港；尼泊尔、印度、缅甸、泰国、老挝、越南、不丹、柬埔寨

圆叶匙唇兰 **Schoenorchis tixieri** (Guillaumin) Seidenf.
分布：云南；越南

台湾匙唇兰 **Schoenorchis vanoverberghii** Ames
分布：台湾；菲律宾

## 萼脊兰属 **Sedirea** Garay et H. R. Sweet

萼脊兰 **Sedirea japonica** (Linden et Rchb. f.) Garay et Sweet
分布：浙江、云南；日本、朝鲜

短茎萼脊兰 **Sedirea subparishii** (Z. H. Tsi) Christenson
分布：浙江、湖南、湖北、四川、贵州、福建、广东

## 心启兰属 **Singchia** Z. J. Liu et L. J. Chen

心启兰 **Singchia malipoensis** Z. J. Liu et L. J. Chen
分布：云南

## 毛轴兰属 **Sirindhornia** H. A. Pedersen

怒江毛轴兰 **Sirindhornia pulchella** H. A. Pedersen et Indham.
分布：云南；泰国

## 反唇兰属 **Smithorchis** Tang et F. T. Wang

反唇兰 **Smithorchis calceoliformis** (W. W. Sm.) T. Tang et F. T. Wang
分布：云南

## 盖喉兰属 **Smitinandia** Holtt.

盖喉兰 **Smitinandia micrantha** (Lindl.) Holttum
分布：云南；尼泊尔、不丹、印度、缅甸、泰国、越南、老挝、柬埔寨、马来群岛

## 苞舌兰属 **Spathoglottis** Blume

少花苞舌兰 **Spathoglottis ixioides** (D. Don) Lindl.
分布：西藏；尼泊尔、印度、不丹

紫花苞舌兰 **Spathoglottis plicata** Blume
分布：台湾；日本、菲律宾、越南、泰国、马来西亚、斯里兰卡、印度、印度尼西亚、巴布亚新几内亚、澳大利亚、太平洋岛屿

苞舌兰 **Spathoglottis pubescens** Lindl.
分布：浙江、江西、湖南、四川、贵州、云南、福建、广东、广西；印度、缅甸、柬埔寨、越南、老挝、泰国

## 绶草属 **Spiranthes** Rich.

香港绶草 **Spiranthes hongkongensis** S. Y. Hu et Barretto
分布：香港

義富绶草 **Spiranthes nivea** T. P. Lin et W. M. Lin
分布：台湾

绶草 **Spiranthes sinensis** (Pers.) Ames
分布：中国广布；阿富汗、不丹、印度、日本、克什米尔地区、韩国、马来西亚、蒙古国、缅甸、尼泊尔、菲律宾、俄罗斯、泰国、越南、澳大利亚

宋氏绶草 **Spiranthes sunii** Boufford et Wen H Zhang
分布：甘肃

## 掌唇兰属 **Staurochilus** Ridley ex Pfitzer

掌唇兰 **Staurochilus dawsonianus** (Rchb. f.) Schltr.
分布：云南；老挝、泰国、缅甸

小掌唇兰 **Staurochilus loratus** (Rolfe ex Downie) Seidenf.
分布：云南；泰国

豹纹掌唇兰 **Staurochilus luchuensis** (Rolfe) Fukuyama
分布：台湾；日本、菲律宾

## 坚唇兰属 **Stereochilus** Lindl.

短轴坚唇兰 **Stereochilus brevirachis** Christenson
分布：云南；越南

坚唇兰 **Stereochilus dalatensis** (Guillaumin) Garay
分布：云南；泰国、越南

绿春坚唇兰 **Stereochilus laxus** (Rchb. f.) Garay
分布：云南；越南

## 肉药兰属 **Stereosandra** Bl.

肉药兰 **Stereosandra javanica** Blume
分布：云南、台湾；日本、越南、菲律宾、印度尼西亚、马来西亚、泰国、巴布亚新几内亚、太平洋岛屿

## 指柱兰属 **Stigmatodactylus** Maxim. ex Makino

指柱兰 **Stigmatodactylus sikokianus** Maxim. ex Makino
分布：湖南、福建、台湾；日本

## 大苞兰属 **Sunipia** Lindl.

黄花大苞兰 **Sunipia andersonii** (King et Pantl.) P. F. Hunt
分布：云南、台湾；不丹、印度、缅甸、泰国、越南

狭瓣大苞兰 **Sunipia angustipetala** Seidenf.
分布：云南；泰国

绿花大苞兰 **Sunipia annamensis** (Ridl.) P. F. Hunt
分布：云南；泰国、越南

二色大苞兰 **Sunipia bicolor** Lindl.
分布：云南、西藏；不丹、印度、孟加拉国、缅甸、泰国、尼泊尔

白花大苞兰 **Sunipia candida** (Lindl.) P. F. Hunt
分布：云南、西藏；印度、不丹

云南大苞兰 **Sunipia cirrhata** (Lindl.) P. F. Hunt
分布：云南；不丹、印度、缅甸

大花大苞兰 **Sunipia grandiflora** (Rolfe) P. F. Hunt
分布：云南

海南大苞兰 **Sunipia hainanensis** Z. H. Tsi
分布：海南

少花大苞兰 **Sunipia intermedia** (King et Pantl.) P. F. Hunt
分布：西藏；印度

圆瓣大苞兰 **Sunipia rimannii** (Rchb. f.) Seidenf.
分布：云南；泰国、缅甸

大苞兰 **Sunipia scariosa** Lindl.
分布：云南；尼泊尔、印度、缅甸、泰国、越南

苏瓣大苞兰 **Sunipia soidaoensis** (Seidenf.) P. F. Hunt
分布：云南；泰国

光花大苞兰 **Sunipia thailandica** (Seidenf. et Smitinand) P. F. Hunt
分布：云南；泰国

## 带叶兰属 **Taeniophyllum** Blume

扁根带叶兰 **Taeniophyllum complanatum** Fukuy.
分布：台湾

带叶兰 **Taeniophyllum glandulosum** Blume
分布：福建、广东、海南、湖南、四川、台湾、云南；印度、印度尼西亚、日本、韩国、马来西亚、巴布亚新几内亚、泰国、越南、澳大利亚

兜唇带叶兰 **Taeniophyllum pusillum** (Willd.) Seidenf. et Ormerod in Seidenfaden
分布：云南；柬埔寨、印度尼西亚、马来西亚、新加坡、泰国、越南

## 带唇兰属 **Tainia** Blume

狭叶带唇兰 **Tainia angustifolia** (Lindl.) Benth. et Hook. f.
分布：贵州、云南；缅甸、泰国、越南

密花杜鹃兰 **Tainia caterva** T. P. Lin et W. M. Lin
分布：台湾

心叶带唇兰 **Tainia cordifolia** Hook. f.
分布：云南、福建、台湾、广东、广西；越南

带唇兰 **Tainia dunnii** Rolfe
分布：浙江、江西、湖南、四川、台湾、广东、广西、海南、贵州(中部)

峨眉带唇兰 **Tainia emeiensis** (K. Y. Lang) Z. H. Tsi
分布：四川

香港带唇兰 **Tainia hongkongensis** Rolfe
分布：福建、广东；越南

阔叶带唇兰 **Tainia latifolia** (Lindl.) Rchb. f.
分布：云南、台湾、海南；不丹、印度、孟加拉国、缅甸、泰国、老挝、越南

疏花带唇兰 **Tainia laxiflora** Makino
分布：台湾；日本

卵叶带唇兰 **Tainia longiscapa** (Seidenf. ex H. Turner) J. J. Wood et A. L. Lamb
分布：云南、海南；泰国、越南

大花带唇兰 **Tainia macrantha** Hook. f.
分布：广东、广西；越南

滇南带唇兰 **Tainia minor** Hook. f.
分布：西藏、云南(东南部)；缅甸、印度

绿花带唇兰 **Tainia penangiana** Hook. f.
分布：台湾、海南；印度、越南、泰国、马来西亚

南方带唇兰 **Tainia ruybarrettoi** (S. Y. Hu et Barretto) Z. H. Tsi
分布：广西、海南、香港；越南

高褶带唇兰 **Tainia viridifusca** (Hook.) Benth. et Hook. f.
分布：云南；印度、缅甸、泰国、越南

## 泰兰属 **Thaia** Seidenf.

泰兰 **Thaia saprophytica** Seidenf.
分布：云南；泰国

## 矮柱兰属 **Thelasis** Blume

滇南矮柱兰 **Thelasis khasiana** Hook. f.
分布：云南；印度、泰国、越南

矮柱兰 **Thelasis pygmaea** (Griff.) Blume
分布：云南、台湾、海南、香港；尼泊尔、印度、缅甸、泰国、越南、马来西亚、印度尼西亚、菲律宾、日本、巴布亚新几内亚、太平洋岛屿

## 白点兰属 **Thrixspermum** Lour.

抱茎白点兰 **Thrixspermum amplexicaule** (Blume) Rchb. f.
分布：海南；菲律宾、泰国、越南、马来西亚、印度尼西亚、巴布亚新几内亚、印度、太平洋岛屿

海台白点兰 **Thrixspermum annamense** (Guillaumin) Garay
分布：台湾、海南；泰国、越南

白点兰 **Thrixspermum centipeda** Lour.
分布：云南、广西、海南、香港；印度、缅甸、泰国、老挝、柬埔寨、越南、马来西亚、印度尼西亚

**异色白点兰 Thrixspermum eximium** L. O. Wms.
分布：台湾；菲律宾

**金唇白点兰 Thrixspermum fantasticum** L. O. Williams
分布：台湾；日本、菲律宾

**台湾白点兰 Thrixspermum formosanum** (Hayata) Schltr.
分布：台湾；越南

**小叶白点兰 Thrixspermum japonicum** (Miq.) Rchb. f.
分布：湖南、四川、广东、福建(北部)；日本

**黄花白点兰 Thrixspermum laurisilvaticum** (Fukuy.) T. S. Liu et H. J. Su
分布：湖南、福建、台湾；越南、日本

**三毛白点兰 Thrixspermum merguense** (Hook. f.) Kuntze
分布：台湾；印度尼西亚、马来西亚、缅甸、菲律宾、泰国、越南

**香花白点兰 Thrixspermum odoratum** X. Q. Song, Q. W. Meng et Y. B. Luo
分布：海南

**垂枝白点兰 Thrixspermum pensile** Schlechter
分布：台湾；印度尼西亚、马来西亚、泰国

**矮生白点兰 Thrixspermum pygmaeum** (King et Pantl.) Holttum
分布：西藏；印度

**长轴白点兰 Thrixspermum saruwatarii** (Hayata) Schltr.
分布：台湾

**厚叶白点兰 Thrixspermum subulatum** Rchb. f.
分布：台湾；菲律宾、印度尼西亚

**同色白点兰 Thrixspermum trichoglottis** (Hook. f.) Kuntze
分布：云南；印度、缅甸、泰国、老挝、越南、马来西亚、新加坡、印度尼西亚

**吉氏白点兰 Thrixspermum tsii** W. H. Chen et Y. M. Shui
分布：云南

## 笋兰属 Thunia Rchb. f.

**笋兰 Thunia alba** (Lindl.) Rchb. f.
分布：四川、云南、西藏；尼泊尔、印度、缅甸、越南、泰国、马来西亚、印度尼西亚、不丹

## 筒距兰属 Tipularia Nutt.

**软叶筒距兰 Tipularia cunninghamii** (King et Prain) S. C. Chen, S. W. Gale et P. J. Cribb
分布：台湾；印度

**短柄筒距兰 Tipularia josephii** Rchb. f. ex Lindl.
分布：西藏；不丹、印度、缅甸、尼泊尔

**台湾筒距兰 Tipularia odorata** Fukuy.
分布：台湾

**筒距兰 Tipularia szechuanica** Schltr.
分布：陕西、甘肃、四川、云南

## 三角兰属(新拟) Trias Lindl.

**三角兰 Trias disciflora** (Rolfe) Rolfe
分布：云南；老挝、泰国

**疣花三角兰 Trias verrucosa** Z. J. Liu, L. J. Chen et S. P. Lei
分布：云南

## 毛舌兰属 Trichoglottis Bl.

**短穗毛舌兰 Trichoglottis rosea** (Lindl.) Ames in E. D. Merrill
分布：台湾

**毛舌兰 Trichoglottis triflora** (Guillaumin) Garay et Seidenf.
分布：云南；越南、泰国

## 毛鞘兰属 Trichotosia Bl.

**瓜子毛鞘兰 Trichotosia dasyphylla** (Parish et Rchb. f.) Kraenzl.
分布：云南；印度、老挝、缅甸、尼泊尔、泰国、越南

**东方毛叶兰 Trichotosia dongfangensis** X. H. Jin et L. P. Siu
分布：海南

**小叶毛鞘兰 Trichotosia microphylla** Blume
分布：云南、海南；印度尼西亚、马来西亚、泰国、越南

**高茎毛鞘兰 Trichotosia pulvinata** (Lindl.) Kraenzl.
分布：云南、广西；柬埔寨、印度、老挝、马来西亚、缅甸、泰国、越南

## 竹茎兰属 Tropidia Lindl.

**阔叶竹茎兰 Tropidia angulosa** (Lindl.) Blume
分布：云南、西藏、台湾、广西；不丹、印度、缅甸、越南、泰国、马来西亚、印度尼西亚、日本

狭叶竹茎兰 **Tropidia angustifolia** C. L. Yeh et C. S. Leou
分布：台湾

短穗竹茎兰 **Tropidia curculigoides** Lindl.
分布：云南、西藏、台湾、广西、海南、香港；印度、缅甸、越南、柬埔寨、泰国、马来西亚、印度尼西亚

峨眉竹茎兰 **Tropidia emeishanica** K. Y. Lang
分布：四川

南华竹茎兰 **Tropidia nanhuae** W. M. Lin, L. L. Huang er T. P. Lin
分布：台湾

竹茎兰 **Tropidia nipponica** Masam.
分布：台湾；日本

台湾竹茎兰 **Tropidia somae** Hayata
分布：台湾；日本(南部)

## 管唇兰属 **Tuberolabium** Yamam.

管唇兰 **Tuberolabium kotoense** Yamam.
分布：台湾

## 叉喙兰属 **Uncifera** Lindl.

叉喙兰 **Uncifera acuminata** Lindl.
分布：贵州、云南；尼泊尔、不丹、印度

钝叶叉喙兰 **Uncifera obtusifolia** Lindl.
分布：云南；尼泊尔、不丹、印度(东北部)

中泰叉喙兰 **Uncifera thailandica** Seidenf. et Smitinand
分布：云南；泰国

## 万代兰属 **Vanda** Jones ex R. Br.

垂头万代兰 **Vanda alpina** Lindl.
分布：云南；尼泊尔、不丹、印度、越南

白柱万代兰 **Vanda brunnea** Rchb. f.
分布：云南；缅甸、泰国、越南

大花万代兰 **Vanda coerulea** Griff. ex Lindl.
分布：云南；印度、缅甸、泰国

小蓝万代兰 **Vanda coerulescens** Griff.
分布：云南；印度、缅甸、泰国

琴唇万代兰 **Vanda concolor** Blume
分布：贵州、云南、广西；越南

叉唇万代兰 **Vanda cristata** Lindl.
分布：云南、西藏；不丹、尼泊尔、印度、越南

广东万代兰 **Vanda fuscoviridis** Lindl.
分布：广东；越南

广西万代兰 **Vanda guangxiensis** Fowlie
分布：广西

雅美万代兰 **Vanda lamellata** Lindl.
分布：台湾；日本、菲律宾

矮万代兰 **Vanda pumila** Hook. f.
分布：云南、广西、海南；尼泊尔、不丹、印度、缅甸、老挝、越南、泰国

纯色万代兰 **Vanda subconcolor** T. Tang et F. T. Wang
分布：云南、海南

## 拟万代兰属 **Vandopsis** Pfitzer

拟万代兰 **Vandopsis gigantea** (Lindl.) Pfitzer
分布：云南、广西；老挝、越南、泰国、缅甸、马来西亚

白花拟万代兰 **Vandopsis undulata** (Lindl.) J. J. Sm.
分布：云南、西藏；尼泊尔、不丹、印度

## 香荚兰属 **Vanilla** Mill.

南方香荚兰 **Vanilla annamica** Gagnep.
分布：贵州、云南、福建、香港；泰国、越南

深圳香荚兰 **Vanilla shenzhenica** Z. J. Liu et S. C. Chen
分布：广东

大香荚兰 **Vanilla siamensis** Rolfe ex Downie
分布：云南；泰国

台湾香荚兰 **Vanilla somae** Hayata
分布：台湾

宝岛香荚兰 **Vanilla taiwaniana** S. S. Ying
分布：台湾

## 二尾兰属 **Vrydagzynea** Blume

二尾兰 **Vrydagzynea nuda** Blume
分布：台湾、海南、香港；印度尼西亚、马来群岛

## 宽距兰属 **Yoania** Maxim.

宽距兰 **Yoania japonica** Maxim.
分布：江西、福建、台湾；日本、印度

## 丫瓣兰属 **Ypsilorchis** Z. J. Liu

丫瓣兰 **Ypsilorchis fissipetala** (Finet) Z. J. Liu, S. C. Chen et L. J. Chen
分布：重庆、云南

### 线柱兰属 **Zeuxine** Lindl.

宽叶线柱兰 **Zeuxine affinis** (Lindl.) Benth. ex Hook. f.
分布：湖南、云南、台湾、广东、海南；马来西亚、泰国、老挝、缅甸、孟加拉国、印度、越南、不丹

绿叶线柱兰 **Zeuxine agyokuana** Fukuy.
分布：台湾；日本

黄花线柱兰 **Zeuxine flava** (Wall. ex Lindl.) Trimen
分布：云南；尼泊尔、不丹、印度、马来西亚、越南、缅甸、泰国

耿马齿唇兰 **Zeuxine gengmanensis** (K. Y. Lang) Ormerod
分布：云南

白肋线柱兰 **Zeuxine goodyeroides** Lindl.
分布：云南、广西；尼泊尔、印度、不丹、印度、越南

大花线柱兰 **Zeuxine grandis** Seidenf.
分布：湖南、海南；泰国、越南

海南线柱兰(新拟) **Zeuxine hainanensis** Han Xu, H. J. Yang et Y. D. Li
分布：海南

全唇线柱兰 **Zeuxine integrilabella** C. S. Leou
分布：台湾

关刀溪线柱兰 **Zeuxine kantokeiensis** Tatew. et Masam.
分布：台湾

膜质线柱兰 **Zeuxine membranacea** Lindl.
分布：香港；不丹、柬埔寨、印度、缅甸、泰国、越南

芳线柱兰 **Zeuxine nervosa** (Lindl.) Trimen
分布：云南、台湾；孟拉加国、柬埔寨、老挝、泰国、越南、日本、印度、不丹、尼泊尔、菲律宾、斯里兰卡

眉原线柱兰 **Zeuxine niijimai** Tatew. et Masam.
分布：台湾

香线柱兰 **Zeuxine odorata** Fukuy.
分布：台湾；日本

卵叶线柱兰 **Zeuxine ovalifolia** L. Li et S. J. Li
分布：海南

白花线柱兰 **Zeuxine parvifolia** (Ridl.) Seidenf.
分布：云南、台湾、海南、香港；日本、菲律宾、马来西亚、泰国、老挝、柬埔寨、越南、缅甸

菲律宾线柱兰 **Zeuxine philippinensis** (Ames) Ames
分布：台湾；菲律宾

折唇线柱兰 **Zeuxine reflexa** King et Pantl.
分布：台湾、香港；不丹、印度、泰国

线柱兰 **Zeuxine strateumatica** (L.) Schltr.
分布：湖北、四川、云南、福建、台湾、广东、广西、海南；阿富汗、不丹、柬埔寨、印度、日本、克什米尔地区、老挝、马来西亚、缅甸、巴布亚新几内亚、菲律宾、斯里兰卡、泰国、越南、太平洋群岛；亚洲(西南部)

### 拟线柱兰属(新拟) **Zeuxinella** Aver.

拟线柱兰 **Zeuxinella vietnamica** (Aver.) Aver.
分布：广西；越南

## 371. 列当科 Orobanchaceae Vent.

### 野菰属 **Aeginetia** L.

短梗野菰 **Aeginetia acaulis** (Roxb.) Walp.
分布：贵州、广西；柬埔寨、印度、印度尼西亚、缅甸、菲律宾

野菰 **Aeginetia indica** L.
分布：安徽、江苏、浙江、江西、湖南、四川、贵州、云南、福建、台湾、广东、广西；孟加拉国、不丹、柬埔寨、印度、印度尼西亚、日本、老挝、马来西亚、缅甸、尼泊尔、菲律宾、斯里兰卡、泰国、越南

中国野菰 **Aeginetia sinensis** Beck
分布：安徽、浙江、江西、福建；日本

### 黑蒴属 **Alectra** Thunb.

黑蒴 **Alectra avensis** (Benth.) Merr.
分布：云南、台湾、广东、广西；不丹、印度、印度尼西亚、缅甸、菲律宾

### 草苁蓉属 **Boschniakia** C. A. Mey.

丁座草 **Boschniakia himalaica** Hook. f. et Thomson
分布：陕西、甘肃、青海、湖北、四川、云南、西藏、台湾；不丹、印度、尼泊尔

草苁蓉 **Boschniakia rossica** (Cham. et Schltdl.) B. Fedtsch.
分布：黑龙江、吉林、辽宁、内蒙古；日本、朝鲜、俄罗斯；北美洲

草苁蓉(原变种) **Boschniakia rossica** var. **rossica**
分布：黑龙江、吉林、辽宁、内蒙古

黄色草苁蓉 **Boschniakia rossica** var. **flavida** Y. Zhang et J. Y. Ma
分布：内蒙古、大兴安岭

## 来江藤属 **Brandisia** Hook. f. et Thomson

茎花来江藤 **Brandisia cauliflora** Tsoong et L. T. Lu
分布：广西

异色来江藤 **Brandisia discolor** Hook. f. et Thomson
分布：云南；印度、老挝、缅甸、泰国、越南

退毛来江藤 **Brandisia glabrescens** Rehder
分布：云南；越南

退毛来江藤(原变种) **Brandisia glabrescens** var. **glabrescens**
分布：云南；越南

退毛来江藤黄背变种 **Brandisia glabrescens** var. **hypochrysa** P. C. Tsoong
分布：云南

来江藤 **Brandisia hancei** Hook. f.
分布：陕西、湖北、四川、贵州、云南、广东、广西

广西来江藤 **Brandisia kwangsiensis** H. L. Li
分布：贵州、云南、广西

总花来江藤 **Brandisia racemosa** Hemsl.
分布：贵州、云南

红花来江藤 **Brandisia rosea** W. W. Sm.
分布：四川、云南、西藏；不丹、印度

红花来江藤(原变种) **Brandisia rosea** var. **rosea**
分布：四川、云南；不丹

黄花红花来江藤 **Brandisia rosea** var. **flava** C. E. C. Fisch.
分布：云南、西藏；印度

岭南来江藤 **Brandisia swinglei** Merr.
分布：湖南、广东、广西

## 黑草属 **Buchnera** L.

黑草 **Buchnera cruciata** Buch.-Ham. ex D. Don
分布：江西、湖南、湖北、贵州、云南、福建、广东、广西；柬埔寨、印度、印度尼西亚、老挝、马来西亚、缅甸、尼泊尔、泰国、越南

## 火焰草属 **Castilleja** Mutis ex L. f.

火焰草 **Castilleja pallida** (L.) Kunth
分布：黑龙江、内蒙古；蒙古国、俄罗斯；欧洲、北美洲

## 胡麻草属 **Centranthera** R. Br.

胡麻草 **Centranthera cochinchinensis** (Lour.) Merr.
分布：安徽、福建、广东、广西、海南、湖南、江苏、江西、四川、西藏、云南；柬埔寨、印度、印度尼西亚、日本、韩国、老挝、马来西亚、缅甸、尼泊尔、菲律宾、斯里兰卡、泰国、越南、澳大利亚；大洋洲

胡麻草(原变种) **Centranthera cochinchinensis** var. **cochinchinensis**
分布：广东、广西、云南；柬埔寨、老挝、越南

中南胡麻草 **Centranthera cochinchinensis** var. **lutea** (Hara) H. Hara
分布：安徽、江苏、江西、湖南、四川、云南、西藏、福建、广东、广西、海南；柬埔寨、印度、日本、朝鲜、老挝、马来西亚、缅甸、菲律宾、泰国、越南

西南胡麻草 **Centranthera cochinchinensis** var. **nepalensis** (D. Don) Merr.
分布：四川、云南、西藏；印度、尼泊尔、斯里兰卡

大花胡麻草 **Centranthera grandiflora** Benth.
分布：贵州、云南、西藏、广西；不丹、印度、缅甸、尼泊尔、越南

矮胡麻草 **Centranthera tranquebarica** (Spreng.) Merr.
分布：福建、广东、广西、海南；柬埔寨、印度、老挝、马来西亚、斯里兰卡、泰国、越南

## 假野菰属 **Christisonia** Garden

假野菰 **Christisonia hookeri** C. B. Clarke
分布：四川、贵州、云南、广东、广西、海南；印度、老挝、斯里兰卡、泰国

泰国假野菰 **Christisonia siamensis** Craib
分布：云南

## 肉苁蓉属 **Cistanche** Hoffm. et Link.

肉苁蓉 **Cistanche deserticola** Ma
分布：内蒙古、宁夏、甘肃、新疆；蒙古国

肉苁蓉(原变种) **Cistanche deserticola** var. **deserticola**
分布：内蒙古、宁夏、甘肃、新疆；蒙古国

扇形肉苁蓉 **Cistanche deserticola** var. **flabellata** R. Cao et Q. Ma
分布：内蒙古

兰州肉苁蓉 **Cistanche lanzhouensis** Z. Y. Zhang
分布：内蒙古、宁夏、甘肃；蒙古国

管花肉苁蓉 **Cistanche mongolica** Beck
分布：新疆；阿富汗、印度、哈萨克斯坦、吉尔吉斯斯坦、

巴基斯坦、塔吉克斯坦、土库曼斯坦、乌兹别克斯坦；亚洲(西南部)

盐生肉苁蓉 **Cistanche salsa** (C. A. Mey.) Beck

分布：内蒙古、甘肃、青海、新疆；哈萨克斯坦、吉尔吉斯斯坦、蒙古国、塔吉克斯坦、土库曼斯坦、乌兹别克斯坦；亚洲(西南部)

沙苁蓉 **Cistanche sinensis** Beck

分布：内蒙古、宁夏、甘肃、新疆

## 芯芭属 Cymbaria L.

达乌里芯芭 **Cymbaria daurica** L.

分布：黑龙江、吉林、内蒙古、河北；蒙古国、俄罗斯

蒙古芯芭 **Cymbaria mongolica** Maxim.

分布：内蒙古、河北、山西、陕西、甘肃、青海

## 小米草属 Euphrasia L.

东北小米草 **Euphrasia amurensis** Freyn

分布：黑龙江、内蒙古；俄罗斯

短唇小米草 **Euphrasia brevilabris** Y. F. Wang Y. S. Lian et G. Z. Du

分布：甘肃

多腺小米草 **Euphrasia durietziana** Ohwi

分布：台湾

长腺小米草 **Euphrasia hirtella** Jord. ex Reut.

分布：黑龙江、吉林、内蒙古、新疆、西藏；哈萨克斯坦、朝鲜、蒙古国、俄罗斯；欧洲

大花小米草 **Euphrasia jaeschkei** Wettst.

分布：西藏；印度、尼泊尔、巴基斯坦

光叶小米草 **Euphrasia matsudae** Yamam.

分布：台湾

高山小米草 **Euphrasia nankotaizanensis** Yamam.

分布：台湾

小米草 **Euphrasia pectinata** Ten.

分布：黑龙江、吉林、辽宁、内蒙古、河北、山西、山东、宁夏、甘肃、青海、新疆、四川；朝鲜、蒙古国、俄罗斯；欧洲

小米草(原亚种) **Euphrasia pectinata** subsp. **pectinata**

分布：内蒙古、河北、陕西、宁夏、甘肃、青海、新疆；蒙古国、俄罗斯

四川小米草 **Euphrasia pectinata** subsp. **sichuanica** D. Y. Hong

分布：四川

高枝小米草 **Euphrasia pectinata** subsp. **simplex** (Freyn) D. Y. Hong

分布：黑龙江、吉林、辽宁、内蒙古、河北、山西、山东、新疆；朝鲜、俄罗斯

矮小米草 **Euphrasia pumilio** Ohwi

分布：台湾

短腺小米草 **Euphrasia regelii** Wettst.

分布：内蒙古、河北、山西、陕西、甘肃、青海、新疆、湖北、四川、云南、西藏；克什米尔地区、哈萨克斯坦、吉尔吉斯斯坦、蒙古国、塔吉克斯坦、乌兹别克斯坦

短腺小米草(原亚种) **Euphrasia regelii** subsp. **regelii**

分布：内蒙古、河北、山西、陕西、甘肃、青海、新疆、湖北、四川、云南；克什米尔地区、哈萨克斯坦、俄罗斯

川藏短腺小米草 **Euphrasia regelii** subsp. **kangtienensis** D. Y. Hong

分布：四川、西藏

斯金小米草(新拟) **Euphrasia schischkinii** Serg.

分布：新疆；俄罗斯

新疆小米草(新拟) **Euphrasia syreitschikovii** Govor.

分布：新疆；俄罗斯

大鲁阁小米草 **Euphrasia tarokoana** Ohwi

分布：台湾

台湾小米草 **Euphrasia transmorrisonensis** Hayata

分布：台湾

台湾小米草(原变种) **Euphrasia transmorrisonensis** var. **transmorrisonensis**

分布：台湾

台湾碎雪草 **Euphrasia transmorrisonensis** var. **durietziana** (Ohwi) T. C. Huang et M. J. Wu

分布：台湾

## 蔗寄生属 Gleadovia Gamble et Prain

宝兴蔗寄生 **Gleadovia mupinense** Hu

分布：四川

蔗寄生 **Gleadovia ruborum** Gamble et Prain

分布：湖南、湖北、云南、广西；印度

## 齿鳞草属 Lathraea L.

齿鳞草 **Lathraea japonica** Miq.

分布：陕西、甘肃、四川、贵州、广东；日本、朝鲜

## 方茎草属 **Leptorhabdos** Schrenk

**方茎草 Leptorhabdos parviflora** (Benth.) Benth.
分布：甘肃、新疆；阿富汗、印度、克什米尔地区、哈萨克斯坦、吉尔吉斯斯坦、巴基斯坦、塔吉克斯坦、土库曼斯坦、乌兹别克斯坦；亚洲(西南部)

## 钟萼草属 **Lindenbergia** Lehm.

**封开钟萼草 Lindenbergia fengkaiensis** R. H. Miau et Q. Y. Cen
分布：广东

**大花钟萼草 Lindenbergia grandiflora** (Buch.-Ham. ex D. Don) Benth.
分布：西藏；不丹、印度、尼泊尔

**野地钟萼草 Lindenbergia muraria** (Roxb. ex D. Don) Brühl
分布：湖北、四川、贵州、云南、西藏、广东、广西；阿富汗、克什米尔地区、缅甸、巴基斯坦、泰国、越南

**钟萼草 Lindenbergia philippensis** (Cham. et Schltdl.) B. Fedtsch.
分布：湖南、湖北、贵州、云南、广东、广西；柬埔寨、印度、老挝、缅甸、菲律宾、泰国、越南

## 豆列当属 **Mannagettaea** Harry Sm.

**矮生豆列当 Mannagettaea hummelii** H. Sm.
分布：甘肃、青海；俄罗斯

**豆列当 Mannagettaea labiata** H. Sm.
分布：四川

## 山罗花属 **Melampyrum** L.

**天柱山罗花 Melampyrum aphraditis** S. B. Zhou et X. H. Guo
分布：安徽

**滇川山罗花 Melampyrum klebelsbergianum** Soó
分布：四川、贵州、云南

**圆苞山罗花 Melampyrum laxum** Miq.
分布：浙江、福建；日本

**山罗花 Melampyrum roseum** Maxim.
分布：黑龙江、吉林、辽宁、河北、山西、山东、河南、陕西、甘肃、安徽、江苏、浙江、江西、湖南、湖北、贵州、福建、广东；日本、朝鲜、俄罗斯

**山罗花(原变种) Melampyrum roseum** var. **roseum**
分布：黑龙江、吉林、辽宁、河北、山西、山东、河南、陕西、甘肃、安徽、江苏、浙江、江西、湖南、湖北、福建；日本、韩国、俄罗斯

**钝叶山罗花 Melampyrum roseum** var. **obtusifolium** (Bonati) D. Y. Hong
分布：湖北、贵州、广东

**卵叶山罗花 Melampyrum roseum** var. **ovalifolium** (Nakai) Nakai ex Beauverd
分布：浙江；日本、朝鲜

**狭叶山罗花 Melampyrum roseum** var. **setaceum** Maxim. ex Palib.
分布：辽宁；朝鲜、俄罗斯

## 鹿茸草属 **Monochasma** Maxim. ex Franch. et Sav.

**白毛鹿茸草 Monochasma savatieri** Franch. ex Maxim.
分布：浙江、江西、福建；日本

**鹿茸草 Monochasma sheareri** (S. Moore) Maxim. ex Franch. et Sav.
分布：安徽、江苏、浙江、江西、湖北、广西；日本

## 疗齿草属 **Odontites** Ludw.

**疗齿草 Odontites vulgaris** Moench
分布：黑龙江、吉林、辽宁、内蒙古、河北、山西、陕西、宁夏、甘肃、青海、新疆；哈萨克斯坦、吉尔吉斯斯坦、蒙古国、俄罗斯、塔吉克斯坦、乌兹别克斯坦；欧洲

## 脐草属 **Omphalotrix** Maxim.

**脐草 Omphalotrix longipes** Maxim.
分布：黑龙江、吉林、辽宁、内蒙古、河北、北京；朝鲜、俄罗斯

## 列当属 **Orobanche** L.

**分枝列当 Orobanche aegyptiaca** Pers.
分布：新疆；阿富汗、孟加拉国、印度、克什米尔地区、哈萨克斯坦、吉尔吉斯斯坦、尼泊尔、巴基斯坦、俄罗斯、塔吉克斯坦、土库曼斯坦、乌兹别克斯坦；亚洲(西南部)、非洲

**白花列当 Orobanche alba** Stephan
分布：四川、西藏；阿富汗、克什米尔地区、尼泊尔、巴基斯坦、土库曼斯坦；亚洲(西南部)、欧洲

**多色列当 Orobanche alsatica** Kirschl.
分布：四川、湖北；哈萨克斯坦、吉尔吉斯斯坦、俄罗斯、乌兹别克斯坦；亚洲(西南部)、欧洲

**美丽列当 Orobanche amoena** C. A. Mey.

分布：辽宁、内蒙古、河北、山西、陕西、新疆；哈萨克斯坦、吉尔吉斯斯坦、蒙古国、塔吉克斯坦、土库曼斯坦、乌兹别克斯坦

**光药列当 Orobanche brassicae** (Novopokr.) Novopokr.

分布：福建；印度、俄罗斯；亚洲(西南部)、欧洲

**丝毛列当 Orobanche caryophyllacea** Sm.

分布：新疆；俄罗斯、塔吉克斯坦、土库曼斯坦、乌兹别克斯坦；亚洲(西南部)、欧洲

**弯管列当 Orobanche cernua** Loefling

分布：吉林、内蒙古、河北、山西、陕西、甘肃、青海、新疆、四川、西藏；阿富汗、哈萨克斯坦、吉尔吉斯斯坦、蒙古国、尼泊尔、巴基斯坦、俄罗斯、塔吉克斯坦、土库曼斯坦、乌兹别克斯坦；亚洲(西南部)、欧洲

**弯管列当(原变种) Orobanche cernua** var. **cernua**

分布：吉林、内蒙古、河北、山西、陕西、甘肃、青海、新疆、四川、西藏；阿富汗、哈萨克斯坦、吉尔吉斯斯坦、蒙古国、尼泊尔、巴基斯坦、俄罗斯、塔吉克斯坦、土库曼斯坦、乌兹别克斯坦

**欧亚列当 Orobanche cernua** var. **cumana** (Wall.) G. Beck

分布：甘肃、河北、吉林、内蒙古、青海、陕西、山西、新疆；阿富汗、哈萨克斯坦、吉尔吉斯斯坦、蒙古国、尼泊尔、俄罗斯、塔吉克斯坦、土库曼斯坦、乌兹别克斯坦；亚洲(西南部)、欧洲

**直管列当 Orobanche cernua** var. **hansii** (A. Kern.) Beck

分布：新疆、四川、西藏；阿富汗、哈萨克斯坦、吉尔吉斯斯坦、巴基斯坦、塔吉克斯坦、土库曼斯坦、乌兹别克斯坦；亚洲(西南部)

**西藏列当 Orobanche clarkei** Hook. f.

分布：西藏；克什米尔地区、巴基斯坦、塔吉克斯坦

**长齿列当 Orobanche coelestis** (Reut.) Boiss. et Reut.

分布：新疆；哈萨克斯坦、巴基斯坦、俄罗斯、塔吉克斯坦、土库曼斯坦、乌兹别克斯坦；亚洲(西南部)、欧洲

**列当 Orobanche coerulescens** Stephan

分布：甘肃、河北、黑龙江、湖北、吉林、辽宁、内蒙古、宁夏、青海、陕西、山东、山西、四川、新疆、西藏、云南；日本、哈萨克斯坦、韩国、吉尔吉斯斯坦、蒙古国、尼泊尔、俄罗斯、土库曼斯坦；欧洲

**短唇列当 Orobanche elatior** Sutton

分布：甘肃、新疆、湖北；印度、哈萨克斯坦、吉尔吉斯斯坦、俄罗斯、塔吉克斯坦；亚洲(西南部)、欧洲

**短齿列当 Orobanche kelleri** Novopokr.

分布：新疆；哈萨克斯坦、俄罗斯

**缢筒列当 Orobanche kotschyi** Reut.

分布：新疆；阿富汗、哈萨克斯坦、吉尔吉斯斯坦、巴基斯坦、塔吉克斯坦、土库曼斯坦、乌兹别克斯坦；亚洲(西南部)

**丝多毛列当 Orobanche krylowii** Beck

分布：新疆；哈萨克斯坦、吉尔吉斯斯坦、俄罗斯

**毛列当 Orobanche lanuginosa** (C. A. Mey.) Beck ex Krylov

分布：新疆、西藏；阿富汗、克什米尔地区、哈萨克斯坦、吉尔吉斯斯坦、蒙古国、巴基斯坦、俄罗斯、塔吉克斯坦、乌兹别克斯坦；亚洲(西南部)、欧洲

**大花列当 Orobanche megalantha** Sm.

分布：四川

**中华列当 Orobanche mongolica** Beck

分布：辽宁、山东、陕西

**宝兴列当 Orobanche mupinensis** Hu

分布：四川

**毛药列当 Orobanche ombrochares** Hance

分布：辽宁、内蒙古、河北、山西、陕西

**黄花列当 Orobanche pycnostachya** Hance

分布：黑龙江、吉林、辽宁、内蒙古、河北、山西、山东、河南、陕西、宁夏、安徽、江苏、浙江、福建；朝鲜、蒙古国、俄罗斯

**黄花列当(原变种) Orobanche pycnostachya** var. **pycnostachya**

分布：黑龙江、内蒙古、河北、山西、山东、河南、陕西、宁夏、安徽、江苏、浙江、福建；韩国、蒙古国、俄罗斯

**黑水列当 Orobanche pycnostachya** var. **amurensis** Beck

分布：黑龙江、吉林、辽宁、内蒙古、河北、山西；朝鲜、俄罗斯

**四川列当 Orobanche sinensis** H. Sm.

分布：四川、西藏

**四川列当(原变种) Orobanche sinensis** var. **sinensis**

分布：四川、西藏

**蓝花列当 Orobanche sinensis** var. **cyanescens** (Sm.) Z. Y. Zhang

分布：四川

**长苞列当 Orobanche solmsii** C. B. Clarke

分布：新疆、西藏；不丹、克什米尔地区、尼泊尔、巴基

斯坦、印度

淡黄列当 **Orobanche sordida** C. A. Mey.

分布：新疆；哈萨克斯坦、俄罗斯

多齿列当 **Orobanche uralensis** Beck

分布：新疆；哈萨克斯坦、吉尔吉斯斯坦、俄罗斯、塔吉克斯坦、土库曼斯坦

滇列当 **Orobanche yunnanensis** (Beck) Hand.-Mazz.

分布：四川、贵州、云南

## 马先蒿属 **Pedicularis** L.

蒿叶马先蒿 **Pedicularis abrotanifolia** Bieb. ex Steven

分布：新疆；哈萨克斯坦、蒙古国、俄罗斯

蓍草叶马先蒿 **Pedicularis achilleifolia** Stephan ex Willd.

分布：新疆；哈萨克斯坦、吉尔吉斯斯坦、蒙古国、俄罗斯

阿拉善马先蒿 **Pedicularis alaschanica** Maxim.

分布：内蒙古、宁夏、甘肃、青海、西藏

阿拉善马先蒿(原亚种) **Pedicularis alaschanica** subsp. **alaschanica**

分布：内蒙古、宁夏、甘肃、青海、西藏

西藏阿拉善马先蒿 **Pedicularis alaschanica** subsp. **tibetica** (Maxim.) P. C. Tsoong

分布：西藏

阿洛马先蒿 **Pedicularis aloensis** Hand.-Mazz.

分布：云南

狐尾马先蒿 **Pedicularis alopecuros** Franch. ex Maxim.

分布：四川、云南

狐尾马先蒿(原变种) **Pedicularis alopecuros** var. **alopecuros**

分布：四川、云南

毛药狐尾马先蒿 **Pedicularis alopecuros** var. **lasiandra** Tsoong

分布：四川

阿尔泰马先蒿 **Pedicularis altaica** Stephan ex Steven

分布：新疆；哈萨克斯坦、蒙古国、俄罗斯

高额马先蒿 **Pedicularis altifrontalis** P. C. Tsoong

分布：西藏

丰管马先蒿 **Pedicularis amplituba** H. L. Li

分布：云南

鸭首马先蒿 **Pedicularis anas** Maxim.

分布：甘肃、四川、西藏

鸭首马先蒿(原变种) **Pedicularis anas** var. **anas**

分布：甘肃、四川

西藏鸭首马先蒿 **Pedicularis anas** var. **tibetica** Bonati

分布：四川、西藏

黄花鸭首马先蒿 **Pedicularis anas** var. **xanthantha** (H. L. Li) P. C. Tsoong

分布：甘肃

角盔马先蒿 **Pedicularis angularis** P. C. Tsoong

分布：四川

狭唇马先蒿 **Pedicularis angustilabris** H. L. Li

分布：四川、云南

狭裂马先蒿 **Pedicularis angustiloba** P. C. Tsoong

分布：西藏

奇异马先蒿 **Pedicularis anomala** P. C. Tsoong et H. P. Yang

分布：西藏

春黄菊叶马先蒿 **Pedicularis anthemifolia** Fisch. ex Colla

分布：新疆；哈萨克斯坦、吉尔吉斯斯坦、蒙古国、俄罗斯

春黄菊叶马先蒿(原亚种) **Pedicularis anthemifolia** subsp. **anthemifolia**

分布：新疆；蒙古国、俄罗斯

高升春黄菊叶马先蒿 **Pedicularis anthemifolia** subsp. **elatior** (Regel) P. C. Tsoong

分布：新疆；哈萨克斯坦、吉尔吉斯斯坦

鹰嘴马先蒿 **Pedicularis aquilina** Bonati

分布：云南

刺齿马先蒿 **Pedicularis armata** Maxim.

分布：甘肃、青海、四川

刺齿马先蒿(原变种) **Pedicularis armata** var. **armata**

分布：甘肃、四川

三斑刺黄马先蒿 **Pedicularis armata** var. **trimaculata** X. F. Lu

分布：甘肃、青海

埃氏马先蒿 **Pedicularis artselaeri** Maxim.

分布：河北、山西、陕西、湖北、四川

埃氏马先蒿(原变种) **Pedicularis artselaeri** var. **artselaeri**

分布：河北、山西、陕西、湖北、四川

五台埃氏马先蒿 **Pedicularis artselaeri** var. **wutaiensis** Hurus.
分布：山西

全缘马先蒿 **Pedicularis aschistorrhyncha** C. Marquand et Airy Shaw
分布：西藏

深绿马先蒿 **Pedicularis atroviridis** P. C. Tsoong
分布：西藏

阿墩子马先蒿 **Pedicularis atuntsiensis** Bonati
分布：云南

金黄马先蒿 **Pedicularis aurata** (Bonati) H. L. Li
分布：云南、西藏

腋花马先蒿 **Pedicularis axillaris** Franch. ex Maxim.
分布：四川、云南、西藏

腋花马先蒿(原亚种) **Pedicularis axillaris** subsp. **axillaris**
分布：四川、云南、西藏

巴氏腋花马先蒿 **Pedicularis axillaris** subsp. **balfouriana** (Bonati) P. C. Tsoong
分布：云南

巴塘马先蒿 **Pedicularis batangensis** Bureau et Franch.
分布：四川

美丽马先蒿 **Pedicularis bella** Hook. f.
分布：西藏；不丹、印度

美丽马先蒿(原亚种) **Pedicularis bella** subsp. **bella**
分布：西藏；不丹、印度

全叶美丽马先蒿 **Pedicularis bella** subsp. **holophylla** (Marqd. et Shaw) P. C. Tsoong
分布：西藏

二色马先蒿 **Pedicularis bicolor** Diels
分布：陕西

二齿马先蒿 **Pedicularis bidentata** Maxim.
分布：四川

皮氏马先蒿 **Pedicularis bietii** Franch.
分布：四川、西藏

双生马先蒿 **Pedicularis binaria** Maxim.
分布：四川

波密马先蒿 **Pedicularis bomiensis** H. P. Yang
分布：西藏

短盔马先蒿 **Pedicularis brachycrania** H. L. Li
分布：四川、云南

短花马先蒿 **Pedicularis breviflora** Regel et C. Winkl.
分布：新疆；哈萨克斯坦

短唇马先蒿 **Pedicularis brevilabris** Franch.
分布：甘肃、四川

头花马先蒿 **Pedicularis cephalantha** Franch. ex Maxim.
分布：四川、云南

头花马先蒿(原变种) **Pedicularis cephalantha** var. **cephalantha**
分布：云南

四川头花马先蒿 **Pedicularis cephalantha** var. **szetchuanica** Bonati
分布：四川、云南

俯垂马先蒿 **Pedicularis cernua** Bonati
分布：四川、云南

俯垂马先蒿(原亚种) **Pedicularis cernua** subsp. **cernua**
分布：四川、云南

宽叶俯垂马先蒿 **Pedicularis cernua** subsp. **latifolia** (H. L. Li) P. C. Tsoong
分布：云南

碎米蕨叶马先蒿 **Pedicularis cheilanthifolia** Schrenk
分布：甘肃、青海、新疆、西藏；阿富汗、印度、哈萨克斯坦、吉尔吉斯斯坦、蒙古国、塔吉克斯坦

碎米蕨叶马先蒿(原亚种) **Pedicularis cheilanthifolia** subsp. **cheilanthifolia**
分布：甘肃、青海、新疆、西藏；阿富汗、印度、哈萨克斯坦、吉尔吉斯斯坦、蒙古国、塔吉克斯坦

斯文氏碎米蕨叶马先蒿 **Pedicularis cheilanthifolia** subsp. **svenhedinii** (Paulsen) P. C. Tsoong
分布：西藏；印度

成县马先蒿 **Pedicularis chengxianensis** Z. G. Ma et Z. Z. Ma
分布：甘肃

鹅首马先蒿 **Pedicularis chenocephala** Diels
分布：甘肃、四川

中国马先蒿 **Pedicularis chinensis** Maxim.
分布：内蒙古、河北、山西、陕西、甘肃、青海

秦氏马先蒿 **Pedicularis chingii** Bonati
分布：甘肃

春丕马先蒿 **Pedicularis chumbica** Prain
分布：西藏；印度

灰色马先蒿 **Pedicularis cinerascens** Franch.
分布：四川

克氏马先蒿 **Pedicularis clarkei** Hook. f.
分布：西藏；不丹、印度、尼泊尔

康泊东叶马先蒿 **Pedicularis comptoniifolia** Franch. ex Maxim.
分布：四川、云南；缅甸

聚花马先蒿 **Pedicularis confertiflora** Prain
分布：四川、云南、西藏；不丹、尼泊尔、印度

聚花马先蒿(原亚种) **Pedicularis confertiflora** subsp. **confertiflora**
分布：四川、云南、西藏；不丹、尼泊尔、印度

小叶聚花马先蒿 **Pedicularis confertiflora** subsp. **parvifolia** (Hand.-Mazz.) P. C. Tsoong
分布：云南

连齿马先蒿 **Pedicularis confluens** P. C. Tsoong
分布：四川

结球马先蒿 **Pedicularis conifera** Maxim. ex Forb. et Hemsl.
分布：湖北

连叶马先蒿 **Pedicularis connata** H. L. Li
分布：四川、云南

拟紫堇马先蒿 **Pedicularis corydaloides** Hand.-Mazz.
分布：云南、西藏

伞房马先蒿 **Pedicularis corymbifera** H. P. Yang
分布：西藏

凸额马先蒿 **Pedicularis cranolopha** Maxim.
分布：甘肃、青海、四川、云南

凸额马先蒿(原变种) **Pedicularis cranolopha** var. **cranolopha**
分布：甘肃、青海、四川

格氏凸额马先蒿 **Pedicularis cranolopha** var. **garnieri** (Bonati) P. C. Tsoong
分布：四川

长角凸额马先蒿 **Pedicularis cranolopha** var. **longicornuta** Prain
分布：甘肃、青海、四川、云南

缘毛马先蒿 **Pedicularis craspedotricha** Maxim.
分布：甘肃、四川

波齿马先蒿 **Pedicularis crenata** Maxim.
分布：云南

波齿马先蒿(原变种) **Pedicularis crenata** var. **crenata**
分布：云南

全裂波齿马先蒿 **Pedicularis crenata** subsp. **crenatiformis** (Bonati) P. C. Tsoong
分布：云南

细波齿马先蒿 **Pedicularis crenularis** H. L. Li
分布：云南

具冠马先蒿 **Pedicularis cristatella** Pennell et H. L. Li
分布：甘肃、四川

克洛氏马先蒿 **Pedicularis croizatiana** H. L. Li
分布：四川、西藏

隐花马先蒿 **Pedicularis cryptantha** C. Marquand et Airy Shaw
分布：西藏；不丹

隐花马先蒿(原亚种) **Pedicularis cryptantha** subsp. **cryptantha**
分布：西藏

直立隐花马先蒿 **Pedicularis cryptantha** subsp. **erecta** P. C. Tsoong
分布：西藏

弯管马先蒿 **Pedicularis curvituba** Maxim.
分布：内蒙古、河北、陕西、甘肃

弯管马先蒿(原亚种) **Pedicularis curvituba** subsp. **curvituba**
分布：甘肃

洛氏弯管马先蒿 **Pedicularis curvituba** subsp. **provotii** (Franch.) P. C. Tsoong
分布：内蒙古、河北、陕西、甘肃

斗叶马先蒿 **Pedicularis cyathophylla** Franch.
分布：四川、云南

拟斗叶马先蒿 **Pedicularis cyathophylloides** H. Limpr.
分布：四川、西藏

环喙马先蒿 **Pedicularis cyclorhyncha** H. L. Li
分布：云南

舟形马先蒿 **Pedicularis cymbalaria** Bonati
分布：四川、云南

道氏马先蒿 **Pedicularis daltonii** Prain
分布：西藏；不丹、印度

稻城马先蒿 **Pedicularis daochengensis** H. P. Yang
分布：四川

毛穗马先蒿 **Pedicularis dasystachys** Schrenk
分布：新疆；哈萨克斯坦、蒙古国、俄罗斯

胡萝卜叶马先蒿 **Pedicularis daucifolia** Bonati
分布：四川

大卫氏马先蒿 **Pedicularis davidii** Franch.
分布：甘肃、四川

大卫氏马先蒿(原变种) **Pedicularis davidii** var. **davidii**
分布：甘肃、四川

五齿大卫氏马先蒿 **Pedicularis davidii** var. **pentodon** P. C. Tsoong
分布：四川

宽齿大卫氏马先蒿 **Pedicularis davidii** var. **platyodon** P. C. Tsoong
分布：四川

弱小马先蒿 **Pedicularis debilis** Franch. ex Maxim.
分布：云南

弱小马先蒿(原亚种) **Pedicularis debilis** subsp. **debilis**
分布：云南

极弱弱小马先蒿 **Pedicularis debilis** subsp. **debilior** P. C. Tsoong
分布：云南

美观马先蒿 **Pedicularis decora** Franch.
分布：陕西、甘肃、湖北、四川

极丽马先蒿 **Pedicularis decorissima** Diels
分布：甘肃、青海、四川

三角叶马先蒿 **Pedicularis deltoidea** Franch. ex Maxim.
分布：四川、云南

密穗马先蒿 **Pedicularis densispica** Franch. ex Maxim.
分布：四川、云南、西藏

密穗马先蒿(原亚种) **Pedicularis densispica** subsp. **densispica**
分布：四川、云南、西藏

许氏密穗马先蒿 **Pedicularis densispica** subsp. **schneideri** (Bonati) P. C. Tsoong
分布：四川、云南、西藏

绿盔密穗马先蒿 **Pedicularis densispica** subsp. **viridescens** P. C. Tsoong
分布：西藏

德钦马先蒿 **Pedicularis deqinensis** H. P. Yang
分布：云南

二歧马先蒿 **Pedicularis dichotoma** Bonati
分布：四川、云南、西藏

重头马先蒿 **Pedicularis dichrocephala** Hand.-Mazz.
分布：云南

第氏马先蒿 **Pedicularis dielsiana** Bonati
分布：湖北、四川

铺散马先蒿 **Pedicularis diffusa** Prain
分布：西藏；不丹、尼泊尔、印度

铺散马先蒿(原亚种) **Pedicularis diffusa** subsp. **diffusa**
分布：西藏；不丹、尼泊尔、印度

高升铺散马先蒿 **Pedicularis diffusa** subsp. **elatior** P. C. Tsoong
分布：西藏

全裂马先蒿 **Pedicularis dissecta** (Bonati) Pennell et H. L. Li
分布：陕西

细裂叶马先蒿 **Pedicularis dissectifolia** H. L. Li
分布：云南

修花马先蒿 **Pedicularis dolichantha** Bonati
分布：云南

长舟马先蒿 **Pedicularis dolichocymba** Hand.-Mazz.
分布：四川、云南、西藏

长舌马先蒿 **Pedicularis dolichoglossa** H. L. Li
分布：云南

长根马先蒿 **Pedicularis dolichorrhiza** Schrenk
分布：新疆；阿富汗、哈萨克斯坦、吉尔吉斯斯坦、塔吉克斯坦

长穗马先蒿 **Pedicularis dolichostachya** H. L. Li
分布：四川

杜氏马先蒿 **Pedicularis duclouxii** Bonati
分布：四川、云南

独龙马先蒿 **Pedicularis dulongensis** H. P. Yang
分布：云南

邓氏马先蒿 **Pedicularis dunniana** Bonati
分布：四川、云南

高升马先蒿 **Pedicularis elata** Willd.
分布：新疆；哈萨克斯坦、蒙古国、俄罗斯

爱氏马先蒿 **Pedicularis elliotii** P. C. Tsoong
分布：西藏

哀氏马先蒿 **Pedicularis elwesii** Hook. f.
分布：云南、西藏；不丹、缅甸、尼泊尔、印度

哀氏马先蒿(原亚种) **Pedicularis elwesii** subsp. **elwesii**
分布：云南、西藏；不丹、缅甸、尼泊尔、印度

高大哀氏马先蒿 **Pedicularis elwesii** subsp. **major** (H. L. Li) P. C. Tsoong
分布：云南、西藏

矮小哀氏马先蒿 **Pedicularis elwesii** subsp. **minor** (H. L. Li) P. C. Tsoong
分布：西藏

卓越马先蒿 **Pedicularis excelsa** Hook. f.
分布：西藏；不丹、尼泊尔、印度

法氏马先蒿 **Pedicularis fargesii** Franch.
分布：甘肃、湖南、湖北、四川

帚状马先蒿 **Pedicularis fastigiata** Franch.
分布：云南

国楣马先蒿 **Pedicularis fengii** H. L. Li
分布：云南

费氏马先蒿 **Pedicularis fetisowii** Regel
分布：新疆

羊齿叶马先蒿 **Pedicularis filicifolia** Hemsl.
分布：湖北

拟蕨马先蒿 **Pedicularis filicula** Franch. ex Maxim.
分布：四川、云南

拟蕨马先蒿(原变种) **Pedicularis filicula** var. **filicula**
分布：云南

木里拟蕨马先蒿 **Pedicularis filicula** var. **saganaica** Hand.-Mazz.
分布：四川、云南

假拟蕨马先蒿 **Pedicularis filiculiformis** P. C. Tsoong
分布：西藏；不丹

软弱马先蒿 **Pedicularis flaccida** Prain
分布：四川

黄花马先蒿 **Pedicularis flava** Pall.
分布：内蒙古；蒙古国、俄罗斯

阜莱氏马先蒿 **Pedicularis fletcheri** P. C. Tsoong
分布：西藏；不丹

曲茎马先蒿 **Pedicularis flexuosa** Hook. f.
分布：西藏；不丹、尼泊尔、印度

多花马先蒿 **Pedicularis floribunda** Franch.
分布：四川

福氏马先蒿 **Pedicularis forrestiana** Bonati
分布：云南

扇苞福氏马先蒿 **Pedicularis forrestiana** subsp. **flabellifera** P. C. Tsoong
分布：云南

福氏马先蒿(原亚种) **Pedicularis forrestiana** subsp. **forrestiana**
分布：云南

草莓状马先蒿 **Pedicularis fragarioides** P. C. Tsoong
分布：四川

佛氏马先蒿 **Pedicularis franchetiana** Maxim.
分布：四川

康秕马先蒿 **Pedicularis furfuracea** Wall. ex Benth.
分布：西藏；不丹、印度、尼泊尔

嘎氏马先蒿 **Pedicularis gagnepainiana** Bonati
分布：贵州

显盔马先蒿 **Pedicularis galeata** Bonati
分布：云南

平坝马先蒿 **Pedicularis ganpinensis** Vaniot ex Bonati
分布：贵州

嘎克什马先蒿 **Pedicularis garckeana** Prain ex Maxim.
分布：西藏；印度

地管马先蒿 **Pedicularis geosiphon** Harry Sm. et Tsoong
分布：甘肃、四川

奇氏马先蒿 **Pedicularis giraldiana** Diels ex Bonati
分布：陕西

退毛马先蒿 **Pedicularis glabrescens** H. L. Li
分布：云南

球花马先蒿 **Pedicularis globifera** Hook. f.
分布：西藏；尼泊尔、印度

贡山马先蒿 **Pedicularis gongshanensis** H. P. Yang
分布：云南

细瘦马先蒿 **Pedicularis gracilicaulis** H. L. Li
分布：云南

纤细马先蒿 **Pedicularis gracilis** Wall. ex Benth.
分布：四川、云南、西藏；阿富汗、不丹、印度、尼泊尔、巴基斯坦

纤细马先蒿(原亚种) **Pedicularis gracilis** subsp. **gracilis** Wall. ex Benth.
分布：西藏；阿富汗、不丹、尼泊尔、巴基斯坦、印度

大果纤细马先蒿 **Pedicularis gracilis** subsp. **macrocarpa** (Prain) P. C. Tsoong
分布：西藏；印度

中国纤细马先蒿 **Pedicularis gracilis** subsp. **sinensis** (H. L. Li) P. C. Tsoong
分布：四川、云南

细管马先蒿 **Pedicularis gracilituba** H. L. Li
分布：四川、云南

细管马先蒿(原亚种) **Pedicularis gracilituba** subsp. **gracilituba**
分布：四川

刺毛细管马先蒿 **Pedicularis gracilituba** subsp. **setosa** (H. L. Li) P. C. Tsoong
分布：云南

野苏子马先蒿 **Pedicularis grandiflora** Fisch.
分布：吉林、内蒙古；俄罗斯

鹤首马先蒿 **Pedicularis gruina** Franch. ex Maxim.
分布：云南

鹤首马先蒿(原亚种) **Pedicularis gruina** subsp. **gruina**
分布：云南

多毛鹤首马先蒿 **Pedicularis gruina** subsp. **pilosa** (Bonati) P. C. Tsoong
分布：云南

多叶鹤首马先蒿 **Pedicularis gruina** subsp. **polyphylla** (Franch. ex Maxim.) P. C. Tsoong
分布：云南

吉隆马先蒿 **Pedicularis gyirongensis** H. P. Yang
分布：西藏

旋喙马先蒿 **Pedicularis gyrorhyncha** Franch. ex Maxim.
分布：云南

旋喙马先蒿(原变种) **Pedicularis gyrorhyncha** var. **gyrorhyncha**
分布：云南

光萼旋喙马先蒿(新拟) **Pedicularis gyrorhyncha** var. **glabrisepala** H. Wang et W. B. Yu
分布：四川

哈巴雪马先蒿 **Pedicularis habachanensis** Bonati
分布：云南

哈巴雪马先蒿(原亚种) **Pedicularis habachanensis** subsp. **habachanensis**
分布：云南

多羽片哈巴山马先蒿 **Pedicularis habachanensis** subsp. **multipinnata** P. C. Tsoong
分布：云南

汉姆氏马先蒿 **Pedicularis hemsleyana** Prain
分布：四川

亨氏马先蒿 **Pedicularis henryi** Maxim.
分布：江苏、浙江、江西、湖南、湖北、贵州、云南、广东、广西；老挝、越南

粗毛马先蒿 **Pedicularis hirtella** Franch. ex F. B. Forbes et Hemsl.
分布：云南

全萼马先蒿 **Pedicularis holocalyx** Hand.-Mazz.
分布：湖北、四川

河南马先蒿 **Pedicularis honanensis** Tsoong
分布：河南

矮马先蒿 **Pedicularis humilis** Bonati
分布：云南

玛多马先蒿 **Pedicularis hypophylla** T. Yamaz.
分布：青海

生驹氏马先蒿 **Pedicularis ikomai** Sasaki
分布：台湾

不等裂马先蒿 **Pedicularis inaequilobata** P. C. Tsoong
分布：云南

孱弱马先蒿 **Pedicularis infirma** H. L. Li
分布：云南

折喙马先蒿 **Pedicularis inflexirostris** F. S. Yang, D. Y. Hong et X. Q. Wang
分布：四川、西藏

硕大马先蒿 **Pedicularis ingens** Maxim.
分布：甘肃、青海、四川

显著马先蒿 **Pedicularis insignis** Bonati
分布：云南、西藏

全叶马先蒿 **Pedicularis integrifolia** Hook. f.
分布：青海、四川、云南、西藏；不丹、尼泊尔、印度

全叶马先蒿(原亚种) **Pedicularis integrifolia** subsp. **integrifolia**
分布：青海、西藏；不丹、尼泊尔、印度

全缘全叶马先蒿 **Pedicularis integrifolia** subsp. **integerrima** (Pennell et H. L. Li) Tsoong
分布：四川、云南、西藏

康定马先蒿 **Pedicularis kangtingensis** P. C. Tsoong
分布：四川

甘肃马先蒿 **Pedicularis kansuensis** Maxim.
分布：甘肃、青海、四川、云南、西藏

甘肃马先蒿(原亚种) **Pedicularis kansuensis** subsp. **kansuensis**
分布：甘肃、青海、四川、西藏

青海甘肃马先蒿 **Pedicularis kansuensis** subsp. **kokonorica** P. C. Tsoong
分布：青海、西藏

厚毛甘肃马先蒿 **Pedicularis kansuensis** subsp. **villosa** P. C. Tsoong
分布：西藏

雅江甘肃马先蒿 **Pedicularis kansuensis** subsp. **yargongensis** (Bonati) P. C. Tsoong
分布：四川、云南

卡里马先蒿 **Pedicularis kariensis** Bonati
分布：云南

喀瓦谷池马先蒿 **Pedicularis kawaguchii** T. Yamaz.
分布：西藏

甲拉马先蒿 **Pedicularis kialensis** Franch.
分布：四川

江西马先蒿 **Pedicularis kiangsiensis** P. C. Tsoong et S. H. Cheng
分布：浙江、江西

宫布马先蒿 **Pedicularis kongboensis** P. C. Tsoong
分布：西藏

宫布马先蒿(原变种) **Pedicularis kongboensis** var. **kongboensis**
分布：西藏

钝裂宫布马先蒿 **Pedicularis kongboensis** var. **obtusata** Tsoong
分布：西藏

滇东马先蒿 **Pedicularis koueytchensis** Bonati
分布：云南

拉氏马先蒿 **Pedicularis labordei** Vaniot ex Bonati
分布：四川、贵州、云南

拉不拉多马先蒿 **Pedicularis labradorica** Wirsing
分布：内蒙古；亚洲、北极和亚北极地区、欧洲和北美洲地区

绒舌马先蒿 **Pedicularis lachnoglossa** Hook. f.
分布：四川、云南、西藏；不丹、尼泊尔、印度

元宝草马先蒿 **Pedicularis lamioides** Hand.-Mazz.
分布：云南

兰坪马先蒿 **Pedicularis lanpingensis** H. P. Yang
分布：云南

毛颏马先蒿 **Pedicularis lasiophrys** Maxim.
分布：甘肃、青海、四川

毛颏马先蒿(原变种) **Pedicularis lasiophrys** var. **lasiophrys**
分布：甘肃、青海

毛被毛颏马先蒿 **Pedicularis lasiophrys** var. **sinica** Maxim.
分布：甘肃、四川

阔苞马先蒿 **Pedicularis latibracteata** T. Yamaz.
分布：云南

宽喙马先蒿 **Pedicularis latirostris** P. C. Tsoong
分布：甘肃

粗管马先蒿 **Pedicularis latituba** Bonati
分布：四川、西藏

疏花马先蒿 **Pedicularis laxiflora** Franch.
分布：四川

疏穗马先蒿 **Pedicularis laxispica** H. L. Li
分布：云南

勒公氏马先蒿 **Pedicularis lecomtei** Bonati
分布：云南

勒氏马先蒿 **Pedicularis legendrei** Bonati
分布：四川

纤管马先蒿 **Pedicularis leptosiphon** H. L. Li
分布：四川、云南

丽江马先蒿 **Pedicularis likiangensis** Franch. ex Maxim.
分布：四川、云南、西藏

丽江马先蒿(原亚种) **Pedicularis likiangensis** subsp. **likiangensis**
分布：四川、云南、西藏

美丽丽江马先蒿 **Pedicularis likiangensis** subsp. **pulchra** P. C. Tsoong
分布：云南

林氏马先蒿 **Pedicularis limprichtiana** Hand.-Mazz.
分布：四川、云南

条纹马先蒿 **Pedicularis lineata** Franch. ex Maxim.
分布：陕西、甘肃、四川、云南；缅甸

凌氏马先蒿 **Pedicularis lingelsheimiana** H. Limpr.
分布：四川

巴颜喀拉山马先蒿 **Pedicularis lobatorostrata** T. Yamaz.
分布：青海

长萼马先蒿 **Pedicularis longicalyx** H. P. Yang
分布：西藏

长茎马先蒿 **Pedicularis longicaulis** Franch. ex Maxim.
分布：云南

长花马先蒿 **Pedicularis longiflora** Rudolph
分布：内蒙古、河北、甘肃、青海、四川、云南、西藏；印度、哈萨克斯坦、吉尔吉斯斯坦、蒙古国、尼泊尔、巴基斯坦、俄罗斯、塔吉克斯坦、土库曼斯坦、乌兹别克斯坦

长花马先蒿(原变种) **Pedicularis longiflora** var. **longiflora**
分布：河北、甘肃、青海；哈萨克斯坦、吉尔吉斯斯坦、蒙古国、俄罗斯、塔吉克斯坦、土库曼斯坦、乌兹别克斯坦

管状长花马先蒿 **Pedicularis longiflora** var. **tubiformis** (Klotzsch) P. C. Tsoong
分布：四川、云南、西藏；印度、尼泊尔、巴基斯坦

阴山长花马先蒿 **Pedicularis longiflora** var. **yingshanensis** Z. Y. Chu et Y. Z. Zhao
分布：内蒙古

长梗马先蒿 **Pedicularis longipes** Maxim.
分布：四川

长柄马先蒿 **Pedicularis longipetiolata** Franch. ex Maxim.
分布：四川、云南

长把马先蒿 **Pedicularis longistipitata** P. C. Tsoong
分布：西藏

盔须马先蒿 **Pedicularis lophotricha** H. L. Li
分布：四川

小根马先蒿 **Pedicularis ludwigii** Regel
分布：新疆；哈萨克斯坦、吉尔吉斯斯坦、塔吉克斯坦、乌兹别克斯坦

龙陵马先蒿 **Pedicularis lunglingensis** Bonati
分布：云南

浅黄马先蒿 **Pedicularis lutescens** Franch. ex Maxim.
分布：四川、云南

浅黄马先蒿(原亚种) **Pedicularis lutescens** subsp. **lutescens**
分布：云南

短叶浅黄马先蒿 **Pedicularis lutescens** subsp. **brevifolia** (Bonati) P. C. Tsoong
分布：云南

长柄浅黄马先蒿 **Pedicularis lutescens** subsp. **longipetiolata** (H. L. Li) P. C. Tsoong
分布：四川

多枝浅黄马先蒿 **Pedicularis lutescens** subsp. **ramosa** (Bonati) P. C. Tsoong
分布：四川、云南

东川浅黄马先蒿 **Pedicularis lutescens** subsp. **tongtchuanensis** (Bonati) P. C. Tsoong
分布：云南

琴盔马先蒿 **Pedicularis lyrata** Prain ex Maxim.
分布：青海、四川、西藏；印度

瘠瘦马先蒿 **Pedicularis macilenta** Franch.
分布：四川、云南

长喙马先蒿 **Pedicularis macrorhyncha** H. L. Li
分布：云南

大管马先蒿 **Pedicularis macrosiphon** Franch.
分布：四川、云南

梅氏马先蒿 **Pedicularis mairei** Bonati
分布：云南

鸡冠子花马先蒿 **Pedicularis mandshurica** Maxim.
分布：辽宁、河北；朝鲜

玛丽马先蒿 **Pedicularis mariae** Regel
分布：新疆；哈萨克斯坦

马克逊马先蒿 **Pedicularis maxonii** Bonati
分布：云南

迈亚马先蒿 **Pedicularis mayana** Hand.-Mazz.
分布：云南

硕花马先蒿 **Pedicularis megalantha** D. Don
分布：西藏；不丹、印度、尼泊尔、巴基斯坦

大唇马先蒿 **Pedicularis megalochila** H. L. Li
分布：西藏；不丹、缅甸

大唇马先蒿(原变种) **Pedicularis megalochila** var. **megalochila**
分布：西藏；不丹、缅甸

舌状大唇马先蒿 **Pedicularis megalochila** var. **ligulata** P. C. Tsoong
分布：西藏

山萝花马先蒿 **Pedicularis melampyriflora** Franch. ex Maxim.
分布：四川、云南

膜叶马先蒿 **Pedicularis membranacea** H. L. Li
分布：四川

迈氏马先蒿 **Pedicularis merrilliana** H. L. Li
分布：甘肃、四川；不丹

后生四川马先蒿 **Pedicularis metaszetschuanica** P. C. Tsoong
分布：四川

翘喙马先蒿 **Pedicularis meteororhyncha** H. L. Li
分布：云南

小花马先蒿 **Pedicularis micrantha** H. L. Li
分布：云南

小萼马先蒿 **Pedicularis microcalyx** Hook. f.
分布：西藏；不丹、印度、尼泊尔

小唇马先蒿 **Pedicularis microchilae** Franch. ex Maxim.
分布：四川、云南

细小马先蒿 **Pedicularis minima** P. C. Tsoong et S. H. Cheng
分布：四川

微唇马先蒿 **Pedicularis minutilabris** P. C. Tsoong
分布：四川

柔毛马先蒿 **Pedicularis mollis** Wall. ex Benth.
分布：西藏；不丹、尼泊尔、印度

蒙氏马先蒿 **Pedicularis monbeigiana** Bonati
分布：四川、云南

穆坪马先蒿 **Pedicularis moupinensis** Franch.
分布：甘肃、四川

藓生马先蒿 **Pedicularis muscicola** Maxim.
分布：内蒙古、河北、山西、陕西、甘肃、青海、湖北

藓状马先蒿 **Pedicularis muscoides** H. L. Li
分布：四川、云南、西藏

藓状马先蒿(原变种) **Pedicularis muscoides** var. **muscoides**
分布：四川、西藏

玫瑰色藓状马先蒿 **Pedicularis muscoides** var. **rosea** H. L. Li
分布：云南

谬氏马先蒿 **Pedicularis mussotii** Franch.
分布：四川、云南

谬氏马先蒿(原变种) **Pedicularis mussotii** var. **mussotii**
分布：四川、云南

刺冠谬氏马先蒿 **Pedicularis mussotii** var. **lophocentra** (Hand.-Mazz.) H. L. Li
分布：四川、云南

变形谬氏马先蒿 **Pedicularis mussotii** var. **mutata** Bonati
分布：四川、云南

菌生马先蒿 **Pedicularis mychophila** C. Marquand et Airy Shaw
分布：西藏

万叶马先蒿 **Pedicularis myriophylla** Pall.
分布：河北、新疆；蒙古国、俄罗斯

万叶马先蒿(原变种) **Pedicularis myriophylla** var. **myriophylla**
分布：新疆；蒙古国、俄罗斯

紫色万叶马先蒿 **Pedicularis myriophylla** var. **purpurea** Bunge
分布：河北；蒙古国

南川马先蒿 **Pedicularis nanchuanensis** P. C. Tsoong
分布：四川

蔊菜叶马先蒿 **Pedicularis nasturtiifolia** Franch.
分布：陕西、湖北、四川

新粗管马先蒿 **Pedicularis neolatituba** P. C. Tsoong
分布：四川

**黑马先蒿 Pedicularis nigra** (Bonati) Vaniot ex Bonati
分布：贵州、云南；泰国

**聂拉木马先蒿 Pedicularis nyalamensis** H. P. Yang
分布：西藏

**林芝马先蒿 Pedicularis nyingchiensis** H. P. Yang et Tateishi
分布：西藏

**歪盔瓣马先蒿(新拟) Pedicularis obliquigaleata** W. B. Yu et H. Wang
分布：四川、云南

**暗昧马先蒿 Pedicularis obscura** Bonati
分布：云南

**齿唇马先蒿 Pedicularis odontochila** Diels
分布：陕西

**贡嘎马先蒿 Pedicularis odontocorys** T. Yamaz.
分布：四川

**具齿马先蒿 Pedicularis odontophora** Prain
分布：西藏；印度

**欧氏马先蒿 Pedicularis oederi** Vahl
分布：河北、山西、陕西、甘肃、青海、新疆、四川、云南、西藏；不丹、日本、哈萨克斯坦、吉尔吉斯斯坦、蒙古国、俄罗斯、塔吉克斯坦；欧洲、北美洲

**欧氏马先蒿(原亚种) Pedicularis oederi** subsp. **oederi**
分布：河北、山西、陕西、甘肃、青海、新疆、四川、云南、西藏；不丹、哈萨克斯坦、吉尔吉斯斯坦、蒙古国、俄罗斯、塔吉克斯坦

**多羽片欧氏马先蒿 Pedicularis oederi** subsp. **multipinna** (H. L. Li) P. C. Tsoong
分布：四川

**少花马先蒿 Pedicularis oligantha** Franch. ex Maxim.
分布：云南

**奥氏马先蒿 Pedicularis oliveriana** Prain
分布：西藏

**峨嵋马先蒿 Pedicularis omiiana** Bonati
分布：四川

**峨嵋马先蒿(原亚种) Pedicularis omiiana** subsp. **omiiana**
分布：四川

**铺散峨嵋马先蒿 Pedicularis omiiana** subsp. **diffusa** (Bonati) P. C. Tsoong
分布：四川

**直盔马先蒿 Pedicularis orthocoryne** H. L. Li
分布：四川、云南

**尖果马先蒿 Pedicularis oxycarpa** Franch. ex Maxim.
分布：四川、云南

**白氏马先蒿 Pedicularis paiana** H. L. Li
分布：甘肃、四川

**沼生马先蒿 Pedicularis palustris** L.
分布：黑龙江、内蒙古、新疆；哈萨克斯坦、蒙古国、俄罗斯；欧洲

**沼生马先蒿(原亚种) Pedicularis palustris** subsp. **palustris**
分布：新疆；哈萨克斯坦、蒙古国、俄罗斯

**卡氏沼生马先蒿 Pedicularis palustris** subsp. **karoi** (Freyn) P. C. Tsoong
分布：黑龙江、内蒙古；蒙古国、俄罗斯

**潘氏马先蒿 Pedicularis pantlingii** Prain
分布：云南、西藏；不丹、印度、缅甸、尼泊尔

**潘氏马先蒿(原亚种) Pedicularis pantlingii** subsp. **pantlingii**
分布：云南、西藏；不丹、印度、尼泊尔、印度

**短果潘氏马先蒿 Pedicularis pantlingii** subsp. **brachycarpa** P. C. Tsoong ex C. Y. Wu et Hong Wang
分布：云南

**缅甸潘氏马先蒿 Pedicularis pantlingii** subsp. **chimiliensis** (Bonati) P. C. Tsoong
分布：云南；缅甸

**派氏马先蒿 Pedicularis paxiana** H. Limpr.
分布：四川

**拟篦齿马先蒿 Pedicularis pectinatiformis** Bonati
分布：四川

**五角马先蒿 Pedicularis pentagona** H. L. Li
分布：四川、云南、西藏

**裴氏马先蒿 Pedicularis petelotii** P. C. Tsoong
分布：云南

**伯氏马先蒿 Pedicularis petitmenginii** Bonati
分布：四川

**法且利亚叶马先蒿 Pedicularis phaceliifolia** Franch.
分布：四川、云南

**费尔氏马先蒿 Pedicularis pheulpinii** Bonati
分布：青海、四川

费尔氏马先蒿(原亚种) **Pedicularis pheulpinii** subsp. **pheulpinii**
分布：四川

祁连费尔氏马先蒿 **Pedicularis pheulpinii** subsp. **chilienensis** P. C. Tsoong
分布：青海

膨萼马先蒿 **Pedicularis physocalyx** Bunge
分布：新疆；哈萨克斯坦、俄罗斯

绵穗马先蒿 **Pedicularis pilostachya** Maxim.
分布：甘肃、青海

松林马先蒿 **Pedicularis pinetorum** Hand.-Mazz.
分布：云南

皱褶马先蒿 **Pedicularis plicata** Maxim.
分布：甘肃、青海、四川、云南、西藏

皱褶马先蒿(原亚种) **Pedicularis plicata** subsp. **plicata**
分布：甘肃、青海、四川

凸尖皱褶马先蒿 **Pedicularis plicata** subsp. **apiculata** (P. C. Tsoong) P. C. Tsoong
分布：西藏

浅黄皱褶马先蒿 **Pedicularis plicata** subsp. **luteola** (H. L. Li) P. C. Tsoong
分布：云南

远志状马先蒿 **Pedicularis polygaloides** Hook. f.
分布：西藏；不丹、印度

多齿马先蒿 **Pedicularis polyodonta** H. L. Li
分布：四川

波氏马先蒿 **Pedicularis potaninii** Maxim.
分布：甘肃

悬岩马先蒿 **Pedicularis praeruptorum** Bonati
分布：云南

帕兰氏马先蒿 **Pedicularis prainiana** Maxim.
分布：西藏；不丹

高超马先蒿 **Pedicularis princeps** Bureau et Franch.
分布：四川、云南

鼻喙马先蒿 **Pedicularis proboscidea** Stev.
分布：新疆；哈萨克斯坦、蒙古国、俄罗斯

普氏马先蒿 **Pedicularis przewalskii** Maxim.
分布：甘肃、青海、四川、云南、西藏

普氏马先蒿(原亚种) **Pedicularis przewalskii** subsp. **przewalskii**
分布：甘肃、青海、四川、西藏

南方普氏马先蒿 **Pedicularis przewalskii** subsp. **australis** (H. L. Li) P. C. Tsoong
分布：云南、西藏

粗毛普氏马先蒿 **Pedicularis przewalskii** subsp. **hirsuta** (H. L. Li) P. C. Tsoong
分布：云南

矮小普氏马先蒿 **Pedicularis przewalskii** subsp. **microphyton** (Bureau et Franch.) P. C. Tsoong
分布：四川、西藏

假头花马先蒿 **Pedicularis pseudocephalantha** Bonati
分布：云南

假弯管马先蒿 **Pedicularis pseudocurvituba** P. C. Tsoong
分布：青海

假硕大马先蒿 **Pedicularis pseudoingens** Bonati
分布：云南

假山萝花马先蒿 **Pedicularis pseudomelampyriflora** Bonati
分布：四川、云南、西藏

假藓生马先蒿 **Pedicularis pseudomuscicola** Bonati
分布：四川

假司氏马先蒿 **Pedicularis pseudosteiningeri** Bonati
分布：四川、云南

假多色马先蒿 **Pedicularis pseudoversicolor** Hand.-Mazz.
分布：云南、西藏；不丹

蕨叶马先蒿 **Pedicularis pteridifolia** Bonati
分布：四川

侏儒马先蒿 **Pedicularis pygmaea** Maxim.
分布：青海

侏儒马先蒿(原亚种) **Pedicularis pygmaea** subsp. **pygmaea**
分布：青海

德钦侏儒马先蒿 **Pedicularis pygmaea** subsp. **deqinensis** H. Wang
分布：云南

青海马先蒿 **Pedicularis qinghaiensis** T. Yamaz.
分布：青海

曲乡马先蒿 **Pedicularis quxiangensis** H. P. Yang
分布：西藏

**多枝马先蒿 Pedicularis ramosissima** Bonati
分布：四川

**反曲马先蒿 Pedicularis recurva** Maxim.
分布：甘肃、四川

**疏裂马先蒿 Pedicularis remotiloba** Hand.-Mazz.
分布：云南

**爬行马先蒿 Pedicularis reptans** P. C. Tsoong
分布：西藏

**返顾马先蒿 Pedicularis resupinata** L.
分布：黑龙江、吉林、辽宁、内蒙古、河北、山西、山东、陕西、甘肃、安徽、湖北、四川、贵州、广西；日本、哈萨克斯坦、朝鲜、蒙古国、俄罗斯

**返顾马先蒿(原亚种) Pedicularis resupinata** subsp. **resupinata**
分布：黑龙江、吉林、辽宁、河北、山西、山东、陕西、甘肃、安徽、四川、贵州；日本、哈萨克斯坦、韩国、蒙古国、俄罗斯

**粗茎返顾马先蒿 Pedicularis resupinata** subsp. **crassicaulis** (Vaniot ex Bonati) P. C. Tsoong
分布：湖北、四川、贵州、广西

**鼬臭返顾马先蒿 Pedicularis resupinata** subsp. **galeobdolon** (Diels) P. C. Tsoong
分布：陕西、湖北、四川

**毛叶返顾马先蒿 Pedicularis resupinata** subsp. **lasiophylla** P. C. Tsoong
分布：陕西

**雷丁马先蒿 Pedicularis retingensis** P. C. Tsoong
分布：西藏

**大王马先蒿 Pedicularis rex** C. B. Clarke ex Maxim.
分布：湖北、四川、贵州、云南、西藏；印度、缅甸

**大王马先蒿(原亚种) Pedicularis rex** subsp. **rex**
分布：四川、云南；印度、缅甸

**立氏大王马先蒿 Pedicularis rex** subsp. **lipskyana** (Bonati) P. C. Tsoong
分布：湖北、四川

**矮小大王马先蒿 Pedicularis rex** subsp. **parva** (Bonati) P. C. Tsoong
分布：云南

**假斗大王马先蒿 Pedicularis rex** subsp. **pseudocyathus** (Vaniot ex Bonati) Tsoong
分布：贵州

**察隅大王马先蒿 Pedicularis rex** subsp. **zayuensis** H. P. Yang
分布：西藏

**拟鼻马先蒿 Pedicularis rhinanthoides** Schrenk ex Fisch. et C. A. Mey.
分布：河北、山西、陕西、甘肃、青海、新疆、四川、云南、西藏；印度、哈萨克斯坦、吉尔吉斯斯坦、蒙古国、俄罗斯、塔吉克斯坦

**拟鼻马先蒿(原亚种) Pedicularis rhinanthoides** subsp. **rhinanthoides**
分布：新疆；印度、哈萨克斯坦、吉尔吉斯斯坦、蒙古国、俄罗斯、塔吉克斯坦

**大唇拟鼻花马先蒿 Pedicularis rhinanthoides** subsp. **labellata** (Jacquem.) P. C. Tsoong
分布：河北、山西、陕西、甘肃、青海、四川、云南、西藏；印度

**西藏拟鼻花马先蒿 Pedicularis rhinanthoides** subsp. **tibetica** (Bonati) P. C. Tsoong
分布：四川、云南

**根茎马先蒿 Pedicularis rhizomatosa** P. C. Tsoong
分布：西藏

**红毛马先蒿 Pedicularis rhodotricha** Maxim.
分布：四川、云南

**喙齿马先蒿 Pedicularis rhynchodonta** Bureau et Franch.
分布：四川

**喙毛马先蒿 Pedicularis rhynchotricha** P. C. Tsoong
分布：西藏

**坚挺马先蒿 Pedicularis rigida** Franch. ex Maxim.
分布：云南

**那曲马先蒿 Pedicularis rigidescens** T. Yamaz.
分布：青海、西藏

**拟坚挺马先蒿 Pedicularis rigidiformis** Bonati
分布：贵州

**日照马先蒿 Pedicularis rizhaoensis** H. P. Yang
分布：四川

**劳氏马先蒿 Pedicularis roborowskii** Maxim.
分布：甘肃、青海、四川

**壮健马先蒿 Pedicularis robusta** Hook. f.
分布：西藏；印度

**圆叶马先蒿 Pedicularis rotundifolia** C. E. C. Fisch.
分布：西藏；缅甸

**罗氏马先蒿 Pedicularis roylei** Maxim.
分布：四川、云南、西藏；阿富汗、不丹、印度、克什米尔地区、尼泊尔

**罗氏马先蒿(原亚种) Pedicularis roylei** subsp. **roylei**
分布：四川、云南、西藏；阿富汗、不丹、印度、克什米尔地区

**大花罗氏马先蒿 Pedicularis roylei** subsp. **megalantha** P. C. Tsoong
分布：西藏

**萧氏马先蒿 Pedicularis roylei** subsp. **shawii** (P. C. Tsoong) P. C. Tsoong
分布：西藏

**红色马先蒿 Pedicularis rubens** Stephan ex Willd.
分布：黑龙江、吉林、辽宁、内蒙古、河北；蒙古国、俄罗斯

**粗野马先蒿 Pedicularis rudis** Maxim.
分布：内蒙古、陕西、甘肃、青海、四川、西藏

**若尔盖马先蒿 Pedicularis ruoergaiensis** H. P. Yang
分布：四川

**岩居马先蒿 Pedicularis rupicola** Franch. ex Maxim.
分布：云南、西藏

**岩居马先蒿(原亚种) Pedicularis rupicola** subsp. **rupicola**
分布：四川、云南、西藏

**川西岩居马先蒿 Pedicularis rupicola** subsp. **zambalensis** (Bonati) P. C. Tsoong
分布：四川、云南

**柳叶马先蒿 Pedicularis salicifolia** Bonati
分布：云南

**丹参花马先蒿 Pedicularis salviiflora** Franch. ex F. B. Forbes et Hemsl.
分布：四川、云南

**丹参花马先蒿(原变种) Pedicularis salviiflora** var. **salviiflora**
分布：四川、云南

**滑果丹参花马先蒿 Pedicularis salviiflora** var. **leiocarpa** H. P. Yang
分布：四川

**旌节马先蒿 Pedicularis sceptrum-carolinum** L.
分布：黑龙江、吉林、辽宁、内蒙古；日本、哈萨克斯坦、韩国、蒙古国、俄罗斯；欧洲

**旌节马先蒿(原亚种) Pedicularis sceptrum-carolinum** subsp. **sceptrum-carolinum**
分布：黑龙江、吉林、辽宁；日本、哈萨克斯坦、蒙古国、俄罗斯

**有毛旌节马先蒿 Pedicularis sceptrum-carolinum** subsp. **pubescens** (Bunge) P. C. Tsoong
分布：黑龙江、吉林、辽宁；朝鲜、俄罗斯

**裂喙马先蒿 Pedicularis schizorrhyncha** Prain
分布：西藏；不丹、尼泊尔、印度

**鹬形马先蒿 Pedicularis scolopax** Maxim.
分布：甘肃、青海

**赛氏马先蒿 Pedicularis semenowii** Regel
分布：新疆、西藏；阿富汗、印度、哈萨克斯坦、吉尔吉斯斯坦

**半扭卷马先蒿 Pedicularis semitorta** Maxim.
分布：甘肃、青海、四川

**半扭卷马先蒿(原变种) Pedicularis semitorta** var. **semitorta**
分布：甘肃、青海、四川

**紫花半扭卷马先蒿 Pedicularis semitorta** var. **porphyrantha** Z. L. Wu
分布：青海

**山西马先蒿 Pedicularis shansiensis** P. C. Tsoong
分布：河北、山西、陕西

**休氏马先蒿 Pedicularis sherriffii** P. C. Tsoong
分布：西藏

**之形喙马先蒿 Pedicularis sigmoidea** Franch. ex Maxim.
分布：云南

**矽镁马先蒿 Pedicularis sima** Maxim.
分布：甘肃、四川、西藏

**管花马先蒿 Pedicularis siphonantha** D. Don
分布：四川、云南、西藏；不丹、印度、尼泊尔

**管花马先蒿(原变种) Pedicularis siphonantha** var. **siphonantha**
分布：西藏；不丹、印度、尼泊尔、印度

**台氏管花马先蒿 Pedicularis siphonantha** var. **delavayi** (Franch. ex Maxim.) P. C. Tsoong
分布：四川、云南

紫斑管花马先蒿(新拟) **Pedicularis siphonantha** var. **stictochila** H. Wang et W. B. Yu
分布：四川

史氏马先蒿 **Pedicularis smithiana** Bonati
分布：四川、云南

准噶尔马先蒿 **Pedicularis songarica** Schrenk ex Fisch. et C. A. Mey.
分布：新疆；哈萨克斯坦

花楸叶马先蒿 **Pedicularis sorbifolia** P. C. Tsoong
分布：四川

苏氏马先蒿 **Pedicularis souliei** Franch.
分布：四川

团花马先蒿 **Pedicularis sphaerantha** P. C. Tsoong
分布：西藏

穗花马先蒿 **Pedicularis spicata** Pall.
分布：黑龙江、吉林、辽宁、内蒙古、河北、山西、陕西、甘肃、湖北、四川；日本、朝鲜、蒙古国、俄罗斯

穗花马先蒿(原亚种) **Pedicularis spicata** subsp. **spicata**
分布：黑龙江、吉林、辽宁、内蒙古、河北、山西、陕西、甘肃、湖北、四川；日本、韩国、蒙古国、俄罗斯

显苞穗花马先蒿 **Pedicularis spicata** subsp. **bracteata** P. C. Tsoong
分布：河北

狭果穗花马先蒿 **Pedicularis spicata** subsp. **stenocarpa** P. C. Tsoong
分布：河北

施氏马先蒿 **Pedicularis stadlmanniana** Bonati
分布：云南

司氏马先蒿 **Pedicularis steiningeri** Bonati
分布：四川

狭盔马先蒿 **Pedicularis stenocorys** Franch.
分布：四川

狭盔马先蒿(原亚种) **Pedicularis stenocorys** subsp. **stenocorys**
分布：四川

黑毛狭盔马先蒿 **Pedicularis stenocorys** subsp. **melanotricha** P. C. Tsoong
分布：四川

狭室马先蒿 **Pedicularis stenotheca** P. C. Tsoong
分布：西藏

斯氏马先蒿 **Pedicularis stewardii** H. L. Li
分布：贵州

扭喙马先蒿 **Pedicularis streptorhyncha** P. C. Tsoong
分布：四川

红纹马先蒿 **Pedicularis striata** Pall.
分布：辽宁、内蒙古、河北、山西、陕西、宁夏、甘肃；蒙古国、俄罗斯

红纹马先蒿(原亚种) **Pedicularis striata** subsp. **striata**
分布：辽宁、河北、山西、陕西、宁夏；蒙古国、俄罗斯

蛛丝红纹马先蒿 **Pedicularis striata** subsp. **arachnoidea** (Franch.) P. C. Tsoong
分布：内蒙古、宁夏、甘肃

球状马先蒿 **Pedicularis strobilacea** Franch. ex F. B. Forbes et Hemsl.
分布：云南；缅甸

长柱马先蒿 **Pedicularis stylosa** H. P. Yang
分布：西藏

针齿马先蒿 **Pedicularis subulatidens** P. C. Tsoong
分布：西藏

桑科西马先蒿(新拟) **Pedicularis sunkosiana** T. Yamaz.
分布：西藏

华丽马先蒿 **Pedicularis superba** Franch. ex Maxim.
分布：四川、云南

四川马先蒿 **Pedicularis szetschuanica** Maxim.
分布：甘肃、青海、四川、西藏

四川马先蒿(原亚种) **Pedicularis szetschuanica** subsp. **szetschuanica**
分布：甘肃、青海、四川、西藏

网脉四川马先蒿 **Pedicularis szetschuanica** subsp. **anastomosans** P. C. Tsoong
分布：西藏

宽叶四川马先蒿 **Pedicularis szetschuanica** subsp. **latifolia** P. C. Tsoong
分布：四川

大山马先蒿 **Pedicularis tachanensis** Bonati
分布：云南

大海马先蒿 **Pedicularis tahaiensis** Bonati
分布：云南

塔布马先蒿 **Pedicularis takpoensis** P. C. Tsoong
分布：西藏

大理马先蒿 **Pedicularis taliensis** Bonati
分布：云南

颤喙马先蒿 **Pedicularis tantalorhyncha** Franch. ex Bonati
分布：云南、西藏

大炮马先蒿 **Pedicularis tapaoensis** P. C. Tsoong
分布：四川

塔氏马先蒿 **Pedicularis tatarinowii** Maxim.
分布：内蒙古、河北、山西

打箭马先蒿 **Pedicularis tatsienensis** Bureau et Franch.
分布：四川、云南

泰氏马先蒿 **Pedicularis tayloriana** P. C. Tsoong
分布：西藏

宿叶马先蒿 **Pedicularis tenacifolia** P. C. Tsoong
分布：西藏

细茎马先蒿 **Pedicularis tenera** H. L. Li
分布：四川

纤茎马先蒿 **Pedicularis tenuicaulis** Prain
分布：西藏；不丹、尼泊尔、印度

纤裂马先蒿 **Pedicularis tenuisecta** Franch. ex Maxim.
分布：四川、贵州、云南；老挝

狭管马先蒿 **Pedicularis tenuituba** Pennell et H. L. Li
分布：四川、云南

三叶马先蒿 **Pedicularis ternata** Maxim.
分布：内蒙古、甘肃、青海

灌丛马先蒿 **Pedicularis thamnophila** (Hand.-Mazz.) H. L. Li
分布：四川、云南、西藏

灌丛马先蒿(原亚种) **Pedicularis thamnophila** subsp. **thamnophila**
分布：四川、云南、西藏

杯状灌丛马先蒿 **Pedicularis thamnophila** subsp. **cupuliformis** (H. L. Li) P. C. Tsoong
分布：四川

西藏马先蒿 **Pedicularis tibetica** Franch.
分布：四川、西藏

绒毛马先蒿 **Pedicularis tomentosa** H. L. Li
分布：云南

东俄洛马先蒿 **Pedicularis tongolensis** Franch.
分布：四川

扭旋马先蒿 **Pedicularis torta** Maxim.
分布：陕西、甘肃、湖北、四川

台湾马先蒿 **Pedicularis transmorrisonensis** Hayata
分布：台湾

三角齿马先蒿 **Pedicularis triangularidens** P. C. Tsoong
分布：四川

三角齿马先蒿(原亚种) **Pedicularis triangularidens** subsp. **triangularidens**
分布：四川

猫眼草三角齿马先蒿 **Pedicularis triangularidens** subsp. **chrysosplenioides** P. C. Tsoong
分布：四川

毛舟马先蒿 **Pedicularis trichocymba** H. L. Li
分布：四川

毛盔马先蒿 **Pedicularis trichoglossa** Hook. f.
分布：青海、四川、云南、西藏；不丹、印度、缅甸、尼泊尔

须毛马先蒿 **Pedicularis trichomata** H. L. Li
分布：云南

三色马先蒿 **Pedicularis tricolor** Hand.-Mazz.
分布：云南

三色马先蒿(原变种) **Pedicularis tricolor** var. **tricolor**
分布：云南

等凹三色马先蒿 **Pedicularis tricolor** var. **aequiretusa** P. C. Tsoong
分布：云南

阴郁马先蒿 **Pedicularis tristis** L.
分布：山西、甘肃；蒙古国、俄罗斯

蔡氏马先蒿 **Pedicularis tsaii** H. L. Li
分布：云南

苍山马先蒿 **Pedicularis tsangchanensis** Franch. ex Maxim.
分布：云南

察郎马先蒿 **Pedicularis tsarungensis** H. L. Li
分布：云南、西藏

茨口马先蒿 **Pedicularis tsekouensis** Bonati
分布：四川、云南；缅甸

**蒋氏马先蒿 Pedicularis tsiangii** H. L. Li
分布：贵州

**水泽马先蒿 Pedicularis uliginosa** Bunge
分布：新疆；阿富汗、哈萨克斯坦、吉尔吉斯斯坦、蒙古国、俄罗斯、塔吉克斯坦

**伞花马先蒿 Pedicularis umbelliformis** H. L. Li
分布：云南

**坛萼马先蒿 Pedicularis urceolata** P. C. Tsoong
分布：四川

**蔓生马先蒿 Pedicularis vagans** Hemsl.
分布：四川

**变色马先蒿 Pedicularis variegata** H. L. Li
分布：四川、云南

**秀丽马先蒿 Pedicularis venusta** Schangin ex Bunge
分布：黑龙江、内蒙古、新疆；蒙古国、俄罗斯

**马鞭草叶马先蒿 Pedicularis verbenifolia** Franch. ex Maxim.
分布：四川、云南

**地黄叶马先蒿 Pedicularis veronicifolia** Franch.
分布：四川、云南

**轮叶马先蒿 Pedicularis verticillata** L.
分布：黑龙江、吉林、辽宁、内蒙古、河北、山西、陕西、甘肃、青海、四川、西藏；日本、俄罗斯、北极高地；欧洲、北美洲

**轮叶马先蒿(原亚种) Pedicularis verticillata** subsp. **verticillata**
分布：黑龙江、吉林、辽宁、内蒙古、河北、四川、西藏；日本、俄罗斯；北极高地

**宽裂轮叶马先蒿 Pedicularis verticillata** subsp. **latisecta** (Hultén) P. C. Tsoong
分布：山西；欧洲

**唐古特轮叶马先蒿 Pedicularis verticillata** subsp. **tangutica** (Bonati) P. C. Tsoong
分布：内蒙古、山西、陕西、甘肃、青海、四川

**维氏马先蒿 Pedicularis vialii** Franch. ex F. B. Forbes et Hemsl.
分布：四川、云南、西藏；缅甸

**堇色马先蒿 Pedicularis violascens** Schrenk ex Fisch. et C. A. Mey.
分布：新疆；哈萨克斯坦、吉尔吉斯斯坦

**瓦氏马先蒿 Pedicularis wallichii** Bunge
分布：西藏；不丹、尼泊尔

**华氏马先蒿 Pedicularis wardii** Bonati
分布：云南、西藏

**维西马先蒿 Pedicularis weixiensis** H. P. Yang
分布：云南

**魏氏马先蒿 Pedicularis wilsonii** Bonati
分布：四川

**乡城马先蒿 Pedicularis xiangchengensis** H. P. Yang
分布：四川

**西侧山马先蒿 Pedicularis xiqingshanensis** H. Y. Feng et J. Z. Sun
分布：甘肃

**盐源马先蒿 Pedicularis yanyuanensis** H. P. Yang
分布：四川

**瑶山马先蒿 Pedicularis yaoshanensis** H. Wang
分布：云南

**季川马先蒿 Pedicularis yui** H. L. Li
分布：云南

**季川马先蒿(原变种) Pedicularis yui** var. **yui**
分布：云南

**缘毛季川马先蒿 Pedicularis yui** var. **ciliata** P. C. Tsoong
分布：云南

**云南马先蒿 Pedicularis yunnanensis** Franch. ex Maxim.
分布：云南

**察隅马先蒿 Pedicularis zayuensis** H. P. Yang
分布：西藏

**中甸马先蒿 Pedicularis zhongdianensis** H. P. Yang
分布：云南

## 钟山草属 Petitmenginia Bonati

**滇毛冠四蕊草 Petitmenginia comosa** Bonati
分布：云南；柬埔寨、老挝、泰国

**毛冠四蕊草 Petitmenginia matsumurae** T. Yamaz.
分布：江苏

## 黄筒花属 Phacellanthus Sieb. et Zucc.

**黄筒花 Phacellanthus tubiflorus** Sieb. et Zucc.
分布：吉林、陕西、甘肃、浙江、湖南、湖北；日本、朝

鲜、俄罗斯

## 松蒿属 **Phtheirospermum** Bunge ex Fischer et C. A. Mey.

具腺松蒿 **Phtheirospermum glandulosum** Benth.
分布：云南；缅甸、泰国、印度

松蒿 **Phtheirospermum japonicum** (Thunb.) Kanitz
分布：除新疆外各省(自治区、直辖市)有分布；日本、朝鲜、俄罗斯

木里松蒿 **Phtheirospermum muliense** C. Y. Wu et D. D. Tao
分布：四川

黑籽松蒿 **Phtheirospermum parishii** Hook. f.
分布：四川；印度、缅甸、泰国

细裂叶松蒿 **Phtheirospermum tenuisectum** Bureau et Franch.
分布：青海、四川、贵州、云南、西藏；不丹

## 五齿萼属 **Pseudobartsia** D. Y. Hong

五齿萼 **Pseudobartsia yunnanensis** D. Y. Hong
分布：云南

## 翅茎草属 **Pterygiella** Oliv.

齿叶翅茎草 **Pterygiella bartschioides** Hand.-Mazz.
分布：云南

圆茎翅茎草 **Pterygiella cylindrica** P. C. Tsoong
分布：四川、云南

圆茎翅茎草(原变种) **Pterygiella cylindrica** var. **cylindrica**
分布：四川、云南

灌状圆茎翅茎草(新拟) **Pterygiella cylindrica** var. **suffruticosa** L. N. Dong et H. Wang
分布：四川、云南

杜氏翅茎草 **Pterygiella duclouxii** Franch.
分布：四川、云南、广西

翅茎草 **Pterygiella nigrescens** Oliv.
分布：云南

川滇翅茎草 **Pterygiella suffruticosa** D. Y. Hong
分布：四川、云南

## 地黄属 **Rehmannia** Libosch. ex Fisch. et C. A. Mey.

天目地黄 **Rehmannia chingii** H. L. Li
分布：安徽、浙江、江西

高地黄 **Rehmannia elata** N. E. Br. ex Prain
分布：湖北

地黄 **Rehmannia glutinosa** (Gaertn.) Libosch. ex Fisch. et C. A. Mey.
分布：辽宁、内蒙古、河北、山西、山东、河南、陕西、甘肃、江苏、湖北

湖北地黄 **Rehmannia henryi** N. E. Br.
分布：湖北

裂叶地黄 **Rehmannia piasezkii** Maxim.
分布：陕西、湖北

茄叶地黄 **Rehmannia solanifolia** P. C. Tsoong et T. L. Chin
分布：四川

## 鼻花属 **Rhinanthus** L.

鼻花 **Rhinanthus glaber** Lam.
分布：黑龙江、吉林、辽宁、内蒙古、新疆；哈萨克斯坦、蒙古国、俄罗斯；欧洲

## 阴行草属 **Siphonostegia** Benth.

阴行草 **Siphonostegia chinensis** Benth.
分布：黑龙江、吉林、辽宁、内蒙古、河北、山西、山东、河南、陕西、甘肃、安徽、江苏、浙江、江西、湖南、四川、贵州、云南、福建、台湾、广东、广西；日本、韩国、俄罗斯

腺毛阴行草 **Siphonostegia laeta** S. Moore
分布：安徽、江苏、浙江、江西、湖南、福建、广东

## 短冠草属 **Sopubia** Buch.-Ham. ex D. Don

毛果短冠草 **Sopubia matsumurae** (T. Yamaz.) C. Y. Wu
分布：江苏、浙江、湖南

孟连短冠草 **Sopubia menglianensis** Y. Y. Qian
分布：云南

短冠草 **Sopubia trifida** Buch.-Ham. ex D. Don
分布：江西、湖南、四川、贵州、云南、广东、广西；不丹、印度、印度尼西亚、老挝、马来西亚、尼泊尔、巴基斯坦、菲律宾；非洲

## 独脚金属 **Striga** Lour.

狭叶独脚金 **Striga angustifolia** (D. Don) C. J. Saldanha
分布：海南；不丹、印度、缅甸、尼泊尔、斯里兰卡、越南

**独脚金 Striga asiatica** (L.) Kuntze

分布：江西、湖南、贵州、云南、福建、台湾、广东、广西；不丹、柬埔寨、印度、尼泊尔、菲律宾、斯里兰卡、泰国、越南；非洲、美洲

**密花独脚金 Striga densiflora** (Benth.) Benth.

分布：云南；印度

**大独脚金 Striga masuria** (Buch.-Ham. ex Benth.) Benth.

分布：江苏、湖南、四川、贵州、云南、福建、台湾、广东、广西；柬埔寨、印度、老挝、缅甸、尼泊尔、菲律宾、泰国、越南

### 崖白菜属 Triaenophora Soler.

**全缘叶崖白菜 Triaenophora integra** (H. L. Li) Ivanina

分布：四川

**崖白菜 Triaenophora rupestris** (Hemsl.) Soler.

分布：湖北

**神农架崖白菜(新拟) Triaenophora shennongjiaensis** X. D. Li

分布：湖北

### 直果草属 Triphysaria Fisch. et C. A. Mey.

**直果草 Triphysaria chinensis** (D. Y. Hong) D. Y. Hong

分布：湖北

### 马松蒿属 Xizangia D. Y. Hong

**马松蒿 Xizangia serrata** D. Y. Hong

分布：西藏

## 372. 酢浆草科 Oxalidaceae R. Br.

### 阳桃属 Averrhoa L.

**三敛 Averrhoa bilimbi** L.

分布：台湾、广东、广西栽培和逸生；原产于热带东南亚

**阳桃 Averrhoa carambola** L.

分布：四川、贵州、云南、福建、台湾、广东、广西、海南栽培和逸生；原产于热带东南亚

### 感应草属 Biophytum DC.

**分枝感应草 Biophytum fruticosum** Blume

分布：四川、重庆、贵州、云南、广东、广西、海南；柬埔寨、印度、印度尼西亚、马来西亚、缅甸、巴布亚新几内亚、菲律宾、泰国、越南

**感应草 Biophytum sensitivum** (L.) DC.

分布：台湾、广西、?贵州、云南、海南；印度、印度尼西亚、马来西亚、尼泊尔、菲律宾、斯里兰卡、泰国、越南；热带非洲

**无柄感应草 Biophytum umbraculum** Welw.

分布：云南；印度、印度尼西亚、马来西亚、缅甸、巴布亚新几内亚、菲律宾、泰国、越南、马达加斯加；热带非洲

### 酢浆草属 Oxalis L.

**白花酢浆草 Oxalis acetosella** L.

分布：黑龙江、吉林、辽宁、宁夏、新疆；日本、韩国、蒙古国、尼泊尔、巴基斯坦、俄罗斯；欧洲

**珠芽酢浆草 Oxalis bulbillifera** X. S. Shen et H. Sun

分布：安徽

**酢浆草 Oxalis corniculata** L.

分布：辽宁、内蒙古、河北、山西、山东、河南、陕西、甘肃、青海、安徽、江苏、浙江、江西、湖南、湖北、四川、重庆、贵州、云南、西藏、福建、台湾、广东、广西、海南；俄罗斯、不丹、印度、日本、朝鲜、马来西亚、缅甸、尼泊尔、巴基斯坦、泰国；近全世界分布

**红花酢浆草 Oxalis corymbosa** DC.

分布：各省(自治区、直辖市)广布；原产于热带美洲，现世界温暖地区广泛归化

**山酢浆草 Oxalis griffithii** Edgeworth et Hook. f.

分布：山东、河南、陕西、甘肃、安徽、江苏、浙江、江西、湖南、湖北、四川、贵州、云南、西藏、福建、台湾、广东、广西；不丹、印度、日本、克什米尔地区、韩国、缅甸、尼泊尔、菲律宾

**白鳞酢浆草 Oxalis leucolepis** Diels

分布：云南、西藏；不丹、印度、缅甸、尼泊尔

**三角叶酢浆草 Oxalis obtriangulata** Maxim.

分布：吉林、辽宁；日本、朝鲜、俄罗斯

**黄花酢浆草 Oxalis pes-caprae** L.

分布：福建；原产于南非

**直酢浆草 Oxalis stricta** L.

分布：吉林、辽宁、河北、山西、河南、浙江、江西、湖北、广西；日本、韩国、俄罗斯；欧洲、北美洲(东部)有引种

**武陵酢浆草 Oxalis wulingensis** T. Deng, D. G. Zhang et Z. L. Nie

分布：湖南、湖北

## 373. 芍药科 Paeoniaceae Raf.

### 芍药属 **Paeonia** L.

新疆芍药 **Paeonia anomala** L.

分布：山西、陕西、宁夏、甘肃、青海、新疆、四川、云南、西藏；哈萨克斯坦、蒙古国、俄罗斯

新疆芍药(原亚种) **Paeonia anomala** subsp. **anomala** L.

分布：新疆；哈萨克斯坦、蒙古国、俄罗斯

川赤芍 **Paeonia anomala** subsp. **veitchii** (Lynch) D. Y. Hong et K. Y. Pan

分布：山西、陕西、宁夏、甘肃、青海、四川、云南、西藏

中原牡丹 **Paeonia cathayana** D. Y. Hong et K. Y. Pan

分布：河南、湖北

四川牡丹 **Paeonia decomposita** Hand.-Mazz.

分布：四川

四川牡丹(原亚种) **Paeonia decomposita** subsp. **decomposita** Hand.-Mazz.

分布：四川

圆裂四川牡丹 **Paeonia decomposita** subsp. **rotundiloba** D. Y. Hong

分布：四川

滇牡丹 **Paeonia delavayi** Franch.

分布：四川、云南、西藏

多花芍药 **Paeonia emodi** Wall . ex Royle

分布：西藏；印度、克什米尔地区、尼泊尔、巴基斯坦

块根芍药 **Paeonia intermedia** C. A. Mey.

分布：新疆；哈萨克斯坦、吉尔吉斯斯坦、俄罗斯、塔吉克斯坦、乌兹别克斯坦

矮牡丹 **Paeonia jishanensis** T. Hong et W. Z. Zhao

分布：山西、河南、陕西

芍药 **Paeonia lactiflora** Pall.

分布：黑龙江、吉林、辽宁、内蒙古、河北、山西、陕西、宁夏、甘肃；朝鲜、日本、蒙古国、俄罗斯

大花黄牡丹 **Paeonia ludlowii** (Stern et Taylor) D. Y. Hong

分布：西藏

美丽芍药 **Paeonia mairei** H. Lév.

分布：陕西、甘肃、湖北、四川、贵州、云南

草芍药 **Paeonia obovata** Maxim.

分布：黑龙江、吉林、辽宁、内蒙古、河北、山西、河南、陕西、宁夏、甘肃、青海、安徽、浙江、江西、湖南、湖北、四川、贵州；日本、韩国、俄罗斯

草芍药(原亚种) **Paeonia obovata** subsp. **obovata**

分布：黑龙江、吉林、辽宁、内蒙古、河北、河南、安徽、浙江、江西、湖南、四川、贵州；日本、韩国、俄罗斯

拟草芍药 **Paeonia obovata** subsp. **willmottiae** (Stapf) D. Y. Hong et K. Y. Pan

分布：山西、河南、陕西、宁夏、湖北、四川、重庆

凤丹 **Paeonia ostii** T. Hong et J. X. Zhang

分布：原产于河南，在湖北、陕西、四川、安徽等省有栽培

卵叶牡丹 **Paeonia qiui** Y. L. Pei et D. Y. Hong

分布：河南、湖北

紫斑牡丹 **Paeonia rockii** (S. G. Haw et Lauener) T. Hong et J. J. Li

分布：河南、陕西、甘肃、湖北

紫斑牡丹(原亚种) **Paeonia rockii** subsp. **rockii**

分布：河南、陕西、甘肃、湖北、四川

太白山紫斑牡丹 **Paeonia rockii** subsp. **atava** (Brühl) D. Y. Hong et K. Y. Pan

分布：陕西、甘肃

林氏牡丹 **Paeonia rockii** subsp. **linyanshanii** (J. J. Halda) T. Hong et G. L. Osti

分布：甘肃

圆叶牡丹 **Paeonia rotundiloba** (D. Y. Hong) D. Y. Hong

分布：四川

白花芍药 **Paeonia sterniana** H. R. Fletcher

分布：西藏

牡丹 **Paeonia suffruticosa** Andrews

分布：原产于安徽、河南，广泛栽培于中国及其他地区

牡丹(原亚种) **Paeonia suffruticosa** subsp. **suffruticosa**

分布：原产于安徽、河南，广泛栽培于中国及其他地区

银屏牡丹 **Paeonia suffruticosa** subsp. **yinpingmudan** D. Y. Hong

分布：安徽

## 374. 小盘木科 Pandaceae Engl. et Gilg

### 小盘木属 **Microdesmis** Hook. f.

小盘木 **Microdesmis caseariifolia** Planch. ex Hook. f.

分布：云南、广东、广西、海南；孟加拉国、柬埔寨、印

度尼西亚、老挝、马来西亚、缅甸、菲律宾、泰国、越南

## 375. 露兜树科 Pandanaceae R. Br.

### 藤露兜树属 **Freycinetia** Gaudich.

山露兜 **Freycinetia formosana** Hemsl.
分布：台湾；菲律宾、日本

### 露兜树属 **Pandanus** Parkinson

香露兜 **Pandanus amaryllifolius** Roxb.
分布：海南栽培；印度尼西亚、马来西亚、菲律宾、斯里兰卡、泰国、越南

露兜草 **Pandanus austrosinensis** T. L. Wu
分布：广东、广西、海南

小露兜 **Pandanus fibrosus** Gagnep. ex Humbert.
分布：台湾、海南；越南

勒古子 **Pandanus kaida** Kurz.
分布：广东、海南；越南

露兜树 **Pandanus tectorius** Parkinson
分布：贵州、云南、福建、台湾、广东、广西、海南；太平洋群岛；东南亚、热带大洋洲

分叉露兜 **Pandanus urophyllus** Hance
分布：云南、西藏、广东、广西；印度、越南

## 376. 罂粟科 Papaveraceae Juss.

### 荷包藤属 **Adlumia** Raf. ex DC.

荷包藤 **Adlumia asiatica** Ohwi
分布：黑龙江、吉林；韩国、俄罗斯

### 蓟罂粟属 **Argemone** L.

蓟罂粟 **Argemone mexicana** L.
分布：福建、台湾、广东、云南归化；原产于热带美洲

### 白屈菜属 **Chelidonium** L.

白屈菜 **Chelidonium majus** L.
分布：安徽、甘肃、贵州、河北、黑龙江、河南、湖北、湖南、江苏、吉林、辽宁、青海、陕西、山东、山西、四川、云南、浙江；日本、韩国、俄罗斯；欧洲

### 紫堇属 **Corydalis** DC.

松潘黄堇 **Corydalis acropteryx** Fedde
分布：四川

川东紫堇 **Corydalis acuminata** Franch.
分布：陕西、湖北、四川、重庆、贵州

铁线蕨叶黄堇 **Corydalis adiantifolia** Hook. f. et Thomson
分布：新疆；克什米尔地区、巴基斯坦

东义紫堇 **Corydalis adoxifolia** C. Y. Wu
分布：四川

灰绿黄堇 **Corydalis adunca** Maxim.
分布：内蒙古、陕西、宁夏、甘肃、青海、四川、云南、西藏

艳巫岛紫堇 **Corydalis aeaeae** X. F. Gao
分布：四川

湿崖紫堇 **Corydalis aeditua** Lidén et Z. Y. Su
分布：四川

贺兰山延胡索 **Corydalis alaschanica** (Maxim.) Peshkova
分布：内蒙古、宁夏、甘肃

攀援黄堇 **Corydalis ampelos** Lidén et Z. Y. Su
分布：云南

文县紫堇 **Corydalis amphipogon** Lidén
分布：甘肃

圆萼紫堇 **Corydalis amplisepala** Z. Y. Su et Lidén
分布：湖北、四川

藏中黄堇 **Corydalis anaginova** Lidén et Z. Y. Su
分布：西藏

齿瓣紫堇 **Corydalis ananke** Lidén
分布：云南

莳萝叶紫堇 **Corydalis anethifolia** C. Y. Wu et Z. Y. Su
分布：陕西

细距紫堇 **Corydalis angusta** Z. Y. Su et Lidén
分布：四川

泉涌花紫堇 **Corydalis anthocrene** Lidén et J. Van de Veire
分布：四川

峨参叶紫堇 **Corydalis anthriscifolia** Franch.
分布：四川

小距紫堇 **Corydalis appendiculata** Hand.-Mazz.
分布：四川、云南

假漏斗菜紫堇 **Corydalis aquilegioides** Z. Y. Su
分布：四川

阿敦紫堇 **Corydalis atuntsuensis** W. W. Sm.
分布：青海、四川、云南

高黎贡山黄堇 **Corydalis auricilla** Lidén et Z. Y. Su
分布：云南；缅甸

耳柄紫堇 **Corydalis auriculata** Lidén et Z. Y. Su
分布：西藏

北越紫堇 **Corydalis balansae** Prain
分布：山东、安徽、江苏、浙江、江西、湖南、湖北、贵州、云南、福建、台湾、广东、广西；日本、老挝、越南

珠芽紫堇 **Corydalis balsamiflora** Prain
分布：四川

髯萼紫堇 **Corydalis barbisepala** Hand.-Mazz. et Fedde
分布：四川

囊距紫堇 **Corydalis benecincta** W. W. Sm.
分布：?四川、西藏、云南

梗苞黄堇 **Corydalis bibracteolata** Z. Y. Su
分布：新疆

碧江黄堇 **Corydalis bijiangensis** C. Y. Wu et H. Chuang
分布：云南

双斑黄堇 **Corydalis bimaculata** C. Y. Wu et Z. Y. Su
分布：西藏

那加黄堇 **Corydalis borii** C. E. C. Fisch.
分布：云南；印度、缅甸

江达紫堇 **Corydalis brachyceras** Lidén et J. Van de Veire
分布：西藏

短轴黄堇 **Corydalis brevipedunculata** (Z. Y. Su) Z. Y. Su et Lidén
分布：甘肃、四川

蔓生黄堇 **Corydalis brevirostrata** C. Y. Wu et Z. Y. Su
分布：青海、四川、?西藏

蔓生黄堇(原亚种) **Corydalis brevirostrata** subsp. **brevirostrata**
分布：四川

西藏蔓生黄堇 **Corydalis brevirostrata** subsp. **tibetica** (Maxim.) Lidén
分布：青海、西藏

褐鞘紫堇 **Corydalis brunneovaginata** Fedde
分布：四川

鳞叶紫堇 **Corydalis bulbifera** C. Y. Wu
分布：西藏

巫溪紫堇 **Corydalis bulbilligera** C. Y. Wu
分布：重庆

滇西紫堇 **Corydalis bulleyana** Diels
分布：四川、云南

滇西紫堇(原亚种) **Corydalis bulleyana** subsp. **bulleyana**
分布：四川、云南

木里滇西紫堇 **Corydalis bulleyana** subsp. **muliensis** Lidén et Z. Y. Su
分布：四川

地丁草 **Corydalis bungeana** Turcz.
分布：吉林、辽宁、内蒙古、河北、山西、山东、河南、陕西、宁夏、甘肃、江苏、湖南；朝鲜、蒙古国、俄罗斯

东紫堇 **Corydalis buschii** Nakai
分布：吉林；朝鲜、俄罗斯

灰岩紫堇 **Corydalis calcicola** W. W. Sm.
分布：四川、云南

显萼紫堇 **Corydalis calycosa** H. Chuang
分布：四川

弯果黄堇 **Corydalis campulicarpa** Hayata
分布：台湾

头花紫堇 **Corydalis capitata** X. F. Gao
分布：四川

方茎黄堇 **Corydalis capnoides** (L.) Pers.
分布：新疆；哈萨克斯坦、蒙古国、俄罗斯；欧洲

泸定紫堇 **Corydalis caput-medusae** Z. Y. Su et Lidén
分布：云南

龙骨籽紫堇 **Corydalis carinata** Lidén et Z. Y. Su
分布：云南

克什米尔紫堇 **Corydalis cashmeriana** Royle
分布：西藏；不丹、印度、克什米尔地区、尼泊尔

克什米尔紫堇(原亚种) **Corydalis cashmeriana** subsp. **cashmeriana**
分布：西藏；印度、克什米尔地区、尼泊尔

少花克什米尔紫堇 **Corydalis cashmeriana** subsp. **longicalcarata** (D. G. Long) Lidén
分布：西藏；不丹、印度、尼泊尔

飞流紫堇 **Corydalis cataractarum** Lidén
分布：四川

小药八旦子 **Corydalis caudata** (Lam.) Pers.
分布：河北、山西、山东、河南、陕西、甘肃、安徽、江苏、湖北

聂拉木黄堇 **Corydalis cavei** D. G. Long
分布：西藏；尼泊尔、印度

昌都紫堇 **Corydalis chamdoensis** C. Y. Wu et H. Chuang
分布：四川、西藏

长白山黄堇 **Corydalis changbaishanensis** M. L. Zhang et Y. W. Wang
分布：吉林；朝鲜、俄罗斯

显囊黄堇 **Corydalis changuensis** D. G. Long
分布：西藏；印度

地柏枝 **Corydalis cheilanthifolia** Hemsl.
分布：甘肃、湖北、四川、重庆、贵州、云南

斑花紫堇 **Corydalis cheilosticta** Z. Y. Su et Lidén
分布：甘肃、青海

斑花紫堇(原亚种) **Corydalis cheilosticta** subsp. **cheilosticta**
分布：青海

北邻斑花紫堇 **Corydalis cheilosticta** subsp. **borealis** Lidén et Z. Y. Su
分布：甘肃、青海

掌叶紫堇 **Corydalis cheirifolia** Franch.
分布：云南

甘肃紫堇 **Corydalis chingii** Fedde
分布：山西、陕西、甘肃

金球黄堇 **Corydalis chrysosphaera** C. Marquand et Airy Shaw
分布：西藏

斑花黄堇 **Corydalis conspersa** Maxim.
分布：甘肃、青海、四川、西藏；尼泊尔

角状黄堇 **Corydalis cornuta** Royle
分布：西藏；印度、克什米尔地区、尼泊尔、巴基斯坦；非洲

伞花黄堇 **Corydalis corymbosa** C. Y. Wu et Z. Y. Su
分布：云南、西藏

皱波黄堇 **Corydalis crispa** Prain
分布：西藏；不丹

皱波黄堇(原亚种) **Corydalis crispa** subsp. **crispa**
分布：西藏；不丹

光棱雏波黄堇 **Corydalis crispa** subsp. **laeviangula** (C. Y. Wu et H. Chuang) Lidén et Z. Y. Su
分布：西藏

鸡冠黄堇 **Corydalis crista-galli** Maxim.
分布：青海

具冠黄堇 **Corydalis cristata** Maxim.
分布：四川

无距黄堇 **Corydalis cryptogama** Z. Y. Su et Lidén
分布：四川

曲花紫堇 **Corydalis curviflora** Maxim. ex Hemsl.
分布：宁夏、甘肃、青海、四川

曲花紫堇(原亚种) **Corydalis curviflora** subsp. **curviflora**
分布：宁夏、甘肃、青海、四川

具爪曲花紫堇 **Corydalis curviflora** subsp. **rosthornii** (Fedde) C. Y. Wu
分布：四川

金雀花黄堇 **Corydalis cytisiflora** (Fedde) Lidén
分布：甘肃、四川

金雀花黄堇(原亚种) **Corydalis cytisiflora** subsp. **cytisiflora**
分布：宁夏、甘肃、青海、四川

高冠金雀花紫堇 **Corydalis cytisiflora** subsp. **altecristata** (C. Y. Wu et H. Chuang) Lidén
分布：四川

直距金雀花黄堇 **Corydalis cytisiflora** subsp. **minuticristata** (Fedde) Lidén
分布：四川

流苏金雀花紫堇 **Corydalis cytisiflora** subsp. **pseudosmithii** (Fedde) Lidén
分布：甘肃、四川

大金紫堇 **Corydalis dajingensis** C. Y. Wu et Z. Y. Su
分布：四川、西藏

迭裂黄堇 **Corydalis dasyptera** Maxim.
分布：甘肃、青海、四川、西藏

南黄堇 **Corydalis davidii** Franch.
分布：四川、重庆、云南；缅甸

夏天无 **Corydalis decumbens** (Thunb.) Pers.
分布：陕西、安徽、江苏、浙江、江西、湖南、湖北、福建、台湾；日本

德格紫堇 **Corydalis degensis** C. Y. Wu et H. Chuang
分布：四川

丽江黄堇 **Corydalis delavayi** Franch.
分布：四川、云南

娇嫩黄堇 **Corydalis delicatula** D. G. Long
分布：西藏；不丹

飞燕黄堇 **Corydalis delphinioides** Fedde
分布：四川、云南

密穗黄堇 **Corydalis densispica** C. Y. Wu
分布：四川、云南、西藏

展枝黄堇 **Corydalis diffusa** Lidén
分布：西藏；不丹

雅曲距紫堇 **Corydalis dolichocentra** Z. Y. Su et Lidén
分布：四川

东川紫堇 **Corydalis dongchuanensis** Z. Y. Su et Lidén
分布：云南

不丹紫堇 **Corydalis dorjii** D. G. Long
分布：西藏；不丹、印度

短爪黄堇 **Corydalis drakeana** Prain
分布：四川、云南

稀花黄堇 **Corydalis dubia** Prain
分布：西藏；不丹

师宗紫堇 **Corydalis duclouxii** H. Lév. et Vaniot
分布：重庆、贵州、云南

独龙江紫堇 **Corydalis dulongjiangensis** H. Chuang
分布：云南；缅甸

无冠紫堇 **Corydalis ecristata** (Prain) D. G. Long
分布：西藏；不丹、尼泊尔、印度

紫堇 **Corydalis edulis** Maxim.
分布：安徽、福建、甘肃、贵州、河北、河南、湖北、湖南、江苏、江西、辽宁、陕西、山西、四川、云南、浙江；?日本

高茎紫堇 **Corydalis elata** Bureau et Franch.
分布：四川

幽雅黄堇 **Corydalis elegans** Wallich ex Hooker et Thomson
分布：西藏；印度、尼泊尔

椭果紫堇 **Corydalis ellipticarpa** C. Y. Wu et Z. Y. Su
分布：甘肃、四川

对叶紫堇 **Corydalis enantiophylla** Lidén
分布：云南；缅甸

籽纹紫堇 **Corydalis esquirolii** H. Lév.
分布：贵州、广西

粗距紫堇 **Corydalis eugeniae** Fedde
分布：四川、云南

房山紫堇 **Corydalis fangshanensis** W. T. Wang ex S. Y. He
分布：河北、山西、河南

北岭黄堇 **Corydalis fargesii** Franch.
分布：陕西、宁夏、甘肃、湖北、重庆

大海黄堇 **Corydalis feddeana** H. Lév.
分布：四川、云南

天山囊果紫堇 **Corydalis fedtschenkoana** (Regel) Fedde
分布：新疆；阿富汗、塔吉克斯坦；中亚

丝叶紫堇 **Corydalis filisecta** C. Y. Wu
分布：西藏

扇叶黄堇 **Corydalis flabellata** Edgew.
分布：西藏；印度、尼泊尔、巴基斯坦

裂冠紫堇 **Corydalis flaccida** Hook. f. et Thomson
分布：四川、云南、西藏；不丹、印度、缅甸、尼泊尔

穆坪紫堇 **Corydalis flexuosa** Franch.
分布：四川

穆坪紫堇(原亚种) **Corydalis flexuosa** subsp. **flexuosa**
分布：四川

低冠穆坪紫堇 **Corydalis flexuosa** subsp. **pseudoheterocentra** (Fedde) Lidén
分布：四川

臭黄堇 **Corydalis foetida** C. Y. Wu et Z. Y. Su
分布：四川、云南

叶苞紫堇 **Corydalis foliaceobracteata** C. Y. Wu et Z. Y. Su
分布：甘肃、四川

春丕黄堇 **Corydalis franchetiana** Prain
分布：西藏；不丹

堇叶延胡索 **Corydalis fumariifolia** Maxim.
分布：黑龙江、吉林、辽宁；韩国、俄罗斯

北京延胡索 **Corydalis gamosepala** Maxim.
分布：甘肃、河北、?湖北、辽宁、内蒙古、宁夏、陕西、

山东、山西

**柄苞黄堇** **Corydalis gaoxinfeniae** Lidén
分布：四川

**巨紫堇** **Corydalis gigantea** Trautv. et C. A. Mey.
分布：黑龙江、吉林；日本、韩国、俄罗斯

**小花宽瓣黄堇** **Corydalis giraldii** Fedde
分布：河北、山西、山东、河南、陕西、甘肃、四川

**新疆元胡** **Corydalis glaucescens** Regel
分布：新疆；哈萨克斯坦、吉尔吉斯斯坦

**苍白紫堇** **Corydalis glaucissima** Lidén et Z. Y. Su
分布：云南、西藏

**甘草叶紫堇** **Corydalis glycyphyllos** Fedde
分布：四川

**新疆黄堇** **Corydalis gortschakovii** Schrenk
分布：新疆；中亚

**库莽黄堇** **Corydalis govaniana** Wall.
分布：西藏；克什米尔地区、尼泊尔

**纤细黄堇** **Corydalis gracillima** C. Y. Wu
分布：四川、云南、西藏；缅甸

**丹巴黄堇** **Corydalis grandiflora** C. Y. Wu et Z. Y. Su
分布：四川

**寡叶裸茎紫堇** **Corydalis gymnopoda** Z. Y. Su et Lidén
分布：四川

**裸茎延胡索** **Corydalis gyrophylla** Lidén
分布：四川、西藏

**钩距黄堇** **Corydalis hamata** Franch.
分布：四川、云南、西藏

**康定紫堇** **Corydalis harrysmithii** Lidén et Z. Y. Su
分布：四川

**毛被黄堇** **Corydalis hebephylla** C. Y. Wu et Z. Y. Su
分布：四川

**近泽黄堇** **Corydalis helodes** Lidén et J. Van de Veire
分布：云南

**半荷包紫堇** **Corydalis hemidicentra** Hand.-Mazz.
分布：云南、西藏

**巴东紫堇** **Corydalis hemsleyana** Franch. ex Prain
分布：陕西、湖北、四川、重庆、贵州

**尼泊尔黄堇** **Corydalis hendersonii** Hemsl.
分布：青海、新疆、西藏；克什米尔地区、尼泊尔

**尼泊尔黄堇(原变种)** **Corydalis hendersonii** var. **hendersonii**
分布：新疆、西藏；克什米尔地区、尼泊尔

**高冠尼泊尔黄堇** **Corydalis hendersonii** var. **altocristata** C. Y. Wu et Z. Y. Su
分布：青海、西藏

**假獐耳紫堇** **Corydalis hepaticifolia** C. Y. Wu et Z. Y. Su
分布：西藏

**独活叶紫堇** **Corydalis heracleifolia** C. Y. Wu et Z. Y. Su
分布：四川

**异果黄堇** **Corydalis heterocarpa** Sieb. et Zucc.
分布：山东、浙江；日本

**异心紫堇** **Corydalis heterocentra** Diels
分布：云南

**异齿紫堇** **Corydalis heterodonta** H. Lév.
分布：重庆、贵州

**异距紫堇** **Corydalis heterothylax** C. Y. Wu ex Z. Y. Su et Lidén
分布：四川、云南

**同瓣黄堇** **Corydalis homopetala** Diels
分布：云南

**洪坝山紫堇** **Corydalis hongbashanensis** Lidén et Y. W. Wang
分布：四川

**拟锥花黄堇** **Corydalis hookeri** Prain
分布：西藏；不丹、印度、尼泊尔

**五台山延胡索** **Corydalis hsiaowutaishanensis** T. P. Wang
分布：河北、山西

**湿生紫堇** **Corydalis humicola** Hand.-Mazz.
分布：四川

**矮生延胡索** **Corydalis humilis** Ohashi et Kim
分布：黑龙江、吉林、辽宁；朝鲜

**土元胡** **Corydalis humosa** Migo
分布：浙江

**银瑞** **Corydalis imbricata** Z. Y. Su et Lidén
分布：西藏

赛北紫堇 **Corydalis impatiens** (Pall.) Fisch.
分布：吉林、内蒙古、山西、甘肃、青海；蒙古国、俄罗斯

刻叶紫堇 **Corydalis incisa** (Thunb.) Persoon
分布：河北、山西、河南、陕西、甘肃、安徽、江苏、浙江、江西、湖南、湖北、四川、贵州、福建、台湾、广西；日本、韩国

小株紫堇 **Corydalis inconspicua** Bunge ex Ledeb.
分布：新疆；哈萨克斯坦、吉尔吉斯斯坦、蒙古国、俄罗斯

卡惹拉黄堇 **Corydalis inopinata** Prain ex Fedde
分布：西藏；克什米尔地区

药山紫堇 **Corydalis iochanensis** H. Lév.
分布：?贵州、四川、西藏、云南；不丹

瘦距紫堇 **Corydalis ischnosiphon** Lidén et Z. Y. Su
分布：云南

藏南紫堇 **Corydalis jigmei** Fisch. et Kaul
分布：西藏；不丹、印度、尼泊尔

泾源紫堇 **Corydalis jingyuanensis** C. Y. Wu et H. Chuang
分布：甘肃、?宁夏、陕西

九龙黄堇 **Corydalis jiulongensis** Z. Y. Su et Lidén
分布：四川

裸茎黄堇 **Corydalis juncea** Wall.
分布：西藏；不丹、印度、尼泊尔

凯里紫堇 **Corydalis kailiensis** Z. Y. Su
分布：贵州、广西

喀什黄堇 **Corydalis kashgarica** Ruprecht
分布：新疆

胶州延胡索 **Corydalis kiautschouensis** Poelln.
分布：吉林、辽宁、山东、江苏

多雄黄堇 **Corydalis kingdonis** Airy Shaw
分布：西藏

帕里紫堇 **Corydalis kingii** Prain
分布：西藏

俅江紫堇 **Corydalis kiukiangensis** C. Y. Wu, Z. Y. Su et Lidén
分布：云南

狭距紫堇 **Corydalis kokiana** Hand.-Mazz.
分布：四川、云南、西藏

南疆黄堇 **Corydalis krasnovii** Michajlova
分布：新疆；吉尔吉斯斯坦

库如措紫堇 **Corydalis kuruchuensis** Lidén
分布：西藏

高冠黄堇 **Corydalis laelia** Prain
分布：西藏；不丹、印度

兔唇紫堇 **Corydalis lagochila** Lidén et Z. Y. Su
分布：四川

毛果紫堇 **Corydalis lasiocarpa** Lidén et Z. Y. Su
分布：西藏

长冠紫堇 **Corydalis lathyrophylla** C. Y. Wu
分布：四川、云南

长冠紫堇(原亚种) **Corydalis lathyrophylla** subsp. **lathyrophylla**
分布：四川、云南

道孚长冠紫堇 **Corydalis lathyrophylla** subsp. **dawuensis** Lidén
分布：四川

宽花紫堇 **Corydalis latiflora** Hook. f. et Thomson
分布：西藏；不丹、尼泊尔、印度

宽裂黄堇 **Corydalis latiloba** Hook. f. et Thomson
分布：四川、云南、西藏

宽裂黄堇(原变种) **Corydalis latiloba** var. **latiloba**
分布：四川、云南

西藏宽裂黄堇 **Corydalis latiloba** var. **tibetica** Z. Y. Su et Lidén
分布：西藏

乌蒙宽裂黄堇 **Corydalis latiloba** var. **wumungensis** C. Y. Wu et Z. Y. Su
分布：云南

紫苞黄堇 **Corydalis laucheana** Fedde
分布：宁夏、青海、四川、西藏

疏花黄堇 **Corydalis laxiflora** Lidén
分布：新疆

薯根延胡索 **Corydalis ledebouriana** Kar. et Kir.
分布：新疆；阿富汗、哈萨克斯坦、吉尔吉斯斯坦、塔吉克斯坦

细果紫堇 **Corydalis leptocarpa** Hook. f. et Thomson
分布：云南；泰国、缅甸、印度、尼泊尔、不丹

粉叶紫堇 **Corydalis leucanthema** C. Y. Wu
分布：四川

拉萨黄堇 **Corydalis lhasaensis** C. Y. Wu et Z. Y. Su
分布：西藏

洛隆紫堇 **Corydalis lhorongensis** C. Y. Wu et H. Chuang
分布：西藏

绕曲黄堇 **Corydalis liana** Lidén et Z. Y. Su
分布：云南

积鳞紫堇 **Corydalis lidenii** Z. Y. Su
分布：四川

条裂黄堇 **Corydalis linarioides** Maxim.
分布：山西、陕西、宁夏、甘肃、青海、四川、西藏

线叶黄堇 **Corydalis linearis** C. Y. Wu
分布：四川

临江延胡索 **Corydalis linjiangensis** Z. Y. Su ex Lidén
分布：吉林、辽宁

变根紫堇 **Corydalis linstowiana** Fedde
分布：四川

红花紫堇 **Corydalis livida** Maxim.
分布：甘肃、青海、四川

红花紫堇(原变种) **Corydalis livida** var. **livida**
分布：青海、四川

齿冠红花紫堇 **Corydalis livida** var. **denticulatocristata** Z. Y. Su in C. Y. Wu
分布：青海、四川

长苞紫堇 **Corydalis longibracteata** Ludlow et Stearn
分布：西藏

长距紫堇 **Corydalis longicalcarata** H. Chuang et Z. Y. Su
分布：四川

长距紫堇(原变种) **Corydalis longicalcarata** var. **longicalcarata**
分布：四川

多裂长距紫堇 **Corydalis longicalcarata** var. **multipinnata** Z. Y. Su
分布：四川

无囊长距紫堇 **Corydalis longicalcarata** var. **nonsaccata** Z. Y. Su
分布：四川

开阳黄堇 **Corydalis longicornu** Franch.
分布：贵州、云南

毛长梗黄堇 **Corydalis longipes** DC.
分布：西藏；尼泊尔

长柱黄堇 **Corydalis longistyla** Z. Y. Su et Lidén
分布：四川

龙溪紫堇 **Corydalis longkiensis** C. Y. Wu, Lidén et Z. Y. Su
分布：四川、云南

齿冠紫堇 **Corydalis lophophora** Lidén et Z. Y. Su
分布：青海

罗平山黄堇 **Corydalis lopinensis** Franch.
分布：云南；缅甸

齿瓣黄堇 **Corydalis lowndesii** Lidén
分布：西藏；尼泊尔

单叶紫堇 **Corydalis ludlowii** Stearn
分布：西藏

米林紫堇 **Corydalis lupinoides** C. Marquand et Airy Shaw
分布：西藏

禄劝黄堇 **Corydalis luquanensis** H. Chuang
分布：云南

喜湿紫堇 **Corydalis madida** Lidén et Z. Y. Su
分布：四川

会泽紫堇 **Corydalis mairei** H. Lév.
分布：四川、云南

马牙黄堇 **Corydalis mayae** Hand.-Mazz.
分布：云南、西藏；缅甸

中国紫堇 **Corydalis mediterranea** Z. Y. Su et Lidén
分布：云南

少子黄堇 **Corydalis megalosperma** Z. Y. Su
分布：云南

细叶黄堇 **Corydalis meifolia** Wall.
分布：西藏；不丹、印度、尼泊尔、巴基斯坦

暗绿紫堇 **Corydalis melanochlora** Maxim.
分布：甘肃、青海、四川、云南、西藏

叶状苞紫堇 **Corydalis microflora** (C. Y. Wu et H. Chuang) Z. Y. Su et Lidén
分布：四川

小籽紫堇 **Corydalis microsperma** Lidén
分布：云南

米拉紫堇 **Corydalis milarepa** Lidén et Z. Y. Su
分布：西藏

小花紫堇 **Corydalis minutiflora** C. Y. Wu
分布：四川、西藏

疆堇 **Corydalis mira** (Batalin) C. Y. Wu et H. Chuang
分布：新疆；克什米尔地区

革吉黄堇 **Corydalis moorcroftiana** Wall. ex Hook. f. et Thomson
分布：西藏；印度、克什米尔地区

尿罐草 **Corydalis moupinensis** Franch.
分布：四川、云南

突尖紫堇 **Corydalis mucronata** Franch.
分布：四川

尖突黄堇 **Corydalis mucronifera** Maxim.
分布：甘肃、青海、新疆、西藏

天全紫堇 **Corydalis mucronipetala** (C. Y. Wu et H. Chuang) Lidén et Z. Y. Su
分布：四川

木里黄堇 **Corydalis muliensis** C. Y. Wu et Z. Y. Su
分布：四川

多裂紫堇 **Corydalis multisecta** C. Y. Wu et H. Chuang
分布：云南

富叶紫堇 **Corydalis myriophylla** Lidén
分布：云南；缅甸

矬紫堇 **Corydalis nana** Royle
分布：西藏；印度、尼泊尔

南五台山紫堇 **Corydalis nanwutaishanensis** Z. Y. Su et Lidén
分布：陕西

线基紫堇 **Corydalis nematopoda** Lidén et Z. Y. Su
分布：青海

林生紫堇 **Corydalis nemoralis** C. Y. Wu et H. Chuang
分布：西藏

黑顶黄堇 **Corydalis nigroapiculata** C. Y. Wu
分布：青海、四川、西藏

阿山黄堇 **Corydalis nobilis** (L.) Pers.
分布：新疆；哈萨克斯坦、蒙古国、俄罗斯

凌云紫堇 **Corydalis nubicola** Z. Y. Su et Lidén
分布：西藏

黄紫堇 **Corydalis ochotensis** Turcz.
分布：黑龙江、吉林、辽宁、河北、台湾；日本、韩国、俄罗斯

少花紫堇 **Corydalis oligantha** Ludlow
分布：云南、西藏；不丹、印度、缅甸

稀子黄堇 **Corydalis oligosperma** C. Y. Wu et Z. Y. Su
分布：西藏

金顶紫堇 **Corydalis omeiana** (C. Y. Wu et H. Chuang) Z. Y. Su et Lidén
分布：四川

假驴豆 **Corydalis onobrychis** Fedde
分布：新疆；阿富汗、克什米尔地区

蛇果黄堇 **Corydalis ophiocarpa** Hook. f. et Thomson
分布：河北、山西、河南、陕西、宁夏、甘肃、青海、安徽、江西、湖南、湖北、四川、贵州、云南、西藏、台湾；不丹、日本、印度

线足紫堇 **Corydalis oreocoma** Lidén et Z. Y. Su
分布：西藏

密花黄堇 **Corydalis orthopoda** Hayata
分布：台湾；日本

假酢浆草 **Corydalis oxalidifolia** Ludlow et Stearn
分布：西藏；不丹

尖瓣紫堇 **Corydalis oxypetala** Franch.
分布：云南

尖瓣紫堇(原亚种) **Corydalis oxypetala** subsp. **oxypetala**
分布：云南

小花尖瓣紫堇 **Corydalis oxypetala** subsp. **balfouriana** (Diels) Lidén
分布：云南

浪穹紫堇 **Corydalis pachycentra** Franch.
分布：四川、云南、西藏

粗梗黄堇 **Corydalis pachypoda** (Franch.) Hand.-Mazz.
分布：云南

熊猫之友 **Corydalis panda** Lidén et Y. W. Wang
分布：四川

帕米尔黄堇 **Corydalis paniculigera** Regel et Schmalh.
分布：新疆；亚洲(西南部)

冕宁紫堇 **Corydalis papillosa** Z. Y. Su et Lidén
分布：四川

贵州黄堇 **Corydalis parviflora** Z. Y. Su et Lidén
分布：贵州、云南、广西

少花延胡索 **Corydalis pauciflora** (Stephan) Pers.
分布：新疆；俄罗斯、蒙古国

盾萼紫堇 **Corydalis peltata** Lidén et Z. Y. Su
分布：云南

喜石黄堇 **Corydalis petrodoxa** Lidén et Z. Y. Su
分布：西藏

岩生紫堇 **Corydalis petrophila** Franch.
分布：云南、西藏

平武紫堇 **Corydalis pingwuensis** C. Y. Wu
分布：四川

羽叶紫堇 **Corydalis pinnata** Lidén et Z. Y. Su
分布：四川

羽苞黄堇 **Corydalis pinnatibracteata** Y. W. Wang, Lidén, Q. R. Liu et M. L. Zhang
分布：青海

远志黄堇 **Corydalis polygalina** Hook. f. et Thomson
分布：西藏；不丹、尼泊尔、印度

多叶紫堇 **Corydalis polyphylla** Hand.-Mazz.
分布：云南、西藏；?缅甸

紫花紫堇 **Corydalis porphyrantha** C. Y. Wu
分布：云南、西藏

半裸茎黄堇 **Corydalis potaninii** Maxim.
分布：甘肃、青海、四川

峭壁紫堇 **Corydalis praecipitorum** C. Y. Wu, Z. Y. Su et Lidén
分布：甘肃

草甸黄堇 **Corydalis prattii** Franch.
分布：四川

白花紫堇 **Corydalis procera** Lidén et Z. Y. Su
分布：四川

波密紫堇 **Corydalis pseudoadoxa** (C. Y. Wu et H. Chuang) C. Y. Wu et H. Chuang
分布：云南、西藏

假高山延胡索 **Corydalis pseudoalpestris** M. Pop.
分布：新疆；哈萨克斯坦

弯梗紫堇 **Corydalis pseudobalfouriana** Lidén et Z. Y. Su
分布：四川、云南

假髯萼紫堇 **Corydalis pseudobarbisepala** Fedde
分布：四川

美花黄堇 **Corydalis pseudocristata** Fedde
分布：四川

假密穗黄堇 **Corydalis pseudodensispica** Z. Y. Su et Lidén
分布：四川

甲格黄堇 **Corydalis pseudodrakeana** Lidén
分布：西藏

假北岭黄堇 **Corydalis pseudofargesii** H. Chuang
分布：甘肃、四川

假丝叶紫堇 **Corydalis pseudofilisecta** Lidén et Z. Y. Su
分布：西藏

假多叶黄堇 **Corydalis pseudofluminicola** Fedde
分布：四川

假赛北紫堇 **Corydalis pseudoimpatiens** Fedde
分布：甘肃、青海、四川

假刻叶紫堇 **Corydalis pseudoincisa** C. Y. Wu, Z. Y. Su et Lidén
分布：陕西、甘肃

拟裸茎黄堇 **Corydalis pseudojuncea** Ludlow et Stearn
分布：西藏；尼泊尔、印度

短腺黄堇 **Corydalis pseudolongipes** Lidén
分布：西藏；不丹、尼泊尔、印度

大花会泽紫堇 **Corydalis pseudomairei** C. Y. Wu ex Z. Y. Su et Lidén
分布：四川

假小叶黄堇 **Corydalis pseudomicrophylla** Z. Y. Su
分布：新疆

长突尖紫堇 **Corydalis pseudomucronata** C. Y. Wu, Z. Y. Su et Lidén
分布：四川

短葶黄堇 **Corydalis pseudorupestris** Lidén et Z. Y. Su
分布：四川

假北紫堇 **Corydalis pseudosibirica** Lidén et Z. Y. Su
分布：四川、西藏

假全冠黄堇 **Corydalis pseudotongolensis** Lidén
分布：四川、云南

假川西紫堇 **Corydalis pseudoweigoldii** Z. Y. Su
分布：四川

翅瓣黄堇 **Corydalis pterygopetala** Hand.-Mazz.
分布：云南、西藏；缅甸

翅瓣黄堇(原变种) **Corydalis pterygopetala** var. **pterygopetala**
分布：云南、西藏；缅甸

展枝翅瓣黄堇 **Corydalis pterygopetala** var. **divaricata** Z. Y. Su et Lidén
分布：云南；缅甸

无冠翅瓣黄堇 **Corydalis pterygopetala** var. **ecristata** H. Chuang
分布：云南

大花翅瓣黄堇 **Corydalis pterygopetala** var. **megalantha** (Diels) Lidén et Z. Y. Su
分布：云南

小花翅瓣黄堇 **Corydalis pterygopetala** var. **parviflora** Lidén
分布：云南

毛茎紫堇 **Corydalis pubicaulis** C. Y. Wu et H. Chuang
分布：西藏

巨萼紫堇 **Corydalis pycnopus** Lidén
分布：四川

矮黄堇 **Corydalis pygmaea** C. Y. Wu et Z. Y. Su
分布：西藏

青海黄堇 **Corydalis qinghaiensis** Z. Y. Su et Lidén
分布：青海

掌苞紫堇 **Corydalis quantmeyeriana** Fedde
分布：四川

朗县黄堇 **Corydalis quinquefoliolata** Ludlow
分布：西藏

小花黄堇 **Corydalis racemosa** (Thunb.) Pers.
分布：河南、陕西、甘肃、安徽、江苏、浙江、江西、湖南、湖北、四川、贵州、云南、西藏、福建、台湾、广东、广西；日本

黄花地丁 **Corydalis raddeana** Regel
分布：黑龙江、吉林、辽宁、内蒙古、河北、山东、河南、陕西、甘肃、浙江、台湾；日本、韩国、俄罗斯

裂瓣紫堇 **Corydalis radicans** Hand.-Mazz.
分布：四川、云南

高雅紫堇 **Corydalis regia** Z. Y. Su et Lidén
分布：西藏

全叶延胡索 **Corydalis repens** Mandl et Muehld.
分布：黑龙江、吉林、辽宁；朝鲜、俄罗斯

囊果紫堇 **Corydalis retingensis** Ludlow
分布：西藏

扇苞黄堇 **Corydalis rheinbabeniana** Fedde
分布：甘肃、青海、四川

扇苞黄堇(原变种) **Corydalis rheinbabeniana** var. **rheinbabeniana**
分布：甘肃、青海、四川

无毛扇苞黄堇 **Corydalis rheinbabeniana** var. **leioneura** H. Chuang
分布：青海

露点紫堇 **Corydalis rorida** H. Chuang
分布：四川

具喙黄堇 **Corydalis rostellata** Lidén
分布：四川、云南、西藏

西藏红萼黄堇 **Corydalis rubrisepala** subsp. **zhuangiana** Lidén
分布：西藏

石隙紫堇 **Corydalis rupifraga** C. Y. Wu et Z. Y. Su
分布：云南

囊瓣延胡索 **Corydalis saccata** Z. Y. Su et Lidén
分布：吉林、辽宁

中缅黄堇 **Corydalis saltatoria** W. W. Smith
分布：云南；缅甸

肉鳞紫堇 **Corydalis sarcolepis** Lidén et Z. Y. Su
分布：四川

岩黄连 **Corydalis saxicola** Bunting
分布：陕西、浙江、湖北、四川、重庆、贵州、云南、广西

粗糙黄堇 **Corydalis scaberula** Maxim.
分布：四川、西藏

长距元胡 **Corydalis schanginii** (Pall.) B. Fedtsch.
分布：新疆；哈萨克斯坦、吉尔吉斯斯坦、蒙古国、俄罗斯

裂柱紫堇 **Corydalis schistostigma** X. F. Gao
分布：四川

甘洛紫堇 **Corydalis schusteriana** Fedde
分布：四川

巧家紫堇 **Corydalis schweriniana** Fedde
分布：四川、云南

中亚紫堇 **Corydalis semenowii** Regel et Herder
分布：新疆；哈萨克斯坦、吉尔吉斯斯坦

地锦苗 **Corydalis sheareri** Hand.-Mazz.
分布：陕西、安徽、江苏、浙江、江西、湖南、湖北、四川、贵州、云南、福建、广东、广西；越南

鄂西黄堇 **Corydalis shennongensis** H. Chuang
分布：湖北

陕西紫堇 **Corydalis shensiana** Lidén ex C. Y. Wu
分布：山西、河南、陕西

巴嘎紫堇 **Corydalis sherriffii** Ludlow
分布：西藏

石棉紫堇 **Corydalis shimienensis** C. Y. Wu et Z. Y. Su
分布：四川

北紫堇 **Corydalis sibirica** (L. f.) Pers.
分布：黑龙江、吉林、内蒙古；俄罗斯、蒙古国

甘南紫堇 **Corydalis sigmantha** Z. Y. Su et C. Y. Wu
分布：甘肃、四川

宝兴黄堇 **Corydalis sigmoides** C. Y. Wu
分布：四川

箐边紫堇 **Corydalis smithiana** Fedde
分布：四川、云南

石渠黄堇 **Corydalis sophronitis** Z. Y. Su et Lidén
分布：青海、四川

匙苞黄堇 **Corydalis spathulata** Prain ex Craib
分布：西藏

珠果黄堇 **Corydalis speciosa** Maxim.
分布：黑龙江、吉林、辽宁、河北、山东、浙江、湖北；日本、韩国、蒙古国、俄罗斯

洱源紫堇 **Corydalis stenantha** Franch.
分布：云南

匍匐茎紫堇 **Corydalis stolonifera** Lidén
分布：四川

折曲黄堇 **Corydalis stracheyi** Duthie ex Prain
分布：云南、西藏；不丹、印度、尼泊尔

折曲黄堇(原变种) **Corydalis stracheyi** var. **stracheyi**
分布：西藏；不丹、印度、尼泊尔

无冠折曲黄堇 **Corydalis stracheyi** var. **ecristata** Prain
分布：云南、西藏

草黄堇 **Corydalis straminea** Maxim.
分布：甘肃、青海、四川

草黄堇(原变种) **Corydalis straminea** var. **straminea**
分布：甘肃、青海、四川

大萼草黄堇 **Corydalis straminea** var. **megacalyx** Z. Y. Su
分布：青海

索县黄堇 **Corydalis stramineoides** C. Y. Wu et Z. Y. Su
分布：西藏

纹果紫堇 **Corydalis striatocarpa** H. Chuang
分布：四川

直茎黄堇 **Corydalis stricta** Stephan ex Fisch.
分布：甘肃、青海、四川、新疆、西藏；?阿富汗、印度、克什米尔地区、蒙古国、巴基斯坦、尼泊尔、俄罗斯

幽溪紫堇 **Corydalis susannae** Lidén
分布：四川

茎节生根紫堇 **Corydalis suzhiyunii** Lidén
分布：云南

金钩如意草 **Corydalis taliensis** Franch.
分布：云南

唐古特延胡索 **Corydalis tangutica** Peshkova
分布：甘肃、青海、四川、西藏、云南；不丹、?克什米尔地区

唐古特延胡索(原亚种) **Corydalis tangutica** subsp. **tangutica**
分布：甘肃、青海、四川

长轴唐古特延胡索 **Corydalis tangutica** subsp. **bullata** (Lidén) Z. Y. Su
分布：西藏、云南；不丹、?克什米尔地区

黄绿紫堇 **Corydalis temolana** C. Y. Wu et H. Chuang
分布：西藏

大叶紫堇 **Corydalis temulifolia** Franch.
分布：陕西、甘肃、湖北、四川、重庆、贵州、云南、广西；越南

大叶紫堇(原亚种) **Corydalis temulifolia** subsp. **temulifolia**
分布：陕西、甘肃、湖北、四川、重庆

鸡雪七 **Corydalis temulifolia** subsp. **aegopodioides** (H. Lév. et Vaniot) C. Y. Wu
分布：四川、贵州、云南、广西；越南

柔弱黄堇 **Corydalis tenerrima** C. Y. Wu
分布：云南、西藏

**细柄黄堇 Corydalis tenuipes** Lidén et Z. Y. Su
分布：四川、西藏

**三裂延胡索 Corydalis ternata** (Nakai) Nakai
分布：?吉林、辽宁；朝鲜

**神农架紫堇 Corydalis ternatifolia** C. Y. Wu, Z. Y. Su et Lidén
分布：山西、甘肃、湖北、四川、重庆

**天山黄堇 Corydalis tianshanica** Lidén
分布：新疆

**天祝黄堇 Corydalis tianzhuensis** M. S. Yang et C. J. Wang
分布：甘肃、青海

**西藏黄堇 Corydalis tibetica** Hook. f. et Thomson
分布：新疆、西藏；克什米尔地区、巴基斯坦

**西藏对叶黄堇 Corydalis tibeto-oppositifolia** C. Y. Wu et Z. Y. Su
分布：西藏

**西藏高山紫堇 Corydalis tibetoalpina** C. Y. Wu et T. Y. Shu
分布：西藏；克什米尔地区

**毛黄堇 Corydalis tomentella** Franch.
分布：陕西、湖北、四川、重庆

**全冠黄堇 Corydalis tongolensis** Franch.
分布：四川、云南、西藏

**糙果紫堇 Corydalis trachycarpa** Maxim.
分布：甘肃、青海、四川、西藏

**三裂紫堇 Corydalis trifoliata** Franch.
分布：云南、西藏；不丹、缅甸、尼泊尔、印度

**三裂瓣紫堇 Corydalis trilobipetala** Hand.-Mazz.
分布：四川、云南

**秦岭黄堇 Corydalis trisecta** Franch.
分布：河南、陕西、湖北、四川、重庆

**重三出黄堇 Corydalis triternatifolia** C. Y. Wu
分布：云南；缅甸

**藏紫堇 Corydalis tsangensis** Lidén et Z. Y. Su
分布：西藏

**察隅紫堇 Corydalis tsayulensis** C. Y. Wu et H. Chuang
分布：西藏

**齿瓣延胡索 Corydalis turtschaninovii** Besser
分布：黑龙江、吉林、辽宁、内蒙古、河北；日本、韩国、俄罗斯

**齿瓣延胡索(原亚种) Corydalis turtschaninovii** subsp. **turtschaninovii**
分布：黑龙江、吉林、辽宁、内蒙古、河北；俄罗斯

**少花齿瓣延胡索 Corydalis turtschaninovii** subsp. **vernyi** (Franch. et Savatier) Lidén
分布：黑龙江、辽宁；日本、韩国

**立花黄堇 Corydalis uranoscopa** Lidén
分布：西藏；印度

**吉林延胡索 Corydalis ussuriensis** Aparina
分布：吉林；俄罗斯

**圆根紫堇 Corydalis uvaria** Lidén et Z. Y. Su
分布：四川

**春花紫堇 Corydalis verna** Z. Y. Su et Lidén
分布：西藏

**腋含珠紫堇 Corydalis virginea** Lidén et Z. Y. Su
分布：陕西

**胎生紫堇 Corydalis vivipara** Fedde
分布：四川

**角瓣延胡索 Corydalis watanabei** Kitag.
分布：黑龙江、吉林、辽宁；朝鲜、俄罗斯

**川西紫堇 Corydalis weigoldii** Fedde
分布：四川

**阜平黄堇 Corydalis wilfordii** Regel
分布：河北、山东、河南、安徽、江苏、浙江、江西、湖南、湖北、台湾、广东；日本、韩国

**川鄂黄堇 Corydalis wilsonii** N. E. Br.
分布：湖北

**齿苞黄堇 Corydalis wuzhengyiana** Z. Y. Su et Lidén
分布：四川、西藏

**延胡索 Corydalis yanhusuo** W. T. Wang ex Z. Y. Su et C. Y. Wu
分布：河南、陕西、甘肃、安徽、江苏、浙江、湖南、湖北、四川、云南

**覆鳞紫堇 Corydalis yaoi** Lidén et Z. Y. Su
分布：四川

**雅江紫堇 Corydalis yargongensis** C. Y. Wu
分布：四川

**瘤籽黄堇 Corydalis yui** Lidén

分布：四川

**滇黄堇 Corydalis yunnanensis** Franch.

分布：四川、云南

**杂多紫堇 Corydalis zadoiensis** L. H. Zhou

分布：青海、西藏

**中甸黄堇 Corydalis zhongdianensis** Z. Y. Su et Lidén

分布：四川、云南

## 紫金龙属 Dactylicapnos Wall.

**缅甸紫金龙 Dactylicapnos burmanica** (K. R. Stern) Lidén

分布：云南；缅甸、尼泊尔

**滇西紫金龙 Dactylicapnos gaoligongshanensis** Lidén

分布：云南

**厚壳紫金龙 Dactylicapnos grandifoliolata** Merr.

分布：西藏；不丹、印度、缅甸

**平滑籽紫金龙 Dactylicapnos leiosperma** Lidén

分布：云南

**丽江紫金龙 Dactylicapnos lichiangensis** (Fedde) Hand.-Mazz.

分布：四川、云南、西藏；印度

**薄壳紫金龙 Dactylicapnos macrocapnos** (Prain) Hutchinson

分布：西藏；印度、尼泊尔

**宽果紫金龙 Dactylicapnos roylei** (Hook. f. et Thomson) Hutch.

分布：云南、四川、西藏；?不丹、印度、尼泊尔

**紫金龙 Dactylicapnos scandens** (D. Don) Hutch.

分布：云南、西藏、广西；不丹、印度、缅甸、尼泊尔、斯里兰卡、泰国、越南

**粗茎紫金龙 Dactylicapnos schneideri** (Fedde) Lidén

分布：云南

**扭果紫金龙 Dactylicapnos torulosa** (Hook. f. et Thomson) Hutch.

分布：四川、贵州、云南、西藏；孟加拉国、不丹、印度、缅甸

## 秃疮花属 Dicranostigma Hook. f. et Thomson

**直立秃疮花(新拟) Dicranostigma erectum** K.-F. Günther

分布：云南

**河南秃疮花 Dicranostigma henanensis** S. Y. Wang et L. H. Wu

分布：河南

**苣叶秃疮花 Dicranostigma lactucoides** Hook. f. et Thomson

分布：四川、西藏；印度、尼泊尔

**秃疮花 Dicranostigma leptopodum** (Maxim.) Fedde

分布：河北、山西、河南、陕西、甘肃、青海、四川、云南、西藏

**宽果秃疮花 Dicranostigma platycarpum** C. Y. Wu et H. Chuang

分布：云南、西藏

## 血水草属 Eomecon Hance

**血水草 Eomecon chionantha** Hance

分布：安徽、浙江、江西、湖南、湖北、四川、贵州、云南、福建、广东、广西

## 花菱草属 Eschscholzia Cham.

**花菱草 Eschscholzia californica** Cham.

分布：中国广泛引种；原产于美国

## 烟堇属 Fumaria L.

**烟堇 Fumaria officinalis** L.

分布：台湾；可能欧洲起源，世界分布

**短梗烟堇 Fumaria vaillantii** Loisel.

分布：新疆；亚洲(西南部)、欧洲、非洲

## 海罂粟属 Glaucium Mill.

**天山海罂粟 Glaucium elegans** Fisch. et C. A. Mey.

分布：新疆；阿富汗、哈萨克斯坦、吉尔吉斯斯坦、塔吉克斯坦、土库曼斯坦、乌兹别克斯坦；亚洲(西南部)

**海罂粟 Glaucium fimbrilligerum** Boiss.

分布：新疆；阿富汗、哈萨克斯坦、吉尔吉斯斯坦、乌兹别克斯坦；亚洲(西南部)

**新疆海罂粟 Glaucium squamigerum** Kar. et Kir.

分布：新疆；哈萨克斯坦、吉尔吉斯斯坦、塔吉克斯坦、乌兹别克斯坦

## 荷青花属 Hylomecon Maxim.

**荷青花 Hylomecon japonica** (Thunb.) Prantl

分布：黑龙江、吉林、辽宁、河北、山西、山东、河南、陕西、甘肃、安徽、江苏、浙江、湖北、四川；日本、朝鲜、俄罗斯

**荷青花(原变种) Hylomecon japonica** var. **japonica**

分布：黑龙江、吉林、辽宁、河北、山西、山东、河南、陕西、安徽、江苏、浙江、湖北、四川；日本、韩国、俄罗斯

**多裂荷青花 Hylomecon japonica** var. **dissecta** (Franch. et Sav.) Fedde

分布：陕西、湖北、四川；日本

**锐裂荷青花 Hylomecon japonica** var. **subincisa** Fedde

分布：山西、河南、陕西、甘肃、湖北、四川

## 角茴香属 Hypecoum L.

**角茴香 Hypecoum erectum** L.

分布：黑龙江、辽宁、内蒙古、山西、山东、陕西、宁夏、甘肃、新疆、湖北；蒙古国、俄罗斯

**细果角茴香 Hypecoum leptocarpum** Hook. f. et Thomson

分布：内蒙古、河北、山西、陕西、甘肃、青海、新疆、四川、云南、西藏；阿富汗、不丹、印度、蒙古国、尼泊尔、塔吉克斯坦

**小花角茴香 Hypecoum parviflorum** Kar. et Kir.

分布：新疆；阿富汗、克什米尔地区、哈萨克斯坦、吉尔吉斯斯坦、巴基斯坦、俄罗斯、塔吉克斯坦、土库曼斯坦、乌兹别克斯坦、伊朗

**芒康角茴香 Hypecoum zhukanum** Lidén

分布：西藏

## 黄药属 Ichtyoselmis Lidén et Fukuhara

**黄药 Ichtyoselmis macrantha** (Oliver) Lidén

分布：湖北、四川、贵州、云南；缅甸

## 荷包牡丹属 Lamprocapnos Endl.

**荷包牡丹 Lamprocapnos spectabilis** (L.) Fukuhara

分布：黑龙江、吉林、辽宁；韩国、俄罗斯

## 博落回属 Macleaya R. Br.

**博落回 Macleaya cordata** (Willd.) R. Br.

分布：山西、河南、陕西、甘肃、安徽、浙江、江西、湖南、湖北、四川、贵州、台湾、广东；日本

**小果博落回 Macleaya microcarpa** (Maxim.) Fedde

分布：山西、河南、陕西、甘肃、江苏、江西、湖北、四川

## 绿绒蒿属 Meconopsis Vig.

**皮刺绿绒蒿 Meconopsis aculeata** Royle

分布：西藏；印度、巴基斯坦

**白花绿绒蒿 Meconopsis argemonantha** Prain

分布：西藏

**巴郎绿绒蒿 Meconopsis balangensis** T. Yoshida, H. Sun et D. E. Boufford

分布：四川

**巴郎绿绒蒿(原变种) Meconopsis balangensis** var. **balangensis**

分布：四川

**夹金山绿绒蒿 Meconopsis balangensis** var. **atrata** T. Yoshida, H. Sun et D. E. Boufford

分布：四川

**久治绿绒蒿 Meconopsis barbiseta** C. Y. Wu et H. Chuang ex L. H. Zhou

分布：青海

**美花绿绒蒿 Meconopsis bella** Prain

分布：西藏；尼泊尔、印度、不丹

**藿香叶绿绒蒿 Meconopsis betonicifolia** Franch.

分布：云南、西藏；缅甸

**碧江绿绒蒿(新拟) Meconopsis bijiangensis** H. Ohba, T. Yoshida et Hang Sun

分布：云南

**二裂绿绒蒿(新拟) Meconopsis biloba** L. Z. An, Shu-Yan Chen et Y. S. Lian

分布：甘肃

**栗色绿绒蒿(新拟) Meconopsis castanea** H. Ohba, T. Yoshida et Hang Sun

分布：云南

**椭果绿绒蒿 Meconopsis chelidoniifolia** Bureau et Franch.

分布：四川、云南

**优雅绿绒蒿 Meconopsis concinna** Prain

分布：四川、云南、西藏

**长果绿绒蒿 Meconopsis delavayi** (Franch.) Franch. ex Prain

分布：云南

**毛盘绿绒蒿 Meconopsis discigera** Prain

分布：西藏；不丹、印度、尼泊尔

**纤细绿绒蒿 Meconopsis exilis** Tosh. Yoshida, H. Sun et Grey-Wilson

分布：云南；缅甸

**西藏绿绒蒿 Meconopsis florindae** Kingdon-Ward
分布：西藏

**丽江绿绒蒿 Meconopsis forrestii** Prain
分布：四川、云南

**黄花绿绒蒿 Meconopsis georgei** Tayl.
分布：云南

**细梗绿绒蒿 Meconopsis gracilipes** Tayl.
分布：西藏；尼泊尔

**大花绿绒蒿 Meconopsis grandis** Prain
分布：西藏；不丹、尼泊尔、印度

**川西绿绒蒿 Meconopsis henrici** Bureau et Franch.
分布：甘肃、四川

**川西绿绒蒿(原变种) Meconopsis henrici** var. **henrici**
分布：四川

**无葶川西绿绒蒿 Meconopsis henrici** var. **psilonomma** (Farrer) G. Taylor
分布：甘肃、四川

**异柱绿绒蒿(新拟) Meconopsis heterandra** T. Yoshida, H. Sun et D. E. Boufford
分布：四川

**多刺绿绒蒿 Meconopsis horridula** Hook. f. et Thomson
分布：甘肃、青海、四川、西藏；不丹、尼泊尔、印度、缅甸

**滇西绿绒蒿 Meconopsis impedita** Prain
分布：四川、云南、西藏；缅甸

**全缘叶绿绒蒿 Meconopsis integrifolia** (Maxim.) Franch.
分布：甘肃、青海、四川、云南、西藏；缅甸

**全缘叶绿绒蒿(原亚种) Meconopsis integrifolia** subsp. **integrifolia**
分布：甘肃、青海、四川、云南、西藏；缅甸

**垂花全缘叶绿绒蒿 Meconopsis integrifolia** subsp. **lijiangensis** Grey-Wilson
分布：四川、云南

**长叶绿绒蒿 Meconopsis lancifolia** (Franch.) Franch. ex Prain
分布：甘肃、四川、云南、西藏；缅甸

**琴叶绿绒蒿 Meconopsis lyrata** (Cummins et Prain ex Prain) Fedde ex Prain
分布：云南、西藏；不丹、尼泊尔、印度

**苔间绿绒蒿(新拟) Meconopsis muscicola** T. Yoshida et H. Sun et Boufford
分布：四川、云南

**柱果绿绒蒿 Meconopsis oliveriana** Franch. et Prain
分布：重庆、河南、湖北、陕西、?四川

**锥花绿绒蒿 Meconopsis paniculata** (D. Don) Prain
分布：西藏；不丹、印度、尼泊尔

**吉隆绿绒蒿 Meconopsis pinnatifolia** C. Y. Wu et H. Chuang ex L. H. Zhou
分布：西藏；尼泊尔

**草甸绿绒蒿 Meconopsis prattii** (Prain) Prain
分布：四川、云南、西藏；缅甸

**报春绿绒蒿 Meconopsis primulina** Prain
分布：西藏；不丹

**拟多刺绿绒蒿 Meconopsis pseudohorridula** C. Y. Wu et H. Chuang
分布：西藏

**横断山绿绒蒿 Meconopsis pseudointegrifolia** Prain
分布：甘肃、四川、云南、西藏；缅甸

**横断山绿绒蒿(原亚种) Meconopsis pseudointegrifolia** subsp. **pseudointegrifolia**
分布：云南、西藏

**多花横断山绿绒蒿 Meconopsis pseudointegrifolia** subsp. **daliensis** Grey-Wilson
分布：云南

**单花横断山绿绒蒿 Meconopsis pseudointegrifolia** subsp. **robusta** Grey-Wilson
分布：四川、云南、西藏；缅甸

**拟秀丽绿绒蒿 Meconopsis pseudovenusta** Tayl.
分布：四川、云南、西藏

**秀美绿绒蒿(新拟) Meconopsis pulchella** T. Yoshida, H. Sun et D. E. Boufford
分布：四川

**红花绿绒蒿 Meconopsis punicea** Maxim.
分布：甘肃、青海、四川、西藏

**五脉绿绒蒿 Meconopsis quintuplinervia** Regel
分布：陕西、甘肃、青海、湖北、四川、西藏

**五脉绿绒蒿(原变种) Meconopsis quintuplinervia** var. **quintuplinervia**
分布：陕西、甘肃、青海、湖北、四川、西藏

光果五脉绿绒蒿 **Meconopsis quintuplinervia** var. **glabra** P. H. Yang et M. Chang Wang
分布：陕西

总状绿绒蒿 **Meconopsis racemosa** Maxim.
分布：甘肃、青海、四川、云南、西藏

总状绿绒蒿(原变种) **Meconopsis racemosa** var. **racemosa**
分布：甘肃、青海、四川、云南、西藏

刺瓣绿绒蒿 **Meconopsis racemosa** var. **spinulifera** (L. H. Zhou) C. Y. Wu et H. Chuang
分布：青海

宽叶绿绒蒿 **Meconopsis rudis** (Prain) Prain
分布：四川、云南

单叶绿绒蒿 **Meconopsis simplicifolia** (D. Don) Walp.
分布：西藏；不丹、尼泊尔、印度

杯状花绿绒蒿 **Meconopsis sinomaculata** Grey-Wilson
分布：青海、四川

贡山绿绒蒿 **Meconopsis smithiana** (Hand.-Mazz.) Taylor ex Hand.-Mazz.
分布：云南；缅甸

美丽绿绒蒿 **Meconopsis speciosa** Prain
分布：四川、云南、西藏

高茎绿绒蒿 **Meconopsis superba** King ex Prain
分布：西藏；不丹

康顺绿绒蒿 **Meconopsis tibetica** Grey-Wilson
分布：西藏

毛瓣绿绒蒿 **Meconopsis torquata** Prain
分布：西藏

秀丽绿绒蒿 **Meconopsis venusta** Prain
分布：云南

紫花绿绒蒿 **Meconopsis violacea** Kingdon-Ward
分布：西藏；缅甸

尼泊尔绿绒蒿 **Meconopsis wilsonii** Grey-Wilson
分布：四川、云南；缅甸

尼泊尔绿绒蒿(原亚种) **Meconopsis wilsonii** subsp. **wilsonii**
分布：四川

少裂尼泊尔绿绒蒿 **Meconopsis wilsonii** subsp. **australis** Grey-Wilson
分布：云南；缅甸

东方尼泊尔绿绒蒿(新拟) **Meconopsis wilsonii** subsp. **orientalis** Grey-Wilson, D. W. H. Rankin et Z. K. Wu
分布：云南

乌蒙绿绒蒿 **Meconopsis wumungensis** K. M. Feng ex C. Y. Wu
分布：云南

乡城绿绒蒿(新拟) **Meconopsis xiangchengensis** R. Li et Z. L. Dao
分布：四川、云南

药山绿绒蒿 **Meconopsis yaoshanensis** T. Yoshida et H. Sun et Boufford
分布：云南

藏南绿绒蒿 **Meconopsis zangnanensis** L. H. Zhou
分布：西藏

## 罂粟属 **Papaver** L.

灰毛罂粟 **Papaver canescens** Tolm.
分布：新疆；俄罗斯、蒙古国

野罂粟 **Papaver nudicaule** L.
分布：黑龙江、吉林、内蒙古、河北、山西、陕西、宁夏、甘肃、新疆、湖北、四川，其余各省(自治区、直辖市)有栽培；阿富汗、哈萨克斯坦、吉尔吉斯斯坦、韩国、蒙古国、俄罗斯、塔吉克斯坦、乌兹别克斯坦

野罂粟(原变种) **Papaver nudicaule** var. **nudicaule**
分布：黑龙江、吉林、内蒙古、河北、山西、陕西、宁夏、甘肃、新疆、湖北、四川，其余各省(自治区、直辖市)有栽培；阿富汗、哈萨克斯坦、吉尔吉斯斯坦、韩国、蒙古国、俄罗斯、塔吉克斯坦、乌兹别克斯坦

光果野罂粟 **Papaver nudicaule** var. **aquilegioides** Fedde
分布：黑龙江、吉林、内蒙古、河北、山西、陕西、宁夏、甘肃、湖北、四川；朝鲜、俄罗斯

重瓣野罂粟 **Papaver nudicaule** var. **pleiopetalum** J. C. Shao
分布：新疆

鬼罂粟 **Papaver orientale** L.
分布：台湾；原产于高加索地区、伊朗、土耳其

黑环罂粟 **Papaver pavoninum** C. A. Mey.
分布：新疆；阿富汗、哈萨克斯坦、吉尔吉斯斯坦、巴基斯坦、俄罗斯(南部)、土库曼斯坦、乌兹别克斯坦；亚洲(西南部)

长白山罂粟 **Papaver radicatum** var. **pseudoradicatum** (Kitag.) Kitag.
分布：吉林；韩国

虞美人 **Papaver rhoeas** L.

分布：中国栽培(台湾有逸生)；原产于西南亚、欧洲、北非

罂粟 **Papaver somniferum** L.

分布：中国部分医学研究机构有栽培；原产于欧洲南部，阿富汗、印度、老挝、缅甸、泰国等地有栽培

### 疆罂粟属 **Roemeria** Medik.

紫花疆罂粟 **Roemeria hybrida** (L.) DC.

分布：新疆；亚洲(西南部)、欧洲(南部)、非洲

红花疆罂粟 **Roemeria refracta** DC.

分布：新疆；阿富汗、哈萨克斯坦、吉尔吉斯斯坦、巴基斯坦、塔吉克斯坦、土库曼斯坦、乌兹别克斯坦；亚洲(西南部)

### 金罂粟属 **Stylophorum** Nutt.

金罂粟 **Stylophorum lasiocarpum** (Oliv.) Fedde

分布：陕西、湖北、四川

四川金罂粟 **Stylophorum sutchuenense** (Franch.) Fedde

分布：陕西、甘肃、四川、重庆

## 377. 西番莲科 Passifloraceae Juss. ex Roussel

### 蒴莲属 **Adenia** Forssk.

三开瓢 **Adenia cardiophylla** (Mast.) Engl.

分布：云南；不丹、印度、缅甸、泰国、老挝、柬埔寨、越南、马来西亚

异叶蒴莲 **Adenia heterophylla** (Blume) Koord.

分布：台湾、广东、广西、海南；太平洋岛屿、柬埔寨、印度尼西亚、老挝、巴布亚新几内亚、菲律宾、泰国、越南、澳大利亚

滇南蒴莲 **Adenia penangiana** (Wall. ex G. Don) W. J. de Wilde

分布：云南；印度、印度尼西亚、泰国、老挝、越南、缅甸

### 西番莲属 **Passiflora** L.

腺柄西番莲 **Passiflora adenopoda** DC.

分布：云南归化杂草；原产于中南美洲

月叶西番莲 **Passiflora altebilobata** Hemsl.

分布：云南

西番莲 **Passiflora caerulea** L.

分布：江西、四川、云南、广西；原产于南美洲

杯叶西番莲 **Passiflora cupiformis** Mast.

分布：湖北、四川、云南、广东、广西；越南

心叶西番莲 **Passiflora eberhardtii** Gagnep.

分布：云南、广西；越南

鸡蛋果 **Passiflora edulis** Sims

分布：云南、福建、台湾、广东栽培且逸生；原产于南美洲

龙珠果 **Passiflora foetida** L.

分布：云南、福建、台湾、广东、广西、海南、香港；原产于南美洲，现为泛热带杂草

圆叶西番莲 **Passiflora henryi** Hemsl.

分布：云南

尖峰西番莲 **Passiflora jianfengensis** S. M. Hwang et Q. Huang

分布：广西、海南

山峰西番莲 **Passiflora jugorum** W. W. Sm.

分布：云南；缅甸

广东西番莲 **Passiflora kwangtungensis** Merr.

分布：江西、广东、广西

樟叶西番莲 **Passiflora laurifolia** L.

分布：广东栽培；原产于南美洲

蝴蝶藤 **Passiflora papilio** H. L. Li

分布：广西

大果西番莲 **Passiflora quadrangularis** L.

分布：广东、广西、海南；原产于美洲热带地区

长叶西番莲 **Passiflora siamica** Craib

分布：云南、广西；印度、缅甸、泰国、老挝、越南

细柱西番莲 **Passiflora suberosa** L.

分布：云南、福建、台湾、广东；原产于南美洲

长叶蛇王藤 **Passiflora tonkinensis** W. J. de Wilde

分布：云南；老挝、越南

镰叶西番莲 **Passiflora wilsonii** Hemsl.

分布：贵州、云南、西藏

版纳西番莲 **Passiflora xishuangbannaensis** Krosnick

分布：云南

## 378. 泡桐科 Paulowniaceae Nakai

### 泡桐属 **Paulownia** Sieb. et Zucc.

楸叶泡桐 **Paulownia catalpifolia** T. Gong ex D. Y. Hong

分布：山东

兰考泡桐 **Paulownia elongata** S. Y. Hu
分布：河北、山西、山东、河南、陕西、安徽、江苏、湖北

川泡桐 **Paulownia fargesii** Franch.
分布：湖南、湖北、四川、贵州、云南；越南

白花泡桐 **Paulownia fortunei** (Seem.) Hemsl.
分布：安徽、浙江、江西、湖南、湖北、四川、贵州、云南、福建、台湾、广东、广西；老挝、越南

台湾泡桐 **Paulownia kawakamii** T. Ito
分布：浙江、江西、湖南、湖北、贵州、福建、台湾、广东、广西

毛泡桐 **Paulownia tomentosa** (Thunb.) Steud.
分布：辽宁、河北、山西、山东、河南、陕西、甘肃、安徽、江苏、江西、湖南、湖北、四川；日本、朝鲜；欧洲、北美洲

毛泡桐(原变种) **Paulownia tomentosa** var. **tomentosa**
分布：辽宁、河北、山西、山东、河南、陕西、安徽、江苏、江西、湖南、湖北；日本、韩国均有栽培；欧洲、北美洲

光泡桐 **Paulownia tomentosa** var. **tsinlingensis** (Pai) T. Gong
分布：山西、山东、河南、陕西、甘肃、湖北、四川

南方泡桐 **Paulownia × taiwaniana** T. W. Hu et H. J. Chang
分布：浙江、湖南、福建、台湾、广东

### 美丽桐属 **Wightia** Wall.

美丽桐 **Wightia speciosissima** (D. Don) Merr.
分布：云南；不丹、印度、缅甸、尼泊尔、泰国、越南

## 379. 胡麻科 Pedaliaceae R. Br.

### 胡麻属 **Sesamum** L.

芝麻 **Sesamum indicum** L.
分布：世界广泛栽培

## 380. 五膜草科 Pentaphragmataceae J. Agardh

### 五膜草属 **Pentaphragma** Wall. ex G. Don

五膜草 **Pentaphragma sinense** Hemsl. et E. H. Wilson
分布：云南；越南

直序五膜草 **Pentaphragma spicatum** Merr.
分布：广东、广西、海南

## 381. 五列木科 Pentaphylacaceae Engl.

### 杨桐属 **Adinandra** Jack

狭叶杨桐 **Adinandra angustifolia** (S. H. Chun ex H. G. Ye) B. M. Barthol. et T. L. Ming
分布：海南

耳基叶杨桐 **Adinandra auriformis** L. K. Ling et S. Yun Liang
分布：广西

川杨桐 **Adinandra bockiana** E. Pritz.
分布：江西、湖南、四川、贵州、福建、广东、广西

川杨桐(原变种) **Adinandra bockiana** var. **bockiana**
分布：四川、贵州、广西

尖叶川杨桐 **Adinandra bockiana** var. **acutifolia** (Hand.-Mazz.) Kobuski
分布：江西、湖南、福建、广东、广西

长梗杨桐 **Adinandra elegans** How et Ko ex H. T. Chang
分布：广东

无腺杨桐 **Adinandra epunctata** Merr. et Chun
分布：海南

细梗杨桐 **Adinandra filipes** Merr. ex Kobuski
分布：广西

台湾杨桐 **Adinandra formosana** Hayata
分布：台湾

台湾杨桐(原变种) **Adinandra formosana** var. **formosana**
分布：台湾

钝叶台湾杨桐 **Adinandra formosana** var. **obtusissima** (Hayata ex Yamamoto) H. Keng
分布：台湾

两广杨桐 **Adinandra glischroloma** Hand.-Mazz.
分布：浙江、江西、湖南、福建、广东、广西

两广杨桐(原变种) **Adinandra glischroloma** var. **glischroloma**
分布：江西、湖南、广东、广西

长毛杨桐 **Adinandra glischroloma** var. **jubata** (H. L. Li) Kobuski
分布：福建、广东、广西

大萼杨桐 **Adinandra glischroloma** var. **macrosepala** (F. P. Metcalf) Kobuski
分布：浙江、江西、福建、广东、广西

大杨桐 **Adinandra grandis** L. K. Ling
分布：云南

海南杨桐 **Adinandra hainanensis** Hayata
分布：广东、广西、海南；越南

粗毛杨桐 **Adinandra hirta** Gagnep.
分布：贵州、云南、广东、广西

粗毛杨桐(原变种) **Adinandra hirta** var. **hirta**
分布：贵州、云南、广东、广西

大苞粗毛杨桐 **Adinandra hirta** var. **macrobracteata** L. K. Ling
分布：贵州、广西

保亭杨桐 **Adinandra howii** Merr. et Chun
分布：海南

全缘叶杨桐 **Adinandra integerrima** T. Anderson ex Dyer
分布：云南；越南、缅甸、泰国、马来西亚、柬埔寨

狭瓣杨桐 **Adinandra lancipetala** L. K. Ling
分布：云南；越南

毛柱杨桐 **Adinandra lasiostyla** Hayata
分布：台湾

阔叶杨桐 **Adinandra latifolia** L. K. Ling
分布：云南

大叶杨桐 **Adinandra megaphylla** Hu
分布：云南、广西；越南

杨桐 **Adinandra millettii** (Hook. et Arn.) Benth. et Hook. f. ex Hance
分布：安徽、浙江、江西、湖南、湖北、贵州、福建、广东、广西；越南

腺叶杨桐 **Adinandra nigroglandulosa** L. K. Ling
分布：云南

亮叶杨桐 **Adinandra nitida** Merr. ex H. L. Li
分布：贵州、广东、广西

屏边杨桐 **Adinandra pingbianensis** L. K. Ling
分布：云南

凹萼杨桐 **Adinandra retusa** D. Fang et D. H. Qin
分布：广西

## 茶梨属 **Anneslea** Wall.

茶梨 **Anneslea fragrans** Wall.
分布：江西、湖南、贵州、云南、福建、台湾、广东、广西、海南；越南、老挝、泰国、柬埔寨、缅甸、尼泊尔

## 红淡比属 **Cleyera** Thunb.

凹脉红淡比 **Cleyera incornuta** Y. C. Wu
分布：江西、湖南、贵州、广东、广西

红淡比 **Cleyera japonica** Thunb.
分布：河南、安徽、江苏、浙江、江西、湖南、湖北、四川、贵州、云南、西藏、福建、台湾、广东、广西；印度、日本、缅甸、尼泊尔

红淡比(原变种) **Cleyera japonica** var. **japonica**
分布：河南、安徽、江苏、浙江、江西、湖南、湖北、四川、贵州、福建、台湾、广东、广西；日本

大花红淡比 **Cleyera japonica** var. **wallichiana** (DC.) Sealy
分布：四川、云南、西藏；印度、缅甸、尼泊尔

齿叶红淡比 **Cleyera lipingensis** (Hand.-Mazz.) Ming
分布：陕西、江西、湖南、湖北、四川、贵州、台湾、广西

齿叶红淡比(原变种) **Cleyera lipingensis** var. **lipingensis**
分布：陕西、江西、湖南、湖北、四川、贵州、台湾、广西

太平山红淡比 **Cleyera lipingensis** var. **taipinensis** (Keng) Ming
分布：台湾

长果红淡比 **Cleyera longicarpa** (Yamam.) L. K. Ling
分布：台湾

倒卵叶红淡比 **Cleyera obovata** H. T. Chang
分布：广西；越南

隐脉红淡比 **Cleyera obscurinervia** (Merr. et Chun) H. T. Chang
分布：广西、海南

厚叶红淡比 **Cleyera pachyphylla** Chun ex H. T. Chang
分布：浙江、江西、湖南、福建、广东、广西

小叶红淡比 **Cleyera parvifolia** (Kobuski) Hu ex L. K. Ling
分布：广东

阳春红淡比 **Cleyera yangchunensis** L. K. Ling
分布：广东

## 柃属 **Eurya** Thunb.

尖叶柃 **Eurya acuminata** DC.
分布：云南、西藏；不丹、印度、印度尼西亚、马来西亚、缅甸、尼泊尔、斯里兰卡、泰国、越南

尖叶毛柃 **Eurya acuminatissima** Merr. et Chun
分布：江西、湖南、贵州、广东、广西

川黔尖叶柃 **Eurya acuminoides** Hu et L. K. Ling
分布：四川、贵州

尖萼毛柃 **Eurya acutisepala** Hu et L. K. Ling
分布：浙江、江西、湖南、贵州、云南、福建、广东、广西

翅柃 **Eurya alata** Kobuski
分布：河南、陕西、安徽、浙江、江西、湖南、湖北、四川、贵州、福建、广东、广西

穿心柃 **Eurya amplexifolia** Dunn
分布：福建、广东

耳叶柃 **Eurya auriformis** H. T. Chang
分布：广东、广西

双柱柃 **Eurya bifidostyla** K. M. Feng et P. I Mao
分布：云南

短柱柃 **Eurya brevistyla** Kobuski
分布：河南、陕西、安徽、江西、湖南、湖北、四川、贵州、云南、福建、广西

云南凹脉柃 **Eurya cavinervis** Vesque
分布：云南、西藏、广西；尼泊尔、不丹、印度、缅甸

米碎花 **Eurya chinensis** R. Brown
分布：江西、湖南、福建、台湾、广东、广西

米碎花(原变种)**Eurya chinensis** var. **chinensis**
分布：江西、湖南、福建、台湾、广东、广西

光枝米碎花 **Eurya chinensis** var. **glabra** Hu et L. K. Ling
分布：四川、福建、广东

大果柃 **Eurya chuekiangensis** Hu
分布：云南、西藏

华南毛柃 **Eurya ciliata** Merr.
分布：云南、广东、广西、海南

厚叶柃 **Eurya crassilimba** H. T. Chang
分布：西藏

钝齿柃 **Eurya crenatifolia** (Yamam.) Kobuski
分布：台湾

楔叶柃 **Eurya cuneata** Kobuski
分布：海南；越南

楔叶柃(原变种) **Eurya cuneata** var. **cuneata**
分布：海南

光枝楔叶柃 **Eurya cuneata** var. **glabra** Kobuski
分布：海南；越南

秃小耳柃 **Eurya disticha** Chun
分布：广东

二列叶柃 **Eurya distichophylla** Hemsl.
分布：江西、湖南、福建、广东、广西；越南

滨柃 **Eurya emarginata** (Thunb.) Makino
分布：浙江、福建、台湾；日本、朝鲜

川柃 **Eurya fangii** Rehder
分布：四川、云南

川柃(原变种) **Eurya fangii** var. **fangii**
分布：四川

大叶柃 **Eurya fangii** var. **megaphylla** P. S. Hsu
分布：四川

光柃 **Eurya glaberrima** Hayata
分布：台湾

腺柃 **Eurya glandulosa** Merr.
分布：福建、广东

腺柃(原变种) **Eurya glandulosa** var. **glandulosa**
分布：广东

楔基腺柃 **Eurya glandulosa** var. **cuneiformis** H. T. Chang
分布：广东

粗枝腺柃 **Eurya glandulosa** var. **dasyclados** (Kobuski) H. T. Chang
分布：福建、广东

灰毛柃 **Eurya gnaphalocarpa** Hayata
分布：台湾；菲律宾

岗柃 **Eurya groffii** Merr.
分布：四川、贵州、云南、西藏、福建、广东、广西、海南；缅甸、越南

岗柃(原变种) **Eurya groffii** var. **groffii**
分布：四川、贵州、云南、西藏、福建、广东、广西、海南；缅甸、越南

镇康岗柃 **Eurya groffii** var. **zhenkangensis** T. L. Ming
分布：云南

贡山柃 **Eurya gungshanensis** Hu et L. K. Ling
分布：云南、西藏

海南柃 **Eurya hainanensis** (Kobuski) H. T. Chang
分布：海南

丽江柃 **Eurya handel-mazzettii** H. T. Chang
分布：四川、贵州、云南、西藏、广西；印度

微毛柃 **Eurya hebeclados** Y. Ling
分布：河南、安徽、江苏、浙江、江西、湖南、湖北、四川、贵州、福建、广东、广西

披针叶毛柃 **Eurya henryi** Hemsl.
分布：云南；越南

鄂柃 **Eurya hupehensis** P. S. Hsu
分布：湖北

凹脉柃 **Eurya impressinervis** Kobuski
分布：江西、湖南、贵州、云南、广东、广西

偏心叶柃 **Eurya inaequalis** P. S. Hsu
分布：云南

景东柃 **Eurya jintungensis** Hu et L. K. Ling
分布：云南

贵州毛柃 **Eurya kueichowensis** P. T. Li
分布：湖北、四川、贵州、云南、广西

披针叶柃 **Eurya lanciformis** Kobuski
分布：广西

菠叶柃 **Eurya leptophylla** Hayata
分布：台湾

细枝柃 **Eurya loquaiana** Dunn
分布：河南、安徽、浙江、江西、湖南、湖北、四川、贵州、云南、福建、台湾、广东、广西、海南

细枝柃(原变种) **Eurya loquaiana** var. **loquaiana**
分布：河南、安徽、浙江、江西、湖南、湖北、四川、贵州、云南、福建、台湾、广东、广西、海南

金叶细枝柃 **Eurya loquaiana** var. **aureopunctata** H. T. Chang
分布：浙江、江西、湖南、贵州、云南、福建、广东、广西

绿春柃 **Eurya luchunensis** S. H. Wang et H. Wang
分布：云南

隆林耳叶柃 **Eurya lunglingensis** Hu et L. K. Ling
分布：广西

黑柃 **Eurya macartneyi** Champ.
分布：江西、湖南、福建、广东、广西、海南

大花柃 **Eurya magniflora** P. I Mao et P. X. He
分布：云南

麻栗坡柃 **Eurya marlipoensis** Hu
分布：云南

大果毛柃 **Eurya megatrichocarpa** H. T. Chang
分布：广西；越南

从化柃 **Eurya metcalfiana** Kobuski
分布：安徽、江苏、浙江、江西、湖南、贵州、福建、广东

格药柃 **Eurya muricata** Dunn
分布：安徽、江苏、浙江、江西、湖南、湖北、四川、贵州、云南、福建、广东

格药柃(原变种) **Eurya muricata** var. **muricata**
分布：安徽、江苏、浙江、江西、湖南、湖北、四川、贵州、福建、广东

毛枝格药柃 **Eurya muricata** var. **huana** (Kobuski) L. K. Ling
分布：浙江、江西、湖南、四川、贵州、云南

细齿叶柃 **Eurya nitida** Korth.
分布：河南、安徽、浙江、江西、湖南、湖北、四川、贵州、云南、福建、台湾、广东、广西、海南；柬埔寨、印度、印度尼西亚、老挝、马来西亚、缅甸、菲律宾、斯里兰卡、泰国、越南

斜基叶柃 **Eurya obliquifolia** Hemsl.
分布：云南

矩圆叶柃 **Eurya oblonga** Yang
分布：四川、贵州、云南、广西

矩圆叶柃(原变种) **Eurya oblonga** var. **oblonga**
分布：四川、贵州、云南、广西

合柱矩圆叶柃 **Eurya oblonga** var. **stylosa** Yang
分布：四川

钝叶柃 **Eurya obtusifolia** H. T. Chang
分布：陕西、湖南、湖北、四川、贵州、云南、广西

钝叶柃(原变种) **Eurya obtusifolia** var. **obtusifolia**
分布：陕西、湖南、湖北、四川、贵州、云南

金叶柃 **Eurya obtusifolia** var. **aurea** (H. Lév.) Ming
分布：湖北、四川、贵州、云南、广西

卵叶柃 **Eurya ovatifolia** H. T. Chang
分布：海南

**滇四角柃** **Eurya paratetragonoclada** Hu
分布：云南、西藏

**长毛柃** **Eurya patentipila** Chun
分布：广东、广西

**五柱柃** **Eurya pentagyna** H. T. Chang
分布：海南

**尖齿叶柃** **Eurya perserrata** Kobuski
分布：云南

**坚桃叶柃** **Eurya persicifolia** Gagnep.
分布：云南；越南

**腺叶柃(新拟)** **Eurya phaeosticta** C. X. Ye et X. G. Shi
分布：云南

**海桐叶柃** **Eurya pittosporifolia** Hu
分布：云南

**多脉柃** **Eurya polyneura** Chun
分布：广东、广西

**桃叶柃** **Eurya prunifolia** P. S. Hsu
分布：云南

**肖樱叶柃** **Eurya pseudocerasifera** Kobuski
分布：云南、西藏；缅甸

**火棘叶柃** **Eurya pyracanthifolia** P. S. Hsu
分布：云南

**大叶五室柃** **Eurya quinquelocularis** Kobuski
分布：贵州、云南、广西；越南

**莲华柃** **Eurya rengechiensis** Yamam.
分布：台湾

**红褐柃** **Eurya rubiginosa** H. T. Chang
分布：安徽、江苏、浙江、江西、湖南、云南、福建、广东、广西

**红褐柃(原变种)** **Eurya rubiginosa** var. **rubiginosa**
分布：广东

**窄基红褐柃** **Eurya rubiginosa** var. **attenuata** H. T. Chang
分布：安徽、江苏、浙江、江西、湖南、云南、福建、广东、广西

**小叶红褐柃** **Eurya rubiginosa** var. **microphylla** C. X. Ye et X. G. Shi
分布：广西

**皱叶柃** **Eurya rugosa** Hu
分布：四川

**岩柃** **Eurya saxicola** H. T. Chang
分布：安徽、浙江、江西、湖南、福建、广东、广西

**半齿柃** **Eurya semiserrulata** H. T. Chang
分布：江西、湖南、四川、贵州、云南、广西

**台湾格柃** **Eurya septata** Chi C. Wu, Z. F. Hsu et C. H. Tsou
分布：台湾

**窄叶柃** **Eurya stenophylla** Merr.
分布：湖北、四川、贵州、广东、广西；越南

**窄叶柃(原变种)** **Eurya stenophylla** var. **stenophylla**
分布：湖北、四川、贵州、广东、广西

**长尾窄叶柃** **Eurya stenophylla** var. **caudata** H. T. Chang
分布：广东、广西；越南

**毛窄叶柃** **Eurya stenophylla** var. **pubescens** T. L. Ming
分布：广东、广西

**台湾毛柃** **Eurya strigillosa** Hayata
分布：台湾；日本

**微心叶毛柃** **Eurya subcordata** Hu et L. K. Ling
分布：云南

**假杨桐** **Eurya subintegra** Kobuski
分布：广东、广西；越南

**假杨桐(原变种)** **Eurya subintegra** var. **subintegra**
分布：广东、广西；越南

**毛萼假杨桐** **Eurya subintegra** var. **pubisepala** Ye et Shi
分布：广西

**清水山柃** **Eurya taitungensis** C. E. Chang
分布：台湾

**独龙柃** **Eurya taronensis** Hu ex L. K. Ling
分布：云南、西藏

**四角柃** **Eurya tetragonoclada** Merr. et Chun
分布：河南、江西、湖南、湖北、四川、贵州、云南、广东、广西

**怒江柃** **Eurya tsaii** H. T. Chang
分布：云南、西藏

**屏边柃** **Eurya tsingpienensis** Hu
分布：云南；越南

**信宜毛柃 Eurya velutina** Chun
分布：广东

**单耳柃 Eurya weissiae** Chun
分布：浙江、江西、湖南、贵州、福建、广东、广西

**文山柃 Eurya wenshanensis** Hu et L. K. Ling
分布：云南

**无量山柃 Eurya wuliangshanensis** T. L. Ming
分布：云南

**云南柃 Eurya yunnanensis** P. S. Hsu
分布：云南

### 猪血木属 Euryodendron H. T. Chang

**猪血木 Euryodendron excelsum** H. T. Chang
分布：广东、广西

### 五列木属 Pentaphylax Gardner et Champ.

**五列木 Pentaphylax euryoides** Gardner et Champ.
分布：江西、湖南、贵州、云南、福建、广东、广西、海南；印度尼西亚、马来西亚、越南

### 厚皮香属 Ternstroemia Mutis ex L. f.

**角柄厚皮香 Ternstroemia biangulipes** H. T. Chang
分布：云南、西藏

**锥果厚皮香 Ternstroemia conicocarpa** L. K. Ling
分布：湖南、广东、广西

**厚皮香 Ternstroemia gymnanthera** (Wight et Arn.) Bedd.
分布：安徽、浙江、江西、湖南、湖北、四川、贵州、云南、福建、广东、广西；不丹、柬埔寨、印度、老挝、缅甸、尼泊尔、泰国、越南

**厚皮香(原变种) Ternstroemia gymnanthera** var. **gymnanthera**
分布：安徽、浙江、江西、湖南、湖北、四川、贵州、云南、福建、广东、广西；不丹、柬埔寨、印度、老挝、缅甸、尼泊尔、越南

**阔叶厚皮香 Ternstroemia gymnanthera** var. **wightii** (Choisy) Hand.-Mazz.
分布：湖南、湖北、四川、贵州、云南、广东、广西；印度

**海南厚皮香 Ternstroemia hainanensis** H. T. Chang
分布：海南

**大果厚皮香 Ternstroemia insignis** Y. C. Wu
分布：贵州、云南、广西

**日本厚皮香 Ternstroemia japonica** (Thunb.) Thunb.
分布：台湾；日本

**厚叶厚皮香 Ternstroemia kwangtungensis** Merr.
分布：江西、福建、广东、广西；越南

**尖萼厚皮香 Ternstroemia luteoflora** L. K. Ling
分布：江西、湖南、湖北、贵州、云南、福建、广东、广西

**小叶厚皮香 Ternstroemia microphylla** Merr.
分布：福建、广东、广西、海南

**亮叶厚皮香 Ternstroemia nitida** Merr.
分布：安徽、浙江、江西、湖南、贵州、福建、广东、广西

**四川厚皮香 Ternstroemia sichuanensis** L. K. Ling
分布：四川、贵州

**思茅厚皮香 Ternstroemia simaoensis** L. K. Ling
分布：云南

**云南厚皮香 Ternstroemia yunnanensis** L. K. Ling
分布：云南

## 382. 扯根菜科 Penthoraceae Rydb. ex Britt.

### 扯根菜属 Penthorum L.

**扯根菜 Penthorum chinense** Pursh
分布：黑龙江、吉林、辽宁、河北、河南、陕西、甘肃、安徽、江苏、江西、湖南、湖北、四川、贵州、云南、广东、广西；日本、朝鲜、老挝、蒙古国、俄罗斯、泰国、越南

## 383. 无叶莲科 Petrosaviaceae Hutch.

### 无叶莲属 Petrosavia Becc.

**疏花无叶莲 Petrosavia sakuraii** (Makino) J. J. Sm. ex Steenis
分布：四川、台湾、广西；印度尼西亚、日本、缅甸、越南

**无叶莲 Petrosavia sinii** (K. Krause) Gagnep.
分布：广西

## 384. 田葱科 Philydraceae Link

### 田葱属 Philydrum Banks ex Gaertn.

**田葱 Philydrum lanuginosum** Gaertn.
分布：福建、台湾、广东、广西；印度、日本、马来西亚、

缅甸、泰国、越南、澳大利亚、巴布亚新几内亚、柬埔寨

## 385. 透骨草科 Phrymaceae Schauer

### 野胡麻属 **Dodartia** L.

野胡麻 **Dodartia orientalis** L.

分布：内蒙古、甘肃、新疆、四川；哈萨克斯坦、吉尔吉斯斯坦、蒙古国、俄罗斯、塔吉克斯坦、土库曼斯坦、乌兹别克斯坦

### 红药草属(新拟) **Erythranthe** Spach

滇红药草(新拟) **Erythranthe bodinieri** (Vaniot) G. L. Nesom

分布：云南

具苞红药草(新拟) **Erythranthe bracteosa** (P. C. Tsoong) G. L. Nesom

分布：四川

尼泊尔红药草(新拟) **Erythranthe nepalensis** (Benth.) G. L. Nesom

分布：河南、甘肃、浙江、江西、湖南、湖北、四川、贵州、云南、西藏、台湾；印度、日本、尼泊尔、越南

大叶红药草(新拟) **Erythranthe platyphylla** (Franch.) G. L. Nesom

分布：四川、云南

高山红药草(新拟) **Erythranthe procera** (A. L. Grant) G. L. Nesom

分布：四川、云南；尼泊尔、印度

中华红药草(新拟) **Erythranthe sinoalba** Nesom

分布：云南

四川红药草(新拟) **Erythranthe szechuanensis** (Y. Y. Pai) G. L. Nesom

分布：陕西、甘肃、湖南、湖北、四川

纤弱红药草(新拟) **Erythranthe tenella** (Bunge) G. L. Nesom

分布：吉林、辽宁、河北、山西、山东、河南、陕西、甘肃、浙江、江西、湖南、湖北、四川、贵州、云南、西藏、台湾；印度、日本、尼泊尔、越南

藏红药草(新拟) **Erythranthe tibetica** (P. C. Tsoong et H. P. Yang) G. L. Nesom

分布：西藏

### 肉果草属 **Lancea** Hook. f. et Thomson

粗毛肉果草 **Lancea hirsuta** Bonati

分布：四川、云南

肉果草 **Lancea tibetica** Hook. f. et Thomson

分布：甘肃、青海、四川、云南、西藏；不丹、印度、蒙古国

### 通泉草属 **Mazus** Lour.

高山通泉草 **Mazus alpinus** Masam.

分布：台湾

早落通泉草 **Mazus caducifer** Hance

分布：安徽、浙江、江西

琴叶通泉草 **Mazus celsioides** Hand.-Mazz.

分布：云南、西藏

台湾通泉草 **Mazus fauriei** Bonati

分布：台湾；日本

福建通泉草 **Mazus fukienensis** P. C. Tsoong

分布：福建

纤细通泉草 **Mazus gracilis** Hemsl.

分布：河南、江苏、浙江、江西、湖北

长柄通泉草 **Mazus henryi** P. C. Tsoong

分布：云南；老挝

低矮通泉草 **Mazus humilis** Hand.-Mazz.

分布：四川、云南、广西

白花通泉草 **Mazus japonicus** var. **leucanthus** X. D. Dong et Ji-H. Li

分布：云南

贵州通泉草 **Mazus kweichowensis** P. C. Tsoong et H. P. Yang

分布：贵州

狭叶通泉草 **Mazus lanceifolius** Hemsl.

分布：湖北、四川

莲座通泉草 **Mazus lecomtei** Bonati

分布：四川、云南

长蔓通泉草 **Mazus longipes** Bonati

分布：贵州、云南

匍茎通泉草 **Mazus miquelii** Makino

分布：安徽、江苏、浙江、江西、湖南、湖北、福建、台湾、广西；日本

稀花通泉草 **Mazus oliganthus** H. L. Li

分布：云南

岩白翠 **Mazus omeiensis** H. L. Li

分布：四川、贵州

**长匍通泉草** **Mazus procumbens** Hemsl.

分布：湖北

**美丽通泉草** **Mazus pulchellus** Hemsl.

分布：湖北、四川、云南

**通泉草** **Mazus pumilus** (Burm. f.) Steenis

分布：黑龙江、吉林、辽宁、河北、山西、山东、河南、陕西、甘肃、安徽、江苏、浙江、江西、湖南、湖北、四川、贵州、云南、西藏、福建、台湾、广东、广西、海南；不丹、印度、印度尼西亚、日本、克什米尔地区、韩国、尼泊尔、巴布亚新几内亚、菲律宾、俄罗斯、泰国、越南

**通泉草(原变种)** **Mazus pumilus** var. **pumilus**

分布：黑龙江、吉林、辽宁、河北、山西、山东、河南、陕西、甘肃、安徽、江苏、浙江、江西、湖南、湖北、四川、贵州、云南、西藏、福建、台湾、广东、广西、海南；不丹、印度尼西亚、日本、克什米尔地区、韩国、巴布亚新几内亚、菲律宾、俄罗斯、印度、泰国、越南

**通泉草多枝变种** **Mazus pumilus** var. **delavayi** (Bonati) T. L. Chin ex D. Y. Hong

分布：四川、云南、广西；不丹、印度、克什米尔地区、尼泊尔

**通泉草大萼变种** **Mazus pumilus** var. **macrocalyx** (Bonati) T. L. Chin ex D. Y. Hong

分布：四川、云南、台湾、广东、广西；泰国

**通泉草匍茎变种** **Mazus pumilus** var. **wangii** (H. L. Li) T. L. Chin ex D. Y. Hong

分布：云南

**丽江通泉草** **Mazus rockii** H. L. Li

分布：云南

**林地通泉草** **Mazus saltuarius** Hand.-Mazz.

分布：江西、湖南

**茄叶通泉草** **Mazus solanifolius** P. C. Tsoong et H. P. Yang

分布：四川

**毛果通泉草** **Mazus spicatus** Vaniot

分布：陕西、湖南、湖北、四川、贵州、广西

**弹刀子菜** **Mazus stachydifolius** (Turcz.) Maxim.

分布：黑龙江、吉林、辽宁、河北、山西、山东、河南、陕西、安徽、江苏、浙江、江西、湖北、四川、台湾、广东；朝鲜、蒙古国、俄罗斯

**西藏通泉草** **Mazus surculosus** D. Don

分布：云南、西藏；不丹、印度、克什米尔地区、尼泊尔

**台南通泉草** **Mazus tainanensis** C. X. Xie

分布：台湾

**休宁通泉草** **Mazus xiuningensis** X. H. Guo et X. L. Liu

分布：安徽

## 小果草属 **Microcarpaea** R. Br.

**小果草** **Microcarpaea minima** (J. K. D. Koenig ex Retz.) Merr.

分布：浙江、贵州、云南、台湾、广东；印度、印度尼西亚、日本、朝鲜、马来西亚、泰国、越南；大洋洲

## 虾子草属 **Mimulicalyx** P. C. Tsoong

**沼生虾子草** **Mimulicalyx paludigenus** P. C. Tsoong

分布：四川、云南

**虾子草** **Mimulicalyx rosulatus** P. C. Tsoong

分布：云南

## 沟酸浆属 **Mimulus** L.

**匍生沟酸浆** **Mimulus bodinieri** Vaniot

分布：云南

**小苞沟酸浆** **Mimulus bracteosus** P. C. Tsoong

分布：四川

**四川沟酸浆** **Mimulus szechuanensis** Pai

分布：陕西、甘肃、湖南、湖北、四川、云南

**沟酸浆** **Mimulus tenellus** Bunge

分布：吉林、辽宁、河北、山西、山东、河南、陕西、甘肃、浙江、江西、湖南、湖北、四川、贵州、云南、西藏、台湾；印度、日本、尼泊尔、越南

**沟酸浆(原变种)** **Mimulus tenellus** var. **tenellus**

分布：吉林、辽宁、河北、山西、山东、河南、陕西

**尼泊尔沟酸浆** **Mimulus tenellus** var. **nepalensis** (Benth.) P. C. Tsoong

分布：河南、甘肃、浙江、江西、湖南、湖北、四川、贵州、云南、西藏、台湾；印度、日本、尼泊尔、越南

**南红藤** **Mimulus tenellus** var. **platyphyllus** (Franch.) P. C. Tsoong

分布：四川、云南

**高大沟酸浆** **Mimulus tenellus** var. **procerus** (Grant) Hand.-Mazz.

分布：四川、云南；尼泊尔、印度

**西藏沟酸浆** **Mimulus tibeticus** P. C. Tsoong et H. P. Yang

分布：西藏

### 透骨草属 **Phryma** L.

透骨草 **Phryma leptostachya** subsp. **asiatica** (Hara) Kitam.

分布：黑龙江、吉林、辽宁、内蒙古、河北、山西、山东、河南、陕西、甘肃、安徽、江苏、浙江、江西、湖南、湖北、四川、重庆、贵州、云南、西藏、福建、台湾、广西；俄罗斯、朝鲜、日本、越南、印度、尼泊尔、巴基斯坦、克什米尔地区

## 386. 叶下珠科 Phyllanthaceae Martinov

### 喜光花属 **Actephila** Blume

毛喜光花 **Actephila excelsa** (Dalzell) Müll. Arg.

分布：云南、广西；印度、印度尼西亚、马来西亚、缅甸、菲律宾、泰国、越南

喜光花 **Actephila merrilliana** Chun

分布：广东、海南

短柄喜光花 **Actephila subsessilis** Gagnep.

分布：云南；越南

### 五月茶属 **Antidesma** Burm. ex L.

西南五月茶 **Antidesma acidum** Retz.

分布：四川、贵州、云南；孟加拉国、不丹、柬埔寨、印度、印度尼西亚、老挝、缅甸、尼泊尔、泰国、越南

五月茶 **Antidesma bunius** (L.) Spreng.

分布：江西、贵州、云南、西藏、福建、广东、广西、海南；印度、印度尼西亚、老挝、缅甸、尼泊尔、巴布亚新几内亚、菲律宾、新加坡、斯里兰卡、泰国、越南、澳大利亚、太平洋岛屿

五月茶(原变种) **Antidesma bunius** var. **bunius**

分布：江西、贵州、西藏、福建、广东、广西、海南；印度、印度尼西亚、老挝、缅甸、尼泊尔、巴布亚新几内亚、菲律宾、新加坡、斯里兰卡、泰国、越南、澳大利亚、太平洋岛屿

毛叶五月茶 **Antidesma bunius** var. **pubescens** Hoffmann

分布：云南；泰国

黄毛五月茶 **Antidesma fordii** Hemsl.

分布：云南、福建、广东、广西、海南；老挝、越南

方叶五月茶 **Antidesma ghaesembilla** Gaertn.

分布：云南、广东、广西、海南；孟加拉国、不丹、柬埔寨、印度、印度尼西亚、老挝、马来西亚、缅甸、尼泊尔、巴布亚新几内亚、菲律宾、斯里兰卡、泰国、越南、澳大利亚

海南五月茶 **Antidesma hainanense** Merr.

分布：云南、广东、广西、海南；老挝、越南

河头山五月茶 **Antidesma hontaushanense** C. E. Chang

分布：台湾

酸味子 **Antidesma japonicum** Sieb. et Zucc.

分布：青海、安徽、江苏、浙江、江西、湖南、湖北、四川、贵州、云南、西藏、福建、台湾、广东、广西、海南；日本、马来西亚、泰国、越南

多花五月茶 **Antidesma maclurei** Merr.

分布：海南；越南

山地五月茶 **Antidesma montanum** Blume

分布：湖南、四川、贵州、云南、西藏、台湾、广东、广西、海南；孟加拉国、不丹、柬埔寨、印度、印度尼西亚、日本、老挝、马来西亚、缅甸、菲律宾、泰国、越南、澳大利亚

山地五月茶(原变种) **Antidesma montanum** var. **montanum**

分布：贵州、云南、西藏、台湾、广东、广西、海南；孟加拉国、不丹、柬埔寨、印度、印度尼西亚、日本、老挝、马来西亚、缅甸、菲律宾、泰国、越南、澳大利亚

小叶五月茶 **Antidesma montanum** var. **microphyllum** Petra ex Hoffmam.

分布：湖南、四川、贵州、云南、广东、广西、海南；老挝、泰国、越南

大果五月茶 **Antidesma nienkui** Merr. et Chun

分布：广东、海南

泰北五月茶 **Antidesma sootepense** Craib

分布：云南；老挝、缅甸、泰国

### 银柴属 **Aporosa** Bl.

银柴 **Aporosa dioica** (Roxb.) Müll. Arg.

分布：云南、广东、广西、海南；不丹、印度、马来西亚、缅甸、尼泊尔、泰国、越南

全缘叶银柴 **Aporosa planchoniana** Baill.

分布：云南、广西、海南；柬埔寨、印度、老挝、缅甸、泰国、越南

毛银柴 **Aporosa villosa** (Lindl.) Baill.

分布：云南、广东、广西、海南；柬埔寨、印度、老挝、缅甸、泰国、越南

云南银柴 **Aporosa yunnanensis** (Pax et K. Hoffm.) F. P. Metcalf

分布：江西、贵州、云南、广东、广西、海南；印度、缅

甸、泰国、越南

## 木奶果属 **Baccaurea** Lour.

多脉木奶果 **Baccaurea motleyana** (Müll. Arg.) Müll. Arg.

分布：云南栽培；原产于印度尼西亚、马来西亚、泰国

木奶果 **Baccaurea ramiflora** Lour.

分布：云南、广东、广西、海南；不丹、柬埔寨、印度、老挝、马来西亚、缅甸、尼泊尔、泰国、越南

## 重阳木属 **Bischofia** Blume

秋枫 **Bischofia javanica** Bl.

分布：河南、陕西、安徽、江苏、浙江、江西、湖南、湖北、四川、贵州、云南、福建、台湾、广东、广西、海南；不丹、柬埔寨、印度、印度尼西亚、日本、老挝、马来西亚、缅甸、尼泊尔、菲律宾、斯里兰卡、泰国、越南、澳大利亚、太平洋群岛

重阳木 **Bischofia polycarpa** (H. Lév.) Airy Shaw

分布：陕西、安徽、江苏、浙江、江西、湖南、贵州、云南、福建、广东、广西

## 黑面神属 **Breynia** Forst.

黑面神 **Breynia fruticosa** (L.) Müll. Arg.

分布：浙江、四川、贵州、云南、福建、广东、广西、海南；老挝、泰国、越南

红仔珠 **Breynia officinalis** Hemsl.

分布：福建、台湾；日本

钝叶黑面神 **Breynia retusa** (Dennst.) Alston

分布：贵州、云南、西藏、广西；孟加拉国、不丹、柬埔寨、印度、老挝、马来西亚、缅甸、尼泊尔、斯里兰卡、泰国、越南

喙果黑面神 **Breynia rostrata** Merr.

分布：浙江、云南、福建、广东、广西、海南；越南

小叶黑面神 **Breynia vitis-idaea** (Burm.) C. E. C. Fisch.

分布：贵州、云南、广东；孟加拉国、印度、印度尼西亚、老挝、缅甸、尼泊尔、巴基斯坦、斯里兰卡、泰国、柬埔寨、越南、马来西亚、菲律宾

## 土蜜树属 **Bridelia** Willd.

硬叶土蜜树 **Bridelia affinis** Craib

分布：云南；泰国

禾串树 **Bridelia balansae** Tutcher

分布：四川、贵州、云南、福建、台湾、广东、广西、海南；日本、老挝、越南

膜叶土蜜树 **Bridelia glauca** Blume

分布：云南、台湾、广东、广西；印度、印度尼西亚、老挝、马来西亚、缅甸、巴布亚新几内亚、菲律宾、泰国

圆叶土蜜树 **Bridelia parvifolia** Kuntze

分布：海南；越南

大叶土蜜树 **Bridelia retusa** (L.) A. Juss.

分布：湖南、贵州、云南、广东、广西、海南；不丹、柬埔寨、印度、印度尼西亚、老挝、缅甸、尼泊尔、斯里兰卡、泰国、越南

土蜜藤 **Bridelia stipularis** (L.) Blume

分布：云南、台湾、广东、广西、海南；不丹、文莱、柬埔寨、印度、印度尼西亚、老挝、马来西亚、缅甸、尼泊尔、菲律宾、新加坡、斯里兰卡、泰国、东帝汶、越南

土蜜树 **Bridelia tomentosa** Blume

分布：云南、福建、台湾、广东、广西、海南；孟加拉国、不丹、柬埔寨、印度(东部)、印度尼西亚、老挝、马来西亚、缅甸、尼泊尔、巴布亚新几内亚、菲律宾、新加坡、泰国、越南、澳大利亚

## 闭花木属 **Cleistanthus** Hook. f. ex Planch.

东方闭花木 **Cleistanthus concinnus** Croizat

分布：海南；越南

大叶闭花木 **Cleistanthus macrophyllus** Hook. f.

分布：云南；印度尼西亚、马来西亚、新加坡、泰国

米咀闭花木 **Cleistanthus pedicellatus** Hook. f.

分布：广西；印度尼西亚、马来西亚、巴布亚新几内亚、菲律宾

闭花木 **Cleistanthus sumatranus** (Miq.) Müll. Arg.

分布：云南、广东、广西、海南；文莱、柬埔寨、印度尼西亚、马来西亚、菲律宾、新加坡、泰国、越南

锈毛闭花木 **Cleistanthus tomentosus** Hance

分布：广东、海南；柬埔寨、泰国、越南

馒头果 **Cleistanthus tonkinensis** JaBlume

分布：云南、广东、广西；越南

## 白饭树属 **Flueggea** Willd.

毛白饭树 **Flueggea acicularis** (Croizat) G. L. Webster

分布：湖北、四川、云南

聚花白饭树 **Flueggea leucopyrus** Willd.

分布：四川、云南；印度、斯里兰卡、阿拉伯半岛；非洲

一叶萩 **Flueggea suffruticosa** (Pall.) Baill.

分布：除青海、新疆、西藏外遍布中国；日本、朝鲜、蒙

古国、俄罗斯

**白饭树 Flueggea virosa** (Roxb. ex Willd.) Voigt

分布：河北、山东、河南、湖南、贵州、云南、福建、台湾、广东、广西；亚洲(东部和东南部)、非洲、大洋洲广布

## 算盘子属 Glochidion J. R. Forst. et G. Forst.

**白毛算盘子 Glochidion arborescens** Blume

分布：云南；印度、印度尼西亚、马来西亚、泰国

**线药算盘子 Glochidion chademenosocarpum** Hayata

分布：台湾

**红算盘子 Glochidion coccineum** (Buch.-Ham.) Müll. Arg.

分布：贵州、云南、福建、广东、广西、海南；柬埔寨、印度、老挝、缅甸、泰国、越南

**革叶算盘子 Glochidion daltonii** (Müll. Arg.) Kurz.

分布：山东、安徽、江苏、浙江、江西、湖南、湖北、四川、贵州、云南、广东、广西；印度、马来西亚、缅甸、泰国、越南

**四裂算盘子 Glochidion ellipticum** Wight

分布：贵州、云南、台湾、广东、广西、海南；不丹、尼泊尔、印度、缅甸、泰国、越南

**毛果算盘子 Glochidion eriocarpum** Champ. ex Benth.

分布：湖南、贵州、云南、福建、台湾、广东、广西、海南；泰国、越南

**绒毛算盘子 Glochidion heyneanum** (Wight et Arn.) Wight

分布：云南；不丹、柬埔寨、印度、老挝、缅甸、尼泊尔、泰国、越南

**厚叶算盘子 Glochidion hirsutum** (Roxb.) Voigt

分布：云南、西藏、福建、台湾、广东、广西、海南；印度

**长柱算盘子 Glochidion khasicum** (Müll. Arg.) Hook. f.

分布：云南、广西；印度、不丹、泰国

**台湾算盘子 Glochidion kusukusense** Hayata

分布：台湾

**艾胶算盘子 Glochidion lanceolarium** (Roxb.) Voigt

分布：云南、福建、广东、广西、海南；柬埔寨、印度、老挝、泰国、越南

**披针叶算盘子 Glochidion lanceolatum** Hayata

分布：台湾

**山漆茎 Glochidion lutescens** Blume

分布：四川、贵州、云南、广东；印度、印度尼西亚、马来西亚、缅甸、菲律宾、泰国、越南、巴布亚新几内亚

**墨脱算盘子 Glochidion medogense** T. L. Chin

分布：西藏

**云雾算盘子 Glochidion nubigenum** Hook. f.

分布：西藏；不丹、尼泊尔、印度、泰国

**宽果算盘子 Glochidion oblatum** Hook. f.

分布：云南；印度、缅甸、泰国

**倒卵叶算盘子 Glochidion obovatum** Sieb. et Zucc.

分布：浙江、福建、台湾；日本

**甜叶算盘子 Glochidion philippicum** (Cav.) C. B. Rob.

分布：四川、云南、福建、台湾、广东、广西、海南；印度尼西亚、马来西亚、菲律宾

**算盘子 Glochidion puberum** (L.) Hutch.

分布：河南、陕西、甘肃、安徽、江苏、浙江、江西、湖南、湖北、四川、贵州、云南、西藏、福建、台湾、广东、广西、海南；日本

**茎花算盘子 Glochidion ramiflorum** J. R. Forst. et G. Forst.

分布：广东栽培；原产于斐济

**台闽算盘子 Glochidion rubrum** Blume

分布：福建、台湾；柬埔寨、印度、印度尼西亚、日本、马来西亚、缅甸、菲律宾、新加坡、泰国、越南

**圆果算盘子 Glochidion sphaerogynum** (Müll. Arg.) Kurz.

分布：云南、广东、广西、海南；不丹、印度、缅甸、泰国、越南

**水社算盘子 Glochidion suishaense** Hayata

分布：台湾

**青背叶算盘子 Glochidion thomsonii** (Müll. Arg.) Hook. f.

分布：西藏；印度

**里白算盘子 Glochidion triandrum** (Blanco) C. B. Rob.

分布：湖南、四川、贵州、云南、福建、台湾、广东、广西；柬埔寨、印度、日本、尼泊尔、菲律宾、泰国

**里白算盘子(原变种) Glochidion triandrum** var. **triandrum**

分布：湖南、四川、贵州、云南、福建、台湾、广东、广

西；柬埔寨、印度、日本、尼泊尔、菲律宾

泰云算盘子 **Glochidion triandrum** var. **siamense** (Airy Shaw) P. T. Li
分布：云南；泰国

湖北算盘子 **Glochidion wilsonii** Hutch.
分布：安徽、浙江、江西、湖北、四川、贵州、福建、广西

白背算盘子 **Glochidion wrightii** Benth.
分布：贵州、云南、福建、广东、广西、海南

香港算盘子 **Glochidion zeylanicum** (Gaertn.) A. Juss.
分布：云南、福建、台湾、广东、广西、海南；孟加拉国、印度、印度尼西亚、日本、马来西亚、缅甸、斯里兰卡、泰国、越南、澳大利亚、太平洋岛屿

## 雀舌木属 Leptopus Decaisne

薄叶雀舌木 **Leptopus australis** (Zoll. et Moritzi) Pojark.
分布：海南；印度、印度尼西亚、马来西亚、菲律宾、泰国、东帝汶、越南

雀儿舌头 **Leptopus chinensis** (Bunge) Pojark.
分布：河北、山西、河南、陕西、甘肃、江苏、湖南、湖北、四川、贵州、云南、西藏、广西、海南；缅甸、巴基斯坦、俄罗斯；亚洲(西南部)

缘腺雀舌木 **Leptopus clarkei** (Hook. f.) Pojark.
分布：四川、贵州、云南、广西；印度、缅甸、越南

方鼎木 **Leptopus fangdingianus** (P. T. Li) Vorontsova et Petra Hoffmann
分布：广西

海南雀舌木 **Leptopus hainanensis** (Merr. et Chun) Pojark.
分布：海南

厚叶雀舌木 **Leptopus pachyphyllus** X. X. Chen
分布：广西

## 蓝子木属 Margaritaria L.

蓝子木 **Margaritaria indica** (Dalzell) Airy Shaw
分布：台湾、广西；印度、印度尼西亚、马来西亚、缅甸、菲律宾、斯里兰卡、泰国、越南、澳大利亚

## 珠子木属 Phyllanthodendron Hemsl.

珠子木 **Phyllanthodendron anthopotamicum** (Hand.-Mazz.) Croizat
分布：贵州、云南、广东、广西

龙州珠子木 **Phyllanthodendron breynioides** P. T. Li
分布：广西

尾叶珠子木 **Phyllanthodendron caudatifolium** P. T. Li
分布：贵州、广西

枝翅珠子木 **Phyllanthodendron dunnianum** H. Lév.
分布：贵州、云南、广西

宽脉珠子木 **Phyllanthodendron lativenium** Croizat
分布：贵州

弄岗珠子木 **Phyllanthodendron moi** (P. T. Li) P. T. Li
分布：广西

圆叶珠子木 **Phyllanthodendron orbicularifolium** P. T. Li
分布：广西

岩生珠子木 **Phyllanthodendron petraeum** P. T. Li
分布：广西

玫花珠子木 **Phyllanthodendron roseum** Craib et Hutch.
分布：云南；老挝、马来西亚、泰国、越南

云南珠子木 **Phyllanthodendron yunnanense** Croizat
分布：贵州、云南

## 叶下珠属 Phyllanthus L.

苦味叶下珠 **Phyllanthus amarus** Shumacher et Thonning
分布：云南、台湾、广东、广西、海南；泛热带，通常可能在美洲

苦味叶下珠(原亚种) **Phyllanthus amarus** subsp. **amarus**
分布：云南、台湾、广东、广西、海南；可能起源于美洲

三亚叶下珠 **Phyllanthus amarus** subsp. **sanyaensis** P. T. Li et Y. T. Zhu
分布：广东、海南

沙地叶下珠 **Phyllanthus arenarius** Beille
分布：云南、广东、海南；越南

沙地叶下珠(原变种) **Phyllanthus arenarius** var. **arenarius**
分布：广东、海南；越南

云南沙地叶下珠 **Phyllanthus arenarius** var. **yunnanensis** T. L. Chin
分布：云南

贵州叶下珠 **Phyllanthus bodinieri** (H. Lév.) Rehder
分布：贵州、广西

**浙江叶下珠 Phyllanthus chekiangensis** Croizat et F. P. Metcalf

分布：安徽、浙江、江西、湖南、湖北、福建、广东、广西

**滇藏叶下珠 Phyllanthus clarkei** Hook. f.

分布：贵州、云南、西藏、广西；印度、缅甸、巴基斯坦、泰国、越南

**越南叶下珠 Phyllanthus cochinchinensis** (Loureiro) Spreng.

分布：四川、云南、西藏、福建、广东、广西、海南；柬埔寨、印度、老挝、越南

**余甘子 Phyllanthus emblica** L.

分布：江西、四川、贵州、云南、福建、台湾、广东、广西、海南；不丹、柬埔寨、印度、印度尼西亚、老挝、马来西亚、菲律宾、斯里兰卡、越南

**尖叶下珠 Phyllanthus fangchengensis** P. T. Li

分布：广西

**穗萼叶下珠 Phyllanthus fimbricalyx** P. T. Li

分布：云南

**落萼叶下珠 Phyllanthus flexuosus** (Sieb. et Zucc.) Müll. Arg.

分布：安徽、江苏、浙江、江西、湖南、湖北、四川、贵州、云南、福建、广东、广西；日本

**刺果叶下珠 Phyllanthus forrestii** W. W. Sm.

分布：湖北、四川、贵州、云南

**云贵叶下珠 Phyllanthus franchetianus** H. Lév.

分布：四川、贵州、云南

**青灰叶下珠 Phyllanthus glaucus** Wall. ex Müll. Arg.

分布：安徽、江苏、浙江、江西、湖南、湖北、四川、贵州、云南、西藏、福建、广东、广西、海南；不丹、印度、尼泊尔

**毛果叶下珠 Phyllanthus gracilipes** (Miq.) Müll. Arg.

分布：广西；印度尼西亚、泰国、越南

**广东叶下珠 Phyllanthus guangdongensis** P. T. Li

分布：广东

**海南叶下珠 Phyllanthus hainanensis** Merr.

分布：海南

**细枝叶下珠 Phyllanthus leptoclados** Benth.

分布：云南、福建、广东

**麻德拉斯叶下珠 Phyllanthus maderaspatensis** L.

分布：香港；印度、印度尼西亚、巴基斯坦、斯里兰卡、澳大利亚；亚洲(东南部)、非洲

**单花水油甘 Phyllanthus nanellus** P. T. Li

分布：海南

**少子叶下珠 Phyllanthus oligospermus** Hayata

分布：台湾

**崖县叶下珠 Phyllanthus pachyphyllus** Müll. Arg.

分布：海南；马来西亚、泰国、越南

**云桂叶下珠 Phyllanthus pulcher** Wall. ex Müll. Arg.

分布：云南、广西；柬埔寨、印度、老挝、缅甸、越南、马来西亚、印度尼西亚

**小果叶下珠 Phyllanthus reticulatus** Poir.

分布：江西、湖南、四川、贵州、云南、福建、台湾、广东、广西、海南；不丹、柬埔寨、印度、印度尼西亚、老挝、马来西亚、尼泊尔、菲律宾、斯里兰卡、泰国、越南、澳大利亚；非洲

**水油甘 Phyllanthus rheophyticus** M. G. Gilbert et P. T. Li

分布：广东、海南

**云泰叶下珠 Phyllanthus sootepensis** Craib

分布：云南；泰国

**落羽杉叶下珠 Phyllanthus taxodiifolius** Beille

分布：云南、广西；柬埔寨、泰国、越南

**西南叶下珠 Phyllanthus tsarongensis** W. W. Sm.

分布：四川、云南、西藏

**红叶下珠 Phyllanthus tsiangii** P. T. Li

分布：海南；越南

**叶下珠 Phyllanthus urinaria** L.

分布：河北、山西、山东、河南、陕西、安徽、江苏、浙江、江西、湖南、湖北、四川、贵州、云南、西藏、福建、台湾、广东、广西、海南；不丹、印度、印度尼西亚、日本、老挝、马来西亚、尼泊尔、斯里兰卡、泰国、越南；南美洲

**蜜柑草 Phyllanthus ussuriensis** Rupr. et Maxim.

分布：黑龙江、吉林、辽宁、山东、安徽、江苏、浙江、江西、湖南、湖北、福建、台湾、广东、广西；日本、朝鲜、蒙古国、俄罗斯

**黄珠子草 Phyllanthus virgatus** G. Forst.

分布：河北、山西、河南、陕西、浙江、湖南、湖北、四川、贵州、云南、台湾、广东、广西、海南；不丹、柬埔寨、印度、印度尼西亚、老挝、马来西亚、尼泊尔、斯里兰卡、泰国、越南、太平洋群岛

### 龙胆木属 **Richeriella** Pax et K. Hoffm.

龙胆木 **Richeriella gracilis** (Merr.) Pax et K. Hoffm.
分布：海南；菲律宾、泰国

### 守宫木属 **Sauropus** Blume

守宫木 **Sauropus androgynus** (L.) Merr.
分布：云南、广东、广西、海南；孟加拉国、柬埔寨、印度、印度尼西亚、老挝、马来西亚、缅甸、菲律宾、斯里兰卡、泰国、越南

艾堇 **Sauropus bacciformis** (L.) Airy Shaw
分布：台湾、广东、广西、海南；孟加拉国、印度、印度尼西亚、马来西亚、菲律宾、斯里兰卡、泰国、越南、印度洋群岛

茎花守宫木 **Sauropus bonii** Beille
分布：广西；越南

石山守宫木 **Sauropus delavayi** Croizat
分布：云南、广西

苍叶守宫木 **Sauropus garrettii** Craib
分布：广东、广西、贵州、?海南、湖北、四川、云南；老挝、缅甸、泰国

长梗守宫木 **Sauropus macranthus** Hassk.
分布：云南、广东、海南；印度、印度尼西亚、老挝、马来西亚、缅甸、菲律宾、泰国、澳大利亚(北部)

盈江守宫木 **Sauropus pierrei** (Beille) Croizat
分布：云南；柬埔寨、老挝、马来西亚、越南

方枝守宫木 **Sauropus quadrangularis** (Willd.) Müll. Arg.
分布：云南、西藏、广西；不丹、柬埔寨、印度、老挝、缅甸、尼泊尔、泰国、越南

波萼守宫木 **Sauropus repandus** Müll. Arg.
分布：云南；不丹、印度

网脉守宫木 **Sauropus reticulatus** X. L. Mo ex P. T. Li
分布：云南、广西

短尖守宫木 **Sauropus similis** Craib
分布：云南；缅甸、泰国

龙脷叶 **Sauropus spatulifolius** Beille
分布：福建、广东、广西栽培；原产于越南、马来西亚和菲律宾，泰国等地有栽培

三脉守宫木 **Sauropus trinervius** Hook. f. et Thomson ex Müll. Arg.
分布：云南；孟加拉国、印度

尾叶守宫木 **Sauropus tsiangii** P. T. Li
分布：广西

多脉守宫木 **Sauropus yanhuianus** P. T. Li
分布：云南

## 387. 商陆科 Phytolaccaceae R. Brow.

### 商陆属 **Phytolacca** L.

商陆 **Phytolacca acinosa** Roxb.
分布：辽宁、河北、山东、河南、陕西、安徽、江苏、浙江、湖北、四川、贵州、云南、西藏、福建、台湾、广东、广西；不丹、缅甸、越南、朝鲜、日本、印度

垂序商陆 **Phytolacca americana** L.
分布：河北、北京、天津、山西、山东、河南、陕西、安徽、江苏、浙江、江西、湖南、湖北、四川、重庆、贵州、云南、福建、台湾、广东、广西、海南；原产于北美洲，现世界各地引种和归化

日本商陆 **Phytolacca japonica** Makino
分布：山东、安徽、浙江、江西、湖南、福建、台湾、广东；日本

多药商陆 **Phytolacca polyandra** Batalin
分布：甘肃、四川、贵州、云南、广西

### 数珠珊瑚属 **Rivina** L.

数珠珊瑚 **Rivina humilis** L.
分布：福建、广东、浙江等地栽培，有逃逸成杂草；可能原产于热带美洲，归化于热带、亚热带地区

## 388. 胡椒科 Piperaceae Giseke

### 草胡椒属 **Peperomia** Ruiz et Pav.

石蝉草 **Peperomia blanda** (Jacq.) Kunth
分布：贵州、云南、福建、台湾、广东、广西、海南；孟加拉国、柬埔寨、印度、日本、马来西亚、缅甸、斯里兰卡、泰国、越南；西南亚、非洲、南美洲

硬毛草胡椒 **Peperomia cavaleriei** C. DC.
分布：贵州、云南、广西

蒙自草胡椒 **Peperomia heyneana** Miq.
分布：四川、贵州、云南、西藏、广西；不丹、印度、缅甸、尼泊尔

山椒草 **Peperomia nakaharai** Hayata
分布：台湾

草胡椒 **Peperomia pellucida** (L.) Kunth
分布：云南、福建、台湾、广东、广西、海南、香港；原

产于热带美洲，现广布于全球热带地区

兰屿椒草 **Peperomia rubrivenosa** C. DC.

分布：台湾；菲律宾

豆瓣绿 **Peperomia tetraphylla** (G. Forst.) Hook. et Arn.

分布：甘肃、四川、贵州、云南、西藏、福建、台湾、广东、广西；不丹、印度、印度尼西亚、马来西亚、菲律宾、斯里兰卡、泰国、太平洋岛屿；非洲、北美洲、南美洲

## 胡椒属 Piper L.

兰屿胡椒 **Piper arborescens** Roxb.

分布：台湾；马来西亚、菲律宾

西藏胡椒 **Piper arunachalensis** Gajurel, P. R., P. Rethy et Y. Kumar

分布：西藏

卵叶胡椒 **Piper attenuatum** Buch.-Ham. ex Miq.

分布：云南；不丹、印度

华南胡椒 **Piper austrosinense** Y. C. Tseng

分布：广东、广西、海南

竹叶胡椒 **Piper bambusifolium** Y. C. Tseng

分布：江西、湖北、四川、贵州

蒌叶 **Piper betle** L.

分布：全国有栽培；印度、印度尼西亚、马来西亚、菲律宾、斯里兰卡、越南；非洲

苎叶蒟 **Piper boehmeriifolium** (Miq.) Wall. ex C. DC.

分布：贵州、云南、广东、广西；不丹、印度、马来西亚、缅甸、泰国、越南

苎叶蒟(原变种) **Piper boehmeriifolium** var. **boehmeriifolium**

分布：贵州、云南、广东、广西；不丹、印度、马来西亚、缅甸、泰国、越南

光茎胡椒 **Piper boehmeriifolium** var. **glabricaule** (C. DC.) M. G. Gilbert et N. H. Xia

分布：云南

复毛胡椒 **Piper bonii** C. DC.

分布：云南、广西；越南

复毛胡椒(原变种) **Piper bonii** var. **bonii**

分布：云南、广西；越南

大叶复毛胡椒 **Piper bonii** var. **macrophyllum** Y. C. Tseng

分布：云南、海南

华山蒌 **Piper cathayanum** M. G. Gilbert et N. H. Xia

分布：四川、贵州、广东、广西、海南

勐海胡椒 **Piper chaudocanum** C. DC.

分布：云南；老挝、越南

中华胡椒 **Piper chinense** Miq.

分布：广东

大苗山胡椒 **Piper damiaoshanense** Y. Q. Tseng

分布：广西

长穗胡椒 **Piper dolichostachyum** M. G. Gilbert et N. H. Xia

分布：云南

黄花胡椒 **Piper flaviflorum** C. DC.

分布：云南

海南蒟 **Piper hainanense** Hemsl.

分布：广东、广西、海南

山蒟 **Piper hancei** Maxim.

分布：浙江、湖南、贵州、云南、福建、广东、广西

河池胡椒 **Piper hochiense** Y. C. Tseng

分布：广西

毛蒟 **Piper hongkongense** C. DC.

分布：广东、广西、海南

嵌果胡椒 **Piper infossibaccatum** A. Huang

分布：海南

沉果胡椒 **Piper infossum** Y. C. Tseng

分布：西藏

沉果胡椒(原变种) **Piper infossum** var. **infossum**

分布：西藏

裸叶沉果胡椒 **Piper infossum** var. **nudum** Y. Q. Tseng

分布：西藏

疏果胡椒 **Piper interruptum** Opiz

分布：台湾；印度尼西亚、菲律宾、太平洋岛屿

风藤 **Piper kadsura** (Choisy) Ohwi

分布：台湾；日本、朝鲜

恒春胡椒 **Piper kawakamii** Hayata

分布：台湾；菲律宾

绿岛胡椒 **Piper kwashoense** Hayata

分布：台湾

大叶蒟 **Piper laetispicum** C. DC.

分布：广东、海南

**陵水胡椒** **Piper lingshuiense** Y. Q. Tseng
分布：海南

**荜菝** **Piper longum** L.
分布：广东、广西、海南有栽培；印度、马来西亚、尼泊尔、斯里兰卡、越南

**粗梗胡椒** **Piper macropodum** C. DC.
分布：云南

**柄果胡椒** **Piper mischocarpum** Y. C. Tseng
分布：云南

**短蒟** **Piper mullesua** Buch.-Ham. ex D. Don
分布：四川、云南、西藏、海南；不丹、印度、尼泊尔

**变叶胡椒** **Piper mutabile** C. DC.
分布：广东、广西；越南

**胡椒** **Piper nigrum** L.
分布：云南、福建、广东、广西；东南亚

**裸果胡椒** **Piper nudibaccatum** Y. Q. Tseng
分布：云南

**角果胡椒** **Piper pedicellatum** C. DC.
分布：云南；孟加拉国、不丹、印度、越南

**屏边胡椒** **Piper pingbienense** Y. C. Tseng
分布：云南

**线梗胡椒** **Piper pleiocarpum** C. C. Chang ex Y. Q. Tseng
分布：云南

**樟叶胡椒** **Piper polysyphonum** C. DC.
分布：贵州、云南；老挝

**肉轴胡椒** **Piper ponesheense** C. DC.
分布：云南；缅甸

**毛叶胡椒** **Piper puberulilimbum** C. DC.
分布：云南

**假荜菝** **Piper retrofractum** Vahl
分布：云南、广东有栽培；印度、印度尼西亚、马来西亚、菲律宾、泰国、越南

**皱果胡椒** **Piper rhytidocarpum** Hook. f.
分布：西藏；孟加拉国、印度

**红果胡椒** **Piper rubrum** C. DC.
分布：云南；越南

**假蒟** **Piper sarmentosum** Roxb.
分布：贵州、云南、西藏、福建、广东、广西、海南；柬埔寨、印度、印度尼西亚、老挝、马来西亚、菲律宾、越南

**缘毛胡椒** **Piper semiimmersum** C. DC.
分布：贵州、云南、广西；越南

**斜叶蒟** **Piper senporeiense** Yamam.
分布：海南

**小叶爬崖香** **Piper sintenense** Hatus.
分布：台湾

**短柄胡椒** **Piper stipitiforme** C. C. Chang ex Y. C. Tseng
分布：云南

**多脉胡椒** **Piper submultinerve** C. DC.
分布：云南、广西

**多脉胡椒(原变种)** **Piper submultinerve** var. **submultinerve**
分布：云南

**狭叶多脉胡椒** **Piper submultinerve** var. **nandanicum** Y. C. Tseng
分布：广西

**滇西胡椒** **Piper suipigua** Buch.-Ham. ex D. Don
分布：云南；不丹、印度、尼泊尔

**长柄胡椒** **Piper sylvaticum** Roxb.
分布：云南、西藏；孟加拉国、印度、缅甸

**台湾胡椒** **Piper taiwanense** Lin et L. T. Lu
分布：台湾

**球穗胡椒** **Piper thomsonii** (C. DC.) Hook. f.
分布：云南；不丹、印度、越南

**球穗胡椒(原变种)** **Piper thomsonii** var. **thomsonii**
分布：云南；不丹、印度、越南

**小叶球穗胡椒** **Piper thomsonii** var. **microphyllum** Y. C. Tseng
分布：云南

**三色胡椒** **Piper tricolor** Y. Q. Tseng
分布：云南

**粗穗胡椒** **Piper tsangyuanense** P. S. Chen et P. C. Zhu
分布：云南

**瑞丽胡椒** **Piper tsengianum** M. G. Gilbert et N. H. Xia
分布：云南

**大胡椒** **Piper umbellatum** L.
分布：台湾；柬埔寨、印度、印度尼西亚、马来西亚、菲

律宾、斯里兰卡、泰国、越南；非洲、北美洲、南美洲

石南藤 **Piper wallichii** (Miq.) Hand.-Mazz.

分布：甘肃、湖南、湖北、四川、贵州、云南、广东、广西；孟加拉国、印度、印度尼西亚、尼泊尔

景洪胡椒 **Piper wangii** M. G. Gilbert et N. H. Xia

分布：云南

盈江胡椒 **Piper yinkiangense** Y. Q. Tseng

分布：云南

椭圆叶胡椒 **Piper yui** M. G. Gilbert et N. H. Xia

分布：云南

蒟子 **Piper yunnanense** Y. C. Tseng

分布：云南

### 齐头绒属 **Zippelia** Blume

齐头绒 **Zippelia begoniifolia** Blume ex Schultes et Schult. f.

分布：云南、广西、海南；印度尼西亚、老挝、马来西亚、菲律宾、越南

## 389. 海桐花科 Pittosporaceae R. Br.

### 海桐花属 **Pittosporum** Banks ex Gaertn.

窄叶海桐 **Pittosporum angustilimbum** C. Y. Wu

分布：云南

聚花海桐 **Pittosporum balansae** DC.

分布：云南、广东、广西、海南；缅甸、越南

聚花海桐(原变种) **Pittosporum balansae** var. **balansae**

分布：广东、广西、海南；越南

窄叶聚花海桐 **Pittosporum balansae** var. **angustifolium** Gagnep.

分布：广东、广西、海南；越南

披针叶聚花海桐 **Pittosporum balansae** var. **chatterjeeanum** (Gowda) Z. Y. Zhang et Turland

分布：云南；缅甸

短萼海桐 **Pittosporum brevicalyx** (Oliv.) Gagnep.

分布：江西、湖南、湖北、四川、贵州、云南、西藏、广东、广西

皱叶海桐 **Pittosporum crispulum** Gagnep.

分布：湖北、四川、贵州、云南

牛耳枫叶海桐 **Pittosporum daphniphylloides** Hayata

分布：湖南、湖北、四川、贵州、台湾

牛耳枫叶海桐(原变种) **Pittosporum daphniphylloides** var. **daphniphylloides**

分布：台湾

大叶海桐 **Pittosporum daphniphylloides** var. **adaphniphylloides** (Hu et F. T. Wang) W. T. Wang

分布：湖南、湖北、四川、贵州

突肋海桐 **Pittosporum elevaticostatum** H. T. Chang et S. Z. Yan

分布：湖南、四川、贵州

褐毛海桐 **Pittosporum fulvipilosum** H. T. Chang et S. Z. Yan

分布：广东

光叶海桐 **Pittosporum glabratum** Lindl.

分布：甘肃、江西、湖南、湖北、四川、贵州、福建、广东、广西、海南；越南

光叶海桐(原变种) **Pittosporum glabratum** var. **glabratum**

分布：湖南、贵州、福建、广东、广西、海南；越南

狭叶海桐 **Pittosporum glabratum** var. **neriifolium** Rehder et E. H. Wilson

分布：江西、湖南、湖北、四川、贵州、福建、广东、广西

文县海桐 **Pittosporum glabratum** var. **wenxianense** (G. H. Wang et Y. S. Lian) Z. Y. Zhang et Turland

分布：甘肃

小柄果海桐 **Pittosporum henryi** Gowda

分布：四川、重庆、贵州

异叶海桐 **Pittosporum heterophyllum** Franch.

分布：四川、云南、西藏

异叶海桐(原变种) **Pittosporum heterophyllum** var. **heterophyllum**

分布：四川、云南、西藏

带叶海桐 **Pittosporum heterophyllum** var. **ledoides** Hand.-Mazz.

分布：云南

无柄异叶海桐 **Pittosporum heterophyllum** var. **sessile** Gowda

分布：云南

海金子 **Pittosporum illicioides** Makino

分布：安徽、江苏、浙江、江西、湖南、湖北、四川、贵州、福建、台湾、广东、广西；日本

滇西海桐 **Pittosporum johnstonianum** Gowda
分布：四川、云南；缅甸

滇西海桐(原变种) **Pittosporum johnstonianum** var. **johnstonianum**
分布：四川、云南；缅甸

密花海桐 **Pittosporum johnstonianum** var. **glomerulatum** C. Y. Wu
分布：云南

羊脆木 **Pittosporum kerrii** Craib
分布：云南；老挝、缅甸、泰国

昆明海桐 **Pittosporum kunmingense** H. T. Chang et S. Z. Yan
分布：贵州、云南

广西海桐 **Pittosporum kwangsiense** H. T. Chang et S. Z. Yan
分布：云南、广西

贵州海桐 **Pittosporum kweichowense** Gowda
分布：湖南、贵州、云南

贵州海桐(原变种) **Pittosporum kweichowense** var. **kweichowense**
分布：湖南、贵州、云南

黄杨叶海桐 **Pittosporum kweichowense** var. **buxifolium** (K. M. Feng ex C. Y. Wu) Z. Y. Zhang et Turland
分布：云南

罗汉松叶海桐 **Pittosporum kweichowense** var. **podocarpifolium** (C. Y. Wu) Z. Y. Zhang et Turland
分布：云南

卵果海桐 **Pittosporum lenticellatum** Chun ex H. Peng et Y. F. Deng
分布：贵州、广西

薄萼海桐 **Pittosporum leptosepalum** Gowda
分布：广东、广西

滇越海桐 **Pittosporum merrillianum** Gowda
分布：云南；越南

滇藏海桐 **Pittosporum napaulense** (DC.) Rehder et E. H. Wilson
分布：云南、西藏；孟加拉国、不丹、印度、缅甸、尼泊尔、巴基斯坦

贫脉海桐 **Pittosporum oligophlebium** H. T. Chang et S. Z. Yan
分布：云南

峨眉海桐 **Pittosporum omeiense** H. T. Chang et S. Z. Yan
分布：湖北、四川、贵州

圆锥海桐 **Pittosporum paniculiferum** H. T. Chang et S. Z. Yan
分布：四川、云南

小果海桐 **Pittosporum parvicapsulare** H. T. Chang et S. Z. Yan
分布：浙江、江西、湖南、贵州、广西

小叶海桐 **Pittosporum parvilimbum** H. T. Chang et S. Z. Yan
分布：广西

少花海桐 **Pittosporum pauciflorum** Hook. et Arn.
分布：江西、湖南、福建、广东、广西；越南

少花海桐(原变种) **Pittosporum pauciflorum** var. **pauciflorum**
分布：江西、湖南、福建、广东、广西；越南

长果海桐 **Pittosporum pauciflorum** var. **oblongum** H. T. Chang et S. Z. Yan
分布：广东

台琼海桐 **Pittosporum pentandrum** var. **formosanum** (Hayata) Z. Y. Zhang et Turland
分布：台湾、广西、海南；越南

全秃海桐 **Pittosporum perglabratum** H. T. Chang et S. Z. Yan
分布：四川、贵州

缝线海桐 **Pittosporum perryanum** Gowda
分布：四川、贵州、云南、广东、广西、海南

缝线海桐(原变种) **Pittosporum perryanum** var. **perryanum**
分布：四川、云南、广东、广西、海南

狭叶缝线海桐 **Pittosporum perryanum** var. **linearifolium** H. T. Chang et S. Z. Yan
分布：贵州

扁片海桐 **Pittosporum planilobum** H. T. Chang et S. Z. Yan
分布：广西

柄果海桐 **Pittosporum podocarpum** Gagnep.
分布：陕西、甘肃、湖南、湖北、四川、贵州、云南、西藏、福建、广东、广西；印度、缅甸、越南

**柄果海桐(原变种) Pittosporum podocarpum** var. **podocarpum**
分布：陕西、甘肃、湖南、湖北、四川、贵州、云南、西藏、福建、广西；印度、缅甸、越南

**线叶柄果海桐 Pittosporum podocarpum** var. **angustatum** Gowda
分布：陕西、甘肃、湖南、湖北、四川、贵州、云南、福建、广东、广西；印度、缅甸

**合江海桐 Pittosporum podocarpum** var. **hejiangense** (H. Y. Su) Z. Y. Zhang et Turland
分布：四川

**毛花柄果海桐 Pittosporum podocarpum** var. **molle** W. D. Han
分布：贵州、福建

**秀丽海桐 Pittosporum pulchrum** Gagnep.
分布：广西；越南

**秦岭海桐 Pittosporum qinlingense** Y. Ren et X. Liu
分布：陕西、甘肃

**折萼海桐 Pittosporum reflexisepalum** C. Y. Wu
分布：云南

**厚圆果海桐 Pittosporum rehderianum** Gowda
分布：陕西、甘肃、湖北、四川、云南

**厚圆果海桐(原变种) Pittosporum rehderianum** var. **rehderianum**
分布：陕西、甘肃、湖北、四川

**厚皮香海桐 Pittosporum rehderianum** var. **ternstroemioides** (C. Y. Wu) Z. Y. Zhang et Turland
分布：云南

**石生海桐 Pittosporum saxicola** Rehder et E. H. Wilson
分布：四川

**尖萼海桐 Pittosporum subulisepalum** Hu et F. T. Wang
分布：安徽、湖南

**薄片海桐 Pittosporum tenuivalvatum** H. T. Chang et S. Z. Yan
分布：广西

**海桐 Pittosporum tobira** (Thunb.) W. T. Aiton
分布：江苏、浙江、湖北、四川、贵州、云南、福建、台湾、广东、广西、海南；原产于日本、朝鲜

**海桐(原变种) Pittosporum tobira** var. **tobira**
分布：江苏、浙江、湖北、四川、贵州、云南、福建、广东、广西、海南；原产于日本、朝鲜

**秃序海桐 Pittosporum tobira** var. **calvescens** Ohwi
分布：福建有栽培；原产于台湾

**四子海桐 Pittosporum tonkinense** Gagnep.
分布：贵州、云南、广西；越南

**棱果海桐 Pittosporum trigonocarpum** H. Lév.
分布：湖南、四川、贵州、广西

**崖花子 Pittosporum truncatum** E. Pritz.
分布：陕西、甘肃、湖南、湖北、四川、贵州、云南

**管花海桐 Pittosporum tubiflorum** H. T. Chang et S. Z. Yan
分布：湖南、重庆、贵州

**波叶海桐 Pittosporum undulatifolium** H. T. Chang et S. Z. Yan
分布：四川、贵州

**荚蒾叶海桐 Pittosporum viburnifolium** Hayata
分布：台湾

**木果海桐 Pittosporum xylocarpum** Hu et F. T. Wang
分布：湖北、四川、贵州、云南

## 390. 车前科 Plantaginaceae Juss.

### 毛麝香属 **Adenosma** R. Br.

**毛麝香 Adenosma glutinosum** (L.) Druce
分布：江西、云南、福建、广西、海南；柬埔寨、印度、印度尼西亚、老挝、马来西亚、泰国、越南、澳大利亚、大洋洲

**球花毛麝香 Adenosma indianum** (Lour.) Merr.
分布：云南、广东、广西、海南；柬埔寨、印度、印度尼西亚、老挝、马来西亚、缅甸、菲律宾、泰国、越南

**卵萼毛麝香 Adenosma javanicum** (Blume) Koord.
分布：海南；柬埔寨、印度、老挝、越南、印度尼西亚、马来西亚、巴布亚新几内亚、菲律宾、泰国

**凹裂毛麝香 Adenosma retusilobum** P. C. Tsoong et T. L. Chin
分布：云南、广西

### 假马齿苋属 **Bacopa** Aubl.

**麦花草 Bacopa floribunda** (R. Br.) Wettst.
分布：福建、广西、海南；印度、印度尼西亚、老挝、马

来西亚、菲律宾、斯里兰卡、泰国、越南、澳大利亚

假马齿苋 **Bacopa monnieri** (L.) Pennell

分布：云南、福建、台湾、广东、广西、海南；热带和亚热带地区广布

田玄参 **Bacopa repens** (Sw.) Wettst.

分布：福建、广东、海南；北美洲、南美洲

## 水马齿属 Callitriche L.

西南水马齿 **Callitriche fehmedianii** Kak and Javeid.

分布：云南、西藏；不丹、印度、印度尼西亚、泰国

褐果水马齿 **Callitriche fuscicarpa** Lansdown

分布：云南、西藏；日本、印度、尼泊尔

西藏水马齿 **Callitriche glareosa** Lansdown

分布：云南；不丹

线叶水马齿 **Callitriche hermaphroditica** L.

分布：内蒙古、西藏；日本；欧洲(北部)、北美洲和拉丁美洲

线叶水马齿(原变种) **Callitriche hermaphroditica** subsp. **hermaphroditica**

分布：内蒙古；泛北极地区

大果水马齿 **Callitriche hermaphroditica** subsp. **macrocarpa** (Hegelmaier) Lansdown

分布：西藏；泛北部

日本水马齿 **Callitriche japonica** Engelm. ex Hegelm.

分布：江西、福建、台湾；印度、印度尼西亚、日本、泰国

沼生水马齿 **Callitriche palustris** L.

分布：黑龙江、吉林、辽宁、内蒙古、青海、安徽、江苏、浙江、江西、湖北、四川、贵州、云南、西藏、福建、台湾、广东；不丹、印度、日本、克什米尔地区、朝鲜、尼泊尔、俄罗斯；欧洲、北美洲

水马齿(原变种) **Callitriche palustris** var. **palustris**

分布：黑龙江、吉林、辽宁、内蒙古、青海、安徽、江西、湖北、四川、贵州、云南、西藏、福建、台湾、广东；不丹、印度、日本、克什米尔地区、朝鲜、尼泊尔、俄罗斯

东北水马齿 **Callitriche palustris** var. **elegans** (V. V. Petrovsky) Y. L. Chang

分布：黑龙江、吉林、辽宁、内蒙古、江西、香港；俄罗斯、日本

广东水马齿 **Callitriche palustris** var. **oryzetorum** (Petrov) Lansdown

分布：浙江、云南、福建、台湾、广东；日本

台湾水马齿 **Callitriche peploides** Nutt.

分布：台湾；原产于美洲，马达加斯加等有引种

细苞水马齿 **Callitriche raveniana** Lansdown

分布：台湾

水马齿 **Callitriche stagnalis** Scop.

分布：云南、西藏；各大洲

## 泽番椒属 Deinostema T. Yamaz.

有腺泽番椒 **Deinostema adenocaula** (Maxim.) T. Yamaz.

分布：贵州、台湾；日本、韩国

泽番椒 **Deinostema violacea** (Maxim.) T. Yamaz.

分布：黑龙江、吉林、辽宁、江苏；日本、韩国、俄罗斯

## 毛地黄属 Digitalis L.

毛地黄 **Digitalis purpurea** L.

分布：江苏、浙江、江西、四川；欧洲

## 虻眼属 Dopatrium Buch.-Ham. ex Benth.

虻眼 **Dopatrium junceum** (Roxb.) Buch.-Ham. ex Benth.

分布：山西、河南、江苏、江西、云南、台湾、广东、广西；不丹、印度、印度尼西亚、日本、马来西亚、菲律宾、泰国、越南、澳大利亚；大洋洲

## 幌菊属 Ellisiophyllum Maxim.

幌菊 **Ellisiophyllum pinnatum** (Wall. ex Benth.) Makino

分布：河北、甘肃、江西、四川、贵州、云南、广西；不丹、印度、日本、巴布亚新几内亚、菲律宾

## 水八角属 Gratiola L.

黄花水八角 **Gratiola griffithii** Hook. f.

分布：广东；热带和亚热带地区

白花水八角 **Gratiola japonica** Miq.

分布：黑龙江、吉林、辽宁、江苏、江西、云南；日本、朝鲜、俄罗斯

新疆水八角 **Gratiola officinalis** L.

分布：新疆；亚洲、欧洲

## 鞭打绣球属 Hemiphragma Wall.

鞭打绣球 **Hemiphragma heterophyllum** Wall.

分布：陕西、甘肃、湖北、四川、贵州、云南、西藏、台湾、广西；不丹、印度、印度尼西亚、尼泊尔、菲律宾

**鞭打绣球(原变种) Hemiphragma heterophyllum** var. **heterophyllum**

分布：陕西、甘肃、湖北、四川、贵州、云南、西藏、福建、台湾；不丹、印度、印度尼西亚、尼泊尔、菲律宾

**齿状鞭打绣球 Hemiphragma heterophyllum** var. **dentatum** (Elmer) T. Yamaz.

分布：台湾、广西；菲律宾

**有梗鞭打绣球 Hemiphragma heterophyllum** var. **pedicellatum** Hand.-Mazz.

分布：云南

## 杉叶藻属 Hippuris L.

**四叶衫叶藻 Hippuris tatraphylla** L. f.

分布：内蒙古；日本；欧洲、北美洲

**杉叶藻 Hippuris vulgaris** L.

分布：黑龙江、吉林、辽宁、内蒙古、河北、山西、河南、陕西、宁夏、甘肃、青海、新疆、四川、贵州、云南、西藏、台湾、广西；温带地区广布

## 兔耳草属 Lagotis Gaertn.

**革叶兔耳草 Lagotis alutacea** W. W. Sm.

分布：四川、云南

**革叶兔耳草(原变种) Lagotis alutacea** var. **alutacea**

分布：四川、云南

**多叶革叶兔耳草 Lagotis alutacea** var. **foliosa** W. W. Sm.

分布：云南

**裂唇革叶兔耳草 Lagotis alutacea** var. **rockii** (H. L. Li) Tsoong

分布：四川、云南

**狭苞兔耳草 Lagotis angustibracteata** P. C. Tsoong et H. P. Yang

分布：青海

**短穗兔耳草 Lagotis brachystachya** Maxim.

分布：甘肃、青海、新疆、四川

**短筒兔耳草 Lagotis brevituba** Maxim.

分布：甘肃、青海、西藏

**大萼兔耳草 Lagotis clarkei** Hook. f.

分布：西藏；不丹、尼泊尔、印度

**厚叶兔耳草 Lagotis crassifolia** Prain

分布：西藏；不丹、印度

**倾卧兔耳草 Lagotis decumbens** Rupr.

分布：新疆、西藏；吉尔吉斯斯坦、塔吉克斯坦

**矮兔耳草 Lagotis humilis** P. C. Tsoong et H. P. Yang

分布：西藏

**全缘兔耳草 Lagotis integra** W. W. Sm.

分布：青海、四川、云南、西藏

**亚中兔耳草 Lagotis integrifolia** (Willd.) Schischk. ex Vikulova

分布：内蒙古、山西、新疆；哈萨克斯坦、吉尔吉斯斯坦、蒙古国、俄罗斯

**粗筒兔耳草 Lagotis kongboensis** T. Yamaz.

分布：西藏

**大筒兔耳草 Lagotis macrosiphon** P. C. Tsoong et H. P. Yang

分布：西藏

**裂叶兔耳草 Lagotis pharica** Prain

分布：四川、西藏；不丹

**紫叶兔耳草 Lagotis praecox** W. W. Sm.

分布：四川、云南

**圆叶兔耳草 Lagotis ramalana** Batalin

分布：甘肃、青海、四川、西藏；不丹

**箭药兔耳草 Lagotis wardii** W. W. Sm.

分布：云南、西藏

**云南兔耳草 Lagotis yunnanensis** W. W. Sm.

分布：四川、云南、西藏

## 石龙尾属 Limnophila R. Br.

**紫苏草 Limnophila aromatica** (Lam.) Merr.

分布：江西、福建、台湾、广东、广西、海南；不丹、印度、印度尼西亚、日本、朝鲜、老挝、菲律宾、越南、澳大利亚

**北方石龙尾 Limnophila borealis** Y. Z. Zhao et P. Ma

分布：内蒙古

**中华石龙尾 Limnophila chinensis** (Osbeck) Merr.

分布：云南、广东、广西、海南；柬埔寨、印度、印度尼西亚、老挝、马来西亚、泰国、越南、澳大利亚

**抱茎石龙尾 Limnophila connata** (Buch.-Ham. ex D. Don) Hand.-Mazz.

分布：江西、湖南、贵州、云南、福建、广东、广西、海南；印度、老挝、缅甸、尼泊尔、泰国、越南

**直立石龙尾 Limnophila erecta** Benth.

分布：云南、广东；印度尼西亚、马来西亚、缅甸、泰国、越南

**异叶石龙尾 Limnophila heterophylla** (Roxb.) Benth.

分布：安徽、江西、台湾、广东；柬埔寨、印度、马来西亚、缅甸、尼泊尔、斯里兰卡、泰国、越南

**有梗石龙尾 Limnophila indica** (L.) Druce

分布：云南、台湾、广东、广西、海南；柬埔寨、印度、印度尼西亚、日本、老挝、马来西亚、尼泊尔、巴基斯坦、斯里兰卡、泰国、越南、澳大利亚；亚洲(西南部)、非洲、大洋洲

**匍匐石龙尾 Limnophila repens** (Benth.) Benth.

分布：广西、海南；不丹、柬埔寨、印度、印度尼西亚、老挝、马来西亚、缅甸、尼泊尔、菲律宾、斯里兰卡、泰国、越南、澳大利亚

**大叶石龙尾 Limnophila rugosa** (Roth) Merr.

分布：安徽、湖南、云南、福建、台湾、广东、广西；不丹、印度、印度尼西亚、日本、老挝、马来西亚、缅甸、尼泊尔、菲律宾、泰国、越南、太平洋岛屿

**石龙尾 Limnophila sessiliflora** (Vahl) Blume

分布：辽宁、河北、安徽、江苏、浙江、江西、湖南、四川、贵州、云南、福建、台湾、广东、广西；不丹、印度、印度尼西亚、日本、朝鲜、马来西亚、缅甸、尼泊尔、斯里兰卡、越南

## 柳穿鱼属 Linaria Mill.

**紫花柳穿鱼 Linaria bungei** Kuprianova

分布：新疆；哈萨克斯坦、吉尔吉斯斯坦、俄罗斯

**多枝柳穿鱼 Linaria buriatica** Turcz. ex Benth.

分布：内蒙古；蒙古国、俄罗斯

**卵叶柳穿鱼 Linaria genistifolia** (L.) Mill.

分布：新疆；哈萨克斯坦、俄罗斯；欧洲

**光籽柳穿鱼 Linaria incompleta** Kuprianova

分布：新疆；蒙古国、俄罗斯；欧洲

**海滨柳穿鱼 Linaria japonica** Miq.

分布：辽宁；日本、朝鲜、俄罗斯

**帕米尔柳穿鱼 Linaria kulabensis** B. Fedtsch.

分布：新疆；塔吉克斯坦

**长距柳穿鱼 Linaria longicalcarata** D. Y. Hong

分布：新疆

**宽叶柳穿鱼 Linaria thibetica** Franch.

分布：四川、云南、西藏

**柳穿鱼 Linaria vulgaris** Mill.

分布：黑龙江、吉林、辽宁、内蒙古、河北、山东、河南、陕西、甘肃、新疆、江苏；朝鲜、俄罗斯；欧洲

**新疆柳穿鱼 Linaria vulgaris** subsp. **acutiloba** (Fisch. ex Rchb.) D. Y. Hong

分布：新疆；蒙古国、俄罗斯

**柳穿鱼(原亚种) Linaria vulgaris** subsp. **chinensis** (Debeaux) D. Y. Hong

分布：黑龙江、吉林、辽宁、内蒙古、河北、山东、河南、陕西、甘肃、江苏；朝鲜

**云南柳穿鱼 Linaria yunnanensis** W. W. Sm.

分布：云南

## 胡黄连属 Neopicrorhiza D. Y. Hong

**胡黄连 Neopicrorhiza scrophulariiflora** (Pennell) D. Y. Hong

分布：四川、云南、西藏；不丹、尼泊尔、印度

## 车前属 Plantago L.

**蛛毛车前 Plantago arachnoidea** Schrenk

分布：新疆；哈萨克斯坦

**对叶车前 Plantago arenaria** Waldst. et Kir.

分布：广西、河北、江苏、辽宁、四川、新疆、西藏、浙江；原产于亚洲(西南部)、欧洲、非洲(北部)、哈萨克斯坦、吉尔吉斯斯坦、俄罗斯、塔吉克斯坦，在澳大利亚、印度、日本、巴基斯坦、北美洲等地归化

**芒苞车前 Plantago aristata** Michx.

分布：江苏、山东；原产于北美洲，归化于亚洲(东部)、欧洲

**车前 Plantago asiatica** L.

分布：黑龙江、吉林、辽宁、内蒙古、河北、山西、山东、河南、甘肃、青海、新疆、安徽、江苏、浙江、江西、湖南、湖北、四川、重庆、贵州、云南、西藏、福建、台湾、广东、广西、海南；孟加拉国、不丹、印度、印度尼西亚、日本、韩国、马来西亚、尼泊尔、斯里兰卡

**车前(原亚种) Plantago asiatica** subsp. **asiatica**

分布：黑龙江、吉林、辽宁、内蒙古、河北、山西、山东、河南、甘肃、青海、新疆、安徽、江苏、浙江、江西、湖南、湖北、四川、重庆、云南、西藏、福建、台湾、广东、广西、海南；印度尼西亚、日本、韩国、马来西亚

**长果车前 Plantago asiatica** subsp. **densiflora** (J. Z. Liu) Z. Y. Li
分布：湖南、湖北、重庆、贵州、云南、西藏

**疏花车前 Plantago asiatica** subsp. **erosa** (Wall.) Z. Y. Li
分布：山西、青海、湖南、湖北、四川、重庆、贵州、云南、西藏、福建、广东、广西；孟加拉国、不丹、印度、尼泊尔、斯里兰卡

**海滨车前 Plantago camtschatica** Link
分布：辽宁；朝鲜、日本、俄罗斯

**尖萼车前 Plantago cavaleriei** H. Lév.
分布：四川、贵州、云南

**平车前 Plantago depressa** Willd.
分布：黑龙江、吉林、辽宁、内蒙古、河北、山西、山东、河南、宁夏、甘肃、青海、新疆、安徽、江苏、江西、湖北、四川、云南、西藏；阿富汗、不丹、印度、克什米尔地区、哈萨克斯坦、韩国、吉尔吉斯斯坦、蒙古国、巴基斯坦、俄罗斯

**平车前(原亚种) Plantago depressa** subsp. **depressa**
分布：黑龙江、吉林、辽宁、河北、山西、山东、河南、宁夏、甘肃、青海、新疆、安徽、江苏、江西、湖北、四川、云南、西藏；阿富汗、不丹、印度、克什米尔地区、哈萨克斯坦、韩国、吉尔吉斯斯坦、蒙古国、巴基斯坦、俄罗斯

**毛平车前 Plantago depressa** subsp. **turczaninowii** (Ganesch.) N. N. Tsvelev
分布：黑龙江、吉林、辽宁、内蒙古、河北；俄罗斯、蒙古国

**丰都车前 Plantago fengdouensis** (Z. E. Zhao et Y. Wang) Y. Wang et Z. Y. Li
分布：重庆

**革叶车前 Plantago gentianoides** subsp. **griffithii** (Decne.) Rech. f.
分布：新疆、西藏；伊朗、阿富汗、吉尔吉斯斯坦、巴基斯坦、克什米尔地区

**翅柄车前 Plantago komarovii** Pavlov
分布：新疆；哈萨克斯坦、蒙古国

**毛瓣车前 Plantago lagocephala** Bunge
分布：新疆；哈萨克斯坦、土库曼斯坦、乌兹别克斯坦、塔吉克斯坦、阿富汗、巴基斯坦

**长叶车前 Plantago lanceolata** L.
分布：辽宁、北京、山东、河南、陕西、甘肃、新疆、江苏、浙江、江西、云南、台湾；原产于北亚及中亚、欧洲，现世界温暖地区广布

**大车前 Plantago major** L.
分布：黑龙江、吉林、辽宁、内蒙古、河北、山西、山东、河南、甘肃、青海、新疆、安徽、江苏、四川、重庆、云南、西藏、福建、台湾、广西、海南；印度、尼泊尔、巴基斯坦；亚洲、欧洲

**盐生车前 Plantago maritima** subsp. **ciliata** Printz
分布：内蒙古、河北、山西、甘肃、青海、新疆；蒙古国、哈萨克斯坦、吉尔吉斯斯坦、阿富汗、俄罗斯；亚洲(西南部)

**巨车前 Plantago maxima** Juss. et Jacquem.
分布：新疆；俄罗斯、哈萨克斯坦、塔吉克斯坦、吉尔吉斯斯坦、土库曼斯坦、乌兹别克斯坦、蒙古国；欧洲

**北车前 Plantago media** L.
分布：内蒙古、新疆；哈萨克斯坦、吉尔吉斯斯坦、俄罗斯；亚洲(西南部)、欧洲

**小车前 Plantago minuta** Pall.
分布：内蒙古、山西、宁夏、甘肃、青海、新疆、西藏；俄罗斯、哈萨克斯坦、蒙古国

**圆苞车前 Plantago ovata** Forssk.
分布：福建、新疆；原产于地中海地区，归化于亚洲(中部-东部-南部)、北美洲

**苣叶车前 Plantago perssonii** Pilg.
分布：新疆

**多籽车前 Plantago polysperma** Kar. et Kir.
分布：新疆；哈萨克斯坦、蒙古国、俄罗斯

**小花车前 Plantago tenuiflora** Waldst. et Kitaibel
分布：新疆；哈萨克斯坦、蒙古国、俄罗斯；亚洲(西南部)

**北美车前 Plantago virginica** L.
分布：安徽、江苏、上海、浙江、江西、湖南、湖北、四川、重庆、福建、台湾、广东、广西；原产于北美洲，现世界温暖地区广布

## 穗花属 Pseudolysimachion (W. D. J. Koch) Opiz

**阿拉套穗花 Pseudolysimachion alatavicum** (Popov) Holub.
分布：新疆；哈萨克斯坦、吉尔吉斯斯坦

**大穗花 Pseudolysimachion dauricum** (Steven) Holub.
分布：黑龙江、吉林、辽宁、内蒙古、河北、河南；朝鲜、蒙古国、俄罗斯

**白兔儿尾苗 Pseudolysimachion incanum** (L.) Holub.
分布：黑龙江、内蒙古、新疆；日本、哈萨克斯坦、朝鲜、

蒙古国、俄罗斯；欧洲

长毛穗花 **Pseudolysimachion kiusianum** (Furumi) T. Yamaz.

分布：吉林、辽宁；日本、朝鲜

细叶穗花 **Pseudolysimachion linariifolium** (Pall. ex Link) Holub

分布：黑龙江、吉林、辽宁、内蒙古、河北、山西、山东、河南、陕西、甘肃、青海、安徽、江苏、浙江、江西、湖南、湖北、四川、云南、福建、台湾、广东、广西；日本、韩国、蒙古国、俄罗斯

细叶穗花(原亚种) **Pseudolysimachion linariifolium** subsp. **linariifolium**

分布：黑龙江、吉林、辽宁、内蒙古；日本、韩国、蒙古国、俄罗斯

水蔓菁 **Pseudolysimachion linariifolium** subsp. **dilatatum** (Nakai et Kitag.) D. Y. Hong

分布：河北、山西、山东、河南、陕西、甘肃、青海、安徽、江苏、浙江、江西、湖南、湖北、四川、云南、福建、台湾、广东、广西

兔儿尾苗 **Pseudolysimachion longifolium** (L.) Opiz

分布：黑龙江、吉林、内蒙古、新疆；哈萨克斯坦、朝鲜、蒙古国、俄罗斯；亚洲(西南部)、欧洲

羽叶穗花 **Pseudolysimachion pinnatum** (L.) Holub.

分布：新疆；哈萨克斯坦、吉尔吉斯斯坦、蒙古国、俄罗斯

无柄穗花 **Pseudolysimachion rotundum** (Nakai) T. Yamaz.

分布：黑龙江、吉林、辽宁、山西、河南、安徽、浙江；日本、朝鲜、俄罗斯

无柄穗花(原亚种) **Pseudolysimachion rotundum** subsp. **rotundum**

分布：黑龙江、吉林、辽宁、山西、河南、安徽、浙江；日本、朝鲜、俄罗斯

朝鲜穗花 **Pseudolysimachion rotundum** subsp. **coreanum** (Nakai) D. Y. Hong

分布：辽宁、山西、河南、安徽、浙江；朝鲜

东北穗花 **Pseudolysimachion rotundum** subsp. **subintegrum** (Nakai) D. Y. Hong

分布：黑龙江、吉林、辽宁；日本、朝鲜、俄罗斯

穗花 **Pseudolysimachion spicatum** (L.) Opiz

分布：新疆；哈萨克斯坦、吉尔吉斯斯坦、蒙古国、俄罗斯；欧洲

轮叶穗花 **Pseudolysimachion spurium** (L.) Rauschert

分布：新疆；哈萨克斯坦、吉尔吉斯斯坦、蒙古国、俄罗斯；欧洲

## 野甘草属 **Scoparia** L.

野甘草 **Scoparia dulcis** L.

分布：上海、云南、福建、台湾、广东、广西、海南、香港、澳门；原产于热带美洲，现广布于世界热带地区

## 细穗玄参属 **Scrofella** Maxim.

细穗玄参 **Scrofella chinensis** Maxim.

分布：甘肃、青海、四川

## 孪生花属 **Stemodia** L.

轮叶孪生花 **Stemodia verticillata** (Mill.) Hassl.

分布：台湾

## 茶菱属 **Trapella** Oliv.

茶菱 **Trapella sinensis** Oliv.

分布：黑龙江、吉林、辽宁、河北、安徽、江苏、江西、湖南、湖北、福建、广西；日本、朝鲜、俄罗斯

## 婆婆纳属 **Veronica** L.

短花柱婆婆纳 **Veronica alpina** subsp. **pumila** (All.) Dostál

分布：西藏；克什米尔地区、巴基斯坦、俄罗斯；欧洲

北水苦荬 **Veronica anagallis-aquatica** L.

分布：黑龙江、吉林、辽宁、河北、山西、山东、河南、陕西、宁夏、甘肃、青海、新疆、安徽、江苏、湖北、四川、贵州、云南、西藏；哈萨克斯坦、韩国、吉尔吉斯斯坦、蒙古国、尼泊尔、巴基斯坦、俄罗斯、塔吉克斯坦、土库曼斯坦、乌兹别克斯坦；欧洲、北美洲

长果水苦荬 **Veronica anagalloides** Guss.

分布：黑龙江、内蒙古、山西、陕西、甘肃、青海、西藏；阿富汗、日本、哈萨克斯坦、朝鲜、吉尔吉斯斯坦、蒙古国、巴基斯坦、俄罗斯、塔吉克斯坦、土库曼斯坦；亚洲(西南部)、欧洲

尖齿婆婆纳 **Veronica arguteserrata** Regel et Schmalh.

分布：新疆；阿富汗、哈萨克斯坦、吉尔吉斯斯坦、巴基斯坦、塔吉克斯坦、土库曼斯坦、乌兹别克斯坦；亚洲(西南部)、北美洲

直立婆婆纳 **Veronica arvensis** L.

分布：山东、河南、安徽、江苏、浙江、江西、湖南、湖北、贵州、福建、台湾；原产于欧洲和亚洲(西南部)

有柄水苦荬 **Veronica beccabunga** subsp. **muscosa** (Korsh.) Elenevsky

分布：新疆、四川、云南；阿富汗、克什米尔地区、哈萨

克斯坦、吉尔吉斯斯坦、尼泊尔、巴基斯坦、塔吉克斯坦、土库曼斯坦、乌兹别克斯坦；亚洲(西南部)

**两裂婆婆纳** **Veronica biloba** L.

分布：内蒙古、陕西、宁夏、甘肃、青海、新疆、四川、西藏；阿富汗、印度、克什米尔地区、哈萨克斯坦、吉尔吉斯斯坦、蒙古国、尼泊尔、巴基斯坦、俄罗斯、塔吉克斯坦、土库曼斯坦、乌兹别克斯坦；亚洲(西南部)

**弯果婆婆纳** **Veronica campylopoda** Boiss.

分布：新疆、西藏；阿富汗、印度、克什米尔地区、哈萨克斯坦、吉尔吉斯斯坦、巴基斯坦、俄罗斯、塔吉克斯坦、土库曼斯坦、乌兹别克斯坦；亚洲(西南部)

**灰毛婆婆纳** **Veronica cana** Wall. ex Benth.

分布：云南、西藏；不丹、印度、克什米尔地区、尼泊尔

**头花婆婆纳** **Veronica capitata** Royle ex Benth.

分布：西藏；印度、克什米尔地区

**心果婆婆纳** **Veronica cardiocarpa** (Kar. et Kir.) Walp.

分布：新疆；阿富汗、哈萨克斯坦、吉尔吉斯斯坦、巴基斯坦、塔吉克斯坦、土库曼斯坦、乌兹别克斯坦；亚洲(西南部)

**石蚕叶婆婆纳** **Veronica chamaedrys** L.

分布：辽宁；哈萨克斯坦、俄罗斯；欧洲

**察隅婆婆纳** **Veronica chayuensis** D. Y. Hong

分布：云南、西藏

**河北婆婆纳** **Veronica chinoalpina** T. Yamaz.

分布：河北

**长果婆婆纳** **Veronica ciliata** Fisch.

分布：内蒙古、陕西、宁夏、甘肃、青海、新疆、四川、云南、西藏；印度、克什米尔地区、哈萨克斯坦、吉尔吉斯斯坦、蒙古国、尼泊尔、巴基斯坦、俄罗斯、塔吉克斯坦

**长果婆婆纳(原亚种)** **Veronica ciliata** subsp. **ciliata**

分布：内蒙古、陕西、宁夏、甘肃、青海、新疆、四川、西藏；哈萨克斯坦、吉尔吉斯斯坦、蒙古国、俄罗斯、塔吉克斯坦

**拉萨长果婆婆纳** **Veronica ciliata** subsp. **cephaloides** (Pennell) D. Y. Hong

分布：西藏；印度、克什米尔地区、尼泊尔、巴基斯坦

**中甸长果婆婆纳** **Veronica ciliata** subsp. **zhongdianensis** D. Y. Hong

分布：四川、云南、西藏

**半抱茎婆婆纳** **Veronica deltigera** Wall. ex Benth.

分布：西藏；尼泊尔

**密花婆婆纳** **Veronica densiflora** Ledeb.

分布：新疆；哈萨克斯坦、蒙古国、俄罗斯

**毛果婆婆纳** **Veronica eriogyne** H. Winkl.

分布：甘肃、青海、四川、西藏

**城口婆婆纳** **Veronica fargesii** Franch.

分布：湖北、四川

**丝梗婆婆纳** **Veronica filipes** P. C. Tsoong

分布：甘肃、青海、四川

**大理婆婆纳** **Veronica forrestii** Diels

分布：云南

**华中婆婆纳** **Veronica henryi** T. Yamaz.

分布：江西、湖南、湖北、四川、贵州、云南、广西

**大花婆婆纳** **Veronica himalensis** D. Don

分布：云南、西藏；不丹、印度、缅甸、尼泊尔

**大花婆婆纳(原亚种)** **Veronica himalensis** subsp. **himalensis**

分布：西藏；不丹、印度、尼泊尔

**多腺大花婆婆纳** **Veronica himalensis** subsp. **yunnanensis** (Tsoong) D. Y. Hong

分布：云南；缅甸

**多枝婆婆纳** **Veronica javanica** Blume

分布：陕西、甘肃、浙江、江西、湖南、四川、贵州、云南、西藏、福建、台湾、广东、广西；不丹、印度、印度尼西亚、日本、老挝、缅甸、菲律宾、越南；非洲

**长梗婆婆纳** **Veronica lanosa** Royle ex Benth.

分布：新疆、西藏；阿富汗、印度、克什米尔地区、巴基斯坦

**棉毛婆婆纳** **Veronica lanuginosa** Benth. ex Hook. f.

分布：西藏；不丹、尼泊尔、印度

**疏花婆婆纳** **Veronica laxa** Benth.

分布：陕西、甘肃、湖南、湖北、四川、贵州、云南、广西；印度、日本、克什米尔地区、巴基斯坦

**极疏花婆婆纳** **Veronica laxissima** D. Y. Hong

分布：四川

**长柄婆婆纳** **Veronica longipetiolata** D. Y. Hong

分布：西藏

**匍茎婆婆纳** **Veronica morrisonicola** Hayata

分布：台湾

**少籽婆婆纳** **Veronica oligosperma** Hayata

分布：台湾

**尖果水苦荬 Veronica oxycarpa** Boiss.

分布：新疆、西藏；阿富汗、不丹、哈萨克斯坦、吉尔吉斯斯坦、巴基斯坦、印度、塔吉克斯坦、土库曼斯坦；亚洲(西南部)

**蚊母草 Veronica peregrina** L.

分布：黑龙江、吉林、辽宁、内蒙古、山东、河南、安徽、江苏、浙江、江西、湖南、湖北、四川、贵州、云南、西藏、福建、广西；日本、朝鲜、蒙古国、俄罗斯；欧洲、北美洲

**阿拉伯婆婆纳 Veronica persica** Poir.

分布：河北、北京、新疆、安徽、江苏、浙江、江西、湖南、湖北、四川、贵州、云南、西藏、福建、台湾、广西；原产于欧洲和亚洲(西部)，现广布于温带及亚热带地区

**鹿蹄草婆婆纳 Veronica piroliformis** Franch.

分布：四川、云南

**婆婆纳 Veronica polita** Fries

分布：河北、北京、山西、山东、河南、陕西、甘肃、青海、新疆、安徽、江苏、上海、浙江、江西、湖南、湖北、四川、贵州、云南、西藏、福建、台湾、广西；原产于西亚，现广布于温带及亚热带地区

**侏倭婆婆纳 Veronica pusilla** Kotschy et Boiss.

分布：新疆；阿富汗、印度、哈萨克斯坦、吉尔吉斯斯坦、蒙古国、巴基斯坦、俄罗斯、塔吉克斯坦；亚洲(西南部)

**青河婆婆纳 Veronica qingheensis** Y. Z. Zhao

分布：新疆

**膜叶婆婆纳 Veronica riae** H. Winkl.

分布：四川

**光果婆婆纳 Veronica rockii** H. L. Li

分布：内蒙古、河北、山西、河南、陕西、甘肃、青海、湖北、四川、云南

**光果婆婆纳(原亚种) Veronica rockii** subsp. **rockii**

分布：内蒙古、河北、山西、河南、陕西、甘肃、青海、湖北、四川

**尖果婆婆纳 Veronica rockii** subsp. **stenocarpa** (H. L. Li) D. Y. Hong

分布：四川、云南

**红叶婆婆纳 Veronica rubrifolia** Boiss.

分布：新疆；阿富汗、印度、克什米尔地区、哈萨克斯坦、吉尔吉斯斯坦、蒙古国、俄罗斯、塔吉克斯坦、乌兹别克斯坦；亚洲(西南部)

**小婆婆纳 Veronica serpyllifolia** L.

分布：辽宁、陕西、甘肃、新疆、湖南、湖北、四川、贵州、云南、西藏；北半球温带和亚热带高山广布

**长白婆婆纳 Veronica stelleri** var. **longistyla** Kitag.

分布：吉林；日本、朝鲜、俄罗斯

**川西婆婆纳 Veronica sutchuenensis** Franch.

分布：四川

**四川婆婆纳 Veronica szechuanica** Batalin

分布：陕西、甘肃、青海、湖北、四川、云南、西藏；不丹、印度

**四川婆婆纳(原亚种) Veronica szechuanica** subsp. **szechuanica**

分布：陕西、甘肃、青海、湖北、四川

**多毛四川婆婆纳 Veronica szechuanica** subsp. **sikkimensis** (Hook. f.) D. Y. Hong

分布：四川、云南、西藏；不丹、印度

**台湾婆婆纳 Veronica taiwanica** T. Yamaz.

分布：台湾

**丝茎婆婆纳 Veronica tenuissima** Boriss.

分布：新疆；阿富汗、哈萨克斯坦、吉尔吉斯斯坦、巴基斯坦、塔吉克斯坦、乌兹别克斯坦；亚洲(西南部)

**卷毛婆婆纳 Veronica teucrium** subsp. **altaica** Watzl

分布：黑龙江、内蒙古、新疆；哈萨克斯坦、俄罗斯

**西藏婆婆纳 Veronica tibetica** D. Y. Hong

分布：西藏

**陕川婆婆纳 Veronica tsinglingensis** D. Y. Hong

分布：陕西、湖北、四川

**水苦荬 Veronica undulata** Wall. ex Jack

分布：除宁夏、青海、西藏外中国广布；阿富汗、印度、日本、韩国、老挝、尼泊尔、巴基斯坦、泰国、越南

**唐古拉婆婆纳 Veronica vandellioides** Maxim.

分布：陕西、甘肃、青海、四川、西藏

**裂叶婆婆纳 Veronica verna** L.

分布：新疆；阿富汗、印度、克什米尔地区、哈萨克斯坦、吉尔吉斯斯坦、巴基斯坦、俄罗斯、塔吉克斯坦、土库曼斯坦、乌兹别克斯坦；亚洲(西南部)、欧洲

**云南婆婆纳 Veronica yunnanensis** D. Y. Hong

分布：云南

## 腹水草属 Veronicastrum Heist. ex Fabr.

**爬岩红 Veronicastrum axillare** (Sieb. et Zucc.) T. Yamaz.

分布：安徽、江苏、浙江、江西、福建、台湾、广东；

日本

**美穗草 Veronicastrum brunonianum** (Benth.) D. Y. Hong
分布：湖北、四川、贵州、云南、西藏；不丹、尼泊尔、印度

**美穗草(原亚种) Veronicastrum brunonianum** subsp. **brunonianum**
分布：湖北、四川、贵州、云南、西藏；不丹、尼泊尔、印度

**四川美穗草 Veronicastrum brunonianum** subsp. **sutchuenense** (Franch.) D. Y. Hong
分布：湖北、四川

**四方麻 Veronicastrum caulopterum** (Hance) T. Yamaz.
分布：江西、湖南、湖北、贵州、云南、广东、广西

**台湾腹水草 Veronicastrum formosanum** (Masam.) T. Yamaz.
分布：台湾

**宽叶腹水草 Veronicastrum latifolium** (Hemsl.) T. Yamaz.
分布：湖南、湖北、四川、贵州

**长穗腹水草 Veronicastrum longispicatum** (Merr.) T. Yamaz.
分布：湖南、广东、广西

**罗山腹水草 Veronicastrum loshanense** T. T. Chen et F. S. Chou
分布：台湾

**菱叶腹水草 Veronicastrum rhombifolium** (Hand.-Mazz.) P. C. Tsoong ex T. L. Chin et D. Y. Hong
分布：四川

**粗壮腹水草 Veronicastrum robustum** (Diels) D. Y. Hong
分布：江西、湖南、福建、广西

**粗壮腹水草(原亚种) Veronicastrum robustum** subsp. **robustum**
分布：江西、福建

**大叶腹水草 Veronicastrum robustum** subsp. **grandifolium** T. L. Chin et D. Y. Hong
分布：湖南、广西

**草本威灵仙 Veronicastrum sibiricum** (L.) Pennell
分布：黑龙江、吉林、辽宁、内蒙古、河北、山西、山东、陕西、甘肃；日本、韩国、蒙古国、俄罗斯

**细穗腹水草 Veronicastrum stenostachyum** T. Yamaz.
分布：陕西、江西、湖南、湖北、四川、贵州、福建

**细穗腹水草(原亚种) Veronicastrum stenostachyum** subsp. **stenostachyum**
分布：陕西、湖南、湖北、四川、贵州

**南川腹水草 Veronicastrum stenostachyum** subsp. **nanchuanense** T. L. Chin et D. Y. Hong
分布：四川

**腹水草 Veronicastrum stenostachyum** subsp. **plukenetii** (T. Yamaz.) D. Y. Hong
分布：江西、湖南、湖北、贵州、福建

**管花腹水草 Veronicastrum tubiflorum** (Fisch. et C. A. Mey.) H. Hara
分布：黑龙江、吉林、内蒙古；蒙古国、俄罗斯

**毛叶腹水草 Veronicastrum villosulum** (Miq.) T. Yamaz.
分布：安徽、浙江、江西、福建；日本

**毛叶腹水草(原变种) Veronicastrum villosulum** var. **villosulum**
分布：安徽、浙江、江西；日本

**铁钓竿 Veronicastrum villosulum** var. **glabrum** T. L. Chin et D. Y. Hong
分布：安徽、浙江

**刚毛腹水草 Veronicastrum villosulum** var. **hirsutum** T. L. Chin et D. Y. Hong
分布：浙江、江西、福建

**两头忙 Veronicastrum villosulum** var. **parviflorum** T. L. Chin et D. Y. Hong
分布：浙江

**云南腹水草 Veronicastrum yunnanense** (W. W. Sm.) T. Yamaz.
分布：四川、云南

## 391. 悬铃木科 Platanaceae T. Lestib.

### 悬铃木属 **Platanus** L.

**法国梧桐 Platanus acerifolia** (Aiton) Willd.
分布：华南等多地均有栽培；栽培起源于亚洲(西南部)和欧洲

**悬铃木 Platanus occidentalis** L.
分布：中国北部及中部均有栽培；北美洲

**净土树 Platanus orientalis** L.

分布：黑龙江、吉林、辽宁、内蒙古、河北、北京、河南、甘肃、安徽、江苏、江西、湖南、湖北、贵州、福建、广东、广西、海南、香港、澳门；原产于西南亚和东南欧

## 392. 白花丹科 Plumbaginaceae Juss.

### 彩花属 **Acantholimon** Boiss.

**刺叶彩花 Acantholimon alatavicum** Bunge

分布：新疆；哈萨克斯坦、吉尔吉斯斯坦、塔吉克斯坦、乌兹别克斯坦

**细叶彩花 Acantholimon borodinii** Krasn.

分布：新疆；吉尔吉斯斯坦

**小叶彩花 Acantholimon diapensioides** Boiss.

分布：新疆；阿富汗、巴基斯坦、塔吉克斯坦

**彩花 Acantholimon hedinii** Ostenf.

分布：新疆；吉尔吉斯斯坦、塔吉克斯坦

**喀什彩花 Acantholimon kaschgaricum** Lincz.

分布：新疆

**浩罕彩花 Acantholimon kokandense** Bunge ex Regel

分布：新疆；吉尔吉斯斯坦

**光萼彩花 Acantholimon laevigatum** (Z. X. Peng) Kamelin

分布：新疆

**石松彩花 Acantholimon lycopodioides** (Girard) Boiss.

分布：新疆；阿富汗、印度、克什米尔地区、巴基斯坦、塔吉克斯坦

**乌恰彩花 Acantholimon popovii** Czerniak.

分布：新疆

**新疆彩花 Acantholimon roborowskii** Czerniak.

分布：新疆

**塔尔巴哈台彩花(新拟) Acantholimon tarbagataicum** Gamajun.

分布：新疆

**天山彩花 Acantholimon tianschanicum** Czerniak.

分布：新疆；吉尔吉斯斯坦、塔吉克斯坦

### 蓝雪花属 **Ceratostigma** Bunge

**毛蓝雪花 Ceratostigma griffithii** C. B. Clarke

分布：西藏；不丹

**拉萨小蓝雪花 Ceratostigma minus** Stapf ex Prain

分布：甘肃、四川、云南、西藏

**蓝雪花 Ceratostigma plumbaginoides** Bunge

分布：北京、山西、河南、江苏、浙江

**刺鳞蓝雪花 Ceratostigma ulicinum** Prain

分布：西藏；尼泊尔

**岷江蓝雪花 Ceratostigma willmottianum** Stapf

分布：甘肃、四川、贵州、云南、西藏

### 驼舌草属 **Goniolimon** Boiss.

**疏花驼舌草 Goniolimon callicomum** (C. A. Mey.) Boiss.

分布：新疆；哈萨克斯坦、蒙古国、俄罗斯

**大叶驼舌草 Goniolimon dschungaricum** (Regel) O. Fedtsch. et B. Fedtsch.

分布：新疆；哈萨克斯坦

**团花驼舌草 Goniolimon eximium** (Schrenk) Boiss.

分布：新疆；哈萨克斯坦、蒙古国

**驼舌草 Goniolimon speciosum** (L.) Boiss.

分布：内蒙古、新疆；哈萨克斯坦、蒙古国、俄罗斯

**驼舌草(原变种) Goniolimon speciosum** var. **speciosum**

分布：内蒙古、新疆；哈萨克斯坦、蒙古国、俄罗斯

**直杆驼舌草 Goniolimon speciosum** var. **strictum** (Regel) Z. X. Peng

分布：新疆

### 伊犁花属 **Ikonnikovia** Lincz.

**伊犁花 Ikonnikovia kaufmanniana** (Regel) Lincz.

分布：新疆；哈萨克斯坦

### 补血草属 **Limonium** Mill.

**黄花补血草 Limonium aureum** (L.) Hill

分布：内蒙古、山西、陕西、宁夏、甘肃；蒙古国、俄罗斯

**黄花补血草(原变种) Limonium aureum** var. **aureum**

分布：内蒙古、山西、陕西、宁夏、甘肃；蒙古国、俄罗斯

**玛多补血草 Limonium aureum** var. **maduoensis** Y. H. Wu et Y. C. Yang

分布：青海

**二色补血草 Limonium bicolor** (Bunge) Kuntze

分布：黑龙江、吉林、辽宁、内蒙古、河北、山西、山东、河南、陕西、宁夏、甘肃、青海、江苏；蒙古国

美花补血草 **Limonium callianthum** (Z. X. Peng) Kamelin
分布：新疆

簇枝补血草 **Limonium chrysocomum** (Kar. et Kir.) Kuntze
分布：新疆；哈萨克斯坦、蒙古国、俄罗斯

簇枝补血草(原亚种) **Limonium chrysocomum** subsp. **chrysocomum**
分布：新疆；哈萨克斯坦、蒙古国、俄罗斯

大簇补血草 **Limonium chrysocomum** subsp. **semenovii** (Herder) Kamelin
分布：新疆；哈萨克斯坦、蒙古国

密花补血草 **Limonium congestum** (Ledeb.) Kuntze
分布：新疆；蒙古国、俄罗斯

珊瑚补血草 **Limonium coralloides** (Tausch) Lincz.
分布：新疆；哈萨克斯坦、蒙古国、俄罗斯

淡花补血草 **Limonium dichroanthum** (Rupr.) Ikonn.-Gal. ex Lincz.
分布：新疆；吉尔吉斯斯坦

巴隆补血草 **Limonium dielsianum** (Wangerin) Kamelin
分布：甘肃、青海

曲枝补血草 **Limonium flexuosum** (L.) Kuntze
分布：内蒙古；蒙古国、俄罗斯

烟台补血草 **Limonium franchetii** (Debeaux) Kuntze
分布：辽宁、山东、江苏

大叶补血草 **Limonium gmelinii** (Willd.) Kuntze
分布：新疆；哈萨克斯坦、吉尔吉斯斯坦、蒙古国、俄罗斯；欧洲

喀什补血草 **Limonium kaschgaricum** (Rupr.) Ikonn.-Gal.
分布：新疆；吉尔吉斯斯坦

灰杆补血草 **Limonium lacostei** (Danguy) Kamelin
分布：新疆、西藏；克什米尔地区、巴基斯坦

精河补血草 **Limonium leptolobum** (Regel) Kuntze
分布：新疆；哈萨克斯坦

繁枝补血草 **Limonium myrianthum** (Schrenk) Kuntze
分布：新疆；哈萨克斯坦、吉尔吉斯斯坦、蒙古国

耳叶补血草 **Limonium otolepis** (Schrenk) Kuntze
分布：甘肃、新疆；阿富汗、哈萨克斯坦、吉尔吉斯斯坦、塔吉克斯坦、土库曼斯坦、乌兹别克斯坦

星毛补血草 **Limonium potaninii** Ikonn.-Gal.
分布：甘肃、青海、四川

新疆补血草 **Limonium rezniczenkoanum** Lincz.
分布：新疆；哈萨克斯坦

补血草 **Limonium sinense** (Girard) Kuntze
分布：辽宁、河北、山东、江苏、浙江、福建、台湾、广东、广西；日本、越南

木本补血草 **Limonium suffruticosum** (L.) Kuntze
分布：新疆；阿富汗、哈萨克斯坦、吉尔吉斯斯坦、蒙古国、俄罗斯、乌兹别克斯坦；亚洲(西南部)、欧洲

细枝补血草 **Limonium tenellum** (Turcz.) Kuntze
分布：内蒙古、宁夏；蒙古国

海芙蓉 **Limonium wrightii** (Hance) Kuntze
分布：台湾；日本

海芙蓉(原变种) **Limonium wrightii** var. **wrightii**
分布：台湾；日本

黄花海芙蓉 **Limonium wrightii** var. **luteum** (H. Hara) H. Hara
分布：台湾；日本

## 鸡娃草属 **Plumbagella** Spach

鸡娃草 **Plumbagella micrantha** (Ledeb.) Spach
分布：宁夏、甘肃、青海、新疆、西藏；哈萨克斯坦、吉尔吉斯斯坦、蒙古国、俄罗斯

## 白花丹属 **Plumbago** L.

蓝花丹 **Plumbago auriculata** Lam.
分布：北京有栽培；各国广泛引种

紫花丹 **Plumbago indica** L.
分布：云南、海南；旧大陆热带地区

白花丹 **Plumbago zeylanica** L.
分布：四川、贵州、福建、台湾、广东、广西、海南；美国(夏威夷)，旧世界热带地区

白花丹(原变种) **Plumbago zeylanica** var. **zeylanica**
分布：四川、贵州、福建、台湾、广东、广西、海南；美国(夏威夷)，旧世界热带地区

尖瓣白花丹 **Plumbago zeylanica** var. **oxypetala** Boiss.
分布：福建

# 393. 禾本科 Poaceae Barnhart

## 芨芨草属 **Achnatherum** P. Beauv.

展序芨芨草 **Achnatherum brandisii** (Mez) Z. L. Wu
分布：甘肃、青海、四川、云南、西藏；阿富汗、不丹、

印度、尼泊尔、巴基斯坦

**短芒芨芨草 Achnatherum breviaristatum** Keng et P. C. Kuo
分布：甘肃

**小芨芨草 Achnatherum caragana** (Trinius) Nevski
分布：新疆；阿富汗、哈萨克斯坦、巴基斯坦、俄罗斯、塔吉克斯坦；亚洲(西南部)

**中华芨芨草 Achnatherum chinense** (Hitchc.) Tzvelev
分布：内蒙古、河北、山西、河南、陕西、宁夏、甘肃、青海

**细叶芨芨草 Achnatherum chingii** (Hitchc.) Keng
分布：山西、陕西、甘肃、青海、四川、云南、西藏

**大叶直芒草 Achnatherum coreanum** (Honda) Ohwi
分布：河北、陕西、安徽、江苏、浙江、江西、湖北；日本、朝鲜

**藏芨芨草 Achnatherum duthiei** (Hook. f.) P. C. Kuo et S. L. Lu
分布：陕西、青海、四川、云南、西藏；印度、克什米尔地区、尼泊尔

**湖北芨芨草 Achnatherum henryi** (Rendle) S. M. Phillips et Z. L. Wu
分布：河南、陕西、甘肃、湖北、四川、贵州、云南

**湖北芨芨草(原变种) Achnatherum henryi** var. **henryi**
分布：陕西、甘肃、湖北、四川

**尖颖芨芨草 Achnatherum henryi** var. **acutum** (L. Liu ex Z. L. Wu) S. M. Phillips et Z. L. Wu
分布：云南

**异颖芨芨草 Achnatherum inaequiglume** Keng
分布：甘肃、四川

**醉马草 Achnatherum inebrians** (Hance) Keng ex Tzvelev
分布：内蒙古、宁夏、甘肃、青海、新疆、四川、西藏；蒙古国

**干生芨芨草 Achnatherum jacquemontii** (Jaub. et Spach) P. C. Kuo et S. L. Lu
分布：西藏；阿富汗、印度、克什米尔地区、巴基斯坦

**朝阳芨芨草 Achnatherum nakaii** (Honda) Tateoka ex Imzab
分布：辽宁、内蒙古、河北、山西；蒙古国

**京芒草 Achnatherum pekinense** (Hance) Ohwi
分布：黑龙江、吉林、辽宁、内蒙古、河北、山西、山东、河南、陕西、宁夏、甘肃、安徽、云南；日本、朝鲜、俄罗斯

**光药芨芨草 Achnatherum psilantherum** Keng ex Tzvelev
分布：甘肃、青海、四川

**毛颖芨芨草 Achnatherum pubicalyx** (Ohwi) Keng ex P. C. Kuo
分布：黑龙江、吉林、内蒙古、河北、山西、陕西、甘肃、青海、新疆；朝鲜

**钝基草 Achnatherum saposhnikovii** (Roshev.) Nevski
分布：内蒙古、宁夏、甘肃、青海、新疆；哈萨克斯坦、吉尔吉斯斯坦、蒙古国、乌兹别克斯坦

**羽茅 Achnatherum sibiricum** (L.) Keng ex Tzvelev
分布：黑龙江、内蒙古、河南、宁夏、青海、新疆、四川、云南、西藏；蒙古国、哈萨克斯坦、吉尔吉斯斯坦、俄罗斯、乌兹别克斯坦；亚洲(西南部)

**芨芨草 Achnatherum splendens** (Trin.) Nevski
分布：黑龙江、内蒙古、山西、河南、宁夏、甘肃、青海、新疆、四川、云南、西藏；阿富汗、印度、哈萨克斯坦、吉尔吉斯斯坦、蒙古国、巴基斯坦、俄罗斯、塔吉克斯坦、土库曼斯坦、乌兹别克斯坦

## 酸竹属 Acidosasa C. D. Chu et C. S. Chao ex P. C. Keng

**小叶酸竹 Acidosasa breviclavata** W. T. Lin
分布：广东

**异枝竹 Acidosasa carinata** (W. T. Lin) D. Z. Li et Y. X. Zhang
分布：广东

**粉酸竹 Acidosasa chienouensis** (T. H. Wen) C. S. Chao et T. H. Wen
分布：湖南、福建

**酸竹 Acidosasa chinensis** C. D. Chu et C. S. Chao ex Keng f.
分布：广东

**黄甜竹 Acidosasa edulis** (T. H. Wen) T. H. Wen
分布：福建

**广西酸竹 Acidosasa guangxiensis** Q. H. Dai et C. F. Huang
分布：广西

**灵川酸竹 Acidosasa lingchuanensis** (C. D. Chu et C. S. Chao) Q. Z. Xie et X. Y. Chen
分布：广西

长舌酸竹 **Acidosasa nanunica** (McClure) C. S. Chao et G. Y. Yang
分布：浙江、江西、湖南、重庆、广东

斑箨酸竹 **Acidosasa notata** (Z. P. Wang et G. H. Ye) S. S. You
分布：江西、福建

毛花酸竹 **Acidosasa purpurea** (Hsueh et T. P. Yi) P. C. Keng
分布：江西、湖南、云南、广西

黎竹 **Acidosasa venusta** (McClure) Z. P. Wang et G. H. Ye ex C. S. Chao et C. D. Chu
分布：广东

## 尖稃草属 **Acrachne** Wight et Arn. ex Chiov.

尖稃草 **Acrachne racemosa** (B. Heyne ex Roem. et Schuit.) Ohwi
分布：海南、云南；阿富汗、印度、印度尼西亚、缅甸、巴基斯坦、斯里兰卡、泰国、越南、澳大利亚(北部)、太平洋群岛；亚洲(西南部)、非洲，引种于西印度群岛

## 凤头黍属 **Acroceras** Stapf

凤头黍 **Acroceras munroanum** (Balansa) Henrard
分布：海南；柬埔寨、印度、印度尼西亚、马来西亚、缅甸、菲律宾、斯里兰卡、泰国、越南

山鸡谷草 **Acroceras tonkinense** (Balansa) C. E. Hubb. ex Bor
分布：云南、海南；印度、印度尼西亚、老挝、马来西亚、缅甸、泰国、越南

## 山羊草属 **Aegilops** L.

山羊草 **Aegilops tauschii** Coss.
分布：内蒙古、河北、山西、山东、河南、陕西、新疆、江苏、重庆；原产于西亚、阿富汗、克什米尔地区、哈萨克斯坦、吉尔吉斯斯坦、巴基斯坦、俄罗斯、土库曼斯坦、乌兹别克斯坦；亚洲(西南部)

## 獐毛属 **Aeluropus** Trin.

微药獐毛 **Aeluropus micrantherus** Tzvelev
分布：新疆；蒙古国

毛叶獐毛 **Aeluropus pilosus** (H. L. Yang) S. L. Chen et H. L. Yang
分布：新疆

小獐毛 **Aeluropus pungens** (M. Bieb.) K. Koch
分布：甘肃、新疆；印度、哈萨克斯坦、吉尔吉斯斯坦、俄罗斯、土库曼斯坦、乌兹别克斯坦；亚洲(西南部)、欧洲

小獐毛(原变种) **Aeluropus pungens** var. **pungens**
分布：甘肃、新疆；印度、哈萨克斯坦、吉尔吉斯斯坦、俄罗斯、土库曼斯坦、乌兹别克斯坦

刺叶獐毛 **Aeluropus pungens** var. **hirtulus** S. L. Chen et X. Y. Yang
分布：新疆

獐毛 **Aeluropus sinensis** (Debeaux) Tzvelev
分布：辽宁、内蒙古、河北、山西、山东、河南、宁夏、甘肃、新疆、江苏

## 冰草属 **Agropyron** Gaertn.

冰草 **Agropyron cristatum** (L.) Gaertn.
分布：黑龙江、内蒙古、河北、宁夏、甘肃、青海、新疆；日本、韩国、蒙古国、巴基斯坦、俄罗斯；亚洲(西南部)、欧洲，引种到北美洲

冰草(原变种) **Agropyron cristatum** var. **cristatum**
分布：内蒙古、甘肃、青海、新疆；日本、韩国、蒙古国、巴基斯坦、俄罗斯

光穗冰草 **Agropyron cristatum** var. **pectinatum** (M. Bieb.) Rosevitz ex B. Fedtschenko
分布：内蒙古、河北、青海、新疆；蒙古国、俄罗斯；欧洲

多花冰草 **Agropyron cristatum** var. **pluriflorum** H. L. Yang
分布：内蒙古

沙生冰草 **Agropyron desertorum** (Fisch. ex Link) Schultes
分布：内蒙古、山西、宁夏、青海、新疆；蒙古国、俄罗斯，被引种到北美洲

沙生冰草(原变种) **Agropyron desertorum** var. **desertorum**
分布：内蒙古、山西；蒙古国、俄罗斯

毛沙生冰草 **Agropyron desertorum** var. **pilosiusculum** (Melderis) H. L. Yang
分布：内蒙古、青海、新疆；蒙古国

根茎冰草 **Agropyron michnoi** Roshev.
分布：内蒙古；蒙古国、俄罗斯

沙芦草 **Agropyron mongolicum** Keng
分布：内蒙古、山西、陕西、宁夏、甘肃、新疆

沙芦草(原变种) **Agropyron mongolicum** var. **mongolicum**
分布：内蒙古、山西、陕西、宁夏、甘肃、新疆

**毛稃沙芦草** **Agropyron mongolicum** var. **helinicum** L. Q. Zhao et J. Yang

分布：内蒙古

**毛沙芦草** **Agropyron mongolicum** var. **villosum** H. L. Yang

分布：内蒙古

**西伯利亚冰草** **Agropyron sibiricum** (Willd.) P. Beauv.

分布：内蒙古、河北、新疆；哈萨克斯坦、吉尔吉斯斯坦、俄罗斯、土库曼斯坦、乌兹别克斯坦；欧洲，引种至北美洲

## 剪股颖属 Agrostis L.

**阿里山剪股颖** **Agrostis arisan-montana** Ohwi

分布：河南、陕西、宁夏、四川、云南、台湾、广西

**大锥剪股颖** **Agrostis brachiata** Munro ex Hook. f.

分布：甘肃、湖北、四川、贵州、云南；不丹、尼泊尔

**普通剪股颖** **Agrostis canina** L.

分布：新疆、西藏、云南；日本、克什米尔地区、蒙古国、俄罗斯；欧洲、美洲(东北部)

**细弱剪股颖** **Agrostis capillaris** L.

分布：河南、内蒙古、宁夏、山西、新疆；阿富汗、俄罗斯(西部)；亚洲(西南部)、欧洲、非洲(北部)；引种于北美洲和温带地区

**华北剪股颖** **Agrostis clavata** Trin.

分布：黑龙江、吉林、内蒙古、河北、山东、河南、陕西、甘肃、安徽、四川、贵州、云南、西藏、福建、台湾、广东；日本、朝鲜、蒙古国、俄罗斯；亚洲(西南部)、欧洲、北美洲

**歧序剪股颖** **Agrostis divaricatissima** Mez

分布：黑龙江、吉林、辽宁、内蒙古；朝鲜、蒙古国、俄罗斯

**线序剪股颖** **Agrostis dshungarica** (Tzvelev) Tzvelev

分布：新疆

**柔软剪股颖** **Agrostis flaccida** Hack.

分布：吉林、辽宁；日本、朝鲜、俄罗斯

**舟颖剪股颖** **Agrostis fukuyamae** Ohwi

分布：台湾

**巨序剪股颖** **Agrostis gigantea** Roth

分布：黑龙江、吉林、辽宁、内蒙古、河北、山西、山东、河南、陕西、宁夏、甘肃、青海、新疆、安徽、江苏、浙江、江西、湖北、四川、云南、西藏；阿富汗、印度、日本、朝鲜、蒙古国、尼泊尔、巴基斯坦、俄罗斯；亚洲(西南部)、欧洲、非洲(北部)

**疏花剪股颖** **Agrostis hookeriana** C. B. Clarke ex Hook. f.

分布：青海、四川、云南、西藏；尼泊尔、印度、不丹

**甘青剪股颖** **Agrostis hugoniana** Rendle

分布：陕西、甘肃、青海、四川

**玉山剪股颖** **Agrostis infirma** Büse

分布：黑龙江、山东、湖南、云南、台湾；印度尼西亚、巴布亚新几内亚、菲律宾

**昆明剪股颖** **Agrostis kunmingensis** B. S. Sun et Y. Cai Wang

分布：四川、云南

**岐颖剪股颖** **Agrostis mackliniae** Bor

分布：云南、西藏；缅甸

**多花剪股颖** **Agrostis micrantha** Steud.

分布：河南、陕西、青海、安徽、江西、湖南、湖北、四川、贵州、云南、西藏、福建、广西；不丹、缅甸、印度、尼泊尔

**长稃剪股颖** **Agrostis munroana** Aitch.

分布：云南、西藏；阿富汗、印度、克什米尔地区、尼泊尔、巴基斯坦

**泸水剪股颖** **Agrostis nervosa** Nees ex Trin.

分布：四川、贵州、云南、西藏；不丹、印度、缅甸、尼泊尔

**柔毛剪股颖** **Agrostis pilosula** Trin.

分布：青海、四川、云南；不丹、印度、尼泊尔、巴基斯坦、斯里兰卡

**紧序剪股颖** **Agrostis sinocontracta** S. M. Phillips et S. L. Lu

分布：云南

**岩生剪股颖** **Agrostis sinorupestris** L. Liu ex S. M. Phillips et S. L. Lu

分布：四川、云南、西藏

**台湾剪股颖** **Agrostis sozanensis** Hayata

分布：河南、安徽、江苏、浙江、江西、湖南、湖北、四川、贵州、云南、福建、台湾、广东

**西伯利亚剪股颖** **Agrostis stolonifera** L.

分布：黑龙江、内蒙古、山西、山东、陕西、宁夏、甘肃、新疆、安徽、贵州、云南、西藏；不丹、印度、日本、蒙古国、尼泊尔、俄罗斯；亚洲(西南部)、欧洲

**北疆剪股颖 Agrostis turkestanica** Drobow

分布：新疆；哈萨克斯坦、吉尔吉斯斯坦、塔吉克斯坦、乌兹别克斯坦；亚洲(西南部)

**芒剪股颖 Agrostis vinealis** Schreb.

分布：黑龙江、吉林、辽宁、内蒙古；日本、朝鲜、蒙古国、巴基斯坦、俄罗斯；美洲、欧洲

## 银须草属 Aira L.

**银须草 Aira caryophyllea** L.

分布：西藏；印度、俄罗斯；亚洲(西南部)、欧洲、非洲(北部)，引种到美洲和大洋洲

## 毛颖草属 Alloteropsis Presl.

**臭虫草 Alloteropsis cimicina** (L.) Stapf

分布：海南；柬埔寨、印度、印度尼西亚、马来西亚、缅甸、巴布亚新几内亚、斯里兰卡、泰国、澳大利亚、太平洋岛屿；非洲

**毛颖草 Alloteropsis semialata** (R. Br.) Hitchc.

分布：四川、云南、福建、台湾、广东、广西、海南；印度尼西亚、马来西亚、新加坡、柬埔寨、老挝、泰国、越南、太平洋岛屿；非洲

**毛颖草(原变种) Alloteropsis semialata** var. **semialata**

分布：四川、云南、福建、台湾、广东、广西、海南；印度、马来西亚、太平洋岛屿；非洲

**紫纹毛颖草 Alloteropsis semialata** var. **eckloniana** (Nees) Pilger

分布：云南、广东、广西；印度、印度尼西亚、马来西亚、太平洋岛屿；非洲

## 看麦娘属 Alopecurus L.

**看麦娘 Alopecurus aequalis** Sobol.

分布：安徽、福建、广东、贵州、河北、黑龙江、河南、湖北、江苏、江西、内蒙古、陕西、山东、四川、台湾、新疆、西藏、云南、浙江；不丹、日本、克什米尔地区、哈萨克斯坦、韩国、吉尔吉斯斯坦、蒙古国、尼泊尔、俄罗斯、塔吉克斯坦、土库曼斯坦、乌兹别克斯坦；亚洲(西南部)、欧洲、北美洲

**苇状看麦娘 Alopecurus arundinaceus** Poir.

分布：黑龙江、内蒙古、宁夏、甘肃、青海、新疆；克什米尔地区、哈萨克斯坦、吉尔吉斯斯坦、蒙古国、巴基斯坦、俄罗斯、塔吉克斯坦、土库曼斯坦、乌兹别克斯坦；亚洲(西南部)、欧洲，引种到北美洲

**短穗看麦娘 Alopecurus brachystachyus** Bieb.

分布：黑龙江、内蒙古、河北、青海；蒙古国、俄罗斯

**喜马拉雅看麦娘 Alopecurus himalaicus** Hook. f.

分布：新疆；阿富汗、克什米尔地区、吉尔吉斯斯坦、巴基斯坦、塔吉克斯坦

**日本看麦娘 Alopecurus japonicus** Steud.

分布：河南、陕西、安徽、江苏、浙江、湖北、四川、贵州、云南、福建、广东；日本、朝鲜

**长芒看麦娘 Alopecurus longearistatus** Maxim.

分布：黑龙江；俄罗斯

**大穗看麦娘 Alopecurus myosuroides** Huds.

分布：台湾引种；哈萨克斯坦、吉尔吉斯斯坦、巴基斯坦、俄罗斯、塔吉克斯坦、土库曼斯坦、乌兹别克斯坦；亚洲(西南部)、欧洲

**大看麦娘 Alopecurus pratensis** L.

分布：黑龙江、内蒙古、新疆；哈萨克斯坦、吉尔吉斯斯坦、蒙古国、俄罗斯、塔吉克斯坦、乌兹别克斯坦；亚洲(西南部)、欧洲

## 悬竹属 Ampelocalamus S. L. Chen et T. H. Wen et G. Y. Sheng

**射毛悬竹 Ampelocalamus actinotrichus** (Merr. et Chun) S. L. Chen, T. H. Wen et G. Y. Sheng

分布：海南

**钓竹 Ampelocalamus breviligulatus** (T. P. Yi) Stapleton et D. Z. Li

分布：甘肃、四川、贵州

**贵州悬竹 Ampelocalamus calcareus** C. D. Chu et C. S. Chao

分布：贵州

**多毛悬竹 Ampelocalamus hirsutissimus** (W. D. Li et Y. C. Zhong) Stapleton et D. Z. Li

分布：贵州

**小篷竹 Ampelocalamus luodianensis** T. P. Yi et R. S. Wang

分布：贵州

**南川竹 Ampelocalamus melicoideus** (Keng f.) D. Z. Li et Stapleton

分布：四川

**冕宁悬竹 Ampelocalamus mianningensis** (Q. Li et X. Jiang) D. Z. Li et Stapleton

分布：四川、云南

**坝竹 Ampelocalamus microphyllus** (Hsueh et T. P. Yi) Hsueh et T. P. Yi

分布：四川

**内门竹 Ampelocalamus naibunensis** (Hayata) T. H. Wen
分布：台湾

**碟环竹 Ampelocalamus patellaris** (Gamble) Stapleton
分布：云南；印度、老挝、缅甸、尼泊尔

**羊竹子 Ampelocalamus saxatilis** (Hsueh et T. P. Yi) Hsueh et T. P. Yi
分布：四川、云南

**爬竹 Ampelocalamus scandens** Hsueh et D. Z. Li
分布：贵州

**永善悬竹 Ampelocalamus yongshanensis** Hsueh et D. Z. Li
分布：四川、云南

## 须芒草属 Andropogon L.

**华须芒草 Andropogon chinensis** (Nees) Merr.
分布：四川、云南、广东、广西、海南；柬埔寨、印度、老挝、缅甸、泰国、越南；亚洲(西南部)、非洲

**西藏须芒草 Andropogon munroi** C. B. Clarke
分布：四川、云南、西藏；不丹、印度、巴基斯坦、尼泊尔

## 沟稃草属 Aniselytron Merr.

**小颖沟稃草 Aniselytron agrostoides** Merr.
分布：台湾；菲律宾

**沟稃草 Aniselytron treutleri** (Kuntze) Soják
分布：湖北、四川、贵州、云南、福建、台湾、广西；不丹、日本、缅甸、印度、印度尼西亚、马来西亚、越南

## 黄花茅属 Anthoxanthum L.

**光稃香草 Anthoxanthum glabrum** (Trin.) Veldkamp
分布：黑龙江、吉林、辽宁、内蒙古、河北、山东、青海、新疆、安徽、江苏、浙江、云南；哈萨克斯坦、蒙古国、俄罗斯

**藏黄花茅 Anthoxanthum hookeri** (Griseb.) Rendle
分布：四川、贵州、云南、西藏；不丹、缅甸、印度、尼泊尔

**台湾黄花茅 Anthoxanthum horsfieldii** (Kunth ex Bennet) Mez ex Reeder
分布：贵州、台湾；印度、日本、马来西亚、巴布亚新几内亚、菲律宾、泰国

**茅香 Anthoxanthum nitens** (Weber) Y. Schouten et Veldkamp
分布：甘肃、贵州、河北、黑龙江、河南、内蒙古、宁夏、青海、陕西、山东、山西、四川、新疆、西藏、云南；阿富汗、日本、韩国、吉尔吉斯斯坦、蒙古国、俄罗斯；亚洲(西南部)、欧洲、北美洲

**黄花茅 Anthoxanthum odoratum** L.
分布：黑龙江、吉林、辽宁、新疆、江西、台湾；朝鲜、日本、俄罗斯、蒙古国；欧洲

**黄花茅(原亚种) Anthoxanthum odoratum** subsp. **odoratum**
分布：江西、台湾；俄罗斯

**日本黄花茅 Anthoxanthum odoratum** subsp. **alpinum** (Á. Love et D. Love) Tzvelev
分布：黑龙江、吉林、辽宁、新疆；日本、韩国、俄罗斯；欧洲

**淡色黄花茅 Anthoxanthum pallidum** (Hand.-Mazz.) Tzvelev
分布：四川、云南

**松序茅香草 Anthoxanthum potaninii** (Tzvelev) S. M. Phillips et Z. L. Wu
分布：甘肃、四川

**锡金黄花茅 Anthoxanthum sikkimense** (Maxim.) Ohwi
分布：云南；尼泊尔、印度

**藏茅香 Anthoxanthum tibeticum** (Bor) Veldkamp
分布：西藏

## 水蔗草属 Apluda L.

**水蔗草 Apluda mutica** L.
分布：福建、广东、广西、贵州、海南、湖南、江西、四川、台湾、西藏、云南、浙江；阿富汗、不丹、柬埔寨、印度、印度尼西亚、日本、老挝、马来西亚、缅甸、尼泊尔、巴布亚新几内亚、巴基斯坦、菲律宾、斯里兰卡、泰国、越南、澳大利亚、印度洋岛屿、马达加斯加、太平洋群岛；亚洲(西南部)

## 楔颖草属 Apocopis Nees

**短颖楔颖草 Apocopis breviglumis** Keng et S. L. Chen
分布：四川、云南

**异穗楔颖草 Apocopis intermedius** (A. Camus) Chai-Anan
分布：浙江、云南、广东；泰国、越南

**楔颖草 Apocopis paleaceus** (Trin.) Hochr.
分布：云南、广东、广西、海南；不丹、印度、老挝、马来西亚、缅甸、尼泊尔、越南

瑞氏楔颖草 **Apocopis wrightii** Munro
分布：安徽、浙江、江西、云南、福建、广东、广西；泰国

## 三芒草属 **Aristida** L.

三芒草 **Aristida adscensionis** L.
分布：内蒙古、河北、山西、山东、陕西、甘肃、青海、新疆、四川、云南；世界热带、暖温带地区

高原三芒草 **Aristida alpina** L. Liou
分布：西藏

巴塘三芒草 **Aristida batangensis** Z. X. Tang et H. X. Liu
分布：四川

短三芒草 **Aristida brevissima** L. Liou
分布：云南、西藏

华三芒草 **Aristida chinensis** Munro
分布：福建、台湾、广东、广西、海南；印度尼西亚、菲律宾、柬埔寨、泰国、越南

黄草毛 **Aristida cumingiana** Trin. et Rupr.
分布：江苏、浙江、湖南、云南、福建、广东；印度、老挝、巴布亚新几内亚、菲律宾、泰国、越南、印度尼西亚、缅甸、尼泊尔、澳大利亚；非洲

仪英三芒草 **Aristida depressa** Retz.
分布：四川、云南；印度、缅甸、泰国、斯里兰卡

糙三芒草 **Aristida scabrescens** L. Liou
分布：西藏

三刺草 **Aristida triseta** Keng
分布：甘肃、青海、四川、云南、西藏

藏布三芒草 **Aristida tsangpoensis** L. Liou
分布：云南、西藏

## 燕麦草属 **Arrhenatherum** P. Beauv.

燕麦草 **Arrhenatherum elatius** (L.) P. Beauv. ex J. Presl et C. Presl
分布：中国引种；原产于俄罗斯；东南亚、欧洲，北非、北美洲和澳大利亚也有引种

燕麦草(原变种) **Arrhenatherum elatius** var. **elatius**
分布：中国有栽培；俄罗斯；亚洲、非洲

球茎燕麦草 **Arrhenatherum elatius** var. **bulbosum** (Willd.) Spenn.
分布：中国引种

## 荩草属 **Arthraxon** P. Beauv.

海南荩草 **Arthraxon castratus** (Griff.) V. Narayanaswami ex Bor
分布：海南；印度、印度尼西亚、缅甸、斯里兰卡、泰国、越南、澳大利亚

粗刺荩草 **Arthraxon echinatus** (Nees) Hochst.
分布：云南；印度、尼泊尔

光脊荩草 **Arthraxon epectinatus** B. S. Sun et H. Peng
分布：陕西、甘肃、四川、贵州、云南；不丹、尼泊尔

荩草 **Arthraxon hispidus** (Thunb.) Makino
分布：安徽、福建、广东、贵州、海南、河北、黑龙江、河南、湖北、江苏、江西、内蒙古、宁夏、陕西、山东、四川、台湾、新疆、云南、浙江；不丹、印度、印度尼西亚、日本、哈萨克斯坦、韩国、吉尔吉斯斯坦、马来西亚、尼泊尔、巴布亚新几内亚、巴基斯坦、菲律宾、俄罗斯、斯里兰卡、塔吉克斯坦、泰国、乌兹别克斯坦、澳大利亚；亚洲(西南部)、非洲

荩草(原变种) **Arthraxon hispidus** var. **hispidus**
分布：黑龙江、内蒙古、河北、山东、河南、陕西、宁夏、新疆、安徽、江苏、浙江、江西、湖北、四川、贵州、云南、福建、台湾、广东、海南；不丹、印度、印度尼西亚、日本、哈萨克斯坦、韩国、吉尔吉斯斯坦、马来西亚、尼泊尔、巴布亚新几内亚、巴基斯坦、菲律宾、俄罗斯、斯里兰卡、塔吉克斯坦、泰国、乌兹别克斯坦、澳大利亚；亚洲、非洲

中亚荩草 **Arthraxon hispidus** var. **centrasiaticus** (Griseb.) Honda
分布：中国中部和东部；哈萨克斯坦、吉尔吉斯斯坦、塔吉克斯坦、乌兹别克斯坦；亚洲(中部和西南部)

微穗荩草 **Arthraxon junnarensis** S. K. Jain et Hemadri
分布：云南；印度

小叶荩草 **Arthraxon lancifolius** (Trin.) Hochst.
分布：四川、贵州、云南；不丹、印度、印度尼西亚、缅甸、尼泊尔、巴布亚新几内亚、巴基斯坦、菲律宾、斯里兰卡、泰国、越南；亚洲(西南部)、非洲(东部)

小荩草 **Arthraxon microphyllus** (Trin.) Hochst.
分布：云南；不丹、尼泊尔、印度、泰国

多脉荩草 **Arthraxon multinervis** S. L. Chen et Y. X. Jin
分布：贵州

光轴荩草 **Arthraxon nudus** (Nees ex Steudel) Hochst.
分布：云南；印度、马来西亚、缅甸、泰国；亚洲(西南部)

**茅叶荩草 Arthraxon prionodes** (Steud.) Dandy
分布：北京、山东、河南、陕西、安徽、江苏、浙江、湖北、四川、云南、西藏；阿富汗、不丹、印度、缅甸、巴基斯坦、泰国、越南；亚洲(西南部)、非洲(东部)

**无芒荩草 Arthraxon submuticus** (Nees ex Steudel) Hochst.
分布：云南；印度、尼泊尔

**洱源荩草 Arthraxon typicus** (Büse) Koorders
分布：云南、广东；尼泊尔、印度、印度尼西亚、缅甸、尼泊尔、泰国

## 青篱竹属 Arundinaria Michaux

**尖孵冷箭竹(新拟) Arundinaria acutiligulata** (W. T. Lin) N. H. Xia
分布：广东

**白丝毛冷箭竹(新拟) Arundinaria albosericea** (W. T. Lin) N. H. Xia
分布：广东

**二裂冷箭竹(新拟) Arundinaria biloba** (W. T. Lin et Z. J. Feng) N. H. Xia
分布：广东

**冷箭竹 Arundinaria faberi** Rendle
分布：四川、贵州、云南

**巴山木竹 Arundinaria fargesii** E. G. Camus
分布：陕西、甘肃、湖北、四川

**雀斑苦竹 Arundinaria lentiginosa** (W. T. Lin et Z. J. Feng) N. H. Xia
分布：广东

**饱竹子 Arundinaria qingchengshanensis** (Keng f. et T. P. Yi) D. Z. Li
分布：四川

**总花冷箭竹 Arundinaria racemosa** Munro
分布：西藏；不丹、印度、尼泊尔

**短舌苦竹 Arundinaria scabriflora** var. **breviligulata** (Z. P. Wang et G. H. Ye) N. H. Xia
分布：广东

**峨热竹 Arundinaria spanostachya** (T. P. Yi) D. Z. Li
分布：四川

## 野古草属 Arundinella Raddi

**毛节野古草 Arundinella barbinodis** Keng ex B. S. Sun et Z. H. Hu
分布：浙江、江西、湖南、福建、广东

**孟加拉野古草 Arundinella bengalensis** (Spreng.) Druce
分布：四川、贵州、云南、西藏、广东、广西、海南；不丹、印度、缅甸、尼泊尔、泰国、越南

**大序野古草 Arundinella cochinchinensis** Keng
分布：贵州、云南、广西；泰国、越南

**丈野古草 Arundinella decempedalis** (Kuntze) Janowski
分布：云南；印度、缅甸

**硬叶野古草 Arundinella flavida** Keng
分布：贵州、广西；越南

**溪边野古草 Arundinella fluviatilis** Hand.-Mazz.
分布：江西、湖南、湖北、四川、贵州

**大花野古草 Arundinella grandiflora** Hack.
分布：云南

**毛秆野古草 Arundinella hirta** (Thunb.) Tanaka
分布：黑龙江、吉林、辽宁、内蒙古、河北、山东、河南、陕西、宁夏、安徽、江苏、浙江、江西、湖南、湖北、四川、贵州、云南、福建、台湾、广东、广西；日本、韩国、俄罗斯

**毛秆野古草(原变种) Arundinella hirta** var. **hirta**
分布：黑龙江、吉林、辽宁、内蒙古、河北、山东、河南、陕西、宁夏、安徽、江苏、江西、湖南、湖北、四川、贵州、云南、福建、台湾、广东、广西；日本、韩国、缅甸、俄罗斯、越南

**庐山野古草 Arundinella hirta** var. **hondana** Koidz.
分布：浙江、江西；日本、朝鲜

**西南野古草 Arundinella hookeri** Munro ex Keng
分布：四川、贵州、云南、西藏；尼泊尔、不丹、印度、缅甸

**错立野古草 Arundinella intricata** Hughes
分布：西藏；不丹、印度

**滇西野古草 Arundinella khaseana** Nees ex Steud.
分布：云南；印度、缅甸

**长序野古草 Arundinella longispicata** B. S. Sun
分布：云南

**石芒草 Arundinella nepalensis** Trin.
分布：湖北、贵州、云南、西藏、福建、广东、广西、海南；不丹、印度、缅甸、尼泊尔、巴基斯坦、泰国、越南；非洲、大洋洲

**多节野古草 Arundinella nodosa** B. S. Sun et Z. H. Hu
分布：云南

**小花野古草 Arundinella parviflora** B. S. Sun et Z. H. Hu
分布：云南

**毛野古草 Arundinella pubescens** Merr. et Hack.
分布：台湾；菲律宾

**岩生野古草 Arundinella rupestris** A. Camus
分布：湖南、贵州、广西；泰国、越南

**刺芒野古草 Arundinella setosa** Trin.
分布：安徽、福建、广东、广西、贵州、海南、河南、湖北、湖南、江苏、江西、四川、台湾、云南、浙江；不丹、印度、印度尼西亚、马来西亚、缅甸、尼泊尔、巴布亚新几内亚、菲律宾、斯里兰卡、泰国、越南、澳大利亚

**刺芒野古草(原变种) Arundinella setosa** var. **setosa**
分布：河南、安徽、江苏、浙江、江西、湖南、四川、贵州、云南、福建、台湾、广东、广西、海南；不丹、印度、印度尼西亚、马来西亚、缅甸、尼泊尔、巴布亚新几内亚、菲律宾、斯里兰卡、泰国、越南、澳大利亚

**无刺野古草 Arundinella setosa** var. **esetosa** Bor ex S. M. Phillip et S. L. Chen
分布：浙江、江西、湖南、湖北、贵州、云南、福建、广东、广西；缅甸、尼泊尔、印度

**腾冲野古草 Arundinella setosa** var. **tengchongensis** B. S. Sun et Z. H. Hu ex S. L. Chen
分布：云南

**毛颖野古草 Arundinella tricholepis** B. S. Sun et Z. H. Hu
分布：云南

**云南野古草 Arundinella yunnanensis** Keng ex B. S. Sun et Z. H. Hu
分布：云南、西藏

## 芦竹属 Arundo L.

**芦竹 Arundo donax** L.
分布：江苏、浙江、湖南、四川、贵州、云南、西藏、福建、广东、海南；阿富汗、不丹、柬埔寨、印度、印度尼西亚、日本、哈萨克斯坦、老挝、马来西亚、缅甸、尼泊尔、巴基斯坦、塔吉克斯坦、泰国、土库曼斯坦、乌兹别克斯坦、越南；亚洲(西南部和中部)、欧洲、非洲(北部)

**台湾芦竹 Arundo formosana** Hack.
分布：台湾；日本、菲律宾

## 燕麦属 Avena L.

**莜麦 Avena chinensis** (Fisch. ex Roem. et Schult.) Metzg.
分布：河北、河南、新疆、湖北、云南；俄罗斯；欧洲

**野燕麦 Avena fatua** L.
分布：中国广布；原产于欧洲南部及地中海地区，现世界各地广布

**野燕麦(原变种) Avena fatua** var. **fatua**
分布：黑龙江、内蒙古、河北、河南、陕西、宁夏、青海、新疆、安徽、江苏、浙江、江西、湖南、湖北、四川、贵州、云南、西藏、福建、台湾、广东、广西；阿富汗、不丹、印度、哈萨克斯坦、吉尔吉斯斯坦、尼泊尔、巴基斯坦、俄罗斯、塔吉克斯坦、土库曼斯坦、乌兹别克斯坦

**光稃野燕麦 Avena fatua** var. **glabrata** Peterm.
分布：安徽、福建、广东、广西、贵州、河北、黑龙江、河南、湖北、湖南、江苏、江西、内蒙古、宁夏、青海、陕西、四川、台湾、新疆、西藏、云南、浙江；阿富汗、不丹、印度、哈萨克斯坦、吉尔吉斯斯坦、尼泊尔、巴基斯坦、俄罗斯、塔吉克斯坦、土库曼斯坦、乌兹别克斯坦；欧洲

**裸燕麦 Avena nuda** L.
分布：湖北、云南；俄罗斯；欧洲

**燕麦 Avena sativa** L.
分布：中国广泛栽培

**长颖燕麦 Avena sterilis** subsp. **ludoviciana** (Durieu) Nyman
分布：云南；原产于亚洲(西南部)、欧洲

## 地毯草属 Axonopus P. Beauv.

**地毯草 Axonopus compressus** (Sw.) P. Beauv.
分布：贵州、云南、福建、台湾、广东、广西、海南、香港；原产于热带美洲，世界各地广泛引种

**类地毯草 Axonopus fissifolius** (Raddi) Kuhlm.
分布：西藏、台湾；原产于热带美洲

## 簕竹属 Bambusa Schreb.

**花竹 Bambusa albolineata** (McClure) L. C. Chia
分布：浙江、江西、福建、台湾、广东

**抱秆黄竹 Bambusa amplexicaulis** W. T. Lin et Z. M. Wu
分布：广东

**狭耳坭竹 Bambusa angustiaurita** W. T. Lin
分布：广东

**狭耳簕竹 Bambusa angustissima** L. C. Chia et H. L. Fung
分布：广东

**裸耳竹 Bambusa aurinuda** McClure
分布：广西；越南

印度簕竹 **Bambusa bambos** (L.) Voss ex Vilm.
分布：广东；印度

扁竹 **Bambusa basihirsuta** McClure
分布：浙江、广东

凹箨绿竹 **Bambusa basihirsutoides** N. H. Xia
分布：广东

阳春石竹 **Bambusa basisolida** W. T. Lin
分布：广东

吊丝球竹 **Bambusa beecheyana** Munro
分布：台湾、广东、广西、海南

吊丝球竹(原变种) **Bambusa beecheyana** var. **beecheyana**
分布：广东、广西、海南

大头典竹 **Bambusa beecheyana** var. **pubescens** (P. F. Li) W. C. Lin
分布：台湾、广东

孟竹 **Bambusa bicicatricata** (W. T. Lin) L. C. Chia et H. L. Fung
分布：海南

簕竹 **Bambusa blumeana** Schult. f.
分布：云南、福建、台湾、广西；印度尼西亚、马来西亚、菲律宾、泰国、越南

妈竹 **Bambusa boniopsis** McClure
分布：海南

缅甸竹 **Bambusa burmanica** Gamble
分布：云南；缅甸、马来西亚、泰国

箪竹 **Bambusa cerosissima** McClure
分布：广东、广西；越南

粉箪竹 **Bambusa chungii** McClure
分布：湖南、云南、福建、广东、广西

焕镛簕竹 **Bambusa chunii** L. C. Chia et H. L. Fung
分布：香港

密节竹 **Bambusa concava** W. T. Lin
分布：海南

破篾黄竹 **Bambusa contracta** L. C. Chia et H. L. Fung
分布：广西

东兴黄竹 **Bambusa corniculata** L. C. Chia et H. L. Fung
分布：广西

牛角竹 **Bambusa cornigera** McClure
分布：广西

皱耳石竹 **Bambusa crispiaurita** W. T. Lin et Z. M. Wu
分布：广东

吊罗坭竹 **Bambusa diaoluoshanensis** L. C. Chia et H. L. Fung
分布：海南

坭簕竹 **Bambusa dissimulator** McClure
分布：广东

坭簕竹(原变种) **Bambusa dissimulator** var. **dissimulator**
分布：广东

白节簕竹 **Bambusa dissimulator** var. **albinodia** McClure
分布：广东

毛簕竹 **Bambusa dissimulator** var. **hispida** McClure
分布：广东

料慈竹 **Bambusa distegia** (Keng et Keng f.) et L. C. Chia et H. L. Fung
分布：四川

蓬莱黄竹 **Bambusa duriuscula** W. T. Lin
分布：海南

慈竹 **Bambusa emeiensis** L. C. Chia et H. L. Fung
分布：湖南、四川、贵州、云南

大眼竹 **Bambusa eutuldoides** McClure
分布：广东、广西

大眼竹(原变种) **Bambusa eutuldoides** var. **eutuldoides**
分布：广东、广西

银丝大眼竹 **Bambusa eutuldoides** var. **basistriata** McClure
分布：广东

青丝黄竹 **Bambusa eutuldoides** var. **viridivittata** (W. T. Lin) L. C. Chia
分布：广东

流苏箪竹 **Bambusa fimbriligulata** McClure
分布：广西

小簕竹 **Bambusa flexuosa** Munro
分布：广东、海南

鸡窦簕竹 **Bambusa funghomii** McClure
分布：广东、广西

堀竹 **Bambusa gibba** McClure
分布：江西、福建、广东、广西、海南；越南

鱼肚腩竹 **Bambusa gibboides** W. T. Lin
分布：广东

光鞘石竹 **Bambusa glabrovagina** G. A. Fu
分布：海南

大绿竹 **Bambusa grandis** (Q. H. Dai et X. L. Tao) Ohrnb.
分布：广西

桂箪竹 **Bambusa guangxiensis** L. C. Chia et H. L. Fung
分布：广西

藤箪竹 **Bambusa hainanensis** L. C. Chia et H. L. Fung
分布：海南

毛秆竹 **Bambusa hirticaulis** R. S. Lin
分布：广东

乡土竹 **Bambusa indigena** L. C. Chia et H. L. Fung
分布：广东

黎庵高竹 **Bambusa insularis** L. C. Chia et H. L. Fung
分布：海南

绵竹 **Bambusa intermedia** C. F. Hsieh et T. P. Yi
分布：四川、贵州、云南

油簕竹 **Bambusa lapidea** McClure
分布：四川、云南、广东、广西

软簕竹 **Bambusa latideltata** W. T. Lin
分布：广东

藤枝竹 **Bambusa lenta** L. C. Chia
分布：福建

紫斑簕竹 **Bambusa longipalea** W. T. Lin
分布：广东

花眉竹 **Bambusa longispiculata** Gamble
分布：广东栽培；原产于孟加拉国、缅甸

大耳坭竹 **Bambusa macrotis** L. C. Chia et H. L. Fung
分布：广东

马岭竹 **Bambusa malingensis** McClure
分布：广东有栽培，海南

拟黄竹 **Bambusa mollis** L. C. Chia et H. L. Fung
分布：广西

孝顺竹 **Bambusa multiplex** (Lour.) Raeusch. ex Schult. et Schult. f.
分布：江西、湖南、四川、云南、台湾、广东、广西、海南；东南亚

孝顺竹(原变种) **Bambusa multiplex** var. **multiplex**
分布：云南、广东、广西、海南；东南亚

毛凤凰竹 **Bambusa multiplex** var. **incana** B. M. Yang
分布：江西、湖南

观音竹 **Bambusa multiplex** var. **riviereorum** Maire
分布：广东

石角竹 **Bambusa multiplex** var. **shimadae** (Hayata) Sasaki
分布：广东

黄竹仔 **Bambusa mutabilis** McClure
分布：海南

乌脚绿竹 **Bambusa odashimae** Hatus. ex Ohrnb.
分布：台湾

绿竹 **Bambusa oldhamii** Munro
分布：浙江、福建、台湾、广东、广西、海南

米筛竹 **Bambusa pachinensis** Hayata
分布：浙江、江西、福建、台湾、广东、广西

米筛竹(原变种) **Bambusa pachinensis** var. **pachinensis**
分布：浙江、江西、福建、台湾、广东、广西

长毛米筛竹 **Bambusa pachinensis** var. **hirsutissima** (Odash.) W. C. Lin
分布：浙江、福建、台湾、广东、广西

大薄竹 **Bambusa pallida** Munro
分布：云南；孟加拉国、印度、缅甸、泰国

水箪竹 **Bambusa papillata** (Q. H. Dai) Q. H. Dai
分布：广西

细箪竹 **Bambusa papillatoides** Q. H. Dai et D. Y. Huang
分布：广西

撑篙竹 **Bambusa pervariabilis** McClure
分布：广东、广西

撑篙竹(原变种) **Bambusa pervariabilis** var. **pervariabilis**
分布：广东

花撑篙竹 **Bambusa pervariabilis** var. **viridistriata** Q. H. Dai et X. C. Liu
分布：广西

石竹仔 **Bambusa piscatorum** McClure
分布：海南

灰秆竹 **Bambusa polymorpha** Munro
分布：云南；孟加拉国、印度、缅甸、泰国

牛儿竹 **Bambusa prominens** H. L. Fung et C. Y. Sia
分布：四川

坭黄竹 **Bambusa ramispinosa** L. C. Chia et H. L. Fung
分布：广西

孖竹 **Bambusa rectocuneata** (W. T. Lin) N. H. Xia, R. S. Lin et R. H. Wang
分布：广东

甲竹 **Bambusa remotiflora** Kuntze
分布：广东、广西、海南；越南

硬头黄竹 **Bambusa rigida** Keng et Keng f.
分布：四川

龙丹竹 **Bambusa rongchengensis** (T. P. Yi et C. Y. Sia) D. Z. Li
分布：四川

皱纹箪竹 **Bambusa rugata** (W. T. Lin) Ohrnb.
分布：广东

木竹 **Bambusa rutila** McClure
分布：四川、福建、广东、广西

掩耳黄竹 **Bambusa semitecta** W. T. Lin et Z. M. Wu
分布：广东

车筒竹 **Bambusa sinospinosa** McClure
分布：广东、广西、海南

黄麻竹 **Bambusa stenoaurita** (W. T. Lin) T. H. Wen
分布：广东

锦竹 **Bambusa subaequalis** H. L. Fung et C. Y. Sia
分布：四川、广东

信宜石竹 **Bambusa subtruncata** L. C. Chia et H. L. Fung
分布：广东

油竹 **Bambusa surrecta** (Q. H. Dai) Q. H. Dai
分布：广西

马甲竹 **Bambusa teres** Buch.-Ham. ex Munro
分布：西藏、广东、广西；孟加拉国、不丹、印度、缅甸、尼泊尔

青皮竹 **Bambusa textilis** McClure
分布：安徽、广东、广西

青皮竹(原变种) **Bambusa textilis** var. **textilis**
分布：安徽、广东、广西

光秆青皮竹 **Bambusa textilis** var. **glabra** McClure
分布：广东、广西

崖州竹 **Bambusa textilis** var. **gracilis** McClure
分布：广东、广西

横脉甲竹 **Bambusa transvenula** (W. T. Lin et Z. J. Feng) N. H. Xia
分布：广东

平箨竹 **Bambusa truncata** B. M. Yang
分布：湖南

俯竹 **Bambusa tulda** Roxb.
分布：云南；孟加拉国、不丹、印度、尼泊尔、泰国、越南

青秆竹 **Bambusa tuldoides** Munro
分布：广东、广西

乌叶竹 **Bambusa utilis** W. C. Lin
分布：台湾

壮绿竹 **Bambusa valida** (Q. H. Dai) W. T. Lin
分布：广西

吊丝箪竹 **Bambusa variostriata** (W. T. Lin) L. C. Chia et H. L. Fung
分布：广东

佛肚竹 **Bambusa ventricosa** McClure
分布：南方各省(自治区、直辖市)广泛栽培

龙头竹 **Bambusa vulgaris** Schrader ex J. C. Wendl.
分布：云南；东南亚、泛热带地区

温州箪竹 **Bambusa wenchouensis** (T. H. Wen) P. C. Peng ex Y. M. Lin et Q. F. Zheng
分布：浙江、福建

霞山坭竹 **Bambusa xiashanensis** L. C. Chia et H. L. Fung
分布：广东

疙瘩竹 **Bambusa xueana** Ohrnb.
分布：云南

## 菵草属 **Beckmannia** Host

菵草 **Beckmannia syzigachne** (Steudel) Fernald
分布：安徽、福建、甘肃、贵州、河北、黑龙江、湖北、江苏、吉林、辽宁、内蒙古、青海、山东、四川、西藏、

云南、浙江；日本、哈萨克斯坦、韩国、吉尔吉斯斯坦、蒙古国、俄罗斯；欧洲、北美洲

## 单枝竹属 **Bonia** Balansa

芸香竹 **Bonia amplexicaulis** (L. C. Chia, H. L. Fung et Y. L. Yang) N. H. Xia
分布：广西

响子竹 **Bonia levigata** (L. C. Chia, H. L. Fung et Y. L. Yang) N. H. Xia
分布：海南

小花单枝竹 **Bonia parvifloscula** (W. T. Lin) N. H. Xia
分布：广东

单枝竹 **Bonia saxatilis** (L. C. Chia, H. L. Fung et Y. L. Yang) N. H. Xia
分布：广东、广西

单枝竹(原变种) **Bonia saxatilis** var. **saxatilis**
分布：广东、广西

箭秆竹 **Bonia saxatilis** var. **solida** (C. D. Chu et C. S. Chao) D. Z. Li
分布：广西

## 孔颖草属 **Bothriochloa** Kuntze

臭根子草 **Bothriochloa bladhii** (Retzius) S. T. Blake
分布：安徽、福建、广东、广西、贵州、湖北、湖南、陕西、四川、台湾、新疆、云南；不丹、印度、印度尼西亚、日本、马来西亚、尼泊尔、巴布亚新几内亚、巴基斯坦、泰国、越南、澳大利亚；亚洲(西南部)、非洲，引种于美洲

臭根子草(原变种) **Bothriochloa bladhii** var. **bladhii**
分布：陕西、新疆、安徽、湖南、湖北、四川、贵州、云南、福建、台湾、广东、广西；不丹、印度、印度尼西亚、日本、马来西亚、尼泊尔、巴布亚新几内亚、巴基斯坦、泰国、越南、澳大利亚；亚洲(西南部)、非洲

孔颖臭根子草 **Bothriochloa bladhii** var. **punctata** (Roxb.) R. R. Stewart
分布：陕西、新疆、安徽、湖南、湖北、四川、贵州、云南、福建、台湾、广东、广西；不丹、印度、印度尼西亚、日本、马来西亚、尼泊尔、巴布亚新几内亚、巴基斯坦、泰国、越南、澳大利亚，美洲有引种

白羊草 **Bothriochloa ischaemum** (L.) Keng
分布：安徽、福建、广东、贵州、海南、河北、河南、湖北、湖南、江西、内蒙古、宁夏、青海、陕西、山东、四川、台湾、新疆、西藏、云南、浙江；阿富汗、不丹、印度(北部)、哈萨克斯坦、韩国、吉尔吉斯斯坦、蒙古国、尼泊尔、巴基斯坦、俄罗斯、塔吉克斯坦、土库曼斯坦、乌兹别克斯坦，亚洲(西南部)、欧洲、非洲(北部)，引种于美国

孔颖草 **Bothriochloa pertusa** (L.) A. Camus
分布：广东、四川、云南；印度、印度尼西亚、马来西亚、尼泊尔、巴基斯坦、泰国、越南；引种于澳大利亚、美国

## 格兰马草属 **Bouteloua** Lag.

垂穗草 **Bouteloua curtipendula** (Michx.) Torr.
分布：全国各地有栽培；原产于美洲

格兰马草 **Bouteloua gracilis** (Kunth) Lagasca ex Griff.
分布：全国各地有栽培；原产于北美洲

## 臂形草属 **Brachiaria** (Trin.) Griseb.

臂形草 **Brachiaria eruciformis** (Sm.) Griseb.
分布：贵州、云南、福建；印度、马来西亚、泰国、地中海地区；非洲(北部)

细毛臂形草 **Brachiaria fusiformis** Reeder
分布：云南；印度尼西亚、菲律宾、巴布亚新几内亚

无名臂形草 **Brachiaria kurzii** (Hook. f.) A. Camus
分布：云南；印度、印度尼西亚、泰国、澳大利亚

巴拉草 **Brachiaria mutica** (Forssk.) Stapf
分布：福建、广东、广西、香港、台湾有栽培；原产于西非，现美国、非洲和亚洲热带有分布或引种

多枝臂形草 **Brachiaria ramosa** (L.) Stapf
分布：云南、海南；不丹、柬埔寨、印度、马来西亚、尼泊尔、巴基斯坦、泰国、越南；非洲

短颖臂形草 **Brachiaria semiundulata** (Hochst.) Stapf
分布：云南、海南；亚洲(南部)、热带非洲

四生臂形草 **Brachiaria subquadripara** (Trin.) Hitchc.
分布：江西、湖南、贵州、云南、福建、台湾、广东、广西、海南、太平洋岛屿；热带亚洲、大洋洲

四生臂形草(原变种) **Brachiaria subquadripara** var. **subquadripara**
分布：江西、湖南、贵州、福建、台湾、广东、广西、海南、太平洋岛屿；热带亚洲

锐头臂形草 **Brachiaria subquadripara** var. **miliiformis** (Presl) S. L. Chen et Y. X. Jin
分布：云南、香港；印度、马来西亚、斯里兰卡

尾稃臂形草 **Brachiaria urochlooides** S. L. Chen et Y. X. Jin
分布：云南

**毛臂形草** **Brachiaria villosa** (Lam.) A. Camus

分布：河南、陕西、甘肃、安徽、浙江、江西、湖南、湖北、四川、贵州、云南、福建、台湾、广东、广西；不丹、印度、印度尼西亚、日本、缅甸、尼泊尔、菲律宾、泰国、越南；非洲

**毛臂形草(原变种)** **Brachiaria villosa** var. **villosa**

分布：河南、陕西、甘肃、安徽、浙江、江西、湖南、湖北、四川、贵州、云南、福建、台湾、广东、广西；不丹、印度、印度尼西亚、日本、缅甸、尼泊尔、菲律宾、泰国、越南

**无毛臂形草** **Brachiaria villosa** var. **glabrata** S. L. Chen et Y. X. Jin

分布：云南

## 短颖草属 Brachyelytrum P. Beauv.

**日本短颖草** **Brachyelytrum japonicum** (Hack.) Matsum. ex Honda

分布：安徽、江苏、浙江、江西、云南；日本、韩国

## 短柄草属 Brachypodium P. Beauv.

**二穗短柄草** **Brachypodium distachyon** (L.) P. Beauv.

分布：西藏；阿富汗、巴基斯坦、塔吉克斯坦、土库曼斯坦；亚洲(西南部)、欧洲(南部)、非洲(北部)、南美洲

**川上短柄草** **Brachypodium kawakamii** Hayata

分布：台湾

**羽状短柄草** **Brachypodium pinnatum** (L.) P. Beauv.

分布：内蒙古、山西、西藏、云南；哈萨克斯坦、吉尔吉斯斯坦、蒙古国、俄罗斯；亚洲(西南部)、欧洲、非洲(北部)，引种于北美洲

**草地短柄草** **Brachypodium pratense** Keng ex P. C. Keng

分布：四川、云南

**短柄草** **Brachypodium sylvaticum** (Huds.) P. Beauv.

分布：安徽、甘肃、贵州、江苏、辽宁、青海、陕西、四川、台湾、新疆、西藏、云南、浙江；不丹、印度(北部)、印度尼西亚、日本、吉尔吉斯斯坦、尼泊尔、巴基斯坦、菲律宾、俄罗斯、塔吉克斯坦、土库曼斯坦、乌兹别克斯坦；亚洲(西南部)、欧洲、非洲(北部)

## 凌风草属 Briza L.

**大凌风草** **Briza maxima** L.

分布：国内常见栽培；南欧、北非

**凌风草** **Briza media** L.

分布：四川、云南、西藏；不丹、印度、尼泊尔、克什米尔地区；亚洲(西南部)、欧洲

**银鳞茅** **Briza minor** L.

分布：江苏、浙江、贵州、福建、台湾；亚洲(西南部)、欧洲(南部)、非洲(北部)

## 雀麦属 Bromus L.

**田雀麦** **Bromus arvensis** L.

分布：甘肃、江苏；俄罗斯；亚洲(西南部)、欧洲、非洲(北部)，引种于美洲

**密丛雀麦** **Bromus benekenii** (Lange) Trimen

分布：新疆；哈萨克斯坦、俄罗斯；亚洲(西南部)、欧洲

**短轴雀麦** **Bromus brachystachys** Hornung

分布：甘肃；阿富汗；亚洲(西南部)、欧洲

**卡帕雀麦** **Bromus cappadocicus** Boiss. et Balansa

分布：甘肃；亚洲(西南部)、欧洲

**显脊雀麦** **Bromus carinatus** Hook. et Arn.

分布：北京、台湾栽培；原产于欧洲(西北部)和北美洲

**扁穗雀麦** **Bromus catharticus** Vahl

分布：内蒙古、河北、北京、陕西、甘肃、青海、新疆、江苏、四川、贵州、云南、台湾；原产于南美洲，现澳大利亚和新西兰广泛栽培

**加拿大雀麦** **Bromus ciliatus** L.

分布：内蒙古；日本、蒙古国、俄罗斯；北美洲

**毗邻雀麦** **Bromus confinis** Nees ex Steud.

分布：甘肃；印度、巴基斯坦；亚洲(西南部)

**三芒雀麦** **Bromus danthoniae** Trin. ex C. A. Mey.

分布：西藏；阿富汗、印度(西北部)、哈萨克斯坦、吉尔吉斯斯坦、巴基斯坦、俄罗斯、塔吉克斯坦、土库曼斯坦、乌兹别克斯坦、地中海地区；亚洲(西南部)

**光稃雀麦** **Bromus epilis** Keng ex P. C. Keng

分布：云南

**直立雀麦** **Bromus erectus** Hudson

分布：西藏；欧洲

**束生雀麦** **Bromus fasciculatus** C. Presl

分布：新疆；地中海地区；欧洲

**台湾雀麦** **Bromus formosanus** Honda

分布：台湾

**细雀麦** **Bromus gracillimus** Bunge

分布：新疆、西藏；阿富汗、克什米尔地区、哈萨克斯坦、巴基斯坦、塔吉克斯坦、土库曼斯坦、乌兹别克斯坦；亚洲(西南部)

**粗雀麦 Bromus grossus** Desf. ex DC.
分布：西藏；欧洲

**喜马拉雅雀麦 Bromus himalaicus** Stapf
分布：云南、西藏；不丹、印度、尼泊尔

**毛雀麦 Bromus hordeaceus** L.
分布：甘肃、河北、青海、台湾、新疆；巴基斯坦、俄罗斯；亚洲(西南部)、欧洲，归化于美洲、大洋洲

**无芒雀麦 Bromus inermis** Leyss.
分布：甘肃、贵州、河北、黑龙江、江苏、吉林、辽宁、内蒙古、青海、陕西、山东、山西、四川、新疆、西藏、云南；日本、克什米尔地区、哈萨克斯坦、吉尔吉斯斯坦、蒙古国、塔吉克斯坦、乌兹别克斯坦；亚洲(西南部)、欧洲

**中间雀麦 Bromus intermedius** Guss.
分布：新疆；亚洲(西南部)、欧洲(南部)、非洲(北部)

**雀麦 Bromus japonicus** Thunb.
分布：安徽、甘肃、河北、河南、湖北、湖南、江苏、江西、辽宁、内蒙古、陕西、山东、山西、四川、台湾、新疆、西藏、云南；日本、哈萨克斯坦、吉尔吉斯斯坦、蒙古国、俄罗斯、塔吉克斯坦、土库曼斯坦、乌兹别克斯坦；亚洲(西南部)、欧洲、非洲(北部)，引种于北美洲

**甘蒙雀麦 Bromus korotkiji** Drobow
分布：内蒙古、甘肃、新疆；蒙古国、俄罗斯

**大穗雀麦 Bromus lanceolatus** Roth
分布：新疆；阿富汗、巴基斯坦、土库曼斯坦；亚洲(西南部)、欧洲(南部)、非洲(北部)

**鳞稃雀麦 Bromus lepidus** Holmb.
分布：新疆；欧洲，被引进到美洲

**马德雀麦 Bromus madritensis** L.
分布：西藏；亚洲(西南部)、欧洲、非洲(北部)、美洲

**大雀麦 Bromus magnus** Keng
分布：甘肃、青海、四川、西藏

**梅氏雀麦 Bromus mairei** Hack. ex Hand.-Mazz.
分布：青海、四川、云南、西藏

**山地雀麦 Bromus marginatus** Nees ex Steud.
分布：河北；原产于北美洲

**玉山雀麦 Bromus morrisonensis** Honda
分布：台湾

**尼泊尔雀麦 Bromus nepalensis** Melderis
分布：西藏；尼泊尔

**尖齿雀麦 Bromus oxyodon** Schrenk
分布：新疆；阿富汗、印度(西北部)、克什米尔地区、哈萨克斯坦、吉尔吉斯斯坦、蒙古国、巴基斯坦、塔吉克斯坦、乌兹别克斯坦

**波申雀麦 Bromus paulsenii** Hack. ex Paulsen
分布：内蒙古、新疆；阿富汗、哈萨克斯坦、吉尔吉斯斯坦、塔吉克斯坦、乌兹别克斯坦

**篦齿雀麦 Bromus pectinatus** Thunb.
分布：内蒙古、河北、山西、河南、陕西、甘肃、青海、新疆、四川、云南、西藏；阿富汗、不丹、印度、克什米尔地区、尼泊尔、巴基斯坦、塔吉克斯坦；亚洲(西南部)、欧洲、非洲

**多节雀麦 Bromus plurinodis** Keng
分布：陕西、宁夏、甘肃、青海、四川、云南、西藏

**大药雀麦 Bromus porphyranthos** Cope
分布：云南、西藏；不丹、印度、尼泊尔、巴基斯坦

**假枝雀麦 Bromus pseudoramosus** Keng ex P. C. Keng
分布：云南、西藏

**紧穗雀麦 Bromus pumpellianus** Scribner
分布：黑龙江、内蒙古、山西；俄罗斯；北美洲(西部)

**总状雀麦 Bromus racemosus** L.
分布：甘肃、青海、新疆、西藏；阿富汗、不丹；欧洲、非洲(北部)

**类雀麦 Bromus ramosus** Hudson
分布：西藏；克什米尔地区、巴基斯坦；亚洲(西南部)、欧洲、非洲(北部)

**疏花雀麦 Bromus remotiflorus** (Steud.) Ohwi
分布：河南、陕西、青海、安徽、江苏、浙江、江西、湖南、湖北、四川、贵州、云南、西藏、福建；日本、朝鲜

**硬雀麦 Bromus rigidus** Roth
分布：江西，台湾；地中海地区、澳大利亚；亚洲(西南部)、欧洲(中部及西南部)、非洲(北部)

**山丹雀麦 Bromus riparius** Rehmann
分布：甘肃；俄罗斯；亚洲(西南部)、欧洲

**红雀麦 Bromus rubens** L.
分布：新疆；塔吉克斯坦、土库曼斯坦；亚洲(西南部)、欧洲(南部)，非洲(北部)，引种于美洲、澳大利亚

**帚雀麦 Bromus scoparius** L.
分布：新疆、江苏；印度、哈萨克斯坦、吉尔吉斯斯坦、巴基斯坦、塔吉克斯坦、土库曼斯坦、乌兹别克斯坦；亚洲(西南部)、欧洲、非洲(北部)

**黑麦状雀麦 Bromus secalinus** L.
分布：甘肃、台湾、新疆、西藏；日本、俄罗斯；亚洲(西

南部)、欧洲，引种于美洲

密穗雀麦 **Bromus sewerzowii** Regel

分布：新疆；阿富汗、哈萨克斯坦、吉尔吉斯斯坦、蒙古国、俄罗斯、塔吉克斯坦；亚洲(西南部)

西伯利亚雀麦 **Bromus sibiricus** Drobow

分布：黑龙江、内蒙古、河北；蒙古国、俄罗斯；欧洲

华雀麦 **Bromus sinensis** Keng ex P. C. Keng

分布：青海、四川、云南、西藏

小华雀麦 **Bromus sinensis** var. **minor** L. Liu

分布：青海、西藏

华雀麦(原变种) **Bromus sinensis** var. **sinensis**

分布：青海、四川、云南、西藏

偏穗雀麦 **Bromus squarrosus** L.

分布：甘肃、新疆；哈萨克斯坦、蒙古国、俄罗斯，亚洲(西南部)、欧洲、非洲(北部)，引种于美洲

大序雀麦 **Bromus staintonii** Melderis

分布：西藏；不丹、印度、克什米尔地区、尼泊尔

窄序雀麦 **Bromus stenostachyus** Boiss.

分布：新疆；阿富汗、巴基斯坦；亚洲(西南部)

贫育雀麦 **Bromus sterilis** L.

分布：江苏、四川；哈萨克斯坦、吉尔吉斯斯坦、俄罗斯、塔吉克斯坦、土库曼斯坦、乌兹别克斯坦；亚洲(西南部)、欧洲，非洲(北部)，引种于美洲、澳大利亚

旱雀麦 **Bromus tectorum** L.

分布：甘肃、宁夏、青海、陕西、四川、新疆、西藏、云南；印度(西北部)、哈萨克斯坦、吉尔吉斯斯坦、巴基斯坦、俄罗斯、塔吉克斯坦、土库曼斯坦、乌兹别克斯坦；亚洲(西南部)、欧洲、非洲(北部)，引种于美洲、澳大利亚

旱雀麦(原亚种) **Bromus tectorum** subsp. **tectorum**

分布：陕西、宁夏、甘肃、青海、新疆、四川、云南、西藏；哈萨克斯坦、吉尔吉斯斯坦、俄罗斯、塔吉克斯坦、土库曼斯坦、乌兹别克斯坦

绢雀麦 **Bromus tectorum** subsp. **lucidus** Sales

分布：云南、西藏；印度、吉尔吉斯斯坦、巴基斯坦、塔吉克斯坦、土库曼斯坦；亚洲(西南部)

裂稃雀麦 **Bromus tytthanthus** Nevski

分布：新疆；哈萨克斯坦、吉尔吉斯斯坦、塔吉克斯坦、乌兹别克斯坦；亚洲(西南部)

土沙雀麦 **Bromus tyttholepis** (Nevski) Nevski

分布：新疆；哈萨克斯坦、吉尔吉斯斯坦、塔吉克斯坦

变色雀麦 **Bromus variegatus** M. Bieb.

分布：西藏；阿富汗；亚洲(西南部)

## 扁穗茅属 **Brylkinia** F. Schmidt

扁穗茅 **Brylkinia caudata** (Munro) F. Schmidt

分布：吉林、四川；俄罗斯、日本

## 野牛草属 **Buchloe** Engelm.

野牛草 **Buchloe dactyloides** (Nutt.) Engelm.

分布：中国有栽培

## 拂子茅属 **Calamagrostis** Adans.

单蕊拂子茅 **Calamagrostis emodensis** Griseb.

分布：陕西、四川、云南、西藏；不丹、克什米尔地区、巴基斯坦、印度

拂子茅 **Calamagrostis epigeios** (L.) Roth

分布：中国常见；日本、克什米尔地区、哈萨克斯坦、吉尔吉斯斯坦、蒙古国、巴基斯坦、俄罗斯、塔吉克斯坦、土库曼斯坦；亚洲(西南部)、欧洲

拂子茅(原变种) **Calamagrostis epigeios** var. **epigeios**

分布：中国广布；日本、克什米尔地区、哈萨克斯坦、吉尔吉斯斯坦、蒙古国、巴基斯坦、俄罗斯、塔吉克斯坦、土库曼斯坦；亚洲

小花拂子茅 **Calamagrostis epigeios** var. **parviflora** Keng ex T. F. Wang

分布：黑龙江、四川；俄罗斯

短芒拂子茅 **Calamagrostis hedinii** Pilg.

分布：青海、新疆、四川、西藏；印度、克什米尔地区、吉尔吉斯斯坦、巴基斯坦、塔吉克斯坦

东北拂子茅 **Calamagrostis kengii** T. F. Wang

分布：黑龙江、吉林

大拂子茅 **Calamagrostis macrolepis** Litv.

分布：黑龙江、吉林、内蒙古、河北、山西、青海、新疆；日本、蒙古国、俄罗斯、塔吉克斯坦；亚洲(西南部)

假苇拂子茅 **Calamagrostis pseudophragmites** (Haller f.) Koeler

分布：内蒙古、青海、新疆、湖北、四川、贵州、西藏、云南，中国东北部；不丹、印度、日本、哈萨克斯坦、韩国、巴基斯坦、土库曼斯坦、吉尔吉斯斯坦、蒙古国、俄罗斯、塔吉克斯坦、乌兹别克斯坦

## 细柄草属 **Capillipedium** Stapf

硬秆子草 **Capillipedium assimile** (Steud.) A. Camus

分布：山东、河南、浙江、江西、湖南、湖北、四川、贵

州、云南、西藏、福建、台湾、广东、广西、海南；孟加拉国、不丹、印度、印度尼西亚、日本、马来西亚、缅甸、尼泊尔、泰国、越南

郭氏细柄草 **Capillipedium kuoi** L. B. Cai

分布：四川、云南、西藏

绿岛细柄草 **Capillipedium kwashotense** (Hayata) C. C. Hsu

分布：台湾；日本

细柄草 **Capillipedium parviflorum** (R. Br.) Stapf

分布：安徽、福建、广东、广西、贵州、海南、河北、河南、湖北、陕西、山东、四川、台湾、西藏、云南、浙江；不丹、印度、印度尼西亚、日本、缅甸、尼泊尔、巴布亚新几内亚、巴基斯坦、菲律宾、泰国、澳大利亚；亚洲(西南部)、非洲

多节细柄草 **Capillipedium spicigerum** S. T. Blake

分布：浙江、台湾、香港；印度尼西亚、日本、菲律宾、澳大利亚

## 沿沟草属 **Catabrosa** P. Beauv.

沿沟草 **Catabrosa aquatica** (L.) P. Beauv.

分布：甘肃、贵州、河北、湖北、内蒙古、青海、四川、新疆、西藏、云南；阿富汗、克什米尔地区、哈萨克斯坦、吉尔吉斯斯坦、蒙古国、巴基斯坦、俄罗斯、塔吉克斯坦、土库曼斯坦；亚洲(西南部)、欧洲、北美洲

沿沟草(原变种) **Catabrosa aquatica** var. **aquatica**

分布：内蒙古、河北、甘肃、青海、新疆、湖北、四川、贵州、云南、西藏；阿富汗、克什米尔地区、哈萨克斯坦、吉尔吉斯斯坦、蒙古国、巴基斯坦、俄罗斯、塔吉克斯坦、土库曼斯坦

窄沿沟草 **Catabrosa aquatica** var. **angusta** Stapf

分布：内蒙古、青海、四川、西藏

长颖沿沟草 **Catabrosa capusii** Franch.

分布：内蒙古、西藏；吉尔吉斯斯坦、塔吉克斯坦、乌兹别克斯坦；亚洲(西南部)

## 蒺藜草属 **Cenchrus** L.

水牛草 **Cenchrus ciliaris** L.

分布：台湾；被引进到美洲、澳大利亚

蒺藜草 **Cenchrus echinatus** L.

分布：云南、福建、台湾、广东、广西、海南、香港；原产于热带美洲，现广布于热带和亚热带地区

光梗蒺藜草 **Cenchrus incertus** M. A. Curtis

分布：辽宁、内蒙古、北京；原产于北美洲及热带沿海地区

倒刺蒺藜草 **Cenchrus setigerus** Vahl

分布：云南

## 假淡竹叶属 **Centotheca** Desv.

假淡竹叶 **Centotheca lappacea** (L.) Desv.

分布：福建、广东、广西、海南、江西、台湾、云南；不丹、印度、印度尼西亚、马来西亚、缅甸、尼泊尔、菲律宾、斯里兰卡、泰国、越南，澳大利亚、太平洋群岛；非洲热带地区(西部)

## 空竹属 **Cephalostachyum** Munro

薄竹 **Cephalostachyum chinense** (Rendle) D. Z. Li et H. Q. Yang

分布：云南

空竹 **Cephalostachyum latifolium** Munro

分布：云南；不丹、印度、缅甸

独龙江空竹 **Cephalostachyum mannii** (Gamble) Stapleton et D. Z. Li

分布：云南；印度

小空竹 **Cephalostachyum pallidum** Munro

分布：云南、西藏；印度、缅甸

香糯竹 **Cephalostachyum pergracile** Munro

分布：云南；缅甸

屏边薄竹(新拟) **Cephalostachyum pingbianense** (Hsueh et Y. M. Yang ex T. P. Yi) D. Z. Li et H. Q. Yang

分布：云南

红毛竹 **Cephalostachyum sanguineum** (W. P. Zhang) D. Z. Li et H. Q. Yang

分布：云南

真麻竹 **Cephalostachyum scandens** Bor

分布：云南；缅甸

金毛空竹 **Cephalostachyum virgatum** (Munro) Kurz.

分布：云南；印度、缅甸

## 山涧草属 **Chikusichloa** Koidz.

山涧草 **Chikusichloa aquatica** Koidz.

分布：江苏；日本

无芒山涧草 **Chikusichloa mutica** Keng

分布：广东、广西、海南；印度尼西亚

## 方竹属 **Chimonobambusa** Makino

狭叶方竹 **Chimonobambusa angustifolia** C. D. Chu et C. S. Chao

分布：山西、湖北、贵州、广西

**缅甸方竹 Chimonobambusa armata** (Gamble) J. R. Xue et T. P. Yi
分布：云南、西藏；缅甸、印度

**短节方竹 Chimonobambusa brevinoda** J. R. Xue et W. P. Zhang
分布：云南

**平竹 Chimonobambusa communis** (J. R. Xue et T. P. Yi) T. H. Wen et Ohrnb.
分布：湖北、四川、贵州

**小方竹 Chimonobambusa convoluta** Q. H. Dai et X. L. Tao
分布：广西

**大明山方竹 Chimonobambusa damingshanensis** J. R. Xue et W. P. Zhang
分布：广西

**广东方竹(新拟) Chimonobambusa gracilis** (W. T. Lin) N. H. Xia
分布：广东

**大叶方竹 Chimonobambusa grandifolia** J. R. Xue et W. P. Zhang
分布：云南

**合江方竹 Chimonobambusa hejiangensis** C. D. Chu et C. S. Chao
分布：江苏、四川、贵州

**毛环方竹 Chimonobambusa hirtinoda** C. S. Chao et K. M. Lan
分布：贵州

**细秆筇竹 Chimonobambusa hsuehiana** D. Z. Li et H. Q. Yang
分布：四川

**乳纹方竹 Chimonobambusa lactistriata** W. D. Li et Q. X. Wu
分布：贵州

**雷山方竹 Chimonobambusa leishanensis** T. P. Yi
分布：贵州

**光竹 Chimonobambusa luzhiensis** (J. R. Xue et T. P. Yi) T. H. Wen et Ohrnb.
分布：贵州

**大叶筇竹 Chimonobambusa macrophylla** (Hsueh et T. P. Yi) T. H. Wen et Ohrnb.
分布：四川

**大叶筇竹(原变种) Chimonobambusa macrophylla** var. **macrophylla**
分布：四川

**雷波大叶筇竹 Chimonobambusa macrophylla** var. **leiboensis** (J. R. Xue et T. P. Yi) D. Z. Li
分布：四川

**寒竹 Chimonobambusa marmorea** (Mitford) Makino
分布：陕西、浙江、湖北、四川、福建

**墨脱方竹 Chimonobambusa metuoensis** Hsueh et T. P. Yi
分布：西藏

**小花方竹 Chimonobambusa microfloscula** McClure
分布：云南；越南

**荆竹 Chimonobambusa montigena** (T. P. Yi) Ohrnb.
分布：云南

**宁南方竹 Chimonobambusa ningnanica** J. R. Xue et L. Z. Gao
分布：四川、云南

**三月竹 Chimonobambusa opienensis** (Hsueh et T. P. Yi) T. H. Wen et Ohrnb.
分布：四川

**刺竹子 Chimonobambusa pachystachys** Hsueh et T. P. Yi
分布：四川、贵州

**少刺方竹 Chimonobambusa paucispinosa** T. P. Yi
分布：云南

**柔毛筇竹 Chimonobambusa puberula** (J. R. Xue et T. P. Yi) T. H. Wen et Ohrnb.
分布：贵州

**十月寒竹 Chimonobambusa pubescens** T. H. Wen
分布：湖南

**刺黑竹 Chimonobambusa purpurea** Hsueh et T. P. Yi
分布：山西、湖北、四川

**方竹 Chimonobambusa quadrangularis** (Franceschi) Makino
分布：安徽、福建、广西、湖南、江苏、江西、台湾、浙江；日本，栽培于欧洲、北美洲

**实竹子 Chimonobambusa rigidula** (J. R. Xue et T. P. Yi) T. H. Wen et Ohrnb.
分布：四川

**月月竹** **Chimonobambusa sichuanensis** (T. P. Yi) T. H. Wen

分布：四川

**八月竹** **Chimonobambusa szechuanensis** (Rendle) Keng f.

分布：四川

**永善方竹** **Chimonobambusa tuberculata** J. R. Xue et L. Z. Gao

分布：云南

**筇竹** **Chimonobambusa tumidissinoda** J. R. Xue et T. P. Yi ex Ohrnb.

分布：四川、云南

**半边罗汉竹** **Chimonobambusa unifolia** (Yi) T. H. Wen et Ohrnb.

分布：四川

**金佛山方竹** **Chimonobambusa utilis** (Keng) Keng f.

分布：四川、贵州、云南

**瘤箨筇竹** **Chimonobambusa verruculosa** (T. P. Yi) T. H. Wen et Ohrnberger

分布：四川

## 香竹属 Chimonocalamus Hsue et T. P. Yi

**御香竹** **Chimonocalamus cibarius** Yi et J. Y. Shi

分布：云南

**香竹** **Chimonocalamus delicatus** Hsueh et T. P. Yi

分布：云南

**小香竹** **Chimonocalamus dumosus** Hsueh et T. P. Yi

分布：云南

**小香竹(原变种)** **Chimonocalamus dumosus** var. **dumosus**

分布：云南

**耿马小香竹** **Chimonocalamus dumosus** var. **pygmaeus** Hsueh et T. P. Yi

分布：云南

**流苏香竹** **Chimonocalamus fimbriatus** Hsueh et T. P. Yi

分布：云南

**西藏香竹** **Chimonocalamus griffithianus** (Munro) J. R. Xue et T. P. Yi

分布：云南、西藏；印度

**长舌香竹** **Chimonocalamus longiligulatus** Hsueh et T. P. Yi

分布：云南

**长节香竹** **Chimonocalamus longiusculus** Hsueh et T. P. Yi

分布：云南

**马关香竹** **Chimonocalamus makuanensis** Hsueh et T. P. Yi

分布：云南

**山香竹** **Chimonocalamus montanus** Hsueh et T. P. Yi

分布：云南

**灰香竹** **Chimonocalamus pallens** Hsueh et T. P. Yi

分布：云南

**越香竹** **Chimonocalamus peregrinus** Yi et L. S. Ma

分布：四川

## 葫芦草属 Chionachne R. Brown

**葫芦草** **Chionachne massiei** Balansa

分布：海南；老挝、泰国、越南

## 虎尾草属 Chloris Sw.

**孟仁草** **Chloris barbata** Sw.

分布：广东、台湾；印度、印度尼西亚、日本、马来西亚、缅甸、巴布亚新几内亚、巴基斯坦、菲律宾、斯里兰卡、泰国、越南、澳大利亚、太平洋群岛；非洲、美洲

**台湾虎尾草** **Chloris formosana** (Honda) Keng ex B. S. Sun et Z. H. Hu

分布：福建、台湾、广东、海南；越南

**非洲虎尾草** **Chloris gayana** Kunth

分布：中国温带区域广泛栽培

**异序虎尾草** **Chloris pycnothrix** Trin.

分布：云南；印度、缅甸、斯里兰卡；亚洲(西南部)、非洲、美洲

**虎尾草** **Chloris virgata** Sw.

分布：甘肃、河北、黑龙江、河南、江苏、吉林、辽宁、内蒙古、宁夏、青海、陕西、山东、山西、四川、新疆、西藏、云南；阿富汗、不丹、印度、缅甸、尼泊尔、巴基斯坦、澳大利亚，太平洋群岛；亚洲(西南部)、非洲、美洲

## 金须茅属 Chrysopogon Trin.

**竹节草** **Chrysopogon aciculatus** (Retz.) Trin.

分布：福建、广东、广西、贵州、海南、台湾、云南；阿富汗、孟加拉国、不丹、柬埔寨、印度、印度尼西亚、马来西亚、缅甸、尼泊尔、巴基斯坦、菲律宾、新加坡、斯里兰卡、泰国、越南、澳大利亚、太平洋群岛

**刺金须茅** **Chrysopogon gryllus** (L.) Trin.

分布：云南、西藏；阿富汗、不丹、印度、尼泊尔、巴基

斯坦；亚洲(西南部)、欧洲

金须草 **Chrysopogon orientalis** (Desv.) A. Camus

分布：福建、广东、海南；印度、老挝、马来西亚、缅甸、斯里兰卡、泰国、越南

香根草 **Chrysopogon zizanioides** (L.) Roberty

分布：江苏、浙江、四川、云南、福建、台湾、广东、海南栽培；原产于印度，现在广泛栽培

## 单蕊草属 **Cinna** L.

单蕊草 **Cinna latifolia** (Trevir. ex Göpp.) Griseb.

分布：黑龙江、吉林；日本、朝鲜、蒙古国、俄罗斯；欧洲(北部)、北美洲

## 隐子草属 **Cleistogenes** Keng

丛生隐子草 **Cleistogenes caespitosa** Keng

分布：辽宁、内蒙古、河北、山西、山东、河南、陕西、宁夏、甘肃

薄鞘隐子草 **Cleistogenes festucacea** Honda

分布：内蒙古、河北、山西、山东、宁夏、甘肃

朝阳隐子草 **Cleistogenes hackelii** (Honda) Honda

分布：辽宁、内蒙古、河北、山西、山东、河南、陕西、宁夏、甘肃、青海、安徽、江苏、湖北、四川、贵州、福建；日本、朝鲜

朝阳隐子草(原变种) **Cleistogenes hackelii** var. **hackelii**

分布：辽宁、内蒙古、河北、山西、山东、河南、陕西、甘肃、安徽、江苏、湖北、四川、贵州、福建；日本、韩国

宽叶隐子草 **Cleistogenes hackelii** var. **nakaii** (Keng) Ohwi

分布：黑龙江、辽宁、内蒙古、河北、山西、山东、河南、陕西、甘肃、安徽、江苏、浙江、湖北、贵州；朝鲜

北京隐子草 **Cleistogenes hancei** Keng

分布：辽宁、内蒙古、河北、山西、山东、河南、陕西、安徽、江苏、江西、福建；俄罗斯

凌源隐子草 **Cleistogenes kitagawae** Honda

分布：辽宁、河北；蒙古国、俄罗斯

小尖隐子草 **Cleistogenes mucronata** Keng ex P. C. Keng et L. Liu

分布：内蒙古、山西、河南、陕西、宁夏、甘肃、青海

多叶隐子草 **Cleistogenes polyphylla** Keng ex P. C. Keng et L. Liu

分布：黑龙江、吉林、辽宁、内蒙古、河北、山西、山东、河南、陕西

枝花隐子草 **Cleistogenes ramiflora** Keng et C. P. Wang

分布：内蒙古

无芒隐子草 **Cleistogenes songorica** (Roshev.) Ohwi

分布：内蒙古、河南、陕西、宁夏、甘肃、青海、新疆；哈萨克斯坦、吉尔吉斯斯坦、蒙古国、俄罗斯、土库曼斯坦、乌兹别克斯坦

糙隐子草 **Cleistogenes squarrosa** (Trin.) Keng

分布：黑龙江、吉林、辽宁、内蒙古、河北、山西、山东、河南、陕西、宁夏、甘肃、青海、新疆；哈萨克斯坦、蒙古国、俄罗斯；亚洲(西南部)

## 小丽草属 **Coelachne** R. Br.

小丽草 **Coelachne simpliciuscula** (Wight et Arn. ex Steud.) Munro ex Benth.

分布：四川、贵州、云南、广东；印度、斯里兰卡、泰国、越南、柬埔寨、不丹、缅甸、尼泊尔

## 薏苡属 **Coix** L.

水生薏苡 **Coix aquatica** Roxb.

分布：云南、广东、广西；孟加拉国、不丹、印度、马来西亚、缅甸、斯里兰卡、泰国、越南

薏苡 **Coix lacryma-jobi** L.

分布：黑龙江、辽宁、内蒙古、河北、山西、山东、河南、陕西、宁夏、新疆、安徽、江苏、浙江、江西、湖南、湖北、四川、贵州、云南、福建、台湾、广东、广西、海南；不丹、印度、印度尼西亚、老挝、马来西亚、缅甸、尼泊尔、巴布亚新几内亚、菲律宾、斯里兰卡、泰国、越南

薏苡(原变种) **Coix lacryma-jobi** var. **lacryma-jobi**

分布：黑龙江、辽宁、内蒙古、河北、山西、山东、河南、陕西、宁夏、新疆、安徽、江苏、浙江、江西、湖南、湖北、四川、贵州、云南、福建、台湾、广东、广西、海南；印度、印度尼西亚、老挝、缅甸、尼泊尔、巴布亚新几内亚、菲律宾、斯里兰卡、泰国、越南

薏米 **Coix lacryma-jobi** var. **ma-yuen** (Rom. Caill.) Stapf

分布：辽宁、河北、河南、陕西、安徽、江苏、浙江、江西、湖北、四川、云南、福建、台湾、广东、广西；不丹、印度、印度尼西亚、老挝、马来西亚、缅甸、菲律宾、泰国、越南

小珠薏苡 **Coix lacryma-jobi** var. **puellarum** (Balansa) A. Camus

分布：云南、西藏、海南；印度、缅甸、泰国、越南

**窄果薏苡 Coix lacryma-jobi** var. **stenocarpa** (Oliv.) Stapf

分布：云南；印度尼西亚、缅甸、巴布亚新几内亚、菲律宾、越南

## 小沿沟草属 Colpodium Trinius

**柔毛小沿沟草 Colpodium altaicum** Trin.

分布：新疆；哈萨克斯坦、蒙古国、俄罗斯

**矮小沿沟草 Colpodium humile** (M. Bieb.) Griseb.

分布：新疆；哈萨克斯坦、吉尔吉斯斯坦、俄罗斯、乌兹别克斯坦(北部)；亚洲(西南部)

**高山小沿沟草 Colpodium leucolepis** Nevski

分布：新疆；阿富汗、克什米尔地区、哈萨克斯坦、吉尔吉斯斯坦、巴基斯坦、塔吉克斯坦

**藏小沿沟草 Colpodium tibeticum** Bor

分布：西藏；不丹、尼泊尔

**瓦小沿沟草 Colpodium wallichii** (Stapf) Bor

分布：西藏；不丹、印度、尼泊尔

## 蒲苇属 Cortaderia Stapf

**蒲苇 Cortaderia selloana** (Schult. et Schult. f.) Asch. et Graebn.

分布：江苏、浙江、台湾；南美洲

## 隐花草属 Crypsis Ait.

**隐花草 Crypsis aculeata** (L.) Aiton

分布：安徽、甘肃、河北、河南、江苏、内蒙古、宁夏、陕西、山东、山西、新疆、云南；哈萨克斯坦、吉尔吉斯斯坦、土库曼斯坦、乌兹别克斯坦、地中海地区；亚洲(西南部)、欧洲(中部)，引种于非洲(南部)

**蔺状隐花草 Crypsis schoenoides** (L.) Lam.

分布：安徽、河北、河南、江苏、内蒙古、宁夏、山东、山西、新疆；哈萨克斯坦、吉尔吉斯斯坦、塔吉克斯坦、土库曼斯坦、乌兹别克斯坦、地中海地区；亚洲(西南部)、欧洲(南部)，引种于北美洲等地

## 杯禾属 Cyathopus Stapf

**锡金杯禾 Cyathopus sikkimensis** Stapf

分布：云南；不丹、印度

## 香茅属 Cymbopogon Spreng.

**圆基香茅 Cymbopogon annamensis** (A. Camus) A. Camus

分布：云南；老挝、泰国、越南

**长耳香茅 Cymbopogon auritus** B. S. Sun

分布：云南

**香茅 Cymbopogon citratus** (DC.) Stapf

分布：浙江、湖北、贵州、云南、福建、台湾、广东、海南；栽培于热带亚洲及其他地区

**芸香草 Cymbopogon distans** (Nees ex Steud.) Will. Watson

分布：陕西、甘肃、四川、贵州、云南、西藏；印度、尼泊尔、巴基斯坦

**纤鞘香茅 Cymbopogon fibrosus** B. S. Sun

分布：四川、云南

**曲序香茅 Cymbopogon flexuosus** (Nees ex Steud.) Will. Watson

分布：云南；原产于印度，泰国有归化

**缅甸浅囊香茅 Cymbopogon gidarba** var. **burmanicus** Bor

分布：云南；缅甸

**橘草 Cymbopogon goeringii** (Steud.) A. Camus

分布：河北、山东、河南、安徽、江苏、浙江、江西、湖南、湖北、贵州、云南、福建、台湾、香港；日本、朝鲜

**辣薄荷草 Cymbopogon jwarancusa** (Jones) Schultes

分布：四川、云南、西藏；阿富汗、不丹、印度、尼泊尔、巴基斯坦；亚洲(西南部)

**辣薄荷草(原变种) Cymbopogon jwarancusa** subsp. **jwarancusa**

分布：四川、云南、西藏；阿富汗、不丹、印度、尼泊尔、巴基斯坦、伊朗

**西亚香茅 Cymbopogon jwarancusa** subsp. **olivieri** (Boiss.) Soenarko

分布：云南、西藏；阿富汗、印度、巴基斯坦；亚洲(西南部)

**卡西香茅 Cymbopogon khasianus** (Munro ex Hack.) Stapf ex Bor

分布：云南、广西；不丹、印度、缅甸、泰国

**凉山香茅 Cymbopogon liangshanensis** L. Liu ex S. M. Phillips et H. Peng

分布：四川

**鲁沙香茅 Cymbopogon martini** (Roxb.) J. F. Watson

分布：四川、云南；原产于印度

**青香茅 Cymbopogon mekongensis** A. Camus

分布：浙江、湖南、四川、贵州、云南、广东、广西、海

南；老挝、泰国、越南

细穗香茅 **Cymbopogon microstachys** (Hook. f.) Soenarko

分布：云南；印度、缅甸、泰国

细小香茅 **Cymbopogon minor** B. S. Sun et R. Zhang ex S. M. Phillips

分布：云南

亚香茅 **Cymbopogon nardus** (L.) Rendle

分布：云南、福建、台湾、广东、海南；被引进到其他地区作为农作物

多脉香茅 **Cymbopogon nervosus** B. S. Sun

分布：云南

垂序香茅 **Cymbopogon pendulus** (Nees ex Steudel) Willd.

分布：云南；不丹、尼泊尔、印度

喜马拉雅香茅 **Cymbopogon pospischilii** (K. Schum.) C. E. Hubb.

分布：云南、西藏；印度、尼泊尔、巴基斯坦；亚洲(西南部)、非洲

扭鞘香茅 **Cymbopogon tortilis** (J. Presl) A. Camus

分布：安徽、浙江、贵州、云南、福建、台湾、广东、海南；菲律宾、越南

横香茅 **Cymbopogon traninhensis** (A. Camus) Soenarko

分布：云南；印度、老挝、缅甸、泰国

通麦香茅 **Cymbopogon tungmaiensis** L. Liu

分布：四川、云南、西藏

枫茅 **Cymbopogon winterianus** Jowitt ex Bor

分布：四川、云南、广东、海南；印度尼西亚有栽培

西昌香茅 **Cymbopogon xichangensis** B. S. Sun et R. S. Zhang

分布：四川

## 狗牙根属 **Cynodon** Rich.

狗牙根 **Cynodon dactylon** (L.) Persoon

分布：山西、陕西、甘肃、江苏、浙江、湖北、四川、云南、福建、台湾、广东、海南；热带和暖温带地区

狗牙根(原变种) **Cynodon dactylon** var. **dactylon**

分布：陕西、江苏、浙江、湖北、四川、云南、福建、台湾、广东、海南；分布于世界热带和亚热带地区

双花狗牙根 **Cynodon dactylon** var. **biflorus** Merino

分布：江苏、浙江、福建、台湾；欧洲有记载

弯穗狗牙根 **Cynodon radiatus** Roth ex Roem. et Schult.

分布：台湾、广东、海南；不丹、印度、印度尼西亚、马来西亚、缅甸、尼泊尔、巴基斯坦、菲律宾、斯里兰卡、泰国、越南、澳大利亚(北部)、马达加斯加

## 洋狗尾草属 **Cynosurus** L.

洋狗尾草 **Cynosurus cristatus** L.

分布：江西；澳大利亚；亚洲(西南部)、欧洲、非洲(北部)

## 弓果黍属 **Cyrtococcum** Stapf

尖叶弓果黍 **Cyrtococcum oxyphyllum** (Hochst. ex Steudel) Stapf

分布：云南、广东、广西、海南；不丹、印度、马来西亚、缅甸、菲律宾、斯里兰卡、越南、澳大利亚

弓果黍 **Cyrtococcum patens** (L.) A. Camus

分布：江西、湖南、四川、贵州、云南、西藏、福建、台湾、广东、广西、海南；孟加拉国、不丹、印度、印度尼西亚、日本、马来西亚、缅甸、尼泊尔、菲律宾、斯里兰卡、泰国、越南、太平洋岛屿

弓果黍(原变种) **Cyrtococcum patens** var. **patens**

分布：江西、四川、贵州、云南、福建、台湾、广东、广西、海南；孟加拉国、不丹、印度、印度尼西亚、日本、马来西亚、缅甸、尼泊尔、菲律宾、斯里兰卡、泰国、越南、太平洋群岛

散穗弓果黍 **Cyrtococcum patens** var. **latifolium** (Honda) Ohwi

分布：湖南、贵州、云南、西藏、台湾、广东、广西；印度、日本、马来西亚、泰国、越南

## 鸭茅属 **Dactylis** L.

鸭茅 **Dactylis glomerata** L.

分布：甘肃、贵州、湖北、宁夏、陕西、四川、台湾、新疆、西藏、云南、浙江；栽培于河北、河南、江苏、山东；不丹、印度(北部)、哈萨克斯坦、吉尔吉斯斯坦、蒙古国、尼泊尔、俄罗斯、塔吉克斯坦、乌兹别克斯坦；亚洲(西南部)、欧洲、非洲(北部)

## 龙爪茅属 **Dactyloctenium** Willd.

龙爪茅 **Dactyloctenium aegyptium** (L.) Willd.

分布：福建、广东、贵州、海南、四川、台湾、云南、浙江；旧世界热带地区和暖温带地区，引种于美洲、欧洲

## 扁芒草属 **Danthonia** DC.

喀什米尔扁芒草 **Danthonia cachemyriana** Jaub. et Spach

分布：西藏；阿富汗、印度、巴基斯坦

**扁芒草 Danthonia cumminsii** Hook. f.

分布：四川、云南、西藏；不丹、印度、尼泊尔、巴基斯坦

## 牡竹属 Dendrocalamus Nees

**马来甜龙竹 Dendrocalamus asper** (Schult. et Schult. f.) Backer ex K. Heyne

分布：云南、台湾、香港；菲律宾、印度尼西亚、马来西亚、泰国、老挝、缅甸

**椅子竹 Dendrocalamus bambusoides** J. R. Xue et D. Z. Li

分布：云南

**小叶龙竹 Dendrocalamus barbatus** J. R. Xue et D. Z. Li

分布：云南

**小叶龙竹(原变种) Dendrocalamus barbatus** var. **barbatus**

分布：云南

**毛脚龙竹 Dendrocalamus barbatus** var. **internodiradicatus** Hsueh et D. Z. Li

分布：云南

**缅甸龙竹 Dendrocalamus birmanicus** A. Camus

分布：云南；缅甸

**勃氏甜龙竹 Dendrocalamus brandisii** (Munro) Kurz.

分布：云南；原产于老挝、缅甸、泰国、越南，栽培于印度

**美穗龙竹 Dendrocalamus calostachyus** (Kurz.) Kurz.

分布：云南；缅甸

**无耳镰序竹 Dendrocalamus exauritus** (W. T. Lin) N. H. Xia et Y. B. Guo

分布：广西

**大叶慈 Dendrocalamus farinosus** (Keng et Keng f.) et L. C. Chia et H. L. Fung

分布：四川、贵州、云南、广西

**福贡龙竹 Dendrocalamus fugongensis** J. R. Xue et D. Z. Li

分布：云南

**龙竹 Dendrocalamus giganteus** Wall. ex Munro

分布：云南、台湾有栽培；缅甸、泰国有栽培

**版纳甜龙竹 Dendrocalamus hamiltonii** Nees et Arn. ex Munro

分布：云南；印度、缅甸、尼泊尔、不丹、老挝

**建水龙竹 Dendrocalamus jianshuiensis** J. R. Xue et D. Z. Li

分布：云南

**麻竹 Dendrocalamus latiflorus** Munro

分布：四川、贵州、云南、福建、台湾、广东、广西、海南；越南、缅甸

**荔波吊竹 Dendrocalamus liboensis** J. R. Xue et D. Z. Li

分布：贵州

**长耳牡竹 Dendrocalamus longiauritus** S. H. Chen, K. F. Huang et R. S. Chen

分布：福建

**黄竹 Dendrocalamus membranaceus** Munro

分布：云南；老挝、缅甸、泰国、越南

**勐仑牡竹(新拟) Dendrocalamus menglongensis** Hsueh et K. L. Wang

分布：贵州、广东

**吊丝竹 Dendrocalamus minor** (McClure) L. C. Chia et H. L. Fung

分布：贵州、广东、广西

**吊丝竹(原变种) Dendrocalamus minor** var. **minor**

分布：贵州、广东、广西

**粗穗龙竹 Dendrocalamus pachystachys** J. R. Xue et D. Z. Li

分布：云南

**巴氏龙竹 Dendrocalamus parishii** Munro

分布：云南；印度、巴基斯坦

**金平龙竹 Dendrocalamus peculiaris** J. R. Xue et D. Z. Li

分布：云南

**粉麻竹 Dendrocalamus pulverulentus** L. C. Chia et But

分布：广东、香港

**粉麻竹(原变种) Dendrocalamus pulverulentus** var. **pulverulentus**
分布：广东

**花吊丝竹 Dendrocalamus pulverulentus** var. **amoenus** (Q. H. Dai et C. F. Huang) N. H. Xia et R. S. Lin
分布：广东

**野龙竹 Dendrocalamus semiscandens** J. R. Xue et D. Z. Li
分布：云南

**锡金龙竹 Dendrocalamus sikkimensis** Gamble ex Oliv.
分布：云南；印度、不丹

**歪脚龙竹 Dendrocalamus sinicus** L. C. Chia et J. L. Sun
分布：云南

**广东龙竹(新拟) Dendrocalamus stenoauritus** (W. T. Lin) N. H. Xia
分布：广东

**牡竹 Dendrocalamus strictus** (Roxb.) Nees
分布：云南、台湾、广西、广东；印度

**白沙竹 Dendrocalamus suberosus** (W. T. Lin et Z. M. Wu) N. H. Xia
分布：广东

**西藏牡竹 Dendrocalamus tibeticus** J. R. Hsueh et T. P. Yi
分布：云南、西藏

**毛龙竹 Dendrocalamus tomentosus** J. R. Xue et D. Z. Li
分布：云南

**三轴龙竹(新拟) Dendrocalamus triramus** (W. T. Lin et Z. M. Wu) N. H. Xia
分布：广东

**黔竹 Dendrocalamus tsiangii** (McClure) L. C. Chia et H. L. Fung
分布：四川、贵州、广西

**版纳牡竹(新拟) Dendrocalamus xishuangbannaensis** D. Z. Li et H. Q. Yang
分布：云南

**云南龙竹 Dendrocalamus yunnanicus** J. R. Xue et D. Z. Li
分布：云南；越南

## 发草属 **Deschampsia** P. Beauv.

**发草 Deschampsia cespitosa** (L.) P. Beauv.
分布：甘肃、黑龙江、内蒙古、青海、陕西、四川、台湾、新疆、西藏、云南；不丹、印度、日本、哈萨克斯坦、韩国、吉尔吉斯斯坦、蒙古国、巴基斯坦、俄罗斯、塔吉克斯坦、乌兹别克斯坦；亚洲(西南部)、欧洲、北美洲，引种于世界各地

**发草(原亚种) Deschampsia cespitosa** subsp. **cespitosa**
分布：青海、新疆、云南；哈萨克斯坦、吉尔吉斯斯坦、蒙古国、俄罗斯、塔吉克斯坦、乌兹别克斯坦

**短枝发草 Deschampsia cespitosa** subsp. **ivanovae** (Tzvelev) S. M. Phillips et Z. L. Wu
分布：陕西、甘肃、青海、四川、云南、西藏

**小穗发草 Deschampsia cespitosa** subsp. **orientalis** Hultén
分布：黑龙江、内蒙古、青海、新疆、云南、台湾；日本、朝鲜、蒙古国、俄罗斯；美洲(北部)

**帕米尔发草 Deschampsia cespitosa** subsp. **pamirica** (Roshev.) Tzvelev
分布：新疆；塔吉克斯坦

**曲芒发草 Deschampsia flexuosa** (L.) Trin.
分布：台湾；日本、菲律宾、俄罗斯；亚洲(西南部)、欧洲、非洲、美洲

**穗发草 Deschampsia koelerioides** Regel
分布：内蒙古、甘肃、青海、新疆、西藏；阿富汗、克什米尔地区、哈萨克斯坦、吉尔吉斯斯坦、蒙古国、巴基斯坦、俄罗斯、塔吉克斯坦、乌兹别克斯坦

## 羽穗草属 **Desmostachya** (Stapf) Stapf

**羽穗草 Desmostachya bipinnata** (L.) Stapf
分布：海南；柬埔寨、印度、缅甸、巴基斯坦、泰国、越南、澳大利亚；亚洲(西南部)、非洲(北部及东北部)

## 野青茅属 **Deyeuxia** Clar.

**不育野青茅 Deyeuxia abnormis** Hook. f.
分布：云南；不丹、印度

**短毛野青茅 Deyeuxia anthoxanthoides** Munro ex Hook. f.
分布：新疆、西藏；阿富汗、塔吉克斯坦、乌兹别克斯坦

**密穗野青茅 Deyeuxia conferta** Keng
分布：内蒙古、陕西、甘肃、青海

**细弱野青茅 Deyeuxia debilis** (Hook. f.) Veldkamp
分布：西藏；印度

**散穗野青茅 Deyeuxia diffusa** Keng
分布：四川、贵州、云南

**疏穗野青茅 Deyeuxia effusiflora** Rendle
分布：河南、陕西、宁夏、甘肃、浙江、四川、贵州、云南

**柔弱野青茅 Deyeuxia flaccida** (Keng f.) Keng ex S. L. Lu
分布：四川、云南

**黄花野青茅 Deyeuxia flavens** Keng
分布：甘肃、青海、四川、云南、西藏

**高黎贡野青茅(新拟) Deyeuxia gaoligongensis** Paszko
分布：云南

**箱根野青茅 Deyeuxia hakonensis** (Franch. et Sav.) Keng
分布：河北、安徽、浙江、江西、湖北、四川、贵州、广东；俄罗斯、日本

**喜马拉雅野青茅 Deyeuxia himalaica** L. Liu ex W. L. Chen
分布：西藏

**青藏野青茅 Deyeuxia holciformis** (Jaub. et Spach) Bor
分布：甘肃、青海、西藏；克什米尔地区、吉尔吉斯斯坦、塔吉克斯坦

**青海野青茅 Deyeuxia kokonorica** (Keng ex Tzvelev) S. L. Lu
分布：甘肃、青海

**兴安野青茅 Deyeuxia korotkyi** (Litv.) S. M. Phillips et W. L. Chen
分布：黑龙江、内蒙古、新疆；蒙古国、俄罗斯

**欧野青茅 Deyeuxia lapponica** (Wahlenb.) Kunth
分布：黑龙江、内蒙古、甘肃、新疆、四川、西藏；蒙古国、朝鲜、俄罗斯；欧洲、北美洲

**瘦野青茅 Deyeuxia macilenta** (Griseb.) Keng ex S. L. Lu
分布：内蒙古、青海、新疆；蒙古国、俄罗斯

**会理野青茅 Deyeuxia mazzettii** Veldkamp
分布：四川、云南

**宜兴野青茅 Deyeuxia moupinensis** (Franch.) Pilg.
分布：四川

**小花野青茅 Deyeuxia neglecta** (Ehrh.) Kunth
分布：黑龙江、辽宁、内蒙古、河北、山西、甘肃、新疆、四川；日本、吉尔吉斯斯坦、蒙古国、俄罗斯、塔吉克斯坦；欧洲、北美洲

**顶芒野青茅 Deyeuxia nepalensis** Bor
分布：四川、云南；尼泊尔

**微药野青茅 Deyeuxia nivicola** Hook. f.
分布：青海、四川、云南、西藏；不丹、尼泊尔、印度

**林芝野青茅 Deyeuxia nyingchiensis** P. C. Kuo et S. L. Lu
分布：四川、西藏

**异颖草 Deyeuxia petelotii** (Hitchc.) S. M. Phillips et W. L. Chen
分布：贵州、云南；印度、不丹、越南

**小丽茅 Deyeuxia pulchella** (Griseb.) Hook. f.
分布：四川、云南、西藏；不丹、印度、克什米尔地区、尼泊尔

**大叶章 Deyeuxia purpurea** (Trin.) Kunth
分布：黑龙江、吉林、辽宁、内蒙古、河北、山西、陕西、新疆、湖北、四川；日本、朝鲜、蒙古国、俄罗斯；欧洲、北美洲

**野青茅 Deyeuxia pyramidalis** (Host) Veldkamp
分布：安徽、福建、甘肃、广东、广西、贵州、河北、河南、黑龙江、湖北、湖南、吉林、江苏、江西、辽宁、内蒙古、青海、陕西、山东、山西、四川、台湾、新疆、西藏、云南、浙江；日本、克什米尔地区、韩国、巴基斯坦、俄罗斯；欧洲

**玫红野青茅 Deyeuxia rosea** Bor
分布：四川、西藏

**糙野青茅 Deyeuxia scabrescens** (Griseb.) Hook. f.
分布：陕西、甘肃、青海、湖北、四川、云南、西藏；印度、不丹、克什米尔地区、缅甸、尼泊尔、巴基斯坦

**四川野青茅 Deyeuxia sichuanensis** (J. L. Yang) S. M. Phillips et W. L. Chen
分布：甘肃、四川

**华高野青茅 Deyeuxia sinelatior** Keng
分布：河南、陕西、四川

**左氏野青茅 Deyeuxia sorengii** Paszko et W. L. Chen
分布：浙江

**水山野青茅 Deyeuxia suizanensis** (Hayata) Ohwi
分布：台湾；巴布亚新几内亚、菲律宾

**天山野青茅 Deyeuxia tianschanica** (Rupr.) Bor
分布：甘肃、青海、新疆；吉尔吉斯斯坦、塔吉克斯坦

**藏野青茅 Deyeuxia tibetica** Bor

分布：青海、西藏；印度

**藏野青茅(原变种) Deyeuxia tibetica** var. **tibetica**

分布：青海、西藏；印度

**矮野青茅 Deyeuxia tibetica** var. **przevalskyi** (Tzvelev) P. C. Kuo et S. L. Lu

分布：青海、西藏

**盐源野青茅 Deyeuxia yanyuanensis** (J. L. Yang) L. Liu

分布：四川

**藏西野青茅 Deyeuxia zangxiensis** P. C. Kuo et S. L. Lu

分布：甘肃、西藏

## 双花草属 Dichanthium Willemet

**双花草 Dichanthium annulatum** (Forssk.) Stapf

分布：广东、广西、贵州、海南、湖北、四川、台湾、云南；印度、印度尼西亚、马来西亚、缅甸、尼泊尔、巴基斯坦、菲律宾、太平洋群岛；非洲；引种于美洲、澳大利亚

**毛梗双花草 Dichanthium aristatum** (Poir.) C. E. Hubb.

分布：云南、台湾；印度、印度尼西亚、马来西亚，被其他地方引种

**单穗草 Dichanthium caricosum** (L.) A. Camus

分布：贵州、云南；印度、马来西亚、缅甸、斯里兰卡、泰国，被其他地方引种

## 马唐属 Digitaria Haller

**粒状马唐 Digitaria abludens** (Roem. et Schult.) Veldkamp

分布：河南、四川、云南、海南；不丹、印度、印度尼西亚、马来西亚、缅甸、尼泊尔、巴基斯坦、菲律宾、泰国

**异马唐 Digitaria bicornis** (Lam.) Roemer et Schultes

分布：云南、福建、海南；印度、印度尼西亚、马来西亚、缅甸、巴布亚新几内亚、斯里兰卡、泰国、澳大利亚；非洲，被引种到美洲

**纤毛马唐 Digitaria ciliaris** (Retz.) Koeler

分布：黑龙江、吉林、辽宁、内蒙古、河北、山西、山东、河南、陕西、宁夏、甘肃、新疆、安徽、江苏、浙江、江西、湖南、湖北、四川、贵州、云南、西藏、福建、台湾、广东、广西、海南；遍布热带及亚热带地区，但在非洲少见

**纤毛马唐(原变种) Digitaria ciliaris** var. **ciliaris**

分布：遍布热带和亚热带；北京、福建、广东、贵州、海南、湖北、湖南、江西、内蒙古、宁夏、山东、上海、山西、台湾、新疆、西藏、云南、浙江

**毛马唐 Digitaria ciliaris** var. **chrysoblephara** (Figari et De Notaris) R. R. Stewart

分布：黑龙江、吉林、辽宁、河北、山西、山东、河南、陕西、甘肃、安徽、江苏、四川、福建、广东、海南；世界热带，暖温带各地

**十字马唐 Digitaria cruciata** (Nees ex Steud.) A. Camus

分布：湖北、四川、贵州、云南、西藏；不丹、印度、缅甸、尼泊尔

**佛欧里马唐 Digitaria fauriei** Ohwi

分布：台湾

**纤维马唐 Digitaria fibrosa** (Hackel) Stapf

分布：四川、云南、福建、广东、广西；老挝、缅甸、泰国

**福建薄稃草 Digitaria fujianensis** (L. Liu) S. M. Phillips et S. L. Chen

分布：福建

**横断山马唐 Digitaria hengduanensis** L. Liu

分布：四川、云南

**亨利马唐 Digitaria henryi** Rendle

分布：安徽、福建、广东、广西、海南、上海、台湾；日本(南部)、越南，归化于夏威夷

**二型马唐 Digitaria heterantha** (Hook. f.) Merr.

分布：福建、台湾、广东、海南；印度尼西亚、马来西亚、帕劳群岛、菲律宾、泰国、越南

**止血马唐 Digitaria ischaemum** (Schreb.) Muhl.

分布：黑龙江、吉林、辽宁、内蒙古、河北、山西、山东、河南、陕西、宁夏、甘肃、新疆、安徽、江苏、四川、西藏、福建、台湾；日本、巴基斯坦、俄罗斯；欧洲、北美洲

**棒毛马唐 Digitaria jubata** (Griseb.) Henrard

分布：贵州、云南；印度

**丛立马唐 Digitaria leptalea** Ohwi

分布：台湾；日本

**长花马唐 Digitaria longiflora** (Retzius) Pers.

分布：江西、湖南、四川、贵州、云南、福建、台湾、广东、海南；不丹、印度、印度尼西亚、马来西亚、缅甸、尼泊尔、巴基斯坦、斯里兰卡、泰国、越南；旧世界热带地区、美洲

**绒马唐 Digitaria mollicoma** (Kunth) Henrard

分布：安徽、浙江、江西、台湾；印度尼西亚、马来西亚、菲律宾、太平洋岛屿

**红尾翎 Digitaria radicosa** (J. Presl) Miq.

分布：安徽、福建、广东、广西、海南、江西、台湾、云南、浙江；印度、印度尼西亚、日本、马来西亚、缅甸、尼泊尔、菲律宾、泰国、澳大利亚、印度洋岛屿、马达加斯加、太平洋群岛、引种于巴基斯坦、坦桑尼亚等地

**马唐 Digitaria sanguinalis** (L.) Scopoli

分布：黑龙江、河北、山西、山东、河南、陕西、宁夏、甘肃、新疆、安徽、江苏、湖北、四川、贵州、西藏、台湾；世界暖温带和亚热带山地地区

**海南马唐 Digitaria setigera** Roth ex Roem. et Schult.

分布：福建、广东、广西、贵州、海南、台湾、云南；孟加拉国、不丹、印度、印度尼西亚、日本、马来西亚、缅甸、尼泊尔、泰国、越南、澳大利亚、印度洋岛屿、马达加斯加、太平洋群岛；非洲(东部)

**昆仑马唐 Digitaria stewartiana** Bor

分布：新疆、西藏；克什米尔地区

**竖毛马唐 Digitaria stricta** Roth ex Roem. et Schult.

分布：四川、云南、西藏、福建；不丹、印度、缅甸、尼泊尔、巴基斯坦、斯里兰卡

**竖毛马唐(原变种) Digitaria stricta** var. **stricta**

分布：云南；不丹、印度、缅甸、尼泊尔、巴基斯坦、斯里兰卡

**露籽马唐 Digitaria stricta** var. **denudata** (Link) Henrard

分布：四川、云南、西藏；印度、尼泊尔

**秃穗马唐 Digitaria stricta** var. **glabrescens** Bor

分布：福建；印度

**三数马唐 Digitaria ternata** (Hochst. ex A. J. Richards) Stapf

分布：广西、贵州、香港、四川、云南；不丹、印度、印度尼西亚、马来西亚、尼泊尔、菲律宾、泰国；非洲，引种于美洲、澳大利亚

**紫马唐 Digitaria violascens** Link

分布：安徽、福建、广东、广西、贵州、海南、河北、河南、湖北、湖南、江苏、江西、青海、山东、山西、四川、台湾、新疆、西藏、云南、浙江；不丹、印度、印度尼西亚、马来西亚、缅甸、尼泊尔、巴基斯坦、菲律宾、斯里兰卡、泰国、越南、澳大利亚；南美洲

## 雁茅属 Dimeria R. Br.

**镰形觿茅 Dimeria falcata** Hack.

分布：福建、台湾、广东、广西；印度、缅甸、泰国、越南

**镰形觿茅(原变种) Dimeria falcata** var. **falcata**

分布：福建、台湾、广东、广西；印度、缅甸、泰国

**台湾觿茅 Dimeria falcata** var. **taiwaniana** (Ohwi) S. L. Chen et G. Y. Sheng

分布：福建、台湾；越南

**广西觿茅 Dimeria guangxiensis** S. L. Chen et G. Y. Sheng

分布：广西

**觿茅 Dimeria ornithopoda** Trin.

分布：安徽、福建、广东、广西、贵州、河南、江苏、江西、四川、台湾、云南、浙江；印度、印度尼西亚、日本、韩国、老挝、马来西亚、缅甸、尼泊尔、菲律宾、泰国、越南、澳大利亚、太平洋群岛；亚洲(西南部)

**觿茅(原亚种) Dimeria ornithopoda** subsp. **ornithopoda**

分布：安徽、江苏、浙江、江西、云南、台湾、广东、广西；印度、日本、韩国、马来西亚、菲律宾、澳大利亚

**具脊觿茅 Dimeria ornithopoda** subsp. **subrobusta** (Hackel) S. L. Chen

分布：中国东部、南部和西南部；日本

**小觿茅 Dimeria parva** (Keng et Y. L. Yang) S. L. Chen et G. Y. Sheng

分布：台湾

**华觿茅 Dimeria sinensis** Rendle

分布：安徽、江苏、浙江、江西、福建、广东、广西；泰国

**单生觿茅 Dimeria solitaria** Keng et Y. L. Yang

分布：广东

## 弯穗草属 Dinebra Jacquin

**弯穗草 Dinebra retroflexa** (Vahl) Panz.

分布：云南、福建

## 镰序竹属 Drepanostachyum Keng f.

**樟木镰序竹 Drepanostachyum ampullare** (T. P. Yi) Demoly

分布：西藏

**扫把竹 Drepanostachyum fractiflexum** (T. P. Yi) D. Z. Li

分布：四川、云南

**膜箨镰序竹 Drepanostachyum membranaceum** (T. P. Yi) D. Z. Li
分布：四川

**圆芽镰序竹 Drepanostachyum semiorbiculatum** (T. P. Yi) Stapleton
分布：西藏

**匍匐镰序竹 Drepanostachyum stoloniforme** S. H. Chen et Z. Z. Wang
分布：福建

## 毛蕊草属 Duthiea Hack.

**毛蕊草 Duthiea brachypodium** (P. Candargy) Keng et Keng f.
分布：青海、四川、云南、西藏；不丹、尼泊尔

## 稗属 Echinochloa P. Beauv.

**长芒稗 Echinochloa caudata** Roshev.
分布：黑龙江、吉林、内蒙古、河北、山西、河南、新疆、安徽、江苏、浙江、江西、湖南、四川、贵州、云南；日本、朝鲜、蒙古国、俄罗斯

**光头稗 Echinochloa colona** (L.) Link
分布：河北、河南、陕西、新疆、安徽、江苏、浙江、江西、湖南、湖北、四川、贵州、云南、西藏、福建、台湾、广东、广西、海南；世界温带地区

**稗 Echinochloa crusgalli** (L.) P. Beauv.
分布：遍布中国；世界暖温带及亚热带地区

**稗(原变种) Echinochloa crusgalli** var. **crusgalli**
分布：中国广布；世界温带及亚热带地区

**小旱稗 Echinochloa crusgalli** var. **austrojaponensis** Ohwi
分布：江苏、浙江、江西、湖南、贵州、云南、台湾、广东、广西；日本、菲律宾

**短芒稗 Echinochloa crusgalli** var. **breviseta** (Doell.) Podéru
分布：台湾、广东；印度、马来西亚、斯里兰卡；非洲

**无芒稗 Echinochloa crusgalli** var. **mitis** (Pursh) Peterm.
分布：遍布中国；世界暖温带及亚热带地区

**细叶旱稗 Echinochloa crusgalli** var. **praticola** Ohwi
分布：河北、安徽、江苏、湖北、贵州、云南、台湾、广西；日本

**西来稗 Echinochloa crusgalli** var. **zelayensis** (Kunth) Hitchc.
分布：遍布中国；美洲

**孔雀稗 Echinochloa cruspavonis** (Kunth) Schultes
分布：陕西、安徽、四川、贵州、福建、广东、海南；遍布热带地区

**紫穗稗 Echinochloa esculenta** (A. Braun) H. Scholz
分布：湖北、贵州、云南；栽培于亚洲及非洲的暖温带地区，被引种到美洲

**湖南稗子 Echinochloa frumentacea** Link
分布：黑龙江、内蒙古、河南、宁夏、安徽、四川、贵州、云南、台湾、广西；栽培于热带亚洲、非洲

**硬稃稗 Echinochloa glabrescens** Kossenko
分布：江苏、浙江、四川、贵州、云南、台湾、广东、广西；不丹、印度(东北部)、日本、朝鲜、尼泊尔；非洲

**水田稗 Echinochloa oryzoides** (Ard.) Fritsch
分布：河北、河南、新疆、安徽、江苏、湖南、四川、贵州、云南、西藏、台湾、广东、海南；印度、印度尼西亚、日本、哈萨克斯坦、朝鲜、吉尔吉斯斯坦、巴基斯坦、俄罗斯、土库曼斯坦、乌兹别克斯坦；欧洲、美洲

## 皱稃草属 Ehrharta Thunb.

**皱稃草 Ehrharta erecta** Lam.
分布：云南；非洲

## 䅟属 Eleusine Gaertn.

**䅟 Eleusine coracana** (L.) Gaertn.
分布：山东、河南、宁夏、安徽、浙江、江西、湖北、四川、贵州、云南、福建、台湾、广东、海南；广布于旧世界热带亚热带地区

**牛筋草 Eleusine indica** (L.) Gaertn.
分布：黑龙江、北京、天津、山东、河南、陕西、安徽、上海、浙江、江西、湖南、湖北、四川、贵州、云南、西藏、福建、台湾、广东、海南；热带、亚热带地区

## 披碱草属 Elymus L.

**异芒披碱草 Elymus abolinii** (Drobow) Tzvelev
分布：新疆；哈萨克斯坦、吉尔吉斯斯坦、蒙古国、俄罗斯、土库曼斯坦、乌兹别克斯坦

**异芒披碱草(原变种) Elymus abolinii** var. **abolinii**
分布：新疆；哈萨克斯坦、吉尔吉斯斯坦、土库曼斯坦、乌兹别克斯坦

**曲芒披碱草 Elymus abolinii** var. **divaricans** (Nevski) Tzvelev
分布：新疆；蒙古国、俄罗斯

**裸穗披碱草 Elymus abolinii** var. **nudiusculus** (L. B. Cai) S. L. Chen
分布：新疆

多花异芒草 **Elymus abolinii** var. **pluriflorus** D. F. Cui
分布：新疆

阿拉善披碱草 **Elymus alashanicus** (Keng) S. L. Chen
分布：内蒙古、宁夏、甘肃、新疆

涞源披碱草 **Elymus alienus** (Keng) S. L. Chen
分布：内蒙古、河北、山西、河南

高原披碱草 **Elymus alpinus** L. B. Cai
分布：青海

高株披碱草 **Elymus altissimus** (Keng) Á. Löve ex B. Rong Lu
分布：青海、新疆、四川、云南

昂赛披碱草 **Elymus angsaiensis** S. L. Lu et Y. H. Wu
分布：青海

狭穗披碱草 **Elymus angustispiculatus** S. L. Chen et G. Zhu
分布：青海

假花鳞草 **Elymus anthosachnoides** (Keng) Á. Löve ex B. Rong Lu
分布：青海、四川、云南、西藏

假花鳞草(原变种) **Elymus anthosachnoides** var. **anthosachnoides**
分布：四川、云南

糙稃花鳞草 **Elymus anthosachnoides** var. **scabrilemmatus** (L. B. Cai) S. L. Chen
分布：青海、四川

小颖披碱草 **Elymus antiquus** (Nevski) Tzvelev
分布：青海、四川、云南、西藏；尼泊尔

芒颖披碱草 **Elymus aristiglumis** (Keng et S. L. Chen) S. L. Chen
分布：甘肃、青海、新疆、四川、西藏

芒颖披碱草(原变种) **Elymus aristiglumis** var. **aristiglumis**
分布：甘肃、青海、新疆、四川、西藏

毛芒颖草 **Elymus aristiglumis** var. **hirsutus** (H. L. Yang) S. L. Chen
分布：西藏

平滑披碱草 **Elymus aristiglumis** var. **leianthus** (H. L. Yang) S. L. Chen
分布：西藏

黑紫披碱草 **Elymus atratus** (Nevski) Hand.-Mazz.
分布：甘肃、青海、新疆、四川、西藏

毛盘草 **Elymus barbicallus** (Ohwi) S. L. Chen
分布：内蒙古、河北、山西、宁夏、青海

毛盘草(原变种) **Elymus barbicallus** var. **barbicallus**
分布：内蒙古、河北

毛叶毛盘草 **Elymus barbicallus** var. **pubifolius** (Keng) S. L. Chen
分布：河北、山西

毛节毛盘草 **Elymus barbicallus** var. **pubinodis** (Keng) S. L. Chen
分布：内蒙古、河北

硬穗披碱草 **Elymus barystachyus** L. B. Cai
分布：四川、西藏

短芒披碱草 **Elymus breviaristatus** Keng ex P. C. Keng
分布：宁夏、青海、新疆、四川

短柄披碱草 **Elymus brevipes** (Keng) S. L. Chen
分布：甘肃、青海、新疆、四川、云南、西藏

短颖披碱草 **Elymus burchan-buddae** (Nevski) Tzvelev
分布：甘肃、内蒙古、青海、四川、新疆、西藏、云南；印度、?尼泊尔

峰峦披碱草 **Elymus cacuminis** B. Rong Lu et B. Salomon
分布：四川、西藏；印度、尼泊尔

马格草 **Elymus caesifolius** Á. Löve ex S. L. Chen
分布：西藏

纤瘦披碱草 **Elymus caianus** S. L. Chen et G. Zhu
分布：西藏

钙生披碱草 **Elymus calcicola** (Keng) S. L. Chen
分布：四川、贵州、云南

沟槽披碱草 **Elymus canaliculatus** (Nevski) Tzvelev
分布：西藏；巴基斯坦、俄罗斯、塔吉克斯坦

犬草 **Elymus caninus** (L.) L.
分布：新疆；哈萨克斯坦、吉尔吉斯斯坦、俄罗斯、土库曼斯坦、乌兹别克斯坦；亚洲(西南部)、欧洲

陈氏披碱草 **Elymus cheniae** (L. B. Cai) G. Zhu
分布：新疆

纤毛披碱草 **Elymus ciliaris** (Trin. ex Bunge) Tzvelev
分布：黑龙江、辽宁、内蒙古、河北、山西、山东、河南、陕西、宁夏、甘肃、安徽、江苏、浙江、江西、湖南、湖北、四川、贵州、云南、福建；日本、朝鲜、蒙古国、

俄罗斯

纤毛披碱草(原变种) **Elymus ciliaris** var. **ciliaris**

分布：中国广布；日本、朝鲜、蒙古国、俄罗斯

阿麦纤毛草 **Elymus ciliaris** var. **amurensis** (Drobow) S. L. Chen

分布：黑龙江、内蒙古；日本、朝鲜、蒙古国、俄罗斯

日本纤毛草 **Elymus ciliaris** var. **hackelianus** (Honda) G. Zhu et S. L. Chen

分布：黑龙江、北京、山西、山东、河南、陕西、安徽、江苏、浙江、江西、湖南、湖北、四川、贵州、云南、福建；日本、朝鲜

毛花纤毛草 **Elymus ciliaris** var. **hirtiflorus** (C. P. Wang et H. L. Yang) S. L. Chen

分布：内蒙古

毛叶纤毛草 **Elymus ciliaris** var. **lasiophyllus** (Kitag.) S. L. Chen

分布：辽宁、内蒙古、河北、山西、山东、陕西、宁夏、甘肃

短芒纤毛草 **Elymus ciliaris** var. **submuticus** (Honda) S. L. Chen

分布：河北、山东、陕西、安徽、浙江；日本

紊草 **Elymus confusus** var. **breviaristatus** (Keng) S. L. Chen

分布：宁夏、新疆

缩芒披碱草 **Elymus curtiaristatus** (L. B. Cai) S. L. Chen et G. Zhu

分布：西藏

披碱草 **Elymus dahuricus** Turcz. ex Griseb.

分布：黑龙江、内蒙古、河北、山西、山东、河南、陕西、宁夏、青海、新疆、四川、云南、西藏；不丹、印度、日本、哈萨克斯坦、朝鲜、吉尔吉斯斯坦、蒙古国、尼泊尔、俄罗斯、土库曼斯坦、乌兹别克斯坦；亚洲(西南部)

披碱草(原变种) **Elymus dahuricus** var. **dahuricus**

分布：内蒙古、河北、山西、河南、陕西、青海、新疆、四川、西藏；不丹、印度、日本、哈萨克斯坦、韩国、吉尔吉斯斯坦、蒙古国、尼泊尔、俄罗斯、土库曼斯坦、乌兹别克斯坦

圆柱披碱草 **Elymus dahuricus** var. **cylindricus** Franch.

分布：内蒙古、河北、河南、陕西、宁夏、青海、新疆、四川、云南

青紫披碱草 **Elymus dahuricus** var. **violeus** C. P. Wang et H. L. Yang

分布：内蒙古、青海

西宁披碱草 **Elymus dahuricus** var. **xiningensis** (L. B. Cai) S. L. Chen

分布：青海

柔弱披碱草 **Elymus debilis** (L. B. Cai) S. L. Chen et G. Zhu

分布：甘肃、青海

长芒披碱草 **Elymus dolichatherus** (Keng) S. L. Chen

分布：宁夏、青海、四川、云南

长轴坡碱草 **Elymus dolichorhachis** S. L. Lu et Y. H. Wu

分布：青海

岷山披碱草 **Elymus durus** (Keng) S. L. Chen

分布：甘肃、青海、新疆、四川、云南、西藏

昌都披碱草 **Elymus elytrigioides** (C. Yen et J. L. Yang) S. L. Chen

分布：西藏

肥披碱草 **Elymus excelsus** Turcz. ex Griseb.

分布：黑龙江、内蒙古、河北、山西、山东、河南、陕西、甘肃、青海、新疆、四川、云南；日本、朝鲜、蒙古国、俄罗斯

光鞘披碱草 **Elymus fedtschenkoi** Tzvelev

分布：新疆；阿富汗、哈萨克斯坦、吉尔吉斯斯坦、巴基斯坦、俄罗斯、土库曼斯坦、乌兹别克斯坦

台湾披碱草 **Elymus formosanus** (Honda) Á. Löve

分布：台湾

台湾披碱草(原变种) **Elymus formosanus** var. **formosanus**

分布：台湾

毛鞘台湾草 **Elymus formosanus** var. **pubigerus** (Keng) S. L. Chen

分布：台湾

光穗披碱草 **Elymus glaberrimus** (Keng et S. L. Chen) S. L. Chen

分布：青海、新疆

光穗披碱草(原变种) **Elymus glaberrimus** var. **glaberrimus**

分布：青海、新疆

短芒光穗披碱草 **Elymus glaberrimus** var. **breviaristus** S. L. Chen ex D. F. Cui

分布：新疆

真穗披碱草 **Elymus gmelinii** (Ledeb.) Tzvelev

分布：黑龙江、内蒙古、河北、山西、河南、陕西、宁夏、

甘肃、青海、新疆、云南；日本、哈萨克斯坦、朝鲜、吉尔吉斯斯坦、蒙古国、俄罗斯、土库曼斯坦、乌兹别克斯坦

**真穗披碱草(原变种) Elymus gmelinii** var. **gmelinii**

分布：黑龙江、内蒙古、河北、山西、河南、陕西、宁夏、甘肃、青海、新疆；日本、哈萨克斯坦、韩国、吉尔吉斯斯坦、蒙古国、俄罗斯、土库曼斯坦、乌兹别克斯坦

**大芒披碱草 Elymus gmelinii** var. **macratherus** (Ohwi) S. L. Chen et G. Zhu

分布：内蒙古、新疆

**大披碱草 Elymus grandis** (Keng) S. L. Chen

分布：河南、陕西

**本田披碱草 Elymus hondae** (Kitag.) S. L. Chen

分布：辽宁、内蒙古、河北、河南、陕西、宁夏、青海

**红原披碱草 Elymus hongyuanensis** (L. B. Cai) S. L. Chen et G. Zhu

分布：四川

**矮披碱草 Elymus humilis** (Keng et S. L. Chen) S. L. Chen

分布：青海、新疆

**杂交披碱草 Elymus hybridus** (Keng) S. L. Chen

分布：江苏

**内蒙披碱草 Elymus intramongolicus** (S. Chen et W. Gao) S. L. Chen

分布：内蒙古

**低株披碱草 Elymus jacquemontii** (Hook. f.) Tzvelev

分布：西藏

**久峰山披碱草 Elymus jufinshanicus** (C. P. Wang et H. L. Yang) S. L. Chen

分布：内蒙古

**柯孟披碱草 Elymus kamoji** (Ohwi) S. L. Chen

分布：黑龙江、内蒙古、河北、山东、河南、陕西、青海、新疆、安徽、浙江、湖北、四川、贵州、云南、西藏、福建；日本、朝鲜、俄罗斯

**柯孟披碱草(原变种) Elymus kamoji** var. **kamoji**

分布：黑龙江、内蒙古、河北、山东、河南、陕西、青海、新疆、安徽、浙江、湖北、贵州、云南、西藏、福建；日本、朝鲜、俄罗斯

**细瘦披碱草 Elymus kamoji** var. **macerrimus** (Keng) G. Zhu

分布：四川、广西

**偏穗披碱草 Elymus komarovii** (Nevski) Tzvelev

分布：新疆；哈萨克斯坦、吉尔吉斯斯坦、蒙古国、俄罗斯、土库曼斯坦、乌兹别克斯坦

**少花披碱草 Elymus kronokensis** (Kom.) Tzvelev

分布：新疆；蒙古国、俄罗斯

**青海披碱草 Elymus lancangensis** S. L. Lu et Y. H. Wu

分布：青海

**稀节披碱草 Elymus laxinodis** (L. B. Cai) S. L. Chen et G. Zhu

分布：青海、四川

**光花披碱草 Elymus leianthus** (Keng) S. L. Chen

分布：青海、云南

**光脊披碱草 Elymus leiotropis** (Keng) S. L. Chen

分布：云南

**大丛披碱草 Elymus magnicaespes** D. F. Cui

分布：新疆

**大柄披碱草 Elymus magnipodus** (L. B. Cai) S. L. Chen et G. Zhu

分布：青海

**狭颖披碱草 Elymus mutabilis** (Drobow) Tzvelev

分布：新疆；蒙古国、俄罗斯；亚洲(中部及西南部)、欧洲

**狭颖披碱草(原变种) Elymus mutabilis** var. **mutabilis**

分布：新疆；蒙古国、俄罗斯

**林缘披碱草 Elymus mutabilis** var. **nemoralis** S. L. Chen ex D. F. Cui

分布：新疆

**密丛披碱草 Elymus mutabilis** var. **praecaespitosus** (Nevski) S. L. Chen

分布：新疆；蒙古国、俄罗斯

**吉林披碱草 Elymus nakaii** (Kitag.) S. L. Chen

分布：吉林、内蒙古、河北、宁夏；朝鲜

**齿披碱草 Elymus nevskii** Tzvelev

分布：新疆；哈萨克斯坦、吉尔吉斯斯坦、俄罗斯、土库曼斯坦、乌兹别克斯坦

**垂穗披碱草 Elymus nutans** Griseb.

分布：内蒙古、河北、河南、陕西、宁夏、甘肃、青海、新疆、四川、云南、西藏；不丹、印度、日本、蒙古国、尼泊尔；亚洲(中部及西南部)

**垂穗披碱草(原变种) Elymus nutans** var. **nutans**

分布：内蒙古、河北、河南、陕西、宁夏、甘肃、青海、新疆、四川、云南、西藏；不丹、印度、日本、蒙古国、

尼泊尔

三颖披碱草 **Elymus nutans** var. **triglumis** (Q. B. Zhang) G. Zhu et S. L. Chen
分布：新疆

缘毛披碱草 **Elymus pendulinus** (Nevski) Tzvelev
分布：黑龙江、吉林、辽宁、内蒙古、河北、山西、山东、河南、陕西、甘肃、青海、四川、云南；日本、朝鲜、蒙古国、俄罗斯

缘毛披碱草(原亚种) **Elymus pendulinus** subsp. **pendulinus**
分布：黑龙江、辽宁、内蒙古、河北、山西、陕西、甘肃、四川；日本、韩国、蒙古国、俄罗斯

多秆缘毛草 **Elymus pendulinus** subsp. **multiculmis** (Kitag.) Á. Löve
分布：黑龙江、吉林、内蒙古、河北、山西、河南、陕西、甘肃、青海

毛秆披碱草 **Elymus pendulinus** subsp. **pubicaulis** (Keng) S. L. Chen
分布：辽宁、内蒙古、陕西、甘肃、云南

宽叶披碱草 **Elymus platyphyllus** (Keng) Á. Löve ex D. F. Cui
分布：新疆

阿尔泰披碱草 **Elymus pseudocaninus** G. Zhu et S. L. Chen
分布：新疆

微毛披碱草 **Elymus puberulus** (Keng) S. L. Chen
分布：重庆

普兰披碱草 **Elymus pulanensis** (H. L. Yang) S. L. Chen
分布：云南、西藏

紫芒披碱草 **Elymus purpuraristatus** C. P. Wang et H. L. Yang
分布：内蒙古

紫穗披碱草 **Elymus purpurascens** (Keng) S. L. Chen
分布：内蒙古、宁夏、甘肃、青海、云南

青南披碱草 **Elymus qingnanensis** S. L. Lu et Y. H. Wu
分布：青海

反折披碱草 **Elymus retroflexus** B. Rong Lu et B. Salomon
分布：西藏

粗糙披碱草 **Elymus scabridulus** (Ohwi) Tzvelev
分布：内蒙古

扭轴披碱草 **Elymus schrenkianus** (Fisch. et C. A. Mey.) Tzvelev
分布：青海、新疆、西藏；不丹、印度、哈萨克斯坦、吉尔吉斯斯坦、蒙古国、尼泊尔、俄罗斯、土库曼斯坦、乌兹别克斯坦

秋披碱草 **Elymus serotinus** (Keng) Á. Löve ex B. Rong Lu
分布：河南、陕西、青海

蜿轴披碱草 **Elymus serpentinus** (L. B. Cai) S. L. Chen et G. Zhu
分布：河北

山东披碱草 **Elymus shandongensis** B. Salomon
分布：山东、河南、陕西、安徽、江苏、浙江、湖北、贵州、台湾

守良披碱草 **Elymus shouliangiae** (L. B. Cai) G. Zhu
分布：西藏

老芒麦 **Elymus sibiricus** L.
分布：黑龙江、内蒙古、河北、山西、河南、陕西、宁夏、甘肃、青海、新疆、四川、云南、西藏；印度、日本、朝鲜、蒙古国、尼泊尔、俄罗斯

中华披碱草 **Elymus sinicus** (Keng) S. L. Chen
分布：内蒙古、山西、河南、陕西、宁夏、甘肃、青海、新疆、四川、云南

中华披碱草(原变种) **Elymus sinicus** var. **sinicus**
分布：内蒙古、山西、甘肃、青海、四川

中间披碱草 **Elymus sinicus** var. **medius** (Keng) S. L. Chen et G. Zhu
分布：内蒙古、山西、河南、陕西、宁夏、甘肃、新疆

新疆披碱草 **Elymus sinkiangensis** D. F. Cui
分布：新疆

弯曲披碱草 **Elymus sinoflexuosus** (L. B. Cai) S. L. Chen et G. Zhu
分布：甘肃、新疆

无芒披碱草 **Elymus sinosubmuticus** S. L. Chen
分布：四川

肃草 **Elymus strictus** (Keng) S. L. Chen
分布：内蒙古、山西、河南、陕西、宁夏、甘肃、青海、四川、贵州、云南、西藏

肃草(原变种) **Elymus strictus** var. **strictus**
分布：内蒙古、山西、河南、陕西、宁夏、甘肃、青海、四川、贵州、云南、西藏

粗壮鹅观草 **Elymus strictus** var. **crassus** (L. B. Cai) S. L. Chen
分布：宁夏、青海

林地披碱草 **Elymus sylvaticus** (Keng et S. L. Chen) S. L. Chen
分布：青海、新疆

麦宾草 **Elymus tangutorum** (Nevski) Hand.-Mazz.
分布：内蒙古、山西、宁夏、甘肃、青海、新疆、湖北、四川、贵州、云南、西藏；不丹、尼泊尔

柔穗披碱草 **Elymus tenuispicus** (J. L. Yang et Y. H. Zhou) S. L. Chen
分布：西藏

天山披碱草 **Elymus tianschanigenus** Czerep.
分布：新疆；哈萨克斯坦、吉尔吉斯斯坦、土库曼斯坦、乌兹别克斯坦

西藏披碱草 **Elymus tibeticus** (Melderis) G. Singh
分布：云南、西藏；不丹

毛穗披碱草 **Elymus trichospiculus** (L. B. Cai) S. L. Chen et G. Zhu
分布：青海

三齿披碱草 **Elymus tridentatus** (C. Yen et J. L. Yang) S. L. Chen
分布：青海

云山披碱草 **Elymus tschimganicus** (Drobow) Tzvelev
分布：青海、新疆；哈萨克斯坦、吉尔吉斯斯坦、俄罗斯、土库曼斯坦、乌兹别克斯坦

云山披碱草(原变种) **Elymus tschimganicus** var. **tschimganicus**
分布：新疆；哈萨克斯坦、吉尔吉斯斯坦、俄罗斯、土库曼斯坦、乌兹别克斯坦

光稃披碱草 **Elymus tschimganicus** var. **glabrispiculus** D. F. Cui
分布：新疆

毛披碱草 **Elymus villifer** C. P. Wang et H. L. Yang
分布：内蒙古

绿穗披碱草 **Elymus viridulus** (Keng et S. L. Chen) S. L. Chen
分布：新疆

杨氏披碱草 **Elymus yangiae** B. Rong Lu
分布：西藏

玉树披碱草 **Elymus yushuensis** (L. B. Cai) S. L. Chen et G. Zhu
分布：青海

杂多披碱草 **Elymus zadoiensis** S. L. Lu et Y. H. Wu
分布：青海

小株披碱草 **Elymus zhui** S. L. Chen
分布：内蒙古、河北、山西、宁夏、青海、贵州

## 偃麦草属 **Elytrigia** Desv.

曲芒偃麦草 **Elytrigia gmelinii** (Trin.) Nevski
分布：新疆；蒙古国、俄罗斯

偃麦草 **Elytrigia repens** (L.) Desv. ex B. D. Jacks.
分布：黑龙江、内蒙古、河北、山东、甘肃、青海、新疆、四川、云南、西藏；印度、日本、朝鲜、蒙古国、俄罗斯；亚洲(中部及西南部)、欧洲、北美洲引种

偃麦草(原亚种) **Elytrigia repens** subsp. **repens**
分布：黑龙江、内蒙古、河北、山东、甘肃、青海、新疆、四川、云南、西藏；印度、日本、韩国、蒙古国、俄罗斯

多花偃麦草 **Elytrigia repens** subsp. **elongatiformis** (Drobow) Tzvelev
分布：新疆；蒙古国、俄罗斯

芒偃麦草 **Elytrigia repens** subsp. **longearistata** N. R. Cui
分布：新疆

## 总苞草属 **Elytrophorus** P. Beauv.

总苞草 **Elytrophorus spicatus** (Willd.) A. Camus
分布：云南、海南；不丹、印度、缅甸、尼泊尔、斯里兰卡、泰国、越南、澳大利亚；热带非洲

## 九顶草属 **Enneapogon** Desv. ex P. Beauv.

九顶草 **Enneapogon desvauxii** P. Beauv.
分布：辽宁、内蒙古、河北、山西、宁夏、青海、新疆、安徽、云南；印度、哈萨克斯坦、吉尔吉斯斯坦、蒙古国、巴基斯坦、俄罗斯；亚洲(西南部)、非洲、美洲

波斯九顶草 **Enneapogon persicus** Boiss.
分布：新疆；阿富汗、印度、巴基斯坦、塔吉克斯坦、土库曼斯坦、乌兹别克斯坦；亚洲(西南部)、非洲(东北部)

## 肠须草属 **Enteropogon** Nees

肠须草 **Enteropogon dolichostachyus** (Lagasca) Keng ex Lazarides
分布：云南、台湾、广东、广西、海南；阿富汗、不丹、

印度、印度尼西亚、马来西亚、缅甸、尼泊尔、巴布亚新几内亚、巴基斯坦、菲律宾、斯里兰卡、泰国、澳大利亚

细穗肠须草 **Enteropogon unispiceus** (F. Muell.) W. D. Clayton

分布：台湾；澳大利亚、库克岛(南部)

## 细画眉草属 **Eragrostiella** Bor

细画眉草 **Eragrostiella lolioides** (Hand.-Mazz.) P. C. Keng

分布：云南

## 画眉草属 **Eragrostis** Wolf

高画眉草 **Eragrostis alta** Keng

分布：海南

鼠妇草 **Eragrostis atrovirens** (Desf.) Trin. ex Steud.

分布：湖南、四川、贵州、云南、福建、广东、广西、海南；亚洲热带和亚热带地区、非洲

秋画眉草 **Eragrostis autumnalis** Keng

分布：河北、山东、河南、安徽、江苏、浙江、江西、贵州、福建

长画眉草 **Eragrostis brownii** (Kunth) Nees

分布：安徽、浙江、云南、福建、海南；印度、印度尼西亚、日本、马来西亚、巴布亚新几内亚、菲律宾、斯里兰卡、澳大利亚、太平洋岛屿

大画眉草 **Eragrostis cilianensis** (All.) Vignolo-Lutati ex Janch.

分布：黑龙江、内蒙古、北京、山东、河南、陕西、宁夏、青海、新疆、安徽、浙江、湖北、贵州、云南、福建、台湾、海南；热带地区

毛画眉草 **Eragrostis ciliaris** (L.) R. Br.

分布：台湾；世界热带亚热带地区

纤毛画眉草 **Eragrostis ciliata** (Roxb.) Nees

分布：海南；印度、缅甸、斯里兰卡、越南

戈壁画眉草 **Eragrostis collina** Trin.

分布：新疆；哈萨克斯坦、俄罗斯；亚洲(西南部)

珠芽画眉草 **Eragrostis cumingii** Steud.

分布：安徽、江苏、浙江、湖北、贵州、云南、福建、台湾、广东、广西；日本、澳大利亚；亚洲(东南部)

弯叶画眉草 **Eragrostis curvula** (Schrad.) Nees

分布：新疆、江苏、湖北、云南、福建、广西

短穗画眉草 **Eragrostis cylindrica** (Roxb.) Nees ex Hook. et Arn.

分布：安徽、江苏、福建、台湾、广东、广西、海南

针仓画眉草 **Eragrostis duricaulis** B. S. Sun et S. Wang

分布：云南

双药画眉草 **Eragrostis elongata** (Willd.) J. Jacquin

分布：江西、福建、广东、海南

佛欧里画眉草 **Eragrostis fauriei** Ohwi

分布：台湾

知风草 **Eragrostis ferruginea** (Thunb.) P. Beauv.

分布：北京、山东、河南、陕西、安徽、浙江、湖北、贵州、云南、西藏、福建、台湾；不丹、印度、日本、朝鲜、老挝、尼泊尔、越南

海南画眉草 **Eragrostis hainanensis** L. C. Chia

分布：海南

乱草 **Eragrostis japonica** (Thunb.) Trin.

分布：河南、安徽、江苏、浙江、江西、湖北、贵州、云南、福建、台湾、广东、广西；不丹、印度、印度尼西亚、日本、马来西亚、缅甸、尼泊尔、巴布亚新几内亚、菲律宾、泰国、越南

拟小画眉草(原亚种) **Eragrostis minor** subsp. **minor**

分布：黑龙江、内蒙古、北京、山东、河南、陕西、宁夏、青海、新疆、安徽、浙江、湖北、贵州、云南、西藏、福建、台湾；世界热带、亚热带和温带地区

小画眉草 **Eragrostis minor** subsp. **mimica** H. Scholz

分布：河北、西藏；蒙古国、俄罗斯、吉尔吉斯斯坦

山地画眉草 **Eragrostis montana** Balansa

分布：云南；柬埔寨、印度尼西亚、马来西亚、缅甸、泰国、越南

多秆画眉草 **Eragrostis multicaulis** Steud.

分布：云南、台湾；印度、日本；亚洲(东南部)

华南画眉草 **Eragrostis nevinii** Hance

分布：上海、福建、台湾、海南

黑穗画眉草 **Eragrostis nigra** Nees ex Steud.

分布：河南、陕西、甘肃、青海、江西、四川、贵州、云南、西藏、广西；不丹、印度、缅甸、尼泊尔、斯里兰卡；亚洲(东南部)

细叶画眉草 **Eragrostis nutans** (Retzius) Nees ex Steud.

分布：云南、台湾、广西；印度、日本、菲律宾

**宿根画眉草 Eragrostis perennans** Keng
分布：浙江、贵州、云南、福建、广东、广西、海南；亚洲(东南部)

**疏穗画眉草 Eragrostis perlaxa** Keng ex P. C. Keng et L. Liu
分布：安徽、福建、台湾、广东、广西

**画眉草 Eragrostis pilosa** (L.) P. Beauv.
分布：安徽、北京、福建、贵州、海南、黑龙江、河南、湖北、内蒙古、宁夏、陕西、山东、台湾、西藏、云南、浙江；澳大利亚；亚洲(东南部)、欧洲(南部)、非洲，引种于美洲

**多毛知风草 Eragrostis pilosissima** Link
分布：江西、福建、台湾、广东、海南；亚洲(东南部)

**有毛画眉草 Eragrostis pilosiuscula** Ohwi
分布：台湾、广东

**细脉画眉草 Eragrostis rufinerva** L. C. Chia
分布：海南

**香画眉草 Eragrostis suaveolens** A. K. Becker ex Claus
分布：新疆；哈萨克斯坦；欧洲(东部)

**鲫鱼草 Eragrostis tenella** (L.) P. Beauv. ex Roemer et Schult.
分布：山东、安徽、湖北、云南、西藏、福建、台湾、广东、广西、海南；旧世界热带地区

**牛虱草 Eragrostis unioloides** (Retzius) Nees ex Steud.
分布：江西、云南、福建、台湾、海南；热带亚洲、非洲(西部)

## 蜈蚣草属 Eremochloa Buse

**西南马陆草 Eremochloa bimaculata** Hack.
分布：湖北、四川、贵州、云南；柬埔寨、缅甸、巴布亚新几内亚、泰国、越南、澳大利亚

**蜈蚣草 Eremochloa ciliaris** (L.) Merr.
分布：贵州、云南、福建、台湾、广东、广西、海南；柬埔寨、印度尼西亚、老挝、马来西亚、缅甸、巴布亚新几内亚、菲律宾、泰国、越南、澳大利亚

**瘤糙假俭草 Eremochloa muricata** (Retzius) Hack.
分布：广东；印度、缅甸、斯里兰卡、泰国、澳大利亚(北部)

**假俭草 Eremochloa ophiuroides** (Munro) Hack.
分布：河南、安徽、江苏、浙江、江西、湖南、湖北、四川、贵州、福建、台湾、广东、广西、海南；越南

**马陆草 Eremochloa zeylanica** (Hackel ex Trimen) Hackel
分布：云南、广西；斯里兰卡

## 旱麦草属 Eremopyrum Jaub. et Spach

**光穗旱麦草 Eremopyrum bonaepartis** (Spreng.) Nevski
分布：新疆；哈萨克斯坦、吉尔吉斯斯坦、巴基斯坦、俄罗斯、土库曼斯坦、乌兹别克斯坦、地中海地区

**毛穗旱麦草 Eremopyrum distans** (K. Koch) Nevski
分布：新疆；阿富汗、哈萨克斯坦、吉尔吉斯斯坦、巴基斯坦、俄罗斯、土库曼斯坦、乌兹别克斯坦；欧洲

**东方旱麦草 Eremopyrum orientale** (L.) Jaubert et Spach
分布：内蒙古、新疆、西藏；哈萨克斯坦、吉尔吉斯斯坦、巴基斯坦、俄罗斯、土库曼斯坦、乌兹别克斯坦、地中海

**旱麦草 Eremopyrum triticeum** (Gaertner) Nevski
分布：内蒙古、新疆；哈萨克斯坦、吉尔吉斯斯坦、俄罗斯、土库曼斯坦、乌兹别克斯坦；欧洲

## 鹧鸪草属 Eriachne R. Br.

**鹧鸪草 Eriachne pallescens** R. Br.
分布：江西、福建、广东、广西；印度、印度尼西亚、马来西亚、缅甸、菲律宾、泰国、越南、澳大利亚

## 野黍属 Eriochloa Kunth

**高野黍 Eriochloa procera** (Retzius) C. E. Hubb.
分布：福建、广东、海南、台湾；印度、印度尼西亚、老挝、马来西亚、缅甸、巴布亚新几内亚、菲律宾、斯里兰卡、泰国、越南、澳大利亚，引种于非洲、美洲热带地区

**野黍 Eriochloa villosa** (Thunb.) Kunth
分布：黑龙江、吉林、内蒙古、天津、山东、河南、陕西、安徽、江苏、浙江、江西、湖北、四川、贵州、云南、福建、台湾、广东；日本、朝鲜、俄罗斯、越南

## 黄金茅属 Eulalia Kunth

**短叶金茅 Eulalia brevifolia** Keng ex P. C. Keng
分布：云南

**龚氏金茅 Eulalia leschenaultiana** (Decne.) Ohwi
分布：江西、福建、台湾、广东；印度尼西亚、马来西亚、菲律宾、泰国、越南

**无芒金茅 Eulalia manipurensis** Bor
分布：云南；孟加拉国、缅甸

**微药金茅 Eulalia micranthera** Keng et S. L. Chen
分布：海南

银丝金茅 **Eulalia mollis** (Griseb.) Kuntze
分布：西藏；不丹、印度、尼泊尔

白健秆 **Eulalia pallens** (Hackel) Kuntze
分布：贵州、云南、广西；印度

棕茅 **Eulalia phaeothrix** (Hackel) Kuntze
分布：四川、云南、海南；印度、斯里兰卡、泰国、越南

粉背金茅 **Eulalia pruinosa** B. S. Sun et M. Y. Wang
分布：云南

四脉金茅 **Eulalia quadrinervis** (Hackel) Kuntze
分布：河南、安徽、浙江、四川、云南、福建、台湾、广东；不丹、印度、日本、朝鲜、缅甸、尼泊尔、菲律宾、泰国、越南

二色金茅 **Eulalia siamensis** Bor
分布：云南；缅甸、泰国

二色金茅(原变种) **Eulalia siamensis** var. **siamensis**
分布：云南；缅甸、泰国

宽叶金茅 **Eulalia siamensis** var. **latifolia** (Rendle) S. M. Phillips et S. L. Chen
分布：云南；泰国

金茅 **Eulalia speciosa** (Debeaux) Kuntze
分布：山东、河南、陕西、安徽、江西、湖北、四川、贵州、云南、福建、台湾、广东、海南；柬埔寨、印度、日本、朝鲜、马来西亚、缅甸、菲律宾、泰国、越南

红健秆 **Eulalia splendens** Keng et S. L. Chen
分布：贵州、云南、广西

三穗金茅 **Eulalia trispicata** (Schult.) Henrard
分布：云南；孟加拉国、不丹、柬埔寨、印度、印度尼西亚、马来西亚、缅甸、尼泊尔、巴布亚新几内亚、菲律宾、斯里兰卡、泰国、越南、澳大利亚

云南金茅 **Eulalia yunnanensis** Keng et S. L. Chen
分布：云南

## 拟金茅属 **Eulaliopsis** Honda

拟金茅 **Eulaliopsis binata** (Retzius) C. E. Hubb.
分布：河南、陕西、湖北、四川、贵州、云南、台湾、广东、广西；阿富汗、不丹、印度、日本、缅甸、尼泊尔、巴基斯坦、菲律宾、泰国

## 真穗草属 **Eustachys** Desv.

真穗草 **Eustachys tenera** (J. Presl) A. Camus
分布：台湾、广东、海南；印度尼西亚、马来西亚、巴布亚新几内亚、菲律宾、泰国、越南

## 箭竹属 **Fargesia** Franch.

尖鞘箭竹 **Fargesia acuticontracta** T. P. Yi
分布：云南

贴毛箭竹 **Fargesia adpressa** T. P. Yi
分布：四川

片马箭竹 **Fargesia albocerea** Hsueh et T. P. Yi
分布：云南

船竹 **Fargesia altior** T. P. Yi
分布：云南

油竹子 **Fargesia angustissima** T. P. Yi
分布：四川

短柄箭竹 **Fargesia brevipes** (McClure) T. P. Yi
分布：云南

窝竹 **Fargesia brevissima** T. P. Yi
分布：四川

短鞭箭竹 **Fargesia brevistipedis** T. P. Yi
分布：四川

景谷箭竹 **Fargesia caduca** T. P. Yi
分布：云南

岩斑竹 **Fargesia canaliculata** T. P. Yi
分布：四川

卷耳箭竹 **Fargesia circinata** Hsueh et T. P. Yi
分布：云南

马亨箭竹 **Fargesia communis** T. P. Yi
分布：云南

美丽箭竹 **Fargesia concinna** T. P. Yi
分布：云南

笼笼竹 **Fargesia conferta** T. P. Yi
分布：四川、贵州

带鞘箭竹 **Fargesia contracta** T. P. Yi
分布：云南

尖尾箭竹 **Fargesia cuspidata** (Keng) Z. P. Wang et G. H. Ye
分布：广西

打母牛 **Fargesia daminiu** Yi et J. Y. Shi
分布：西藏

斜倚箭竹 **Fargesia declivis** T. P. Yi
分布：云南

毛龙头竹 **Fargesia decurvata** J. L. Lu
分布：陕西、湖南、湖北、四川

缺苞箭竹 **Fargesia denudata** T. P. Yi
分布：甘肃、四川

龙头箭竹 **Fargesia dracocephala** T. P. Yi
分布：陕西、甘肃、湖北、四川

清甜箭竹 **Fargesia dulcicula** T. P. Yi
分布：四川

马斯箭竹 **Fargesia dura** T. P. Yi
分布：云南

空心箭竹 **Fargesia edulis** Hsueh et T. P. Yi
分布：云南

雅容箭竹 **Fargesia elegans** T. P. Yi
分布：四川

牛麻箭竹 **Fargesia emaculata** T. P. Yi
分布：四川

露舌箭竹 **Fargesia exposita** T. P. Yi
分布：四川

喇叭箭竹 **Fargesia extensa** T. P. Yi
分布：西藏

勒布箭竹 **Fargesia farcta** T. P. Yi
分布：西藏

丰实箭竹 **Fargesia ferax** (Keng) T. P. Yi
分布：四川

凋叶箭竹 **Fargesia frigidis** T. P. Yi
分布：云南

棉花竹 **Fargesia fungosa** T. P. Yi
分布：四川、贵州、云南

伏牛山箭竹 **Fargesia funiushanensis** T. P. Yi
分布：河南

光叶箭竹 **Fargesia glabrifolia** T. P. Yi
分布：西藏

贡山箭竹 **Fargesia gongshanensis** T. P. Yi
分布：四川

错那箭竹 **Fargesia grossa** T. P. Yi
分布：西藏；不丹

海南箭竹 **Fargesia hainanensis** T. P. Yi
分布：海南

冬竹 **Fargesia hsuehiana** T. P. Yi
分布：云南

会泽箭竹(新拟) **Fargesia huizensis** M. S. Sun, Y. M. Yang et H. Q. Yang
分布：云南

喜湿箭竹 **Fargesia hygrophila** Hsueh et T. P. Yi
分布：云南

墨竹 **Fargesia incrassata** T. P. Yi
分布：四川

九龙箭竹 **Fargesia jiulongensis** T. P. Yi
分布：四川

雪山箭竹 **Fargesia lincangensis** T. P. Yi
分布：云南

长节箭竹 **Fargesia longiuscula** (Hsueh et Y. Y. Dai) Ohrnb.
分布：云南

泸水箭竹 **Fargesia lushuiensis** Hsueh et T. P. Yi
分布：云南

西藏箭竹 **Fargesia macclureana** (Bor) Stapleton
分布：西藏

大姚箭竹 **Fargesia mairei** (Hack. ex Hand.-Mazz.) T. P. Yi
分布：云南

马利箭竹 **Fargesia mali** T. P. Yi
分布：四川

黑穗箭竹 **Fargesia melanostachys** (Hand.-Mazz.) T. P. Yi
分布：云南

神农箭竹 **Fargesia murielae** (Gamble) T. P. Yi
分布：湖北、四川

华西箭竹 **Fargesia nitida** (Mitford ex Stapf) Keng f. ex T. P. Yi
分布：宁夏、甘肃、青海、四川

团竹 **Fargesia obliqua** T. P. Yi
分布：四川

长圆鞘箭竹 **Fargesia orbiculata** T. P. Yi
分布：云南

甜箭竹 **Fargesia ostrina** T. P. Yi
分布：四川

云龙箭竹 **Fargesia papyrifera** T. P. Yi
分布：云南

少花箭竹 **Fargesia pauciflora** (Keng) T. P. Yi
分布：四川、云南

超包箭竹 **Fargesia perlonga** Hsueh et T. P. Yi
分布：云南

皱壳箭竹 **Fargesia pleniculmis** (Hand.-Mazz.) T. P. Yi
分布：云南

密毛箭竹 **Fargesia plurisetosa** T. H. Wen
分布：云南

红壳箭竹 **Fargesia porphyrea** T. P. Yi
分布：云南

弩箭竹 **Fargesia praecipua** T. P. Yi
分布：云南

秦岭箭竹 **Fargesia qinlingensis** T. P. Yi et J. X. Shao
分布：陕西

拐棍竹 **Fargesia robusta** T. P. Yi
分布：四川

青川箭竹 **Fargesia rufa** T. P. Yi
分布：甘肃、四川

独龙箭竹 **Fargesia sagittatinea** T. P. Yi
分布：云南

糙花箭竹 **Fargesia scabrida** T. P. Yi
分布：甘肃、四川

白竹 **Fargesia semicoriacea** T. P. Yi
分布：云南

秃鞘箭竹 **Fargesia similaris** Hsueh et T. P. Yi
分布：云南

腾冲箭竹 **Fargesia solida** T. P. Yi
分布：云南

箭竹 **Fargesia spathacea** Franch.
分布：湖北、四川

细枝箭竹 **Fargesia stenoclada** T. P. Yi
分布：四川

粗毛箭竹 **Fargesia strigosa** T. P. Yi
分布：云南

曲竿箭竹 **Fargesia subflexuosa** T. P. Yi
分布：云南

德钦箭竹 **Fargesia sylvestris** T. P. Yi
分布：云南

薄壁箭竹 **Fargesia tenuilignea** T. P. Yi
分布：云南

鸡爪箭竹 **Fargesia ungulata** T. H. Wen
分布：湖南

伞把竹 **Fargesia utilis** T. P. Yi
分布：云南

紫序箭竹 **Fargesia vicina** (Keng) T. P. Yi
分布：云南

威宁箭竹 **Fargesia weiningensis** T. P. Yi et Lin Yang
分布：贵州

无量山箭竹 **Fargesia wuliangshanensis** T. P. Yi
分布：云南

雅江箭竹(新拟) **Fargesia yajiangensis** Yi et J. Y. Shi
分布：四川

秀叶箭竹 **Fargesia yuanjiangensis** Hsueh et T. P. Yi
分布：云南

玉龙山箭竹 **Fargesia yulongshanensis** T. P. Yi
分布：云南

云南箭竹 **Fargesia yunnanensis** Hsueh et T. P. Yi
分布：四川、云南

察隅箭竹 **Fargesia zayuensis** T. P. Yi
分布：西藏

## 铁竹属 **Ferrocalamus** Hsueh et P. C. Keng

裂箨铁竹 **Ferrocalamus rimosivaginus** T. H. Wen
分布：云南

铁竹 **Ferrocalamus strictus** J. R. Xue et Keng f.
分布：云南

## 羊茅属 **Festuca** L.

阿拉套羊茅 **Festuca alatavica** (Hackel ex St.-Yves) Roshev.
分布：新疆；克什米尔地区、哈萨克斯坦、吉尔吉斯斯坦、巴基斯坦、塔吉克斯坦

阿尔泰羊茅 **Festuca altaica** Trin.
分布：新疆；哈萨克斯坦、蒙古国、俄罗斯；北美洲

葱岭羊茅 **Festuca amblyodes** V. I. Krecz. et Bobrov
分布：青海、新疆、云南；哈萨克斯坦、吉尔吉斯斯坦、塔吉克斯坦

**苇状羊茅** **Festuca arundinacea** Schreb.
分布：河北、陕西、甘肃、青海、浙江、江西、湖北、四川、云南，东北有栽培；俄罗斯；欧洲、北美洲

**苇状羊茅(原亚种)** **Festuca arundinacea** subsp. **arundinacea**
分布：内蒙古、河北、陕西、青海、浙江、江西、湖北、四川、云南，东北；俄罗斯

**东方羊茅** **Festuca arundinacea** subsp. **orientalis** (Hack.) Tzvelev
分布：新疆；哈萨克斯坦、吉尔吉斯斯坦、俄罗斯、塔吉克斯坦、土库曼斯坦、乌兹别克斯坦；亚洲(西南部)、欧洲

**短叶羊茅** **Festuca brachyphylla** Schultes et Schult. f.
分布：甘肃、青海、新疆、西藏；哈萨克斯坦、吉尔吉斯斯坦、蒙古国、俄罗斯、塔吉克斯坦；欧洲(北部)、北美洲

**昌都羊茅** **Festuca changduensis** L. Liu
分布：四川、西藏

**察隅羊茅** **Festuca chayuensis** L. Liu
分布：西藏

**草原羊茅** **Festuca chelungkingnica** Chang et Skvort. ex S. L. Lu
分布：黑龙江

**春丕谷羊茅** **Festuca chumbiensis** E. B. Alexeev
分布：西藏

**矮羊茅** **Festuca coelestis** (St.-Yves) V. I. Krecz. et Bobrov
分布：内蒙古、甘肃、青海、新疆、湖北、四川、云南、西藏；克什米尔地区、哈萨克斯坦、吉尔吉斯斯坦、巴基斯坦、塔吉克斯坦

**纤毛羊茅** **Festuca cumminsii** Stapf
分布：内蒙古、甘肃、青海、新疆、湖北、四川、云南、西藏；不丹、印度、克什米尔地区、哈萨克斯坦、吉尔吉斯斯坦、蒙古国、巴基斯坦、俄罗斯、塔吉克斯坦；亚洲(西南部)

**达乌里羊茅** **Festuca dahurica** (St.-Yves) V. I. Krecz. et Bobrov
分布：黑龙江、吉林、内蒙古、河北、甘肃、青海；蒙古国、俄罗斯

**达乌里羊茅(原亚种)** **Festuca dahurica** subsp. **dahurica**
分布：黑龙江、吉林、内蒙古、河北、甘肃；俄罗斯

**蒙古羊茅** **Festuca dahurica** subsp. **mongolica** S. R. Liou et Ma
分布：黑龙江、内蒙古、河北、甘肃、青海

**长花羊茅** **Festuca dolichantha** Keng ex Keng f.
分布：四川、云南

**硬序羊茅** **Festuca durata** B. S. Sun et H. Peng
分布：贵州、云南

**高羊茅** **Festuca elata** Keng ex E. B. Alexeev
分布：四川、贵州、广西

**远东羊茅** **Festuca extremiorientalis** Ohwi
分布：黑龙江、吉林、内蒙古、河北、山西、陕西、甘肃、青海、四川、云南；日本、韩国、俄罗斯

**蛊羊茅** **Festuca fascinata** Keng ex S. L. Lu
分布：陕西、甘肃、湖北、四川、云南、西藏

**台湾羊茅** **Festuca formosana** Honda
分布：台湾

**玉龙羊茅** **Festuca forrestii** St.-Yves
分布：青海、四川、云南、西藏

**滇西北羊茅** **Festuca georgii** E. B. Alexeev
分布：云南

**大羊茅** **Festuca gigantea** (L.) Vill.
分布：四川、新疆、云南；不丹、印度(西北部)、哈萨克斯坦、巴基斯坦、俄罗斯、塔吉克斯坦；亚洲(西南部)、欧洲，栽培于北美洲

**哈代羊茅** **Festuca handelii** (St.-Yves) E. B. Alexeev
分布：四川、云南

**光稃羊茅** **Festuca hondae** E. B. Alexeev
分布：台湾

**雅库羊茅** **Festuca jacutica** Drobow
分布：黑龙江、吉林、辽宁、内蒙古；俄罗斯

**日本羊茅** **Festuca japonica** Makino
分布：陕西、甘肃、安徽、浙江、湖北、四川、贵州、云南、台湾；日本、朝鲜

**甘肃羊茅** **Festuca kansuensis** Markgr.-Dann.
分布：甘肃、青海

**克什米尔羊茅** **Festuca kashmiriana** Stapf
分布：西藏；印度、克什米尔地区

**寒生羊茅** **Festuca kryloviana** Reverdatto
分布：河北、新疆；哈萨克斯坦、吉尔吉斯斯坦、蒙古国、俄罗斯

**三界羊茅** **Festuca kurtschumica** E. B. Alexeev
分布：新疆；哈萨克斯坦、蒙古国

**弱序羊茅** **Festuca leptopogon** Stapf
分布：青海、四川、贵州、云南、西藏、台湾；不丹、印度、缅甸、尼泊尔

凉山羊茅 **Festuca liangshanica** L. Liu

分布：四川

东亚羊茅 **Festuca litvinovii** (Tzvelev) E. B. Alexeev

分布：黑龙江、辽宁、内蒙古、河北、山西、青海、新疆；蒙古国、俄罗斯

长颖羊茅 **Festuca longiglumis** S. L. Lu

分布：云南

昆明羊茅 **Festuca mazzettiana** E. B. Alexeev

分布：四川、云南

素羊茅 **Festuca modesta** Nees ex Steud.

分布：陕西、甘肃、青海、四川、云南；印度、尼泊尔

微药羊茅 **Festuca nitidula** Stapf

分布：甘肃、青海、四川、云南、西藏；印度(西北部)、克什米尔地区、尼泊尔

西山羊茅 **Festuca olgae** (Regel) Krivot.

分布：新疆、云南、西藏；阿富汗、吉尔吉斯斯坦、印度、克什米尔地区、巴基斯坦、塔吉克斯坦；亚洲西南

羊茅 **Festuca ovina** L.

分布：吉林、内蒙古、陕西、宁夏、甘肃、青海、新疆、安徽、江苏、浙江、四川、贵州、云南、西藏、台湾；日本、朝鲜、蒙古国、俄罗斯；亚洲(西南部)、欧洲、北美洲

帕米尔羊茅 **Festuca pamirica** Tzvelev

分布：新疆、云南；塔吉克斯坦

小颖羊茅 **Festuca parvigluma** Steud.

分布：陕西、浙江、江西、湖南、贵州、云南、西藏、台湾；日本、朝鲜

小颖羊茅(原变种) **Festuca parvigluma** var. **parvigluma**

分布：陕西、浙江、江西、湖南、贵州、云南、西藏、台湾；日本、朝鲜

崂山小颖羊茅 **Festuca parvigluma** var. **laoshanensis** F. Z. Li

分布：山东

草甸羊茅 **Festuca pratensis** Huds.

分布：青海、新疆、江苏、四川、贵州、云南；亚洲(西南部)、欧洲、北美洲也有栽培

毛颖羊茅 **Festuca pubiglumis** S. L. Lu

分布：云南

紫羊茅 **Festuca rubra** L.

分布：中国广布；北半球温带地区

紫羊茅(原亚种) **Festuca rubra** subsp. **rubra**

分布：黑龙江、吉林、辽宁、河北、内蒙古、山西、陕西、甘肃、新疆、青海，以及西南、华中大部分地区；日本、哈萨克斯坦、吉尔吉斯斯坦、蒙古国、巴基斯坦、俄罗斯、塔吉克斯坦、乌兹别克斯坦；亚洲、北美洲

毛稃羊茅 **Festuca rubra** subsp. **arctica** (Hackel) Govoruchin

分布：内蒙古、河北、山西、甘肃、青海、新疆、四川、西藏；克什米尔地区、哈萨克斯坦、吉尔吉斯斯坦、蒙古国、巴基斯坦、俄罗斯、塔吉克斯坦；欧洲(北部)、北美洲

克西羊茅 **Festuca rubra** subsp. **clarkei** (Stapf) St.-Yves

分布：云南；不丹、印度、克什米尔地区、巴基斯坦

糙花羊茅 **Festuca scabriflora** L. Liu

分布：四川、云南、西藏

中华羊茅 **Festuca sinensis** Keng ex E. B. Alexeev

分布：甘肃、青海、四川

贫芒羊茅 **Festuca sinomutica** X. Chen et S. M. Phillips

分布：云南

细芒羊茅 **Festuca stapfii** E. B. Alexeev

分布：四川、云南、西藏；不丹、印度、尼泊尔

长白山羊茅 **Festuca subalpina** Chang et Skvort. ex S. L. Lu

分布：吉林

西藏羊茅 **Festuca tibetica** (Stapf) E. B. Alexeev

分布：云南、西藏；不丹、印度

草稃羊茅 **Festuca trachyphylla** (Hackel) Krajina

分布：中国引种栽培；俄罗斯；欧洲、北美洲也有引种

毛鞘羊茅 **Festuca trichovagina** F. Z. L

分布：山东

黑穗羊茅 **Festuca tristis** Krylov et Ivanitzkaja

分布：新疆；哈萨克斯坦(东部)、蒙古国、俄罗斯

沙卡羊茅 **Festuca tschatkalica** E. B. Alexeev

分布：中国暂无记录；吉尔吉斯斯坦

曲枝羊茅 **Festuca undata** Stapf

分布：四川、云南、西藏；印度、尼泊尔

瑞士羊茅 **Festuca valesiaca** Schleicher ex Gaudin

分布：吉林、内蒙古、山西、陕西、青海、新疆、四川、贵州、云南、西藏；哈萨克斯坦、吉尔吉斯斯坦、蒙古国、俄罗斯、塔吉克斯坦、土库曼斯坦；亚洲(西南部)、欧洲

瑞士羊茅(原亚种) **Festuca valesiaca** subsp. **valesiaca**

分布：新疆、四川、云南、西藏；哈萨克斯坦、吉尔吉斯

斯坦、蒙古国、俄罗斯、塔吉克斯坦、土库曼斯坦

沟叶羊茅 **Festuca valesiaca** subsp. **sulcata** (Hackel) Schinz et R. Keller

分布：吉林、内蒙古、山西、陕西、新疆、四川、云南；哈萨克斯坦、俄罗斯、土库曼斯坦；欧洲

藏滇羊茅 **Festuca vierhapperi** Hand.-Mazz.

分布：四川、云南、西藏

藏羊茅 **Festuca wallichiana** E. B. Alexeev

分布：西藏；不丹、印度、尼泊尔

丽江羊茅 **Festuca yulungschanica** E. B. Alexeev

分布：云南

滇羊茅 **Festuca yunnanensis** St.-Yves

分布：四川、云南

滇羊茅(原变种) **Festuca yunnanensis** var. **yunnanensis**

分布：四川、云南

毛羊茅 **Festuca yunnanensis** var. **villosa** St.-Yves ex Hand.-Mazz.

分布：四川、云南

## 贡山竹属 **Gaoligongshania** D. Z. Li, Hsueh et N. H. Xia

贡山竹 **Gaoligongshania megalothyrsa** (Hand.-Mazz.) D. Z. Li, Hsueh et N. H. Xia

分布：云南

## 耳稃草属 **Garnotia** Brongn.

三芒耳稃草 **Garnotia acutigluma** (Steud.) Ohwi

分布：广东、广西、贵州、台湾、云南；孟加拉国、不丹、印度(东北部)、印度尼西亚、马来西亚、缅甸、菲律宾、越南(北部)，归化于夏威夷

纤毛直稃草 **Garnotia ciliata** Merr.

分布：广东

耳稃草 **Garnotia patula** (Munro) Benth.

分布：云南、福建、广东、广西、海南；越南、缅甸

耳稃草(原变种) **Garnotia patula** var. **patula**

分布：福建、广东、广西、海南；越南

无芒耳稃草 **Garnotia patula** var. **mutica** (Munro) Rendle

分布：云南、广东、广西、海南；缅甸、越南

脆枝耳稃草 **Garnotia tenella** (Arn. ex Miq.) Janowski

分布：云南、广东；不丹、印度、印度尼西亚、马来西亚、缅甸、尼泊尔、泰国、越南

云南耳稃草 **Garnotia yunnanensis** B. S. Sun

分布：云南

## 短枝竹属 **Gelidocalamus** T. H. Wen

亮秆竹 **Gelidocalamus annulatus** T. H. Wen

分布：贵州

台湾矢竹 **Gelidocalamus kunishii** (Hayata) Keng f. et T. H. Wen

分布：台湾

掌秆竹 **Gelidocalamus latifolius** Q. H. Dai et T. Chen

分布：广西

箭把竹 **Gelidocalamus longiinternodus** T. H. Wen et Shi. C. Chen

分布：湖南

多叶短枝竹 **Gelidocalamus multifolius** B. M. Yang

分布：湖南

红壳寒竹 **Gelidocalamus rutilans** T. H. Wen

分布：浙江

实心短枝竹 **Gelidocalamus solidus** C. D. Chu et C. S. Chao

分布：广西

井冈短枝竹 **Gelidocalamus stellatus** T. H. Wen

分布：江西、湖南

抽筒竹 **Gelidocalamus tessellatus** T. H. Wen et C. C. Chang

分布：贵州、广西

## 吉曼草属 **Germainia** Balansa et Poitr.

吉曼草 **Germainia capitata** Balansa et Poitr.

分布：云南、广东；印度尼西亚、巴布亚新几内亚、泰国、越南、澳大利亚

## 巨竹属 **Gigantochloa** Kurz. ex Munro

白毛巨竹 **Gigantochloa albociliata** (Munro) Kurz.

分布：云南；印度、缅甸、泰国

滇竹 **Gigantochloa felix** (Keng) Keng f.

分布：云南

毛笋竹 **Gigantochloa levis** (Blanco) Merr.

分布：云南，栽培于台湾；马来西亚、菲律宾

黑毛巨竹 **Gigantochloa nigrociliata** (Büse) Kurz.

分布：云南、香港；印度、缅甸、泰国、印度尼西亚

**南峤滇竹 Gigantochloa parviflora** (Keng f.) Keng f.
分布：云南

**花巨竹 Gigantochloa verticillata** (Willd.) Munro
分布：云南、香港；越南、泰国、印度、印度尼西亚、马来西亚、缅甸

## 甜茅属 Glyceria R. Br.

**甜茅 Glyceria acutiflora** subsp. **japonica** (Steud.) T. Koyama et Kawano
分布：河南、安徽、江苏、浙江、江西、湖南、湖北、四川、贵州、云南、福建；日本、朝鲜；北美洲

**中华甜茅 Glyceria chinensis** Keng ex Z. L. Wu
分布：贵州、云南

**假鼠妇草 Glyceria leptolepis** Ohwi
分布：黑龙江、内蒙古、山东、河南、陕西、甘肃、安徽、浙江、江西、湖北、台湾；韩国、俄罗斯、日本

**细根茎甜茅 Glyceria leptorhiza** (Maxim.) Kom.
分布：黑龙江；俄罗斯

**两蕊甜茅 Glyceria lithuanica** (Gorski) Gorski
分布：吉林、辽宁；日本、韩国、蒙古国、俄罗斯；亚洲(西南部)、欧洲(中部及北部)

**水甜茅 Glyceria maxima** (Hartm.) Holmb.
分布：新疆；哈萨克斯坦、俄罗斯；欧洲，引种于北美洲、澳大利亚

**蔗甜茅 Glyceria notata** Chevallier
分布：新疆；阿富汗、哈萨克斯坦、吉尔吉斯斯坦、巴基斯坦、俄罗斯、塔吉克斯坦、乌兹别克斯坦；亚洲(西南部)、欧洲、非洲(北部)，引种于北美洲、澳大利亚

**狭叶甜茅 Glyceria spiculosa** (F. Schmidt) Roshev.
分布：黑龙江、辽宁、内蒙古；朝鲜、俄罗斯

**卵花甜茅 Glyceria tonglensis** C. B. Clarke
分布：安徽、江西、四川、贵州、云南、西藏；不丹、印度、克什米尔地区、马来西亚、尼泊尔

**东北甜茅 Glyceria triflora** (Korsh.) Kom.
分布：黑龙江、内蒙古、河北、陕西、四川、云南；蒙古国、欧洲、俄罗斯、哈萨克斯坦、朝鲜

## 球穗草属 Hackelochloa Kuntze

**球穗草 Hackelochloa granularis** (L.) Kuntze
分布：安徽、浙江、四川、贵州、云南、福建、台湾、广东、广西、海南；遍布热带地区

**穿孔球穗草 Hackelochloa porifera** (Hackel) D. Rhind
分布：云南；印度、缅甸、越南

## 镰稃草属 Harpachne A. Rich.

**镰稃草 Harpachne harpachnoides** (Hackel) B. S. Sun et S. Wang
分布：四川、云南

## 异燕麦属 Helictotrichon Besser ex Schult.

**冷杉异燕麦 Helictotrichon abietetorum** (Ohwi) Ohwi
分布：台湾

**高异燕麦 Helictotrichon altius** (Hitchc.) Ohwi
分布：黑龙江、宁夏、甘肃、青海、四川

**大穗异燕麦 Helictotrichon dahuricum** (Kom.) Kitag.
分布：黑龙江、内蒙古；蒙古国、俄罗斯

**云南异燕麦 Helictotrichon delavayi** (Hack.) Henrard
分布：陕西、四川、云南

**异燕麦 Helictotrichon hookeri** (Scribn.) Henrard
分布：黑龙江、吉林、辽宁、内蒙古、河北、山西、河南、陕西、宁夏、甘肃、青海、新疆、四川、云南；哈萨克斯坦、吉尔吉斯斯坦、蒙古国、俄罗斯；北美洲

**异燕麦(原亚种) Helictotrichon hookeri** subsp. **hookeri**
分布：青海、新疆、四川、云南；蒙古国、俄罗斯；北美洲

**奢异燕麦 Helictotrichon hookeri** subsp. **schellianum** (Hack.) Tzvelev
分布：黑龙江、吉林、辽宁、内蒙古、河北、山西、河南、陕西、宁夏、甘肃、青海、新疆；哈萨克斯坦、吉尔吉斯斯坦、蒙古国、俄罗斯

**变绿异燕麦 Helictotrichon junghuhnii** (Buse) Henrard
分布：河南、陕西、青海、四川、贵州、云南、西藏；不丹、印度、印度尼西亚、缅甸、尼泊尔、巴基斯坦

**光花异燕麦 Helictotrichon leianthum** (Keng) Ohwi
分布：山西、陕西、甘肃、安徽、浙江、湖北、四川、贵州、云南

**蒙古异燕麦 Helictotrichon mongolicum** (Roshev.) Henrard
分布：新疆；哈萨克斯坦、蒙古国、俄罗斯

**短药异燕麦 Helictotrichon potaninii** Tzvelev
分布：四川

**毛轴异燕麦 Helictotrichon pubescens** (Huds.) Pilg.
分布：新疆；哈萨克斯坦、吉尔吉斯斯坦、蒙古国、俄罗斯、塔吉克斯坦；亚洲(西南部)、欧洲，引种于北美洲

**粗糙异燕麦 Helictotrichon schmidii** (Hook. f.) Henrard

分布：甘肃、四川、云南；印度

**粗糙异燕麦(原变种) Helictotrichon schmidii** var. **schmidii**

分布：四川、贵州、云南；印度

**小颖异燕麦 Helictotrichon schmidii** var. **parviglumum** Keng ex Z. L. Wu

分布：四川、云南

**天山异燕麦 Helictotrichon tianschanicum** (Roshev.) Henrard

分布：新疆；哈萨克斯坦、塔吉克斯坦

**藏异燕麦 Helictotrichon tibeticum** (Roshev.) J. Holub

分布：内蒙古、甘肃、青海、新疆、四川、云南、西藏

**藏异燕麦(原变种) Helictotrichon tibeticum** var. **tibeticum**

分布：内蒙古、甘肃、青海、新疆、四川、云南、西藏

**疏花藏异燕麦 Helictotrichon tibeticum** var. **laxiflorum** Keng ex Z. L. Wu

分布：青海、四川

**滇异燕麦 Helictotrichon yunnanense** B. S. Sun et S. Wang

分布：云南

## 牛鞭草属 Hemarthria R. Br.

**大牛鞭草 Hemarthria altissima** (Poir.) Stapf et C. E. Hubb.

分布：安徽、北京、贵州、黑龙江、河南、湖北、山东、云南、浙江；印度、印度尼西亚、缅甸、泰国、越南、地中海地区，亚洲(西南部)、非洲，引种于美洲、新西兰

**扁穗牛鞭草 Hemarthria compressa** (L. f.) R. Br.

分布：内蒙古、陕西、四川、贵州、云南、福建、台湾、广东、广西、海南；阿富汗、孟加拉国、不丹、印度、日本、老挝、马来西亚、缅甸、尼泊尔、巴基斯坦、斯里兰卡、泰国、越南；亚洲(西南部)

**小牛鞭草 Hemarthria humilis** Keng

分布：广东

**长花牛鞭草 Hemarthria longiflora** (Hook. f.) A. Camus

分布：云南、海南；孟加拉国、印度、马来西亚、缅甸、泰国、越南

**牛鞭草 Hemarthria sibirica** (Gand.) Ohwi

分布：辽宁、河北、山东、安徽、江苏、浙江、江西、湖南、湖北、贵州、广东、广西；日本、朝鲜、巴基斯坦、俄罗斯

**具鞘牛鞭草 Hemarthria vaginata** Büse

分布：贵州、云南、广东、广西；孟加拉国、不丹、印度、印度尼西亚、缅甸、尼泊尔、泰国、越南

## 黄茅属 Heteropogon Pers.

**黄茅 Heteropogon contortus** (L.) P. Beauv. ex Roemer

分布：陕西、甘肃、浙江、江西、湖南、湖北、四川、贵州、云南、西藏、福建、台湾、广东、广西、海南；热带和亚热带地区，延伸到地中海和其他暖温带地区

**黑果黄茅 Heteropogon melanocarpus** (Elliott) Benth.

分布：云南；印度；亚洲(西南部)、非洲、热带和亚热带美洲

**麦黄茅 Heteropogon triticeus** (R. Br.) Stapf ex Craib

分布：海南；印度、印度尼西亚、老挝、马来西亚、缅甸、菲律宾、斯里兰卡、泰国、越南、澳大利亚

## 喜马拉雅筱竹属 Himalayacalamus P. C. Keng

**颈鞘筱竹 Himalayacalamus collaris** (T. P. Yi) Ohrnb.

分布：西藏；尼泊尔

**喜马拉雅筱竹 Himalayacalamus falconeri** (Munro) P. C. Keng

分布：西藏；不丹、印度、尼泊尔

## 绒毛草属 Holcus L.

**绒毛草 Holcus lanatus** L.

分布：江西、云南、台湾栽培；原产于欧洲，现在许多温带地区是杂草

## 大麦属 Hordeum L.

**六棱大麦 Hordeum agriocrithon** A. E. Aberg

分布：青海、四川、西藏；亚洲(中部及西南部)、地中海地区(东部)

**布顿大麦草 Hordeum bogdanii** Wilensky

分布：甘肃、青海、新疆；阿富汗、哈萨克斯坦、吉尔吉斯斯坦、蒙古国、俄罗斯、土库曼斯坦、乌兹别克斯坦

**短芒大麦 Hordeum brevisubulatum** (Trin.) Link

分布：黑龙江、内蒙古、河北、陕西、宁夏、甘肃、青海、新疆、西藏；阿富汗、克什米尔地区、哈萨克斯坦、吉尔吉斯斯坦、蒙古国、尼泊尔、巴基斯坦、俄罗斯、土库曼斯坦、乌兹别克斯坦

**短芒大麦(原变种) Hordeum brevisubulatum** subsp. **brevisubulatum**

分布：内蒙古、陕西、宁夏、甘肃、青海、新疆、西藏；蒙古国、巴基斯坦、俄罗斯

**拟短芒大麦草 Hordeum brevisubulatum** subsp. **nevskianum** (Bowden) Tzvelev

分布：陕西、青海、新疆；阿富汗、克什米尔地区、尼泊尔、俄罗斯

**糙稃大麦草 Hordeum brevisubulatum** subsp. **turkestanicum** Tzvelev

分布：新疆、西藏；阿富汗、克什米尔地区、哈萨克斯坦、吉尔吉斯斯坦、尼泊尔、俄罗斯、土库曼斯坦、乌兹别克斯坦

**二棱大麦 Hordeum distichon** L.

分布：河北、青海、西藏；广泛栽培于温带地区

**二棱大麦(原变种) Hordeum distichon** var. **distichon**

分布：广泛种植于温带地区；河北、青海、西藏

**裸麦 Hordeum distichon** var. **nudum** L.

分布：中国西北部和西南部；广泛栽培于温带地区

**内蒙古大麦 Hordeum innermongolicum** P. C. Kuo et L. B. Cai

分布：内蒙古、青海

**芒颖大麦 Hordeum jubatum** L.

分布：黑龙江、吉林、辽宁；原产于美洲和欧洲，现世界温带地区常见

**瓶大麦 Hordeum lagunculiforme** Bachteev

分布：青海、四川、西藏；克什米尔地区、俄罗斯、土库曼斯坦

**紫大麦草 Hordeum roshevitzii** Bowden

分布：内蒙古、陕西、宁夏、甘肃、青海、新疆、四川；日本、朝鲜、蒙古国、俄罗斯

**钝稃野大麦 Hordeum spontaneum** K. Koch

分布：四川、云南、西藏；印度、阿富汗、哈萨克斯坦、吉尔吉斯斯坦、俄罗斯、土库曼斯坦、乌兹别克斯坦、巴基斯坦；亚洲(西南部)、非洲(东北部)

**钝稃野大麦(原变种) Hordeum spontaneum** var. **spontaneum**

分布：四川、西藏；阿富汗、印度、哈萨克斯坦、吉尔吉斯斯坦、巴基斯坦、俄罗斯、土库曼斯坦、乌兹别克斯坦

**尖稃野大麦 Hordeum spontaneum** var. **ischnatherum** (Coss.) Thell.

分布：四川、西藏；亚洲(中部及西南部)

**芒稃野大麦 Hordeum spontaneum** var. **proskowetzii** Nábělek

分布：四川、西藏；亚洲(中部及西南部)

**大麦 Hordeum vulgare** L.

分布：黑龙江、内蒙古、河北、山东、河南、陕西、宁夏、青海、新疆、安徽、浙江、湖北、贵州、云南、西藏、福建、台湾；非热带地区和热带的山区广泛栽培

**大麦(原变种) Hordeum vulgare** var. **vulgare**

分布：广泛栽培于中国；栽培于世界热带地区以外及热带高山地区

**青稞 Hordeum vulgare** var. **coeleste** L.

分布：中国西北部和西南部有栽培；其他非热带国家也有栽培

**藏青稞 Hordeum vulgare** var. **trifurcatum** (Schltdl.) Alef.

分布：甘肃、青海、四川、西藏；栽培于其他非热带国家

## 水禾属 Hygroryza Nees

**水禾 Hygroryza aristata** (Retz.) Nees

分布：云南、福建、台湾、广东、海南；孟加拉国、印度、老挝、马来西亚、缅甸、巴基斯坦、斯里兰卡、泰国、越南、柬埔寨、尼泊尔

## 膜稃草属 Hymenachne P. Beauv.

**膜稃草 Hymenachne amplexicaulis** (Rudge) Nees

分布：云南、台湾、海南；印度、马来西亚、缅甸、菲律宾、泰国、越南

**弊草 Hymenachne assamica** (Hook. f.) Hitchc.

分布：云南、广东、广西、海南；印度、泰国

**展穗膜稃草 Hymenachne patens** L. Liu

分布：安徽、江西、福建

## 苞茅属 Hyparrhenia Anderss. ex Fourn.

**短梗苞茅 Hyparrhenia diplandra** (Hackel) Stapf

分布：云南、广东、广西、海南；印度尼西亚、泰国、越南；热带非洲

**毛穗苞茅 Hyparrhenia filipendula** var. **pilosa** (Hochst.) Stapf

分布：云南；印度尼西亚、巴布亚新几内亚、菲律宾、斯里兰卡、澳大利亚；非洲

**大穗苞茅 Hyparrhenia griffithii** Bor

分布：云南；印度、缅甸；非洲

**苞茅 Hyparrhenia newtonii** (Hackel) Stapf

分布：广东、广西；印度尼西亚、泰国、越南、马达加斯

加；非洲

泰国苞茅 **Hyparrhenia yunnanensis** B. S. Sun
分布：云南；缅甸、泰国

## 猬草属 **Hystrix** Moench

高丽猬草 **Hystrix coreana** (Honda) Ohwi
分布：黑龙江、吉林、辽宁；朝鲜、俄罗斯

猬草 **Hystrix duthiei** (Stapf ex Hook. f.) Bor
分布：河南、陕西、安徽、浙江、湖南、湖北、四川、云南、西藏；印度、尼泊尔

东北猬草 **Hystrix komarovii** (Roshev.) Ohwi
分布：黑龙江、吉林、辽宁、河北、河南、陕西；日本、朝鲜、蒙古国、俄罗斯

昆仑猬草 **Hystrix kunlunensis** K. S. Hao
分布：青海

## 距花黍属 **Ichnanthus** P. Beauv.

大距花黍 **Ichnanthus pallens** var. **major** (Nees) Stieber
分布：江西、湖南、贵州、云南、福建、台湾、广东、广西、海南；印度、印度尼西亚、马来西亚、缅甸、菲律宾、斯里兰卡、泰国、越南、太平洋岛屿；非洲(西部)、大洋洲、南美洲

## 白茅属 **Imperata** Cirillo

白茅 **Imperata cylindrica** (L.) Raeuschel
分布：黑龙江、辽宁、内蒙古、河北、山西、山东、河南、陕西、新疆、安徽、江苏、浙江、江西、湖南、湖北、四川、贵州、云南、西藏、福建、台湾、广东、广西、海南；阿富汗、不丹、印度、印度尼西亚、日本、哈萨克斯坦、韩国、吉尔吉斯斯坦、马来西亚、缅甸、尼泊尔、巴布亚新几内亚、巴基斯坦、菲律宾、俄罗斯、斯里兰卡、泰国、土库曼斯坦、乌兹别克斯坦、越南、澳大利亚；亚洲(西南部)、欧洲(南部)、非洲

白茅(原变种) **Imperata cylindrica** var. **cylindrica**
分布：西藏；阿富汗、哈萨克斯坦、吉尔吉斯斯坦、俄罗斯、土库曼斯坦、乌兹别克斯坦；亚洲(西南部)、非洲(北部)

大白茅 **Imperata cylindrica** var. **major** (Nees) C. E. Hubb.
分布：黑龙江、辽宁、内蒙古、河北、山西、山东、河南、陕西、新疆、安徽、江苏、浙江、江西、湖南、湖北、四川、贵州、云南、西藏、福建、台湾、广东、广西、海南；阿富汗、印度、印度尼西亚、日本、朝鲜半岛、马来西亚、缅甸、巴布亚新几内亚、巴基斯坦、菲律宾、斯里兰卡、泰国、越南、澳大利亚；亚洲(西南部)

黄穗白茅 **Imperata flavida** Keng ex S. M. Phillips et S. L. Chen
分布：海南

宽叶白茅 **Imperata latifolia** (Hook. f.) L. Liu
分布：四川；印度

## 箬竹属 **Indocalamus** Nakai

髯毛箬竹 **Indocalamus barbatus** McClure
分布：广西

巴山箬竹 **Indocalamus bashanensis** (C. D. Chu et C. S. Chao) H. R. Zhao et Y. L. Yang
分布：四川

赤水箬竹 **Indocalamus chishuiensis** Y. L. Yang et Hsueh
分布：贵州

密穗箬竹 **Indocalamus confertus** C. H. Hu
分布：四川

都昌箬竹 **Indocalamus cordatus** T. H. Wen et Y. Zou
分布：江西

美丽箬竹 **Indocalamus decorus** Q. H. Dai
分布：广西

峨眉箬竹 **Indocalamus emeiensis** C. D. Chu et C. S. Chao
分布：四川

广东箬竹 **Indocalamus guangdongensis** H. R. Zhao et Y. L. Yang
分布：广东、广西、贵州、湖北、湖南；浙江栽培

广东箬竹(原变种) **Indocalamus guangdongensis** var. **guangdongensis**
分布：贵州、广东；浙江栽培

柔毛箬竹 **Indocalamus guangdongensis** var. **mollis** H. R. Zhao et Y. L. Yang
分布：湖南、湖北、广西

粽巴箬竹 **Indocalamus herklotsii** McClure
分布：香港

多毛箬竹 **Indocalamus hirsutissimus** Z. P. Wang et P. X. Zhang
分布：贵州

多毛箬竹(原变种) **Indocalamus hirsutissimus** var. **hirsutissimus**
分布：贵州

**光叶箬竹** **Indocalamus hirsutissimus** var. **glabrifolius** Z. P. Wang et N. X. Ma
分布：贵州

**毛鞘箬竹** **Indocalamus hirtivaginatus** H. R. Zhao et Y. L. Yang
分布：江西

**硬毛箬竹** **Indocalamus hispidus** H. R. Zhao et Y. L. Yang
分布：四川

**湖南箬竹** **Indocalamus hunanensis** B. M. Yang
分布：湖南、四川、重庆

**粤西箬竹** **Indocalamus inaequilaterus** W. T. Lin et Z. M. Wu
分布：广东

**金平箬竹** **Indocalamus jinpingensis** Yi et J. Y. Shi
分布：云南

**阔叶箬竹** **Indocalamus latifolius** (Keng) McClure
分布：山西、河南、陕西、安徽、江苏、湖北

**箬叶竹** **Indocalamus longiauritus** Hand.-Mazz.
分布：浙江有栽培；福建、广东、广西、贵州、河南、湖南、江西、四川

**箬叶竹(原变种)** **Indocalamus longiauritus** var. **longiauritus**
分布：河南、江西、湖南、四川、贵州、福建、广东、广西

**衡山箬竹** **Indocalamus longiauritus** var. **hengshanensis** H. R. Zhao et Y. L. Yang
分布：湖南

**半耳箬竹** **Indocalamus longiauritus** var. **semifalcatus** H. R. Zhao et Y. L. Yang
分布：浙江有栽培；广西、四川

**益阳箬竹** **Indocalamus longiauritus** var. **yiyangensis** H. R. Zhao et Y. L. Yang
分布：湖南

**矮箬竹** **Indocalamus pedalis** (Keng) Keng f.
分布：四川

**锦帐竹** **Indocalamus pseudosinicus** McClure
分布：广东、广西、海南

**锦帐竹(原变种)** **Indocalamus pseudosinicus** var. **pseudosinicus**
分布：广西、海南

**密脉箬竹** **Indocalamus pseudosinicus** var. **densinervillus** H. R. Zhao et Y. L. Yang
分布：广东、广西

**方脉箬竹** **Indocalamus quadratus** H. R. Zhao et Y. L. Yang
分布：贵州、湖南、浙江有栽培

**水银竹** **Indocalamus sinicus** (Hance) Nakai
分布：广东、海南

**遂川箬竹** **Indocalamus suichuanensis** T. P. Yi et Y. H. Guo
分布：江西

**箬竹** **Indocalamus tessellatus** (Munro) Keng f.
分布：浙江、湖南

**同春箬竹** **Indocalamus tongchunensis** K. F. Huang et Z. L. Dai
分布：福建

**胜利箬竹** **Indocalamus victorialis** Keng f.
分布：四川

**鄂西箬竹** **Indocalamus wilsonii** (Rendle) C. S. Chao et C. D. Chu
分布：湖北、四川、贵州

## 大节竹属 Indosasa McClure

**摆竹** **Indosasa acutiligulata** Z. P. Wang et G. H. Ye
分布：湖南、广东、广西

**甜大节竹** **Indosasa angustata** McClure
分布：广西；越南

**大节竹** **Indosasa crassiflora** McClure
分布：广西；越南

**橄榄竹** **Indosasa gigantea** (T. H. Wen) T. H. Wen
分布：浙江有栽培；福建

**算盘竹** **Indosasa glabrata** C. D. Chu et C. S. Chao
分布：广西

**算盘竹(原变种)** **Indosasa glabrata** var. **glabrata**
分布：广西

**毛算盘竹** **Indosasa glabrata** var. **albohispidula** (Q. H. Dai et C. F. Huang) C. S. Chao et C. D. Chu
分布：广西

**浦竹仔** **Indosasa hispida** McClure
分布：广东

**粗穗大节竹 Indosasa ingens** Hsueh et T. P. Yi
分布：云南

**荔波大节竹 Indosasa lipoensis** C. D. Chu et K. M. Lan
分布：贵州

**棚竹 Indosasa longispicata** W. Y. Hsiung et C. S. Chao
分布：广西

**小叶大节竹 Indosasa parvifolia** C. S. Chao et Q. H. Dai
分布：广西

**横枝竹 Indosasa patens** C. D. Chu et C. S. Chao
分布：广西

**单穗大节竹 Indosasa singulispicula** T. H. Wen
分布：云南

**中华大节竹 Indosasa sinica** C. D. Chu et C. S. Chao
分布：贵州、云南、广西

**江华大节竹 Indosasa spongiosa** C. S. Chao et B. M. Yang
分布：湖南

**五爪竹 Indosasa triangulata** Hsueh et T. P. Yi
分布：贵州、云南

## 柳叶箬属 Isachne R. Br.

**白花柳叶箬 Isachne albens** Trin.
分布：四川、贵州、云南、西藏、福建、台湾、广东、广西；不丹、缅甸、泰国、越南、尼泊尔、印度、印度尼西亚

**纤毛柳叶箬 Isachne ciliatiflora** Keng ex Keng f.
分布：四川

**小柳叶箬 Isachne clarkei** Hook. f.
分布：云南、西藏、福建、台湾；印度、印度尼西亚、马来西亚、缅甸、菲律宾、越南

**紊乱柳叶箬 Isachne confusa** Ohwi
分布：香港；印度、印度尼西亚、马来西亚、缅甸、巴布亚新几内亚、泰国、越南、澳大利亚

**柳叶箬 Isachne globosa** (Thunb.) Kuntze
分布：辽宁、河北、山东、河南、陕西、安徽、江苏、浙江、江西、湖南、湖北、贵州、云南、福建、台湾、广东、广西；日本、印度、马来西亚、菲律宾、印度尼西亚、太平洋岛屿、不丹、孟加拉国、朝鲜半岛、尼泊尔、巴布亚新几内亚、斯里兰卡、泰国、越南、澳大利亚

**柳叶箬(原变种) Isachne globosa** var. **globosa**
分布：辽宁、河北、山东、河南、陕西、安徽、江苏、浙江、江西、湖南、湖北、贵州、云南、福建、台湾、广东、广西；孟加拉国、不丹、印度、印度尼西亚、日本、韩国、马来西亚、尼泊尔、巴布亚新几内亚、菲律宾、斯里兰卡、泰国、越南、澳大利亚、太平洋群岛

**紧穗柳叶箬 Isachne globosa** var. **compacta** W. Z. Fang ex S. L. Chen
分布：福建

**广西柳叶箬 Isachne guangxiensis** W. Z. Fang
分布：福建、广西、香港

**海南柳叶箬 Isachne hainanensis** Keng f.
分布：广东、海南

**喜马拉雅柳叶箬 Isachne himalaica** Hook. f.
分布：西藏；阿富汗、不丹、印度、尼泊尔、巴基斯坦

**浙江柳叶箬 Isachne hoi** Keng f.
分布：浙江、湖南、广东

**荏弱柳叶箬 Isachne myosotis** Roth
分布：福建、台湾；印度尼西亚、巴布亚新几内亚、菲律宾

**日本柳叶箬 Isachne nipponensis** Ohwi
分布：浙江、江西、湖南、四川、贵州、福建、台湾、广东、广西；日本、朝鲜

**瘦脊柳叶箬 Isachne pauciflora** Hack.
分布：台湾；菲律宾

**矮小柳叶箬 Isachne pulchella** Roth
分布：安徽、浙江、江西、湖南、贵州、云南、福建、台湾、广东、广西；孟加拉国、马来西亚、泰国、尼泊尔、印度、越南

**匍匐柳叶箬 Isachne repens** Keng
分布：福建、台湾、广东、广西、海南；日本

**糙柳叶箬 Isachne scabrosa** Hook. f.
分布：西藏；印度、尼泊尔

**锡金柳叶箬 Isachne sikkimensis** Bor
分布：西藏；不丹、印度、尼泊尔

**刺毛柳叶箬 Isachne sylvestris** Ridl.
分布：福建、广东；印度、孟加拉国、印度尼西亚、马来西亚

**平颖柳叶箬 Isachne truncata** A. Camus
分布：浙江、江西、四川、贵州、云南、福建、广东、广

西；越南

## 鸭嘴草属 **Ischaemum** L.

毛鸭嘴草 **Ischaemum anthephoroides** (Steud.) Miq.
分布：河北、山东、浙江；日本、韩国

有芒鸭嘴草 **Ischaemum aristatum** L.
分布：辽宁、河北、山东、河南、安徽、江苏、浙江、江西、湖南、湖北、贵州、福建、台湾、广东、广西、海南、云南，东北；日本、朝鲜

有芒鸭嘴草(原变种) **Ischaemum aristatum** var. **aristatum**
分布：河南、安徽、江苏、浙江、江西、湖南、湖北、贵州、云南、福建、台湾、广东、广西、海南；日本、韩国

鸭嘴草 **Ischaemum aristatum** var. **glaucum** (Honda) T. Koyama
分布：辽宁、河北、山东、安徽、江苏、浙江；日本、韩国、越南

金黄鸭嘴草 **Ischaemum aureum** (Hook. et Arn.) Hackel
分布：台湾；日本

粗毛鸭嘴草 **Ischaemum barbatum** Retz.
分布：安徽、江苏、浙江、江西、湖南、湖北、贵州、云南、福建、台湾、广东、广西、海南；柬埔寨、印度、印度尼西亚、日本、老挝、马来西亚、缅甸、巴布亚新几内亚、菲律宾、斯里兰卡、泰国、越南；非洲、大洋洲

细毛鸭嘴草 **Ischaemum ciliare** Retz.
分布：安徽、福建、广东、广西、贵州、海南、湖北、湖南、江苏、四川、台湾、云南、浙江；印度、印度尼西亚、马来西亚、缅甸、斯里兰卡、泰国、越南，引种于美洲

大穗鸭嘴草 **Ischaemum magnum** Rendle
分布：云南；马来西亚、缅甸

无芒鸭嘴草 **Ischaemum muticum** L.
分布：台湾；印度、马来西亚、印度尼西亚、日本、柬埔寨、缅甸、巴布亚新几内亚、菲律宾、斯里兰卡、泰国、越南、澳大利亚

簇穗鸭嘴草 **Ischaemum polystachyum** J. Presl
分布：贵州、云南、广东；印度、马来西亚、缅甸、斯里兰卡、泰国、毛里求斯、太平洋岛屿；非洲

田间鸭嘴草 **Ischaemum rugosum** Salisb.
分布：广东、广西、贵州、海南、四川、台湾、云南；不丹、印度、印度尼西亚、马来西亚、缅甸、尼泊尔、菲律宾、斯里兰卡、泰国、澳大利亚，非洲和美洲有引种

小金黄鸭嘴草 **Ischaemum setaceum** Honda
分布：台湾

尖颖鸭嘴草 **Ischaemum thomsonianum** Stapf ex C. E. C. Fisch.
分布：云南；印度、缅甸

帝汶鸭嘴草 **Ischaemum timorense** Kunth
分布：广东、台湾；印度、印度尼西亚、马来西亚、缅甸、斯里兰卡、泰国；非洲和美洲有引种

## 以礼草属 **Kengyilia** C. Yen et J. Y. Yang

毛稃以礼草 **Kengyilia alatavica** (Drobow) J. L. Yang, C. Yen et B. R. Baum
分布：甘肃、新疆、西藏；蒙古国、俄罗斯

毛稃以礼草(原变种) **Kengyilia alatavica** var. **alatavica**
分布：新疆、西藏；蒙古国、俄罗斯

长颖以礼草 **Kengyilia alatavica** var. **longiglumis** (Keng) C. Yen et al.
分布：甘肃

巴塔以礼草 **Kengyilia batalinii** (Krasnov) J. L. Yang, C. Yen et B. R. Baum
分布：新疆、西藏；蒙古国、俄罗斯

巴塔以礼草(原变种) **Kengyilia batalinii** var. **batalinii**
分布：新疆、西藏；蒙古国、俄罗斯

矮生以礼草 **Kengyilia batalinii** var. **nana** (J. L. Yang et al.) C. Yen et al.
分布：新疆

卵颖以礼草 **Kengyilia eremopyroides** Nevski ex C. Yen, J. L. Yang et B. R. Baum
分布：青海

孪生以礼草 **Kengyilia geminata** (Keng et S. L. Chen) S. L. Chen
分布：青海

戈壁以礼草 **Kengyilia gobicola** C. Yen et J. L. Yang
分布：新疆

大颖以礼草 **Kengyilia grandiglumis** (Keng) J. L. Yang, C. Yen et B. R. Baum
分布：青海

贵德以礼草 **Kengyilia guidenensis** C. Yen, J. L. Yang et B. R. Baum
分布：青海

哈巴河以礼草 **Kengyilia habahenensis** B. R. Baum, C. Yen et J. L. Yang
分布：新疆

和静以礼草 **Kengyilia hejingensis** L. B. Cai et D. F. Cui
分布：新疆

糙毛以礼草 **Kengyilia hirsuta** (Keng) J. L. Yang, C. Yen et B. R. Baum
分布：甘肃、青海、新疆

喀什以礼草 **Kengyilia kaschgarica** (D. F. Cui) L. B. Cai
分布：新疆

青海以礼草 **Kengyilia kokonorica** (Keng) J. L. Yang, C. Yen et B. R. Baum
分布：宁夏、甘肃、青海、新疆、西藏

疏花以礼草 **Kengyilia laxiflora** (Keng) J. L. Yang, C. Yen et B. R. Baum
分布：甘肃、青海、四川

稀穗以礼草 **Kengyilia laxistachya** L. B. Cai et D. F. Cui
分布：新疆

长芒以礼草 **Kengyilia longiaristata** S. L. Lu et Y. H. Wu
分布：青海

黑药以礼草 **Kengyilia melanthera** (Keng) J. L. Yang, C. Yen et B. R. Baum
分布：青海

黑药以礼草(原变种) **Kengyilia melanthera** var. **melanthera**
分布：青海

大黑药以礼草 **Kengyilia melanthera** var. **tahopaica** (Keng) S. L. Chen
分布：青海

无芒以礼草 **Kengyilia mutica** (Keng) J. L. Yang, C. Yen et B. R. Baum
分布：青海

帕米尔以礼草 **Kengyilia pamirica** J. L. Yang et C. Yen
分布：新疆

弯垂以礼草 **Kengyilia pendula** L. B. Cai
分布：青海

硬秆以礼草 **Kengyilia rigidula** (Keng) J. L. Yang, C. Yen et B. R. Baum
分布：甘肃、青海、西藏

沙湾以礼草 **Kengyilia shawanensis** L. B. Cai
分布：新疆

窄颖以礼草 **Kengyilia stenachyra** (Keng) J. L. Yang, C. Yen et B. R. Baum
分布：甘肃、青海

黄药以礼草 **Kengyilia tahelacana** J. L. Yang, C. Yen et B. R. Baum
分布：新疆

梭罗以礼草 **Kengyilia thoroldiana** (Oliv.) J. L. Yang, C. Yen et B. R. Baum
分布：甘肃、青海、新疆、西藏；印度

梭罗以礼草(原变种) **Kengyilia thoroldiana** var. **thoroldiana**
分布：甘肃、青海、西藏；印度

疏穗梭罗以礼草 **Kengyilia thoroldiana** var. **laxiuscula** (Melderis) S. L. Chen
分布：西藏

杂多以礼草(新拟) **Kengyilia zadoiensis** S. L. Lu et Y. H. Wu
分布：青海

昭苏以礼草 **Kengyilia zhaosuensis** J. L. Yang, C. Yen et B. R. Baum
分布：新疆

## 落草属 **Koeleria** Pers.

阿尔泰落草 **Koeleria altaica** (Domin) Krylov
分布：内蒙古、新疆；哈萨克斯坦、蒙古国、俄罗斯

匍茎落草 **Koeleria atroviolacea** Domin
分布：青海、西藏；蒙古国、俄罗斯

芒落草 **Koeleria litvinowii** Domin
分布：甘肃、青海、新疆、四川、云南、西藏；阿富汗、克什米尔地区、哈萨克斯坦、吉尔吉斯斯坦、塔吉克斯坦

芒落草(原亚种) **Koeleria litvinowii** subsp. **litvinowii**
分布：甘肃、青海、新疆、四川、云南、西藏；哈萨克斯坦、吉尔吉斯斯坦、塔吉克斯坦

银落草 **Koeleria litvinowii** subsp. **argentea** (Grisebach) S. M. Phillips et Z. L. Wu
分布：青海、西藏；阿富汗、克什米尔地区

**落草 Koeleria macrantha** (Ledeb.) Schult.

分布：安徽、福建、河北、黑龙江、河南、湖北、内蒙古、宁夏、青海、陕西、山东、四川、新疆、西藏、浙江；阿富汗、印度(西北部)、克什米尔地区、哈萨克斯坦、吉尔吉斯斯坦、日本、蒙古国、尼泊尔、巴基斯坦、俄罗斯、塔吉克斯坦、土库曼斯坦、乌兹别克斯坦；亚洲(西南部)、欧洲、北美洲，引种于澳大利亚

## 假稻属 Leersia Soland. ex Sw.

**李氏禾 Leersia hexandra** Sw.

分布：四川、贵州、云南、福建、台湾、广东、广西、海南；孟加拉国、不丹、印度、印度尼西亚、日本、马来西亚、缅甸、尼泊尔、巴布亚新几内亚、菲律宾、斯里兰卡、泰国、越南、澳大利亚；非洲、美洲

**假稻 Leersia japonica** (Makino ex Honda) Honda

分布：河北、山东、河南、陕西、安徽、江苏、浙江、湖南、湖北、四川、贵州、云南、广西；韩国、日本

**蓉草 Leersia oryzoides** (L.) Sw.

分布：黑龙江、新疆、湖南、福建、海南；哈萨克斯坦、吉尔吉斯斯坦、俄罗斯、塔吉克斯坦、土库曼斯坦、乌兹别克斯坦；亚洲(西南部)、欧洲、非洲(北部)、北美洲，引种到澳大利亚

**秕壳草 Leersia sayanuka** Ohwi

分布：山东、安徽、江苏、浙江、湖北、贵州、福建、广东、广西；日本、朝鲜半岛

## 囊稃竹属 Leptaspis R. Brown.

**囊稃竹 Leptaspis banksii** R. Br.

分布：台湾；印度尼西亚、巴布亚新几内亚、菲律宾、澳大利亚、柬埔寨、所罗门群岛

## 千金子属 Leptochloa P. Beauv.

**千金子 Leptochloa chinensis** (L.) Nees

分布：安徽、福建、广东、广西、贵州、海南、河南、湖北、湖南、江苏、江西、陕西、山东、四川、台湾、云南、浙江；不丹、柬埔寨、印度、印度尼西亚、日本、马来西亚、缅甸、菲律宾、斯里兰卡、泰国、越南；非洲

**双稃草 Leptochloa fusca** (L.) Kunth

分布：安徽、福建、广东、海南、河北、河南、湖北、江苏、辽宁、山东、台湾、云南、浙江；印度、印度尼西亚、马来西亚、缅甸、巴基斯坦、菲律宾、斯里兰卡、澳大利亚、泰国；亚洲(西南部)、非洲

**虮子草 Leptochloa panicea** (Retzius) Ohwi

分布：安徽、福建、广东、贵州、海南、河南、湖北、江苏、江西、陕西、四川、台湾、云南、浙江；印度、印度尼西亚、日本、马来西亚、菲律宾、斯里兰卡、泰国、越南；非洲、美洲

## 细穗草属 Lepturus R. Br.

**细穗草 Lepturus repens** (G. Forst.) R. Br.

分布：台湾；日本、印度尼西亚、马来西亚、巴布亚新几内亚、菲律宾、斯里兰卡、泰国、越南、澳大利亚、印度洋岛屿、太平洋岛屿；非洲(东部)

## 赖草属 Leymus Hochst.

**阿英赖草 Leymus aemulans** (Nevski) Tzvelev

分布：新疆；哈萨克斯坦、吉尔吉斯斯坦、俄罗斯、土库曼斯坦、乌兹别克斯坦

**分株赖草 Leymus altus** D. F. Cui

分布：新疆

**窄颖赖草 Leymus angustus** (Trin.) Pilg.

分布：内蒙古、宁夏、甘肃、青海、新疆；哈萨克斯坦、吉尔吉斯斯坦、蒙古国、俄罗斯、土库曼斯坦、乌兹别克斯坦

**窄颖赖草(原变种) Leymus angustus** var. **angustus**

分布：内蒙古、宁夏、甘肃、青海、新疆；哈萨克斯坦、吉尔吉斯斯坦、蒙古国、俄罗斯、土库曼斯坦、乌兹别克斯坦

**短穗赖草 Leymus angustus** var. **brevistachyus** L. B. Cai

分布：新疆

**芒颖赖草 Leymus aristiglumis** L. B. Cai

分布：青海

**阿尔金山赖草 Leymus arjinshanicus** D. F. Cui

分布：新疆

**羊草 Leymus chinensis** (Trin. ex Bunge) Tzvelev

分布：黑龙江、吉林、辽宁、内蒙古、河北、山西、山东、河南、陕西、甘肃、青海、新疆；朝鲜、蒙古国、俄罗斯

**粗穗赖草 Leymus crassiusculus** L. B. Cai

分布：山西、青海

**阔颖赖草 Leymus dilatatus** L. B. Cai et L. Zhi

分布：山西、宁夏

**弯曲赖草 Leymus flexus** L. B. Cai

分布：山西、甘肃、青海

**格尔木赖草 Leymus golmudensis** Y. H. Wu

分布：青海

**大药赖草 Leymus karelinii** (Turcz.) Tzvelev
分布：新疆；哈萨克斯坦、吉尔吉斯斯坦、俄罗斯、土库曼斯坦、乌兹别克斯坦

**细弱赖草 Leymus leptostachyus** L. B. Cai et X. Su
分布：青海、新疆

**滨草 Leymus mollis** (Trin.) Pilg.
分布：辽宁、河北、山东；日本、朝鲜、蒙古国、俄罗斯；北美洲(北部)

**多枝赖草 Leymus multicaulis** (Kar. et Kir.) Tzvelev
分布：新疆；哈萨克斯坦、吉尔吉斯斯坦、俄罗斯、土库曼斯坦、乌兹别克斯坦；亚洲(西南部)、欧洲

**光洁赖草 Leymus mundus** L. B. Cai et X. Su
分布：甘肃、青海、西藏

**柄穗赖草 Leymus obvipodus** L. B. Cai
分布：青海

**宽穗赖草 Leymus ovatus** (Trin.) Tzvelev
分布：内蒙古、青海、新疆；阿富汗、哈萨克斯坦、吉尔吉斯斯坦、俄罗斯、土库曼斯坦、乌兹别克斯坦

**毛穗赖草 Leymus paboanus** (Claus) Pilg.
分布：宁夏、甘肃、青海、新疆；哈萨克斯坦、吉尔吉斯斯坦、蒙古国、俄罗斯、土库曼斯坦、乌兹别克斯坦；亚洲(西南部)、欧洲

**毛穗赖草(原变种) Leymus paboanus** var. **paboanus**
分布：宁夏、甘肃、青海、新疆；哈萨克斯坦、吉尔吉斯斯坦、蒙古国、俄罗斯、土库曼斯坦、乌兹别克斯坦

**胎生赖草 Leymus paboanus** var. **viviparus** L. B. Cai
分布：青海

**垂穗赖草 Leymus pendulus** L. B. Cai
分布：青海

**皮山赖草 Leymus pishanicus** S. L. Lu et Y. H. Wu
分布：新疆

**多花赖草(新拟) Leymus pluriflorus** L. B. Cai et T. L. Zhang
分布：青海

**柴达木赖草 Leymus pseudoracemosus** C. Yen et J. L. Yang
分布：青海

**毛轴赖草(新拟) Leymus pubens** H. X. Xiao
分布：吉林、内蒙古

**大赖草 Leymus racemosus** (Lam.) Tzvelev
分布：新疆；哈萨克斯坦、吉尔吉斯斯坦、蒙古国、俄罗斯、土库曼斯坦、乌兹别克斯坦

**单穗赖草 Leymus ramosus** Tzvelev
分布：新疆；蒙古国、俄罗斯；欧洲

**若羌赖草 Leymus ruoqiangensis** S. L. Lu et Y. H. Wu
分布：青海、新疆

**赖草 Leymus secalinus** (Georgi) Tzvelev
分布：黑龙江、吉林、辽宁、内蒙古、河北、宁夏、甘肃、青海、四川；印度、日本、朝鲜、哈萨克斯坦、吉尔吉斯斯坦、蒙古国、俄罗斯、土库曼斯坦、乌兹别克斯坦

**赖草(原变种) Leymus secalinus** var. **secalinus**
分布：黑龙江、吉林、辽宁、内蒙古、河北、山西、陕西、宁夏、甘肃、青海、新疆、四川；印度、日本、韩国、哈萨克斯坦、吉尔吉斯斯坦、蒙古国、俄罗斯、土库曼斯坦、乌兹别克斯坦

**短毛叶赖草 Leymus secalinus** var. **pubescens** (O. Fedtsch.) Tzvelev
分布：新疆、西藏；俄罗斯

**青海赖草 Leymus secalinus** var. **qinghaicus** (L. B. Cai) G. Zhu et S. L. Chen
分布：青海

**纤细赖草 Leymus secalinus** var. **tenuis** L. B. Cai
分布：西藏

**阔颖赖草 Leymus shanxiensis** G. Zhu et S. L. Chen
分布：山西

**刺状赖草 Leymus spiniformis** L. B. Cai et X. Su
分布：山西、青海

**小赖草(新拟) Leymus tenuis** (L. B. Cai) L. B. Cai
分布：新疆、西藏

**天山赖草 Leymus tianschanicus** (Drobow) Tzvelev
分布：内蒙古、新疆；哈萨克斯坦、吉尔吉斯斯坦、俄罗斯、土库曼斯坦、乌兹别克斯坦

**天山赖草(原变种) Leymus tianschanicus** var. **tianschanicus**
分布：内蒙古、新疆；哈萨克斯坦、吉尔吉斯斯坦、俄罗斯、土库曼斯坦、乌兹别克斯坦

**北疆赖草 Leymus tianschanicus** var. **borealis** L. B. Cai
分布：新疆

**伊吾赖草 Leymus yiunensis** N. R. Cui et D. F. Cui
分布：新疆

## 扇穗茅属 Littledalea Hemsl.

**帕米尔扇穗茅 Littledalea alaica** (Korsh.) Petrov ex Nevski

分布：青海、西藏；哈萨克斯坦、吉尔吉斯斯坦、塔吉克斯坦

**泽沃扇穗茅 Littledalea przevalskyi** Tzvelev

分布：甘肃、青海、西藏

**扇穗茅 Littledalea racemosa** Keng

分布：青海、四川、云南、西藏

**藏扇穗茅 Littledalea tibetica** Hemsl.

分布：云南、西藏；尼泊尔

## 黑麦草属 Lolium L.

**多花黑麦草 Lolium multiflorum** Lamk.

分布：内蒙古、河北、河南、陕西、新疆、安徽、江西、湖南、四川、贵州、云南、福建、台湾；亚洲(西南部)、欧洲(中部及南部)、非洲(北部)

**黑麦草 Lolium perenne** L.

分布：黑龙江、吉林、辽宁、内蒙古、河北、北京、山西、山东、河南、陕西、甘肃、青海、新疆、安徽、江苏、浙江、江西、湖北、四川、贵州、云南；原产于欧洲

**欧黑麦草 Lolium persicum** Boiss. et Hohen.

分布：河北、陕西、甘肃、青海、新疆；阿富汗、吉尔吉斯斯坦、巴基斯坦、俄罗斯、塔吉克斯坦、土库曼斯坦、乌兹别克斯坦；亚洲(西南部)

**疏花黑麦草 Lolium remotum** Schrank

分布：黑龙江、新疆；俄罗斯、阿富汗；欧洲

**硬直黑麦草 Lolium rigidum** Gaudich.

分布：河南、甘肃；阿富汗、巴基斯坦、土库曼斯坦；亚洲(西南部)、欧洲、非洲(北部)

**毒麦 Lolium temulentum** L.

分布：黑龙江、河北、河南、陕西、甘肃、青海、新疆、安徽、上海、浙江、湖南；西南亚、南欧、北非

**毒麦(原变种) Lolium temulentum** var. **temulentum**

分布：黑龙江、河北、河南、陕西、甘肃、青海、新疆、安徽、浙江；欧洲

**田野黑麦草 Lolium temulentum** var. **arvense** Lilj.

分布：上海、浙江、湖南；俄罗斯；欧洲

## 淡竹叶属 Lophatherum Brongn.

**淡竹叶 Lophatherum gracile** Brongn.

分布：安徽、福建、广东、广西、贵州、海南、湖北、湖南、江苏、江西、四川、台湾、云南、浙江；柬埔寨、印度、印度尼西亚、日本、韩国(南部)、马来西亚、缅甸、尼泊尔、巴布亚新几内亚、菲律宾、斯里兰卡、泰国、越南、澳大利亚、太平洋群岛

**中华淡竹叶 Lophatherum sinense** Rendle

分布：江苏、浙江、江西、湖南；日本、朝鲜

## 臭草属 Melica L.

**高臭草 Melica altissima** L.

分布：新疆；哈萨克斯坦、吉尔吉斯斯坦、俄罗斯、塔吉克斯坦、乌兹别克斯坦；亚洲(西南部)、欧洲(中部及东部)

**小穗臭草 Melica ciliata** L.

分布：新疆；哈萨克斯坦、俄罗斯、土库曼斯坦；亚洲(西南部)、欧洲

**大花臭草 Melica grandiflora** Koidz.

分布：黑龙江、吉林、辽宁、山西、山东、河南、安徽、江苏、浙江、江西、湖南；日本、朝鲜

**柴达木臭草 Melica kozlovii** Tzvelev

分布：山西、甘肃、青海；蒙古国

**长舌臭草 Melica longiligulata** Z. L. Wu

分布：四川

**俯垂臭草 Melica nutans** L.

分布：黑龙江、新疆；日本、哈萨克斯坦、韩国、吉尔吉斯斯坦、俄罗斯、塔吉克斯坦、乌兹别克斯坦、克什米尔地区；亚洲(西南部)、欧洲

**广序臭草 Melica onoei** Franch. et Sav.

分布：河北、山西、山东、河南、陕西、宁夏、甘肃、安徽、江苏、浙江、江西、湖南、湖北、四川、贵州、云南、西藏、台湾；日本、朝鲜、克什米尔地区、巴基斯坦

**北臭草 Melica pappiana** W. Hempel

分布：吉林、山西

**伊朗臭草 Melica persica** Kunth

分布：甘肃、吉林、四川、西藏；阿富汗、印度(西北部)、克什米尔地区、哈萨克斯坦、吉尔吉斯斯坦、巴基斯坦、

塔吉克斯坦、土库曼斯坦、乌兹别克斯坦；亚洲(西南部)、非洲(东北部)

**伊朗臭草(原变种) Melica persica** subsp. **persica**

分布：吉林、甘肃、四川；阿富汗、印度、吉尔吉斯斯坦、巴基斯坦、塔吉克斯坦、土库曼斯坦、乌兹别克斯坦；亚洲、非洲

**毛鞘臭草 Melica persica** subsp. **canescens** (Regel) P. H. Davis

分布：西藏；阿富汗、印度(西北部)、克什米尔地区、哈萨克斯坦、吉尔吉斯斯坦、巴基斯坦、塔吉克斯坦；亚洲(西南部)

**甘肃臭草 Melica przewalskyi** Roshev.

分布：陕西、宁夏、甘肃、青海、湖北、四川、贵州、西藏

**细叶臭草 Melica radula** Franch.

分布：内蒙古、河北、山西、山东、河南、陕西、宁夏、甘肃、湖南、四川、云南

**糙臭草 Melica scaberrima** (Nees et Steud.) Hook.

分布：云南、西藏；克什米尔地区、尼泊尔、印度、巴基斯坦

**臭草 Melica scabrosa** Trin.

分布：黑龙江、内蒙古、河北、山西、山东、河南、陕西、宁夏、青海、安徽、江苏、湖北、四川、西藏；朝鲜、蒙古国

**藏东臭草 Melica schuetzeana** Hempel.

分布：青海、四川、云南、西藏；不丹

**偏穗臭草 Melica secunda** Regel

分布：甘肃、新疆、四川、西藏；阿富汗、印度、克什米尔地区、哈萨克斯坦、吉尔吉斯斯坦、塔吉克斯坦、乌兹别克斯坦

**黄穗臭草 Melica subflava** Z. L. Wu

分布：青海

**青甘臭草 Melica tangutorum** Tzvelev

分布：甘肃、青海、四川；蒙古国

**高山臭草 Melica taylorii** W. Hempel

分布：西藏

**藏臭草 Melica tibetica** Roshev.

分布：内蒙古、青海、四川、西藏

**德兰臭草 Melica transsilvanica** Schur

分布：新疆；哈萨克斯坦、吉尔吉斯斯坦、俄罗斯、塔吉克斯坦、土库曼斯坦、乌兹别克斯坦；亚洲(西南部)、欧洲

**大臭草 Melica turczaninowiana** Ohwi

分布：黑龙江、内蒙古、河北、山西、河南；朝鲜、蒙古国、俄罗斯

**抱草 Melica virgata** Turcz. ex Trin.

分布：内蒙古、河北、宁夏、甘肃、青海、四川、西藏；蒙古国、俄罗斯

**雅江臭草 Melica yajiangensis** Z. L. Wu

分布：四川

## 糖蜜草属 **Melinis** P. Beauv.

**糖蜜草 Melinis minutiflora** P. Beauv.

分布：福建、台湾、广东有归化；原产于非洲

**红毛草 Melinis repens** (Willd.) Zizka

分布：福建、台湾、广东；原产于南非，现世界热带地区有分布

## 梨簕竹属 **Melocalamus** Benth.

**澜沧梨藤竹 Melocalamus arrectus** T. P. Yi

分布：云南

**梨藤竹 Melocalamus compactiflorus** (Kurz) Benth.

分布：云南；孟加拉国、缅甸、印度

**梨藤竹(原变种) Melocalamus compactiflorus** var. **compactiflorus**

分布：云南；孟加拉国、印度(东北部)、缅甸

**流苏梨藤竹 Melocalamus compactiflorus** var. **fimbriatus** (J. R. Xue et C. M. Hui) D. Z. Li et Z. H. Guo

分布：云南

**西藏梨藤竹 Melocalamus elevatissimus** Hsueh et T. P. Yi

分布：西藏

**大吊竹 Melocalamus scandens** J. R. Xue et C. M. Hui

分布：云南

**云南新小竹 Melocalamus yunnanensis** (Wen) T. P. Yi

分布：云南

## 梨竹属 **Melocanna** Trin.

**梨竹 Melocanna humilis** Kurz.

分布：台湾、广东、广西；缅甸

## 小草属 Microchloa R. Br.

小草 **Microchloa indica** (L. f.) P. Beauv.
分布：云南、广东、海南；遍布热带地区

小草(原变种) **Microchloa indica** var. **indica**
分布：云南、福建、广东、海南；热带地区广布

长穗小草 **Microchloa indica** var. **kunthii** (Desv.) B. S. Sun et Z. H. Hu
分布：云南；遍布除澳大利亚的热带地区

## 莠竹属 Microstegium Nees

巴塘莠竹 **Microstegium batangense** (S. L. Zhong) S. M. Phillips et S. L. Chen
分布：四川

布拖莠竹(新拟) **Microstegium butuoense** Y. C. Liu et H. Peng
分布：四川

刚莠竹 **Microstegium ciliatum** (Trin.) A. Camus
分布：江西、湖南、四川、贵州、云南、福建、台湾、广东、广西、海南；不丹、印度、马来西亚、缅甸、尼泊尔、斯里兰卡、泰国、越南

荏弱莠竹 **Microstegium delicatulum** (Hook. f.) A. Camus
分布：云南；缅甸、泰国

蔓生莠竹 **Microstegium fasciculatum** (L.) Henrard
分布：湖北、四川、贵州、云南、广东、海南；不丹、印度、印度尼西亚、马来西亚、缅甸、尼泊尔、泰国、越南；非洲

法利莠竹 **Microstegium fauriei** (Hayata) Honda
分布：福建、台湾、广东；印度尼西亚、马来西亚

法利莠竹(原亚种) **Microstegium fauriei** subsp. **fauriei**
分布：台湾

膝曲莠竹 **Microstegium fauriei** subsp. **geniculatum** (Hayata) T. Koyama
分布：福建、台湾、广东；印度尼西亚、马来西亚

光莠竹(新拟) **Microstegium glabratum** (Brongn.) A. Camus
分布：海南、台湾；日本、菲律宾、太平洋岛屿

日本莠竹 **Microstegium japonicum** (Miq.) Koidz.
分布：安徽、江苏、浙江、江西、湖南、湖北；日本、朝鲜

披针叶莠竹 **Microstegium lanceolatum** (Keng) S. M. Phillips et S. L. Chen
分布：云南

多纤毛莠竹 **Microstegium multiciliatum** B. S. Sun
分布：云南

竹叶茅 **Microstegium nudum** (Trin.) A. Camus
分布：安徽、福建、贵州、河北、河南、湖北、湖南、江苏、江西、陕西、四川、台湾、西藏、云南、浙江；不丹、印度、日本、尼泊尔、巴基斯坦、菲律宾、越南、澳大利亚；非洲

柄莠竹 **Microstegium petiolare** (Trin.) Bor
分布：云南；印度、缅甸、尼泊尔

网脉莠竹 **Microstegium reticulatum** B. S. Sun ex H. Peng et X. Yang
分布：云南；印度

多芒莠竹 **Microstegium somae** (Hayata) Ohwi
分布：安徽、福建、台湾；日本

柔枝莠竹 **Microstegium vimineum** (Trin.) A. Camus
分布：吉林、河北、山西、山东、河南、陕西、安徽、江苏、浙江、江西、湖南、湖北、四川、贵州、云南、福建、台湾、广东、广西；不丹、印度、日本、韩国、缅甸、尼泊尔、菲律宾、俄罗斯、越南；亚洲(西南部)

## 粟草属 Milium L.

粟草 **Milium effusum** L.
分布：黑龙江、吉林、辽宁、河北、河南、陕西、宁夏、甘肃、青海、新疆、安徽、江苏、浙江、江西、湖南、湖北、四川、贵州、云南、西藏、台湾；阿富汗、不丹、日本、哈萨克斯坦、朝鲜、吉尔吉斯斯坦、巴基斯坦、俄罗斯、塔吉克斯坦；亚洲(西南部)、欧洲、北美洲

## 芒属 Miscanthus Anderss.

五节芒 **Miscanthus floridulus** (Labill.) Warburg ex K. Schumann et Lauterb
分布：河南、安徽、江苏、浙江、湖北、四川、贵州、云南、福建、台湾、广东、广西、海南；东南亚

南荻 **Miscanthus lutarioriparius** L. Liu ex Renvoize et S. L. Chen
分布：湖南、湖北

尼泊尔芒 **Miscanthus nepalensis** (Trin.) Hack.
分布：四川、西藏、云南；不丹、印度、缅甸、尼泊尔，引种于马来西亚

**双药芒 Miscanthus nudipes** (Griseb.) Hackel

分布：四川、贵州、云南、西藏；不丹、印度、尼泊尔

**红山茅 Miscanthus paniculatus** (B. S. Sun) Renvoize et S. L. Chen

分布：四川、贵州、云南

**荻 Miscanthus sacchariflorus** (Maxim.) Hackel

分布：河北、河南、陕西、甘肃；日本、朝鲜、俄罗斯

**芒 Miscanthus sinensis** Andersson

分布：吉林、河北、山东、陕西、安徽、江苏、浙江、江西、湖北、四川、贵州、云南、福建、台湾、广东、广西、海南；日本、朝鲜

**多毛芒(新拟) Miscanthus villosus** Y. C. Liu et H. Peng

分布：云南

## 毛俭草属 Mnesithea Kunth

**密穗空轴茅 Mnesithea khasiana** (Hackel) de Koning et Sosef

分布：云南；印度、缅甸

**假蛇尾草 Mnesithea laevis** (Retzius) Kunth

分布：福建、台湾、广东、广西、海南；印度、印度尼西亚、巴基斯坦、菲律宾、斯里兰卡、泰国、越南、太平洋岛屿

**假蛇尾草(原变种) Mnesithea laevis** var. **laevis**

分布：福建、台湾、广东、广西、海南；印度、印度尼西亚、巴基斯坦、菲律宾、斯里兰卡、泰国、越南、太平洋群岛

**缚颖假蛇尾草 Mnesithea laevis** var. **chenii** (Hsueh) de Koning et Sosef

分布：台湾

**毛俭草 Mnesithea mollicoma** (Hance) A. Camus

分布：广东、广西、海南；印度尼西亚、马来西亚、泰国、越南

**空轴茅 Mnesithea striata** (Nees ex Steud.) de Koning et Sosef

分布：云南；印度、缅甸、泰国

**空轴茅(原变种) Mnesithea striata** var. **striata**

分布：云南；印度、缅甸、泰国

**毛杆空轴茅 Mnesithea striata** var. **pubescens** (Hackel) S. M. Phillips et S. L. Chen

分布：云南；印度

## 麦氏草属 Molinia Schrank

**拟麦氏草 Molinia japonica** Hack.

分布：安徽、浙江；日本、朝鲜、俄罗斯

## 乱子草属 Muhlenbergia Schreb.

**弯芒乱子草 Muhlenbergia curviaristata** (Ohwi) Ohwi

分布：吉林、辽宁、河北；日本

**箱根乱子草 Muhlenbergia hakonensis** (Hackel ex Matsum.) Makino

分布：安徽、四川；日本、韩国

**喜马拉雅乱子草 Muhlenbergia himalayensis** Hack. ex Hook. f.

分布：四川、云南、西藏；阿富汗、不丹、克什米尔地区、尼泊尔

**乱子草 Muhlenbergia huegelii** Trin.

分布：黑龙江、吉林、辽宁、内蒙古、河北、山西、山东、河南、陕西、宁夏、甘肃、青海、新疆、安徽、江苏、浙江、江西、湖北、四川、贵州、云南、西藏、福建、台湾；阿富汗、不丹、印度、日本、韩国、尼泊尔、巴基斯坦、菲律宾、俄罗斯

**日本乱子草 Muhlenbergia japonica** Steud.

分布：黑龙江、北京、山东、河南、陕西、安徽、浙江、湖北、四川、贵州、云南、福建；日本

**多枝乱子草 Muhlenbergia ramosa** (Hackel ex Matsum.) Makino

分布：山东、安徽、江苏、浙江、江西、湖南、湖北、四川、贵州、云南、福建；日本

## 糯米竹属 Neohouzeaua A. Camus

**糯米竹 Neohouzeaua coradata** T. H. Wen et Dai

分布：广西

## 新小竹属 Neomicrocalamus P. C. Keng

**新小竹 Neomicrocalamus prainii** (Gamble) P. C. Keng

分布：云南、西藏；印度、缅甸

## 类芦属 Neyraudia Hook. f.

**大类芦 Neyraudia arundinacea** (L.) Henrard

分布：海南；印度、巴基斯坦、泰国、马斯克林群岛；非洲

**梵净山类芦** **Neyraudia fanjingshanensis** L. Liu
分布：贵州

**山类芦** **Neyraudia montana** Keng
分布：安徽、浙江、江西、湖北、福建

**类芦** **Neyraudia reynaudiana** (Kunth) Keng ex Hitchc.
分布：甘肃、安徽、江苏、浙江、江西、湖南、湖北、四川、贵州、云南、西藏、福建、台湾、广东、广西、海南；不丹、柬埔寨、印度、印度尼西亚、日本、老挝、马来西亚、缅甸、尼泊尔、泰国、越南

## 少穗竹属 **Oligostachyum** Z. P. Wang et G. H. Ye

**裂舌少穗竹** **Oligostachyum bilobum** W. T. Lin et Z. J. Feng
分布：广东

**屏南少穗竹** **Oligostachyum glabrescens** (T. H. Wen) Keng f. et Y. P. Wang
分布：福建

**细柄少穗竹** **Oligostachyum gracilipes** (McClure) G. H. Ye et Z. P. Wang
分布：海南

**凤竹** **Oligostachyum hupehense** (J. L. Lu) Z. P. Wang et G. H. Ye
分布：湖北

**云和少穗竹** **Oligostachyum lanceolatum** G. H. Ye et Z. P. Wang
分布：浙江

**四季竹** **Oligostachyum lubricum** (T. W. Wen) Keng f.
分布：浙江、江西、福建

**林仔竹** **Oligostachyum nuspiculum** (McClure) Z. P. Wang et G. H. Ye
分布：海南

**肿节少穗竹** **Oligostachyum oedogonatum** (Z. P. Wang et G. H. Ye) Q. F. Zheng et K. F. Huang
分布：浙江

**圆锥少穗竹** **Oligostachyum paniculatum** G. H. Ye et Z. P. Wang
分布：广西

**多毛少穗竹** **Oligostachyum puberulum** (T. H. Wen) G. H. Ye et Z. P. Wang
分布：广西

**糙花少穗竹** **Oligostachyum scabriflorum** (McClure) Z. P. Wang et G. H. Ye
分布：江西、湖南、福建、广东、广西

**糙花少穗竹(原变种)** **Oligostachyum scabriflorum** var. **scabriflorum**
分布：江西、湖南、福建、广东、广西

**短舌少穗竹** **Oligostachyum scabriflorum** var. **breviligulatum** Z. P. Wang et G. H. Ye
分布：广东

**毛稃少穗竹** **Oligostachyum scopulum** (McClure) Z. P. Wang et G. H. Ye
分布：海南

**秀英竹** **Oligostachyum shiuyingianum** (L. C. Chia et But) G. H. Ye
分布：海南、香港

**斗竹** **Oligostachyum spongiosum** (C. D. Chu et C. S. Chao) G. H. Ye
分布：广西

**少穗竹** **Oligostachyum sulcatum** Z. P. Wang et G. H. Ye
分布：浙江有栽培，福建

**永安少穗竹** **Oligostachyum yonganense** Y. M. Lin et Q. F. Zheng
分布：福建

## 蛇尾草属 **Ophiuros** C. F. Gaertn.

**蛇尾草** **Ophiuros exaltatus** (L.) Kuntze
分布：云南、福建、广东、广西、海南；印度、老挝、马来西亚、巴布亚新几内亚、菲律宾、斯里兰卡、泰国、越南、澳大利亚

## 求米草属 **Oplismenus** P. Beauv.

**竹叶草** **Oplismenus compositus** (L.) P. Beauv.
分布：浙江、江西、四川、贵州、云南、西藏、福建、台湾、广东、广西、海南；日本、菲律宾、泰国和其他地方，在热带亚洲向西延伸，从印度到非洲(东部)、澳大利亚、太平洋岛屿

**竹叶草(原变种)** **Oplismenus compositus** var. **compositus**
分布：江西、四川、贵州、云南、台湾、广东；澳大利亚、太平洋群岛；热带亚洲至非洲(东部)

**台湾竹叶草** **Oplismenus compositus** var. **formosanus** (Honda) S. L. Chen et Y. X. Jin
分布：四川、贵州、云南、台湾、广东、广西

中间型竹叶草 **Oplismenus compositus** var. **intermedius** (Honda) Ohwi
分布：浙江、四川、云南、台湾、广东、广西；日本、菲律宾

大叶竹叶草 **Oplismenus compositus** var. **owatarii** (Honda) J. Ohwi
分布：贵州、云南、台湾、广东；日本、泰国

无芒竹叶草 **Oplismenus compositus** var. **submuticus** S. L. Chen et Y. X. Jin
分布：四川、云南

福建竹叶草 **Oplismenus fujianensis** S. L. Chen et Y. X. Jin
分布：福建

疏穗竹叶草 **Oplismenus patens** Honda
分布：云南、福建、台湾、广东、海南；日本

疏穗竹叶草(原变种) **Oplismenus patens** var. **patens**
分布：云南、台湾、广东、海南；日本

狭叶竹叶草 **Oplismenus patens** var. **angustifolius** (L. C. Chia) S. L. Chen et Y. X. Jin
分布：云南、海南

云南竹叶草 **Oplismenus patens** var. **yunnanensis** S. L. Chen et Y. X. Jin
分布：云南、海南

求米草 **Oplismenus undulatifolius** (Ard.) Roemer et Schuit.
分布：河北、山西、山东、河南、陕西、安徽、江苏、浙江、江西、湖南、湖北、四川、贵州、云南、福建、台湾、广东、广西；北半球暖温带和亚热带地区、印度和非洲高海拔地区

求米草(原变种) **Oplismenus undulatifolius** var. **undulatifolius**
分布：河北、山西、山东、河南、陕西、安徽、江苏、浙江、江西、湖南、湖北、四川、贵州、云南、福建、台湾、广东、广西；北半球温带及亚热带地区、印度高地和非洲

双穗求米草 **Oplismenus undulatifolius** var. **binatus** S. L. Chen et Y. X. Jin
分布：河北、安徽、江苏、浙江

光叶求米草 **Oplismenus undulatifolius** var. **glaber** S. L. Chen et Y. X. Jin
分布：山西、安徽、浙江、湖南、四川

狭叶求米草 **Oplismenus undulatifolius** var. **imbecillis** (R. Br.) Hack.
分布：陕西、安徽、江苏、浙江、江西、湖南、湖北、贵州、云南、台湾；日本

日本求米草 **Oplismenus undulatifolius** var. **japonicus** (Steud.) Koidz.
分布：河北、山东、陕西、安徽、江苏、浙江、江西、四川、云南、福建、广东、广西；日本

小叶求米草 **Oplismenus undulatifolius** var. **microphyllus** (Honda) Ohwi
分布：台湾；菲律宾

## 固沙草属 **Orinus** Hitchc.

高杆固沙草(新拟) **Orinus alticulmus** L. B. Cai et Tong Lin Zhang
分布：青海

西康固沙草 **Orinus anomala** Keng ex P. C. Keng et L. Liu
分布：青海、四川

青海固沙草 **Orinus kokonorica** (K. S. Hao) Keng ex X. L. Yang
分布：甘肃、青海

长颖固沙草(新拟) **Orinus longiglumis** L. B. Cai et X. Su
分布：西藏

固沙草 **Orinus thoroldii** (Stapf ex Hemsl.) Bor
分布：青海、新疆、西藏；克什米尔地区、尼泊尔

西藏固沙草 **Orinus tibetica** N. X. Zhao
分布：西藏

## 直芒草属 **Orthoraphium** Nees

直芒草 **Orthoraphium roylei** Nees
分布：四川、云南、西藏；不丹、印度、克什米尔地区、缅甸、尼泊尔

## 稻属 **Oryza** L.

光稃稻 **Oryza glaberrima** Steud.
分布：云南、海南；热带非洲西部栽培

疣粒稻 **Oryza meyeriana** subsp. **granulata** (Nees et Arn. ex Watt) Tateoka
分布：云南、广东、广西、海南；柬埔寨、印度、印度尼西亚、老挝、马来西亚、缅甸、菲律宾、斯里兰卡、泰国

药用稻 **Oryza officinalis** Wall. ex G. Watt
分布：云南、广东、广西、海南；印度、缅甸、泰国、不

丹、柬埔寨、印度尼西亚、马来西亚、尼泊尔、巴布亚新几内亚、菲律宾、斯里兰卡、越南

**野生稻 Oryza rufipogon** Griff.

分布：云南、台湾、广东、广西、海南；印度、缅甸、泰国、马来西亚、孟加拉国、柬埔寨、印度尼西亚、巴布亚新几内亚、斯里兰卡、菲律宾、越南、澳大利亚

**稻 Oryza sativa** L.

分布：遍布中国；东南亚普遍种植

**籼稻 Oryza sativa** subsp. **indica** Kato.

分布：云南、福建、广东、广西、海南、秦岭以南海拔较低地区

**粳稻 Oryza sativa** subsp. **japonica** Kato.

分布：中国北部和东北部

**稻(原亚种) Oryza sativa** subsp. **sativa**

分布：遍布中国；东南亚普遍种植

## 露籽草属 Ottochloa Dandy

**露籽草 Ottochloa nodosa** (Kunth) Dandy

分布：福建、广东、广西、海南、台湾、云南；印度、印度尼西亚、马来西亚、缅甸、巴布亚新几内亚、菲律宾、斯里兰卡、泰国、越南、澳大利亚(东北部)、太平洋群岛；非洲

**露籽草(原变种) Ottochloa nodosa** var. **nodosa**

分布：云南、福建、台湾、广东、广西、海南；印度、印度尼西亚、马来西亚、缅甸、巴布亚新几内亚、菲律宾、斯里兰卡、泰国、澳大利亚(东北部)、太平洋群岛；非洲

**小花露籽草 Ottochloa nodosa** var. **micrantha** (Balansa ex A. Camus) S. L. Chen et S. M. Phillips

分布：广东、海南；越南

## 黍属 Panicum L.

**可爱黍 Panicum amoenum** Balansa

分布：云南；婆罗洲、印度、马来西亚、缅甸、泰国、越南

**紧序黍 Panicum auritum** J. Presl ex Nees

分布：云南、福建、广东、海南；不丹、印度、印度尼西亚、马来西亚、巴布亚新几内亚、菲律宾、斯里兰卡、泰国、越南

**糠稷 Panicum bisulcatum** Thunb.

分布：黑龙江、山东、河南、安徽、江苏、浙江、湖南、湖北、四川、贵州、云南、福建、台湾、广东、海南；印度、日本、朝鲜、菲律宾、澳大利亚、太平洋岛屿

**短叶黍 Panicum brevifolium** L.

分布：江西、贵州、云南、福建、台湾、广东、广西；不丹、印度、印度尼西亚、马来西亚、缅甸、斯里兰卡、泰国、越南；热带非洲

**光头黍 Panicum coloratum** L.

分布：引进牧草；原产于热带和亚热带非洲，被引种到其他地方

**弯花黍 Panicum curviflorum** Hornem.

分布：云南；印度、印度尼西亚、巴布亚新几内亚、巴基斯坦、斯里兰卡、泰国

**多子黍 Panicum decompositum** R. Br.

分布：台湾；澳大利亚、太平洋诸岛

**洋野黍 Panicum dichotomiflorum** Michx.

分布：云南、福建、台湾、广东、广西；印度、马来西亚；新旧热带地区

**旱黍草 Panicum elegantissimum** Hook. f.

分布：西藏、台湾、广东、广西；婆罗洲、老挝、马来西亚、缅甸、菲律宾、泰国、越南

**南亚稷 Panicum humile** Nees ex Steud.

分布：西藏、台湾、广东、广西、海南；印度、马来西亚、菲律宾、斯里兰卡、泰国、越南；热带非洲

**藤竹草 Panicum incomtum** Trin.

分布：江西、云南、福建、台湾、广东、广西；不丹、印度、印度尼西亚、马来西亚、缅甸、巴布亚新几内亚、菲律宾、泰国、越南、澳大利亚

**滇西黍 Panicum khasianum** Munro ex Hook. f.

分布：云南；不丹、印度

**大罗湾草 Panicum luzonense** J. Presl

分布：云南、台湾、广东、广西、海南；印度、印度尼西亚、缅甸、菲律宾、斯里兰卡、澳大利亚

**大黍 Panicum maximum** Jacquin

分布：台湾、广东栽培；原产于热带非洲和美洲

**稷 Panicum miliaceum** L.

分布：普遍栽培；栽培于不丹、印度、日本和其他地方

**心叶稷 Panicum notatum** Retz.

分布：云南、西藏、福建、台湾、广东、广西；不丹、婆罗洲、印度、印度尼西亚、老挝、马来西亚、缅甸、尼泊尔、菲律宾、泰国、越南

**铺地黍 Panicum repens** L.

分布：浙江、江西、四川、云南、福建、台湾、广东、广西、海南；原产于巴西，现广布于世界热带和亚热带地区

**卵花黍 Panicum sarmentosum** Roxb.

分布：台湾、海南；印度、印度尼西亚、马来西亚、缅甸、巴布亚新几内亚、菲律宾、泰国、澳大利亚

**细柄黍 Panicum sumatrense** Roth ex Roem. et Schult.

分布：贵州、云南、西藏、台湾；印度、马来西亚、菲律宾、斯里兰卡

**发枝稷 Panicum trichoides** Sw.

分布：广东、海南；热带美洲；被引种到热带非洲和亚洲

**柳枝稷 Panicum virgatum** L.

分布：普遍作为牧草栽培；原产于北美洲

## 假牛鞭草属 Parapholis C. E. Hubb.

**假牛鞭草 Parapholis incurva** (L.) C. E. Hubb.

分布：福建、浙江；土库曼斯坦，亚洲(西南部)、欧洲、非洲(北部)，引种于非洲(南部)、美洲、澳大利亚

## 类雀稗属 Paspalidium Stapf

**类雀稗 Paspalidium flavidum** (Retzius) A. Camus

分布：广东、贵州、海南、台湾、云南；不丹、柬埔寨、印度、印度尼西亚、老挝、马来西亚、菲律宾、斯里兰卡、泰国、越南、澳大利亚、印度洋岛屿、太平洋群岛

**尖头类雀稗 Paspalidium punctatum** (Burm. f.) A. Camus

分布：福建、台湾、广东、海南；孟加拉国、柬埔寨、印度、印度尼西亚、老挝、马来西亚、缅甸、菲律宾、泰国、越南；非洲(东北部)

## 雀稗属 Paspalum L.

**两耳草 Paspalum conjugatum** Bergius

分布：河南、江西、四川、云南、西藏、福建、台湾、广东、广西、海南、香港；原产于热带美洲，现广布于热带地区

**云南雀稗 Paspalum delavayi** Henrard

分布：云南

**毛花雀稗 Paspalum dilatatum** Poir.

分布：上海、湖北、贵州、云南、福建、台湾、广西、香港、浙江有归化；原产于南美洲

**双穗雀稗 Paspalum distichum** L.

分布：山东、河南、安徽、江苏、浙江、湖南、湖北、四川、贵州、云南、福建、台湾、广西、海南、香港；世界热带和温带地区

**裂颖雀稗 Paspalum fimbriatum** Kunth

分布：台湾；原产于中美洲、南美洲，西印度群岛

**台湾雀稗 Paspalum hirsutum** Retz.

分布：台湾、广东、广西

**长叶雀稗 Paspalum longifolium** Roxb.

分布：浙江、云南、福建、台湾、广东、广西、海南；不丹、印度、印度尼西亚、日本、马来西亚、缅甸、尼泊尔、斯里兰卡、泰国、越南、澳大利亚(北部)、太平洋岛屿

**棱稃雀稗 Paspalum malacophyllum** Trin.

分布：甘肃

**百喜草 Paspalum notatum** Flüggé

分布：河北、甘肃、云南、福建；原产于热带和亚热带美洲

**开穗雀稗 Paspalum paniculatum** L.

分布：台湾；澳大利亚、巴布亚新几内亚、太平洋岛屿；非洲、南美洲

**皱稃雀稗 Paspalum plicatulum** Michx.

分布：甘肃栽培；原产于美洲热带和亚热带

**鸭胣草 Paspalum scrobiculatum** L.

分布：福建、广东、广西、贵州、海南、湖北、江苏、江西、四川、台湾、云南、浙江；旧世界热带地区和亚热带地区，引种于美洲

**鸭胣草(原变种) Paspalum scrobiculatum** var. **scrobiculatum**

分布：云南、台湾、广西、海南；印度；东南亚热带地区

**囡雀稗 Paspalum scrobiculatum** var. **bispicatum** Hack.

分布：江苏、浙江、四川、云南、福建、台湾、广东、广西；旧世界热带、亚热带地区

**圆果雀稗 Paspalum scrobiculatum** var. **orbiculare** (G. Forst.) Hack.

分布：江苏、浙江、江西、湖北、四川、贵州、云南、福建、台湾、广东、广西；澳大利亚、太平洋岛屿；亚洲(东南部)

**雀稗 Paspalum thunbergii** Kunth ex Steud.

分布：山东、河南、陕西、安徽、江苏、浙江、江西、湖南、湖北、四川、贵州、云南、福建、台湾、广东、广西；不丹、印度、日本、朝鲜

**丝毛雀稗 Paspalum urvillei** Steud.

分布：福建、台湾、香港；原产于南美洲

**海雀稗 Paspalum vaginatum** Sw.

分布：云南、台湾、海南、香港；世界热带、亚热带地区

**粗秆雀稗 Paspalum virgatum** L.

分布：台湾；原产于美洲

## 狼尾草属 Pennisetum Rich.

**狼尾草 Pennisetum alopecuroides** (L.) Spreng.

分布：黑龙江、北京、天津、山东、河南、陕西、甘肃、

安徽、江苏、浙江、江西、湖北、四川、贵州、云南、西藏、福建、台湾、广东、广西、海南；印度、印度尼西亚、日本、朝鲜、马来西亚、缅甸、菲律宾、澳大利亚、太平洋岛屿

铺地狼尾草 **Pennisetum clandestinum** Hochst. ex Chiov.

分布：云南、台湾；非洲

白草 **Pennisetum flaccidum** Griseb.

分布：黑龙江、吉林、辽宁、内蒙古、河北、山西、山东、河南、陕西、宁夏、甘肃、青海、新疆、湖北、四川、云南、西藏；阿富汗、不丹、印度、克什米尔地区、尼泊尔、巴基斯坦、塔吉克斯坦；亚洲(西南部)

御谷 **Pennisetum glaucum** (L.) R. Br.

分布：栽培于中国北部及东部；原产于非洲，广泛被其他地方引种

西藏狼尾草 **Pennisetum lanatum** Klotzsch

分布：西藏；阿富汗、印度、克什米尔地区、尼泊尔、巴基斯坦

长序狼尾草 **Pennisetum longissimum** S. L. Chen et Y. X. Jin

分布：陕西、甘肃、四川、贵州、云南

牧地狼尾草 **Pennisetum polystachion** (L.) Schultes

分布：台湾、海南、香港；遍布热带

象草 **Pennisetum purpureum** Schumach.

分布：江苏、江西、四川、云南、福建、台湾、广东、广西、海南；原产于非洲

乾宁狼尾草 **Pennisetum qianningense** S. L. Zhong

分布：四川、云南

陕西狼尾草 **Pennisetum shaanxiense** S. L. Chen et Y. X. Jin

分布：陕西、甘肃、青海、湖南、四川、云南

四川狼尾草 **Pennisetum sichuanense** S. L. Chen et Y. X. Jin

分布：四川、云南

## 茅根属 **Perotis** Aiton

麦穗茅根 **Perotis hordeiformis** Nees

分布：河北、江苏、云南、广东；印度、印度尼西亚、马来西亚、尼泊尔、缅甸、巴基斯坦、斯里兰卡、泰国

茅根 **Perotis indica** (L.) Kuntze

分布：广东、海南、山东、台湾、云南；不丹、柬埔寨、印度、印度尼西亚、老挝、马来西亚、缅甸、尼泊尔、菲律宾、斯里兰卡、泰国、越南、澳大利亚；非洲

大花茅根 **Perotis rara** R. Br.

分布：福建、台湾、广东、广西、海南；巴布亚新几内亚、菲律宾、泰国、越南、澳大利亚

## 束尾草属 **Phacelurus** Griseb.

束尾草 **Phacelurus latifolius** (Steud.) Ohwi

分布：辽宁、河北、山东、安徽、江苏、浙江、福建；日本、朝鲜

毛叶束尾草 **Phacelurus trichophyllus** S. L. Zhong

分布：四川、云南

黍束尾草 **Phacelurus zea** (C. B. Clarke) Clayton

分布：云南、广西；不丹、印度、缅甸、尼泊尔、泰国、越南

## 显子草属 **Phaenosperma** Munro ex Benth.

显子草 **Phaenosperma globosa** Munro ex Benth.

分布：陕西、甘肃、安徽、江苏、浙江、江西、湖北、四川、云南、西藏、台湾、广西；印度、日本、朝鲜

## 虉草属 **Phalaris** L.

水虉草 **Phalaris aquatica** L.

分布：云南；巴基斯坦；亚洲(西南部)、欧洲(南部)、非洲(北部)、南美洲

虉草 **Phalaris arundinacea** L.

分布：黑龙江、吉林、辽宁、内蒙古、河北、山西、山东、河南、陕西、宁夏、甘肃、青海、新疆、安徽、江苏、浙江、江西、湖南、湖北、四川、云南、台湾；广布于北半球温带地区

加那利虉草 **Phalaris canariensis** L.

分布：河北、上海、台湾；地中海；亚洲(西南部)

细虉草 **Phalaris minor** Retz.

分布：云南；不丹、印度、巴基斯坦；亚洲(西南部)、欧洲(南部)、非洲(北部)、南美洲

奇虉草 **Phalaris paradoxa** L.

分布：云南；亚洲(西南部)、欧洲(南部)、非洲(北部)、南美洲

## 梯牧草属 **Phleum** L.

高山梯牧草 **Phleum alpinum** L.

分布：黑龙江、河南、陕西、甘肃、新疆、湖北、四川、云南、西藏、台湾；阿富汗、不丹、印度、日本、克什米尔地区、哈萨克斯坦、吉尔吉斯斯坦、蒙古国、巴基斯坦、俄罗斯、塔吉克斯坦；亚洲(西南部)、欧洲(北部)、北美洲、

南美洲

**鬼蜡烛 Phleum paniculatum** Huds.

分布：山西、河南、陕西、甘肃、新疆、安徽、江苏、浙江、湖北、四川；阿富汗、印度、日本、克什米尔地区、哈萨克斯坦、吉尔吉斯斯坦、巴基斯坦、俄罗斯、塔吉克斯坦、土库曼斯坦、乌兹别克斯坦；亚洲(西南部)、欧洲

**假梯牧草 Phleum phleoides** (L.) H. Karst.

分布：黑龙江、内蒙古、新疆；哈萨克斯坦、吉尔吉斯斯坦、俄罗斯、塔吉克斯坦、乌兹别克斯坦；亚洲(西南部)、欧洲、非洲(西北部)

**梯牧草 Phleum pratense** L.

分布：黑龙江、河北、山东、河南、陕西、新疆、安徽、云南；俄罗斯；欧洲

## 芦苇属 Phragmites Adans.

**芦苇 Phragmites australis** (Cav.) Trin. ex Steud.

分布：遍布中国；世界广布

**日本苇 Phragmites japonicus** Steud.

分布：黑龙江、吉林、辽宁；日本、朝鲜、俄罗斯

**卡开芦 Phragmites karka** (Retz.) Trin. ex Steud.

分布：福建、广东、广西、海南、四川、台湾、云南；柬埔寨、印度、印度尼西亚、日本、老挝、马来西亚、缅甸、巴布亚新几内亚、菲律宾、斯里兰卡、泰国、越南、澳大利亚(北部)、太平洋群岛；非洲

## 刚竹属 Phyllostachys Sieb. et Zucc.

**尖头青竹 Phyllostachys acuta** C. D. Chu et C. S. Chao

分布：江苏、浙江、福建

**糙竹 Phyllostachys acutiligula** G. H. Lai

分布：安徽

**黄古竹 Phyllostachys angusta** McClure

分布：安徽、江苏、浙江、湖南、福建

**石绿竹 Phyllostachys arcana** McClure

分布：陕西、甘肃、安徽、江苏、浙江、四川、云南

**乌芽竹 Phyllostachys atrovaginata** C. S. Chao et H. Y. Chou

分布：江苏、浙江

**人面竹 Phyllostachys aurea** Riviere et C. Rivière

分布：浙江、福建

**黄槽竹 Phyllostachys aureosulcata** McClure

分布：北京、河南、江苏、浙江

**蓉城竹 Phyllostachys bissetii** McClure

分布：浙江、四川

**湖南刚竹 Phyllostachys carnea** G. H. Ye

分布：湖南

**毛壳花哺鸡竹 Phyllostachys circumpilis** C. Y. Yao et S. Y. Chen

分布：浙江

**广德芽竹 Phyllostachys corrugata** G. H. Lai

分布：安徽

**白哺鸡竹 Phyllostachys dulcis** McClure

分布：江苏、浙江、福建

**毛竹 Phyllostachys edulis** (Carrière) J. Houz.

分布：河南、陕西、安徽、江苏、浙江、江西、湖南、湖北、四川、贵州、云南、台湾、广西、福建、广东；韩国、日本、菲律宾、越南和北美洲有引种

**甜笋竹 Phyllostachys elegans** McClure

分布：福建、浙江有栽培；广东、海南、湖南

**角竹 Phyllostachys fimbriligula** T. W. Wen

分布：安徽、浙江

**曲竿竹 Phyllostachys flexuosa** Riviere et C. Rivière

分布：河北、山西、河南、陕西、安徽、江苏、浙江、云南

**花哺鸡竹 Phyllostachys glabrata** S. Y. Chen et C. Y. Yao

分布：浙江、福建

**淡竹 Phyllostachys glauca** McClure

分布：山西、山东、河南、陕西、安徽、江苏、浙江、湖南、云南

**淡竹(原变种) Phyllostachys glauca** var. **glauca**

分布：山西、山东、河南、陕西、安徽、江苏、浙江、湖南、云南

**变竹 Phyllostachys glauca** var. **variabilis** J. L. Lu

分布：河南

**贵州刚竹 Phyllostachys guizhouensis** C. S. Chao et J. Q. Zhang

分布：贵州

**水竹 Phyllostachys heteroclada** Oliver

分布：河南、陕西、甘肃、安徽、江苏、浙江、江西、湖南、湖北、四川、贵州、云南、福建、广东、广西

**燥壳竹 Phyllostachys hirtivagina** G. H. Lai

分布：安徽

光壳竹 **Phyllostachys hispida** var. **glabrivagina** G. H. Lai
分布：安徽

红壳雷竹 **Phyllostachys incarnata** T. W. Wen
分布：浙江、福建

红哺鸡竹 **Phyllostachys iridescens** C. Y. Yao et S. Y. Chen
分布：安徽、江苏、浙江

假毛竹 **Phyllostachys kwangsiensis** W. Y. Hsiung, Q. H. Dai et J. K. Liu
分布：江苏、湖南、广东、浙江有栽培，广西

大节刚竹 **Phyllostachys lofushanensis** Z. P. Wang, C. H. Hu et G. H. Ye
分布：广东

瓜水竹 **Phyllostachys longiciliata** G. H. Lai
分布：安徽

台湾桂竹 **Phyllostachys makinoi** Hayata
分布：福建、台湾；日本有引种

美竹 **Phyllostachys mannii** Gamble
分布：河南、陕西、江苏、浙江、四川、贵州、云南、西藏

毛环竹 **Phyllostachys meyeri** McClure
分布：河南、安徽、江苏、江西、湖南、湖北、云南、广西、浙江有栽培，湖南

富阳乌哺鸡竹 **Phyllostachys nigella** T. W. Wen
分布：浙江

紫竹 **Phyllostachys nigra** (Lodd. ex Lindl.) Munro
分布：湖南，中国各地广泛栽培

紫竹(原变种) **Phyllostachys nigra** var. **nigra**
分布：中国各地广泛栽培

毛金竹 **Phyllostachys nigra** var. **henonis** (Mitford) Stapf ex Rendle
分布：河南、陕西、甘肃、江苏、江西、湖北、四川、云南、西藏、福建、广东、广西、浙江有栽培；印度、日本、朝鲜、菲律宾、越南；欧洲、北美洲有引种

灰竹 **Phyllostachys nuda** McClure
分布：陕西、安徽、江苏、浙江、江西、湖南、福建、台湾；欧洲、北美洲

安吉金竹 **Phyllostachys parvifolia** C. D. Chu et H. Y. Chou
分布：浙江

灰水竹 **Phyllostachys platyglossa** C. P. Wang et Z. H. Yu
分布：江苏、浙江

高节竹 **Phyllostachys prominens** W. Y. Xiong ex C. P. Wang
分布：江苏、浙江

早园竹 **Phyllostachys propinqua** McClure
分布：河南、安徽、江苏、浙江、江西、湖北、贵州、云南、福建、广西；欧洲、北美洲

谷雨竹 **Phyllostachys purpureociliata** G. H. Lai
分布：安徽

桂竹 **Phyllostachys reticulata** (Rupr.) K. Koch
分布：山东、河南、陕西、江苏、浙江、江西、湖南、湖北、四川、贵州、云南、福建、台湾、广东、广西；日本

河竹 **Phyllostachys rivalis** H. R. Zhao et A. T. Liu
分布：浙江、福建、广东

芽竹 **Phyllostachys robustiramea** S. Y. Chen et C. Y. Yao
分布：安徽、浙江

红后竹 **Phyllostachys rubicunda** T. W. Wen
分布：江苏、浙江、福建

红边竹 **Phyllostachys rubromarginata** McClure
分布：河南有栽培；广西、贵州

衢县红壳竹 **Phyllostachys rutila** T. W. Wen
分布：江苏、浙江

舒城刚竹 **Phyllostachys shuchengensis** S. C. Li et S. H. Wu
分布：河南、安徽、浙江、江西、云南、广东、广西

漫竹 **Phyllostachys stimulosa** H. R. Zhao et A. T. Liu
分布：安徽、浙江

金竹 **Phyllostachys sulphurea** (Carrière) Riviere et C. Rivière
分布：山东、河南、陕西、安徽、江苏、浙江、江西、湖南、福建；日本；欧洲、非洲、美洲有栽培

金竹(原变种) **Phyllostachys sulphurea** var. **sulphurea**
分布：河南、安徽、江苏、浙江、江西；栽培在日本，以及欧洲、非洲和北美洲

刚竹 **Phyllostachys sulphurea** var. **viridis** R. A. Young
分布：山东、河南、陕西、安徽、江苏、浙江、江西、福建

天目早竹 **Phyllostachys tianmuensis** Z. P. Wang et N. X. Ma
分布：安徽、浙江

乌竹 **Phyllostachys varioauriculata** S. C. Li et S. H. Wu
分布：浙江有栽培，安徽、江苏

硬头青竹 **Phyllostachys veitchiana** Rendle
分布：浙江有引种，湖北、四川

长沙刚竹 **Phyllostachys verrucosa** G. H. Ye
分布：湖南

早竹 **Phyllostachys violascens** (Carrière) Riviere et C. Rivière
分布：安徽、江苏、浙江、江西、湖南、云南、福建

东阳青皮竹 **Phyllostachys virella** T. W. Wen
分布：浙江

粉绿竹 **Phyllostachys viridiglaucescens** (Carrière) Riviere et C. Rivière
分布：江苏、浙江、江西、福建

乌哺鸡竹 **Phyllostachys vivax** McClure
分布：山东、河南、江苏、浙江、云南、福建

云和哺鸡竹 **Phyllostachys yunhoensis** S. Y. Chen et C. Y. Yao
分布：浙江

浙江甜竹 **Phyllostachys zhejiangensis** G. H. Lai
分布：安徽

## 落芒草属 **Piptatherum** P. Beauv.

等颖落芒草 **Piptatherum aequiglume** (Duthie ex Hook. f.) Roshevitz
分布：四川、云南、西藏；阿富汗、不丹、印度、克什米尔地区、巴基斯坦

等颖落芒草(原变种) **Piptatherum aequiglume** var. **aequiglume**
分布：四川、云南、西藏；阿富汗、不丹、印度、克什米尔地区、巴基斯坦

长舌落芒草 **Piptatherum aequiglume** var. **ligulatum** (P. C. Kuo et Z. L. Wu) S. M. Phillips et Z. L. Wu
分布：云南

小落芒草 **Piptatherum gracile** Mez
分布：四川、云南、西藏；印度、阿富汗、克什米尔地区、尼泊尔、巴基斯坦

大穗落芒草 **Piptatherum grandispiculum** (P. C. Kuo et Z. L. Wu) S. M. Phillips et Z. L. Wu
分布：西藏

少穗落芒草 **Piptatherum hilariae** Pazij
分布：西藏；阿富汗、印度、克什米尔地区、巴基斯坦、塔吉克斯坦

钝颖落芒草 **Piptatherum kuoi** S. M. Phillips et Z. L. Wu
分布：河南、陕西、浙江、湖南、湖北、四川、贵州、云南、台湾、广东；日本

细弱落芒草 **Piptatherum laterale** (Regel) Munro ex Nevski
分布：四川、西藏；阿富汗、克什米尔地区、吉尔吉斯斯坦、尼泊尔、巴基斯坦、塔吉克斯坦、乌兹别克斯坦；亚洲(西南部)

落芒草 **Piptatherum munroi** (Stapf) Mez
分布：甘肃、青海、新疆、四川、贵州、云南、西藏；阿富汗、不丹、印度、克什米尔地区、巴基斯坦、尼泊尔

落芒草(原变种) **Piptatherum munroi** var. **munroi**
分布：甘肃、青海、新疆、四川、贵州、云南、西藏；阿富汗、不丹、印度、克什米尔地区、尼泊尔、巴基斯坦

小花落芒草 **Piptatherum munroi** var. **parviflorum** (Z. L. Wu) S. M. Phillips et Z. L. Wu
分布：甘肃、青海；印度

新疆落芒草 **Piptatherum songaricum** (Trin. et Rupr.) Roshev.
分布：新疆；哈萨克斯坦、蒙古国、俄罗斯

藏落芒草 **Piptatherum tibeticum** Roshev.
分布：陕西、甘肃、青海、四川、云南、西藏

藏落芒草(原变种) **Piptatherum tibeticum** var. **tibeticum**
分布：陕西、甘肃、青海、四川、云南、西藏

光稃落芒草 **Piptatherum tibeticum** var. **psilolepis** (P. C. Kuo et Z. L. Wu) S. M. Phillips et Z. L. Wu
分布：四川、西藏

## 苦竹属 **Pleioblastus** Nakai

高舌苦竹 **Pleioblastus altiligulatus** S. L. Chen et S. Y. Chen
分布：浙江、湖南、福建

苦竹 **Pleioblastus amarus** (Keng) Keng f.
分布：安徽、江苏、浙江、江西、湖南、湖北、四川、贵

州、云南、福建

**苦竹(原变种) Pleioblastus amarus** var. **amarus**

分布：安徽、江苏、浙江、江西、湖南、湖北、四川、贵州、云南、福建

**杭州苦竹 Pleioblastus amarus** var. **hangzhouensis** S. L. Chen et S. Y. Chen

分布：浙江

**垂枝苦竹 Pleioblastus amarus** var. **pendulifolius** S. Y. Chen

分布：浙江

**胖苦竹 Pleioblastus amarus** var. **tubatus** T. H. Wen

分布：浙江

**青苦竹 Pleioblastus argenteostriatus** (Regel) Nakai

分布：浙江有栽培；日本

**花石竹 Pleioblastus conspurcatus** Yi et J. Y. Shi

分布：湖南

**无毛翠竹 Pleioblastus distichus** (Mitford) Nakai

分布：江苏、浙江；日本

**菲白竹 Pleioblastus fortunei** (Van Houtte ex Munro) Nakai

分布：江苏、浙江；日本

**罗公竹 Pleioblastus guilongshanensis** M. M. Lin

分布：福建

**仙居苦竹 Pleioblastus hsienchuensis** T. H. Wen

分布：浙江

**仙居苦竹(原变种) Pleioblastus hsienchuensis** var. **hsienchuensis**

分布：浙江

**光箨苦竹 Pleioblastus hsienchuensis** var. **subglabratus** (S. Y. Chen) C. S. Chao et G. Y. Yang

分布：浙江

**绿苦竹 Pleioblastus incarnatus** S. L. Chen et G. Y. Sheng

分布：福建

**华丝竹 Pleioblastus intermedius** S. Y. Chen

分布：浙江

**衢县苦竹 Pleioblastus juxianensis** T. H. Wen, C. Y. Yao et S. Y. Chen

分布：浙江

**琉球矢竹 Pleioblastus linearis** (Hack.) Nakai

分布：台湾有栽培；日本

**斑苦竹 Pleioblastus maculatus** (McClure) C. D. Chu et C. S. Chao

分布：江苏、江西、四川、贵州、云南、福建、广东、广西

**丽水苦竹 Pleioblastus maculosoides** T. H. Wen

分布：浙江

**油苦竹 Pleioblastus oleosus** T. H. Wen

分布：浙江、江西、云南、福建

**皱苦竹 Pleioblastus rugatus** T. H. Wen et S. Y. Chen

分布：浙江

**三明苦竹 Pleioblastus sanmingensis** S. L. Chen et G. Y. Sheng

分布：福建

**实心苦竹 Pleioblastus solidus** S. Y. Chen

分布：江苏、浙江

**尖子竹 Pleioblastus truncatus** T. H. Wen

分布：浙江

**武夷山苦竹 Pleioblastus wuyishanensis** Q. F. Zheng et K. F. Huang

分布：福建

**宜兴苦竹 Pleioblastus yixingensis** S. L. Chen et S. Y. Chen

分布：江苏

## 早熟禾属 Poa L.

**白顶早熟禾 Poa acroleuca** Steud.

分布：山东、河南、陕西、安徽、江苏、浙江、江西、湖南、湖北、四川、贵州、云南、西藏、福建、台湾、广东、广西；朝鲜、日本

**白顶早熟禾(原变种) Poa acroleuca** var. **acroleuca**

分布：山东、河南、陕西、安徽、江苏、浙江、江西、湖南、湖北、四川、贵州、云南、西藏、福建、台湾、广东、广西；韩国、日本

**如昆早熟禾 Poa acroleuca** var. **ryukyuensis** Koba et Tateoka

分布：山东、浙江、广东；日本

**阿拉套早熟禾 Poa albertii** Regel

分布：内蒙古、陕西、甘肃、青海、新疆、四川、云南、西藏；阿富汗、不丹、印度、哈萨克斯坦、吉尔吉斯斯坦、蒙古国、尼泊尔、巴基斯坦、俄罗斯、塔吉克斯坦、乌兹别克斯坦；亚洲(西南部)

**阿拉套早熟禾(原亚种) Poa albertii** subsp. **albertii**

分布：陕西、甘肃、青海、新疆、四川、云南、西藏；印度、哈萨克斯坦、吉尔吉斯斯坦、蒙古国、尼泊尔、巴基斯坦、俄罗斯、塔吉克斯坦、乌兹别克斯坦

**阿诺早熟禾 Poa albertii** subsp. **arnoldii** (Melderis) Olonova et G. Zhu

分布：甘肃、青海、西藏；尼泊尔

**高寒早熟禾 Poa albertii** subsp. **kunlunensis** (N. R. Cui) Olonova et G. Zhu

分布：青海、新疆、西藏；阿富汗、印度、巴基斯坦、俄罗斯、塔吉克斯坦、乌兹别克斯坦；亚洲(西南部)

**拉哈尔早熟禾 Poa albertii** subsp. **lahulensis** (Bor) Olonova et G. Zhu

分布：云南、西藏；印度

**波伐早熟禾 Poa albertii** subsp. **poophagorum** (Bor) Olonova et G. Zhu

分布：青海、新疆、云南、西藏；不丹、印度、尼泊尔

**高山早熟禾 Poa alpina** L.

分布：青海、新疆、西藏；俄罗斯、阿富汗、巴基斯坦、印度、日本、哈萨克斯坦、吉尔吉斯斯坦、尼泊尔、塔吉克斯坦；亚洲(西南部)、欧洲、北美洲

**高株早熟禾 Poa alta** Hitchc.

分布：黑龙江、吉林、辽宁、内蒙古、山西、新疆、四川、云南、西藏；日本、蒙古国、俄罗斯

**早熟禾 Poa annua** L.

分布：安徽、福建、甘肃、广东、广西、贵州、海南、河北、黑龙江、河南、湖北、湖南、江苏、江西、吉林、辽宁、内蒙古、青海、陕西、山东、山西、四川、台湾、新疆、西藏、云南、浙江；阿富汗、不丹、印度、尼泊尔、巴基斯坦、缅甸、斯里兰卡、印度尼西亚、马来西亚、巴布亚新几内亚；蒙古国、俄罗斯、越南、日本、韩国、太平洋群岛、澳大利亚；西南亚、中亚、欧洲、非洲、北美洲、南美洲

**阿洼早熟禾 Poa araratica** Trautv.

分布：内蒙古、河北、陕西、甘肃、青海、新疆、四川、云南、西藏；印度、哈萨克斯坦、吉尔吉斯斯坦、蒙古国、尼泊尔、巴基斯坦、俄罗斯、塔吉克斯坦、乌兹别克斯坦；亚洲(西南部)

**阿洼早熟禾(原亚种) Poa araratica** subsp. **araratica**

分布：新疆、西藏；印度、哈萨克斯坦、吉尔吉斯斯坦、蒙古国、尼泊尔、巴基斯坦、俄罗斯、塔吉克斯坦、乌兹别克斯坦；亚洲(西南部)

**高阿洼早熟禾 Poa araratica** subsp. **altior** (Keng) Olonova et G. Zhu

分布：甘肃、四川、西藏

**堇色早熟禾 Poa araratica** subsp. **ianthina** (Keng ex Shan Chen) Olonova et G. Zhu

分布：内蒙古、河北、山西、甘肃、青海、新疆、四川、云南、西藏

**贫叶早熟禾 Poa araratica** subsp. **oligophylla** (Keng) Olonova et G. Zhu

分布：陕西、青海、新疆、四川、西藏；俄罗斯

**光稃早熟禾 Poa araratica** subsp. **psilolepis** (Keng) Olonova et G. Zhu

分布：甘肃、青海、新疆、四川、西藏；塔吉克斯坦

**极地早熟禾 Poa arctica** subsp. **caespitans** Simmons ex Nannf. ex

分布：黑龙江、吉林；俄罗斯；欧洲、北美洲

**糙叶早熟禾 Poa asperifolia** Bor

分布：甘肃、青海、四川、云南、西藏；不丹

**渐尖早熟禾 Poa attenuata** Trin.

分布：内蒙古、河北、陕西、甘肃、青海、新疆、四川、云南、西藏；不丹、印度、哈萨克斯坦、吉尔吉斯斯坦、蒙古国、尼泊尔、巴基斯坦、俄罗斯、塔吉克斯坦、乌兹别克斯坦

**渐尖早熟禾(原变种) Poa attenuata** var. **attenuata**

分布：内蒙古、河北、陕西、甘肃、青海、新疆、四川、西藏；不丹、印度、哈萨克斯坦、吉尔吉斯斯坦、蒙古国、尼泊尔、巴基斯坦、俄罗斯、塔吉克斯坦、乌兹别克斯坦

**达呼里早熟禾 Poa attenuata** var. **dahurica** (Trin.) Griseb.

分布：内蒙古、甘肃、青海、新疆、西藏；哈萨克斯坦、吉尔吉斯斯坦、蒙古国、俄罗斯、塔吉克斯坦、乌兹别克斯坦

**荒漠早熟禾 Poa bactriana** Roshev.

分布：新疆、西藏；阿富汗、克什米尔地区、哈萨克斯坦、吉尔吉斯斯坦、巴基斯坦、塔吉克斯坦、土库曼斯坦、乌兹别克斯坦；亚洲(西南部)

**荒漠早熟禾(原亚种) Poa bactriana** subsp. **bactriana**

分布：新疆；阿富汗、克什米尔地区、哈萨克斯坦、吉尔吉斯斯坦、巴基斯坦、塔吉克斯坦、土库曼斯坦、乌兹别克斯坦

**光滑早熟禾 Poa bactriana** subsp. **glabriflora** (Roshev.) Tzvelev

分布：新疆、西藏；阿富汗、克什米尔地区、哈萨克斯坦、

吉尔吉斯斯坦、巴基斯坦、塔吉克斯坦、土库曼斯坦、乌兹别克斯坦；亚洲(西南部)

**双节早熟禾 Poa binodis** Keng ex L. Liu

分布：四川

**波密早熟禾 Poa bomiensis** C. Ling

分布：西藏

**布查早熟禾 Poa bucharica** Roshev.

分布：新疆；阿富汗、克什米尔地区、哈萨克斯坦、吉尔吉斯斯坦、塔吉克斯坦、乌兹别克斯坦

**布查早熟禾(原亚种) Poa bucharica** subsp. **bucharica**

分布：新疆；阿富汗、哈萨克斯坦、吉尔吉斯斯坦、塔吉克斯坦、乌兹别克斯坦

**卡拉蒂早熟禾 Poa bucharica** subsp. **karateginensis** (Roshev. ex Ovcz.) Tzvelev

分布：新疆；克什米尔地区、塔吉克斯坦

**鳞茎早熟禾 Poa bulbosa** L.

分布：新疆、西藏；阿富汗、印度(西北部)、哈萨克斯坦、吉尔吉斯斯坦、尼泊尔、巴基斯坦、俄罗斯、塔吉克斯坦、土库曼斯坦、乌兹别克斯坦、太平洋群岛；亚洲(西南部)、欧洲、非洲，引种于澳大利亚、新西兰、南美洲、北美洲

**鳞茎早熟禾(原变种) Poa bulbosa** var. **bulbosa**

分布：新疆；阿富汗、巴基斯坦、俄罗斯、土库曼斯坦；亚洲(西南部)

**尼氏早熟禾 Poa bulbosa** subsp. **nevskii** (Roshev. ex Ovcz.) Tzvelev

分布：新疆；塔吉克斯坦、土库曼斯坦、乌兹别克斯坦

**胎生鳞茎早熟禾 Poa bulbosa** subsp. **vivipara** (Koeler) Arcang.

分布：新疆、西藏；阿富汗、印度(西北部)、哈萨克斯坦、吉尔吉斯斯坦、尼泊尔、巴基斯坦、俄罗斯、塔吉克斯坦、太平洋群岛、土库曼斯坦、乌兹别克斯坦；亚洲(西南部)、欧洲、非洲，引种于澳大利亚、南美洲、北美洲

**缅甸早熟禾 Poa burmanica** Bor

分布：四川、云南、西藏；缅甸

**花丽早熟禾 Poa calliopsis** Litv. ex Ovcz.

分布：甘肃、青海、新疆、四川、云南、西藏；印度、巴基斯坦、不丹、吉尔吉斯斯坦、尼泊尔、塔吉克斯坦

**加拿大早熟禾 Poa compressa** L.

分布：河北、山东、青海、新疆、江西、云南、台湾；印度、日本、哈萨克斯坦、俄罗斯、澳大利亚、太平洋岛屿；亚洲(西南部)、欧洲、非洲、美洲

**阿尔泰旱禾 Poa diaphora** Trin.

分布：新疆、西藏；阿富汗、印度、克什米尔地区、哈萨克斯坦、吉尔吉斯斯坦、巴基斯坦、俄罗斯、塔吉克斯坦、土库曼斯坦、乌兹别克斯坦；亚洲(西南部)

**阿尔泰旱禾(原亚种) Poa diaphora** subsp. **diaphora**

分布：新疆、西藏；阿富汗、印度(西北部)、克什米尔地区、哈萨克斯坦、吉尔吉斯斯坦、巴基斯坦、俄罗斯、塔吉克斯坦、土库曼斯坦、乌兹别克斯坦；亚洲(西南部)

**旱禾 Poa diaphora** subsp. **oxyglumis** (Boiss.) Soreng et G. Zhu

分布：新疆；哈萨克斯坦、土库曼斯坦、乌兹别克斯坦；亚洲(西南部)

**雅江早熟禾 Poa dzongicola** Noltie

分布：四川、西藏；不丹、印度

**易乐早熟禾 Poa eleanorae** Bor

分布：四川、云南、西藏；印度、尼泊尔

**法氏早熟禾 Poa faberi** Rendle

分布：河南、陕西、甘肃、新疆、安徽、湖南、湖北、四川、贵州、云南、西藏

**法氏早熟禾(原变种) Poa faberi** var. **faberi**

分布：河南、甘肃、新疆、安徽、湖南、湖北、四川、贵州、云南、西藏

**尖舌早熟禾 Poa faberi** var. **ligulata** Rendle

分布：四川

**毛颖早熟禾 Poa faberi** var. **longifolia** (Keng) Olonova et G. Zhu

分布：陕西、甘肃、新疆、四川、云南、西藏

**福克纳早熟禾 Poa falconeri** Hook. f.

分布：西藏；印度、克什米尔地区、尼泊尔

**茛密早熟禾 Poa gammieana** Hook. f.

分布：西藏；不丹、印度

**灰早熟禾 Poa glauca** Vahl

分布：内蒙古、陕西、甘肃、青海、新疆、四川、云南、西藏、台湾；印度、日本、哈萨克斯坦、朝鲜、吉尔吉斯斯坦、蒙古国、尼泊尔、巴基斯坦、俄罗斯、塔吉克斯坦、乌兹别克斯坦；亚洲(西南部)、欧洲、美洲(北部)

**灰早熟禾(原亚种) Poa glauca** subsp. **glauca**

分布：内蒙古、陕西、甘肃、青海、新疆、四川、云南、西藏、台湾；日本、哈萨克斯坦、韩国、吉尔吉斯斯坦、蒙古国、俄罗斯、塔吉克斯坦；欧洲、北美洲

阿尔泰早熟禾 **Poa glauca** subsp. **altaica** (Trin.) Olonova et G. Zhu
分布：新疆；哈萨克斯坦、俄罗斯

阔叶早熟禾 **Poa grandis** Hand.-Mazz.
分布：四川、云南、西藏；缅甸

史蒂瓦早熟禾 **Poa himalayana** Nees ex Steud.
分布：四川、云南、西藏；印度、克什米尔地区、巴基斯坦

毛花早熟禾 **Poa hirtiglumis** Hook. f.
分布：甘肃、青海、四川、西藏；不丹、印度、尼泊尔

毛花早熟禾(原变种) **Poa hirtiglumis** var. **hirtiglumis**
分布：甘肃、青海、四川、西藏；不丹、印度、尼泊尔

尼木早熟禾 **Poa hirtiglumis** var. **nimuana** (C. Ling) Soreng et G. Zhu
分布：甘肃、青海、四川、西藏

久内早熟禾 **Poa hisauchii** Honda
分布：河北、浙江；日本、朝鲜

希萨尔早熟禾 **Poa hissarica** Roshev. ex Ovcz.
分布：新疆；哈萨克斯坦、吉尔吉斯斯坦、塔吉克斯坦、乌兹别克斯坦

喜巴早熟禾 **Poa hylobates** Bor
分布：青海、新疆、四川、西藏；尼泊尔

茁壮早熟禾 **Poa imperialis** Bor
分布：四川；尼泊尔

低矮早熟禾 **Poa infirma** Kunth
分布：山西、浙江、四川、福建；印度、巴基斯坦、塔吉克斯坦、澳大利亚、日本、新西兰、太平洋岛屿；亚洲(西南部)、欧洲、非洲、北美洲、南美洲

喀斯早熟禾 **Poa khasiana** Stapf
分布：四川、贵州、云南、西藏、台湾；印度、缅甸

朗坦早熟禾 **Poa langtangensis** Melderis
分布：西藏；尼泊尔

拉扒早熟禾 **Poa lapponica** Prokudin
分布：黑龙江、吉林、辽宁、内蒙古、河北、陕西、新疆、四川、云南；日本、哈萨克斯坦、朝鲜、吉尔吉斯斯坦、蒙古国、俄罗斯；欧洲

拉扒早熟禾(原亚种) **Poa lapponica** subsp. **lapponica**
分布：黑龙江、吉林、辽宁、内蒙古、河北、陕西、新疆、四川、云南；日本、哈萨克斯坦、朝鲜、吉尔吉斯斯坦、蒙古国、俄罗斯

尖颖早熟禾 **Poa lapponica** subsp. **acmocalyx** (Keng ex L. Liu) Olonova et G. Zhu
分布：吉林、四川

毛轴早熟禾 **Poa lapponica** subsp. **pilipes** (Keng ex Shan Chen) Olonova et G. Zhu
分布：内蒙古、河北、四川

江萨早熟禾 **Poa lhasaensis** Bor
分布：四川、西藏；印度、克什米尔地区、尼泊尔

疏穗早熟禾 **Poa lipskyi** Roshev.
分布：青海、新疆、西藏；克什米尔地区、哈萨克斯坦、吉尔吉斯斯坦、蒙古国、塔吉克斯坦、乌兹别克斯坦

疏穗早熟禾(原亚种) **Poa lipskyi** subsp. **lipskyi**
分布：青海、新疆、西藏；哈萨克斯坦、吉尔吉斯斯坦、塔吉克斯坦

准噶尔早熟禾 **Poa lipskyi** subsp. **dschungarica** (Roshev.) Tzvelev
分布：新疆；哈萨克斯坦、吉尔吉斯斯坦、蒙古国、塔吉克斯坦、乌兹别克斯坦

大药早熟禾 **Poa macroanthera** D. F. Cui
分布：新疆

毛稃早熟禾 **Poa mairei** Hack.
分布：四川、云南、西藏；不丹、印度、尼泊尔

南湖大山早熟禾 **Poa nankoensis** Ohwi
分布：台湾

林早熟禾 **Poa nemoraliformis** Roshev.
分布：新疆、西藏；印度、塔吉克斯坦

林地早熟禾 **Poa nemoralis** L.
分布：甘肃、贵州、河北、黑龙江、吉林、辽宁、内蒙古、陕西、山西、四川、新疆、西藏、云南；不丹、印度、日本、哈萨克斯坦、韩国、吉尔吉斯斯坦、蒙古国、尼泊尔、巴基斯坦、俄罗斯、塔吉克斯坦、乌兹别克斯坦；亚洲(西南部)、欧洲，归化于北美洲

林地早熟禾(原变种) **Poa nemoralis** var. **nemoralis**
分布：黑龙江、吉林、辽宁、内蒙古、河北、山西、陕西、甘肃、新疆、四川、贵州、云南、西藏；不丹、印度、日本、哈萨克斯坦、韩国、吉尔吉斯斯坦、蒙古国、尼泊尔、巴基斯坦、俄罗斯、塔吉克斯坦、乌兹别克斯坦；亚洲(西南部)、北美洲归化

疏穗林地早熟禾 **Poa nemoralis** var. **parca** N. R. Cui
分布：新疆

**尼泊尔早熟禾 Poa nepalensis** (G. C. Wall. ex Griseb.) Duthie
分布：辽宁、河北、山西、河南、陕西、甘肃、青海、江苏、浙江、湖北、四川、云南、西藏；不丹、印度、日本、克什米尔地区、朝鲜、缅甸、尼泊尔、巴基斯坦

**尼泊尔早熟禾(原变种) Poa nepalensis** var. **nepalensis**
分布：河北、山西、河南、陕西、甘肃、江苏、浙江、湖北、四川、云南、西藏；不丹、印度、克什米尔地区、缅甸、尼泊尔、巴基斯坦

**日本早熟禾 Poa nepalensis** var. **nipponica** (Koidz.) Soreng et G. Zhu
分布：辽宁；朝鲜、日本

**闪穗早熟禾 Poa nitidespiculata** Bor
分布：西藏；印度、尼泊尔

**云生早熟禾 Poa nubigena** Keng ex L. Liu
分布：四川、云南、西藏

**曲枝早熟禾 Poa pagophila** Bor
分布：青海、四川、云南、西藏；克什米尔地区、不丹、巴基斯坦、印度、尼泊尔

**泽地早熟禾 Poa palustris** L.
分布：黑龙江、内蒙古、河北、河南、新疆、安徽；印度、日本、哈萨克斯坦、朝鲜、吉尔吉斯斯坦、蒙古国、巴基斯坦、俄罗斯、塔吉克斯坦；亚洲(西南部)、欧洲、北美洲

**宿生早熟禾 Poa perennis** Keng ex P. C. Keng
分布：云南、西藏

**多鞘早熟禾 Poa polycolea** Stapf
分布：青海、新疆、四川、云南、西藏；不丹、印度、尼泊尔、巴基斯坦、阿富汗

**多脉早熟禾 Poa polyneuron** Bor
分布：西藏；印度

**草地早熟禾 Poa pratensis** L.
分布：安徽、甘肃、贵州、河北、黑龙江、河南、湖北、江苏、江西、吉林、辽宁、内蒙古、宁夏、青海、陕西、山东、山西、四川、台湾、新疆、西藏、云南；阿富汗、不丹、印度、印度尼西亚、日本、韩国、蒙古国、缅甸、尼泊尔、巴布亚新几内亚、巴基斯坦、俄罗斯、斯里兰卡、南太平洋群岛、澳大利亚；中亚、亚洲(西南部)、欧洲、非洲、北美洲、南美洲

**草地早熟禾(原亚种) Poa pratensis** subsp. **pratensis**
分布：黑龙江、吉林、辽宁、内蒙古、河北、山西、山东、河南、陕西、甘肃、青海、新疆、安徽、江苏、江西、湖北、四川、贵州、云南、西藏；阿富汗、不丹、印度、印度尼西亚、日本、哈萨克斯坦、韩国、吉尔吉斯斯坦、蒙古国、缅甸、尼泊尔、巴布亚新几内亚、巴基斯坦、俄罗斯、斯里兰卡、塔吉克斯坦、土库曼斯坦、乌兹别克斯坦、澳大利亚、太平洋群岛；亚洲(西南部)、欧洲、非洲、北美洲、南美洲

**高原早熟禾 Poa pratensis** subsp. **alpigena** (Lindm.) Hiitonen
分布：黑龙江、内蒙古、河北；俄罗斯；欧洲、美洲(北部和南部)

**细叶早熟禾 Poa pratensis** subsp. **angustifolia** (L.) Lejeun.
分布：甘肃、贵州、河北、黑龙江、吉林、辽宁、内蒙古、宁夏、青海、陕西、山东、山西、四川、新疆、西藏、云南；阿富汗、不丹、印度、哈萨克斯坦、吉尔吉斯斯坦、蒙古国、尼泊尔、巴基斯坦、俄罗斯、塔吉克斯坦、乌兹别克斯坦；亚洲(西南部)、欧洲，引种于北美洲

**粉绿早熟禾 Poa pratensis** subsp. **pruinosa** (Korotky) W. B. Dickoré
分布：黑龙江、甘肃、青海、新疆、四川、云南、西藏；阿富汗、哈萨克斯坦、吉尔吉斯斯坦、蒙古国、巴基斯坦、俄罗斯、塔吉克斯坦

**色早熟禾 Poa pratensis** subsp. **sergievskajae** (Prob.) Tzvelev
分布：黑龙江、吉林、西藏；俄罗斯

**长稃早熟禾 Poa pratensis** subsp. **staintonii** (Melderis) W. B. Dickoré
分布：青海、四川、云南、西藏；尼泊尔

**窄颖早熟禾 Poa pratensis** subsp. **stenachyra** (Keng ex Keng f. et G. Q. Song) Soreng et G. Zhu
分布：青海、四川

**拟早熟禾 Poa pseudamoena** Bor
分布：青海、新疆、西藏；印度

**青海早熟禾 Poa qinghaiensis** Soreng et G. Zhu
分布：甘肃、青海、新疆、西藏

**糙早熟禾 Poa raduliformis** Prob.
分布：山西；日本、蒙古国、俄罗斯

**喜马拉雅早熟禾 Poa rajbhandarii** Noltie
分布：云南、西藏；不丹、印度、尼泊尔

**疏序早熟禾 Poa remota** Forselles
分布：新疆；哈萨克斯坦、俄罗斯；欧洲

**希斯肯早熟禾 Poa schischkinii** Tzvelev

分布：黑龙江；韩国、俄罗斯

**巨早熟禾 Poa secunda** subsp. **juncifolia** (Scribn.) Soreng

分布：引种在中国；印度、巴基斯坦、澳大利亚；亚洲(西南部)，美洲归化

**西伯利亚早熟禾 Poa sibirica** Roshev.

分布：黑龙江、吉林、辽宁、内蒙古、河北、山西、四川、新疆西北；哈萨克斯坦、朝鲜、吉尔吉斯斯坦、蒙古国；欧洲

**西伯利亚早熟禾(原亚种) Poa sibirica** subsp. **sibirica**

分布：黑龙江、吉林、辽宁、内蒙古、河北、山西、新疆、四川、云南；哈萨克斯坦、韩国、吉尔吉斯斯坦、蒙古国、俄罗斯

**显稃早熟禾 Poa sibirica** subsp. **uralensis** Tzvelev

分布：新疆；哈萨克斯坦、朝鲜、俄罗斯；欧洲

**西可早熟禾 Poa sichotensis** Prob.

分布：黑龙江、吉林；俄罗斯

**锡金早熟禾 Poa sikkimensis** (Stapf) Bor

分布：青海、四川、西藏；不丹、印度、尼泊尔

**史米诺早熟禾 Poa smirnowii** Roshev.

分布：新疆；蒙古国、俄罗斯

**史米诺早熟禾(原亚种) Poa smirnowii** subsp. **smirnowii**

分布：新疆；蒙古国、俄罗斯

**美丽早熟禾 Poa smirnowii** subsp. **mariae** (Reverd.) Tzvelev

分布：新疆；俄罗斯

**朴咯早熟禾 Poa smirnowii** subsp. **polozhiae** (Revjankina) Olonova

分布：新疆；俄罗斯

**硬质早熟禾 Poa sphondylodes** Trin.

分布：黑龙江、吉林、辽宁、内蒙古、河北、山西、山东、河南、陕西、安徽、江苏、浙江、四川、台湾；俄罗斯、日本、韩国

**硬质早熟禾(原变种) Poa sphondylodes** var. **sphondylodes**

分布：黑龙江、吉林、辽宁、内蒙古、河北、河南、安徽、江苏、四川、台湾；日本、韩国、俄罗斯

**多叶早熟禾 Poa sphondylodes** var. **erikssonii** Melderis

分布：内蒙古、河北、山西、河南、陕西、四川

**瘦弱早熟禾 Poa sphondylodes** var. **macerrima** Keng

分布：黑龙江、吉林、辽宁、内蒙古、河北、山西、山东、安徽、江苏、浙江、四川；日本、朝鲜、俄罗斯

**大穗早熟禾 Poa sphondylodes** var. **subtrivialis** Ohwi

分布：河北、山西、河南、四川

**斯塔夫早熟禾 Poa stapfiana** Bor

分布：西藏；印度、克什米尔地区、尼泊尔、巴基斯坦；亚洲(西南部)

**散穗早熟禾 Poa subfastigiata** Trin.

分布：黑龙江、吉林、辽宁、内蒙古、甘肃、青海；蒙古国、俄罗斯

**孙必兴早熟禾 Poa sunbisinii** Soreng et G. Zhu

分布：云南

**仰卧早熟禾 Poa supina** Schrad.

分布：新疆、四川、云南、西藏；阿富汗、克什米尔地区、蒙古国、尼泊尔、巴基斯坦、俄罗斯、塔吉克斯坦；亚洲(西南部)、欧洲、北美洲

**四川早熟禾 Poa szechuensis** Rendle

分布：河北、山西、陕西、甘肃、青海、四川、云南、西藏；印度、尼泊尔

**四川早熟禾(原变种) Poa szechuensis** var. **szechuensis**

分布：四川、云南、西藏；印度、尼泊尔

**垂枝早熟禾 Poa szechuensis** var. **debilior** (Hitchc.) Soreng et G. Zhu

分布：河北、山西、陕西、甘肃、青海、四川、云南

**罗氏早熟禾 Poa szechuensis** var. **rossbergiana** (K. S. Hao) Soreng et G. Zhu

分布：青海、西藏；印度

**高砂早熟禾 Poa takasagomontana** Ohwi

分布：台湾

**唐氏早熟禾 Poa tangii** Hitchc.

分布：内蒙古、河北、山西、甘肃、青海

**细秆早熟禾 Poa tenuicula** Ohwi

分布：台湾

**西藏早熟禾 Poa tibetica** Munro ex Stapf

分布：内蒙古、甘肃、青海、新疆、西藏；印度、克什米尔地区、哈萨克斯坦、吉尔吉斯斯坦、蒙古国、尼泊尔、巴基斯坦、塔吉克斯坦、俄罗斯；亚洲(西南部)

**西藏早熟禾(原变种) Poa tibetica** var. **tibetica**

分布：内蒙古、甘肃、青海、新疆、西藏；印度、哈萨克

斯坦、吉尔吉斯斯坦、蒙古国、尼泊尔、巴基斯坦、俄罗斯、塔吉克斯坦

**芒柱早熟禾 Poa tibetica** var. **aristulata** Stapf

分布：新疆、西藏；印度

**季茛早熟禾 Poa timoleontis** var. **dshilgensis** (Roshev.) Tzvelev

分布：新疆；阿富汗、哈萨克斯坦；亚洲(西南部)、欧洲(南部)

**普通早熟禾 Poa trivialis** L.

分布：河北、江苏、江西、内蒙古、四川、新疆；阿富汗、不丹、印度、印度尼西亚、日本、哈萨克斯坦、吉尔吉斯斯坦、蒙古国、巴基斯坦、俄罗斯、塔吉克斯坦、土库曼斯坦、乌兹别克斯坦；亚洲(西南部)、欧洲，引种于非洲、澳大利亚、新西兰、南美洲、北美洲

**普通早熟禾(原亚种) Poa trivialis** subsp. **trivialis**

分布：内蒙古、河北、新疆、江苏、江西；阿富汗、不丹、印度、印度尼西亚、日本、哈萨克斯坦、吉尔吉斯斯坦、蒙古国、巴基斯坦、俄罗斯、塔吉克斯坦、土库曼斯坦、乌兹别克斯坦；亚洲(西南部)

**欧早熟禾 Poa trivialis** subsp. **sylvicola** (Guss.) H. Lindb.

分布：新疆、四川；吉尔吉斯斯坦、俄罗斯、塔吉克斯坦、土库曼斯坦；欧洲、非洲、南美洲

**乌苏里早熟禾 Poa urssulensis** Trin.

分布：黑龙江、辽宁、内蒙古、河北、山东、甘肃、新疆、西藏；朝鲜、哈萨克斯坦、蒙古国、俄罗斯；欧洲

**乌苏里早熟禾(原变种) Poa urssulensis** var. **urssulensis**

分布：黑龙江、内蒙古、甘肃、新疆、西藏；哈萨克斯坦、蒙古国、俄罗斯

**坎博早熟禾 Poa urssulensis** var. **kanboensis** (Ohwi) Olonova et G. Zhu

分布：辽宁、河北、山东；韩国

**柯顺早熟禾 Poa urssulensis** var. **korshunensis** (Golosk.) Olonova et G. Zhu

分布：新疆；哈萨克斯坦

**乌苏早熟禾 Poa ussuriensis** Roshev.

分布：黑龙江、?吉林；朝鲜、俄罗斯

**薇早熟禾 Poa veresczaginii** Tzvelev

分布：新疆；哈萨克斯坦、俄罗斯

**变色早熟禾 Poa versicolor** Bess.

分布：黑龙江、吉林、辽宁、内蒙古、河北、山西、河南、陕西、宁夏、甘肃、青海、新疆、安徽、四川、云南、西藏；日本、哈萨克斯坦、朝鲜、吉尔吉斯斯坦、蒙古国、尼泊尔、俄罗斯、塔吉克斯坦、土库曼斯坦、乌兹别克斯坦；亚洲(西南部)、欧洲、南美洲

**乌库早熟禾 Poa versicolor** subsp. **ochotensis** (Trin.) Tzvelev

分布：黑龙江、吉林、辽宁、内蒙古、河北、山西、河南、陕西、甘肃、安徽；日本、朝鲜、蒙古国、俄罗斯

**山地早熟禾 Poa versicolor** subsp. **orinosa** (Keng) Olonova et G. Zhu

分布：河北、山西、河南、陕西、宁夏、青海、四川、云南、西藏

**新疆早熟禾 Poa versicolor** subsp. **relaxa** (Ovcz.) Tzvelev

分布：甘肃、新疆；哈萨克斯坦、吉尔吉斯斯坦、塔吉克斯坦、土库曼斯坦、乌兹别克斯坦

**瑞沃达早熟禾 Poa versicolor** subsp. **reverdattoi** (Roshev.) Olonova et G. Zhu

分布：辽宁、内蒙古；蒙古国、俄罗斯

**低山早熟禾 Poa versicolor** subsp. **stepposa** (Krylov) Tzvelev

分布：黑龙江、内蒙古、新疆；哈萨克斯坦、吉尔吉斯斯坦、蒙古国、俄罗斯；欧洲

**多变早熟禾 Poa versicolor** subsp. **varia** (Keng ex L. Liu) Olonova et G. Zhu

分布：内蒙古、甘肃、青海、四川、云南、西藏

**瓦迪早熟禾 Poa wardiana** Bor

分布：云南、西藏；印度

**星早熟禾 Poa xingkaiensis** Y. X. Ma

分布：黑龙江

**中甸早熟禾 Poa zhongdianensis** L. Liu

分布：云南

## 金发草属 Pogonatherum P. Beauv.

**二芒金发草 Pogonatherum biaristatum** S. L. Chen et G. Y. Sheng

分布：海南

**金丝草 Pogonatherum crinitum** (Thunb.) Kunth

分布：安徽、浙江、江西、湖南、湖北、四川、贵州、云南、福建、台湾、广东、广西、海南；不丹、印度尼西亚、马来西亚、尼泊尔、巴布亚新几内亚、巴基斯坦、菲律宾、斯里兰卡、泰国、越南、澳大利亚、日本、印度

**金发草 Pogonatherum paniceum** (Lam.) Hackel

分布：湖南、湖北、四川、贵州、云南、台湾、广东、广

西；印度、马来西亚、阿富汗、不丹、印度尼西亚、老挝、缅甸、尼泊尔、巴基斯坦、泰国、越南、澳大利亚；亚洲(西南部)

## 棒头草属 **Polypogon** Desf.

### 棒头草 **Polypogon fugax** Nees ex Steud.

分布：安徽、福建、广东、广西、贵州、河南、湖北、江苏、陕西、山东、山西、四川、台湾、新疆、西藏、云南、浙江；不丹、印度(北部)、日本、哈萨克斯坦、韩国、吉尔吉斯斯坦、缅甸、尼泊尔、巴基斯坦、俄罗斯、塔吉克斯坦、土库曼斯坦、乌兹别克斯坦；亚洲(西南部)，引种于世界各地

### 糙毛棒头草 **Polypogon hissaricus** (Roshev.) Bor

分布：新疆；阿富汗、哈萨克斯坦(东南部)、吉尔吉斯斯坦、巴基斯坦、塔吉克斯坦、乌兹别克斯坦；亚洲(西南部)

### 伊凡棒头草 **Polypogon ivanovae** Tzvelev

分布：新疆

### 裂颖棒头草 **Polypogon maritimus** Willd.

分布：新疆；哈萨克斯坦、吉尔吉斯斯坦、蒙古国、俄罗斯、塔吉克斯坦、乌兹别克斯坦；亚洲(西南部)、欧洲、非洲(北部)，引种到美洲(北部)

### 长芒棒头草 **Polypogon monspeliensis** (L.) Desf.

分布：内蒙古、河北、山西、山东、河南、陕西、宁夏、甘肃、青海、新疆、安徽、江苏、浙江、四川、云南、西藏、福建、台湾、广东；印度、哈萨克斯坦、吉尔吉斯斯坦、蒙古国、巴基斯坦、俄罗斯、塔吉克斯坦、土库曼斯坦、乌兹别克斯坦；亚洲(西南部)、欧洲、非洲(北部和南部)

### 苔绿棒头草 **Polypogon viridis** (Gouan) Breistr.

分布：云南；哈萨克斯坦、吉尔吉斯斯坦、巴基斯坦、塔吉克斯坦、土库曼斯坦、乌兹别克斯坦、印度；亚洲(西南部)、欧洲(南部)、非洲(北部)，被引种到非洲(南部)、大洋洲、美洲

## 多裔草属 **Polytoca** R. Br.

### 多裔草 **Polytoca digitata** (L. f.) Druce

分布：云南、广东、广西、海南；印度、柬埔寨、印度尼西亚、马来西亚、缅甸、巴布亚新几内亚、菲律宾、泰国、越南

## 单序草属 **Polytrias** Hack.

### 单序草 **Polytrias indica** (Houtt.) Veldkamp

分布：海南、香港；印度尼西亚、马来西亚、缅甸、巴布亚新几内亚、菲律宾、越南，被引种到别处作为草坪草

### 单序草(原变种) **Polytrias indica** var. **indica**

分布：香港；印度尼西亚、马来西亚、缅甸、巴布亚新几内亚、菲律宾、越南

### 短毛单序草 **Polytrias indica** var. **nana** (Keng et S. L. Chen) S. M. Philips et S. L. Chen

分布：海南

## 沙鞭属 **Psammochloa** Hitchc.

### 沙鞭 **Psammochloa villosa** (Trin.) Bor

分布：内蒙古、陕西、宁夏、甘肃、青海、新疆；蒙古国

## 新麦草属 **Psathyrostachys** Nevski.

### 华山新麦草 **Psathyrostachys huashanica** Keng

分布：河南、陕西

### 新麦草 **Psathyrostachys juncea** (Fisch.) Nevski

分布：内蒙古、甘肃、新疆；哈萨克斯坦、吉尔吉斯斯坦、俄罗斯，被栽培到北美洲

### 新麦草(原变种) **Psathyrostachys juncea** var. **juncea**

分布：甘肃、内蒙古、新疆；哈萨克斯坦、俄罗斯，栽培于北美洲

### 紫药新麦草 **Psathyrostachys juncea** var. **hyalantha** (Rupr.) S. L. Chen

分布：新疆；吉尔吉斯斯坦、俄罗斯

### 单花新麦草 **Psathyrostachys kronenburgii** (Hackel) Nevski

分布：甘肃、青海、新疆；俄罗斯；亚洲(中部)

### 毛穗新麦草 **Psathyrostachys lanuginosa** (Trin.) Nevski

分布：甘肃、新疆；俄罗斯；亚洲(中部)

### 匍茎新麦草 **Psathyrostachys stoloniformis** Baden

分布：甘肃、青海

## 假铁秆草属 **Pseudanthistiria** (Hack.) Hook. f.

### 假铁秆草 **Pseudanthistiria heteroclita** (Roxb.) Hook. f.

分布：香港；印度

## 钩毛草属 **Pseudechinolaena** Stapf

### 钩毛草 **Pseudechinolaena polystachya** (Kunth) Stapf

分布：云南、西藏、福建、广东、广西、海南；遍布热带

## 假金发草属 **Pseudopogonatherum** A. Camus

### 笔草 **Pseudopogonatherum contortum** (Brongn.) A. Camus

分布：江西、四川、云南、福建、广东、广西、海南；不丹、印度、印度尼西亚、缅甸、尼泊尔、泰国、越南、澳大利亚、太平洋岛屿

**笔草(原变种) Pseudopogonatherum contortum** var. **contortum**
分布：澳大利亚

**线叶笔草 Pseudopogonatherum contortum** var. **linearifolium** Keng ex S. L. Chen
分布：四川、云南、广西

**中华笔草 Pseudopogonatherum contortum** var. **sinense** Keng ex S. L. Chen
分布：江西、福建、广东、广西、海南

**假金发草 Pseudopogonatherum filifolium** (S. L. Chen) H. Yu, Y. F. Deng et H. X. Zhao
分布：安徽

**刺叶假金发草 Pseudopogonatherum koretrostachys** (Trin.) Henrard
分布：安徽、浙江、江西、云南、福建、广东、广西、海南；印度尼西亚、老挝、马来西亚、菲律宾、泰国

## 伪针茅属 Pseudoraphis Griff. ex Pilger

**长稃伪针茅 Pseudoraphis balansae** Henrard
分布：海南；越南、泰国

**伪针茅 Pseudoraphis brunoniana** (Wall.) et Griff. Pilg.
分布：安徽、台湾、广东；孟加拉国、印度、缅甸、菲律宾、泰国、越南

**瘦脊伪针茅 Pseudoraphis sordida** (Thwaites) S. M. Phillips et S. L. Chen
分布：山东、江苏、浙江、湖南、湖北、云南、福建；印度、日本、朝鲜、斯里兰卡

## 假鹅观草属 Pseudoroegneria (Nevski) Á. Löve

**假鹅观草 Pseudoroegneria cognata** (Hackel) Á. Löve
分布：新疆；哈萨克斯坦、吉尔吉斯斯坦、俄罗斯、土库曼斯坦、乌兹别克斯坦

## 矢竹属 Pseudosasa Makino ex Nakai

**尖箨茶秆竹 Pseudosasa acutivagina** T. H. Wen et S. C. Chen
分布：浙江

**空心竹 Pseudosasa aeria** T. H. Wen
分布：浙江

**茶秆竹 Pseudosasa amabilis** (McClure) P. C. Keng ex S. L. Chen et al.
分布：江西、湖南、福建、广东、广西

**茶秆竹(原变种) Pseudosasa amabilis** var. **amabilis**
分布：江西、湖南、福建、广东、广西

**福建茶秆竹 Pseudosasa amabilis** var. **convexa** Z. P. Wang et G. H. Ye
分布：湖南、福建

**厚粉茶秆竹 Pseudosasa amabilis** var. **farinosa** C. S. Chao ex S. L. Chen et G. Y. Sheng
分布：广西

**短箨茶秆竹 Pseudosasa brevivaginata** G. H. Lai
分布：安徽

**托竹 Pseudosasa cantorii** (Munro) P. C. Keng ex S. L. Chen et al.
分布：江西、广东、海南

**纤细茶秆竹 Pseudosasa gracilis** S. L. Chen et G. Y. Sheng
分布：湖南

**篲竹 Pseudosasa hindsii** (Munro) S. L. Chen et G. Y. Sheng ex T. G. Liang
分布：浙江、江西、湖南、福建、广东、广西

**矢竹 Pseudosasa japonica** (Sieb. et Zucc. ex Steud.) Makino ex Nakai
分布：台湾、广东；日本、朝鲜

**将乐茶秆竹 Pseudosasa jiangleensis** N. X. Zhao et N. H. Xia
分布：福建

**广竹 Pseudosasa longiligula** T. H. Wen
分布：广西

**鸡公山茶秆竹 Pseudosasa maculifera** J. L. Lu
分布：河南、浙江

**鸡公山茶秆竹(原变种) Pseudosasa maculifera** var. **maculifera**
分布：河南

**毛箨茶秆竹 Pseudosasa maculifera** var. **hirsuta** S. L. Chen et G. Y. Sheng
分布：浙江

**江永茶秆竹 Pseudosasa magilaminaris** B. M. Yang
分布：湖南

**膜舌茶秆竹 Pseudosasa membraniligulata** B. M. Yang
分布：湖南

**南宁矢竹** **Pseudosasa nanningensis** (Q. H. Dai) D. Z. Li ex Y. X. Zhang
分布：广西

**面秆竹** **Pseudosasa orthotropa** S. L. Chen et T. H. Wen
分布：浙江、江西、福建

**毛花茶秆竹** **Pseudosasa pubiflora** (Keng) Keng f. ex D. Z. Li et L. M. Gao
分布：河南、江西、广东

**近实心茶秆竹** **Pseudosasa subsolida** S. L. Chen et G. Y. Sheng
分布：江西、湖南、福建

**笔竹** **Pseudosasa viridula** S. L. Chen et G. Y. Sheng
分布：浙江

**武夷山茶秆竹** **Pseudosasa wuyiensis** S. L. Chen et G. Y. Sheng
分布：福建

**西双版纳矢竹** **Pseudosasa xishuangbannaensis** D. Z. Li, Y. X. Zhang et Triplett
分布：云南

**阳山茶秆竹** **Pseudosasa yangshanensis** (W. T. Lin) T. P. Yi
分布：四川

**岳麓山茶秆竹** **Pseudosasa yuelushanensis** B. M. Yang
分布：湖南

**中岩茶秆竹** **Pseudosasa zhongyanensis** S. H. Chen, K. F. Huang et H. Z. Guo
分布：福建

## 假硬草属 **Pseudosclerochloa** Tzvelev

**耿氏假硬草** **Pseudosclerochloa kengiana** (Ohwi) Tzvelev
分布：河南、安徽、江苏、江西

## 假高粱属 **Pseudosorghum** A. Camus

**假高粱** **Pseudosorghum fasciculare** (Roxb.) A. Camus
分布：云南；印度、印度尼西亚、缅甸、菲律宾、泰国、越南

## 泡竹属 **Pseudostachyum** Munro

**泡竹** **Pseudostachyum polymorphum** Munro
分布：云南、广东、广西；印度、缅甸、越南、不丹

## 细柄茅属 **Ptilagrostis** Griseb.

**太白细柄茅** **Ptilagrostis concinna** (Hook. f.) Roshev.
分布：陕西、甘肃、青海、新疆、四川、云南、西藏；克什米尔地区、吉尔吉斯斯坦、塔吉克斯坦、印度

**双叉细柄茅** **Ptilagrostis dichotoma** Keng ex Tzvelev
分布：内蒙古、陕西、甘肃、青海、四川、云南、西藏；不丹、印度、尼泊尔

**窄穗细梗茅** **Ptilagrostis junatovii** Grubov
分布：新疆、西藏；哈萨克斯坦、蒙古国、俄罗斯

**短花细柄茅** **Ptilagrostis luquensis** P. M. Peterson, Soreng et Z. L. Wu
分布：甘肃、青海、四川、西藏

**细柄茅** **Ptilagrostis mongholica** (Turcz.ex Trin.) Griseb.
分布：黑龙江、吉林、辽宁、内蒙古、河北、山西、陕西、甘肃、青海、新疆、四川、云南；不丹、克什米尔地区、蒙古国、尼泊尔、俄罗斯

**中亚细柄茅** **Ptilagrostis pelliotii** (Danguy) Grubov
分布：内蒙古、宁夏、甘肃、青海、新疆；蒙古国

**大穗细柄茅** **Ptilagrostis yadongensis** P. C. Keng et J. S. Tang
分布：西藏

## 碱茅属 **Puccinellia** Parl.

**阿尔泰碱茅** **Puccinellia altaica** Tzvelev
分布：新疆；俄罗斯、蒙古国

**阿尔金山碱茅** **Puccinellia arjinshanensis** D. F. Cui
分布：新疆

**朝鲜碱茅** **Puccinellia chinampoensis** Ohwi
分布：辽宁、河北；朝鲜

**高丽碱茅** **Puccinellia coreensis** Hack. ex Honda
分布：吉林、辽宁；朝鲜

**德格碱茅** **Puccinellia degeensis** L. Liu
分布：四川

**展穗碱茅** **Puccinellia diffusa** (Krecz.) Krecz.
分布：青海、新疆；哈萨克斯坦、吉尔吉斯斯坦、乌兹别克斯坦

**碱茅** **Puccinellia distans** (Jacq.) Parl.
分布：河北、黑龙江、河南、江苏、吉林、辽宁、陕西、山东、山西、新疆；巴基斯坦、克什米尔地区、蒙古国、俄罗斯、日本、韩国；西南亚、中亚、欧洲、非洲(西北部)、

北美洲

毛稃碱茅 **Puccinellia dolicholepis** (Krecz.) V. I. Krecz.

分布：青海、新疆；哈萨克斯坦、吉尔吉斯斯坦；亚洲(西南部)、欧洲(东南部)

线叶碱茅 **Puccinellia filifolia** (Trin.) Tzvelev

分布：内蒙古；蒙古国

玫花碱茅 **Puccinellia florida** D. F. Cui

分布：新疆

大碱茅 **Puccinellia gigantea** (Grossh.) Grossh.

分布：青海、新疆；阿富汗、哈萨克斯坦、吉尔吉斯斯坦、蒙古国、巴基斯坦、俄罗斯、塔吉克斯坦、土库曼斯坦、乌兹别克斯坦；亚洲(西南部)、欧洲(东南部)

灰绿碱茅 **Puccinellia glauca** (Regel) Krecz.

分布：青海、新疆、四川；阿富汗、印度、哈萨克斯坦、吉尔吉斯斯坦、巴基斯坦、塔吉克斯坦、土库曼斯坦、乌兹别克斯坦

高山碱茅 **Puccinellia hackeliana** (Krecz.) Krecz.

分布：青海、新疆、西藏；阿富汗、哈萨克斯坦、吉尔吉斯斯坦、蒙古国、巴基斯坦、塔吉克斯坦

鹤甫碱茅 **Puccinellia hauptiana** (Trin. ex Krecz.) Kitag.

分布：安徽、甘肃、河北、黑龙江、江苏、吉林、辽宁、内蒙古、青海、陕西、山东、山西、新疆；日本、哈萨克斯坦、韩国、吉尔吉斯斯坦、蒙古国、俄罗斯、塔吉克斯坦、土库曼斯坦、乌兹别克斯坦；欧洲(东部)、北美洲

喜马拉雅碱茅 **Puccinellia himalaica** Tzvelev

分布：新疆、西藏；阿富汗、印度、巴基斯坦；亚洲(西南部)

矮碱茅 **Puccinellia humilis** (Litv. ex Krecz.) Bor

分布：新疆、西藏；阿富汗、哈萨克斯坦、吉尔吉斯斯坦、巴基斯坦、塔吉克斯坦、乌兹别克斯坦

伊犁碱茅 **Puccinellia iliensis** (V. I. Krecz.) Sergiev.

分布：新疆；哈萨克斯坦、吉尔吉斯斯坦、乌兹别克斯坦

热河碱茅 **Puccinellia jeholensis** Kitag.

分布：黑龙江、内蒙古、河北、江苏；蒙古国

新疆碱茅(新拟) **Puccinellia kalininae** S. V. Bubnova

分布：新疆；俄罗斯

克什米尔碱茅 **Puccinellia kashmiriana** Bor

分布：新疆、西藏；印度、阿富汗、克什米尔地区、巴基斯坦

科氏碱茅 **Puccinellia koeieana** Melderis

分布：西藏；阿富汗；亚洲(西南部)

昆仑碱茅 **Puccinellia kuenlunica** Tzvelev

分布：甘肃、青海、新疆、西藏

千岛碱茅 **Puccinellia kurilensis** (Takeda) Honda

分布：黑龙江、辽宁；日本、朝鲜、俄罗斯；北美洲

拉达克碱茅 **Puccinellia ladakhensis** (H. Hartmann) W. B. Dickoré

分布：西藏；克什米尔地区、尼泊尔

布达尔碱茅 **Puccinellia ladyginii** Ivanova ex Tzvelev

分布：青海

光稃碱茅 **Puccinellia leiolepis** L. Liou

分布：青海、四川、西藏

大药碱茅 **Puccinellia macranthera** (Krecz.) Norlindh

分布：吉林、辽宁、内蒙古、甘肃、新疆；蒙古国、俄罗斯

柔枝碱茅 **Puccinellia manchuriensis** Ohwi

分布：黑龙江、内蒙古、北京、天津、山西、甘肃、江苏；俄罗斯、蒙古国、日本

微药碱茅 **Puccinellia micrandra** (Keng) Keng

分布：黑龙江、内蒙古、河北、山西、甘肃、江苏

小药碱茅 **Puccinellia micranthera** D. F. Cui

分布：西藏

侏碱茅 **Puccinellia minuta** Bor ex Wendelbo

分布：青海、西藏；巴基斯坦

多花碱茅 **Puccinellia multiflora** L. Liu

分布：青海、西藏

日本碱茅 **Puccinellia nipponica** Ohwi

分布：辽宁、内蒙古；日本、朝鲜、俄罗斯

裸花碱茅 **Puccinellia nudiflora** (Hack.) Tzvelev

分布：青海、新疆、西藏；吉尔吉斯斯坦、塔吉克斯坦

帕米尔碱茅 **Puccinellia pamirica** (Roshev.) Krecz. ex Ovcz. et Czukav.

分布：青海、新疆、西藏；阿富汗、吉尔吉斯斯坦、塔吉克斯坦、乌兹别克斯坦

少枝碱茅 **Puccinellia pauciramea** (Hackel) V. I. Kreczetowicz ex Ovczinnikov et Czukavina

分布：青海、新疆、西藏；阿富汗、吉尔吉斯斯坦、蒙古国、塔吉克斯坦、乌兹别克斯坦

斑稃碱茅 **Puccinellia poecilantha** (K. Koch) V. I. Kreczetowicz

分布：青海、新疆；阿富汗、哈萨克斯坦、俄罗斯、土库

曼斯坦、乌兹别克斯坦；亚洲(西南部)

勃氏碱茅 **Puccinellia przewalskii** Tzvelev
分布：甘肃、青海

青海碱茅 **Puccinellia qinghaica** Tzvelev
分布：青海

疏穗碱茅 **Puccinellia roborovskyi** Tzvelev
分布：青海、西藏

西域碱茅 **Puccinellia roshevitsiana** (Schischk.) Krecz. ex Tzvelev
分布：新疆；哈萨克斯坦

斯碱茅 **Puccinellia schischkinii** Tzvelev
分布：内蒙古、新疆；哈萨克斯坦、吉尔吉斯斯坦、蒙古国、俄罗斯、塔吉克斯坦

双湖碱茅 **Puccinellia shuanghuensis** L. Liou
分布：西藏

藏北碱茅 **Puccinellia stapfiana** R. R. Stewart
分布：西藏；印度、巴基斯坦

竖碱茅 **Puccinellia strictura** L. Liu
分布：西藏

穗序碱茅 **Puccinellia subspicata** V. I. Kreczetowicz ex Ovczinnikov et Czukavina
分布：新疆；哈萨克斯坦、吉尔吉斯斯坦、塔吉克斯坦、乌兹别克斯坦

星星草 **Puccinellia tenuiflora** (Griseb.) Scribn. et Merr.
分布：黑龙江、吉林、辽宁、内蒙古、河北、山西、甘肃、青海、新疆、安徽；日本、哈萨克斯坦、蒙古国、俄罗斯；亚洲(西南部)

纤细碱茅 **Puccinellia tenuissima** (Litv. ex V. I. Krecz.) Litv. ex Pavlov
分布：青海、新疆；哈萨克斯坦、俄罗斯

长穗碱茅 **Puccinellia thomsonii** (Stapf ex Hook. f.) R. R. Stewart
分布：西藏；巴基斯坦

天山碱茅 **Puccinellia tianschanica** (Tzvelev) Ikonn.
分布：青海、新疆、西藏；哈萨克斯坦、吉尔吉斯斯坦、塔吉克斯坦、乌兹别克斯坦

文昌碱茅 **Puccinellia vachanica** Ovcz. et Czukav.
分布：青海、新疆、西藏；塔吉克斯坦

## 筒轴茅属 **Rottboellia** L. f.

筒轴茅 **Rottboellia cochinchinensis** (Lour.) Clayton
分布：浙江、四川、贵州、云南、福建、台湾、广东、广西、海南；旧世界热带，被引入加勒比

光穗筒轴茅 **Rottboellia laevispica** Keng
分布：安徽、江苏

## 甘蔗属 **Saccharum** L.

斑茅 **Saccharum arundinaceum** Retz.
分布：河北、河南、陕西、甘肃、安徽、浙江、江西、湖北、四川、贵州、云南、西藏、福建、台湾、广东、海南；不丹、印度、印度尼西亚、老挝、马来西亚、缅甸、斯里兰卡、泰国、越南

斑茅(原变种) **Saccharum arundinaceum** var. **arundinaceum**
分布：河北、河南、陕西、甘肃、安徽、浙江、江西、湖北、四川、贵州、云南、西藏、福建、台湾、广东、广西、海南；不丹、印度、印度尼西亚、老挝、马来西亚、缅甸、斯里兰卡、泰国、越南

毛颖斑茅 **Saccharum arundinaceum** var. **trichophyllum** (Hand.-Mazz.) S. M. Phillips et S. L. Chen
分布：云南；印度

细秆甘蔗 **Saccharum barberi** Jeswiet
分布：云南、台湾、广西栽培；源于孟加拉国和印度

金猫尾 **Saccharum fallax** Balansa
分布：贵州、云南、广东、广西、海南；印度、印度尼西亚、老挝、缅甸、越南

台蔗茅 **Saccharum formosanum** (Stapf) Ohwi
分布：浙江、江西、贵州、云南、福建、台湾、广东、海南

长齿蔗茅 **Saccharum longesetosum** (Andersson) V. Naray.
分布：四川、贵州、云南、西藏、广西；不丹、印度、缅甸、泰国

河八王 **Saccharum narenga** (Nees ex Steudel) Wall. ex Hackel
分布：河南、安徽、江苏、浙江、四川、贵州、云南、福建、台湾、广东；孟加拉国、印度、缅甸、尼泊尔、巴基斯坦、泰国、越南

甘蔗 **Saccharum officinarum** L.
分布：四川、云南、西藏、福建、台湾、广东、广西、海南；太平洋岛屿；亚洲(东南部)，广泛栽培到其他地方

狭叶斑茅 **Saccharum procerum** Roxb.
分布：湖南、湖北、贵州、云南、西藏、福建、广东、广西；孟加拉国、印度、缅甸、尼泊尔、泰国

沙生蔗茅 **Saccharum ravennae** (L.) L.
分布：新疆；阿富汗、印度、哈萨克斯坦、吉尔吉斯斯坦、

巴基斯坦、塔吉克斯坦、土库曼斯坦、乌兹别克斯坦；亚洲(西南部)、欧洲(南部)，被引种到美洲

蔗茅 **Saccharum rufipilum** Steud.

分布：河南、陕西、甘肃、湖北、四川、贵州、云南、西藏；不丹、印度、缅甸、尼泊尔、巴基斯坦

竹蔗 **Saccharum sinense** Roxb.

分布：河南、陕西、安徽、浙江、江西、湖南、湖北、四川、贵州、云南、福建、台湾、广东、广西、海南；栽培于其他地区

甜根子草 **Saccharum spontaneum** L.

分布：河南、陕西、新疆、安徽、江苏、浙江、江西、湖南、湖北、四川、贵州、云南、西藏、福建、台湾、广东、广西、海南；阿富汗、不丹、柬埔寨、印度、印度尼西亚、日本、马来西亚、缅甸、巴布亚新几内亚、巴基斯坦、菲律宾、斯里兰卡、泰国、土库曼斯坦、越南、澳大利亚，太平洋岛屿；亚洲(西南部)、非洲

## 囊颖草属 **Sacciolepis** Nash

囊颖草 **Sacciolepis indica** (L.) Chase

分布：黑龙江、山东、河南、安徽、浙江、江西、湖北、四川、贵州、云南、福建、台湾、广东、海南；不丹、印度、日本、缅甸、尼泊尔、泰国、越南、澳大利亚、太平洋岛屿；非洲

间序囊颖草 **Sacciolepis interrupta** (Willd.) Stapf

分布：云南；印度、印度尼西亚、缅甸、尼泊尔、斯里兰卡、泰国、越南；非洲

鼠尾囊颖草 **Sacciolepis myosuroides** (R. Br.) Chase ex E. G. Camus

分布：贵州、云南、西藏、福建、广东、广西、海南；印度、印度尼西亚、老挝、马来西亚、缅甸、尼泊尔、巴布亚新几内亚、菲律宾、斯里兰卡、泰国、越南、澳大利亚、太平洋岛屿；非洲

鼠尾囊颖草(原变种) **Sacciolepis myosuroides** var. **myosuroides**

分布：广东、贵州、海南、云南、西藏；印度、印度尼西亚、老挝、马来西亚、缅甸、尼泊尔、巴布亚新几内亚、菲律宾、斯里兰卡、泰国、越南、澳大利亚、太平洋群岛；非洲

矮小囊颖草 **Sacciolepis myosuroides** var. **nana** S. L. Chen et T. D.

分布：云南、广东、广西

## 赤竹属 **Sasa** Makino et Shibata

广西赤竹 **Sasa guangxiensis** C. D. Chu et C. S. Chao

分布：江西、广西

湖北华箬竹 **Sasa hubeiensis** (C. H. Hu) C. H. Hu

分布：江西、湖北

赤竹 **Sasa longiligulata** McClure

分布：湖南、广东

矩叶赤竹 **Sasa oblongula** C. H. Hu

分布：广东

庆元华箬竹 **Sasa qingyuanensis** (C. H. Hu) C. H. Hu

分布：浙江

红壳赤竹 **Sasa rubrovaginata** C. H. Hu

分布：广西

华箬竹 **Sasa sinica** Keng

分布：安徽、浙江

光笹竹 **Sasa subglabra** McClure

分布：香港

绒毛赤竹 **Sasa tomentosa** C. D. Chu et C. S. Chao

分布：广西

## 齿稃草属 **Schismus** P. Beauv.

齿稃草 **Schismus arabicus** Nees

分布：新疆、西藏；阿富汗、印度、蒙古国、巴基斯坦、俄罗斯；亚洲(中部及西南部)、欧洲(东南部)、非洲(北部)，被引种到美洲、澳大利亚

髯毛齿稃草 **Schismus barbatus** (L.) Thell.

分布：西藏；阿富汗、印度、土库曼斯坦；亚洲(中部及西南部)、欧洲(南部)、非洲(南部及北部)，被引种到美洲、澳大利亚

## 裂稃茅属 **Schizachne** Hack.

裂稃茅 **Schizachne purpurascens** subsp. **callosa** (Turcz. et Griseb.) T. Koyama et Kawano.

分布：黑龙江、吉林、辽宁、河北、山西、河南、云南；哈萨克斯坦、韩国、日本、蒙古国、俄罗斯；欧洲

## 裂稃草属 **Schizachyrium** Nees.

裂稃草 **Schizachyrium brevifolium** (Sw.) Nees ex Büse

分布：河北、山东、河南、安徽、江苏、浙江、湖南、湖北、四川、贵州、西藏、福建、台湾、广东、海南；孟加拉国、不丹、印度、印度尼西亚、日本、韩国、老挝、马来西亚、缅甸、尼泊尔、菲律宾、泰国、越南；亚洲(西南部)、非洲、美洲

旱茅 **Schizachyrium delavayi** (Hackel) Bor

分布：湖南、四川、贵州、云南、西藏、广西；不丹、印

度、缅甸、尼泊尔

**斜须裂稃草 Schizachyrium fragile** (R. Br.) A. Camus

分布：安徽、江西、湖南、福建、台湾、广东、广西；印度尼西亚、澳大利亚、太平洋岛屿

**红裂稃草 Schizachyrium sanguineum** (Retzius) Alston

分布：江西、湖南、四川、云南、西藏、福建、广东、广西、海南；印度、印度尼西亚、马来西亚、缅甸、菲律宾、斯里兰卡、泰国、越南、澳大利亚；非洲、美洲

## 箣竻竹属 Schizostachyum Nees

**耳垂竹 Schizostachyum auriculatum** Q. H. Dai et D. Y. Huang

分布：广西

**吊罗山竹(新拟) Schizostachyum diaoluoshanense** N. H. Xia, L. L. Zhang et R. S. Lin

分布：海南

**莎簕竹 Schizostachyum diffusum** (Blanco) Merr.

分布：台湾；菲律宾

**苗竹仔 Schizostachyum dumetorum** (Hance ex Walp.) Munro

分布：江西、广东

**苗竹仔(原变种) Schizostachyum dumetorum** var. **dumetorum**

分布：广东

**火筒竹 Schizostachyum dumetorum** var. **xinwuense** (T. H. Wen et J. Y. Chin) N. H. Xia

分布：江西

**沙罗箪竹 Schizostachyum funghomii** McClure

分布：云南、广东、广西

**山骨罗竹 Schizostachyum hainanense** Merr. ex McClure

分布：海南；越南

**岭南箣竻竹 Schizostachyum jaculans** Holttum

分布：海南；马来西亚

**屏边箣竻竹 Schizostachyum pingbianense** Hueh et Y. M. Yang

分布：云南

**箣竻竹 Schizostachyum pseudolima** McClure

分布：云南、广西、海南

**红毛箣竻竹 Schizostachyum sanguineum** W. P. Zhang

分布：云南

**万石山箣竻竹 Schizostachyum wanshishanensis** S. H. Chen, K. F. Huang et H. Z. Guo

分布：福建

## 硬草属 Sclerochloa P. Beauvois

**硬草 Sclerochloa dura** (L.) P. Beauv.

分布：新疆；俄罗斯、哈萨克斯坦、吉尔吉斯斯坦、巴基斯坦、塔吉克斯坦、土库曼斯坦；亚洲(西南部)、欧洲(中部及南部)，引种到澳大利亚和美国

## 水茅属 Scolochloa Link

**水茅 Scolochloa festucacea** (Willd.) Link

分布：黑龙江、吉林、辽宁、内蒙古、哈萨克斯坦、蒙古国、俄罗斯；亚洲(西南部)、欧洲(东北部)、北美洲

## 黑麦属 Secale L.

**黑麦 Secale cereale** L.

分布：黑龙江、内蒙古、河北、河南、陕西、宁夏、新疆、安徽、湖北、贵州、云南、福建、台湾；广泛栽培于其他地方

**脆轴黑麦 Secale segetale** (Zhukovsky) Roshevitz

分布：新疆；哈萨克斯坦、吉尔吉斯斯坦、巴基斯坦、土库曼斯坦、乌兹别克斯坦；亚洲(西南部)

**小黑麦 Secale sylvestre** Host

分布：栽培于中国北方；原产于俄罗斯、西亚、中亚、欧洲

## 沟颖草属 Sehima Forssk.

**沟颖草 Sehima nervosum** (Rottler) Stapf

分布：云南、海南；印度、印度尼西亚、老挝、缅甸、巴布亚新几内亚、巴基斯坦、菲律宾、斯里兰卡、泰国、越南、澳大利亚；亚洲(西南部)、非洲(东部)

## 业平竹属 Semiarundinaria Nakai

**短穗竹 Semiarundinaria densiflora** (Rendle) T. H. Wen

分布：安徽、江苏、浙江、江西、湖北、广东

**业平竹 Semiarundinaria fastuosa** (Mitford) Makino

分布：台湾栽培；原产于日本

**中华业平竹 Semiarundinaria sinica** T. H. Wen

分布：江苏、浙江

## 狗尾草属 **Setaria** P. Beauv.

**断穗狗尾草 Setaria arenaria** Kitag.

分布：黑龙江、内蒙古、河北、山西

**莩草 Setaria chondrachne** (Steud.) Honda

分布：河南、安徽、江苏、浙江、江西、湖南、湖北、四川、贵州、云南、广西；日本、朝鲜半岛

**大狗尾草 Setaria faberi** R. A. W. Herrmann

分布：安徽、福建、广西、贵州、黑龙江、河南、湖北、湖南、江苏、江西、吉林、山东、四川、台湾、云南、浙江；日本、韩国；引种于北美洲

**西南莩草 Setaria forbesiana** (Nees ex Steud.) Hook. f.

分布：河南、陕西、甘肃、安徽、浙江、湖南、湖北、四川、贵州、云南、广东、广西；不丹、印度、缅甸、尼泊尔

**西南莩草(原变种) Setaria forbesiana** var. **forbesiana**

分布：陕西、甘肃、浙江、湖南、湖北、四川、贵州、云南、广东、广西；不丹、印度、缅甸、尼泊尔

**短刺西南莩草 Setaria forbesiana** var. **breviseta** S. L. Chen et G. Y. Sheng

分布：贵州

**贵州狗尾草 Setaria guizhouensis** S. L. Chen et G. Y. Sheng

分布：贵州、云南

**贵州狗尾草(原变种) Setaria guizhouensis** var. **guizhouensis**

分布：贵州

**具稃贵州狗尾草 Setaria guizhouensis** var. **paleata** S. L. Chen et G. Y. Sheng

分布：贵州

**间序狗尾草 Setaria intermedia** Roem. et Schult.

分布：云南；不丹、印度、日本、缅甸、俄罗斯、斯里兰卡；非洲(东部)

**梁 Setaria italica** (L.) P. Beauv.

分布：黑龙江、内蒙古、北京、山西、山东、河南、陕西、宁夏、新疆、安徽、浙江、江西、湖北、四川、贵州、云南、西藏、福建、台湾、广东、海南；原产地不明，全球零星栽培

**棕叶狗尾草 Setaria palmifolia** (J. König) Stapf

分布：安徽、浙江、江西、湖南、湖北、四川、重庆、贵州、云南、西藏、福建、台湾、广东、广西、海南；原产于非洲，现大洋洲、美洲、亚洲热带和亚热带地区常见

**幽狗尾草 Setaria parviflora** (Poir.) Kerguélen

分布：江西、湖南、四川、贵州、云南、福建、台湾、广东、广西、海南；遍布热带、亚热带地区

**皱叶狗尾草 Setaria plicata** (Lam.) T. Cooke

分布：安徽、江苏、浙江、江西、湖南、湖北、四川、贵州、云南、西藏、福建、台湾、广东、广西、海南；印度、中南半岛、日本、马来西亚、尼泊尔、泰国

**皱叶狗尾草(原变种) Setaria plicata** var. **plicata**

分布：安徽、江苏、浙江、江西、湖南、湖北、四川、贵州、云南、西藏、福建、台湾、广东、广西；印度、日本、马来西亚、尼泊尔、泰国

**光花狗尾草 Setaria plicata** var. **leviflora** (Keng ex S. L. Chen) S. L. Chen et S. M. Philips

分布：四川、广东、广西

**金色狗尾草 Setaria pumila** (Poir.) Roem. et Schult.

分布：黑龙江、山东、河南、陕西、宁夏、新疆、上海、浙江、江西、湖南、湖北、四川、云南、西藏、台湾；起源于温带和亚热带亚洲及欧洲地区

**倒刺狗尾草 Setaria verticillata** (L.) P. Beauv.

分布：内蒙古、云南、台湾；旧世界温带暖温带地区，被引进到美洲

**狗尾草 Setaria viridis** (L.) P. Beauv.

分布：黑龙江、吉林、内蒙古、河北、山西、山东、河南、陕西、宁夏、甘肃、青海、新疆、安徽、江苏、浙江、江西、湖南、湖北、四川、贵州、云南、西藏、福建、台湾、广东；旧世界热带、亚热带地区，被引种到其他地方

**狗尾草(原亚种) Setaria viridis** subsp. **viridis**

分布：世界各地均有引种；旧世界温带和亚热带地区

**厚穗狗尾草 Setaria viridis** subsp. **pachystachys** (Franch. et Sav.) Masam. et Yanagihara

分布：台湾、广东；日本、韩国

**巨大狗尾草 Setaria viridis** subsp. **pycnocoma** (Steud.) Tzvelev

分布：黑龙江、吉林、内蒙古、河北、山东、陕西、甘肃、新疆、湖南、湖北、四川、贵州、香港；日本、俄罗斯；亚洲(中部和西南部)、欧洲(中部及南部)、北美洲

**云南狗尾草 Setaria yunnanensis** Keng et G. D. Yu ex P. C. Keng et Y. K. Ma

分布：四川、云南、西藏

## 刺毛头黍属 **Setiacis** S. L. Chen et Y. X. Jin

**刺毛头黍 Setiacis diffusa** (L. C. Chia) S. L. Chen et Y. X. Jin

分布：海南

## 鹅毛竹属 **Shibataea** Makino ex Nakai

江山鹅毛竹 **Shibataea chiangshanensis** T. W. Wen
分布：浙江

鹅毛竹 **Shibataea chinensis** Nakai
分布：安徽、江苏、浙江、江西

鹅毛竹(原变种) **Shibataea chinensis** var. **chinensis**
分布：安徽、江苏、江西

细鹅毛竹 **Shibataea chinensis** var. **gracilis** C. H. Hu
分布：江苏、浙江

芦花竹 **Shibataea hispida** McClure
分布：安徽、浙江

倭竹 **Shibataea kumasaca** (Zoll. ex Steud.) Makino ex Nakai
分布：江苏、浙江、广东、台湾有栽培；日本有栽培

翡翠倭竹 **Shibataea lancifolia** cv. Smaragdina
分布：江苏、浙江

南平鹅毛竹 **Shibataea nanpingensis** Q. F. Zheng et K. F. Huang
分布：福建

南平鹅毛竹(原变种) **Shibataea nanpingensis** var. **nanpingensis**
分布：福建

福建鹅毛竹 **Shibataea nanpingensis** var. **fujianica** (Z. D. Zhu et H. Y. Zhou) C. H. Hu
分布：福建

矮雷竹 **Shibataea strigosa** T. H. Wen
分布：浙江、江西

## 唐竹属 **Sinobambusa** Makino ex Nakai

独山唐竹 **Sinobambusa dushanensis** (C. D. Chu et J. Q. Zhang) T. H. Wen
分布：贵州

白皮唐竹 **Sinobambusa farinosa** (McClure) T. H. Wen
分布：浙江、江西、福建、广东、广西

扛竹 **Sinobambusa henryi** (McClure) C. D. Chu et C. S. Chao
分布：广东、广西

竹仔 **Sinobambusa humilis** McClure
分布：广东

毛环唐竹 **Sinobambusa incana** T. H. Wen
分布：广东

晾衫竹 **Sinobambusa intermedia** McClure
分布：四川、云南、福建、广东、广西

肾耳唐竹 **Sinobambusa nephroaurita** C. D. Chu et C. S. Chao
分布：四川、广东、广西

红舌唐竹 **Sinobambusa rubroligula** McClure
分布：广东、广西、海南

糙耳唐竹 **Sinobambusa scabrida** T. H. Wen
分布：广西

唐竹 **Sinobambusa tootsik** (Sieb.) Makino
分布：福建、广东、广西；越南，日本有引种

唐竹(原变种) **Sinobambusa tootsik** var. **tootsik**
分布：福建、广东、广西；越南，日本有引种

火管竹 **Sinobambusa tootsik** var. **dentata** T. H. Wen
分布：福建

满山爆竹 **Sinobambusa tootsik** var. **laeta** (McClure) T. H. Wen
分布：福建、广东

光叶唐竹 **Sinobambusa tootsik** var. **maeshimana** Muroi ex Sugimoto
分布：广西；日本有栽培

尖头唐竹 **Sinobambusa urens** T. H. Wen
分布：福建

宜兴唐竹 **Sinobambusa yixingensis** C. S. Chao et K. S. Xiao
分布：江苏

## 三蕊草属 **Sinochasea** Keng

三蕊草 **Sinochasea trigyna** Keng
分布：青海、西藏

## 高粱属 **Sorghum** Moench

高粱 **Sorghum bicolor** (L.) Moench
分布：栽培于中国；广泛栽培于热带

硬秆高粱 **Sorghum dochna** var. **technicum** (Korn.) Snowden
分布：全国广泛栽培，以黄河流域为多；世界各大洲均栽培

石茅 **Sorghum halepense** (L.) Persoon
分布：辽宁、河北、北京、山东、安徽、江苏、上海、湖

南、四川、重庆、云南、福建、台湾、广东、广西、海南、香港；原产于地中海地区，现世界热带和亚热带地区广布

**散穗高粱 Sorghum nervosum** var. **flexibile** Snowden

分布：南部各省(自治区、直辖市)也有少量栽培；美国有引种栽培

**光高粱 Sorghum nitidum** (Vahl) Persoon

分布：山东、安徽、江苏、浙江、江西、湖南、湖北、四川、贵州、云南、福建、台湾、广东、广西、海南；不丹、印度、印度尼西亚、日本、韩国、缅甸、巴布亚新几内亚、菲律宾、斯里兰卡、泰国、澳大利亚、太平洋岛屿

**拟高粱 Sorghum propinquum** (Kunth) Hitchc.

分布：四川、云南、福建、台湾、广东、海南；印度、印度尼西亚、马来西亚、菲律宾、斯里兰卡

**苏丹草 Sorghum sudanense** (Piper) Stapf

分布：黑龙江、内蒙古、北京、河南、陕西、宁夏、新疆、贵州、福建、浙江有归化；原产于非洲，现广泛栽培作为牧草

## 米草属 Spartina Schreb.

**互花米草 Spartina alterniflora** Loisel.

分布：辽宁、河北、天津、山东、江苏、上海、浙江、福建、广东、香港；原产于美国，现从加拿大的纽芬兰到美国佛罗里达(中部)及墨西哥海岸的潮间带都有分布

**大米草 Spartina anglica** C. E. Hubb.

分布：辽宁、河北、天津、山东、江苏、上海、浙江、福建、广东、广西；原产于英国，现欧洲、大洋洲和美国有分布

## 稗荩属 Sphaerocaryum Nees. et Hook. f.

**稗荩 Sphaerocaryum malaccense** (Trin.) Pilg.

分布：安徽、浙江、江西、云南、福建、台湾、广东、广西；印度、斯里兰卡、马来西亚、菲律宾、越南、缅甸、泰国、印度尼西亚

## 鬣刺属 Spinifex L.

**老鼠艻 Spinifex littoreus** (Burm. f.) Merr.

分布：福建、台湾、广东、广西、海南；印度、印度尼西亚、马来西亚、缅甸、菲律宾、斯里兰卡、泰国、越南、柬埔寨

## 大油芒属 Spodiopogon Trin.

**竹油芒 Spodiopogon bambusoides** (Keng f.) S. M. Phillips et S. L. Chen

分布：贵州、广西

**油芒 Spodiopogon cotulifer** (Thunb.) Hack.

分布：陕西、甘肃、安徽、江苏、浙江、江西、湖南、湖北、四川、贵州、云南、福建、台湾、广东；印度、日本、克什米尔地区、韩国

**绒毛大油芒 Spodiopogon dubius** Hack.

分布：西藏；印度、尼泊尔

**滇大油芒 Spodiopogon duclouxii** A. Camus

分布：四川、云南

**台湾油芒 Spodiopogon formosanus** Rendle

分布：台湾

**箭叶大油芒 Spodiopogon sagittifolius** Rendle

分布：云南

**大油芒 Spodiopogon sibiricus** Trin.

分布：黑龙江、吉林、辽宁、内蒙古、河北、山西、山东、河南、陕西、宁夏、甘肃、安徽、江苏、浙江、江西、湖南、湖北、四川、贵州、广东、海南；日本、韩国、蒙古国、俄罗斯

**大油芒(原变种) Spodiopogon sibiricus** var. **sibiricus**

分布：黑龙江、吉林、辽宁、内蒙古、河北、山西、山东、河南、陕西、宁夏、甘肃、安徽、江苏、浙江、江西、湖南、湖北、四川、贵州、广东、海南；日本、韩国、蒙古国、俄罗斯

**大花大油芒 Spodiopogon sibiricus** var. **grandiflorus** L. Liu ex S. M. Phillips et S. L. Chen

分布：四川

**台南大油芒 Spodiopogon tainanensis** Hayata

分布：甘肃、江苏、四川、云南、西藏、台湾

**白玉大油芒 Spodiopogon yuexiensis** S. L. Zhong

分布：四川

## 鼠尾粟属 Sporobolus R. Br.

**卡鲁满穗鼠尾粟 Sporobolus coromandelianus** (Retzius) Kunth

分布：云南；阿富汗、印度、印度尼西亚、缅甸、巴布亚新几内亚、巴基斯坦、斯里兰卡、泰国；亚洲(西南部)、非洲，被引种到澳大利亚

**双蕊鼠尾粟 Sporobolus diandrus** (Retzius) P. Beauv.

分布：福建、广东、广西、贵州、四川、台湾、云南；不丹、印度、印度尼西亚、日本、马来西亚、缅甸、尼泊尔、巴基斯坦、菲律宾、斯里兰卡、泰国、澳大利亚

**鼠尾粟 Sporobolus fertilis** (Steud.) Clayton

分布：山东、河南、陕西、甘肃、安徽、江苏、浙江、江西、湖南、湖北、四川、贵州、云南、西藏、福建、台湾、

广东、海南；不丹、印度、印度尼西亚、日本、马来西亚、缅甸、尼泊尔、菲律宾、斯里兰卡、泰国、越南，偶尔被引种到其他地方

**广州鼠尾粟 Sporobolus hancei** Rendle
分布：江苏、福建、台湾、广东、广西、海南；日本

**毛鼠尾粟 Sporobolus pilifer** (Trinius) Kunth
分布：安徽、江西、浙江；不丹、印度、日本、韩国、马来西亚、尼泊尔、菲律宾；非洲

**!热带鼠尾粟 Sporobolus tenuissimus** (Mart. ex Schrank) Kuntze
分布：台湾；原产于热带美洲，世界温带广泛引种

**盐地鼠尾粟 Sporobolus virginicus** (L.) Kunth
分布：浙江、福建、台湾、广东、海南；印度、印度尼西亚、日本、马来西亚、菲律宾、斯里兰卡、泰国、越南；热带、亚热带

**瓦丽鼠尾粟 Sporobolus wallichii** Munro ex Trimen
分布：云南；印度、缅甸、斯里兰卡、泰国

## 钝叶草属 Stenotaphrum Trin.

**钝叶草 Stenotaphrum helferi** Munro ex Hook. f.
分布：云南、福建、广东、海南；马来西亚、缅甸、泰国、越南

**锥穗钝叶草 Stenotaphrum micranthum** (Desv.) C. E. Hubb.
分布：西沙群岛；巴布亚新几内亚、澳大利亚，珊瑚海群岛、印度、太平洋岛屿，有可能引入非洲(东部)

**侧钝叶草 Stenotaphrum secundatum** (Walter) Kuntze
分布：香港；热带和亚热带海岸两边的大西洋上，绕非洲延伸到莫桑比克

## 冠毛草属 Stephanachne Keng

**单蕊冠毛草 Stephanachne monandra** (P. C. Kuo et S. L. Lu) P. C. Kuo et S. L. Lu
分布：西藏

**黑穗茅 Stephanachne nigrescens** Keng
分布：陕西、甘肃、青海、四川

**冠毛草 Stephanachne pappophorea** (Hack.) Keng
分布：内蒙古、甘肃、青海、新疆；蒙古国、塔吉克斯坦

## 针茅属 Stipa L.

**鄂尔多斯针茅(新拟) Stipa albasiensis** L. Q. Zhao et K. Guo
分布：内蒙古

**异针茅 Stipa aliena** Keng
分布：甘肃、青海、四川、西藏

**图尔盖针茅 Stipa arabica** Trin. et Rupr.
分布：新疆、西藏；阿富汗、哈萨克斯坦、吉尔吉斯斯坦、巴基斯坦、俄罗斯、塔吉克斯坦、土库曼斯坦、乌兹别克斯坦；亚洲(西南部)

**狼针草 Stipa baicalensis** Roshev.
分布：黑龙江、吉林、辽宁、内蒙古、河北、山西、陕西、甘肃、青海、西藏；哈萨克斯坦、蒙古国、俄罗斯

**短花针茅 Stipa breviflora** Griseb.
分布：内蒙古、河北、山西、陕西、宁夏、甘肃、青海、新疆、四川、西藏；克什米尔地区、哈萨克斯坦、吉尔吉斯斯坦、蒙古国、尼泊尔、塔吉克斯坦、乌兹别克斯坦

**长芒草 Stipa bungeana** Trin.
分布：内蒙古、河北、山东、河南、陕西、宁夏、甘肃、青海、新疆、安徽、江苏、四川、西藏；哈萨克斯坦、吉尔吉斯斯坦、蒙古国

**丝颖针茅 Stipa capillacea** Keng
分布：甘肃、青海、四川、云南、西藏；不丹、印度、克什米尔地区、尼泊尔

**丝颖针茅(原变种) Stipa capillacea** var. **capillacea**
分布：甘肃、青海、四川、云南、西藏；不丹、印度、克什米尔地区、尼泊尔

**小花丝颖针茅 Stipa capillacea** var. **parviflora** N. X. Zhao et M. F. Li
分布：西藏

**针茅 Stipa capillata** L.
分布：河北、山西、甘肃、新疆；克什米尔地区、哈萨克斯坦、吉尔吉斯斯坦、蒙古国、巴基斯坦、俄罗斯、塔吉克斯坦、土库曼斯坦、乌兹别克斯坦；亚洲(西南部)、欧洲

**镰芒针茅 Stipa caucasica** Schmalh.
分布：内蒙古、河北、河南、陕西、宁夏、甘肃、青海、新疆、西藏；阿富汗、克什米尔地区、哈萨克斯坦、吉尔吉斯斯坦、蒙古国、俄罗斯、塔吉克斯坦；土库曼斯坦；亚洲(西南部)

**镰芒针茅(原亚种) Stipa caucasica** subsp. **caucasica**
分布：新疆、西藏；阿富汗、克什米尔地区、哈萨克斯坦、吉尔吉斯斯坦、塔吉克斯坦、土库曼斯坦；亚洲(西南部)

**沙生针茅 Stipa caucasica** subsp. **glareosa** (P. A. Smirn.) Tzvelev
分布：内蒙古、河北、河南、陕西、宁夏、甘肃、青海、新疆、西藏；阿富汗、哈萨克斯坦、吉尔吉斯斯坦、蒙古

国、俄罗斯、塔吉克斯坦

**宜红针茅** **Stipa consanguinea** Trin. et Rupr.

分布：新疆；蒙古国、俄罗斯

**大针茅** **Stipa grandis** P. A. Smirn.

分布：黑龙江、吉林、辽宁、内蒙古、河北、山西、河南、陕西、宁夏、甘肃、青海；蒙古国、俄罗斯

**大羽针茅** **Stipa kirghisorum** P. A. Smirn.

分布：新疆；阿富汗、克什米尔地区、哈萨克斯坦、吉尔吉斯斯坦、蒙古国、巴基斯坦、塔吉克斯坦、乌兹别克斯坦

**细叶针茅** **Stipa lessingiana** Trin. et Rupr.

分布：新疆；哈萨克斯坦、吉尔吉斯斯坦、蒙古国、俄罗斯、塔吉克斯坦、土库曼斯坦；亚洲(西南部)、欧洲(东部)

**长舌针茅** **Stipa macroglossa** P. A. Smirn.

分布：新疆；阿富汗、哈萨克斯坦、吉尔吉斯斯坦、塔吉克斯坦

**小针茅** **Stipa minuscula** F. M. Vázquez

分布：青海

**蒙古针茅** **Stipa mongolorum** Tzvelev

分布：内蒙古、宁夏；蒙古国

**东方针茅** **Stipa orientalis** Trin.

分布：青海、新疆、西藏；克什米尔地区、吉尔吉斯斯坦、蒙古国、俄罗斯、塔吉克斯坦、土库曼斯坦、乌兹别克斯坦；欧洲

**疏花针茅** **Stipa penicillata** Hand.-Mazz.

分布：陕西、甘肃、青海、新疆、四川、西藏

**疏花针茅(原变种)** **Stipa penicillata** var. **penicillata**

分布：陕西、甘肃、青海、新疆、四川、西藏

**毛疏花针茅** **Stipa penicillata** var. **hirsuta** P. C. Kuo et Y. H. Sun

分布：青海

**甘青针茅** **Stipa przewalskyi** Roshev.

分布：内蒙古、河北、山西、陕西、宁夏、甘肃、青海、四川、西藏

**紫花针茅** **Stipa purpurea** Griseb.

分布：甘肃、青海、新疆、四川、西藏；克什米尔地区、吉尔吉斯斯坦、塔吉克斯坦

**狭穗针茅** **Stipa regeliana** Hack.

分布：宁夏、甘肃、青海、新疆、四川、云南、西藏；克什米尔地区、哈萨克斯坦、吉尔吉斯斯坦、塔吉克斯坦

**昆仑针茅** **Stipa roborowskyi** Roshev.

分布：青海、新疆、西藏；克什米尔地区、印度

**新疆针茅** **Stipa sareptana** A. K. Becker

分布：内蒙古、河北、山西、宁夏、甘肃、青海、新疆、西藏；哈萨克斯坦、蒙古国、俄罗斯、塔吉克斯坦

**新疆针茅(原变种)** **Stipa sareptana** var. **sareptana**

分布：新疆；哈萨克斯坦、蒙古国、俄罗斯、塔吉克斯坦

**西北针茅** **Stipa sareptana** var. **krylovii** (Roshev.) P. C. Kuo et Y. H. Sun

分布：内蒙古、河北、山西、宁夏、甘肃、青海、新疆、西藏；哈萨克斯坦、蒙古国、俄罗斯

**座花针茅** **Stipa subsessiliflora** (Rupr.) Roshev.

分布：甘肃、青海、新疆、四川、云南、西藏；克什米尔地区、哈萨克斯坦、吉尔吉斯斯坦、俄罗斯、塔吉克斯坦、乌兹别克斯坦

**天山针茅** **Stipa tianschanica** Roshev.

分布：内蒙古、河北、山西、陕西、宁夏、甘肃、青海、新疆、西藏；哈萨克斯坦、吉尔吉斯斯坦、蒙古国、俄罗斯、乌兹别克斯坦

**天山针茅(原变种)** **Stipa tianschanica** var. **tianschanica**

分布：甘肃、青海、新疆、西藏；哈萨克斯坦、吉尔吉斯斯坦、乌兹别克斯坦

**戈壁针茅** **Stipa tianschanica** var. **gobica** (Roshev.) P. C. Kuo et Y. H. Sun

分布：内蒙古、河北、山西、陕西、宁夏、甘肃、青海、新疆；蒙古国

**石生针茅** **Stipa tianschanica** var. **klemenzii** (Roshev.) Norl.

分布：内蒙古；蒙古国、俄罗斯

**大花天山针茅** **Stipa turkestanica** subsp. **Macroglossa** (P. A. Smirn.) R. Gonzalo

分布：新疆

## 针禾属 **Stipagrostis** Nees

**大颖针禾** **Stipagrostis grandiglumis** (Roshev.) Tzvelev

分布：甘肃、新疆；蒙古国

**羽毛针禾** **Stipagrostis pennata** (Trin.) De Winter

分布：新疆、云南；阿富汗、哈萨克斯坦、吉尔吉斯斯坦、俄罗斯、土库曼斯坦、乌兹别克斯坦；亚洲(西南部)

## 筱竹属 **Thamnocalamus** Munro

**筱竹** **Thamnocalamus spathiflorus** (Trin.) Munro

分布：西藏；不丹、印度、尼泊尔

**筱竹(原变种) Thamnocalamus spathiflorus** var. **spathiflorus**
分布：西藏；不丹、印度、尼泊尔

**粗节筱竹 Thamnocalamus spathiflorus** var. **crassinodus** (T. P. Yi) Stapleton
分布：西藏；尼泊尔

**牛色玛 Thamnocalamus unispiculatus** Yi et J. Y. Shi
分布：西藏

## 菅属 **Themeda** Forssk.

**瘤菅 Themeda anathera** (Nees ex Steud.) Hack.
分布：西藏；阿富汗、印度、尼泊尔、巴基斯坦

**韦菅 Themeda arundinacea** (Roxb.) A. Camus
分布：贵州、云南、广西；孟加拉国、不丹、印度尼西亚、老挝、马来西亚、尼泊尔、泰国、越南

**苞子草 Themeda caudata** (Nees) A. Camus
分布：浙江、福建、台湾、江西、广东、广西、四川、贵州、云南；印度、缅甸、越南、斯里兰卡、菲律宾

**无茎菅 Themeda helferi** Munro ex Hackel
分布：云南；缅甸

**西南菅草 Themeda hookeri** (Griseb.) A. Camus
分布：四川、贵州、云南、西藏；印度、尼泊尔

**居中菅 Themeda intermedia** (Hackel) Bor
分布：云南；不丹、印度、缅甸

**小菅草 Themeda minor** L. Liu
分布：西藏

**中华菅 Themeda quadrivalvis** (L.) Kuntze
分布：贵州、云南、广东、海南；印度、印度尼西亚、缅甸、尼泊尔、泰国、越南、澳大利亚

**黄背草 Themeda triandra** Forssk.
分布：河北、山东、河南、陕西、安徽、江苏、浙江、江西、湖南、湖北、四川、贵州、云南、西藏、福建、台湾、海南；不丹、印度、印度尼西亚、日本、韩国、马来西亚、缅甸、尼泊尔、菲律宾、斯里兰卡、泰国、越南、澳大利亚；亚洲(西南部)、非洲

**毛菅 Themeda trichiata** S. L. Chen et T. D. Zhuang
分布：云南、广西、海南

**浙皖菅 Themeda unica** S. L. Chen et T. D. Zhuang
分布：安徽、浙江

**菅 Themeda villosa** (Poir.) A. Camus
分布：河南、浙江、江西、湖南、湖北、四川、贵州、云南、西藏、福建、广东、广西、海南；孟加拉国、不丹、印度、印度尼西亚、马来西亚、尼泊尔、菲律宾、斯里兰卡、泰国

**云南菅 Themeda yunnanensis** S. L. Chen et T. D. Zhuang
分布：云南

## 蒭雷草属 **Thuarea** Pers.

**蒭雷草 Thuarea involuta** (G. Forst.) R. Br. ex Sm.
分布：台湾、广东、海南；印度尼西亚、马来西亚、菲律宾、斯里兰卡、泰国、越南、澳大利亚、巴布亚新几内亚、太平洋岛屿、印度洋群岛、马达加斯加

## 泰竹属 **Thyrsostachys** Gamble

**大泰竹 Thyrsostachys oliveri** Gamble
分布：云南；缅甸

**泰竹 Thyrsostachys siamensis** Gamble
分布：云南；缅甸、泰国

## 粽叶芦属 **Thysanolaena** Nees

**粽叶芦 Thysanolaena latifolia** (Roxb. ex Hornem.) Honda
分布：贵州、云南、台湾、广东、广西、海南；孟加拉国、不丹、柬埔寨、印度、印度尼西亚、马来西亚、缅甸、尼泊尔、巴布亚新几内亚、菲律宾、斯里兰卡、泰国、越南、印度洋岛屿、老挝

## 锋芒草属 **Tragus** Haller

**虱子草 Tragus berteronianus** Schult.
分布：内蒙古、河北、陕西、甘肃、安徽、江苏、四川；阿富汗、巴基斯坦；亚洲(西南部)、非洲、美洲

**锋芒草 Tragus mongolorum** Ohwi
分布：内蒙古、河北、山西、宁夏、甘肃、青海、四川、云南、西藏；印度、马来西亚、缅甸、巴基斯坦、泰国、印度洋岛屿

## 三角草属 **Trikeraia** Bor

**三角草 Trikeraia hookeri** (Stapf) Bor
分布：青海、西藏；克什米尔地区、巴基斯坦

**三角草(原变种) Trikeraia hookeri** var. **hookeri**
分布：青海、西藏；克什米尔地区、巴基斯坦

**展穗三角草 Trikeraia hookeri** var. **ramosa** Bor
分布：青海、西藏

**山地三角草 Trikeraia oreophila** Cope
分布：新疆、西藏；印度、不丹、尼泊尔

假冠毛草 **Trikeraia pappiformis** (Keng) P. C. Kuo et S. L. Lu
分布：甘肃、青海、四川、云南、西藏

## 草沙蚕属 **Tripogon** Roem. et Schult.

中华草沙蚕 **Tripogon chinensis** (Franch.) Hackel
分布：黑龙江、辽宁、内蒙古、河北、山西、山东、河南、陕西、宁夏、甘肃、新疆、安徽、江苏、湖北、四川、云南、西藏、台湾；蒙古国、菲律宾、俄罗斯

柔弱草沙蚕 **Tripogon debilis** L. B. Cai
分布：四川

小草沙蚕 **Tripogon filiformis** Nees ex Steud.
分布：河南、陕西、浙江、四川、贵州、云南、西藏、福建；不丹、印度、缅甸、尼泊尔、巴基斯坦

矮草沙蚕 **Tripogon humilis** H. L. Yang
分布：西藏

丽藉草沙蚕 **Tripogon liouae** S. M. Phillips et S. L. Chen
分布：西藏

长芒草沙蚕 **Tripogon longearistatus** Hack. ex Honda
分布：陕西、甘肃、浙江、江西、湖南、四川、贵州、云南、福建、广东；日本、韩国

玫瑰紫草沙蚕 **Tripogon purpurascens** Duthie
分布：新疆；阿富汗、不丹、印度、尼泊尔、巴基斯坦；亚洲(西南部)

岩生草沙蚕 **Tripogon rupestris** S. M. Phillips et S. L. Chen
分布：云南、西藏；印度、尼泊尔

四川草沙蚕 **Tripogon sichuanicus** S. M. Phillips et S. L. Chen
分布：四川

三裂草沙蚕 **Tripogon trifidus** Munro ex Hook. f.
分布：云南、西藏；不丹、印度、缅甸、尼泊尔、泰国、越南

云南草沙蚕 **Tripogon yunnanensis** J. L. Yang ex S. M. Phillips et S. L. Chen
分布：四川、云南、西藏

## 三毛草属 **Trisetum** Pers.

高山三毛草 **Trisetum altaicum** Roshev.
分布：新疆；哈萨克斯坦、蒙古国、俄罗斯

三毛草 **Trisetum bifidum** (Thunb.) Ohwi
分布：山东、河南、陕西、甘肃、安徽、江苏、浙江、江西、湖南、湖北、四川、贵州、云南、西藏、福建、台湾、广东、广西；日本、韩国、巴布亚新几内亚

长穗三毛草 **Trisetum clarkei** (Hook. f.) R. R. Stewart
分布：陕西、甘肃、青海、新疆、湖北、四川、云南、西藏；阿富汗、印度、克什米尔地区、巴基斯坦

柔弱三毛草 **Trisetum debile** Chrtek
分布：云南

湖北三毛草 **Trisetum henryi** Rendle
分布：山西、河南、陕西、安徽、江苏、浙江、江西、湖北、四川

康定三毛草 **Trisetum kangdingense** (Z. L. Wu) S. M. Phillips et Z. L. Wu
分布：青海、四川

贫花三毛草 **Trisetum pauciflorum** Keng
分布：河南、陕西、四川

优雅三毛草 **Trisetum scitulum** Bor
分布：四川、云南、西藏；不丹、印度、尼泊尔

西伯利亚三毛草 **Trisetum sibiricum** Rupr.
分布：黑龙江、吉林、辽宁、内蒙古、河北、山西、河南、陕西、宁夏、甘肃、青海、新疆、湖北、四川、西藏；日本、哈萨克斯坦、韩国、蒙古国、俄罗斯；亚洲(西南部)、欧洲(东部)、北美洲

穗三毛 **Trisetum spicatum** (L.) K. Richt.
分布：黑龙江、吉林、辽宁、内蒙古、河北、山西、陕西、宁夏、甘肃、青海、新疆、湖北、四川、云南、西藏、台湾；阿富汗、不丹、印度、日本、哈萨克斯坦、吉尔吉斯斯坦、韩国、蒙古国、尼泊尔、巴基斯坦、俄罗斯、塔吉克斯坦、乌兹别克斯坦；亚洲(西南部)、欧洲、大洋洲、北美洲、南美洲

穗三毛(原亚种) **Trisetum spicatum** subsp. **spicatum**
分布：黑龙江、吉林、辽宁、内蒙古、河北、山西、陕西、宁夏、甘肃、青海、新疆、湖北、四川；俄罗斯

大花穗三毛 **Trisetum spicatum** subsp. **alaskanum** (Nash) Hultén
分布：四川、台湾、西藏、云南；不丹、印度、日本、韩国、俄罗斯；北美洲

蒙古穗三毛 **Trisetum spicatum** subsp. **mongolicum** Hultén ex Veldkamp
分布：内蒙古、青海、新疆、四川、西藏；不丹、印度、吉尔吉斯斯坦、蒙古国、俄罗斯

**西藏三毛草 Trisetum spicatum** subsp. **tibeticum** (P. C. Kuo et Z. L. Wu) W. B. Dickoré

分布：西藏

**喜马拉雅穗三毛 Trisetum spicatum** subsp. **virescens** (Regel) Tzvelev

分布：青海、新疆、四川、云南、西藏；不丹、印度、哈萨克斯坦、吉尔吉斯斯坦、尼泊尔、巴基斯坦、塔吉克斯坦

**绿穗三毛草 Trisetum umbratile** (Kitag.) Kitag.

分布：黑龙江、吉林、辽宁、内蒙古；韩国、俄罗斯

**云南三毛草 Trisetum yunnanense** Chrtek

分布：云南

## 小麦属 **Triticum** L.

**小麦 Triticum aestivum** L.

分布：普遍栽培于中国

**小麦(原亚种) Triticum aestivum** subsp. **aestivum**

分布：世界普遍种植

**西藏小麦 Triticum aestivum** subsp. **tibeticum** J. Z. Shao

分布：西藏

**云南小麦 Triticum aestivum** subsp. **yunnanense** King ex S. L. Chen

分布：云南

**一粒小麦 Triticum monococcum** L.

分布：可能栽培于中国(北部)；野生或栽培于亚洲(西南部)、欧洲(中部-东南部)、非洲(北部)

**杂生小麦 Triticum turanicum** Jakubziner

分布：新疆；哈萨克斯坦、吉尔吉斯斯坦、俄罗斯、土库曼斯坦、乌兹别克斯坦；亚洲

**圆锥小麦 Triticum turgidum** L.

分布：北京、河南、陕西、甘肃、新疆、四川、云南、西藏；栽培于亚洲(中部及西南部)、欧洲(南部)、非洲(东部及北部)、南美洲、地中海地区

**圆锥小麦(原亚种) Triticum turgidum** subsp. **turgidum**

分布：北京、河南、陕西、甘肃、新疆、四川、云南、西藏；栽培于亚洲(西南部)、欧洲(南部)

**硬粒小麦 Triticum turgidum** subsp. **durum** (Desf.) Husnot

分布：作为粮食栽培于中国；世界非热带地区，栽培于亚洲(中部)、欧洲(南部)、非洲(东部)、地中海地区

**波兰小麦 Triticum turgidum** subsp. **polonicum** (L.) Thell.

分布：作为食物栽培于中国；栽培于亚洲(中部)、欧洲(南部)、非洲(东部及北部)、南美洲

## 尾稃草属 **Urochloa** P. Beauv.

**类黍尾稃草 Urochloa panicoides** P. Beauv.

分布：四川、云南；不丹、印度；非洲(东部和南部)

**雀稗尾稃草 Urochloa paspaloides** J. Presl

分布：云南、海南；印度、日本、马来西亚、菲律宾、斯里兰卡

**尾稃草 Urochloa reptans** (L.) Stapf

分布：湖南、四川、贵州、云南、台湾、广东、广西；遍布世界热带地区

**光尾稃草(原变种) Urochloa reptans** var. **reptans**

分布：湖南、四川、贵州、云南、台湾、广东、广西；遍布世界热带地区

**光尾稃草 Urochloa reptans** var. **glabra** S. L. Chen et Y. X. Jin

分布：云南

**刺毛尾稃草 Urochloa setigera** (Retzius) Stapf

分布：广东、海南；印度、缅甸、尼泊尔、斯里兰卡、泰国

## 鼠茅属 **Vulpia** C. C. Gmel.

**高原鼠茅 Vulpia alpina** L. Liu

分布：西藏

**鼠茅 Vulpia myuros** (L.) C. C. Gmel.

分布：安徽、江苏、浙江、江西、西藏、福建、台湾；阿富汗、不丹、吉尔吉斯斯坦、巴基斯坦、俄罗斯、塔吉克斯坦、土耳其斯坦、乌兹别克斯坦；亚洲(西南部)、欧洲、非洲

## 玉山竹属 **Yushania** Keng f.

**紫斑玉山竹 Yushania ailuropodina** T. P. Yi

分布：四川

**草丝竹 Yushania andropogonoides** (Hand.-Mazz.) T. P. Yi

分布：云南

**窄叶玉山竹 Yushania angustifolia** Yi et J. Y. Shi

分布：贵州

**显耳玉山竹 Yushania auctiaurita** T. P. Yi

分布：贵州

百山祖玉山竹 **Yushania baishanzuensis** Z. P. Wang et G. H. Ye
分布：浙江

毛玉山竹 **Yushania basihirsuta** (McClure) Z. P. Wang et G. H. Ye
分布：湖南、广东

金平玉山竹 **Yushania bojieiana** T. P. Yi
分布：云南

短锥玉山竹 **Yushania brevipaniculata** (Hand.-Mazz.) T. P. Yi
分布：四川

绿春玉山竹 **Yushania brevis** T. P. Yi
分布：云南

灰绿玉山竹 **Yushania canoviridis** G. H. Ye et Z. P. Wang
分布：湖南

硬壳玉山竹 **Yushania cartilaginea** T. H. Wen
分布：广西

空柄玉山竹 **Yushania cava** T. P. Yi
分布：四川

仁昌玉山竹 **Yushania chingii** T. P. Yi
分布：贵州、广西

德昌玉山竹 **Yushania collina** T. P. Yi
分布：四川

梵净山玉山竹 **Yushania complanata** T. P. Yi
分布：贵州

鄂西玉山竹 **Yushania confusa** (McClure) Z. P. Wang et G. H. Ye
分布：山西、湖南、湖北、四川、贵州

粗柄玉山竹 **Yushania crassicollis** T. P. Yi
分布：云南

波柄玉山竹 **Yushania crispata** T. P. Yi
分布：四川

大风顶山竹 **Yushania dafengdingensis** T. P. Yi
分布：四川

东安玉山竹 **Yushania donganensis** (B. M. Yang) T. P. Yi
分布：四川

腾冲玉山竹 **Yushania elevata** T. P. Yi
分布：云南

沐川玉山竹 **Yushania exilis** T. P. Yi
分布：四川

粉竹 **Yushania falcatiaurita** Hsueh et T. P. Yi
分布：云南

独龙江玉山竹 **Yushania farcticaulis** T. P. Yi
分布：云南

湖南玉山竹 **Yushania farinosa** Y. P. Wang et G. H. Ye
分布：湖南

弯毛玉山竹 **Yushania flexa** T. P. Yi
分布：云南

盈江玉山竹 **Yushania glandulosa** Hsueh et T. P. Yi
分布：云南

白背玉山竹 **Yushania glauca** T. P. Yi et T. L. Long
分布：四川

棱纹玉山竹 **Yushania grammata** T. P. Yi
分布：云南

毛竿玉山竹 **Yushania hirticaulis** Z. P. Wang et G. H. Ye
分布：江西

撕裂玉山竹 **Yushania lacera** Q. F. Zheng et K. F. Huang
分布：福建

亮绿玉山竹 **Yushania laetevirens** T. P. Yi
分布：云南

光亮玉山竹 **Yushania levigata** T. P. Yi
分布：云南

石棉玉山竹 **Yushania lineolata** T. P. Yi
分布：四川

长耳玉山竹 **Yushania longiaurita** Q. F. Zheng et K. F. Huang
分布：福建

长鞘玉山竹 **Yushania longissima** K. F. Huang et Q. F. Zheng
分布：福建

蒙自玉山竹 **Yushania longiuscula** T. P. Yi
分布：云南

马边玉山竹 **Yushania mabianensis** T. P. Yi
分布：四川

斑壳玉山竹 **Yushania maculata** T. P. Yi
分布：四川、云南

**隔界竹 Yushania menghaiensis** T. P. Yi
分布：云南

**泡滑竹 Yushania mitis** T. P. Yi
分布：云南

**多枝玉山竹 Yushania multiramea** T. P. Yi
分布：云南

**玉山竹 Yushania niitakayamensis** (Hayata) Keng f.
分布：台湾

**马鹿竹 Yushania oblonga** T. P. Yi
分布：云南

**粗枝玉山竹 Yushania pachyclada** T. P. Yi
分布：四川、云南

**少枝玉山竹 Yushania pauciramificans** T. P. Yi
分布：云南

**滑竹 Yushania polytricha** Hsueh et T. P. Yi
分布：云南

**抱鸡竹 Yushania punctulata** T. P. Yi
分布：四川

**海竹 Yushania qiaojiaensis** Hsueh et T. P. Yi
分布：云南

**海竹(原变种) Yushania qiaojiaensis** var. **qiaojiaensis**
分布：云南

**裸箨海竹 Yushania qiaojiaensis** var. **nuda** (T. P. Yi) D. Z. Li et Z. H. Guo
分布：云南

**皱叶玉山竹 Yushania rugosa** T. P. Yi
分布：贵州、广西

**黄壳竹 Yushania straminea** T. P. Yi
分布：云南

**绥江玉山竹 Yushania suijiangensis** Yi
分布：云南

**细弱玉山竹 Yushania tenuicaulis** Yi et J. Y. Shi
分布：贵州

**单枝玉山竹 Yushania uniramosa** Hsueh et T. P. Yi
分布：贵州

**庐山玉山竹 Yushania varians** T. P. Yi
分布：江西

**长肩毛玉山竹 Yushania vigens** T. P. Yi
分布：云南

**紫花玉山竹 Yushania violascens** (Keng) T. P. Yi
分布：四川、云南

**竹扫子 Yushania weixiensis** T. P. Yi
分布：云南

**武夷山玉山竹 Yushania wuyishanensis** Q. F. Zheng et K. F. Huang
分布：福建

**西藏玉山竹 Yushania xizangensis** T. P. Yi
分布：西藏

**亚东玉山竹 Yushania yadongensis** T. P. Yi
分布：西藏；不丹

**永德玉山竹 Yushania yongdeensis** Yi et J. Y. Shi
分布：云南

## 玉蜀黍属 **Zea** L.

**玉蜀黍 Zea mays** L.
分布：原产于美洲，广泛栽培于世界各地

## 菰属 **Zizania** L.

**菰 Zizania latifolia** (Griseb.) Turcz. ex Stapf
分布：安徽、福建、广东、广西、贵州、海南、河北、河南、湖北、湖南、江苏、江西、吉林、辽宁、陕西、山东、四川、台湾、云南、浙江；印度(东北部)、日本、韩国、缅甸、俄罗斯，栽培于亚洲(东南部)

## 结缕草属 **Zoysia** Willd.

**结缕草 Zoysia japonica** Steud.
分布：辽宁、河北、山东、江苏、浙江、江西、台湾、香港；日本、韩国

**大穗结缕草 Zoysia macrostachya** Franch. et Sav.
分布：山东、安徽、江苏、浙江、福建；日本、韩国

**沟叶结缕草 Zoysia matrella** (L.) Merr.
分布：台湾、广东、海南；印度、印度尼西亚、日本、马来西亚、菲律宾、斯里兰卡、泰国、越南

**细叶结缕草 Zoysia pacifica** (Goudswaard) M. Hotta et S. Kuroki
分布：台湾；日本、菲律宾、泰国、太平洋岛屿

**中华结缕草 Zoysia sinica** Hance
分布：辽宁、河北、山东、安徽、江苏、浙江、福建、台湾、广东、广西；日本、韩国

## 394. 川苔草科 Podostemaceae Rich. ex Kunth

### 飞瀑草属 **Cladopus** H. Möller

川苔草 **Cladopus chinensis** (H. C. Chao) H. C. Chao
分布：福建、广东

飞瀑草 **Cladopus nymanii** H. Möller
分布：福建、广东、海南；印度尼西亚、日本、泰国

### 川藻属 **Dalzellia** Wight

川藻 **Dalzellia sessilis** (H. C. Chao) C. Cusset et G. Cusset
分布：福建

### 水石衣属 **Hydrobryum** Endl.

水石衣 **Hydrobryum griffithii** (Wall. ex Griff.) Tul.
分布：云南；不丹、印度、缅甸、尼泊尔、越南

## 395. 花荵科 Polemoniaceae Juss.

### 天蓝绣球属 **Phlox** L.

小天蓝绣球 **Phlox drummondii** Hook.
分布：中国各地庭园有栽培；墨西哥

天蓝绣球 **Phlox paniculata** L.
分布：中国各地庭园常见栽培；北美洲

针叶天蓝绣球 **Phlox subulata** L.
分布：华东地区有引种栽培；北美洲(东部)

### 花荵属 **Polemonium** L.

兴安花荵 **Polemonium boreale** subsp. **hingganicum** P. H. Huang et S. Y. Li
分布：黑龙江引种栽培

花荵 **Polemonium caeruleum** L.
分布：黑龙江、吉林、辽宁、内蒙古、新疆、云南；克什米尔地区、韩国、尼泊尔、印度、日本、蒙古国、巴基斯坦、俄罗斯；欧洲、北美洲

花荵(原变种) **Polemonium caeruleum** var. **caeruleum**
分布：新疆、云南；印度、日本、蒙古国、巴基斯坦、俄罗斯

尖裂花荵 **Polemonium caeruleum** var. **acutiflorum** (Willd. ex Roem. et Schult.) Ledeb.
分布：黑龙江、吉林、辽宁、内蒙古；朝鲜、俄罗斯；北美洲

中华花荵 **Polemonium chinense** (Brand) Brand
分布：黑龙江、吉林、辽宁、内蒙古、山西、陕西、甘肃、青海、湖北、四川；朝鲜、蒙古国、俄罗斯

中华花荵(原变种) **Polemonium chinense** var. **chinense**
分布：甘肃、黑龙江、湖北、吉林、辽宁、内蒙古、青海、陕西、山西、四川；韩国、蒙古国、俄罗斯(东部)

毛茎花荵 **Polemonium chinense** var. **hirticaulum** G. H. Liu et Y. C. Ma
分布：内蒙古

苏木山花荵 **Polemonium sumushanense** G. H. Liu et Ma
分布：内蒙古

## 396. 远志科 Polygalaceae Hoffmanns. et Link

### 寄生鳞叶草属 **Epirixanthes** Blume

寄生鳞叶草 **Epirixanthes elongata** Blume
分布：云南、福建、海南；印度、印度尼西亚、马来西亚、缅甸、泰国、越南

### 异孔远志属 **Heterosamara** Kuntze

尾叶远志 **Heterosamara caudata** (Rehder et E. H. Wilson) Paiva et P. Silveira
分布：湖南、湖北、四川、贵州、云南、广东、广西

斑果远志 **Heterosamara resinosa** (S. K. Chen) Paiva et P. Silveira
分布：广西

长毛籽远志 **Heterosamara wattersii** (Hance) Paiva et P. Silveira
分布：河南、江西、湖南、湖北、四川、贵州、云南、西藏、广东、广西；不丹

### 远志属 **Polygala** L.

台湾远志 **Polygala arcuata** Hayata
分布：台湾

荷包山桂花 **Polygala arillata** Buch.-Ham. ex D. Don
分布：河南、陕西、安徽、浙江、江西、湖北、四川、贵州、云南、西藏、福建、广西；不丹、柬埔寨、印度、马来西亚、缅甸、尼泊尔、斯里兰卡、泰国、越南

髯毛远志 **Polygala barbellata** S. K. Chen
分布：云南

坝王远志 **Polygala bawanglingensis** F. W. Xing et Z. X. Li

分布：海南

波密远志 **Polygala bomiensis** S. K. Chen et J. Parnell

分布：西藏

肉茎远志 **Polygala carnosicaulis** W. H. Chen et Y. M. Shui

分布：云南

华南远志 **Polygala chinensis** L.

分布：浙江、四川、贵州、云南、福建、台湾、广东、广西、海南；柬埔寨、印度、印度尼西亚、老挝、马来西亚、巴布亚新几内亚、菲律宾、泰国、越南

华南远志(原变种) **Polygala chinensis** var. **chinensis**

分布：云南、福建、广东、广西、海南；印度、菲律宾、越南

矮华南远志 **Polygala chinensis** var. **pygmaea** (C. Y. Wu et S. K. Chen) S. K. Chen et J. Parnell

分布：云南

长毛华南远志 **Polygala chinensis** var. **villosa** (C. Y. Wu et S. K. Chen) S. K. Chen et J. Parnell

分布：广西

西南远志 **Polygala crotalarioides** Buch.-Ham. ex DC.

分布：四川、云南、西藏；印度、老挝、尼泊尔、泰国、缅甸、克什米尔地区

肾果远志 **Polygala didyma** C. Y. Wu

分布：云南

贵州远志 **Polygala dunniana** Lév.

分布：贵州、云南

雅致远志 **Polygala elegans** Wall. ex Royle

分布：西藏；不丹、印度、克什米尔地区、缅甸、尼泊尔、巴基斯坦

黄花倒水莲 **Polygala fallax** Hemsl.

分布：江西、湖南、贵州、云南、福建、广东、广西

肾果小扁豆 **Polygala furcata** Royle

分布：贵州、云南、广西；不丹、尼泊尔、印度、缅甸

球冠远志 **Polygala globulifera** Dunn

分布：云南、西藏；印度、缅甸

球冠远志(原变种) **Polygala globulifera** var. **globulifera**

分布：云南

长序球冠远志 **Polygala globulifera** var. **longiracemosa** S. K. Chen

分布：云南、西藏；印度、缅甸

海南远志 **Polygala hainanensis** Chun et F. C. How

分布：海南

海南远志(原变种) **Polygala hainanensis** var. **hainanensis**

分布：海南

粗毛海南远志 **Polygala hainanensis** var. **strigosa** Chun et F. C. How

分布：海南

香港远志 **Polygala hongkongensis** Hemsl.

分布：新疆、安徽、江苏、浙江、江西、湖南、四川、贵州、福建、广东、广西

香港远志(原变种) **Polygala hongkongensis** var. **hongkongensis**

分布：新疆、江西、湖南、四川、福建、广东、广西

狭叶香港远志 **Polygala hongkongensis** var. **stenophylla** Migo

分布：安徽、江苏、浙江、江西、湖南、福建、广东、广西

新疆远志 **Polygala hybrida** DC.

分布：新疆；蒙古国、俄罗斯

心果小扁豆 **Polygala isocarpa** Chodat

分布：四川、贵州、云南

瓜子金 **Polygala japonica** Houtt.

分布：辽宁、河北、山东、河南、陕西、甘肃、新疆、江苏、浙江、江西、湖南、湖北、四川、贵州、云南、福建、台湾、广东、广西；印度、日本、韩国、马来西亚、缅甸、几内亚、菲律宾、俄罗斯、斯里兰卡、越南

密花远志 **Polygala karensium** Kurz.

分布：云南、西藏、广西；不丹、缅甸、泰国、越南

密花远志(原变种) **Polygala karensium** var. **karensium**

分布：云南、西藏、广西；不丹、缅甸、越南

小叶密花远志 **Polygala karensium** var. **obcordata** (C. Y. Wu et S. K. Chen) S. K. Chen et J. Parnell

分布：云南

曲江远志 **Polygala koi** Merr.

分布：湖南、广东、广西

思茅远志 **Polygala lacei** Craib

分布：云南；缅甸、泰国

**大叶金牛 Polygala latouchei** Franch.

分布：浙江、江西、福建、广东、广西

**隆子远志 Polygala lhunzeensis** C. Y. Wu et S. K. Chen

分布：西藏

**丽江远志 Polygala lijiangensis** C. Y. Wu et S. K. Chen

分布：云南

**长叶远志 Polygala longifolia** Poir.

分布：贵州、云南、广东、广西；柬埔寨、印度、印度尼西亚、克什米尔地区、老挝、马来西亚、缅甸、尼泊尔、巴布亚新几内亚、菲律宾、斯里兰卡、泰国、越南、澳大利亚

**单瓣远志 Polygala monopetala** Cambess.

分布：青海、西藏；克什米尔地区

**少籽远志 Polygala oligosperma** C. Y. Wu

分布：云南

**圆锥花远志 Polygala paniculata** L.

分布：台湾、广东；广布于热带地区

**蓼叶远志 Polygala persicariifolia** DC.

分布：四川、贵州、云南、广西；不丹、柬埔寨、印度尼西亚、马来西亚、缅甸、尼泊尔、巴布亚新几内亚、菲律宾、泰国；非洲

**小花远志 Polygala polifolia** Presl

分布：安徽、江苏、浙江、江西、贵州、云南、福建、台湾、广东、广西、海南；孟加拉国、柬埔寨、印度、印度尼西亚、老挝、马来西亚、巴布亚新几内亚、巴基斯坦、菲律宾、斯里兰卡、泰国、越南、澳大利亚

**岩生远志 Polygala saxicola** Dunn

分布：云南、广西；越南

**西伯利亚远志 Polygala sibirica** L.

分布：黑龙江、吉林、辽宁、内蒙古、河北、山西、河南、陕西、宁夏、甘肃、青海、四川、贵州、云南、西藏；不丹、印度、日本、克什米尔地区、韩国、蒙古国、缅甸、尼泊尔、俄罗斯；亚洲(西南部)、欧洲、大洋洲

**西伯利亚远志(原变种) Polygala sibirica** var. **sibirica**

分布：黑龙江、吉林、辽宁、内蒙古、河北、山西、河南、陕西、宁夏、甘肃、青海、四川、云南、西藏；不丹、印度、日本、克什米尔地区、朝鲜、蒙古国、缅甸、尼泊尔、俄罗斯；亚洲(西南部)、大洋洲

**苦远志 Polygala sibirica** var. **megalopha** Franch.

分布：四川、云南

**合叶草 Polygala subopposita** S. K. Chen

分布：四川、贵州、云南

**小扁豆 Polygala tatarinowii** Regel

分布：黑龙江、吉林、辽宁、内蒙古、河北、山西、山东、河南、陕西、宁夏、甘肃、青海、新疆、安徽、江苏、浙江、江西、湖南、湖北、四川、贵州、云南、西藏、福建、台湾、广东、广西、海南；不丹、印度、克什米尔地区、缅甸、日本、马来西亚、菲律宾

**远志 Polygala tenuifolia** Willd.

分布：黑龙江、辽宁、内蒙古、河北、山西、河南、陕西、宁夏、甘肃、青海、江苏、江西、四川；韩国、蒙古国、俄罗斯

**红花远志 Polygala tricholopha** Chodat

分布：云南、广西、海南；印度、老挝、泰国、越南

**金花远志 Polygala triflora** L.

分布：海南；柬埔寨、印度、印度尼西亚、老挝、马来西亚、缅甸、尼泊尔、巴布亚新几内亚、菲律宾、斯里兰卡、泰国、澳大利亚

**凹籽远志 Polygala umbonata** Craib

分布：云南；泰国、缅甸

**文县远志 Polygala wenxianensis** Y. S. Zhou et Z. X. Peng

分布：甘肃

**海岛远志 Polygala wuzhishanensis** S. K. Chen et J. Parnell

分布：海南

## 齿果草属 Salomonia Lour.

**齿果草 Salomonia cantoniensis** Lour.

分布：浙江、贵州、云南、福建、广东、广西；不丹、柬埔寨、印度、印度尼西亚、老挝、马来西亚、缅甸、尼泊尔、菲律宾、泰国

**椭圆叶齿果草 Salomonia ciliata** (L.) DC.

分布：江苏、浙江、江西、湖南、贵州、云南、福建、台湾、广东、广西、海南；柬埔寨、印度、印度尼西亚、日本、韩国、老挝、马来西亚、缅甸、尼泊尔、巴布亚新几内亚、菲律宾、斯里兰卡、泰国、越南、澳大利亚

## 蝉翼藤属 **Securidaca** L.

蝉翼藤 **Securidaca inappendiculata** Hassk.

分布：云南、广东、广西、海南；孟加拉国、尼泊尔、老挝、柬埔寨、菲律宾、泰国、印度、印度尼西亚、马来西亚、缅甸、越南

瑶山蝉翼藤 **Securidaca yaoshanensis** Hao

分布：云南、广东、广西

## 黄叶树属 **Xanthophyllum** Roxb.

泰国黄叶树 **Xanthophyllum flavescens** Roxb.

分布：云南；缅甸、柬埔寨、老挝、泰国

黄叶树 **Xanthophyllum hainanense** Hu

分布：广东、广西、海南；越南

少花黄叶树 **Xanthophyllum oliganthum** C. Y. Wu

分布：云南

云南黄叶树 **Xanthophyllum yunnanense** C. Y. Wu

分布：云南

# 397. 蓼科 Polygonaceae Juss.

## 金线草属 **Antenoron** Raf.

金线草 **Antenoron filiforme** (Thunb.) Roberty et Vautier

分布：山东、河南、陕西、甘肃、安徽、江苏、浙江、江西、湖南、湖北、四川、贵州、云南、福建、台湾、广东、广西；日本、韩国、缅甸、俄罗斯

金线草(原变种) **Antenoron filiforme** var. **filiforme**

分布：山东、河南、陕西、甘肃、安徽、江苏、浙江、江西、湖南、湖北、四川、贵州、云南、福建、台湾、广东、广西；日本、韩国、缅甸、俄罗斯

毛叶红珠七 **Antenoron filiforme** var. **kachinum** (Nieuwl.) H. Hara

分布：云南；缅甸

短毛金线草 **Antenoron filiforme** var. **neofiliforme** (Nakai) A. J. Li

分布：山东、河南、陕西、甘肃、安徽、江苏、浙江、江西、湖南、湖北、四川、贵州、云南、福建、广东、广西

## 木蓼属 **Atraphaxis** L.

沙木蓼 **Atraphaxis bracteata** Losinsk.

分布：内蒙古、陕西、宁夏、甘肃、青海、新疆；蒙古国

糙叶木蓼 **Atraphaxis canescens** Bunge

分布：新疆；哈萨克斯坦

拳木蓼 **Atraphaxis compacta** Ledeb.

分布：新疆；哈萨克斯坦、蒙古国、吉尔吉斯斯坦、俄罗斯

细枝木蓼 **Atraphaxis decipiens** Jaub. et Spach

分布：新疆；哈萨克斯坦

木蓼 **Atraphaxis frutescens** (L.) Eversm.

分布：内蒙古、宁夏、甘肃、青海、新疆；哈萨克斯坦、蒙古国、俄罗斯；东欧

木蓼(原变种) **Atraphaxis frutescens** var. **frutescens**

分布：内蒙古、宁夏、甘肃、青海、新疆；哈萨克斯坦、蒙古国、俄罗斯

乳头叶木蓼 **Atraphaxis frutescens** var. **papillosa** Y. L. Liu

分布：新疆

额河木蓼 **Atraphaxis irtyschensis** C. Y. Yang et Y. L. Han

分布：新疆

绿叶木蓼 **Atraphaxis laetevirens** (Ledeb.) Jaub. et Spach

分布：新疆；哈萨克斯坦、俄罗斯、吉尔吉斯斯坦、蒙古国

东北木蓼 **Atraphaxis manshurica** Kitag.

分布：辽宁、内蒙古、河北、陕西、宁夏

锐枝木蓼 **Atraphaxis pungens** (Bieb.) Jaub. et Spach

分布：内蒙古、甘肃、青海、新疆；印度、蒙古国、俄罗斯、哈萨克斯坦

梨叶木蓼 **Atraphaxis pyrifolia** Bunge

分布：新疆；印度、阿富汗、哈萨克斯坦、巴基斯坦、吉尔吉斯斯坦、塔吉克斯坦

刺木蓼 **Atraphaxis spinosa** L.

分布：新疆；哈萨克斯坦、吉尔吉斯斯坦、蒙古国、俄罗斯、塔吉克斯坦、土库曼斯坦、乌兹别克斯坦，亚洲(西南部)

帚枝木蓼 **Atraphaxis virgata** (Regel) Krasn.

分布：新疆；哈萨克斯坦、吉尔吉斯斯坦、蒙古国、俄罗斯、塔吉克斯坦、土库曼斯坦

## 拳参属 **Bistorta** (L.) Mill.

白花拳参(新拟) **Bistorta albiflora** Miyam. et H. Ohba

分布：四川、云南、西藏

藏拳参(新拟) **Bistorta ludlowii** Yonekura et H. Ohashi

分布：西藏

滇藏拳参(新拟) **Bistorta sherei** H. Ohba et Akiyama

分布：云南、西藏；不丹、尼泊尔

管拳参(新拟) **Bistorta tubistipulis** Miyam. et H. Ohba
分布：四川、西藏

## 沙拐枣属 **Calligonum** L.

阿拉善沙拐枣 **Calligonum alashanicum** Losinskaja
分布：内蒙古、甘肃

无叶沙拐枣 **Calligonum aphyllum** (Pall.) Güerke
分布：新疆；哈萨克斯坦、俄罗斯、塔吉克斯坦、土库曼斯坦、乌兹别克斯坦；西南亚

乔木沙拐枣 **Calligonum arborescens** Litv.
分布：宁夏、甘肃、新疆；哈萨克斯坦、土库曼斯坦、乌兹别克斯坦

泡果沙拐枣 **Calligonum calliphysa** Bunge
分布：内蒙古、新疆；哈萨克斯坦、蒙古国、俄罗斯、塔吉克斯坦、土库曼斯坦；西南亚

头状沙拐枣 **Calligonum caput-medusae** Schrenk
分布：宁夏、甘肃、新疆；哈萨克斯坦、土库曼斯坦

甘肃沙拐枣 **Calligonum chinense** Losinsk.
分布：内蒙古、甘肃、新疆

褐色沙拐枣 **Calligonum colubrinum** E. Borszcow
分布：新疆；哈萨克斯坦、土库曼斯坦

心形沙拐枣 **Calligonum cordatum** Korovin ex N. Pavlov
分布：新疆；塔吉克斯坦、土库曼斯坦

密刺沙拐枣 **Calligonum densum** E. Borszcow
分布：新疆；哈萨克斯坦、土库曼斯坦

艾比湖沙拐枣 **Calligonum ebinuricum** N. A. Ivanova ex Soskov
分布：新疆；蒙古国

戈壁沙拐枣 **Calligonum gobicum** (Bunge ex Meisn.) Losinsk.
分布：内蒙古、甘肃、新疆；蒙古国

吉木乃沙拐枣 **Calligonum jeminaicum** Z. M. Mao
分布：新疆

奇台沙拐枣 **Calligonum klementzii** Losinsk.
分布：新疆

库尔勒沙拐枣 **Calligonum korlaense** Z. M. Mao
分布：新疆

淡枝沙拐枣 **Calligonum leucocladum** (Schrenk) Bunge
分布：新疆；哈萨克斯坦、俄罗斯、塔吉克斯坦、土库曼斯坦、乌兹别克斯坦；亚洲(西南部)

沙拐枣 **Calligonum mongolicum** Turcz.
分布：内蒙古、甘肃、新疆；蒙古国

小沙拐枣 **Calligonum pumilum** Losinsk.
分布：新疆；蒙古国

塔里木沙拐枣 **Calligonum roborowskii** Losinsk.
分布：甘肃、新疆；蒙古国

红果沙拐枣 **Calligonum rubicundum** Bunge
分布：新疆；哈萨克斯坦、俄罗斯、蒙古国

粗糙沙拐枣 **Calligonum squarrosum** N. Pavlov
分布：新疆；哈萨克斯坦、土库曼斯坦、乌兹别克斯坦

塔克拉玛沙拐枣(新拟) **Calligonum taklimakanense** B. R. Pan et G. M. Shen
分布：新疆

三裂沙拐枣 **Calligonum trifarium** Z. M. Mao
分布：新疆

英吉沙沙拐枣 **Calligonum yengisaricum** Z. M. Mao
分布：新疆

柴达木沙拐枣 **Calligonum zaidamense** Losinsk.
分布：青海、新疆

## 荞麦属 **Fagopyrum** Mill.

疏穗野荞 **Fagopyrum caudatum** (Sam.) A. J. Li
分布：甘肃、四川、云南

皱叶野荞麦 **Fagopyrum crispatifolium** J. L. Liu
分布：四川

密毛野荞麦 **Fagopyrum densivillosum** J. L. Liu
分布：四川

密毛野荞麦(原变种) **Fagopyrum densivillosum** var. **densivillosum**
分布：四川

翅果密毛野荞麦 **Fagopyrum densivillosum** var. **pterocarpum** J. L. Liu et X. Jiang Li
分布：四川

金荞 **Fagopyrum dibotrys** (D. Don) H. Hara
分布：河南、陕西、甘肃、安徽、江苏、浙江、江西、湖北、四川、贵州、云南、西藏、福建、广东、广西；不丹、印度、克什米尔地区、缅甸、尼泊尔、越南

荞麦 **Fagopyrum esculentum** Moench
分布：各地广泛栽培或逸生；不丹、印度、朝鲜、日本、蒙古国、俄罗斯、缅甸、尼泊尔、澳大利亚；欧洲、北美洲

**心叶野荞 Fagopyrum gilesii** (Hemsl.) Hedberg
分布：四川、云南；巴基斯坦

**细柄野荞 Fagopyrum gracilipes** (Hemsl.) Dammer ex Diels
分布：河南、陕西、甘肃、湖北、四川、云南、贵州、?山西

**小野荞 Fagopyrum leptopodum** (Diels) Hedberg
分布：四川、云南

**小野荞(原变种) Fagopyrum leptopodum** var. **leptopodum**
分布：四川、云南

**疏穗小野荞 Fagopyrum leptopodum** var. **grossii** (H. Lév.) Lauener et D. K. Ferguson
分布：四川、云南

**线叶野荞 Fagopyrum lineare** (Sam.) Haraldson
分布：云南

**普格荞(新拟) Fagopyrum pugense** T. Yu
分布：四川

**多彩荞(新拟) Fagopyrum qiangcai** J. R. Shao
分布：四川

**长柄野荞 Fagopyrum statice** (H. Lév.) H. Gross
分布：贵州、云南

**苦荞 Fagopyrum tataricum** (L.) Gaertn.
分布：黑龙江、吉林、辽宁、内蒙古、河北、山西、陕西、甘肃、青海、新疆、湖南、湖北、四川、贵州、云南、西藏；阿富汗、不丹、印度、哈萨克斯坦、吉尔吉斯斯坦、蒙古国、缅甸、尼泊尔、俄罗斯、塔吉克斯坦；欧洲、北美洲

**硬枝野荞 Fagopyrum urophyllum** (Bureau et Franch.) H. Gross
分布：四川、云南

**汶川荞(新拟) Fagopyrum wenchuanense** D. Q. Bai
分布：四川

## 首乌属 Fallopia Adans.

**木藤首乌 Fallopia aubertii** (L. Henry) Holub.
分布：内蒙古、山西、河南、陕西、宁夏、甘肃、青海、湖南、湖北、四川、贵州、云南、西藏

**蔓首乌 Fallopia convolvulus** (L.) Á. Löve
分布：甘肃、安徽、江苏、湖北、四川、贵州、云南、西藏、台湾；日本、朝鲜、不丹、巴基斯坦、阿富汗、俄罗斯、印度、哈萨克斯坦、蒙古国、尼泊尔；欧洲、北美洲

**牛皮消首乌 Fallopia cynanchoides** (Hemsl.) Haraldson
分布：陕西、甘肃、湖南、湖北、四川、贵州、云南

**牛皮消首乌(原变种) Fallopia cynanchoides** var. **cynanchoides**
分布：陕西、甘肃、湖南、湖北、四川、贵州、云南

**光叶酱头 Fallopia cynanchoides** var. **glabriuscula** (A. J. Li) A. J. Li
分布：四川、西藏

**齿翅首乌 Fallopia dentatoalata** (Schmidt) Holub.
分布：黑龙江、吉林、辽宁、内蒙古、河北、山西、山东、河南、陕西、甘肃、青海、安徽、江苏、湖北、四川、贵州、云南；日本、朝鲜、俄罗斯

**酱头 Fallopia denticulata** (C. C. Huang) J. Holub
分布：云南、?贵州、西藏

**篱首乌 Fallopia dumetorum** (L.) Holub.
分布：黑龙江、吉林、辽宁、内蒙古、河北、山东、新疆、江苏；俄罗斯、日本、朝鲜、蒙古国、印度、欧洲、不丹、尼泊尔、巴基斯坦

**篱首乌(原变种) Fallopia dumetorum** var. **dumetorum**
分布：黑龙江、吉林、辽宁、内蒙古、河北、山东、新疆、江苏；不丹、印度、日本、韩国、蒙古国、尼泊尔、巴基斯坦、俄罗斯

**疏花篱首乌 Fallopia dumetorum** var. **pauciflora** (Maxim.) A. J. Li
分布：黑龙江、河北、山东

**略翅首乌 Fallopia dumetorum** var. **subalata** Borodina
分布：新疆

**华蔓首乌 Fallopia forbesii** (Hance) Yonekura et H. Ohashi
分布：山东、安徽、浙江、江西、云南、广东、广西；朝鲜

**何首乌 Fallopia multiflora** (Thunb.) Haraldson
分布：吉林、辽宁、山东、河南、陕西、甘肃、青海、安徽、江苏、浙江、江西、湖南、湖北、四川、贵州、云南、福建、台湾、广东、广西、海南；日本

**何首乌(原变种) Fallopia multiflora** var. **multiflora**
分布：黑龙江、河北、山东、陕西、甘肃、安徽、江苏、浙江、江西、湖南、湖北、四川、贵州、云南、福建、台湾、广东、广西、海南；日本

**毛脉首乌 Fallopia multiflora** var. **ciliinervis** (Nakai) Yonek. et H. Ohashi
分布：吉林、辽宁、河南、陕西、甘肃、青海、湖南、湖北、四川、贵州、云南

## 竹节蓼属 Homalocladium L. H. Bailey

**竹节蓼 Homalocladium platycladum** (F. Muell. ex Hook.) L. H. Bailey

分布：中国许多公园花圃有引种；南太平洋所罗门群岛

## 冰岛蓼属 Koenigia L.

**冰岛蓼 Koenigia islandica** L.

分布：山西、甘肃、青海、新疆、四川、云南、西藏；不丹、印度、克什米尔地区、哈萨克斯坦、吉尔吉斯斯坦、蒙古国、尼泊尔、巴基斯坦、俄罗斯；欧洲(北部)、北美洲、北极地区

## 山蓼属 Oxyria Hill

**山蓼 Oxyria digyna** (L.) Hill

分布：吉林、辽宁、陕西、新疆、四川、云南、西藏；阿富汗、不丹、印度、日本、克什米尔地区、哈萨克斯坦、韩国、蒙古国、尼泊尔、巴基斯坦、俄罗斯、吉尔吉斯斯坦；西南亚、欧洲、北美洲

**中华山蓼 Oxyria sinensis** Hemsl.

分布：四川、贵州、云南、西藏

## 翅果蓼属 Parapteropyrum A. J. Li

**翅果蓼 Parapteropyrum tibeticum** A. J. Li

分布：西藏

## 蓼属 Polygonum L.

**松叶萹蓄 Polygonum acerosum** Ledeb. ex Meisn.

分布：新疆；阿富汗、哈萨克斯坦、吉尔吉斯斯坦、塔吉克斯坦

**灰绿萹蓄 Polygonum acetosum** M. Bieb.

分布：新疆；乌兹别克斯坦、哈萨克斯坦、阿富汗、俄罗斯、吉尔吉斯斯坦、塔吉克斯坦、土库曼斯坦

**密穗蓼 Polygonum affine** D. Don

分布：西藏；尼泊尔、印度、巴基斯坦、克什米尔地区

**阿扬蓼 Polygonum ajanense** (Regel et Tiling) Grig.

分布：内蒙古；日本、朝鲜、俄罗斯

**狐尾蓼 Polygonum alopecuroides** Turcz. ex Besser

分布：黑龙江、吉林、辽宁、内蒙古；蒙古国、俄罗斯

**高山蓼 Polygonum alpinum** All.

分布：黑龙江、吉林、辽宁、内蒙古、河北、山西、山东、青海、新疆；哈萨克斯坦、蒙古国、俄罗斯、阿富汗、吉尔吉斯斯坦；西南亚、欧洲

**两栖蓼 Polygonum amphibium** L.

分布：黑龙江、吉林、辽宁、内蒙古、河北、山西、山东、河南、陕西、宁夏、甘肃、青海、新疆、安徽、江苏、湖南、湖北、四川、贵州、云南、西藏；不丹、印度、日本、克什米尔地区、哈萨克斯坦、朝鲜、吉尔吉斯斯坦、蒙古国、尼泊尔、俄罗斯、塔吉克斯坦、土库曼斯坦、乌兹别克斯坦；亚洲、欧洲、北美洲

**抱茎蓼 Polygonum amplexicaule** D. Don

分布：陕西、甘肃、湖南、湖北、四川、云南、西藏；尼泊尔、印度、不丹、巴基斯坦、克什米尔地区

**抱茎蓼(原变种) Polygonum amplexicaule** var. **amplexicaule**

分布：湖北、四川、云南、西藏；不丹、印度、克什米尔地区、尼泊尔、巴基斯坦

**中华抱茎蓼 Polygonum amplexicaule** var. **sinense** Forbes et Hemsl. ex Steward

分布：陕西、甘肃、湖南、湖北、四川、云南；不丹、印度、尼泊尔、巴基斯坦

**狭叶蓼 Polygonum angustifolium** Pall.

分布：黑龙江、内蒙古、河北；蒙古国、俄罗斯

**伏地蓼 Polygonum arenastrum** Boreau

分布：黑龙江；日本、韩国、蒙古国、俄罗斯；欧洲、北美洲，引种于世界各地

**帚蓼 Polygonum argyrocoleon** Steud. ex Kunze

分布：内蒙古、甘肃、青海、新疆；蒙古国、哈萨克斯坦、阿富汗、吉尔吉斯斯坦、俄罗斯、塔吉克斯坦、土库曼斯坦、乌兹别克斯坦；西南亚

**阿萨姆蓼 Polygonum assamicum** Meissn.

分布：四川、贵州、云南、广西；印度、缅甸

**萹蓄 Polygonum aviculare** L.

分布：黑龙江、吉林、辽宁、内蒙古、河北、山西、山东、河南、陕西、宁夏、甘肃、青海、新疆、安徽、江苏、浙江、江西、湖南、湖北、四川、贵州、云南、西藏、福建、台湾、广东、广西、海南；广布于北温带，南温带归化

**萹蓄(原变种) Polygonum aviculare** var. **aviculare**

分布：黑龙江、吉林、辽宁、内蒙古、河北、山西、山东、河南、陕西、宁夏、甘肃、青海、新疆、安徽、江苏、浙江、江西、湖南、湖北、四川、贵州、云南、西藏、福建、台湾、广东、广西、海南；广布于北温带

**褐鞘蓼 Polygonum aviculare** var. **fusco-ochreatum** (Kom.) A. J. Li

分布：黑龙江、吉林、辽宁；俄罗斯

**毛蓼 Polygonum barbatum** L.

分布：江西、湖南、湖北、四川、贵州、云南、福建、台湾、广东、广西、海南；不丹、印度、印度尼西亚、马来西亚、缅甸、尼泊尔、巴布亚新几内亚、菲律宾、斯里兰卡、泰国、越南

**双凸戟叶蓼 Polygonum biconvexum** Hayata

分布：台湾；印度尼西亚

**拳参 Polygonum bistorta** L.

分布：黑龙江、吉林、辽宁、内蒙古、河北、山西、山东、河南、陕西、宁夏、甘肃、安徽、江苏、浙江、江西、湖南、湖北；日本、蒙古国、哈萨克斯坦、俄罗斯；欧洲

**柳叶刺蓼 Polygonum bungeanum** Turcz.

分布：黑龙江、吉林、辽宁、内蒙古、河北、山西、山东、宁夏、甘肃、江苏；日本、朝鲜、俄罗斯

**钟花蓼 Polygonum campanulatum** Hook. f.

分布：湖北、四川、贵州、云南、西藏；缅甸、尼泊尔、印度、不丹

**钟花蓼(原变种) Polygonum campanulatum** var. **campanulatum**

分布：四川、贵州、云南、西藏；不丹、缅甸、尼泊尔、印度(锡金)

**绒毛钟花蓼 Polygonum campanulatum** var. **fulvidum** Hook. f.

分布：湖北、四川、贵州、云南、西藏；尼泊尔、印度

**头花蓼 Polygonum capitatum** Buch.-Ham. ex D. Don

分布：江西、湖南、湖北、四川、贵州、云南、西藏、广东、广西；印度、尼泊尔、不丹、缅甸、越南、泰国、马来西亚、斯里兰卡

**华蓼 Polygonum cathayanum** A. J. Li

分布：青海、四川、云南、西藏

**察隅蓼 Polygonum chayuum** A. J. Li et B. J. Bao

分布：西藏

**火炭母 Polygonum chinense** L.

分布：陕西、甘肃、安徽、江苏、浙江、江西、湖南、湖北、四川、贵州、云南、西藏、福建、台湾、广东、广西、海南；不丹、印度、印度尼西亚、日本、马来西亚、缅甸、尼泊尔、菲律宾、泰国、越南

**火炭母(原变种) Polygonum chinense** var. **chinense**

分布：陕西、甘肃、安徽、江苏、浙江、江西、湖南、湖北、四川、贵州、云南、西藏、福建、台湾、广东、广西、海南；不丹、印度、印度尼西亚、日本、马来西亚、缅甸、尼泊尔、菲律宾、泰国、越南

**硬毛火炭母 Polygonum chinense** var. **hispidum** Hook. f.

分布：湖南、四川、贵州、云南、广西；印度、缅甸、泰国

**宽叶火炭母 Polygonum chinense** var. **ovalifolium** Meissn.

分布：云南、西藏；日本、印度、马来西亚、缅甸、尼泊尔、泰国

**窄叶火炭母 Polygonum chinense** var. **paradoxum** (H. Lév.) A. J. Li

分布：四川、贵州、云南

**铺地火炭母 Polygonum chinense** var. **procumbens** Z. E. Zhao et J. R. Zhao

分布：海南

**岩蓼 Polygonum cognatum** Meissn.

分布：内蒙古、新疆；哈萨克斯坦、蒙古国、俄罗斯、吉尔吉斯斯坦、塔吉克斯坦

**革叶蓼 Polygonum coriaceum** Sam.

分布：四川、贵州、云南、西藏

**白花蓼 Polygonum coriarium** Grig.

分布：新疆；阿富汗、哈萨克斯坦、吉尔吉斯斯坦、塔吉克斯坦

**蓼子草 Polygonum criopolitanum** Hance

分布：河南、陕西、安徽、江苏、浙江、江西、湖南、湖北、福建、广东、广西

**蓝药蓼 Polygonum cyanandrum** Diels

分布：陕西、甘肃、青海、湖北、四川、云南、?西藏

**大箭叶蓼 Polygonum darrisii** H. Lév.

分布：河南、陕西、甘肃、安徽、江苏、浙江、江西、湖南、湖北、四川、贵州、云南、福建、广东、广西

**小叶蓼 Polygonum delicatulum** Meissn.

分布：四川、云南、西藏；不丹、印度、尼泊尔、巴基斯坦

**二歧蓼 Polygonum dichotomum** Blume

分布：台湾、福建、广东、海南、?广西、?湖北；印度、印度尼西亚、日本、老挝、菲律宾、越南、马来西亚、泰国、澳大利亚

**稀花蓼 Polygonum dissitiflorum** Hemsl.

分布：黑龙江、吉林、辽宁、河北、山西、山东、河南、陕西、甘肃、安徽、江苏、浙江、江西、湖南、湖北、四川、贵州、福建；朝鲜、俄罗斯

**叉分蓼 Polygonum divaricatum** L.

分布：黑龙江、吉林、辽宁、内蒙古、山西、山东、河南、

青海、湖北；朝鲜、蒙古国、俄罗斯

**椭圆叶蓼 Polygonum ellipticum** Willd. ex Spreng.

分布：吉林、新疆；哈萨克斯坦、蒙古国、俄罗斯、吉尔吉斯斯坦

**匐枝蓼 Polygonum emodi** Meissn.

分布：四川、云南、西藏；不丹、印度、尼泊尔、克什米尔地区

**匐枝蓼(原变种) Polygonum emodi** var. **emodi**

分布：云南、西藏；不丹、印度、克什米尔地区、尼泊尔、印度

**宽叶匐枝蓼 Polygonum emodi** var. **dependens** Diels

分布：四川、云南、西藏

**青藏蓼 Polygonum fertile** (Maxim.) A. J. Li

分布：甘肃、青海、四川、西藏

**细茎蓼 Polygonum filicaule** Wall. ex Meisn.

分布：四川、云南、西藏、台湾；不丹、缅甸、印度、克什米尔地区、尼泊尔、巴基斯坦

**多叶蓼 Polygonum foliosum** H. Lindb.

分布：黑龙江、吉林、辽宁、内蒙古、安徽、台湾；日本、朝鲜、俄罗斯

**多叶蓼(原变种) Polygonum foliosum** var. **foliosum**

分布：黑龙江、吉林、辽宁、内蒙古、安徽、台湾；日本、韩国、俄罗斯

**宽基多叶蓼 Polygonum foliosum** var. **paludicola** (Makino) Kitam.

分布：黑龙江、吉林、辽宁、安徽、江苏；日本、俄罗斯

**大铜钱叶蓼 Polygonum forrestii** Diels

分布：四川、贵州、云南、西藏；不丹、克什米尔地区、缅甸、尼泊尔

**光蓼 Polygonum glabrum** Willd.

分布：湖南、湖北、福建、台湾、广东、广西、海南；斯里兰卡、印度、越南、缅甸、泰国、菲律宾、孟加拉国、不丹、澳大利亚、太平洋岛屿；非洲、北美洲、南美洲

**冰川蓼 Polygonum glaciale** (Meissn.) Hook. f.

分布：河北、山西、陕西、甘肃、青海、四川、云南、西藏；阿富汗、印度、尼泊尔

**冰川蓼(原变种) Polygonum glaciale** var. **glaciale**

分布：河北、山西、陕西、甘肃、青海、四川、云南、西藏；阿富汗、印度、尼泊尔

**洼点蓼 Polygonum glaciale** var. **przewalskii** (A. K. Skvortsov et Borodina) A. J. Li

分布：河北、山西、陕西、甘肃、青海、四川、云南、西藏；阿富汗、印度、尼泊尔

**长梗蓼 Polygonum griffithii** Hook. f.

分布：云南、西藏；不丹、缅甸

**长箭叶蓼 Polygonum hastatosagittatum** Makino

分布：黑龙江、吉林、辽宁、河北、河南、安徽、江苏、浙江、江西、湖南、湖北、贵州、云南、西藏、福建、台湾、广东、广西、海南；俄罗斯

**河南蓼 Polygonum honanense** H. W. Kung

分布：河南、陕西

**硬毛蓼 Polygonum hookeri** Meissn.

分布：甘肃、青海、四川、云南、西藏；不丹、印度

**华南蓼 Polygonum huananense** A. J. Li

分布：广东

**晖春萹蓄 Polygonum huichunense** F. Z. Li, Y. T. Hou et C. Y. Qu

分布：吉林

**普通蓼 Polygonum humifusum** Merck ex K. Koch

分布：黑龙江、吉林、辽宁；俄罗斯、蒙古国；北美洲

**矮蓼 Polygonum humile** Meissn.

分布：云南；不丹、印度、尼泊尔

**水蓼 Polygonum hydropiper** L.

分布：黑龙江、吉林、辽宁、内蒙古、河北、山西、山东、河南、陕西、宁夏、甘肃、青海、新疆、安徽、江苏、浙江、江西、湖南、湖北、四川、贵州、云南、西藏、福建、台湾、广东、广西、海南；孟加拉国、不丹、印度、印度尼西亚、日本、哈萨克斯坦、韩国、吉尔吉斯斯坦、马来西亚、蒙古国、缅甸、尼泊尔、俄罗斯、斯里兰卡、泰国、乌兹别克斯坦；欧洲、大洋洲、北美洲

**圆叶蓼 Polygonum intramongolicum** A. J. Li ex Borodina

分布：内蒙古；蒙古国

**蚕茧草 Polygonum japonicum** Meissn.

分布：山东、河南、陕西、安徽、江苏、浙江、江西、湖南、湖北、四川、贵州、云南、西藏、福建、台湾、广东、广西；日本、朝鲜

**蚕茧草(原变种) Polygonum japonicum** var. **japonicum**

分布：山东、河南、陕西、安徽、江苏、浙江、江西、湖南、湖北、四川、贵州、云南、西藏、福建、台湾、广东、广西；日本、朝鲜

**显花蓼 Polygonum japonicum** var. **conspicuum** Nakai

分布：安徽、江苏、浙江、福建、台湾；日本、朝鲜

**愉悦蓼 Polygonum jucundum** Meisn.

分布：河南、陕西、甘肃、安徽、江苏、浙江、江西、湖南、湖北、四川、贵州、云南、福建、广东、广西、海南

**愉悦蓼（原变种）Polygonum jucundum** var. **jucundum**

分布：河南、陕西、甘肃、安徽、江苏、浙江、江西、湖南、湖北、四川、贵州、云南、福建、广东、广西、海南

**圆基愉悦蓼 Polygonum jucundum** var. **rotundum** Z. Z. Zhou et Q. Y. Sun

分布：安徽

**柔茎蓼 Polygonum kawagoeanum** Makino

分布：安徽、江苏、浙江、江西、云南、福建、台湾、广东、广西、海南；不丹、印度、印度尼西亚、日本、马来西亚、尼泊尔

**酸模叶蓼 Polygonum lapathifolium** L.

分布：黑龙江、吉林、辽宁、内蒙古、河北、山西、山东、河南、陕西、宁夏、甘肃、青海、新疆、安徽、江苏、浙江、江西、湖南、湖北、四川、贵州、云南、西藏、福建、台湾、广东、广西、海南；孟加拉国、不丹、印度、印度尼西亚、日本、哈萨克斯坦、韩国、吉尔吉斯斯坦、马来西亚、蒙古国、缅甸、尼泊尔、巴布亚新几内亚、巴基斯坦、菲律宾、俄罗斯、塔吉克斯坦、泰国、土库曼斯坦、乌兹别克斯坦、越南、澳大利亚；欧洲、非洲(北部)、北美洲

**酸模叶蓼(原变种) Polygonum lapathifolium** var. **lapathifolium**

分布：安徽、福建、甘肃、广东、广西、贵州、海南、河北、黑龙江、河南、湖北、湖南、江苏、江西、吉林、辽宁、内蒙古、宁夏、青海、陕西、山东、山西、四川、台湾、新疆、西藏、云南、浙江；孟加拉国、印度、印度尼西亚、日本、哈萨克斯坦、韩国、吉尔吉斯斯坦、蒙古国、缅甸、尼泊尔、巴布亚新几内亚、巴基斯坦、菲律宾、塔吉克斯坦、泰国、土库曼斯坦、乌兹别克斯坦、澳大利亚、越南；欧洲、非洲(北部)、北美洲

**密毛酸模叶蓼 Polygonum lapathifolium** var. **lanatum** (Roxb.) Steward

分布：云南、福建、台湾、广东、广西；不丹、印度、马来西亚、缅甸、印度尼西亚、菲律宾、尼泊尔

**绵毛酸模叶蓼 Polygonum lapathifolium** var. **salicifolium** Sibth.

分布：黑龙江、吉林、辽宁、内蒙古、河北、山西、山东、河南、陕西、宁夏、甘肃、青海、新疆、安徽、江苏、浙江、江西、湖南、湖北、四川、贵州、云南、福建、台湾、广东、广西、海南；印度、印度尼西亚、日本、缅甸、俄罗斯

**丽江蓼 Polygonum lichiangense** W. W. Sm.

分布：云南

**污泥蓼 Polygonum limicola** Sam.

分布：湖南、湖北、云南、广东、广西

**谷地蓼 Polygonum limosum** Kom.

分布：吉林；朝鲜、俄罗斯

**长鬃蓼 Polygonum longisetum** Bruijn

分布：黑龙江、吉林、辽宁、河北、山西、山东、河南、陕西、甘肃、安徽、江苏、浙江、江西、湖南、湖北、四川、贵州、云南、西藏、福建、台湾、广东、广西；印度、印度尼西亚、日本、克什米尔地区、朝鲜、马来西亚、缅甸、尼泊尔、菲律宾、俄罗斯

**长鬃蓼（原变种）Polygonum longisetum** var. **longisetum**

分布：安徽、福建、甘肃、广东、广西、贵州、河北、黑龙江、河南、湖北、湖南、江苏、江西、吉林、辽宁、内蒙古、陕西、山东、山西、四川、台湾、云南、浙江；马来西亚

**圆基长鬃蓼 Polygonum longisetum** var. **rotundatum** A. J. Li

分布：黑龙江、吉林、辽宁、河北、山西、山东、河南、陕西、甘肃、安徽、江苏、浙江、江西、湖北、四川、贵州、云南、西藏、福建、广东、广西；蒙古国

**长戟叶蓼 Polygonum maackianum** Regel

分布：黑龙江、吉林、辽宁、内蒙古、河北、山东、河南、陕西、安徽、江苏、浙江、江西、湖南、四川、云南、台湾、广东；日本、朝鲜、俄罗斯

**圆穗蓼 Polygonum macrophyllum** D. Don

分布：陕西、甘肃、湖北、四川、贵州、云南、西藏；不丹、印度、尼泊尔

**圆穗蓼(原变种) Polygonum macrophyllum** var. **macrophyllum**

分布：河南、陕西、湖北、四川、贵州、云南、西藏；不丹、印度、尼泊尔

**狭叶圆穗蓼 Polygonum macrophyllum** var. **stenophyllum** (Meisn.) A. J. Li

分布：陕西、甘肃、四川、云南、西藏、?青海；印度、尼泊尔

**耳叶蓼 Polygonum manshuriense** V. Petrov ex Kom.

分布：黑龙江、吉林、辽宁、内蒙古；朝鲜、俄罗斯

**小头蓼 Polygonum microcephalum** D. Don

分布：陕西、甘肃、湖南、湖北、四川、贵州、云南、西

藏；不丹、印度、尼泊尔

**小头蓼(原变种) Polygonum microcephalum** var. **microcephalum**

分布：陕西、甘肃、湖南、湖北、四川、贵州、云南、西藏；不丹、印度、尼泊尔

**腺梗小头蓼 Polygonum microcephalum** var. **sphaerocephalum** (Wall. ex Meisn.) H. Hara

分布：陕西、湖北、四川、云南、西藏；印度、尼泊尔

**大海蓼 Polygonum milletii** (H. Lév.) H. Lév.

分布：云南、四川、陕西、?青海；不丹、印度、尼泊尔

**绢毛蓼 Polygonum molle** D. Don

分布：贵州、云南、西藏、广西；缅甸、尼泊尔、印度、不丹、泰国、印度尼西亚

**绢毛蓼(原变种) Polygonum molle** var. **molle**

分布：贵州、云南、西藏、广西；不丹、印度尼西亚、尼泊尔、泰国

**光叶蓼 Polygonum molle** var. **frondosum** (Meisn.) A. J. Li

分布：贵州、云南、西藏、广西；不丹、印度尼西亚、尼泊尔、印度

**倒毛蓼 Polygonum molle** var. **rude** (Meisn.) A. J. Li

分布：贵州、云南、西藏、广西；不丹、印度、尼泊尔、缅甸、泰国

**丝茎蓼 Polygonum molliiforme** Boiss.

分布：新疆；哈萨克斯坦、吉尔吉斯斯坦、塔吉克斯坦、土库曼斯坦、乌兹别克斯坦；西南亚

**小蓼花 Polygonum muricatum** Meissn.

分布：黑龙江、吉林、辽宁、河南、陕西、安徽、江苏、浙江、江西、湖南、湖北、四川、贵州、云南、福建、广东、广西；印度、日本、韩国、尼泊尔、泰国、俄罗斯

**尼泊尔蓼 Polygonum nepalense** Meissn.

分布：黑龙江、吉林、辽宁、内蒙古、河北、山西、山东、河南、陕西、宁夏、甘肃、青海、安徽、江苏、浙江、江西、湖南、湖北、四川、贵州、云南、西藏、福建、台湾、广东、广西、海南；不丹、马来西亚、巴布亚新几内亚、泰国、朝鲜、日本、俄罗斯、阿富汗、巴基斯坦、印度、尼泊尔、菲律宾、印度尼西亚；非洲

**铜钱叶蓼 Polygonum nummulariifolium** Meissn.

分布：云南、西藏；不丹、克什米尔地区、尼泊尔、印度、缅甸

**倒根蓼 Polygonum ochotense** V. Petrov ex Kom.

分布：吉林；朝鲜、俄罗斯

**白山蓼 Polygonum ocreatum** L.

分布：吉林、内蒙古；蒙古国、俄罗斯

**红蓼 Polygonum orientale** L.

分布：黑龙江、吉林、辽宁、内蒙古、河北、山西、山东、河南、陕西、宁夏、甘肃、青海、新疆、安徽、江苏、浙江、江西、湖南、湖北、四川、贵州、云南、福建、台湾、广东、广西、海南；日本、朝鲜、俄罗斯、菲律宾、印度、欧洲、孟加拉国、不丹、印度尼西亚、缅甸、菲律宾、泰国、越南、澳大利亚、斯里兰卡；西南亚

**太平洋蓼 Polygonum pacificum** Petrov ex Kom.

分布：黑龙江、吉林、辽宁、内蒙古；朝鲜、俄罗斯

**草血竭 Polygonum paleaceum** Wall. ex Hook. f.

分布：四川、贵州、云南、广西；印度、泰国

**草血竭(原变种) Polygonum paleaceum** var. **paleaceum**

分布：四川、贵州、云南、广西；印度、泰国

**毛叶草血竭 Polygonum paleaceum** var. **pubifolium** Sam.

分布：四川、云南

**掌叶蓼 Polygonum palmatum** Dunn

分布：安徽、江西、湖南、贵州、云南、福建、广东、广西；印度

**湿地蓼 Polygonum paralimicola** A. J. Li

分布：浙江、江西、湖南

**线叶蓼 Polygonum paronychioides** C. A. Mey. ex Hohenacher

分布：西藏；哈萨克斯坦、阿富汗、巴基斯坦、克什米尔地区、吉尔吉斯斯坦、塔吉克斯坦、土库曼斯坦、乌兹别克斯坦；西南亚

**展枝蓼 Polygonum patulum** Bieb.

分布：新疆；哈萨克斯坦、蒙古国、阿富汗、俄罗斯、吉尔吉斯斯坦、塔吉克斯坦；西南亚、欧洲

**杠板归 Polygonum perfoliatum** L.

分布：黑龙江、吉林、辽宁、内蒙古、河北、山西、山东、河南、陕西、甘肃、安徽、江苏、浙江、江西、湖南、湖北、四川、贵州、云南、福建、台湾、广东、广西、海南；尼泊尔、巴布亚新几内亚、朝鲜、日本、印度尼西亚、菲律宾、印度、俄罗斯、孟加拉国、不丹、马来西亚、泰国、越南；西南亚、北美洲

**蓼 Polygonum persicaria** L.

分布：黑龙江、吉林、辽宁、内蒙古、河北、山西、山东、河南、陕西、宁夏、甘肃、青海、新疆、安徽、浙江、江西、湖南、湖北、四川、贵州、福建、台湾、广西；印度

尼西亚、日本、哈萨克斯坦、韩国、吉尔吉斯斯坦、俄罗斯、塔吉克斯坦、土库曼斯坦、乌兹别克斯坦；欧洲、非洲、北美洲

**蓼(原变种) Polygonum persicaria** var. **persicaria**

分布：安徽、福建、甘肃、广西、贵州、河北、黑龙江、河南、湖北、湖南、江西、吉林、辽宁、内蒙古、宁夏、青海、陕西、山东、山西、四川、台湾、新疆、?云南、浙江；印度尼西亚、日本、哈萨克斯坦、韩国、吉尔吉斯斯坦、俄罗斯、塔吉克斯坦、土库曼斯坦、乌兹别克斯坦；欧洲、非洲、北美洲

**暗果蓼 Polygonum persicaria** var. **opacum** (Sam.) A. J. Li

分布：浙江、福建

**松林蓼 Polygonum pinetorum** Hemsl.

分布：陕西、甘肃、湖北、四川、云南

**宽叶蓼 Polygonum platyphyllum** S. X. Li et Y. L. Chang

分布：辽宁

**习见蓼 Polygonum plebeium** R. Br.

分布：黑龙江、吉林、辽宁、内蒙古、河北、山西、山东、河南、陕西、宁夏、甘肃、青海、安徽、江苏、浙江、江西、湖南、湖北、四川、贵州、云南、西藏、福建、台湾、广东、广西、海南；尼泊尔、澳大利亚、印度、日本、印度尼西亚、哈萨克斯坦、缅甸、俄罗斯、泰国；欧洲、非洲、北美洲

**针叶蓼 Polygonum polycnemoides** Jaub. et Spach

分布：新疆；乌兹别克斯坦、塔吉克斯坦、阿富汗、哈萨克斯坦、吉尔吉斯斯坦、蒙古国、土库曼斯坦；西南亚、欧洲

**多穗蓼 Polygonum polystachyum** Wall. ex Meisn.

分布：四川、云南、西藏；不丹、缅甸、阿富汗、巴基斯坦、印度、克什米尔地区、尼泊尔

**多穗蓼(原变种) Polygonum polystachyum** var. **polystachyum**

分布：四川、云南、西藏；阿富汗、不丹、印度、克什米尔地区、缅甸、尼泊尔、巴基斯坦

**长叶多穗蓼 Polygonum polystachyum** var. **longifolium** Hook. f.

分布：云南、西藏；印度

**库车蓼 Polygonum popovii** Borodina

分布：新疆

**丛枝蓼 Polygonum posumbu** Buch.-Ham. ex D. Don

分布：黑龙江、吉林、辽宁、山东、河南、陕西、甘肃、安徽、江苏、浙江、江西、湖南、湖北、四川、贵州、云南、西藏、福建、台湾、广东、广西、海南；日本、韩国、印度、印度尼西亚、缅甸、尼泊尔、菲律宾、泰国

**疏蓼 Polygonum praetermissum** Hook. f.

分布：安徽、江苏、浙江、江西、湖南、湖北、贵州、云南、西藏、福建、台湾、广东、广西；不丹、尼泊尔、斯里兰卡、澳大利亚、日本、朝鲜、菲律宾、印度

**伏毛蓼 Polygonum pubescens** Blume

分布：辽宁、山东、河南、陕西、甘肃、安徽、江苏、浙江、江西、湖南、湖北、四川、贵州、云南、福建、台湾、广东、广西、海南；不丹、日本、韩国、印度、印度尼西亚

**丽蓼 Polygonum pulchrum** Blume

分布：台湾、广东、广西；斯里兰卡、菲律宾、马来西亚、印度尼西亚、缅甸、印度、泰国、澳大利亚；非洲

**紫脉蓼 Polygonum purpureonervosum** A. J. Li

分布：四川

**尖果蓼 Polygonum rigidum** Skvortsov

分布：黑龙江、吉林、辽宁、内蒙古、河北、山西、陕西、甘肃；蒙古国、俄罗斯

**羽叶蓼 Polygonum runcinatum** Buch.-Ham. ex D. Don

分布：河南、甘肃、安徽、浙江、湖南、湖北、四川、贵州、云南、西藏、台湾、广西；不丹、印度尼西亚、克什米尔地区、印度、尼泊尔、缅甸、泰国、菲律宾、马来西亚

**羽叶蓼(原变种) Polygonum runcinatum** var. **runcinatum**

分布：湖南、湖北、四川、贵州、云南、西藏、福建、台湾、广西；不丹、印度、印度尼西亚、克什米尔地区、马来西亚、缅甸、尼泊尔、菲律宾、泰国

**赤胫散 Polygonum runcinatum** var. **sinense** Hemsl.

分布：河南、甘肃、安徽、浙江、湖南、湖北、四川、贵州、云南、西藏、广西

**箭头蓼 Polygonum sagittatum** L.

分布：黑龙江、吉林、辽宁、内蒙古、河北、山西、山东、河南、陕西、甘肃、安徽、江苏、浙江、江西、湖南、湖北、四川、云南、福建、台湾；印度、日本、韩国、蒙古国、俄罗斯；北美洲

**新疆蓼 Polygonum schischkinii** Ivanova ex Borodina

分布：新疆；蒙古国

**刺蓼 Polygonum senticosum** (Meisn.) Franch. et Sav.

分布：黑龙江、吉林、辽宁、河北、山东、河南、安徽、江苏、浙江、江西、湖南、湖北、贵州、云南、福建、台

湾、广东、广西；日本、朝鲜、俄罗斯

石河子萹蓄 **Polygonum shiheziense** F. Z. Li, Y. T. Hou et F. J. Lu

分布：新疆

蜀蓼 **Polygonum shuense** A. J. Li et B. J. Bao

分布：四川

西伯利亚蓼 **Polygonum sibiricum** Laxm.

分布：黑龙江、吉林、辽宁、内蒙古、河北、山西、山东、陕西、宁夏、甘肃、青海、新疆、安徽、江苏、湖南、湖北、四川、云南、西藏；阿富汗、克什米尔地区、哈萨克斯坦、吉尔吉斯斯坦、蒙古国、尼泊尔、巴基斯坦、俄罗斯、塔吉克斯坦

西伯利亚蓼(原变种) **Polygonum sibiricum** var. **sibiricum**

分布：黑龙江、吉林、辽宁、内蒙古、河北、山西、山东、河南、陕西、宁夏、甘肃、青海、新疆、安徽、江苏、湖南、湖北、四川、云南、西藏；克什米尔地区、哈萨克斯坦、蒙古国、俄罗斯、印度

细叶西伯利亚蓼 **Polygonum sibiricum** var. **thomsonii** Meissn.

分布：青海、西藏；阿富汗、克什米尔地区、吉尔吉斯斯坦、尼泊尔、巴基斯坦、俄罗斯、塔吉克斯坦

翅柄蓼 **Polygonum sinomontanum** Sam.

分布：四川、云南、西藏

准噶尔蓼 **Polygonum songaricum** Schrenk

分布：新疆；哈萨克斯坦、吉尔吉斯斯坦、塔吉克斯坦、蒙古国

柔毛蓼 **Polygonum sparsipilosum** A. J. Li

分布：陕西、甘肃、青海、四川、西藏

柔毛蓼(原变种) **Polygonum sparsipilosum** var. **sparsipilosum**

分布：内蒙古、陕西、甘肃、青海、四川、西藏

腺点柔毛蓼 **Polygonum sparsipilosum** var. **hubertii** (Lingelsh.) A. J. Li

分布：陕西、甘肃、青海、四川

糙毛蓼 **Polygonum strigosum** R. Br.

分布：贵州、云南、福建、广东、广西；孟加拉国、不丹、巴布亚新几内亚、越南、澳大利亚、印度、尼泊尔、印度尼西亚、马来西亚、缅甸、泰国

平卧蓼 **Polygonum strindbergii** J. Schust.

分布：云南、西藏

大理蓼 **Polygonum subscaposum** Diels

分布：云南

珠芽支柱蓼 **Polygonum suffultoides** A. J. Li

分布：云南

支柱蓼 **Polygonum suffultum** Maxim.

分布：河北、山西、陕西、宁夏、甘肃、青海、安徽、浙江、江西、湖南、湖北、四川、贵州、云南、西藏；日本、朝鲜

支柱蓼(原变种) **Polygonum suffultum** var. **suffultum**

分布：河北、山西、山东、陕西、宁夏、甘肃、青海、安徽、浙江、江西、湖南、湖北、四川、贵州、云南、西藏；日本、朝鲜

细穗支柱蓼 **Polygonum suffultum** var. **pergracile** (Hemsl.) Sam.

分布：河南、陕西、甘肃、安徽、浙江、湖北、四川、贵州、云南、西藏

毛叶支柱蓼 **Polygonum suffultum** var. **tomentosum** B. Li et S. F. Chen

分布：江西

塔城萹蓄 **Polygonum tachengense** F. Z. Li, Y. T. Hou et F. J. Lu

分布：新疆

细叶蓼 **Polygonum taquetii** H. Lév.

分布：安徽、江苏、浙江、江西、湖南、湖北、福建、广东；日本、朝鲜

戟叶蓼 **Polygonum thunbergii** Sieb. et Zucc.

分布：黑龙江、吉林、辽宁、内蒙古、河北、山西、山东、河南、陕西、甘肃、安徽、浙江、江西、湖南、湖北、四川、贵州、云南、福建、台湾、广东、广西；日本、韩国、俄罗斯

西藏蓼 **Polygonum tibeticum** Hemsl.

分布：西藏

蓼蓝 **Polygonum tinctorium** Aiton

分布：中国广布

叉枝蓼 **Polygonum tortuosum** D. Don

分布：西藏；印度、尼泊尔、阿富汗、巴基斯坦；亚洲(西南部)

荫地蓼 **Polygonum umbrosum** Sam.

分布：云南

乌鲁木齐萹蓄 **Polygonum urumqiense** F. Z. Li, Y. T. Hou et F. J. Lu

分布：新疆

**乌饭树叶蓼 Polygonum vacciniifolium** Wall. ex Meisn.

分布：西藏；不丹、印度、克什米尔地区、尼泊尔、巴基斯坦

**粘蓼 Polygonum viscoferum** Makino

分布：黑龙江、吉林、辽宁、河北、山东、河南、安徽、江苏、浙江、江西、湖南、湖北、四川、贵州、云南、福建、台湾；日本、朝鲜、俄罗斯

**香蓼 Polygonum viscosum** Buch.-Ham. ex D. Don

分布：黑龙江、吉林、辽宁、河南、陕西、安徽、江苏、浙江、江西、湖南、湖北、四川、贵州、云南、福建、台湾、广东、广西；日本、朝鲜、俄罗斯、印度、尼泊尔

**珠芽蓼 Polygonum viviparum** L.

分布：黑龙江、吉林、辽宁、内蒙古、河北、山西、河南、陕西、宁夏、甘肃、青海、新疆、湖北、四川、贵州、云南、西藏；日本、朝鲜、蒙古国、哈萨克斯坦、印度、不丹、吉尔吉斯斯坦、缅甸、尼泊尔、俄罗斯、塔吉克斯坦、泰国；西南亚、欧洲、北美洲

**珠芽蓼(原变种) Polygonum viviparum** var. **viviparum**

分布：黑龙江、吉林、辽宁、内蒙古、河北、山西、河南、陕西、宁夏、甘肃、青海、新疆、湖北、四川、贵州、云南、西藏；不丹、印度、日本、哈萨克斯坦、韩国、吉尔吉斯斯坦、蒙古国、缅甸、尼泊尔、俄罗斯、塔吉克斯坦、泰国；亚洲、欧洲、北美洲

**细叶珠芽蓼 Polygonum viviparum** var. **tenuifolium** Y. L. Liu

分布：陕西、甘肃、青海、四川、云南

**球序蓼 Polygonum wallichii** Meissn.

分布：云南、西藏；印度、尼泊尔

## 翼蓼属 Pteroxygonum Dammer et Diels

**翼蓼 Pteroxygonum giraldii** Damm. et Diels

分布：河北、山西、河南、陕西、甘肃、湖北、四川

## 虎杖属 Reynoutria Houtt.

**虎杖 Reynoutria japonica** Houtt.

分布：山东、河南、陕西、安徽、江苏、浙江、江西、湖南、湖北、四川、贵州、云南、福建、台湾、广东、广西、海南；日本、朝鲜、俄罗斯

## 大黄属 Rheum L.

**心叶大黄 Rheum acuminatum** Hook. f. et Thomson

分布：甘肃、四川、云南、西藏；不丹、印度、克什米尔地区、缅甸、尼泊尔

**水黄 Rheum alexandrae** Batalin

分布：四川、云南、西藏

**阿尔泰大黄 Rheum altaicum** Losinsk.

分布：新疆；蒙古国、俄罗斯、哈萨克斯坦

**藏边大黄 Rheum australe** D. Don

分布：西藏；印度、尼泊尔、巴基斯坦、缅甸

**密序大黄 Rheum compactum** L.

分布：新疆；哈萨克斯坦、蒙古国、俄罗斯

**滇边大黄 Rheum delavayi** Franch.

分布：四川、云南；不丹、尼泊尔

**牛尾七 Rheum forrestii** Diels

分布：四川、云南、西藏

**光茎大黄 Rheum glabricaule** Sam.

分布：甘肃

**头序大黄 Rheum globulosum** Gage

分布：西藏；印度

**河套大黄 Rheum hotaoense** C. Y. Cheng et T. C. Kao

分布：山西、陕西、甘肃

**红脉大黄 Rheum inopinatum** Prain

分布：西藏

**疏枝大黄 Rheum kialense** Franch.

分布：甘肃、四川、云南

**条裂大黄 Rheum laciniatum** Prain

分布：四川

**拉萨大黄 Rheum lhasaense** A. J. Li et P. K. Hsiao

分布：西藏

**丽江大黄 Rheum likiangense** Sam.

分布：四川、云南、西藏

**斑茎大黄 Rheum maculatum** C. Y. Cheng et T. C. Kao

分布：四川

**卵果大黄 Rheum moorcroftianum** Royle

分布：西藏；阿富汗、印度、尼泊尔、巴基斯坦、塔吉克斯坦

**矮大黄 Rheum nanum** Siev. ex Pall.

分布：内蒙古、甘肃、新疆；哈萨克斯坦、蒙古国、俄罗斯

**塔黄 Rheum nobile** Hook. f. et Thomson

分布：西藏；阿富汗、不丹、印度、缅甸、尼泊尔、巴基斯坦

**药用大黄 Rheum officinale** Baill.

分布：河南、陕西、湖北、四川、贵州、云南、福建

**掌叶大黄 Rheum palmatum** L.

分布：内蒙古、陕西、甘肃、青海、湖北、四川、云南、西藏；俄罗斯有栽培

**歧穗大黄 Rheum przewalskyi** Losinsk.

分布：甘肃、青海、四川

**小大黄 Rheum pumilum** Maxim.

分布：甘肃、青海、四川、西藏

**总序大黄 Rheum racemiferum** Maxim.

分布：内蒙古、宁夏、甘肃；蒙古国

**网脉大黄 Rheum reticulatum** Losinsk.

分布：青海、新疆；哈萨克斯坦、塔吉克斯坦、吉尔吉斯斯坦

**波叶大黄 Rheum rhabarbarum** L.

分布：河北、黑龙江、湖北、吉林、内蒙古、山西；蒙古国、俄罗斯，栽培于欧洲

**直穗大黄 Rheum rhizostachyum** Schrenk

分布：新疆；哈萨克斯坦

**菱叶大黄 Rheum rhomboideum** Losinsk.

分布：西藏

**穗序大黄 Rheum spiciforme** Royle

分布：西藏；阿富汗、巴基斯坦、不丹、克什米尔地区、印度

**垂枝大黄 Rheum subacaule** Sam.

分布：四川

**窄叶大黄 Rheum sublanceolatum** C. Y. Cheng et T. C. Kao

分布：甘肃、青海、新疆

**鸡爪大黄 Rheum tanguticum** (Maxim. ex Regel) Maxim. ex Balfour.

分布：陕西、甘肃、青海、西藏

**鸡爪大黄(原变种) Rheum tanguticum** var. **tanguticum**

分布：陕西、甘肃、青海、西藏

**六盘山鸡爪大黄 Rheum tanguticum** var. **liupanshanense** C. Y. Cheng et T. C. Kao

分布：甘肃

**圆叶大黄 Rheum tataricum** L. f.

分布：新疆；阿富汗、哈萨克斯坦、俄罗斯

**西藏大黄 Rheum tibeticum** Maxim. ex Hook. f.

分布：西藏；阿富汗、克什米尔地区、巴基斯坦

**单脉大黄 Rheum uninerve** Maxim.

分布：内蒙古、甘肃、青海；蒙古国

**须弥大黄 Rheum webbianum** Royle

分布：西藏；印度、克什米尔地区、巴基斯坦、尼泊尔

**天山大黄 Rheum wittrockii** C. E. Lundstr.

分布：新疆；哈萨克斯坦、吉尔吉斯斯坦

**云南大黄 Rheum yunnanense** Sam.

分布：云南；缅甸

## 酸模属 Rumex L.

**酸模 Rumex acetosa** L.

分布：黑龙江、吉林、辽宁、内蒙古、青海、新疆、安徽、江苏、浙江、湖北、四川、云南、西藏、台湾；日本、韩国、哈萨克斯坦、吉尔吉斯斯坦、俄罗斯、蒙古国；欧洲、北美洲

**小酸模 Rumex acetosella** L.

分布：黑龙江、内蒙古、河北、山东、河南、新疆、浙江、江西、湖南、湖北、四川、福建、台湾；日本、韩国、蒙古国、哈萨克斯坦、俄罗斯、印度；欧洲、北美洲

**黑龙江酸模 Rumex amurensis** F. Schmidt ex Maxim.

分布：黑龙江、吉林、辽宁、河北、山东、河南、安徽、江苏、湖北；俄罗斯

**紫茎酸模 Rumex angulatus** Rech. f.

分布：西藏；阿富汗、克什米尔地区、巴基斯坦

**水生酸模 Rumex aquaticus** L.

分布：黑龙江、吉林、山西、陕西、宁夏、甘肃、青海、新疆、湖北、四川；日本、蒙古国、哈萨克斯坦、吉尔吉斯斯坦、俄罗斯；欧洲、北美洲

**网果酸模 Rumex chalepensis** Mill.

分布：河北、山西、山东、河南、陕西、甘肃、新疆、安徽、江苏、浙江、湖北；阿富汗、克什米尔地区、吉尔吉斯斯坦、巴基斯坦、哈萨克斯坦、土库曼斯坦；亚洲(西南部)、欧洲

**密生酸模 Rumex confertus** Willd.

分布：新疆；哈萨克斯坦、俄罗斯；欧洲、北美洲

**皱叶酸模 Rumex crispus** L.

分布：黑龙江、吉林、辽宁、内蒙古、河北、山西、山东、河南、陕西、宁夏、甘肃、青海、新疆、浙江、湖南、湖北、四川、贵州、云南、台湾；日本、哈萨克斯坦、韩国、蒙古国、吉尔吉斯斯坦、俄罗斯、缅甸、泰国；欧

洲、北美洲

齿果酸模 **Rumex dentatus** L.

分布：内蒙古、河北、山西、山东、河南、陕西、宁夏、甘肃、青海、新疆、安徽、江苏、浙江、江西、湖南、湖北、四川、贵州、云南、福建、台湾；尼泊尔、印度、阿富汗、哈萨克斯坦、俄罗斯、吉尔吉斯斯坦；欧洲(东南部)、非洲(北部)

毛脉酸模 **Rumex gmelinii** Turcz. ex Ledeb.

分布：黑龙江、吉林、辽宁、内蒙古、河北、山西、陕西、甘肃、青海、新疆；日本、朝鲜、蒙古国、俄罗斯

戟叶酸模 **Rumex hastatus** D. Don

分布：四川、云南、西藏；阿富汗、印度、克什米尔地区、尼泊尔、巴基斯坦

羊蹄 **Rumex japonicus** Houtt.

分布：黑龙江、吉林、辽宁、内蒙古、河北、山西、山东、河南、陕西、安徽、江苏、浙江、江西、湖南、湖北、四川、贵州、福建、台湾、广东、广西、海南；韩国、日本、俄罗斯

长叶酸模 **Rumex longifolius** DC.

分布：黑龙江、吉林、辽宁、内蒙古、河北、山西、陕西、甘肃、宁夏、青海、新疆、山东、河南、湖北、四川；日本、俄罗斯，欧洲，引种于北美洲，世界各地其他地区

刺酸模 **Rumex maritimus** L.

分布：黑龙江、吉林、辽宁、内蒙古、新疆、河北、山西、陕西、河南、?湖北、?山东、?江苏、?贵州、?福建、?广西、?海南、?台湾；哈萨克斯坦、蒙古国、缅甸、俄罗斯；欧洲，引种于北美洲

单瘤酸模 **Rumex marschallianus** Reichb.

分布：内蒙古、新疆；哈萨克斯坦、蒙古国、俄罗斯

小果酸模 **Rumex microcarpus** Campd.

分布：辽宁、河北、河南、江苏、湖北、贵州、云南、台湾、广西；印度、越南

尼泊尔酸模 **Rumex nepalensis** Spreng.

分布：河南、陕西、甘肃、青海、湖南、湖北、四川、贵州、云南、西藏、广西；阿富汗、不丹、印度、印度尼西亚、日本、缅甸、尼泊尔、巴基斯坦、塔吉克斯坦、越南；亚洲(西南部)

尼泊尔酸模(原变种) **Rumex nepalensis** var. **nepalensis**

分布：甘肃、广西、贵州、河南、湖北、湖南、青海、陕西、四川、西藏、云南；阿富汗、不丹、印度、印度尼西亚、日本、缅甸、尼泊尔、巴基斯坦、塔吉克斯坦、越南；亚洲(西南部)

疏花酸模 **Rumex nepalensis** var. **remotiflorus** (Sam.) A. J. Li

分布：云南

钝叶酸模 **Rumex obtusifolius** L.

分布：安徽、甘肃、河北、湖北、湖南、江苏、江西、陕西、山东、四川、台湾、浙江；日本、俄罗斯；非洲(北部)、欧洲，引种并归化于北美洲，世界各地

巴天酸模 **Rumex patientia** L.

分布：甘肃、河北、黑龙江、河南、湖北、湖南、吉林、辽宁、内蒙古、宁夏、青海、陕西、山东、山西、四川、新疆、西藏；哈萨克斯坦、吉尔吉斯斯坦、蒙古国、俄罗斯、塔吉克斯坦；欧洲，引种并归化于北美洲，世界各地

中亚酸模 **Rumex popovii** Pachom.

分布：新疆；蒙古国、塔吉克斯坦、哈萨克斯坦

披针叶酸模 **Rumex pseudonatronatus** (Borbás) Borbás ex Murb.

分布：甘肃、河北、黑龙江、吉林、青海、陕西、新疆；哈萨克斯坦、吉尔吉斯斯坦、蒙古国、俄罗斯；欧洲，归化于北美洲

蒙新酸模 **Rumex similans** Rech. f.

分布：内蒙古、新疆；哈萨克斯坦、蒙古国、俄罗斯；欧洲

狭叶酸模 **Rumex stenophyllus** Ledeb.

分布：黑龙江、吉林、内蒙古、新疆；哈萨克斯坦、蒙古国、俄罗斯、吉尔吉斯斯坦；欧洲

天山酸模 **Rumex thianschanicus** Losinsk.

分布：新疆；阿富汗、吉尔吉斯斯坦、巴基斯坦、塔吉克斯坦、土库曼斯坦、哈萨克斯坦；亚洲(西南部)

直根酸模 **Rumex thyrsiflorus** Fingerh.

分布：黑龙江、吉林、内蒙古、新疆；哈萨克斯坦、俄罗斯、欧洲、蒙古国、乌兹别克斯坦；北美洲

长刺酸模 **Rumex trisetifer** Stokes

分布：陕西、安徽、江苏、浙江、江西、湖南、湖北、四川、贵州、云南、福建、台湾、广东、广西、海南；越南、老挝、泰国、不丹、印度、缅甸

永宁酸模 **Rumex yungningensis** Sam.

分布：云南

## 398. 雨久花科 Pontederiaceae Kunth

### 凤眼莲属 **Eichhornia** Kunth

凤眼莲 **Eichhornia crassipes** (Mart.) Solms

分布：辽宁、河北、山东、河南、陕西、安徽、江苏、上

海、浙江、江西、湖南、湖北、四川、重庆、贵州、云南、福建、台湾、广东、广西、海南归化；原产于巴西，现世界温暖地区广布

### 雨久花属 **Monochoria** C. Presl.

**高葶雨久花 Monochoria elata** Ridl.

分布：中国南部；马来西亚、缅甸、泰国

**箭叶雨久花 Monochoria hastata** (L.) Solms

分布：贵州、云南、广东、海南；不丹、柬埔寨、印度、马来西亚、尼泊尔、斯里兰卡、缅甸、越南

**雨久花 Monochoria korsakowii** Regel et Maack

分布：黑龙江、吉林、辽宁、内蒙古、河北、山西、山东、河南、陕西、安徽、江苏、湖北；印度尼西亚、日本、韩国、巴基斯坦、俄罗斯、越南

**鸭舌草 Monochoria vaginalis** (Burm. f.) C. Presl ex Kunth

分布：中国广布；不丹、柬埔寨、印度、印度尼西亚、日本、韩国、老挝、马来西亚、尼泊尔、巴基斯坦、菲律宾、俄罗斯、斯里兰卡、泰国、澳大利亚；非洲

## 399. 马齿苋科 Portulacaceae Juss.

### 马齿苋属 **Portulaca** L.

**大花马齿苋 Portulaca grandiflora** Hook.

分布：中国公园花圃

**小琉球马齿苋 Portulaca insularis** Hosok.

分布：台湾

**马齿苋 Portulaca oleracea** L.

分布：中国普遍分布；热带温带地区广布

**毛马齿苋 Portulaca pilosa** L.

分布：云南、福建、台湾、广东、广西、海南；老挝、缅甸、泰国、越南、菲律宾、马来西亚、印度尼西亚；非洲、美洲

**沙生马齿苋 Portulaca psammotropha** Hance

分布：台湾、广东、海南

**四瓣马齿苋 Portulaca quadrifida** L.

分布：云南、台湾、广东、海南；可能原产于非洲，现泛热带分布

## 400. 波喜荡科 Posidoniaceae Vines

### 波喜荡属 **Posidonia** K. D. Koenig

**波喜荡 Posidonia australis** Hook. f.

分布：海南；澳大利亚、西太平洋岛屿

## 401. 眼子菜科 Potamogetonaceae Bercht. et J. Presl

### 眼子菜属 **Potamogeton** L.

**高山眼子菜 Potamogeton alpinus** Balbis

分布：黑龙江；阿富汗、印度、日本、哈萨克斯坦、韩国、缅甸、巴基斯坦、俄罗斯、乌兹别克斯坦；欧洲、北美洲

**纤细眼子菜 Potamogeton berchtoldii** Fieber

分布：黑龙江、河北、山西、云南；不丹、日本、韩国、俄罗斯；亚洲(西南部)、欧洲、北美洲

**扁茎眼子菜 Potamogeton compressus** L.

分布：云南；日本、哈萨克斯坦、蒙古国、俄罗斯；亚洲和欧洲的北方和温带地区

**菹草 Potamogeton crispus** L.

分布：福建、贵州、河北、黑龙江、河南、湖北、江苏、吉林、辽宁、内蒙古、宁夏、青海、陕西、山东、山西、四川、台湾、新疆、西藏、云南、浙江；阿富汗、孟加拉国、不丹、印度、印度尼西亚、日本、韩国、老挝、缅甸、尼泊尔、巴基斯坦，中亚、蒙古国、俄罗斯、泰国、越南、澳大利亚；亚洲(西南部)、欧洲、非洲，引种于南美洲和北美洲

**鸡冠眼子菜 Potamogeton cristatus** Regel et Maack

分布：黑龙江、辽宁、河北、河南、安徽、江苏、浙江、江西、湖南、湖北、四川、福建、台湾；日本、韩国、俄罗斯

**眼子菜 Potamogeton distinctus** A. Benn.

分布：黑龙江、吉林、辽宁、内蒙古、河北、山西、山东、河南、陕西、甘肃、青海、新疆、江苏、浙江、江西、湖南、湖北、四川、贵州、云南、西藏、福建、台湾、广东；不丹、印度尼西亚、日本、韩国、马来西亚、尼泊尔、菲律宾、俄罗斯、泰国、越南、太平洋岛屿

**弗里斯眼子菜 Potamogeton friesii** Ruprecht

分布：内蒙古；哈萨克斯坦、俄罗斯、塔吉克斯坦；欧洲、北美洲

**禾叶眼子菜 Potamogeton gramineus** L.

分布：黑龙江、吉林、辽宁、内蒙古、陕西、新疆、四川、云南、西藏；日本、哈萨克斯坦、韩国、蒙古国、巴基斯坦、俄罗斯、土库曼斯坦、乌兹别克斯坦；亚洲(西南部)、欧洲、北美洲

**柔花眼子菜 Potamogeton leptanthus** Y. D. Chen

分布：青海

**光叶眼子菜 Potamogeton lucens** L.

分布：黑龙江、吉林、内蒙古、河北、山西、山东、河南、

陕西、宁夏、甘肃、青海、新疆、安徽、江苏、江西、湖北、云南、西藏；阿富汗、印度、哈萨克斯坦、吉尔吉斯斯坦、缅甸、尼泊尔、巴基斯坦、菲律宾、俄罗斯、塔吉克斯坦、土库曼斯坦、乌兹别克斯坦；亚洲(西南部)、欧洲、北非

**微齿眼子菜 Potamogeton maackianus** A. Benn.

分布：黑龙江、吉林、辽宁、河北、山东、陕西、安徽、江苏、浙江、湖北、四川、云南、台湾；印度尼西亚、日本、韩国、菲律宾、俄罗斯

**东北眼子菜 Potamogeton mandschuriensis** (A. Benn.) A. Benn.

分布：黑龙江、吉林、辽宁；俄罗斯

**矮眼子菜 Potamogeton nanus** Y. D. Chen

分布：青海

**小节眼子菜 Potamogeton nodosus** Poir.

分布：陕西、新疆、云南；孟加拉国、印度、印度尼西亚、日本、哈萨克斯坦、缅甸、尼泊尔、巴布亚新几内亚、巴基斯坦、俄罗斯、斯里兰卡、塔吉克斯坦、泰国、土库曼斯坦、乌兹别克斯坦、越南、太平洋岛屿；西南亚、欧洲、非洲、北美洲、南美洲

**钝叶眼子菜 Potamogeton obtusifolius** Mert. et W. D. J. Koch

分布：黑龙江；日本、哈萨克斯坦、吉尔吉斯斯坦、蒙古国、缅甸、俄罗斯；欧洲、北美洲

**南方眼子菜 Potamogeton octandrus** Poir.

分布：黑龙江、辽宁、内蒙古、河北、山东、陕西、江苏、浙江、湖南、湖北、四川、云南、福建、台湾、广东、广西、海南；孟加拉国、印度、印度尼西亚、日本、韩国、马来西亚、缅甸、尼泊尔、巴布亚新几内亚、俄罗斯、泰国、越南；非洲、大洋洲

**尖叶眼子菜 Potamogeton oxyphyllus** Miq.

分布：黑龙江、辽宁、陕西、安徽、江苏、浙江、江西、湖北、云南、西藏、台湾；印度尼西亚、日本、韩国、俄罗斯

**穿叶眼子菜 Potamogeton perfoliatus** L.

分布：黑龙江、吉林、辽宁、内蒙古、河北、山西、山东、河南、甘肃、青海、新疆、湖南、湖北、贵州、云南、西藏；阿富汗、印度、印度尼西亚、日本、哈萨克斯坦、韩国、吉尔吉斯斯坦、蒙古国、巴基斯坦、俄罗斯、塔吉克斯坦、乌兹别克斯坦、澳大利亚；亚洲(西南部)、欧洲、非洲、北美洲、中美洲

**白茎眼子菜 Potamogeton praelongus** Wulfen

分布：黑龙江、吉林、辽宁、新疆、云南；日本、哈萨克斯坦、蒙古国、俄罗斯；欧洲、北美洲

**小眼子菜 Potamogeton pusillus** L.

分布：黑龙江、吉林、辽宁、内蒙古、河北、山西、河南、陕西、宁夏、甘肃、青海、新疆、安徽、江苏、浙江、湖南、湖北、四川、云南、西藏、福建、台湾、海南；阿富汗、印度、日本、哈萨克斯坦、韩国、吉尔吉斯斯坦、缅甸、尼泊尔、巴布亚新几内亚、巴基斯坦、菲律宾、俄罗斯、塔吉克斯坦、土库曼斯坦、乌兹别克斯坦；亚洲(西南部)、欧洲、非洲、北美洲

**竹叶眼子菜 Potamogeton wrightii** Morong

分布：黑龙江、吉林、辽宁、内蒙古、河北、山西、山东、河南、陕西、宁夏、青海、新疆、安徽、浙江、湖南、湖北、四川、云南、福建、台湾；印度、印度尼西亚、日本、哈萨克斯坦、韩国、老挝、马来西亚、缅甸、巴布亚新几内亚、巴基斯坦、菲律宾、俄罗斯、泰国、越南、太平洋岛屿

## 蓖齿眼子菜属 Stuckenia Borner

**钝叶菹草 Stuckenia amblyophylla** (C. A. Meyer) Holub.

分布：青海、新疆、云南、西藏；阿富汗、哈萨克斯坦、吉尔吉斯斯坦、俄罗斯、塔吉克斯坦；亚洲(西南部)

**丝叶眼子菜 Stuckenia filiformis** (Persoon) Börnerr

分布：内蒙古、甘肃、青海；阿富汗、不丹、吉尔吉斯斯坦、蒙古国、尼泊尔、巴基斯坦、俄罗斯、塔吉克斯坦、乌兹别克斯坦；亚洲(西南部)、欧洲、北美洲、南美洲

**长鞘菹草 Stuckenia pamirica** (Baagoe) Z. Kaplan

分布：青海、西藏；吉尔吉斯斯坦、塔吉克斯坦

**蓖齿眼子菜 Stuckenia pectinata** (L.) Börnerr

分布：安徽、福建、甘肃、贵州、海南、河北、黑龙江、河南、湖北、江苏、辽宁、内蒙古、宁夏、青海、陕西、山东、山西、四川、台湾、新疆、西藏、云南、浙江；阿富汗、孟加拉国、印度、印度尼西亚、日本、韩国、缅甸、尼泊尔、巴基斯坦、菲律宾，中亚、蒙古国、俄罗斯、斯里兰卡、澳大利亚、太平洋群岛；亚洲(西南部)、欧洲、非洲、北美洲、南美洲

## 角果藻属 Zannichellia L.

**角果藻 Zannichellia palustris** L.

分布：黑龙江、辽宁、内蒙古、河北、山东、陕西、宁夏、青海、新疆、安徽、江苏、浙江、湖北、西藏、台湾；世界广布

# 402. 报春花科 Primulaceae Batsch ex Borkh

## 蜡烛果属 Aegiceras Gaertn.

**蜡烛果 Aegiceras corniculatum** (L.) Blanco

分布：福建、广东、广西、海南，南海诸岛；印度、马来

西亚、菲律宾、斯里兰卡、越南；大洋洲

## 琉璃繁缕属 **Anagallis** L.

琉璃繁缕 **Anagallis arvensis** L.

分布：浙江、福建、台湾、广东；不丹、印度、日本、克什米尔地区、尼泊尔、巴基斯坦、俄罗斯；亚洲(西部)、欧洲、非洲、大洋洲、北美洲、南美洲

## 点地梅属 **Androsace** L.

腺序点地梅 **Androsace adenocephala** Hand.-Mazz.

分布：西藏

莲座点地梅 **Androsace aizoon** Duby

分布：西藏；印度、克什米尔地区、巴基斯坦

阿拉善点地梅 **Androsace alaschanica** Maxim.

分布：内蒙古、宁夏、甘肃、青海

阿拉善点地梅(原变种) **Androsace alaschanica** var. **alaschanica**

分布：内蒙古、宁夏、甘肃

扎多点地梅 **Androsace alaschanica** var. **zadoensis** Yung C. Yang et R. H. Huang

分布：青海

花叶点地梅 **Androsace alchemilloides** Franch.

分布：云南

腋花点地梅 **Androsace axillaris** (Franch.) Franch.

分布：四川、云南；泰国

昌都点地梅 **Androsace bisulca** Bureau et Franch.

分布：四川、西藏

昌都点地梅(原变种) **Androsace bisulca** var. **bisulca**

分布：四川、西藏

黄花昌都点地梅 **Androsace bisulca** var. **aurata** (Petitm.) Yung C. Yang et R. F. Huang

分布：四川

玉门点地梅 **Androsace brachystegia** Hand.-Mazz.

分布：甘肃、青海、四川

景天点地梅 **Androsace bulleyana** Forrest

分布：云南

弯花点地梅 **Androsace cernuiflora** Yung C. Yang et R. F. Huang

分布：青海

睫毛点地梅 **Androsace ciliifolia** Ludlow

分布：西藏；尼泊尔

环冠点地梅 **Androsace coronata** (Watt) Hand.-Mazz.

分布：西藏

红毛点地梅 **Androsace croftii** Watt

分布：西藏；尼泊尔、印度

细蔓点地梅 **Androsace cuscutiformis** Franch.

分布：陕西、四川

江孜点地梅 **Androsace cuttingii** C. E. C. Fisch.

分布：西藏

滇西北点地梅 **Androsace delavayi** Franch.

分布：四川、云南、西藏；不丹、印度、缅甸、尼泊尔

裂叶点地梅 **Androsace dissecta** (Franch.) Franch.

分布：四川、云南

高葶点地梅 **Androsace elatior** Pax et K. Hoffm.

分布：四川、西藏

陕西点地梅 **Androsace engleri** R. Knuth

分布：陕西

直立点地梅 **Androsace erecta** Maxim.

分布：甘肃、青海、四川、云南、西藏；尼泊尔

大花点地梅 **Androsace euryantha** Hand.-Mazz.

分布：云南

东北点地梅 **Androsace filiformis** Retz.

分布：黑龙江、吉林、内蒙古、新疆；哈萨克斯坦、朝鲜、吉尔吉斯斯坦、蒙古国、俄罗斯、塔吉克斯坦、土库曼斯坦、乌兹别克斯坦；欧洲、北美洲

南疆点地梅 **Androsace flavescens** Maxim.

分布：新疆

滇藏点地梅 **Androsace forrestiana** Hand.-Mazz.

分布：四川、云南、西藏

披散点地梅 **Androsace gagnepainiana** Hand.-Mazz.

分布：云南；缅甸

掌叶点地梅 **Androsace geraniifolia** Watt

分布：西藏；不丹、印度

球形点地梅 **Androsace globifera** Duby

分布：西藏；不丹、印度、尼泊尔

小点地梅 **Androsace gmelinii** (L.) Roem. et Schult.

分布：内蒙古、甘肃、青海、四川；蒙古国、俄罗斯

小点地梅(原变种) **Androsace gmelinii** var. **gmelinii**

分布：内蒙古、四川；蒙古国、俄罗斯

**短葶小点地梅 Androsace gmelinii** var. **geophila** Hand.-Mazz.
分布：甘肃、青海、四川

**圆叶点地梅 Androsace graceae** Forrest
分布：四川、云南

**细弱点地梅 Androsace gracilis** Hand.-Mazz.
分布：云南

**禾叶点地梅 Androsace graminifolia** C. E. C. Fisch.
分布：西藏

**莲叶点地梅 Androsace henryi** Oliv.
分布：陕西、湖北、四川、云南、西藏；不丹、缅甸、尼泊尔

**莲叶点地梅(原亚种) Androsace henryi** subsp. **henryi**
分布：陕西、湖北、四川、云南、西藏；不丹、缅甸、尼泊尔

**阔苞莲叶点地梅 Androsace henryi** subsp. **simulans** C. M. Hu et Y. C. Yang
分布：四川

**亚东点地梅 Androsace hookeriana** Klatt
分布：西藏；不丹、尼泊尔、印度

**白花点地梅 Androsace incana** Lam.
分布：内蒙古、河北、山西、新疆；哈萨克斯坦、蒙古国、俄罗斯

**石莲叶点地梅 Androsace integra** (Maxim.) Hand.-Mazz.
分布：青海、四川、云南、西藏

**贵州点地梅 Androsace kouytchensis** Bonati
分布：贵州

**秦巴点地梅 Androsace laxa** C. M. Hu et Yung C. Yang
分布：山西、湖北、四川

**旱生点地梅 Androsace lehmanniana** Spreng.
分布：新疆；哈萨克斯坦、朝鲜、蒙古国、俄罗斯；北美洲

**钻叶点地梅 Androsace lehmannii** Wall. ex Duby
分布：西藏；不丹、印度、尼泊尔

**康定点地梅 Androsace limprichtii** Pax et K. Hoffm.
分布：四川、云南

**长叶点地梅 Androsace longifolia** Turcz.
分布：黑龙江、内蒙古、陕西、宁夏；蒙古国

**绿棱点地梅 Androsace mairei** H. Lév.
分布：云南

**西藏点地梅 Androsace mariae** Kanitz
分布：内蒙古、甘肃、青海、四川、西藏

**大苞点地梅 Androsace maxima** L.
分布：内蒙古、山西、陕西、宁夏、甘肃、新疆；阿富汗、哈萨克斯坦、吉尔吉斯斯坦、蒙古国、俄罗斯、塔吉克斯坦、土库曼斯坦、乌兹别克斯坦；亚洲(西南部)、欧洲、非洲

**梵净山点地梅 Androsace medifissa** Chen et Y. C. Yang
分布：贵州

**小丛点地梅 Androsace minor** (Hand.-Mazz.) C. M. Hu et Y. C. Yang
分布：四川

**大叶点地梅 Androsace mirabilis** Franch.
分布：四川

**柔弱点地梅 Androsace mollis** Hand.-Mazz.
分布：四川、云南、西藏

**绢毛点地梅 Androsace nortonii** Ludlow ex Stearn
分布：西藏；尼泊尔

**卵叶点地梅 Androsace ovalifolia** Y. C. Yang
分布：西藏

**天山点地梅 Androsace ovczinnikovii** Schischk. et Bobrov
分布：新疆；哈萨克斯坦、吉尔吉斯斯坦、蒙古国、俄罗斯、塔吉克斯坦、土库曼斯坦、乌兹别克斯坦

**峨眉点地梅 Androsace paxiana** R. Knuth
分布：四川

**波密点地梅 Androsace pomeiensis** C. M. Hu et Yung C. Yang
分布：西藏

**硬枝点地梅 Androsace rigida** Hand.-Mazz.
分布：四川、云南

**雪球点地梅 Androsace robusta** (R. Knuth) Hand.-Mazz.
分布：西藏；印度、尼泊尔、巴基斯坦

**密毛点地梅 Androsace rockii** W. E. Evans
分布：云南

**叶苞点地梅 Androsace rotundifolia** Hardw.
分布：西藏；阿富汗、印度、克什米尔地区、尼泊尔、巴基斯坦

**叶苞点地梅(原变种) Androsace rotundifolia** var. **rotundifolia**
分布：西藏；阿富汗、印度、克什米尔地区、巴基斯坦

**小茂叶苞点地梅 Androsace rotundifolia** var. **glandulosa** Hook. f.
分布：西藏；印度、克什米尔地区、尼泊尔

**尖齿叶苞点地梅 Androsace rotundifolia** var. **thomsonii** Watt
分布：西藏；印度

**异叶点地梅 Androsace runcinata** Hand.-Mazz.
分布：湖南、贵州、云南

**铺茎点地梅 Androsace sarmentosa** Wall.
分布：西藏；印度、尼泊尔、巴基斯坦

**紫花点地梅 Androsace selago** Hook. f. et Thomson ex Klatt
分布：西藏；不丹、印度

**北点地梅 Androsace septentrionalis** L.
分布：内蒙古、河北、新疆；哈萨克斯坦、吉尔吉斯斯坦、蒙古国、巴基斯坦、俄罗斯、塔吉克斯坦、土库曼斯坦、乌兹别克斯坦；欧洲(中北部)、北美洲

**北点地梅(原变种) Androsace septentrionalis** var. **septentrionalis**
分布：河北、内蒙古、新疆；哈萨克斯坦、吉尔吉斯斯坦、俄罗斯、塔吉克斯坦、土库曼斯坦、乌兹别克斯坦；欧洲(中北部)、北美洲

**短葶北点地梅 Androsace septentrionalis** var. **breviscapa** Krylov
分布：新疆；哈萨克斯坦、蒙古国、巴基斯坦、俄罗斯

**刺叶点地梅 Androsace spinulifera** (Franch.) R. Knuth
分布：四川、云南

**鳞叶点地梅 Androsace squarrosula** Maxim.
分布：新疆

**狭叶点地梅 Androsace stenophylla** (Petitm.) Hand.-Mazz.
分布：四川、西藏

**糙伏毛点地梅 Androsace strigillosa** Franch.
分布：西藏；不丹、尼泊尔、印度

**棉毛点地梅 Androsace sublanata** Hand.-Mazz.
分布：四川、云南

**唐古拉点地梅 Androsace tanggulashanensis** Yung C. Yang et R. F. Huang
分布：青海、西藏

**垫状点地梅 Androsace tapete** Maxim.
分布：甘肃、青海、新疆、四川、西藏；不丹、尼泊尔、印度

**点地梅 Androsace umbellata** (Lour.) Merr.
分布：黑龙江、吉林、辽宁、内蒙古、河北、山西、山东、陕西、安徽、江苏、浙江、江西、湖南、湖北、四川、贵州、云南、西藏、福建、台湾、广东、广西、海南；印度、日本、克什米尔地区、韩国、缅甸、巴布亚新几内亚、巴基斯坦、菲律宾、俄罗斯、越南

**粗毛点地梅 Androsace wardii** W. W. Sm.
分布：四川、云南、西藏

**岩居点地梅 Androsace wilsoniana** Hand.-Mazz.
分布：四川

**雅江点地梅 Androsace yargongensis** Petitm.
分布：甘肃、青海、四川

**高原点地梅 Androsace zambalensis** (Petitm.) Hand.-Mazz.
分布：四川、云南、西藏；印度、尼泊尔

**察隅点地梅 Androsace zayulensis** Hand.-Mazz.
分布：西藏

## 紫金牛属 Ardisia Sw.

**狗骨头 Ardisia aberrans** (E. Walker) C. Y. Wu et C. Chen
分布：云南

**显脉紫金牛 Ardisia alutacea** C. Y. Wu et C. Chen
分布：云南

**少年红 Ardisia alyxiifolia** Tsiang ex C. Chen
分布：江西、湖南、四川、贵州、福建、广东、广西、海南

**五花紫金牛 Ardisia argenticaulis** Yuen P. Yang
分布：广东

**束花紫金牛 Ardisia balansana** Yuen P. Yang
分布：云南；越南

保亭紫金牛 **Ardisia baotingensis** C. M. Hu

分布：海南

九管血 **Ardisia brevicaulis** Diels

分布：江西、湖南、湖北、四川、贵州、云南、西藏、福建、台湾、广东、广西

凹脉紫金牛 **Ardisia brunnescens** E. Walker

分布：广东、广西；越南

肉茎紫金牛 **Ardisia carnosicaulis** C. Chen et D. Fang

分布：广西

尾叶紫金牛 **Ardisia caudata** Hemsl.

分布：四川、贵州、云南、广东、广西

小紫金牛 **Ardisia chinensis** Benth.

分布：浙江、江西、湖南、四川、福建、台湾、广东、广西；日本、马来西亚、越南

散花紫金牛 **Ardisia conspersa** E. Walker

分布：云南、广西；越南

腺齿紫金牛 **Ardisia cornudentata** Mez

分布：台湾

腺齿紫金牛(原变种) **Ardisia cornudentata** var. **cornudentata**

分布：台湾

玉山紫金牛 **Ardisia cornudentata** var. **morrisonensis** (Hayata) Yuen P. Yang

分布：台湾

阿里山紫金牛 **Ardisia cornudentata** var. **stenosepala** (Hayata) Yuen P. Yang

分布：台湾

伞形紫金牛 **Ardisia corymbifera** Mez

分布：云南、广西；越南

粗脉紫金牛 **Ardisia crassinervosa** E. Walker

分布：海南

朱砂根 **Ardisia crenata** Sims

分布：安徽、江苏、浙江、江西、湖南、湖北、云南、西藏、福建、台湾、广东、广西、海南；印度、日本、马来西亚、缅甸、菲律宾、越南

百两金 **Ardisia crispa** (Thunb.) A. DC.

分布：安徽、江苏、浙江、江西、湖南、湖北、四川、贵州、云南、福建、台湾、广东、广西；印度尼西亚、日本、韩国、越南

折梗紫金牛 **Ardisia curvula** C. Y. Wu et C. Chen

分布：云南

粗茎紫金牛 **Ardisia dasyrhizomatica** C. Y. Wu et C. Chen

分布：云南

密鳞紫金牛 **Ardisia densilepidotula** Merr.

分布：海南

东方紫金牛 **Ardisia elliptica** Thunb.

分布：台湾；印度、印度尼西亚、日本、马来西亚、菲律宾、斯里兰卡、越南

剑叶紫金牛 **Ardisia ensifolia** E. Walker

分布：云南、广西

月月红 **Ardisia faberi** Hemsl.

分布：湖南、湖北、四川、贵州、云南、广东、广西、海南

狭叶紫金牛 **Ardisia filiformis** E. Walker

分布：广西

灰色紫金牛 **Ardisia fordii** Hemsl.

分布：广东、广西

小乔木紫金牛 **Ardisia garrettii** H. R. Fletcher

分布：贵州、云南、西藏；缅甸、泰国、越南

走马胎 **Ardisia gigantifolia** Stapf

分布：江西、贵州、云南、福建、广东、广西、海南；印度尼西亚、马来西亚、泰国、越南

大罗伞树 **Ardisia hanceana** Mez

分布：安徽、浙江、江西、湖南、福建、广东、广西；越南

粗梗紫金牛 **Ardisia hokouensis** Yuen P. Yang

分布：云南

矮紫金牛 **Ardisia humilis** Vahl

分布：广东、海南；菲律宾、越南

紫金牛 **Ardisia japonica** (Thunb.) Blume

分布：陕西、安徽、江苏、浙江、江西、湖南、湖北、四川、贵州、云南、福建、台湾、广西；日本、朝鲜

山血丹 **Ardisia lindleyana** D. Dietr.

分布：浙江、江西、湖南、福建、广东、广西；越南

山血丹(原变种) **Ardisia lindleyana** var. **lindleyana**

分布：浙江、江西、湖南、福建、广东、广西；越南

**狭叶山血丹** **Ardisia lindleyana** var. **angustifolia** C. M. Hu et X. J. Ma
分布：广东

**心叶紫金牛** **Ardisia maclurei** Merr.
分布：贵州、台湾、广东、广西、海南

**麻栗坡罗伞** **Ardisia malipoensis** C. M. Hu
分布：云南

**虎舌红** **Ardisia mamillata** Hance
分布：湖南、四川、贵州、云南、福建、广东、广西、海南；越南

**白花紫金牛** **Ardisia merrillii** E. Walker
分布：广西、海南；越南

**星毛紫金牛** **Ardisia nigropilosa** Pit.
分布：云南；越南

**铜盆花** **Ardisia obtusa** Mez
分布：广东、广西、海南；越南

**铜盆花(原亚种)** **Ardisia obtusa** subsp. **obtusa**
分布：广东、海南

**厚叶铜盆花** **Ardisia obtusa** subsp. **pachyphylla** (Dunn) Pipoly et C. Chen
分布：广西；越南

**榄色紫金牛** **Ardisia olivacea** E. Walker
分布：广西

**光萼紫金牛** **Ardisia omissa** C. M. Hu
分布：广东、广西

**轮叶紫金牛** **Ardisia ordinata** E. Walker
分布：海南

**矮短紫金牛** **Ardisia pedalis** E. Walker
分布：广西；越南

**花脉紫金牛** **Ardisia perreticulata** C. Chen
分布：广东、广西

**长穗紫金牛** **Ardisia pingbienensis** Yuen P. Yang
分布：云南

**细孔紫金牛** **Ardisia porifera** E. Walker
分布：海南

**莲座紫金牛** **Ardisia primulifolia** Gardner et Champ.
分布：江西、湖南、贵州、云南、福建、广东、广西、海南；越南

**毛脉紫金牛** **Ardisia pubivenula** E. Walker
分布：广西、海南

**紫脉紫金牛** **Ardisia purpureovillosa** C. Y. Wu et C. Chen ex C. M. Hu
分布：云南、广西、海南

**九节龙** **Ardisia pusilla** A. DC.
分布：江西、湖南、四川、贵州、福建、台湾、广东、广西；日本、朝鲜、马来西亚、菲律宾

**罗伞树** **Ardisia quinquegona** Blume
分布：四川、贵州、云南、福建、台湾、广东、广西、海南；印度、印度尼西亚、日本、马来西亚、越南

**罗伞树(原变种)** **Ardisia quinquegona** var. **quinquegona**
分布：四川、贵州、云南、福建、台湾、广东、广西、海南；印度、印度尼西亚、日本、马来西亚、越南

**柳叶紫金牛** **Ardisia quinquegona** var. **salicifolia** (E. Walker) C. M. Hu et J. E. Vidal
分布：云南、广西；越南

**短柄紫金牛** **Ardisia ramondiiformis** Pit.
分布：海南；越南

**卷边紫金牛** **Ardisia replicata** E. Walker
分布：云南；越南

**弯梗紫金牛** **Ardisia retroflexa** E. Walker
分布：海南

**红茎紫金牛** **Ardisia rubricaulis** S. Z. Mao et C. M. Hu
分布：广西

**梯脉紫金牛** **Ardisia scalarinervis** E. Walker
分布：云南

**瑞丽紫金牛** **Ardisia shweliensis** W. W. Sm.
分布：云南；印度

**多枝紫金牛** **Ardisia sieboldii** Miq.
分布：浙江、福建、台湾；日本

**细罗伞** **Ardisia sinoaustralis** C. Chen
分布：江西、湖南、广东、广西、海南

**酸苔菜** **Ardisia solanacea** Roxb.
分布：广西、云南；印度、尼泊尔、新加坡、斯里兰卡，夏威夷有栽培

**南方紫金牛** **Ardisia thyrsiflora** D. Don
分布：四川、贵州、云南、西藏、广西、海南；印度、缅甸、尼泊尔、越南

**长毛紫金牛** **Ardisia verbascifolia** Mez
分布：云南、海南；越南

**雪下红 Ardisia villosa** Roxb.
分布：云南、台湾、广东、广西、海南；马来西亚

**锦花紫金牛 Ardisia violacea** (T. Suzuki) W. Z. Fang et K. Yao
分布：台湾

**纽子果 Ardisia virens** Kurz.
分布：贵州、云南、台湾、广西、海南；印度、印度尼西亚、缅甸、泰国、越南

**越南紫金牛 Ardisia waitakii** C. M. Hu
分布：广东、广西、海南；越南

## 长果报春属 Bryocarpum Hook. f. et Thomson

**长果报春 Bryocarpum himalaicum** Hook. f. et Thomson
分布：西藏；不丹、尼泊尔、印度

## 假报春属 Cortusa L.

**假报春 Cortusa matthioli** L.
分布：内蒙古、河北、山西、陕西、甘肃、新疆；韩国、俄罗斯；亚洲、欧洲

**假报春(原亚种) Cortusa matthiolii** subsp. **matthiolii**
分布：内蒙古、新疆；亚洲、欧洲

**北京假报春 Cortusa matthiolii** subsp. **pekinensis** (V. Richter) Kitag.
分布：河北、山西、陕西、甘肃；韩国、俄罗斯

## 仙客来属 Cyclamen L.

**仙客来 Cyclamen persicum** Mill.
分布：中国各地栽培；世界广泛栽培

## 酸藤子属 Embelia Burm. f.

**肉果酸藤子 Embelia carnosisperma** C. Y. Wu et C. Chen
分布：云南

**多花酸藤子 Embelia floribunda** Wall.
分布：云南、西藏；不丹、印度、缅甸、尼泊尔

**皱叶酸藤子 Embelia gamblei** Kurz. ex C. B. Clarke
分布：云南、西藏；缅甸、印度

**毛果酸藤子 Embelia henryi** E. Walker
分布：云南、广西；越南

**酸藤子 Embelia laeta** (L.) Mez
分布：江西、云南、福建、台湾、广东、广西、海南；柬埔寨、老挝、泰国、越南

**酸藤子(原亚种) Embelia laeta** subsp. **laeta**
分布：江西、云南、福建、台湾、广东、广西、海南；柬埔寨、老挝、泰国、越南

**腺毛酸藤子 Embelia laeta** subsp. **papilligera** (Nakai) Pipoly et C. Chen
分布：江西、台湾

**当归藤 Embelia parviflora** Wall. ex A. DC.
分布：浙江、贵州、云南、西藏、福建、广东、广西、海南；印度、印度尼西亚、马来西亚、缅甸、泰国、越南

**疏花酸藤子 Embelia pauciflora** Diels
分布：四川、贵州

**龙骨酸藤子 Embelia polypodioides** Hemsl. et Mez
分布：云南、广西；越南

**匍匐酸藤子 Embelia procumbens** Hemsl.
分布：四川、云南

**白花酸藤子 Embelia ribes** Burm. f.
分布：贵州、云南、西藏、福建、广东、广西、海南；柬埔寨、印度、印度尼西亚、老挝、马来西亚、缅甸、巴布亚新几内亚、菲律宾、斯里兰卡、泰国、越南

**白花酸藤子(原亚种) Embelia ribes** subsp. **ribes**
分布：贵州、云南、西藏、福建、广东、广西、海南；柬埔寨、印度、印度尼西亚、老挝、马来西亚、缅甸、巴布亚新几内亚、斯里兰卡、泰国、越南

**厚叶白花酸藤果 Embelia ribes** subsp. **pachyphylla** (Chun ex C. Y. Wu et C. Chen) Pipoly et C. Chen
分布：云南、广东、广西、海南；印度尼西亚、马来西亚、越南

**瘤皮孔酸藤子 Embelia scandens** (Lour.) Mez
分布：云南、广东、广西、海南；柬埔寨、老挝、泰国、越南

**短梗酸藤子 Embelia sessiliflora** Kurz.
分布：贵州、云南；印度、缅甸、泰国

**平叶酸藤子 Embelia undulata** (Wall.) Mez
分布：江西、湖南、四川、贵州、云南、福建、广东、广西、海南；柬埔寨、印度、老挝、尼泊尔、泰国、越南

**密齿酸藤子 Embelia vestita** Roxb.
分布：浙江、湖南、四川、贵州、云南、西藏、福建、台湾、广东、广西、海南；印度、缅甸、尼泊尔、越南

## 海乳草属 Glaux L.

**海乳草 Glaux maritima** L.

分布：黑龙江、吉林、辽宁、内蒙古、河北、山东、陕西、宁夏、甘肃、青海、新疆、安徽、四川、西藏；日本、哈萨克斯坦、吉尔吉斯斯坦、蒙古国、巴基斯坦、俄罗斯、塔吉克斯坦、土库曼斯坦、乌兹别克斯坦；欧洲、北美洲

## 珍珠菜属 Lysimachia L.

**云南过路黄 Lysimachia albescens** Franch.

分布：云南

**广西过路黄 Lysimachia alfredii** Hance

分布：江西、湖南、福建、广东、广西

**广西过路黄(原变种) Lysimachia alfredii** var. **alfredii**

分布：江西、湖南、福建、广东、广西

**小广西过路黄 Lysimachia alfredii** var. **chrysosplenioides** (Hand.-Mazz.) F. H. Chen et C. M. Hu

分布：贵州、广西

**香港过路黄 Lysimachia alpestris** Champ. ex Benth.

分布：广东、香港

**假排草 Lysimachia ardisioides** Masam.

分布：台湾；菲律宾

**短枝香草 Lysimachia aspera** Hand.-Mazz.

分布：广西

**耳叶珍珠菜 Lysimachia auriculata** Hemsl.

分布：陕西、甘肃、湖北、四川

**宝兴过路黄 Lysimachia baoxingensis** (F. H. Chen et C. M. Hu) C. M. Hu

分布：四川

**虎尾花 Lysimachia barystachys** Bunge

分布：黑龙江、吉林、辽宁、内蒙古、河北、山西、山东、陕西、宁夏、江苏、浙江、四川、贵州、云南、福建；日本、朝鲜、俄罗斯

**双花香草 Lysimachia biflora** C. Y. Wu

分布：贵州、云南

**短蕊香草 Lysimachia brachyandra** F. H. Chen et C. M. Hu

分布：贵州

**短花珍珠菜 Lysimachia breviflora** C. M. Hu

分布：云南

**展枝过路黄 Lysimachia brittenii** R. Knuth

分布：湖南、湖北

**泽珍珠菜 Lysimachia candida** Lindl.

分布：河北、山东、陕西、安徽、江苏、浙江、江西、湖南、湖北、四川、贵州、云南、西藏、福建、台湾、广东、广西、海南；日本、缅甸、越南

**细梗香草 Lysimachia capillipes** Hemsl.

分布：河南、浙江、江西、湖南、四川、贵州、云南、福建、台湾、广东、广西；菲律宾

**细梗香草(原变种) Lysimachia capillipes** var. **capillipes**

分布：浙江、江西、湖南、四川、贵州、福建、台湾、广东；菲律宾

**石山细梗香草 Lysimachia capillipes** var. **cavaleriei** (H. Lév.) Hand.-Mazz.

分布：贵州、云南、广东、广西

**阳朔过路黄 Lysimachia carinata** Y. I. Fang et C. Z. Cheng

分布：广西

**茎花香草 Lysimachia cauliflora** C. Y. Wu

分布：云南

**近总序香草 Lysimachia chapaensis** Merr.

分布：云南；越南

**浙江过路黄 Lysimachia chekiangensis** C. C. Wu

分布：浙江

**藜状珍珠菜 Lysimachia chenopodioides** Watt ex Hook. f.

分布：云南、西藏；不丹、印度、克什米尔地区、缅甸、尼泊尔、巴基斯坦

**长穗珍珠菜 Lysimachia chikungensis** L. H. Bailey

分布：河南、湖北

**清水山过路黄 Lysimachia chingshuiensis** C. I. Peng et C. M. Hu

分布：台湾

**过路黄 Lysimachia christiniae** Hance

分布：河南、陕西、安徽、江苏、浙江、江西、湖南、湖北、四川、贵州、云南、福建、广东、广西

**中甸珍珠菜 Lysimachia chungdienensis** C. Y. Wu

分布：四川、云南

**露珠珍珠菜 Lysimachia circaeoides** Hemsl.

分布：江西、湖南、湖北、四川、贵州

**矮桃 Lysimachia clethroides** Duby

分布：辽宁、江苏、浙江、江西、湖南、湖北、四川、贵州、云南、福建、台湾、广东、广西、海南；日本、朝鲜、俄罗斯

**临时救 Lysimachia congestiflora** Hemsl.

分布：陕西、甘肃、青海、安徽、江苏、浙江、江西、湖南、湖北、四川、贵州、云南、西藏、福建、台湾、广东、广西、海南；不丹、印度、缅甸、尼泊尔、泰国、越南

**心叶香草 Lysimachia cordifolia** Hand.-Mazz.

分布：云南

**厚叶香草 Lysimachia crassifolia** C. Z. Gao et D. Fang

分布：广西

**异花珍珠菜 Lysimachia crispidens** (Hance) Hemsl.

分布：湖北、四川

**距萼过路黄 Lysimachia crista-galli** Pamp. ex Hand.-Mazz.

分布：陕西、湖北、四川

**黄连花 Lysimachia davurica** Ledeb.

分布：黑龙江、吉林、辽宁、内蒙古、山东、江苏、浙江、云南；日本、朝鲜、蒙古国、俄罗斯

**南亚过路黄 Lysimachia debilis** Wall.

分布：西藏；印度、缅甸、尼泊尔、巴基斯坦、泰国

**延叶珍珠菜 Lysimachia decurrens** G. Forst.

分布：江西、湖南、贵州、云南、福建、台湾、广东、广西；不丹、印度、印度尼西亚、日本、老挝、菲律宾、泰国、越南、太平洋岛屿

**金江珍珠菜 Lysimachia delavayi** Franch.

分布：云南

**小寸金黄 Lysimachia deltoidea** var. **cinerascens** Franch.

分布：四川、贵州、云南、广西；老挝、缅甸、泰国、越南

**右花珍珠菜(新拟) Lysimachia dextrosiflora** X. P. Zhang, X. H. Guo et J. W. Shao

分布：安徽、福建

**锈毛过路黄 Lysimachia drymarifolia** Franch.

分布：四川、云南

**独山香草 Lysimachia dushanensis** F. H. Chen et C. M. Hu

分布：贵州、广西

**思茅香草 Lysimachia engleri** R. Knuth

分布：四川、云南

**思茅香草(原变种) Lysimachia engleri** var. **engleri**

分布：四川、云南

**小思茅香草 Lysimachia engleri** var. **glabra** (Bonati) F. H. Chen et C. M. Hu

分布：云南

**尖瓣过路黄 Lysimachia erosipetala** F. H. Chen et C. M. Hu

分布：四川

**长柄过路黄 Lysimachia esquirolii** Bonati

分布：贵州

**不裂果香草 Lysimachia evalvis** Wall.

分布：西藏；不丹、印度、缅甸、尼泊尔

**短柱珍珠菜 Lysimachia excisa** Hand.-Mazz.

分布：四川、云南

**纤柄香草 Lysimachia filipes** C. Z. Gao et D. Fang

分布：广西

**管茎过路黄 Lysimachia fistulosa** Hand.-Mazz.

分布：江西、湖南、湖北、四川、贵州、云南、广东、广西

**管茎过路黄(原变种) Lysimachia fistulosa** var. **fistulosa**

分布：湖南、湖北、四川

**五岭管茎过路黄 Lysimachia fistulosa** var. **wulingensis** F. H. Chen et C. M. Hu

分布：江西、湖南、贵州、云南、广东、广西

**灵香草 Lysimachia foenum-graecum** Hance

分布：湖南、云南、广东、广西

**富宁香草 Lysimachia fooningensis** C. Y. Wu

分布：贵州、云南、广西；越南

**大叶过路黄 Lysimachia fordiana** Oliv.

分布：云南、广东、广西

**星宿菜 Lysimachia fortunei** Maxim.

分布：江苏、浙江、江西、湖南、福建、台湾、广东、广西、海南；日本、朝鲜、越南

**福建过路黄 Lysimachia fukienensis** Hand.-Mazz.

分布：浙江、江西、福建、广东

**苦苣苔叶香草 Lysimachia gesnerioides** Y. M. Shui et M. D. Zhang

分布：云南

**縫瓣珍珠菜 Lysimachia glanduliflora** Hanelt

分布：河南、江西、湖北

灰叶珍珠菜 **Lysimachia glaucina** Franch.
分布：云南

金瓜儿 **Lysimachia grammica** Hance
分布：河北、陕西、安徽、江苏、浙江、江西、湖北

大花香草 **Lysimachia grandiflora** (Franch.) Hand.-Mazz.
分布：云南

点腺过路黄 **Lysimachia hemsleyana** Maxim. ex Oliv.
分布：河北、陕西、安徽、江苏、浙江、江西、湖南、湖北、四川、福建

叶苞过路黄 **Lysimachia hemsleyi** Franch.
分布：四川、贵州、云南

宜昌过路黄 **Lysimachia henryi** Hemsl.
分布：湖北、四川、贵州、云南

宜昌过路黄(原变种) **Lysimachia henryi** var. **henryi**
分布：湖北、四川、云南

江口过路黄 **Lysimachia henryi** var. **guizhouensis** C. M. Hu
分布：贵州

邕宁香草 **Lysimachia heterobotrys** F. H. Chen et C. M. Hu
分布：广西

黑腺珍珠菜 **Lysimachia heterogenea** Klatt
分布：河南、安徽、江苏、浙江、江西、湖南、湖北、福建、广东

启明珍珠菜(新拟) **Lysimachia huchimingii** G. Hao et H. F. Yan
分布：四川

白花过路黄 **Lysimachia huitsunae** S. S. Chien
分布：安徽、浙江、广西

巴山过路黄 **Lysimachia hypericoides** Hemsl.
分布：湖南、湖北、四川、贵州

长萼香草 **Lysimachia inaperta** C. M. Hu et F. N. Wei
分布：广西

三叶香草 **Lysimachia insignis** Hemsl.
分布：贵州、云南、广西；越南

小茄 **Lysimachia japonica** Thunb.
分布：江苏、浙江、台湾、海南；不丹、印度、印度尼西亚、日本、克什米尔地区、朝鲜

江西珍珠菜 **Lysimachia jiangxiensis** C. M. Hu
分布：江西

景东香草 **Lysimachia jingdongensis** F. H. Chen et C. M. Hu
分布：云南

轮叶过路黄 **Lysimachia klattiana** Hance
分布：山东、河南、安徽、江苏、浙江、江西、湖北

广东临时救 **Lysimachia kwangtungensis** (Hand.-Mazz.) C. M. Hu
分布：湖南、广东

长叶香草 **Lysimachia lancifolia** Craib
分布：云南；泰国

多枝香草 **Lysimachia laxa** Baudo
分布：云南；印度、印度尼西亚、缅甸、尼泊尔、斯里兰卡、泰国、越南

丽江珍珠菜 **Lysimachia lichiangensis** Forrest
分布：四川、云南

丽江珍珠菜(原变种) **Lysimachia lichiangensis** var. **lichiangensis**
分布：云南

干生珍珠菜 **Lysimachia lichiangensis** var. **xerophylla** C. Y. Wu
分布：四川、云南

临桂香草 **Lysimachia linguiensis** C. Z. Gao
分布：广西

红头索 **Lysimachia liui** S. S. Chien
分布：四川

长蕊珍珠菜 **Lysimachia lobelioides** Wall.
分布：四川、贵州、云南、广西；不丹、印度、老挝、缅甸、尼泊尔、泰国

长梗过路黄 **Lysimachia longipes** Hemsl.
分布：安徽、浙江、江西、福建

龙胜过路黄(新拟) **Lysimachia longshengensis** G. Z. Li et S. C. Tang
分布：广西

假琴叶过路黄 **Lysimachia lychnoides** F. H. Chen et C. M. Hu
分布：贵州

滨海珍珠菜 **Lysimachia mauritiana** Lam.
分布：辽宁、山东、江苏、浙江、福建、台湾、广东；日

本、韩国、菲律宾、印度洋群岛、太平洋岛屿

墨脱珍珠菜 **Lysimachia medogensis** F. H. Chen et C. M. Hu

分布：西藏

山萝过路黄 **Lysimachia melampyroides** R. Knuth

分布：山西、甘肃、湖南、湖北、四川、贵州、广西

山萝过路黄(原变种) **Lysimachia melampyroides** var. **melampyroides**

分布：湖南、湖北、四川、贵州、广西

抱茎山萝过路黄 **Lysimachia melampyroides** var. **amplexicaulis** F. H. Chen et C. M. Hu

分布：湖南、广西

小山萝过路黄 **Lysimachia melampyroides** var. **brunelloides** (Pax et K. Hoffm.) F. H. Chen et C. M. Hu

分布：山西、甘肃、四川

小果香草 **Lysimachia microcarpa** Hand.-Mazz. ex C. Y. Wu

分布：云南；缅甸

兴义香草 **Lysimachia millietii** (H. Lév.) Hand.-Mazz.

分布：贵州

米易过路黄 **Lysimachia miyiensis** Y. I. Fang et C. Z. Cheng

分布：四川

南川过路黄 **Lysimachia nanchuanensis** C. Y. Wu ex F. H. Chen et C. M. Hu

分布：四川

南平过路黄 **Lysimachia nanpingensis** F. H. Chen et C. M. Hu

分布：福建、广东

木茎香草 **Lysimachia navillei** (H. Lév.) Hand.-Mazz. ex Rehd.

分布：贵州、广西、海南

木茎香草(原变种) **Lysimachia navillei** var. **navillei**

分布：贵州、广西

海南木茎香草 **Lysimachia navillei** var. **hainanensis** F. H. Chen et C. M. Hu

分布：海南

垂花香草 **Lysimachia nutantiflora** F. H. Chen et C. M. Hu

分布：广西

峨眉过路黄 **Lysimachia omeiensis** Hemsl.

分布：四川、云南

琴叶过路黄 **Lysimachia ophelioides** Hemsl.

分布：湖北、四川

圆瓣珍珠菜 **Lysimachia orbicularis** F. H. Chen et C. M. Hu

分布：四川

耳柄过路黄 **Lysimachia otophora** C. Y. Wu

分布：云南、广西；越南

落地梅 **Lysimachia paridiformis** Franch.

分布：湖南、湖北、四川、贵州、云南、广东、广西

落地梅(原变种) **Lysimachia paridiformis** var. **paridiformis**

分布：湖南、湖北、四川、贵州

狭叶落地梅 **Lysimachia paridiformis** var. **stenophylla** Franch.

分布：湖南、四川、贵州、云南、广东、广西

小叶珍珠菜 **Lysimachia parvifolia** Franch.

分布：安徽、江西、湖南、湖北、四川、贵州、云南、福建、广东

巴东过路黄 **Lysimachia patungensis** Hand.-Mazz.

分布：安徽、浙江、江西、湖南、湖北、福建、广东

假过路黄 **Lysimachia peduncularis** Wall. ex Kurz.

分布：云南；柬埔寨、印度、马来西亚、缅甸、泰国、越南

狭叶珍珠菜 **Lysimachia pentapetala** Bunge

分布：黑龙江、内蒙古、河北、山西、山东、河南、陕西、甘肃、安徽、湖北

贯叶过路黄 **Lysimachia perfoliata** Hand.-Mazz.

分布：安徽、江西

阔叶假排草 **Lysimachia petelotii** Merr.

分布：湖南、四川、贵州、云南、广东、广西；越南

叶头过路黄 **Lysimachia phyllocephala** Hand.-Mazz.

分布：浙江、江西、湖南、湖北、四川、贵州、云南、广西

叶头过路黄(原变种) **Lysimachia phyllocephala** var. **phyllocephala**

分布：浙江、江西、湖南、湖北、四川、贵州、云南、广西

短毛叶头过路黄 **Lysimachia phyllocephala** var. **polycephala** (S. S. Chien) F. H. Chen et C. M. Hu

分布：四川

金平香草 **Lysimachia physaloides** C. Y. Wu et C. Chen
分布：云南

海桐状香草 **Lysimachia pittosporoides** C. Y. Wu
分布：云南

阔瓣珍珠菜 **Lysimachia platypetala** Franch.
分布：四川、云南

多育星宿菜 **Lysimachia prolifera** Klatt
分布：四川、云南、西藏；不丹、印度、缅甸、尼泊尔

疏头过路黄 **Lysimachia pseudohenryi** Pamp.
分布：河南、陕西、安徽、浙江、江西、湖南、湖北、四川、广东

鄂西香草 **Lysimachia pseudotrichopoda** Hand.-Mazz.
分布：湖北、四川

翅萼过路黄 **Lysimachia pterantha** Hemsl.
分布：四川

川西过路黄 **Lysimachia pteranthoides** Bonati
分布：四川、云南

矮星宿菜 **Lysimachia pumila** (Baudo) Franch.
分布：四川、云南

点叶落地梅 **Lysimachia punctatilimba** C. Y. Wu
分布：湖北、云南

祁门过路黄 **Lysimachia qimenensis** X. H. Guo, X. P. Zhang et J. W. Shao
分布：安徽

总花珍珠菜 **Lysimachia racemiflora** Bonati
分布：云南

折瓣珍珠菜 **Lysimachia reflexiloba** Hand.-Mazz.
分布：四川

疏节过路黄 **Lysimachia remota** Petitm.
分布：江苏、浙江、江西、福建、台湾

疏节过路黄(原变种) **Lysimachia remota** var. **remota**
分布：江苏、浙江、江西、福建、台湾

庐山疏节过路黄 **Lysimachia remota** var. **lushanensis** F. H. Chen et C. M. Hu
分布：江西

粗壮珍珠菜 **Lysimachia robusta** Hand.-Mazz.
分布：云南

粉红珍珠菜 **Lysimachia roseola** F. H. Chen et C. M. Hu
分布：四川

显苞过路黄 **Lysimachia rubiginosa** Hemsl.
分布：浙江、湖南、湖北、四川、贵州、云南、广西

紫脉过路黄 **Lysimachia rubinervis** F. H. Chen et C. M. Hu
分布：浙江

龙津过路黄 **Lysimachia rupestris** F. H. Chen et C. M. Hu
分布：广西

岩居香草 **Lysimachia saxicola** Chun et F. H. Chun
分布：广西

岩居香草(原变种) **Lysimachia saxicola** var. **saxicola**
分布：广西

小岩居香草 **Lysimachia saxicola** var. **minor** C. F. Liang ex F. H. Chen et C. M. Hu
分布：广西

葶花香草 **Lysimachia scapiflora** C. M. Hu, Z. R. Xu et F. P. Chen
分布：广西

伞花落地梅 **Lysimachia sciadantha** C. Y. Wu
分布：贵州

黔阳过路黄 **Lysimachia sciadophylla** F. H. Chen et C. M. Hu
分布：湖南

石棉过路黄 **Lysimachia shimianensis** F. H. Chen et C. M. Hu
分布：四川

泰国过路黄 **Lysimachia siamensis** Bonati
分布：云南；缅甸、泰国、越南

北延叶珍珠菜 **Lysimachia silvestrii** (Pamp.) Hand.-Mazz.
分布：陕西、甘肃、江西、湖南、湖北、四川

茂汶过路黄 **Lysimachia stellarioides** Hand.-Mazz.
分布：四川

腺药珍珠菜 **Lysimachia stenosepala** Hemsl.
分布：陕西、浙江、湖南、湖北、四川、贵州、云南

腺药珍珠菜(原变种) **Lysimachia stenosepala** var. **stenosepala**
分布：陕西、浙江、湖南、湖北、贵州

云贵腺药珍珠菜 **Lysimachia stenosepala** var. **flavescens** F. H. Chen et C. M. Hu
分布：四川、贵州、云南

黄花珍珠菜 **Lysimachia stenosepala** var. **lutea** Z. E. Zhao et D. X. Li
分布：湖北

大叶珍珠菜 **Lysimachia stigmatosa** F. H. Chen et C. M. Hu
分布：安徽、江西

轮花香草 **Lysimachia subverticillata** C. Y. Wu
分布：贵州、云南

大理珍珠菜 **Lysimachia taliensis** Bonati
分布：云南

腾冲过路黄 **Lysimachia tengyuehensis** Hand.-Mazz.
分布：云南

球尾花 **Lysimachia thyrsiflora** L.
分布：黑龙江、吉林、内蒙古、陕西、云南；环北极地区分布

田阳香草 **Lysimachia tianyangensis** D. Fang et C. Z. Gao
分布：广西

天目珍珠菜 **Lysimachia tienmushanensis** Migo
分布：浙江

蔓延香草 **Lysimachia trichopoda** Franch.
分布：四川、贵州、云南

蔓延香草(原变种) **Lysimachia trichopoda** var. **trichopoda**
分布：四川、贵州、云南

长萼蔓延香草 **Lysimachia trichopoda** var. **sarmentosa** (C. Y. Wu) F. H. Chen et C. M. Hu
分布：云南

波缘珍珠菜 **Lysimachia tsaii** C. M. Hu
分布：云南

藏珍珠菜 **Lysimachia tsarongensis** Hand.-Mazz.
分布：西藏

大花珍珠菜 **Lysimachia violascens** Franch.
分布：云南

大花珍珠菜(原变种) **Lysimachia violascens** var. **violascens**
分布：云南

短雄大花珍珠菜 **Lysimachia violascens** var. **brevistamina** Y. Y. Qian
分布：云南

条叶香草 **Lysimachia vittiformis** F. H. Chen et C. M. Hu
分布：广西

毛黄连花 **Lysimachia vulgaris** L.
分布：新疆；克什米尔地区、哈萨克斯坦、巴基斯坦、俄罗斯；亚洲(西南部)、欧洲、非洲、北美洲

川香草 **Lysimachia wilsonii** Hemsl.
分布：四川、云南

黄德过路黄 **Lysimachia yingdeensis** F. H. Chen et C. M. Hu
分布：广东

## 杜茎山属 **Maesa** Forssk.

米珍果 **Maesa acuminatissima** Merr.
分布：云南、广西、海南；越南

坚髓杜茎山 **Maesa ambigua** C. Y. Wu et C. Chen
分布：云南；越南

银叶杜茎山 **Maesa argentea** (Wall.) A. DC.
分布：四川、云南；印度、缅甸、尼泊尔

短序杜茎山 **Maesa brevipaniculata** (C. Y. Wu et C. Chen) Pipoly et C. Chen
分布：贵州、云南、广西

凹脉杜茎山 **Maesa cavinervis** C. Chen
分布：西藏

密腺杜茎山 **Maesa chisia** Buch.-Ham. ex D. Don
分布：云南、西藏；不丹、印度、缅甸、尼泊尔

紊纹杜茎山 **Maesa confusa** (C. M. Hu) Pipoly et C. Chen
分布：海南

拟杜茎山 **Maesa consanguinea** Merr.
分布：海南

灰叶杜茎山 **Maesa densistriata** C. C. Ni et P. C. Li
分布：云南

湖北杜茎山 **Maesa hupehensis** Rehder
分布：湖北、四川

包疮叶 **Maesa indica** (Roxb.) A. DC.
分布：云南；印度、越南

**毛穗杜茎山 Maesa insignis** Chun

分布：贵州、广东、广西

**杜茎山 Maesa japonica** (Thunb.) Moritzi et Zoll.

分布：安徽、浙江、江西、湖南、湖北、四川、贵州、云南、福建、台湾、广东、广西；日本、越南

**兰屿山桂花 Maesa lanyuensis** Yuen P. Yang

分布：台湾

**长叶杜茎山 Maesa longilanceolata** C. Chen

分布：云南、西藏

**细梗杜茎山 Maesa macilenta** E. Walker

分布：云南

**薄叶杜茎山 Maesa macilentoides** C. Chen

分布：云南

**隐纹杜茎山 Maesa manipurensis** Mez

分布：云南；孟加拉国、印度

**毛脉杜茎山 Maesa marioniae** Merr.

分布：云南、西藏；缅甸

**腺叶杜茎山 Maesa membranacea** A. DC.

分布：云南、广西、海南；柬埔寨、越南

**金珠柳 Maesa montana** A. DC.

分布：四川、贵州、云南、西藏、福建、台湾、广东、广西、海南；印度、缅甸、泰国

**小叶杜茎山 Maesa parvifolia** Aug. DC.

分布：云南、海南；越南

**台湾山桂花 Maesa perlaria** var. **formosana** (Mez) Y. P. Yang

分布：台湾；日本、越南

**鲫鱼胆 Maesa perlarius** (Lour.) Merr.

分布：四川、贵州、云南、台湾、广东、广西、海南；泰国、越南

**毛杜茎山 Maesa permollis** Kurz.

分布：云南；老挝、缅甸、泰国

**称杆树 Maesa ramentacea** (Roxb.) A. DC.

分布：云南、广西；孟加拉国、柬埔寨、印度、印度尼西亚、老挝、马来西亚、缅甸、菲律宾、越南

**网脉杜茎山 Maesa reticulata** C. Y. Wu

分布：云南；越南

**皱叶杜茎山 Maesa rugosa** C. B. Clarke

分布：云南、西藏；印度

**柳叶杜茎山 Maesa salicifolia** E. Walker

分布：广东

**纹果杜茎山 Maesa striatocarpa** C. Chen

分布：云南

**软弱杜茎山 Maesa tenera** Mez

分布：广东

## 铁仔属 Myrsine L.

**拟密花树 Myrsine affinis** A. DC.

分布：云南、海南；印度尼西亚

**铁仔 Myrsine africana** L.

分布：陕西、甘肃、湖南、湖北、四川、贵州、云南、西藏、台湾、广西；印度、亚速尔群岛；亚洲(西南部)、非洲

**多痕密花树 Myrsine cicatricosa** (C. Y. Wu et C. Chen) Pipoly et C. Chen

分布：云南；越南

**广西铁仔 Myrsine elliptica** E. Walker

分布：广西

**平叶密花树 Myrsine faberi** (Mez) Pipoly et C. Chen

分布：四川、贵州、云南、广东、广西、海南

**广西密花树 Myrsine kwangsiensis** (E. Walker) Pipoly et C. Chen

分布：贵州、云南、西藏、广西

**打铁树 Myrsine linearis** (Lour.) Poir.

分布：贵州、广东、广西、海南；越南

**密花树 Myrsine seguinii** H. Lév.

分布：安徽、浙江、江西、湖南、湖北、四川、贵州、云南、西藏、福建、台湾、广东、广西、海南；日本、缅甸、越南

**针齿铁仔 Myrsine semiserrata** Wall.

分布：湖南、湖北、四川、贵州、云南、西藏、广东、广西；印度、缅甸、尼泊尔

**光叶铁仔 Myrsine stolonifera** (Koidz.) E. Walker

分布：安徽、浙江、江西、四川、贵州、云南、福建、台湾、广东、广西、海南；日本

**瘤枝密花树 Myrsine verruculosa** (C. Y. Wu et C. Chen) Pipoly et C. Chen

分布：贵州、云南

## 独花报春属 **Omphalogramma** (Franch.) Franch.

钟状独花报春 **Omphalogramma brachysiphon** W. W. Sm.
分布：西藏

大理独花报春 **Omphalogramma delavayi** (Franch.) Franch.
分布：云南

丽花独报春 **Omphalogramma elegans** Forrest
分布：云南、西藏；缅甸

光叶独花报春 **Omphalogramma elwesianum** (King ex Watt) Franch.
分布：西藏；不丹、印度、尼泊尔

中甸独花报春 **Omphalogramma forrestii** Balf. f.
分布：四川、云南

小独花报春 **Omphalogramma minus** Hand.-Mazz.
分布：四川、云南、西藏

长柱独花报春 **Omphalogramma souliei** Franch.
分布：四川、云南、西藏

西藏独花报春 **Omphalogramma tibeticum** H. R. Fletcher
分布：西藏

独花报春 **Omphalogramma vinciflorum** (Franch.) Franch.
分布：甘肃、四川、云南、西藏

## 羽叶点地梅属 **Pomatosace** Maxim.

羽叶点地梅 **Pomatosace filicula** Maxim.
分布：四川、西藏

## 报春花属 **Primula** L.

折瓣雪山报春 **Primula advena** W. W. Sm.
分布：西藏

折瓣雪山报春(原变种) **Primula advena** var. **advena**
分布：西藏

紫折瓣报春 **Primula advena** var. **euprepes** (W. W. Sm.) F. H. Chen et C. M. Hu
分布：西藏

粗萼报春 **Primula aemula** Balf. f. et Forrest
分布：四川、云南

裂瓣穗状报春 **Primula aerinantha** Balf. f. et Purdom
分布：甘肃

乳黄雪山报春 **Primula agleniana** Balf. f. et Forrest
分布：云南、西藏；缅甸

寒地报春 **Primula algida** Adams
分布：新疆；阿富汗、哈萨克斯坦、吉尔吉斯斯坦、蒙古国、俄罗斯、塔吉克斯坦、土库曼斯坦、乌兹别克斯坦；亚洲(西南部)

西藏缺裂报春 **Primula aliciae** G. Taylor ex W. W. Sm. et H. R. Fletcher
分布：西藏

杂色钟报春 **Primula alpicola** (W. W. Sm.) Stapf
分布：西藏；不丹

蔓茎报春 **Primula alsophila** Balf. f. et Farrer
分布：甘肃、四川

圆回报春 **Primula ambita** Balf. f.
分布：云南

紫晶报春 **Primula amethystina** Franch.
分布：四川、云南、西藏

紫晶报春(原亚种) **Primula amethystina** subsp. **amethystina**
分布：云南

尖齿紫晶报春 **Primula amethystina** subsp. **argutidens** (Franch.) W. W. Sm. et H. R. Fletcher
分布：四川

短叶紫晶报春 **Primula amethystina** subsp. **brevifolia** (Forrest) W. W. Sm. et Forrest
分布：四川、云南、西藏

茴香灯台报春 **Primula anisodora** Balf. f. et Forrest
分布：四川、云南

单花小报春 **Primula annulata** Balf. f. et Kingdon-Ward
分布：云南

广西报春 **Primula apicicallosa** D. Fang
分布：广西

香花报春 **Primula aromatica** W. W. Sm. et Forrest
分布：云南

喜马拉雅报春(新拟) **Primula arunachalensis** Basak et Maiti
分布：西藏；印度

细辛叶报春 **Primula asarifolia** H. R. Fletcher
分布：云南

白心球花报春 **Primula atrodentata** W. W. Sm.
分布：西藏；不丹、印度、尼泊尔

橙红灯台报春 **Primula aurantiaca** W. W. Sm. et Forrest
分布：四川、云南

圆叶报春 **Primula baileyana** Kingdon-Ward
分布：西藏

紫球毛小报春 **Primula barbatula** W. W. Sm.
分布：西藏

毛萼报春 **Primula barbicalyx** C. H. Wright
分布：云南

巴塘报春 **Primula bathangensis** Petitm.
分布：四川、云南

霞红灯台报春 **Primula beesiana** Forrest
分布：四川、云南；缅甸

山丽报春 **Primula bella** Franch.
分布：四川、云南、西藏

菊叶穗花报春 **Primula bellidifolia** King ex Hook. f.
分布：西藏；不丹、印度、尼泊尔

岩白菜叶报春 **Primula bergenioides** C. M. Hu et Y. Y. Geng
分布：四川

地黄叶报春 **Primula blattariformis** Franch.
分布：四川、云南

糙毛报春 **Primula blinii** H. Lév.
分布：四川、云南

波密脆蒴报春 **Primula bomiensis** F. H. Chen et C. M. Hu
分布：西藏

木里报春 **Primula boreiocalliantha** Balf. f. et Forrest
分布：四川、云南

小苞报春 **Primula bracteata** Franch.
分布：四川、云南、西藏

叶苞脆蒴报春 **Primula bracteosa** Craib
分布：西藏；不丹、印度、尼泊尔

短葶报春 **Primula breviscapa** Franch.
分布：云南

皱叶报春 **Primula bullata** Franch.
分布：云南

桔红灯台报春 **Primula bulleyana** Forrest
分布：四川、云南

珠峰垂花报春 **Primula buryana** Balf. f.
分布：西藏；尼泊尔

匍枝粉报春 **Primula caldaria** W. W. Sm. et Forrest
分布：云南、西藏

暗紫脆蒴报春 **Primula calderiana** Balf. f. et Cooper
分布：西藏；不丹、印度、尼泊尔

美花报春 **Primula calliantha** Franch.
分布：云南、西藏；印度、缅甸

美花报春(原亚种) **Primula calliantha** subsp. **calliantha**
分布：云南

黛粉煤花报春 **Primula calliantha** subsp. **bryophila** (Balf. f. et Farrer) W. W. Sm. et Forrest
分布：云南；缅甸

黄美花报春 **Primula calliantha** subsp. **mishmiensis** (Kingdon-Ward) C. M. Hu
分布：西藏；印度

驴蹄草叶报春 **Primula calthifolia** W. W. Sm.
分布：西藏；缅甸

帽果报春 **Primula calyptrata** X. Gong et R. C. Fang
分布：云南

亮白小报春 **Primula candicans** W. W. Sm.
分布：西藏

头序报春 **Primula capitata** Hook.
分布：云南、西藏；不丹、印度

头序报春(原亚种) **Primula capitata** subsp. **capitata**
分布：西藏；不丹、印度

黄粉头序报春 **Primula capitata** subsp. **lacteocapitata** (Balf. f. et W. W. Sm.) W. W. Sm. et Forrest
分布：西藏；印度

无粉头序报春 **Primula capitata** subsp. **sphaerocephala** (Balf. f. et Forrest) W. W. Sm. et Forrest
分布：云南、西藏

黔西报春 **Primula cavaleriei** Petitm.
分布：贵州、云南

短葶圆叶报春 **Primula caveana** W. W. Sm.
分布：西藏；不丹、印度、尼泊尔

条裂垂花报春 **Primula cawdoriana** Kingdon-Ward
分布：西藏

显脉报春 **Primula celsiiformis** Balf. f.
分布：四川、云南

蜡黄报春 **Primula cerina** H. R. Fletcher
分布：四川

垂花穗状报春 **Primula cernua** Franch.
分布：四川、云南

单花脆蒴报春 **Primula chamaedoron** W. W. Sm.
分布：西藏

异葶脆蒴报春 **Primula chamaethauma** W. W. Sm.
分布：云南、西藏；缅甸

马关报春 **Primula chapaensis** Gagnep.
分布：云南；越南

革叶报春 **Primula chartacea** Franch.
分布：云南

青城报春 **Primula chienii** W. P. Fang
分布：四川

紫花雪山报春 **Primula chionantha** Balf. f. et Forrest
分布：四川、云南、西藏

裂叶脆蒴报春 **Primula chionata** W. W. Sm.
分布：西藏

裂叶脆蒴报春（原变种）**Primula chionata** var. **chionata**
分布：西藏

蓝花裂叶报春 **Primula chionata** var. **violacea** W. W. Sm.
分布：西藏

粗齿脆蒴报春 **Primula chionogenes** H. R. Fletcher
分布：西藏

腾冲灯台报春 **Primula chrysochlora** Balf. f. et Kingdon-Ward
分布：云南

厚叶钟报春 **Primula chumbiensis** W. W. Sm.
分布：西藏；不丹

中甸灯台报春 **Primula chungensis** Balf. f. et Kingdon-Ward
分布：四川、云南、西藏

毛茛叶报春 **Primula cicutariifolia** Pax
分布：安徽、浙江、江西、湖南、湖北

灰绿报春 **Primula cinerascens** Franch.
分布：甘肃、湖北、四川

短茎粉报春 **Primula clutterbuckii** Kingdon-Ward
分布：西藏

鹅黄灯台报春 **Primula cockburniana** Hemsl.
分布：四川

蓝花大叶报春 **Primula coerulea** Forrest
分布：云南

镇康报春 **Primula comata** H. R. Fletcher
分布：云南

短筒穗花报春 **Primula concholoba** Stapf et Sealy
分布：西藏；缅甸

雅洁粉报春 **Primula concinna** Watt
分布：西藏；不丹、印度、尼泊尔

散布报春 **Primula conspersa** Balf. f. et Purdom
分布：山西、河南、陕西、甘肃

毛卵叶报春 **Primula crassa** Hand.-Mazz.
分布：四川

番红报春 **Primula crocifolia** Pax et K. Hoffm.
分布：四川

小脆蒴报春 **Primula cunninghamii** King ex Craib
分布：西藏；印度

大叶宝兴报春 **Primula davidii** Franch.
分布：四川

穗花报春 **Primula deflexa** Duthie
分布：四川、云南、西藏

小叶鄂报春 **Primula densa** Balf. f.
分布：云南；缅甸

球花报春 **Primula denticulata** Sm.
分布：四川、贵州、云南、西藏；阿富汗、不丹、印度、克什米尔地区、缅甸、尼泊尔、巴基斯坦

球花报春（原亚种）**Primula denticulata** subsp. **denticulata**
分布：西藏；阿富汗、不丹、印度、克什米尔地区、尼泊尔、巴基斯坦

滇北球花报春 **Primula denticulata** subsp. **sinodenticulata** (Balf. f. et Forrest) W. W. Sm.
分布：四川、贵州、云南；缅甸

双花报春 **Primula diantha** Bureau et Franch.
分布：四川、云南、西藏

展瓣紫晶报春 **Primula dickieana** Watt
分布：西藏；不丹、印度、缅甸、尼泊尔

叉梗报春 **Primula divaricata** F. H. Chen et C. M. Hu
分布：云南

石岩报春 **Primula dryadifolia** Franch.
分布：四川、云南、西藏；不丹、缅甸

石岩报春(原亚种) **Primula dryadifolia** subsp. **dryadifolia**
分布：四川、云南、西藏；缅甸

黄花岩报春 **Primula dryadifolia** subsp. **chlorodryas** (W. W. Sm.) F. H. Chen et C. M. Hu
分布：云南

翅柄岩报春 **Primula dryadifolia** subsp. **jonardunii** (W. W. Sm.) F. H. Chen et C. M. Hu
分布：西藏；不丹

曲柄报春 **Primula duclouxii** Petitm.
分布：云南

灌丛报春 **Primula dumicola** W. W. Sm. et Forrest
分布：云南、西藏

乳白垂花报春 **Primula eburnea** Balf. f. et R. E. Cooper
分布：西藏；不丹

无粉报春 **Primula efarinosa** Pax
分布：湖北、四川

散花报春 **Primula effusa** W. W. Sm. et Forrest
分布：云南

卵叶雪山报春 **Primula elizabethiae** Ludlow ex W. W. Sm.
分布：西藏

黄齿雪山报春 **Primula elongata** Watt
分布：西藏；不丹、印度

黄齿雪山报春(原变种) **Primula elongata** var. **elongata**
分布：西藏；不丹、印度

黄花圆叶报春 **Primula elongata** var. **barnardoana** (W. W. Sm. et Kingdon-Ward) C. M. Hu
分布：西藏；不丹

石面报春 **Primula epilithica** F. H. Chen et C. M. Hu
分布：云南

二郎山报春 **Primula epilosa** Craib
分布：四川

甘南报春 **Primula erratica** W. W. Sm.
分布：甘肃、四川

黄心球花报春 **Primula erythrocarpa** Craib
分布：西藏；不丹

贵州卵叶报春 **Primula esquirolii** Petitm.
分布：贵州

绿眼报春 **Primula euosma** Craib
分布：云南；缅甸

峨眉报春 **Primula faberi** Oliv.
分布：四川、云南

城口报春 **Primula fagosa** Balf. f. et Craib
分布：四川

镰叶雪山报春 **Primula falcifolia** Kingdon-Ward
分布：西藏

镰叶雪山报春(原变种) **Primula falcifolia** var. **falcifolia**
分布：西藏

波密镰叶报春 **Primula falcifolia** var. **farinifera** C. M. Hu
分布：西藏

金川粉报春 **Primula fangii** F. H. Chen et C. M. Hu
分布：四川

梵净报春 **Primula fangingensis** F. H. Chen et C. M. Hu
分布：贵州

粉报春 **Primula farinosa** L.
分布：黑龙江、吉林、内蒙古；哈萨克斯坦、蒙古国、俄罗斯；欧洲

粉报春(原变种) **Primula farinosa** var. **farinosa**
分布：吉林；哈萨克斯坦、蒙古国、俄罗斯

裸报春 **Primula farinosa** var. **denudata** W. D. J. Koch
分布：黑龙江、吉林、内蒙古；哈萨克斯坦、蒙古国、俄罗斯；欧洲

**大通报春** **Primula farreriana** Balf. f.
分布：青海

**束花报春** **Primula fasciculata** Balf. f. et Kingdon-Ward
分布：甘肃、青海、四川、云南

**方氏报春(新拟)** **Primula fenghwaiana** C. M. Hu et G. Hao
分布：云南

**雅东粉报春** **Primula fernaldiana** W. W. Sm.
分布：四川

**陕西羽叶报春** **Primula filchnerae** R. Knuth
分布：陕西、四川有栽培

**葶立钟报春** **Primula firmipes** Balf. f. et Forrest
分布：云南、西藏；缅甸

**箭报春** **Primula fistulosa** Turkev.
分布：黑龙江、内蒙古；蒙古国、俄罗斯

**扇叶垂花报春** **Primula flabellifera** W. W. Sm.
分布：西藏

**垂花报春** **Primula flaccida** N. P. Balakr.
分布：四川、贵州、云南

**黄花粉报春** **Primula flava** Maxim.
分布：甘肃、青海、四川

**巨伞钟报春** **Primula florindae** Kingdon-Ward
分布：西藏

**小报春** **Primula forbesii** Franch.
分布：四川、云南

**灰岩皱叶报春** **Primula forrestii** Franch.
分布：云南

**长蒴圆叶报春** **Primula gambeliana** Watt
分布：西藏；不丹、印度、尼泊尔

**苞芽粉报春** **Primula gemmifera** Batalin
分布：甘肃、四川、云南、西藏

**苞芽粉报春(原变种)** **Primula gemmifera** var. **gemmifera**
分布：甘肃、四川、西藏

**厚叶苞芽报春** **Primula gemmifera** var. **amoena** F. H. Chen
分布：四川、云南

**滇藏报春** **Primula geraniifolia** Hook. f.
分布：云南、西藏；不丹、印度、缅甸、尼泊尔

**太白山紫穗报春** **Primula giraldiana** Pax
分布：陕西

**光叶粉报春** **Primula glabra** Klatt
分布：云南、西藏；不丹、印度、缅甸、尼泊尔

**光叶粉报春(原亚种)** **Primula glabra** subsp. **glabra**
分布：西藏；不丹、印度、尼泊尔

**纤葶粉报春** **Primula glabra** subsp. **genestieriana** (Hand.-Mazz.) C. M. Hu
分布：云南、西藏；缅甸

**立花头序报春** **Primula glomerata** Pax
分布：西藏；印度、尼泊尔

**长瓣穗花报春** **Primula gracilenta** Dunn
分布：四川、云南

**纤柄脆蒴报春** **Primula gracilipes** Craib
分布：西藏；不丹、印度、尼泊尔

**禾叶报春** **Primula graminifolia** Pax et K. Hoffm.
分布：四川

**高葶脆蒴报春** **Primula griffithii** (Watt) Pax
分布：西藏；不丹、印度

**陕西报春** **Primula handeliana** W. W. Sm. et Forrest
分布：陕西

**泽地灯台报春** **Primula helodoxa** Balf. f.
分布：云南

**滇南报春** **Primula henryi** (Hemsl.) Pax
分布：云南；越南

**宝兴掌叶报春** **Primula heucherifolia** Franch.
分布：四川

**大花脆蒴报春** **Primula hilaris** W. W. Sm.
分布：西藏

**川北脆蒴报春** **Primula hoffmanniana** W. W. Sm.
分布：四川

**单伞长柄报春** **Primula hoi** W. P. Fang
分布：四川

**峨眉缺裂报春** **Primula homogama** F. H. Chen et C. M. Hu
分布：四川

**春花脆蒴报春** **Primula hookeri** Watt
分布：云南、西藏；不丹、印度、缅甸、尼泊尔

**春花脆蒴报春(原变种)** **Primula hookeri** var. **hookeri**
分布：云南、西藏；不丹、印度、缅甸、尼泊尔

蓝春花报春 **Primula hookeri** var. **violacea** (W. W. Sm.) C. M. Hu
分布：西藏

华山报春 **Primula huashanensis** F. H. Chen et C. M. Hu
分布：陕西

矮葶缺裂报春 **Primula humilis** Pax et K. Hoffm.
分布：四川

亮叶报春 **Primula hylobia** W. W. Sm.
分布：云南

白背报春 **Primula hypoleuca** Hand.-Mazz.
分布：云南

迷离报春 **Primula inopinata** H. R. Fletcher
分布：云南

景东报春 **Primula interjacens** F. H. Chen
分布：云南

景东报春(原变种) **Primula interjacens** var. **interjacens**
分布：云南

光叶景东报春 **Primula interjacens** var. **epilosa** C. M. Hu
分布：云南

花苞报春 **Primula involucrata** Wall. ex Duby
分布：四川、云南、西藏；不丹、印度、克什米尔地区、缅甸、尼泊尔

花苞报春(原亚种) **Primula involucrata** subsp. **involucrata**
分布：西藏；不丹、印度、克什米尔地区、尼泊尔

雅江报春 **Primula involucrata** subsp. **yargongensis** (Petitm.) W. W. Sm. et Forrest
分布：四川、云南、西藏；不丹、缅甸

缺叶钟报春 **Primula ioessa** W. W. Sm.
分布：西藏

藏南报春 **Primula jaffreyana** King
分布：西藏

山南脆蒴报春 **Primula jucunda** W. W. Sm.
分布：西藏

等梗报春 **Primula kialensis** Franch.
分布：四川

等梗报春(原亚种) **Primula kialensis** subsp. **kialensis**
分布：四川

短筒等梗报春 **Primula kialensis** subsp. **breviloba** C. M. Hu
分布：四川

高葶紫晶报春 **Primula kingii** Watt
分布：西藏；不丹、印度

单朵垂花报春 **Primula klattii** N. P. Balakr.
分布：西藏；不丹、印度、尼泊尔

云南卵叶报春 **Primula klaveriana** Forrest
分布：云南；缅甸

阔萼报春 **Primula knuthiana** Pax
分布：陕西

工布报春 **Primula kongboensis** Kingdon-Ward
分布：西藏

广东报春 **Primula kwangtungensis** W. W. Sm.
分布：广东

贵州报春 **Primula kweichouensis** W. W. Sm.
分布：贵州

贵州报春(原变种) **Primula kweichouensis** var. **kweichouensis**
分布：贵州

多脉贵州报春 **Primula kweichouensis** var. **venulosa** C. M. Hu
分布：贵州

縫瓣脆蒴报春 **Primula lacerata** W. W. Sm.
分布：西藏；缅甸

条裂叶报春 **Primula laciniata** Pax et K. Hoffm.
分布：四川

囊谦报春 **Primula lactucoides** F. H. Chen et C. M. Hu
分布：青海

宽裂掌叶报春 **Primula latisecta** W. W. Sm.
分布：西藏

疏序球花报春 **Primula laxiuscula** W. W. Sm.
分布：西藏

薄叶长柄报春 **Primula leptophylla** Craib
分布：云南

光萼报春 **Primula levicalyx** C. M. Hu et Z. R. Xu
分布：贵州

李氏报春(新拟) **Primula lihengiana** C. M. Hu et R. Li
分布：云南

匙叶雪山报春 **Primula limbata** Balf. f. et Forrest
分布：云南、西藏

习水报春 **Primula lithophila** F. H. Chen et C. M. Hu
分布：贵州

白粉圆叶报春 **Primula littledalei** Balf. f. et Watt
分布：西藏

肾叶报春 **Primula loeseneri** Kitag.
分布：辽宁、山东；朝鲜

长葶报春 **Primula longiscapa** Ledeb.
分布：新疆；哈萨克斯坦、吉尔吉斯斯坦、蒙古国、俄罗斯、塔吉克斯坦、土库曼斯坦、乌兹别克斯坦

龙池报春 **Primula lungchiensis** W. P. Fang
分布：四川

大叶报春 **Primula macrophylla** D. Don
分布：新疆、西藏；阿富汗、不丹、印度、克什米尔地区、尼泊尔、巴基斯坦

大叶报春(原变种) **Primula macrophylla** var. **macrophylla**
分布：西藏；阿富汗、不丹、印度、克什米尔地区、尼泊尔、印度

黄粉大叶报春 **Primula macrophylla** var. **atra** W. W. Sm. et H. R. Fletcher
分布：西藏

长苞大叶报春 **Primula macrophylla** var. **moorcroftiana** (Wall. ex Klatt) W. W. Sm. et H. R. Fletcher
分布：新疆、西藏；印度、克什米尔地区、尼泊尔、巴基斯坦

怒江报春 **Primula maikhaensis** Balf. f. et Forrest
分布：云南

报春花 **Primula malacoides** Franch.
分布：贵州、云南、广西

川东灯台报春 **Primula mallophylla** Balf. f.
分布：四川

葵叶报春 **Primula malvacea** Franch.
分布：四川、云南

胭脂花 **Primula maximowiczii** Regel
分布：吉林、内蒙古、河北、北京、山西、陕西；蒙古国

胭脂花(原变种) **Primula maximowiczii** var. **maximowiczii**
分布：吉林、内蒙古、河北、山西、陕西

黄胭脂花 **Primula maximowiczii** var. **flaviflorida** D. C. Lu
分布：北京

大果报春 **Primula megalocarpa** H. Hara
分布：西藏；不丹、尼泊尔

深齿小报春 **Primula meiotera** (W. W. Sm. et H. R. Fletcher) C. M. Hu
分布：西藏

深紫报春 **Primula melanantha** (Franch.) C. M. Hu
分布：四川

芒齿灯台报春 **Primula melanodonta** W. W. Sm.
分布：云南；缅甸

粉葶报春 **Primula melanops** W. W. Sm. et Kingdon-Ward
分布：四川

薄叶粉报春 **Primula membranifolia** Franch.
分布：云南

安徽羽叶报春 **Primula merrilliana** Schltr.
分布：安徽

绵阳报春(新拟) **Primula mianyangensis** G. Hao et C. M. Hu
分布：四川

雪山小报春 **Primula minor** Balf. f. et Kingdon-Ward
分布：云南、西藏

高峰小报春 **Primula minutissima** Jacquem. ex Duby
分布：西藏；印度、尼泊尔、巴基斯坦

玉山灯台报春 **Primula miyabeana** T. Ito, Kawak. et Koidz.
分布：台湾

灰毛报春 **Primula mollis** Nutt. ex Hook.
分布：云南；不丹、缅甸

中甸海水仙 **Primula monticola** (Hand.-Mazz.) F. H. Chen et C. M. Hu
分布：四川、云南

麝香美报春 **Primula moschophora** Balf. f. et Forrest
分布：云南；缅甸

宝兴报春 **Primula moupinensis** Franch.
分布：四川

宝兴报春(原亚种) **Primula moupinensis** subsp. **moupinensis**
分布：四川

马尔康报春 **Primula moupinensis** subsp. **barkamensis** C. M. Hu
分布：四川

麝草报春 **Primula muscarioides** Hemsl.
分布：四川、云南、西藏

苔状小报春 **Primula muscoides** Hook. f. ex Watt
分布：西藏；不丹、印度、尼泊尔

保康报春 **Primula neurocalyx** Franch.
分布：甘肃、湖北、四川

林芝报春 **Primula ninguida** W. W. Sm.
分布：西藏

雪山报春 **Primula nivalis** Pall.
分布：新疆；哈萨克斯坦、吉尔吉斯斯坦、蒙古国、俄罗斯、塔吉克斯坦、土库曼斯坦、乌兹别克斯坦

雪山报春(原变种) **Primula nivalis** var. **nivalis**
分布：新疆；哈萨克斯坦、吉尔吉斯斯坦、蒙古国、俄罗斯、塔吉克斯坦、土库曼斯坦、乌兹别克斯坦

准噶尔报春 **Primula nivalis** var. **farinosa** Schrenk
分布：新疆；哈萨克斯坦、吉尔吉斯斯坦

天山报春 **Primula nutans** Georgi
分布：内蒙古、甘肃、青海、新疆、四川；哈萨克斯坦、蒙古国、巴基斯坦、俄罗斯；欧洲(北部)、北美洲

俯垂粉报春 **Primula nutantiflora** Hemsl.
分布：湖北、四川、贵州

鄂报春 **Primula obconica** Hance
分布：江西、湖南、湖北、四川、贵州、云南、广东、广西

鄂报春(原亚种) **Primula obconica** subsp. **obconica**
分布：江西、湖南、湖北、四川、贵州、云南、广东、广西

海棠叶鄂报春 **Primula obconica** subsp. **begoniiformis** (Petitm.) W. W. Sm. et Forrest
分布：四川、云南

福建报春 **Primula obconica** subsp. **fujianensis** C. M. Hu et G. S. He
分布：福建

黑腺鄂报春 **Primula obconica** subsp. **nigroglandulosa** (W. W. Sm. et H. R. Fletcher) C. M. Hu
分布：云南

小型鄂报春 **Primula obconica** subsp. **parva** (Balf. f.) W. W. Sm. et Forrest
分布：云南

波叶鄂报春 **Primula obconica** subsp. **werringtonensis** (Forrest) W. W. Sm. et Forrest
分布：四川、云南

斜花雪山报春 **Primula obliqua** W. W. Sm.
分布：西藏；不丹、印度、尼泊尔

肥满报春 **Primula obsessa** W. W. Sm.
分布：四川

扇叶小报春 **Primula occlusa** W. W. Sm.
分布：西藏

粗齿紫晶报春 **Primula odontica** W. W. Sm.
分布：西藏

齿萼报春 **Primula odontocalyx** (Franch.) Pax
分布：河南、陕西、甘肃、湖北、四川

心愿报春 **Primula optata** Farrer ex Balf. f.
分布：甘肃、青海、四川

圆瓣黄花报春 **Primula orbicularis** Hemsl.
分布：甘肃、青海、四川

迎阳报春 **Primula oreodoxa** Franch.
分布：四川

卵叶报春 **Primula ovalifolia** Franch.
分布：湖南、湖北、四川、贵州、云南

雅跖花叶报春 **Primula oxygraphidifolia** W. W. Sm. et Kingdon-Ward
分布：四川

掌叶报春 **Primula palmata** Hand.-Mazz.
分布：四川

心叶报春 **Primula partschiana** Pax
分布：云南

总序报春 **Primula pauliana** W. W. Sm. et Forrest
分布：四川、云南

总序报春(原变种) **Primula pauliana** var. **pauliana**
分布：四川、云南

会理总序报春 **Primula pauliana** var. **huiliensis** C. M. Hu
分布：四川

钻齿报春 **Primula pellucida** Franch.
分布：四川、云南

滇越报春(新拟) **Primula petelotii** W. W. Smith
分布：云南；越南

饰岩报春 **Primula petrocallis** F. H. Chen et C. M. Hu
分布：云南

饰岩报春(原变种) **Primula petrocallis** var. **petrocallis**
分布：云南

无毛饰岩报春 **Primula petrocallis** var. **glabrata** C. M. Hu
分布：云南

羽叶穗花报春 **Primula pinnatifida** Franch.
分布：四川、云南

海仙花 **Primula poissonii** Franch.
分布：四川、云南

多脉报春 **Primula polyneura** Franch.
分布：甘肃、四川、云南、西藏

早花脆蒴报春 **Primula praeflorens** F. H. Chen et C. M. Hu
分布：云南

匙叶小报春 **Primula praetermissa** W. W. Sm.
分布：西藏

雅砻黄报春 **Primula prattii** Hemsl.
分布：四川

小花灯台报春 **Primula prenantha** Balf. f. et W. W. Sm.
分布：云南、西藏；不丹、尼泊尔、印度、缅甸

小花灯台报春(原亚种) **Primula prenantha** subsp. **prenantha**
分布：云南；不丹、印度、缅甸、尼泊尔

朗贡灯台报春 **Primula prenantha** subsp. **morsheadiana** (Kingdon-Ward) F. H. Chen et C. M. Hu
分布：西藏

云龙报春 **Primula prevernalis** F. H. Chen et C. M. Hu
分布：云南

球毛小报春 **Primula primulina** (Spreng.) H. Hara
分布：西藏；不丹、印度、尼泊尔

滇海水仙花 **Primula pseudodenticulata** Pax
分布：四川、云南

松潘报春 **Primula pseudoglabra** Hand.-Mazz.
分布：四川

丽花报春 **Primula pulchella** Franch.
分布：四川、云南、西藏

粉被灯台报春 **Primula pulverulenta** Duthie
分布：四川

柔小粉报春 **Primula pumilio** Maxim.
分布：甘肃、青海、西藏；不丹

紫罗兰报春 **Primula purdomii** Craib
分布：甘肃、青海、四川

密裂报春 **Primula pycnoloba** Bureau et Franch.
分布：四川

青海报春 **Primula qinghaiensis** F. H. Chen et C. M. Hu
分布：青海

嫩黄报春 **Primula reflexa** Petitm.
分布：四川

网叶钟报春 **Primula reticulata** Wall.
分布：西藏；不丹、印度、尼泊尔

密丛小报春 **Primula rhodochroa** W. W. Sm.
分布：西藏；缅甸

密丛小报春(原变种) **Primula rhodochroa** var. **rhodochroa**
分布：西藏；缅甸

洛拉小报春 **Primula rhodochroa** var. **geraldinae** (W. W. Sm.) F. H. Chen et C. M. Hu
分布：西藏

岩生小报春 **Primula rimicola** W. W. Sm.
分布：西藏

纤柄皱叶报春 **Primula rockii** W. W. Sm.
分布：四川、云南

大圆叶报春 **Primula rotundifolia** Wall.
分布：西藏；印度、尼泊尔

深红小报春 **Primula rubicunda** H. R. Fletcher
分布：西藏

莓叶报春 **Primula rubifolia** C. M. Hu
分布：云南

倒卵叶报春 **Primula rugosa** N. P. Balakr.
分布：云南

芥叶报春 **Primula runcinata** C. M. Hu
分布：云南

巴蜀报春 **Primula rupestris** Balf. f. et Farrer
分布：陕西、湖北

黄粉缺裂报春 **Primula rupicola** Balf. f. et Forrest
分布：四川、云南

黑萼报春 **Primula russeola** Balf. f. et Forrest
分布：四川、云南、西藏

粉萼垂花报春 **Primula sandemaniana** W. W. Sm.
分布：西藏

小垂花报春 **Primula sapphirina** Hook. f. et Thomson
分布：西藏；不丹、印度、尼泊尔

黄葵报春 **Primula saturata** W. W. Sm. et H. R. Fletcher
分布：四川

岩生报春 **Primula saxatilis** Kom.
分布：黑龙江、河北、山西

葶花脆蒴报春 **Primula scapigera** (Hook. f.) Craib
分布：西藏；不丹、尼泊尔、印度

米仓山报春 **Primula scopulorum** Balf. f. et Farrer
分布：甘肃、四川

偏花报春 **Primula secundiflora** Franch.
分布：青海、四川、云南、西藏

七指报春 **Primula septemloba** Franch.
分布：四川、云南、西藏

七指报春(原变种) **Primula septemloba** var. **septemloba**
分布：四川、云南

小七指报春 **Primula septemloba** var. **minor** Kingdon-Ward
分布：西藏

齿叶灯台报春 **Primula serratifolia** Franch.
分布：云南、西藏；缅甸

小伞报春 **Primula sertulum** Franch.
分布：四川

长管垂花报春 **Primula sherriffiae** W. W. Sm.
分布：西藏；不丹、印度

樱草 **Primula sieboldii** E. Morren
分布：黑龙江、吉林、辽宁、内蒙古；日本、朝鲜、俄罗斯

钟花报春 **Primula sikkimensis** Hook.
分布：四川、云南、西藏；不丹、印度、缅甸、尼泊尔

贡山紫晶报春 **Primula silaensis** Petitm.
分布：云南；印度、缅甸

藏报春 **Primula sinensis** Sabine ex Lindl.
分布：四川、贵州

无葶脆蒴报春 **Primula sinoexscapa** C. M. Hu
分布：云南

铁梗报春 **Primula sinolisteri** Balf. f.
分布：云南

铁梗报春(原变种) **Primula sinolisteri** var. **sinolisteri**
分布：云南

糙叶铁梗报春 **Primula sinolisteri** var. **aspera** W. W. Sm. et H. R. Fletcher
分布：云南

长萼铁梗报春 **Primula sinolisteri** var. **longicalyx** D. W. Xue et C. Q. Zhang
分布：云南

华柔毛报春 **Primula sinomollis** Balf. f. et Forrest
分布：云南

车前叶报春 **Primula sinoplantaginea** Balf. f.
分布：四川、云南

波缘报春 **Primula sinuata** Franch.
分布：四川、云南

亚东灯台报春 **Primula smithiana** Craib
分布：西藏；不丹

群居粉报春 **Primula socialis** F. H. Chen et C. M. Hu
分布：云南

苣叶报春 **Primula sonchifolia** Franch.
分布：四川、云南；缅甸

苣叶报春(原亚种) **Primula sonchifolia** subsp. **sonchifolia**
分布：云南；缅甸

峨眉苣叶报春 **Primula sonchifolia** subsp. **emeiensis** C. M. Hu
分布：四川

滋圃报春 **Primula soongii** F. H. Chen et C. M. Hu
分布：四川

缺裂报春 **Primula souliei** Franch.
分布：四川

穗状垂花报春 **Primula spicata** Franch.
分布：云南

狭萼报春 **Primula stenocalyx** Maxim.
分布：甘肃、青海、四川、西藏

凉山灯台报春 **Primula stenodonta** Balf. f. ex W. W. Sm. et H. R. Fletcher
分布：四川、云南

金黄脆蒴报春 **Primula strumosa** Balf. f. et E. Cooper
分布：西藏；不丹、尼泊尔

金黄脆蒴报春(原亚种) **Primula strumosa** subsp. **strumosa**
分布：西藏；不丹、尼泊尔

矩圆金黄报春 **Primula strumosa** subsp. **tenuipes** C. M. Hu
分布：西藏

线叶小报春 **Primula subularia** W. W. Sm.
分布：西藏

四川报春 **Primula szechuanica** Pax
分布：四川、云南

大理报春 **Primula taliensis** Forrest
分布：云南；缅甸

大理报春(原变种) **Primula taliensis** var. **taliensis**
分布：云南；缅甸

金粉大理报春 **Primula taliensis** var. **procera** C. M. Hu
分布：云南

甘青报春 **Primula tangutica** Duthie
分布：甘肃、青海、四川、西藏

甘青报春(原变种) **Primula tangutica** var. **tangutica**
分布：甘肃、青海、四川

黄甘青报春 **Primula tangutica** var. **flavescens** F. H. Chen et C. M. Hu
分布：四川、西藏

心叶脆蒴报春 **Primula tanneri** King
分布：西藏；不丹、印度、尼泊尔

晚花报春 **Primula tardiflora** (C. M. Hu) C. M. Hu
分布：四川

淡粉报春 **Primula tayloriana** H. R. Fletcher
分布：西藏

匍茎小报春 **Primula tenella** King ex Hook. f.
分布：西藏；不丹

细裂小报春 **Primula tenuiloba** (Watt) Pax
分布：西藏；不丹、印度、尼泊尔

纤柄报春 **Primula tenuipes** F. H. Chen et C. M. Hu
分布：四川

窄管报春 **Primula tenuituba** C. M. Hu et Y. Y. Geng
分布：四川

西藏报春 **Primula tibetica** Watt
分布：西藏；不丹、印度、尼泊尔

东俄洛报春 **Primula tongolensis** Franch.
分布：四川、云南

三齿叶报春 **Primula tridentifera** F. H. Chen et C. M. Hu
分布：四川、云南

三裂叶报春 **Primula triloba** Balf. f. et Forrest
分布：云南、西藏

察日脆蒴报春 **Primula tsariensis** W. W. Sm.
分布：西藏；不丹

察日脆蒴报春(原变种) **Primula tsariensis** var. **tsariensis**
分布：西藏；不丹

大察日报春 **Primula tsariensis** var. **porrecta** W. W. Sm.
分布：西藏

绒毛报春 **Primula tsiangii** W. W. Sm.
分布：贵州

丛毛岩报春 **Primula tsongpenii** H. R. Fletcher
分布：西藏

心叶黄花报春 **Primula tzetsouensis** Petitm.
分布：四川

荨麻叶报春 **Primula urticifolia** Maxim.
分布：青海

鞘柄掌叶报春 **Primula vaginata** Watt
分布：云南、西藏；不丹、印度、缅甸

鞘柄掌叶报春(原亚种) **Primula vaginata** subsp. **vaginata**
分布：西藏；印度

圆叶鞘柄报春 **Primula vaginata** subsp. **eucyclia** (W. W. Sm. et Forrest) F. H. Chen et C. M. Hu
分布：云南、西藏；缅甸

短梗鞘柄报春 **Primula vaginata** subsp. **normaniana** (Kingdon-Ward) F. H. Chen et C. M. Hu
分布：西藏；印度

**暗红紫晶报春** **Primula valentiniana** Hand.-Mazz.
分布：云南、西藏；缅甸

**川西縫瓣报春** **Primula veitchiana** Petitm.
分布：四川、云南

**硕萼报春** **Primula veris** subsp. **macrocalyx** (Bunge) Lüdi
分布：新疆；哈萨克斯坦、吉尔吉斯斯坦、俄罗斯、塔吉克斯坦、土库曼斯坦、乌兹别克斯坦；亚洲(西南部)

**高穗报春** **Primula vialii** Delavay ex Franch.
分布：四川、云南

**毛叶鄂报春** **Primula vilmoriniana** Petitm.
分布：云南

**紫穗报春** **Primula violacea** W. W. Sm. et Kingdon-Ward
分布：四川

**堇菜报春** **Primula violaris** W. W. Sm. et H. R. Fletcher
分布：陕西、湖北

**乌蒙紫晶报春** **Primula virginis** H. Lév.
分布：云南

**窄筒小报春** **Primula waddellii** Balf. f. et W. W. Sm.
分布：西藏；不丹

**腺毛小报春** **Primula walshii** Craib
分布：四川、西藏；不丹、印度、尼泊尔

**紫钟报春** **Primula waltonii** Watt ex Balf. f.
分布：西藏；不丹、印度

**广南报春** **Primula wangii** F. H. Chen et C. M. Hu
分布：云南、广西

**靛蓝穗状报春** **Primula watsonii** Dunn
分布：四川、云南

**滇南脆蒴报春** **Primula wenshanensis** F. H. Chen et C. M. Hu
分布：云南

**鹃林脆蒴报春** **Primula whitei** W. W. Sm.
分布：西藏；不丹、印度

**香海仙花** **Primula wilsonii** Dunn
分布：四川、云南

**钟状垂花报春** **Primula wollastonii** Balf. f.
分布：西藏；尼泊尔

**岷山报春** **Primula woodwardii** Balf. f.
分布：陕西、甘肃、青海

**焕镛报春** **Primula woonyoungiana** D. Fang
分布：四川

**展萼雪山报春** **Primula youngeriana** W. W. Sm.
分布：西藏

**云南报春** **Primula yunnanensis** Franch.
分布：四川、云南

### 水茴草属 **Samolus** L.

**水茴草** **Samolus valerandi** L.
分布：湖南、贵州、云南、广东、广西；世界广布

### 假婆婆纳属 **Stimpsonia** Wright et Arn.

**假婆婆纳** **Stimpsonia chamaedryoides** Wight ex A. Gray
分布：安徽、江苏、浙江、江西、湖南、福建、台湾、广东、广西；日本

### 七瓣莲属 **Trientalis** L.

**七瓣莲** **Trientalis europaea** L.
分布：黑龙江、吉林、内蒙古、河北；环北极地区分布

## 403. 山龙眼科 Proteaceae Juss.

### 银桦属 **Grevillea** R. Br. ex Knight

**银桦** **Grevillea robusta** A. Cunn. ex R. Br.
分布：浙江、江西、四川、云南、福建、台湾、广东、广西栽培；原产于澳大利亚

### 山龙眼属 **Helicia** Lour.

**山地山龙眼** **Helicia clivicola** W. W. Sm.
分布：云南

**小果山龙眼** **Helicia cochinchinensis** Lour.
分布：云南、广东、广西、海南；日本、越南、泰国、柬埔寨

**东兴山龙眼** **Helicia dongxingensis** H. S. Kiu
分布：广西

**镰叶山龙眼** **Helicia falcata** C. Y. Wu
分布：云南；越南

**山龙眼** **Helicia formosana** Hemsl.
分布：台湾、广西、海南；老挝、泰国、越南

**大山龙眼** **Helicia grandis** Hemsl.
分布：云南；越南

**海南山龙眼** **Helicia hainanensis** Hayata
分布：云南、广东、广西、海南；老挝、泰国、越南

**广东山龙眼 Helicia kwangtungensis** W. T. Wang
分布：江西、湖南、福建、广东、广西

**长柄山龙眼 Helicia longipetiolata** Merr. et Chun
分布：广东、广西、海南；越南、泰国

**深绿山龙眼 Helicia nilagirica** Bedd.
分布：云南；不丹、柬埔寨、印度、老挝、缅甸、尼泊尔、泰国、越南

**倒卵叶山龙眼 Helicia obovatifolia** Merr. et Chun
分布：广东、广西、海南；越南

**倒卵叶山龙眼(原变种) Helicia obovatifolia** var. **obovatifolia**
分布：广东、广西；越南

**枇杷叶山龙眼 Helicia obovatifolia** var. **mixta** (H. L. Li) Sleumer
分布：广东、广西、海南；越南

**焰序山龙眼 Helicia pyrrhobotrya** Kurz.
分布：云南、广西；缅甸

**莲花池山龙眼 Helicia rengetiensis** Masam.
分布：台湾

**网脉山龙眼 Helicia reticulata** W. T. Wang
分布：江西、湖南、贵州、云南、福建、广东、广西

**瑞丽山龙眼 Helicia shweliensis** W. W. Sm.
分布：云南

**林地山龙眼 Helicia silvicola** W. W. Sm.
分布：云南

**西藏山龙眼 Helicia tibetensis** H. X. Kiu
分布：云南、西藏

**潞西山龙眼 Helicia tsaii** W. T. Wang
分布：云南

**浓毛山龙眼 Helicia vestita** W. W. Sm.
分布：云南、西藏；泰国

**浓毛山龙眼(原变种) Helicia vestita** var. **vestita**
分布：云南、西藏；泰国

**锈毛山龙眼 Helicia vestita** var. **longipes** W. T. Wang
分布：西藏

**阳春山龙眼 Helicia yangchunensis** H. S. Kiu
分布：广东

### 假山龙眼属 Heliciopsis Sleumer

**假山龙眼 Heliciopsis henryi** (Diels) W. T. Wang
分布：云南

**调羹树 Heliciopsis lobata** (Merr.) Sleum.
分布：海南

**痄腮树 Heliciopsis terminalis** (Kurz.) Sleum.
分布：云南、广东、广西、海南；不丹、柬埔寨、印度、缅甸、泰国、越南

### 大洋洲坚果属 Macadamia F. Muell.

**大洋洲坚果 Macadamia integrifolia** Maiden et Betche
分布：云南、台湾、广东、海南；原产于澳大利亚，世界各地广泛栽培

**四叶大洋洲坚果 Macadamia tetraphylla** Johnson
分布：广东；原产于澳大利亚，世界各地广泛栽培

## 404. 核果木科 Putranjivaceae Meisn.

### 核果木属 Drypetes Vahl.

**拱网核果木 Drypetes arcuatinervia** Merr. et Chun
分布：云南、海南；越南

**密花核果木 Drypetes congestiflora** Chun et T. C. Chen
分布：云南、广东、广西、海南；菲律宾

**青枣核果木 Drypetes cumingii** (Baill.) Pax et K. Hoffm.
分布：云南、广东、广西、海南；菲律宾

**海南核果木 Drypetes hainanensis** Merr.
分布：海南；?泰国、越南

**勐腊核果木 Drypetes hoaensis** Gagnep.
分布：云南；泰国、越南

**核果木 Drypetes indica** (Müll. Arg.) Pax et K. Hoffm.
分布：贵州、云南、台湾、广东、广西、海南；不丹、印度、缅甸、斯里兰卡、泰国

**全缘叶核果木 Drypetes integrifolia** Merr. et Chun
分布：广东、广西、海南

**广东核果木(新拟) Drypetes kwangtungensis** F. W. Xing, X. S. Qin et H. F. Chen
分布：广东

**滨海核果木 Drypetes littoralis** (C. B. Rob.) Merr.
分布：台湾；印度尼西亚、菲律宾

**细柄核果木 Drypetes longistipitata** P. T. Li
分布：海南

**钝叶核果木 Drypetes obtusa** Merr. et Chun
分布：云南、广东、广西、海南；越南

**网脉核果木 Drypetes perreticulata** Gagnep.
分布：贵州、云南、广东、广西、海南；泰国、越南

**柳叶核果木 Drypetes salicifolia** Gagnep.
分布：云南；老挝、越南

### 假黄杨属 Putranjiva Wall.

**台湾假黄杨 Putranjiva formosana** Kaneh. et Sasaki ex Shimada
分布：台湾、广东、香港

## 405. 大花草科 Rafflesiaceae Dumort.

### 寄生花属 Sapria Griff.

**寄生花 Sapria himalayana** Griff.
分布：云南、西藏；印度、泰国、越南、缅甸

## 406. 毛茛科 Ranunculaceae Juss.

### 乌头属 Aconitum L.

**冷杉林乌头 Aconitum abietetorum** W. T. Wang et L. Q. Li
分布：四川

**尖萼乌头 Aconitum acutiusculum** Fletcher et Lanener
分布：云南

**尖萼乌头(原变种) Aconitum acutiusculum** var. **acutiusculum**
分布：云南

**展毛尖萼乌头 Aconitum acutiusculum** var. **aureo-pilosum** W. T. Wang
分布：云南

**淡黄乌头 Aconitum alboflavidum** W. T. Wang
分布：云南

**两色乌头 Aconitum alboviolaceum** Kom.
分布：黑龙江、吉林、辽宁、河北；朝鲜、俄罗斯

**两色乌头(原变种) Aconitum alboviolaceum** var. **alboviolaceum**
分布：黑龙江、吉林、辽宁、河北；朝鲜、俄罗斯

**直立两色乌头 Aconitum alboviolaceum** var. **erectum** W. T. Wang
分布：北京

**高峰乌头 Aconitum alpinonepalense** Tamura
分布：西藏

**兴安乌头 Aconitum ambiguum** Reichb.
分布：黑龙江；蒙古国、俄罗斯

**拟黄花乌头 Aconitum anthoroideum** DC.
分布：新疆；蒙古国、俄罗斯

**空茎乌头 Aconitum apetalum** (Huth) B. Fedtsch.
分布：新疆；哈萨克斯坦

**滇南乌头 Aconitum austroyunnanense** W. T. Wang
分布：云南

**白狼乌头 Aconitum bailangense** Y. Z. Zhao
分布：内蒙古

**细叶黄乌头 Aconitum barbatum** Pers.
分布：黑龙江、吉林、内蒙古、河北、山西、河南、陕西、宁夏、甘肃、新疆；俄罗斯

**细叶黄乌头(原变种) Aconitum barbatum** var. **barbatum**
分布：黑龙江

**西伯利亚乌头 Aconitum barbatum** var. **hispidum** (DC.) Ser.
分布：黑龙江、吉林、内蒙古、河北、山西、河南、陕西、宁夏、甘肃、新疆；俄罗斯

**牛扁 Aconitum barbatum** var. **puberulum** Ledeb.
分布：辽宁、内蒙古、河北、山西、新疆；蒙古国、俄罗斯

**带领乌头 Aconitum birobidshanicum** Vorosch.
分布：黑龙江；蒙古国、俄罗斯

**短柄乌头 Aconitum brachypodum** Diels
分布：四川、云南

**短柄乌头(原变种) Aconitum brachypodum** var. **brachypodum**
分布：云南

**曲毛短柄乌头 Aconitum brachypodum** var. **crispulum** W. T. Wang
分布：四川

**展毛短柄乌头 Aconitum brachypodum** var. **laxiflorum** H. R. Fletcher et Lauener
分布：四川、云南

**宽苞乌头 Aconitum bracteolatum** Lauener
分布：西藏

**显苞乌头 Aconitum bracteolosum** W. T. Wang
分布：云南

**弯短距乌头 Aconitum brevicalcaratum** (Finet et Gagnep.) Diels
分布：四川、云南

**短距乌头(原变种) Aconitum brevicalcaratum** var. **brevicalcaratum**
分布：四川、云南

**短距乌头 Aconitum brevicalcaratum** var. **parviflorum** Chen et Liu
分布：四川、云南

**短唇乌头 Aconitum brevilimbum** Lauener
分布：西藏

**短瓣乌头 Aconitum brevipetalum** W. T. Wang
分布：云南

**褐紫乌头 Aconitum brunneum** Hand.-Mazz.
分布：甘肃、青海、四川

**珠芽乌头 Aconitum bulbilliferum** Hand.-Mazz.
分布：四川

**滇西乌头 Aconitum bulleyanum** Diels
分布：云南

**弯喙乌头 Aconitum campylorrhynchum** Hand.-Mazz.
分布：甘肃、四川

**弯喙乌头(原变种) Aconitum campylorrhynchum** var. **campylorrhynchum**
分布：甘肃、四川

**展毛弯喙乌头 Aconitum campylorrhynchum** var. **patentipilum** W. T. Wang
分布：四川

**细梗弯喙乌头 Aconitum campylorrhynchum** var. **tenuipes** W. T. Wang
分布：甘肃

**大麻叶乌头 Aconitum cannabifolium** Franch. ex Finet et Gagnep.
分布：陕西、湖北、四川

**乌头 Aconitum carmichaelii** Debeaux
分布：辽宁、内蒙古、河北、山西、山东、河南、陕西、甘肃、安徽、江苏、浙江、江西、湖南、湖北、四川、贵州、云南、福建、广东、广西；越南

**乌头(原变种) Aconitum carmichaelii** var. **carmichaelii**
分布：辽宁、内蒙古、河北、山西、山东、河南、陕西、安徽、江苏、浙江、江西、湖南、湖北、四川、贵州、云南、福建、广东、广西；越南

**黄山乌头 Aconitum carmichaelii** var. **hwangshanicum** (W. T. Wang et P. G. Xiao) W. T. Wang et P. G. Xiao
分布：安徽、浙江、江西

**毛叶乌头 Aconitum carmichaelii** var. **pubescens** W. T. Wang et P. G. Xiao
分布：陕西、甘肃

**深裂乌头 Aconitum carmichaelii** var. **tripartitum** W. T. Wang
分布：江苏

**展毛乌头 Aconitum carmichaelii** var. **truppelianum** (Ulbr.) W. T. Wang et P. G. Xiao
分布：辽宁、山东、江苏、浙江

**黔川乌头 Aconitum cavaleriei** H. Lév. et Vaniot
分布：湖南、四川、贵州

**黔川乌头(原变种) Aconitum cavaleriei** var. **cavaleriei**
分布：湖南、四川、贵州

**聚叶黔川乌头 Aconitum cavaleriei** var. **aggregatefolium** (Chang ex W. T. Wang) W. T. Wang
分布：四川

**察瓦龙乌头 Aconitum changianum** W. T. Wang
分布：西藏

**展花乌头 Aconitum chasmanthum** Stapf
分布：西藏；印度、蒙古国、俄罗斯

**察隅乌头 Aconitum chayuense** W. T. Wang
分布：西藏

**加查乌头 Aconitum chiachaense** W. T. Wang
分布：西藏

**加查乌头(原变种) Aconitum chiachaense** var. **chiachaense**
分布：西藏

**腺毛加查乌头 Aconitum chiachaense** var. **glandulosum** W. T. Wang
分布：西藏

**乾宁乌头 Aconitum chienningense** W. T. Wang
分布：四川、西藏

**乾宁乌头(原变种) Aconitum chienningense** var. **chienningense**
分布：四川

毛果乾宁乌头 **Aconitum chienningense** var. **lasiocarpum** W. T. Wang
分布：西藏

祁连山乌头 **Aconitum chilienshanicum** W. T. Wang
分布：甘肃、青海

黄毛乌头 **Aconitum chrysotrichum** W. T. Wang
分布：四川

拟哈巴乌头 **Aconitum chuanum** W. T. Wang
分布：云南

绰斯甲乌头 **Aconitum chuosjiaense** W. T. Wang
分布：四川

苍山乌头 **Aconitum contortum** Finet et Gagnep.
分布：云南

黄花乌头 **Aconitum coreanum** (H. Lév.) Rapaics
分布：黑龙江、吉林、辽宁、河北；朝鲜、蒙古国、俄罗斯

革叶乌头 **Aconitum coriaceifolium** W. T. Wang
分布：四川

厚叶乌头 **Aconitum coriophyllum** Hand.-Mazz.
分布：云南

粗茎乌头 **Aconitum crassicaule** W. T. Wang
分布：云南

粗花乌头 **Aconitum crassiflorum** Hand.-Mazz.
分布：四川、云南

叉苞乌头 **Aconitum creagromorphum** Lauener
分布：西藏

大兴安岭乌头 **Aconitum daxinganlinense** Y. Z. Zhao
分布：内蒙古

马耳山乌头 **Aconitum delavayi** Franch.
分布：云南

迪庆乌头 **Aconitum diqingense** Q. E. Yang et Z. D. Fang
分布：云南

长柱乌头 **Aconitum dolichorhynchum** W. T. Wang
分布：云南

长序乌头 **Aconitum dolichostachyum** W. T. Wang
分布：西藏

宾川乌头 **Aconitum duclouxii** H. Lév.
分布：云南

宾川乌头(原变种) **Aconitum duclouxii** var. **duclouxii**
分布：云南

无距宾川乌头 **Aconitum duclouxii** var. **ecalcaratum** H. R. Fletcher et Lauener
分布：云南

敦化乌头 **Aconitum dunhuaense** S. H. Li
分布：吉林

墨脱乌头 **Aconitum elliotii** Lauener
分布：西藏

墨脱乌头(原变种) **Aconitum elliotii** var. **elliotii**
分布：西藏

短梗墨脱乌头 **Aconitum elliotii** var. **doshongense** (Lauener) W. T. Wang
分布：西藏

光梗墨脱乌头 **Aconitum elliotii** var. **glabrescens** W. T. Wang et L. Q. Li
分布：西藏

毛瓣墨脱乌头 **Aconitum elliotii** var. **pilopetalum** W. T. Wang et L. Q. Li
分布：西藏

藏南藤乌 **Aconitum elwesii** Stapf
分布：西藏；尼泊尔、印度

西南乌头 **Aconitum episcopale** H. Lév.
分布：四川、贵州、云南

西南乌头(原变种) **Aconitum episcopale** var. **episcopale**
分布：四川、贵州、云南

紫乌头 **Aconitum episcopale** var. **villosulipes** W. T. Wang
分布：云南

镰形乌头 **Aconitum falciforme** Hand.-Mazz.
分布：四川

梵净山乌头 **Aconitum fanjingshanicum** W. T. Wang
分布：贵州

赣皖乌头 **Aconitum finetianum** Hand.-Mazz.
分布：安徽、浙江、江西、湖南、福建

薄叶乌头 **Aconitum fischeri** Reichb.
分布：黑龙江、吉林；朝鲜、俄罗斯

薄叶乌头(原变种) **Aconitum fischeri** var. **fischeri**
分布：黑龙江；俄罗斯

弯枝乌头 **Aconitum fischeri** var. **arcuatum** (Maxim.) Regel
分布：黑龙江、吉林；朝鲜、俄罗斯

伏毛铁棒锤 **Aconitum flavum** Hand.-Mazz.
分布：内蒙古、宁夏、甘肃、青海、四川、西藏

伏毛铁棒锤(原变种) **Aconitum flavum** var. **flavum**
分布：内蒙古、宁夏、甘肃、青海、四川、西藏

长柄铁棒锤 **Aconitum flavum** var. **longipetiolatum** W. J. Zhang et G. H. Chen
分布：四川

独花乌头 **Aconitum fletcheranum** G. Taylor
分布：西藏；不丹、印度

台湾乌头 **Aconitum formosanum** Tamura
分布：台湾

丽江乌头 **Aconitum forrestii** Stapf
分布：四川、云南

丽江乌头(原变种) **Aconitum forrestii** var. **forrestii**
分布：四川、云南

毛果丽江乌头 **Aconitum forrestii** var. **albovillosum** (Chen et Liu) W. T. Wang
分布：四川

大渡乌头 **Aconitum franchetii** Finet et Gagnep.
分布：四川

大渡乌头(原变种) **Aconitum franchetii** var. **franchetii**
分布：四川、云南

膝瓣大渡乌头 **Aconitum franchetii** var. **geniculatum** W. T. Wang
分布：四川

光序大渡乌头 **Aconitum franchetii** var. **glabrescens** W. T. Wang
分布：四川

毛萼大渡乌头 **Aconitum franchetii** var. **lasiocalyx** W. T. Wang et Hsiao
分布：四川

低盔大渡乌头 **Aconitum franchetii** var. **subnaviculare** W. T. Wang
分布：四川

展毛大渡乌头 **Aconitum franchetii** var. **villosulum** W. T. Wang
分布：四川

梨山乌头 **Aconitum fukutomei** Hayata
分布：台湾

抚松乌头 **Aconitum fusungense** S. H. Li et Y. Hui Huang
分布：吉林

错那乌头 **Aconitum gammiei** Stapf
分布：西藏；不丹、印度

膝瓣乌头 **Aconitum geniculatum** H. R. Fletcher et Lauener
分布：四川、云南

膝瓣乌头(原变种) **Aconitum geniculatum** var. **geniculatum**
分布：云南

低盔膝瓣乌头 **Aconitum geniculatum** var. **humilius** W. T. Wang
分布：四川

长距膝瓣乌头 **Aconitum geniculatum** var. **longicalcaratum** M. Li
分布：四川

爪盔膝瓣乌头 **Aconitum geniculatum** var. **unguiculatum** W. T. Wang
分布：云南

长喙乌头 **Aconitum georgei** H. F. Comber
分布：云南

格咱乌头 **Aconitum gezaense** W. T. Wang et L. Q. Li
分布：云南

无毛乌头 **Aconitum glabrisepalum** W. T. Wang
分布：四川

哈巴乌头 **Aconitum habaense** W. T. Wang
分布：云南

钩瓣乌头 **Aconitum hamatipetalum** W. T. Wang
分布：云南

剑川乌头 **Aconitum handelianum** Comber
分布：四川、云南

剑川乌头(原变种) **Aconitum handelianum** var. **handelianum**
分布：云南

疏毛剑川乌头 **Aconitum handelianum** var. **laxipilosum** Hand.-Mazz.
分布：四川

瓜叶乌头 **Aconitum hemsleyanum** E. Pritz.
分布：河南、陕西、安徽、浙江、江西、湖南、湖北、四川、贵州、云南、西藏；缅甸

瓜叶乌头(原变种) **Aconitum hemsleyanum** var. **hemsleyanum**
分布：河南、陕西、安徽、浙江、江西、湖南、湖北、四川

展毛瓜叶乌头 **Aconitum hemsleyanum** var. **atropurpureum** (Hand.-Mazz.) W. T. Wang
分布：四川

截基瓜叶乌头 **Aconitum hemsleyanum** var. **chingtungense** (W. T. Wang) W. T. Wang
分布：云南

拳距瓜叶乌头 **Aconitum hemsleyanum** var. **circinatum** W. T. Wang
分布：四川、贵州、云南；缅甸

长距瓜叶乌头 **Aconitum hemsleyanum** var. **elongatum** W. T. Wang
分布：四川

珠芽瓜叶乌头 **Aconitum hemsleyanum** var. **hsiae** (W. T. Wang) W. T. Wang
分布：西藏

毛萼瓜叶乌头 **Aconitum hemsleyanum** var. **lasianthum** W. T. Wang et L. Q. Li
分布：四川

毛瓣瓜叶乌头 **Aconitum hemsleyanum** var. **pilopetalum** W. T. Wang et L. Q. Li
分布：四川

毛枝瓜叶乌头 **Aconitum hemsleyanum** var. **puberulum** W. T. Wang et L. Q. Li
分布：西藏

爪盔瓜叶乌头 **Aconitum hemsleyanum** var. **unguiculatum** W. T. Wang
分布：云南

西藏瓜叶乌头 **Aconitum hemsleyanum** var. **xizangense** W. T. Wang et L. Q. Li
分布：西藏

川鄂乌头 **Aconitum henryi** E. Pritz.
分布：山西、河南、陕西、甘肃、浙江、湖北、四川

川鄂乌头(原变种) **Aconitum henryi** var. **henryi**
分布：湖北、四川

细裂川鄂乌头 **Aconitum henryi** var. **compositum** Hand.-Mazz.
分布：甘肃、四川

毛果川鄂乌头 **Aconitum henryi** var. **pilocarpum** W. T. Wang et L. Q. Li
分布：四川

展毛川鄂乌头 **Aconitum henryi** var. **villosum** W. T. Wang
分布：山西、河南、陕西、浙江、湖南、湖北、四川

同戛乌头 **Aconitum hicksii** Lauener
分布：西藏；不丹

会理乌头 **Aconitum huiliense** Hand.-Mazz.
分布：四川

巴东乌头 **Aconitum ichangense** (Finet et Gagnep.) Hand.-Mazz.
分布：湖北

缺刻乌头 **Aconitum incisofidum** W. T. Wang
分布：四川、云南

滇北乌头 **Aconitum iochanicum** Ulbr.
分布：云南

鸭绿乌头 **Aconitum jaluense** Kom.
分布：黑龙江、吉林、辽宁；朝鲜、俄罗斯

鸭绿乌头(原变种) **Aconitum jaluense** var. **jaluense**
分布：黑龙江、吉林；朝鲜、俄罗斯

光梗鸭绿乌头 **Aconitum jaluense** var. **glabrescens** Nakai
分布：辽宁

截基鸭绿乌头 **Aconitum jaluense** var. **truncatum** S. H. Li et Y. Hui Huang
分布：吉林

萝卜乌头 **Aconitum japonicum** subsp. **napiforme** (H. Lév. et Vaniot) Kadota
分布：辽宁；日本、朝鲜

热河乌头 **Aconitum jeholense** Nakai et Kitag.
分布：内蒙古、河北、山西、山东；俄罗斯

**热河乌头(原变种) Aconitum jeholense** var. **jeholense**
分布：内蒙古、河北、山西

**华北乌头 Aconitum jeholense** var. **angustius** (W. T. Wang) Y. Z. Zhao
分布：内蒙古、河北、山西、山东；俄罗斯

**吉隆乌头 Aconitum jilongense** W. T. Wang et L. Q. Li
分布：西藏

**金阳乌头 Aconitum jinyangense** W. T. Wang
分布：四川

**九龙乌头 Aconitum jiulongense** W. T. Wang
分布：四川

**卡卡波乌头 Aconitum kagerpuense** W. T. Wang
分布：云南

**多根乌头 Aconitum karakolicum** Rapaics
分布：新疆；哈萨克斯坦

**多根乌头(原变种) Aconitum karakolicum** var. **karakolicum**
分布：新疆；哈萨克斯坦

**展毛多根乌头 Aconitum karakolicum** var. **patentipilum** W. T. Wang
分布：新疆

**卡拉乌头 Aconitum kialaense** W. T. Wang
分布：四川

**吉林乌头 Aconitum kirinense** Nakai
分布：黑龙江、吉林、辽宁、山西、河南、陕西、湖北；俄罗斯

**吉林乌头(原变种) Aconitum kirinense** var. **kirinense**
分布：黑龙江、吉林、辽宁；俄罗斯

**毛果吉林乌头 Aconitum kirinense** var. **australe** W. T. Wang
分布：山西、河南、陕西、湖北

**异裂吉林乌头 Aconitum kirinense** var. **heterophyllum** W. T. Wang
分布：河南

**锐裂乌头 Aconitum kojimae** Ohwi ex Tamura
分布：台湾

**锐裂乌头(原变种) Aconitum kojimac** var. **kojimac**
分布：台湾

**分枝锐裂乌头 Aconitum kojimae** var. **ramosum** Tamura
分布：台湾

**工布乌头 Aconitum kongboense** Lauener
分布：四川、西藏

**工布乌头(原变种) Aconitum kongboense** var. **kongboense**
分布：四川、西藏

**多果工布乌头 Aconitum kongboense** var. **polycarpum** W. T. Wang
分布：云南

**展毛工布乌头 Aconitum kongboense** var. **villosum** W. T. Wang
分布：四川、西藏

**贡山乌头 Aconitum kungshanense** W. T. Wang
分布：云南

**北乌头 Aconitum kusnezoffii** Rehder
分布：黑龙江、吉林、辽宁、内蒙古、河北、山西；朝鲜、俄罗斯

**北乌头(原变种) Aconitum kusnezoffii** var. **kusnezoffii**
分布：黑龙江、吉林、辽宁、内蒙古、河北、山西；朝鲜、俄罗斯

**宽裂北乌头 Aconitum kusnezoffii** var. **gibbiferum** (Rchb.) Regel
分布：辽宁

**光茎乌头 Aconitum laevicaule** W. T. Wang
分布：云南

**冕宁乌头 Aconitum legendrei** Hand.-Mazz.
分布：四川

**光序乌头 Aconitum leiostachyum** W. T. Wang
分布：四川

**类乌齐乌头 Aconitum leiwuqiense** W. T. Wang
分布：西藏

**白喉乌头 Aconitum leucostomum** Vorosch.
分布：河北、甘肃、新疆；哈萨克斯坦、吉尔吉斯斯坦、蒙古国、俄罗斯

**白喉乌头(原变种) Aconitum leucostomum** var. **leucostomum**
分布：甘肃、新疆；哈萨克斯坦

**河北白喉乌头 Aconitum leucostomum** var. **hopeiense** W. T. Wang
分布：河北、北京

**凉山乌头 Aconitum liangshanicum** W. T. Wang
分布：四川

理县乌头 **Aconitum lihsienense** W. T. Wang
分布：四川

贡嘎乌头 **Aconitum liljestrandii** Hand.-Mazz.
分布：四川、西藏

贡嘎乌头(原变种) **Aconitum liljestrandii** var. **liljestrandii**
分布：四川、西藏

马尔康乌头 **Aconitum liljestrandii** var. **falcatum** W. T. Wang
分布：四川

刷经寺乌头 **Aconitum liljestrandii** var. **fangianum** (W. T. Wang) Y. Luo et Q. E. Yang
分布：四川

秦岭乌头 **Aconitum lioui** W. T. Wang
分布：陕西

浅裂乌头 **Aconitum lobulatum** W. T. Wang
分布：四川

长齿乌头 **Aconitum lonchodontum** Hand.-Mazz.
分布：湖北

高帽乌头 **Aconitum longecassidatum** Nakai
分布：辽宁、山东；朝鲜

长裂乌头 **Aconitum longilobum** W. T. Wang
分布：西藏

长梗乌头 **Aconitum longipedicellatum** Lauener
分布：西藏

长柄乌头 **Aconitum longipetiolatum** Lauener
分布：西藏

长枝乌头 **Aconitum longiramosum** W. T. Wang
分布：四川

龙帚山乌头 **Aconitum longzhoushanense** W. J. Zhang et G. H. Chen
分布：四川

江孜乌头 **Aconitum ludlowii** Exell
分布：西藏

芦宁乌头 **Aconitum luningense** W. T. Wang
分布：四川

牛扁叶乌头 **Aconitum lycoctonifolium** W. T. Wang et L. Q. Li
分布：西藏

细叶乌头 **Aconitum macrorhynchum** Turcz. ex Ledeb.
分布：黑龙江、吉林；俄罗斯

巨苞乌头 **Aconitum magnibracteolatum** W. T. Wang
分布：四川

茂汶乌头 **Aconitum maowenense** W. T. Wang
分布：四川

米林乌头 **Aconitum milinense** W. T. Wang
分布：西藏

高山乌头 **Aconitum monanthum** Nakai
分布：吉林；朝鲜

山地乌头 **Aconitum monticola** Steinb.
分布：新疆；哈萨克斯坦

保山乌头 **Aconitum nagarum** Stapf
分布：云南；印度、缅甸

保山乌头(原变种) **Aconitum nagarum** var. **nagarum**
分布：云南；印度、缅甸

小白撑 **Aconitum nagarum** var. **heterotrichum** et H. R. Fletcher et Lauener
分布：云南

宣威乌头 **Aconitum nagarum** var. **lasiandrum** W. T. Wang
分布：云南

纳木拉乌头 **Aconitum namlaense** W. T. Wang
分布：西藏

船盔乌头 **Aconitum naviculare** (Brühl) Stapf
分布：西藏；不丹、印度

林地乌头 **Aconitum nemorum** Popov
分布：新疆；亚洲(中部)

聂拉木乌头 **Aconitum nielamuense** W. T. Wang
分布：西藏

宁武乌头 **Aconitum ningwuense** W. T. Wang
分布：山西

展喙乌头 **Aconitum novoluridum** Munz
分布：西藏；不丹、尼泊尔、印度

垂花乌头 **Aconitum nutantiflorum** Chang ex W. T. Wang
分布：西藏

德钦乌头 **Aconitum ouvrardianum** Hand.-Mazz.
分布：云南、西藏

德钦乌头(原变种) **Aconitum ouvrardianum** var. **ouvrardianum**
分布：云南、西藏

毛爪德钦乌头 **Aconitum ouvrardianum** var. **pilopes** W. T. Wang et L. Q. Li
分布：云南

圆锥乌头 **Aconitum paniculigerum** Nakai
分布：吉林、辽宁、河北；韩国

圆锥乌头(原变种) **Aconitum paniculigerum** var. **paniculigerum**
分布：吉林、辽宁；韩国

疏毛圆锥乌头 **Aconitum paniculigerum** var. **wulingense** (Nakai) W. T. Wang
分布：河北

疏叶乌头 **Aconitum parcifolium** Q. E. Yang et Z. D. Fang
分布：云南

垂果乌头 **Aconitum pendulicarpum** Chang ex W. T. Wang
分布：云南、西藏

垂果乌头(原变种) **Aconitum pendulicarpum** var. **pendulicarpum**
分布：西藏

长距垂果乌头 **Aconitum pendulicarpum** var. **circinatum** W. T. Wang
分布：云南

铁棒锤 **Aconitum pendulum** Busch
分布：山西、河南、甘肃、青海、四川、云南、西藏

木里乌头 **Aconitum phyllostegium** Hand.-Mazz.
分布：四川

木里乌头(原变种) **Aconitum phyllostegium** var. **phyllostegium**
分布：四川

伏毛木里乌头 **Aconitum phyllostegium** var. **pilosum** Fletcher et Lauener
分布：四川

中甸乌头 **Aconitum piepunense** Hand.-Mazz.
分布：云南

中甸乌头(原变种) **Aconitum piepunense** var. **piepunense**
分布：云南

疏毛中甸乌头 **Aconitum piepunense** var. **pilosum** Comber
分布：云南

毛瓣乌头 **Aconitum pilopetalum** W. T. Wang et L. Q. Li
分布：四川

多花乌头 **Aconitum polyanthum** (Finet et Gagnep.) Hand.-Mazz.
分布：四川、西藏

多花乌头(原变种) **Aconitum polyanthum** var. **polyanthum**
分布：四川

毛萼多花乌头 **Aconitum polyanthum** var. **puberulum** W. T. Wang
分布：西藏

多果乌头 **Aconitum polycarpum** Chang ex W. T. Wang
分布：云南

多裂乌头 **Aconitum polyschistum** Hand.-Mazz.
分布：四川

波密乌头 **Aconitum pomeense** W. T. Wang
分布：西藏

密花乌头 **Aconitum potaninii** Kom.
分布：四川

露瓣乌头 **Aconitum prominens** Lauener
分布：西藏

小花乌头 **Aconitum pseudobrunneum** W. T. Wang
分布：四川

全裂乌头 **Aconitum pseudodivaricatum** W. T. Wang
分布：西藏

拟膝瓣乌头 **Aconitum pseudogeniculatum** W. T. Wang
分布：四川

拟膝瓣乌头(原变种) **Aconitum pseudogeniculatum** var. **pseudogeniculatum**
分布：四川

黄毛梗乌头 **Aconitum pseudogeniculatum** var. **pubipes** W. T. Wang
分布：四川

雷波乌头 **Aconitum pseudohuiliense** Chang ex W. T. Wang
分布：四川

拟工布乌头 **Aconitum pseudokongboense** W. T. Wang et L. Q. Li
分布：西藏

拟玉龙乌头 **Aconitum pseudostapfianum** W. T. Wang
分布：云南

普格乌头 **Aconitum pukeense** W. T. Wang
分布：四川、云南

普格乌头(原变种) **Aconitum pukeense** var. **pukeense**
分布：四川、云南

短梗普格乌头 **Aconitum pukeense** var. **brevipes** W. T. Wang
分布：四川

美丽乌头 **Aconitum pulchellum** Hand.-Mazz.
分布：四川、云南、西藏；不丹、缅甸、印度

美丽乌头(原变种) **Aconitum pulchellum** var. **pulchellum**
分布：四川、云南、西藏；不丹、缅甸、印度

毛瓣美丽乌头 **Aconitum pulchellum** var. **hispidum** Lauener
分布：云南、西藏

长序美丽乌头 **Aconitum pulchellum** var. **racemosum** W. T. Wang
分布：云南

密序乌头 **Aconitum pycnanthum** W. T. Wang
分布：四川

迁西乌头 **Aconitum qianxiense** W. T. Wang
分布：河北

青海乌头 **Aconitum qinghaiense** Kadota
分布：甘肃、青海、西藏

岩乌头 **Aconitum racemulosum** Franch.
分布：湖北、四川、贵州、云南

岩乌头(原变种) **Aconitum racemulosum** var. **racemulosum**
分布：湖北、四川、贵州、云南

巨苞岩乌头 **Aconitum racemulosum** var. **grandibracteolatum** W. T. Wang
分布：四川

大苞乌头 **Aconitum raddeanum** Regel
分布：黑龙江、吉林；俄罗斯

多枝乌头 **Aconitum ramulosum** W. T. Wang
分布：云南

毛茛叶乌头 **Aconitum ranunculoides** Turcz. ex Ledeb.
分布：内蒙古；俄罗斯

弯果乌头 **Aconitum refracticarpum** Chang ex W. T. Wang
分布：云南

狭裂乌头 **Aconitum refractum** (Finet et Gagnep.) Hand.-Mazz.
分布：四川、西藏

菱叶乌头 **Aconitum rhombifolium** F. H. Chen
分布：四川

菱叶乌头(原变种) **Aconitum rhombifolium** var. **rhombifolium**
分布：四川

光果菱叶乌头 **Aconitum rhombifolium** var. **leiocarpum** W. T. Wang
分布：四川

直序乌头 **Aconitum richardsonianum** Lauener
分布：西藏

直序乌头(原变种) **Aconitum richardsonianum** var. **richardsonianum**
分布：西藏

伏毛直序乌头 **Aconitum richardsonianum** var. **pseudosessiliflorum** (Lauener) W. T. Wang
分布：西藏

邛崃山乌头 **Aconitum rilongense** Kadota
分布：四川

拟康定乌头 **Aconitum rockii** H. R. Fletcher et Lauener
分布：云南

拟康定乌头(原变种) **Aconitum rockii** var. **rockii**
分布：云南

石膏山乌头 **Aconitum rockii** var. **fengii** (W. T. Wang) W. T. Wang
分布：云南

圆叶乌头 **Aconitum rotundifolium** Kar. et Kir.
分布：新疆；阿富汗、克什米尔地区、尼泊尔、俄罗斯

圆盔乌头 **Aconitum rotundocassideum** W. T. Wang
分布：陕西

花葶乌头 **Aconitum scaposum** Franch.
分布：河南、陕西、甘肃、江西、湖南、湖北、四川、贵州、云南；不丹、缅甸、尼泊尔

**花葶乌头(原变种) Aconitum scaposum** var. **scaposum**
分布：河南、陕西、江西、湖北、四川、贵州

**等叶花葶乌头 Aconitum scaposum** var. **hupehanum** Rapaics
分布：陕西、甘肃、江西、湖南、湖北、四川、云南；不丹、缅甸、尼泊尔

**聚叶花葶乌头 Aconitum scaposum** var. **vaginatum** (Pritz.) Papaics
分布：陕西、甘肃、湖南、湖北、四川、贵州、云南

**宽叶蔓乌头 Aconitum sczukinii** Turcz.
分布：黑龙江、吉林、辽宁；俄罗斯

**侧花乌头 Aconitum secundiflorum** W. T. Wang
分布：四川

**紫花高乌头 Aconitum septentrionale** Koelle
分布：黑龙江、辽宁；蒙古国、俄罗斯；欧洲

**缩梗乌头 Aconitum sessiliflorum** (Finet et Gagnep.) Hand.-Mazz.
分布：四川、云南

**神农架乌头 Aconitum shennongjiaense** Q. Gao et Q. E. Yang
分布：湖北

**陕西乌头 Aconitum shensiense** W. T. Wang
分布：陕西

**石棉乌头 Aconitum shimianense** W. T. Wang
分布：四川

**新疆乌头 Aconitum sinchiangense** W. T. Wang
分布：新疆

**腋花乌头 Aconitum sinoaxillare** W. T. Wang
分布：西藏

**高乌头 Aconitum sinomontanum** Nakai
分布：河北、山西、陕西、甘肃、青海、江西、湖南、湖北、四川、贵州、广西

**高乌头(原变种) Aconitum sinomontanum** var. **sinomontanum**
分布：河北、山西、陕西、甘肃、青海、湖北、四川、贵州

**狭盔高乌头 Aconitum sinomontanum** var. **angustius** W. T. Wang
分布：安徽、江西、湖南、广西

**毛果高乌头 Aconitum sinomontanum** var. **pilocarpum** W. T. Wang
分布：四川

**拟缺刻乌头 Aconitum sinonapelloides** W. T. Wang
分布：四川、云南

**拟缺刻乌头(原变种) Aconitum sinonapelloides** var. **sinonapelloides**
分布：四川、云南

**钻苞拟缺刻乌头 Aconitum sinonapelloides** var. **subulatum** W. T. Wang
分布：四川

**展毛拟缺刻乌头 Aconitum sinonapelloides** var. **weisiense** W. T. Wang
分布：云南

**阿尔泰乌头 Aconitum smirnovii** Steinb.
分布：新疆；蒙古国、俄罗斯

**山西乌头 Aconitum smithii** Ulbr. ex Hand.-Mazz.
分布：河北、山西

**准噶尔乌头 Aconitum soongoricum** (Regel) Stapf
分布：新疆；克什米尔地区；亚洲(中部)

**茨开乌头 Aconitum souliei** Finet et Gagnep.
分布：云南

**匙苞乌头 Aconitum spathulatum** W. T. Wang
分布：云南

**亚东乌头 Aconitum spicatum** Stapf
分布：西藏；不丹、尼泊尔、印度

**螺瓣乌头 Aconitum spiripetalum** Hand.-Mazz.
分布：四川

**玉龙乌头 Aconitum stapfianum** Hand.-Mazz.
分布：云南

**玉龙乌头(原变种) Aconitum stapfianum** var. **stapfianum**
分布：云南

**毛梗玉龙乌头 Aconitum stapfianum** var. **pubipes** W. T. Wang
分布：云南

**草黄乌头 Aconitum stramineiflorum** Chang ex W. T. Wang
分布：云南

**拟显柱乌头 Aconitum stylosoides** W. T. Wang
分布：四川

**显柱乌头 Aconitum stylosum** Stapf
分布：云南、西藏

**显柱乌头(原变种) Aconitum stylosum** var. **stylosum**
分布：云南

**膝爪显柱乌头 Aconitum stylosum** var. **geniculatum** H. R. Fletcher et Lauener
分布：云南、西藏

**松潘乌头 Aconitum sungpanense** Hand.-Mazz.
分布：山西、陕西、宁夏、甘肃、青海、湖南、四川

**松潘乌头(原变种) Aconitum sungpanense** var. **sungpanense**
分布：山西、陕西、宁夏、甘肃、青海、四川

**白花松潘乌头 Aconitum sungpanense** var. **leucanthum** W. T. Wang
分布：四川

**展毛松潘乌头 Aconitum sungpanense** var. **villosulum** W. T. Wang
分布：湖南

**太白乌头 Aconitum taipeicum** Hand.-Mazz.
分布：河南、陕西

**伊犁乌头 Aconitum talassicum** var. **villosulum** W. T. Wang
分布：新疆

**堆拉乌头 Aconitum tangense** C. Marquand et Airy Shaw
分布：西藏

**甘青乌头 Aconitum tanguticum** (Maxim.) Stapf
分布：陕西、甘肃、青海、四川、云南、西藏

**甘青乌头(原变种) Aconitum tanguticum** var. **tanguticum**
分布：陕西、甘肃、青海、四川、云南、西藏

**毛果甘青乌头 Aconitum tanguticum** var. **trichocarpum** Hand.-Mazz.
分布：甘肃、青海、四川、云南

**独龙乌头 Aconitum taronense** (Hand.-Mazz.) H. R. Fletcher et Lauener
分布：云南

**康定乌头 Aconitum tatsienense** Finet et Gagnep.
分布：四川

**康定乌头(原变种) Aconitum tatsienense** var. **tatsienense**
分布：四川

**展枝康定乌头 Aconitum tatsienense** var. **divaricatum** (Finet et Gagnep.) W. T. Wang
分布：四川

**细茎乌头 Aconitum tenuicaule** W. T. Wang
分布：云南

**新都桥乌头 Aconitum tongolense** Ulbr.
分布：四川、云南、西藏

**新都桥乌头(原变种) Aconitum tongolense** var. **tongolense**
分布：四川、云南、西藏

**展毛东俄洛乌头 Aconitum tongolense** var. **patentipilum** Q. E. Yang et Z. D. Fang
分布：云南

**直缘乌头 Aconitum transsectum** Diels
分布：四川、云南

**碧江乌头 Aconitum tsaii** W. T. Wang
分布：云南

**碧江乌头(原变种) Aconitum tsaii** var. **tsaii**
分布：云南

**毛茎碧江乌头 Aconitum tsaii** var. **puberulum** W. T. Wang
分布：云南

**长白乌头 Aconitum tschangbaischanense** S. H. Li et Y. Hui Huang
分布：吉林

**草地乌头 Aconitum umbrosum** (Korsh.) Kom.
分布：黑龙江、吉林、河北；朝鲜、俄罗斯

**显脉乌头 Aconitum validinerve** W. T. Wang
分布：四川

**白毛乌头 Aconitum villosum** Rchb.
分布：吉林；朝鲜、蒙古国、俄罗斯

**白毛乌头(原变种) Aconitum villosum** var. **villosum**
分布：吉林；韩国、蒙古国、俄罗斯

**缠绕白毛乌头 Aconitum villosum** var. **amurense** (Nakai) S. H. Li et Y. H. Huang
分布：吉林；朝鲜

**黄草乌 Aconitum vilmorinianum** Kom.
分布：四川、贵州、云南

**黄草乌(原变种) Aconitum vilmorinianum** var. **vilmorinianum**
分布：四川、贵州、云南

**展毛黄草乌 Aconitum vilmorinianum** var. **patentipilum** W. T. Wang
分布：四川、云南

**蔓乌头 Aconitum volubile** Pall. ex Koelle
分布：黑龙江、吉林、辽宁；俄罗斯

**蔓乌头(原变种) Aconitum volubile** var. **volubile**
分布：黑龙江、吉林、辽宁；俄罗斯

**卷毛蔓乌头 Aconitum volubile** var. **pubescens** Regel
分布：黑龙江、辽宁；朝鲜、俄罗斯

**滇川乌头 Aconitum wardii** Fletcher et Lanener
分布：四川、云南

**滇川乌头(原变种) Aconitum wardii** var. **wardii**
分布：四川、云南

**全裂滇川乌头 Aconitum wardii** var. **trisectum** W. T. Wang et L. Q. Li
分布：四川

**维西乌头 Aconitum weixiense** W. T. Wang
分布：云南

**卧龙乌头 Aconitum wolongense** W. T. Wang
分布：四川

**五叉沟乌头 Aconitum wuchagouense** Y. Z. Zhao
分布：内蒙古

**乡城乌头 Aconitum xiangchengense** W. T. Wang
分布：四川

**雅江乌头 Aconitum yachiangense** W. T. Wang
分布：四川

**竞生乌头 Aconitum yangii** W. T. Wang et L. Q. Li
分布：云南

**竞生乌头(原变种) Aconitum yangii** var. **yangii**
分布：云南

**展毛竞生乌头 Aconitum yangii** var. **villosulum** W. T. Wang et L. Q. Li
分布：云南

**盐源乌头 Aconitum yanyuanense** W. T. Wang
分布：四川

**阴山乌头 Aconitum yinschanicum** Y. Z. Zhao
分布：内蒙古

**云岭乌头 Aconitum yunlingense** Q. E. Yang et Z. D. Fang
分布：云南

**昭觉乌头 Aconitum zhaojiueense** W. T. Wang et Hsiao
分布：四川

## 类叶升麻属 **Actaea** L.

**类叶升麻 Actaea asiatica** H. Hara
分布：黑龙江、吉林、辽宁、内蒙古、河北、山西、陕西、甘肃、青海、湖北、四川、云南、西藏；日本、朝鲜、俄罗斯

**红果类叶升麻 Actaea erythrocarpa** Fisch.
分布：河北、黑龙江、吉林、辽宁、内蒙古、山西、?云南；日本、蒙古国、俄罗斯(远东)；欧洲

## 侧金盏花属 **Adonis** L.

**夏侧金盏花 Adonis aestivalis** L.
分布：新疆、西藏；克什米尔地区、巴基斯坦、俄罗斯；亚洲(西南部)、欧洲

**夏侧金盏花(原变种) Adonis aestivalis** var. **aestivalis**
分布：新疆；克什米尔地区、巴基斯坦、俄罗斯

**小侧金盏花 Adonis aestivalis** var. **parviflora** Bieb.
分布：新疆、西藏；亚洲(西南部)、欧洲

**侧金盏花 Adonis amurensis** Regel et Radde
分布：黑龙江、吉林、辽宁；日本、朝鲜、俄罗斯

**甘青侧金盏花 Adonis bobroviana** Simonov.
分布：内蒙古、宁夏、甘肃、青海

**金黄侧金盏花 Adonis chrysocyathus** Hook. f. et Thomson
分布：新疆、西藏；克什米尔地区、巴基斯坦、俄罗斯

**蓝侧金盏花 Adonis coerulea** Maxim.
分布：甘肃、青海、四川、西藏

**短柱侧金盏花 Adonis davidii** Franch.
分布：山西、陕西、甘肃、湖北、四川、贵州、云南、西藏；不丹

**辽吉侧金盏花 Adonis ramosa** Franch.
分布：吉林、辽宁；日本、朝鲜、俄罗斯

**北侧金盏花 Adonis sibirica** Patrin ex Ledeb.
分布：内蒙古、新疆；蒙古国、俄罗斯；欧洲

**蜀侧金盏花 Adonis sutchuenensis** Franch.
分布：陕西、四川

**天山侧金盏花 Adonis tianschanica** (Adolf) Lipsch. ex Bobrov
分布：新疆；俄罗斯

## 罂粟莲花属 **Anemoclema** (Franch.) W. T. Wang

罂粟莲花 **Anemoclema glaucifolium** (Franch.) W. T. Wang
分布：四川、云南

## 银莲花属 **Anemone** L.

阿尔泰银莲花 **Anemone altaica** Fisch. ex C. A. Mey.
分布：山西、河南、新疆、湖北；俄罗斯；欧洲(西南部)

黑水银莲花 **Anemone amurensis** (Korsh.) Kom.
分布：黑龙江、吉林、辽宁；朝鲜、俄罗斯

毛果银莲花 **Anemone baicalensis** Turcz.
分布：黑龙江、吉林、辽宁、山西、甘肃、四川、云南；朝鲜、蒙古国、俄罗斯

毛果银莲花(原变种) **Anemone baicalensis** var. **baicalensis**
分布：黑龙江、吉林、辽宁、山西、甘肃、四川、云南；韩国、蒙古国、俄罗斯

甘肃银莲花 **Anemone baicalensis** var. **kansuensis** (W. T. Wang) W. T. Wang
分布：甘肃

细茎银莲花 **Anemone baicalensis** var. **rossii** (S. Moore) Kitag.
分布：吉林、辽宁；朝鲜

芹叶银莲花 **Anemone baicalensis** var. **saniculiformis** (C. Y. Wu et W. T. Wang) Ziman et B. E. Dutton
分布：四川

卵叶银莲花 **Anemone begoniifolia** H. Lév. et Vaniot
分布：四川、贵州、云南、广西

短柱银莲花 **Anemone brevistyla** C. C. Chang ex W. T. Wang
分布：四川

银莲花 **Anemone cathayensis** Kitag.
分布：河北、山西、河南；朝鲜

银莲花(原变种) **Anemone cathayensis** var. **cathayensis**
分布：河北、山西；韩国

毛蕊银莲花 **Anemone cathayensis** var. **hispida** Tamura
分布：河南；朝鲜

蓝匙叶银莲花 **Anemone coelestina** Franch.
分布：甘肃、青海、四川、云南、西藏；不丹、印度、尼泊尔

蓝匙叶银莲花(原变种) **Anemone coelestina** var. **coelestina**
分布：四川、云南；印度

拟条叶银莲花 **Anemone coelestina** var. **holophylla** (Diels) Ziman et B. E. Dutton
分布：四川、云南；不丹、印度、尼泊尔

条叶银莲花 **Anemone coelestina** var. **linearis** (Brühl) Ziman et B. E. Dutton
分布：甘肃、青海、四川、云南、西藏；不丹

西南银莲花 **Anemone davidii** Franch.
分布：湖南、湖北、四川、贵州、云南、西藏

滇川银莲花 **Anemone delavayi** Franch.
分布：四川、云南

滇川银莲花(原变种) **Anemone delavayi** var. **delavayi**
分布：云南

少果银莲花 **Anemone delavayi** var. **oligocarpa** (C. P'ei) Ziman et B. E. Dutton
分布：四川

展毛银莲花 **Anemone demissa** Hook. f. et Thomson
分布：甘肃、青海、四川、云南、西藏；不丹、印度、尼泊尔

展毛银莲花(原变种) **Anemone demissa** var. **demissa**
分布：甘肃、青海、四川、西藏；不丹

宽叶展毛银莲花 **Anemone demissa** var. **major** W. T. Wang
分布：四川、云南、西藏；不丹

密毛银莲花 **Anemone demissa** var. **villosissima** Brühl
分布：甘肃、四川、云南、西藏；不丹、印度、尼泊尔

云南银莲花 **Anemone demissa** var. **yunnanensis** Franch.
分布：四川、云南

二歧银莲花 **Anemone dichotoma** L.
分布：黑龙江、吉林；蒙古国、俄罗斯；欧洲

加长银莲花 **Anemone elongata** D. Don
分布：西藏；印度、缅甸、尼泊尔

红叶银莲花 **Anemone erythrophylla** Finet et Gagnep.
分布：四川

**小银莲花** **Anemone exigua** Maxim.
分布：山西、甘肃、青海、四川、云南、台湾

**小银莲花(原变种)** **Anemone exigua** var. **exigua**
分布：山西、甘肃、青海、四川、云南、台湾

**山西银莲花** **Anemone exigua** var. **shanxiensis** B. L. Li et X. Y. Yu
分布：山西

**细萼银莲花** **Anemone filisecta** C. Y. Wu et W. T. Wang
分布：云南

**鹅掌草** **Anemone flaccida** F. Schmidt
分布：安徽、江苏、江西、湖南、湖北、四川、贵州、云南；日本

**鹅掌草(原变种)** **Anemone flaccida** var. **flaccida**
分布：安徽、江苏、江西、湖南、湖北、四川、贵州、云南、浙江；日本

**安徽银莲花** **Anemone flaccida** var. **anhuiensis** (Y. K. Yang et al.) Ziman et B. E. Dutton
分布：安徽

**展毛鹅掌草** **Anemone flaccida** var. **hirtella** W. T. Wang
分布：湖北

**鹤峰银莲花** **Anemone flaccida** var. **hofengensis** (W. T. Wang) Ziman et B. E. Dutton
分布：湖南、湖北、四川

**涪陵银莲花** **Anemone fulingensis** W. T. Wang et Z. Y. Liu
分布：重庆

**路边青银莲花** **Anemone geum** H. Lév.
分布：河北、山西、陕西、宁夏、甘肃、青海、新疆、四川、云南、西藏；印度、尼泊尔

**路边青银莲花(原亚种)** **Anemone geum** subsp. **geum**
分布：河北、山西、陕西、甘肃、青海、新疆、四川、云南、西藏；印度、尼泊尔

**疏齿银莲花** **Anemone geum** subsp. **ovalifolia** (Brühl) R. P. Chaudhary
分布：甘肃、四川、云南；印度、尼泊尔

**块茎银莲花** **Anemone gortschakowii** Kar. et Kir.
分布：新疆；哈萨克斯坦

**三出银莲花** **Anemone griffithii** Hook. f. et Thomson
分布：四川、西藏；不丹、印度、尼泊尔

**河口银莲花** **Anemone hokouensis** C. Y. Wu ex W. T. Wang
分布：云南

**拟卵叶银莲花** **Anemone howellii** Jeffrey et W. W. Sm.
分布：云南、广西；印度、缅甸

**打破碗花花** **Anemone hupehensis** (Lemoine) Lemoine
分布：陕西、浙江、江西、湖北、四川、贵州、云南、台湾、广东、广西

**叠裂银莲花** **Anemone imbricata** Maxim.
分布：甘肃、青海、四川、西藏

**锐裂银莲花** **Anemone laceratoincisa** W. T. Wang
分布：甘肃

**米林银莲花** **Anemone milinensis** W. T. Wang
分布：西藏

**水仙银莲花** **Anemone narcissiflora** L.
分布：内蒙古、河北、宁夏、新疆、云南；阿富汗、哈萨克斯坦、韩国、蒙古国、巴基斯坦、俄罗斯、塔吉克斯坦；亚洲(西南部)、欧洲、北美洲

**水仙银莲花(原亚种)** **Anemone narcissiflora** subsp. **narcissiflora**
分布：欧洲

**长毛银莲花** **Anemone narcissiflora** subsp. **crinita** (Juz.) Kitag.
分布：内蒙古、宁夏、新疆、云南；朝鲜、蒙古国、俄罗斯

**伏毛银莲花** **Anemone narcissiflora** subsp. **protracta** (Ulbr.) Ziman et Fedor.
分布：新疆、云南；阿富汗、哈萨克斯坦、巴基斯坦、塔吉克斯坦

**垂花银莲花** **Anemone nutantiflora** W. T. Wang et L. Q. Li
分布：云南

**钝裂银莲花** **Anemone obtusiloba** D. Don
分布：四川、云南、西藏；阿富汗、不丹、印度、克什米尔地区、蒙古国、缅甸、尼泊尔、巴基斯坦

**钝裂银莲花(原亚种)** **Anemone obtusiloba** subsp. **obtusiloba**
分布：四川、西藏；阿富汗、不丹、印度、克什米尔地区、蒙古国、缅甸、尼泊尔、巴基斯坦

**光叶银莲花** **Anemone obtusiloba** subsp. **leiophylla** W. T. Wang
分布：云南

**镇康银莲花 Anemone obtusiloba** subsp. **megaphylla** W. T. Wang
分布：云南

**直果银莲花 Anemone orthocarpa** Hand.-Mazz.
分布：贵州

**天全银莲花 Anemone patula** C. C. Chang ex W. T. Wang
分布：四川

**天全银莲花(原变种) Anemone patula** var. **patula**
分布：四川

**鸡足叶银莲花 Anemone patula** var. **minor** W. T. Wang
分布：四川

**多果银莲花 Anemone polycarpa** W. E. Evans
分布：四川、云南、西藏；不丹、尼泊尔、印度

**川西银莲花 Anemone prattii** Huth ex Ulbr.
分布：四川、云南

**多被银莲花 Anemone raddeana** Regel
分布：黑龙江、吉林、辽宁、山东、浙江；日本、朝鲜、俄罗斯

**多被银莲花(原变种) Anemone raddeana** var. **raddeana**
分布：黑龙江、吉林、辽宁、山东；日本、朝鲜、俄罗斯

**龙王山银莲花 Anemone raddeana** var. **lacerata** Y. L. Xu
分布：黑龙江、吉林、辽宁、山东；日本、朝鲜、俄罗斯

**反萼银莲花 Anemone reflexa** Stephan ex Willd.
分布：吉林、河南、陕西；朝鲜、蒙古国、俄罗斯

**草玉梅 Anemone rivularis** Buch.-Ham. ex DC.
分布：内蒙古、河北、河南、陕西、宁夏、甘肃、青海、新疆、湖北、四川、贵州、云南、西藏、广西；不丹、印度、印度尼西亚、尼泊尔、斯里兰卡

**草玉梅(原变种) Anemone rivularis** var. **rivularis**
分布：甘肃、青海、湖北、四川、贵州、云南、西藏、广西；不丹、印度、印度尼西亚、尼泊尔、斯里兰卡

**大理草玉梅 Anemone rivularis** var. **daliensis** X. D. Dong et Lin Yang
分布：云南

**小花草玉梅 Anemone rivularis** var. **flore-minore** Maxim.
分布：内蒙古、河北、河南、陕西、宁夏、甘肃、青海、新疆、四川

**疏毛草玉梅 Anemone rivularis** var. **pilosisepala** W. T. Wang
分布：西藏

**粗壮银莲花 Anemone robusta** W. T. Wang
分布：云南

**粗柱银莲花 Anemone robustostylosa** R. H. Miao
分布：广西

**岷山银莲花 Anemone rockii** Ulbr.
分布：甘肃、四川、云南、西藏；不丹、克什米尔地区、尼泊尔

**岷山银莲花(原变种) Anemone rockii** var. **rockii**
分布：甘肃、四川、云南、西藏；不丹、克什米尔地区、尼泊尔、印度

**多茎银莲花 Anemone rockii** var. **multicaulis** W. T. Wang
分布：四川

**巫溪银莲花 Anemone rockii** var. **pilocarpa** W. T. Wang
分布：四川

**湿地银莲花 Anemone rupestris** Wall. ex Hook. f. et Thomson
分布：四川、云南、西藏；不丹、印度、尼泊尔

**湿地银莲花(原亚种) Anemone rupestris** subsp. **rupestris**
分布：云南、西藏；不丹、尼泊尔、印度

**冻地银莲花 Anemone rupestris** subsp. **gelida** (Maxim.) Lauener
分布：四川、云南、西藏；不丹、尼泊尔

**岩生银莲花 Anemone rupicola** Cambess.
分布：四川、云南、西藏；阿富汗、不丹、印度、克什米尔地区、尼泊尔、巴基斯坦

**糙叶银莲花 Anemone scabriuscula** W. T. Wang
分布：云南

**山东银莲花 Anemone shikokiana** (Makino) Makino
分布：山东；日本

**红萼银莲花 Anemone smithiana** Lauener et Panigrahi
分布：西藏；不丹、尼泊尔、印度

**匐枝银莲花 Anemone stolonifera** Maxim.
分布：黑龙江、台湾；日本、朝鲜

微裂银莲花 **Anemone subindivisa** W. T. Wang
分布：四川、云南

近羽裂银莲花 **Anemone subpinnata** W. T. Wang
分布：四川

大花银莲花 **Anemone sylvestris** L.
分布：黑龙江、吉林、辽宁、内蒙古、河北、西藏；蒙古国、俄罗斯；欧洲

太白银莲花 **Anemone taipaiensis** W. T. Wang
分布：陕西

复伞银莲花 **Anemone tetrasepala** Royle
分布：西藏；阿富汗、克什米尔地区、印度、巴基斯坦

西藏银莲花 **Anemone tibetica** W. T. Wang
分布：西藏

大火草 **Anemone tomentosa** (Maxim.) C. P'ei
分布：河北、山西、河南、陕西、青海、湖北、四川

匙叶银莲花 **Anemone trullifolia** Hook. f. et Thomson
分布：四川、云南、西藏；不丹、尼泊尔、印度

匙叶银莲花(原变种) **Anemone trullifolia** var. **trullifolia**
分布：四川、云南、西藏；不丹、尼泊尔、印度

凉山银莲花 **Anemone trullifolia** var. **liangshanica** (W. T. Wang) Ziman et B. E. Dutton
分布：四川

鲁甸银莲花 **Anemone trullifolia** var. **lutienensis** (W. T. Wang) Ziman et B. E. Dutton
分布：云南

乌德银莲花 **Anemone udensis** Trautv. et C. A. Mey.
分布：吉林、辽宁；朝鲜、俄罗斯

阴地银莲花 **Anemone umbrosa** C. A. Mey.
分布：黑龙江、吉林、辽宁；朝鲜、俄罗斯

野棉花 **Anemone vitifolia** Buch.-Ham. ex DC.
分布：四川、云南、西藏；不丹、印度、克什米尔地区、缅甸、尼泊尔

小五台银莲花 **Anemone xiaowutaishanica** W. T. Wang et Bing Liu
分布：河北

兴义银莲花 **Anemone xingyiensis** Q. Yuan et Q. E. Yang
分布：贵州

玉龙山银莲花 **Anemone yulongshanica** W. T. Wang
分布：四川、云南

玉龙山银莲花(原变种) **Anemone yulongshanica** var. **yulongshanica**
分布：云南

福贡银莲花 **Anemone yulongshanica** var. **glabrescens** W. T. Wang
分布：云南

截基银莲花 **Anemone yulongshanica** var. **truncata** (H. F. Comber) W. T. Wang
分布：四川、云南

## 耧斗菜属 Aquilegia L.

暗紫耧斗菜 **Aquilegia atrovinosa** Popov ex Gamajun.
分布：新疆；哈萨克斯坦

短距耧斗菜 **Aquilegia brevicalcarata** Kolok. ex Serg.
分布：新疆

无距耧斗菜 **Aquilegia ecalcarata** Maxim.
分布：河南、陕西、宁夏、甘肃、青海、湖北、四川、贵州、西藏

大花耧斗菜 **Aquilegia glandulosa** Fisch. ex Link
分布：新疆；蒙古国、俄罗斯

秦岭耧斗菜 **Aquilegia incurvata** P. G. Xiao
分布：陕西、甘肃、四川

白山耧斗菜 **Aquilegia japonica** Nakai et H. Hara
分布：黑龙江、吉林；日本、朝鲜

白花耧斗菜 **Aquilegia lactiflora** Kar. et Kir.
分布：新疆；哈萨克斯坦、俄罗斯

腺毛耧斗菜 **Aquilegia moorcroftiana** Wall. ex Royle
分布：西藏；印度、巴基斯坦、俄罗斯

尖萼耧斗菜 **Aquilegia oxysepala** Trautv. et C. A. Mey.
分布：黑龙江、吉林、辽宁、内蒙古、河北、陕西、宁夏、甘肃、青海、湖北、四川、贵州、云南；朝鲜、俄罗斯

尖萼耧斗菜(原变种) **Aquilegia oxysepala** var. **oxysepala**
分布：黑龙江、吉林、辽宁、内蒙古、河北；朝鲜、俄罗斯

甘肃耧斗菜 **Aquilegia oxysepala** var. **kansuensis** Brühl
分布：陕西、宁夏、甘肃、青海、四川、贵州、云南

小花耧斗菜 **Aquilegia parviflora** Ledeb.
分布：黑龙江；日本、蒙古国、俄罗斯

直距耧斗菜 **Aquilegia rockii** Munz
分布：四川、云南、西藏

**西伯利亚耧斗菜 Aquilegia sibirica** Lam.

分布：新疆；哈萨克斯坦、蒙古国、俄罗斯

**耧斗菜 Aquilegia viridiflora** Pall.

分布：黑龙江、吉林、辽宁、内蒙古、河北、山西、山东、陕西、宁夏、甘肃、青海、湖北；日本、蒙古国、俄罗斯

**耧斗菜(原变种) Aquilegia viridiflora** var. **viridiflora**

分布：黑龙江、吉林、辽宁、内蒙古、河北、山西、山东、陕西、宁夏、甘肃、湖北；日本、蒙古国、俄罗斯

**紫花耧斗菜 Aquilegia viridiflora** var. **atropurpurea** (Willd.) Finet et Gagnep.

分布：辽宁、内蒙古、河北、山西、山东、青海；蒙古国、俄罗斯

**华北耧斗菜 Aquilegia yabeana** Kitag.

分布：辽宁、内蒙古、河北、山西、河南、陕西、湖北

## 星果草属 **Asteropyrum** J. R. Drumm. et Hutch.

**裂叶星果草 Asteropyrum cavaleriei** (H. Lév. et Vaniot) Drumm. et Hutch.

分布：湖南、湖北、四川、贵州、云南、广西

**星果草 Asteropyrum peltatum** (Franch.) J. R. Drumm. et Hutch.

分布：湖北、四川、云南；不丹、缅甸

## 水毛茛属 **Batrachium** (DC.) Gray

**水毛茛 Batrachium bungei** (Steud.) L. Liou

分布：辽宁、河北、山西、甘肃、青海、江苏、浙江、湖南、湖北、四川、云南、西藏、广西；克什米尔地区

**水毛茛(原变种) Batrachium bungei** var. **bungei**

分布：辽宁、河北、山西、甘肃、青海、江苏、浙江、湖北、四川、云南、西藏、广西

**黄花水毛茛 Batrachium bungei** var. **flavidum** (Hand.-Mazz.) L. Liou

分布：甘肃、四川、西藏；克什米尔地区

**小花水毛茛 Batrachium bungei** var. **micranthum** W. T. Wang

分布：江西、湖南、云南

**歧裂水毛茛 Batrachium divaricatum** (Schrank) Schur

分布：新疆；哈萨克斯坦、俄罗斯；欧洲

**小水毛茛 Batrachium eradicatum** (Laest.) Fr.

分布：黑龙江、内蒙古、新疆、四川、云南、西藏；哈萨克斯坦、俄罗斯；欧洲、北美洲

**硬叶水毛茛 Batrachium foeniculaceum** (Gilib.) Krecz.

分布：黑龙江、内蒙古、山西、新疆、云南；哈萨克斯坦、蒙古国、俄罗斯；欧洲

**长叶水毛茛 Batrachium kauffmanii** (Clerc) Krecz.

分布：黑龙江、吉林、新疆；蒙古国、俄罗斯；欧洲

**北京水毛茛 Batrachium pekinense** L. Liou

分布：北京

**钻托水毛茛 Batrachium rionii** (Lagger) Nyman

分布：北京；阿富汗、哈萨克斯坦、巴基斯坦；亚洲(西部)、欧洲、非洲(南部)

**毛柄水毛茛 Batrachium trichophyllum** (Chaix ex Vill.) Bosch

分布：黑龙江、辽宁、内蒙古、陕西、甘肃、青海、新疆、四川、西藏；哈萨克斯坦、巴基斯坦、俄罗斯

**毛柄水毛茛(原变种) Batrachium trichophyllum** var. **trichophyllum**

分布：甘肃、黑龙江、辽宁、内蒙古、青海、陕西、新疆、西藏；哈萨克斯坦、巴基斯坦(北部)、俄罗斯；欧洲、非洲(北部)、北美洲

**多毛水毛茛 Batrachium trichophyllum** var. **hirtellum** L. Liou

分布：四川

**镜泊水毛茛 Batrachium trichophyllum** var. **jingpoense** (G. Y. Zhang) W. T. Wang

分布：黑龙江

## 铁破锣属 **Beesia** Balf. f. et W. W. Sm.

**铁破锣 Beesia calthifolia** (Maxim. ex Oliv.) Ulbr.

分布：山西、甘肃、湖南、湖北、四川、贵州、云南、广西；缅甸

**角叶铁破锣 Beesia deltophylla** C. Y. Wu

分布：西藏

## 鸡爪草属 **Calathodes** Hook. f. et Thomson

**鸡爪草 Calathodes oxycarpa** Sprague

分布：湖北、四川、云南

**黄花鸡爪草 Calathodes palmata** Hook. f. et Thomson

分布：西藏；不丹、尼泊尔、印度

**台湾鸡爪草 Calathodes polycarpa** Ohwi

分布：台湾

**多果鸡爪草 Calathodes unciformis** W. T. Wang

分布：湖北、贵州、云南

## 美花草属 **Callianthemum** C. A. Mey.

**厚叶美花草 Callianthemum alatavicum** Freyn

分布：新疆；克什米尔地区、蒙古国、巴基斯坦、俄罗斯

**薄叶美花草 Callianthemum angustifolium** Witasek

分布：新疆；蒙古国、俄罗斯

**川甘美花草 Callianthemum farreri** W. W. Sm.

分布：甘肃、四川

**美花草 Callianthemum pimpinelloides** (D. Don) Hook. f. et Thomson

分布：青海、四川、云南、西藏；阿富汗、不丹、印度、克什米尔地区、尼泊尔、巴基斯坦

**太白美花草 Callianthemum taipaicum** W. T. Wang

分布：陕西

## 驴蹄草属 **Caltha** L.

**白花驴蹄草 Caltha natans** Pall.

分布：黑龙江、内蒙古；蒙古国、俄罗斯；北美洲

**驴蹄草 Caltha palustris** L.

分布：黑龙江、吉林、辽宁、内蒙古、河北、山西、河南、甘肃、新疆、浙江、四川、贵州、云南、西藏；北半球大部分温带地区

**驴蹄草(原变种) Caltha palustris** var. **palustris**

分布：内蒙古、河北、山西、河南、甘肃、新疆、浙江、四川、贵州、云南、西藏；北半球温带至寒带地区

**空茎驴蹄草 Caltha palustris** var. **barthei** Hance

分布：甘肃、四川、云南、西藏；日本、俄罗斯

**长柱驴蹄草 Caltha palustris** var. **himalaica** Tamura

分布：西藏；不丹、尼泊尔

**膜叶驴蹄草 Caltha palustris** var. **membranacea** Turcz.

分布：黑龙江、吉林、辽宁；朝鲜、蒙古国、俄罗斯

**三角叶驴蹄草 Caltha palustris** var. **sibirica** Regel

分布：黑龙江、吉林、辽宁、内蒙古；朝鲜、蒙古国、俄罗斯

**掌裂驴蹄草 Caltha palustris** var. **umbrosa** Diels

分布：四川、云南

**花葶驴蹄草 Caltha scaposa** Hook. f. et Thomson

分布：甘肃、青海、四川、云南、西藏；不丹、印度、尼泊尔

**细茎驴蹄草 Caltha sinogracilis** W. T. Wang

分布：云南、西藏

## 角果毛茛属 **Ceratocephala** Moench

**弯喙角果毛茛 Ceratocephala falcata** (L.) Pers.

分布：新疆；哈萨克斯坦、巴基斯坦；亚洲(西南部)、欧洲

**角果毛茛 Ceratocephala testiculata** (Crantz) Roth

分布：新疆；哈萨克斯坦、吉尔吉斯斯坦、巴基斯坦、俄罗斯；亚洲(西南部)、欧洲

## 升麻属 **Cimicifuga** Wernisch.

**短果升麻 Cimicifuga brachycarpa** P. K. Hsiao

分布：山西、河南、湖北、四川、云南

**兴安升麻 Cimicifuga dahurica** (Turcz. ex Fisch. et C. A. Mey.) Maxim.

分布：黑龙江、辽宁、内蒙古、河北、山西、河南、陕西；朝鲜、蒙古国、俄罗斯

**升麻 Cimicifuga foetida** L.

分布：山西、河南、陕西、甘肃、青海、湖北、四川、云南、西藏；不丹、印度、哈萨克斯坦、蒙古国、缅甸、俄罗斯

**升麻(原变种) Cimicifuga foetida** var. **foetida**

分布：山西、河南、陕西、甘肃、青海、湖北、四川、云南、西藏；不丹、印度、哈萨克斯坦、蒙古国、缅甸、俄罗斯

**两裂升麻 Cimicifuga foetida** var. **bifida** W. T. Wang et P. G. Xiao

分布：西藏

**多小叶升麻 Cimicifuga foetida** var. **foliolosa** P. G. Xiao

分布：四川、西藏

**长苞升麻 Cimicifuga foetida** var. **longibracteata** P. G. Xiao

分布：云南

**毛叶升麻 Cimicifuga foetida** var. **velutina** Franch. ex Finet et Gagnep.

分布：四川、云南

**大三叶升麻 Cimicifuga heracleifolia** Kom.

分布：黑龙江、吉林、辽宁、内蒙古；朝鲜、俄罗斯

**小升麻 Cimicifuga japonica** (Thunb.) Spreng.

分布：河北、山西、河南、陕西、甘肃、安徽、浙江、江西、湖南、湖北、四川、贵州、云南、广东、海南；日本、朝鲜

**南川升麻 Cimicifuga nanchuanensis** P. K. Hsiao

分布：四川

**单穗升麻 Cimicifuga simplex** (DC.) Wormsk. ex Turcz.

分布：黑龙江、吉林、辽宁、内蒙古、河北、陕西、甘肃、

浙江、四川、台湾、广东；日本、朝鲜、蒙古国、俄罗斯

云南升麻 **Cimicifuga yunnanensis** P. G. Xiao
分布：云南

## 铁线莲属 Clematis L.

槭叶铁线莲 **Clematis acerifolia** Maxim.
分布：北京、河南

槭叶铁线莲(原变种) **Clematis acerifolia** var. **acerifolia**
分布：北京

无裂槭叶铁线莲 **Clematis acerifolia** var. **elobata** S. X. Yang
分布：河南

长尾尖铁线莲 **Clematis acuminata** var. **longicaudata** W. T. Wang
分布：云南

芹叶铁线莲 **Clematis aethusifolia** Turcz.
分布：内蒙古、河北、山西、陕西、宁夏、甘肃、青海；蒙古国、俄罗斯

芹叶铁线莲(原变种) **Clematis aethusifolia** var. **aethusifolia**
分布：内蒙古、河北、山西、陕西、宁夏、甘肃、青海；蒙古国、俄罗斯

宽芹叶铁线莲 **Clematis aethusifolia** var. **latisecta** Maxim.
分布：内蒙古、河北、山西、陕西；蒙古国、俄罗斯

甘川铁线莲 **Clematis akebioides** (Maxim.) H. J. Veitch
分布：内蒙古、甘肃、青海、四川、云南、西藏

屏东铁线莲 **Clematis akoensis** Hayata
分布：台湾

互叶铁线莲 **Clematis alternata** Kitam. et Tamura
分布：西藏；尼泊尔

女萎 **Clematis apiifolia** DC.
分布：河南、陕西、甘肃、安徽、江苏、浙江、江西、湖南、湖北、四川、贵州、云南、福建、广东、广西；日本、韩国

女萎(原变种) **Clematis apiifolia** var. **apiifolia**
分布：安徽、江苏、江西、福建、浙江；日本

钝齿铁线莲 **Clematis apiifolia** var. **argentilucida** (H. Lév. et Vaniot) W. T. Wang
分布：河南、陕西、甘肃、安徽、江苏、浙江、江西、湖南、湖北、四川、贵州、云南、广东、广西

小木通 **Clematis armandii** Franch.
分布：陕西、甘肃、浙江、江西、湖南、湖北、四川、贵州、云南、西藏、福建、广东、广西；缅甸

小木通(原变种) **Clematis armandii** var. **armandii**
分布：陕西、甘肃、浙江、江西、湖南、湖北、四川、贵州、云南、西藏、福建、广东、广西；缅甸

大花小木通 **Clematis armandii** var. **farquhariana** (Rehder et E. H. Wilson) W. T. Wang
分布：湖南、湖北、四川

鹤峰铁线莲 **Clematis armandii** var. **hefengensis** (G. F. Tao) W. T. Wang
分布：湖北

甘南铁线莲 **Clematis austrogansuensis** W. T. Wang
分布：甘肃

多毛铁线莲 **Clematis baominiana** W. T. Wang
分布：湖南

吉隆铁线莲 **Clematis barbellata** var. **obtusa** Kitam. et Tamura
分布：西藏；尼泊尔

短尾铁线莲 **Clematis brevicaudata** DC.
分布：黑龙江、吉林、辽宁、内蒙古、河北、山西、河南、陕西、宁夏、甘肃、青海、江苏、浙江、湖南、四川、云南、西藏；朝鲜、蒙古国、俄罗斯

短尾铁线莲(原变种) **Clematis brevicaudata** var. **brevicaudata**
分布：黑龙江、吉林、辽宁、内蒙古、河北、山西、河南、陕西、宁夏、甘肃、青海、湖南、湖北、四川、云南、西藏；韩国、蒙古国、俄罗斯

密毛短尾铁线莲 **Clematis brevicaudata** var. **malacotricha** W. T. Wang
分布：四川

短梗铁线莲 **Clematis brevipes** Rehder
分布：甘肃

毛木通 **Clematis buchananiana** DC.
分布：四川、云南、西藏；不丹、印度、克什米尔地区、缅甸、尼泊尔

缅甸铁线莲 **Clematis burmanica** Lace
分布：云南；缅甸、泰国

短柱铁线莲 **Clematis cadmia** Buch.-Ham. ex Hook. f. et Thomson
分布：安徽、江苏、浙江、江西、湖北、广东；印度、

越南

**尾尖铁线莲 Clematis caudigera** W. T. Wang

分布：新疆

**浙江山木通 Clematis chekiangensis** C. P'ei

分布：浙江

**威灵仙 Clematis chinensis** Osbeck

分布：河南、陕西、安徽、江苏、浙江、江西、湖南、湖北、四川、贵州、云南、福建、台湾、广东、广西、海南、台湾；日本、越南

**威灵仙(原变种) Clematis chinensis** var. **chinensis**

分布：河南、陕西、安徽、江苏、浙江、江西、湖南、湖北、四川、贵州、云南、福建、台湾、广东、广西、海南、台湾；日本、越南

**安徽铁线莲 Clematis chinensis** var. **anhweiensis** (M. C. Chang) W. T. Wang

分布：安徽、浙江

**台湾威灵仙 Clematis chinensis** var. **tatushanensis** T. Y. Yang

分布：台湾

**毛叶威灵仙 Clematis chinensis** var. **vestita** (Rehder et E. H. Wilson) W. T. Wang

分布：河南、陕西、安徽、江苏、浙江、湖北

**两广铁线莲 Clematis chingii** W. T. Wang

分布：湖南、贵州、云南、广东、广西

**丘北铁线莲 Clematis chiupehensis** M. Y. Fang

分布：云南

**金毛铁线莲 Clematis chrysocoma** Franch.

分布：四川、贵州、云南

**平坝铁线莲 Clematis clarkeana** H. Lév. et Vaniot

分布：贵州

**合柄铁线莲 Clematis connata** DC.

分布：四川、贵州、云南、西藏；不丹、印度、克什米尔地区、尼泊尔、巴基斯坦

**合柄铁线莲(原变种) Clematis connata** var. **connata**

分布：四川、云南、西藏；不丹、印度、克什米尔地区、尼泊尔、巴基斯坦

**川藏铁线莲 Clematis connata** var. **pseudoconnata** (Kuntze) W. T. Wang

分布：四川、西藏；尼泊尔

**杯柄铁线莲 Clematis connata** var. **trullifera** (Franch.) W. T. Wang

分布：四川、贵州、云南

**角萼铁线莲 Clematis corniculata** W. T. Wang

分布：新疆

**大花威灵仙 Clematis courtoisii** Hand.-Mazz.

分布：河南、安徽、江苏、浙江、湖南、湖北

**厚叶铁线莲 Clematis crassifolia** Benth.

分布：湖南、福建、台湾、广东、广西、海南；日本

**粗柄铁线莲 Clematis crassipes** Chun et F. C. How

分布：广西、海南

**粗柄铁线莲(原变种) Clematis crassipes** var. **crassipes**

分布：广西、海南

**毛序粗柄铁线莲 Clematis crassipes** var. **pubipes** W. T. Wang

分布：广西、海南

**毛花铁线莲 Clematis dasyandra** Maxim.

分布：陕西、甘肃、四川

**银叶铁线莲 Clematis delavayi** Franch.

分布：四川、云南、西藏

**银叶铁线莲(原变种) Clematis delavayi** var. **delavayi**

分布：四川、云南

**疏毛银叶铁线莲 Clematis delavayi** var. **calvescens** C. K. Schneid.

分布：四川、云南

**裂银叶铁线莲 Clematis delavayi** var. **limprichtii** (Ulbr.) M. C. Chang

分布：四川、云南

**刺铁线莲 Clematis delavayi** var. **spinescens** Balf. f. ex Diels

分布：四川、云南、西藏

**舟柄铁线莲 Clematis dilatata** Pei

分布：浙江

**直萼铁线莲 Clematis erectisepala** L. Xie, J. H. Shi et L. Q. Li

分布：四川、云南、西藏

**滑叶藤 Clematis fasciculiflora** Franch.

分布：四川、贵州、云南、广西；缅甸、越南

**滑叶藤(原变种) Clematis fasciculiflora** var. **fasciculiflora**

分布：四川、贵州、云南、广西；缅甸、越南

**狭叶滑叶藤 Clematis fasciculiflora** var. **angustifolia** H. F. Comber

分布：云南

**国楣铁线莲** **Clematis fengii** W. T. Wang
分布：云南

**山木通** **Clematis finetiana** H. Lév. et Vaniot
分布：河南、安徽、江苏、浙江、江西、湖南、湖北、四川、贵州、福建、广东、广西

**山木通(原变种)** **Clematis finetiana** var. **finetiana**
分布：河南、安徽、江苏、浙江、江西、湖南、湖北、四川、贵州、福建、广东、广西

**鸟足叶铁线莲** **Clematis finetiana** var. **pedata** W. T. Wang
分布：湖南

**铁线莲** **Clematis florida** Thunb.
分布：浙江、江西、湖南、湖北、云南、广东、广西

**铁线莲(原变种)** **Clematis florida** var. **florida**
分布：江西、湖南、湖北、广东、广西

**重瓣铁线莲** **Clematis florida** var. **plena** D. Don
分布：浙江、云南

**宝岛铁线莲** **Clematis formosana** Kuntze
分布：台湾

**灌木铁线莲** **Clematis fruticosa** Turcz.
分布：内蒙古、河北、山西、陕西、宁夏、甘肃；蒙古国

**灌木铁线莲(原变种)** **Clematis fruticosa** var. **fruticosa**
分布：内蒙古、河北、山西、陕西；蒙古国

**毛灌木铁线莲** **Clematis fruticosa** var. **canescens** Turcz.
分布：内蒙古；蒙古国

**浅裂铁线莲** **Clematis fruticosa** var. **lobata** Maxim.
分布：内蒙古、河北、山西、陕西、宁夏、甘肃

**滇南铁线莲** **Clematis fulvicoma** Rehder et E. H. Wilson
分布：云南；印度、老挝、缅甸、泰国、越南

**褐毛铁线莲** **Clematis fusca** Turcz.
分布：黑龙江、吉林、辽宁、内蒙古、河北、山东；日本、朝鲜、俄罗斯

**褐毛铁线莲(原变种)** **Clematis fusca** var. **fusca**
分布：黑龙江、吉林、辽宁、河北、山东；日本、朝鲜、俄罗斯

**紫花铁线莲** **Clematis fusca** var. **violacea** Maxim.
分布：黑龙江、吉林；朝鲜、俄罗斯

**光叶铁线莲** **Clematis glabrifolia** K. Sun et M. S. Yan
分布：甘肃

**粉绿铁线莲** **Clematis glauca** Willd.
分布：山西、陕西、甘肃、青海、新疆；哈萨克斯坦、蒙古国、俄罗斯

**小蓑衣藤** **Clematis gouriana** Roxb. ex DC.
分布：湖南、湖北、四川、贵州、云南、广东、广西；不丹、印度、缅甸、尼泊尔、巴布亚新几内亚、菲律宾

**薄叶铁线莲** **Clematis gracilifolia** Roxb. ex DC.
分布：甘肃、四川、云南、西藏

**薄叶铁线莲(原变种)** **Clematis gracilifolia** var. **gracilifolia**
分布：甘肃、四川、云南、西藏

**狭裂薄叶铁线莲** **Clematis gracilifolia** var. **dissectifolia** W. T. Wang et M. C. Chang
分布：四川、西藏

**毛果薄叶铁线莲** **Clematis gracilifolia** var. **lasiocarpa** W. T. Wang
分布：西藏

**大花薄叶铁线莲** **Clematis gracilifolia** var. **macrantha** W. T. Wang et M. C. Chang
分布：四川

**粗齿铁线莲** **Clematis grandidentata** (Rehder et E. H. Wilson) W. T. Wang
分布：河北、山西、河南、陕西、宁夏、甘肃、青海、安徽、浙江、湖南、湖北、四川、贵州、云南

**粗齿铁线莲(原变种)** **Clematis grandidentata** var. **grandidentata**
分布：河北、山西、河南、陕西、宁夏、甘肃、青海、安徽、湖南、湖北、四川、贵州、云南

**丽江铁线莲** **Clematis grandidentata** var. **likiangensis** (Rehder) W. T. Wang
分布：河北、浙江、湖北、四川、贵州、云南

**秀丽铁线莲** **Clematis grata** Wall.
分布：西藏；阿富汗、不丹、印度、?尼泊尔、巴基斯坦

**金佛铁线莲** **Clematis gratopsis** W. T. Wang
分布：陕西、甘肃、湖南、湖北、四川

**藏西铁线莲** **Clematis graveolens** Lindl.
分布：西藏；克什米尔地区

**黄毛铁线莲** **Clematis grewiiflora** DC.
分布：西藏；不丹、印度、尼泊尔

**古蔺铁线莲** **Clematis gulinensis** W. T. Wang et L. Q. Li
分布：四川

**海南铁线莲 Clematis hainanensis** W. T. Wang
分布：海南

**毛萼铁线莲 Clematis hancockiana** Maxim.
分布：河南、安徽、江苏、浙江、江西、湖北

**戟状铁线莲 Clematis hastata** Franch. ex Finet et Gagnep.
分布：四川

**单叶铁线莲 Clematis henryi** Oliv.
分布：陕西、安徽、江苏、浙江、江西、湖南、湖北、四川、贵州、云南、福建、台湾、广东、广西

**单叶铁线莲(原变种) Clematis henryi** var. **henryi**
分布：陕西、安徽、江苏、浙江、江西、湖南、湖北、四川、贵州、云南、福建、台湾、广东、广西

**毛单叶铁线莲 Clematis henryi** var. **mollis** W. T. Wang
分布：湖南、湖北、贵州

**陕南单叶铁线莲 Clematis henryi** var. **ternata** M. Y. Fang
分布：陕西

**三花单叶铁线莲(新拟) Clematis henryi** var. **trifolia** R. J. Wang
分布：福建

**大叶铁线莲 Clematis heracleifolia** DC.
分布：吉林、辽宁、内蒙古、河北、山西、山东、河南、陕西、安徽、江苏、浙江、湖南、湖北、贵州；朝鲜

**棉团铁线莲 Clematis hexapetala** Pall.
分布：黑龙江、吉林、辽宁、内蒙古、河北、山西、山东、河南、陕西、宁夏、甘肃、江苏、湖北；朝鲜、蒙古国、俄罗斯

**棉团铁线莲(原变种) Clematis hexapetala** var. **hexapetala**
分布：黑龙江、吉林、辽宁、内蒙古、河北、山西、河南、陕西、宁夏、甘肃、湖北；韩国、蒙古国、俄罗斯

**长冬草 Clematis hexapetala** var. **tchefouensis** (Debeaux) S. Y. Hu
分布：山东、江苏

**黄荆铁线莲 Clematis huangjingensis** W. T. Wang et L. Q. Li
分布：四川

**吴兴铁线莲 Clematis huchouensis** Tamura
分布：江苏、浙江、江西、湖南

**湖北铁线莲 Clematis hupehensis** Hemsl. et E. H. Wilson
分布：湖北

**伊犁铁线莲 Clematis iliensis** Y. S. Hou et W. H. Hou
分布：新疆

**齿缺铁线莲 Clematis incisodenticulata** W. T. Wang
分布：浙江

**全缘铁线莲 Clematis integrifolia** L.
分布：新疆；哈萨克斯坦、俄罗斯；亚洲(西南部)、欧洲

**黄花铁线莲 Clematis intricata** Bunge
分布：辽宁、内蒙古、河北、山西、陕西、甘肃、青海；蒙古国

**黄花铁线莲(原变种) Clematis intricata** var. **intricata**
分布：辽宁、内蒙古、河北、山西、陕西、甘肃、青海；蒙古国

**毛萼黄花铁线莲 Clematis intricata** var. **intrapuberula** W. T. Wang
分布：甘肃

**变异黄花铁线莲 Clematis intricata** var. **purpurea** Y. Z. Zhao
分布：内蒙古

**台湾铁线莲 Clematis javana** DC.
分布：台湾；印度尼西亚、日本、巴布亚新几内亚、菲律宾

**加拉萨线莲 Clematis jialasaensis** W. T. Wang
分布：云南、西藏

**加拉萨线莲(原变种) Clematis jialasaensis** var. **jialasaensis**
分布：西藏

**滇北铁线莲 Clematis jialasaensis** var. **macrantha** W. T. Wang
分布：云南

**多花铁线莲 Clematis jingdungensis** W. T. Wang
分布：云南

**金寨铁线莲 Clematis jinzhaiensis** Z. W. Xue et Z. W. Wang
分布：安徽

**太行铁线莲 Clematis kirilowii** Maxim.
分布：河北、山西、山东、河南、陕西、安徽、江苏、湖北

**太行铁线莲(原变种) Clematis kirilowii** var. **kirilowii**
分布：河北、山西、山东、河南、陕西、安徽、江苏、湖北

**狭裂太行铁线莲 Clematis kirilowii** var. **chanetii** (H. Lév.) Hand.-Mazz.
分布：河北、山西、山东、河南

**滇川铁线莲 Clematis kockiana** C. K. Schneid.
分布：四川、贵州、云南、西藏、广西

**朝鲜铁线莲 Clematis koreana** Kom.
分布：黑龙江、吉林、辽宁；朝鲜

**贵州铁线莲 Clematis kweichowensis** C. P'ei
分布：湖北、四川、贵州、云南

**披针铁线莲 Clematis lancifolia** Bureau et Franch.
分布：四川、云南

**披针铁线莲(原变种) Clematis lancifolia** var. **lancifolia**
分布：四川、云南

**竹叶铁线莲 Clematis lancifolia** var. **ternata** W. T. Wang et M. C. Chang
分布：四川

**毛叶铁线莲 Clematis lanuginosa** Lindl.
分布：浙江

**毛蕊铁线莲 Clematis lasiandra** Maxim.
分布：河南、陕西、甘肃、安徽、浙江、江西、湖南、湖北、四川、贵州、云南、台湾、广东、广西；日本

**糙毛铁线莲 Clematis laxistrigosa** (W. T. Wang et M. C. Chang) W. T. Wang
分布：四川

**绣毛铁线莲 Clematis leschenaultiana** DC.
分布：江西、湖南、湖北、四川、贵州、云南、福建、台湾、广东、广西、海南；印度尼西亚、菲律宾、越南

**荔波铁线莲 Clematis liboensis** Z. R. Xu
分布：贵州

**凌云铁线莲 Clematis lingyunensis** W. T. Wang
分布：广西

**柳州铁线莲(新拟) Clematis liuzhouensis** Y. G. Wei et C. R. Lin
分布：广西

**光柱铁线莲 Clematis longistyla** Hand.-Mazz.
分布：河南、湖北

**丝铁线莲 Clematis loureiroana** DC.
分布：广东、广西、海南；越南

**泸水铁线莲 Clematis lushuiensis** W. T. Wang
分布：云南

**长瓣铁线莲 Clematis macropetala** Ledeb.
分布：辽宁、内蒙古、河北、山西、陕西、宁夏、甘肃、青海；蒙古国、俄罗斯

**长瓣铁线莲(原变种) Clematis macropetala** var. **macropetala**
分布：辽宁、内蒙古、河北、陕西、宁夏、甘肃、青海、山西；蒙古国

**白花长瓣铁线莲 Clematis macropetala** var. **albiflora** (Maxim. ex Kuntze) Hand.-Mazz.
分布：山西、宁夏

**马山铁线莲 Clematis mashanensis** W. T. Wang
分布：广西

**勐腊铁线莲 Clematis menglaensis** M. C. Chang
分布：云南；泰国

**墨脱铁线莲 Clematis metuoensis** M. Y. Fang
分布：西藏

**毛柱铁线莲 Clematis meyeniana** Walpers
分布：浙江、江西、湖南、湖北、四川、贵州、云南、福建、台湾、广东、广西、海南；日本、老挝、缅甸、菲律宾、越南

**毛柱铁线莲(原变种) Clematis meyeniana** var. **meyeniana**
分布：浙江、江西、湖南、湖北、四川、贵州、云南、福建、台湾、广东、广西、海南；日本、老挝、缅甸、菲律宾、越南

**沙叶铁线莲 Clematis meyeniana** var. **granulata** Finet et Gagnep.
分布：云南、广东、广西、海南；老挝、越南

**光梗毛柱铁线莲 Clematis meyeniana** var. **insularis** Sprague
分布：台湾；日本、菲律宾

**单蕊毛柱铁线莲 Clematis meyeniana** var. **uniflora** W. T. Wang
分布：福建

**绒萼铁线莲 Clematis moisseenkoi** (Serov) W. T. Wang
分布：新疆

**绣球藤 Clematis montana** Buch.-Ham. ex DC.
分布：河南、陕西、宁夏、甘肃、青海、安徽、浙江、江西、湖南、湖北、四川、贵州、云南、西藏、福建、台湾、广西；阿富汗、不丹、印度、克什米尔地区、缅甸、尼泊尔、巴基斯坦

**绣球藤(原变种) Clematis montana** var. **montana**

分布：河南、陕西、宁夏、甘肃、安徽、江西、湖南、湖北、四川、贵州、云南、西藏、台湾、广西；巴基斯坦

**伏毛绣球藤 Clematis montana** var. **brevifoliola** Kuntze

分布：西藏；不丹、克什米尔地区、缅甸、尼泊尔、印度

**毛果绣球藤 Clematis montana** var. **glabrescens** (H. F. Comber) W. T. Wang et M. C. Chang

分布：云南、西藏

**单花绣球藤 Clematis montana** var. **longipes** W. T. Wang

分布：陕西、甘肃、湖南、湖北、四川、贵州、云南、西藏；印度

**小叶绣球藤 Clematis montana** var. **sterilis** Hand.-Mazz.

分布：青海、四川、云南

**晚花绣球藤 Clematis montana** var. **wilsonii** Sprague

分布：四川

**森氏铁线莲 Clematis morii** Hayata

分布：台湾

**小叶铁线莲 Clematis nannophylla** Maxim.

分布：内蒙古、陕西、宁夏、甘肃、青海

**小叶铁线莲(原变种) Clematis nannophylla** var. **nannophylla**

分布：内蒙古、陕西、宁夏、甘肃、青海

**多叶铁线莲 Clematis nannophylla** var. **foliosa** Maxim.

分布：甘肃

**长小叶铁线莲 Clematis nannophylla** var. **pinnatisecta** W. T. Wang et L. Q. Li

分布：陕西

**合苞铁线莲 Clematis napaulensis** DC.

分布：贵州、云南、西藏；不丹、印度、缅甸、尼泊尔

**那坡铁线莲 Clematis napoensis** W. T. Wang

分布：广西

**宁静山铁线莲 Clematis ningjingshanica** W. T. Wang

分布：西藏

**怒江铁线莲 Clematis nukiangensis** M. Y. Fang

分布：云南

**秦岭铁线莲 Clematis obscura** Maxim.

分布：山西、河南、陕西、甘肃、湖北、四川

**东方铁线莲 Clematis orientalis** L.

分布：甘肃、新疆；阿富汗、印度、哈萨克斯坦、吉尔吉斯斯坦、巴基斯坦、俄罗斯、塔吉克斯坦；亚洲(西南部和西部)

**东方铁线莲(原变种) Clematis orientalis** var. **orientalis**

分布：甘肃、新疆；阿富汗、印度(西北部)、哈萨克斯坦、吉尔吉斯斯坦、巴基斯坦(北部)、俄罗斯、塔吉克斯坦；亚洲(西部)

**粗梗乐方铁线莲 Clematis orientalis** var. **sinorobusta** W. T. Wang

分布：新疆

**宽柄铁线莲 Clematis otophora** Franch. ex Finet et Gagnep.

分布：甘肃、湖北、四川

**帕米尔铁线莲 Clematis pamiralaica** Grey-Wilson

分布：新疆；塔吉克斯坦

**裂叶铁线莲 Clematis parviloba** Gardner et Champ.

分布：浙江、江西、四川、贵州、云南、福建、台湾、广东、广西

**裂叶铁线莲(原变种) Clematis parviloba** var. **parviloba**

分布：浙江、江西、湖南、贵州、云南、福建、广东、广西

**巴氏铁线莲 Clematis parviloba** var. **bartlettii** (Yamamoto) W. T. Wang

分布：台湾

**长药裂叶铁线莲 Clematis parviloba** var. **longianthera** W. T. Wang

分布：四川

**菱果裂叶铁线莲 Clematis parviloba** var. **rhombicoelliptica** W. T. Wang

分布：云南

**长圆裂叶铁线莲 Clematis parviloba** var. **suboblonga** W. T. Wang

分布：四川

**巴山铁线莲 Clematis pashanensis** (M. C. Chang) W. T. Wang

分布：山西、河南、陕西、安徽、江苏、湖北、四川

**巴山铁线莲(原变种) Clematis pashanensis** var. **pashanensis**

分布：河南、陕西、安徽、江苏、湖北、四川

**尖药巴山铁线莲 Clematis pashanensis** var. **latisepala** (M. C. Chang) W. T. Wang

分布：山西、河南、陕西、湖北

**转子莲 Clematis patens** C. Morren et Decne.
分布：辽宁、山东、浙江；日本、朝鲜

**转子莲(原变种) Clematis patens** var. **patens**
分布：辽宁、山东；日本、韩国

**天台铁线莲 Clematis patens** var. **tientaiensis** (M. Y. Fang) W. T. Wang
分布：浙江

**易武铁线莲 Clematis peii** L. Xie et W. J. Yang et L. Q. Li
分布：云南

**钝萼铁线莲 Clematis peterae** Hand.-Mazz.
分布：河北、山西、河南、陕西、甘肃、安徽、江苏、浙江、江西、湖南、湖北、四川、贵州、云南、西藏、台湾、广西

**钝萼铁线莲(原变种) Clematis peterae** var. **peterae**
分布：河北、山西、陕西、甘肃、湖南、湖北、四川、贵州、云南、西藏、广西

**梨山铁线莲 Clematis peterae** var. **lishanensis** (T. Y. Yang et T. C. Huang) W. T. Wang
分布：台湾

**毛果铁线莲 Clematis peterae** var. **trichocarpa** W. T. Wang
分布：河南、陕西、甘肃、安徽、江苏、浙江、江西、湖南、湖北、四川、贵州

**片马铁线莲 Clematis pianmaensis** W. T. Wang
分布：云南

**宾川铁线莲 Clematis pinchuanensis** W. T. Wang et M. Y. Fang
分布：云南

**宾川铁线莲(原变种) Clematis pinchuanensis** var. **pinchuanensis**
分布：云南

**三出宾川铁线莲 Clematis pinchuanensis** var. **tomentosa** (Finet et Gagnep.) W. T. Wang
分布：云南

**羽叶铁线莲 Clematis pinnata** Maxim.
分布：河北、北京

**羽叶铁线莲(原变种) Clematis pinnata** var. **pinnata**
分布：河北、北京

**平谷铁线莲 Clematis pinnata** var. **ternatifolia** W. T. Wang
分布：北京

**须蕊铁线莲 Clematis pogonandra** Maxim.
分布：陕西、甘肃、湖北、四川

**须蕊铁线莲(原变种) Clematis pogonandra** var. **pogonandra**
分布：陕西、甘肃、湖北、四川

**雷波铁线莲 Clematis pogonandra** var. **alata** W. T. Wang et M. Y. Fang
分布：四川

**多毛须蕊铁线莲 Clematis pogonandra** var. **pilosula** Rehder et E. H. Wilson
分布：四川

**美花铁线莲 Clematis potaninii** Maxim.
分布：陕西、甘肃、四川、云南、西藏

**华中铁线莲 Clematis pseudootophora** M. Y. Fang
分布：河南、浙江、江西、湖南、湖北、贵州、福建、广西

**西南铁线莲 Clematis pseudopogonandra** Finet et Gagnep.
分布：四川、云南、西藏

**光蕊铁线莲 Clematis psilandra** Kitag.
分布：台湾

**思茅铁线莲 Clematis pterantha** Dunn
分布：云南

**短毛铁线莲 Clematis puberula** Hook. f. et Thomson
分布：山西、山东、河南、陕西、甘肃、安徽、江苏、浙江、江西、湖南、湖北、四川、贵州、云南、西藏、福建、广东、广西；不丹、印度、缅甸、尼泊尔

**短毛铁线莲(原变种) Clematis puberula** var. **puberula**
分布：四川、云南、西藏；不丹、印度、缅甸、尼泊尔

**杨子铁线莲 Clematis puberula** var. **ganpiniana** (H. Lév. et Vaniot) W. T. Wang
分布：河南、陕西、安徽、浙江、江西、湖南、湖北、四川、贵州、云南、西藏、福建、广东、广西

**毛叶杨子铁线莲 Clematis puberula** var. **subsericea** (Rehder et E. H. Wilson) W. T. Wang
分布：四川

**毛果杨子铁线莲 Clematis puberula** var. **tenuisepala** (Maxim.) W. T. Wang

分布：山西、山东、河南、陕西、甘肃、江苏、浙江、湖北、四川、云南、广西

**密毛铁线莲 Clematis pycnocoma** W. T. Wang

分布：云南

**青城山铁线莲 Clematis qingchengshanica** W. T. Wang

分布：四川

**五叶铁线莲 Clematis quinquefoliolata** Hutch.

分布：湖南、湖北、四川、贵州、云南

**毛茛铁线莲 Clematis ranunculoides** Franch.

分布：四川、贵州、云南、广西

**毛茛铁线莲(原变种) Clematis ranunculoides** var. **ranunculoides**

分布：四川、贵州、云南、广西

**心叶铁线莲 Clematis ranunculoides** var. **cordata** M. Y. Fang

分布：四川

**长花铁线莲 Clematis rehderiana** Craib

分布：青海、四川、云南、西藏；尼泊尔

**曲柄铁线莲 Clematis repens** Finet et Gagnep.

分布：湖南、湖北、四川、贵州、云南、广东、广西

**莓叶铁线莲 Clematis rubifolia** C. H. Wright

分布：贵州、云南、广西

**齿叶铁线莲 Clematis serratifolia** Rehder

分布：吉林、辽宁；日本、朝鲜、俄罗斯

**神农架铁线莲 Clematis shenlungchiaensis** M. Y. Fang

分布：湖北

**陕西铁线莲 Clematis shensiensis** W. T. Wang

分布：山西、河南、陕西、湖北

**锡金铁线莲 Clematis siamensis** Drumm. et Craib

分布：云南、西藏；不丹、印度、缅甸、尼泊尔、泰国

**锡金铁线莲(原变种) Clematis siamensis** var. **siamensis**

分布：云南、西藏；不丹、印度、缅甸、尼泊尔、泰国

**毛萼锡金铁线莲 Clematis siamensis** var. **clarkei** (Kuntze) W. T. Wang

分布：云南、西藏；缅甸、印度、泰国

**单蕊锡金铁线莲 Clematis siamensis** var. **monantha** (W. T. Wang et L. Q. Li) W. T. Wang et L. Q. Li

分布：云南

**西伯利亚铁线莲 Clematis sibirica** Mill.

分布：黑龙江、吉林、内蒙古、河北、山西、宁夏、甘肃、青海、新疆；日本、蒙古国、俄罗斯；欧洲(西北部)

**西伯利亚铁线莲(原变种) Clematis sibirica** var. **sibirica**

分布：黑龙江、内蒙古、宁夏、甘肃、青海、新疆；蒙古国、俄罗斯

**半钟铁线莲 Clematis sibirica** var. **ochotensis** (Pall.) S. H. Li et Y. Hui Huang

分布：黑龙江、吉林、内蒙古、河北、山西；日本、俄罗斯

**辛氏铁线莲 Clematis sinii** W. T. Wang

分布：广西

**菝葜叶铁线莲 Clematis smilacifolia** Wall.

分布：贵州、云南、西藏、广西、海南；孟加拉国、不丹、柬埔寨、印度、印度尼西亚、马来西亚、缅甸、尼泊尔、巴布亚新几内亚、菲律宾、斯里兰卡、泰国、越南

**菝葜叶铁线莲(原变种) Clematis smilacifolia** var. **smilacifolia**

分布：贵州、云南、西藏、广西、海南；孟加拉国、不丹、柬埔寨、印度、印度尼西亚、马来西亚、缅甸、尼泊尔、巴布亚新几内亚、菲律宾、斯里兰卡、泰国、越南

**盾叶铁线莲 Clematis smilacifolia** var. **peltata** (W. T. Wang) W. T. Wang

分布：云南、广西；越南

**准噶尔铁线莲 Clematis songorica** Bunge

分布：甘肃、新疆；阿富汗、哈萨克斯坦、吉尔吉斯斯坦、蒙古国、塔吉克斯坦

**准噶尔铁线莲(原变种)** Clematis **songorica** var. **songorica**

分布：甘肃、新疆；哈萨克斯坦、蒙古国

**蕨叶铁线莲 Clematis songorica** var. **aspleniifolia** (Schrenk) Trautv.

分布：新疆；阿富汗、哈萨克斯坦、吉尔吉斯斯坦、塔吉克斯坦

**细木通 Clematis subumbellata** Kurz.

分布：云南；老挝、缅甸、泰国、越南

**田村铁线莲 Clematis tamurae** T. Y. A. Yang et T. C. Huang

分布：台湾

**甘青铁线莲 Clematis tangutica** (Maxim.) Korsh.

分布：陕西、甘肃、青海、新疆、四川、西藏；哈萨克斯坦

**甘青铁线莲(原变种) Clematis tangutica** var. **tangutica**
分布：陕西、甘肃、青海、新疆、四川、西藏；哈萨克斯坦

**蒙古甘青铁线莲 Clematis tangutica** var. **mongolica** (Grey-Wilson) W. T. Wang
分布：甘肃；蒙古国

**钝萼甘青铁线莲 Clematis tangutica** var. **obtusiuscula** Rehder et E. H. Wilson
分布：甘肃、青海、四川、西藏

**毛萼甘青铁线莲 Clematis tangutica** var. **pubescens** M. C. Chang et P. P. Ling
分布：甘肃、青海、四川、西藏

**长萼铁线莲 Clematis tashiroi** Maxim.
分布：台湾；日本、越南

**长萼铁线莲(原变种) Clematis tashiroi** var. **tashiroi**
分布：台湾；日本、越南

**黄氏铁线莲 Clematis tashiroi** var. **huangii** T. Y. A. Yang
分布：台湾

**细花铁线莲 Clematis tatarinowii** Maxim.
分布：北京

**腾冲铁线莲 Clematis tengchongensis** W. T. Wang
分布：云南

**细梗铁线莲 Clematis tenuipes** W. T. Wang
分布：云南

**柱梗铁线莲 Clematis teretipes** W. T. Wang
分布：四川

**圆锥铁线莲 Clematis terniflora** DC.
分布：黑龙江、吉林、辽宁、内蒙古、河南、陕西、安徽、江苏、浙江、江西、湖北、台湾；日本、朝鲜、蒙古国、俄罗斯

**圆锥铁线莲(原变种) Clematis terniflora** var. **terniflora**
分布：河南、陕西、安徽、江苏、浙江、江西、湖北；日本、朝鲜

**鹅銮鼻铁线莲 Clematis terniflora** var. **garanbiensis** (Hayata) M. C. Chang
分布：台湾

**辣蓼铁线莲 Clematis terniflora** var. **mandshurica** (Rupr.) Ohwi
分布：黑龙江、吉林、辽宁、内蒙古；朝鲜、蒙古国、俄罗斯

**中印铁线莲 Clematis tibetana** Kuntze
分布：四川、西藏；印度、尼泊尔

**中印铁线莲(原变种) Clematis tibetana** var. **tibetana**
分布：西藏；印度

**狭叶中印铁线莲 Clematis tibetana** var. **lineariloba** W. T. Wang
分布：四川、西藏

**厚叶中印铁线莲 Clematis tibetana** var. **vernayi** (C. E. C. Fisch.) W. T. Wang
分布：西藏；尼泊尔

**鼎湖铁线莲 Clematis tinghuensis** C. T. Ting
分布：广东

**灰叶铁线莲 Clematis tomentella** (Maxim.) W. T. Wang et L. Q. Li
分布：内蒙古、陕西、宁夏、甘肃

**软萼铁线莲 Clematis tongluensis** var. **mollisepala** W. T. Wang
分布：西藏

**洋裂铁线莲 Clematis tripartita** W. T. Wang
分布：西藏；尼泊尔

**福贡铁线莲 Clematis tsaii** W. T. Wang
分布：云南、西藏

**高山铁线莲 Clematis tsugetorum** Ohwi
分布：台湾

**管花铁线莲 Clematis tubulosa** Turcz.
分布：吉林、辽宁、内蒙古、河北、山西、山东、河南、陕西、江苏、湖南、湖北

**柱果铁线莲 Clematis uncinata** Champ. et Bentham
分布：陕西、甘肃、安徽、江苏、浙江、江西、湖南、湖北、四川、贵州、云南、福建、台湾、广东、广西；日本、越南

**柱果铁线莲(原变种) Clematis uncinata** var. **uncinata**
分布：陕西、甘肃、安徽、江苏、浙江、江西、湖南、四川、贵州、云南、福建、台湾、广东、广西；日本、越南

**皱叶铁线莲 Clematis uncinata** var. **coriacea** Pamp.
分布：陕西、甘肃、湖南、湖北、四川

**毛柱果铁线莲 Clematis uncinata** var. **okinawensis** (Ohwi) Ohwi
分布：台湾；日本

**尾叶铁线莲 Clematis urophylla** Franch.
分布：湖南、湖北、四川、贵州、广东、广西

**云贵铁线莲** **Clematis vaniotii** H. Lév. et Porter
分布：贵州、云南

**丽叶铁线莲** **Clematis venusta** M. C. Chang
分布：云南

**绿叶铁线莲** **Clematis viridis** (W. T. Wang et M. C. Chang) W. T. Wang
分布：四川、西藏

**文山铁线莲** **Clematis wenshanensis** W. T. Wang
分布：云南

**文县铁线莲** **Clematis wenxianensis** W. T. Wang
分布：甘肃

**厚萼铁线莲** **Clematis wissmanniana** Hand.-Mazz.
分布：云南；泰国

**湘桂铁线莲** **Clematis xiangguiensis** W. T. Wang
分布：湖南、广西

**新惠铁线莲** **Clematis xinhuiensis** R. J. Wang
分布：广东、香港

**元江铁线莲** **Clematis yuanjiangensis** W. T. Wang
分布：云南

**俞氏铁线莲** **Clematis yui** W. T. Wang
分布：云南、西藏；缅甸

**云南铁线莲** **Clematis yunnanensis** Franch.
分布：四川、云南

**扎达铁线莲** **Clematis zandaensis** W. T. Wang
分布：西藏

**浙江铁线莲** **Clematis zhejiangensis** R. J. Wang
分布：浙江

**对叶铁线莲** **Clematis zygophylla** Hand.-Mazz.
分布：贵州

## 飞燕草属 **Consolida** (DC.) S. F. Gray

**飞燕草** **Consolida ajacis** (L.) Schur
分布：广泛栽培；亚洲(西南部)、欧洲

**凸脉飞燕草** **Consolida rugulosa** (Boiss.) Schrodinger
分布：新疆；阿富汗、哈萨克斯坦、吉尔吉斯斯坦、土库曼斯坦；亚洲(西南部)

## 黄连属 **Coptis** Salisb.

**黄连** **Coptis chinensis** Franch.
分布：陕西、安徽、浙江、湖南、湖北、四川、贵州、福建、广东、广西

**黄连(原变种)** **Coptis chinensis** var. **chinensis**
分布：陕西、湖南、湖北、四川、贵州

**短萼黄连** **Coptis chinensis** var. **brevisepala** W. T. Wang et P. G. Xiao
分布：安徽、浙江、福建、广东、广西

**三角叶黄连** **Coptis deltoidea** C. Y. Cheng et P. G. Xiao
分布：四川

**峨眉黄连** **Coptis omeiensis** (Chen) C. Y. Cheng
分布：河南、四川

**五叶黄连** **Coptis quinquefolia** Miq.
分布：台湾；日本

**五裂黄连** **Coptis quinquesecta** W. T. Wang
分布：云南

**云南黄连** **Coptis teeta** Wall.
分布：云南、西藏

## 翠雀属 **Delphinium** L.

**塔城翠雀花** **Delphinium aemulans** Nevski
分布：新疆；哈萨克斯坦

**阿克陶翠雀花** **Delphinium aktoense** W. T. Wang
分布：新疆

**白蓝翠雀花** **Delphinium albocoeruleum** Maxim.
分布：宁夏、甘肃、青海、四川、西藏

**白蓝翠雀花(原变种)** **Delphinium albocoeruleum** var. **albocoeruleum**
分布：甘肃、青海、四川、西藏

**贺兰翠雀花** **Delphinium albocoeruleum** var. **przewalskii** (Huth) W. T. Wang
分布：宁夏

**高茎翠雀花** **Delphinium altissimum** Wall.
分布：西藏；不丹、印度、尼泊尔

**宕昌翠雀花** **Delphinium angustipaniculatum** W. T. Wang
分布：甘肃

**狭菱形翠雀花** **Delphinium angustirhombicum** W. T. Wang
分布：云南

**还亮草** **Delphinium anthriscifolium** Hance
分布：山西、河南、陕西、甘肃、安徽、江苏、浙江、江西、湖南、湖北、四川、贵州、云南、福建、广东、广西；越南

**还亮草(原变种) Delphinium anthriscifolium** var. **anthriscifolium**
分布：山西、河南、安徽、江苏、浙江、江西、湖南、湖北、贵州、云南、福建、广东、广西

**大花还亮草 Delphinium anthriscifolium** var. **majus** Pamp.
分布：陕西、安徽、湖南、湖北、四川、贵州

**卵瓣还亮草 Delphinium anthriscifolium** var. **savatieri** (Franch.) Munz
分布：河南、陕西、甘肃、安徽、江苏、浙江、江西、湖南、湖北、四川、贵州、云南、广东、广西；越南

**秋翠雀花 Delphinium autumnale** Hand.-Mazz.
分布：四川、云南

**巴塘翠雀花 Delphinium batangense** Finet et Gagnep.
分布：四川、云南

**宽距翠雀花 Delphinium beesianum** W. W. Sm.
分布：四川、云南、西藏

**宽距翠雀花(原变种) Delphinium beesianum** var. **beesianum**
分布：四川、云南

**粗裂宽距翠雀花 Delphinium beesianum** var. **latisectum** W. T. Wang
分布：云南、西藏

**辐裂翠雀花 Delphinium beesianum** var. **radiatifolium** (Hand.-Mazz.) W. T. Wang
分布：四川、西藏

**三出翠雀花 Delphinium biternatum** Huth
分布：新疆；哈萨克斯坦、吉尔吉斯斯坦

**短萼翠雀花 Delphinium brevisepalum** W. T. Wang
分布：云南

**囊距翠雀花 Delphinium brunonianum** Royle
分布：西藏；阿富汗、克什米尔地区、尼泊尔、巴基斯坦

**拟螺距翠雀花 Delphinium bulleyanum** Forrest ex Diels
分布：四川、云南

**拟螺距翠雀花(原变种) Delphinium bulleyanum** var. **bulleyanum**
分布：四川、云南

**光果拟螺距翠雀花 Delphinium bulleyanum** var. **leiogynum** W. T. Wang
分布：四川

**蓝翠雀花 Delphinium caeruleum** Jacq.
分布：甘肃、青海、四川、云南、西藏；不丹、尼泊尔、印度

**蓝翠雀花(原变种) Delphinium caeruleum** var. **caeruleum**
分布：甘肃、青海、四川、云南、西藏；不丹、尼泊尔

**粗距蓝翠雀花 Delphinium caeruleum** var. **crassicalcaratum** W. T. Wang et M. J. Warnock
分布：云南

**大叶蓝翠雀花 Delphinium caeruleum** var. **majus** W. T. Wang
分布：甘肃

**钝裂蓝翠雀花 Delphinium caeruleum** var. **obtusilobum** Brühl ex Huth
分布：西藏；印度

**美叶翠雀花 Delphinium calophyllum** W. T. Wang
分布：青海

**驴蹄草叶翠雀花 Delphinium calthifolium** Q. E. Yang et Y. Luo
分布：四川

**弯距翠雀花 Delphinium campylocentrum** Maxim.
分布：甘肃、四川

**奇林翠雀花 Delphinium candelabrum** Ostenf.
分布：甘肃、青海、四川、西藏

**奇林翠雀花(原变种) Delphinium candelabrum** var. **candelabrum**
分布：西藏

**单花翠雀花 Delphinium candelabrum** var. **monanthum** (Hand.-Mazz.) W. T. Wang
分布：甘肃、青海、四川、西藏

**尾裂翠雀花 Delphinium caudatolobum** W. T. Wang
分布：四川

**拟角萼翠雀花 Delphinium ceratophoroides** W. T. Wang
分布：西藏

**角萼翠雀花 Delphinium ceratophorum** Franch.
分布：云南

**角萼翠雀花(原变种) Delphinium ceratophorum** var. **ceratophorum**
分布：云南

短角萼翠雀花 **Delphinium ceratophorum** var. **brevicorniculatum** W. T. Wang
分布：云南

毛角萼翠雀花 **Delphinium ceratophorum** var. **hirsutum** W. T. Wang
分布：云南

粗壮角萼翠雀花 **Delphinium ceratophorum** var. **robustum** W. T. Wang
分布：云南

察隅翠雀花 **Delphinium chayuense** W. T. Wang
分布：西藏

唇花翠雀花 **Delphinium cheilanthum** Fisch. ex DC.
分布：内蒙古、新疆；蒙古国、俄罗斯

白缘翠雀花 **Delphinium chenii** W. T. Wang
分布：四川、云南

黄毛翠雀花 **Delphinium chrysotrichum** Finet et Gagnep.
分布：四川、云南、西藏

黄毛翠雀花(原变种) **Delphinium chrysotrichum** var. **chrysotrichum**
分布：四川、西藏

察瓦龙翠雀花 **Delphinium chrysotrichum** var. **tsarongense** (Hand.-Mazz.) W. T. Wang
分布：云南、西藏

珠峰翠雀花 **Delphinium chumulangmaense** W. T. Wang
分布：西藏

仲巴翠雀花 **Delphinium chungbaense** W. T. Wang
分布：西藏

鞘柄翠雀花 **Delphinium coleopodum** Hand.-Mazz.
分布：云南

错那翠雀花 **Delphinium conaense** W. T. Wang
分布：西藏

合瓣翠雀花(新拟) **Delphinium conocentrum** Chatterjee
分布：西藏；印度

谷地翠雀花 **Delphinium davidii** Franch.
分布：四川

大藏翠雀花 **Delphinium dazangense** W. T. Wang
分布：四川

滇川翠雀花 **Delphinium delavayi** Franch.
分布：四川、云南

滇川翠雀花(原变种) **Delphinium delavayi** var. **delavayi**
分布：四川、贵州、云南

保山翠雀花 **Delphinium delavayi** var. **baoshanense** (W. T. Wang) W. T. Wang
分布：云南

毛蕊翠雀花 **Delphinium delavayi** var. **lasiandrum** W. T. Wang
分布：云南

须花翠雀花 **Delphinium delavayi** var. **pogonanthum** (Hand.-Mazz.) W. T. Wang
分布：四川、贵州、云南

密花翠雀花 **Delphinium densiflorum** Duthie ex Huth
分布：甘肃、青海、西藏；印度、尼泊尔

拟长距翠雀花 **Delphinium dolichocentroides** W. T. Wang
分布：四川

拟长距翠雀花(原变种) **Delphinium dolichocentroides** var. **dolichocentroides**
分布：四川

基苞翠雀花 **Delphinium dolichocentroides** var. **leiogynum** W. T. Wang
分布：四川

无腺翠雀花 **Delphinium eglandulosum** C. Y. Yang et B. Wang
分布：新疆

绢毛翠雀花 **Delphinium elatum** var. **sericeum** W. T. Wang
分布：新疆

长卵苞翠雀花 **Delphinium ellipticovatum** W. T. Wang
分布：新疆

毛梗翠雀花 **Delphinium eriostylum** H. Lév.
分布：四川、贵州

毛梗翠雀花(原变种) **Delphinium eriostylum** var. **eriostylum**
分布：四川、贵州

糙叶毛梗翠雀花 **Delphinium eriostylum** var. **hispidum** (W. T. Wang) W. T. Wang
分布：贵州

二郎山翠雀花 **Delphinium erlangshanicum** W. T. Wang
分布：四川

短距翠雀花 **Delphinium forrestii** Diels
分布：四川、云南、西藏

短距翠雀花(原变种) **Delphinium forrestii** var. **forrestii**
分布：四川、云南

光茎短距翠雀花 **Delphinium forrestii** var. **viride** (W. T. Wang) W. T. Wang
分布：云南、西藏

秦岭翠雀花 **Delphinium giraldii** Diels
分布：山西、河南、陕西、宁夏、甘肃、湖北

光茎翠雀花 **Delphinium glabricaule** W. T. Wang
分布：四川

冰川翠雀花 **Delphinium glaciale** Hook. f. et Thomson
分布：西藏；不丹、尼泊尔、印度

贡嘎翠雀花 **Delphinium gonggaense** W. T. Wang
分布：四川

翠雀 **Delphinium grandiflorum** L.
分布：黑龙江、吉林、辽宁、内蒙古、河北、北京、山西、山东、河南、陕西、宁夏、甘肃、青海、安徽、江苏、四川、云南；蒙古国、俄罗斯

翠雀(原变种) **Delphinium grandiflorum** var. **grandiflorum**
分布：黑龙江、吉林、辽宁、内蒙古、河北、山西、河南、陕西、青海、四川；蒙古国、俄罗斯

安泽翠雀 **Delphinium grandiflorum** var. **deinocarpum** W. T. Wang
分布：山西

房山翠雀 **Delphinium grandiflorum** var. **fangshanense** (W. T. Wang) W. T. Wang
分布：北京

腺毛翠雀 **Delphinium grandiflorum** var. **gilgianum** (Pilg. ex Gilg) Finet et Gagnep.
分布：河北、山西、山东、河南、陕西、甘肃、青海、安徽、江苏

光果翠雀 **Delphinium grandiflorum** var. **leiocarpum** W. T. Wang
分布：山西、陕西、宁夏、甘肃

裂瓣翠雀 **Delphinium grandiflorum** var. **mosoynense** (Franch.) Huth
分布：云南

硕片翠雀花 **Delphinium grandilimbum** W. T. Wang et M. J. Warnock
分布：云南

拉萨翠雀花 **Delphinium gyalanum** C. Marquand et Airy Shaw
分布：西藏

钩距翠雀花 **Delphinium hamatum** Franch.
分布：云南

淡紫翠雀花 **Delphinium handelianum** W. T. Wang
分布：云南

川陕翠雀花 **Delphinium henryi** Franch.
分布：河南、陕西、湖北、四川

毛莨叶翠雀花 **Delphinium hillcoatiae** Munz
分布：西藏

毛莨叶翠雀花(原变种) **Delphinium hillcoatiae** var. **hillcoatiae**
分布：西藏

毛果毛莨叶翠雀花 **Delphinium hillcoatiae** var. **pilo-arpum** Q. E. Yang et Y. Luo
分布：西藏

毛茎翠雀花 **Delphinium hirticaule** Franch.
分布：陕西、湖北、四川

毛茎翠雀花(原变种) **Delphinium hirticaule** var. **hirticaule**
分布：陕西、湖北、四川

腺毛翠雀花 **Delphinium hirticaule** var. **mollipes** W. T. Wang
分布：湖北、四川

毛叶翠雀花 **Delphinium hirtifolium** W. T. Wang
分布：四川

河南翠雀花 **Delphinium honanense** W. T. Wang
分布：河南、陕西、湖北

河南翠雀花(原变种) **Delphinium honanense** var. **honanense**
分布：河南、陕西、湖北

毛梗河南翠雀花 **Delphinium honanense** var. **piliferum** W. T. Wang
分布：陕西

兴安翠雀花 **Delphinium hsinganense** S. H. Li et S. F. Fang
分布：内蒙古

湟中翠雀花 **Delphinium huangzhongense** W. T. Wang
分布：青海

会泽翠雀花 **Delphinium hueizeense** W. T. Wang
分布：云南

稻城翠雀花 **Delphinium hui** Chen
分布：四川

乡城翠雀花 **Delphinium humilius** (W. T. Wang) W. T. Wang
分布：四川、云南

伊犁翠雀花 **Delphinium iliense** Huth
分布：新疆；哈萨克斯坦、蒙古国

缺刻翠雀花 **Delphinium incisolobulatum** W. T. Wang
分布：西藏

光序翠雀花 **Delphinium kamaonense** Huth
分布：甘肃、青海、四川、西藏；印度、尼泊尔

光序翠雀花(原变种) **Delphinium kamaonense** var. **kamaonense**
分布：西藏；印度、尼泊尔

展毛翠雀花 **Delphinium kamaonense** var. **glabrescens** (W. T. Wang) W. T. Wang
分布：甘肃、青海、四川、西藏

甘肃翠雀花 **Delphinium kansuense** W. T. Wang
分布：甘肃、青海

甘肃翠雀花(原变种) **Delphinium kansuense** var. **kansuense**
分布：甘肃

粘毛甘肃翠雀花 **Delphinium kansuense** var. **villosiusculum** W. T. Wang et M. J. Warnock
分布：青海

甘孜翠雀花 **Delphinium kantzeense** W. T. Wang
分布：四川

喀什翠雀花 **Delphinium kaschgaricum** C. Y. Yang et B. Wang
分布：新疆

密叶翠雀花 **Delphinium kingianum** Brühl ex Huth
分布：西藏

密叶翠雀花(原变种) **Delphinium kingianum** var. **kingianum**
分布：西藏

尖裂密叶翠雀花 **Delphinium kingianum** var. **acuminatissimum** (W. T. Wang) W. T. Wang
分布：西藏

少腺密叶翠雀花 **Delphinium kingianum** var. **eglandulosum** W. T. Wang
分布：西藏

光果密叶翠雀花 **Delphinium kingianum** var. **leiocarpum** Brühl ex Huth
分布：西藏

东北高翠雀花 **Delphinium korshinskyanum** Nevski
分布：黑龙江；俄罗斯

昆仑翠雀花 **Delphinium kunlunshanicum** C. Y. Yang et B. Wang
分布：新疆

帕米尔翠雀花 **Delphinium lacostei** Danguy
分布：新疆；吉尔吉斯斯坦、巴基斯坦

毛药翠雀花 **Delphinium lasiantherum** W. T. Wang
分布：四川

宽菱形翠雀花 **Delphinium latirhombicum** W. T. Wang
分布：云南

聚伞翠雀花 **Delphinium laxicymosum** W. T. Wang
分布：四川

聚伞翠雀花(原变种) **Delphinium laxicymosum** var. **laxicymosum**
分布：四川

毛序聚伞翠雀花 **Delphinium laxicymosum** var. **pilostachyum** W. T. Wang
分布：四川

光叶翠雀花 **Delphinium leiophyllum** (W. T. Wang) W. T. Wang
分布：西藏

光轴翠雀花 **Delphinium leiostachyum** W. T. Wang
分布：四川

凉山翠雀花 **Delphinium liangshanense** W. T. Wang
分布：四川、云南

李恒翠雀花 **Delphinium lihengianum** Q. E. Yang et Y. Luo
分布：西藏

丽江翠雀花 **Delphinium likiangense** Franch.
分布：云南

灵宝翠雀花 **Delphinium lingbaoense** S. Y. Wang et Q. S. Yang
分布：河南

长苞翠雀花 **Delphinium longibracteolatum** W. T. Wang
分布：西藏

长梗翠雀花 **Delphinium longipedicellatum** W. T. Wang
分布：西藏

宽苞翠雀花 **Delphinium maackianum** Regel
分布：黑龙江、吉林、辽宁；韩国、俄罗斯

金沙翠雀花 **Delphinium majus** Ulbr.
分布：四川、云南

软叶翠雀花 **Delphinium malacophyllum** Hand.-Mazz.
分布：甘肃、四川

茂县翠雀花 **Delphinium maoxianense** W. T. Wang
分布：四川

多枝翠雀花 **Delphinium maximowiczii** Franch.
分布：甘肃、四川

墨脱翠雀花 **Delphinium medogense** W. T. Wang
分布：西藏

小瓣翠雀花 **Delphinium micropetalum** Finet et Gagnep.
分布：云南；缅甸

新源翠雀花 **Delphinium mollifolium** W. T. Wang
分布：新疆

软毛翠雀花 **Delphinium mollipilum** W. T. Wang
分布：甘肃

磨顶山翠雀花 **Delphinium motingshanicum** W. T. Wang et M. J. Warnock
分布：云南

木里翠雀花 **Delphinium muliense** W. T. Wang
分布：四川

木里翠雀花(原变种) **Delphinium muliense** var. **muliense**
分布：四川

小苞木里翠雀花 **Delphinium muliense** var. **minutibracteolatum** W. T. Wang
分布：四川

囊谦翠雀花 **Delphinium nangchienense** W. T. Wang
分布：青海

朗孜翠雀花 **Delphinium nangziense** W. T. Wang
分布：西藏

船苞翠雀花 **Delphinium naviculare** W. T. Wang
分布：新疆

船苞翠雀花(原变种) **Delphinium naviculare** var. **naviculare**
分布：新疆

毛果船苞翠雀花 **Delphinium naviculare** var. **lasiocarpum** W. T. Wang
分布：新疆

文采新翠雀花 **Delphinium neowentsaii** Chang Y. Yang
分布：新疆

宁郎山翠雀花 **Delphinium ninglangshanicum** W. T. Wang
分布：四川

叠裂翠雀花 **Delphinium nordhagenii** Wendelbo
分布：新疆、西藏；巴基斯坦

叠裂翠雀花(原变种) **Delphinium nordhagenii** var. **nordhagenii**
分布：新疆、西藏；巴基斯坦

尖齿翠雀花 **Delphinium nordhagenii** var. **acutidentatum** W. T. Wang
分布：西藏

细茎翠雀花 **Delphinium nortonii** Dunn
分布：西藏；尼泊尔、印度

倒心形翠雀花 **Delphinium obcordatilimbum** W. T. Wang
分布：西藏

峨眉翠雀花 **Delphinium omeiense** W. T. Wang
分布：湖北、四川、云南

峨眉翠雀花(原变种) **Delphinium omeiense** var. **omeiense**
分布：四川、云南

小花峨眉翠雀花 **Delphinium omeiense** var. **micranthum** G. F. Tao
分布：湖北

毛峨眉翠雀花 **Delphinium omeiense** var. **pubescens** W. T. Wang
分布：四川

拟直距翠雀花 **Delphinium orthocentroides** W. T. Wang
分布：四川

直距翠雀花 **Delphinium orthocentrum** Franch.
分布：四川

尖距翠雀花 **Delphinium oxycentrum** W. T. Wang
分布：四川

粗距翠雀花 **Delphinium pachycentrum** Hemsl.
分布：青海、四川

粗距翠雀花(原变种) **Delphinium pachycentrum** var. **pachycentrum**
分布：青海、四川

狭萼粗距翠雀花 **Delphinium pachycentrum** var. **lancisepalum** (Hand.-Mazz.) W. T. Wang
分布：四川

纸叶翠雀花 **Delphinium pergameneum** W. T. Wang
分布：云南

宽爪翠雀花 **Delphinium platyonychinum** W. T. Wang
分布：四川

波密翠雀华 **Delphinium pomeense** W. T. Wang
分布：西藏

黑水翠雀花 **Delphinium potaninii** Huth
分布：甘肃、四川

黑水翠雀花(原变种) **Delphinium potaninii** var. **potaninii**
分布：陕西、甘肃、四川

螺距黑水翠雀 **Delphinium potaninii** var. **bonvalotii** (Franch.) W. T. Wang
分布：四川

川黑水翠雀花(新拟) **Delphinium potaninii** var. **jiufengshanense** W. J. Zhang et G. H. Chen
分布：四川

宽苞黑水翠雀花 **Delphinium potaninii** var. **latibracteolatum** W. T. Wang
分布：四川

拟蓝翠雀花 **Delphinium pseudocaeruleum** W. T. Wang
分布：甘肃

拟弯距翠雀花 **Delphinium pseudocampylocentrum** W. T. Wang
分布：四川

拟弯距翠雀花(原变种) **Delphinium pseudocampylocentrum** var. **pseudocampylocentrum**
分布：四川

光序拟弯距翠雀花 **Delphinium pseudocampylocentrum** var. **glabripes** W. T. Wang
分布：四川

石滩翠雀花 **Delphinium pseudocandelabrum** W. T. Wang
分布：青海

假深蓝翠雀花 **Delphinium pseudocyananthum** C. Y. Yang et B. Wang
分布：西藏

拟冰川翠雀花 **Delphinium pseudoglaciale** W. T. Wang
分布：西藏

拟钩距翠雀花 **Delphinium pseudohamatum** W. T. Wang
分布：云南

条裂翠雀花 **Delphinium pseudomosoynense** W. T. Wang
分布：四川

条裂翠雀花(原变种) **Delphinium pseudomosoynense** var. **pseudomosoynense**
分布：四川

疏毛条裂翠雀花 **Delphinium pseudomosoynense** var. **subglabrum** W. T. Wang
分布：四川

宽萼翠雀花 **Delphinium pseudopulcherrimum** W. T. Wang
分布：西藏

拟澜沧翠雀花 **Delphinium pseudothibeticum** W. T. Wang et M. J. Warnock
分布：云南

拟川西翠雀花 **Delphinium pseudotongolense** W. T. Wang
分布：四川

拟云南翠雀花 **Delphinium pseudoyunnanense** W. T. Wang et M. J. Warnock
分布：云南

普兰翠雀花 **Delphinium pulanense** W. T. Wang
分布：西藏

矮翠雀花 **Delphinium pumilum** W. T. Wang
分布：四川

紫苞翠雀花 **Delphinium purpurascens** W. T. Wang
分布：西藏

密距翠雀花 **Delphinium pycnocentrum** Franch.
分布：云南

大通翠雀花 **Delphinium pylzowii** Maxim.
分布：甘肃、青海、四川、西藏

大通翠雀花(原变种) **Delphinium pylzowii** var. **pylzowii**
分布：甘肃、青海

三果大通翠雀花 **Delphinium pylzowii** var. **trigynum** W. T. Wang
分布：甘肃、青海、四川、西藏

青海翠雀花 **Delphinium qinghaiense** W. T. Wang
分布：青海

壤塘翠雀花 **Delphinium rangtangense** W. T. Wang
分布：四川

岩生翠雀花 **Delphinium saxatile** W. T. Wang
分布：四川

萨乌尔翠雀花 **Delphinium shawurense** W. T. Wang
分布：新疆

萨乌尔翠雀花(原变种) **Delphinium shawurense** var. **shawurense**
分布：新疆

白花萨乌尔翠雀花 **Delphinium shawurense** var. **albiflorum** C. Y. Yang et B. Wang
分布：新疆

毛茎萨乌尔翠雀花 **Delphinium shawurense** var. **pseudoaemulans** (C. Y. Yang et B. Wang) W. T. Wang
分布：新疆

米林翠雀花 **Delphinium sherriffii** Munz
分布：西藏

水城翠雀花 **Delphinium shuichengense** W. T. Wang
分布：贵州

新疆高翠雀花 **Delphinium sinoelatum** C. Y. Yang et B. Wang
分布：新疆

五果翠雀花 **Delphinium sinopentagynum** W. T. Wang
分布：四川

花葶翠雀花 **Delphinium sinoscaposum** W. T. Wang
分布：四川

葡萄叶翠雀花 **Delphinium sinovitifolium** W. T. Wang
分布：四川

细须翠雀花 **Delphinium siwanense** Franch.
分布：内蒙古、河北、山西、陕西、宁夏、甘肃

细须翠雀花(原变种) **Delphinium siwanense** var. **siwanense**
分布：内蒙古、河北、山西、陕西、宁夏、甘肃

冀北翠雀花 **Delphinium siwanense** var. **albopuberulum** W. T. Wang
分布：河北

宝兴翠雀花 **Delphinium smithianum** Hand.-Mazz.
分布：四川、云南

川甘翠雀花 **Delphinium souliei** Franch.
分布：甘肃、四川

疏花翠雀花 **Delphinium sparsiflorum** Maxim.
分布：宁夏、甘肃、青海

螺距翠雀花 **Delphinium spirocentrum** Hand.-Mazz.
分布：四川、云南

匙苞翠雀花 **Delphinium subspathulatum** W. T. Wang
分布：西藏

松潘翠雀花 **Delphinium sutchuenense** Franch.
分布：甘肃、四川

吉隆翠雀花 **Delphinium tabatae** Tamura
分布：西藏；尼泊尔

**太白翠雀花 Delphinium taipaicum** W. T. Wang
分布：陕西

**大理翠雀花 Delphinium taliense** Franch.
分布：四川、云南

**大理翠雀花(原变种) Delphinium taliense** var. **taliense**
分布：四川、云南

**长距大理翠雀花 Delphinium taliense** var. **dolichocentrum** W. T. Wang
分布：四川

**硬毛大理翠雀花 Delphinium taliense** var. **hirsutum** W. T. Wang
分布：四川

**粗距大理翠雀花 Delphinium taliense** var. **platycentrum** W. T. Wang
分布：四川

**唐古拉翠雀花 Delphinium tangkulaense** W. T. Wang
分布：青海、西藏

**新塔翠雀花 Delphinium tarbagataicum** C. Y. Yang et B. Wang
分布：新疆

**康定翠雀花 Delphinium tatsienense** Franch.
分布：青海、四川、云南

**康定翠雀花(原变种) Delphinium tatsienense** var. **tatsienense**
分布：四川、云南

**班玛翠雀花 Delphinium tatsienense** var. **chinghaiense** W. T. Wang
分布：青海

**塔什库尔干翠雀花 Delphinium taxkorganense** W. T. Wang
分布：新疆

**长距翠雀花 Delphinium tenii** H. Lév.
分布：四川、云南、西藏

**四果翠雀花 Delphinium tetragynum** W. T. Wang
分布：浙江

**澜沧翠雀花 Delphinium thibeticum** Finet et Gagnep.
分布：四川、云南、西藏

**澜沧翠雀花(原变种) Delphinium thibeticum** var. **thibeticum**
分布：四川、云南、西藏

**锐裂翠雀花 Delphinium thibeticum** var. **laceratilobum** W. T. Wang
分布：四川、西藏

**天山翠雀花 Delphinium tianshanicum** W. T. Wang
分布：新疆

**川西翠雀花 Delphinium tongolense** Franch.
分布：四川、云南

**毛翠雀花 Delphinium trichophorum** Franch.
分布：甘肃、青海、四川、西藏

**毛翠雀花(原变种) Delphinium trichophorum** var. **trichophorum**
分布：甘肃、青海、四川、西藏

**粗距毛翠雀花 Delphinium trichophorum** var. **platycentrum** W. T. Wang
分布：四川

**光果毛翠雀花 Delphinium trichophorum** var. **subglaberrimum** Hand.-Mazz.
分布：四川

**三小叶翠雀花 Delphinium trifoliolatum** Finet et Gagnep.
分布：安徽、湖北、四川

**全裂翠雀花 Delphinium trisectum** W. T. Wang
分布：河南、安徽、湖北

**阴地翠雀花 Delphinium umbrosum** Hand.-Mazz.
分布：四川、云南、西藏；尼泊尔

**阴地翠雀花(原变种) Delphinium umbrosum** var. **umbrosum**
分布：云南

**宽苞阴地翠雀花 Delphinium umbrosum** var. **drepanocentrum** (Brühl ex Huth) W. T. Wang et M. J. Warnock
分布：西藏；尼泊尔、印度

**展毛阴地翠雀花 Delphinium umbrosum** var. **hispidum** W. T. Wang
分布：四川、云南

**浅裂翠雀花 Delphinium vestitum** Wall.
分布：西藏；不丹、印度、克什米尔地区、尼泊尔

**黄粘毛翠雀花 Delphinium viscosum** var. **chrysotrichum** Brühl ex Huth
分布：西藏；不丹、尼泊尔、印度

秀丽翠雀花 **Delphinium wangii** M. J. Warnock
分布：新疆

堆拉翠雀花 **Delphinium wardii** C. Marquand et Airy Shaw
分布：西藏

威宁翠雀花 **Delphinium weiningense** W. T. Wang
分布：贵州

汶川翠雀花 **Delphinium wenchuanense** W. T. Wang
分布：四川

文采翠雀花 **Delphinium wentsaii** Y. Z. Zhao
分布：新疆

温泉翠雀花 **Delphinium winklerianum** Huth
分布：新疆；?哈萨克斯坦

狭序翠雀花 **Delphinium wrightii** Chen
分布：四川、云南

狭序翠雀花(原变种) **Delphinium wrightii** var. **wrightii**
分布：四川

粗距狭序翠雀花 **Delphinium wrightii** var. **subtubulosum** W. T. Wang
分布：云南

乌恰翠雀花 **Delphinium wuqiaense** W. T. Wang
分布：新疆

西昌翠雀花 **Delphinium xichangense** W. T. Wang
分布：四川

雅江翠雀花 **Delphinium yajiangense** W. T. Wang
分布：四川

竞生翠雀花 **Delphinium yangii** W. T. Wang
分布：云南

岩瓦翠雀花 **Delphinium yanwaense** W. T. Wang
分布：云南

叶城翠雀花 **Delphinium yechengense** C. Y. Yang et B. Wang
分布：新疆

永宁翠雀花 **Delphinium yongningense** W. T. Wang et M. J. Warnock
分布：云南

中甸翠雀花 **Delphinium yuanum** Chen
分布：云南

毓泉翠雀花 **Delphinium yuchuanii** Y. Z. Zhao
分布：内蒙古

玉龙山翠雀花 **Delphinium yulungshanicum** W. T. Wang
分布：云南

云南翠雀花 **Delphinium yunnanense** (Franch.) Franch.
分布：四川、贵州、云南

镜锂翠雀花 **Delphinium zhangii** W. T. Wang
分布：新疆

左贡翠雀花 **Delphinium zuogongense** W. T. Wang
分布：西藏

## 人字果属 **Dichocarpum** W. T. Wang et Hsiao

台湾人字果 **Dichocarpum arisanense** (Hayata) W. T. Wang et P. G. Xiao
分布：台湾

耳状人字果 **Dichocarpum auriculatum** (Franch.) W. T. Wang et P. G. Xiao
分布：湖北、四川、贵州、云南、福建

耳状人字果(原变种) **Dichocarpum auriculatum** var. **auriculatum**
分布：湖北、四川、云南、福建

毛叶人字果 **Dichocarpum auriculatum** var. **puberulum** D. Z. Fu
分布：四川

基叶人字果 **Dichocarpum basilare** W. T. Wang et P. G. Xiao
分布：四川

种脐人字果 **Dichocarpum carinatum** D. Z. Fu
分布：四川

蕨叶人字果 **Dichocarpum dalzielii** (J. R. Drumm. et Hutch.) W. T. Wang et P. G. Xiao
分布：安徽、浙江、江西、湖南、湖北、四川、贵州、福建、广东、广西、海南

纵肋人字果 **Dichocarpum fargesii** (Franch.) W. T. Wang et P. G. Xiao
分布：河南、陕西、甘肃、安徽、湖南、湖北、四川、贵州

小花人字果 **Dichocarpum franchetii** (Finet et Gagnep.) W. T. Wang et P. G. Xiao
分布：湖南、湖北、四川、贵州、云南、广西

**粉背人字果 Dichocarpum hypoglaucum** W. T. Wang et P. G. Xiao
分布：云南

**麻栗坡人字果 Dichocarpum malipoenense** D. D. Tao
分布：云南

**人字果 Dichocarpum sutchuenense** (Franch.) W. T. Wang et P. G. Xiao
分布：浙江、湖北、四川、云南

**三小叶人字果 Dichocarpum trifoliolatum** W. T. Wang et P. G. Xiao
分布：四川

## 拟扁果草属 Enemion Raf.

**拟扁果草 Enemion raddeanum** Regel
分布：黑龙江、吉林、辽宁；日本、朝鲜、俄罗斯

## 菟葵属 Eranthis Salisb.

**白花菟葵 Eranthis albiflora** Franch.
分布：四川

**浅裂菟葵 Eranthis lobulata** W. T. Wang
分布：四川

**浅裂菟葵(原变种) Eranthis lobulata** var. **lobulata**
分布：四川

**高浅裂菟葵 Eranthis lobulata** var. **elatior** W. T. Wang
分布：四川

**菟葵 Eranthis stellata** Maxim.
分布：吉林、辽宁；朝鲜、俄罗斯

## 露蕊乌头属 Gymnaconitum Wei Wang et Z. D. Chen

**露蕊乌头 Gymnaconitum gymnandrum** (Maxim.) Wei Wang et Z. D. Chen
分布：甘肃、青海、四川、西藏

## 碱毛茛属 Halerpestes Greene

**丝裂碱毛茛 Halerpestes filisecta** L. Liou
分布：西藏

**狭叶碱毛茛 Halerpestes lancifolia** (Bertol.) Hand.-Mazz.
分布：西藏；克什米尔地区、尼泊尔

**长叶碱毛茛 Halerpestes ruthenica** (Jacq.) Ovcz.
分布：黑龙江、吉林、辽宁、内蒙古、河北、山西、陕西、宁夏、甘肃、青海、新疆；哈萨克斯坦、蒙古国、俄罗斯

**碱毛茛 Halerpestes sarmentosa** (Adams) Kom. et Aliss.
分布：黑龙江、吉林、辽宁、内蒙古、河北、山西、陕西、宁夏、甘肃、青海、新疆、四川、西藏；哈萨克斯坦、朝鲜、蒙古国、巴基斯坦、俄罗斯、印度

**碱毛茛(原变种) Halerpestes sarmentosa** var. **sarmentosa**
分布：黑龙江、吉林、辽宁、内蒙古、河北、山西、陕西、宁夏、甘肃、青海、新疆、四川、西藏；哈萨克斯坦、韩国、蒙古国、巴基斯坦、俄罗斯、印度

**裂叶碱毛茛 Halerpestes sarmentosa** var. **multisecta** (S. H. Li et Y. Hui Huang) W. T. Wang
分布：辽宁

**三裂碱毛茛 Halerpestes tricuspis** (Maxim.) Hand.-Mazz.
分布：宁夏、甘肃、青海、新疆、四川、西藏；不丹、印度、蒙古国、尼泊尔、巴基斯坦

**三裂碱毛茛(原变种) Halerpestes tricuspis** var. **tricuspis**
分布：宁夏、甘肃、青海、新疆、西藏；尼泊尔

**异叶三裂碱毛茛 Halerpestes tricuspis** var. **heterophylla** W. T. Wang
分布：新疆、西藏

**浅三裂碱毛茛 Halerpestes tricuspis** var. **intermedia** W. T. Wang
分布：甘肃、青海、四川、西藏

**变叶三裂碱毛茛 Halerpestes tricuspis** var. **variifolia** (Tamura) W. T. Wang
分布：宁夏、甘肃、四川、西藏；尼泊尔

## 铁筷子属 Helleborus L.

**铁筷子 Helleborus thibetanus** Franch.
分布：陕西、甘肃、湖北、四川

## 獐耳细辛属 Hepatica Mill.

**川鄂獐耳细辛 Hepatica henryi** (Oliv.) Steward
分布：陕西、湖南、湖北、四川

**獐耳细辛 Hepatica nobilis** var. **asiatica** (Nakai) H. Hara
分布：辽宁、河南、陕西、安徽、浙江

## 扁果草属 Isopyrum L.

**扁果草 Isopyrum anemonoides** Kar. et Kir.
分布：甘肃、青海、新疆；阿富汗、印度、克什米尔地区、巴基斯坦、俄罗斯

东北扁果草 **Isopyrum manshuricum** Kom.
分布：黑龙江、吉林、辽宁

## 蓝堇草属 **Leptopyrum** Rchb.

蓝堇草 **Leptopyrum fumarioides** (L.) Rchb.
分布：黑龙江、吉林、辽宁、内蒙古、河北、山西、陕西、宁夏、甘肃、青海、新疆；哈萨克斯坦、朝鲜、蒙古国、俄罗斯

## 毛茛莲花属 **Metanemone** W. T. Wang

毛茛莲花 **Metanemone ranunculoides** W. T. Wang
分布：云南

## 锡兰莲属 **Naravelia** Adans.

两广锡兰莲 **Naravelia pilulifera** Hance
分布：云南、广东、广西、海南

锡兰莲 **Naravelia zeylanica** (L.) DC.
分布：云南；不丹、印度、尼泊尔

## 鸦跖花属 **Oxygraphis** Bunge

脱萼鸦跖花 **Oxygraphis delavayi** Franch.
分布：四川、云南、西藏

圆齿鸦跖花 **Oxygraphis endlicheri** (Walp.) Bennet et Sumer Chandra
分布：西藏；不丹、印度、克什米尔地区、尼泊尔、巴基斯坦

鸦跖花 **Oxygraphis glacialis** (Fisch. ex DC.) Bunge
分布：陕西、甘肃、青海、新疆、四川、云南、西藏；不丹、印度、哈萨克斯坦、蒙古国、尼泊尔、俄罗斯

小鸦跖花 **Oxygraphis tenuifolia** W. E. Evans
分布：四川、云南

## 拟耧斗菜属 **Paraquilegia** J. R. Drumm. et Hutch.

乳突拟耧斗菜 **Paraquilegia anemonoides** (Willd.) O. E. Ulbr.
分布：宁夏、甘肃、青海、新疆、西藏；阿富汗、不丹、克什米尔地区、哈萨克斯坦、蒙古国、巴基斯坦、俄罗斯

密丛拟耧斗菜 **Paraquilegia caespitosa** (Boiss. et Hohen.) J. R. Drumm. et Hutch.
分布：新疆；阿富汗、克什米尔地区、吉尔吉斯斯坦、俄罗斯、塔吉克斯坦；亚洲(西南部)

拟耧斗菜 **Paraquilegia microphylla** (Royle) J. R. Drumm. et Hutch.
分布：甘肃、青海、新疆、四川、西藏；哈萨克斯坦、尼泊尔、巴基斯坦、俄罗斯、塔吉克斯坦

## 白头翁属 **Pulsatilla** Mill.

蒙古白头翁 **Pulsatilla ambigua** (Turcz. ex Hayek) Juz.
分布：黑龙江、内蒙古、宁夏、甘肃、青海、新疆；蒙古国、俄罗斯

蒙古白头翁(原变种) **Pulsatilla ambigua** var. **ambigua**
分布：黑龙江、内蒙古、宁夏、甘肃、青海、新疆；蒙古国、俄罗斯

拟蒙古白头翁 **Pulsatilla ambigua** var. **barbata** J. G. Liu
分布：新疆

钟萼白头翁 **Pulsatilla campanella** Fisch. ex Krylov
分布：新疆；阿富汗、哈萨克斯坦、吉尔吉斯斯坦、蒙古国、巴基斯坦、俄罗斯、塔吉克斯坦

朝鲜白头翁 **Pulsatilla cernua** (Thunb.) Bercht. et Presl
分布：黑龙江、吉林、辽宁、内蒙古；日本、韩国、俄罗斯

白头翁 **Pulsatilla chinensis** (Bunge) Regel
分布：黑龙江、吉林、辽宁、内蒙古、河北、山西、山东、河南、陕西、甘肃、青海、安徽、江苏、湖北、四川；朝鲜、俄罗斯

兴安白头翁 **Pulsatilla dahurica** (Fisch. ex DC.) Spreng.
分布：黑龙江、吉林、内蒙古；朝鲜、俄罗斯

紫蕊白头翁 **Pulsatilla kostyczewii** (Korsh.) Juz.
分布：新疆；吉尔吉斯斯坦、塔吉克斯坦

西南白头翁 **Pulsatilla millefolium** (Hemsl. et E. H. Wilson) Ulbr.
分布：四川、云南

肾叶白头翁 **Pulsatilla patens** (L.) Mill.
分布：黑龙江、内蒙古、新疆；哈萨克斯坦、蒙古国、俄罗斯；欧洲(北部)、北美洲

肾叶白头翁(原亚种) **Pulsatilla patens** subsp. **patens**
分布：新疆；哈萨克斯坦、俄罗斯

发黄白头翁 **Pulsatilla patens** subsp. **flavescens** (Zucc.) Zamels
分布：新疆；蒙古国、俄罗斯

掌叶白头翁 **Pulsatilla patens** subsp. **multifida** (Pritz.) Zamels
分布：黑龙江、内蒙古、新疆；蒙古国、俄罗斯；欧洲(北部)、北美洲

**黄花白头翁 Pulsatilla sukaczevii** Juz.
分布：黑龙江、内蒙古；蒙古国、俄罗斯

**细裂白头翁 Pulsatilla tenuiloba** (Turcz. ex Hayek) Juz.
分布：内蒙古；蒙古国、俄罗斯

**细叶白头翁 Pulsatilla turczaninovii** Krylov et Sergiev.
分布：黑龙江、吉林、辽宁、内蒙古、河北、宁夏、新疆；蒙古国、俄罗斯

**细叶白头翁(原变种) Pulsatilla turczaninovii** var. **turczaninovii**
分布：黑龙江、吉林、辽宁、内蒙古、河北、宁夏、新疆；蒙古国、俄罗斯

**裂萼细叶白头翁 Pulsatilla turczaninovii** var. **fissasepalum** J. H. Yu
分布：内蒙古

**呼伦白头翁 Pulsatilla turczaninovii** var. **hulunensis** L. Q. Zhao
分布：内蒙古

**延边白头翁(新拟) Pulsatilla yanbianensis** H. Z. Lv
分布：吉林

## 毛茛属 Ranunculus L.

**五福花叶毛茛 Ranunculus adoxifolius** Hand.-Mazz.
分布：西藏；尼泊尔、印度

**哀牢山毛茛 Ranunculus ailaoshanicus** W. T. Wang
分布：云南

**宽瓣毛茛 Ranunculus albertii** Regel et Schmalh.
分布：新疆；哈萨克斯坦

**阿尔泰毛茛 Ranunculus altaicus** Laxm.
分布：新疆；哈萨克斯坦、吉尔吉斯斯坦、蒙古国、俄罗斯

**长叶毛茛 Ranunculus amurensis** Kom.
分布：黑龙江、内蒙古；俄罗斯

**狭萼毛茛 Ranunculus angustisepalus** W. T. Wang
分布：西藏

**田野毛茛 Ranunculus arvensis** L.
分布：安徽、湖北；原产于亚洲(西部)、欧洲

**巴郎山毛茛 Ranunculus balangshanicus** W. T. Wang
分布：四川

**巴里坤毛茛 Ranunculus balikunensis** J. G. Liu
分布：新疆

**班戈毛茛 Ranunculus banguoensis** L. Liou
分布：青海、新疆

**班戈毛茛(原变种) Ranunculus banguoensis** var. **banguoensis**
分布：青海、西藏

**普兰毛茛 Ranunculus banguoensis** var. **grandiflorus** W. T. Wang
分布：西藏

**北毛茛 Ranunculus borealis** Trautv.
分布：新疆；哈萨克斯坦、俄罗斯；欧洲(东部)

**鸟足毛茛 Ranunculus brotherusii** Freyn
分布：内蒙古、山西、甘肃、青海、新疆、四川、西藏；哈萨克斯坦

**苍山毛茛 Ranunculus cangshanicus** W. T. Wang
分布：云南

**禺毛茛 Ranunculus cantoniensis** DC.
分布：河南、陕西、安徽、江苏、浙江、江西、湖南、湖北、四川、贵州、云南、福建、台湾、广东、广西；不丹、日本、韩国、尼泊尔

**昌平毛茛 Ranunculus changpingensis** W. T. Wang
分布：北京

**掌叶毛茛 Ranunculus cheirophyllus** Hayata
分布：台湾

**茴茴蒜 Ranunculus chinensis** Bunge
分布：黑龙江、吉林、辽宁、内蒙古、河北、山西、山东、河南、陕西、宁夏、甘肃、青海、新疆、安徽、江苏、浙江、湖南、湖北、四川、贵州、云南、西藏；不丹、印度、日本、哈萨克斯坦、韩国、蒙古国、巴基斯坦、俄罗斯、泰国

**青河毛茛 Ranunculus chinghoensis** L. Liou
分布：新疆

**川青毛茛 Ranunculus chuanchingensis** L. Liou
分布：青海、四川

**楔叶毛茛 Ranunculus cuneifolius** Maxim.
分布：黑龙江、辽宁、内蒙古

**楔叶毛茛(原变种) Ranunculus cuneifolius** var. **cuneifolius**
分布：黑龙江、辽宁、内蒙古

**宽楔叶毛茛 Ranunculus cuneifolius** var. **latisectus** S. H. Li et Y. Hui Huang
分布：辽宁

**十蕊毛茛 Ranunculus decandrus** W. T. Wang
分布：西藏

**睫毛毛茛 Ranunculus densiciliatus** W. T. Wang
分布：西藏

**康定毛茛 Ranunculus dielsianus** Ulbr.
分布：青海、四川、云南、西藏

**康定毛茛(原变种) Ranunculus dielsianus** var. **dielsianus**
分布：四川、云南、西藏

**大通毛茛 Ranunculus dielsianus** var. **leiogynus** W. T. Wang
分布：青海

**长毛康定毛茛 Ranunculus dielsianus** var. **longipilosus** W. T. Wang
分布：云南

**丽江毛茛 Ranunculus dielsianus** var. **suprasericeus** Hand.-Mazz.
分布：四川、云南

**铺散毛茛 Ranunculus diffusus** DC.
分布：云南、西藏；阿富汗、不丹、印度、缅甸、尼泊尔、巴基斯坦

**定结毛茛 Ranunculus dingjieensis** L. Liou
分布：西藏

**黄毛茛 Ranunculus distans** Wall. ex Royle
分布：云南、西藏；阿富汗、不丹、印度、哈萨克斯坦、吉尔吉斯斯坦、尼泊尔、巴基斯坦

**圆裂毛茛 Ranunculus dongrergensis** Hand.-Mazz.
分布：四川、云南、西藏

**圆裂毛茛(原变种) Ranunculus dongrergensis** var. **dongrergensis**
分布：四川、云南、西藏

**深圆裂毛茛 Ranunculus dongrergensis** var. **altifidus** W. T. Wang
分布：西藏

**多雄拉毛茛 Ranunculus duoxionglashanicus** W. T. Wang
分布：西藏

**扇叶毛茛 Ranunculus felixii** H. Lév.
分布：四川、云南

**扇叶毛茛(原变种) Ranunculus felixii** var. **felixii**
分布：四川、云南

**心基扇叶毛茛 Ranunculus felixii** var. **forrestii** Hand.-Mazz.
分布：云南

**西南毛茛 Ranunculus ficariifolius** H. Lév. et Vaniot
分布：江西、湖南、湖北、四川、贵州、云南；不丹、尼泊尔、印度、泰国

**蓬莱毛茛 Ranunculus formosa-montanus** Ohwi
分布：台湾

**深山毛茛 Ranunculus franchetii** H. Boissieu
分布：黑龙江、吉林、辽宁；日本、朝鲜、俄罗斯

**团叶毛茛 Ranunculus fraternus** Schrenk
分布：新疆；哈萨克斯坦

**叉裂毛茛 Ranunculus furcatifidus** W. T. Wang
分布：内蒙古、河北、青海、新疆、四川、云南、西藏

**冷地毛茛 Ranunculus gelidus** Kar. et Kir.
分布：新疆；哈萨克斯坦

**甘藏毛茛 Ranunculus glabricaulis** (Hand.-Mazz.) L. Liou
分布：甘肃、西藏

**甘藏毛茛(原变种) Ranunculus glabricaulis** var. **glabricaulis**
分布：甘肃、西藏

**绿萼甘藏毛茛 Ranunculus glabricaulis** var. **viridisepalus** W. T. Wang
分布：甘肃

**宿萼毛茛 Ranunculus glacialiformis** Hand.-Mazz.
分布：四川、云南；克什米尔地区

**砾地毛茛 Ranunculus glareosus** Hand.-Mazz.
分布：青海、四川、云南

**小掌叶毛茛 Ranunculus gmelinii** DC.
分布：黑龙江、吉林、内蒙古；日本、蒙古国、俄罗斯；欧洲(北部)

**大叶毛茛 Ranunculus grandifolius** C. A. Mey.
分布：新疆；哈萨克斯坦、俄罗斯

**大毛茛 Ranunculus grandis** Honda
分布：黑龙江、吉林

**大毛茛(原变种) Ranunculus grandis** var. **grandis**
分布：吉林；日本

**帽儿山毛茛 Ranunculus grandis** var. **manshuricus** H. Hara
分布：黑龙江

**哈密毛茛 Ranunculus hamiensis** J. G. Liu
分布：新疆

**和静毛茛 Ranunculus hejingensis** W. T. Wang
分布：新疆

**和田毛茛 Ranunculus hetianensis** L. Liou
分布：新疆

**基隆毛茛 Ranunculus hirtellus** Royle
分布：青海、四川、云南、西藏；阿富汗、印度、克什米尔地区、尼泊尔、巴基斯坦

**基隆毛茛(原变种) Ranunculus hirtellus** var. **hirtellus**
分布：西藏；阿富汗、印度、克什米尔地区、尼泊尔、巴基斯坦

**小基隆毛茛 Ranunculus hirtellus** var. **humilis** W. T. Wang
分布：四川、西藏

**三裂毛茛 Ranunculus hirtellus** var. **orientalis** W. T. Wang
分布：青海、四川、云南、西藏

**低毛茛 Ranunculus humillimus** W. T. Wang
分布：西藏

**圆叶毛茛 Ranunculus indivisus** (Maxim.) Hand.-Mazz.
分布：山西、甘肃、青海、四川

**圆叶毛茛(原变种) Ranunculus indivisus** var. **indivisus**
分布：山西、青海

**阿坝毛茛 Ranunculus indivisus** var. **abaensis** (W. T. Wang) W. T. Wang
分布：甘肃、青海、四川

**内蒙古毛茛 Ranunculus intramongolicus** Y. Z. Zhao
分布：内蒙古

**毛茛 Ranunculus japonicus** Thunb.
分布：黑龙江、吉林、辽宁、内蒙古、河北、山西、山东、河南、陕西、宁夏、甘肃、青海、新疆、安徽、江苏、浙江、江西、湖南、湖北、四川、贵州、云南、福建、台湾、广东、广西；日本、蒙古国、俄罗斯

**毛茛(原变种) Ranunculus japonicus** var. **japonicus**
分布：黑龙江、吉林、辽宁、内蒙古、河北、山西、山东、河南、陕西、甘肃、安徽、江苏、浙江、江西、湖南、湖北、四川、贵州、云南、福建、台湾、广东、广西；日本、俄罗斯

**银叶毛茛 Ranunculus japonicus** var. **hsinganensis** (Kitag.) W. T. Wang
分布：内蒙古

**伏毛毛茛 Ranunculus japonicus** var. **propinquus** (C. A. Mey.) W. T. Wang
分布：黑龙江、吉林、辽宁、内蒙古、河北、山西、山东、河南、陕西、宁夏、甘肃、青海、新疆、四川、贵州、云南；蒙古国、俄罗斯

**三小叶毛茛 Ranunculus japonicus** var. **ternatifolius** L. Liao
分布：浙江、江西

**靖远毛茛 Ranunculus jingyuanensis** W. T. Wang
分布：甘肃

**高山毛茛 Ranunculus junipericola** Ohwi
分布：台湾

**昆仑毛茛 Ranunculus kunlunshanicus** J. G. Liu
分布：新疆

**昆明毛茛 Ranunculus kunmingensis** W. T. Wang
分布：四川、贵州、云南

**昆明毛茛(原变种) Ranunculus kunmingensis** var. **kunmingensis**
分布：四川、云南

**展毛昆明毛茛 Ranunculus kunmingensis** var. **hispidus** W. T. Wang
分布：贵州、云南

**纺锤毛茛 Ranunculus limprichtii** Ulbr.
分布：四川

**纺锤毛茛(原变种) Ranunculus limprichtii** var. **limprichtii**
分布：四川

**狭瓣纺锤毛茛 Ranunculus limprichtii** var. **flavus** Hand.-Mazz.
分布：四川

**条叶毛茛 Ranunculus lingua** L.
分布：新疆；哈萨克斯坦、俄罗斯；欧洲

**浅裂毛茛 Ranunculus lobatus** Jacquem.
分布：西藏；印度、巴基斯坦

**若尔盖毛茛 Ranunculus luoergaiensis** L. Liou
分布：四川

**米林毛茛 Ranunculus mainlingensis** W. T. Wang
分布：西藏

疏花毛茛 **Ranunculus matsudae** Hayata ex Masamune
分布：台湾

黑果毛茛 **Ranunculus melanogynus** W. T. Wang
分布：西藏

棉毛茛 **Ranunculus membranaceus** Royle
分布：内蒙古、宁夏、甘肃、青海、新疆、四川、西藏；尼泊尔、巴基斯坦

棉毛茛(原变种) **Ranunculus membranaceus** var. **membranaceus**
分布：四川、西藏；尼泊尔、巴基斯坦

多花柔毛茛 **Ranunculus membranaceus** var. **floribundus** W. T. Wang
分布：甘肃

柔毛茛 **Ranunculus membranaceus** var. **pubescens** (W. T. Wang) W. T. Wang
分布：内蒙古、宁夏、甘肃、青海、新疆、四川、西藏

门源毛茛 **Ranunculus menyuanensis** W. T. Wang
分布：青海

短喙毛茛 **Ranunculus meyerianus** Rupr.
分布：新疆；哈萨克斯坦；亚洲(西南部)、欧洲(东部)

窄瓣毛茛 **Ranunculus micronivalis** Hand.-Mazz.
分布：四川、云南

小苞毛茛 **Ranunculus minor** (L. Liou) W. T. Wang
分布：西藏

单叶毛茛 **Ranunculus monophyllus** Ovcz.
分布：黑龙江、内蒙古、河北、山西、新疆；哈萨克斯坦、蒙古国、俄罗斯

森氏毛茛 **Ranunculus morii** (Yamam.) Ohwi
分布：台湾

藏西毛茛 **Ranunculus munroanus** J. R. Drumm. ex Dunn
分布：西藏；克什米尔地区、尼泊尔、巴基斯坦

刺果毛茛 **Ranunculus muricatus** L.
分布：安徽、江苏、浙江；原产于西亚和欧洲

藓丛毛茛 **Ranunculus muscigenus** W. T. Wang
分布：西藏

南湖毛茛 **Ranunculus nankotaizanus** Ohwi
分布：台湾

纳帕海毛茛 **Ranunculus napahaiensis** W. T. Wang et L. Liao
分布：云南

浮毛茛 **Ranunculus natans** C. A. Mey.
分布：黑龙江、内蒙古、青海、新疆、西藏；哈萨克斯坦、蒙古国、俄罗斯

丝叶毛茛 **Ranunculus nematolobus** Hand.-Mazz.
分布：云南

云生毛茛 **Ranunculus nephelogenes** Edgew.
分布：山西、甘肃、青海、新疆、四川、云南、西藏；哈萨克斯坦、蒙古国、尼泊尔、巴基斯坦、俄罗斯

云生毛茛(原变种) **Ranunculus nephelogenes** var. **nephelogenes**
分布：山西、甘肃、青海、新疆、四川、西藏；尼泊尔、巴基斯坦

曲长毛茛 **Ranunculus nephelogenes** var. **geniculatus** (Hand.-Mazz.) W. T. Wang
分布：云南

长茎毛茛 **Ranunculus nephelogenes** var. **longicaulis** (Trautv.) W. T. Wang
分布：山西、甘肃、青海、新疆、西藏；哈萨克斯坦、蒙古国、俄罗斯

聂拉木毛茛 **Ranunculus nyalamensis** W. T. Wang
分布：西藏

聂拉木毛茛(原变种) **Ranunculus nyalamensis** var. **nyalamensis**
分布：西藏

浪卡子毛茛 **Ranunculus nyalamensis** var. **angustipetalus** W. T. Wang
分布：西藏

花葶毛茛 **Ranunculus oreionannos** C. Marquand et Airy Shaw
分布：西藏；尼泊尔

白山毛茛 **Ranunculus paishanensis** Kitag.
分布：吉林

栉裂毛茛 **Ranunculus pectinatilobus** W. T. Wang
分布：内蒙古

裂叶毛茛 **Ranunculus pedatifidus** Sm.
分布：内蒙古、甘肃、新疆；哈萨克斯坦、蒙古国、俄罗斯

长梗毛茛 **Ranunculus pedicellatus** Hand.-Mazz.
分布：四川

爬地毛茛 **Ranunculus pegaeus** Hand.-Mazz.
分布：云南、西藏；尼泊尔、印度

**太白山毛茛 Ranunculus petrogeiton** Ulbr.
分布：陕西、甘肃、四川

**片马毛茛 Ranunculus pianmaensis** W. T. Wang
分布：云南

**大瓣毛茛 Ranunculus platypetalus** (Hand.-Mazz.) Hand.-Mazz.
分布：云南

**大瓣毛茛(原变种) Ranunculus platypetalus** var. **platypetalus**
分布：云南

**硕花大瓣毛茛 Ranunculus platypetalus** var. **macranthus** W. T. Wang
分布：云南

**宽翅毛茛 Ranunculus platyspermus** Fisch.
分布：新疆；哈萨克斯坦、俄罗斯

**柄果毛茛 Ranunculus podocarpus** W. T. Wang
分布：安徽、江西

**上海毛茛 Ranunculus polii** Franch. ex Forbes et Hemsl.
分布：上海

**多花毛茛 Ranunculus polyanthemos** L.
分布：新疆；哈萨克斯坦、俄罗斯；欧洲

**多根毛茛 Ranunculus polyrhizos** Stephan ex Willd.
分布：新疆；哈萨克斯坦、俄罗斯；欧洲

**天山毛茛 Ranunculus popovii** Ovcz.
分布：甘肃、青海、新疆、四川、云南、西藏；印度、尼泊尔

**天山毛茛(原变种) Ranunculus popovii** var. **popovii**
分布：新疆；哈萨克斯坦

**深齿毛茛 Ranunculus popovii** var. **stracheyanus** (Maxim.) W. T. Wang
分布：甘肃、青海、新疆、四川、云南、西藏；不丹、印度、尼泊尔

**川滇毛茛 Ranunculus potaninii** Kom.
分布：甘肃、四川、云南、西藏；尼泊尔

**大金毛茛 Ranunculus pseudolobatus** L. Liou
分布：四川

**矮毛茛 Ranunculus pseudopygmaeus** Hand.-Mazz.
分布：云南、西藏；尼泊尔

**美丽毛茛 Ranunculus pulchellus** C. A. Mey.
分布：内蒙古、甘肃、新疆；哈萨克斯坦、蒙古国、俄罗斯

**沾地毛茛 Ranunculus radicans** C. A. Mey.
分布：黑龙江、内蒙古、新疆；蒙古国、俄罗斯

**扁果毛茛 Ranunculus regelianus** Ovcz.
分布：新疆；哈萨克斯坦

**匍枝毛茛 Ranunculus repens** L.
分布：黑龙江、吉林、辽宁、内蒙古、山西、新疆、云南；日本、哈萨克斯坦、吉尔吉斯斯坦、蒙古国、巴基斯坦、俄罗斯；欧洲、北美洲

**松叶毛茛 Ranunculus reptans** L.
分布：黑龙江、内蒙古、新疆；日本、哈萨克斯坦、蒙古国、俄罗斯；欧洲(西部)、北美洲

**掌裂毛茛 Ranunculus rigescens** Turcz. ex Ovcz.
分布：内蒙古、新疆；蒙古国、俄罗斯

**红萼毛茛 Ranunculus rubrocalyx** Regel ex Kom.
分布：新疆；阿富汗、哈萨克斯坦、巴基斯坦

**棕萼毛茛 Ranunculus rufosepalus** Franch.
分布：新疆；阿富汗、哈萨克斯坦、巴基斯坦、塔吉克斯坦

**欧毛茛 Ranunculus sardous** Crantz
分布：上海；原产于欧洲

**石龙芮 Ranunculus sceleratus** L.
分布：河北、甘肃、安徽、贵州、福建、广东、广西；阿富汗、不丹、印度、日本、哈萨克斯坦、朝鲜、尼泊尔、巴基斯坦、俄罗斯、泰国；亚洲(西南部)、欧洲、北美洲

**水城毛茛 Ranunculus shuichengensis** L. Liao
分布：贵州

**杨子毛茛 Ranunculus sieboldii** Miq.
分布：山东、河南、陕西、甘肃、安徽、江苏、浙江、江西、湖南、湖北、四川、贵州、云南、福建、台湾、广西；日本

**钩柱毛茛 Ranunculus silerifolius** H. Lév.
分布：江西、湖南、湖北、四川、贵州、云南、福建、台湾、广东、广西；不丹、印度、印度尼西亚、日本、朝鲜

**钩柱毛茛(原变种) Ranunculus silerifolius** var. **silerifolius**
分布：江西、湖南、湖北、四川、贵州、云南、福建、台湾、广东、广西；不丹、印度、印度尼西亚、日本、朝鲜

**长花毛茛 Ranunculus silerifolius** var. **dolichanthus** L. Liao
分布：贵州

**苞毛茛 Ranunculus similis** Hemsl.
分布：青海、新疆、西藏

**褐鞘毛茛 Ranunculus sinovaginatus** W. T. Wang
分布：陕西、甘肃、四川、云南

**兴安毛茛 Ranunculus smirnovii** Ovcz.
分布：内蒙古；俄罗斯

**新疆毛茛 Ranunculus songoricus** Schrenk
分布：新疆；哈萨克斯坦

**宝兴毛茛 Ranunculus stenorhynchus** Franch.
分布：四川

**棱边毛茛 Ranunculus submarginatus** Ovcz.
分布：新疆；俄罗斯

**长嘴毛茛 Ranunculus tachiroei** Franch. et Sav.
分布：吉林、辽宁；日本、朝鲜

**鹿场毛茛 Ranunculus taisanensis** Hayata
分布：台湾

**台湾毛茛 Ranunculus taiwanensis** Hayata
分布：台湾

**高原毛茛 Ranunculus tanguticus** (Maxim.) Ovcz.
分布：内蒙古、山西、陕西、宁夏、甘肃、青海、四川、云南、西藏；尼泊尔

**高原毛茛(原变种) Ranunculus tanguticus** var. **tanguticus**
分布：内蒙古、山西、陕西、宁夏、甘肃、青海、四川、云南、西藏；尼泊尔

**毛果高原毛茛 Ranunculus tanguticus** var. **dasycarpus** (Maxim.) L. Liou
分布：甘肃、青海、四川、云南、西藏

**腾冲毛茛 Ranunculus tengchongensis** W. T. Wang
分布：云南

**猫爪草 Ranunculus ternatus** Thunb.
分布：河南、安徽、江苏、浙江、江西、湖南、湖北、福建、台湾、广西；日本

**猫爪草(原变种) Ranunculus ternatus** var. **ternatus**
分布：河南、安徽、江苏、浙江、江西、湖南、湖北、福建、台湾、广西；日本

**细裂猫爪草 Ranunculus ternatus** var. **dissectissimus** (Migo) Hand.-Mazz.
分布：江苏、上海

**四蕊毛茛 Ranunculus tetrandrus** W. T. Wang
分布：西藏

**疣果毛茛 Ranunculus trachycarpus** Fisch. et C. A. Mey.
分布：湖南；原产于西亚和欧洲(东南部)

**截叶毛茛 Ranunculus transiliensis** Popov ex Ovcz.
分布：新疆；哈萨克斯坦

**毛托毛茛 Ranunculus trautvetterianus** C. Regel ex Ovcz.
分布：新疆；哈萨克斯坦

**三角叶毛茛 Ranunculus triangularis** W. T. Wang
分布：四川

**棱喙毛茛 Ranunculus trigonus** Hand.-Mazz.
分布：四川、云南、西藏

**棱喙毛茛(原变种) Ranunculus trigonus** var. **trigonus**
分布：四川、云南、西藏

**伏毛棱喙毛茛 Ranunculus trigonus** var. **strigosus** W. T. Wang
分布：云南

**文采毛茛 Ranunculus wangianus** Q. E. Yang
分布：云南

**新宁毛茛 Ranunculus xinningensis** W. T. Wang
分布：湖南

**砚山毛茛 Ranunculus yanshanensis** W. T. Wang
分布：云南

**姚氏毛茛 Ranunculus yaoanus** W. T. Wang
分布：西藏

**叶城毛茛 Ranunculus yechengensis** W. T. Wang
分布：新疆

**阴山毛茛 Ranunculus yinshanicus** (Y. Z. Zhao) Y. Z. Zhao
分布：内蒙古

**云南毛茛 Ranunculus yunnanensis** Franch.
分布：四川、云南

**中甸毛茛 Ranunculus zhungdianensis** W. T. Wang
分布：云南

## 天葵属 Semiaquilegia Makino

**天葵 Semiaquilegia adoxoides** (DC.) Makino
分布：河南、陕西、安徽、江苏、浙江、江西、湖南、湖北、四川、贵州、云南、福建、广西；日本、韩国

## 黄三七属 **Souliea** Franch.

黄三七 **Souliea vaginata** (Maxim.) Franch.

分布：陕西、甘肃、青海、四川、云南、西藏；不丹、印度、缅甸

## 唐松草属 **Thalictrum** L.

尖叶唐松草 **Thalictrum acutifolium** (Hand.-Mazz.) B. Boivin

分布：安徽、浙江、江西、湖南、四川、贵州、福建、广东、广西

高山唐松草 **Thalictrum alpinum** L.

分布：河北、山西、陕西、宁夏、甘肃、青海、新疆、四川、云南、西藏；阿富汗、不丹、印度、哈萨克斯坦、蒙古国、缅甸、尼泊尔、巴基斯坦、俄罗斯、越南；欧洲、北美洲

高山唐松草(原变种) **Thalictrum alpinum** var. **alpinum**

分布：新疆、西藏；阿富汗、不丹、印度、哈萨克斯坦、蒙古国、尼泊尔、巴基斯坦、俄罗斯、越南

直梗高山唐松草 **Thalictrum alpinum** var. **elatum** O. E. Ulbr.

分布：河北、山西、陕西、甘肃、四川、云南、西藏；不丹、印度、缅甸、尼泊尔

柄果高山唐松草 **Thalictrum alpinum** var. **microphyllum** (Royle) Hand.-Mazz.

分布：云南、西藏；印度

唐松草 **Thalictrum aquilegiifolium** var. **sibiricum** Regel et Tiling

分布：黑龙江、吉林、辽宁、内蒙古、河北、山西、山东、浙江；日本、朝鲜、蒙古国、俄罗斯

狭序唐松草 **Thalictrum atriplex** Finet et Gagnep.

分布：四川、云南、西藏

贝加尔唐松草 **Thalictrum baicalense** Turcz.

分布：黑龙江、吉林、河北、河南、陕西、甘肃、青海、四川、西藏；韩国、蒙古国、俄罗斯

贝加尔唐松草(原变种) **Thalictrum baicalense** var. **baicalense**

分布：黑龙江、吉林、河北、河南、陕西、甘肃、青海、西藏；韩国、蒙古国、俄罗斯

长柱贝加尔唐松草 **Thalictrum baicalense** var. **megalostigma** B. Boivin

分布：甘肃、四川

绢毛唐松草 **Thalictrum brevisericeum** W. T. Wang et S. H. Wang

分布：陕西、甘肃、云南

美花唐松草 **Thalictrum callianthum** W. T. Wang

分布：西藏

察隅唐松草 **Thalictrum chayuense** W. T. Wang

分布：西藏

珠芽唐松草 **Thalictrum chelidonii** DC.

分布：西藏；不丹、印度，?克什米尔地区、尼泊尔

星毛唐松草 **Thalictrum cirrhosum** H. Lév.

分布：云南

高原唐松草 **Thalictrum cultratum** Wall.

分布：甘肃、四川、云南、西藏；不丹、克什米尔地区、尼泊尔、印度

偏翅唐松草 **Thalictrum delavayi** Franch.

分布：四川、贵州、云南、西藏

偏翅唐松草(原变种) **Thalictrum delavayi** var. **delavayi**

分布：四川、云南、西藏

渐尖偏翅唐松草 **Thalictrum delavayi** var. **acuminatum** Franch.

分布：四川、云南

宽萼偏翅唐松草 **Thalictrum delavayi** var. **decorum** Franch.

分布：云南

角药偏翅唐松草 **Thalictrum delavayi** var. **mucronatum** (Finet et Gagnep.) W. T. Wang et S. H. Wang

分布：贵州、云南

堇花唐松草 **Thalictrum diffusiflorum** C. Marquand et Airy Shaw

分布：西藏

小叶唐松草 **Thalictrum elegans** Wall.

分布：四川、云南、西藏；不丹、印度、克什米尔地区、尼泊尔、巴基斯坦

大叶唐松草 **Thalictrum faberi** Ulbr.

分布：河南、安徽、江苏、浙江、江西、湖南、福建

西南唐松草 **Thalictrum fargesii** Franch. ex Finet et Gagnep.

分布：山西、河南、甘肃、湖北、四川、贵州

花唐松草 **Thalictrum filamentosum** Maxim.

分布：黑龙江、吉林；俄罗斯

滇川唐松草 **Thalictrum finetii** B. Boivin
分布：四川、云南、西藏

黄唐松草 **Thalictrum flavum** L.
分布：新疆；亚洲(西部和北部)、欧洲

丝叶唐松草 **Thalictrum foeniculaceum** Bunge
分布：辽宁、河北、山西、陕西、甘肃

腺毛唐松草 **Thalictrum foetidum** L.
分布：内蒙古、河北、山西、陕西、甘肃、青海、新疆、四川、西藏；亚洲和欧洲广布

腺毛唐松草(原变种) **Thalictrum foetidum** var. **foetidum**
分布：内蒙古、河北、山西、陕西、甘肃、青海、新疆、四川、西藏；亚洲、欧洲

扁果唐松草 **Thalictrum foetidum** var. **glabrescens** Takeda
分布：河北、陕西；日本

多叶唐松草 **Thalictrum foliolosum** DC.
分布：四川、云南、西藏；印度、缅甸、尼泊尔、泰国

华东唐松草 **Thalictrum fortunei** S. Moore
分布：安徽、江苏、浙江、江西

华东唐松草(原变种) **Thalictrum fortunei** var. **fortunei**
分布：安徽、江苏、浙江、江西

珠芽华东唐松草 **Thalictrum fortunei** var. **bulbiliferum** B. Chen et X. J. Tian
分布：江苏

纺锤唐松草 **Thalictrum fusiforme** W. T. Wang
分布：西藏

金丝马尾连 **Thalictrum glandulosissimum** (Finet et Gagnep.) W. T. Wang et S. H. Wang
分布：云南

金丝马尾连(原变种) **Thalictrum glandulosissimum** var. **glandulosissimum**
分布：云南

昭通唐松草 **Thalictrum glandulosissimum** var. **chaotungense** W. T. Wang et S. H. Wang
分布：云南

巨齿唐松草 **Thalictrum grandidentatum** W. T. Wang et S. H. Wang
分布：四川

大花唐松草 **Thalictrum grandiflorum** Maxim.
分布：甘肃、四川

河南唐松草 **Thalictrum honanense** W. T. Wang et S. H. Wang
分布：河南

盾叶唐松草 **Thalictrum ichangense** Lecoy. ex Oliv.
分布：辽宁、山西、浙江、湖北、四川、贵州、云南

紫堇叶唐松草 **Thalictrum isopyroides** C. A. Mey.
分布：新疆；亚洲(西南部和中部)

爪哇唐松草 **Thalictrum javanicum** Blume
分布：甘肃、浙江、江西、湖北、四川、贵州、云南、西藏、台湾、广东；不丹、印度、印度尼西亚、尼泊尔、斯里兰卡

爪哇唐松草(原变种) **Thalictrum javanicum** var. **javanicum**
分布：甘肃、浙江、江西、湖北、四川、贵州、云南、西藏、台湾、广东；不丹、印度、印度尼西亚、尼泊尔、斯里兰卡

微毛爪哇唐松草 **Thalictrum javanicum** var. **puberulum** W. T. Wang
分布：四川、贵州

澜沧唐松草 **Thalictrum lancangense** Y. Y. Qian
分布：云南

疏序唐松草 **Thalictrum laxum** Ulbr.
分布：湖北

白茎唐松草 **Thalictrum leuconotum** Franch.
分布：青海、四川、云南

鹤庆唐松草 **Thalictrum leve** (Franch.) W. T. Wang
分布：云南

长喙唐松草 **Thalictrum macrorhynchum** Franch.
分布：河北、山西、陕西、甘肃、湖北、四川

小果唐松草 **Thalictrum microgynum** Lecoy. ex Oliv.
分布：山西、湖南、湖北、四川、云南；缅甸

亚欧唐松草 **Thalictrum minus** L.
分布：黑龙江、吉林、辽宁、内蒙古、河北、山西、山东、河南、陕西、甘肃、青海、新疆、安徽、江苏、湖南、湖北、四川、贵州、广东；温带亚洲和欧洲

亚欧唐松草(原变种) **Thalictrum minus** var. **minus**
分布：山西、甘肃、青海、新疆；亚洲、欧洲

**东亚唐松草** **Thalictrum minus** var. **hypoleucum** (Siebold et Zucc.) Miq.
分布：黑龙江、吉林、辽宁、内蒙古、河北、山西、山东、河南、陕西、安徽、江苏、湖南、湖北、四川、贵州、广东；日本、朝鲜

**长梗亚欧唐松草** **Thalictrum minus** var. **kemense** (Fr.) Trel.
分布：新疆；中亚、北欧

**密叶唐松草** **Thalictrum myriophyllum** Ohwi
分布：台湾

**稀蕊唐松草** **Thalictrum oligandrum** Maxim.
分布：山西、甘肃、青海、四川

**峨眉唐松草** **Thalictrum omeiense** W. T. Wang et S. H. Wang
分布：四川

**川鄂唐松草** **Thalictrum osmundifolium** Finet et Gagnep.
分布：湖北、四川

**瓣蕊唐松草** **Thalictrum petaloideum** L.
分布：黑龙江、吉林、辽宁、内蒙古、河北、山西、山东、河南、陕西、宁夏、甘肃、青海、安徽、浙江、湖北、四川；朝鲜、蒙古国、俄罗斯

**瓣蕊唐松草(原变种)** **Thalictrum petaloideum** var. **petaloideum**
分布：黑龙江、吉林、辽宁、内蒙古、河北、山西、山东、河南、陕西、宁夏、甘肃、青海、安徽、浙江、湖北、四川；韩国、蒙古国、俄罗斯

**狭裂瓣蕊唐松草** **Thalictrum petaloideum** var. **supradecompositum** (Nakai) Kitag.
分布：黑龙江、吉林、辽宁、内蒙古、河北

**菲律宾唐松草** **Thalictrum philippinense** C. B. Rob.
分布：海南；菲律宾

**长柄唐松草** **Thalictrum przewalskii** Maxim.
分布：内蒙古、河北、山西、河南、陕西、甘肃、青海、湖北、四川、西藏

**拟盾叶唐松草** **Thalictrum pseudoichangense** Q. E. Yang et G. H. Zhu
分布：贵州

**多枝唐松草** **Thalictrum ramosum** B. Boivin
分布：湖南、四川、广西

**美丽唐松草** **Thalictrum reniforme** Wall.
分布：西藏；不丹、尼泊尔、印度

**网脉唐松草** **Thalictrum reticulatum** Franch.
分布：四川、云南

**网脉唐松草(原变种)** **Thalictrum reticulatum** var. **reticulatum**
分布：四川、云南

**毛叶网脉唐松草** **Thalictrum reticulatum** var. **hirtellum** W. T. Wang et S. H. Wang
分布：四川

**粗壮唐松草** **Thalictrum robustum** Maxim.
分布：山西、河南、甘肃、湖北、四川

**小喙唐松草** **Thalictrum rostellatum** Hook. f. et Thomson
分布：四川、云南、西藏；不丹、印度、尼泊尔

**圆叶唐松草** **Thalictrum rotundifolium** DC.
分布：西藏；尼泊尔

**淡红唐松草** **Thalictrum rubescens** Ohwi
分布：台湾

**芸香叶唐松草** **Thalictrum rutifolium** Hook. f. et Thomson
分布：甘肃、青海、四川、云南、西藏；印度

**叉柱唐松草** **Thalictrum saniculiforme** DC.
分布：云南、西藏；不丹、印度、尼泊尔

**糙叶唐松草** **Thalictrum scabrifolium** Franch.
分布：云南

**陕西唐松草** **Thalictrum shensiense** W. T. Wang et S. H. Wang
分布：陕西

**思茅唐松草** **Thalictrum simaoense** W. T. Wang et G. H. Zhu
分布：云南

**箭头唐松草** **Thalictrum simplex** L.
分布：黑龙江、吉林、辽宁、内蒙古、河北、山西、陕西、甘肃、青海、新疆、湖北、四川；日本、韩国、俄罗斯；亚洲(西南部和中部)、欧洲

**箭头唐松草(原变种)** **Thalictrum simplex** var. **simplex**
分布：内蒙古、新疆；亚洲、欧洲

**锐裂箭头唐松草** **Thalictrum simplex** var. **affine** (Ledeb.) Regel
分布：黑龙江、吉林；俄罗斯

**短梗箭头唐松草 Thalictrum simplex** var. **brevipes** H. Hara
分布：辽宁、内蒙古、河北、山西、陕西、甘肃、青海、湖北、四川；日本、朝鲜

**腺毛箭头唐松草 Thalictrum simplex** var. **glandulosum** W. T. Wang
分布：黑龙江

**鞭柱唐松草 Thalictrum smithii** B. Boivin
分布：四川、云南、西藏

**散花唐松草 Thalictrum sparsiflorum** Turcz. ex Fisch. et C. A. Mey.
分布：黑龙江、吉林；朝鲜、俄罗斯；北美洲

**石砾唐松草 Thalictrum squamiferum** Lecoy.
分布：青海、四川、云南、西藏；不丹、印度

**展枝唐松草 Thalictrum squarrosum** Stephan ex Willd.
分布：黑龙江、吉林、辽宁、内蒙古、河北、山西、陕西、四川；蒙古国、俄罗斯

**细唐松草 Thalictrum tenue** Franch.
分布：内蒙古、河北、山西、陕西、宁夏、甘肃

**玷柱唐松草 Thalictrum tenuisubulatum** W. T. Wang
分布：云南

**毛发唐松草 Thalictrum trichopus** Franch.
分布：四川、云南

**察瓦龙唐松草 Thalictrum tsawarungense** W. T. Wang et S. H. Wang
分布：西藏

**深山唐松草 Thalictrum tuberiferum** Maxim.
分布：黑龙江、吉林、辽宁；日本、朝鲜、俄罗斯

**阴地唐松草 Thalictrum umbricola** Ulbr.
分布：江西、湖南、广东、广西

**钩柱唐松草 Thalictrum uncatum** Maxim.
分布：甘肃、青海、四川、贵州、云南、西藏

**钩柱唐松草(原变种) Thalictrum uncatum** var. **uncatum**
分布：甘肃、青海、四川、云南、西藏

**狭翅钩柱唐松草 Thalictrum uncatum** var. **angustialatum** W. T. Wang
分布：贵州

**弯柱唐松草 Thalictrum uncinulatum** Franch. ex Lecoy.
分布：山西、甘肃、湖北、四川、贵州

**台湾唐松草 Thalictrum urbainii** Hayata
分布：台湾

**台湾唐松草(原变种) Thalictrum urbainii** var. **urbainii**
分布：台湾

**大花台湾唐松草 Thalictrum urbainii** var. **majus** T. Shimizu
分布：台湾

**帚枝唐松草 Thalictrum virgatum** Hook. f. et Thomson
分布：四川、云南、西藏；不丹、尼泊尔、印度

**粘唐松草 Thalictrum viscosum** W. T. Wang et S. H. Wang
分布：云南

**丽江唐松草 Thalictrum wangii** B. Boivin
分布：云南、西藏

**武夷唐松草 Thalictrum wuyishanicum** W. T. Wang et S. H. Wang
分布：江西、福建

**兴山唐松草 Thalictrum xingshanicum** G. F. Tao
分布：湖北

**云南唐松草 Thalictrum yunnanense** W. T. Wang
分布：云南

**云南唐松草(原变种) Thalictrum yunnanense** var. **yunnanense**
分布：云南

**滇南唐松草 Thalictrum yunnanense** var. **austroyunnanense** Y. Y. Qian
分布：云南

## 金莲花属 Trollius L.

**阿尔泰金莲花 Trollius altaicus** C. A. Mey.
分布：内蒙古、新疆；哈萨克斯坦、吉尔吉斯斯坦、蒙古国、俄罗斯、塔吉克斯坦、乌兹别克斯坦

**宽瓣金连花 Trollius asiaticus** L.
分布：黑龙江、新疆；哈萨克斯坦、蒙古国、俄罗斯

**川陕金莲花 Trollius buddae** Schipcz.
分布：甘肃、四川

**金莲花 Trollius chinensis** Bunge
分布：吉林、辽宁、内蒙古、河北、山西、河南

**准噶尔金莲花 Trollius dschungaricus** Regel
分布：新疆；哈萨克斯坦、吉尔吉斯斯坦、塔吉克斯坦、

乌兹别克斯坦

**矮金莲花 Trollius farreri** Stapf

分布：陕西、甘肃、青海、四川、云南、西藏

**矮金莲花(原变种) Trollius farreri** var. **farreri**

分布：陕西、甘肃、青海、四川、西藏

**大叶矮金莲花 Trollius farreri** var. **major** W. T. Wang

分布：云南、西藏

**长白金莲花 Trollius japonicus** Miq.

分布：吉林；日本

**短瓣金莲花 Trollius ledebourii** Rchb.

分布：黑龙江、辽宁、内蒙古；蒙古国、俄罗斯

**淡紫金莲花 Trollius lilacinus** Bunge

分布：新疆；哈萨克斯坦、吉尔吉斯斯坦、蒙古国、俄罗斯、乌兹别克斯坦

**长瓣金莲花 Trollius macropetalus** (Regel) F. Schmidt

分布：黑龙江、吉林、辽宁；朝鲜、俄罗斯

**小花金莲花 Trollius micranthus** Hand.-Mazz.

分布：云南、西藏

**小金莲花 Trollius pumilus** D. Don

分布：甘肃、青海、四川、西藏；不丹、缅甸、尼泊尔、印度

**小金莲花(原变种) Trollius pumilus** var. **pumilus**

分布：西藏；不丹、缅甸、尼泊尔、印度

**显叶金莲花 Trollius pumilus** var. **foliosus** (W. T. Wang) W. T. Wang

分布：甘肃

**青藏金莲花 Trollius pumilus** var. **tanguticus** Brühl

分布：甘肃、青海、四川、西藏

**德格金莲花 Trollius pumilus** var. **tehkehensis** (W. T. Wang) W. T. Wang

分布：四川

**毛茛状金莲花 Trollius ranunculoides** Hemsl.

分布：甘肃、青海、四川、云南、西藏

**台湾金莲花 Trollius taihasenzanensis** Masam.

分布：台湾

**鞘柄金莲花 Trollius vaginatus** Hand.-Mazz.

分布：四川、云南

**云南金莲花 Trollius yunnanensis** (Franch.) Ulbr.

分布：甘肃、四川、云南

**云南金莲花(原变种) Trollius yunnanensis** var. **yunnanensis**

分布：四川、云南

**覆裂云南金莲花 Trollius yunnanensis** var. **anemonifolius** (Brühl) W. T. Wang

分布：甘肃、四川

**长瓣云南金莲花 Trollius yunnanensis** var. **eupetalus** (Stapf) W. T. Wang

分布：云南

**盾叶云南金莲花 Trollius yunnanensis** var. **peltatus** W. T. Wang

分布：四川

### 尾囊草属 **Urophysa** Ulbr.

**尾囊草 Urophysa henryi** (Oliv.) Ulbr.

分布：湖南、湖北、四川、贵州

**距瓣尾囊草 Urophysa rockii** O. E. Ulbr.

分布：四川

## 407. 木犀草科 Resedaceae Martinov

### 川犀草属 **Oligomeris** Cambess.

**川犀草 Oligomeris linifolia** (Vahl) J. F. Macbr.

分布：四川、云南；印度、巴基斯坦、大西洋岛屿；西南亚、北非、北美洲

### 木犀草属 **Reseda** L.

**白木犀草 Reseda alba** L.

分布：台湾；原产地中海地区，世界各地归化

**黄木犀草 Reseda lutea** L.

分布：辽宁；原产地中海地区和西南亚，世界各地逸生

**木犀草 Reseda odorata** L.

分布：上海、浙江、台湾；原产于希腊、利比亚

## 408. 帚灯草科 Restionaceae R. Br.

### 薄果草属 **Dapsilanthus** B. G. Briggs et L. A. S. Johns

**薄果草 Dapsilanthus disjunctus** (Mast.) B. G. Briggs et L. A. S. Johns

分布：广西、海南；柬埔寨、老挝、马来西亚、泰国、越南

## 409. 鼠李科 Rhamnaceae Juss.

### 麦珠子属 **Alphitonia** Reissek ex Endl.

麦珠子 **Alphitonia incana** (Roxburgh) Teijsmann et Binnendijk ex Kurz.
分布：海南；印度尼西亚、马来西亚、菲律宾

### 勾儿茶属 **Berchemia** Neck. ex DC.

越南勾儿茶 **Berchemia annamensis** Pit.
分布：广东、广西；越南

腋毛勾儿茶 **Berchemia barbigera** C. Y. Wu ex Y. L. Chen
分布：安徽、浙江

短果勾儿茶 **Berchemia brachycarpa** C. Y. Wu ex Y. L. Chen et P. K. Chou
分布：云南

腋花勾儿茶 **Berchemia edgeworthii** M. A. Lawson
分布：四川、云南、西藏；不丹、尼泊尔

黄背勾儿茶 **Berchemia flavescens** (Wall.) Brongn.
分布：陕西、甘肃、湖北、四川、云南、西藏；不丹、印度、尼泊尔

多花勾儿茶 **Berchemia floribunda** (Wall.) Brongn.
分布：贵州、广西

多花勾儿茶(原变种) **Berchemia floribunda** var. **floribunda**
分布：山西、河南、陕西、安徽、江苏、浙江、江西、湖南、湖北、四川、贵州、云南、西藏、福建、广东、广西；不丹、印度、日本、尼泊尔、越南

矩叶勾儿茶 **Berchemia floribunda** var. **oblongifolia** Y. L. Chen et P. K. Chou
分布：浙江、江西、福建

台湾勾儿茶 **Berchemia formosana** C. K. Schneid.
分布：台湾；日本

大果勾儿茶 **Berchemia hirtella** Tsai et K. M. Feng
分布：贵州、云南

大果勾儿茶(原变种) **Berchemia hirtella** var. **hirtella**
分布：云南

大老鼠耳 **Berchemia hirtella** var. **glabrescens** C. Y. Wu ex Y. L. Chen
分布：贵州、云南

毛背勾儿茶 **Berchemia hispida** (Tsai et K. M. Feng) Y. L. Chen et P. K. Chou
分布：四川、贵州、云南

光轴勾儿茶 **Berchemia hispida** var. **glabrata** Y. L. Chen et P. K. Chou
分布：四川、贵州、云南

毛背勾儿茶(原变种) **Berchemia hispida** var. **hispida**
分布：四川、云南

大叶勾儿茶 **Berchemia huana** Rehder
分布：安徽、江苏、浙江、江西、湖南、湖北、福建

大叶勾儿茶(原变种) **Berchemia huana** var. **huana**
分布：安徽、江苏、浙江、江西、湖南、湖北、福建

脱毛大叶勾儿茶 **Berchemia huana** var. **glabrescens** Cheng ex Y. L. Chen
分布：安徽、浙江

牯岭勾儿茶 **Berchemia kulingensis** C. K. Schneid.
分布：安徽、江苏、浙江、江西、湖南、湖北、四川、贵州、福建、广西

铁包金 **Berchemia lineata** (L.) DC.
分布：福建、台湾、广东、广西、海南；印度、日本、越南

细梗勾儿茶 **Berchemia longipedicellata** Y. L. Chen et P. K. Chou
分布：西藏

长梗勾儿茶 **Berchemia longipes** Y. L. Chen et P. K. Chou
分布：云南

墨脱勾儿茶 **Berchemia medogensis** Y. L. Chen, Y. F. Du et Y. L. Chen
分布：西藏

峨眉勾儿茶 **Berchemia omeiensis** Feng ex Y. L. Chen et P. K. Chou
分布：湖北、四川、贵州

多叶勾儿茶 **Berchemia polyphylla** Wall. ex M. A. Lawson
分布：陕西、甘肃、湖南、湖北、四川、贵州、云南、福建、广东、广西；印度、缅甸

多叶勾儿茶(原变种) **Berchemia polyphylla** var. **polyphylla**
分布：陕西、甘肃、四川、贵州、云南、广西；印度、缅甸

光枝勾儿茶 **Berchemia polyphylla** var. **leioclada** (Hand.-Mazz.) Hand.-Mazz.
分布：陕西、湖南、湖北、四川、贵州、云南、福建、广东、广西

毛叶勾儿茶 **Berchemia polyphylla** var. **trichophylla** Hand.-Mazz.
分布：贵州、云南

勾儿茶 **Berchemia sinica** C. K. Schneid.
分布：山西、河南、陕西、甘肃、湖北、四川、贵州、云南

云南勾儿茶 **Berchemia yunnanensis** Franch.
分布：陕西、甘肃、四川、贵州、云南、西藏

## 小勾儿茶属 Berchemiella Nakai

小勾儿茶 **Berchemiella wilsonii** (C. K. Schneid.) Nakai
分布：安徽、浙江、湖北

小勾儿茶(原变种) **Berchemiella wilsonii** var. **wilsonii**
分布：湖北

毛柄小勾儿茶 **Berchemiella wilsonii** var. **pubipetiolata** H. Qian
分布：安徽、浙江

滇小勾儿茶 **Berchemiella yunnanensis** Y. L. Chen et P. K. Chou
分布：云南

## 蛇藤属 Colubrina Rich. ex Brongn.

蛇藤 **Colubrina asiatica** (L.) Brongn.
分布：台湾、广东、广西、海南；印度、印度尼西亚、马来西亚、缅甸、菲律宾、泰国、斯里兰卡、澳大利亚、太平洋岛屿；非洲

毛蛇藤 **Colubrina javanica** Miquel
分布：云南；印度尼西亚、马来西亚、缅甸、泰国

## 咀签属 Gouania Jacq.

毛咀签 **Gouania javanica** Miq.
分布：贵州、云南、福建、广东、广西、海南；柬埔寨、老挝、菲律宾、泰国、越南

咀签 **Gouania leptostachya** DC.
分布：云南、广西；不丹、印度、老挝、马来西亚、缅甸、尼泊尔、菲律宾、新加坡、泰国、越南

咀签(原变种) **Gouania leptostachya** var. **leptostachya**
分布：云南、广西；不丹、印度、老挝、马来西亚、缅甸、尼泊尔、菲律宾、新加坡、泰国、越南

大果咀签 **Gouania leptostachya** var. **macrocarpa** Pit.
分布：云南；泰国、越南

越南咀签 **Gouania leptostachya** var. **tonkinensis** Pit.
分布：云南；老挝、越南

## 枳椇属 Hovenia Thunb.

枳椇 **Hovenia acerba** Lindl.
分布：河南、陕西、甘肃、安徽、江苏、江西、湖南、湖北、四川、贵州、云南、西藏、福建、广东、广西；不丹、印度、缅甸、尼泊尔

枳椇(原变种) **Hovenia acerba** var. **acerba**
分布：河南、陕西、甘肃、安徽、江苏、江西、湖南、湖北、四川、贵州、云南、福建、广东、广西；不丹、印度、缅甸、尼泊尔

俅江枳椇 **Hovenia acerba** var. **kiukiangensis** (Hu et Cheng) C. Y. Wu ex Y. L. Chen
分布：云南、西藏

北枳椇 **Hovenia dulcis** Thunb.
分布：河北、山西、山东、河南、陕西、甘肃、安徽、江苏、江西、湖北、四川；日本、泰国、韩国

毛果枳椇 **Hovenia trichocarpa** Chun et Tsiang
分布：安徽、浙江、江西、湖南、湖北、贵州、福建、广东、广西；日本

毛果枳椇(原变种) **Hovenia trichocarpa** var. **trichocarpa**
分布：江西、湖南、湖北、贵州、广东

光叶毛果枳椇 **Hovenia trichocarpa** var. **robusta** (Nakai et Y. Kimura) Y. L. Chou et P. K. Chou
分布：安徽、浙江、江西、湖南、贵州、福建、广东、广西；日本

## 马甲子属 Paliurus Mill.

铜钱树 **Paliurus hemsleyanus** Rehder
分布：河南、陕西、甘肃、安徽、江苏、浙江、江西、湖南、湖北、四川、重庆、贵州、云南、广东、广西

硬毛马甲子 **Paliurus hirsutus** Hemsl.
分布：安徽、江苏、湖南、湖北、福建、广东、广西

短柄铜钱树 **Paliurus orientalis** (Franch.) Hemsl.
分布：四川、云南

马甲子 **Paliurus ramosissimus** (Lour.) Poir.
分布：安徽、江苏、浙江、江西、湖南、湖北、四川、贵州、云南、福建、台湾、广东、广西；日本、韩国

滨枣 **Paliurus spina-christi** Mill.
分布：山东；原产于亚洲(西南部)和欧洲(南部)

## 猫乳属 Rhamnella Miq.

尾叶猫乳 **Rhamnella caudata** Merr.
分布：广东

**川滇猫乳 Rhamnella forrestii** W. W. Sm.
分布：四川、云南、西藏

**猫乳 Rhamnella franguloides** (Maxim.) Weberbauer
分布：河北、山西、山东、河南、陕西、安徽、江苏、浙江、江西、湖南、湖北

**西藏猫乳 Rhamnella gilgitica** Mansf. et Melch.
分布：四川、云南、西藏；克什米尔地区

**毛背猫乳 Rhamnella julianae** C. K. Schneid.
分布：湖北、四川、云南

**多脉猫乳 Rhamnella martini** (H. Lév.) C. K. Schneid.
分布：湖北、四川、贵州、云南、西藏、广东；尼泊尔

**苞叶木 Rhamnella rubrinervis** (H. Lév.) Rehder
分布：贵州、云南、广东、广西；越南

**卵叶猫乳 Rhamnella wilsonii** C. K. Schneid.
分布：四川、西藏

## 鼠李属 Rhamnus L.

**锐齿鼠李 Rhamnus arguta** Maxim.
分布：黑龙江、辽宁、河北、山西、山东、陕西

**锐齿鼠李(原变种) Rhamnus arguta** var. **arguta**
分布：黑龙江、辽宁、河北、山西、山东、陕西

**毛背锐齿鼠李 Rhamnus arguta** var. **velutina** Hand.-Mazz.
分布：河北、山西

**云南鼠李 Rhamnus aurea** Heppeler
分布：云南

**陷脉鼠李 Rhamnus bodinieri** H. Lév.
分布：贵州、云南、广西

**山绿柴 Rhamnus brachypoda** C. Y. Wu ex Y. L. Chen et P. K. Chow
分布：浙江、江西、湖南、贵州、福建、广东、广西

**卵叶鼠李 Rhamnus bungeana** J. J. Vassil.
分布：吉林、河北、山西、山东、河南、湖北

**石生鼠李 Rhamnus calcicolus** Q. H. Chen
分布：贵州

**药鼠李 Rhamnus cathartica** L.
分布：新疆；俄罗斯；亚洲(西南部和中部)、欧洲、非洲(西北部)

**革叶鼠李 Rhamnus coriophylla** Hand.-Mazz.
分布：贵州、云南、广东、广西

**革叶鼠李(原变种) Rhamnus coriophylla** var. **coriophylla**
分布：云南、广东、广西

**锐齿革叶鼠李 Rhamnus coriophylla** var. **acutidens** Y. L. Chen et P. K. Chou
分布：贵州

**长叶冻绿 Rhamnus crenata** Sieb. et Zucc.
分布：河南、陕西、安徽、江苏、浙江、江西、湖南、湖北、四川、贵州、云南、福建、台湾、广东、广西；柬埔寨、日本、朝鲜、老挝、越南

**长叶冻绿(原变种) Rhamnus crenata** var. **crenata**
分布：河南、陕西、安徽、江苏、江西、湖南、湖北、四川、贵州、云南、福建、台湾、广东、广西；柬埔寨、日本、韩国、老挝、泰国、越南

**两色冻绿 Rhamnus crenata** var. **discolor** Rehder
分布：浙江

**大连鼠李 Rhamnus dalianensis** S. Y. Li et Z. H. Ning
分布：辽宁

**大理鼠李 Rhamnus daliensis** G. S. Fan et L. L. Deng
分布：云南

**鼠李 Rhamnus davurica** Pallas
分布：黑龙江、吉林、辽宁、河北、山西；韩国、蒙古国、俄罗斯

**金刚鼠李 Rhamnus diamantiaca** Nakai
分布：黑龙江、吉林、辽宁；日本、朝鲜、俄罗斯

**刺鼠李 Rhamnus dumetorum** C. K. Schneid.
分布：陕西、甘肃、安徽、浙江、江西、湖北、四川、贵州、云南、西藏

**刺鼠李(原变种) Rhamnus dumetorum** var. **dumetorum**
分布：山西、甘肃、安徽、浙江、江西、湖北、四川、贵州、云南、西藏

**圆齿刺鼠李 Rhamnus dumetorum** var. **crenoserrata** Rehder et E. H. Wilson
分布：四川、云南、西藏

**柳叶鼠李 Rhamnus erythroxylum** Pall.
分布：内蒙古、河北、山西、陕西、甘肃、青海；蒙古国、俄罗斯；亚洲(西南部)

**贵州鼠李 Rhamnus esquirolii** H. Lév.
分布：湖北、四川、贵州、云南、广西

**贵州鼠李(原变种) Rhamnus esquirolii** var. **esquirolii**
分布：湖北、四川、贵州、云南、广西

木子花 **Rhamnus esquirolii** var. **glabrata** Y. L. Chen et P. K. Chou
分布：四川、贵州

淡黄鼠李 **Rhamnus flavescens** Y. L. Chen et P. K. Chou
分布：四川、西藏

台湾鼠李 **Rhamnus formosana** Matsum.
分布：台湾

欧鼠李 **Rhamnus frangula** L.
分布：新疆；俄罗斯；亚洲(西南部)、欧洲、非洲(北部)

黄鼠李 **Rhamnus fulvotincta** F. P. Metcalf
分布：贵州、广东、广西

川滇鼠李 **Rhamnus gilgiana** Heppeler
分布：四川、云南

圆叶鼠李 **Rhamnus globosa** Bunge
分布：辽宁、河北、山西、山东、河南、陕西、甘肃、安徽、江苏、江西、湖南

大花鼠李 **Rhamnus grandiflora** C. Y. Wu ex Y. L. Chen et P. K. Chow
分布：四川、贵州

海南鼠李 **Rhamnus hainanensis** Merr. et Chun
分布：海南

亮叶鼠李 **Rhamnus hemsleyana** C. K. Schneid.
分布：陕西、四川、贵州、云南

亮叶鼠李(原变种) **Rhamnus hemsleyana** var. **hemsleyana**
分布：陕西、四川、贵州、云南

高山亮叶鼠李 **Rhamnus hemsleyana** var. **yunnanensis** C. Y. Wu ex Y. L. Chen et P. K. Chou
分布：四川、云南

毛叶鼠李 **Rhamnus henryi** C. K. Schneid.
分布：四川、云南、西藏、广西

异叶鼠李 **Rhamnus heterophylla** Oliv.
分布：陕西、甘肃、湖北、四川、贵州、云南

湖北鼠李 **Rhamnus hupehensis** C. K. Schneid.
分布：湖北

桃叶鼠李 **Rhamnus iteinophylla** C. K. Schneid.
分布：湖北、四川、云南

朝鲜鼠李 **Rhamnus koraiensis** C. K. Schneid.
分布：吉林、辽宁、山东；朝鲜

广西鼠李 **Rhamnus kwangsiensis** Y. L. Chen et P. K. Chou
分布：广西

钩齿鼠李 **Rhamnus lamprophylla** C. K. Schneid.
分布：江西、湖南、湖北、四川、贵州、云南、福建、广西

崂山鼠李 **Rhamnus laoshanensis** D. K. Zang
分布：山东

纤花鼠李 **Rhamnus leptacantha** C. K. Schneid.
分布：湖北、四川

薄叶鼠李 **Rhamnus leptophylla** C. K. Schneid.
分布：山东、河南、陕西、安徽、浙江、江西、湖南、湖北、四川、贵州、云南、福建、广东、广西

琉球鼠李 **Rhamnus liukiuensis** (E. H. Wilson) Koidz.
分布：台湾；日本

长柄鼠李 **Rhamnus longipes** Merr. et Chun
分布：云南、广东、广西、海南

黑桦树 **Rhamnus maximovicziana** J. J. Vassil.
分布：内蒙古、河北、山西、陕西、宁夏、甘肃、四川；蒙古国

黑桦树(原变种) **Rhamnus maximovicziana** var. **maximovicziana**
分布：内蒙古、河北、山西、陕西、宁夏、甘肃、四川；蒙古国

矩叶黑桦树 **Rhamnus maximovicziana** var. **oblongifolia** Y. L. Chen et P. K. Chou
分布：内蒙古

矮小鼠李 **Rhamnus minuta** Grubov
分布：新疆；俄罗斯

台中鼠李 **Rhamnus nakaharae** (Hayata) Hayata
分布：台湾

尼泊尔鼠李 **Rhamnus napalensis** (Wall.) Lawson
分布：浙江、江西、湖南、湖北、贵州、云南、西藏、福建、广东、广西；不丹、印度、马来西亚、缅甸、尼泊尔、泰国

黑背鼠李 **Rhamnus nigricans** Hand.-Mazz.
分布：云南

宁蒗鼠李 **Rhamnus ninglangensis** Y. L. Chen
分布：四川、云南

小叶鼠李 **Rhamnus parvifolia** Bunge
分布：黑龙江、吉林、辽宁、内蒙古、河北、山西、山东、

河南、陕西、台湾；韩国、蒙古国、俄罗斯

蔓生鼠李 **Rhamnus procumbens** Edgew.

分布：西藏；印度、尼泊尔、不丹

平卧鼠李 **Rhamnus prostrata** R. N. Parker

分布：西藏；阿富汗、印度、克什米尔地区、巴基斯坦

杜鹃叶鼠李 **Rhamnus rhododendriphylla** Y. L. Chen et P. K. Chou

分布：广东、广西

小冻绿树 **Rhamnus rosthornii** E. Pritz.

分布：陕西、甘肃、湖北、四川、贵州、云南、广西

皱叶鼠李 **Rhamnus rugulosa** Hemsl. ex Forbes et Hemsl.

分布：山西、河南、陕西、甘肃、安徽、浙江、江西、湖南、湖北、四川、广东

皱叶鼠李(原变种) **Rhamnus rugulosa** var. **rugulosa**

分布：山西、河南、陕西、甘肃、安徽、江西、湖南、湖北、四川、广东

浙江鼠李 **Rhamnus rugulosa** var. **chekiangensis** (Cheng) Y. L. Chen et P. K. Chou

分布：浙江

脱毛皱叶鼠李 **Rhamnus rugulosa** var. **glabrata** Y. L. Chen et P. K. Chou

分布：湖北、四川

多脉鼠李 **Rhamnus sargentiana** C. K. Schneid.

分布：甘肃、湖北、四川、云南、西藏

长梗鼠李 **Rhamnus schneideri** H. Lév. et Vaniot

分布：黑龙江、吉林、辽宁、河北、山西、山东；朝鲜

长梗鼠李(原变种) **Rhamnus schneideri** var. **schneideri**

分布：黑龙江、吉林、辽宁、河北、山西

东北鼠李 **Rhamnus schneideri** var. **manshurica** (Nakai) Nakai

分布：吉林、辽宁、河北、山西、山东；朝鲜

百里香叶鼠李 **Rhamnus serpyllifolia** H. Lév.

分布：云南

新疆鼠李 **Rhamnus songorica** Gontsch.

分布：新疆；俄罗斯

紫背鼠李 **Rhamnus subapetala** Merr.

分布：云南、广西；越南

甘青鼠李 **Rhamnus tangutica** J. J. Vassil.

分布：河南、陕西、甘肃、青海、四川、西藏

鄂西鼠李 **Rhamnus tzekweiensis** Y. L. Chen et P. K. Chou

分布：湖北

乌苏里鼠李 **Rhamnus ussuriensis** J. J. Vassil.

分布：黑龙江、吉林、辽宁、内蒙古、山东、湖北；俄罗斯、朝鲜、蒙古国、日本

冻绿 **Rhamnus utilis** Decaisne

分布：河北、山西、河南、陕西、甘肃、安徽、江苏、浙江、江西、湖南、湖北、四川、贵州、福建、广东、广西；日本、韩国

冻绿(原变种) **Rhamnus utilis** var. **utilis**

分布：河北、山西、河南、陕西、甘肃、安徽、江苏、江西、湖南、湖北、四川、贵州、福建、广东、广西、浙江；日本

毛冻绿 **Rhamnus utilis** var. **hypochrysa** (C. K. Schneid.) Rehder

分布：山西、河南、甘肃、湖北、四川、贵州、广西

高山冻绿 **Rhamnus utilis** var. **szechuanensis** Y. L. Chen et P. K. Chou

分布：甘肃、四川

帚枝鼠李 **Rhamnus virgata** Roxb.

分布：四川、贵州、云南、西藏；不丹、印度、尼泊尔、泰国

帚枝鼠李(原变种) **Rhamnus virgata** var. **virgata**

分布：四川、贵州、云南、西藏；不丹、印度、尼泊尔、泰国

糙毛帚枝鼠李 **Rhamnus virgata** var. **hirsuta** (Wight et Arn.) Y. L. Chen et P. K. Chou

分布：四川、云南、西藏；印度

山鼠李 **Rhamnus wilsonii** C. K. Schneid.

分布：安徽、浙江、江西、湖南、贵州、福建、广东、广西

山鼠李(原变种) **Rhamnus wilsonii** var. **wilsonii**

分布：安徽、浙江、江西、湖南、贵州、福建、广东、广西

毛山鼠李 **Rhamnus wilsonii** var. **pilosa** Rehder

分布：安徽、浙江、江西、福建

武鸣鼠李 **Rhamnus wumingensis** Y. L. Chen et P. K. Chou

分布：广西

西藏鼠李 **Rhamnus xizangensis** Y. L. Chen et P. K. Chou

分布：云南、西藏

## 雀梅藤属 **Sagеretia** Brongn.

窄叶雀梅藤 **Sageretia brandrethiana** Aitch.

分布：云南；印度、阿富汗、巴基斯坦；亚洲(西南部)

茶叶雀梅藤 **Sageretia camelliifolia** Y. L. Chen et P. K. Chou

分布：广西

贡山雀梅藤 **Sageretia gongshanensis** G. S. Fan et L. L. Deng

分布：云南

纤细雀梅藤 **Sageretia gracilis** J. R. Drumm. et Sarg.

分布：云南、西藏、广西

钩枝雀梅藤 **Sageretia hamosa** (Wall.) Brongn.

分布：浙江、江西、湖南、湖北、四川、贵州、云南、西藏、福建、广东、广西；印度、尼泊尔、菲律宾、斯里兰卡、越南

钩枝雀梅藤(原变种) **Sageretia hamosa** var. **hamosa**

分布：江西、湖南、湖北、四川、贵州、西藏、福建、广东、广西；斯里兰卡

毛枝雀梅藤 **Sageretia hamosa** var. **trichoclada** C. Y. Wu ex Y. L. Chen et P. K. Chou

分布：云南

梗花雀梅藤 **Sageretia henryi** J. R. Drummond et Sprague

分布：陕西、甘肃、浙江、湖南、湖北、四川、贵州、云南、广西

凹叶雀梅藤 **Sageretia horrida** Pax et K. Hoffm.

分布：四川、云南、西藏

疏花雀梅藤 **Sageretia laxiflora** Hand.-Mazz.

分布：贵州、广西

丽江雀梅藤 **Sageretia lijiangensis** G. S. Fan et S. K. Chen

分布：云南

亮叶雀梅藤 **Sageretia lucida** Merr.

分布：浙江、江西、云南、福建、广东、广西、海南；印度、印度尼西亚、尼泊尔、斯里兰卡、越南

刺藤子 **Sageretia melliana** Hand.-Mazz.

分布：安徽、浙江、江西、湖南、湖北、贵州、云南、福建、广东、广西

峨眉雀梅藤 **Sageretia omeiensis** C. K. Schneid.

分布：四川、重庆

少脉雀梅藤 **Sageretia paucicostata** Maxim.

分布：河北、山西、河南、陕西、甘肃、四川、云南、西藏

南丹雀梅藤 **Sageretia pedicellata** C. Z. Gao

分布：广西

对刺雀梅藤 **Sageretia pycnophylla** C. K. Schneid.

分布：甘肃、四川

峦大雀梅藤 **Sageretia randaiensis** Hayata

分布：台湾

皱叶雀梅藤 **Sageretia rugosa** Hance

分布：湖南、湖北、四川、贵州、云南、广东、广西

尾叶雀梅藤 **Sageretia subcaudata** C. K. Schneid.

分布：河南、陕西、江西、湖南、湖北、四川、贵州、云南、西藏、广东

雀梅藤 **Sageretia thea** (Osbeck) M. C. Johnst.

分布：甘肃、安徽、江苏、浙江、江西、湖南、湖北、四川、云南、福建、台湾、广东、广西；印度、日本、朝鲜、泰国、越南

雀梅藤(原变种) **Sageretia thea** var. **thea**

分布：甘肃、安徽、江苏、浙江、江西、湖南、湖北、四川、云南、福建、台湾、广东、广西；印度、日本、朝鲜、泰国、越南

心叶雀梅藤 **Sageretia thea** var. **cordiformis** Y. L. Chen et P. K. Chou

分布：云南；泰国

毛叶雀梅藤 **Sageretia thea** var. **tomentosa** (C. K. Schneid.) Y. L. Chen et P. K. Chou

分布：甘肃、安徽、江苏、江西、四川、云南、福建、台湾、广东、广西；朝鲜、泰国

脱毛雀梅藤 **Sageretia yilinii** G. S. Fan et S. K. Chen

分布：云南

云龙雀梅藤 **Sageretia yunlongensis** G. S. Fan et L. L. Deng

分布：云南、西藏

## 对刺藤属 **Scutia** (Comm. ex DC.) Brongn.

对刺藤 **Scutia myrtina** (Burm. f.) Kurz.

分布：云南、广西；越南、印度、泰国、马达加斯加；非洲

## 翼核果属 **Ventilago** Gaertn.

毛果翼核果 **Ventilago calyculata** Tulasne

分布：贵州、云南、广西；不丹、印度、尼泊尔、泰国、

越南

**毛果翼核果(原变种) Ventilago calyculata** var. **calyculata**

分布：贵州、云南、广西；不丹、印度、尼泊尔、泰国、越南

**毛枝翼核果 Ventilago calyculata** var. **trichoclada** Y. L. Chen et P. K. Chou

分布：广西

**台湾翼核果 Ventilago elegans** Hemsl.

分布：台湾

**海南翼核果 Ventilago inaequilateralis** Merr. et Chun

分布：贵州、云南、广西、海南

**翼核果 Ventilago leiocarpa** Benth.

分布：湖南、贵州、云南、福建、台湾、广东、广西；印度、缅甸、越南、泰国

**翼核果(原变种) Ventilago leiocarpa** var. **leiocarpa**

分布：湖南、云南、福建、台湾、广东、广西；印度、缅甸、泰国、越南

**毛叶翼核果 Ventilago leiocarpa** var. **pubescens** Y. L. Chen et P. K. Chou

分布：贵州、云南、广西

**印度翼核果 Ventilago maderaspatana** Gaertn.

分布：云南；印度、印度尼西亚、缅甸、斯里兰卡

**矩叶翼核果 Ventilago oblongifolia** Blume

分布：云南、广西；马来西亚、印度尼西亚、菲律宾、泰国

## 枣属 Ziziphus Mill.

**毛果枣 Ziziphus attopensis** Pierre

分布：云南、广西；老挝、泰国

**褐果枣 Ziziphus fungii** Merr.

分布：云南、海南

**印度枣 Ziziphus incurva** Roxb.

分布：贵州、云南、西藏、广西；不丹、印度、尼泊尔、缅甸、泰国

**枣 Ziziphus jujuba** Mill.

分布：吉林、辽宁、内蒙古、河北、山西、山东、河南、陕西、宁夏、甘肃、新疆、安徽、江苏、浙江、江西、湖南、湖北、四川、贵州、云南、福建、广东、广西；亚洲、欧洲、非洲、美洲有栽培

**枣(原变种) Ziziphus jujuba** var. **jujuba**

分布：吉林、辽宁、河北、山西、山东、河南、陕西、甘肃、新疆、安徽、江苏、浙江、江西、湖南、湖北、四川、贵州、云南、福建、广东、广西；种植在亚洲、欧洲、非洲、北美洲、南美洲

**无刺枣 Ziziphus jujuba** var. **inermis** (Bunge) Rehd.

分布：吉林、辽宁、河北、山西、山东、河南、陕西、甘肃、新疆、安徽、江苏、浙江、江西、湖南、湖北、四川、贵州、云南、福建、广东、广西

**酸枣 Ziziphus jujuba** var. **spinosa** (Bunge) Hu ex H. F. Chow

分布：辽宁、内蒙古、河北、山西、河南、陕西、宁夏、甘肃、新疆、安徽、江苏

**球枣 Ziziphus laui** Merr.

分布：海南；越南

**大果枣 Ziziphus mairei** Dode

分布：云南

**滇刺枣 Ziziphus mauritiana** Lam.

分布：四川、广东、广西、台湾有栽培；阿富汗、不丹、印度、印度尼西亚、马来西亚、缅甸、尼泊尔、斯里兰卡、泰国、越南、澳大利亚；非洲

**山枣 Ziziphus montana** W. W. Sm.

分布：四川、云南、西藏

**小果枣 Ziziphus oenopolia** (L.) Mill.

分布：云南、广西；印度、印度尼西亚、马来西亚、缅甸、菲律宾、斯里兰卡、泰国、澳大利亚

**毛脉枣 Ziziphus pubinervis** Rehder

分布：广西、贵州

**皱枣 Ziziphus rugosa** Lam.

分布：云南、海南；印度、老挝、缅甸、斯里兰卡、泰国、越南

**蜀枣 Ziziphus xiangchengensis** Y. L. Chen et P. K. Chou

分布：四川

# 410. 红树科 Rhizophoraceae Pers.

## 木榄属 Bruguiera Sav.

**柱果木榄 Bruguiera cylindrica** (L.) Bl.

分布：海南；印度、印度尼西亚、马来西亚、缅甸、菲律宾、斯里兰卡、泰国、越南、澳大利亚、巴布亚新几内亚、太平洋岛屿

**木榄 Bruguiera gymnorhiza** (L.) Savigny

分布：福建、台湾、广东、广西、海南；柬埔寨、印度、

印度尼西亚、日本、马来西亚、缅甸、菲律宾、斯里兰卡、泰国、越南、印度洋岛屿、马达加斯加、巴布亚新几内亚、太平洋岛屿；非洲、大洋洲

海莲 **Bruguiera sexangula** (Lour.) Poir.

分布：海南；柬埔寨、印度、马来西亚、斯里兰卡、泰国、越南、印度尼西亚、缅甸、菲律宾、太平洋岛屿

## 竹节树属 **Carallia** Roxb.

竹节树 **Carallia brachiata** (Lour.) Merr.

分布：云南、福建、广东、广西、海南；不丹、柬埔寨、印度、印度尼西亚、老挝、马来西亚、缅甸、菲律宾、斯里兰卡、泰国、越南、澳大利亚、马达加斯加、尼泊尔、巴布亚新几内亚、太平洋岛屿

锯叶竹节树 **Carallia dipopetala** Hand.-Mazz.

分布：云南、广东、广西；越南

大叶竹节树 **Carallia garciniifolia** F. C. How et F. C. Ho

分布：云南、广西

旁杞木 **Carallia pectinifolia** W. C. Ko

分布：云南、广东、广西

## 角果木属 **Ceriops** Arn.

角果木 **Ceriops tagal** (Perr.) C. B. Rob.

分布：广东、海南；印度、马来西亚、缅甸、菲律宾、斯里兰卡、泰国、澳大利亚、越南、柬埔寨、印度尼西亚；非洲(东部)

## 秋茄树属 **Kandelia** (DC.) WightArn.

秋茄树 **Kandelia obovata** Sheue, H. Y. Liu et J. W. H. Yong

分布：福建、台湾、广东、广西、海南；日本

## 山红树属 **Pellacalyx** Korth.

山红树 **Pellacalyx yunnanensis** H. H. Hu

分布：云南

## 红树属 **Rhizophora** L.

红树 **Rhizophora apiculata** Blume

分布：广西、海南；柬埔寨、印度、印度尼西亚、马来西亚、缅甸、菲律宾、斯里兰卡、泰国、越南、澳大利亚、巴布亚新几内亚、太平洋岛屿；非洲(东部)

红茄苳 **Rhizophora mucronata** Lam. ex Poir.

分布：台湾；柬埔寨、印度、印度尼西亚、日本、马来西亚、缅甸、巴基斯坦、菲律宾、斯里兰卡、泰国、越南、澳大利亚(北部)、印度洋群岛、巴布亚新几内亚、马达加斯加、太平洋群岛；亚洲(西南部)、非洲(东部)

红海兰 **Rhizophora stylosa** Griff.

分布：广东、广西、海南；印度尼西亚、马来西亚、菲律宾、柬埔寨、日本、越南、澳大利亚、巴布亚新几内亚、太平洋岛屿

# 411. 蔷薇科 Rosaceae Juss.

## 羽叶花属 **Acomastylis** Greene

羽叶花 **Acomastylis elata** (Wall. ex G. Don) F. Bolle

分布：陕西、青海、四川、云南、西藏；不丹、克什米尔地区、尼泊尔、印度

羽叶花(原变种) **Acomastylis elata** var. **elata**

分布：陕西、四川、西藏；不丹、克什米尔地区、尼泊尔、印度

矮生羽叶花 **Acomastylis elata** var. **humilis** (Royle) F. Bolle

分布：青海、云南、西藏；不丹、尼泊尔、印度

大萼羽叶花 **Acomastylis macrosepala** (Ludlow) T. T. Yu et C. L. Li

分布：西藏；不丹、印度

## 龙芽草属 **Agrimonia** L.

托叶龙芽草 **Agrimonia coreana** Nakai

分布：吉林、辽宁、山东、浙江；日本、朝鲜、俄罗斯

大花龙芽草 **Agrimonia eupatoria** subsp. **asiatica L.**

分布：新疆；亚洲(西南部和中部)

小花龙芽草 **Agrimonia nipponica** var. **occidentalis** Skalicky ex J. E. Vidal

分布：安徽、浙江、江西、贵州、广东、广西；老挝、越南

龙芽草 **Agrimonia pilosa** Ledeb.

分布：中国广布；不丹、印度、日本、老挝、朝鲜、蒙古国、缅甸、尼泊尔、俄罗斯、泰国、越南；欧洲(东部)

龙芽草(原变种) **Agrimonia pilosa** var. **pilosa**

分布：中国广布；日本、韩国、蒙古国、俄罗斯、越南

黄龙尾 **Agrimonia pilosa** var. **nepalensis** Ledeb.

分布：河北、山西、山东、河南、陕西、甘肃、安徽、江苏、浙江、江西、湖南、湖北、四川、贵州、云南、西藏、广东、广西；不丹、印度、老挝、缅甸、尼泊尔、泰国、越南

## 羽衣草属 **Alchemilla** L.

无毛羽衣草 **Alchemilla glabra** Neygenf.
分布：四川；俄罗斯；欧洲

纤细羽衣草 **Alchemilla gracilis** Opiz
分布：山西、陕西、甘肃、新疆、四川；蒙古国、俄罗斯；欧洲

羽衣草 **Alchemilla japonica** Nakai et H. Hara
分布：内蒙古、陕西、甘肃、青海、新疆、四川；日本

## 唐棣属 **Amelanchier** Medik.

东亚唐棣 **Amelanchier asiatica** (Sieb. et Zucc.) Endl. ex Walp.
分布：陕西、安徽、浙江、江西；日本、朝鲜

唐棣 **Amelanchier sinica** (C. K. Schneid.) Chun
分布：河南、陕西、甘肃、湖北、四川

## 桃属 **Amygdalus** L.

扁桃 **Amygdalus communis** L.
分布：陕西、甘肃、山东、新疆有栽培；原产于亚洲(西南部)

山桃 **Amygdalus davidiana** (Carrière) de Vos ex Henry
分布：黑龙江、内蒙古、河北、山西、山东、河南、陕西、宁夏、甘肃、青海、四川、云南

山桃(原变种) **Amygdalus davidiana** var. **davidiana**
分布：黑龙江、内蒙古、河北、山西、山东、河南、陕西、宁夏、甘肃、青海、四川、云南

陕甘山桃 **Amygdalus davidiana** var. **potaninii** (Batalin) T. T. Yu et L. T. Lu
分布：山西、陕西、甘肃

新疆桃 **Amygdalus ferganensis** (Kostina et Rjabov) T. T. Yu et L. T. Lu
分布：新疆栽培；吉尔吉斯斯坦，乌兹别克斯坦栽培

甘肃桃 **Amygdalus kansuensis** (Rehder) Skeels
分布：陕西、甘肃、青海、湖北、四川

甘肃桃(原变种) **Amygdalus kansuensis** var. **kansuensis**
分布：陕西、甘肃、青海、湖北、四川

钝核甘肃桃 **Amygdalus kansuensis** var. **obtusinucleata** Y. F. Qu, X. L. Chen et Y. S. Lian
分布：甘肃

光核桃 **Amygdalus mira** (Koehne) Ricker
分布：四川、云南、西藏；俄罗斯

蒙古扁桃 **Amygdalus mongolica** (Maxim.) Ricker
分布：内蒙古、宁夏、甘肃；蒙古国

矮扁桃 **Amygdalus nana** L.
分布：新疆；俄罗斯；亚洲(西南部)、欧洲

长梗扁桃 **Amygdalus pedunculata** Pall.
分布：内蒙古、陕西、宁夏；蒙古国、俄罗斯

桃 **Amygdalus persica** L.
分布：各省(自治区、直辖市)广泛栽培；世界各地栽培

西康扁桃 **Amygdalus tangutica** (Batalin) Korsh.
分布：甘肃、四川

榆叶梅 **Amygdalus triloba** (Lindl.) Ricker
分布：黑龙江、吉林、辽宁、内蒙古、河北、山西、山东、河南、陕西、甘肃、安徽、江苏、浙江、江西；朝鲜、俄罗斯

## 杏属 **Armeniaca** Scop.

华仁杏 **Armeniaca cathayana** D. L. Fu, B. R. Li et J. Hong Li
分布：河北

紫杏 **Armeniaca dasycarpa** (Ehrh.) Pers.
分布：新疆栽培；克什米尔地区、俄罗斯；亚洲(西南部)

藏杏 **Armeniaca holosericea** (Batalin) Kostina
分布：陕西、青海、四川、西藏

洪平杏 **Armeniaca hongpingensis** C. L. Li
分布：湖南、湖北

背毛杏 **Armeniaca hypotrichodes** (Cardot) C. L. Li et S. Y. Jiang
分布：重庆

李梅杏 **Armeniaca limeixing** J. Y. Zhang et Z. M. Wang
分布：黑龙江、吉林、辽宁、河北、河南、江苏、陕西、山东各省栽培

东北杏 **Armeniaca mandshurica** (Maxim.) Skvortsov
分布：黑龙江、吉林、辽宁；韩国、俄罗斯

东北杏(原变种) **Armeniaca mandshurica** var. **mandshurica**
分布：吉林、辽宁；韩国、俄罗斯

光叶东北杏 **Armeniaca mandshurica** var. **glabra** (Nakai) T. T. Yu et L. T. Lu
分布：黑龙江、吉林、辽宁；朝鲜

梅 **Armeniaca mume** Sieb.
分布：长江以南各省(自治区、直辖市)广为栽培；日本、朝鲜、老挝、越南

**梅(原变种) Armeniaca mume** var. **mume**

分布：长江以南各省(自治区、直辖市)广为栽培；日本、朝鲜

**长梗梅 Armeniaca mume** var. **cernua** (Franch.) T. T. Yu et L. T. Lu

分布：云南；老挝、越南

**厚叶梅 Armeniaca mume** var. **pallescens** (Franch.) T. T. Yu et L. T. Lu

分布：四川、云南

**毛茎梅 Armeniaca mume** var. **pubicaulina** C. Z. Qiao et H. M. Shen

分布：云南

**山杏 Armeniaca sibirica** (L.) Lam.

分布：黑龙江、吉林、辽宁、内蒙古、河北、山西、河南、陕西、宁夏、甘肃；韩国、蒙古国、俄罗斯

**山杏(原变种) Armeniaca sibirica** var. **sibirica**

分布：黑龙江、吉林、辽宁、内蒙古、河北、河南、陕西、宁夏、甘肃；蒙古国、俄罗斯

**重瓣山杏 Armeniaca sibirica** var. **multipetala** G. S. Liu et L. B. Zhang

分布：河北

**辽宁杏 Armeniaca sibirica** var. **pleniflora** J. Y. Zhang et al.

分布：辽宁

**毛杏 Armeniaca sibirica** var. **pubescens** Kostina

分布：内蒙古、河北、山西、陕西、甘肃；朝鲜

**杏 Armeniaca vulgaris** Lam.

分布：甘肃、河北、河南、江苏、辽宁、内蒙古、宁夏、青海、陕西、山东、山西、四川、新疆；日本、韩国；亚洲(中部)

**杏(原变种) Armeniaca vulgaris** var. **vulgaris**

分布：河北、山西、山东、陕西、甘肃、新疆、四川；亚洲

**野杏 Armeniaca vulgaris** var. **ansu** (Maxim.) T. T. Yu et L. T. Lu

分布：辽宁、内蒙古、河北、山西、山东、河南、陕西、宁夏、甘肃、青海、江苏、四川；日本、朝鲜

**陕梅杏 Armeniaca vulgaris** var. **meixianensis** J. Y. Zhang et al.

分布：陕西

**志丹杏 Armeniaca vulgaris** var. **zhidanensis** (C. Z. Qiao et Y. P. Zhu) L. T. Lu

分布：山西、陕西、宁夏、青海

**仙居杏 Armeniaca xianjuxing** J. Y. Zhang et X. Z. Wu

分布：浙江

**政和杏 Armeniaca zhengheensis** J. Y. Zhang et M. N. Lu

分布：福建

## 假升麻属 **Aruncus** L.

**贡山假升麻 Aruncus gombalanus** (Hand.-Mazz.) Hand.-Mazz.

分布：云南、西藏

**假升麻 Aruncus sylvester** Kostel. ex Maxim.

分布：黑龙江、吉林、辽宁、河南、陕西、甘肃、安徽、江西、湖南、四川、云南、西藏、广西；不丹、印度、日本、韩国、蒙古国、尼泊尔、俄罗斯；亚洲(西南部)、欧洲、北美洲

## 樱属 **Cerasus** Mill.

**欧洲甜樱桃 Cerasus avium** (L.) Moench

分布：辽宁、河北、山东栽培；原产于西南亚，欧洲

**钟花樱桃 Cerasus campanulata** (Maxim.) A. N. Vassiljeva

分布：浙江、湖南、福建、台湾、广东、广西、海南；日本、越南

**钟花樱桃(原变种) Cerasus campanulata** var. **campanulata**

分布：浙江、湖南、福建、台湾、广东、广西、海南；日本、越南

**武夷红缨 Cerasus campanulata** var. **wuyiensis** X. R. Wang, X. G. Yi, et C. P. Xie

分布：福建

**尖尾樱桃 Cerasus caudata** (Franch.) T. T. Yu et C. L. Li

分布：四川、云南、西藏

**高盆樱桃 Cerasus cerasoides** (Buch.-Ham. ex D. Don) S. Y. Sokolov

分布：云南、西藏；不丹、印度、克什米尔地区、老挝、缅甸、尼泊尔、泰国、越南

**微毛樱桃 Cerasus clarofolia** (C. K. Schneid.) T. T. Yu et C. L. Li

分布：河北、山西、河南、陕西、宁夏、甘肃、安徽、浙江、湖南、湖北、四川、贵州、云南、西藏

**锥腺樱桃 Cerasus conadenia** (Koehne) T. T. Yu et C. L. Li

分布：河南、陕西、甘肃、青海、四川、贵州、云南、西藏

**华中樱桃 Cerasus conradinae** (Koehne) T. T. Yu et C. L. Li
分布：河南、陕西、甘肃、浙江、湖南、湖北、四川、贵州、云南、福建、广西

**山楂叶樱桃 Cerasus crataegifolia** (Hand.-Mazz.) Hand.-Mazz.
分布：云南、西藏

**襄阳山樱桃 Cerasus cyclamina** (Koehne) T. T. Yu et C. L. Li
分布：湖南、湖北、四川、广东、广西

**襄阳山樱桃(原变种) Cerasus cyclamina** var. **cyclamina**
分布：湖南、湖北、四川、广东、广西

**双花襄阳山樱桃 Cerasus cyclamina** var. **biflora** (Koehne) T. T. Yu et C. L. Li
分布：湖南、四川

**毛叶欧李 Cerasus dictyoneura** (Diels) Holub.
分布：河北、山西、河南、陕西、宁夏、甘肃、江苏

**尾叶樱桃 Cerasus dielsiana** (C. K. Schneid.) T. T. Yu et C. L. Li
分布：河南、安徽、江苏、江西、湖南、湖北、四川、重庆、贵州、广东、广西

**尾叶樱桃(原变种) Cerasus dielsiana** var. **dielsiana**
分布：河南、安徽、江苏、江西、湖南、湖北、四川、广东、广西

**短梗尾叶樱桃 Cerasus dielsiana** var. **abbreviata** (Cardot) T. T. Yu et C. L. Li
分布：重庆、贵州

**盘腺樱桃 Cerasus discadenia** (Koehne) C. L. Li et S. Y. Jiang
分布：河南、陕西、宁夏、甘肃、湖北、四川、云南

**迎春樱桃 Cerasus discoidea** T. T. Yu et C. L. Li
分布：安徽、浙江、江西

**长腺樱桃 Cerasus dolichadenia** (Cardot) C. L. Li et S. Y. Jiang
分布：山西、陕西、甘肃、四川

**草原樱桃 Cerasus fruticosa** (Pall.) Woronow
分布：新疆；哈萨克斯坦、俄罗斯；亚洲(西南部)、欧洲(南部)

**麦李 Cerasus glandulosa** (Thunb.) Sokolovsk.
分布：山东、河南、陕西、安徽、江苏、浙江、湖南、湖北、四川、贵州、云南、福建、广东、广西；日本

**鹤峰樱桃 Cerasus hefengensis** X. R. Wang et C. B. Shang
分布：湖北

**蒙自樱桃 Cerasus henryi** (C. K. Schneid.) T. T. Yu et C. L. Li
分布：云南

**欧李 Cerasus humilis** (Bunge) Sokoloff
分布：黑龙江、吉林、辽宁、内蒙古、河北、山西、山东、河南、江苏、四川

**郁李 Cerasus japonica** (Thunb.) Loisel.
分布：黑龙江、吉林、辽宁、河北、山东、河南、浙江；日本、朝鲜

**郁李(原变种) Cerasus japonica** var. **japonica**
分布：黑龙江、吉林、辽宁、河北、山东、河南、浙江；日本、韩国

**长梗郁李 Cerasus japonica** var. **nakaii** (H. Lév.) T. T. Yu et C. L. Li
分布：黑龙江、吉林、辽宁；朝鲜

**浙江郁李 Cerasus japonica** var. **zhejiangensis** (Y. B. Chang) T. C. Ku ex B. M. Barthol.
分布：浙江

**圆叶樱桃 Cerasus mahaleb** (L.) Mill.
分布：辽宁、河北；亚洲、欧洲

**黑樱桃 Cerasus maximowiczii** (Rupr.) Kom.
分布：黑龙江、吉林、辽宁、浙江；日本、朝鲜、俄罗斯

**偃樱桃 Cerasus mugus** (Hand.-Mazz.) Hand.-Mazz.
分布：云南

**散毛樱桃 Cerasus patentipila** (Hand.-Mazz.) T. T. Yu et C. L. Li
分布：云南

**雕核樱桃 Cerasus pleiocerasus** (Koehne) T. T. Yu et C. L. Li
分布：四川、云南

**毛柱郁李 Cerasus pogonostyla** (Maxim.) T. T. Yu et C. L. Li
分布：浙江、江西、湖南、福建、台湾、广东

**毛柱郁李(原变种) Cerasus pogonostyla** var. **pogonostyla**
分布：浙江、江西、福建、台湾

长尾毛樱桃 **Cerasus pogonostyla** var. **obovata** (Koehne) T. T. Yu et C. L. Li
分布：湖南、福建、台湾、广东

多毛樱桃 **Cerasus polytricha** (Koehne) T. T. Yu et C. L. Li
分布：河南、陕西、甘肃、湖北、四川、贵州

樱桃 **Cerasus pseudocerasus** (Lindl.) Loudon
分布：辽宁、河北、山西、山东、河南、陕西、甘肃、安徽、江苏、浙江、江西、湖南、湖北、四川、重庆、贵州、云南、福建

细花樱桃 **Cerasus pusilliflora** (Cardot) T. T. Yu et C. L. Li
分布：云南

浙闽樱桃 **Cerasus schneideriana** (Koehne) T. T. Yu et C. L. Li
分布：浙江、福建、广西

细齿樱桃 **Cerasus serrula** (Franch.) T. T. Yu et C. L. Li
分布：青海、四川、贵州、云南、西藏

山樱花 **Cerasus serrulata** (Lindl.) Loudon
分布：黑龙江、辽宁、河北、山西、山东、河南、陕西、安徽、江苏、浙江、江西、湖南、贵州；日本、朝鲜

山樱花(原变种) **Cerasus serrulata** var. **serrulata**
分布：黑龙江、河北、山东、河南、安徽、江苏、浙江、江西、湖南、贵州；日本、朝鲜

日本晚樱 **Cerasus serrulata** var. **lannesiana** (Carrière) T. T. Yu et C. L. Li
分布：在中国广泛栽培；日本

毛叶山樱花 **Cerasus serrulata** var. **pubescens** (Makino) T. T. Yu et C. L. Li
分布：黑龙江、辽宁、河北、山西、山东、河南、陕西、安徽、浙江、湖北

泰山野樱花 **Cerasus serrulata** var. **taishanensis** Yi Zhang et C. D. Shi
分布：山东

刺毛樱桃 **Cerasus setulosa** (Batalin) T. T. Yu et C. L. Li
分布：陕西、宁夏、甘肃、青海、湖北、四川、贵州

托叶樱桃 **Cerasus stipulacea** (Maxim.) T. T. Yu et C. L. Li
分布：陕西、甘肃、青海、四川

大叶早樱 **Cerasus subhirtella** (Miq.) S. Ya. Sokolov
分布：安徽、浙江、江西、湖北、四川、台湾；日本

四川樱桃 **Cerasus szechuanica** (Batalin) T. T. Yu et C. L. Li
分布：河南、陕西、湖南、湖北、四川

康定樱桃 **Cerasus tatsienensis** (Batalin) T. T. Yu et C. L. Li
分布：山西、河南、陕西、湖北、四川、云南

天山樱桃 **Cerasus tianshanica** Pojark.
分布：新疆；中亚

毛樱桃 **Cerasus tomentosa** (Thunb.) Wall.
分布：黑龙江、吉林、辽宁、内蒙古、河北、山西、山东、河南、陕西、宁夏、甘肃、青海、湖北、四川、贵州、云南、西藏

毛瓣藏樱 **Cerasus trichantha** (Koehne) C. L. Li et S. Y. Jiang
分布：西藏；尼泊尔、印度

川西樱桃 **Cerasus trichostoma** (Koehne) T. T. Yu et C. L. Li
分布：甘肃、青海、湖北、四川、云南、西藏

欧洲酸樱桃 **Cerasus vulgaris** Mill.
分布：栽培于中国；亚洲、欧洲

湖北樱桃(新拟) **Cerasus xueluoensis** C. H. Nan et X. R. Wang
分布：湖北

藏樱桃(新拟) **Cerasus yaoana** W. L. Zheng
分布：西藏

东京樱花 **Cerasus yedoensis** (Matsum.) A. N. Vassiljeva
分布：北京、山东、江苏、江西；日本、朝鲜

云南樱桃 **Cerasus yunnanensis** (Franch.) T. T. Yu et C. L. Li
分布：四川、云南、广西

云南樱桃(原变种) **Cerasus yunnanensis** var. **yunnanensis**
分布：四川、云南、广西

多花云南樱桃 **Cerasus yunnanensis** var. **polybotrys** (Koehne) T. T. Yu et C. L. Li
分布：云南

## 木瓜属 **Chaenomeles** Lindl.

木瓜海棠 **Chaenomeles cathayensis** (Hemsl.) C. K. Schneid.

分布：陕西、甘肃、江苏、浙江、江西、湖南、湖北、四川、贵州、云南、西藏、福建、广西

和圆子 **Chaenomeles japonica** (Thunb.) Lindl. ex Spach

分布：陕西、江苏、浙江、湖北、福建；日本

木瓜 **Chaenomeles sinensis** (Thouin) Koehne

分布：河北、山东、陕西、安徽、江苏、浙江、江西、湖北、贵州、福建、广东、广西

皱皮木瓜 **Chaenomeles speciosa** (Sweet) Nakai

分布：陕西、甘肃、江苏、湖北、四川、贵州、云南、西藏、广东；缅甸

西藏木瓜 **Chaenomeles thibetica** T. T. Yu

分布：四川、西藏

## 地蔷薇属 **Chamaerhodos** Bunge

阿尔泰地蔷薇 **Chamaerhodos altaica** (Laxm.) Bunge

分布：内蒙古；蒙古国、俄罗斯

灰毛地蔷薇 **Chamaerhodos canescens** J. Krause

分布：黑龙江、吉林、辽宁、内蒙古、河北、山西；蒙古国、俄罗斯

地蔷薇 **Chamaerhodos erecta** (L.) Bunge

分布：黑龙江、吉林、辽宁、内蒙古、河北、山西、河南、陕西、宁夏、甘肃、青海、新疆；朝鲜、蒙古国、俄罗斯

砂生地蔷薇 **Chamaerhodos sabulosa** Bunge

分布：内蒙古、新疆、西藏；蒙古国、俄罗斯

三裂地蔷薇 **Chamaerhodos trifida** Ledeb.

分布：黑龙江；蒙古国、俄罗斯

## 无尾果属 **Coluria** R. Br.

大头叶无尾果 **Coluria henryi** Batalin

分布：湖北、四川、贵州

无尾果 **Coluria longifolia** Maxim.

分布：甘肃、青海、四川、云南、西藏

汶川无尾果 **Coluria oligocarpa** (J. Krause) F. Bolle

分布：四川

峨眉无尾果 **Coluria omeiensis** T. C. Ku

分布：陕西、四川、贵州

峨眉无尾果(原变种) **Coluria omeiensis** var. **omeiensis**

分布：四川

光柱无尾果 **Coluria omeiensis** var. **nanzhengensis** T. T. Yu et T. C. Ku

分布：陕西、四川、贵州

## 沼委陵菜属 **Comarum** L.

沼委陵菜 **Comarum palustre** L.

分布：黑龙江、吉林、辽宁、内蒙古、河北；日本、朝鲜、蒙古国、俄罗斯；欧洲、北美洲

西北沼委陵菜 **Comarum salesovianum** (Stephan) Asch. et Graebn.

分布：内蒙古、宁夏、甘肃、青海、新疆、西藏；阿富汗、印度、吉尔吉斯斯坦、蒙古国、巴基斯坦、俄罗斯、塔吉克斯坦

## 栒子属 **Cotoneaster** Medik.

尖叶栒子 **Cotoneaster acuminatus** Lindl.

分布：四川、云南、西藏；不丹、印度、尼泊尔

灰栒子 **Cotoneaster acutifolius** Turcz.

分布：内蒙古、河北、山西、河南、陕西、甘肃、青海、安徽、湖北、四川、云南、西藏、台湾；蒙古国、俄罗斯

灰栒子(原变种) **Cotoneaster acutifolius** var. **acutifolius**

分布：甘肃、河北、河南、湖北、内蒙古、青海、陕西、山西、四川、西藏、云南

光萼灰栒子 **Cotoneaster acutifolius** var. **glabricalyx** Hurus.

分布：河南

甘南灰栒子 **Cotoneaster acutifolius** var. **lucidus** (Schltdl.) L. T. Lu

分布：甘肃；俄罗斯

密毛灰栒子 **Cotoneaster acutifolius** var. **villosulus** Rehder et E. H. Wilson

分布：河北、陕西、甘肃、安徽、湖北、四川、西藏、台湾

匍匐栒子 **Cotoneaster adpressus** Bois

分布：陕西、甘肃、青海、湖北、四川、贵州、云南、西藏；印度、缅甸、尼泊尔

藏边栒子 **Cotoneaster affinis** Lindl.

分布：四川、云南、西藏；不丹、印度、克什米尔地区、尼泊尔

川康栒子 **Cotoneaster ambiguus** Rehder et E. H. Wilson

分布：陕西、宁夏、甘肃、湖北、四川、贵州、云南

细尖栒子 **Cotoneaster apiculatus** Rehder et E. H. Wilson
分布：陕西、甘肃、湖北、四川、云南

泡叶栒子 **Cotoneaster bullatus** Bois
分布：湖北、四川、云南、西藏

泡叶栒子(原变种) **Cotoneaster bullatus** var. **bullatus**
分布：湖北、四川、云南、西藏

少花泡叶栒子 **Cotoneaster bullatus** var. **camilli-schneideri** (Pojark.) L. T. Lu
分布：湖北

多花泡叶栒子 **Cotoneaster bullatus** var. **floribundus** (Stapf) L. T. Lu et Brach
分布：四川

大叶泡叶栒子 **Cotoneaster bullatus** var. **macrophyllus** Rehder et E. H. Wilson
分布：四川

黄杨叶栒子 **Cotoneaster buxifolius** Wall. ex Lindl.
分布：四川、贵州、云南、西藏；不丹、印度、缅甸、尼泊尔

黄杨叶栒子(原变种) **Cotoneaster buxifolius** var. **buxifolius**
分布：四川、贵州、云南、西藏；不丹、印度、缅甸、尼泊尔

多花黄杨叶栒子 **Cotoneaster buxifolius** var. **marginatus** Loudon
分布：西藏；不丹、印度

西南黄杨叶栒子 **Cotoneaster buxifolius** var. **rockii** (G. Klotz) L. T. Lu et A. R. Brach
分布：四川、云南、西藏

镇康栒子 **Cotoneaster chengkangensis** T. T. Yu
分布：云南

清水山栒子(新拟) **Cotoneaster chingshuiensis** Kun C. Chang et Chih C. Wang
分布：台湾

大果栒子 **Cotoneaster conspicuus** Comber ex Marquand
分布：四川、云南、西藏

厚叶栒子 **Cotoneaster coriaceus** Franch.
分布：四川、贵州、云南、西藏

矮生栒子 **Cotoneaster dammeri** C. K. Schneid.
分布：甘肃、湖北、四川、贵州、云南、西藏

矮生栒子(原变种) **Cotoneaster dammeri** var. **dammeri**
分布：甘肃、湖北、四川、贵州、云南

长柄矮生栒子 **Cotoneaster dammeri** var. **radicans** (Dammer ex C. K. Schneid.) C. K. Schneid.
分布：甘肃、湖北、四川、西藏

木帚栒子 **Cotoneaster dielsianus** E. Pritz.
分布：甘肃、湖北、四川、贵州、云南、西藏

木帚栒子(原变种) **Cotoneaster dielsianus** var. **dielsianus**
分布：甘肃、湖北、四川、贵州、云南、西藏

小叶木帚栒子 **Cotoneaster dielsianus** var. **elegans** Rehder et E. H. Wilson
分布：四川、贵州

散生栒子 **Cotoneaster divaricatus** Rehder et E. H. Wilson
分布：陕西、甘肃、新疆、安徽、浙江、江西、湖南、湖北、四川、贵州、云南、西藏

恩施栒子 **Cotoneaster fangianus** T. T. Yu
分布：湖北

多叶栒子 **Cotoneaster floridus** J. Fryer et B. Hylmo
分布：云南

麻核栒子 **Cotoneaster foveolatus** Rehder et E. H. Wilson
分布：陕西、甘肃、湖南、湖北、四川、贵州、云南、西藏

西南栒子 **Cotoneaster franchetii** Bois
分布：四川、贵州、云南、西藏；泰国

耐寒栒子 **Cotoneaster frigidus** Wall. ex Lindl.
分布：西藏；不丹、印度、尼泊尔

光叶栒子 **Cotoneaster glabratus** Rehder et E. H. Wilson
分布：湖北、四川、贵州、云南

粉叶栒子 **Cotoneaster glaucophyllus** Franch.
分布：四川、贵州、云南、广西

粉叶栒子(原变种) **Cotoneaster glaucophyllus** var. **glaucophyllus**
分布：四川、贵州、云南、广西

小叶粉叶栒子 **Cotoneaster glaucophyllus** var. **meiophyllus** W. W. Sm.
分布：云南

多花粉叶栒子 **Cotoneaster glaucophyllus** var. **serotinus** (Hutch.) L. T. Lu et A. R. Brach
分布：云南

毛萼粉叶栒子 **Cotoneaster glaucophyllus** var. **vestitus** W. W. Sm.
分布：云南

球花栒子 **Cotoneaster glomerulatus** W. W. Sm.
分布：云南

细弱栒子 **Cotoneaster gracilis** Rehder et E. H. Wilson
分布：河南、陕西、甘肃、湖北、四川

细弱栒子(原变种) **Cotoneaster gracilis** var. **gracilis**
分布：陕西、甘肃、湖北、四川

小叶细弱栒子 **Cotoneaster gracilis** var. **difficilis** (G. Klotz) L. T. Lu
分布：甘肃、四川

蒙自栒子 **Cotoneaster harrovianus** E. H. Wilson
分布：云南

丹巴栒子 **Cotoneaster harrysmithii** Flinck et B. Hylmö
分布：四川、西藏

钝叶栒子 **Cotoneaster hebephyllus** Diels
分布：河北、甘肃、四川、云南、西藏

钝叶栒子(原变种) **Cotoneaster hebephyllus** var. **hebephyllus**
分布：河北、甘肃、四川、云南、西藏

黄毛钝叶栒子 **Cotoneaster hebephyllus** var. **fulvidus** W. W. Sm.
分布：云南

灰毛钝叶栒子 **Cotoneaster hebephyllus** var. **incanus** W. W. Sm.
分布：云南

大果钝叶栒子 **Cotoneaster hebephyllus** var. **majusculus** W. W. Sm.
分布：云南

平枝栒子 **Cotoneaster horizontalis** Decne.
分布：陕西、甘肃、江苏、浙江、湖南、湖北、四川、贵州、云南、西藏、台湾；尼泊尔

平枝栒子(原变种) **Cotoneaster horizontalis** var. **horizontalis**
分布：陕西、甘肃、江苏、浙江、湖南、湖北、四川、贵州、云南、台湾；尼泊尔

小叶平枝栒子 **Cotoneaster horizontalis** var. **perpusillus** C. K. Schneid.
分布：陕西、湖北、四川、贵州

彩斑平枝栒子 **Cotoneaster horizontalis** var. **variegatus** Osborn
分布：栽培于岩石花园

全缘栒子 **Cotoneaster integerrimus** Medik.
分布：黑龙江、内蒙古、河北、青海、新疆；韩国、俄罗斯；亚洲(北部)、欧洲

中甸栒子 **Cotoneaster langei** G. Klotz
分布：四川、云南

黑果栒子 **Cotoneaster melanocarpus** Lodd.
分布：黑龙江、吉林、内蒙古、河北、山西、甘肃、新疆；日本、蒙古国、俄罗斯；欧洲

小叶栒子 **Cotoneaster microphyllus** Wall. ex Lindl.
分布：四川、云南、西藏；不丹、印度、克什米尔地区、缅甸、尼泊尔

小叶栒子(原变种) **Cotoneaster microphyllus** var. **microphyllus**
分布：四川、云南、西藏；不丹、印度、克什米尔地区、缅甸、尼泊尔

白毛小叶栒子 **Cotoneaster microphyllus** var. **cochleatus** (Franch.) Rehder et E. H. Wilson
分布：四川、云南；不丹、尼泊尔

无毛小叶栒子 **Cotoneaster microphyllus** var. **glacialis** Hook. f. ex Wenzig
分布：云南、西藏；不丹、印度、克什米尔地区、缅甸、尼泊尔

细叶小叶栒子 **Cotoneaster microphyllus** var. **thymifolius** (Baker) Koehne
分布：云南、西藏；印度、克什米尔地区、尼泊尔

蒙古栒子 **Cotoneaster mongolicus** Pojark.
分布：内蒙古；蒙古国

台湾栒子 **Cotoneaster morrisonensis** Hayata
分布：台湾

宝兴栒子 **Cotoneaster moupinensis** Franch.
分布：陕西、宁夏、甘肃、湖北、四川、贵州、云南、西藏

水栒子 **Cotoneaster multiflorus** Bunge
分布：黑龙江、辽宁、内蒙古、河北、山西、河南、陕西、

甘肃、青海、新疆、湖北、四川、云南、西藏；俄罗斯；亚洲(中部和西南部)

**水栒子(原变种) Cotoneaster multiflorus** var. **multiflorus**

分布：甘肃、河北、黑龙江、河南、湖北、辽宁、内蒙古、青海、陕西、山西、四川、新疆、云南、西藏；俄罗斯；亚洲(中部和西南部)

**紫果水栒子 Cotoneaster multiflorus** var. **atropurpureus** T. T. Yu

分布：四川、云南、西藏

**大果水栒子 Cotoneaster multiflorus** var. **calocarpus** Rehder et E. H. Wilson

分布：甘肃、四川

**光泽栒子 Cotoneaster nitens** Rehder et E. H. Wilson

分布：四川

**亮叶栒子 Cotoneaster nitidifolius** C. Marquand

分布：四川、云南

**两列栒子 Cotoneaster nitidus** Jacquem.

分布：四川、云南、西藏；不丹、印度、缅甸、尼泊尔

**两列栒子(原变种) Cotoneaster nitidus** var. **nitidus**

分布：四川、云南、西藏；不丹、印度、缅甸、尼泊尔

**大叶两列栒子 Cotoneaster nitidus** var. **duthieanus** (C. K. Schneid.) T. T. Yu

分布：云南；缅甸

**小叶两列栒子 Cotoneaster nitidus** var. **parvifolius** (T. T. Yu) T. T. Yu

分布：云南；缅甸

**暗红栒子 Cotoneaster obscurus** Rehder et E. H. Wilson

分布：湖北、四川、贵州、云南、西藏

**少花栒子 Cotoneaster oliganthus** Pojark.

分布：内蒙古、新疆；哈萨克斯坦、吉尔吉斯斯坦

**毡毛栒子 Cotoneaster pannosus** Franch.

分布：四川、云南

**毡毛栒子(原变种) Cotoneaster pannosus** var. **pannosus**

分布：四川、云南

**大叶毡毛栒子 Cotoneaster pannosus** var. **robustior** W. W. Sm.

分布：云南

**湄公河栒子(新拟) Cotoneaster qungbixiensis** J. Fryer et B. Hylmo

分布：云南；加拿大、英国、瑞典、美国有栽培

**网脉栒子 Cotoneaster reticulatus** Rehder et E. H. Wilson

分布：四川

**麻叶栒子 Cotoneaster rhytidophyllus** Rehder et E. H. Wilson

分布：四川、贵州

**粉红花铺地蜈蚣 Cotoneaster rosiflorus** K. C. Chang et F. Y. Lu

分布：台湾

**圆叶栒子 Cotoneaster rotundifolius** Wall. ex Lindl.

分布：四川、云南、西藏；不丹、印度、尼泊尔

**红花栒子 Cotoneaster rubens** W. W. Sm.

分布：四川、云南、西藏；不丹、缅甸

**红花栒子(原变种) Cotoneaster rubens** var. **rubens**

分布：云南、西藏；不丹、缅甸

**小叶红花栒子 Cotoneaster rubens** var. **minimus** T. T. Yu

分布：四川

**柳叶栒子 Cotoneaster salicifolius** Franch.

分布：湖南、湖北、四川、贵州、云南

**柳叶栒子(原变种) Cotoneaster salicifolius** var. **salicifolius**

分布：湖南、湖北、四川、贵州、云南

**窄叶柳叶栒子 Cotoneaster salicifolius** var. **angustus** T. T. Yu

分布：四川

**大叶柳叶栒子 Cotoneaster salicifolius** var. **henryanus** (C. K. Schneid.) T. T. Yu

分布：湖北、四川

**皱叶柳叶栒子 Cotoneaster salicifolius** var. **rugosus** (E. Pritz.) Rehder et E. H. Wilson

分布：湖北、四川

**血色栒子 Cotoneaster sanguineus** T. T. Yu

分布：云南、西藏；不丹、印度、尼泊尔

**山东栒子 Cotoneaster schantungensis** Klotz

分布：山东

**康巴栒子 Cotoneaster sherriffii** G. Klotz

分布：四川、西藏；不丹

**华中栒子 Cotoneaster silvestrii** Pamp.

分布：河南、甘肃、安徽、江苏、江西、湖北、四川

**准噶尔栒子 Cotoneaster soongoricus** (Regel et Herder) Popov

分布：内蒙古、河北、山西、宁夏、甘肃、青海、新疆、四川、云南、西藏

**准噶尔栒子(原变种) Cotoneaster soongoricus** var. **soongoricus**

分布：内蒙古、山西、宁夏、甘肃、新疆、四川、云南、西藏；尼泊尔

**小果准噶尔栒子 Cotoneaster soongoricus** var. **microcarpus** (Rehder et E. H. Wilson) Klotz

分布：河北、甘肃、四川

**绵栒子(新拟) Cotoneaster spongbergii** J. Fryer et B. Hylmö

分布：湖北

**高山栒子 Cotoneaster subadpressus** T. T. Yu

分布：四川、云南

**毛叶水栒子 Cotoneaster submultiflorus** Popov

分布：内蒙古、河北、山西、河南、陕西、宁夏、甘肃、青海、新疆、四川、西藏；亚洲

**藏南栒子 Cotoneaster taylorii** T. T. Yu

分布：西藏

**细枝栒子 Cotoneaster tenuipes** Rehder et E. H. Wilson

分布：陕西、甘肃、青海、四川、云南、西藏

**陀螺果栒子 Cotoneaster turbinatus** Craib

分布：湖北、四川、贵州、云南

**单花栒子 Cotoneaster uniflorus** Bunge

分布：青海、新疆；蒙古国、俄罗斯

**疣枝栒子 Cotoneaster verruculosus** Diels

分布：四川、云南、西藏；不丹、印度、缅甸、尼泊尔

**白毛栒子 Cotoneaster wardii** W. W. Sm.

分布：西藏

**西北栒子 Cotoneaster zabelii** C. K. Schneid.

分布：内蒙古、河北、山西、山东、河南、陕西、宁夏、甘肃、青海、江西、湖南、湖北

## 山楂属 Crataegus L.

**阿尔泰山楂 Crataegus altaica** (Loudon) Lange

分布：新疆；俄罗斯

**橘红山楂 Crataegus aurantia** Pojark.

分布：河北、山西、陕西、甘肃

**绿肉山楂 Crataegus chlorosarca** Maxim.

分布：辽宁；日本、俄罗斯

**中甸山楂 Crataegus chungtienensis** W. W. Sm.

分布：云南

**野山楂 Crataegus cuneata** Sieb. et Zucc.

分布：河南、陕西、安徽、江苏、浙江、江西、湖南、湖北、贵州、云南、福建、广东、广西；日本

**野山楂(原变种) Crataegus cuneata** var. **cuneata**

分布：河南、陕西、安徽、江苏、浙江、江西、湖南、湖北、贵州、云南、福建、广东、广西；日本

**小叶野山楂 Crataegus cuneata** var. **tangchungchangii** (F. P. Metcalf) T. C. Ku et Spongberg

分布：福建

**光叶山楂 Crataegus dahurica** Koehne ex C. K. Schneid.

分布：黑龙江、内蒙古、河北；蒙古国、俄罗斯

**光叶山楂(原变种) Crataegus dahurica** var. **dahurica**

分布：黑龙江、内蒙古；蒙古国、俄罗斯

**光萼山楂 Crataegus dahurica** var. **laevicalyx** (J. X. Huang, L. Y. Sun et T. J. Feng) T. C. Ku et Spongberg

分布：河北

**湖北山楂 Crataegus hupehensis** Sarg.

分布：山西、河南、陕西、江苏、浙江、江西、湖南、湖北、四川

**甘肃山楂 Crataegus kansuensis** E. H. Wilson

分布：河北、山西、陕西、甘肃、四川、贵州

**毛山楂 Crataegus maximowiczii** C. K. Schneid.

分布：黑龙江、吉林、辽宁、内蒙古；日本、朝鲜、蒙古国、俄罗斯

**滇西山楂 Crataegus oresbia** W. W. Sm.

分布：云南

**山楂 Crataegus pinnatifida** Bunge

分布：黑龙江、吉林、辽宁、内蒙古、河北、山西、山东、

河南、陕西、新疆、江苏、浙江、湖北；韩国

**山楂(原变种) Crataegus pinnatifida** var. **pinnatifida**

分布：黑龙江、吉林、辽宁、内蒙古、河北、山西、山东、河南、陕西、江苏、浙江；韩国

**山里红 Crataegus pinnatifida** var. **major** N. E. Br.

分布：中国北部及东北部

**无毛山楂 Crataegus pinnatifida** var. **psilosa** C. K. Schneid.

分布：黑龙江、吉林、辽宁；朝鲜

**裂叶山楂 Crataegus remotilobata** Raikova ex Popov

分布：新疆

**辽宁山楂 Crataegus sanguinea** Pall.

分布：黑龙江、吉林、辽宁、内蒙古、河北、新疆；蒙古国、俄罗斯

**云南山楂 Crataegus scabrifolia** (Franch.) Rehder

分布：四川、贵州、云南、广西

**山东山楂 Crataegus shandongensis** F. Z. Li et W. D. Peng

分布：山东

**陕西山楂 Crataegus shensiensis** Pojark.

分布：陕西

**准噶尔山楂 Crataegus songarica** K. Koch

分布：新疆；阿富汗、哈萨克斯坦；亚洲(西南部)

**少毛山楂 Crataegus wilsonii** Sarg.

分布：河南、陕西、甘肃、浙江、湖北、四川、云南

## 榅桲属 **Cydonia** Mill.

**榅桲 Cydonia oblonga** Mill.

分布：山西、陕西、新疆、江西、贵州、福建；原产于中亚

## 牛筋条属 **Dichotomanthes** Kurz.

**牛筋条 Dichotomanthes tristaniicarpa** Kurz.

分布：四川、云南

**牛筋条(原变种) Dichotomanthes tristaniicarpa** var. **tristaniicarpa**

分布：四川、云南

**光叶牛筋条 Dichotomanthes tristaniicarpa** var. **glabrata** Rehder

分布：云南

**包叶牛筋条(新拟) Dichotomanthes tristaniicarpa** var. **inclusa** L. H. Zhou et C. Y. Wu

分布：云南

## 移𣔻属 **Docynia** Decne.

**云南移𣔻 Docynia delavayi** (Franch.) C. K. Schneid.

分布：四川、贵州、云南

**移𣔻 Docynia indica** (Wall.) Decne.

分布：四川、云南；不丹、印度、缅甸、尼泊尔、巴基斯坦、泰国、越南

**长爪移𣔻 Docynia longiunguis** Q. Luo et J. L. Liu

分布：四川

## 仙女木属 **Dryas** L.

**东亚仙女木 Dryas octopetala** var. **asiatica** (Nakai) Nakai

分布：吉林、新疆；日本、朝鲜、俄罗斯

## 蛇莓属 **Duchesnea** Sm.

**皱果蛇莓 Duchesnea chrysantha** (Zoll. et Moritzi) Miq.

分布：陕西、四川、云南、福建、台湾、广东、广西；印度、印度尼西亚、日本、朝鲜、马来西亚

**蛇莓 Duchesnea indica** (Andrews) Focke

分布：辽宁；阿富汗、不丹、印度、印度尼西亚、日本、韩国、尼泊尔，归化于欧洲、非洲、北美洲

**蛇莓(原变种) Duchesnea indica** var. **indica**

分布：辽宁；阿富汗、不丹、印度、印度尼西亚、日本、韩国、尼泊尔，归化于欧洲、非洲、北美洲

**小叶蛇莓 Duchesnea indica** var. **microphylla** T. T. Yu et T. C. Ku

分布：西藏

## 枇杷属 **Eriobotrya** Lindl.

**窄叶南亚枇杷 Eriobotrya bengalensis** var. **angustifolia** Cardot

分布：贵州、云南

**大花枇杷 Eriobotrya cavaleriei** (H. Lév.) Rehder

分布：江西、湖南、湖北、四川、贵州、福建、广东、广西；越南

**台湾枇杷 Eriobotrya deflexa** (Hemsl.) Nakai

分布：台湾、广东、海南；越南

**椭圆枇杷 Eriobotrya elliptica** Lindl.

分布：西藏；尼泊尔

香花枇杷 **Eriobotrya fragrans** Champ. ex Benth.
分布：西藏、广东、广西；越南

黄毛枇杷 **Eriobotrya fulvicoma** W. Y. Chun ex W. B. Liao, F. F. Li et D. F. Cui
分布：广东

窄叶枇杷 **Eriobotrya henryi** Nakai
分布：贵州、云南；缅甸

枇杷 **Eriobotrya japonica** (Thunb.) Lindl.
分布：栽培于安徽、福建、甘肃、广东、广西、贵州、河南、湖北、湖南、江苏、江西、陕西、台湾、云南、浙江；栽培于亚洲(东南部)

麻栗坡枇杷 **Eriobotrya malipoensis** K. C. Kuan
分布：云南

倒卵叶枇杷 **Eriobotrya obovata** W. W. Sm.
分布：云南

栎叶枇杷 **Eriobotrya prinoides** Rehder et E. H. Wilson
分布：四川、云南；老挝

怒江枇杷 **Eriobotrya salwinensis** Hand.-Mazz.
分布：云南；印度、缅甸

小叶枇杷 **Eriobotrya seguinii** (H. Lév.) Cardot ex Guillaumin
分布：贵州、云南

齿叶枇杷 **Eriobotrya serrata** J. E. Vidal
分布：云南、广西；老挝

腾越枇杷 **Eriobotrya tengyuehensis** W. W. Sm.
分布：云南；缅甸

## 白鹃梅属 **Exochorda** Lindl.

红柄白鹃梅 **Exochorda giraldii** Hesse
分布：河北、山西、河南、陕西、甘肃、安徽、浙江、湖北、四川

红柄白鹃梅(原变种) **Exochorda giraldii** var. **giraldii**
分布：河北、山西、河南、陕西、甘肃、安徽、浙江、四川

绿柄白鹃梅 **Exochorda giraldii** var. **wilsonii** (Rehder) Rehder
分布：安徽、浙江、湖北、四川

白鹃梅 **Exochorda racemosa** (Lindl.) Rehder
分布：河南、江苏、浙江、江西

齿叶白鹃梅 **Exochorda serratifolia** S. Moore
分布：辽宁、河北；朝鲜

## 蚊子草属 **Filipendula** Mill.

细叶蚊子草 **Filipendula angustiloba** (Turcz.) Maxim.
分布：黑龙江、内蒙古；蒙古国、俄罗斯

槭叶蚊子草 **Filipendula glaberrima** Nakai
分布：黑龙江、吉林、辽宁；日本、朝鲜、俄罗斯

翻白蚊子草 **Filipendula intermedia** (Glehn) Juz.
分布：黑龙江、吉林；蒙古国、俄罗斯

台湾蚊子草 **Filipendula kiraishiensis** Hayata
分布：台湾

蚊子草 **Filipendula palmata** (Pall.) Maxim.
分布：黑龙江、吉林、辽宁、内蒙古、河北、陕西；朝鲜、蒙古国、俄罗斯

蚊子草(原变种) **Filipendula palmata** var. **palmata**
分布：黑龙江、吉林、辽宁、内蒙古、河北、陕西；韩国、蒙古国、俄罗斯

光叶蚊子草 **Filipendula palmata** var. **glabra** Ledeb. ex Kom. et Aliss-Klobulova
分布：吉林、内蒙古、河北、陕西；俄罗斯

旋果蚊子草 **Filipendula ulmaria** (L.) Maxim.
分布：新疆；蒙古国、俄罗斯；亚洲(中部和西南部)、欧洲

锈脉蚊子草 **Filipendula vestita** (Wall. ex G. Don) Maxim.
分布：云南；阿富汗、克什米尔地区、尼泊尔

## 草莓属 **Fragaria** L.

草莓 **Fragaria ananassa** (Weston) Duchesne
分布：栽培于全中国；原产于美洲

裂萼草莓 **Fragaria daltoniana** J. Gay
分布：西藏；不丹、印度、缅甸、尼泊尔

纤细草莓 **Fragaria gracilis** Losinsk.
分布：河南、陕西、甘肃、青海、湖北、四川、云南、西藏

吉林草莓 **Fragaria mandshurica** Staudt
分布：吉林

西南草莓 **Fragaria moupinensis** (Franch.) Cardot
分布：陕西、甘肃、四川、云南、西藏

黄毛草莓 **Fragaria nilgerrensis** Schltdl. ex Gay
分布：陕西、湖南、湖北、四川、贵州、云南、台湾；印度、尼泊尔、越南

黄毛草莓(原变种) **Fragaria nilgerrensis** var. **nilgerrensis**
分布：陕西、湖南、湖北、四川、贵州、云南、台湾；印

度、尼泊尔、越南

**粉叶黄毛草莓 Fragaria nilgerrensis** var. **mairei** (H. Lév.) Hand.-Mazz.

分布：陕西、湖南、湖北、四川、贵州、云南

**西藏草莓 Fragaria nubicola** (Hook. f.) Lindl. ex Lacaita

分布：西藏；阿富汗、不丹、克什米尔地区、缅甸、尼泊尔、巴基斯坦

**东方草莓 Fragaria orientalis** Losinsk.

分布：黑龙江、吉林、辽宁、内蒙古、河北、山西、陕西、甘肃、青海；朝鲜、蒙古国、俄罗斯

**五叶草莓 Fragaria pentaphylla** Losinsk.

分布：陕西、甘肃、四川、重庆

**野草莓 Fragaria vesca** L.

分布：吉林、陕西、甘肃、新疆、四川、贵州、云南；北温带广布

## 路边青属 Geum L.

**路边青 Geum aleppicum** Jacquem.

分布：黑龙江、吉林、辽宁、内蒙古、山西、山东、河南、陕西、甘肃、新疆、湖北、四川、贵州、云南、西藏；广布于北半球温带地区

**柔毛路边青 Geum japonicum** var. **chinense** F. Bolle

分布：山东、河南、陕西、甘肃、新疆、安徽、江苏、浙江、江西、湖南、湖北、四川、贵州、云南、福建、广东、广西

**紫萼路边青 Geum rivale** L.

分布：新疆；广布，从北极到北半球温带

## 棣棠花属 Kerria DC.

**棣棠花 Kerria japonica** (L.) DC.

分布：山东、河南、陕西、甘肃、安徽、江苏、浙江、江西、湖南、湖北、四川、贵州、云南、福建；日本

## 桂樱属 Laurocerasus Duhamel

**云南桂樱 Laurocerasus andersonii** (Hook. f.) T. T. Yu et L. T. Lu

分布：云南；印度

**冬青叶桂樱 Laurocerasus aquifolioides** Chun ex T. T. Yu et L. T. Lu

分布：广东

**南方桂樱 Laurocerasus australis** T. T. Yu et L. T. Lu

分布：贵州、广西

**长叶桂樱 Laurocerasus dolichophylla** T. T. Yu et L. T. Lu

分布：云南

**华南桂樱 Laurocerasus fordiana** (Dunn) Browicz

分布：广东、广西；柬埔寨、越南

**毛背桂樱 Laurocerasus hypotricha** (Rehder) T. T. Yu et L. T. Lu

分布：江西、四川、贵州、云南、福建、广东、广西

**坚核桂樱 Laurocerasus jenkinsii** (Hook. f.) Browicz

分布：云南；孟加拉国、不丹、印度、缅甸

**全缘桂樱 Laurocerasus marginata** (Dunn) T. T. Yu et L. T. Lu

分布：广东

**勐海桂樱 Laurocerasus menghaiensis** T. T. Yu et L. T. Lu

分布：云南

**腺叶桂樱 Laurocerasus phaeosticta** (Hance) C. K. Schneid.

分布：安徽、浙江、江西、湖南、四川、贵州、云南、西藏、福建、台湾、广东、广西、海南；孟加拉国、印度、缅甸、泰国、越南

**刺叶桂樱 Laurocerasus spinulosa** (Sieb. et Zucc.) C. K. Schneid.

分布：安徽、江苏、浙江、江西、湖南、湖北、四川、贵州、云南、福建、广东、广西；日本

**尖叶桂樱 Laurocerasus undulata** (Buch.-Ham. ex D. Don) M. Roem.

分布：陕西、江西、湖南、四川、贵州、云南、西藏、广东、广西；孟加拉国、不丹、印度、印度尼西亚、老挝、缅甸、尼泊尔、泰国、越南

**大叶桂樱 Laurocerasus zippeliana** (Miq.) Browicz

分布：陕西、甘肃、浙江、江西、湖南、湖北、四川、贵州、云南、福建、台湾、广东、广西；日本、越南

## 臭樱属 Maddenia Hook. f. et Thomson

**福建假稠李 Maddenia fujianensis** Y. T. Chang

分布：福建

**喜马拉雅臭樱 Maddenia himalaica** Hook. f. et Thomson

分布：西藏；不丹、尼泊尔、印度

**臭樱 Maddenia hypoleuca** Koehne

分布：河南、陕西、宁夏、甘肃、湖南、湖北、重庆

**四川臭樱** **Maddenia hypoxantha** Koehne
分布：青海、四川、云南

**锐齿臭樱** **Maddenia incisoserrata** T. T. Yu et T. C. Ku
分布：山西、河南、陕西、甘肃、青海、安徽、浙江、四川、贵州

**华西臭樱** **Maddenia wilsonii** Koehne
分布：陕西、甘肃、湖北、四川、贵州

## 苹果属 Malus Mill.

**花红** **Malus asiatica** Nakai
分布：辽宁、内蒙古、河北、山西、山东、河南、陕西、甘肃、青海、新疆、江苏、浙江、湖北、四川、贵州、云南

**山荆子** **Malus baccata** (L.) Borkh.
分布：黑龙江、吉林、辽宁、内蒙古、河北、山西、山东、陕西、甘肃、新疆、西藏；不丹、印度、克什米尔地区、韩国、蒙古国、尼泊尔、俄罗斯

**山荆子(原变种)** **Malus baccata** var. **baccata**
分布：黑龙江、吉林、辽宁、内蒙古、河北、山西、山东、陕西、甘肃；韩国、蒙古国、俄罗斯

**垂枝山荆子** **Malus baccata** var. **gracilis** (Rehder) T. C. Ku
分布：陕西、甘肃

**稻城海棠** **Malus daochengensis** C. L. Li
分布：四川、云南

**台湾海棠** **Malus doumeri** (Bois) A. Chev.
分布：浙江、江西、湖南、贵州、云南、台湾、广东、广西；老挝、越南

**垂丝海棠** **Malus halliana** Koehne
分布：陕西、安徽、江苏、浙江、湖北、四川、贵州、云南

**河南海棠** **Malus honanensis** Rehder
分布：河北、山西、河南、陕西、甘肃、湖北

**湖北海棠** **Malus hupehensis** (Pamp.) Rehder
分布：山西、山东、河南、陕西、甘肃、安徽、江苏、浙江、江西、湖南、湖北、贵州、福建、广东

**湖北海棠(原变种)** **Malus hupehensis** var. **hupehensis**
分布：山西、山东、河南、陕西、甘肃、安徽、江苏、浙江、江西、湖南、湖北、贵州、福建、广东

**平邑甜茶** **Malus hupehensis** var. **mengshanensis** G. Z. Qian et W. H. Shao
分布：山东

**泰山湖北海棠** **Malus hupehensis** var. **taiensis** G. Z. Qian
分布：山东

**金县山荆子** **Malus jinxianensis** J. Q. Deng et J. Y. Hong
分布：辽宁

**陇东海棠** **Malus kansuensis** (Batalin) C. K. Schneid.
分布：河南、陕西、甘肃、青海、湖北、四川

**陇东海棠(原变种)** **Malus kansuensis** var. **kansuensis**
分布：河南、陕西、甘肃、四川

**光叶陇东海棠** **Malus kansuensis** var. **calva** (Rehder) T. C. Ku et Spongberg
分布：陕西、湖北、四川

**山楂海棠** **Malus komarovii** (Sarg.) Rehder
分布：吉林；朝鲜

**光萼海棠** **Malus leiocalyca** S. Z. Huang
分布：安徽、浙江、江西、湖南、云南、福建、广东、广西

**毛山荆子** **Malus mandshurica** (Maxim.) Kom. ex Juz.
分布：黑龙江、吉林、辽宁、内蒙古、河北、山西、陕西、甘肃；俄罗斯

**西府海棠** **Malus micromalus** Makino
分布：辽宁、内蒙古、河北、山西、山东、陕西、甘肃、浙江、贵州、云南

**木里海棠** **Malus muliensis** T. C. Ku
分布：四川

**沧江海棠** **Malus ombrophila** Hand.-Mazz.
分布：四川、云南、西藏

**西蜀海棠** **Malus prattii** (Hemsl.) C. K. Schneid.
分布：四川、云南

**西蜀海棠(原变种)** **Malus prattii** var. **prattii**
分布：四川、云南

**光果西蜀海棠** **Malus prattii** var. **glabrata** G. Z. Qian
分布：四川

**秋子** **Malus prunifolia** (Willd.) Borkh.
分布：甘肃、贵州、河北、河南、辽宁、内蒙古、青海、陕西、山东、山西、?新疆

**苹果** **Malus pumila** Mill.
分布：西北和西南各省(自治区、直辖市)普遍栽培；不丹；欧洲

丽江山荆子 **Malus rockii** Rehder
分布：四川、云南、西藏；不丹

丽江山荆子(原变种) **Malus rockii** var. **rockii**
分布：四川、云南、西藏；不丹

裸柱丽江山荆子 **Malus rockii** var. **calvoslylata** G. Z. Qian
分布：云南

三叶海棠 **Malus sieboldii** (Regel) Rehder
分布：辽宁、山东、陕西、甘肃、浙江、江西、湖南、湖北、四川、贵州、福建、广东、广西；日本、韩国

新疆野苹果 **Malus sieversii** (Ledeb.) M. Roem.
分布：新疆；哈萨克斯坦、俄罗斯

锡金海棠 **Malus sikkimensis** (Wenz.) Koehne
分布：四川、云南、西藏；不丹、印度、尼泊尔

海棠花 **Malus spectabilis** (Ait.) Borkh.
分布：辽宁、河北、山东、陕西、青海、江苏、浙江、云南

变叶海棠 **Malus toringoides** (Rehder) Hughes
分布：甘肃、四川、西藏

花叶海棠 **Malus transitoria** (Batalin) C. K. Schneid.
分布：内蒙古、陕西、甘肃、青海、四川、西藏

长圆果花叶海棠 **Malus transitoria** var. **centralasiatica** (Vassilcz.) T. T. Yu
分布：陕西、甘肃、青海

花叶海棠(原变种) **Malus transitoria** var. **transitoria**
分布：内蒙古、陕西、甘肃、青海、四川

少毛花叶海棠 **Malus transitoria** var. **glabrescens** T. T. Yu et T. C. Ku
分布：西藏

滇池海棠 **Malus yunnanensis** (Franch.) C. K. Schneid.
分布：陕西、湖北、四川、贵州、云南、西藏；缅甸

滇池海棠(原变种) **Malus yunnanensis** var. **yunnanensis**
分布：四川、云南；缅甸

川鄂滇池海棠 **Malus yunnanensis** var. **veitchii** (Osborn) Rehder
分布：陕西、湖北、四川、贵州、西藏

## 绣线梅属 **Neillia** D. Don

川康绣线梅 **Neillia affinis** Hemsl.
分布：四川、云南、西藏

川康绣线梅(原变种) **Neillia affinis** var. **affinis**
分布：四川、云南、西藏

少花川康绣线梅 **Neillia affinis** var. **pauciflora** (Rehder) J. E. Vidal
分布：云南

多果川康绣线梅 **Neillia affinis** var. **polygyna** Cardot ex J. E. Vidal
分布：云南

短序绣线梅 **Neillia breviracemosa** T. C. Ku
分布：云南

密花绣线梅 **Neillia densiflora** T. T. Yu et T. C. Ku
分布：西藏

福贡绣线梅 **Neillia fugongensis** T. C. Ku
分布：云南

矮生绣线梅 **Neillia gracilis** Franch.
分布：四川、云南

大花绣线梅 **Neillia grandiflora** T. T. Yu et T. C. Ku
分布：西藏

井冈山绣线梅 **Neillia jinggangshanensis** Z. X. Yu
分布：江西

毛叶绣线梅 **Neillia ribesioides** Rehder
分布：陕西、甘肃、湖北、四川、云南

粉花绣线梅 **Neillia rubiflora** D. Don
分布：四川、云南、西藏；不丹、印度、尼泊尔

云南绣线梅 **Neillia serratisepala** H. L. Li
分布：云南

中华绣线梅 **Neillia sinensis** Oliv.
分布：河南、陕西、甘肃、江西、湖南、湖北、四川、贵州、云南、广东、广西

中华绣线梅(原变种) **Neillia sinensis** var. **sinensis**
分布：河南、陕西、甘肃、江西、湖南、湖北、四川、贵州、云南、广东、广西

尾叶中华绣线梅 **Neillia sinensis** var. **caudata** Rehder
分布：云南

滇东中华绣线梅 **Neillia sinensis** var. **duclouxii** (Cardot ex J. E. Vidal) T. T. Yu
分布：云南

疏花绣线梅 **Neillia sparsiflora** Rehder
分布：云南

**西康绣线梅 Neillia thibetica** Bureau et Franch.

分布：四川、云南

**西康绣线梅(原变种) Neillia thibetica** var. **thibetica**

分布：四川、云南

**裂叶西康绣线梅 Neillia thibetica** var. **lobata** (Rehder) T. T. Yu

分布：四川、云南

**绣线梅 Neillia thyrsiflora** D. Don

分布：四川、贵州、云南、西藏、广西；不丹、印度、印度尼西亚、缅甸、尼泊尔、越南

**绣线梅(原变种) Neillia thyrsiflora** var. **thyrsiflora**

分布：云南；不丹、印度、缅甸、尼泊尔

**毛果绣线梅 Neillia thyrsiflora** var. **tunkinensis** (J. E. Vidal) J. E. Vidal

分布：四川、贵州、云南、西藏、广西；印度、印度尼西亚、越南

**东北绣线梅 Neillia uekii** Nakai

分布：辽宁；朝鲜

## 小石积属 **Osteomeles** Lindl.

**小石积 Osteomeles anthyllidifolia** (Smith) Lindl.

分布：台湾；日本

**华西小石积 Osteomeles schwerinae** C. K. Schneid.

分布：陕西、甘肃、四川、贵州、云南、西藏、台湾

**华西小石积(原变种) Osteomeles schwerinae** var. **schwerinae**

分布：甘肃、四川、贵州、云南、台湾

**小叶华西小石积 Osteomeles schwerinae** var. **microphylla** Rehder et E. H. Wilson

分布：陕西、甘肃、四川、云南

**圆叶小石积 Osteomeles subrotunda** K. Koch

分布：广东；日本

**圆叶小石积(原变种) Osteomeles subrotunda** var. **subrotunda**

分布：广东；日本

**无毛圆叶小石积 Osteomeles subrotunda** var. **glabrata** T. T. Yu

分布：广东

## 稠李属 **Padus** Mill.

**稠李 Padus avium** Mill.

分布：黑龙江、吉林、辽宁、内蒙古、河北、山西、山东、河南、陕西、甘肃、青海、新疆；日本、韩国、蒙古国、俄罗斯

**稠李(原变种) Padus avium** var. **avium**

分布：黑龙江、吉林、辽宁、河北、山西、山东、河南、青海；日本、韩国、俄罗斯

**北亚稠李 Padus avium** var. **asiatica** (Kom.) T. C. Ku et B. M. Barthol.

分布：黑龙江、吉林、辽宁、内蒙古、河北、山西、山东、陕西、甘肃、新疆；蒙古国、俄罗斯

**毛叶稠李 Padus avium** var. **pubescens** (Regel et Tiling) T. C. Ku et B. M. Barthol.

分布：辽宁、内蒙古、河北、山西、河南

**短梗稠李 Padus brachypoda** (Batalin) C. K. Schneid.

分布：河北、河南、陕西、宁夏、甘肃、安徽、浙江、湖南、湖北、四川、贵州、云南

**短梗稠李(原变种) Padus brachypoda** var. **brachypoda**

分布：河北、河南、陕西、宁夏、甘肃、安徽、浙江、湖南、四川、贵州、云南

**细齿短梗稠李 Padus brachypoda** var. **microdonta** (Koehne) T. T. Yu et T. C. Ku

分布：湖北

**褐毛稠李 Padus brunnescens** T. T. Yu et T. C. Ku

分布：四川、云南

**橉木 Padus buergeriana** (Miq.) T. T. Yu et T. C. Ku

分布：山西、河南、陕西、甘肃、安徽、江苏、浙江、江西、湖南、湖北、四川、贵州、云南、西藏、福建、台湾、广东、广西；不丹、日本、韩国

**光萼稠李 Padus cornuta** (Wall. ex Royle) Carrière

分布：西藏；阿富汗、不丹、印度、尼泊尔

**灰叶稠李 Padus grayana** (Maxim.) C. K. Schneid.

分布：河南、安徽、浙江、江西、湖南、湖北、四川、贵州、云南、福建、广西；日本

**全缘叶稠李 Padus integrifolia** T. T. Yu et T. C. Ku

分布：西藏

**疏花稠李 Padus laxiflora** (Koehne) T. C. Ku

分布：湖北

**斑叶稠李 Padus maackii** (Rupr.) Kom.

分布：黑龙江、吉林、辽宁；朝鲜、俄罗斯

**粗梗稠李 Padus napaulensis** (Ser.) C. K. Schneid.

分布：陕西、安徽、江西、湖南、四川、贵州、云南、西

藏；不丹、印度、缅甸、尼泊尔

细齿稠李 **Padus obtusata** (Koehne) T. T. Yu et C. L. Li
分布：山西、河南、陕西、甘肃、安徽、浙江、江西、湖南、湖北、四川、贵州、云南、西藏、台湾

宿鳞稠李 **Padus perulata** (Koehne) T. T. Yu et T. C. Ku
分布：四川、云南

星毛稠李 **Padus stellipila** (Koehne) T. T. Yu et C. L. Li
分布：陕西、甘肃、浙江、江西、湖北、四川、贵州

毡毛稠李 **Padus velutina** (Batalin) C. K. Schneid.
分布：河北、河南、陕西、湖北、四川

绢毛稠李 **Padus wilsonii** C. K. Schneid.
分布：陕西、甘肃、安徽、浙江、江西、湖南、湖北、四川、贵州、云南、西藏、福建、广东、广西

## 石楠属 **Photinia** Lindl.

安龙石楠 **Photinia anlungensis** T. T. Yu
分布：贵州

锐齿石楠 **Photinia arguta** Lindl.
分布：贵州、云南、广西；印度、老挝、缅甸、泰国、越南

锐齿石楠(原变种) **Photinia arguta** var. **arguta**
分布：印度

云南锐齿石楠 **Photinia arguta** var. **hookeri** (Decne.) J. E. Vidal
分布：云南；印度、泰国

柳叶锐齿石楠 **Photinia arguta** var. **salicifolia** (Decne.) J. E. Vidal
分布：贵州、云南、广西；印度、老挝、缅甸、泰国、越南

中华石楠 **Photinia beauverdiana** C. K. Schneid.
分布：河北、陕西、安徽、江苏、浙江、江西、湖南、湖北、四川、贵州、云南、福建、台湾、广东、广西；不丹、越南

中华石楠(原变种) **Photinia beauverdiana** var. **beauverdiana**
分布：河南、陕西、安徽、江苏、浙江、江西、湖南、湖北、四川、贵州、云南、福建、台湾、广东、广西；不丹、越南

短叶中华石楠 **Photinia beauverdiana** var. **brevifolia** Cardot
分布：?贵州、湖北、湖南、江苏、陕西、四川、浙江

椭圆叶石楠 **Photinia beckii** C. K. Schneid.
分布：云南

闽粤石楠 **Photinia benthamiana** Hance
分布：浙江、湖南、湖北、云南、福建、广东、广西、海南；老挝、泰国、越南

闽粤石楠(原变种) **Photinia benthamiana** var. **benthamiana**
分布：浙江、湖南、湖北、云南、福建、广东；越南

倒卵叶闽粤石楠 **Photinia benthamiana** var. **obovata** H. L. Li
分布：海南

柳叶闽粤石楠 **Photinia benthamiana** var. **salicifolia** Cardot
分布：云南、广西、海南；老挝、泰国、越南

小檗叶石楠 **Photinia berberidifolia** Rehder et E. H. Wilson
分布：四川

湖北石楠 **Photinia bergerae** C. K. Schneid.
分布：湖北

短叶石楠 **Photinia blinii** (H. Lév.) Rehder
分布：贵州

贵州石楠 **Photinia bodinieri** H. Lév.
分布：陕西、安徽、江苏、浙江、湖南、湖北、四川、贵州、云南、福建、广东、广西；印度尼西亚、越南

贵州石楠(原变种) **Photinia bodinieri** var. **bodinieri**
分布：陕西、安徽、江苏、浙江、湖南、湖北、四川、贵州、云南、福建、广东、广西；印度尼西亚、越南

长叶贵州石楠 **Photinia bodinieri** var. **longifolia** Cardot
分布：贵州

城口石楠 **Photinia calleryana** (Decne.) Cardot
分布：四川、重庆、贵州、云南

厚齿石楠 **Photinia callosa** Chun ex K. C. Kuan
分布：广东、广西

临桂石楠 **Photinia chihsiniana** K. C. Kuan
分布：湖南、广西

宜山石楠 **Photinia chingiana** Hand.-Mazz.
分布：贵州、广西

宜山石楠(原变种) **Photinia chingiana** var. **chingiana**
分布：贵州、广西

**黎平石楠 Photinia chingiana** var. **lipingensis** (Y. K. Li et M. Z. Yang) L. T. Lu et C. L. Li
分布：贵州

**清水石楠 Photinia chingshuiensis** (T. Shimizu) T. S. Liu et H. J. Su
分布：台湾

**厚叶石楠 Photinia crassifolia** H. Lév.
分布：贵州、云南、广西

**福建石楠 Photinia fokienensis** (Finet et Franch.) Franch. ex Cardot
分布：浙江、福建

**光叶石楠 Photinia glabra** (Thunb.) Maxim.
分布：安徽、江苏、浙江、江西、湖南、湖北、四川、贵州、云南、福建、广东、广西；日本、缅甸、泰国

**球花石楠 Photinia glomerata** Rehder et E. H. Wilson
分布：湖北、四川、云南

**褐毛石楠 Photinia hirsuta** Hand.-Mazz.
分布：安徽、福建、?广东、湖北、湖南、江西、浙江

**褐毛石楠(原变种) Photinia hirsuta** var. **hirsuta**
分布：安徽、浙江、江西、湖南、湖北、福建、广东

**裂叶褐毛石楠 Photinia hirsuta** var. **lobulata** T. T. Yu
分布：福建

**陷脉石楠 Photinia impressivena** Hayata
分布：福建、广东、广西、海南；越南

**陷脉石楠(原变种) Photinia impressivena** var. **impressivena**
分布：福建、广东、广西、海南

**毛序陷脉石楠 Photinia impressivena** var. **urceolocarpa** (J. E. Vidal) J. E. Vidal
分布：广西；越南

**全缘石楠 Photinia integrifolia** Lindl.
分布：贵州、云南、西藏、广西；不丹、印度、老挝、缅甸、尼泊尔、泰国、越南

**全缘石楠(原变种) Photinia integrifolia** var. **integrifolia**
分布：贵州、云南、西藏、广西；不丹、印度、老挝、缅甸、尼泊尔、泰国、越南

**黄花全缘石楠 Photinia integrifolia** var. **flavidiflora** (W. W. Sm.) J. E. Vidal
分布：云南；缅甸

**垂丝石楠 Photinia komarovii** (H. Lév. et Vaniot) L. T. Lu et C. L. Li
分布：浙江、江西、湖北、四川、贵州、福建

**广西石楠 Photinia kwangsiensis** H. L. Li
分布：广西

**绵毛石楠 Photinia lanuginosa** T. T. Yu
分布：浙江、湖南

**倒卵叶石楠 Photinia lasiogyna** (Franch.) C. K. Schneid.
分布：浙江、江西、湖南、四川、云南、福建、广东、广西

**倒卵叶石楠(原变种) Photinia lasiogyna** var. **lasiogyna**
分布：四川、云南

**脱毛石楠 Photinia lasiogyna** var. **glabrescens** L. T. Lu et C. L. Li
分布：浙江、江西、湖南、四川、云南、福建、广东、广西

**罗城石楠 Photinia lochengensis** T. T. Yu
分布：浙江、广西

**带叶石楠 Photinia loriformis** W. W. Sm.
分布：四川、云南

**台湾石楠 Photinia lucida** (Decne.) C. K. Schneid.
分布：台湾

**大叶石楠 Photinia megaphylla** T. T. Yu et T. C. Ku
分布：西藏

**斜脉石楠 Photinia obliqua** Stapf
分布：福建

**小叶石楠 Photinia parvifolia** (E. Pritz.) C. K. Schneid.
分布：河南、安徽、江苏、浙江、江西、湖南、湖北、四川、贵州、福建、广东、广西

**小叶石楠(原变种) Photinia parvifolia** var. **parvifolia**
分布：河南、安徽、江苏、浙江、江西、湖南、湖北、四川、贵州、福建、广东、广西

**假小叶石楠 Photinia parvifolia** var. **subparvifolia** (Y. K. Li et X. M. Wang) L. T. Lu et C. L. Li
分布：贵州

**毛果石楠 Photinia pilosicalyx** T. T. Yu
分布：贵州

**罗汉松叶石楠 Photinia podocarpifolia** T. T. Yu
分布：贵州、广西

**刺叶石楠** **Photinia prionophylla** (Franch.) C. K. Schneid.
分布：云南

**刺叶石楠(原变种)** **Photinia prionophylla** var. **prionophylla**
分布：云南

**无毛刺叶石楠** **Photinia prionophylla** var. **nudifolia** Hand.-Mazz.
分布：云南

**桃叶石楠** **Photinia prunifolia** (Hook. et Arn.) Lindl.
分布：浙江、江西、湖南、贵州、云南、福建、广东、广西；印度尼西亚、日本、马来西亚、越南

**桃叶石楠(原变种)** **Photinia prunifolia** var. **prunifolia**
分布：浙江、江西、湖南、贵州、云南、福建、广东、广西；印度尼西亚、日本、马来西亚、越南

**重齿桃叶石楠** **Photinia prunifolia** var. **denticulata** T. T. Yu
分布：浙江、福建、广西

**饶平石楠** **Photinia raupingensis** K. C. Kuan
分布：广东、广西

**绒毛石楠** **Photinia schneideriana** Rehder et E. H. Wilson
分布：安徽、浙江、江西、湖南、湖北、四川、贵州、福建、台湾、广东、广西

**小花石楠** **Photinia schneideriana** var. **parviflora** (Cardot) L. T. Lu et C. L. Li
分布：贵州

**绒毛石楠(原变种)** **Photinia schneideriana** var. **schneideriana**
分布：安徽、浙江、江西、湖南、湖北、四川、贵州、福建、台湾、广东、广西

**石楠** **Photinia serratifolia** (Desf.) Kalkman
分布：河北、河南、陕西、甘肃、安徽、江苏、浙江、江西、湖南、湖北、四川、贵州、云南、福建、台湾、广东、广西；印度、印度尼西亚、日本、菲律宾

**石楠(原变种)** **Photinia serratifolia** var. **serratifolia**
分布：河北、河南、陕西、甘肃、安徽、江苏、浙江、江西、湖南、湖北、四川、贵州、云南、福建、台湾、广东、广西；印度、印度尼西亚、日本、菲律宾

**紫金牛叶石楠** **Photinia serratifolia** var. **ardisiifolia** (Hayata) H. Ohashi
分布：台湾

**宽叶石楠** **Photinia serratifolia** var. **daphniphylloides** (Hayata) L. T. Lu
分布：台湾

**毛瓣石楠** **Photinia serratifolia** var. **lasiopetala** (Hayata) H. Ohashi
分布：台湾

**花楸叶石楠** **Photinia sorbifolia** W. B. Liao et W. Guo
分布：湖南

**窄叶石楠** **Photinia stenophylla** Hand.-Mazz.
分布：贵州、广西；泰国

**泰顺石楠** **Photinia taishunensis** G. H. Xia, L. H. Lou et S. H. Jin
分布：浙江

**福贡石楠** **Photinia tsaii** Rehder
分布：云南

**独山石楠** **Photinia tushanensis** T. T. Yu
分布：贵州

**毛叶石楠** **Photinia villosa** (Thunb.) DC.
分布：山东、陕西、甘肃、安徽、江苏、浙江、江西、湖南、湖北、四川、贵州、云南、福建、广东、广西；日本、韩国

**毛叶石楠(原变种)** **Photinia villosa** var. **villosa**
分布：山东、安徽、江苏、浙江、湖北；日本、韩国

**光萼石楠** **Photinia villosa** var. **glabricalycina** L. T. Lu et C. L. Li
分布：江苏、江西、湖南、贵州、广西

**庐山石楠** **Photinia villosa** var. **sinica** Rehder et E. H. Wilson
分布：山东、陕西、甘肃、安徽、江苏、浙江、江西、湖南、湖北、四川、贵州、福建、广东、广西

**浙江石楠** **Photinia zhejiangensis** P. L. Chiu
分布：浙江

## 风箱果属 **Physocarpus** (Cambess.) Raf.

**风箱果** **Physocarpus amurensis** (Maxim.) Maxim.
分布：黑龙江、河北；朝鲜、俄罗斯

## 绵刺属 **Potaninia** Maxim.

**绵刺** **Potaninia mongolica** Maxim.
分布：内蒙古；蒙古国

## 委陵菜属 Potentilla L.

星毛委陵菜 **Potentilla acaulis** L.

分布：黑龙江、内蒙古、河北、山西、陕西、甘肃、青海、新疆；蒙古国、俄罗斯

皱叶委陵菜 **Potentilla ancistrifolia** Bunge

分布：黑龙江、吉林、辽宁、河北、山西、河南、陕西、甘肃、湖北、四川；朝鲜、俄罗斯

皱叶委陵菜(原变种) **Potentilla ancistrifolia** var. **ancistrifolia**

分布：黑龙江、吉林、辽宁、河北、山西、河南、陕西、甘肃、湖北、四川；朝鲜、俄罗斯

薄叶委陵菜 **Potentilla ancistrifolia** var. **dickinsii** (Franch. et Sav.) Koidz.

分布：辽宁、河北、山西、河南、陕西、甘肃、安徽；日本、韩国

窄裂委陵菜 **Potentilla angustiloba** T. T. Yu et C. L. Li

分布：甘肃、青海、新疆

蕨麻 **Potentilla anserina** L.

分布：黑龙江、吉林、辽宁、内蒙古、河北、山西、陕西、宁夏、甘肃、青海、新疆、四川、云南、西藏；澳大利亚、太平洋岛屿；亚洲、欧洲、北美洲、南美洲

银背委陵菜 **Potentilla argentea** L.

分布：新疆；蒙古国、俄罗斯；亚洲(中部)、欧洲

银光委陵菜 **Potentilla argyrophylla** Wall. ex Lehm.

分布：西藏；阿富汗、克什米尔地区、尼泊尔、巴基斯坦、印度

银光委陵菜(原变种) **Potentilla argyrophylla** var. **argyrophylla**

分布：西藏；阿富汗、克什米尔地区、尼泊尔、巴基斯坦、印度

紫花银光委陵菜 **Potentilla argyrophylla** var. **atrosanguinea** (Lodd.) Hook. f.

分布：西藏；尼泊尔、巴基斯坦

多对小叶委陵菜 **Potentilla aristata** Soják

分布：云南、西藏；不丹、尼泊尔、印度

关节委陵菜 **Potentilla articulata** Franch.

分布：四川、云南、西藏

关节委陵菜(原变种) **Potentilla articulata** var. **articulata**

分布：四川、云南、西藏

宽柄关节委陵菜 **Potentilla articulata** var. **latipetiolata** (C. E. C. Fisch.) T. T. Yu et C. L. Li

分布：云南、西藏

刚毛委陵菜 **Potentilla asperrima** Turcz.

分布：黑龙江；俄罗斯

白萼委陵菜 **Potentilla betonicifolia** Poir.

分布：黑龙江、吉林、辽宁、内蒙古、河北；蒙古国、俄罗斯

双花委陵菜 **Potentilla biflora** Willd. ex Schltdl.

分布：甘肃、新疆、四川、西藏；蒙古国、尼泊尔、俄罗斯；亚洲(中部)、北美洲

双花委陵菜(原变种) **Potentilla biflora** var. **biflora**

分布：新疆；蒙古国、尼泊尔、俄罗斯；亚洲、北美洲

五叶双花委陵菜 **Potentilla biflora** var. **lahulensis** Th. Wolf

分布：甘肃、四川、西藏

二裂委陵菜 **Potentilla bifurca** L.

分布：黑龙江、吉林、内蒙古、河北、山西、陕西、宁夏、甘肃、青海、新疆、四川、西藏；韩国、蒙古国、俄罗斯；亚洲(西南部)、欧洲(东部和中部)

二裂委陵菜(原变种) **Potentilla bifurca** var. **bifurca**

分布：黑龙江、内蒙古、河北、山西、陕西、宁夏、甘肃、青海、新疆、四川；韩国、蒙古国、俄罗斯

矮生二裂委陵菜 **Potentilla bifurca** var. **humilior** Ost.-Sack. et Rupr.

分布：内蒙古、河北、山西、陕西、宁夏、甘肃、青海、新疆、四川、西藏；蒙古国、俄罗斯

长叶二裂委陵菜 **Potentilla bifurca** var. **major** Ledeb.

分布：黑龙江、吉林、内蒙古、河北、山西、陕西、甘肃、新疆；亚洲、欧洲(中部和东部)

聚伞委陵菜 **Potentilla cardotiana** Hand.-Mazz.

分布：云南；缅甸、尼泊尔

蛇莓委陵菜 **Potentilla centigrana** Maxim.

分布：黑龙江、吉林、辽宁、内蒙古、陕西、四川、贵州、云南；日本、朝鲜、俄罗斯

委陵菜 **Potentilla chinensis** Ser.

分布：黑龙江、吉林、辽宁、内蒙古、河北、山西、山东、河南、陕西、甘肃、安徽、江苏、江西、湖南、湖北、四川、贵州、云南、西藏、台湾、广东、广西；日本、韩国、蒙古国、俄罗斯

委陵菜(原变种) **Potentilla chinensis** var. **chinensis**

分布：黑龙江、吉林、辽宁、内蒙古、山西、山东、河南、陕西、甘肃、安徽、江苏、江西、湖南、湖北、四川、贵州、云南、西藏、台湾、广东、广西；日本、韩国、蒙古国、俄罗斯

**细裂委陵菜 Potentilla chinensis** var. **lineariloba** Franch. et Sav.

分布：黑龙江、辽宁、河北、山东、河南、江苏；日本、朝鲜

**黄花委陵菜 Potentilla chrysantha** Trevir.

分布：新疆；蒙古国、俄罗斯；欧洲(东部)

**多蕊委陵菜 Potentilla commutata** var. **polyandra** Soják

分布：四川；不丹、印度、尼泊尔

**大萼委陵菜 Potentilla conferta** Bunge

分布：黑龙江、内蒙古、河北、山西、甘肃、四川、云南、西藏；蒙古国、俄罗斯

**大萼委陵菜(原变种) Potentilla conferta** var. **conferta**

分布：黑龙江、内蒙古、河北、山西、甘肃、四川、云南、西藏；蒙古国、俄罗斯

**矮生大萼委陵菜 Potentilla conferta** var. **trijuga** T. T. Yu et C. L. Li

分布：西藏

**高山委陵菜 Potentilla contigua** Soják

分布：四川、西藏；不丹、尼泊尔、印度

**荽叶委陵菜 Potentilla coriandrifolia** D. Don

分布：四川、云南、西藏；不丹、尼泊尔、印度、缅甸

**荽叶委陵菜(原变种) Potentilla coriandrifolia** var. **coriandrifolia**

分布：西藏；不丹、尼泊尔、印度

**丛生荽叶委陵菜 Potentilla coriandrifolia** var. **dumosa** Franch.

分布：四川、云南、西藏；缅甸

**圆齿委陵菜 Potentilla crenulata** T. T. Yu et C. L. Li

分布：云南

**狼牙委陵菜 Potentilla cryptotaeniae** Maxim.

分布：黑龙江、吉林、辽宁、陕西、甘肃、四川；日本、朝鲜、俄罗斯

**楔叶委陵菜 Potentilla cuneata** Wall. ex Lehm.

分布：四川、云南、西藏；不丹、克什米尔地区、尼泊尔、印度

**滇西委陵菜 Potentilla delavayi** Franch.

分布：云南

**荒漠委陵菜 Potentilla desertorum** Bunge

分布：新疆；印度、蒙古国、俄罗斯

**翻白草 Potentilla discolor** Bunge

分布：黑龙江、辽宁、内蒙古、河北、山西、山东、河南、陕西、甘肃、安徽、浙江、江西、四川、云南、西藏、福建、台湾、广东；日本、朝鲜

**毛果委陵菜 Potentilla eriocarpa** Wall. ex Lehm.

分布：陕西、四川、云南、西藏；不丹、印度、克什米尔地区、尼泊尔

**毛果委陵菜(原变种) Potentilla eriocarpa** var. **eriocarpa**

分布：陕西、四川、云南、西藏；不丹、印度、克什米尔地区、尼泊尔

**裂叶毛果委陵菜 Potentilla eriocarpa** var. **tsarongensis** W. E. Evans

分布：四川、云南、西藏

**脱绒委陵菜 Potentilla evestita** Th. Wolf

分布：新疆；蒙古国、俄罗斯；亚洲(中部)

**川滇委陵菜 Potentilla fallens** Cardot

分布：四川、云南

**合耳委陵菜 Potentilla festiva** Soják

分布：四川、云南、西藏；不丹、印度、缅甸、尼泊尔

**匐枝委陵菜 Potentilla flagellaris** Willd. ex Schltdl.

分布：黑龙江、吉林、辽宁、河北、山西、山东、甘肃；朝鲜、蒙古国、俄罗斯

**莓叶委陵菜 Potentilla fragarioides** L.

分布：黑龙江、吉林、辽宁、内蒙古、河北、山西、山东、河南、陕西、甘肃、安徽、江苏、浙江、湖南、四川、云南、福建、广西；日本、朝鲜、蒙古国、俄罗斯

**三叶委陵菜 Potentilla freyniana** Bornm.

分布：黑龙江、吉林、辽宁、河北、山西、山东、陕西、甘肃、安徽、江苏、浙江、江西、湖南、湖北、四川、贵州、云南、福建、台湾；日本、朝鲜、俄罗斯

**三叶委陵菜(原变种) Potentilla freyniana** var. **freyniana**

分布：黑龙江、吉林、辽宁、河北、山西、山东、陕西、甘肃、浙江、江西、湖南、湖北、四川、贵州、云南、福建；日本、韩国、俄罗斯

**中华三叶委陵菜 Potentilla freyniana** var. **sinica** Migo

分布：安徽、江苏、浙江、江西、湖南、湖北

**金露梅 Potentilla fruticosa** L.

分布：黑龙江、吉林、辽宁、内蒙古、河北、山西、陕西、甘肃、新疆、四川、云南、西藏；亚洲、欧洲、北美洲

**金露梅(原变种) Potentilla fruticosa** var. **fruticosa**

分布：黑龙江、吉林、辽宁、内蒙古、河北、山西、陕西、甘肃、新疆、四川、云南、西藏；亚洲、欧洲、北美洲

白毛金露梅 **Potentilla fruticosa** var. **albicans** Rehder et E. H. Wilson
分布：新疆、四川、云南、西藏

伏毛金露梅 **Potentilla fruticosa** var. **arbuscula** (D. Don) Maxim.
分布：四川、云南、西藏；不丹、尼泊尔、印度

垫状金露梅 **Potentilla fruticosa** var. **pumila** Hook. f.
分布：西藏；不丹、尼泊尔、印度

耐寒委陵菜 **Potentilla gelida** C. A. Mey.
分布：新疆；亚洲北部至喜马拉雅地区、欧洲

耐寒委陵菜(原变种) **Potentilla gelida** var. **gelida**
分布：新疆；亚洲的喜马拉雅山脉、欧洲

绢毛耐寒委陵菜 **Potentilla gelida** var. **sericea** T. T. Yu et C. L. Li
分布：新疆

银露梅 **Potentilla glabra** Lodd.
分布：内蒙古、河北、山西、陕西、甘肃、青海、安徽、湖北、四川、云南；朝鲜、蒙古国、俄罗斯

银露梅(原变种) **Potentilla glabra** var. **glabra**
分布：内蒙古、河北、山西、陕西、甘肃、青海、安徽、湖北、四川、云南；韩国、蒙古国、俄罗斯

长瓣银露梅 **Potentilla glabra** var. **longipetala** T. T. Yu et C. L. Li
分布：云南

白毛银露梅 **Potentilla glabra** var. **mandshurica** (Maxim.) Hand.-Mazz.
分布：内蒙古、河北、山西、陕西、甘肃、青海、湖北、四川、云南；朝鲜

伏毛银露梅 **Potentilla glabra** var. **veitchii** (E. H. Wilson) Hand.-Mazz.
分布：四川、云南

光叶委陵菜 **Potentilla glabriuscula** (T. T. Yu et C. L. Li) Soják
分布：云南、西藏；不丹、缅甸、尼泊尔、印度

光叶委陵菜(原变种) **Potentilla glabriuscula** var. **glabriuscula**
分布：云南、西藏；不丹、缅甸、尼泊尔、印度

多蕊光叶委陵菜 **Potentilla glabriuscula** var. **oligandra** (Soják) Soják
分布：西藏

川边委陵菜 **Potentilla gombalana** Hand.-Mazz.
分布：四川

腺粒委陵菜 **Potentilla granulosa** T. T. Yu et C. L. Li
分布：四川、西藏

柔毛委陵菜 **Potentilla griffithii** Hook. f.
分布：四川、贵州、云南、西藏；不丹、尼泊尔、印度

柔毛委陵菜(原变种) **Potentilla griffithii** var. **griffithii**
分布：四川、贵州、云南、西藏；不丹、尼泊尔、印度

长柔毛委陵菜 **Potentilla griffithii** var. **velutina** Cardot
分布：四川、云南、西藏

全白委陵菜 **Potentilla hololeuca** Boiss. ex Lehm.
分布：新疆；俄罗斯；亚洲(西南部)

白背委陵菜 **Potentilla hypargyrea** Hand.-Mazz.
分布：云南、西藏

白背委陵菜(原变种) **Potentilla hypargyrea** var. **hypargyrea**
分布：云南

假羽白背委陵菜 **Potentilla hypargyrea** var. **subpinnata** T. T. Yu et C. L. Li
分布：云南、西藏

覆瓦委陵菜 **Potentilla imbricata** Kar. et Kir.
分布：新疆；蒙古国、俄罗斯

薄毛委陵菜 **Potentilla inclinata** Vill.
分布：新疆；亚洲(中部)、欧洲(中部和南部)

轿子山委陵菜(新拟) **Potentilla jiaozishanensis** Huan C. Wang et Z. R. He
分布：云南

蛇含委陵菜 **Potentilla kleiniana** Wight et Arn.
分布：辽宁、山东、河南、陕西、安徽、江苏、浙江、江西、湖南、湖北、四川、贵州、云南、西藏、福建、广东、广西；不丹、印度、印度尼西亚、日本、韩国、马来西亚、尼泊尔

条裂委陵菜 **Potentilla lancinata** Cardot
分布：四川、云南

银叶委陵菜 **Potentilla leuconota** D. Don
分布：湖北、四川、云南、西藏、台湾；不丹、印度、缅甸、尼泊尔

银叶委陵菜(原变种) **Potentilla leuconota** var. **leuconota**
分布：湖北、四川、云南、西藏、台湾；不丹、印度、缅甸、尼泊尔

脱毛银叶委陵菜 **Potentilla leuconota** var. **brachyphyllaria** Cardot
分布：四川、云南、西藏；印度

峨眉银叶委陵菜 **Potentilla leuconota** var. **omeiensis** H. Ikeda et H. Ohba
分布：四川

下江委陵菜 **Potentilla limprichtii** J. Krause
分布：江西、湖北、四川、广东；越南

西南委陵菜 **Potentilla lineata** Trevir.
分布：湖北、四川、贵州、云南、西藏；不丹、印度、老挝、缅甸、尼泊尔、越南

腺毛委陵菜 **Potentilla longifolia** Willd. ex Schltdl.
分布：黑龙江、吉林、辽宁、内蒙古、河北、山西、山东、甘肃、青海、四川、西藏；朝鲜、蒙古国、俄罗斯

大花委陵菜 **Potentilla macrosepala** Cardot
分布：云南、西藏

小叶委陵菜 **Potentilla microphylla** D. Don
分布：四川、云南、西藏；不丹、印度、尼泊尔

小叶委陵菜(原变种) **Potentilla microphylla** var. **microphylla**
分布：西藏；不丹、印度、尼泊尔

黄毛委陵菜 **Potentilla microphylla** var. **luteopilosa** (T. T. Yu et C. L. Li) H. Ikeda et H. Ohba
分布：四川、云南、西藏

丛生小叶委陵菜 **Potentilla microphylla** var. **tapetodes** (Soják) H. Ikeda et H. Ohba
分布：西藏；不丹、印度

多茎委陵菜 **Potentilla multicaulis** Bunge
分布：辽宁、内蒙古、河北、山西、河南、陕西、宁夏、甘肃、青海、新疆、四川；蒙古国

多头委陵菜 **Potentilla multiceps** T. T. Yu et C. L. Li
分布：青海、西藏

多裂委陵菜 **Potentilla multifida** L.
分布：黑龙江、吉林、辽宁、内蒙古、河北、山西、陕西、甘肃、青海、新疆、四川、云南、西藏；亚洲、欧洲、北美洲

多裂委陵菜(原变种) **Potentilla multifida** var. **multifida**
分布：黑龙江、吉林、辽宁、内蒙古、河北、陕西、甘肃、青海、四川、云南、西藏；亚洲、欧洲、北美洲

矮生多裂委陵菜 **Potentilla multifida** var. **nubigena** Th. Wolf
分布：内蒙古、河北、陕西、甘肃、青海、新疆、西藏；亚洲(西南部和中部)

掌叶多裂委陵菜 **Potentilla multifida** var. **ornithopoda** (Tausch) Th. Wolf
分布：黑龙江、内蒙古、河北、山西、陕西、甘肃、青海、四川、西藏；蒙古国、俄罗斯

显脉委陵极 **Potentilla nervosa** Juz.
分布：新疆；俄罗斯

雪白委陵菜 **Potentilla nivea** L.
分布：吉林、内蒙古、河北、山西、新疆；日本、朝鲜、蒙古国、俄罗斯；欧洲

雪白委陵菜(原变种) **Potentilla nivea** var. **nivea**
分布：吉林、内蒙古、山西、新疆；日本、韩国、俄罗斯；欧洲、北美洲

多齿雪白委陵菜 **Potentilla nivea** var. **elongata** Th. Wolf
分布：河北、山西；蒙古国、俄罗斯

高原委陵菜 **Potentilla pamiroalaica** Juz.
分布：新疆、西藏；亚洲(中部)

小叶金露梅 **Potentilla parvifolia** Fisch. ex Lehm.
分布：黑龙江、内蒙古、甘肃、青海、四川、云南、西藏；蒙古国、俄罗斯

小叶金露梅(原变种) **Potentilla parvifolia** var. **parvifolia**
分布：黑龙江、内蒙古、甘肃、青海、四川、西藏；蒙古国、俄罗斯

白毛小叶金露梅 **Potentilla parvifolia** var. **hypoleuca** Hand.-Mazz.
分布：甘肃、青海、四川、云南

总梗委陵菜 **Potentilla peduncularis** D. Don
分布：四川、云南、西藏；不丹、印度、尼泊尔

总梗委陵菜(原变种) **Potentilla peduncularis** var. **peduncularis**
分布：四川、云南、西藏；不丹、印度、尼泊尔

少齿总梗委陵菜 **Potentilla peduncularis** var. **curta** (Soják) H. Ikeda et H. Ohba
分布：云南、西藏；印度

多齿总梗委陵菜 **Potentilla peduncularis** var. **shweliensis** (H. R. Fletcher) H. Ikeda et H. Ohba
分布：云南

**狭叶总梗委陵菜 Potentilla peduncularis** var. **vittata** (Soják) H. Ikeda et H. Ohba
分布：云南、西藏

**垂花委陵菜 Potentilla pendula** T. T. Yu et C. L. Li
分布：重庆

**羽毛委陵菜 Potentilla plumosa** T. T. Yu et C. L. Li
分布：甘肃、青海、四川、西藏

**多叶委陵菜 Potentilla polyphylla** Wall. ex Lehm.
分布：四川、云南；不丹、印度、印度尼西亚、缅甸、尼泊尔、巴基斯坦、斯里兰卡

**多叶委陵菜(原变种) Potentilla polyphylla** var. **polyphylla**
分布：云南；不丹、印度、印度尼西亚、缅甸、尼泊尔、巴基斯坦、斯里兰卡

**间断委陵菜 Potentilla polyphylla** var. **interrupta** (T. T. Yu et C. L. Li) H. Ikeda et H. Ohba
分布：四川、云南；不丹、尼泊尔、印度

**似多叶委陵菜 Potentilla polyphylloides** H. Ikeda et H. Ohba
分布：云南

**华西委陵菜 Potentilla potaninii** Th. Wolf
分布：甘肃、青海、四川、云南、西藏；不丹

**华西委陵菜(原变种) Potentilla potaninii** var. **potaninii**
分布：甘肃、青海、四川、云南、西藏；不丹

**裂叶华西委陵菜 Potentilla potaninii** var. **compsophylla** (Hand.-Mazz.) T. T. Yu et C. L. Li
分布：四川、西藏

**粗齿委陵菜 Potentilla pseudosimulatrix** W. B. Liao, S. F. Li et Z. Y. Yu
分布：陕西

**直立委陵菜 Potentilla recta** L.
分布：新疆；亚洲(西南部和中部)、欧洲

**匍匐委陵菜 Potentilla reptans** L.
分布：内蒙古、河北、山西、山东、河南、陕西、甘肃、新疆、江苏、浙江、四川、云南；俄罗斯；亚洲(西南部和中部)、欧洲、非洲(北部)

**匍匐委陵菜(原变种) Potentilla reptans** var. **reptans**
分布：新疆；俄罗斯；亚洲(中部-西南部)、欧洲、非洲(北部)

**绢毛匍匐委陵菜 Potentilla reptans** var. **sericophylla** Franch.
分布：内蒙古、河北、山西、山东、河南、陕西、甘肃、江苏、浙江、四川、云南

**曲枝委陵菜 Potentilla rosulifera** H. Lév.
分布：辽宁；日本、朝鲜

**石生委陵菜 Potentilla rupestris** L.
分布：黑龙江、内蒙古；俄罗斯；欧洲

**钉柱委陵菜 Potentilla saundersiana** Royle
分布：内蒙古、山西、陕西、宁夏、甘肃、青海、新疆、四川、云南、西藏；不丹、印度、尼泊尔

**钉柱委陵菜(原变种) Potentilla saundersiana** var. **saundersiana**
分布：山西、陕西、宁夏、甘肃、青海、四川、云南、西藏；不丹、印度、尼泊尔

**丛生钉柱委陵菜 Potentilla saundersiana** var. **caespitosa** (Lehm.) Th. Wolf
分布：内蒙古、山西、陕西、甘肃、青海、新疆、四川、云南、西藏

**裂萼钉柱委陵菜 Potentilla saundersiana** var. **jacquemontii** Franch.
分布：云南、西藏

**羽叶钉柱委陵菜 Potentilla saundersiana** var. **subpinnata** Hand.-Mazz.
分布：四川、云南

**绢毛委陵菜 Potentilla sericea** L.
分布：黑龙江、吉林、内蒙古、甘肃、青海、新疆、西藏；喜马拉雅西北部至克什米尔地区、蒙古国、俄罗斯

**绢毛委陵菜(原变种) Potentilla sericea** var. **sericea**
分布：黑龙江、吉林、内蒙古、甘肃、青海、新疆、西藏；蒙古国、俄罗斯

**变叶绢毛委陵菜 Potentilla sericea** var. **polyschista** (Boiss.) Lehm.
分布：西藏；喜马拉雅西北部至克什米尔地区

**等齿委陵菜 Potentilla simulatrix** Th. Wolf
分布：内蒙古、河北、山西、陕西、甘肃、青海、四川

**西山委陵菜 Potentilla sischanensis** Bunge ex Lehm.
分布：内蒙古、河北、山西、陕西、宁夏、甘肃、青海、四川；蒙古国

**西山委陵菜(原变种) Potentilla sischanensis** var. **sischanensis**
分布：内蒙古、河北、山西、陕西、宁夏、甘肃、青海；蒙古国

**齿裂西山委陵菜 Potentilla sischanensis** var. **peterae** (Hand.-Mazz.) T. T. Yu et C. L. Li
分布：内蒙古、山西、陕西、宁夏、甘肃、四川

**齿萼委陵菜 Potentilla smithiana** Hand.-Mazz.
分布：四川

**美丽委陵菜 Potentilla spectabilis** Businsky et Sojak
分布：西藏

**狭叶委陵菜 Potentilla stenophylla** (Franch.) Diels
分布：四川、云南、西藏；缅甸、印度

**狭叶委陵菜(原变种) Potentilla stenophylla** var. **stenophylla**
分布：四川、云南、西藏

**贡山狭叶委陵菜 Potentilla stenophylla** var. **cristata** (H. R. Fletcher) H. Ikeda et H. Ohba
分布：云南；缅甸

**康定委陵菜 Potentilla stenophylla** var. **emergens** Cardot
分布：四川、西藏；印度

**大理委陵菜 Potentilla stenophylla** var. **taliensis** (W. W. Sm.) H. Ikeda et H. Ohba
分布：云南

**茸毛委陵菜 Potentilla strigosa** Pall. ex Pursh
分布：黑龙江、内蒙古、新疆；蒙古国、俄罗斯

**混叶委陵菜 Potentilla subdigitata** T. T. Yu et C. L. Li
分布：新疆

**朝天委陵菜 Potentilla supina** L.
分布：黑龙江、吉林、辽宁、内蒙古、河北、山西、山东、河南、陕西、宁夏、甘肃、新疆、安徽、江苏、浙江、江西、湖南、湖北、四川、贵州、云南、西藏、广东；北半球和亚热带地区广布

**朝天委陵菜(原变种) Potentilla supina** var. **supina**
分布：黑龙江、吉林、辽宁、内蒙古、河北、山西、山东、河南、陕西、宁夏、甘肃、新疆、安徽、江苏、浙江、江西、湖南、湖北、四川、贵州、云南、西藏、广东；普遍存在于北半球和亚热带地区

**三叶朝天委陵菜 Potentilla supina** var. **ternata** Peterm.
分布：黑龙江、辽宁、河北、山西、河南、陕西、甘肃、新疆、安徽、江苏、浙江、江西、四川、贵州、云南、广东；俄罗斯

**菊叶委陵菜 Potentilla tanacetifolia** Willd. ex Schltdl.
分布：黑龙江、吉林、辽宁、内蒙古、河北、山西、山东、陕西、甘肃；蒙古国、俄罗斯

**大果委陵菜 Potentilla taronensis** C. Y. Wu ex T. T. Yu et C. L. Li
分布：云南

**台湾委陵菜 Potentilla tugitakensis** Masam.
分布：台湾

**簇生委陵菜 Potentilla turfosa** Hand.-Mazz.
分布：云南、西藏

**簇生委陵菜(原变种) Potentilla turfosa** var. **turfosa**
分布：云南、西藏

**纤细委陵菜 Potentilla turfosa** var. **gracilescens** (Soják) H. Ikeda et H. Ohba
分布：西藏

**轮叶委陵菜 Potentilla verticillaris** Stephan ex Willd.
分布：黑龙江、吉林、内蒙古、河北；日本、朝鲜、蒙古国、俄罗斯

**密枝委陵菜 Potentilla virgata** Lehm.
分布：甘肃、青海、新疆；蒙古国

**密枝委陵菜(原变种) Potentilla virgata** var. **virgata**
分布：新疆；蒙古国

**羽裂密枝委陵菜 Potentilla virgata** var. **pinnatifida** (Lehm.) T. T. Yu et C. L. Li
分布：甘肃、青海、新疆

**汶川委陵菜 Potentilla wenchuensis** H. Ikeda et H. Ohba
分布：四川、贵州

**西藏委陵菜 Potentilla xizangensis** T. T. Yu et C. L. Li
分布：西藏

**张北委陵菜 Potentilla zhangbeiensis** Yong Zhang et Z. T. Yin
分布：河北

## 扁核木属 Prinsepia Royle

**台湾扁核木 Prinsepia scandens** Hayata
分布：台湾

**东北蕤核 Prinsepia sinensis** (Oliv.) Oliv. ex Bean
分布：黑龙江、吉林、辽宁、内蒙古

**蕤核 Prinsepia uniflora** Batalin
分布：内蒙古、山西、河南、陕西、宁夏、甘肃、青海、四川

**蕤核(原变种) Prinsepia uniflora** var. **uniflora**
分布：内蒙古、山西、河南、陕西、甘肃、四川

**齿叶蕤核 Prinsepia uniflora** var. **serrata** Rehder
分布：山西、陕西、宁夏、甘肃、青海、四川

**扁核木 Prinsepia utilis** Royle
分布：四川、贵州、云南、西藏；不丹、印度、尼泊尔、

巴基斯坦

## 李属 Prunus L.

**樱桃李 Prunus cerasifera** Ehrh.

分布：新疆；哈萨克斯坦、土库曼斯坦、乌兹别克斯坦；亚洲(西南部)、欧洲(南部)

**欧洲李 Prunus domestica** L.

分布：中国广泛栽培；原产于西南亚和欧洲

**贡山李(新拟) Prunus gongshanensis** J. Wen

分布：云南、西藏；不丹、印度、缅甸、尼泊尔

**海南李(新拟) Prunus hainanensis** (G. A. Fu et Y. S. Lin) H. Yu

分布：海南

**西南李(新拟) Prunus himalayana** J. Wen

分布：四川、云南、西藏；不丹、尼泊尔、印度、缅甸

**东方李(新拟) Prunus hypoleuca** (Koehne) J. Wen

分布：陕西、甘肃、安徽、江苏、浙江、江西、湖北、四川、贵州

**矮柱李(新拟) Prunus hypoxantha** (Koehne) J. Wen

分布：甘肃、湖北、四川

**乌荆子李 Prunus insititia** L.

分布：中国栽培；原产于西南亚和欧洲

**李 Prunus salicina** Lindl.

分布：黑龙江、吉林、辽宁、河北、山西、山东、河南、陕西、宁夏、甘肃、安徽、江苏、浙江、江西、湖南、湖北、四川、贵州、云南、福建、台湾、广东、广西

**李(原变种) Prunus salicina** var. **salicina**

分布：黑龙江、吉林、辽宁、河北、山西、山东、河南、陕西、宁夏、甘肃、安徽、江苏、浙江、江西、湖南、湖北、四川、贵州、云南、福建、台湾、广东、广西

**棕李 Prunus salicina** var. **cordata** Y. He et J. Y. Zhang

分布：福建

**毛梗李 Prunus salicina** var. **pubipes** (Koehne) L. H. Bailey

分布：甘肃、四川、云南

**杏李 Prunus simonii** Carrière

分布：北方各省(自治区、直辖市)广为栽培，原产于河北

**黑刺李 Prunus spinosa** L.

分布：中国引种栽培；原产于西南亚，欧洲和北非

**东北李 Prunus ussuriensis** Kovalev et Kostina

分布：黑龙江、吉林、辽宁；俄罗斯

## 臀果木属 Pygeum Gaertn.

**云南臀果木 Pygeum henryi** Dunn

分布：云南

**疏花臀果木 Pygeum laxiflorum** Merr. ex H. L. Li

分布：广东、广西

**大果臀果木 Pygeum macrocarpum** T. T. Yu et L. T. Lu

分布：云南

**长圆臀果木 Pygeum oblongum** T. T. Yu et L. T. Lu

分布：云南

**臀果木 Pygeum topengii** Merr.

分布：湖南、贵州、云南、福建、广东、广西、海南

**西南臀果木 Pygeum wilsonii** Koehne

分布：四川、云南、西藏

**西南臀果木(原变种) Pygeum wilsonii** var. **wilsonii**

分布：四川、云南、西藏

**大果臂果木 Pygeum wilsonii** var. **macrophyllum** L. T. Lu

分布：西藏

## 火棘属 Pyracantha M. Roem.

**窄叶火棘 Pyracantha angustifolia** (Franch.) C. K. Schneid.

分布：浙江、湖北、四川、贵州、云南、西藏

**全缘火棘 Pyracantha atalantioides** (Hance) Stapf

分布：陕西、湖南、湖北、四川、贵州、广东、广西

**细圆齿火棘 Pyracantha crenulata** (D. Don) M. Roem.

分布：陕西、甘肃、江苏、江西、湖南、湖北、四川、贵州、云南、西藏、广东、广西；不丹、印度、克什米尔地区、缅甸、尼泊尔

**细圆齿火棘(原变种) Pyracantha crenulata** var. **crenulata**

分布：陕西、江西、湖北、四川、贵州、云南、西藏、广东、广西；不丹、印度、克什米尔地区、缅甸、尼泊尔

**细叶细圆齿火棘 Pyracantha crenulata** var. **kansuensis** Rehder

分布：陕西、甘肃、四川、贵州、云南

**密花火棘 Pyracantha densiflora** T. T. Yu

分布：广西

**火棘 Pyracantha fortuneana** (Maxim.) H. L. Li

分布：河南、陕西、江苏、浙江、湖南、湖北、四川、贵

州、云南、西藏、福建、广西

澜沧火棘 **Pyracantha inermis** J. E. Vidal
分布：云南；老挝

台湾火棘 **Pyracantha koidzumii** (Hayata) Rehder
分布：台湾

## 梨属 **Pyrus** L.

杏叶梨 **Pyrus armeniacifolia** T. T. Yu
分布：新疆

杜梨 **Pyrus betulifolia** Bunge
分布：辽宁、内蒙古、河北、山西、山东、河南、陕西、甘肃、安徽、江苏、浙江、江西、湖北、贵州、西藏；老挝

白梨 **Pyrus bretschneideri** Rehder
分布：河北、山西、山东、河南、陕西、甘肃、新疆

豆梨 **Pyrus calleryana** Decne.
分布：山东、河南、陕西、安徽、江苏、浙江、江西、湖南、湖北、福建、台湾、广东、广西；日本、越南

豆梨(原变种) **Pyrus calleryana** var. **calleryana**
分布：山东、河南、安徽、江苏、浙江、江西、湖南、湖北、福建、台湾、广东、广西；日本、越南

全缘叶豆梨 **Pyrus calleryana** var. **integrifolia** T. T. Yu
分布：江苏、浙江

楔叶豆梨 **Pyrus calleryana** var. **koehnei** (C. K. Schneid.) T. T. Yu
分布：浙江、福建、广东、广西

柳叶川梨 **Pyrus calleryana** var. **lanceata** Rehder
分布：安徽、浙江、福建

西洋梨 **Pyrus communis** var. **sativa** (DC.) DC.
分布：中国东北部和西南部；不丹、俄罗斯、越南；亚洲、欧洲

河北梨 **Pyrus hopeiensis** T. T. Yu
分布：河北、山东

川梨 **Pyrus pashia** Buch.-Ham. ex D. Don
分布：四川、贵州、云南、西藏；不丹、印度、克什米尔地区、老挝、缅甸、尼泊尔、巴基斯坦、泰国、越南

川梨(原变种) **Pyrus pashia** var. **pashia**
分布：四川、贵州、云南；不丹、印度、克什米尔地区、老挝、缅甸、尼泊尔、巴基斯坦、泰国、越南

大花川梨 **Pyrus pashia** var. **grandiflora** Cardot
分布：贵州、云南

无毛川梨 **Pyrus pashia** var. **kumaoni** Stapf
分布：云南；印度

钝叶川梨 **Pyrus pashia** var. **obtusata** Cardot
分布：四川、云南

褐梨 **Pyrus phaeocarpa** Rehder
分布：河北、山西、山东、陕西、甘肃、新疆

滇梨 **Pyrus pseudopashia** T. T. Yu
分布：贵州、云南

沙梨 **Pyrus pyrifolia** (Burm. f.) Nakai
分布：安徽、江苏、浙江、江西、湖南、湖北、四川、贵州、云南、福建、广东、广西；老挝、越南

麻梨 **Pyrus serrulata** Rehder
分布：浙江、江西、湖南、湖北、四川、贵州、福建、广东、广西

新疆梨 **Pyrus sinkiangensis** T. T. Yu
分布：原产于新疆，栽培在甘肃、青海、陕西

秋子梨 **Pyrus ussuriensis** Maxim.
分布：黑龙江、吉林、辽宁、内蒙古、河北、山西、山东、陕西、甘肃；朝鲜、俄罗斯

木梨 **Pyrus xerophila** T. T. Yu
分布：山西、河南、陕西、甘肃、新疆、西藏

## 石斑木属 **Rhaphiolepis** Lindl.

锈毛石斑木 **Rhaphiolepis ferruginea** F. P. Metcalf
分布：福建、广东、广西、海南

锈毛石斑木(原变种) **Rhaphiolepis ferruginea** var. **ferruginea**
分布：福建、广东、广西、海南

齿叶锈毛石斑木 **Rhaphiolepis ferruginea** var. **serrata** F. P. Metcalf
分布：福建、广东、广西

石斑木 **Rhaphiolepis indica** (L.) Lindl.
分布：安徽、浙江、江西、湖南、贵州、云南、福建、台湾、广东、广西、海南；柬埔寨、日本、老挝、泰国、越南

石斑木(原变种) **Rhaphiolepis indica** var. **indica**
分布：安徽、浙江、江西、湖南、贵州、云南、福建、台湾、广东、广西、海南；柬埔寨、日本、老挝、泰国、越南

恒春石斑木 **Rhaphiolepis indica** var. **shilanensis** Y. P. Yang et H. Y. Liu
分布：台湾

毛序石斑木 **Rhaphiolepis indica** var. **tashiroi** Hayata
分布：台湾

全缘石斑木 **Rhaphiolepis integerrima** Hook. et Arn.
分布：台湾；日本

细叶石斑木 **Rhaphiolepis lanceolata** Hu
分布：广东、广西、海南

大叶石斑木 **Rhaphiolepis major** Cardot
分布：江苏、浙江、江西、福建

柳叶石斑木 **Rhaphiolepis salicifolia** Lindl.
分布：福建、广东、广西；越南

厚叶石斑木 **Rhaphiolepis umbellata** (Thunb.) Makino
分布：台湾、浙江；日本

五指山石斑木(新拟) **Rhaphiolepis wuzhishanensis** W. B. Liao, R. H. Miau et Q. Fan
分布：海南

## 鸡麻属 **Rhodotypos** Sieb. et Zucc.

鸡麻 **Rhodotypos scandens** (Thunb.) Makino
分布：辽宁、山东、河南、陕西、甘肃、安徽、江苏、浙江、湖北；日本、朝鲜

## 蔷薇属 **Rosa** L.

刺蔷薇 **Rosa acicularis** Lindl.
分布：黑龙江、吉林、辽宁、内蒙古、河北、山西、陕西、甘肃、新疆；日本、哈萨克斯坦、朝鲜、蒙古国、俄罗斯；欧洲(北部)、北美洲

白蔷薇 **Rosa alba** L.
分布：中国各地栽培；南欧各国有栽培

腺齿蔷薇 **Rosa albertii** Regel
分布：甘肃、青海、新疆；哈萨克斯坦、蒙古国、俄罗斯

银粉蔷薇 **Rosa anemoniflora** Fortune ex Lindl.
分布：福建

白玉山蔷薇 **Rosa baiyushanensis** Q. L. Wang
分布：辽宁

木香花 **Rosa banksiae** Aiton
分布：河南、甘肃、江苏、湖北、四川、贵州、云南，全国各地栽培

木香花(原变种) **Rosa banksiae** var. **banksiae**
分布：四川、云南，其他省（自治区、直辖市）有栽培

单瓣木香花 **Rosa banksiae** var. **normalis** Regel
分布：河南、甘肃、湖北、四川、贵州、云南

拟木香 **Rosa banksiopsis** Baker
分布：陕西、甘肃、江西、湖北、四川

弯刺蔷薇 **Rosa beggeriana** Schrenk
分布：甘肃、新疆；阿富汗、哈萨克斯坦、蒙古国

弯刺蔷薇(原变种) **Rosa beggeriana** var. **beggeriana**
分布：甘肃、新疆；阿富汗、蒙古国、哈萨克斯坦

毛叶弯刺蔷薇 **Rosa beggeriana** var. **lioui** (T. T. Yu et Tsai) T. T. Yu et T. C. Ku
分布：新疆

美蔷薇 **Rosa bella** Rehder et E. H. Wilson
分布：吉林、内蒙古、河北、山西、河南

美蔷薇(原变种) **Rosa bella** var. **bella**
分布：吉林、内蒙古、河北、山西、河南

光叶美蔷薇 **Rosa bella** var. **nuda** T. T. Yu et Tsai
分布：河南、陕西

小檗叶蔷薇 **Rosa berberifolia** Pall.
分布：甘肃、新疆；哈萨克斯坦、俄罗斯

硕苞蔷薇 **Rosa bracteata** J. C. Wendl.
分布：江苏、浙江、江西、湖南、贵州、云南、福建、台湾；日本

硕苞蔷薇(原变种) **Rosa bracteata** var. **bracteata**
分布：浙江、江西、湖南、贵州、云南、福建、台湾；日本

密刺硕苞蔷薇 **Rosa bracteata** var. **scabriacaulis** Lindl. ex Koidz.
分布：浙江、福建、台湾

复伞房蔷薇 **Rosa brunonii** Lindl.
分布：四川、云南、西藏；不丹、印度、克什米尔地区、缅甸、尼泊尔、巴基斯坦

短角蔷薇 **Rosa calyptopoda** Cardot
分布：四川

尾萼蔷薇 **Rosa caudata** Baker
分布：陕西、湖北、四川

尾萼蔷薇(原变种) **Rosa caudata** var. **caudata**
分布：陕西、湖北、四川

大花尾萼蔷薇 **Rosa caudata** var. **maxima** T. T. Yu et T. C. Ku
分布：陕西、四川

百叶蔷薇 **Rosa centifolia** L.
分布：中国各地有栽培；俄罗斯

城口蔷薇 **Rosa chengkouensis** T. T. Yu et T. C. Ku
分布：重庆

**月季花 Rosa chinensis** Jacquin
分布：贵州、湖北、四川，也栽培于全国；世界各地广为栽培

**月季花(原变种) Rosa chinensis** var. **chinensis**
分布：中国广泛栽培

**紫月季花 Rosa chinensis** var. **semperflorens** (Curtis) Koehne
分布：广泛栽培

**单瓣月季花 Rosa chinensis** var. **spontanea** (Rehder et E. H. Wilson) T. T. Yu et T. C. Ku
分布：原产于贵州、湖北、四川

**伞房蔷薇 Rosa corymbulosa** Rolfe
分布：陕西、甘肃、湖北、四川

**小果蔷薇 Rosa cymosa** Tratt.
分布：陕西、安徽、江苏、浙江、江西、湖南、湖北、四川、贵州、云南、福建、台湾、广东、广西；老挝、越南

**小果蔷薇(原变种) Rosa cymosa** var. **cymosa**
分布：安徽、江苏、浙江、江西、湖南、四川、贵州、云南、福建、台湾、广东、广西；老挝、越南

**大盘山蔷薇 Rosa cymosa** var. **dapanshanensis** F. G. Zhang
分布：浙江

**毛叶山木香 Rosa cymosa** var. **puberula** T. T. Yu et T. C. Ku
分布：陕西、安徽、江苏、湖北

**岱山蔷薇 Rosa daishanensis** T. C. Ku
分布：浙江

**西北蔷薇 Rosa davidii** Crép.
分布：陕西、宁夏、甘肃、四川、云南

**西北蔷薇(原变种) Rosa davidii** var. **davidii**
分布：陕西、宁夏、甘肃、四川、云南

**长果西北蔷薇 Rosa davidii** var. **elongata** Rehder et E. H. Wilson
分布：陕西、四川

**山刺玫 Rosa davurica** Pall.
分布：黑龙江、吉林、辽宁、内蒙古、河北、山西；日本、朝鲜、蒙古国、俄罗斯

**山刺玫(原变种) Rosa davurica** var. **davurica**
分布：黑龙江、吉林、辽宁、内蒙古、河北、山西；日本、韩国、蒙古国、俄罗斯

**光叶山刺玫 Rosa davurica** var. **glabra** Liou
分布：黑龙江、吉林、辽宁；朝鲜

**多刺山刺玫 Rosa davurica** var. **setacea** Liou
分布：黑龙江、吉林、辽宁、内蒙古、河北

**德钦蔷薇 Rosa deqenensis** T. C. Ku
分布：云南

**得荣蔷薇 Rosa derongensis** T. C. Ku
分布：四川

**重齿蔷薇 Rosa duplicata** T. T. Yu et T. C. Ku
分布：西藏

**川东蔷薇 Rosa fargesiana** Boulenger
分布：重庆

**腺果蔷薇 Rosa fedtschenkoana** Regel
分布：新疆；哈萨克斯坦

**腺梗蔷薇 Rosa filipes** Rehder et E. H. Wilson
分布：陕西、甘肃、四川、云南、西藏

**重瓣异味蔷薇 Rosa foetida** var. **persiana** (Lem.) Rehder
分布：新疆栽培；亚洲

**滇边蔷薇 Rosa forrestiana** Boulenger
分布：四川、云南

**陕西蔷薇 Rosa giraldii** Crép.
分布：山西、河南、陕西、甘肃、湖北、四川

**陕西蔷薇(原变种) Rosa giraldii** var. **giraldii**
分布：山西、河南、陕西、甘肃、湖北、四川

**重齿陕西蔷薇 Rosa giraldii** var. **bidentata** T. T. Yu et T. C. Ku
分布：陕西

**毛叶陕西蔷薇 Rosa giraldii** var. **venulosa** Rehder et E. H. Wilson
分布：陕西、湖北、四川

**绣球蔷薇 Rosa glomerata** Rehder et E. H. Wilson
分布：湖北、四川、贵州、云南

**细梗蔷薇 Rosa graciliflora** Rehder et E. H. Wilson
分布：四川、云南、西藏

**卵果蔷薇 Rosa helenae** Rehder et E. H. Wilson
分布：陕西、甘肃、湖北、四川、贵州、云南；泰国、越南

软条七蔷薇 **Rosa henryi** Boulenger
分布：河南、陕西、安徽、江苏、浙江、江西、湖南、湖北、四川、贵州、云南、福建、广东、广西

赫章蔷薇 **Rosa hezhangensis** T. L. Xu
分布：贵州

黄蔷薇 **Rosa hugonis** Hemsl.
分布：山西、陕西、甘肃、青海、四川

腺叶蔷薇 **Rosa kokanica** (Regel) Regel ex Juz.
分布：新疆；阿富汗、哈萨克斯坦、蒙古国；亚洲(西南部)

长白蔷薇 **Rosa koreana** Kom.
分布：黑龙江、吉林、辽宁；朝鲜

长白蔷薇(原变种) **Rosa koreana** var. **koreana**
分布：黑龙江、吉林、辽宁；朝鲜

腺叶长白蔷薇 **Rosa koreana** var. **glandulosa** T. T. Yu et T. C. Ku
分布：吉林

昆明蔷薇 **Rosa kunmingensis** T. C. Ku
分布：云南

广东蔷薇 **Rosa kwangtungensis** T. T. Yu et H. T. Tsai
分布：福建、广东、广西

广东蔷薇(原变种) **Rosa kwangtungensis** var. **kwangtungensis**
分布：福建、广东、广西

毛叶广东蔷薇 **Rosa kwangtungensis** var. **mollis** F. P. Metcalf
分布：福建、广东、广西

重瓣广东蔷薇 **Rosa kwangtungensis** var. **plena** T. T. Yu et T. C. Ku
分布：广东有栽培，福建

贵州刺梨 **Rosa kweichowensis** T. T. Yu et T. C. Ku
分布：贵州

金樱子 **Rosa laevigata** Mich.
分布：安徽、福建、广东、广西、贵州、海南、湖北、湖南、江苏、江西、陕西、四川、台湾、云南、浙江；越南，栽培于世界各地

琅琊山蔷薇 **Rosa langyashanica** D. C. Zhang et J. Z. Shao
分布：安徽

毛萼蔷薇 **Rosa lasiosepala** F. P. Metcalf
分布：广西

疏花蔷薇 **Rosa laxa** Retz.
分布：新疆；蒙古国、俄罗斯；亚洲(中部)

疏花蔷薇(原变种) **Rosa laxa** var. **laxa**
分布：新疆；蒙古国、俄罗斯

毛叶疏花蔷薇 **Rosa laxa** var. **mollis** T. T. Yu et T. C. Ku
分布：新疆

丽江蔷薇 **Rosa lichiangensis** T. T. Yu et T. C. Ku
分布：云南

长尖叶蔷薇 **Rosa longicuspis** Bertol.
分布：四川、贵州、云南；印度

长尖叶蔷薇(原变种) **Rosa longicuspis** var. **longicuspis**
分布：四川、贵州、云南；印度

多花长尖叶蔷薇 **Rosa longicuspis** var. **sinowilsonii** (Hemsl.) Yü et Ku
分布：四川、贵州、云南

光叶蔷薇 **Rosa luciae** Franch. et Roch.
分布：浙江、福建、台湾、广东、广西；日本、韩国、菲律宾

光叶蔷薇(原变种) **Rosa luciae** var. **luciae**
分布：浙江、福建、台湾、广东、广西；日本、韩国、菲律宾

台湾光叶蔷薇 **Rosa luciae** var. **rosea** H. L. Li
分布：台湾

亮叶月季 **Rosa lucidissima** H. Lév.
分布：湖北、四川、贵州

泸定蔷薇 **Rosa ludingensis** T. C. Ku
分布：四川

大叶蔷薇 **Rosa macrophylla** Lindl.
分布：云南、西藏；不丹、印度、克什米尔地区

大叶蔷薇(原变种) **Rosa macrophylla** var. **macrophylla**
分布：云南、西藏；不丹、印度、克什米尔地区

腺果大叶蔷薇 **Rosa macrophylla** var. **glandulifera** T. T. Yu et T. C. Ku
分布：西藏

毛叶蔷薇 **Rosa mairei** H. Lév.
分布：四川、贵州、云南、西藏

伞花蔷薇 **Rosa maximowicziana** Regel
分布：辽宁、山东；朝鲜、俄罗斯

**米易蔷薇 Rosa miyiensis** T. C. Ku
分布：四川

**玉山蔷薇 Rosa morrisonensis** Hayata
分布：台湾

**华西蔷薇 Rosa moyesii** Hemsl. et E. H. Wilson
分布：陕西、四川、云南

**华西蔷薇(原变种) Rosa moyesii** var. **moyesii**
分布：陕西、四川、云南

**毛叶华西蔷薇 Rosa moyesii** var. **pubescens** T. T. Yu et H. T. Tsai
分布：四川

**多苞蔷薇 Rosa multibracteata** Hemsl. et E. H. Wilson
分布：四川、云南

**野蔷薇 Rosa multiflora** Thunb.
分布：河北、山东、河南、陕西、甘肃、安徽、江苏、浙江、江西、湖南、贵州、福建、台湾、广东、广西；日本、韩国

**野蔷薇(原变种) Rosa multiflora** var. **multiflora**
分布：山东、河南、江苏；日本、韩国

**白玉堂 Rosa multiflora** var. **alboplena** T. T. Yu et T. C. Ku
分布：河北、北京、山东

**七姊妹 Rosa multiflora** var. **carnea** Thory
分布：全国各地有栽培

**粉团蔷薇 Rosa multiflora** var. **cathayensis** Rehder et E. H. Wilson
分布：河北、山东、河南、陕西、甘肃、安徽、浙江、江西、湖南、贵州、云南、福建、广东、广西

**西南蔷薇 Rosa murielae** Rehder et E. H. Wilson
分布：四川、云南

**香水月季 Rosa odorata** (Andrews) Sweet
分布：浙江、四川、云南有栽培；缅甸、泰国、越南

**香水月季(原变种) Rosa odorata** var. **odorata**
分布：浙江、四川、云南有栽培；缅甸、泰国、越南

**粉红香水月季 Rosa odorata** var. **erubescens** (Focke) T. T. Yu et T. C. Ku
分布：云南

**大花香水月季 Rosa odorata** var. **gigantea** (Crép.) Reher et E. H. Wilson
分布：云南；缅甸、泰国、越南

**桔黄香水月季 Rosa odorata** var. **pseudoindica** (Lindl.) Rehder
分布：云南栽培

**峨眉蔷薇 Rosa omeiensis** Rolfe
分布：陕西、宁夏、甘肃、青海、湖北、四川、贵州、云南、西藏

**尖刺蔷薇 Rosa oxyacantha** Bieb.
分布：新疆；蒙古国、俄罗斯

**全针蔷薇 Rosa persetosa** Rolfe
分布：四川

**羽萼蔷薇 Rosa pinnatisepala** T. C. Ku
分布：四川

**宽刺蔷薇 Rosa platyacantha** Schrenk
分布：新疆；哈萨克斯坦、蒙古国

**中甸刺玫 Rosa praelucens** Byhouwer
分布：云南

**铁杆蔷薇 Rosa prattii** Hemsl.
分布：甘肃、四川、云南

**太鲁阁蔷薇 Rosa pricei** Hayata
分布：台湾

**樱草蔷薇 Rosa primula** Boulenger
分布：河北、山西、河南、陕西、甘肃、四川

**粉蕾木香 Rosa pseudobanksiae** T. T. Yu et T. C. Ku
分布：云南

**缫丝花 Rosa roxburghii** Tratt.
分布：陕西、甘肃、安徽、浙江、江西、湖南、湖北、四川、贵州、云南、西藏、福建、广西；日本

**悬钩子蔷薇 Rosa rubus** H. Lév. et Vaniot
分布：陕西、甘肃、浙江、江西、湖北、四川、贵州、云南、福建、广东、广西

**玫瑰 Rosa rugosa** Thunb.
分布：中国各地广泛栽培；日本、韩国、俄罗斯

**山蔷薇 Rosa sambucina** var. **pubescens** Koidz.
分布：台湾

**大红蔷薇 Rosa saturata** Baker
分布：浙江、湖北、四川

**大红蔷薇(原变种) Rosa saturata** var. **saturata**
分布：浙江、湖北、四川

腺叶大红蔷薇 **Rosa saturata** var. **glandulosa** T. T. Yu et T. C. Ku
分布：四川

钝叶蔷薇 **Rosa sertata** Rolfe
分布：山西、河南、陕西、甘肃、安徽、江苏、浙江、江西、湖北、四川、云南

钝叶蔷薇(原变种) **Rosa sertata** var. **sertata**
分布：山西、河南、陕西、甘肃、安徽、江苏、浙江、江西、湖北、四川、云南

多对钝叶蔷薇 **Rosa sertata** var. **multijuga** T. T. Yu et T. C. Ku
分布：四川

刺梗蔷薇 **Rosa setipoda** Hemsl. et E. H. Wilson
分布：湖北、四川

商城蔷薇 **Rosa shangchengensis** T. C. Ku
分布：河南

川西蔷薇 **Rosa sikangensis** T. T. Yu et T. C. Ku
分布：四川、云南、西藏

双花蔷薇 **Rosa sinobiflora** T. C. Ku
分布：云南

川滇蔷薇 **Rosa soulieana** Crép.
分布：安徽、四川、重庆、云南、西藏

川滇蔷薇(原变种) **Rosa soulieana** var. **soulieana**
分布：安徽、四川、云南、西藏

小叶川滇蔷薇 **Rosa soulieana** var. **microphylla** T. T. Yu et T. C. Ku
分布：云南、西藏

大叶川滇蔷薇 **Rosa soulieana** var. **sungpanensis** Rehder
分布：四川

毛叶川滇蔷薇 **Rosa soulieana** var. **yunnanensis** C. K. Schneid.
分布：四川、重庆、云南

密刺蔷薇 **Rosa spinosissima** L.
分布：新疆；俄罗斯；亚洲(西南部和中部)、欧洲

密刺蔷薇(原变种) **Rosa spinosissima** var. **spinosissima**
分布：新疆；俄罗斯

大花密刺蔷薇 **Rosa spinosissima** var. **altaica** (Willd.) Rehder
分布：新疆；俄罗斯

扁刺蔷薇 **Rosa sweginzowii** Koehne
分布：陕西、甘肃、青海、湖北、四川、云南、西藏

扁刺蔷薇(原变种) **Rosa sweginzowii** var. **sweginzowii**
分布：陕西、甘肃、青海、湖北、四川、云南、西藏

腺叶扁刺蔷薇 **Rosa sweginzowii** var. **glandulosa** Cardot
分布：甘肃、四川、云南、西藏

毛瓣扁刺蔷薇 **Rosa sweginzowii** var. **stevensii** (Rehder) T. C. Ku
分布：四川

小金樱子 **Rosa taiwanensis** Nakai
分布：台湾

俅江蔷薇 **Rosa taronensis** T. T. Yu
分布：云南

西藏蔷薇 **Rosa tibetica** T. T. Yu et T. C. Ku
分布：西藏

高山蔷薇 **Rosa transmorrisonensis** Hayata
分布：台湾；菲律宾

秦岭蔷薇 **Rosa tsinglingensis** Pax et K. Hoffm.
分布：陕西、甘肃

单花合柱蔷薇 **Rosa uniflorella** Buzunova
分布：浙江

单花合柱蔷薇(原变种) **Rosa uniflorella** subsp. **uniflorella**
分布：浙江

腺瓣蔷薇 **Rosa uniflorella** subsp. **adenopetala** L. Qian et X. F. Jin
分布：浙江

藏边蔷薇 **Rosa webbiana** Wall. ex Royle
分布：西藏；阿富汗、印度、克什米尔地区、蒙古国、尼泊尔

维西蔷薇 **Rosa weisiensis** T. T. Yu et T. C. Ku
分布：云南

小叶蔷薇 **Rosa willmottiae** Hemsl.
分布：陕西、甘肃、青海、四川

小叶蔷薇(原变种) **Rosa willmottiae** var. **willmottiae**
分布：甘肃、四川、云南、西藏

多腺小叶蔷薇 **Rosa willmottiae** var. **glandulifera** T. T. Yu et T. C. Ku
分布：甘肃、四川、云南、西藏

**中甸蔷薇 Rosa zhongdianensis** T. C. Ku
分布：云南

## 悬钩子属 Rubus L.

**尖叶悬钩子 Rubus acuminatus** Sm.
分布：贵州、云南；不丹、印度、尼泊尔、越南

**尖叶悬钩子(原变种) Rubus acuminatus** var. **acuminatus**
分布：云南；不丹、印度、尼泊尔、越南

**柔毛尖叶悬钩子 Rubus acuminatus** var. **puberulus** T. T. Yu et L. T. Lu
分布：贵州

**腺毛莓 Rubus adenophorus** Rolfe
分布：浙江、江西、湖南、湖北、贵州、福建、广东、广西

**粗叶悬钩子 Rubus alceifolius** Poir.
分布：江苏、浙江、江西、湖南、贵州、云南、福建、台湾、广东、广西、海南；柬埔寨、印度尼西亚、日本、老挝、马来西亚、缅甸、菲律宾、泰国、越南

**刺萼悬钩子 Rubus alexeterius** Focke
分布：四川、云南、西藏；不丹、尼泊尔

**刺萼悬钩子(原变种) Rubus alexeterius** var. **alexeterius**
分布：四川、云南、西藏；不丹、尼泊尔

**腺毛刺萼悬钩子 Rubus alexeterius** var. **acaenocalyx** (H. Hara) T. T. Yu et L. T. Lu
分布：四川、云南、西藏；不丹、尼泊尔

**桤叶悬钩子 Rubus alnifoliolatus** H. Lév.
分布：台湾

**秀丽莓 Rubus amabilis** Focke
分布：山西、河南、陕西、甘肃、青海、湖北、四川、重庆

**秀丽莓(原变种) Rubus amabilis** var. **amabilis**
分布：山西、河南、陕西、甘肃、青海、湖北、四川

**刺萼秀丽莓 Rubus amabilis** var. **aculeatissimus** T. T. Yu et L. T. Lu
分布：四川、重庆

**小果秀丽莓 Rubus amabilis** var. **microcarpus** T. T. Yu et L. T. Lu
分布：甘肃、青海

**周毛悬钩子 Rubus amphidasys** Focke
分布：安徽、浙江、江西、湖南、湖北、四川、贵州、福建、广东、广西

**狭苞悬钩子 Rubus angustibracteatus** T. T. Yu et L. T. Lu
分布：四川

**灰叶悬钩子 Rubus arachnoideus** Y. C. Liu et F. Y. Lu
分布：台湾

**北悬钩子 Rubus arcticus** L.
分布：黑龙江、吉林、辽宁、内蒙古；朝鲜、蒙古国、俄罗斯；欧洲(北部)

**西南悬钩子 Rubus assamensis** Focke
分布：四川、贵州、云南、西藏、广西；印度、缅甸

**桔红悬钩子 Rubus aurantiacus** Focke
分布：四川、云南、西藏

**桔红悬钩子(原变种) Rubus aurantiacus** var. **aurantiacus**
分布：四川、云南、西藏

**钝叶桔红悬钩子 Rubus aurantiacus** var. **obtusifolius** T. T. Yu et L. T. Lu
分布：贵州、云南

**藏南悬钩子 Rubus austrotibetanus** T. T. Yu et L. T. Lu
分布：云南、西藏

**竹叶鸡爪茶 Rubus bambusarum** Focke
分布：陕西、湖北、四川、贵州

**粉枝莓 Rubus biflorus** Buch.-Ham.
分布：陕西、甘肃、四川、贵州、云南、西藏；不丹、印度、克什米尔地区、缅甸、尼泊尔

**粉枝莓(原变种) Rubus biflorus** var. **biflorus**
分布：陕西、甘肃、四川、贵州、云南、西藏；不丹、印度、克什米尔地区、缅甸、尼泊尔

**腺毛粉枝莓 Rubus biflorus** var. **adenophorus** Franch.
分布：云南、西藏

**柔毛粉枝莓 Rubus biflorus** var. **pubescens** T. T. Yu et L. T. Lu
分布：四川

**滇北悬钩子 Rubus bonatianus** Focke
分布：四川、云南

**短柄悬钩子 Rubus brevipetiolatus** T. T. Yu et L. T. Lu
分布：广西

**寒莓 Rubus buergeri** Miq.
分布：安徽、江苏、浙江、江西、湖南、湖北、四川、贵

州、云南、福建、台湾、广东、广西；日本、朝鲜

欧洲木莓 **Rubus caesius** L.

分布：新疆；俄罗斯；亚洲(西南部)、欧洲、北美洲

酒红悬钩子 **Rubus calophyllus** C. B. Clarke

分布：西藏；印度

猥莓 **Rubus calycacanthus** H. Lév.

分布：贵州、云南、广西

齿萼悬钩子 **Rubus calycinus** Wall. ex D. Don

分布：四川、云南、西藏；不丹、印度、印度尼西亚、缅甸、尼泊尔

尾叶悬钩子 **Rubus caudifolius** Wuzhi

分布：浙江、湖南、湖北、贵州、福建、广西

兴安悬钩子 **Rubus chamaemorus** L.

分布：黑龙江、吉林、辽宁；日本、朝鲜、俄罗斯；欧洲(中部和北部)、北美洲

长序莓 **Rubus chiliadenus** Focke

分布：湖北、四川、贵州

掌叶覆盆子 **Rubus chingii** Hu

分布：安徽、江苏、浙江、江西、福建、广西；日本

掌叶覆盆子(原变种) **Rubus chingii** var. **chingii**

分布：安徽、江苏、浙江、江西、福建、广西；日本

甜茶 **Rubus chingii** var. **suavissimus** (S. Lee) L. T. Lu

分布：广西

毛萼莓 **Rubus chroosepalus** Focke

分布：陕西、江西、湖南、湖北、四川、贵州、云南、福建、广东、广西；越南

毛萼莓(原变种) **Rubus chroosepalus** var. **chroosepalus**

分布：陕西、江西、湖南、湖北、四川、贵州、云南、福建、广东、广西；越南

蛛丝毛萼莓 **Rubus chroosepalus** var. **araneosus** Q. H. Chen et T. L. Xu

分布：贵州

黄穗悬钩子 **Rubus chrysobotrys** Hand.-Mazz.

分布：云南

黄穗悬钩子(原变种) **Rubus chrysobotrys** var. **chrysobotrys**

分布：云南

裂叶黄穗悬钩子 **Rubus chrysobotrys** var. **lobophyllus** Hand.-Mazz.

分布：云南

网纹悬钩子 **Rubus cinclidodictyus** Cardot

分布：四川、云南

蛇泡筋 **Rubus cochinchinensis** Tratt.

分布：四川、云南、广东、广西、海南；柬埔寨、老挝、泰国、越南

华中悬钩子 **Rubus cockburnianus** Hemsl.

分布：河南、陕西、四川、云南、西藏

小柱悬钩子 **Rubus columellaris** Tutcher

分布：江西、湖南、四川、贵州、云南、福建、广东、广西；越南

小柱悬钩子(原变种) **Rubus columellaris** var. **columellaris**

分布：江西、湖南、四川、贵州、云南、福建、广东、广西；越南

柔毛小柱悬钩子 **Rubus columellaris** var. **villosus** T. T. Yu et L. T. Lu

分布：广东

山莓 **Rubus corchorifolius** L.

分布：黑龙江、吉林、辽宁、内蒙古、河北、山西、山东、河南、陕西、宁夏、甘肃、安徽、江苏、浙江、江西、湖南、湖北、四川、贵州、云南、西藏、福建、广东、广西、海南；日本、韩国、缅甸、越南

插田泡 **Rubus coreanus** Miq.

分布：河南、陕西、甘肃、新疆、安徽、江苏、浙江、江西、湖南、湖北、四川、贵州、云南、福建；日本、朝鲜

插田泡(原变种) **Rubus coreanus** var. **coreanus**

分布：河南、陕西、甘肃、新疆、安徽、江苏、浙江、江西、湖南、湖北、四川、贵州、云南、福建；日本、韩国

毛叶插田泡 **Rubus coreanus** var. **tomentosus** Cardot

分布：河南、陕西、甘肃、安徽、湖南、湖北、四川、贵州、云南

厚叶悬钩子 **Rubus crassifolius** T. T. Yu et L. T. Lu

分布：江西、湖南、广东、广西

牛叠肚 **Rubus crataegifolius** Bunge

分布：黑龙江、吉林、辽宁、内蒙古、河北、山西、山东、河南；日本、朝鲜、俄罗斯

薄瓣悬钩子 **Rubus croceacanthus** H. Lév.

分布：台湾；柬埔寨、印度、日本、老挝、缅甸、泰国、越南

**薄瓣悬钩子(原变种) Rubus croceacanthus** var. **croceacanthus**

分布：台湾；柬埔寨、印度、日本、老挝、缅甸、泰国、越南

**秃悬钩子 Rubus croceacanthus** var. **glaber** Koidz.

分布：台湾

**三叶悬钩子 Rubus delavayi** Franch.

分布：云南

**长叶悬钩子 Rubus dolichophyllus** Hand.-Mazz.

分布：贵州、广西

**长叶悬钩子(原变种) Rubus dolichophyllus** var. **dolichophyllus**

分布：贵州、广西

**毛梗长叶悬钩子 Rubus dolichophyllus** var. **pubescens** T. T. Yu et L. T. Lu

分布：贵州

**白藨 Rubus doyonensis** Hand.-Mazz.

分布：云南

**闽粤悬钩子 Rubus dunnii** F. P. Metcalf

分布：福建、广东

**闽粤悬钩子(原变种) Rubus dunnii** var. **dunnii**

分布：福建、广东

**光叶闽粤悬钩子 Rubus dunnii** var. **glabrescens** T. T. Yu et L. T. Lu

分布：福建

**椭圆悬钩子 Rubus ellipticus** Smith

分布：四川、贵州、云南、西藏、广西；不丹、印度、老挝、缅甸、尼泊尔、巴基斯坦、菲律宾、斯里兰卡、泰国、越南

**椭圆悬钩子(原变种) Rubus ellipticus** var. **ellipticus**

分布：四川、云南、西藏；不丹、印度、老挝、缅甸、尼泊尔、巴基斯坦、菲律宾、斯里兰卡、泰国、越南

**栽秧泡 Rubus ellipticus** var. **obcordatus** Focke

分布：四川、贵州、云南、西藏、广西；印度、老挝、泰国、越南

**红果悬钩子 Rubus erythrocarpus** T. T. Yu et L. T. Lu

分布：云南

**红果悬钩子(原变种) Rubus erythrocarpus** var. **erythrocarpus**

分布：云南

**腺萼红果悬钩子 Rubus erythrocarpus** var. **weixiensis** T. T. Yu et L. T. Lu

分布：云南

**桉叶悬钩子 Rubus eucalyptus** Focke

分布：陕西、甘肃、湖北、四川、贵州、云南

**桉叶悬钩子(原变种) Rubus eucalyptus** var. **eucalyptus**

分布：陕西、甘肃、湖北、贵州

**脱毛桉叶悬钩子 Rubus eucalyptus** var. **etomentosus** T. T. Yu et L. T. Lu

分布：四川

**无腺桉叶悬钩子 Rubus eucalyptus** var. **trullisatus** (Focke) T. T. Yu et L. T. Lu

分布：陕西、湖北、四川

**云南桉叶悬钩子 Rubus eucalyptus** var. **yunnanensis** T. T. Yu et L. T. Lu

分布：云南

**大红泡 Rubus eustephanos** Focke

分布：陕西、浙江、湖南、湖北、四川、贵州

**大红泡(原变种) Rubus eustephanos** var. **eustephanos**

分布：陕西、浙江、湖南、湖北、四川、贵州

**腺毛大红泡 Rubus eustephanos** var. **glanduliger** T. T. Yu et L. T. Lu

分布：四川

**峨眉悬钩子 Rubus faberi** Focke

分布：四川

**梵净山悬钩子 Rubus fanjingshanensis** L. T. Lu ex Boufford, Z. H. Tsi et P. S. Wang

分布：贵州

**黔桂悬钩子 Rubus feddei** H. Lév. et Vaniot

分布：贵州、云南、广西；越南

**攀枝莓 Rubus flagelliflorus** Focke

分布：陕西、湖南、湖北、四川、贵州、福建、台湾

**弓茎悬钩子 Rubus flosculosus** Focke

分布：山西、河南、陕西、甘肃、浙江、湖北、四川、西藏、福建

**弓茎悬钩子(原变种) Rubus flosculosus** var. **flosculosus**

分布：山西、河南、陕西、甘肃、湖北、四川、西藏

**脱毛弓茎悬钩子 Rubus flosculosus** var. **etomentosus** T. T. Yu et L. T. Lu

分布：四川、福建

**凉山悬钩子 Rubus fockeanus** Kurz.
分布：湖北、四川、云南、西藏；不丹、缅甸、尼泊尔

**托叶悬钩子 Rubus foliaceistipulatus** T. T. Yu et L. T. Lu
分布：云南

**台湾悬钩子 Rubus formosensis** Kuntze
分布：台湾、广东、广西

**贡山蓬蘽 Rubus forrestianus** Hand.-Mazz.
分布：云南

**莓叶悬钩子 Rubus fragarioides** Bertol.
分布：四川、云南、西藏；不丹、印度、缅甸、尼泊尔

**莓叶悬钩子(原变种) Rubus fragarioides** var. **fragarioides**
分布：西藏；不丹、印度、缅甸、尼泊尔

**腺毛莓叶悬钩子 Rubus fragarioides** var. **adenophorus** Franch.
分布：四川、云南、西藏

**柔毛莓叶悬钩子 Rubus fragarioides** var. **pubescens** Franch.
分布：云南、西藏

**梣叶悬钩子 Rubus fraxinifoliolus** Hayata
分布：台湾

**兰屿桤叶悬钩子 Rubus fraxinifolius** Poir.
分布：台湾；印度尼西亚、马来西亚、菲律宾、太平洋岛屿；非洲(北部)

**福建悬钩子 Rubus fujianensis** T. T. Yu et L. T. Lu
分布：浙江、福建

**锈叶悬钩子 Rubus fuscifolius** T. T. Yu et L. T. Lu
分布：云南

**黄毛悬钩子 Rubus fuscorubens** Focke
分布：湖北

**光果悬钩子 Rubus glabricarpus** W. C. Cheng
分布：江苏、浙江、福建

**光果悬钩子(原变种) Rubus glabricarpus** var. **glabricarpus**
分布：江苏、浙江、福建

**无毛光果悬钩子 Rubus glabricarpus** var. **glabratus** C. Z. Zheng et Y. Y. Fang
分布：浙江

**腺萼悬钩子 Rubus glandulosocalycinus** Hayata
分布：台湾

**腺果悬钩子 Rubus glandulosocarpus** M. X. Nie
分布：江西

**贡山悬钩子 Rubus gongshanensis** T. T. Yu et L. T. Lu
分布：云南

**贡山悬钩子(原变种) Rubus gongshanensis** var. **gongshanensis**
分布：云南

**无腺毛贡山悬钩子 Rubus gongshanensis** var. **eglandulosus** Y. Gu et W. L. Li
分布：云南

**无刺贡山悬钩子 Rubus gongshanensis** var. **qiujiangensis** T. T. Yu et L. T. Lu
分布：云南

**大序悬钩子 Rubus grandipaniculatus** T. T. Yu et L. T. Lu
分布：陕西、重庆

**中南悬钩子 Rubus grayanus** Maxim.
分布：浙江、江西、湖南、福建、广东、广西；日本

**中南悬钩子(原变种) Rubus grayanus** var. **grayanus**
分布：浙江、江西、湖南、福建、广东、广西；日本

**三裂中南悬钩子 Rubus grayanus** var. **trilobatus** T. T. Yu et L. T. Lu
分布：浙江、福建

**江西悬钩子 Rubus gressittii** F. P. Metcalf
分布：江西、湖南、广东

**柔毛悬钩子 Rubus gyamdaensis** L. T. Lu et Boufford
分布：四川、西藏

**柔毛悬钩子(原变种) Rubus gyamdaensis** var. **gyamdaensis**
分布：西藏

**川西柔毛悬钩子 Rubus gyamdaensis** var. **glabriusculus** (T. T. Yu et L. T. Lu) L. T. Lu et Boufford
分布：四川

**华南悬钩子 Rubus hanceanus** Kuntze
分布：湖南、福建、广东、广西

**戟叶悬钩子 Rubus hastifolius** H. Lév. et Vaniot
分布：江西、湖南、贵州、云南、广东；泰国、越南

**半锥莓 Rubus hemithyrsus** Hand.-Mazz.

分布：云南

**鸡爪茶 Rubus henryi** Hemsl. et Kuntze

分布：湖南、湖北、四川、贵州

**鸡爪茶(原变种) Rubus henryi** var. **henryi**

分布：湖南、湖北

**大叶鸡爪茶 Rubus henryi** var. **sozostylus** (Focke) T. T. Yu et L. T. Lu

分布：湖南、湖北、四川、贵州

**蓬蘽 Rubus hirsutus** Thunb.

分布：河南、安徽、江苏、浙江、江西、湖北、云南、福建、台湾、广东；日本、朝鲜

**蓬蘽(原变种) Rubus hirsutus** var. **hirsutus**

分布：河南、安徽、江苏、浙江、江西、湖北、云南、福建、台湾、广东；日本、韩国

**短梗蓬蘽 Rubus hirsutus** var. **brevipedicellus** Z. M. Wu

分布：安徽

**藏悬钩子(新拟) Rubus horridulus** Hook. f.

分布：西藏

**裂叶悬钩子 Rubus howii** Merr. et Chun

分布：海南

**黄平悬钩子 Rubus huangpingensis** T. T. Yu et L. T. Lu

分布：贵州

**葎草叶悬钩子 Rubus humulifolius** C. A. Mey.

分布：黑龙江、吉林、内蒙古；朝鲜、蒙古国、俄罗斯

**湖南悬钩子 Rubus hunanensis** Hand.-Mazz.

分布：浙江、江西、湖南、湖北、四川、贵州、福建、台湾、广东、广西

**滇藏悬钩子 Rubus hypopitys** Focke

分布：云南、西藏

**滇藏悬钩子(原变种) Rubus hypopitys** var. **hypopitys**

分布：云南、西藏

**汉密悬钩子 Rubus hypopitys** var. **hanmiensis** T. T. Yu et L. T. Lu

分布：西藏

**宜昌悬钩子 Rubus ichangensis** Hemsl. et Kuntze

分布：陕西、甘肃、安徽、湖南、湖北、四川、贵州、云南、广东、广西

**拟覆盆子 Rubus idaeopsis** Focke

分布：河南、陕西、甘肃、江西、四川、贵州、云南、西藏、福建、广西

**覆盆子 Rubus idaeus** L.

分布：黑龙江、吉林、辽宁、内蒙古、河北、山西、新疆；日本、俄罗斯；欧洲、北美洲

**覆盆子(原变种) Rubus idaeus** var. **idaeus**

分布：吉林、辽宁、河北、山西、新疆；日本、俄罗斯；欧洲、北美洲

**华北复盆子 Rubus idaeus** var. **borealisinensis** T. T. Yu et L. T. Lu

分布：内蒙古、河北、山西

**无毛覆盆子 Rubus idaeus** var. **glabratus** T. T. Yu et L. T. Lu

分布：黑龙江

**陷脉悬钩子 Rubus impressinervus** F. P. Metcalf

分布：浙江、江西、湖南、福建、广东

**白叶莓 Rubus innominatus** S. Moore

分布：河南、陕西、甘肃、安徽、浙江、江西、湖南、湖北、四川、贵州、云南、福建、广东、广西

**白叶莓(原变种) Rubus innominatus** var. **innominatus**

分布：河南、陕西、甘肃、安徽、浙江、江西、湖南、湖北、四川、贵州、云南、福建、广东、广西

**蜜腺白叶莓 Rubus innominatus** var. **aralioides** (Hance) T. T. Yu et L. T. Lu

分布：浙江、江西、贵州、福建、广东

**无腺白叶莓 Rubus innominatus** var. **kuntzeanus** (Hemsl.) L. H. Bailey

分布：陕西、甘肃、安徽、浙江、江西、湖南、湖北、四川、贵州、云南、福建、广东、广西

**宽萼白叶莓 Rubus innominatus** var. **macrosepalus** F. P. Metcalf

分布：安徽、浙江

**五叶白叶莓 Rubus innominatus** var. **quinatus** L. H. Bailey

分布：江西

**红花悬钩子 Rubus inopertus** (Focke) Focke

分布：陕西、湖南、湖北、四川、贵州、云南、台湾、广西；越南

**红花悬钩子(原变种) Rubus inopertus var. inopertus**
分布：陕西、湖南、湖北、四川、贵州、云南、台湾、广西；越南

**刺萼红花悬钩子 Rubus inopertus** var. **echinocalyx** Cardot
分布：云南

**灰毛泡 Rubus irenaeus** Focke
分布：江苏、浙江、江西、湖南、湖北、四川、重庆、贵州、云南、福建、广东、广西

**灰毛泡(原变种) Rubus irenaeus** var. **irenaeus**
分布：江苏、浙江、江西、湖南、湖北、四川、贵州、云南、福建、广东、广西

**尖裂灰毛泡 Rubus irenaeus** var. **innoxius** (Focke) T. T. Yu et L. T. Lu
分布：重庆

**紫色悬钩子 Rubus irritans** Focke
分布：甘肃、青海、四川、西藏；阿富汗、不丹、印度、克什米尔地区、巴基斯坦

**蒲桃叶悬钩子 Rubus jambosoides** Hance
分布：湖南、福建、广东

**常绿悬钩子 Rubus jianensis** L. T. Lu et Boufford
分布：江西

**金佛山悬钩子 Rubus jinfoshanensis** T. T. Yu et L. T. Lu
分布：重庆、云南

**桑叶悬钩子 Rubus kawakamii** Hayata
分布：台湾

**绿叶悬钩子 Rubus komarovii** Nakai
分布：黑龙江、吉林、辽宁；朝鲜、俄罗斯

**牯岭悬钩子 Rubus kulinganus** L. H. Bailey
分布：安徽、浙江、江西

**广西悬钩子 Rubus kwangsiensis** H. L. Li
分布：广东、广西

**高粱泡 Rubus lambertianus** Ser.
分布：河南、陕西、甘肃、安徽、江苏、浙江、江西、湖南、湖北、贵州、云南、福建、台湾、广东、广西、海南；日本、泰国

**高粱泡(原变种) Rubus lambertianus** var. **lambertianus**
分布：河南、安徽、江苏、浙江、江西、湖南、湖北、贵州、云南、福建、台湾、广东、广西、海南；日本

**光滑高粱泡 Rubus lambertianus** var. **glaber** Hemsl.
分布：陕西、甘肃、浙江、江西、湖北、四川、贵州、云南；日本

**腺毛高粱泡 Rubus lambertianus** var. **glandulosus** Cardot
分布：湖北、四川、贵州、云南、台湾；日本

**毛叶高粱泡 Rubus lambertianus** var. **paykouangensis** (H. Lév.) Hand.-Mazz.
分布：湖南、贵州、云南、广西；泰国

**兰屿悬钩子 Rubus lanyuensis** Chang
分布：台湾

**绵果悬钩子 Rubus lasiostylus** Focke
分布：陕西、湖北、四川、云南

**绵果悬钩子(原变种) Rubus lasiostylus** var. **lasiostylus**
分布：陕西、湖北、四川、云南

**五叶绵果悬钩子 Rubus lasiostylus** var. **dizygos** Focke
分布：湖北、四川

**腺梗绵果悬钩子 Rubus lasiostylus** var. **eglandulosus** Focke
分布：湖北

**鄂西绵果悬钩子 Rubus lasiostylus** var. **hubeiensis** T. T. Yu, et al.
分布：湖北

**绒毛绵果悬钩子 Rubus lasiostylus** var. **tomentosus** Focke
分布：湖北

**多毛悬钩子 Rubus lasiotrichos** Focke
分布：四川、贵州、云南；泰国、越南

**多毛悬钩子(原变种) Rubus lasiotrichos** var. **lasiotrichos**
分布：四川、云南；泰国、越南

**狭萼多毛悬钩子 Rubus lasiotrichos** var. **blinii** (H. Lév.) L. T. Lu
分布：贵州

**耳叶悬钩子 Rubus latoauriculatus** F. P. Metcalf
分布：广西

**疏松悬钩子 Rubus laxus** Focke
分布：云南

**白花悬钩子 Rubus leucanthus** Hance
分布：湖南、贵州、云南、福建、广东、广西、海南；柬埔寨、老挝、泰国、越南

**黎川悬钩子 Rubus lichuanensis** T. T. Yu et L. T. Lu
分布：江西

**绢毛悬钩子 Rubus lineatus** Reinw.
分布：云南、西藏；不丹、印度、印度尼西亚、马来西亚、缅甸、尼泊尔、越南

**绢毛悬钩子(原变种) Rubus lineatus** var. **lineatus**
分布：云南、西藏；不丹、印度、印度尼西亚、马来西亚、缅甸、尼泊尔、越南

**狭叶绢毛悬钩子 Rubus lineatus** var. **angustifolius** Hook. f.
分布：云南

**光秃绢毛悬钩子 Rubus lineatus** var. **glabrescens** T. T. Yu et L. T. Lu
分布：云南

**丽水悬钩子 Rubus lishuiensis** T. T. Yu et L. T. Lu
分布：浙江

**柳氏悬钩子 Rubus liui** Yuen P. Yang et S. Y. Lu
分布：台湾

**五裂悬钩子 Rubus lobatus** T. T. Yu et L. T. Lu
分布：广东、广西

**角裂悬钩子 Rubus lobophyllus** Y. K. Shih ex F. P. Metcalf
分布：湖南、贵州、云南、广东、广西

**罗浮山悬钩子 Rubus lohfauensis** F. P. Metcalf
分布：广东

**光亮悬钩子 Rubus lucens** Focke
分布：云南；印度、印度尼西亚、菲律宾

**绿春悬钩子 Rubus luchunensis** T. T. Yu et L. T. Lu
分布：云南

**绿春悬钩子(原变种) Rubus luchunensis** var. **luchunensis**
分布：云南

**硬叶绿春悬钩子 Rubus luchunensis** var. **coriaceus** T. T. Yu et L. T. Lu
分布：云南

**黄色悬钩子 Rubus lutescens** Franch.
分布：四川、云南、西藏

**细瘦悬钩子 Rubus macilentus** Cambess.
分布：四川、云南、西藏；不丹、印度、克什米尔地区、尼泊尔

**细瘦悬钩子(原变种) Rubus macilentus** var. **macilentus**
分布：四川、云南、西藏；不丹、印度、克什米尔地区、尼泊尔

**棱枝细瘦悬钩子 Rubus macilentus** var. **angulatus** Delavay
分布：云南

**棠叶悬钩子 Rubus malifolius** Focke
分布：湖南、湖北、四川、贵州、云南、广东、广西

**棠叶悬钩子(原变种) Rubus malifolius** var. **malifolius**
分布：湖南、湖北、四川、贵州、云南、广东、广西

**长萼棠叶悬钩子 Rubus malifolius** var. **longisepalus** T. T. Yu et L. T. Lu
分布：广西

**麻栗坡悬钩子 Rubus malipoensis** T. T. Yu et L. T. Lu
分布：云南

**楸叶悬钩子 Rubus mallotifolius** C. Y. Wu ex T. T. Yu et L. T. Lu
分布：云南

**勐腊悬钩子 Rubus menglaensis** T. T. Yu et L. T. Lu
分布：云南

**喜阴悬钩子 Rubus mesogaeus** Focke
分布：山西、河南、陕西、甘肃、湖北、四川、贵州、云南、台湾；不丹、日本、尼泊尔、俄罗斯

**喜阴悬钩子(原变种) Rubus mesogaeus** var. **mesogaeus**
分布：河南、陕西、湖北、四川、贵州、云南、西藏、台湾；不丹、日本、尼泊尔、印度、俄罗斯

**脱毛喜阴悬钩子 Rubus mesogaeus** var. **glabrescens** T. T. Yu et L. T. Lu
分布：四川、重庆

**腺毛喜阴悬钩子 Rubus mesogaeus** var. **oxycomus** Focke
分布：陕西、甘肃、四川、云南

**墨脱悬钩子 Rubus metoensis** T. T. Yu et L. T. Lu
分布：西藏

**刺毛悬钩子 Rubus multisetosus** T. T. Yu et L. T. Lu
分布：云南

**高砂悬钩子 Rubus nagasawanus** Koidz.
分布：台湾；印度尼西亚、菲律宾

**矮生悬钩子 Rubus naruhashii** Yi Sun et Boufford
分布：云南；缅甸

**荚蒾叶悬钩子 Rubus neoviburnifolius** L. T. Lu et Boufford
分布：云南

**红泡刺藤 Rubus niveus** Thunb.
分布：陕西、甘肃、四川、贵州、云南、西藏、台湾、广西；阿富汗、不丹、印度、印度尼西亚、克什米尔地区、老挝、马来西亚、缅甸、尼泊尔、菲律宾、斯里兰卡、泰国、越南

**聂拉木悬钩子 Rubus nyalamensis** T. T. Yu et L. T. Lu
分布：西藏

**长圆悬钩子 Rubus oblongus** T. T. Yu et L. T. Lu
分布：贵州、云南

**宝兴悬钩子 Rubus ourosepalus** Cardot
分布：四川

**太平莓 Rubus pacificus** Hance
分布：安徽、江苏、浙江、江西、湖南、湖北、福建

**琴叶悬钩子 Rubus panduratus** Hand.-Mazz.
分布：湖南、贵州、广东、广西

**琴叶悬钩子(原变种) Rubus panduratus** var. **panduratus**
分布：贵州、广东、广西

**脱毛琴叶悬钩子 Rubus panduratus** var. **etomentosus** Hand.-Mazz.
分布：湖南、贵州、广东、广西

**圆锥悬钩子 Rubus paniculatus** Sm.
分布：云南、西藏；不丹、印度、克什米尔地区、尼泊尔

**圆锥悬钩子(原变种) Rubus paniculatus** var. **paniculatus**
分布：云南、西藏；不丹、印度、克什米尔地区、尼泊尔

**脱毛圆锥悬钩子 Rubus paniculatus** var. **glabrescens** T. T. Yu et L. T. Lu
分布：云南

**矮空心泡 Rubus pararosifolius** F. P. Metcalf
分布：福建

**乌泡子 Rubus parkeri** Hance
分布：陕西、江苏、湖北、四川、贵州、云南

**緫叶悬钩子 Rubus parviaraliifolius** Hayata
分布：台湾

**茅莓 Rubus parvifolius** L.
分布：黑龙江、吉林、辽宁、河北、山西、山东、河南、陕西、宁夏、甘肃、青海、安徽、江苏、浙江、江西、湖南、湖北、四川、贵州、云南、福建、台湾、广东、广西、海南；日本、韩国、越南

**茅莓(原变种) Rubus parvifolius** var. **parvifolius**
分布：黑龙江、吉林、辽宁、河北、山西、山东、河南、陕西、宁夏、甘肃、安徽、江苏、浙江、江西、湖南、湖北、四川、贵州、云南、福建、台湾、广东、广西、海南；日本、韩国、越南

**腺花茅莓 Rubus parvifolius** var. **adenochlamys** (Focke) Migo
分布：河北、山西、河南、陕西、甘肃、青海、江苏、浙江、湖南、湖北、四川；日本

**五叶红梅消 Rubus parvifolius** var. **toapiensis** (Yamam.) Hosok.
分布：台湾

**少齿悬钩子 Rubus paucidentatus** T. T. Yu et L. T. Lu
分布：广东、广西

**少齿悬钩子(原变种) Rubus paucidentatus** var. **paucidentatus**
分布：广东

**广西少齿悬钩子 Rubus paucidentatus** var. **guangxiensis** T. T. Yu et L. T. Lu
分布：广西

**匍匐悬钩子 Rubus pectinarioides** H. Hara
分布：云南、西藏；不丹、印度

**梳齿悬钩子 Rubus pectinaris** Focke
分布：四川

**黄泡 Rubus pectinellus** Maxim.
分布：浙江、江西、湖南、湖北、四川、贵州、云南、福建、台湾；日本、菲律宾

**密毛纤细悬钩子 Rubus pedunculosus** D. Don
分布：云南、西藏；不丹、印度、克什米尔地区、尼泊尔

**盾叶莓 Rubus peltatus** Maxim.
分布：安徽、浙江、江西、湖北、四川、贵州；日本

**河口悬钩子 Rubus penduliflorus** C. Y. Wu ex T. T. Yu et L. T. Lu
分布：云南

**掌叶悬钩子 Rubus pentagonus** Wall. ex Focke
分布：四川、贵州、云南、西藏；不丹、印度、缅甸、尼泊尔、越南

**掌叶悬钩子(原变种) Rubus pentagonus** var. **pentagonus**
分布：四川、贵州、云南、西藏；不丹、印度、缅甸、尼

泊尔、越南

**无腺掌叶悬钩子 Rubus pentagonus** var. **eglandulosus** T. T. Yu et L. T. Lu

分布：西藏

**长萼掌叶悬钩子 Rubus pentagonus** var. **longisepalus** T. T. Yu et L. T. Lu

分布：云南

**无刺掌叶悬钩子 Rubus pentagonus** var. **modestus** (Focke) T. T. Yu et L. T. Lu

分布：四川、贵州、云南

**多腺悬钩子 Rubus phoenicolasius** Maxim.

分布：甘肃、河南、湖北、青海、陕西、山东、山西、四川；日本、韩国；归化于欧洲、北美洲

**菰帽悬钩子 Rubus pileatus** Focke

分布：河南、陕西、甘肃、青海、湖北、四川

**陕西悬钩子 Rubus piluliferus** Focke

分布：陕西、甘肃、湖北、四川

**羽萼悬钩子 Rubus pinnatisepalus** Hemsl.

分布：四川、贵州、云南、台湾

**羽萼悬钩子(原变种) Rubus pinnatisepalus** var. **pinnatisepalus**

分布：四川、贵州、云南、台湾

**密腺羽萼悬钩子 Rubus pinnatisepalus** var. **glandulosus** T. T. Yu et L. T. Lu

分布：四川、云南

**梨叶悬钩子 Rubus pirifolius** Sm.

分布：浙江、四川、贵州、云南、福建、台湾、广东、广西、海南；柬埔寨、印度尼西亚、老挝、马来西亚、菲律宾、泰国、越南

**梨叶悬钩子(原变种) Rubus pirifolius** var. **pirifolius**

分布：浙江、四川、贵州、云南、福建、台湾、广东、广西；柬埔寨、印度尼西亚、老挝、马来西亚、菲律宾、泰国、越南

**心状梨叶悬钩子 Rubus pirifolius** var. **cordatus** T. T. Yu et L. T. Lu

分布：云南

**柔毛梨叶悬钩子 Rubus pirifolius** var. **permollis** Merr.

分布：广西、海南

**绒毛梨叶悬钩子 Rubus pirifolius** var. **tomentosus** Kuntze ex Franch.

分布：四川

**武冈悬钩子 Rubus platysepalus** Hand.-Mazz.

分布：湖南、广西

**五叶鸡爪茶 Rubus playfairianus** Hemsl. ex Focke

分布：陕西、湖北、四川、贵州、云南

**大乌泡 Rubus pluribracteatus** L. T. Lu et Boufford

分布：贵州、云南、广东、广西；柬埔寨、老挝、泰国、越南

**大乌泡(原变种) Rubus pluribracteatus** var. **pluribracteatus**

分布：贵州、云南、广东、广西；柬埔寨、老挝、泰国、越南

**裂萼大乌泡 Rubus pluribracteatus** var. **lobatisepalus** (T. T. Yu et L. T. Lu) L. T. Lu et Boufford

分布：云南

**毛叶悬钩子 Rubus poliophyllus** Kuntze

分布：云南；印度

**毛叶悬钩子(原变种) Rubus poliophyllus** var. **poliophyllus**

分布：云南；印度

**西盟悬钩子 Rubus poliophyllus** var. **ximengensis** Y. Y. Qian

分布：云南

**多齿悬钩子 Rubus polyodontus** Hand.-Mazz.

分布：云南

**委陵悬钩子 Rubus potentilloides** W. E. Evans

分布：云南；缅甸

**早花悬钩子 Rubus preptanthus** Focke

分布：四川、云南

**早花悬钩子(原变种) Rubus preptanthus** var. **preptanthus**

分布：四川、云南

**狭叶早花悬钩子 Rubus preptanthus** var. **mairei** (H. Lév.) T. T. Yu et L. T. Lu

分布：四川、云南

**假帽莓 Rubus pseudopileatus** Cardot

分布：四川

**假帽莓(原变种) Rubus pseudopileatus** var. **pseudopileatus**

分布：四川

**光梗假帽莓 Rubus pseudopileatus** var. **glabratus** T. T. Yu et L. T. Lu
分布：四川

**康定假帽莓 Rubus pseudopileatus** var. **kangdingensis** T. T. Yu et L. T. Lu
分布：四川

**毛果悬钩子 Rubus ptilocarpus** T. T. Yu et L. T. Lu
分布：青海、四川、云南

**毛果悬钩子(原变种) Rubus ptilocarpus** var. **ptilocarpus**
分布：青海、四川、云南

**长萼毛果悬钩子 Rubus ptilocarpus** var. **degensis** T. T. Yu et L. T. Lu
分布：四川

**针刺悬钩子 Rubus pungens** Cambess.
分布：吉林、山西、河南、陕西、甘肃、浙江、江西、湖北、四川、贵州、云南、西藏、福建、台湾；不丹、印度、日本、克什米尔地区、韩国、缅甸、尼泊尔；亚洲(西南部)

**针刺悬钩子(原变种) Rubus pungens** var. **pungens**
分布：陕西、甘肃、四川、云南、西藏、台湾；不丹、印度、日本、克什米尔地区、韩国、缅甸、尼泊尔；亚洲

**线萼针刺悬钩子 Rubus pungens** var. **linearisepalus** T. T. Yu et L. T. Lu
分布：云南

**香莓 Rubus pungens** var. **oldhamii** (Miq.) Maxim.
分布：吉林、山西、河南、陕西、甘肃、浙江、江西、湖北、四川、贵州、云南、福建、台湾；日本、朝鲜

**三叶针刺悬钩子 Rubus pungens** var. **ternatus** Cardot
分布：四川、云南

**柔毛针刺悬钩子 Rubus pungens** var. **villosus** Cardot
分布：陕西、湖北、四川

**五叶悬钩子 Rubus quinquefoliolatus** T. T. Yu et L. T. Lu
分布：贵州、云南

**饶平悬钩子 Rubus raopingensis** T. T. Yu et L. T. Lu
分布：福建、广东

**饶平悬钩子(原变种) Rubus raopingensis** var. **raopingensis**
分布：广东

**钝齿悬钩子 Rubus raopingensis** var. **obtusidentatus** T. T. Yu et L. T. Lu
分布：福建

**锈毛莓 Rubus reflexus** Ker Gawl.
分布：浙江、江西、湖北、湖南、四川、贵州、云南、福建、广东、广西、台湾

**锈毛莓(原变种) Rubus reflexus** var. **reflexus**
分布：浙江、江西、湖南、贵州、云南、福建、广东、广西

**浅裂锈毛莓 Rubus reflexus** var. **hui** (Diels ex Hu) F. P. Metcalf
分布：浙江、江西、湖南、贵州、云南、福建、台湾、广东、广西

**深裂悬钩子 Rubus reflexus** var. **lanceolobus** F. P. Metcalf
分布：湖南、福建、广东、广西

**大叶锈毛莓 Rubus reflexus** var. **macrophyllus** T. T. Yu et L. T. Lu
分布：云南

**长叶锈毛莓 Rubus reflexus** var. **orogenes** Hand.-Mazz.
分布：江西、湖南、湖北、贵州、广西

**曲萼悬钩子 Rubus refractus** H. Lév.
分布：贵州、云南

**网脉悬钩子 Rubus reticulatus** Wall. ex Hook. f.
分布：西藏；印度、尼泊尔

**高山悬钩子 Rubus rolfei** S. Vidal
分布：台湾；菲律宾

**空心泡 Rubus rosifolius** Sm.
分布：陕西、安徽、浙江、江西、湖南、湖北、四川、贵州、云南、福建、台湾、广东、广西；柬埔寨、印度、印度尼西亚、日本、老挝、马来西亚、缅甸、菲律宾、泰国、越南、澳大利亚；非洲

**空心泡(原变种) Rubus rosifolius** var. **rosifolius**
分布：陕西、安徽、浙江、江西、湖南、湖北、四川、贵州、云南、福建、台湾、广东、广西；柬埔寨、印度、印度尼西亚、日本、老挝、马来西亚、缅甸、菲律宾、泰国、越南、澳大利亚；非洲

**重瓣空心泡 Rubus rosifolius** var. **coronarius** (Sims) Focke
分布：陕西、江西、云南有归化；原产于印度、印度尼西亚、马来西亚、尼泊尔

**无刺空心泡 Rubus rosifolius** var. **inermis** Z. X. Yu
分布：江西

**红刺悬钩子 Rubus rubrisetulosus** Cardot
分布：四川、云南

**棕红悬钩子 Rubus rufus** Focke
分布：浙江、江西、湖南、湖北、四川、贵州、云南、广东、广西；泰国、越南

**棕红悬钩子(原变种) Rubus rufus** var. **rufus**
分布：江西、湖南、湖北、四川、贵州、云南、广东、广西；泰国、越南

**长梗棕红悬钩子 Rubus rufus** var. **longipedicellatus** T. T. Yu et L. T. Lu
分布：云南

**掌裂棕红悬钩子 Rubus rufus** var. **palmatifidus** Cardot
分布：贵州

**库页悬钩子 Rubus sachalinensis** H. Lév.
分布：黑龙江、吉林、内蒙古、河北、甘肃、青海、新疆；日本、朝鲜、蒙古国、俄罗斯；欧洲

**库页悬钩子(原变种) Rubus sachalinensis** var. **sachalinensis**
分布：黑龙江、吉林、内蒙古、河北、甘肃、青海、新疆；日本、朝鲜、蒙古国、俄罗斯

**无腺里白悬钩子 Rubus sachalinensis** var. **eglandulatus** (Y. B. Chang) L. T. Lu
分布：黑龙江、吉林

**甘肃悬钩子 Rubus sachalinensis** var. **przewalskii** (Prokh.) L. T. Lu
分布：甘肃

**怒江悬钩子 Rubus salwinensis** Hand.-Mazz.
分布：云南

**石生悬钩子 Rubus saxatilis** L.
分布：黑龙江、吉林、辽宁、内蒙古、河北、山西、新疆；蒙古国、俄罗斯；欧洲、北美洲

**川莓 Rubus setchuenensis** Bureau et Franch.
分布：湖南、湖北、四川、贵州、云南、广西

**桂滇悬钩子 Rubus shihae** F. P. Metcalf
分布：贵州、云南、广西

**锡金悬钩子 Rubus sikkimensis** Hook. f.
分布：西藏；不丹、印度

**单茎悬钩子 Rubus simplex** Focke
分布：陕西、甘肃、江苏、湖北、四川

**少花悬钩子 Rubus spananthus** Z. M. Wu et Z. L. Cheng
分布：安徽

**刺毛白叶莓 Rubus spinulosoides** F. P. Metcalf
分布：山东、湖北

**炫丽悬钩子 Rubus splendidissimus** H. Hara
分布：西藏；日本

**直立悬钩子 Rubus stans** Focke
分布：青海、四川、云南、西藏

**直立悬钩子(原变种) Rubus stans** var. **stans**
分布：青海、四川

**多刺直立悬钩子 Rubus stans** var. **soulieanus** (Cardot) T. T. Yu et L. T. Lu
分布：四川、西藏

**华西悬钩子 Rubus stimulans** Focke
分布：云南、西藏

**巨托悬钩子 Rubus stipulosus** T. T. Yu et L. T. Lu
分布：广西

**柱序悬钩子 Rubus subcoreanus** T. T. Yu et L. T. Lu
分布：河南、陕西、甘肃

**紫红悬钩子 Rubus subinopertus** T. T. Yu et L. T. Lu
分布：四川、云南、西藏

**美饰悬钩子 Rubus subornatus** Focke
分布：四川、云南、西藏；缅甸

**美饰悬钩子(原变种) Rubus subornatus** var. **subornatus**
分布：四川、云南、西藏；缅甸

**黑腺美饰悬钩子 Rubus subornatus** var. **melanadenus** Focke
分布：四川、云南、西藏

**密刺悬钩子 Rubus subtibetanus** Hand.-Mazz.
分布：陕西、甘肃、四川

**密刺悬钩子(原变种) Rubus subtibetanus** var. **subtibetanus**
分布：甘肃、四川

**腺毛密刺悬钩子 Rubus subtibetanus** var. **glandulosus** T. T. Yu et L. T. Lu
分布：甘肃、四川

**红腺悬钩子 Rubus sumatranus** Miq.
分布：安徽、浙江、江西、湖南、湖北、四川、贵州、云南、西藏、福建、台湾、广东、广西、海南；不丹、柬埔寨、印度、印度尼西亚、日本、朝鲜、老挝、马来西亚、缅甸、尼泊尔、泰国、越南

**红腺悬钩子(原变种) Rubus sumatranus** var. **sumatranus**
分布：安徽、浙江、江西、湖南、湖北、四川、贵州、云南、西藏、福建、台湾、广东、广西、海南；不丹、柬埔寨、印度、印度尼西亚、日本、朝鲜、老挝、马来西亚、缅甸、尼泊尔、泰国、越南

**遂昌红腺悬钩子 Rubus sumatranus** var. **suichangensis** P. L. Chiu ex L. Qian et X. F. Jin
分布：浙江

**木莓 Rubus swinhoei** Hance
分布：陕西、安徽、江苏、浙江、江西、湖南、湖北、四川、贵州、福建、台湾、广东、广西；日本

**台东刺花悬钩子 Rubus taitoensis** Hayata
分布：台湾

**台东刺花悬钩子(原变种) Rubus taitoensis** var. **taitoensis**
分布：台湾

**刺花悬钩子 Rubus taitoensis** var. **aculeatiflorus** (Hayata) H. Ohashi et C. F. Hsieh
分布：台湾

**小叶悬钩子 Rubus taiwanicola** Koidz. et Ohwi
分布：台湾

**独龙悬钩子 Rubus taronensis** C. Y. Wu ex T. T. Yu et L. T. Lu
分布：云南

**灰白毛莓 Rubus tephrodes** Hance
分布：安徽、江苏、浙江、江西、湖南、湖北、贵州、福建、台湾、广东、广西

**灰白毛莓(原变种) Rubus tephrodes** var. **tephrodes**
分布：安徽、江西、湖南、湖北、贵州、福建、台湾、广东、广西

**无腺灰白毛莓 Rubus tephrodes** var. **ampliflorus** (H. Lév. et Vaniot) Hand.-Mazz.
分布：江苏、浙江、江西、湖南、贵州、广东、广西

**硬腺灰白毛莓 Rubus tephrodes** var. **holadenus** (H. Lév.) L. T. Lu
分布：贵州

**长腺灰白毛莓 Rubus tephrodes** var. **setosissimus** Hand.-Mazz.
分布：江西、湖南、贵州、广东

**西藏悬钩子 Rubus thibetanus** Franch.
分布：陕西、甘肃、四川、西藏

**截叶悬钩子 Rubus tinifolius** C. Y. Wu ex T. T. Yu et L. T. Lu
分布：云南

**滇西北悬钩子 Rubus treutleri** Hook. f.
分布：云南、西藏；不丹、尼泊尔、印度

**三花悬钩子 Rubus trianthus** Focke
分布：安徽、江苏、浙江、江西、湖南、湖北、四川、贵州、云南、福建、台湾；越南

**三色莓 Rubus tricolor** Focke
分布：四川、云南

**三对叶悬钩子 Rubus trijugus** Focke
分布：四川、云南、西藏

**光滑悬钩子 Rubus tsangii** Merr.
分布：浙江、江西、四川、贵州、云南、福建、广东、广西

**光滑悬钩子(原变种) Rubus tsangii** var. **tsangii**
分布：浙江、四川、贵州、云南、福建、广东、广西

**铅山悬钩子 Rubus tsangii** var. **yanshanensis** (Z. X. Yu et W. T. Ji) L. T. Lu
分布：江西

**东南悬钩子 Rubus tsangiorum** Hand.-Mazz.
分布：安徽、江西、湖南、福建、广东、广西

**红毛悬钩子 Rubus wallichianus** Wight et Arn.
分布：湖南、湖北、四川、贵州、云南、台湾、广西；不丹、印度、尼泊尔、越南

**大苞悬钩子 Rubus wangii** F. P. Metcalf
分布：广东、广西

**大花悬钩子 Rubus wardii** Merr.
分布：云南、西藏；不丹、缅甸、印度

**瓦屋山悬钩子 Rubus wawushanensis** T. T. Yu et L. T. Lu
分布：四川

**湖北悬钩子 Rubus wilsonii** Duthie
分布：湖北

**务川悬钩子 Rubus wuchuanensis** S. Z. He
分布：贵州

**巫山悬钩子 Rubus wushanensis** T. T. Yu et L. T. Lu
分布：重庆

**锯叶悬钩子 Rubus wuzhianus** L. T. Lu et Boufford
分布：湖南、湖北

**黄果悬钩子 Rubus xanthocarpus** Bureau et Franch.
分布：陕西、甘肃、安徽、四川、云南

**黄脉莓 Rubus xanthoneurus** Focke
分布：陕西、湖南、湖北、四川、贵州、云南、福建、广东、广西；泰国

**黄脉莓(原变种) Rubus xanthoneurus** var. **xanthoneurus**
分布：陕西、湖南、湖北、四川、贵州、云南、福建、广东、广西；泰国

**短柄黄脉莓 Rubus xanthoneurus** var. **brevipetiolatus** T. T. Yu et L. T. Lu
分布：贵州

**腺毛黄脉莓 Rubus xanthoneurus** var. **glandulosus** T. T. Yu et L. T. Lu
分布：贵州、广西

**西畴悬钩子 Rubus xichouensis** T. T. Yu et L. T. Lu
分布：云南

**九仙莓 Rubus yanyunii** Y. T. Chang et L. Y. Chen
分布：福建

**奕武悬钩子 Rubus yiwuanus** W. P. Fang
分布：四川

**玉里悬钩子 Rubus yuliensis** Y. C. Liu et F. Y. Lu
分布：台湾

**云南悬钩子 Rubus yunanicus** Kuntze
分布：云南

**草果山悬钩子 Rubus zhaogoshanensis** T. T. Yu et L. T. Lu
分布：云南

## 地榆属 Sanguisorba L.

**高山地榆 Sanguisorba alpina** Bunge
分布：宁夏、甘肃、新疆；朝鲜、蒙古国、俄罗斯

**宽蕊地榆 Sanguisorba applanata** T. T. Yu et C. L. Li
分布：河北、山东、江苏

**宽蕊地榆(原变种) Sanguisorba applanata** var. **applanata**
分布：河北、山东、江苏

**柔毛宽蕊地榆 Sanguisorba applanata** var. **villosa** T. T. Yu et C. L. Li
分布：山东

**疏花地榆 Sanguisorba diandra** (Hook. f.) Nordborg
分布：西藏；不丹、印度、尼泊尔

**虫莲 Sanguisorba filiformis** (Hook. f.) Hand.-Mazz.
分布：四川、云南、西藏；不丹、印度

**地榆 Sanguisorba officinalis** L.
分布：黑龙江、吉林、辽宁、内蒙古、河北、山西、山东、河南、陕西、甘肃、青海、新疆、安徽、江苏、浙江、江西、湖南、湖北、四川、贵州、云南、西藏、广西；亚洲、欧洲

**地榆(原亚种) Sanguisorba officinalis** var. **officinalis**
分布：黑龙江、吉林、辽宁、内蒙古、河北、山西、山东、河南、陕西、甘肃、青海、新疆、安徽、江苏、浙江、江西、湖南、湖北、四川、贵州、云南、西藏、广西；亚洲、欧洲

**粉花地榆 Sanguisorba officinalis** var. **carnea** (Fisch. ex Link) Regel ex Maxim.
分布：黑龙江、吉林；朝鲜

**腺地榆 Sanguisorba officinalis** var. **glandulosa** (Kom.) Vorosch.
分布：黑龙江、陕西、甘肃；蒙古国、俄罗斯

**长蕊地榆 Sanguisorba officinalis** var. **longifila** (Kitag.) T. T. Yu et C. L. Li
分布：黑龙江、内蒙古

**长叶地榆 Sanguisorba officinalis** var. **longifolia** (Bertol.) T. T. Yu et C. L. Li
分布：黑龙江、辽宁、河北、山西、山东、河南、甘肃、安徽、江苏、浙江、江西、湖南、湖北、四川、贵州、云南、台湾、广东、广西；印度、朝鲜、蒙古国、俄罗斯

**大白花地榆 Sanguisorba stipulata** Raf.
分布：吉林、辽宁；日本、朝鲜、俄罗斯；北美洲

**细叶地榆 Sanguisorba tenuifolia** Fisch. ex Link
分布：黑龙江、吉林、辽宁、内蒙古；日本、朝鲜、蒙古国、俄罗斯

**细叶地榆(原变种) Sanguisorba tenuifolia** var. **tenuifolia**
分布：黑龙江、吉林、辽宁、内蒙古；日本、朝鲜、蒙古国、俄罗斯

**小白花地榆 Sanguisorba tenuifolia** var. **alba** Trautv. et C. A. Mey.
分布：黑龙江、吉林、辽宁、内蒙古；日本、朝鲜、蒙古国、俄罗斯

## 山莓草属 Sibbaldia L.

**伏毛山莓草 Sibbaldia adpressa** Bunge
分布：黑龙江、内蒙古、河北、甘肃、青海、新疆、西藏；蒙古国、尼泊尔、俄罗斯

楔叶山莓草 **Sibbaldia cuneata** Hornem. ex Kuntze

分布：青海、四川、云南、西藏、台湾；阿富汗、不丹、尼泊尔、巴基斯坦、俄罗斯

白叶山莓草 **Sibbaldia micropetala** (D. Don) Hand.-Mazz.

分布：四川、云南、西藏；不丹、印度、尼泊尔

峨眉山莓草 **Sibbaldia omeiensis** T. T. Yu et C. L. Li

分布：四川

五叶山莓草 **Sibbaldia pentaphylla** J. Krause

分布：青海、四川、云南、西藏

短蕊山莓草 **Sibbaldia perpusilloides** (W. W. Sm.) Hand.-Mazz.

分布：云南、西藏；不丹、缅甸、尼泊尔

显脉山莓草 **Sibbaldia phanerophlebia** T. T. Yu et C. L. Li

分布：云南、西藏

山莓草 **Sibbaldia procumbens** L.

分布：吉林、陕西、甘肃、青海、新疆、四川、云南、西藏；广布于北温带地区，远达北极圈地区

山莓草(原变种) **Sibbaldia procumbens** var. **procumbens**

分布：吉林、新疆；广布于北温带地区，远达北极地区

隐瓣山莓草 **Sibbaldia procumbens** var. **aphanopetala** (Hand.-Mazz.) T. T. Yu et C. L. Li

分布：陕西、甘肃、青海、四川、云南、西藏

紫花山莓草 **Sibbaldia purpurea** Royle

分布：陕西、四川、云南、西藏；不丹、印度、克什米尔地区、尼泊尔

紫花山莓草(原变种) **Sibbaldia purpurea** var. **purpurea**

分布：西藏；不丹、印度、尼泊尔

大瓣紫花山莓草 **Sibbaldia purpurea** var. **macropetala** (Murav.) T. T. Yu et C. L. Li

分布：陕西、四川、云南、西藏；不丹、印度

绢毛山莓草 **Sibbaldia sericea** (Grubov) Soják

分布：内蒙古；蒙古国

黄毛山莓草 **Sibbaldia sikkimensis** (Prain) Chatterjee

分布：云南；缅甸、尼泊尔、印度

纤细山莓草 **Sibbaldia tenuis** Hand.-Mazz.

分布：甘肃、青海、四川

四蕊山莓草 **Sibbaldia tetrandra** Bunge

分布：青海、新疆、西藏；蒙古国、尼泊尔、巴基斯坦、俄罗斯、印度；中亚

## 鲜卑花属 **Sibiraea** Maxim.

窄叶鲜卑花 **Sibiraea angustata** (Rehder) Hand.-Mazz.

分布：甘肃、青海、四川、云南、西藏

鲜卑花 **Sibiraea laevigata** (L.) Maxim.

分布：甘肃、青海、西藏；哈萨克斯坦、俄罗斯；欧洲(东南部)

毛叶鲜卑花 **Sibiraea tomentosa** Diels

分布：云南

## 珍珠梅属 **Sorbaria** (Ser.) A. Braun

高丛珍珠梅 **Sorbaria arborea** C. K. Schneid.

分布：陕西、甘肃、新疆、江西、湖北、四川、贵州、云南、西藏

高丛珍珠梅(原变种) **Sorbaria arborea** var. **arborea**

分布：陕西、甘肃、新疆、江西、湖北、四川、贵州、云南、西藏

光叶高丛珍珠梅 **Sorbaria arborea** var. **glabrata** Rehder

分布：陕西、甘肃、湖北、四川、云南

毛叶高丛珍珠梅 **Sorbaria arborea** var. **subtomentosa** Rehder

分布：陕西、四川、云南

华北珍珠梅 **Sorbaria kirilowii** (Regel et Tiling) Maxim.

分布：内蒙古、河北、山西、山东、河南、陕西、甘肃、青海

珍珠梅 **Sorbaria sorbifolia** (L.) A. Braun

分布：黑龙江、吉林、辽宁、内蒙古；日本、朝鲜、蒙古国

珍珠梅(原变种) **Sorbaria sorbifolia** var. **sorbifolia**

分布：黑龙江、吉林、辽宁、内蒙古；日本、韩国、蒙古国

星毛珍珠梅 **Sorbaria sorbifolia** var. **stellipila** Maxim.

分布：黑龙江、吉林；朝鲜

## 花楸属 **Sorbus** L.

白毛花楸 **Sorbus albopilosa** T. T. Yu et L. T. Lu

分布：西藏

**水榆花楸 Sorbus alnifolia** (Sieb. et Zucc.) C. Koch
分布：黑龙江、吉林、辽宁、河北、山西、山东、河南、陕西、甘肃、安徽、江苏、浙江、江西、湖南、湖北、四川、福建、台湾；日本、朝鲜

**水榆花楸(原变种) Sorbus alnifolia** var. **alnifolia**
分布：黑龙江、吉林、辽宁、河北、山西、山东、河南、陕西、甘肃、安徽、江苏、浙江、江西、湖北、四川、福建、台湾；日本、韩国

**棱果花楸 Sorbus alnifolia** var. **angulata** S. B. Liang
分布：山东

**裂叶水榆花楸 Sorbus alnifolia** var. **lobulata** Rehder
分布：辽宁、山东；朝鲜

**黄山花楸 Sorbus amabilis** Cheng ex T. T. Yu et K. C. Kuan
分布：安徽、浙江、江西、湖北、福建

**锐齿花楸 Sorbus arguta** T. T. Yu
分布：四川、云南

**毛背花楸 Sorbus aronioides** Rehder
分布：四川、贵州、云南、广西；缅甸

**多变花楸 Sorbus astateria** (Cardot) Hand.-Mazz.
分布：云南、西藏

**美脉花楸 Sorbus caloneura** (Stapf) Rehder
分布：江西、湖南、湖北、四川、贵州、云南、福建、广东、广西

**美脉花楸(原变种) Sorbus caloneura** var. **caloneura**
分布：江西、湖南、湖北、四川、贵州、云南、福建、广东、广西

**广东美脉花楸 Sorbus caloneura** var. **kwangtungensis** T. T. Yu
分布：广东

**冠萼花楸 Sorbus coronata** (Cardot) T. T. Yu et H. T. Tsai
分布：贵州、云南、西藏；缅甸

**冠萼花楸(原变种) Sorbus coronata** var. **coronata**
分布：贵州、云南、西藏；缅甸

**少脉冠萼花楸 Sorbus coronata** var. **ambrozyana** (C. K. Schneid.) L. T. Lu
分布：云南

**脱毛冠萼花楸 Sorbus coronata** var. **glabrescens** T. T. Yu et L. T. Lu
分布：西藏

**疣果花楸 Sorbus corymbifera** (Miq.) Khep et Yakovlev
分布：湖南、贵州、云南、广东、广西、海南；柬埔寨、印度、印度尼西亚、老挝、缅甸、泰国、越南

**白叶花楸 Sorbus cuspidata** (Spach) Hedl.
分布：西藏；不丹、印度、缅甸、尼泊尔

**北京花楸 Sorbus discolor** (Maxim.) Maxim.
分布：内蒙古、河北、山西、山东、河南、陕西、甘肃、安徽

**棕脉花楸 Sorbus dunnii** Rehder
分布：安徽、浙江、贵州、云南、福建、广西

**附生花楸 Sorbus epidendron** Hand.-Mazz.
分布：贵州、云南；缅甸、越南

**麻叶花楸 Sorbus esserteauiana** Koehne
分布：四川

**锈色花楸 Sorbus ferruginea** (Wenz.) Rehder
分布：云南；不丹、印度

**纤细花楸 Sorbus filipes** Hand.-Mazz.
分布：云南、西藏；缅甸

**石灰花楸 Sorbus folgneri** (C. K. Schneid.) Rehder
分布：河南、陕西、甘肃、安徽、浙江、江西、湖南、湖北、四川、贵州、云南、福建、广东、广西

**石灰花楸(原变种) Sorbus folgneri** var. **folgneri**
分布：河南、陕西、甘肃、安徽、江西、湖南、湖北、四川、贵州、云南、福建、广东、广西

**齿叶石灰花楸 Sorbus folgneri** var. **duplicatodentata** T. T. Yu et L. T. Lu
分布：浙江、湖南

**尼泊尔花楸 Sorbus foliolosa** (Wall.) Spach
分布：云南、西藏；不丹、印度、缅甸、尼泊尔

**圆果花楸 Sorbus globosa** T. T. Yu et Tsai
分布：贵州、云南、广西；缅甸

**球穗花楸 Sorbus glomerulata** Koehne
分布：湖北、四川、云南

**关氏花楸 Sorbus guanii** Rushforth
分布：云南

**灌县花楸 Sorbus guanxianensis** T. C. Ku
分布：四川

**钝齿花楸 Sorbus helenae** Koehne
分布：四川

钝齿花楸(原变种) **Sorbus helenae** var. **helenae**
分布：四川

尖齿花楸 **Sorbus helenae** var. **argutiserrata** T. T. Yu
分布：四川

江南花楸 **Sorbus hemsleyi** (C. K. Schneid.) Rehder
分布：安徽、福建、甘肃、?广东、广西、贵州、湖北、湖南、江西、陕西、四川、云南、浙江

赫塞廷花楸 **Sorbus heseltinei** Rushforth
分布：西藏

哈德森花楸 **Sorbus hudsonii** Rushforth
分布：云南

湖北花楸 **Sorbus hupehensis** C. K. Schneid.
分布：山东、陕西、甘肃、青海、安徽、江西、湖北、四川、贵州、云南

湖北花楸(原变种) **Sorbus hupehensis** var. **hupehensis**
分布：山东、陕西、甘肃、青海、安徽、江西、湖北、四川、贵州、云南

少叶花楸 **Sorbus hupehensis** var. **paucijuga** (D. K. Zang et P. C. Huang) L. T. Lu
分布：山东

卷边花楸 **Sorbus insignis** (Hook. f.) Hedl.
分布：云南、西藏；印度、缅甸、尼泊尔

毛序花楸 **Sorbus keissleri** (C. K. Schneid.) Rehder
分布：江西、湖南、湖北、四川、贵州、云南、西藏、广西

俅江花楸 **Sorbus kiukiangensis** T. T. Yu
分布：云南、西藏

俅江花楸(原变种) **Sorbus kiukiangensis** var. **kiukiangensis**
分布：云南、西藏

无毛俅江花楸 **Sorbus kiukiangensis** var. **glabrescens** T. T. Yu
分布：云南

陕甘花楸 **Sorbus koehneana** C. K. Schneid.
分布：山西、河南、陕西、甘肃、青海、湖北、四川、云南

兰坪花楸 **Sorbus lanpingensis** L. T. Lu
分布：云南

大花花楸 **Sorbus macrantha** Merr.
分布：云南、西藏；缅甸

墨脱花楸 **Sorbus medogensis** L. T. Lu et T. C. Ku
分布：西藏

大果花楸 **Sorbus megalocarpa** Rehder
分布：湖南、湖北、四川、贵州、云南、广西

大果花楸(原变种) **Sorbus megalocarpa** var. **megalocarpa**
分布：湖南、湖北、四川、贵州、云南、广西

楔叶大果花楸 **Sorbus megalocarpa** var. **cuneata** Rehder
分布：四川、贵州

泡吹叶花楸 **Sorbus meliosmifolia** Rehder
分布：四川、云南、广西

小叶花楸 **Sorbus microphylla** (Wall. ex Hook. f.) Wenz.
分布：云南、西藏；阿富汗、不丹、印度、缅甸、尼泊尔、巴基斯坦

维西花楸 **Sorbus monbeigii** (Cardot) Balakr.
分布：云南

多对花楸 **Sorbus multijuga** Koehne
分布：四川、云南

尼达姆花楸 **Sorbus needhamii** Rushforth
分布：贵州

宾川花楸 **Sorbus obsoletidentata** (Cardot) T. T. Yu
分布：云南

褐毛花楸 **Sorbus ochracea** (Hand.-Mazz.) J. E. Vidal
分布：云南、西藏

少齿花楸 **Sorbus oligodonta** (Cardot) Hand.-Mazz.
分布：四川、云南、西藏；缅甸

灰叶花楸 **Sorbus pallescens** Rehder
分布：四川、云南、西藏

花楸树 **Sorbus pohuashanensis** (Hance) Hedl.
分布：黑龙江、吉林、辽宁、内蒙古、河北、山西、山东、陕西、甘肃

侏儒花楸 **Sorbus poteriifolia** Hand.-Mazz.
分布：云南；缅甸

西康花楸 **Sorbus prattii** Koehne
分布：四川、云南、西藏；不丹、印度

西康花楸(原变种) **Sorbus prattii** var. **prattii**
分布：四川、云南、西藏；不丹、印度

多对西康花楸 **Sorbus prattii** var. **aestivalis** (Koehne) T. T. Yu
分布：四川、云南、西藏

蕨叶花楸 **Sorbus pteridophylla** Hand.-Mazz.
分布：云南、西藏；缅甸

蕨叶花楸(原变种) **Sorbus pteridophylla** var. **pteridophylla**
分布：云南、西藏

灰毛蕨叶花楸 **Sorbus pteridophylla** var. **tephroclada** Hand.-Mazz.
分布：云南；缅甸

台湾花楸 **Sorbus randaiensis** (Hayata) Koidz.
分布：台湾

铺地花楸 **Sorbus reducta** Diels
分布：四川、云南

铺地花楸(原变种) **Sorbus reducta** var. **reducta**
分布：四川、云南

毛萼铺地花楸 **Sorbus reducta** var. **pubescens** L. T. Lu
分布：云南

西南花楸 **Sorbus rehderiana** Koehne
分布：青海、四川、云南、西藏；缅甸

西南花楸(原变种) **Sorbus rehderiana** var. **rehderiana**
分布：青海、四川、云南、西藏；缅甸

锈毛西南花楸 **Sorbus rehderiana** var. **cupreonitens** Hand.-Mazz.
分布：云南、西藏

巨齿西南花楸 **Sorbus rehderiana** var. **grosseserrata** Koehne
分布：四川

鼠李叶花楸 **Sorbus rhamnoides** (Decne.) Rehder
分布：贵州、云南；印度、尼泊尔

菱叶花楸 **Sorbus rhombifolia** C. J. Qi et K. W. Liu
分布：湖南

红毛花楸 **Sorbus rufopilosa** C. K. Schneid.
分布：四川、贵州、云南、西藏；不丹、印度、缅甸、尼泊尔

红毛花楸(原变种) **Sorbus rufopilosa** var. **rufopilosa**
分布：四川、贵州、云南、西藏；不丹、印度、缅甸、尼泊尔

狭叶花楸 **Sorbus rufopilosa** var. **stenophylla** Koehne
分布：云南、西藏；缅甸

怒江花楸 **Sorbus salwinensis** T. T. Yu et L. T. Lu
分布：云南

晚绣花楸 **Sorbus sargentiana** Koehne
分布：四川、云南

梯叶花楸 **Sorbus scalaris** Koehne
分布：四川、云南

四川花楸 **Sorbus setschwanensis** (C. K. Schneid.) Koehne
分布：四川、贵州

绵状花楸 **Sorbus spongbergii** Rushforth
分布：四川、云南

尾叶花楸 **Sorbus subochracea** T. T. Yu et L. T. Lu
分布：西藏

太白花楸 **Sorbus tapashana** C. K. Schneid.
分布：陕西、甘肃、青海、新疆

康藏花楸 **Sorbus thibetica** (Cardot) Hand.-Mazz.
分布：云南、西藏；不丹、缅甸

滇缅花楸 **Sorbus thomsonii** (King ex Hook. f.) Rehder
分布：四川、云南、西藏；不丹、印度、尼泊尔、缅甸

天山花楸 **Sorbus tianschanica** Rupr.
分布：甘肃、青海、新疆；阿富汗、巴基斯坦、俄罗斯；亚洲(西南部)

天山花楸(原变种) **Sorbus tianschanica** var. **tianschanica**
分布：甘肃、青海、新疆；阿富汗、巴基斯坦、俄罗斯；亚洲

全缘天山花楸 **Sorbus tianschanica** var. **integrifoliolata** T. T. Yu
分布：新疆

天堂花楸(新拟) **Sorbus tiantangensis** X. M. Liu et C. L. Wang
分布：安徽

秦岭花楸 **Sorbus tsinlingensis** C. L. Tang
分布：陕西、甘肃

美叶花楸 **Sorbus ursina** (Wenz.) Hedl.
分布：四川、云南、西藏；不丹、印度、缅甸、尼泊尔

美叶花楸(原变种) **Sorbus ursina** var. **ursina**
分布：四川、云南、西藏；不丹、印度、缅甸、尼泊尔

西藏美叶花楸 **Sorbus ursina** var. **wenzigiana** C. K. Schneid.

分布：西藏；印度、尼泊尔

川滇花楸 **Sorbus vilmorinii** C. K. Schneid.

分布：四川、云南、西藏

华西花楸 **Sorbus wilsoniana** C. K. Schneid.

分布：湖南、湖北、四川、贵州、云南、广西

永得花楸 **Sorbus yondeensis** Rushforth

分布：云南

神农架花楸 **Sorbus yuana** Spongberg

分布：湖北、四川

枥叶花楸 **Sorbus yunnanensis** L. T. Lu

分布：云南

长果花楸 **Sorbus zahlbruckneri** C. K. Schneid.

分布：湖南、湖北、四川、贵州、广西

察隅花楸 **Sorbus zayuensis** T. T. Yu et L. T. Lu

分布：西藏

## 马蹄黄属 **Spenceria** Trimen

马蹄黄 **Spenceria ramalana** Trimen

分布：四川、云南、西藏；不丹

马蹄黄(原变种) **Spenceria ramalana** var. **ramalana**

分布：四川、云南、西藏

小花马蹄黄 **Spenceria ramalana** var. **parviflora** (Stapf) Kitam.

分布：西藏；不丹

## 绣线菊属 **Spiraea** L.

滇绣线菊(新拟) **Spiraea adiantoides** Businsky

分布：云南

高山绣线菊 **Spiraea alpina** Pall.

分布：山西、河南、陕西、甘肃、青海、新疆、四川、西藏；蒙古国、俄罗斯

异常绣线菊 **Spiraea anomala** Batalin

分布：湖北

耧斗菜叶绣线菊 **Spiraea aquilegiifolia** Pall.

分布：内蒙古、河北、山西、河南、陕西、甘肃、青海；蒙古国、俄罗斯

拱枝绣线菊 **Spiraea arcuata** Hook. f.

分布：云南、西藏；不丹、印度、缅甸、尼泊尔

藏南绣线菊 **Spiraea bella** Sims

分布：四川、云南、西藏；不丹、印度、尼泊尔

藏南绣线菊(原变种) **Spiraea bella** var. **bella**

分布：四川、云南、西藏；不丹、印度、尼泊尔

毛果藏南绣线菊 **Spiraea bella** var. **pubicarpa** T. T. Yu et L. T. Lu

分布：西藏

绣球绣线菊 **Spiraea blumei** G. Don

分布：辽宁、内蒙古、河北、山西、山东、河南、陕西、甘肃、安徽、江苏、浙江、江西、湖南、湖北、四川、福建、广东、广西；日本、朝鲜

绣球绣线菊(原变种) **Spiraea blumei** var. **blumei**

分布：辽宁、内蒙古、河北、山西、山东、河南、陕西、甘肃、安徽、江苏、浙江、江西、湖南、湖北、四川、福建、广东、广西；日本、韩国

宽瓣绣球绣线菊 **Spiraea blumei** var. **latipetala** Hemsl.

分布：安徽、浙江、广东

小叶绣球绣线菊 **Spiraea blumei** var. **microphylla** Rehder

分布：河南、陕西、甘肃

毛果绣球绣线菊 **Spiraea blumei** var. **pubicarpa** Cheng

分布：河南、陕西、浙江

石灰岩绣线菊 **Spiraea calcicola** W. W. Sm.

分布：云南

楔叶绣线菊 **Spiraea canescens** D. Don

分布：甘肃、四川、云南、西藏；不丹、印度、尼泊尔

楔叶绣线菊(原变种) **Spiraea canescens** var. **canescens**

分布：四川、云南、西藏；不丹、印度、尼泊尔

粉背楔叶绣线菊 **Spiraea canescens** var. **glaucophylla** Franch.

分布：甘肃、四川、云南、西藏

麻叶绣线菊 **Spiraea cantoniensis** Lour.

分布：中国各地广为栽培；日本

麻叶绣线菊(原变种) **Spiraea cantoniensis** var. **cantoniensis**

分布：中国各地广为栽培；日本

江西绣线菊 **Spiraea cantoniensis** var. **jiangxiensis** (Z. X. Yu) L. T. Lu
分布：江西

毛萼麻叶绣球 **Spiraea cantoniensis** var. **pilosa** T. T. Yu
分布：湖南、广东

独山绣线菊 **Spiraea cavaleriei** H. Lév.
分布：贵州

石蚕叶绣线菊 **Spiraea chamaedryfolia** L.
分布：黑龙江、吉林、辽宁、河北、山西、河南、新疆；日本、朝鲜、蒙古国、俄罗斯；欧洲

阿拉善绣线菊 **Spiraea chanicioraea** Y. Z. Zhao et T. J. Wang
分布：宁夏

中华绣线菊 **Spiraea chinensis** Maxim.
分布：内蒙古、河北、山西、山东、河南、陕西、甘肃、安徽、江苏、浙江、江西、湖南、湖北、四川、贵州、云南、福建、广东、广西

中华绣线菊(原变种) **Spiraea chinensis** var. **chinensis**
分布：内蒙古、河北、山西、河南、陕西、甘肃、安徽、江苏、浙江、江西、湖南、湖北、四川、贵州、云南、福建、广东、广西

直果绣线菊 **Spiraea chinensis** var. **erecticarpa** Y. Q. Zhu et X. W. Li
分布：山东

大花中华绣线菊 **Spiraea chinensis** var. **grandiflora** T. T. Yu
分布：湖北

粉叶绣线菊 **Spiraea compsophylla** Hand.-Mazz.
分布：云南

窄叶绣线菊 **Spiraea dahurica** (Rupr.) Maxim.
分布：黑龙江、辽宁、内蒙古、河北；蒙古国、俄罗斯

稻城绣线菊 **Spiraea daochengensis** L. T. Lu
分布：四川

毛花绣线菊 **Spiraea dasyantha** Bunge
分布：辽宁、内蒙古、河北、山西、甘肃、江苏、浙江、江西、湖北

美丽绣线菊 **Spiraea elegans** Pojark.
分布：黑龙江、吉林、内蒙古、河北；蒙古国、俄罗斯

曲萼绣线菊 **Spiraea flexuosa** Fisch. ex Cambess.
分布：黑龙江、吉林、辽宁、内蒙古、山西、陕西、新疆；朝鲜、蒙古国、俄罗斯

曲萼绣线菊(原变种) **Spiraea flexuosa** var. **flexuosa**
分布：黑龙江、吉林、辽宁、内蒙古、山西、陕西、新疆；韩国、蒙古国、俄罗斯

柔毛曲萼绣线菊 **Spiraea flexuosa** var. **pubescens** Liou
分布：辽宁、内蒙古、山西

台湾绣线菊 **Spiraea formosana** Hayata
分布：台湾

华北绣线菊 **Spiraea fritschiana** C. K. Schneid.
分布：黑龙江、辽宁、河北、山西、山东、河南、陕西、甘肃、安徽、江苏、浙江、江西、湖北、四川

华北绣线菊(原变种) **Spiraea fritschiana** var. **fritschiana**
分布：河北、山西、山东、河南、陕西、甘肃、江苏、浙江、湖北、四川

大叶华北绣线菊 **Spiraea fritschiana** var. **angulata** (Fritsch ex C. K. Schneid.) Rehder
分布：黑龙江、辽宁、河北、山西、山东、河南、陕西、甘肃、安徽、江西、湖北

小叶华北绣线菊 **Spiraea fritschiana** var. **parvifolia** Liou
分布：辽宁、河北、山东

海拉尔绣线菊 **Spiraea hailarensis** Liou
分布：内蒙古、甘肃

假绣线菊 **Spiraea hayatana** H. L. Li
分布：台湾

翠蓝绣线菊 **Spiraea henryi** Hemsl.
分布：河南、陕西、甘肃、湖北、四川、贵州、云南

翠蓝绣线菊(原变种) **Spiraea henryi** var. **henryi**
分布：河南、陕西、甘肃、湖北、四川、贵州、云南

峨眉翠蓝茶 **Spiraea henryi** var. **omeiensis** T. T. Yu
分布：四川

兴山绣线菊 **Spiraea hingshanensis** T. T. Yu et L. T. Lu
分布：湖北

疏毛绣线菊 **Spiraea hirsuta** (Hemsl.) C. K. Schneid.
分布：河北、山西、山东、河南、陕西、甘肃、浙江、江西、湖南、湖北、四川、福建

疏毛绣线菊(原变种) **Spiraea hirsuta** var. **hirsuta**
分布：河北、山西、山东、河南、陕西、甘肃、浙江、江西、湖南、湖北、四川、福建

**圆叶疏毛绣线菊 Spiraea hirsuta** var. **rotundifolia** (Hemsl.) Rehder
分布：河南、陕西、湖北、四川

**金丝桃叶绣线菊 Spiraea hypericifolia** L.
分布：黑龙江、内蒙古、山西、河南、陕西、甘肃、新疆；蒙古国、俄罗斯；亚洲(西南部和中部)、欧洲(东南部)

**粉花绣线菊 Spiraea japonica** L. f.
分布：山东、河南、陕西、甘肃、安徽、江苏、浙江、江西、湖南、湖北、四川、贵州、云南、西藏、福建、广东、广西；日本、朝鲜

**粉花绣线菊(原变种) Spiraea japonica** var. **japonica**
分布：中国各地栽培；日本、朝鲜

**渐尖绣线菊 Spiraea japonica** var. **acuminata** Franch.
分布：河南、陕西、甘肃、安徽、江苏、浙江、江西、湖南、湖北、四川、贵州、云南、西藏、福建、广东、广西

**急尖绣线菊 Spiraea japonica** var. **acuta** T. T. Yu
分布：四川、贵州、云南

**光叶绣线菊 Spiraea japonica** var. **fortunei** (Panchon) Rehder
分布：山东、河南、陕西、甘肃、安徽、江苏、浙江、江西、湖南、湖北、四川、贵州、云南、福建、广东、广西

**无毛绣线菊 Spiraea japonica** var. **glabra** (Regel) Koidz.
分布：安徽、浙江、江西、湖北、四川、云南

**锐裂绣线菊 Spiraea japonica** var. **incisa** T. T. Yu
分布：河南、四川、云南

**椭圆绣线菊 Spiraea japonica** var. **ovalifolia** Franch.
分布：四川、云南

**羽叶绣线菊 Spiraea japonica** var. **pinnatifida** T. T. Yu et L. T. Lu
分布：西藏

**广西绣线菊 Spiraea kwangsiensis** T. T. Yu
分布：广西

**贵州绣线菊 Spiraea kweichowensis** T. T. Yu et L. T. Lu
分布：贵州

**华西绣线菊 Spiraea laeta** Rehder
分布：河南、甘肃、湖北、四川、贵州、云南

**华西绣线菊(原变种) Spiraea laeta** var. **laeta**
分布：河南、甘肃、湖北、四川、贵州、云南

**毛叶华西绣线菊 Spiraea laeta** var. **subpubescens** Rehder
分布：甘肃、湖北

**细叶华西绣线菊 Spiraea laeta** var. **tenuis** Rehder
分布：四川

**长毛华北绣线菊 Spiraea lasiocarpa** var. **villosa** Businsky
分布：四川

**丽江绣线菊 Spiraea lichiangensis** W. W. Sm.
分布：云南

**裂叶绣线菊 Spiraea lobulata** T. T. Yu et L. T. Lu
分布：西藏

**长芽绣线菊 Spiraea longigemmis** Maxim.
分布：山西、陕西、甘肃、浙江、湖北、四川、云南、西藏

**毛枝绣线菊 Spiraea martini** H. Lév.
分布：四川、贵州、云南、广西

**毛枝绣线菊(原变种) Spiraea martini** var. **martini**
分布：四川、贵州、云南、广西

**长梗毛枝绣线菊 Spiraea martini** var. **pubescens** T. T. Yu
分布：云南

**绒毛毛枝绣线菊 Spiraea martini** var. **tomentosa** T. T. Yu
分布：云南

**欧亚绣线菊 Spiraea media** Schmidt
分布：黑龙江、吉林、辽宁、内蒙古、河北、河南、新疆；日本、韩国、蒙古国、俄罗斯；亚洲(中部)、欧洲

**长蕊绣线菊 Spiraea miyabei** Koidz.
分布：陕西、安徽、湖北、四川、云南；日本

**无毛长蕊绣线菊 Spiraea miyabei** var. **glabrata** Rehder
分布：陕西、安徽、湖北

**毛叶长蕊绣线菊 Spiraea miyabei** var. **pilosula** Rehder
分布：湖北、四川、云南

**细叶长蕊绣线菊 Spiraea miyabei** var. **tenuifolia** Rehder
分布：四川

**毛叶绣线菊 Spiraea mollifolia** Rehder
分布：陕西、甘肃、四川、贵州、云南、西藏

**毛叶绣线菊(原变种) Spiraea mollifolia** var. **mollifolia**
分布：陕西、甘肃、四川、贵州、云南、西藏

**光秃绣线菊 Spiraea mollifolia** var. **glabrata** T. T. Yu et L. T. Lu
分布：西藏

**蒙古绣线菊 Spiraea mongolica** Maxim.
分布：内蒙古、河北、山西、河南、陕西、宁夏、甘肃、青海、新疆、四川、西藏

**蒙古绣线菊(原变种) Spiraea mongolica** var. **mongolica**
分布：内蒙古、河北、山西、河南、陕西、宁夏、甘肃、青海、新疆、四川、西藏

**毛枝蒙古绣线菊 Spiraea mongolica** var. **tomentulosa** T. T. Yu
分布：内蒙古、宁夏、甘肃、新疆、西藏

**新高山绣线菊 Spiraea morrisonicola** Hayata
分布：台湾

**木里绣线菊 Spiraea muliensis** T. T. Yu et L. T. Lu
分布：四川

**细枝绣线菊 Spiraea myrtilloides** Rehder
分布：河南、陕西、甘肃、青海、江西、湖北、四川、云南、西藏

**细枝绣线菊(原变种) Spiraea myrtilloides** var. **myrtilloides**
分布：河南、陕西、甘肃、青海、江西、湖北、四川、云南、西藏

**毛果细枝绣线梅 Spiraea myrtilloides** var. **pubicarpa** T. T. Yu et L. T. Lu
分布：甘肃

**宁夏绣线菊 Spiraea ningshiaensis** T. T. Yu et L. T. Lu
分布：宁夏

**金州绣线菊 Spiraea nishimurae** Kitag.
分布：吉林、辽宁、山西、山东

**广椭绣线菊 Spiraea ovalis** Rehder
分布：河南、陕西、甘肃、湖北、四川、西藏

**乳突绣线菊 Spiraea papillosa** Rehder
分布：四川、云南

**乳突绣线菊(原变种) Spiraea papillosa** var. **papillosa**
分布：四川

**云南乳突绣线菊 Spiraea papillosa** var. **yunnanensis** T. T. Yu
分布：四川、云南

**平卧绣线菊 Spiraea prostrata** Maxim.
分布：陕西、甘肃、湖北

**李叶绣线菊 Spiraea prunifolia** Sieb. et Zucc.
分布：山东、河南、陕西、安徽、江苏、浙江、江西、湖南、湖北、四川、贵州、西藏、福建、台湾、广东；日本、韩国

**李叶绣线菊(原变种) Spiraea prunifolia** var. **prunifolia**
分布：中国各地栽培；日本

**光笑靥花 Spiraea prunifolia** var. **hupehensis** (Rehder) Rehder
分布：陕西、湖北

**多毛李叶绣线菊 Spiraea prunifolia** var. **pseudoprunifolia** (Hayata ex Nakai) H. L. Li
分布：台湾

**单瓣笑靥花 Spiraea prunifolia** var. **simpliciflora** (Nakai) Nakai
分布：河南、安徽、江苏、浙江、江西、湖南、湖北、福建

**土庄绣线菊 Spiraea pubescens** Turcz.
分布：黑龙江、吉林、辽宁、内蒙古、河北、山西、山东、河南、陕西、甘肃、安徽、湖北、四川；朝鲜、蒙古国、俄罗斯

**土庄绣线菊(原变种) Spiraea pubescens** var. **pubescens**
分布：黑龙江、吉林、辽宁、内蒙古、河北、山西、山东、河南、陕西、甘肃、安徽、湖北、四川；韩国、蒙古国、俄罗斯

**毛果土庄绣线菊 Spiraea pubescens** var. **lasiocarpa** Nakai
分布：河南、陕西、甘肃、安徽、四川

**紫花绣线菊 Spiraea purpurea** Hand.-Mazz.
分布：四川、云南、西藏

**南川绣线菊 Spiraea rosthornii** E. Pritz. ex Diels
分布：河北、河南、陕西、甘肃、青海、安徽、四川、云南

**绣线菊 Spiraea salicifolia** L.
分布：黑龙江、吉林、辽宁、内蒙古、河北、山西；日本、朝鲜、蒙古国、俄罗斯；欧洲、北美洲

**绣线菊(原变种) Spiraea salicifolia** var. **salicifolia**
分布：黑龙江、吉林、辽宁、内蒙古、河北、山西；日本、韩国、蒙古国、俄罗斯；欧洲、北美洲

**巨齿绣线菊 Spiraea salicifolia** var. **grosseserrata** Liou
分布：黑龙江、吉林

**贫齿绣线菊 Spiraea salicifolia** var. **oligodonta** T. T. Yu
分布：黑龙江、内蒙古

**茂汶绣线菊 Spiraea sargentiana** Rehder
分布：河南、湖北、四川、云南

**川滇绣线菊 Spiraea schneideriana** Rehder
分布：陕西、甘肃、湖北、四川、云南、西藏、福建

**川滇绣线菊(原变种) Spiraea schneideriana** var. **schneideriana**
分布：湖北、四川、云南、西藏、福建

**无毛川滇绣线菊 Spiraea schneideriana** var. **amphidoxa** Rehder
分布：陕西、甘肃、四川、云南、西藏

**滇中绣线菊 Spiraea schochiana** Rehder
分布：云南

**绢毛绣线菊 Spiraea sericea** Turcz.
分布：黑龙江、吉林、辽宁、内蒙古、山西、河南、陕西、甘肃、四川、云南；日本、蒙古国、俄罗斯

**干地绣线菊 Spiraea siccanea** (W. W. Sm.) Rehder
分布：云南

**浅裂绣线菊 Spiraea sublobata** Hand.-Mazz.
分布：四川、云南

**太鲁阁绣线菊 Spiraea tarokoensis** Hayata
分布：台湾

**伏毛绣线菊 Spiraea teniana** Rehder
分布：云南

**伏毛绣线菊(原变种) Spiraea teniana** var. **teniana**
分布：云南

**长毛绣线菊 Spiraea teniana** var. **mairei** (H. Lév.) L. T. Lu
分布：云南

**圆枝绣线菊 Spiraea teretiuscula** C. K. Schneid.
分布：四川

**珍珠绣线菊 Spiraea thunbergii** Sieb. ex Blume
分布：辽宁、山东、陕西、江苏、浙江和其他省(自治区、直辖市)；日本

**毛果绣线菊 Spiraea trichocarpa** Nakai
分布：吉林、辽宁、内蒙古、山西；朝鲜

**三裂绣线菊 Spiraea trilobata** L.
分布：黑龙江、辽宁、内蒙古、河北、山西、山东、河南、陕西、甘肃、新疆、安徽、江苏；朝鲜、俄罗斯

**三裂绣线菊(原变种) Spiraea trilobata** var. **trilobata**
分布：黑龙江、辽宁、内蒙古、河北、山西、山东、河南、陕西、甘肃、新疆、安徽、江苏；朝鲜、俄罗斯

**毛叶三裂绣线菊 Spiraea trilobata** var. **pubescens** T. T. Yu
分布：内蒙古、山西

**乌拉绣线菊 Spiraea uratensis** Franch.
分布：内蒙古、山西、河南、陕西、甘肃

**菱叶绣线菊 Spiraea vanhouttei** (Briot) Carrière
分布：山东、陕西、江苏、江西、四川、广东、广西

**鄂西绣线菊 Spiraea veitchii** Hemsl.
分布：河南、陕西、甘肃、湖北、四川、贵州、云南

**绒毛绣线菊 Spiraea velutina** Franch.
分布：云南、西藏

**绒毛绣线菊(原变种) Spiraea velutina** var. **velutina**
分布：云南、西藏

**脱毛绣线菊 Spiraea velutina** var. **glabrescens** T. T. Yu et L. T. Lu
分布：西藏

**陕西绣线菊 Spiraea wilsonii** Duthie
分布：河南、陕西、甘肃、湖北、四川、贵州、云南

**西藏绣线菊 Spiraea xizangensis** L. T. Lu
分布：西藏

**云南绣线菊 Spiraea yunnanensis** Franch.
分布：四川、云南

## 小米空木属 **Stephanandra** Sieb. et Zucc.

**野珠兰 Stephanandra chinensis** Hance
分布：河南、安徽、浙江、江西、湖南、湖北、四川、福建、广东

**深裂野珠兰 Stephanandra incisa** (Thunb.) Zabel
分布：辽宁、山东、台湾；日本、朝鲜

## 红果树属 **Stranvaesia** Lindl.

**毛萼红果 Stranvaesia amphidoxa** C. K. Schneid.
分布：浙江、江西、湖南、湖北、四川、贵州、云南、广西

**毛萼红果(原变种) Stranvaesia amphidoxa** var. **amphidoxa**
分布：浙江、江西、湖南、湖北、四川、贵州、云南、广西

**湖南红果树 Stranvaesia amphidoxa** var. **amphileia** (Hand.-Mazz.) T. T. Yu

分布：湖南、贵州、广西

**红果树 Stranvaesia davidiana** Decne.

分布：陕西、甘肃、浙江、江西、湖南、湖北、四川、贵州、云南、福建、台湾、广西；马来西亚、越南

**红果树(原变种) Stranvaesia davidiana** var. **davidiana**

分布：陕西、甘肃、江西、湖北、四川、贵州、云南、台湾、广西；马来西亚、越南

**波叶红果树 Stranvaesia davidiana** var. **undulata** (Decne.) Rehder et E. H. Wilson

分布：陕西、浙江、江西、湖南、湖北、四川、贵州、云南、福建、广西

**印缅红果树 Stranvaesia nussia** (Buch.-Ham. ex D. Don) Decne.

分布：云南、西藏；印度、老挝、缅甸、尼泊尔、菲律宾、泰国

**滇南红果树 Stranvaesia oblanceolata** (Rehder et E. H. Wilson) Stapf

分布：云南；老挝、缅甸、泰国

**绒毛红果树 Stranvaesia tomentosa** T. T. Yu et T. C. Ku

分布：重庆

### 太行花属 **Taihangia** T. T. Yu et C. L. Li

**太行花 Taihangia rupestris** T. T. Yu et C. L. Li

分布：河北、河南

**太行花(原变种) Taihangia rupestris** var. **rupestris**

分布：河南

**缘毛太行花 Taihangia rupestris** var. **ciliata** T. T. Yu et C. L. Li

分布：河北

### 林石草属 **Waldsteinia** Willd.

**林石草 Waldsteinia ternata** (Stephan) Fritsch

分布：吉林；日本、俄罗斯；欧洲(东部和中部)

## 412. 茜草科 Rubiaceae Juss.

### 尖药花属 **Acranthera** Arn. ex Meisn.

**中华尖药花 Acranthera sinensis** C. Y. Wu

分布：云南

### 水团花属 **Adina** Salisb.

**水团花 Adina pilulifera** (Lam.) Franch. ex Drake

分布：江苏、浙江、江西、湖南、贵州、云南、福建、广东、广西、海南；日本、越南

**毛脉水团花 Adina pubicostata** Merr.

分布：湖南、广西；越南

**细叶水团花 Adina rubella** Hance

分布：陕西、江苏、浙江、江西、湖南、福建、广东、广西；朝鲜

### 茜树属 **Aidia** Lour.

**香楠 Aidia canthioides** (Champ. ex Benth.) Masam.

分布：云南、福建、台湾、广东、广西、海南；日本、越南

**茜树 Aidia cochinchinensis** Lour.

分布：云南、海南；越南

**亨氏香楠 Aidia henryi** (E. Pritz.) T. Yamaz.

分布：江苏、浙江、江西、湖南、湖北、四川、贵州、云南、福建、台湾、广东、广西、海南；日本、泰国、越南

**尖萼茜树 Aidia oxyodonta** (Drake) T. Yamaz.

分布：广东、广西、海南；越南

**多毛茜草树 Aidia pycnantha** (Drake) Tirveng.

分布：云南、福建、广东、广西、海南；越南

**总状茜草树 Aidia racemosa** (Cav.) Tirveng.

分布：海南；印度尼西亚、马来西亚、巴布亚新几内亚、菲律宾、泰国、澳大利亚、太平洋岛屿

**柳叶香楠 Aidia salicifolia** (H. L. Li) T. Yamaz.

分布：广西

**滇茜树 Aidia yunnanensis** (Hutch.) T. Yamaz.

分布：云南；泰国

### 白香楠属 **Alleizettella** Pit.

**白果香楠 Alleizettella leucocarpa** (Champ. ex Benth.) Tirveng.

分布：福建、广东、广西、海南；越南

### 毛茶属 **Antirhea** Comm. ex Juss.

**毛茶 Antirhea chinensis** (Champ. ex Benth.) F. B. Forbes et Hemsl.

分布：福建、广东、海南

## 雪花属 **Argostemma** Wall.

异色雪花 **Argostemma discolor** Merr.
分布：海南

海南雪花 **Argostemma hainanicum** H. S. Lo
分布：海南

岩雪花 **Argostemma saxatile** Chun et F. C. How et W. C. Ko
分布：广西

水冠草 **Argostemma solaniflorum** Elmer
分布：台湾；日本、菲律宾

小雪花 **Argostemma verticillatum** Wall. ex Roxb.
分布：云南；印度、缅甸、尼泊尔、越南

滇雪花 **Argostemma yunnanense** F. C. How ex H. S. Lo
分布：云南

## 车叶草属 **Asperula** L.

对叶车叶草 **Asperula oppositifolia** Regel et Schmalh.
分布：西藏；俄罗斯、阿富汗、塔吉克斯坦

蓝花车叶草 **Asperula orientalis** Boiss. et Hohen.
分布：安徽、江苏、陕西栽培；原产于西南亚

## 簕茜属 **Benkara** Adans.

多刺簕茜 **Benkara depauperata** (Drake) Ridsdale
分布：福建、广西、海南；越南

无脉簕茜 **Benkara evenosa** (Hutchinson) Ridsdale
分布：云南

滇簕茜 **Benkara forrestii** (J. Anthony) Ridsdale
分布：云南

海南簕茜 **Benkara hainanensis** (Merr.) C. M. Taylor
分布：海南

直刺簕茜 **Benkara rectispina** (Merr.) Ridsdale
分布：海南

浓子茉莉 **Benkara scandens** (Thunb.) Ridsdale
分布：云南、广东、广西、海南；越南

簕茜 **Benkara sinensis** (Lour.) Ridsdale
分布：福建、广东、广西、海南、台湾、云南；日本、?泰国、越南

## 短萼齿木属 **Brachytome** Hook. f.

海南短萼齿木 **Brachytome hainanensis** C. Y. Wu ex W. C. Chen
分布：海南；越南

滇短萼齿木 **Brachytome hirtellata** Hu
分布：云南、西藏；越南

滇短萼齿木(原变种) **Brachytome hirtellata** var. **hirtellata**
分布：云南

疏毛短萼齿木 **Brachytome hirtellata** var. **glabrescens** W. C. Chen
分布：云南、西藏；越南

短萼齿木 **Brachytome wallichii** Hook. f.
分布：云南；孟加拉国、柬埔寨、印度、缅甸、越南

## 穴果木属 **Caelospermum** Blume

穴果木 **Caelospermum truncatum** (Wallich) Baillon ex K. Schu-mann
分布：广西、海南；柬埔寨、印度尼西亚、马来西亚、泰国、越南

长叶穴果木 **Caelospermum morindiforme** Pierre ex Pit.
分布：广西；越南、柬埔寨

## 鱼骨木属 **Canthium** Lam.

朴莱木 **Canthium gynochthodes** Baill.
分布：台湾；菲律宾

琼梅 **Canthium hainanense** (Merr.) Lantz
分布：海南

猪肚木 **Canthium horridum** Blume
分布：云南、广东、广西、海南；印度、马来西亚、泰国、越南

大叶鱼骨木 **Canthium simile** Merr. et Chun
分布：云南、广东、广西、海南；越南

## 山石榴属 **Catunaregam** Wolff

山石榴 **Catunaregam spinosa** (Thunb.) Tirveng.
分布：云南、福建、台湾、广东、广西、海南；柬埔寨、印度、印度尼西亚、克什米尔地区、老挝、马来西亚、缅甸、尼泊尔、巴基斯坦、斯里兰卡、泰国、越南、马达加斯加；非洲

## 风箱属 **Cephalanthus** L.

风箱树 **Cephalanthus tetrandrus** (Roxb.) Ridsdale et Bakh. f.
分布：浙江、江西、湖南、云南、福建、台湾、广东、广西、海南；孟加拉国、印度、老挝、缅甸、泰国、越南

## 木瓜榄属 **Ceriscoides** (Benth. et Hook.) Tirveng.

木瓜榄 **Ceriscoides howii** H. S. Lo
分布：海南

## 弯管花属 **Chassalia** Comm. ex Poiret

### 弯管花 **Chassalia curviflora** (Wall.) Thwaites

分布：云南、西藏、广东、广西、海南；孟加拉国、不丹、婆罗洲、柬埔寨、印度、印度尼西亚、马来西亚、菲律宾、新加坡、斯里兰卡、泰国、越南

### 弯管花(原变种) **Chassalia curviflora** var. **curviflora**

分布：云南、西藏、广东、广西、海南；孟加拉国、不丹、婆罗洲、柬埔寨、印度、印度尼西亚、马来西亚、菲律宾、新加坡、斯里兰卡、泰国、越南

### 长叶弯管花 **Chassalia curviflora** var. **longifolia** Hook. f.

分布：云南、西藏、广东、广西、海南；孟加拉国、不丹、婆罗洲、柬埔寨、印度、印度尼西亚、马来西亚、菲律宾、新加坡、斯里兰卡、泰国、越南

## 金鸡纳属 **Cinchona** L.

### 金鸡纳树 **Cinchona calisaya** Weddell

分布：海南、台湾、云南；原产于南美洲；栽培于世界各热带地区

### 鸡纳树 **Cinchona pubescens** Vahl

分布：广西、海南、台湾、云南；原产于中美洲、南美洲，栽培于世界名热带地区

## 岩上珠属 **Clarkella** Hook.

### 岩上珠 **Clarkella nana** (Edgew.) Hook. f.

分布：贵州、云南、广东、广西；印度、缅甸、泰国

## 咖啡属 **Coffea** L.

### 小粒咖啡 **Coffea arabica** L.

分布：四川、贵州、云南、福建、台湾、广东、广西、海南；原产于东非，世界多地栽培

### 中粒咖啡 **Coffea canephora** Pierre ex A. Froehner

分布：云南、广东、海南栽培；原产于热带非洲，世界多地栽培

### 刚果咖啡 **Coffea congensis** A. Froehner

分布：海南栽培；原产于非洲

### 大粒咖啡 **Coffea liberica** W. Bull ex Hiern

分布：云南、广东、海南栽培；原产于热带非洲，世界多地栽培

### 狭叶咖啡 **Coffea stenophylla** G. Don

分布：海南；原产于西非

## 流苏子属 **Coptosapelta** Korth.

### 流苏子 **Coptosapelta diffusa** (Champ. ex Benth.) Steenis

分布：安徽、浙江、江西、湖南、湖北、四川、贵州、云南、福建、台湾、广东、广西；日本

## 虎刺属 **Damnacanthus** C. F. Gaertn.

### 台湾虎刺 **Damnacanthus angustifolius** Hayata

分布：台湾

### 短刺虎刺 **Damnacanthus giganteus** (Mak.) Nakai

分布：安徽、浙江、江西、湖南、贵州、云南、福建、广东、广西；日本

### 广西虎刺 **Damnacanthus guangxiensis** Y. Z. Ruan

分布：广西

### 海南虎刺 **Damnacanthus hainanensis** (Lo) Lo ex Y. Z. Ruan

分布：海南

### 云桂虎刺 **Damnacanthus henryi** (H. Lév.) H. S. Lo

分布：贵州、云南、广西

### 虎刺 **Damnacanthus indicus** C. F. Gaertn.

分布：安徽、江苏、浙江、江西、湖南、湖北、四川、贵州、云南、西藏、福建、台湾、广东、广西；印度、日本、韩国

### 柳叶虎刺 **Damnacanthus labordei** (H. Lév.) H. S. Lo

分布：湖南、四川、贵州、云南、广东、广西；越南

### 浙皖虎刺 **Damnacanthus macrophyllus** Sieb. ex Miq.

分布：安徽、浙江、贵州、云南、福建、广东；日本

### 大卵叶虎刺 **Damnacanthus major** Sieb. et Zucc.

分布：浙江、广东；日本、韩国

### 四川虎刺 **Damnacanthus officinarum** C. C. Huang

分布：湖南、湖北、四川

### 西南虎刺 **Damnacanthus tsaii** Hu

分布：四川、云南

## 小牙草属 **Dentella** J. R. Forst. et G. Forst.

### 小牙草 **Dentella repens** (L.) J. R. Forst.

分布：云南、台湾、广东、海南；印度、印度尼西亚、马来西亚、缅甸、尼泊尔、菲律宾、斯里兰卡、泰国、越南；大洋洲

## 双角草属 **Diodia** L.

山东丰花草 **Diodia teres** Walter

分布：福建、山东；原产于安的列斯群岛和南美洲、北美洲，归化于非洲(北部、马达加斯加)和日本、韩国

双角草 **Diodia virginiana** L.

分布：归化于台湾；原产于北美洲(中东部)，可能归化于墨西哥、中美洲，归化于日本

## 狗骨柴属 **Diplospora** DC.

狗骨柴 **Diplospora dubia** (Lindl.) Masam.

分布：安徽、江苏、浙江、江西、湖南、四川、云南、福建、台湾、广东、广西、海南；日本、越南

毛狗骨柴 **Diplospora fruticosa** Hemsl.

分布：江西、湖南、湖北、四川、贵州、云南、西藏、广东、广西；越南

云南狗骨柴 **Diplospora mollissima** Hutch.

分布：云南

## 绣球茜属 **Dunnia** Tutch.

绣球茜草 **Dunnia sinensis** Tutcher

分布：广东

## 长柱山丹属 **Duperrea** Pierre ex Pit.

长柱山丹 **Duperrea pavettifolia** (Kurz) Pit.

分布：云南、广西、海南；柬埔寨、老挝、缅甸、泰国、越南

## 香果树属 **Emmenopterys** Oliv.

香果树 **Emmenopterys henryi** Oliv.

分布：山西、河南、甘肃、安徽、江苏、浙江、江西、湖南、湖北、四川、贵州、云南、福建、广东、广西

## 宽昭木属 **Foonchewia** R. J. Wang

宽昭木 **Foonchewia guangdongensis** R. J. Wang et H. Z. Wen

分布：广东

## 大果茜属 **Fosbergia** Tirveng. et Sastre

中越大果茜 **Fosbergia petelotii** Merr. ex Tirveng. et Sastre

分布：云南；越南

瑞丽茜树 **Fosbergia shweliensis** (Anthony) Tirveng. et Sastre

分布：云南

泰国大果茜 **Fosbergia thailandica** Tirveng. et Sastre

分布：云南；泰国

## 拉拉藤属 **Galium** L.

尖瓣拉拉藤 **Galium acutum** Edgew.

分布：?四川、西藏、?云南；印度、尼泊尔、巴基斯坦

喜玛拉雅尖瓣拉拉藤 **Galium acutum** var. **himalayense** (Klotzsch et Garcke) R. R. Mill

分布：?四川、西藏、?云南；印度、尼泊尔

楔叶律 **Galium asperifolium** Wall.

分布：湖南、湖北、四川、贵州、云南、西藏、广西；阿富汗、孟加拉国、不丹、印度、尼泊尔、巴基斯坦、斯里兰卡、泰国

楔叶律(原变种) **Galium asperifolium** var. **asperifolium**

分布：四川、贵州、云南、西藏；阿富汗、孟加拉国、印度、尼泊尔、巴基斯坦、斯里兰卡、泰国

毛果楔叶律 **Galium asperifolium** var. **lasiocarpum** W. C. Chen

分布：贵州、云南、广西

小叶律 **Galium asperifolium** var. **sikkimense** (Gand.) Cuf.

分布：湖南、湖北、四川、贵州、云南、西藏、广西；不丹、印度、尼泊尔

滇小叶律 **Galium asperifolium** var. **verrucifructum** Cufod.

分布：四川、云南、西藏

车叶律 **Galium asperuloides** Edgew.

分布：除西藏外各省(自治区、直辖市)有分布；阿富汗、印度、克什米尔地区、巴基斯坦

玉龙拉拉藤 **Galium baldensiforme** Hand.-Mazz.

分布：青海、四川、云南、西藏

五叶拉拉藤 **Galium blinii** H. Lév.

分布：陕西、湖北、四川、贵州、云南、西藏

北方拉拉藤 **Galium boreale** L.

分布：甘肃、河北、黑龙江、河南、吉林、辽宁、内蒙古、宁夏、青海、陕西、山东、山西、四川、新疆、西藏、云南；阿富汗、印度、日本、克什米尔地区、韩国、蒙古国、巴基斯坦、俄罗斯；亚洲(西南部)、欧洲、北美洲

北方拉拉藤(原变种) **Galium boreale** var. **boreale**

分布：黑龙江、吉林、辽宁、内蒙古、河北、山西、山东、甘肃、青海、新疆、四川、西藏；印度、韩国、巴基斯坦、俄罗斯；欧洲、北美洲

**狭叶砧草 Galium boreale var. angustifolium** (Freyn) Cufod.

分布：黑龙江、内蒙古、河北、新疆、四川、西藏；日本、克什米尔地区、俄罗斯；欧洲(东北部)

**硬毛拉拉藤 Galium boreale var. ciliatum** Nakai

分布：黑龙江、吉林、辽宁、内蒙古、河北、山西、陕西、宁夏、甘肃、青海、新疆、四川、云南、西藏；日本、俄罗斯；欧洲、北美洲

**斐梭浦砧草 Galium boreale var. hyssopifolium** DC.

分布：新疆、四川

**新砧草 Galium boreale var. intermedium** DC.

分布：黑龙江、甘肃、新疆；俄罗斯；欧洲

**堪察加拉拉藤 Galium boreale var. kamtschaticum** (Maxim.) Nakai

分布：黑龙江、吉林、辽宁、内蒙古、山西、河南、陕西、新疆、四川；韩国、俄罗斯、蒙古国、克什米尔地区；亚洲(中部)、欧洲(东北部)

**光果砧草 Galium boreale var. lanceolatum** Nakai

分布：黑龙江、吉林、新疆；韩国、俄罗斯；亚洲(中部)

**披针叶砧草 Galium boreale var. lancilimbum** W. C. Chen

分布：黑龙江、甘肃、新疆、四川

**宽叶拉拉藤 Galium boreale var. latifolium** Turcz.

分布：黑龙江、吉林、辽宁、内蒙古、山西、宁夏、甘肃、新疆；朝鲜、俄罗斯、克什米尔地区；中亚

**假茜砧草 Galium boreale var. pseudorubioides** Schur

分布：黑龙江、吉林、新疆；俄罗斯；中亚、欧洲

**茜砧草 Galium boreale var. rubioides** (L.) Celak.

分布：黑龙江、吉林、辽宁、河北、河南、新疆；俄罗斯；欧洲

**泡果拉拉藤 Galium bullatum** Lipsky

分布：新疆；亚洲(西南部)

**四叶律 Galium bungei** Steud.

分布：黑龙江、辽宁、内蒙古、河北、山西、山东、河南、陕西、宁夏、甘肃、安徽、江苏、浙江、江西、湖南、湖北、四川、贵州、云南、福建、台湾、广东、广西；日本、韩国

**四叶律(原变种) Galium bungei var. bungei**

分布：黑龙江、辽宁、内蒙古、河北、山西、山东、河南、陕西、宁夏、甘肃、安徽、江苏、浙江、江西、湖南、湖北、四川、贵州、云南、福建、台湾、广东、广西；日本、韩国

**狭叶四叶律 Galium bungei var. angustifolium** (Loesen.) Cufod.

分布：河北、山西、山东、河南、陕西、甘肃、安徽、江苏、浙江、江西、福建

**硬毛四叶律 Galium bungei var. hispidum** (Kitag.) Cufod.

分布：山西、河南、陕西、甘肃、安徽、江苏、浙江、湖北、四川、云南、福建

**毛四叶律 Galium bungei var. punduanoides** Cufod.

分布：甘肃、江苏、四川、云南

**毛冠四叶律 Galium bungei var. setuliflorum** (A. Gray) Cufod.

分布：山西、江苏；日本、朝鲜

**阔叶四叶律 Galium bungei var. trachyspermum** (A. Gray) Cufod.

分布：河北、山东、陕西、安徽、江苏、浙江、江西、湖南、湖北、四川、贵州、福建、广东、广西；日本、朝鲜

**浙江拉拉藤 Galium chekiangense** Ehrend.

分布：浙江、福建

**卷边拉拉藤 Galium consanguineum** Boiss.

分布：新疆；亚洲(西南部)

**厚叶拉拉藤 Galium crassifolium** W. C. Chen

分布：山西

**大叶猪殃殃 Galium dahuricum** Turczaninow ex Ledeb.

分布：黑龙江、吉林、辽宁、内蒙古、河北、山西、河南、陕西、宁夏、甘肃、青海、新疆、江苏、浙江、江西、湖南、湖北、四川、贵州、云南、西藏、福建；日本、韩国、俄罗斯

**大叶猪殃殃(原变种) Galium dahuricum var. dahuricum**

分布：黑龙江、吉林、辽宁、内蒙古、河北、新疆、湖南、湖北、四川、贵州、云南、福建；韩国、俄罗斯

**密花拉拉藤 Galium dahuricum var. densiflorum** (Cufodontis) Ehren-dorfer

分布：内蒙古、河北、山西、河南、陕西、宁夏、甘肃、青海、江西、四川、贵州、西藏

**东北猪殃殃 Galium dahuricum var. lasiocarpum** (Makino) Nakai

分布：黑龙江、吉林、辽宁、河北、山西、河南、陕西、甘肃、青海、江苏、四川、云南；日本、韩国

**刺果猪殃殃 Galium echinocarpum** Hayata

分布：台湾

**小红参** **Galium elegans** Wall.

分布：甘肃、青海、安徽、浙江、湖南、四川、贵州、云南、西藏、福建、台湾、广西；孟加拉国、不丹、印度、克什米尔地区、缅甸、尼泊尔、巴基斯坦、泰国

**小红参(原变种)** **Galium elegans** var. **elegans**

分布：甘肃、青海、安徽、浙江、湖南、四川、贵州、云南、西藏、台湾；孟加拉国、不丹、印度、克什米尔地区、缅甸、尼泊尔、巴基斯坦、泰国

**广西拉拉藤** **Galium elegans** var. **glabriusculum** Req. ex DC.

分布：四川、贵州、云南、西藏、广西；印度、尼泊尔

**肾柱拉拉藤** **Galium elegans** var. **nephrostigmaticum** (Diels) W. C. Chen

分布：甘肃、四川、贵州、云南

**毛拉拉藤** **Galium elegans** var. **velutinum** Cufod.

分布：四川、云南

**单花拉拉藤** **Galium exile** Hook. f.

分布：内蒙古、山西、陕西、宁夏、甘肃、青海、新疆、四川、云南、西藏；印度、尼泊尔

**关山猪殃殃** **Galium formosense** Ohwi

分布：台湾

**丽江拉拉藤** **Galium forrestii** Diels

分布：四川、云南

**姬兰拉拉藤** **Galium ghilanicum** Stapf

分布：新疆；阿富汗、尼泊尔、巴基斯坦(北部)、塔吉克斯坦；亚洲(西南部)

**无梗拉拉藤** **Galium glabriusculum** Ehrendorfer

分布：甘肃、青海、新疆、四川

**腺叶拉拉藤** **Galium glandulosum** Hand.-Mazz.

分布：四川、云南、西藏

**毛花拉拉藤** **Galium hirtiflorum** Req. ex DC.

分布：西藏；不丹、印度、尼泊尔

**六叶律** **Galium hoffmeisteri** (Klotzsch) Ehrend. et Schönb.-Tem. ex R. R. Mill

分布：安徽、甘肃、贵州、河北、黑龙江、河南、湖北、湖南、江苏、江西、陕西、山西、四川、西藏、云南、浙江；阿富汗、不丹、印度、?日本、克什米尔地区、韩国、缅甸、尼泊尔、巴基斯坦

**蔓生拉拉藤** **Galium humifusum** Bieb.

分布：新疆；阿富汗、哈萨克斯坦、蒙古国、巴基斯坦、俄罗斯；中亚、亚洲(西南部)、欧洲(东部)

**湖北拉拉藤** **Galium hupehense** Pampanini

分布：江苏、湖北

**小猪殃殃** **Galium innocuum** Miq.

分布：福建、四川、台湾、云南；印度、中南半岛、印度尼西亚、巴布亚新几内亚

**三脉猪殃殃** **Galium kamtschaticum** Steller ex Roem. et Schult.

分布：黑龙江、吉林；日本、韩国、俄罗斯；北美洲

**粗沼拉拉藤** **Galium karakulense** Pobed.

分布：新疆；阿富汗、哈萨克斯坦、吉尔吉斯斯坦、俄罗斯、塔吉克斯坦、乌兹别克斯坦

**喀喇套拉拉藤** **Galium karataviense** (Pavlov) Pobed.

分布：黑龙江、内蒙古、河北、山西、宁夏、甘肃、青海、新疆、四川；亚洲(中部)

**显脉拉拉藤** **Galium kinuta** Nakai et H. Hara

分布：辽宁、河北、山西、河南、陕西、甘肃、新疆、湖北、四川；韩国、日本

**昆明拉拉藤** **Galium kunmingense** Ehrend.

分布：云南

**线叶拉拉藤** **Galium linearifolium** Turcz.

分布：辽宁、河北、湖北；朝鲜

**异叶轮草** **Galium maximoviczii** (Kom.) Pobed.

分布：黑龙江、吉林、辽宁、内蒙古、河北、山西、山东、河南、陕西、安徽、浙江；韩国、俄罗斯

**大胞拉拉藤** **Galium megacyttarion** R. R. Mill

分布：?四川、西藏；不丹、印度、尼泊尔

**微小拉拉藤** **Galium minutissimum** T. Shimizu

分布：台湾

**森氏猪殃殃** **Galium morii** Hayata

分布：台湾

**南湖大山猪殃殃** **Galium nankotaizanum** Ohwi

分布：台湾

**车轴草** **Galium odoratum** (L.) Scop.

分布：甘肃、黑龙江、吉林、辽宁、山西、山东、宁夏、青海、新疆、四川；日本、俄罗斯、朝鲜；亚洲(西部)、欧洲、非洲，北美洲有引种

**圆锥拉拉藤** **Galium paniculatum** (Bunge) Pobed.

分布：新疆；俄罗斯

**林猪殃殃** **Galium paradoxum** Maxim.

分布：黑龙江、吉林、辽宁、河北、山西、河南、甘肃、

青海、安徽、浙江、湖南、湖北、四川、贵州、云南、西藏、台湾、广西；不丹、印度、日本、韩国、尼泊尔、俄罗斯

**林猪殃殃(原亚种) Galium paradoxum** subsp. **paradoxum**

分布：黑龙江、吉林、辽宁、河北、山西、河南、甘肃、青海、安徽、浙江、湖南、湖北、四川、贵州、云南、广西；不丹、韩国、俄罗斯

**达氏林猪殃殃 Galium paradoxum** subsp. **duthiei** Ehrendorfer et Schönb.-Tem.

分布：湖北、四川、云南、西藏；不丹、印度、尼泊尔

**卵叶轮草 Galium platygalium** (Maxim.) Pobed.

分布：黑龙江、吉林、山西；俄罗斯、朝鲜

**康定拉拉藤 Galium prattii** Cufod.

分布：四川

**细毛拉拉藤 Galium pusillosetosum** H. Hara

分布：内蒙古、山西、宁夏、甘肃、青海、新疆、四川、西藏；不丹、尼泊尔

**芮芭拉拉藤 Galium rebae** R. R. Mill

分布：四川、云南、西藏；不丹、印度、尼泊尔

**屏边拉拉藤 Galium rupifragum** Ehrend.

分布：云南

**怒江拉拉藤 Galium salwinense** Hand.-Mazz.

分布：四川、云南

**狭序拉拉藤 Galium saurense** Litv.

分布：青海、新疆；哈萨克斯坦、吉尔吉斯斯坦、蒙古国、俄罗斯

**隆子拉拉藤 Galium serpylloides** Royle ex Hook. f.

分布：西藏；印度、尼泊尔

**四川拉拉藤 Galium sichuanense** Ehrend.

分布：四川

**猪殃殃 Galium spurium** L.

分布：除海南和南海诸岛外各省(自治区、直辖市)广布；欧亚大陆和地中海地区、非洲

**松潘拉拉藤 Galium sungpanense** Cufod.

分布：河北、新疆、四川

**台湾猪殃殃 Galium taiwanense** Masam.

分布：台湾

**山地拉拉藤 Galium takasagomontanum** Masamune

分布：台湾

**太鲁阁猪殃殃 Galium tarokoense** Hayata

分布：台湾

**纤细拉拉藤 Galium tenuissimum** Bieb.

分布：新疆；克什米尔地区、吉尔吉斯斯坦、巴基斯坦、俄罗斯、土库曼斯坦；亚洲(西南部)、欧洲

**钝叶拉拉藤 Galium tokyoense** Makino

分布：黑龙江、吉林、辽宁、内蒙古、河北、山东；日本、韩国

**麦仁珠 Galium tricornutum** Dandy

分布：安徽、甘肃、贵州、河南、湖北、江苏、江西、陕西、上海、山西、四川、新疆、西藏；印度、巴基斯坦；亚洲(西南部)、欧洲、非洲(北部)、北美洲

**拟三花拉拉藤 Galium trifloriforme** Kom.

分布：黑龙江、吉林、内蒙古、青海；日本、韩国、俄罗斯

**三花拉拉藤 Galium triflorum** Michx.

分布：四川、贵州；日本、韩国、俄罗斯；欧洲、北美洲

**中亚拉拉藤 Galium turkestanicum** Pobed.

分布：新疆；俄罗斯、哈萨克斯坦

**沼猪殃殃 Galium uliginosum** L.

分布：新疆；蒙古国、俄罗斯；亚洲(西南部和中部)、欧洲

**蓬子菜 Galium verum** L.

分布：安徽、甘肃、河北、黑龙江、河南、湖北、江苏、吉林、辽宁、内蒙古、宁夏、青海、陕西、山东、山西、四川、新疆、西藏、浙江；印度、日本、克什米尔地区、哈萨克斯坦、韩国、蒙古国、巴基斯坦、俄罗斯、土库曼斯坦、乌兹别克斯坦；亚洲(西南部)、欧洲，归化于北美洲和世界各地

**蓬子菜(原变种) Galium verum** var. **verum**

分布：黑龙江、吉林、辽宁、内蒙古、河北、山西、山东、甘肃、青海、新疆、四川、西藏；印度、日本、韩国、巴基斯坦；亚洲、欧洲

**长叶蓬子菜 Galium verum** var. **asiaticum** Nakai

分布：黑龙江、吉林、辽宁、内蒙古、河北、山西、山东、甘肃、安徽、江苏、浙江、湖北、四川；日本、韩国、俄罗斯

**白花蓬子菜 Galium verum** var. **lacteum** Maxim.

分布：黑龙江、吉林、辽宁、河北、陕西、宁夏、甘肃；日本、朝鲜

**淡黄蓬子菜 Galium verum** var. **leiophyllum** Wallr.

分布：辽宁、河北、山东；日本；欧洲

**日光蓬子菜 Galium verum** var. **nikkoense** Nakai
分布：山东；日本

**毛蓬子菜 Galium verum** var. **tomentosum** (Nakai) Nakai
分布：黑龙江、吉林、辽宁、内蒙古、河北、山西、甘肃、青海、新疆、四川；日本

**毛果蓬子菜 Galium verum** var. **trachycarpum** DC.
分布：黑龙江、吉林、辽宁、内蒙古、河北、山西、河南、甘肃、青海、新疆、浙江、四川、西藏；日本、朝鲜、俄罗斯；欧洲

**粗糙蓬子菜 Galium verum** var. **trachyphyllum** Wallr.
分布：黑龙江、吉林、辽宁、内蒙古、河北、山西、山东、河南、陕西、宁夏、甘肃、青海、新疆、安徽、江苏、四川；朝鲜；欧洲

**滇拉拉藤 Galium yunnanense** H. Hara et C. Y. Wu
分布：甘肃、湖南、四川、贵州、云南、广西

## 栀子属 Gardenia J. Ellis

**匙叶栀子 Gardenia angkorensis** Pit.
分布：海南；柬埔寨

**海南栀子 Gardenia hainanensis** Merr.
分布：广西、海南

**栀子 Gardenia jasminoides** J. Ellis
分布：河北、山东、江苏、江西、湖南、湖北、四川、贵州、云南、福建、台湾、广东、广西、海南、山西有栽培；不丹、柬埔寨、印度、日本、朝鲜、老挝、尼泊尔、巴基斯坦、泰国、越南

**栀子(原变种) Gardenia jasminoides** var. **jasminoides**
分布：山东、安徽、江苏、浙江、江西、湖南、湖北、四川、贵州、云南、福建、台湾、广东、广西、海南，种植在甘肃、河北、山西；太平洋岛屿

**白蟾 Gardenia jasminoides** var. **fortuneana** (Lindl.) H. Hara
分布：南方各省(自治区、直辖市)栽培；世界各地广为栽培

**大黄栀子 Gardenia sootepensis** Hutch.
分布：云南；老挝、泰国

**狭叶栀子 Gardenia stenophylla** Merr.
分布：安徽、浙江、广东、广西、海南；越南

## 爱地草属 Geophila D. Don

**爱地草 Geophila repens** (L.) I. M. Johnst.
分布：贵州、云南、台湾、广东、广西、海南；马达加斯加、安的列斯群岛；亚洲、热带非洲、北美洲、中美洲、南美洲广布

## 海岸桐属 Guettarda L.

**海岸桐 Guettarda speciosa** L.
分布：台湾、广东、海南；婆罗洲、印度、印度尼西亚、日本、马来西亚、菲律宾、新加坡、斯里兰卡、泰国、澳大利亚、马达加斯加、太平洋岛屿；东非沿海

## 桂海木属 Guihaiothamnus H. S. Lo

**桂海木 Guihaiothamnus acaulis** H. S. Lo
分布：广西

## 心叶木属 Haldina Ridsdale

**心叶木 Haldina cordifolia** (Roxb.) Ridsdale
分布：云南；柬埔寨、印度、尼泊尔、斯里兰卡、泰国、越南

## 长隔木属 Hamelia Jacq.

**长隔木 Hamelia patens** Jacquem.
分布：中国西南部广泛栽培；南美洲、拉丁美洲

## 耳草属 Hedyotis L.

**金草 Hedyotis acutangula** Champ. ex Benth.
分布：福建、广东、海南；泰国、越南

**广花耳草 Hedyotis ampliflora** Hance
分布：海南

**滇远耳草 Hedyotis assimilis** Tutcher
分布：广东

**耳草 Hedyotis auricularia** L.
分布：贵州、云南、广东、广西、海南；印度、斯里兰卡、尼泊尔、越南、缅甸、泰国、马来西亚、菲律宾、澳大利亚

**耳草(原变种) Hedyotis auricularia** var. **auricularia**
分布：广东、广西、贵州、海南、云南；印度、日本、马来西亚、缅甸、尼泊尔、菲律宾、斯里兰卡、泰国、越南、澳大利亚

**细叶亚婆潮 Hedyotis auricularia** var. **mina** W. C. Ko
分布：广东、广西、海南

**保亭耳草 Hedyotis baotingensis** W. C. Ko
分布：海南

**双花耳草 Hedyotis biflora** (L.) Lam.
分布：江苏、云南、福建、台湾、广东、广西、海南；印度、印度尼西亚、马来西亚、尼泊尔、越南；东南亚至太平洋岛屿

**大帽山耳草 Hedyotis bodinieri** H. Lév.
分布：香港

**拟定经草 Hedyotis brachypoda** (DC.) Sivarajan et Biju
分布：安徽、云南、广东、广西、海南；孟加拉国、不丹、印度、印度尼西亚、日本、马来西亚、尼泊尔、菲律宾、越南

**大苞耳草 Hedyotis bracteosa** Hance
分布：广东

**伞形花耳草 Hedyotis brevicalyx** Sivarajan，Biju et P. Mathew
分布：海南；印度、印度尼西亚、缅甸、巴基斯坦、斯里兰卡、越南

**台湾耳草 Hedyotis butensis** Masam.
分布：台湾

**广州耳草 Hedyotis cantoniensis** F. C. How ex W. C. Ko
分布：广东

**头状花耳草 Hedyotis capitellata** Wall. ex G. Don
分布：云南；印度、印度尼西亚、马来西亚、缅甸、泰国、越南

**头状花耳草(原变种) Hedyotis capitellata** var. **capitellata**
分布：云南；印度、印度尼西亚、马来西亚、缅甸、泰国

**疏毛头状花耳草 Hedyotis capitellata** var. **mollis** (Pierre ex Pit.) W. C. Ko
分布：云南；印度、印度尼西亚、马来西亚、越南

**绒毛头状花耳草 Hedyotis capitellata** var. **mollissima** (Pit.) W. C. Ko
分布：云南；越南

**败酱耳草 Hedyotis capituligera** Hance
分布：贵州、云南、广东

**中华耳草 Hedyotis cathayana** W. C. Ko
分布：海南

**剑叶耳草 Hedyotis caudatifolia** Merr. et F. P. Metcalf
分布：浙江、江西、湖南、福建、广东、广西

**焕镛耳草 Hedyotis cheniana** R. J. Wang
分布：海南

**越南耳草 Hedyotis chereevensis** (Pierre ex Pit.) Fukuoka
分布：海南；越南、柬埔寨、泰国

**金毛耳草 Hedyotis chrysotricha** (Palib.) Merr.
分布：安徽、江苏、浙江、江西、湖南、湖北、贵州、云南、福建、台湾、广东、广西、海南；菲律宾

**大众耳草 Hedyotis communis** W. C. Ko
分布：海南

**拟金草 Hedyotis consanguinea** Hance
分布：浙江、福建、广东、海南

**伞房花耳草 Hedyotis corymbosa** (L.) Lam.
分布：福建、广东、广西、贵州、海南、四川、台湾、浙江；亚洲热带地区、非洲；归化于美洲和太平洋地区

**伞房花耳草(原变种) Hedyotis corymbosa** var. **corymbosa**
分布：浙江、四川、贵州、福建、广东、广西、海南；亚洲热带地区、非洲、美洲

**圆茎耳草 Hedyotis corymbosa** var. **tereticaulis** W. C. Ko
分布：云南、广东、广西、海南

**闭花耳草 Hedyotis cryptantha** Dunn
分布：海南

**滇西耳草 Hedyotis dianxiensis** W. C. Ko
分布：云南

**白花蛇舌草 Hedyotis diffusa** Willd.
分布：安徽、浙江、云南、福建、台湾、广东、广西、海南；孟加拉国、不丹、印度尼西亚、日本、马来西亚、尼泊尔、菲律宾、斯里兰卡、泰国

**鼎湖耳草 Hedyotis effusa** Hance
分布：广东、广西

**长花轴耳草 Hedyotis exserta** Merr.
分布：海南；越南

**海南耳草 Hedyotis hainanensis** (Chun) W. C. Ko
分布：海南

**牛白藤 Hedyotis hedyotidea** (DC.) Merr.
分布：贵州、云南、福建、台湾、广东、广西；柬埔寨、泰国、越南

**丹草 Hedyotis herbacea** Lour.
分布：江西、福建、广东、广西、海南；热带非洲和亚洲地区广布

**赫尔曼耳草 Hedyotis hermanniana** R. M. Dutta
分布：云南；印度、斯里兰卡

**蕴璋耳草 Hedyotis koana** R. J. Wang
分布：江西、湖南、福建、广东、广西、海南

**连山耳草 Hedyotis lianshanensis** W. C. Ko
分布：广东

东亚耳草 **Hedyotis lineata** Roxb.
分布：云南；孟加拉国、缅甸、尼泊尔、印度

粤港耳草 **Hedyotis loganioides** Benth.
分布：广东

上思耳草 **Hedyotis longiexserta** Merr. et Metcalf
分布：广西

长瓣耳草 **Hedyotis longipetala** Merr.
分布：福建、广东

疏花耳草 **Hedyotis matthewii** Dunn
分布：广东

粗毛耳草 **Hedyotis mellii** Tutcher
分布：江西、湖南、福建、广东、广西

合叶耳草 **Hedyotis merguensis** Benth. et Hook. f.
分布：云南、海南；印度、马来西亚、缅甸、菲律宾、泰国、越南

粉毛耳草 **Hedyotis minutopuberula** Merr. et F. P. Metcalf
分布：海南

南昆山耳草(新拟) **Hedyotis nankunshanensis** R. J. Wang et S. J. Deng
分布：广东

偏脉耳草 **Hedyotis obliquinervis** Merr.
分布：海南；越南

卵叶耳草 **Hedyotis ovata** Thunb. ex Maxim.
分布：海南

矮小耳草 **Hedyotis ovatifolia** Cav.
分布：贵州、云南、台湾、海南；印度、马来西亚、尼泊尔、巴基斯坦、菲律宾、斯里兰卡、泰国

延龄耳草 **Hedyotis paridifolia** Dunn
分布：海南

松叶耳草 **Hedyotis pinifolia** Wall. ex G. Don
分布：云南、福建、台湾、广东、广西、海南；印度、马来西亚、缅甸、尼泊尔、泰国、越南

阔托叶耳草 **Hedyotis platystipula** Merr.
分布：广东、广西

菲律宾耳草 **Hedyotis prostrata** Blume
分布：海南；印度、印度尼西亚、菲律宾、越南

翅果耳草 **Hedyotis pterita** Blume
分布：广东、广西；印度、马来西亚、菲律宾、泰国、越南

艳丽耳草 **Hedyotis pulcherrima** Dunn
分布：广东

攀茎耳草 **Hedyotis scandens** Roxb.
分布：云南；孟加拉国、不丹、印度、缅甸、尼泊尔、越南

深圳耳草 **Hedyotis shenzhenensis** T. Chen
分布：广东

肉叶耳草 **Hedyotis strigulosa** (Bartling ex DC.) Fosberg
分布：广东、台湾、浙江；日本、韩国、密克罗尼西亚

纤花耳草 **Hedyotis tenelliflora** Bl.
分布：浙江、四川、云南、福建、台湾、广东、广西、海南；印度、印度尼西亚、日本、马来西亚、菲律宾、泰国、越南、澳大利亚、美拉尼西亚

细梗耳草 **Hedyotis tenuipes** Hemsl.
分布：福建、广东

顶花耳草 **Hedyotis terminaliflora** Merr. et Chun
分布：海南

方茎耳草 **Hedyotis tetrangularis** (Korth.) Walp.
分布：广东、广西；婆罗洲、柬埔寨、印度尼西亚、马来西亚、泰国、越南

三脉耳草 **Hedyotis trinervia** (Retz.) Roem. et Schult.
分布：海南；印度、印度尼西亚、马来西亚、斯里兰卡、越南

长节耳草 **Hedyotis uncinella** Hook. et Arn.
分布：湖南、贵州、福建、台湾、广东、海南；印度、缅甸

香港耳草 **Hedyotis vachellii** Hook. et Arn.
分布：香港

粗叶耳草 **Hedyotis verticillata** (L.) Lam.
分布：浙江、贵州、福建、台湾、广东、广西、海南；孟加拉国、不丹、印度、印度尼西亚、日本、马来西亚、缅甸、尼泊尔、菲律宾、新加坡、泰国、越南

脉耳草 **Hedyotis vestita** R. Br. ex G. Don
分布：云南、广东、广西、海南；印度、中南半岛、印度尼西亚、马来西亚、菲律宾、泰国

启无耳草 **Hedyotis wangii** R. J. Wang
分布：云南

五指山耳草 **Hedyotis wuzhishanensis** R. J. Wang
分布：海南

黄叶耳草 **Hedyotis xanthochroa** Hance
分布：广东

信宜耳草(新拟) **Hedyotis xinyiensis** X. Guo et R. J. Wang
分布：广东

阳春耳草 **Hedyotis yangchunensis** W. C. Ko et Zhang
分布：广东

崖州耳草 **Hedyotis yazhouensis** F. W. Xing et R. J. Wang
分布：海南

## 须弥茜树属 **Himalrandia** T. Yamam.

须弥茜树 **Himalrandia lichiangensis** (W. W. Sm.) Tirveng.
分布：四川、云南

## 土连翘属 **Hymenodictyon** Wall.

土连翘 **Hymenodictyon flaccidum** Wall.
分布：四川、云南、广西；不丹、印度、尼泊尔、越南

毛土连翘 **Hymenodictyon orixense** (Roxb.) Mabb.
分布：四川、云南；柬埔寨、印度、印度尼西亚、克什米尔地区、老挝、马来西亚、缅甸、尼泊尔、菲律宾、泰国、越南

## 藏药木属 **Hyptianthera** Wight et Arn.

藏药木 **Hyptianthera stricta** (Roxb.) Wight et Arn.
分布：云南、西藏；孟加拉国、不丹、印度、老挝、缅甸、尼泊尔、泰国、越南

## 龙船花属 **Ixora** L.

耳叶龙船花 **Ixora auricularis** Chun, F. C. How et W. C. Ko
分布：云南

团花龙船花 **Ixora cephalophora** Merr.
分布：云南、广西、海南；中南半岛、菲律宾

龙船花 **Ixora chinensis** Lam.
分布：福建、广东、广西；印度尼西亚、马来西亚、菲律宾、越南，栽培于热带地区

散花龙船花 **Ixora effusa** Chun, F. C. How et W. C. Ko
分布：广西、海南；越南

薄叶龙船花 **Ixora finlaysoniana** Wall. ex G. Don
分布：云南、广东、海南；印度、中南半岛、菲律宾、泰国，广泛栽培于热带地区

亮叶龙船花 **Ixora fulgens** Roxb.
分布：云南；越南、缅甸、印度、印度尼西亚

海南龙船花 **Ixora hainanensis** Merr.
分布：广东、海南

河口龙船花 **Ixora hekouensis** Tao Chen
分布：云南

白花龙船花 **Ixora henryi** H. Lév.
分布：贵州、云南、广东、广西、海南；越南

长序龙船花 **Ixora insignis** Chun et F. C. How et W. C. Ko
分布：云南

龙山龙船花 **Ixora longshanensis** Tao Chen
分布：云南

泡叶龙船花 **Ixora nienkui** Merr. et Chun
分布：广东、广西、海南；越南

版纳龙船花 **Ixora paraopara** W. C. Ko
分布：云南

小仙龙船花 **Ixora philippinensis** Merr.
分布：台湾；菲律宾

囊果龙船花 **Ixora subsessilis** Wall. ex Don.
分布：西藏；印度、泰国

西藏龙船花 **Ixora tibetana** Bremek.
分布：西藏

上思龙船花 **Ixora tsangii** Merr. ex H. L. Li
分布：广西

云南龙船花 **Ixora yunnanensis** Hutch.
分布：云南

## 溪楠属 **Keenania** Hook. f.

黄溪楠 **Keenania flava** H. S. Lo
分布：广西

溪楠 **Keenania tonkinensis** Drake
分布：广西；越南

## 钩毛果属 **Kelloggia** Torrey ex Benth. et Hook. f.

云南钩毛果 **Kelloggia chinensis** Franch.
分布：四川、云南、西藏；不丹

## 红芽大戟属 **Knoxia** L.

红大戟 **Knoxia roxburghii** (Spreng.) M. A. Rau
分布：浙江、云南、福建、广东、广西、海南；柬埔寨、印度、缅甸、尼泊尔、泰国

**红芽大戟 Knoxia sumatrensis** (Retz.) DC.
分布：贵州、福建、台湾、广东、广西、海南；印度、印度尼西亚、日本、马来西亚、缅甸、尼泊尔、巴布亚新几内亚、菲律宾、泰国、越南、澳大利亚

## 粗叶木属 Lasianthus Jack

**斜基粗叶木 Lasianthus attenuatus** Jack
分布：云南、福建、台湾、广东、广西、海南；日本、越南、老挝、柬埔寨、泰国、尼泊尔、不丹、印度、缅甸、马来西亚、菲律宾、印度尼西亚、巴布亚新几内亚

**华南粗叶木 Lasianthus austrosinensis** H. S. Lo
分布：广东、广西、海南

**滇南粗叶木 Lasianthus austroyunnanensis** H. Zhu
分布：云南、台湾

**梗花粗叶木 Lasianthus biermannii** King ex Hook. f.
分布：贵州、云南、西藏、海南；不丹、印度、缅甸

**梗花粗叶木(原变种) Lasianthus biermannii** subsp. **biermannii**
分布：云南；不丹、印度、缅甸

**粗梗粗叶木 Lasianthus biermannii** subsp. **crassipedunculatus** C. Y. Wu et H. Zhu
分布：贵州、云南、海南

**石核木 Lasianthus biflorus** (Blume) Gangop. et Chakrab.
分布：云南、台湾、海南；马来西亚、菲律宾、印度尼西亚、泰国、越南

**黄果粗叶木 Lasianthus calycinus** Dunn
分布：海南

**长萼粗叶木 Lasianthus chevalieri** Pit.
分布：海南；泰国、越南

**粗叶木 Lasianthus chinensis** (Champ. ex Benth.) Benth.
分布：福建、台湾、广东、广西、海南；柬埔寨、老挝、马来西亚、菲律宾、泰国、越南

**库兹粗叶木 Lasianthus chrysoneurus** (Korth.) Miq.
分布：云南；泰国、越南、老挝、柬埔寨、印度、缅甸、印度尼西亚、巴布亚新几内亚

**焕镛粗叶木 Lasianthus chunii** H. S. Lo
分布：江西、福建、广东、广西

**广东粗叶木 Lasianthus curtisii** King et Gamble
分布：福建、台湾、广东、广西、海南；日本、泰国、越南、马来西亚、印度尼西亚

**长梗粗叶木 Lasianthus filipes** Chun ex H. S. Lo
分布：云南、福建、广东、广西、海南；越南

**罗浮粗叶木 Lasianthus fordii** Hance
分布：云南、福建、台湾、广东、广西、海南；柬埔寨、印度尼西亚、日本、巴布亚新几内亚、菲律宾、泰国、越南

**台湾粗叶木 Lasianthus formosensis** Matsum.
分布：云南、台湾、广东、广西；日本、泰国、越南

**西南粗叶木 Lasianthus henryi** Hutch.
分布：四川、贵州、云南、西藏、福建、台湾、广东、广西、海南

**鸡屎树 Lasianthus hirsutus** (Roxb.) Merr.
分布：台湾、广东、广西、海南；日本、泰国、越南、印度、缅甸、孟加拉国、马来西亚、菲律宾、印度尼西亚、巴布亚新几内亚

**文山粗叶木 Lasianthus hispidulus** (Drake) Pit.
分布：云南、台湾、广东、广西、海南；日本、泰国、越南、马来西亚、印度尼西亚

**虎克粗叶木 Lasianthus hookeri** C. B. Clarke ex Hook. f.
分布：贵州、云南、西藏、广西；泰国、越南、印度、缅甸

**虎克粗叶木(原变种) Lasianthus hookeri** var. **hookeri**
分布：云南、西藏；印度、缅甸、泰国、越南

**睫毛虎克粗叶木 Lasianthus hookeri** var. **dunnianus** (H. Lév.) H. Zhu
分布：贵州、云南、广西；缅甸

**革叶粗叶木 Lasianthus inodorus** Blume
分布：云南；泰国、越南、柬埔寨、印度、孟加拉国、印度尼西亚

**日本粗叶木 Lasianthus japonicus** Miq.
分布：安徽、浙江、江西、湖南、湖北、四川、贵州、云南、西藏、福建、台湾、广东、广西；日本、印度、老挝、越南

**日本粗叶木(原亚种) Lasianthus japonicus** subsp. **japonicus**
分布：安徽、浙江、江西、湖南、湖北、四川、贵州、福建、台湾、广东、广西；印度、日本

**云广粗叶木 Lasianthus japonicus** subsp. **longicaudus** (Hook. f.) C. Y. Wu et H. Zhu
分布：四川、贵州、云南、西藏、广西；越南、老挝、印度

**美脉粗叶木 Lasianthus lancifolius** Hook. f.
分布：云南、广东、广西、海南；泰国、越南、不丹、印度、孟加拉国

**线萼粗叶木 Lasianthus linearisepalus** C. Y. Wu et H. Zhu
分布：云南

**无苞粗叶木 Lasianthus lucidus** Blume
分布：云南、海南；泰国、越南、印度、缅甸、菲律宾、印度尼西亚、孟加拉国

**无苞粗叶木(原变种) Lasianthus lucidus** var. **lucidus**
分布：云南、海南；印度、印度尼西亚、缅甸、菲律宾、泰国、越南

**椭圆叶无苞粗叶木 Lasianthus lucidus** var. **inconspicuus** (Hook. f.) H. Zhu
分布：云南；泰国、印度、孟加拉国

**小花粗叶木 Lasianthus micranthus** Hook. f.
分布：浙江、云南、西藏、福建、台湾、广东、广西、海南；泰国、越南、印度

**林生粗叶木 Lasianthus obscurus** (Blume ex DC.) Miq.
分布：云南、海南；越南、泰国、缅甸、印度、印度尼西亚

**黄毛粗叶木 Lasianthus rhinocerotis** Blume
分布：云南、广西、海南；印度尼西亚、马来西亚、泰国、越南

**有梗粗叶木 Lasianthus rhinocerotis** subsp. **pedunculatus** (Pit.) H. Zhu
分布：云南、广西、海南；越南

**版纳粗叶木 Lasianthus rhinocerotis** subsp. **xishuangbannaensis** H. Zhu et H. Wang
分布：云南；泰国

**大叶粗叶木 Lasianthus rigidus** Miq.
分布：云南、海南；印度、菲律宾、印度尼西亚

**泰北粗叶木 Lasianthus schmidtii** K. Schum.
分布：云南；泰国

**锡金粗叶木 Lasianthus sikkimensis** Hook. f.
分布：浙江、云南、福建、台湾、广东、广西；泰国、越南、印度、孟加拉国、菲律宾

**清水氏鸡屎树 Lasianthus simizui** (Liu et Chao) H. Zhu
分布：台湾

**钟萼粗叶木 Lasianthus trichophlebus** Hemsl.
分布：台湾、广东、海南；印度尼西亚、马来西亚、菲律宾、新加坡、泰国、越南

**钟萼粗叶木(原变种) Lasianthus trichophlebus** var. **trichophlebus**
分布：广东；印度尼西亚、马来西亚、菲律宾、泰国、越南

**栖兰钟萼粗叶木 Lasianthus trichophlebus** var. **latifolius** (Miq.) H. Zhu
分布：台湾、海南；泰国、越南、马来西亚、新加坡、菲律宾、印度尼西亚

**斜脉粗叶木 Lasianthus verticillatus** (Lour.) Merr.
分布：云南、台湾、广东、广西、海南；日本、泰国、越南、老挝、柬埔寨、缅甸、印度、马来西亚、菲律宾、印度尼西亚

**滇西粗叶木 Lasianthus wardii** Fisch. et Kaul
分布：云南；缅甸

## 野丁香属 Leptodermis Wall.

**北川野丁香 Leptodermis beichuanensis** H. S. Lo
分布：四川

**短萼野丁香 Leptodermis brevisepala** H. S. Lo
分布：四川

**黄杨叶野丁香 Leptodermis buxifolia** H. S. Lo
分布：陕西、甘肃、四川

**革叶野丁香 Leptodermis coriaceifolia** Tao Chen
分布：云南、广西；越南

**丽江野丁香 Leptodermis dielsiana** H. Winkl.
分布：云南

**文水野丁香 Leptodermis diffusa** Batalin
分布：甘肃、四川

**高山野丁香 Leptodermis forrestii** Diels
分布：四川、云南、西藏

**聚花野丁香 Leptodermis glomerata** Hutch.
分布：云南

**柔枝野丁香 Leptodermis gracilis** C. E. C. Fisch.
分布：四川、西藏

**柔枝野丁香(原变种) Leptodermis gracilis** var. **gracilis**
分布：西藏

**长花野丁香** **Leptodermis gracilis** var. **longiflora** H. S. Lo
分布：四川

**川南野丁香** **Leptodermis handeliana** H. Winkl.
分布：四川

**拉萨野丁香** **Leptodermis hirsutiflora** H. S. Lo
分布：西藏

**拉萨野丁香(原变种)** **Leptodermis hirsutiflora** var. **hirsutiflora**
分布：西藏

**光萼野丁香** **Leptodermis hirsutiflora** var. **ciliata** H. S. Lo
分布：西藏

**吉隆野丁香** **Leptodermis kumaonensis** R. Parker
分布：西藏；印度、不丹、尼泊尔

**绵毛野丁香** **Leptodermis lanata** H. S. Lo
分布：云南

**天全野丁香** **Leptodermis limprichtii** H. Winkl.
分布：四川

**管萼野丁香** **Leptodermis ludlowii** Springate
分布：西藏；不丹、印度

**薄皮木** **Leptodermis oblonga** Bunge
分布：甘肃、河北、河南、宁夏、陕西、山西、四川；?蒙古国

**内蒙野丁香** **Leptodermis ordosica** H. C. Fu et E. W. Ma
分布：内蒙古

**瓦山野丁香** **Leptodermis parvifolia** Hutch.
分布：四川

**川滇野丁香** **Leptodermis pilosa** Diels
分布：陕西、甘肃、湖北、四川、云南、西藏

**川滇野丁香(原变种)** **Leptodermis pilosa** var. **pilosa**
分布：陕西、湖北、四川、云南、西藏

**刺枝野丁香** **Leptodermis pilosa** var. **acanthoclada** H. S. Lo ex X. Y. Wen et Q. Lin
分布：四川、西藏

**光叶野丁香** **Leptodermis pilosa** var. **glabrescens** H. Winkl.
分布：四川、云南

**穗花野丁香** **Leptodermis pilosa** var. **spicatiformis** H. S. Lo ex X. Y. Wen et Q. Lin
分布：陕西、甘肃

**野丁香** **Leptodermis potaninii** Batalin
分布：陕西、湖北、四川、贵州、云南

**野丁香(原变种)** **Leptodermis potaninii** var. **potaninii**
分布：陕西、湖北、四川、贵州、云南

**狭叶野丁香** **Leptodermis potaninii** var. **angustifolia** H. S. Lo
分布：云南

**粉绿野丁香** **Leptodermis potaninii** var. **glauca** (Diels) H. J. P. Winkler
分布：四川、贵州

**绒毛野丁香** **Leptodermis potaninii** var. **tomentosa** H. J. P. Winkler
分布：四川、云南

**短小野丁香** **Leptodermis pumila** H. S. Lo
分布：云南

**甘肃野丁香** **Leptodermis purdomii** Hutch.
分布：甘肃、四川

**白毛野丁香** **Leptodermis rehderiana** H. Winkl.
分布：云南

**糙叶野丁香** **Leptodermis scabrida** Hook. f.
分布：西藏；印度

**纤枝野丁香** **Leptodermis schneideri** H. Winkl.
分布：四川、云南、西藏

**撕裂野丁香** **Leptodermis scissa** H. Winkl.
分布：四川、云南

**蒙自野丁香** **Leptodermis tomentella** H. Winkl.
分布：云南

**伞花野丁香** **Leptodermis umbellata** Batalin
分布：甘肃、四川

**毛花野丁香** **Leptodermis velutiniflora** H. S. Lo
分布：四川、云南、西藏

**毛花野丁香(原变种)** **Leptodermis velutiniflora** var. **velutiniflora**
分布：四川

**薄叶野丁香** **Leptodermis velutiniflora** var. **tenera** H. S. Lo
分布：四川、云南、西藏

**广东野丁香 Leptodermis vestita** Hemsl.

分布：广东、广西

**大果野丁香 Leptodermis wilsonii** Diels

分布：四川、云南

**西藏野丁香 Leptodermis xizangensis** H. S. Lo

分布：西藏

**阳朔野丁香 Leptodermis yangshuoensis** Tao Chen

分布：广西

**德浚野丁香 Leptodermis yui** H. S. Lo

分布：四川

## 报春茜属 Leptomischus Drake

**毛花报春茜 Leptomischus erianthus** H. S. Lo

分布：云南

**富宁报春茜 Leptomischus funingensis** H. S. Lo

分布：云南

**心叶报春茜 Leptomischus guangxiensis** H. S. Lo

分布：广西

**小花报春茜 Leptomischus parviflorus** H. S. Lo

分布：云南、海南；越南

**报春茜 Leptomischus primuloides** Drake

分布：云南；缅甸、越南

## 乐土草属 Leptunis Steven

**乐土草 Leptunis trichodes** (J. Gay ex DC.) Schischkin

分布：新疆；阿富汗、哈萨克斯坦、吉尔吉斯斯坦、塔吉克斯坦、土库曼斯坦、乌兹别克斯坦；亚洲(西南部)

## 多轮草属 Lerchea L.

**多轮草 Lerchea micrantha** (Drake) H. S. Lo

分布：云南；越南

**华多轮草 Lerchea sinica** (H. S. Lo) H. S. Lo

分布：云南

## 滇丁香属 Luculia Sweet

**馥郁滇丁香 Luculia gratissima** (Wall.) Sweet

分布：云南、西藏；不丹、印度、缅甸、尼泊尔、泰国、越南

**滇丁香 Luculia pinceana** Hook.

分布：贵州、云南、西藏、广西；印度、缅甸、尼泊尔、越南

**滇丁香(原变种) Luculia pinceana** var. **pinceana**

分布：贵州、云南、西藏、广西；印度、缅甸、尼泊尔、越南

**毛滇丁香 Luculia pinceana** var. **pubescens** (W. C. Chen) W. C. Chen

分布：云南、西藏、广西

**鸡冠滇丁香 Luculia yunnanensis** S. Y. Hu

分布：云南

## 黄棉木属 Metadina Bakh. f.

**黄棉木 Metadina trichotoma** (Zoll. et Moritzi) Bakh. f.

分布：湖南、云南、广东、广西；柬埔寨、印度、印度尼西亚、老挝、马来西亚、缅甸、菲律宾、泰国、越南

## 泡果茜草属 Microphysa Schrenk

**泡果茜草 Microphysa elongata** (Schrenk) Pobed.

分布：新疆；哈萨克斯坦、乌兹别克斯坦

## 蔓虎刺属 Mitchella L.

**蔓虎刺 Mitchella undulata** Sieb. et Zucc.

分布：浙江、台湾；日本、韩国

## 盖裂果属 Mitracarpus Zucc.

**盖裂果 Mitracarpus hirtus** (L.) DC.

分布：海南、香港、云南；原产于安的列斯群岛，中美洲、北美洲、南美洲，归化于旧世界热带地区

## 帽蕊木属 Mitragyna Korth.

**异叶帽蕊木 Mitragyna diversifolia** (Wall. ex G. Don) Havil.

分布：云南；柬埔寨、印度尼西亚、老挝、马来西亚、缅甸、菲律宾、泰国、越南

**毛帽蕊木 Mitragyna hirsuta** Havil.

分布：云南；柬埔寨、老挝、缅甸、泰国、越南

**帽蕊木 Mitragyna rotundifolia** (Roxb.) Kuntze

分布：云南；孟加拉国、印度、老挝、缅甸、泰国

## 巴戟天属 Morinda L.

**黄木巴戟 Morinda angustifolia** Roxb.

分布：云南；印度、尼泊尔、不丹、缅甸、老挝、泰国

**栗色巴戟 Morinda badia** Y. Z. Ruan

分布：湖南、广东、广西、海南

**短柄鸡眼藤 Morinda brevipes** S. Y. Hu

分布：海南

**短柄鸡眼藤(原变种) Morinda brevipes** var. **brevipes**

分布：海南

**狭叶鸡眼藤** **Morinda brevipes** var. **stenophylla** Chun et How ex Ko
分布：海南

**紫珠叶巴戟** **Morinda callicarpifolia** Y. Z. Ruan
分布：四川、贵州、云南

**樟叶巴戟** **Morinda cinnamomifoliata** Y. Z. Ruan
分布：广西

**海滨木巴戟** **Morinda citrifolia** L.
分布：广东、海南、台湾；?柬埔寨、印度、印度尼西亚、日本、马来西亚、缅甸、巴布亚新几内亚、菲律宾、斯里兰卡、泰国、越南，澳大利亚(北部)、所罗门群岛，引种于美洲热带地区和太平洋群岛

**金叶巴戟** **Morinda citrina** Y. Z. Ruan
分布：安徽、浙江、江西、湖南、贵州、福建、广东、广西

**金叶巴戟(原变种)** **Morinda citrina** var. **citrina**
分布：湖南、贵州、广东、广西

**白蕊巴戟** **Morinda citrina** var. **chlorina** Y. Z. Ruan
分布：安徽、浙江、江西、湖南、贵州、福建、广西

**大果巴戟** **Morinda cochinchinensis** DC.
分布：福建、广东、广西、海南；越南

**海南巴戟** **Morinda hainanensis** Merr. et How
分布：海南

**糠藤** **Morinda howiana** S. Y. Hu
分布：广东、海南

**湖北巴戟** **Morinda hupehensis** S. Y. Hu
分布：湖南、湖北、四川、贵州、福建、广西

**长序羊角藤** **Morinda lacunosa** King et Gamble
分布：云南；泰国、马来西亚

**顶花木巴戟** **Morinda leiantha** Kurz.
分布：云南；缅甸

**木姜叶巴戟** **Morinda litseifolia** Y. Z. Ruan
分布：江西、湖南、四川、福建、广西

**大花木巴戟** **Morinda longissima** Y. Z. Ruan
分布：云南

**南岭鸡眼藤** **Morinda nanlingensis** Y. Z. Ruan
分布：浙江、湖南、云南、广东、广西

**南岭鸡眼藤(原变种)** **Morinda nanlingensis** var. **nanlingensis**
分布：湖南、云南、广东、广西

**少花鸡眼藤** **Morinda nanlingensis** var. **pauciflora** Y. Z. Ruan
分布：浙江

**毛背鸡眼藤** **Morinda nanlingensis** var. **pilophora** Y. Z. Ruan
分布：湖南、广西

**巴戟天** **Morinda officinalis** F. C. How
分布：福建、广东、广西、海南

**巴戟天(原变种)** **Morinda officinalis** var. **officinalis**
分布：福建、广东、广西、海南

**毛巴戟天** **Morinda officinalis** var. **hirsuta** F. C. How
分布：海南

**鸡眼藤** **Morinda parvifolia** Bartl. ex DC.
分布：江西、福建、台湾、广东、广西、海南；菲律宾、越南

**短梗木巴戟** **Morinda persicifolia** Buch.-Ham.
分布：云南；柬埔寨、印度、印度尼西亚、老挝、马来西亚、缅甸、越南

**细毛巴戟** **Morinda pubiofficinalis** Y. Z. Ruan
分布：湖南、贵州、广东

**红木巴戟** **Morinda rosiflora** Y. Z. Ruan
分布：云南

**皱面鸡眼藤** **Morinda rugulosa** Y. Z. Ruan
分布：湖南、广西

**西南巴戟** **Morinda scabrifolia** Y. Z. Ruan
分布：江西、四川、云南、广西

**假巴戟** **Morinda shuanghuaensis** C. Y. Chen et M. S. Huang
分布：福建、广东

**印度羊角藤** **Morinda umbellata** L.
分布：安徽、江苏、浙江、江西、湖南、福建、台湾、广东、广西、海南；印度、日本、斯里兰卡、泰国

**印度羊角藤(原亚种)** **Morinda umbellata** subsp. **umbellata**
分布：安徽、江苏、浙江、江西、湖南、福建、台湾、广东、广西、海南；印度、日本、斯里兰卡

**羊角藤** **Morinda umbellata** subsp. **obovata** Y. Z. Ruan
分布：安徽、江苏、浙江、江西、湖南、福建、台湾、广东、广西、海南

**波叶木巴戟** **Morinda undulata** Y. Z. Ruan
分布：云南

须弥巴戟 **Morinda villosa** Hook. f.
分布：云南；印度、泰国、越南

## 杜丽草属 **Mouretia** Pit.

广东杜丽草 **Mouretia inaequalis** (H. S. Lo) Tange
分布：福建、广东、广西；越南

## 玉叶金花属 **Mussaenda** L.

壮丽玉叶金花 **Mussaenda antiloga** Y. H. Chun et W. C. Ko
分布：海南

短裂玉叶金花 **Mussaenda breviloba** S. Moore
分布：云南；泰国

尾裂玉叶金花 **Mussaenda caudatiloba** D. Fang
分布：广西

仁昌玉叶金花 **Mussaenda chingii** C. Y. Wu ex Hsue et H. Wu
分布：广西

墨脱玉叶金花 **Mussaenda decipiens** H. Li
分布：云南、西藏

密花玉叶金花 **Mussaenda densiflora** H. L. Li
分布：广西；越南

展枝玉叶金花 **Mussaenda divaricata** Hutch.
分布：湖北、四川、贵州、云南、广西

展枝玉叶金花(原变种) **Mussaenda divaricata** var. **divaricata**
分布：湖北、四川、贵州、云南、广东、广西

柔毛玉叶金花 **Mussaenda divaricata** var. **mollis** Hutch.
分布：云南；越南

椭圆玉叶金花 **Mussaenda elliptica** Hutch.
分布：四川、云南、广西

峨眉玉叶金花 **Mussaenda emeiensis** Z. Y. Zhu et S. J. Zhu
分布：四川

楠藤 **Mussaenda erosa** Champ. ex Benth.
分布：四川、贵州、云南、福建、台湾、广东、广西、海南；日本、越南

洋玉叶金花 **Mussaenda frondosa** L.
分布：广东、海南、香港；原产于柬埔寨、印度、印度尼西亚、斯里兰卡、越南

海南玉叶金花 **Mussaenda hainanensis** Merr.
分布：海南

粗毛玉叶金花 **Mussaenda hirsutula** Miq.
分布：湖南、贵州、云南、广东、海南

红毛玉叶金花 **Mussaenda hossei** Craib
分布：云南；老挝、缅甸、泰国、越南

广西玉叶金花 **Mussaenda kwangsiensis** H. L. Li
分布：广西

广东玉叶金花 **Mussaenda kwangtungensis** H. L. Li
分布：广东

狭瓣玉叶金花 **Mussaenda lancipetala** X. F. Deng et D. X. Zhang
分布：云南

疏花玉叶金花 **Mussaenda laxiflora** Hutch.
分布：云南

长瓣玉叶金花 **Mussaenda longipetala** H. L. Li
分布：广西；越南

乐东玉叶金花 **Mussaenda lotungensis** Y. H. Chun et W. C. Ko
分布：海南

大叶玉叶金花 **Mussaenda macrophylla** Wall.
分布：台湾、广东、广西；印度、印度尼西亚、马来西亚、菲律宾

膜叶玉叶金花 **Mussaenda membranifolia** Merr.
分布：海南

多毛玉叶金花 **Mussaenda mollissima** C. Y. Wu ex Hsue et H. Wu
分布：云南

多脉玉叶金花 **Mussaenda multinervis** C. Y. Wu ex Hsue et H. Wu
分布：云南

小玉叶金花 **Mussaenda parviflora** Miq.
分布：台湾、广东；日本

屏边玉叶金花 **Mussaenda pingbianensis** C. Y. Wu ex Hsue et H. Wu
分布：云南

玉叶金花 **Mussaenda pubescens** W. T. Aiton
分布：浙江、江西、湖南、福建、台湾、广东、广西、海南；越南

无柄玉叶金花 **Mussaenda sessilifolia** Hutch.
分布：云南

**大叶白纸扇 Mussaenda shikokiana** Makino
分布：安徽、浙江、江西、湖南、湖北、四川、贵州、福建、广东、广西；日本

**单裂玉叶金花 Mussaenda simpliciloba** Hand.-Mazz.
分布：四川、贵州、云南

**贡山玉叶金花 Mussaenda treutleri** Stapf
分布：云南；印度、不丹、尼泊尔

## 腺萼木属 Mycetia Reinw.

**安龙腺萼木 Mycetia anlongensis** H. S. Lo
分布：贵州、广西

**安龙腺萼木（原变种） Mycetia anlongensis** var. **anlongensis**
分布：贵州

**那坡腺萼木 Mycetia anlongensis** var. **multiciliata** H. S. Lo ex T. Chen, K. J. Yan et D. Fang
分布：广西

**长苞腺萼木 Mycetia bracteata** Hutch.
分布：云南

**短柄腺萼木 Mycetia brevipes** F. C. How ex S. Y. Jin et Y. L. Chen
分布：云南

**短萼腺萼木 Mycetia brevisepala** H. S. Lo
分布：云南；越南

**革叶腺萼木 Mycetia coriacea** (Dunn) Merr.
分布：福建、广东

**腺萼木 Mycetia glandulosa** Craib
分布：云南；泰国

**纤梗腺萼木 Mycetia gracilis** Craib
分布：云南；泰国、越南

**海南腺萼木 Mycetia hainanensis** H. S. Lo
分布：海南

**毛腺萼木 Mycetia hirta** Hutch.
分布：云南、海南

**长花腺萼木 Mycetia longiflora** F. C. How ex H. S. Lo
分布：云南

**长叶腺萼木 Mycetia longifolia** (Wall.) Kuntze
分布：云南、西藏；孟加拉国、不丹、印度、马来西亚、缅甸、尼泊尔

**大果腺萼木 Mycetia macrocarpa** F. C. How ex H. S. Lo
分布：云南

**垂花腺萼木 Mycetia nepalensis** (Wall.) Hara
分布：西藏；尼泊尔、印度

**华腺萼木 Mycetia sinensis** (Hemsl.) Craib
分布：江西、湖南、云南、福建、广东、广西、海南

**云南腺萼木 Mycetia yunnanica** H. S. Lo
分布：云南

## 密脉木属 Myrioneuron R. Br. ex Benth. et Hook. f.

**大叶密脉木 Myrioneuron effusum** (Pit.) H. L. Li
分布：广西；越南

**密脉木 Myrioneuron faberi** Hemsl.
分布：湖南、湖北、四川、贵州、云南、广西

**垂花密脉木 Myrioneuron nutans** Wall. ex Kurz.
分布：云南、西藏；孟加拉国、不丹、印度

**越南密脉木 Myrioneuron tonkinense** Pit.
分布：云南、广东、广西、海南；越南

## 乌檀属 Nauclea L.

**乌檀 Nauclea officinalis** (Pierre ex Pit.) Merr. et Chun
分布：广东、广西、海南；婆罗洲、柬埔寨、印度尼西亚、老挝、马来西亚、泰国、越南

## 新耳草属 Neanotis W. H. Lewis

**卷毛新耳草 Neanotis boerhaavioides** (Hance) W. H. Lewis
分布：浙江、江西、福建、广东

**紫花新耳草 Neanotis calycina** (Wall. ex Hook. f.) W. H. Lewis
分布：云南；不丹、印度、尼泊尔

**台湾新耳草 Neanotis formosana** (Hayata) W. H. Lewis
分布：台湾；日本、马来西亚

**薄叶新耳草 Neanotis hirsuta** (L. f.) W. H. Lewis
分布：江苏、江西、云南、台湾、广东、海南；柬埔寨、印度、日本、韩国、老挝、缅甸、尼泊尔

**臭味新耳草 Neanotis ingrata** (Wall. ex Hook. f.) W. H. Lewis
分布：江苏、浙江、湖南、湖北、四川、贵州、云南、西藏、福建；不丹、印度、尼泊尔

**广东新耳草 Neanotis kwangtungensis** (Merr. et F. P. Metcalf) W. H. Lewis
分布：江西、四川、台湾、广东、广西；日本、泰国

**新耳草 Neanotis thwaitesiana** (Hance) W. H. Lewis
分布：广东

**西南新耳草 Neanotis wightiana** (Wall. ex Wight et Arn.) W. H. Lewis
分布：四川、贵州、云南、广西；越南、不丹、印度

## 石丁香属 Neohymenopogon Bennet

**疏果石丁香 Neohymenopogon oligocarpus** (H. L. Li) Bennet
分布：云南

**石丁香 Neohymenopogon parasiticus** (Wall.) Bennet
分布：云南、西藏；不丹、印度、缅甸、尼泊尔、泰国、越南

## 团花属 Neolamarckia Bosser

**团花 Neolamarckia cadamba** (Roxb.) Bosser
分布：云南、广东、广西；不丹、印度、马来西亚、缅甸、斯里兰卡、泰国、越南

## 新乌檀属 Neonauclea Merr.

**新乌檀 Neonauclea griffithii** (Hook. f.) Merr.
分布：贵州、云南、广西；不丹、印度、缅甸

**无柄新乌檀 Neonauclea sessilifolia** (Roxb.) Merr.
分布：云南、台湾；柬埔寨、印度、老挝、缅甸、泰国、越南

**台湾新乌檀 Neonauclea truncata** (Hayata) Yamam.
分布：台湾；菲律宾

**滇南新乌檀 Neonauclea tsaiana** S. Q. Zou
分布：云南

## 薄柱草属 Nertera Banks ex Gaertn.

**红果薄柱草 Nertera granadensis** (Mutis ex L. f.) Druce
分布：台湾；印度尼西亚、马来西亚、巴布亚新几内亚、菲律宾、澳大利亚、太平洋岛屿；北美洲、中美洲、南美洲、亚南极岛屿

**黑果薄柱草 Nertera nigricarpa** Hayata
分布：福建、台湾；越南

**薄柱草 Nertera sinensis** Hemsl.
分布：江西、湖南、湖北、四川、贵州、云南、广东、广西

## 拟蛇舌草属(新拟) Oldenlandiopsis Terrell et W. H. Lewis

**拟蛇舌草(新拟) Oldenlandiopsis callitrichoides** (Griseb.) Terrell et W. H. Lewis
分布：台湾

## 蛇根草属 Ophiorrhiza L.

**有翅蛇根草 Ophiorrhiza alata** Craib
分布：云南；泰国

**延翅蛇根草 Ophiorrhiza alatiflora** H. S. Lo
分布：云南

**延翅蛇根草(原变种) Ophiorrhiza alatiflora** var. **alatiflora**
分布：云南

**毛脉蛇根草 Ophiorrhiza alatiflora** var. **trichoneura** H. S. Lo
分布：云南

**金黄蛇根草 Ophiorrhiza aureolina** H. S. Lo
分布：云南

**滇南蛇根草 Ophiorrhiza austroyunnanensis** H. S. Lo
分布：云南

**短齿蛇根草 Ophiorrhiza brevidentata** H. S. Lo
分布：云南

**灰叶蛇根草 Ophiorrhiza cana** H. S. Lo
分布：云南

**广州蛇根草 Ophiorrhiza cantonensis** Hance
分布：四川、贵州、云南、广东、广西、海南

**肉茎蛇根草 Ophiorrhiza carnosicaulis** H. S. Lo
分布：云南

**中华蛇根草 Ophiorrhiza chinensis** H. S. Lo
分布：安徽、江西、湖南、湖北、四川、贵州、福建、广东、广西

**秦氏蛇根草 Ophiorrhiza chingii** H. S. Lo
分布：云南

**心叶蛇根草 Ophiorrhiza cordata** W. L. Sha ex S. Y. Jin et Y. L. Chen
分布：广西

**厚叶蛇根草 Ophiorrhiza crassifolia** H. S. Lo
分布：广西

密脉蛇根草 **Ophiorrhiza densa** H. S. Lo
分布：云南

独龙蛇根草 **Ophiorrhiza dulongensis** H. S. Lo
分布：云南

剑齿蛇根草 **Ophiorrhiza ensiformis** H. S. Lo
分布：云南

方鼎蛇根草 **Ophiorrhiza fangdingii** H. S. Lo
分布：广西

簇花蛇根草 **Ophiorrhiza fasciculata** D. Don
分布：西藏；不丹、尼泊尔、印度、缅甸

大桥蛇根草 **Ophiorrhiza filibracteolata** H. S. Lo
分布：广东

纤弱蛇根草 **Ophiorrhiza gracilis** Kurz.
分布：云南；缅甸

大苞蛇根草 **Ophiorrhiza grandibracteolata** F. C. How ex H. S. Lo
分布：云南、广西

海南蛇根草 **Ophiorrhiza hainanensis** Y. Q. Tseng
分布：海南

瘤果蛇根草 **Ophiorrhiza hayatana** Ohwi
分布：台湾

尖叶蛇根草 **Ophiorrhiza hispida** Hook. f.
分布：云南；印度

版纳蛇根草 **Ophiorrhiza hispidula** Wall. ex G. Don
分布：云南；孟加拉国、印度、印度尼西亚、马来西亚、泰国

宽昭蛇根草 **Ophiorrhiza howii** H. S. Lo
分布：云南

环江蛇根草 **Ophiorrhiza huanjiangensis** D. Fang et Z. M. Xie
分布：湖南

湖南蛇根草 **Ophiorrhiza hunanica** H. S. Lo
分布：湖南

日本蛇根草 **Ophiorrhiza japonica** Blume
分布：安徽、浙江、江西、湖南、湖北、四川、贵州、云南、福建、台湾、广东、广西、海南；日本、越南

小花蛇根草 **Ophiorrhiza kuroiwae** Makino
分布：台湾；日本、菲律宾

广西蛇根草 **Ophiorrhiza kwangsiensis** Merr. ex H. L. Li
分布：广西

平滑蛇根草 **Ophiorrhiza laevifolia** H. S. Lo
分布：西藏

老山蛇根草 **Ophiorrhiza laoshanica** H. S. Lo
分布：广西

两广蛇根草 **Ophiorrhiza liangkwangensis** H. S. Lo
分布：广东、广西

木茎蛇根草 **Ophiorrhiza lignosa** Merr.
分布：云南；缅甸

长角蛇根草 **Ophiorrhiza longicornis** H. S. Lo
分布：广西

长梗蛇根草 **Ophiorrhiza longipes** H. S. Lo
分布：广西

绿春蛇根草 **Ophiorrhiza luchuanensis** H. S. Lo
分布：云南

黄褐蛇根草 **Ophiorrhiza lurida** Hook. f.
分布：云南、西藏；印度

大花蛇根草 **Ophiorrhiza macrantha** H. S. Lo
分布：云南

大齿蛇根草 **Ophiorrhiza macrodonta** H. S. Lo
分布：云南

长萼蛇根草 **Ophiorrhiza medogensis** H. Li
分布：西藏

东南蛇根草 **Ophiorrhiza mitchelloides** (Masamune) H. S. Lo
分布：江西、湖南、福建、台湾、广东

蛇根草 **Ophiorrhiza mungos** L.
分布：云南；印度、缅甸、?菲律宾、泰国至马来西亚、越南

腺木叶蛇根草 **Ophiorrhiza mycetiifolia** H. S. Lo
分布：广西

南丹蛇根草 **Ophiorrhiza nandanica** H. S. Lo
分布：广西

那坡蛇根草 **Ophiorrhiza napoensis** H. S. Lo
分布：云南、广西

垂花蛇根草 **Ophiorrhiza nutans** C. B. Clarke
分布：云南、西藏；印度、尼泊尔、缅甸

黄花蛇根草 **Ophiorrhiza ochroleuca** Hook. f.
分布：云南；缅甸、不丹、印度

对生蛇根草 **Ophiorrhiza oppositiflora** Hook. f.
分布：云南、海南；印度、缅甸

少花蛇根草 **Ophiorrhiza pauciflora** Hook. f.
分布：云南；印度

法斗蛇根草 **Ophiorrhiza petrophila** H. S. Lo
分布：云南

屏边蛇根草 **Ophiorrhiza pingbienensis** H. S. Lo
分布：云南

短小蛇根草 **Ophiorrhiza pumila** Champ. et Benth.
分布：江西、云南、福建、台湾、广东、广西、海南；日本、越南

紫脉蛇根草 **Ophiorrhiza purpurascens** H. S. Lo
分布：四川

苍梧蛇根草 **Ophiorrhiza purpureonervis** H. S. Lo
分布：广西

毛果蛇根草 **Ophiorrhiza rarior** H. S. Lo
分布：广西

大叶蛇根草 **Ophiorrhiza repandicalyx** H. S. Lo
分布：云南

红脉蛇根草 **Ophiorrhiza rhodoneura** H. S. Lo
分布：广西

美丽蛇根草 **Ophiorrhiza rosea** Hook. f.
分布：云南、西藏；不丹、印度、缅甸、泰国

红毛蛇根草 **Ophiorrhiza rufipilis** H. S. Lo
分布：云南

红腺蛇根草 **Ophiorrhiza rufopunctata** H. S. Lo
分布：四川

匍地蛇根草 **Ophiorrhiza rugosa** Wall.
分布：云南、西藏；不丹、印度、尼泊尔、斯里兰卡

柳叶蛇根草 **Ophiorrhiza salicifolia** H. S. Lo
分布：广西

四川蛇根草 **Ophiorrhiza sichuanensis** H. S. Lo
分布：四川

变红蛇根草 **Ophiorrhiza subrubescens** Drake
分布：云南、广西、海南；越南

高原蛇根草 **Ophiorrhiza succirubra** King ex Hook. f.
分布：贵州、云南、西藏；尼泊尔、不丹、印度、缅甸

阴地蛇根草 **Ophiorrhiza umbricola** W. W. Sm.
分布：云南、西藏；缅甸

大果蛇根草 **Ophiorrhiza wallichii** Hook. f.
分布：云南；印度、缅甸

文山蛇根草 **Ophiorrhiza wenshanensis** H. S. Lo
分布：云南

吴氏蛇根草 **Ophiorrhiza wui** H. S. Lo
分布：云南

## 鸡矢藤属 **Paederia** L.

耳叶鸡矢藤 **Paederia cavaleriei** H. Lév.
分布：广东、广西、贵州、湖北、湖南、?四川、台湾；?老挝

长冠鸡矢藤 **Paederia changguan** Z. Y. Zhu et S. J. Zhu
分布：四川

臭鸡矢藤 **Paederia cruddasiana** Prain
分布：云南；孟加拉国、不丹、印度、缅甸、尼泊尔、泰国、越南

峨眉鸡矢藤 **Paederia emeiensis** Z. Y. Zhu et S. J. Zhu
分布：四川

鸡矢藤 **Paederia foetida** L.
分布：安徽、福建、甘肃、广东、广西、贵州、海南、河南、湖北、江苏、江西、山东、山西、四川、台湾、云南、浙江；孟加拉国、不丹、婆罗洲、柬埔寨、印度、印度尼西亚、日本、韩国(北部)、老挝、马来西亚、缅甸、尼泊尔、菲律宾、泰国、越南，栽培并归化于美国，可能也栽培于斯里兰卡

绒毛鸡矢藤 **Paederia lanuginosa** Wall.
分布：云南；泰国、缅甸

白毛鸡矢藤 **Paederia pertomentosa** Merr. ex H. L. Li
分布：江西、湖南、福建、广东、广西、海南

奇异鸡矢藤 **Paederia praetermissa** Puff
分布：云南；泰国、缅甸

云桂鸡矢藤 **Paederia spectatissima** H. Li
分布：云南、广西；越南

狭序鸡矢藤 **Paederia stenobotrya** Merr.
分布：福建、广东、海南

云南鸡矢藤 **Paederia yunnanensis** (H. Lév.) Rehder
分布：四川、云南；越南

## 大沙叶属 **Pavetta** L.

大沙叶 **Pavetta arenosa** Loureiro
分布：广东、广西、海南

香港大沙叶 **Pavetta hongkongensis** Bremek.
分布：云南、广东、广西、海南；越南

多花大沙叶 **Pavetta polyantha** (Hook. f.) R. Br. ex Bremek.
分布：贵州、云南、广东、广西；不丹、印度、印度尼西亚、缅甸、菲律宾

糙叶大沙叶 **Pavetta scabrifolia** Bremek.
分布：云南

汕头大沙叶 **Pavetta swatowica** Bremekamp
分布：广东

绒毛大沙叶 **Pavetta tomentosa** Roxb. ex Sm.
分布：云南；印度、马来西亚、缅甸、尼泊尔、巴基斯坦、泰国、越南

## 五星花属 **Pentas** Benth.

五星花 **Pentas lanceolata** (Forssk.) K. Schum.
分布：福建、广东；原产于非洲，全世界广泛栽培

## 槽裂木属 **Pertusadina** Ridsdale

海南槽裂木 **Pertusadina metcalfii** (Merr. ex H. L. Li) Y. F. Deng et C. M. Hu
分布：浙江、湖南、福建、广东、广西、海南；泰国

## 长柱草属 **Phuopsis** (Griseb.) Benth. et Hook. f.

长柱花 **Phuopsis stylosa** (Trin.) Benth. et Hook. f. ex B. D. Jacks.
分布：陕西；原产于西南亚(阿塞拜疆、伊朗)

## 绢冠茜属 **Porterandia** Ridley

绢冠茜 **Porterandia sericantha** (W. C. Chen) W. C. Chen
分布：云南、广西

## 南山花属 **Prismatomeris** Thwaites

四蕊三角瓣花 **Prismatomeris tetrandra** (Roxb.) K. Schum.
分布：云南、福建、广东、广西、海南；柬埔寨、印度、泰国、越南

## 假盖果草属 **Pseudopyxis** Miq.

胀节假盖果草 **Pseudopyxis monilirhizoma** Tao Chen
分布：浙江

## 九节属 **Psychotria** L.

九节 **Psychotria asiatica** Wall.
分布：浙江、湖南、贵州、云南、福建、台湾、广东、广西、海南；柬埔寨、印度、日本、老挝、马来西亚、泰国、越南

美果九节 **Psychotria calocarpa** Kurz.
分布：云南、西藏；孟加拉国、不丹、印度、马来西亚、缅甸、尼泊尔、泰国、越南

兰屿九节木 **Psychotria cephalophora** Merr.
分布：台湾；菲律宾

密脉九节 **Psychotria densa** W. C. Chen
分布：云南

西藏九节 **Psychotria erratica** Hook. f.
分布：云南、西藏；尼泊尔、不丹、印度

溪边九节 **Psychotria fluviatilis** Chun ex W. C. Chen
分布：广东、广西

海南九节 **Psychotria hainanensis** H. L. Li
分布：海南

滇南九节 **Psychotria henryi** H. Lév.
分布：云南；越南

头九节 **Psychotria laui** Merr. et F. P. Metcalf
分布：海南；越南

琉球九节木 **Psychotria manillensis** Bartl. ex DC.
分布：台湾；日本、菲律宾

聚果九节 **Psychotria morindoides** Hutch.
分布：云南；老挝、泰国

毛九节 **Psychotria pilifera** Hutch.
分布：云南

驳骨九节 **Psychotria prainii** H. Lév.
分布：贵州、云南、广东、广西；泰国，老挝、越南

蔓九节 **Psychotria serpens** L.
分布：浙江、福建、台湾、广东、广西、海南；日本、朝鲜、越南、柬埔寨、老挝、泰国

黄脉九节 **Psychotria straminea** Hutch.
分布：云南、广东、广西、海南；越南

山矾叶九节 **Psychotria symplocifolia** Kurz.
分布：云南；缅甸、印度、泰国

假九节 **Psychotria tutcheri** Dunn
分布：云南、福建、广东、广西、海南；越南

云南九节 **Psychotria yunnanensis** Hutch.

分布：云南、西藏、广西

## 假鱼骨木属 **Psydrax** Gaertn.

假鱼骨木 **Psydrax dicocca** Gaertner

分布：广东、广西、海南、西藏、云南；印度、中南半岛、印度尼西亚、马来西亚、菲律宾、斯里兰卡、泰国、澳大利亚

假鱼骨木(原变种) **Psydrax dicocca** var. **dicocca**

分布：云南、西藏、广东、广西、海南；印度、中南半岛、印度尼西亚、马来西亚、菲律宾、斯里兰卡、澳大利亚

倒卵叶假鱼骨木 **Psydrax dicocca** var. **obovatifolia** (G. A. Fu) Lantz

分布：海南

## 墨苜蓿属 **Richardia** L.

巴西墨苜蓿 **Richardia brasiliensis** Gomes

分布：广东和台湾归化；原产于南美洲，旧世界热带地区归化

墨苜蓿 **Richardia scabra** L.

分布：台湾、广东、海南、香港；原产于热带美洲，印度有分布

## 郎德木属 **Rondeletia** L.

郎德木 **Rondeletia odorata** Jacquem.

分布：广东、福建、香港；原产于古巴，现在热带栽培

## 野栀子属 **Rothmannia** Thunb.

大围山野栀子 **Rothmannia daweishanensis** Y. M. Shui et W. H. Chen

分布：云南；越南

## 茜草属 **Rubia** L.

金剑草 **Rubia alata** Roxb.

分布：河南、陕西、甘肃、安徽、浙江、江西、湖北、四川、贵州、云南、福建、广东、广西；尼泊尔

东南茜草 **Rubia argyi** (Lév. et Vant) Hara ex Lauener

分布：河南、陕西、安徽、江苏、浙江、江西、湖南、湖北、四川、福建、台湾、广东、广西；日本、朝鲜

浙南茜草 **Rubia austrozhejiangensis** Z. P. Lei, Y. Y. Zhou et R. W. Wang

分布：浙江

中国茜草 **Rubia chinensis** Regel et Maack

分布：中国东北部；日本、朝鲜

中国茜草(原变种) **Rubia chinensis** var. **chinensis**

分布：中国东部至北部；日本、朝鲜、俄罗斯

无毛大砧草 **Rubia chinensis** var. **glabrescens** (Nakai) Kitag.

分布：黑龙江、吉林、辽宁；日本、朝鲜

高原茜草 **Rubia chitralensis** Ehrenb.

分布：新疆；阿富汗、巴基斯坦、塔吉克斯坦、乌兹别克斯坦

茜草 **Rubia cordifolia** L.

分布：河北、山西、山东、甘肃、青海、安徽、湖南、四川、云南、西藏；朝鲜、日本、俄罗斯；亚洲西南部和南部至斯里兰卡和爪哇、喜马拉雅地区至阿富汗，热带美洲

厚柄茜草 **Rubia crassipes** Collett et Hemsl.

分布：云南；缅甸、泰国

沙生茜草 **Rubia deserticola** Pojark.

分布：新疆；哈萨克斯坦

长叶茜草 **Rubia dolichophylla** Schrenk

分布：新疆；阿富汗、哈萨克斯坦、巴基斯坦、塔吉克斯坦；亚洲(西南部)

川滇茜草 **Rubia edgeworthii** Hook. f.

分布：四川、云南、广西；印度

镰叶茜草 **Rubia falciformis** H. S. Lo

分布：云南

丝梗茜草 **Rubia filiformis** F. C. How ex H. S. Lo

分布：云南

红花茜草 **Rubia haematantha** Airy Shaw

分布：四川、云南

阔瓣茜草 **Rubia latipetala** H. S. Lo

分布：四川

林氏茜草 **Rubia linii** C. Y. Chao

分布：台湾

峨眉茜草 **Rubia magna** P. G. Xiao

分布：四川、云南

黑花茜草 **Rubia mandersii** Collett et Hemsl.

分布：四川、云南；缅甸、泰国

梵茜草 **Rubia manjith** Roxburgh ex Fleming

分布：青海、四川、云南、西藏；印度、不丹、尼泊尔

金线茜草 **Rubia membranacea** Diels

分布：湖南、湖北、四川、云南

钩毛茜草 **Rubia oncotricha** Hand.-Mazz.
分布：四川、贵州、云南、广西

卵叶茜草 **Rubia ovatifolia** Z. Y. Zhang ex Q. Lin
分布：山西、甘肃、浙江、湖南、四川、贵州、云南

浅色茜草 **Rubia pallida** Diels
分布：云南

片马杜鹃花 **Rubia pianmaensis** R. Li et H. Li
分布：云南

柄花茜草 **Rubia podantha** Diels
分布：四川、云南、广西

多脉茜草 **Rubia polyphlebia** H. S. Lo
分布：四川

高黎贡山茜草 **Rubia pseudogalium** Ehrend.
分布：云南

翅茎茜草 **Rubia pterygocaulis** H. S. Lo
分布：四川

小叶茜草 **Rubia rezniczenkoana** Litv.
分布：新疆；哈萨克斯坦、蒙古国

柳叶茜草 **Rubia salicifolia** H. S. Lo
分布：四川、广东

四叶茜草 **Rubia schugnanica** B. Fedtsch. ex Pojark.
分布：新疆；塔吉克斯坦

大叶茜草 **Rubia schumanniana** E. Pritz.
分布：四川、云南

对叶茜草 **Rubia siamensis** Craib
分布：云南；泰国

林生茜草 **Rubia sylvatica** (Maxim.) Nakai
分布：四川；俄罗斯

纤梗茜草 **Rubia tenuis** H. S. Lo
分布：四川

西藏茜草 **Rubia tibetica** Hook. f.
分布：新疆、西藏；阿富汗、印度、克什米尔地区、吉尔吉斯斯坦、巴基斯坦、塔吉克斯坦

染色茜草 **Rubia tinctorum** L.
分布：新疆；阿富汗、印度(西北部)、克什米尔地区、哈萨克斯坦、巴基斯坦、土库曼斯坦，亚洲(西南部)，栽培并逸生于欧洲地中海地区等

毛果茜草 **Rubia trichocarpa** H. S. Lo
分布：四川

山东茜草 **Rubia truppeliana** Loes.
分布：山东

多花茜草 **Rubia wallichiana** Decne.
分布：江西、湖南、四川、云南、广东、广西、海南；不丹、尼泊尔、印度

紫参 **Rubia yunnanensis** Diels
分布：四川、云南

## 越南茜属 **Rubovietnamia** Tirveng.

长管越南茜 **Rubovietnamia aristata** Tirveng.
分布：云南、广西；越南

弄岗越南茜 **Rubovietnamia nonggangensis** F. J. Mou et D. X. Zhang
分布：广西

## 染木树属 **Saprosma** Blume

厚梗染木树 **Saprosma crassipes** Lo
分布：云南、海南

海南染木树 **Saprosma hainanensis** Merr.
分布：海南

云南染木树 **Saprosma henryi** Hutch.
分布：云南

琼岛染木树 **Saprosma merrillii** Lo
分布：海南

染木树 **Saprosma ternata** (Wallich) Hook. f.
分布：云南、海南；印度、马来西亚

## 裂果金花属 **Schizomussaenda** H. L. Li

裂果金花 **Schizomussaenda dehiscens** (Craib) H. L. Li
分布：云南、广西；老挝、缅甸、泰国、越南

## 瓶花木属 **Scyphiphora** C. F. Gaertn.

瓶花木 **Scyphiphora hydrophyllacea** C. F. Gaertn.
分布：海南；菲律宾、泰国、越南，以及东南亚至太平洋岛屿、澳大利亚、马达加斯加

## 白马骨属 **Serissa** Comm. et Juss.

六月雪 **Serissa japonica** (Thunb.) Thunb.
分布：安徽、福建、广东、广西、江苏、江西、四川、台湾、云南、浙江；世界各地广泛栽培

白马骨 **Serissa serissoides** (DC.) Druce
分布：安徽、江苏、浙江、江西、湖北、福建、台湾、广

东、广西；日本

## 鸡仔木属 **Sinoadina** Ridsdale

鸡仔木 **Sinoadina racemosa** (Sieb. et Zucc.) Ridsdale

分布：安徽、江苏、浙江、江西、湖南、四川、贵州、云南、福建、台湾、广东、广西；日本、缅甸、泰国

## 丰花草属 **Spermacoce** L.

阔叶丰花草 **Spermacoce alata** Aubl.

分布：浙江、福建、台湾、广东、海南、香港；原产于南美洲热带地区，现泛热带地区广布

长管糙叶丰花草 **Spermacoce articularis** L. f.

分布：福建、广东、台湾；印度、印度尼西亚、日本、马来西亚、尼泊尔、巴基斯坦、菲律宾、斯里兰卡、越南、澳大利亚；非洲

二萼丰花草 **Spermacoce exilis** (L. O. Williams) C. D. Adams

分布：台湾、海南、香港归化；原产于美洲热带地区，栽培于许多热带地区

糙叶丰花草 **Spermacoce hispida** L.

分布：福建、广东、广西、海南、台湾；印度、印度尼西亚、马来西亚、菲律宾、斯里兰卡、越南、澳大利亚

匍匐丰花草 **Spermacoce prostrata** Aubl.

分布：台湾、海南、香港归化；原产于新热带地区，现在许多热带地区栽培

丰花草 **Spermacoce pusilla** Wall.

分布：安徽、福建、广东、广西、贵州、海南、江西、台湾、云南、浙江；不丹、印度、?印度尼西亚、马来西亚、缅甸、尼泊尔、巴基斯坦、菲律宾、斯里兰卡、泰国、越南，引种于非洲热带地区

光叶丰花草 **Spermacoce remota** Lam.

分布：广东、台湾归化；原产于新世界热带地区，现在热带地区栽培

## 香叶木属 **Spermadictyon** Roxb.

香叶木 **Spermadictyon suaveolens** Roxb.

分布：西藏栽培和归化；孟加拉国、不丹、印度、尼泊尔、巴基斯坦，栽培于世界各地

## 螺序草属 **Spiradiclis** Blume

藏南螺序草 **Spiradiclis arunachalensis** Deb et Rout

分布：贵州、云南、广西；印度

百色螺序草 **Spiradiclis baishaiensis** X. X. Chen et W. L. Sha

分布：广西

大叶螺序草 **Spiradiclis bifida** Kurz.

分布：云南；印度

螺序草 **Spiradiclis caespitosa** Blume

分布：贵州、云南、西藏、广西；印度尼西亚

焕镛螺序草 **Spiradiclis chuniana** R. J. Wang

分布：广西

红花螺序草 **Spiradiclis coccinea** H. S. Lo

分布：广西

心叶螺序草 **Spiradiclis cordata** H. S. Lo et W. L. Sha

分布：广西

密花螺序草 **Spiradiclis corymbosa** W. L. Sha et X. X. Chen

分布：广西

尖叶螺序草 **Spiradiclis cylindrica** Wall. ex Hook. f.

分布：贵州、云南、西藏、广西；不丹、缅甸、越南

峨眉螺序草 **Spiradiclis emeiensis** H. S. Lo

分布：四川、云南

峨眉螺序草（原变种）**Spiradiclis emeiensis** var. **emeiensis**

分布：四川

河口螺序草 **Spiradiclis emeiensis** var. **yunnanensis** H. S. Lo

分布：云南

锈茎螺序草 **Spiradiclis ferruginea** D. Fang et D. H. Qin

分布：广西

两广螺序草 **Spiradiclis fusca** H. S. Lo

分布：广东、广西

广东螺序草 **Spiradiclis guangdongensis** H. S. Lo

分布：广东、广西

海南螺序草 **Spiradiclis hainanensis** H. S. Lo

分布：云南、海南

宽昭螺序草 **Spiradiclis howii** H. S. Lo

分布：云南

疏花螺序草 **Spiradiclis laxiflora** W. L. Sha et X. X. Chen

分布：广西

罗氏螺序草 **Spiradiclis loana** R. J. Wang

分布：广西

长苞螺序草 **Spiradiclis longibracteata** S. Y. Liu et S. J. Wei
分布：广西

长梗螺序草 **Spiradiclis longipedunculata** W. L. Sha et X. X. Chen
分布：广西

龙州螺序草 **Spiradiclis longzhouensis** H. S. Lo
分布：广西

桂北螺序草 **Spiradiclis luochengensis** H. S. Lo et W. L. Sha
分布：广西

滇南螺序草 **Spiradiclis malipoensis** H. S. Lo
分布：云南

小果螺序草 **Spiradiclis microcarpa** H. S. Lo
分布：广西

小叶螺序草 **Spiradiclis microphylla** H. S. Lo
分布：江西

那坡螺序草 **Spiradiclis napoensis** D. Fang et Z. M. Xie
分布：广西

长叶螺序草 **Spiradiclis oblanceolata** W. L. Sha et X. X. Chen
分布：广西

石生螺序草 **Spiradiclis petrophila** H. S. Lo
分布：广东

紫花螺序草 **Spiradiclis purpureocaerulea** H. S. Lo
分布：广西

红叶螺序草 **Spiradiclis rubescens** H. S. Lo
分布：广西

糙边螺序草 **Spiradiclis scabrida** D. Fang et D. H. Qin
分布：广西

匙叶螺序草 **Spiradiclis spathulata** X. X. Chen et C. C. Huang
分布：广西

粘毛螺序草 **Spiradiclis tomentosa** D. Fang et D. H. Qin
分布：广西

伞花螺序草 **Spiradiclis umbelliformis** H. S. Lo
分布：广东、广西

毛螺序草 **Spiradiclis villosa** X. X. Chen et W. L. Sha
分布：广西

西藏螺序草 **Spiradiclis xizangensis** H. S. Lo
分布：西藏

## 乌口树属 **Tarenna** Gaertn.

尖萼乌口树 **Tarenna acutisepala** How ex W. C. Chen
分布：江苏、江西、湖南、湖北、四川、福建、广东、广西

假桂乌口树 **Tarenna attenuata** (Hook. f.) Hutch.
分布：云南、广东、广西、海南；柬埔寨、印度、泰国、越南

华南乌口树 **Tarenna austrosinensis** Chun et How ex W. C. Chen
分布：湖南、广东、广西

白皮乌口树 **Tarenna depauperata** Hutch.
分布：江苏、贵州、云南、广东、广西；越南

宽昭龙船花 **Tarenna foonchewii** (W. C. Ko) Tao Chen
分布：云南

薄叶玉心花 **Tarenna gracilipes** (Hayata) Ohwi
分布：台湾；日本

广西乌口树 **Tarenna lanceolata** Chun et How ex W. C. Chen
分布：湖南、贵州、广西

披针叶乌口树 **Tarenna lancilimba** W. C. Chen
分布：广西、海南；越南

宽序乌口树 **Tarenna laticorymbosa** Chun et F. C. How ex W. C. Chen
分布：云南

崖州乌口树 **Tarenna laui** Merr.
分布：海南

白花若灯笼 **Tarenna mollissima** (Hook. et Arn.) Rob.
分布：浙江、江西、湖南、贵州、云南、福建、广东、广西、海南；越南

多籽乌口树 **Tarenna polysperma** Chun et How ex W. C. Chen
分布：广东

滇南乌口树 **Tarenna pubinervis** Hutch.
分布：四川、云南、广西

长梗乌口树 **Tarenna sinica** W. C. Chen
分布：广西

海南乌口树 **Tarenna tsangii** Merr.
分布：广东、广西、海南

长叶乌口树 **Tarenna wangii** Chun et How ex W. C. Chen
分布：云南

云南乌口树 **Tarenna yunnanensis** How ex W. C. Chen
分布：云南

锡兰玉心花 **Tarenna zeylanica** Gaertn.
分布：台湾；日本、斯里兰卡

## 岭罗脉属 **Tarennoidea** Tirveng. et Sastre

岭罗麦 **Tarennoidea wallichii** (Hook. f.) Tirveng. et Sastre
分布：贵州、云南、广东、广西、海南；孟加拉国、不丹、柬埔寨、印度、印度尼西亚、马来西亚、缅甸、尼泊尔、菲律宾、泰国、越南

## 假繁缕属 **Theligonum** L.

台湾假繁缕 **Theligonum formosanum** (Ohwi) Ohwi et Liu
分布：台湾

日本假繁缕 **Theligonum japonicum** Okubo et Makino
分布：安徽、浙江；日本

假繁缕 **Theligonum macranthum** Franch.
分布：浙江、湖北、四川

## 梯木属 **Timonius** DC.

海茜树 **Timonius arboreus** Elmer
分布：台湾；菲律宾

## 丁茜属 **Trailliaedoxa** W. W. Sm. et Forrest

丁茜 **Trailliaedoxa gracilis** W. W. Sm. et Forrest
分布：四川、云南

## 钩藤属 **Uncaria** Schreb.

毛钩藤 **Uncaria hirsuta** Havil.
分布：贵州、福建、台湾、广东、广西

北越钩藤 **Uncaria homomalla** Miq.
分布：云南、广西；孟加拉国、柬埔寨、印度、印度尼西亚、老挝、马来西亚、缅甸、泰国、越南

平滑钩藤 **Uncaria laevigata** Wall. ex G. Don
分布：云南、台湾、广西；孟加拉国、印度、老挝、缅甸、泰国、越南

倒挂金钩 **Uncaria lancifolia** Hutch.
分布：云南；越南

恒春钩藤 **Uncaria lanosa** var. **appendiculata** (Benth.) Ridsdale
分布：台湾；印度尼西亚、菲律宾

大叶钩藤 **Uncaria macrophylla** Wall.
分布：云南、广东、广西、海南；孟加拉国、不丹、印度、老挝、缅甸、泰国、越南

钩藤 **Uncaria rhynchophylla** (Miq.) Miq. ex Havil.
分布：浙江、江西、湖南、湖北、贵州、云南、福建、广东、广西；日本

侯钩藤 **Uncaria rhynchophylloides** F. C. How
分布：广东、广西

攀茎钩藤 **Uncaria scandens** (Sm.) Hutch.
分布：四川、云南、西藏、广东、广西、海南

白钩藤 **Uncaria sessilifructus** Roxb.
分布：云南、广西；孟加拉国、不丹、印度、老挝、缅甸、尼泊尔、越南

华钩藤 **Uncaria sinensis** (Oliv.) Havil.
分布：陕西、甘肃、湖南、湖北、四川、贵州、云南、广西

云南钩藤 **Uncaria yunnanensis** K. C. Hsia
分布：云南

## 尖叶木属 **Urophyllum** Wall.

尖叶木 **Urophyllum chinense** Merr. et Chun
分布：云南、广东、广西；越南

小花尖叶木 **Urophyllum parviflorum** F. C. How ex H. S. Lo
分布：云南

滇南尖叶木 **Urophyllum tsaianum** F. C. How ex H. S. Lo
分布：云南

## 水锦树属 **Wendlandia** Bartl. ex DC.

广西水锦树 **Wendlandia aberrans** F. C. How
分布：广西

思茅水锦树 **Wendlandia augustinii** Cowan
分布：云南

薄叶水锦树 **Wendlandia bouvardioides** Hutch.
分布：云南

吹树 **Wendlandia brevipaniculata** W. C. Chen
分布：云南

短筒水锦树 **Wendlandia brevituba** Chun et F. C. How ex W. C. Chen
分布：广东、广西

贵州水锦树 **Wendlandia cavaleriei** H. Lév.
分布：贵州、广西

红木水锦树 **Wendlandia erythroxylon** Cowan
分布：台湾

水金京 **Wendlandia formosana** Cowan
分布：云南、台湾、广东、广西；日本、越南

水金京(原亚种) **Wendlandia formosana** subsp. **formosana**
分布：台湾；日本

短花水金京 **Wendlandia formosana** subsp. **breviflora** F. C. How
分布：云南、广东、广西；越南

西藏水锦树 **Wendlandia grandis** (Hook. f.) Cowan
分布：西藏；孟加拉国、不丹、印度、缅甸、尼泊尔

广东水锦树 **Wendlandia guangdongensis** W. C. Chen
分布：广东、海南

景东水锦树 **Wendlandia jingdongensis** W. C. Chen
分布：云南

疏花水锦树 **Wendlandia laxa** S. K. Wu
分布：云南

小叶水锦树 **Wendlandia ligustrina** Wall. ex G. Don
分布：贵州、云南；缅甸

木姜子叶水锦树 **Wendlandia litseifolia** F. C. How
分布：广西

水晶棵子 **Wendlandia longidens** (Hance) Hutch.
分布：湖北、四川、贵州、云南

长梗水锦树 **Wendlandia longipedicellata** F. C. How
分布：云南

吕宋水锦树 **Wendlandia luzoniensis** DC.
分布：台湾；印度、菲律宾、越南

海南水锦树 **Wendlandia merrilliana** Cowan
分布：海南

海南水锦树(原变种) **Wendlandia merrilliana** var. **merrilliana**
分布：海南

细叶海南水锦树 **Wendlandia merrilliana** var. **parvifolia** F. C. How
分布：海南

密花水锦树 **Wendlandia myriantha** F. C. How
分布：广西

龙州水锦树 **Wendlandia oligantha** W. C. Chen
分布：广西

小花水锦树 **Wendlandia parviflora** W. C. Chen
分布：云南

垂枝水锦树 **Wendlandia pendula** (Wall.) DC.
分布：云南；不丹、印度、缅甸、尼泊尔

屏边水锦树 **Wendlandia pingpienensis** F. C. How
分布：云南

大叶木莲红 **Wendlandia pubigera** W. C. Chen
分布：广西

柳叶水锦树 **Wendlandia salicifolia** Franch. ex Drake
分布：贵州、云南、广西；老挝、越南

粗叶水锦树 **Wendlandia scabra** Kurz.
分布：贵州、云南、广西；孟加拉国、印度、缅甸、尼泊尔、泰国、越南

粗叶水锦树(原变种) **Wendlandia scabra** var. **scabra**
分布：贵州、云南、广西；孟加拉国、印度、缅甸、尼泊尔、泰国、越南

悬花水锦树 **Wendlandia scabra** var. **dependens** Cowan
分布：云南

毛粗叶水锦树 **Wendlandia scabra** var. **pilifera** K. C. How et W. C. Chen
分布：广西

美丽水锦树 **Wendlandia speciosa** Cowan
分布：云南、西藏；不丹、印度

高山水锦树 **Wendlandia subalpina** W. W. Sm.
分布：云南

染色水锦树 **Wendlandia tinctoria** (Roxb.) DC.
分布：贵州、云南、广西；孟加拉国、不丹、印度、缅甸、尼泊尔、泰国、越南

毛冠水锦树 **Wendlandia tinctoria** subsp. **affinis** K. C. How et W. C. Chen
分布：云南、广西

粗毛水锦树 **Wendlandia tinctoria** subsp. **barbata** Cowan
分布：云南、广西；越南

厚毛水锦树 **Wendlandia tinctoria** subsp. **callitricha** (Cowan) W. C. Chen
分布：云南、广西；缅甸

多花水锦树 **Wendlandia tinctoria** subsp. **floribunda** (Craib) Cowan
分布：云南；缅甸、泰国

麻栗水锦树 **Wendlandia tinctoria** subsp. **handelii** Cowan
分布：贵州、云南、广西

红皮水锦树 **Wendlandia tinctoria** subsp. **intermedia** (F. C. How) W. C. Chen
分布：云南

东方水锦树 **Wendlandia tinctoria** subsp. **orientalis** Cowan
分布：云南、广西；印度、缅甸、泰国

水锦树 **Wendlandia uvariifolia** Hance
分布：贵州、云南、台湾、广东、广西、海南；越南

水锦树(原亚种) **Wendlandia uvariifolia** subsp. **uvariifolia**
分布：贵州、云南、台湾、广东、广西、海南；越南

中华水锦树 **Wendlandia uvariifolia** subsp. **chinensis** (Merr.) Cowan
分布：广东、广西、海南

疏毛水锦树 **Wendlandia uvariifolia** subsp. **pilosa** W. C. Chen
分布：云南

毛叶水锦树 **Wendlandia villosa** W. C. Chen
分布：云南

### 岩黄树属 **Xanthophytum** Reinw. ex Bl.

琼岛岩黄树 **Xanthophytum attopevense** (Pierre ex Pit.) H. S. Lo
分布：海南；老挝、越南

长梗岩黄树 **Xanthophytum balansae** (Pit.) H. S. Lo
分布：广西；越南

岩黄树 **Xanthophytum kwangtungense** (Chun et F. C. How) H. S. Lo
分布：云南、广西；越南

多花岩黄树 **Xanthophytum polyanthum** Pit.
分布：海南；越南

## 413. 川蔓藻科 Ruppiaceae Horn.

### 川蔓藻属 **Ruppia** L.

川蔓藻 **Ruppia maritima** L.
分布：辽宁、山东、甘肃、青海、新疆、江苏、浙江、福建、台湾、广东、广西、海南；广布于全球温带和亚热带地区的咸水水域

## 414. 芸香科 Rutaceae Juss.

### 山油柑属 **Acronychia** J. R. Forst. et G. Forst.

山油柑 **Acronychia pedunculata** (L.) Miq.
分布：云南、福建、台湾、广东、广西、海南；孟加拉国、不丹、柬埔寨、印度、印度尼西亚、老挝、马来西亚、缅甸、巴布亚新几内亚、菲律宾、斯里兰卡、泰国、越南

### 木橘属 **Aegle** Corrêa

木橘 **Aegle marmelos** (L.) Corrêa
分布：云南；原产于印度

### 酒饼簕属 **Atalantia** Corrêa

尖叶酒饼簕 **Atalantia acuminata** C. C. Huang
分布：云南、广西；越南

酒饼簕 **Atalantia buxifolia** (Poir.) Oliv. ex Benth.
分布：云南、福建、台湾、广东、广西、海南；马来西亚、菲律宾、越南

厚皮酒饼簕 **Atalantia dasycarpa** C. C. Huang
分布：广西；越南

封开酒饼簕 **Atalantia fongkaica** C. C. Huang
分布：广东

大果酒饼簕 **Atalantia guillauminii** Swingle
分布：云南；越南

薄皮酒饼簕 **Atalantia henryi** (Swingle) C. C. Huang
分布：云南、广西；越南

广东酒饼簕 **Atalantia kwangtungensis** Merr.
分布：广东、广西、海南

### 石椒草属 **Boenninghausenia** Rchb. ex Meisn.

臭节草 **Boenninghausenia albiflora** (Hook.) Rchb. ex Meisn.
分布：陕西、甘肃、安徽、江苏、浙江、江西、湖南、湖

北、四川、贵州、云南、西藏、福建、台湾、广东、广西；不丹、印度、印度尼西亚、日本、克什米尔地区、老挝、缅甸、尼泊尔、巴基斯坦、菲律宾、泰国、越南

## 柑橘属 **Citrus** L.

酸橙 **Citrus × aurantium** (Christm.) Swingle
分布：秦岭以南各地栽培

宜昌橙 **Citrus cavaleriei** H. Lév. ex Cavalier
分布：陕西、甘肃、湖南、湖北、四川、贵州、云南、广西

箭叶橙 **Citrus hystrix** DC.
分布：云南、广西；印度尼西亚、缅甸、巴布亚新几内亚、菲律宾、泰国

金柑 **Citrus japonica** Thunb.
分布：安徽、浙江、江西、湖南、福建、广东、广西、海南

香橙 **Citrus × junos** Sieb. ex Tanaka
分布：陕西、甘肃、安徽、江苏、浙江、湖南、湖北、四川、贵州、云南栽培

柠檬 **Citrus × limon** (L.) Burm. f.
分布：南部各省(自治区、直辖市)栽培

柚 **Citrus maxima** (Burm.) Merr.
分布：中国南方栽培；可能原产于亚洲(西南部)

香橼 **Citrus medica** L.
分布：四川、贵州、云南、西藏、广西、海南栽培；原产于印度、缅甸

香橼(原变种) **Citrus medica** var. **medica**
分布：四川、贵州、云南、西藏、广西、海南；原产于印度、缅甸

云南香橼 **Citrus medica** var. **yunnanensis** S. Q. Ding
分布：云南

柑橘 **Citrus reticulata** Blanco
分布：秦岭以南广泛栽培

枳 **Citrus trifoliata** L.
分布：山西、山东、河南、陕西、甘肃、安徽、江苏、浙江、江西、湖南、湖北、重庆、贵州、广东、广西

## 黄皮属 **Clausena** Burm. f.

细叶黄皮 **Clausena anisum-olens** (Blanco) Merr.
分布：云南、台湾、广西，栽培于广东；菲律宾

齿叶黄皮 **Clausena dunniana** H. Lév.
分布：湖南、湖北、四川、贵州、云南、广东、广西；越南

齿叶黄皮(原变种) **Clausena dunniana** var. **dunniana**
分布：湖南、贵州、云南、广东、广西、四川；越南

毛齿叶黄皮 **Clausena dunniana** var. **robusta** C. C. Huang
分布：湖南、湖北、四川、贵州、云南、广西

小黄皮 **Clausena emarginata** C. C. Huang
分布：云南、广西

假黄皮 **Clausena excavata** Burm. f.
分布：云南、福建、台湾、广东、广西、海南；孟加拉国、不丹、柬埔寨、印度、印度尼西亚、老挝、马来西亚、缅甸、尼泊尔、菲律宾、泰国、越南

海南黄皮 **Clausena hainanensis** C. C. Huang et F. W. Xing
分布：湖南、湖北、四川、贵州、云南、广东、广西；越南

黄皮 **Clausena lansium** (Lour.) Skeels
分布：四川、贵州、云南、福建、广东、广西、海南；越南

光滑黄皮 **Clausena lenis** Drake
分布：云南、广东、广西、海南；老挝、泰国、越南

香花黄皮 **Clausena odorata** C. C. Huang
分布：云南

毛叶黄皮 **Clausena vestita** D. D. Tao
分布：云南

云南黄皮 **Clausena yunnanensis** C. C. Huang
分布：云南、广西

弄岗黄皮 **Clausena yunnanensis** var. **longgangensis** C. F. Liang et Y. X. Lu
分布：广西

云南黄皮(原变种) **Clausena yunnanensis** var. **yunnanensis**
分布：云南、广西

## 白鲜属 **Dictamnus** L.

白鲜 **Dictamnus dasycarpus** Turcz.
分布：黑龙江、吉林、辽宁、内蒙古、河北、山西、山东、河南、陕西、宁夏、甘肃、新疆、安徽、江苏、江西、湖北、四川；朝鲜、蒙古国、俄罗斯

## 山小橘属 **Glycosmis** Corrêa

米兰山小橘 **Glycosmis aglaioides** R. H. Miao
分布：贵州

毛山小橘 **Glycosmis craibii** Tanaka
分布：云南、海南；泰国、越南

**毛山小橘(原变种) Glycosmis craibii** var. **craibii**
分布：云南；泰国

**光叶山小橘 Glycosmis craibii** var. **glabra** (Craib) Tanaka
分布：海南；泰国、越南

**锈毛山小橘 Glycosmis esquirolii** (H. Lév.) Tanaka
分布：贵州、云南、广西；缅甸、泰国

**长叶山小橘 Glycosmis longifolia** (Oliv.) Tanaka
分布：云南；印度、缅甸、斯里兰卡

**长瓣山小橘 Glycosmis longipetala** F. J. Mou et D. X. Zhang
分布：云南、广西

**亮叶山小橘 Glycosmis lucida** Wall. ex C. C. Huang
分布：云南；不丹、印度、缅甸

**海南山小橘 Glycosmis montana** Pierre
分布：云南、广东、海南；越南

**少花山小橘 Glycosmis oligantha** C. C. Huang
分布：广西

**小花山小橘 Glycosmis parviflora** (Sims) Little
分布：贵州、云南、福建、台湾、广东、广西、海南；日本、缅甸、越南

**山小橘 Glycosmis pentaphylla** (Retz) DC.
分布：云南；不丹、柬埔寨、印度、印度尼西亚、老挝、马来西亚、缅甸、尼泊尔、巴基斯坦、菲律宾、斯里兰卡、泰国、越南

**华山小橘 Glycosmis pseudoracemosa** (Guillaumin) Swingle
分布：云南、广西；越南

**西藏山小橘 Glycosmis xizangensis** (C. Y. Wu et H. Li) D. D. Tao
分布：西藏

## 拟芸香属 Haplophyllum A. Juss.

**大叶芸香 Haplophyllum acutifolium** (DC.) G. Don
分布：新疆；阿富汗、哈萨克斯坦、吉尔吉斯斯坦、蒙古国、巴基斯坦、塔吉克斯坦、土库曼斯坦、乌兹别克斯坦；亚洲(西南部)

**北芸香 Haplophyllum dauricum** (L.) G. Don
分布：黑龙江、吉林、内蒙古、河北、陕西、宁夏、甘肃、新疆；蒙古国、俄罗斯

**针枝芸香 Haplophyllum tragacanthoides** Diels
分布：内蒙古、宁夏、甘肃

## 牛筋果属 Harrisonia R. Br. ex A. Juss.

**牛筋果 Harrisonia perforata** (Blanco) Merr.
分布：广东、海南；柬埔寨、印度、印度尼西亚、老挝、马来西亚、缅甸、菲律宾、泰国、越南

## 三叶藤桔属 Luvunga Buch.-Ham. ex Wight et Arn.

**三叶藤 Luvunga scandens** (Roxb.) Buch.-Ham. ex Wight et Arn.
分布：云南、广东、海南；柬埔寨、印度、老挝、马来西亚、缅甸、泰国、越南

## 贡甲属 Maclurodendron T. G. Hartley

**贡甲 Maclurodendron oligophlebium** (Merr.) T. G. Hartley
分布：广东、海南；越南

## 蜜茱萸属 Melicope J. R. Forst. et G. Forst.

**海南蜜茱萸 Melicope chunii** (Merr.) T. G. Hartley
分布：海南

**密果蜜茱萸 Melicope glomerata** (Craib) T. G. Hartley
分布：云南；老挝、缅甸、泰国

**三刈叶蜜茱萸 Melicope lunu-ankenda** (Gaertn.) T. G. Hartley
分布：西藏；不丹、柬埔寨、印度、印度尼西亚、马来西亚、缅甸、尼泊尔、菲律宾、斯里兰卡、泰国、越南

**单叶吴萸 Melicope pahangensis** Hartley
分布：云南；越南、老挝、泰国、柬埔寨、马来西亚

**密茱萸 Melicope patulinervia** (Merr. et Chun) C. C. Huang
分布：海南

**三桠苦 Melicope pteleifolia** (Champ. ex Benth.) Hartley
分布：浙江、江西、云南、福建、台湾、广东、广西、海南；柬埔寨、老挝、缅甸、泰国、越南

**台湾蜜茱萸 Melicope semecarpifolia** (Merr.) T. G. Hartley
分布：台湾；菲律宾

**三叶蜜茱萸 Melicope triphylla** (Lam.) Merr.
分布：台湾；印度尼西亚、日本、巴布亚新几内亚、菲律宾、太平洋岛屿

**单叶蜜茱萸 Melicope viticina** (Wall. ex Kurtz) T. G. Hartley

分布：云南；柬埔寨、老挝、缅甸、泰国、越南

## 小芸木属 Micromelum Blume

**大管 Micromelum falcatum** (Lour.) Tanaka

分布：云南、广东、广西、海南；柬埔寨、老挝、缅甸、泰国、越南

**小芸木 Micromelum integerrimum** (Buch.-Ham. ex Colebr.) Wight et Arn. ex M. Roem.

分布：贵州、云南、西藏、广东、广西、海南；不丹、柬埔寨、印度、老挝、缅甸、泰国、尼泊尔、菲律宾、越南

**小芸木(原变种) Micromelum integerrimum** var. **integerrimum**

分布：贵州、云南、西藏、广东、广西、海南；不丹、柬埔寨、印度、老挝、缅甸、尼泊尔、泰国、越南

**毛叶小芸木 Micromelum integerrimum** var. **mollissimum** Tanaka

分布：云南、广西；越南、老挝、菲律宾、柬埔寨

## 九里香属 Murraya J. Koenig ex L.

**翼叶九里香 Murraya alata** Drake

分布：广东、广西、海南；越南

**兰屿九里香 Murraya crenulata** (Turcz.) Oliv.

分布：台湾；印度尼西亚、巴布亚新几内亚、菲律宾、太平洋岛(西南部)

**豆叶九里香 Murraya euchrestifolia** Hayata

分布：贵州、云南、台湾、广东、广西、海南

**九里香 Murraya exotica** L.

分布：贵州、福建、台湾、广东、广西、海南

**调料九里香 Murraya koenigii** (L.) Spreng.

分布：云南、广东、海南；不丹、印度、老挝、尼泊尔、巴基斯坦、斯里兰卡、泰国、越南

**广西九里香 Murraya kwangsiensis** (C. C. Huang) C. C. Huang

分布：云南、广西

**广西九里香(原变种) Murraya kwangsiensis** var. **kwangsiensis**

分布：云南、广西

**大叶九里香 Murraya kwangsiensis** var. **macrophylla** C. C. Huang

分布：广西

**小叶九里香 Murraya microphylla** (Merr. et Chun) Swingle

分布：广东、海南

**千里香 Murraya paniculata** (L.) Jack.

分布：湖南、贵州、云南、福建、台湾、广东、广西、海南；不丹、柬埔寨、印度、印度尼西亚、日本、老挝、马来西亚、缅甸、尼泊尔、巴布亚新几内亚、巴基斯坦、菲律宾、斯里兰卡、泰国、越南、澳大利亚、太平洋岛屿

**四树九里香 Murraya tetramera** C. C. Huang

分布：云南、广西

## 臭常山属 Orixa Thunb.

**臭常山 Orixa japonica** Thunb.

分布：河南、陕西、安徽、江苏、浙江、江西、湖南、湖北、四川、贵州、云南、福建；朝鲜、日本

## 单叶藤橘属 Paramignya Wight

**单叶藤橘 Paramignya confertifolia** Swingle

分布：云南、广东、广西、海南；越南

## 黄檗属 Phellodendron Rupr.

**黄檗 Phellodendron amurense** Rupr.

分布：黑龙江、吉林、辽宁、内蒙古、河北、山西、山东、河南、安徽、台湾；朝鲜、日本、俄罗斯

**川黄檗 Phellodendron chinense** C. K. Schneid.

分布：河南、陕西、甘肃、安徽、江苏、浙江、湖南、湖北、四川、贵州、云南、福建、广东、广西

**川黄檗(原变种) Phellodendron chinense** var. **chinense**

分布：河南、安徽、湖南、湖北、四川、云南

**秃叶黄檗 Phellodendron chinense** var. **glabriusculum** C. K. Schneid.

分布：陕西、甘肃、江苏、浙江、湖南、湖北、四川、贵州、云南、福建、广东、广西

## 裸芸香属 Psilopeganum Hemsl.

**裸芸香 Psilopeganum sinense** Hemsl.

分布：湖北、四川、贵州

## 茵芋属 Skimmia Thunb.

**乔木茵芋 Skimmia arborescens** T. Anderson ex Gamble

分布：四川、贵州、云南、西藏、广东、广西；不丹、印度、老挝、缅甸、尼泊尔、泰国、越南

**月桂茵芋 Skimmia laureola** (DC.) Sieb. et Zucc. ex Walp.

分布：西藏；不丹、印度、缅甸、尼泊尔

黑果茵芋 **Skimmia melanocarpa** Rehder et E. H. Wilson

分布：陕西、甘肃、湖北、四川、云南、西藏

多脉茵芋 **Skimmia multinervia** C. C. Huang

分布：四川、云南；不丹、印度、缅甸、尼泊尔、越南

茵芋 **Skimmia reevesiana** (Fortune) Fortune

分布：河南、安徽、浙江、江西、湖南、湖北、四川、贵州、云南、福建、台湾、广东、广西、海南；缅甸、菲律宾、越南

## 四数花属 **Tetradium** Loureiro

华南吴萸 **Tetradium austrosinense** (Hand.-Mazz.) Hartley

分布：云南、广东、广西；越南

石山吴萸 **Tetradium calcicola** (Chun ex Huang) Hartley

分布：贵州、云南、广西

臭檀吴萸 **Tetradium daniellii** (Benn.) T. G. Hartley

分布：辽宁、河北、山西、山东、河南、陕西、宁夏、甘肃、青海、安徽、江苏、湖北、四川、贵州、云南、西藏；朝鲜

无腺吴萸 **Tetradium fraxinifolium** (Hook.) Hartley

分布：云南、西藏；不丹、印度、缅甸、尼泊尔、泰国、越南

楝叶吴萸 **Tetradium glabrifolium** (Champ. ex Benth.) Hartley

分布：河南、陕西、安徽、浙江、江西、湖南、湖北、四川、贵州、云南、福建、台湾、广东、广西、海南；不丹、印度、印度尼西亚、日本、马来西亚、缅甸、菲律宾、泰国、越南

吴茱萸 **Tetradium ruticarpum** (A. Juss.) Hartley

分布：河北、河南、陕西、甘肃、安徽、江苏、浙江、江西、湖南、湖北、四川、贵州、云南、福建、广东、广西；不丹、印度、缅甸、尼泊尔

牛枓吴萸 **Tetradium trichotomum** Lour.

分布：陕西、湖北、四川、贵州、云南、广东、广西、海南；老挝、泰国、越南

## 飞龙掌血属 **Toddalia** Juss.

飞龙掌血 **Toddalia asiatica** (L.) Lam.

分布：河南、陕西、甘肃、湖南、湖北、四川、贵州、云南、西藏、福建、台湾、广东、广西、海南；孟加拉国、不丹、印度、印度尼西亚、日本、老挝、马来西亚、缅甸、尼泊尔、菲律宾、斯里兰卡、泰国、越南、马达加斯加；非洲

## 花椒属 **Zanthoxylum** L.

刺花椒 **Zanthoxylum acanthopodium** DC.

分布：四川、贵州、云南、西藏、广西；孟加拉国、不丹、印度、印度尼西亚、老挝、马来西亚、缅甸、尼泊尔、泰国、越南

椿叶花椒 **Zanthoxylum ailanthoides** Sieb. et Zucc.

分布：浙江、江西、四川、贵州、云南、福建、台湾、广东、广西；日本、韩国、菲律宾

椿叶花椒(原变种) **Zanthoxylum ailanthoides** var. **ailanthoides**

分布：浙江、江西、贵州、云南、福建、台湾、广东、广西、四川(东南部)；日本、韩国、菲律宾

毛椿叶花椒 **Zanthoxylum ailanthoides** var. **pubescens** Hatus.

分布：台湾

竹叶花椒 **Zanthoxylum armatum** DC.

分布：山西、山东、河南、陕西、甘肃、安徽、江苏、浙江、江西、湖南、湖北、四川、贵州、云南、西藏、福建、台湾、广东、广西；孟加拉国、不丹、印度、印度尼西亚、日本、克什米尔地区、韩国、老挝、缅甸、尼泊尔、巴基斯坦、菲律宾、泰国、越南

竹叶花椒(原变种) **Zanthoxylum armatum** var. **armatum**

分布：山西、山东、河南、陕西、甘肃、安徽、江苏、浙江、江西、湖南、湖北、四川、贵州、云南、西藏、福建、台湾、广东、广西；孟加拉国、不丹、印度、印度尼西亚、日本、克什米尔地区、韩国、老挝、缅甸、尼泊尔、巴基斯坦、菲律宾、泰国、越南

毛竹叶花椒 **Zanthoxylum armatum** var. **ferrugineum** (Rehder et E. H. Wilson) C. C. Huang

分布：陕西、湖南、四川、贵州、云南、广东、广西

岭南花椒 **Zanthoxylum austrosinense** C. C. Huang

分布：安徽、浙江、江西、湖南、湖北、福建、广东、广西

岭南花椒(原变种) **Zanthoxylum austrosinense** var. **austrosinense**

分布：安徽、浙江、江西、湖南、湖北、福建、广东

毛叶岭南花椒 **Zanthoxylum austrosinense** var. **pubescens** C. C. Huang

分布：湖南

**簕欓花椒 Zanthoxylum avicennae** (Lam.) DC.
分布：云南、福建、广东、广西、海南；印度、印度尼西亚、马来西亚、菲律宾、泰国、越南

**花椒 Zanthoxylum bungeanum** Maxim.
分布：辽宁、河北、山西、山东、河南、陕西、宁夏、甘肃、青海、新疆、安徽、江苏、浙江、江西、湖南、湖北、四川、贵州、云南、西藏、福建、广西；不丹

**花椒(原变种) Zanthoxylum bungeanum** var. **bungeanum**
分布：辽宁、河北、山西、山东、河南、陕西、宁夏、甘肃、青海、新疆、安徽、江苏、浙江、江西、湖南、湖北、四川、贵州、云南、西藏、福建、广西；不丹

**毛叶花椒 Zanthoxylum bungeanum** var. **pubescens** C. C. Huang
分布：陕西、甘肃、青海、四川、云南

**油叶花椒 Zanthoxylum bungeanum** var. **punctatum** C. C. Huang
分布：四川

**石山花椒 Zanthoxylum calcicola** C. C. Huang
分布：贵州、云南、广西

**糙叶花椒 Zanthoxylum collinsiae** Craib
分布：贵州、云南、广西；老挝、泰国、越南

**异叶花椒 Zanthoxylum dimorphophyllum** Hemsl.
分布：河南、陕西、甘肃、湖南、湖北、四川、贵州、云南、台湾、广东、广西、海南；泰国、越南

**异叶花椒(原变种) Zanthoxylum dimorphophyllum** var. **dimorphophyllum**
分布：陕西、甘肃、湖南、湖北、四川、贵州、云南、台湾、广东、广西、海南；泰国、越南

**多异叶花椒 Zanthoxylum dimorphophyllum** var. **multifoliolatum** C. C. Huang
分布：云南

**刺异叶花椒 Zanthoxylum dimorphophyllum** var. **spinifolium** Rehder et E. H. Wilson
分布：河南、陕西、湖南、湖北、四川、贵州

**蚬壳花椒 Zanthoxylum dissitum** Hemsl.
分布：河南、陕西、甘肃、湖南、湖北、四川、贵州、云南、广东、广西、海南

**蚬壳花椒(原变种) Zanthoxylum dissitum** var. **dissitum**
分布：河南、陕西、甘肃、湖南、湖北、四川、贵州、云南、广东、广西、海南

**针边蚬壳花椒 Zanthoxylum dissitum** var. **acutiserratum** C. C. Huang
分布：四川

**刺蚬壳花椒 Zanthoxylum dissitum** var. **hispidum** (Reeder et S. Y. Cheo) C. C. Huang
分布：四川、云南

**长叶蚬壳花椒 Zanthoxylum dissitum** var. **lanciforme** C. C. Huang
分布：贵州、广西

**刺壳花椒 Zanthoxylum echinocarpum** Hemsl.
分布：湖南、湖北、四川、贵州、云南、广东、广西

**刺壳花椒(原变种) Zanthoxylum echinocarpum** var. **echinocarpum**
分布：湖南、湖北、四川、贵州、云南、广东、广西

**毛刺壳花椒 Zanthoxylum echinocarpum** var. **tomentosum** C. C. Huang
分布：贵州、云南、广西

**贵州花椒 Zanthoxylum esquirolii** H. Lév.
分布：四川、贵州、云南

**密果花椒 Zanthoxylum glomeratum** C. C. Huang
分布：贵州、广西

**兰屿花椒 Zanthoxylum integrifolium** (Merr.) Merr.
分布：台湾；菲律宾

**云南花椒 Zanthoxylum khasianum** Hook. f.
分布：云南；印度

**广西花椒 Zanthoxylum kwangsiense** (Hand.-Mazz.) Chun ex C. C. Huang
分布：重庆、贵州、广西

**拟蚬壳花椒 Zanthoxylum laetum** Drake
分布：云南、广东、广西、海南；越南

**雷波花椒 Zanthoxylum leiboicum** C. C. Huang
分布：四川

**荔波花椒 Zanthoxylum liboense** C. C. Huang
分布：贵州

**大花花椒 Zanthoxylum macranthum** (Hand.-Mazz.) C. C. Huang
分布：河南、湖南、湖北、四川、重庆、贵州、云南、西藏

**小花花椒 Zanthoxylum micranthum** Hemsl.
分布：河南、湖南、湖北、四川、贵州、云南

**朵花椒 Zanthoxylum molle** Rehder
分布：河南、安徽、浙江、江西、湖南、贵州、云南

**墨脱花椒 Zanthoxylum motuoense** C. C. Huang
分布：西藏

**多叶花椒 Zanthoxylum multijugum** Franch.
分布：贵州、云南

**大叶臭花椒 Zanthoxylum myriacanthum** Wall. ex Hook. f.
分布：浙江、江西、湖南、贵州、云南、福建、广东、广西、海南；不丹、印度、印度尼西亚、马来西亚、缅甸、菲律宾、越南

**大叶臭花椒(原变种) Zanthoxylum myriacanthum** var. **myriacanthum**
分布：浙江、江西、湖南、贵州、云南、福建、广东、广西、海南；不丹、印度、印度尼西亚、马来西亚、缅甸、菲律宾、越南

**毛大叶臭花椒 Zanthoxylum myriacanthum** var. **pubescens** (C. C. Huang) C. C. Huang
分布：云南

**毛叶两面针 Zanthoxylum nitidum** var. **tomentosum** C. C. Huang
分布：广西

**川陕花椒 Zanthoxylum piasezkii** Maxim.
分布：河南、陕西、甘肃、四川

**翼刺花椒 Zanthoxylum pteracanthum** Rehder et E. H. Wilson
分布：湖北

**菱叶花椒 Zanthoxylum rhombifoliolatum** C. C. Huang
分布：重庆、贵州

**花椒簕 Zanthoxylum scandens** Blume
分布：安徽、浙江、江西、湖南、湖北、四川、重庆、贵州、云南、福建、台湾、广东、广西、海南；印度、印度尼西亚、日本、马来西亚、缅甸

**青花椒 Zanthoxylum schinifolium** Sieb. et Zucc.
分布：辽宁、河北、山东、河南、安徽、江苏、浙江、江西、湖南、湖北、贵州、福建、台湾、广东、广西；日本、韩国

**野花椒 Zanthoxylum simulans** Hance
分布：河北、山东、河南、陕西、甘肃、青海、安徽、江苏、浙江、江西、湖南、湖北、贵州、福建、台湾、广东

**狭叶花椒 Zanthoxylum stenophyllum** Hemsl.
分布：河南、陕西、甘肃、湖南、湖北、四川

**梗花椒 Zanthoxylum stipitatum** C. C. Huang
分布：湖南、福建、广东、广西

**毡毛花椒 Zanthoxylum tomentellum** Hook. f.
分布：云南；缅甸、印度、尼泊尔、不丹

**浪叶花椒 Zanthoxylum undulatifolium** Hemsl.
分布：陕西、湖北、四川、云南

**屏东花椒 Zanthoxylum wutaiense** Chen
分布：台湾

**西畴花椒 Zanthoxylum xichouense** C. C. Huang
分布：云南

**元江花椒 Zanthoxylum yuanjiangense** C. C. Huang
分布：云南

## 415. 清风藤科 Sabiaceae Blume

### 泡花树属 **Meliosma** Blume

**珂楠树 Meliosma alba** (Schltdl.) Walp.
分布：浙江、江西、湖南、湖北、四川、贵州、云南；缅甸；北美洲

**狭叶泡花树 Meliosma angustifolia** Merr.
分布：云南、广东、广西、海南

**南亚泡花树 Meliosma arnottiana** (Wight) Walp.
分布：云南、西藏、广西；印度、印度尼西亚、日本、韩国、马来西亚、尼泊尔、菲律宾、斯里兰卡、泰国、越南

**双裂泡花树 Meliosma bifida** Law
分布：云南

**紫珠叶泡花树 Meliosma callicarpifolia** Hayata
分布：台湾

**泡花树 Meliosma cuneifolia** Franch.
分布：山西、河南、陕西、甘肃、安徽、湖南、湖北、四川、贵州、云南、西藏

**泡花树(原变种) Meliosma cuneifolia** var. **cuneifolia**
分布：河南、陕西、甘肃、湖北、四川、贵州、云南、西藏

**光叶泡花树 Meliosma cuneifolia** var. **glabriuscula** Cufod.
分布：山西、河南、甘肃、安徽、湖南、湖北、四川、贵州、云南、西藏

**重齿泡花树 Meliosma dilleniifolia** (Wall. ex Wight et Arn.) Walp.
分布：云南、西藏；尼泊尔、印度、缅甸、不丹

**灌丛泡花树** ***Meliosma dumicola*** W. W. Sm.
分布：云南、西藏、广东、海南；越南、泰国

**垂枝泡花树** ***Meliosma flexuosa*** Pamp.
分布：河南、陕西、安徽、江苏、浙江、江西、湖南、湖北、四川、贵州、福建、广东

**垂枝泡花树(原变种)** ***Meliosma flexuosa*** var. ***flexuosa***
分布：河南、陕西、安徽、江苏、江西、湖南、湖北、四川、贵州、福建、广东

**毛果垂枝泡花树** ***Meliosma flexuosa*** var. ***pubicarpa*** X. F. Jin, Hong Wang et H. W. Zhang
分布：浙江

**香皮树** ***Meliosma fordii*** Hemsl.
分布：江西、湖南、贵州、云南、福建、广东、广西、海南；越南、老挝、柬埔寨、泰国

**香皮树(原变种)** ***Meliosma fordii*** var. ***fordii***
分布：江西、湖南、贵州、云南、福建、广东、广西、海南；柬埔寨、老挝、泰国、越南

**辛氏泡花树** ***Meliosma fordii*** var. ***sinii*** (Diels) Law
分布：贵州、广东、广西

**腺毛泡花树** ***Meliosma glandulosa*** Cufod.
分布：贵州、广东、广西

**贵州泡花树** ***Meliosma henryi*** Diels
分布：湖北、四川、贵州、云南、广西

**山青木** ***Meliosma kirkii*** Hemsl. et E. H. Wilson
分布：四川、云南

**华南泡花树** ***Meliosma laui*** Merr.
分布：云南、广东、广西、海南；越南

**疏枝泡花树** ***Meliosma longipes*** Merr.
分布：云南、广东、广西；越南

**多花泡花树** ***Meliosma myriantha*** Sieb. et Zucc.
分布：山东、河南、陕西、安徽、江苏、浙江、江西、湖南、湖北、四川、贵州、福建、广东、广西；日本、韩国

**多花泡花树(原变种)** ***Meliosma myriantha*** var. ***myriantha***
分布：山东、河南、江苏；日本、韩国

**异色泡花树** ***Meliosma myriantha*** var. ***discolor*** Dunn
分布：安徽、浙江、江西、湖南、湖北、贵州、福建、广东、广西

**柔毛泡花树** ***Meliosma myriantha*** var. ***pilosa*** (Lecomte) Law
分布：陕西、安徽、江苏、浙江、江西、湖南、湖北、四川、贵州、福建

**红柴枝** ***Meliosma oldhamii*** Miq. ex Maxim.
分布：河南、陕西、安徽、江苏、浙江、江西、湖南、湖北、贵州、云南、福建、广东、广西；日本、韩国

**有腺泡花树** ***Meliosma oldhamii*** var. ***glandulifera*** Cufodontis
分布：安徽、江西、湖南、广西

**红柴枝(原变种)** ***Meliosma oldhamii*** var. ***oldhamii***
分布：河南、陕西、安徽、江苏、浙江、江西、湖北、贵州、云南、福建、广东、广西；日本、韩国

**细花泡花树** ***Meliosma parviflora*** Lecomte
分布：河南、江苏、浙江、湖北、四川、西藏

**狭序泡花树** ***Meliosma paupera*** Hand.-Mazz.
分布：江西、贵州、云南、广东、广西；越南

**羽叶泡花树** ***Meliosma pinnata*** (Roxb.) Maxim.
分布：西藏；印度、不丹、孟加拉国、缅甸

**漆叶泡花树** ***Meliosma rhoifolia*** Maxim.
分布：浙江、江西、湖南、贵州、福建、台湾、广东、广西；日本

**漆叶泡花树(原变种)** ***Meliosma rhoifolia*** var. ***rhoifolia***
分布：台湾；日本

**腋毛泡花树** ***Meliosma rhoifolia*** var. ***barbulata*** (Cufod.) Law
分布：浙江、江西、湖南、贵州、福建、广东、广西

**笔罗子** ***Meliosma rigida*** Sieb. et Zucc.
分布：河南、浙江、江西、湖南、湖北、贵州、云南、福建、台湾、广东、广西；老挝、越南、菲律宾、日本

**笔罗子(原变种)** ***Meliosma rigida*** var. ***rigida***
分布：河南、浙江、江西、湖南、湖北、贵州、云南、福建、台湾、广东、广西；日本、老挝、菲律宾、越南

**毡毛泡花树** ***Meliosma rigida*** var. ***pannosa*** (Hand.-Mazz.) Law
分布：浙江、江西、湖南、湖北、贵州、福建、广东、广西

**单叶泡花树** ***Meliosma simplicifolia*** (Roxb.) Walp.
分布：云南、西藏；孟加拉国、不丹、印度、老挝、缅甸、尼泊尔、斯里兰卡、泰国

**樟叶泡花树** ***Meliosma squamulata*** Hance
分布：浙江、江西、湖南、贵州、云南、福建、台湾、广东、广西、海南；日本

**西南泡花树** ***Meliosma thomsonii*** King ex Brandis
分布：四川、贵州、云南、西藏；尼泊尔、印度、缅甸

**山楱花泡花树 Meliosma thorelii** Lecomte

分布：四川、贵州、云南、福建、广东、广西、海南；印度、越南、老挝

**暖木 Meliosma veitchiorum** Hemsl.

分布：山西、河南、陕西、安徽、浙江、湖南、湖北、四川、贵州、云南

**毛泡花树 Meliosma velutina** Rehder et E. H. Wilson

分布：云南、广东、广西；越南

**云南泡花树 Meliosma yunnanensis** Franch.

分布：四川、贵州、云南、西藏；尼泊尔、印度、不丹、缅甸

## 清风藤属 Sabia Colebr.

**钟花清风藤 Sabia campanulata** Wall.

分布：云南、西藏；印度、尼泊尔、不丹

**钟花清风藤(原亚种) Sabia campanulata** subsp. **campanulata**

分布：云南、西藏；不丹、印度、尼泊尔

**鄂西清风藤 Sabia campanulata** subsp. **ritchieae** (Rehder et E. H. Wilson) Y. F. Wu

分布：陕西、甘肃、安徽、江苏、浙江、江西、湖南、湖北、四川、贵州、福建、广东

**革叶清风藤 Sabia coriacea** Rehder et E. H. Wilson

分布：江西、福建、广东

**平伐清风藤 Sabia dielsii** H. Lév.

分布：贵州、云南、广西

**灰背清风藤 Sabia discolor** Dunn

分布：浙江、江西、贵州、福建、广东、广西

**凹萼清风藤 Sabia emarginata** Lecomte

分布：湖南、湖北、四川、贵州、广西

**簇花清风藤 Sabia fasciculata** Lecomte ex L. Chen

分布：云南、福建、广东、广西；越南、缅甸

**清风藤 Sabia japonica** Maxim.

分布：河南、安徽、江苏、浙江、江西、湖北、贵州、福建、广东、广西；日本

**清风藤(原变种) Sabia japonica** var. **japonica**

分布：河南、安徽、江苏、浙江、江西、湖北、贵州、福建、广东、广西；日本

**中华清风藤 Sabia japonica** var. **sinensis** L. Chen

分布：江西、广东

**披针清风藤 Sabia lanceolata** Colebr.

分布：西藏；孟加拉国、印度、缅甸、不丹

**柠檬清风藤 Sabia limoniacea** Wall. ex Hook. f. et Thomson

分布：四川、云南、福建、广东、海南；孟加拉国、印度、缅甸、泰国、马来西亚、印度尼西亚

**长脉清风藤 Sabia nervosa** Chun ex Y. F. Wu

分布：广东、广西

**锥序清风藤 Sabia paniculata** Edgew. ex Hook. f. et Thomson

分布：云南；印度、孟加拉国、不丹、尼泊尔、缅甸、泰国

**小花清风藤 Sabia parviflora** Wall. ex Roxb.

分布：四川、贵州、云南、广西；尼泊尔、印度、缅甸、泰国、越南、印度尼西亚、菲律宾

**灌丛清风藤 Sabia purpurea** subsp. **dumicola** (W. W. Sm.) Water

分布：云南

**四川清风藤 Sabia schumanniana** Diels

分布：河南、陕西、湖北、四川、重庆、贵州、云南

**四川清风藤(原亚种) Sabia schumanniana** subsp. **schumanniana**

分布：河南、陕西、四川、重庆、贵州

**多花清风藤 Sabia schumanniana** subsp. **pluriflora** (Rehder et E. H. Wilson) Y. F. Wu

分布：湖北、四川、贵州、云南

**尖叶清风藤 Sabia swinhoei** Hemsl.

分布：江苏、浙江、江西、湖南、湖北、四川、贵州、云南、福建、台湾、广东、广西、海南；越南

**阿里山清风藤 Sabia transarisanensis** Hayata

分布：台湾

**云南清风藤 Sabia yunnanensis** Franch.

分布：河南、安徽、江西、湖北、四川、贵州、云南、西藏；不丹、尼泊尔

**云南清风藤(原亚种) Sabia yunnanensis** subsp. **yunnanensis**

分布：河南、湖北、四川、云南、西藏；不丹、尼泊尔

**阔叶清风藤 Sabia yunnanensis** subsp. **latifolia** (Rehder et E. H. Wilson) Y. F. Wu

分布：河南、安徽、江西、四川、贵州、云南

# 416. 杨柳科 Salicaceac Mirb.

## 菲柞属 Ahernia Merr.

**菲柞 Ahernia glandulosa** Merr.

分布：海南；菲律宾、马来西亚

## 山桂花属 Bennettiodendron Merr.

山桂花 **Bennettiodendron leprosipes** (Clos) Merr.
分布：河南、江西、湖南、贵州、云南、广东、广西、海南；孟加拉国、印度、印度尼西亚、缅甸、泰国

## 山羊角树属 Carrierea Franch.

山羊角树 **Carrierea calycina** Franch.
分布：湖南、湖北、四川、贵州、云南、广西

贵州嘉丽树 **Carrierea dunniana** H. Lév.
分布：贵州、云南、广东、广西；越南

## 脚骨脆属 Casearia Jacq.

云南脚骨脆 **Casearia flexuosa** Craib
分布：云南、广西；泰国、老挝、越南

球花脚骨脆 **Casearia glomerata** Roxb.
分布：云南、西藏、福建、台湾、广东、广西、海南；不丹、印度、尼泊尔、越南

烈叶脚骨脆 **Casearia graveolens** Dalzell
分布：云南；孟加拉国、不丹、柬埔寨、缅甸、越南、泰国、尼泊尔、老挝、印度、巴基斯坦

印度脚骨脆 **Casearia kurzii** C. B. Clarke
分布：云南；印度、缅甸、孟加拉国

印度脚骨脆(原变种) **Casearia kurzii** var. **kurzii**
分布：云南；印度、缅甸

细柄脚骨脆 **Casearia kurzii** var. **gracilis** S. Y. Bao
分布：云南

膜叶脚骨脆 **Casearia membranacea** Hance
分布：云南、台湾、广东、广西、海南；越南

石生脚骨脆 **Casearia tardieuae** Lescot et Sleum.
分布：云南；越南

毛叶脚骨脆 **Casearia velutina** Blume
分布：贵州、云南、福建、广东、广西、海南；印度尼西亚、老挝、马来西亚、泰国、越南

## 钻天柳属 Chosenia Nakai

钻天柳 **Chosenia arbutifolia** (Pall.) A. K. Skvortsov
分布：黑龙江、吉林、辽宁、内蒙古、河北；日本、朝鲜、俄罗斯

## 刺篱木属 Flacourtia Comm. ex L'Hér.

刺篱木 **Flacourtia indica** (Burm. f.) Merr.
分布：福建、广东、广西、海南；太平洋岛屿普遍栽培；热带和亚热带非洲、亚洲

云南刺篱木 **Flacourtia jangomas** (Lour.) Raeusch.
分布：云南、广西、海南

毛叶刺篱木 **Flacourtia mollis** Hook. f. et Thomson
分布：云南；缅甸

大果刺篱木 **Flacourtia ramontchi** L'Hér.
分布：广西、贵州、云南；印度、马来西亚、菲律宾、斯里兰卡、越南；非洲

大叶刺篱木 **Flacourtia rukam** Zoll. et Moritzi
分布：云南、台湾、广东、广西、海南；印度尼西亚、越南、泰国、印度、马来西亚

甲骨刺篱木 **Flacourtia turbinata** H. J. Dong et H. Peng
分布：云南

## 天料木属 Homalium Jacq.

短穗天料木 **Homalium breviracemosum** F. C. How et W. C. Ko
分布：广东、广西

斯里兰卡天料木 **Homalium ceylanicum** (Gardner) Benth.
分布：江西、湖南、云南、西藏、广东、广西、海南；孟加拉国、印度、老挝、缅甸、尼泊尔、斯里兰卡、泰国、越南

天料木 **Homalium cochinchinense** (Loureiro) Druce
分布：江西、湖南、福建、台湾、广东、广西、海南；越南

阔瓣天料木 **Homalium kainantense** Masam.
分布：广东、广西、海南

广西天料木 **Homalium kwangsiense** F. C. How et W. C. Ko
分布：广西

毛天料木 **Homalium mollissimum** Merr.
分布：海南；越南

广南天料木 **Homalium paniculiflorum** F. C. How et W. C. Ko
分布：广东、海南

显脉天料木 **Homalium phanerophlebium** F. C. How et W. C. Ko
分布：广东、海南；越南

窄叶天料木 **Homalium sabiifolium** F. C. How et W. C. Ko
分布：广西

狭叶天料木 **Homalium stenophyllum** Merr. et Chun

分布：海南

## 山桐子属 Idesia Maxim.

山桐子 **Idesia polycarpa** Maxim.

分布：山东、陕西、安徽、江苏、浙江、江西、湖南、湖北、四川、贵州、云南、福建、台湾、广东、广西；日本、朝鲜

山桐子(原变种) **Idesia polycarpa** var. **polycarpa**

分布：安徽、江苏、浙江、江西、湖南、湖北、四川、贵州、云南、福建、台湾、广东、广西；日本、韩国

福建山桐子 **Idesia polycarpa** var. **fujianensis** (G. S. Fan) S. S. Lai

分布：福建

毛叶山桐子 **Idesia polycarpa** var. **vestita** Diels

分布：山东、陕西、江苏、浙江、江西、湖南、湖北、四川、贵州、云南、福建、广西；日本

## 栀子皮属 Itoa Hemsl.

栀子皮 **Itoa orientalis** Hemsl.

分布：四川、贵州、云南、广西、海南；越南

栀子皮(原变种) **Itoa orientalis** var. **orientalis**

分布：四川、贵州、云南、广西、海南；越南

光叶栀子皮 **Itoa orientalis** var. **glabrescens** C. Y. Wu ex G. S. Fan

分布：贵州、云南、广西

## 杨属 Populus L.

响叶杨 **Populus adenopoda** Maxim.

分布：河北、河南、陕西、安徽、江苏、浙江、江西、湖南、湖北、四川、贵州、云南、福建、广西

响叶杨(原变种) **Populus adenopoda** var. **adenopoda**

分布：河北、河南、陕西、安徽、江苏、浙江、江西、湖南、湖北、四川、贵州、云南、福建、广西

大叶响叶杨 **Populus adenopoda** var. **platyphylla** C. Wang et S. L. Tung

分布：云南

阿富汗杨 **Populus afghanica** (Aiton et Hemsl.) C. K. Schneid.

分布：新疆；阿富汗、哈萨克斯坦、吉尔吉斯斯坦、巴基斯坦、塔吉克斯坦、乌兹别克斯坦

阿富汗杨(原变种) **Populus afghanica** var. **afghanica**

分布：新疆；阿富汗、哈萨克斯坦、吉尔吉斯斯坦、巴基斯坦、塔吉克斯坦、乌兹别克斯坦

喀什阿富汗杨 **Populus afghanica** var. **tajikistanica** (Kom.) C. Wang et Ch. Y. Yang

分布：新疆

阿拉善杨 **Populus alaschanica** Kom.

分布：内蒙古

银白杨 **Populus alba** L.

分布：辽宁、内蒙古、河北、河南、陕西、宁夏、青海、山东和山西有种植；亚洲(西南部和中西部)、欧洲、非洲(北部)

银白杨(原变种) **Populus alba** var. **alba**

分布：辽宁、河北、山西、山东、河南、陕西、宁夏、甘肃、青海；亚洲、欧洲、非洲

光皮银白杨 **Populus alba** var. **bachofenii** (Wierzb. ex Rochel) Wesm.

分布：新疆有栽培；亚洲(西南部及中西部)、欧洲

新疆杨 **Populus alba** var. **pyramidalis** Bunge

分布：辽宁、内蒙古、河北、山西、山东、陕西、宁夏、甘肃、新疆有栽培；亚洲(中西部)、欧洲

黑龙江杨 **Populus amurensis** Kom.

分布：黑龙江；俄罗斯

北京杨 **Populus × beijingensis** W. Y. Hsu

分布：中国北方广泛栽培

中东杨 **Populus berolinensis** Dippel

分布：吉林、辽宁有栽培；哈萨克斯坦、吉尔吉斯斯坦、乌兹别克斯坦；欧洲

加杨 **Populus × canadensis** Moench

分布：黑龙江、吉林、辽宁、内蒙古、河北、山西、山东、河南、陕西、甘肃、安徽、江苏、江西、四川、云南、浙江均有栽培

欧洲大叶杨 **Populus candicans** Aiton

分布：新疆有栽培；亚洲、欧洲、北美洲均有栽培，但原产地不明，可能是杂种起源

银灰杨 **Populus canescens** (Aiton) Sm.

分布：新疆；亚洲(西部)、欧洲

青杨 **Populus cathayana** Rehder

分布：辽宁、内蒙古、河北、山西、陕西、甘肃、青海、浙江、四川、云南

青杨(原变种) **Populus cathayana** var. **cathayana**

分布：辽宁、内蒙古、河北、山西、陕西、四川

宽叶青杨 **Populus cathayana** var. **latifolia** (C. Wang et C. Y. Yu) C. Wang et S. L. Tung
分布：甘肃、青海

长果柄青杨 **Populus cathayana** var. **pedicellata** C. Wang et S. L. Tung
分布：河北

朴叶杨 **Populus celtidifolia** T. B. Chao
分布：河南

哈青杨 **Populus charbinensis** C. Wang et Skvortsov
分布：黑龙江、辽宁

哈青杨(原变种) **Populus charbinensis** var. **charbinensis**
分布：黑龙江

厚皮哈青杨 **Populus charbinensis** var. **pachydermis** C. Wang et S. L. Tung
分布：黑龙江、辽宁

缘毛杨 **Populus ciliata** Wall. ex Royle
分布：云南、西藏；不丹、印度、克什米尔地区、缅甸、尼泊尔、巴基斯坦

缘毛杨(原变种) **Populus ciliata** var. **ciliata**
分布：云南、西藏；不丹、印度、克什米尔地区、缅甸、尼泊尔、巴基斯坦

金色缘毛杨 **Populus ciliata** var. **aurea** C. Marquand et Airy Shaw
分布：西藏

吉隆缘毛杨 **Populus ciliata** var. **gyirongensis** C. Wang et S. L. Tung
分布：西藏

维西缘毛杨 **Populus ciliata** var. **weixi** C. Wang et S. L. Tung
分布：云南

楸皮杨 **Populus ciupi** S. Y. Wang
分布：河南

山杨 **Populus davidiana** Dode
分布：黑龙江、吉林、辽宁、内蒙古、河北、山西、河南、陕西、宁夏、甘肃、青海、安徽、江西、湖南、湖北、四川、贵州、云南、西藏、广西；朝鲜、蒙古国、俄罗斯

山杨(原变种) **Populus davidiana** var. **davidiana**
分布：黑龙江、吉林、辽宁、内蒙古、河北、山西、河南、陕西、宁夏、甘肃、青海、安徽、江西、湖南、湖北、四川、贵州、云南、西藏、广西；韩国、蒙古国、俄罗斯

茸毛山杨 **Populus davidiana** var. **tomentella** (C. K. Schneid.) Nakai
分布：甘肃、四川、云南；朝鲜

胡杨 **Populus euphratica** Oliv.
分布：内蒙古、甘肃、青海、新疆；阿富汗、印度、哈萨克斯坦、巴基斯坦、塔吉克斯坦、土库曼斯坦、乌兹别克斯坦；亚洲(西南部)

伏牛杨 **Populus funiushanensis** T. B. Chao
分布：河南

二白杨 **Populus × gansuensis** C. Wang et H. L. Yang
分布：甘肃；内蒙古有栽培

东北杨 **Populus girinensis** Skvortsov
分布：黑龙江、吉林

东北杨(原变种) **Populus girinensis** var. **girinensis**
分布：黑龙江、吉林

楔叶东北杨 **Populus girinensis** var. **ivaschevitchii** Skvortzov
分布：黑龙江、吉林

灰背杨 **Populus glauca** H. H. Haines
分布：四川、云南、西藏；印度

贡嘎杨 **Populus gonggaensis** N. Chao et J. R. He
分布：四川

德钦杨 **Populus haoana** Cheng et C. Wang
分布：四川、云南

德钦杨(原变种) **Populus haoana** var. **haoana**
分布：云南

大果德钦杨 **Populus haoana** var. **macrocarpa** C. Wang et S. L. Tung
分布：四川、云南

大叶德钦杨 **Populus haoana** var. **megaphylla** C. Wang et S. L. Tung
分布：云南

小果德钦杨 **Populus haoana** var. **microcarpa** C. Wang et S. L. Tung
分布：云南

河南杨 **Populus honanensis** T. B. Chao et C. W. Chiuan
分布：河南

河北杨 **Populus × hopeiensis** Hu et Chow
分布：内蒙古、河北、陕西、甘肃、河北；广泛栽培

**河北杨(原变种) Populus hopeiensis** var. **hopeiensis**
分布：内蒙古、河北、陕西、甘肃、河北；广泛栽培

**粉皮河北杨 Populus hopeiensis** var. **pulverulenta** Sh. Y. Ma, D. S. Yao et X. C. Chen
分布：甘肃

**兴安杨 Populus hsinganica** C. Wang et Skvortsov
分布：内蒙古、河北

**兴安杨(原变种) Populus hsinganica** var. **hsinganica**
分布：内蒙古、河北

**毛轴兴安杨 Populus hsinganica** var. **trichorachis** Z. F. Chen
分布：内蒙古、河北

**伊犁杨 Populus iliensis** Drobow
分布：新疆

**内蒙杨 Populus intramongolica** T. Y. Sun et E. W. Ma
分布：内蒙古、河北、山西

**额河杨 Populus jrtyschensis** Chen Y. Yang
分布：新疆

**康定杨 Populus kangdingensis** C. Wang et S. L. Tung
分布：四川

**科尔沁杨 Populus keerqinensis** T. Y. Sun
分布：内蒙古

**香杨 Populus koreana** Rehder
分布：黑龙江、吉林、辽宁、内蒙古、河北；朝鲜、俄罗斯

**瘦叶杨 Populus lancifolia** N. Chao
分布：四川

**大叶杨 Populus lasiocarpa** Oliv.
分布：陕西、湖北、四川、贵州、云南

**大叶杨(原变种) Populus lasiocarpa** var. **lasiocarpa**
分布：陕西、湖北、四川、贵州、云南

**长序大叶杨 Populus lasiocarpa** var. **longiamenta** Mao et P. X. He
分布：云南

**苦杨 Populus laurifolia** Ledeb.
分布：内蒙古、新疆；蒙古国、俄罗斯

**米林杨 Populus mainlingensis** C. Wang et S. L. Tung
分布：西藏

**热河杨 Populus manshurica** Nakai
分布：辽宁、内蒙古

**辽杨 Populus maximowiczii** A. Henry
分布：黑龙江、吉林、辽宁、内蒙古、河北、陕西；日本、朝鲜、俄罗斯

**民和杨 Populus minhoensis** S. F. Yang et H. F. Wu
分布：青海

**玉泉杨 Populus nakaii** Skvortsov
分布：黑龙江、吉林、河北、辽宁有栽培

**黑杨 Populus nigra** L.
分布：新疆，栽培于辽宁、内蒙古、河北、陕西、江苏、四川、云南；亚洲(中西部)、欧洲、非洲(北部)

**黑杨(原变种) Populus nigra** var. **nigra**
分布：新疆；亚洲、欧洲

**钻天杨 Populus nigra** var. **italica** (Moench) Koehne
分布：辽宁、内蒙古、河北、陕西、江苏、福建、四川广泛栽培；亚洲(中西部)、欧洲

**箭杆杨 Populus nigra** var. **thevestina** (Dode) Bean
分布：辽宁、内蒙古、河北、陕西、云南有栽培；亚洲(中西部)、欧洲、非洲

**汉白杨 Populus ningshanica** C. Wang et S. L. Tung
分布：陕西、湖北

**帕米杨 Populus pamirica** Kom.
分布：新疆；塔吉克斯坦

**柔毛杨 Populus pilosa** Rehder
分布：新疆；蒙古国

**柔毛杨(原变种) Populus pilosa** var. **pilosa**
分布：新疆；蒙古国

**光果柔毛杨 Populus pilosa** var. **leiocarpa** C. Wang et S. L. Tung
分布：新疆

**阔叶青杨 Populus platyphylla** T. Y. Sun
分布：内蒙古、河北、山西

**灰胡杨 Populus pruinosa** Schrenk
分布：新疆；哈萨克斯坦、塔吉克斯坦、土库曼斯坦；亚洲(西南部)

**青甘杨 Populus przewalskii** Maxim.
分布：内蒙古、甘肃、青海、四川

**长序杨 Populus pseudoglauca** C. Wang et P. Y. Fu
分布：四川、西藏

梧桐杨 **Populus pseudomaximowiczii** C. Wang et S. L. Tung
分布：河北、陕西

小青杨 **Populus pseudosimonii** Kitag.
分布：黑龙江、吉林、辽宁、内蒙古、河北、山西、河南、陕西、甘肃、青海、四川

小青杨(原变种) **Populus pseudosimonii** var. **pseudosimonii**
分布：黑龙江、吉林、辽宁、内蒙古、河北、山西、陕西、甘肃、青海、四川

展枝小青杨 **Populus pseudosimonii** var. **patula** T. Y. Sun
分布：内蒙古

响毛杨 **Populus × pseudotomentosa** C. Wang et S. L. Tung
分布：山东、河南、山西有栽培

冬瓜杨 **Populus purdomii** Rehder
分布：河北、河南、陕西、甘肃、湖北、四川

冬瓜杨(原变种) **Populus purdomii** var. **purdomii**
分布：河北、河南、陕西、甘肃、湖北、四川

光皮冬瓜杨 **Populus purdomii** var. **rockii** (Rehder) C. F. Fang et H. L. Yang
分布：甘肃

昌都杨 **Populus qamdoensis** C. Wang et S. L. Tung
分布：西藏

琼岛杨 **Populus qiongdaoensis** T. Hong et P. Luo
分布：海南

圆叶杨 **Populus rotundifolia** Griff.
分布：陕西、甘肃、四川、贵州、云南、西藏；不丹

滇南山杨 **Populus rotundifolia** var. **bonatii** (H. Lév.) C. Wang et S. L. Tung
分布：四川、云南

清溪杨 **Populus rotundifolia** var. **duclouxiana** (Dode) Gombocz
分布：陕西、甘肃、四川、贵州、云南、西藏

西南杨 **Populus schneideri** (Rehder) N. Chao
分布：四川、云南、西藏

青毛杨 **Populus shanxiensis** C. Wang et S. L. Tung
分布：山西

小叶杨 **Populus simonii** Carr.
分布：黑龙江、吉林、辽宁、内蒙古、河北、山西、陕西、青海、江苏、浙江、四川、云南；蒙古国

小叶杨(原变种) **Populus simonii** var. **simonii**
分布：黑龙江、吉林、辽宁、内蒙古、河北、山西、陕西、江苏、四川、云南；蒙古国

宽叶小叶杨 **Populus simonii** var. **latifolia** C. Wang et S. L. Tung
分布：辽宁

辽东小叶杨 **Populus simonii** var. **liaotungensis** (C. Wang et Skvortsov) C. Wang et S. L. Tung
分布：辽宁、内蒙古、河北

圆叶小叶杨 **Populus simonii** var. **rotundifolia** X. C. Lu ex C. Wang et S. L. Tung
分布：内蒙古

秦岭小叶杨 **Populus simonii** var. **tsinlingensis** C. Wang et C. Y. Yu
分布：陕西

新乡杨 **Populus sinxiangensis** T. B. Chao
分布：河南

甜杨 **Populus suaveolens** Fisch.
分布：内蒙古、陕西；蒙古国、俄罗斯

川杨 **Populus szechuanica** C. K. Schneid.
分布：陕西、甘肃、四川、云南、西藏

川杨(原变种) **Populus szechuanica** var. **szechuanica**
分布：陕西、甘肃、四川、云南

藏川杨 **Populus szechuanica** var. **tibetica** C. K. Schneid.
分布：四川、西藏

密叶杨 **Populus talassica** Kom.
分布：新疆；哈萨克斯坦、吉尔吉斯斯坦、塔吉克斯坦、乌兹别克斯坦

密叶杨(原变种) **Populus talassica** var. **talassica**
分布：新疆；哈萨克斯坦、吉尔吉斯斯坦、塔吉克斯坦、乌兹别克斯坦

心叶密叶杨 **Populus talassica** var. **cordata** C. Y. Yang
分布：新疆

托木尔峰杨 **Populus talassica** var. **tomortensis** C. Y. Yang
分布：新疆

毛白杨 **Populus tomentosa** Carriére
分布：辽宁、河北、山西、山东、河南、陕西、甘肃、安徽、江苏、浙江、四川、云南

**毛白杨(原变种) Populus tomentosa** var. **tomentosa**
分布：辽宁、河北、山西、山东、河南、陕西、甘肃、安徽、江苏、浙江、四川、云南

**截叶毛白杨 Populus tomentosa** var. **truncata** Y. C. Fu et Chung H. Wang
分布：陕西

**欧洲山杨 Populus tremula** L.
分布：新疆；哈萨克斯坦、蒙古国、俄罗斯；欧洲

**三脉青杨 Populus trinervis** C. Wang et S. L. Tung
分布：四川

**三脉青杨(原变种) Populus trinervis** var. **trinervis**
分布：四川

**石棉杨 Populus trinervis** var. **shimianica** C. Wang et N. Chao
分布：四川

**大青杨 Populus ussuriensis** Kom.
分布：黑龙江、吉林、辽宁；朝鲜、俄罗斯

**堇柄杨 Populus violascens** Dode
分布：中国中部

**文县杨 Populus wenxianica** Z. C. Feng et J. L. Guo ex G. H. Zhu
分布：甘肃

**椅杨 Populus wilsonii** C. K. Schneid.
分布：陕西、甘肃、湖北、四川、云南、西藏

**长叶杨 Populus wuana** C. Wang et S. L. Tung
分布：西藏

**五莲杨 Populus wulianensis** S. B. Liang et X. W. Li
分布：山东

**乡城杨 Populus xiangchengensis** C. Wang et S. L. Tung
分布：四川

**小黑杨 Populus × xiaohei** T. S. Hwang et Liang
分布：各省(自治区、直辖市)广泛栽培

**小钻杨 Populus xiaozhuanica** W. Y. Hsu et Liang
分布：吉林、辽宁、内蒙古、河南、江苏、山东均有栽培

**亚东杨 Populus yatungensis** (C. Wang et P. Y. Fu) C. Wang et S. L. Tung
分布：四川、云南、西藏

**亚东杨(原变种) Populus yatungensis** var. **yatungensis**
分布：四川、云南、西藏

**圆齿亚东杨 Populus yatungensis** var. **crenata** C. Wang et S. L. Tung
分布：西藏

**五瓣杨 Populus yuana** C. Wang et S. L. Tung
分布：云南、西藏

**滇杨 Populus yunnanensis** Dode
分布：四川、贵州、云南

**滇杨(原变种) Populus yunnanensis** var. **yunnanensis**
分布：四川、贵州、云南

**小叶滇杨 Populus yunnanensis** var. **microphylla** C. Wang et S. L. Tung
分布：云南

**长果柄滇杨 Populus yunnanensis** var. **pedicellata** C. Wang et S. L. Tung
分布：四川、云南

**云霄杨 Populus yunsiaomanshanensis** T. B. Chao et C. W. Chiuan
分布：河南

## 柳属 Salix L.

**阿拉套柳 Salix alatavica** Kar. et Kir. ex Stschegl.
分布：新疆；蒙古国、俄罗斯

**白柳 Salix alba** L.
分布：内蒙古、甘肃、青海、新疆、西藏；亚洲(西南部)、欧洲

**秦岭柳 Salix alfredii** Goerz ex Rehd. et Kobuski
分布：陕西、甘肃、青海

**秦岭柳(原变种) Salix alfredii** var. **alfredii**
分布：陕西、甘肃、青海

**凤县柳 Salix alfredii** var. **fengxianica** (N. Chao) G. H. Zhu
分布：陕西

**九鼎柳 Salix amphibola** C. K. Schneid.
分布：四川

**环纹矮柳 Salix annulifera** C. Marquand et Airy Shaw
分布：云南、西藏

**环纹矮柳(原变种) Salix annulifera** var. **annulifera**
分布：云南、西藏

**齿苞矮柳 Salix annulifera** var. **dentata** S. D. Zhao
分布：云南

无毛矮柳 **Salix annulifera** var. **glabra** P. Y. Mao et W. Z. Li
分布：云南

匙叶矮柳 **Salix annulifera** var. **macroula** C. Marquand et Airy Shaw
分布：云南、西藏

圆齿垫柳 **Salix anticecrenata** Kimura
分布：四川、云南、西藏；尼泊尔

纤序柳 **Salix araeostachya** C. K. Schneid.
分布：云南；印度、尼泊尔

北极柳 **Salix arctica** Pall.
分布：新疆；俄罗斯；欧洲、北美洲

银柳 **Salix argyracea** E. L. Wolf
分布：新疆；哈萨克斯坦、吉尔吉斯斯坦

银光柳 **Salix argyrophegga** C. K. Schneid.
分布：四川、西藏

银毛果柳 **Salix argyrotrichocarpa** C. F. Fang
分布：西藏

奇花柳 **Salix atopantha** C. K. Schneid.
分布：甘肃、青海、四川、西藏

奇花柳(原变种) **Salix atopantha** var. **atopantha**
分布：甘肃、青海、四川、西藏

光奇花柳 **Salix atopantha** var. **glabra** K. S. Hao ex C. F. Fang et A. K. Skvortsov
分布：安徽、江苏、浙江、江西、湖北

长柄奇花柳 **Salix atopantha** var. **pedicellata** C. F. Fang et J. Q. Wang
分布：甘肃

藏南柳 **Salix austrotibetica** N. Chao
分布：西藏

垂柳 **Salix babylonica** L.
分布：中国广布；亚洲、欧洲

垂柳(原变种) **Salix babylonica** var. **babylonica**
分布：中国广布；亚洲、欧洲

腺毛垂柳 **Salix babylonica** var. **glandulipilosa** P. Y. Mao et W. Z. Li
分布：云南

井冈柳 **Salix baileyi** C. K. Schneid.
分布：河南、安徽、江西、湖北

中越柳 **Salix balansaei** Seemen
分布：湖南、广西；越南

中越柳(原变种) **Salix balansaei** var. **balansaei**
分布：广西；越南

湘柳 **Salix balansaei** var. **hunanensis** N. Chao
分布：湖南

白背柳 **Salix balfouriana** C. K. Schneid.
分布：四川、云南

班公柳 **Salix bangongensis** C. Wang et C. F. Fang
分布：西藏

刺叶柳 **Salix berberifolia** Pall.
分布：新疆；蒙古国、俄罗斯

不丹柳 **Salix bhutanensis** Flod.
分布：西藏；不丹、尼泊尔

碧口柳 **Salix bikouensis** Y. L. Chou
分布：陕西、甘肃、湖北

碧口柳(原变种) **Salix bikouensis** var. **bikouensis**
分布：陕西、甘肃、湖北

毛碧口柳 **Salix bikouensis** var. **villosa** Y. L. Chou
分布：湖北

庙王柳 **Salix biondiana** Seemen ex Diels
分布：陕西、甘肃、青海、湖北

双柱柳 **Salix bistyla** Hand.-Mazz.
分布：云南、西藏；尼泊尔

黄线柳 **Salix blakii** Goerz
分布：新疆；阿富汗、哈萨克斯坦、塔吉克斯坦、乌兹别克斯坦、伊朗

桂柳 **Salix boseensis** N. Chao
分布：广西

点苍柳 **Salix bouffordii** A. K. Skvortsov
分布：云南

小垫柳 **Salix brachista** C. K. Schneid.
分布：四川、云南、西藏

小垫柳(原变种) **Salix brachista** var. **brachista**
分布：四川、云南、西藏

全缘小垫柳 **Salix brachista** var. **integra** C. Wang et C. F. Fang
分布：云南

毛果小垫柳 **Salix brachista** var. **pilifera** N. Chao
分布：西藏

**布尔津柳 Salix burqinensis** C. Y. Yang
分布：新疆

**欧杞柳 Salix caesia** Vill.
分布：新疆、西藏；阿富汗、吉尔吉斯斯坦、蒙古国、俄罗斯、塔吉克斯坦；欧洲

**长柄垫柳 Salix calyculata** Hook. f. ex Anderss.
分布：云南、西藏；不丹、印度

**长柄垫柳(原变种) Salix calyculata** var. **calyculata**
分布：西藏；不丹

**贡山长柄垫柳 Salix calyculata** var. **gongshanica** C. Wang et C. F. Fang
分布：云南

**圆头柳 Salix capitata** Y. L. Chou et Skvortsov
分布：河北、陕西有引种；黑龙江、辽宁、内蒙古

**黄花柳 Salix caprea** L.
分布：黑龙江、吉林、辽宁、内蒙古；中亚、欧洲

**蓝叶柳 Salix capusii** Franch.
分布：新疆；阿富汗、巴基斯坦、塔吉克斯坦

**黄皮柳 Salix carmanica** Bornm.
分布：新疆有栽培；阿富汗；亚洲(西南部)

**油柴柳 Salix caspica** Pall.
分布：新疆；哈萨克斯坦、俄罗斯

**中华柳 Salix cathayana** Diels
分布：河北、河南、陕西、湖北、四川、贵州、云南

**滇大叶柳 Salix cavaleriei** H. Lév.
分布：四川、贵州、云南、广西

**腺柳 Salix chaenomeloides** Kimura
分布：辽宁、河北、陕西、江苏、四川；日本、韩国

**腺柳(原变种) Salix chaenomeloides** var. **chaenomeloides**
分布：辽宁、河北、陕西、江苏、四川；日本、韩国

**腺叶腺柳 Salix chaenomeloides** var. **glandulifolia** (C. Wang et C. Y. Yu) C. F. Fang
分布：陕西

**密齿柳 Salix characta** C. K. Schneid.
分布：内蒙古、河北、山西、陕西、甘肃、青海

**乌柳 Salix cheilophila** C. K. Schneid.
分布：内蒙古、河北、山西、河南、陕西、宁夏、甘肃、青海、四川、云南

**乌柳(原变种) Salix cheilophila** var. **cheilophila**
分布：内蒙古、河北、山西、河南、陕西、宁夏、甘肃、青海、四川、云南、西藏

**宽叶乌柳 Salix cheilophila** var. **acuminata** C. Wang et Y. L. Chou
分布：河北

**大红柳 Salix cheilophila** var. **microstachyoides** (C. Wang et P. Y. Fu) C. Wang et C. F. Fang
分布：西藏；西藏及其他各地多栽培

**毛苞乌柳 Salix cheilophila** var. **villosa** G. H. Wang
分布：河北

**浙江柳 Salix chekiangensis** W. C. Cheng
分布：浙江

**银叶柳 Salix chienii** W. C. Cheng
分布：安徽、江苏、浙江、江西、湖南、湖北、福建

**银叶柳(原变种) Salix chienii** var. **chienii**
分布：安徽、江苏、浙江、江西、湖南、湖北、福建

**常宁柳 Salix chienii** var. **pubigera** N. Chao
分布：湖南

**鸡公柳 Salix chikungensis** C. K. Schneid.
分布：河南、江西、湖北

**秦柳 Salix chingiana** K. S. Hao ex C. F. Fang et A. K. Skvortsov
分布：甘肃、青海

**灰柳 Salix cinerea** L.
分布：新疆；哈萨克斯坦、俄罗斯；欧洲

**栅枝垫柳 Salix clathrata** Hand.-Mazz.
分布：四川、云南、西藏

**怒江矮柳 Salix coggygria** Hand.-Mazz.
分布：云南、西藏

**扭尖柳 Salix contortiapiculata** P. Y. Mao et W. Z. Li
分布：云南

**锯齿叶垫柳 Salix crenata** K. S. Hao ex C. F. Fang et A. K. Skvortsov
分布：云南、西藏

**杯腺柳 Salix cupularis** Rehder
分布：内蒙古、陕西、甘肃、青海、四川

**杯腺柳(原变种) Salix cupularis** var. **cupularis**
分布：陕西、甘肃、青海、四川

**尖叶杯腺柳 Salix cupularis** var. **acutifolia** S. Q. Zhou
分布：内蒙古

光果乌柳 **Salix cyanolimnea** Hance
分布：青海、四川、云南

大别柳 **Salix dabeshanensis** B. C. Ding et T. B. Chao
分布：河南

大关柳 **Salix daguanensis** P. Y. Mao et P. X. He
分布：云南

大理柳 **Salix daliensis** C. F. Fang et S. D. Zhao
分布：湖北、四川、云南

褐背柳 **Salix daltoniana** Anderss.
分布：西藏；不丹、印度、尼泊尔

节枝柳 **Salix dalungensis** C. Wang et P. Y. Fu
分布：西藏

毛枝柳 **Salix dasyclados** Wimm.
分布：黑龙江、吉林、内蒙古、山东、陕西、新疆；日本、蒙古国、俄罗斯；欧洲

腹毛柳 **Salix delavayana** Hand.-Mazz.
分布：四川、云南、西藏

腹毛柳(原变种) **Salix delavayana** var. **delavayana**
分布：四川、云南、西藏

毛缝腹毛柳 **Salix delavayana** var. **pilososuturalis** Y. L. Chou et C. F. Fang
分布：西藏

齿叶柳 **Salix denticulata** Anderss.
分布：四川、云南、西藏；阿富汗、印度、克什米尔地区、尼泊尔、巴基斯坦

异色柳 **Salix dibapha** C. K. Schneid.
分布：甘肃、云南、西藏

异色柳(原变种) **Salix dibapha** var. **dibapha**
分布：云南、西藏

二腺异色柳 **Salix dibapha** var. **biglandulosa** C. F. Fang
分布：甘肃

异型柳 **Salix dissa** C. K. Schneid.
分布：甘肃、四川、云南

异型柳(原变种) **Salix dissa** var. **dissa**
分布：四川、云南

单腺异型柳 **Salix dissa** var. **cereifolia** (Goerz ex Rehder et Kobuski) C. F. Fang
分布：甘肃

长圆叶柳 **Salix divaricata** var. **metaformosa** (Nakai) Kitag.
分布：吉林；朝鲜

叉柱柳 **Salix divergentistyla** C. F. Fang
分布：西藏

台湾柳 **Salix doii** Hayata
分布：台湾

东沟柳 **Salix donggouxianica** C. F. Fang
分布：辽宁

林柳 **Salix driophila** C. K. Schneid.
分布：四川、云南、西藏

长梗柳 **Salix dunnii** C. K. Schneid.
分布：浙江、江西、福建、广东

长梗柳(原变种) **Salix dunnii** var. **dunnii**
分布：浙江、江西、福建、广东

钟氏柳 **Salix dunnii** var. **tsoongii** (W. C. Cheng) C. Y. Yu et S. D. Zhao
分布：浙江

长柱柳 **Salix eriocarpa** Franch. et Sav.
分布：黑龙江、吉林、辽宁；日本、朝鲜、俄罗斯

绵毛柳 **Salix erioclada** H. Lév. et Vaniot
分布：陕西、青海、湖南、湖北、四川

绵穗柳 **Salix eriostachya** Wall. ex Anderss.
分布：四川、云南、西藏；印度、尼泊尔

绵穗柳(原变种) **Salix eriostachya** var. **eriostachya**
分布：四川、云南、西藏；印度、尼泊尔

线裂绵穗柳 **Salix eriostachya** var. **leariloba** (N. Chao) G. H. Zhu
分布：四川

银背柳 **Salix ernestii** C. K. Schneid.
分布：四川、云南、西藏

巴柳 **Salix etosia** C. K. Schneid.
分布：湖北、四川、贵州

川鄂柳 **Salix fargesii** Burkill
分布：陕西、甘肃、湖北、四川

川鄂柳(原变种) **Salix fargesii** var. **fargesii**
分布：陕西、甘肃、湖北、四川

甘肃柳 **Salix fargesii** var. **kansuensis** (K. S. Hao ex C. F. Fang et A. K. Skvortsov) G. H. Zhu
分布：陕西、甘肃、湖北、四川

藏匐柳 **Salix faxonianoides** C. Wang et P. Y. Fu
分布：云南、西藏

藏匐柳(原变种) **Salix faxonianoides** var. **faxonianoides**
分布：云南、西藏

毛轴藏匐柳 **Salix faxonianoides** var. **villosa** S. D. Zhao
分布：云南、西藏

山羊柳 **Salix fedtschenkoi** Goerz
分布：新疆；阿富汗、塔吉克斯坦

贡山柳 **Salix fengiana** C. F. Fang et Ch. Y. Yang
分布：云南

贡山柳(原变种) **Salix fengiana** var. **fengiana**
分布：云南

裸果贡山柳 **Salix fengiana** var. **gymnocarpa** Mao et W. Z. Li
分布：云南

扇叶垫柳 **Salix flabellaris** Anderss.
分布：四川、云南、西藏；不丹、克什米尔地区、印度

丛毛矮柳 **Salix floccosa** Burkill
分布：云南、西藏

崖柳 **Salix floderusii** Nakai
分布：黑龙江、吉林、辽宁、内蒙古、河北、山西；韩国、俄罗斯

爆竹柳 **Salix fragilis** L.
分布：黑龙江、辽宁、内蒙古有归化；原产于欧洲

褐毛柳 **Salix fulvopubescens** Hayata
分布：台湾

吉拉柳 **Salix gilashanica** C. Wang et P. Y. Fu
分布：青海、四川、云南、西藏

石流垫柳 **Salix glareorum** P. Y. Mao et W. Z. Li
分布：云南

灰蓝柳 **Salix glauca** L.
分布：新疆；蒙古国、俄罗斯；欧洲、北美洲

贡嘎山柳 **Salix gonggashanica** C. F. Fang et A. K. Skvortsov
分布：四川

黄柳 **Salix gordejevii** Y. L. Chang et Skvortsov
分布：辽宁、内蒙古，甘肃有栽培；蒙古国

细枝柳 **Salix gracilior** (Siuzew) Nakai
分布：黑龙江、吉林、辽宁、内蒙古、河北

细柱柳 **Salix gracilistyla** Miq.
分布：黑龙江；日本、朝鲜、俄罗斯

细序柳 **Salix guebriantiana** C. K. Schneid.
分布：四川、云南

江达柳 **Salix gyamdaensis** C. F. Fang
分布：西藏

吉隆垫柳 **Salix gyirongensis** S. D. Zhao et C. F. Fang
分布：四川、西藏

海南柳(新拟) **Salix hainanica** A. K. Skvortsov
分布：海南

川红柳 **Salix haoana** Fang
分布：四川、贵州

戟柳 **Salix hastata** L.
分布：新疆；哈萨克斯坦、蒙古国、俄罗斯；欧洲、北美洲

黑水柳 **Salix heishuiensis** N. Chao
分布：四川

紫枝柳 **Salix heterochroma** Seemen
分布：陕西、甘肃、湖南、湖北、四川、云南

紫枝柳(原变种) **Salix heterochroma** var. **heterochroma**
分布：陕西、甘肃、湖南、湖北、四川、云南

无毛紫枝柳 **Salix heterochroma** var. **glabra** C. Y. Yu et C. F. Fang
分布：甘肃

异蕊柳 **Salix heteromera** Hand.-Mazz.
分布：云南

毛枝垫柳 **Salix hirticaulis** Hand.-Mazz.
分布：云南

兴安柳 **Salix hsinganica** Y. L. Chang et Skvortsov
分布：黑龙江、内蒙古

呼玛柳 **Salix humaensis** Y. L. Chou et R. C. Zhou
分布：黑龙江

湖北柳 **Salix hupehensis** K. S. Hao ex C. F. Fang et A. K. Skvortsov
分布：湖北

川柳 **Salix hylonoma** C. K. Schneid.
分布：河北、山西、陕西、甘肃、安徽、四川、贵州、云南

川柳(原变种) **Salix hylonoma** var. **hylonoma**
分布：河北、山西、陕西、甘肃、安徽、四川、贵州、云南

光果川柳 **Salix hylonoma** var. **liocarpa** (Goerz) G. H. Zhu
分布：四川

小叶柳 **Salix hypoleuca** Seem. ex Diels
分布：陕西、甘肃、湖北、四川

小叶柳(原变种) **Salix hypoleuca** var. **hypoleuca**
分布：陕西、甘肃、湖北、四川

宽叶翻白柳 **Salix hypoleuca** var. **platyphylla** C. K. Schneid.
分布：陕西、四川

伊犁柳 **Salix iliensis** Regel
分布：新疆；阿富汗、哈萨克斯坦、吉尔吉斯斯坦、巴基斯坦、塔吉克斯坦、乌兹别克斯坦

丑柳 **Salix inamoena** Hand.-Mazz.
分布：云南

藏西柳 **Salix insignis** Anderss.
分布：西藏；克什米尔地区

杞柳 **Salix integra** Thunb.
分布：黑龙江、吉林、辽宁、内蒙古、河北；日本、韩国、俄罗斯

金川柳 **Salix jinchuanica** N. Chao
分布：四川

景东矮柳 **Salix jingdongensis** C. F. Fang
分布：云南

积石柳 **Salix jishiensis** C. F. Fang et J. Q. Wang
分布：甘肃

贵南柳 **Salix juparica** Goerz ex Rehd. et Kobuski
分布：青海

贵南柳(原变种) **Salix juparica** var. **juparica**
分布：青海

光果贵南柳 **Salix juparica** var. **tibetica** (Goerz ex Rehder et Kobuski) C. F. Fang
分布：青海

卡马垫柳 **Salix kamanica** C. Wang et P. Y. Fu
分布：云南、西藏

康定垫柳 **Salix kangdingensis** S. D. Zhao et C. F. Fang
分布：四川

江界柳 **Salix kangensis** Nakai
分布：吉林、辽宁；韩国

江界柳(原变种) **Salix kangensis** var. **kangensis**
分布：吉林；韩国

光果江界柳 **Salix kangensis** var. **leiocarpa** Kitag.
分布：辽宁

栒子叶柳 **Salix karelinii** Turcz.
分布：新疆；阿富汗、吉尔吉斯斯坦、尼泊尔、巴基斯坦、塔吉克斯坦

天山筐柳 **Salix kirilowiana** Stschegl.
分布：新疆

沙杞柳 **Salix kochiana** Trautv.
分布：内蒙古；蒙古国、俄罗斯

康巴柳 **Salix kongbanica** C. Wang et P. Y. Fu
分布：西藏

朝鲜柳 **Salix koreensis** Anderss.
分布：黑龙江、吉林、辽宁、内蒙古、河北、山东、陕西、甘肃；日本、朝鲜、俄罗斯

朝鲜柳(原变种) **Salix koreensis** var. **koreensis**
分布：黑龙江、吉林、辽宁、内蒙古、河北、山东、陕西、甘肃；日本、朝鲜、俄罗斯

短柱朝鲜柳 **Salix koreensis** var. **brevistyla** Y. L. Chou et Skvortsov
分布：黑龙江、辽宁

长梗朝鲜柳 **Salix koreensis** var. **pedunculata** Y. L. Chou
分布：陕西

山东柳 **Salix koreensis** var. **shandongensis** C. F. Fang
分布：山东

尖叶紫柳 **Salix koriyanagi** Kimura ex Goerz
分布：辽宁栽培；日本、朝鲜

贵州柳 **Salix kouytchensis** (H. Lév.) C. K. Schneid.
分布：四川、贵州、云南

孔目矮柳 **Salix kungmuensis** Mao et W. Z. Li
分布：云南

水社柳 **Salix kusanoi** (Hayata) C. K. Schneid.
分布：台湾

拉马山柳 **Salix lamashanensis** K. S. Hao ex C. F. Fang et A. K. Skvortsov
分布：陕西、甘肃、青海

白毛柳 **Salix lanifera** C. F. Fang et S. D. Zhao
分布：四川

毛柄柳 **Salix lasiopes** C. Wang et P. Y. Fu
分布：西藏

荞麦地柳 **Salix leveilleana** C. K. Schneid.
分布：云南

黑皮柳 **Salix limprichtii** Pax et K. Hoffm.
分布：四川

青藏垫柳 **Salix lindleyana** Wall. ex Anderss.
分布：云南、西藏；不丹、尼泊尔、巴基斯坦、印度

筐柳 **Salix linearistipularis** K. S. Hao
分布：河北、山西、河南、陕西、甘肃

黄龙柳 **Salix liouana** C. Wang et C. Y. Yang
分布：山东、河南、陕西、湖北

长花柳 **Salix longiflora** Wall. ex Anderss.
分布：四川、云南、西藏；不丹、印度、尼泊尔

小叶长花柳 **Salix longiflora** var. **albescens** Burkill
分布：四川

长花柳(原变种) **Salix longiflora** var. **longiflora**
分布：四川、云南、西藏；不丹、印度、尼泊尔

苍山长梗柳 **Salix longissimipedicellaris** N. Chao ex P. Y. Mao
分布：云南

长蕊柳 **Salix longistamina** C. Wang et P. Y. Fu
分布：西藏

无毛长蕊柳 **Salix longistamina** var. **glabra** C. L. Chou
分布：西藏

长蕊柳(原变种) **Salix longistamina** var. **longistamina**
分布：西藏

丝毛柳 **Salix luctuosa** H. Lév.
分布：陕西、四川、贵州、云南

泸定垫柳 **Salix ludingensis** T. Y. Ding et C. F. Fang
分布：四川

灌西柳 **Salix macroblasta** C. K. Schneid.
分布：甘肃、四川

簇毛柳 **Salix maerkangensis** N. Chao
分布：四川

大叶柳 **Salix magnifica** Hemsl.
分布：四川

大叶柳(原变种) **Salix magnifica** var. **magnifica**
分布：四川

倒卵叶大叶柳 **Salix magnifica** var. **apatela** (C. K. Schneid.) K. S. Hao
分布：四川

卷毛大叶柳 **Salix magnifica** var. **ulotricha** (C. K. Schneid.) N. Chao
分布：四川

墨竹柳 **Salix maizhokunggarensis** N. Chao
分布：西藏

旱柳 **Salix matsudana** Koidz.
分布：黑龙江、辽宁、内蒙古、河北、河南、陕西、甘肃、青海、安徽、江苏、浙江、四川、福建

旱柳(原变种) **Salix matsudana** var. **matsudana**
分布：辽宁、内蒙古、河北、河南、陕西、甘肃、青海、安徽、江苏、浙江、四川、福建

旱快柳 **Salix matsudana** var. **anshanensis** C. Wang et J. Z. Yan
分布：辽宁

旱垂柳 **Salix matsudana** var. **pseudomatsudana** (Y. L. Chou et Skvortsov) Y. L. Chou
分布：黑龙江、辽宁、河北

大白柳 **Salix maximowiczii** Kom.
分布：黑龙江、吉林、辽宁；韩国、俄罗斯

墨脱柳 **Salix medogensis** Y. L. Chou
分布：西藏

粤柳 **Salix mesnyi** Hance
分布：安徽、江苏、浙江、江西、福建、广东、广西

绿叶柳 **Salix metaglauca** C. Y. Yang
分布：新疆

米黄柳 **Salix michelsonii** Goerz ex Nas.
分布：新疆；哈萨克斯坦

宝兴矮柳 **Salix microphyta** Franch.
分布：四川、云南

小穗柳 **Salix microstachya** Turcz. ex Trautv.
分布：黑龙江、吉林、辽宁、内蒙古、河北；蒙古国、

俄罗斯

**小穗柳(原变种) Salix microstachya** var. **microstachya**

分布：内蒙古；蒙古国、俄罗斯

小红柳 **Salix microstachya** var. **bordensis** (Nakai) C. F. Fang

分布：黑龙江、吉林、辽宁、内蒙古、河北

兴山柳 **Salix mictotricha** C. K. Schneid.

分布：湖北、四川

岷江柳 **Salix minjiangensis** N. Chao

分布：四川

玉山柳 **Salix morrisonicola** Kimura

分布：台湾

宝兴柳 **Salix moupinensis** Franch.

分布：四川、云南

木里柳 **Salix muliensis** Goerz ex Rehd. et Kobuski

分布：四川、云南

坡柳 **Salix myrtillacea** Anderss.

分布：甘肃、青海、四川、云南、西藏；不丹、印度、缅甸、尼泊尔

越桔柳 **Salix myrtilloides** L.

分布：黑龙江、吉林、辽宁、内蒙古；朝鲜、蒙古国；亚洲(北部)、欧洲

**越桔柳(原变种) Salix myrtilloides** var. **myrtilloides**

分布：黑龙江、吉林、辽宁、内蒙古；蒙古国；亚洲(北部)、欧洲

东北越桔柳 **Salix myrtilloides** var. **mandshurica** Nakai

分布：黑龙江；朝鲜

南京柳 **Salix nankingensis** C. Wang et S. L. Tung

分布：江苏

新山生柳 **Salix neoamnematchinensis** T. Y. Ding et C. F. Fang

分布：青海

绢柳 **Salix neolapponum** Chen Y. Yang

分布：新疆

新紫柳 **Salix neowilsonii** W. P. Fang

分布：四川

三蕊柳 **Salix nipponica** Franch. et Sav.

分布：黑龙江、吉林、辽宁、河北、江苏、浙江、湖南、西藏、内蒙古、山东；日本、朝鲜、蒙古国、俄罗斯

**三蕊柳(原变种) Salix nipponica** var. **nipponica**

分布：黑龙江、吉林、辽宁、内蒙古、河北、山东、江苏、浙江、湖南、西藏；日本、蒙古国、俄罗斯

蒙山柳 **Salix nipponica** var. **mengshanensis** (S. B. Liang) G. H. Zhu

分布：山东

怒江柳 **Salix nujiangensis** N. Chao

分布：云南

多腺柳 **Salix nummularia** Anderss.

分布：吉林；俄罗斯

毛坡柳 **Salix obscura** Anderss.

分布：西藏；不丹、印度

华西柳 **Salix occidentalisinensis** N. Chao

分布：四川、云南、西藏

汶川柳 **Salix ochetophylla** Goerz

分布：四川

关岭柳 **Salix okamotoana** Koidz.

分布：台湾

峨眉柳 **Salix omeiensis** C. K. Schneid.

分布：四川

迟花柳 **Salix opsimantha** C. K. Schneid.

分布：四川、云南、西藏

**迟花柳(原变种) Salix opsimantha** var. **opsimantha**

分布：四川、云南、西藏

娃娃山柳 **Salix opsimantha** var. **wawashanica** (P. Y. Mao et P. X. He) G. H. Zhu

分布：云南

迟花矮柳 **Salix oreinoma** C. K. Schneid.

分布：四川、云南、西藏

尖齿叶垫柳 **Salix oreophila** Hook. f. ex Anderss.

分布：云南、西藏；不丹、印度、尼泊尔

**尖齿叶垫柳(原变种) Salix oreophila** var. **oreophila**

分布：云南；不丹、印度、尼泊尔

五齿叶垫柳 **Salix oreophila** var. **secta** (Hook. f. ex Anderss.) Anderss.

分布：西藏；印度

山生柳 **Salix oritrepha** C. K. Schneid.

分布：宁夏、甘肃、青海、四川、西藏

**山生柳(原变种) Salix oritrepha** var. **oritrepha**

分布：宁夏、甘肃、青海、四川、云南、西藏

青山生柳 **Salix oritrepha** var. **amnematchinensis** (K. S. Hao ex C. F. Fang et A. K. Skvortsov) G. H. Zhu
分布：甘肃、青海、四川

卵小叶垫柳 **Salix ovatomicrophylla** K. S. Hao ex C. F. Fang et A. K. Skvortsov
分布：四川、云南、西藏

类扇叶垫柳 **Salix paraflabellaris** S. D. Zhao
分布：四川、云南、西藏

藏紫枝柳 **Salix paraheterochroma** C. Wang et P. Y. Fu
分布：西藏

光叶柳 **Salix paraphylicifolia** Chen Y. Yang
分布：新疆

康定柳 **Salix paraplesia** C. K. Schneid.
分布：山西、陕西、宁夏、甘肃、青海、四川、云南、西藏

康定柳(原变种) **Salix paraplesia** var. **paraplesia**
分布：山西、陕西、宁夏、甘肃、青海、四川、云南、西藏

毛枝康定柳 **Salix paraplesia** var. **pubescens** C. Wang et C. F. Fang
分布：甘肃

左旋康定柳 **Salix paraplesia** var. **subintegra** C. Wang et P. Y. Fu
分布：西藏

类四腺柳 **Salix paratetradenia** C. Wang et P. Y. Fu
分布：四川、西藏

类四腺柳(原变种) **Salix paratetradenia** var. **paratetradenia**
分布：西藏

亚东柳 **Salix paratetradenia** var. **yatungensis** C. Wang et P. Y. Fu
分布：四川、西藏

小齿叶柳 **Salix parvidenticulata** C. F. Fang
分布：西藏

黑枝柳 **Salix pella** C. K. Schneid.
分布：四川

五蕊柳 **Salix pentandra** L.
分布：黑龙江、吉林、辽宁、内蒙古、河北、新疆；蒙古国、俄罗斯；欧洲

五蕊柳(原变种) **Salix pentandra** var. **pentandra**
分布：黑龙江、吉林、辽宁、内蒙古、河北、新疆；蒙古国、俄罗斯

白背五蕊柳 **Salix pentandra** var. **intermedia** Nakai
分布：吉林

卵苞五蕊柳 **Salix pentandra** var. **obovalis** C. Y. Yu
分布：内蒙古

山毛柳 **Salix permollis** C. Wang et C. Y. Yu
分布：陕西

纤柳 **Salix phaidima** C. K. Schneid.
分布：四川

长叶柳 **Salix phanera** C. K. Schneid.
分布：甘肃、四川、云南

长叶柳(原变种) **Salix phanera** var. **phanera**
分布：四川、云南

维西长叶柳 **Salix phanera** var. **weixiensis** C. F. Fang
分布：云南

白皮柳 **Salix pierotii** Miq.
分布：黑龙江、吉林、辽宁；日本、俄罗斯

毛小叶垫柳 **Salix pilosomicrophylla** C. Wang et P. Y. Fu
分布：云南、西藏

平利柳 **Salix pingliensis** Y. L. Chou
分布：陕西

毛果垫柳 **Salix piptotricha** Hand.-Mazz.
分布：云南

曲毛柳 **Salix plocotricha** C. K. Schneid.
分布：甘肃、四川、西藏

多枝柳 **Salix polyclona** C. K. Schneid.
分布：陕西、湖北

草地柳 **Salix praticola** Hand.-Mazz. ex Enander
分布：湖南、湖北、四川、贵州、云南、广西

北沙柳 **Salix psammophila** C. Wang et C. Y. Yang
分布：内蒙古、山西、陕西、宁夏

朝鲜垂柳 **Salix pseudolasiogyne** H. Lév.
分布：辽宁；朝鲜

小叶山毛柳 **Salix pseudopermollis** C. Y. Yu et C. Y. Yang
分布：山东、陕西

大苞柳 **Salix pseudospissa** Goerz ex Rehd. et Kobuski
分布：甘肃、青海、四川

山柳 **Salix pseudotangii** C. Wang et C. Y. Yu
分布：陕西

青皂柳 **Salix pseudowallichiana** Goerz ex Rehd. et Kobuski
分布：山西、青海、四川

西柳 **Salix pseudowolohoensis** K. S. Hao ex C. F. Fang et A. K. Skvortsov
分布：四川、云南

裸柱头柳 **Salix psilostigma** Anderss.
分布：四川、云南、西藏；不丹、印度、尼泊尔

密穗柳 **Salix pycnostachya** Anderss.
分布：新疆、西藏；阿富汗、不丹、印度、吉尔吉斯斯坦、尼泊尔、巴基斯坦、塔吉克斯坦、乌兹别克斯坦

密穗柳(原变种) **Salix pycnostachya** var. **pycnostachya**
分布：新疆；阿富汗、印度、吉尔吉斯斯坦、尼泊尔、巴基斯坦、塔吉克斯坦、乌兹别克斯坦

尖果密穗柳 **Salix pycnostachya** var. **oxycarpa** (Anderss.) Y. L. Chou et C. F. Fang
分布：西藏；阿富汗、不丹、印度、巴基斯坦

鹿蹄柳 **Salix pyrolifolia** Ledeb.
分布：黑龙江、内蒙古、新疆；蒙古国、俄罗斯；欧洲

昌都柳 **Salix qamdoensis** N. Chao et J. Liu
分布：西藏

青海柳 **Salix qinghaiensis** Y. L. Chou
分布：甘肃、青海

青海柳(原变种) **Salix qinghaiensis** var. **qinghaiensis**
分布：甘肃、青海

小叶青海柳 **Salix qinghaiensis** var. **microphylla** Y. L. Chou
分布：甘肃

陕西柳 **Salix qinlingica** C. Wang et N. Chao
分布：陕西

大黄柳 **Salix raddeana** Lacksch. ex Nas.
分布：黑龙江、吉林、辽宁、内蒙古；朝鲜、俄罗斯

大黄柳(原变种) **Salix raddeana** var. **raddeana**
分布：黑龙江、吉林、辽宁、内蒙古；朝鲜、俄罗斯

稀毛大黄柳 **Salix raddeana** var. **subglabra** Y. L. Chang et Skvortsov
分布：黑龙江

长穗柳 **Salix radinostachya** C. K. Schneid.
分布：四川、云南、西藏；印度

绒毛长穗柳 **Salix radinostachya** var. **pseudophanera** C. F. Fang
分布：云南

欧越桔柳 **Salix rectijulis** Ledeb. ex Trautv.
分布：新疆；蒙古国、俄罗斯

川滇柳 **Salix rehderiana** C. K. Schneid.
分布：陕西、宁夏、甘肃、青海、四川、云南、西藏

川滇柳(原变种) **Salix rehderiana** var. **rehderiana**
分布：陕西、宁夏、甘肃、青海、四川、云南、西藏

灌柳 **Salix rehderiana** var. **dolia** (C. K. Schneid.) N. Chao
分布：甘肃、四川

截苞柳 **Salix resecta** Diels
分布：四川、云南

藏截苞矮柳 **Salix resectoides** Hand.-Mazz.
分布：云南、西藏

杜鹃叶柳 **Salix rhododendrifolia** C. Wang et P. Y. Fu
分布：四川、云南、西藏

房县柳 **Salix rhoophila** C. K. Schneid.
分布：湖北、四川

拉加柳 **Salix rockii** Goerz ex Rehd. et Kobuski
分布：甘肃、青海

粉枝柳 **Salix rorida** Lacksch.
分布：黑龙江、吉林、辽宁、内蒙古、河北；日本、朝鲜、蒙古国、俄罗斯

粉枝柳(原变种) **Salix rorida** var. **rorida**
分布：黑龙江、吉林、辽宁、内蒙古、河北；日本、韩国、蒙古国、俄罗斯

伪粉枝柳 **Salix rorida** var. **roridiformis** (Nakai) Ohwi
分布：黑龙江、吉林、辽宁；日本、朝鲜

细叶沼柳 **Salix rosmarinifolia** L.
分布：黑龙江、吉林、辽宁、内蒙古、甘肃、新疆；哈萨克斯坦、朝鲜、吉尔吉斯斯坦、蒙古国、俄罗斯、塔吉克斯坦；欧洲

细叶沼柳(原变种) **Salix rosmarinifolia** var. **rosmarinifolia**
分布：黑龙江、吉林、辽宁、内蒙古、新疆；哈萨克斯坦、朝鲜、吉尔吉斯斯坦、蒙古国、俄罗斯、塔吉克斯坦；欧洲

沼柳 **Salix rosmarinifolia** var. **brachypoda** (Trautv. et C. A. Mey.) Y. L. Chou
分布：黑龙江、吉林、辽宁、内蒙古、甘肃；俄罗斯

甘南沼柳 **Salix rosmarinifolia** var. **gannanensis** C. F. Fang
分布：甘肃

东北细叶沼柳 **Salix rosmarinifolia** var. **tungbeiana** Y. L. Chou et Skvortsov
分布：黑龙江

南川柳 **Salix rosthornii** Seemen
分布：陕西、安徽、浙江、江西、湖南、湖北、四川、贵州

龙江柳 **Salix sachalinensis** F. Schmidt
分布：黑龙江、吉林、辽宁；日本、朝鲜、俄罗斯

萨彦柳 **Salix sajanensis** Nas.
分布：新疆；蒙古国、俄罗斯

对叶柳 **Salix salwinensis** Hand.-Mazz. ex Enander
分布：云南；不丹、尼泊尔、印度

对叶柳(原变种) **Salix salwinensis** var. **salwinensis**
分布：云南；不丹、尼泊尔、印度

长穗对叶柳 **Salix salwinensis** var. **longiamentifera** C. F. Fang
分布：云南

灌木柳 **Salix saposhnikovii** A. Skvortsov
分布：新疆；蒙古国、俄罗斯

阿克苏柳 **Salix schugnanica** Goerz
分布：新疆；亚洲(中部)

蒿柳 **Salix schwerinii** E. L. Wolf
分布：黑龙江、吉林、辽宁、内蒙古、河北；日本、朝鲜、蒙古国、俄罗斯

硬叶柳 **Salix sclerophylla** Anderss.
分布：甘肃、青海、四川、云南、西藏；印度、克什米尔地区、尼泊尔、巴基斯坦

硬叶柳(原变种) **Salix sclerophylla** var. **sclerophylla**
分布：甘肃、青海、四川、云南、西藏；印度、克什米尔地区、尼泊尔、巴基斯坦

宽苞金背柳 **Salix sclerophylla** var. **obtusa** (C. Wang et P. Y. Fu) C. F. Fang
分布：四川、西藏

小叶硬叶柳 **Salix sclerophylla** var. **tibetica** (Goerz ex Rehder et Kobuski) C. F. Fang
分布：甘肃、四川、云南

近硬叶柳 **Salix sclerophylloides** Y. L. Chou
分布：西藏

岩壁垫柳 **Salix scopulicola** Mao et W. Z. Li
分布：云南

绢果柳 **Salix sericocarpa** Anderss.
分布：云南、西藏；阿富汗、克什米尔地区、尼泊尔、巴基斯坦

多花小垫柳 **Salix serpyllum** Anderss.
分布：西藏；不丹、印度、尼泊尔

山丹柳 **Salix shandanensis** C. F. Fang
分布：宁夏、甘肃、青海

商城柳 **Salix shangchengensis** B. C. Ding et T. B. Chao
分布：河南

石泉柳 **Salix shihtsuanensis** C. Wang et C. Y. Yu
分布：陕西、甘肃

石泉柳(原变种) **Salix shihtsuanensis** var. **shihtsuanensis**
分布：陕西、甘肃

光果石泉柳 **Salix shihtsuanensis** var. **glabrata** C. F. Fang et J. Q. Wang
分布：甘肃

球果石泉柳 **Salix shihtsuanensis** var. **globosa** C. Y. Yu
分布：陕西、甘肃

无柄石泉柳 **Salix shihtsuanensis** var. **sessilis** C. Y. Yu
分布：陕西

锡金柳 **Salix sikkimensis** Anderss.
分布：云南、西藏；不丹、印度、尼泊尔

中国黄花柳 **Salix sinica** (K. S. Hao ex C. F. Fang et A. K. Skvortsov) G. H. Zhu
分布：内蒙古、河北、山西、陕西、宁夏、甘肃、青海

中国黄花柳(原变种) **Salix sinica** var. **sinica**
分布：内蒙古、河北、甘肃、青海

齿叶黄花柳 **Salix sinica** var. **dentata** (K. S. Hao ex C. F. Fang et A. K. Skvortsov) G. H. Zhu
分布：河北、山西、陕西、宁夏

无柄黄花柳 **Salix sinica** var. **subsessilis** (K. S. Hao ex C. F. Fang et A. K. Skvortsov) G. H. Zhu
分布：河北

红皮柳 **Salix sinopurpurea** C. Wang et C. Y. Yang
分布：河北、山西、河南、陕西、甘肃、湖北

卷边柳 **Salix siuzevii** Seemen
分布：黑龙江、吉林、内蒙古；朝鲜、俄罗斯

司氏柳 **Salix skvortzovii** Y. L. Chang et Y. L. Chou
分布：黑龙江、吉林、辽宁

准噶尔柳 **Salix songarica** Anderss.
分布：新疆；阿富汗、哈萨克斯坦、土库曼斯坦、乌兹别克斯坦

黄花垫柳 **Salix souliei** Seemen
分布：青海、四川、云南、西藏

匙叶柳 **Salix spathulifolia** Seemen ex Diels
分布：陕西、甘肃、青海、四川

巴郎柳 **Salix sphaeronymphe** Goerz
分布：甘肃、四川、西藏

光果巴郎柳 **Salix sphaeronymphoides** Y. L. Chou
分布：四川、云南、西藏

灰叶柳 **Salix spodiophylla** Hand.-Mazz.
分布：四川、云南

灰叶柳(原变种) **Salix spodiophylla** var. **spodiophylla**
分布：四川、云南

光果灰叶柳 **Salix spodiophylla** var. **liocarpa** (K. S. Hao ex C. F. Fang et A. K. Skvortsov) G. H. Zhu
分布：四川、云南

簸箕柳 **Salix suchowensis** W. C. Cheng ex G. Zhu
分布：山东、河南、江苏、浙江也有栽培

松江柳 **Salix sungkianica** Y. L. Chou et Skvort.
分布：黑龙江

花莲柳 **Salix tagawana** Koidz.
分布：台湾

太白柳 **Salix taipaiensis** C. Y. Yu
分布：陕西

泰山柳 **Salix taishanensis** C. Wang et C. F. Fang
分布：河北、山西、山东、河南

泰山柳(原变种) **Salix taishanensis** var. **taishanensis**
分布：河北、山西、山东、河南

光子房泰山柳 **Salix taishanensis** var. **glabra** C. F. Fang et W. D. Liu
分布：山西

河北柳 **Salix taishanensis** var. **hebeinica** C. F. Fang
分布：河北

台湾山柳 **Salix taiwanalpina** Kimura
分布：台湾

高山柳 **Salix takasagoalpina** Koidz.
分布：台湾

周至柳 **Salix tangii** K. S. Hao ex C. F. Fang et A. K. Skvortsov
分布：山西、陕西、甘肃

周至柳(原变种) **Salix tangii** var. **tangii**
分布：山西、陕西、甘肃

细叶周至柳 **Salix tangii** var. **angustifolia** C. Y. Yu
分布：陕西、甘肃

洮河柳 **Salix taoensis** Goerz ex Rehd. et Kobuski
分布：甘肃、青海

洮河柳(原变种) **Salix taoensis** var. **taoensis**
分布：甘肃、青海

光果洮河柳 **Salix taoensis** var. **leiocarpa** T. Y. Ding et C. F. Fang
分布：青海

柄果洮河柳 **Salix taoensis** var. **pedicellata** C. F. Fang et J. Q. Wang
分布：甘肃

谷柳 **Salix taraikensis** Kimura
分布：黑龙江、吉林、辽宁、内蒙古、新疆；日本、蒙古国、俄罗斯

谷柳(原变种) **Salix taraikensis** var. **taraikensis**
分布：黑龙江、吉林、辽宁、内蒙古、新疆；日本、蒙古国、俄罗斯

宽叶谷柳 **Salix taraikensis** var. **latifolia** Kimura
分布：黑龙江、吉林；日本、俄罗斯

倒披针谷柳 **Salix taraikensis** var. **oblanceolata** C. Wang et C. F. Fang
分布：辽宁

塔城柳 **Salix tarbagataica** C. Y. Yang
分布：新疆；哈萨克斯坦

光苞柳 **Salix tenella** C. K. Schneid.
分布：四川、云南

光苞柳(原变种) **Salix tenella** var. **tenella**
分布：四川、云南

**基毛光苞柳 Salix tenella var. trichadenia** Hand.-Mazz.
分布：四川、云南

**腾冲柳 Salix tengchongensis** C. F. Fang
分布：云南

**细穗柳 Salix tenuijulis** Ledeb.
分布：新疆；哈萨克斯坦、吉尔吉斯斯坦、蒙古国

**四子柳 Salix tetrasperma** Roxb.
分布：云南、西藏、广东、海南；印度、印度尼西亚、马来西亚、缅甸、巴基斯坦、菲律宾、泰国、越南

**天山柳 Salix tianschanica** Regel
分布：新疆；哈萨克斯坦、吉尔吉斯斯坦

**川三蕊柳 Salix triandroides** W. P. Fang
分布：四川

**毛果柳 Salix trichocarpa** C. F. Fang
分布：西藏

**吐兰柳 Salix turanica** Nas.
分布：新疆；阿富汗、印度、哈萨克斯坦、吉尔吉斯斯坦、蒙古国、巴基斯坦、塔吉克斯坦

**蔓柳 Salix turczaninowii** Lacksch.
分布：新疆；哈萨克斯坦、蒙古国、俄罗斯

**乌饭叶矮柳 Salix vaccinioides** Hand.-Mazz.
分布：云南、西藏

**秋华柳 Salix variegata** Franch.
分布：河南、陕西、甘肃、湖北、四川、贵州、云南、西藏

**皱纹柳 Salix vestita** Pursh
分布：新疆；蒙古国、俄罗斯；北美洲

**皂柳 Salix wallichiana** Anderss.
分布：内蒙古、河北、山西、陕西、甘肃、青海、浙江、湖南、湖北、四川、贵州、云南、西藏；不丹、印度、尼泊尔

**皂柳 (原变种) Salix wallichiana** var. **wallichiana**
分布：内蒙古、河北、山西、陕西、甘肃、青海、浙江、湖南、湖北、四川、贵州、云南、西藏；不丹、印度、尼泊尔

**绒毛皂柳 Salix wallichiana** var. **pachyclada** (H. Lév. et Vaniot) C. Wang et C. F. Fang
分布：浙江、湖南、湖北、四川、贵州、云南

**眉柳 Salix wangiana** K. S. Hao ex C. F. Fang et A. K. Skvortsov
分布：陕西、西藏

**台湾水柳 Salix warburgii** Seemen
分布：台湾

**维西柳 Salix weixiensis** Y. L. Chou
分布：云南

**线叶柳 Salix wilhelmsiana** Bieb.
分布：内蒙古、宁夏、甘肃、新疆；印度、哈萨克斯坦、吉尔吉斯斯坦、巴基斯坦、乌兹别克斯坦；亚洲(西南部)、欧洲

**线叶柳(原变种) Salix wilhelmsiana** var. **wilhelmsiana**
分布：甘肃、内蒙古、宁夏、新疆；印度、哈萨克斯坦、吉尔吉斯斯坦、巴基斯坦、乌兹别克斯坦；亚洲(西南部)、欧洲

**宽线叶柳 Salix wilhelmsiana** var. **latifolia** Chang Y. Yang
分布：新疆

**光果线叶柳 Salix wilhelmsiana** var. **leiocarpa** C. Y. Yang
分布：内蒙古、甘肃

**紫柳 Salix wilsonii** Seemen ex Diels
分布：安徽、江苏、浙江、江西、湖南、湖北

**川南柳 Salix wolohoensis** C. K. Schneid.
分布：四川、云南

**伍须柳 Salix wuxuhaiensis** N. Chao
分布：四川

**小光山柳 Salix xiaoguangshanica** Y. L. Chou et N. Chao
分布：云南

**西藏柳 Salix xizangensis** Y. L. Chou
分布：西藏

**亚东毛柳 Salix yadongensis** N. Chao
分布：西藏

**白河柳 Salix yanbianica** C. F. Fang et Ch. Y. Yang
分布：吉林

**玉皇柳 Salix yuhuangshanensis** C. Wang et C. Y. Yu
分布：陕西

**玉门柳 Salix yumenensis** H. L. Yang
分布：甘肃

**藏柳 Salix zangica** N. Chao
分布：云南、西藏

**察隅矮柳 Salix zayulica** C. Wang et C. F. Fang
分布：西藏

**鹧鸪柳 Salix zhegushanica** N. Chao
分布：四川

**舟曲柳 Salix zhouquensis** X. G. Sun
分布：甘肃

### 箣柊属 Scolopia Schreb.

**黄杨叶箣柊 Scolopia buxifolia** Gagnep.
分布：广西、海南；越南、泰国

**箣柊 Scolopia chinensis** (Lour.) Clos
分布：福建、广东、广西、海南；印度、马来西亚、斯里兰卡、老挝、越南、泰国

**鲁花树 Scolopia oldhamii** Hance
分布：福建、台湾；日本

**广东箣柊 Scolopia saeva** (Hance) Hance
分布：云南、福建、广东、广西、海南；越南

### 柞木属 Xylosma G. Forst.

**柞木 Xylosma congesta** (Loureiro) Merr.
分布：陕西、安徽、江苏、浙江、江西、湖南、湖北、四川、贵州、云南、西藏、福建、台湾、广东、广西；印度、日本、韩国

**南岭柞木 Xylosma controversa** Clos
分布：江苏、江西、湖南、四川、贵州、云南、福建、广东、广西、海南；印度、马来西亚、尼泊尔、越南

**南岭柞木(原变种) Xylosma controversa** var. **controversa**
分布：江苏、江西、湖南、四川、贵州、云南、福建、广东、广西、海南；印度、马来西亚、尼泊尔、越南

**毛叶南岭柞木 Xylosma controversa** var. **pubescens** Q. E. Yang
分布：江西、湖南、四川、贵州、广东、广西

**长叶柞木 Xylosma longifolia** Clos
分布：贵州、云南、福建、广东、广西、海南；印度、老挝、尼泊尔、泰国、越南

## 417. 刺茉莉科 Salvadoraceae Lindl.

### 刺茉莉属 Azima Lam.

**刺茉莉 Azima sarmentosa** (Blume) Benth. et Hook. f.
分布：海南；泰国、柬埔寨、老挝、马来西亚、越南、印度、缅甸、印度尼西亚

## 418. 檀香科 Santalaceae R. Br.

### 油杉寄生属 Arceuthobium M. Bieb.

**油杉寄生 Arceuthobium chinense** Lecomte
分布：四川、云南

**圆柏寄生 Arceuthobium oxycedri** (DC.) Bieb.
分布：青海、西藏；印度、巴基斯坦、塔吉克斯坦、土库曼斯坦；亚洲(西南部)、欧洲、非洲

**高山松寄生 Arceuthobium pini** Hawksw. et Wiens
分布：四川、云南、西藏

**云杉寄生 Arceuthobium sichuanense** (H. S. Kiu) Hawksw. et Wiens
分布：青海、四川、西藏；不丹

**冷杉寄生 Arceuthobium tibetense** H. S. Kiu et W. Ren
分布：西藏

### 米面蓊属 Buckleya Torr.

**棱果米面蓊 Buckleya angulosa** S. B. Zhou et X. H. Guo
分布：安徽

**秦岭米面蓊 Buckleya graebneriana** Diels
分布：河南、陕西、甘肃

**米面蓊 Buckleya henryi** Diels
分布：山西、河南、甘肃、安徽、浙江、湖北、四川

### 寄生藤属 Dendrotrophe Miq.

**黄杨叶寄生藤 Dendrotrophe buxifolia** (Blume) Miq.
分布：云南；柬埔寨、印度尼西亚、马来西亚、泰国、越南

**疣枝寄生藤 Dendrotrophe granulata** (Hook. f. et Thomson ex A. DC.) A. N. Henry et B. Roy
分布：西藏；不丹、印度、缅甸、尼泊尔

**异花寄生藤 Dendrotrophe platyphylla** (Spreng.) N. H. Xia et M. G. Gilbert
分布：云南；不丹、马来西亚、缅甸、尼泊尔、印度

**多脉寄生藤 Dendrotrophe polyneura** (Hu) D. D. Tao ex P. C. Tam
分布：云南；越南

**伞花寄生藤 Dendrotrophe umbellata** (Blume) Miq.
分布：云南、海南；柬埔寨、印度尼西亚、老挝、马来西亚、越南

伞花寄生藤(原变种) **Dendrotrophe umbellata** var. **umbellata**

分布：海南；柬埔寨、印度尼西亚、老挝、马来西亚、越南

长叶伞花寄生藤 **Dendrotrophe umbellata** var. **longifolia** (Lecomte) P. C. Tam

分布：云南；柬埔寨

寄生藤 **Dendrotrophe varians** (Blume) Miq.

分布：福建、广东、广西、海南；印度尼西亚、马来西亚、缅甸、菲律宾、泰国、越南

## 栗寄生属 **Korthalsella** Tiegh.

栗寄生 **Korthalsella japonica** (Thunb.) Engl.

分布：陕西、甘肃、浙江、江西、湖南、湖北、四川、贵州、云南、西藏、福建、台湾、广东、广西、海南；不丹、印度、印度尼西亚、日本、马来西亚、缅甸、巴基斯坦、菲律宾、斯里兰卡、泰国、越南、印度洋岛屿；东非、大洋洲

## 沙针属 **Osyris** L.

沙针 **Osyris quadripartita** Salzm. ex Decne.

分布：四川、云南、西藏、广西；不丹、柬埔寨、印度、老挝、缅甸、尼泊尔、斯里兰卡、泰国、越南；欧洲、非洲

## 重寄生属 **Phacellaria** Benth.

粗序重寄生 **Phacellaria caulescens** Collett et Hemsl.

分布：云南、广西；缅甸

扁序重寄生 **Phacellaria compressa** Benth.

分布：四川、云南、西藏、广西；缅甸、泰国、越南

重寄生 **Phacellaria fargesii** Lecomte

分布：湖北、四川、贵州、广西

聚果重寄生 **Phacellaria glomerata** D. D. Tao

分布：云南

硬序重寄生 **Phacellaria rigidula** Benth.

分布：四川、云南、广东、广西；缅甸

长序重寄生 **Phacellaria tonkinensis** Lecomte

分布：云南、福建、广东、广西、海南；越南

## 檀梨属 **Pyrularia** Michx.

檀梨 **Pyrularia edulis** (Wall.) A. DC.

分布：安徽、江西、湖南、湖北、四川、贵州、云南、西藏、福建、广东、广西；印度、尼泊尔、不丹、缅甸

## 檀香属 **Santalum** L.

檀香 **Santalum album** L.

分布：台湾、广东；太平洋岛屿

巴布亚檀香 **Santalum papuanum** Summerh.

分布：广东；太平洋岛屿

## 硬核属 **Scleropyrum** Arn.

硬核 **Scleropyrum wallichianum** (Wight et Arn.) Arn.

分布：云南、广西、海南；柬埔寨、印度、老挝、马来西亚、缅甸、斯里兰卡、越南、泰国

硬核(原变种) **Scleropyrum wallichianum** var. **wallichianum**

分布：云南、广西、海南；柬埔寨、印度、老挝、马来西亚、缅甸、斯里兰卡、越南

无刺硬核 **Scleropyrum wallichianum** var. **mekongense** (Gagnep.) Lecomte

分布：云南；柬埔寨、老挝、越南

## 百蕊草属 **Thesium** L.

田野百蕊草 **Thesium arvense** Horv.

分布：新疆；亚洲(西南部)、欧洲

波密百蕊草 **Thesium bomiense** C. Y. Wu ex D. D. Tao

分布：西藏

短苞百蕊草 **Thesium brevibracteatum** P. C. Tam

分布：内蒙古

华北百蕊草 **Thesium cathaicum** Hendrych

分布：河北、山西、山东

百蕊草 **Thesium chinense** Turcz.

分布：黑龙江、吉林、辽宁、内蒙古、河北、山西、山东、河南、陕西、宁夏、甘肃、青海、新疆、安徽、江苏、浙江、江西、湖南、湖北、四川、贵州、云南、福建、台湾、广东、广西、海南；日本、朝鲜、蒙古国

百蕊草(原变种) **Thesium chinense** var. **chinense**

分布：黑龙江、吉林、辽宁、内蒙古、河北、山西、山东、河南、陕西、宁夏、甘肃、青海、新疆、安徽、江苏、浙江、江西、湖南、湖北、四川、贵州、云南、福建、台湾、广东、广西、海南；日本、韩国、蒙古国

长梗百蕊草 **Thesium chinense** var. **longipedunculatum** Y. C. Chu

分布：黑龙江、吉林、辽宁、山西、四川、广东

藏南百蕊草 **Thesium emodi** Hendrych

分布：云南、西藏；不丹、尼泊尔

露柱百蕊草 **Thesium himalense** Royle ex Edgew.

分布：四川、云南；印度、尼泊尔

大果百蕊草 **Thesium jarmilae** Hendrych

分布：西藏

**长花百蕊草** **Thesium longiflorum** Hand.-Mazz.
分布：青海、四川、云南、西藏

**长叶百蕊草** **Thesium longifolium** Turcz.
分布：黑龙江、吉林、辽宁、内蒙古、山西、山东、青海、江西、湖南、湖北、四川、云南、西藏；蒙古国、俄罗斯

**草地百蕊草** **Thesium orgadophilum** P. C. Tam
分布：西藏

**白云百蕊草** **Thesium psilotoides** Hance
分布：广东；柬埔寨、泰国、菲律宾、印度尼西亚

**滇西百蕊草** **Thesium ramosoides** Hendrych
分布：四川、云南

**急折百蕊草** **Thesium refractum** C. A. Mey.
分布：黑龙江、吉林、辽宁、内蒙古、山西、宁夏、甘肃、青海、新疆、湖南、湖北、四川、云南、西藏；日本、朝鲜、蒙古国、哈萨克斯坦、吉尔吉斯斯坦、俄罗斯

**远苞百蕊草** **Thesium remotebracteatum** C. Y. Wu ex D. D. Tao
分布：云南

**藏东百蕊草** **Thesium tongolicum** Hendrych
分布：四川、西藏

### 槲寄生属 Viscum L.

**卵叶槲寄生** **Viscum album** subsp. **meridianum** (Danser) D. G. Long
分布：云南、西藏；不丹、印度、缅甸、越南

**扁枝槲寄生** **Viscum articulatum** Burm. f.
分布：云南、广东、广西、海南；澳大利亚；亚洲(东南部和南部)

**槲寄生** **Viscum coloratum** (Kom.) Nakai
分布：甘肃、安徽、江苏、浙江、江西、湖南、湖北、四川、贵州、福建、台湾、广西；日本、朝鲜、俄罗斯

**棱枝槲寄生** **Viscum diospyrosicola** Hayata
分布：陕西、甘肃、浙江、江西、湖南、四川、贵州、云南、西藏、福建、台湾、广东、广西、海南

**线叶槲寄生** **Viscum fargesii** Lecomte
分布：山西、陕西、甘肃、青海、四川

**海南槲寄生(新拟)** **Viscum hainanense** R. L. Han et D. X. Zhang
分布：海南

**枫香槲寄生** **Viscum liquidambaricola** Hayata
分布：陕西、甘肃、浙江、江西、四川、贵州、云南、西藏、福建、台湾、广东、广西、海南、湖北，湖南；不丹、印度、印度尼西亚、马来西亚、尼泊尔、泰国、越南

**聚花槲寄生** **Viscum loranthi** Elmer
分布：云南；印度、印度尼西亚、菲律宾

**镰叶槲寄生(新拟)** **Viscum macrofalcatum** R. L. Han et D. X. Zhang
分布：云南

**五脉槲寄生** **Viscum monoicum** Roxb. ex DC.
分布：云南、广西；孟加拉国、不丹、印度、缅甸、斯里兰卡、泰国、越南

**柄果槲寄生** **Viscum multinerve** (Hayata) Hayata
分布：江西、贵州、云南、福建、台湾、广东、广西、海南；泰国、越南、尼泊尔

**绿茎槲寄生** **Viscum nudum** Danser
分布：四川、贵州、云南

**瘤果槲寄生** **Viscum ovalifolium** Wall. ex DC.
分布：云南、广东、广西、海南；不丹、柬埔寨、印度、印度尼西亚、老挝、马来西亚、缅甸、菲律宾、泰国、越南

**云南槲寄生** **Viscum yunnanense** H. S. Kiu
分布：云南

## 419. 无患子科 Sapindaceae Juss.

### 槭属 Acer L.

**齿裂枫** **Acer acuminatum** Wall. ex D. Don
分布：西藏；印度、克什米尔地区、尼泊尔、巴基斯坦

**锐角枫** **Acer acutum** W. P. Fang
分布：河南、安徽、浙江、江西

**紫白枫** **Acer albopurpurascens** Hayata
分布：台湾

**阔叶枫** **Acer amplum** Rehder
分布：安徽、浙江、江西、湖南、湖北、四川、贵州、云南、福建、广东、广西；越南

**阔叶枫(原亚种)** **Acer amplum** subsp. **amplum**
分布：安徽、浙江、江西、湖南、湖北、四川、贵州、云南、福建、广西、广东(西北部)

**建水阔叶枫** **Acer amplum** subsp. **bodinieri** (H. Lév.) Y. S. Chen
分布：湖南、贵州、云南、广西；越南

**梓叶枫** **Acer amplum** subsp. **catalpifolium** (Rehder) Y. S. Chen
分布：四川、贵州、广西

**天台阔叶枫** **Acer amplum** subsp. **tientaiense** (C. K. Schneid.) Y. S. Chen
分布：浙江、江西、福建

**簇毛枫** **Acer barbinerve** Maxim. ex Miq.
分布：黑龙江、吉林、辽宁；朝鲜、俄罗斯

**三角枫** **Acer buergerianum** Miq.
分布：山东、河南、陕西、甘肃、安徽、江苏、浙江、江西、湖南、湖北、四川、贵州、福建、台湾、广东；日本

**三角枫(原变种)** **Acer buergerianum** var. **buergerianum**
分布：山东、河南、安徽、江苏、浙江、江西、湖南、湖北、四川、贵州、福建、广东；日本

**台湾三角枫** **Acer buergerianum** var. **formosanum** (Hayata ex Koidz.) Sasaki
分布：台湾

**平翅三角枫** **Acer buergerianum** var. **horizontale** F. P. Metcalf
分布：浙江

**九江三角枫** **Acer buergerianum** var. **jiujiangense** Z. X. Yu
分布：江西

**界山三角枫** **Acer buergerianum** var. **kaiscianense** (Pamp.) W. P. Fang
分布：陕西、甘肃、湖北

**雁荡三角枫** **Acer buergerianum** var. **yentangense** W. P. Fang et M. Y. Fang
分布：浙江

**深灰枫** **Acer caesium** Wall. ex Brandis
分布：河南、陕西、宁夏、甘肃、湖北、四川、云南、西藏；印度、尼泊尔、巴基斯坦

**三裂枫** **Acer calcaratum** Gagnep.
分布：云南；缅甸、泰国、越南

**藏南枫** **Acer campbellii** Hook. f. et Thomson ex Hiern
分布：四川、云南、西藏；不丹、印度、缅甸、尼泊尔、越南

**藏南枫(原变种)** **Acer campbellii** var. **campbellii**
分布：云南；不丹、印度、缅甸、尼泊尔、越南

**毛齿藏南枫** **Acer campbellii** var. **serratifolium** Banerji
分布：云南、西藏；不丹、印度、尼泊尔

**青皮枫** **Acer cappadocicum** Gled.
分布：陕西、湖北、四川、贵州、云南、西藏；不丹、印度、克什米尔地区、尼泊尔、巴基斯坦；亚洲(西南部)、欧洲(南部)

**青皮枫(原亚种)** **Acer cappadocicum** subsp. **cappadocicum**
分布：云南；不丹、印度、克什米尔地区、尼泊尔、巴基斯坦；亚洲、欧洲

**小叶青皮枫** **Acer cappadocicum** subsp. **sinicum** (Rehder) Hand.-Mazz.
分布：陕西、湖北、四川、贵州、云南、西藏

**尖尾枫** **Acer caudatifolium** Hayata
分布：台湾

**长尾枫** **Acer caudatum** Wall.
分布：河南、陕西、宁夏、甘肃、湖北、四川、云南、西藏；不丹、印度、缅甸、尼泊尔

**杈叶枫** **Acer ceriferum** Rehder
分布：山西、河南、陕西、甘肃、安徽、浙江、湖北、四川

**怒江枫** **Acer chienii** Hu et W. C. Cheng
分布：云南

**黔桂枫** **Acer chingii** Hu
分布：贵州、广西

**乳源枫** **Acer chunii** W. P. Fang
分布：四川、福建、广东

**乳源枫(原亚种)** **Acer chunii** subsp. **chunii**
分布：福建、广东

**两型叶乳源枫** **Acer chunii** subsp. **dimorphophyllum** W. P. Fang
分布：四川

**密叶枫** **Acer confertifolium** Merr. et F. P. Metcalf
分布：江西、福建、广东

**紫果枫** **Acer cordatum** Pax
分布：安徽、浙江、江西、湖南、湖北、四川、贵州、云南、福建、广东、广西、海南

**紫果枫(原变种)** **Acer cordatum** var. **cordatum**
分布：安徽、浙江、江西、湖南、湖北、四川、贵州、云南、福建、广东、广西、海南

**两型叶紫果枫** **Acer cordatum** var. **dimorphifolium** (F. P. Metcalf) Y. S. Chen
分布：江西、福建、广东

**樟叶枫** **Acer coriaceifolium** H. Lév.
分布：安徽、江苏、浙江、江西、湖南、湖北、四川、贵州、福建、广东、广西

**厚叶枫** **Acer crassum** Hu et W. C. Cheng
分布：云南

**青榨枫** **Acer davidii** Franch.
分布：河北、山西、河南、陕西、宁夏、甘肃、安徽、江苏、浙江、江西、湖南、湖北、四川、贵州、云南、福建、广东、广西；缅甸

**葛罗枫** **Acer davidii** subsp. **grosseri** (Pax) P. C. DeJong
分布：河北、山西、河南、陕西、甘肃、安徽、浙江、江西、湖南、湖北、四川

**重齿枫** **Acer duplicatoserratum** Hayata
分布：山东、河南、安徽、江苏、浙江、江西、湖南、湖北、贵州、福建、台湾

**重齿枫(原变种)** **Acer duplicatoserratum** var. **duplicatoserratum**
分布：台湾

**中华重齿枫** **Acer duplicatoserratum** var. **chinense** C. S. Chang
分布：山东、河南、安徽、江苏、浙江、江西、湖南、湖北、贵州、福建

**秀丽枫** **Acer elegantulum** W. P. Fang et P. L. Chiu
分布：安徽、浙江、江西、湖南、贵州、福建、广西

**毛花枫** **Acer erianthum** Schwer.
分布：陕西、甘肃、湖北、四川、云南、广西

**罗浮枫** **Acer fabri** Hance
分布：江西、湖南、湖北、四川、贵州、云南、广东、广西、海南；越南

**河口枫** **Acer fenzelianum** Hand.-Mazz.
分布：云南；越南

**扇叶枫** **Acer flabellatum** Rehder
分布：江西、湖北、四川、贵州、云南、广西；缅甸、越南

**丽江枫** **Acer forrestii** Diels
分布：四川、云南

**黄毛枫** **Acer fulvescens** Rehder
分布：四川、西藏

**长叶枫** **Acer gracilifolium** W. P. Fang et C. C. Fu
分布：甘肃、四川

**血皮枫** **Acer griseum** (Franch.) Pax
分布：山西、河南、陕西、甘肃、湖南、湖北、四川

**三叶枫** **Acer henryi** Pax
分布：山西、河南、陕西、甘肃、安徽、江苏、浙江、湖南、湖北、四川、贵州、福建

**海拉枫** **Acer hilaense** Hu et Cheng
分布：云南

**羽扇枫** **Acer japonicum** Thunb.
分布：辽宁，栽培于江苏；原产于日本

**小楷枫** **Acer komarovii** Pojark.
分布：吉林、辽宁；韩国、俄罗斯

**贡山枫** **Acer kungshanense** W. P. Fang et C. Y. Chang
分布：云南

**国楣枫** **Acer kuomeii** W. P. Fang et M. Y. Fang
分布：云南、广西

**广南枫** **Acer kwangnanense** Hu et Cheng
分布：云南

**桂林枫** **Acer kweilinense** W. P. Fang et M. Y. Fang
分布：贵州、广西

**光叶枫** **Acer laevigatum** Wall.
分布：陕西、湖南、湖北、四川、贵州、云南、西藏、广东、广西；不丹、印度、缅甸、尼泊尔、越南

**光叶枫(原变种)** **Acer laevigatum** var. **laevigatum**
分布：陕西、湖南、湖北、四川、贵州、云南、西藏、广东、广西；不丹、印度、缅甸、尼泊尔、越南

**怒江光叶枫** **Acer laevigatum** var. **salweenense** (W. W. Sm.) J. M. Cowan ex Fang
分布：云南；缅甸

**十蕊枫** **Acer laurinum** Hassk.
分布：云南、西藏、广西、海南；柬埔寨、印度、印度尼西亚、老挝、马来西亚、缅甸、菲律宾、泰国、越南

**疏花枫** **Acer laxiflorum** Pax
分布：四川、云南

**雷波枫** **Acer leipoense** W. P. Fang et Soong
分布：四川

**临安枫** **Acer linganense** W. P. Fang et P. L. Chiu
分布：安徽、浙江

**长柄枫** **Acer longipes** Franch. ex Rehder
分布：河南、陕西、江西、湖南、湖北、重庆、广西

**亮叶枫** **Acer lucidum** F. P. Metcalf
分布：江西、四川、福建、广东、广西

**龙胜枫 Acer lungshengense** W. P. Fang et L. C. Hu
分布：湖南、湖北、贵州、广西

**东北枫 Acer mandshuricum** Maxim.
分布：黑龙江、吉林、辽宁、陕西、甘肃；朝鲜、俄罗斯

**五尖枫 Acer maximowiczii** Pax
分布：山西、河南、陕西、甘肃、青海、湖南、湖北、四川、贵州、广西

**蒙山槭 Acer mengshanensis** Y. Q. Zhu
分布：山东

**南岭枫 Acer metcalfii** Rehder
分布：湖南、贵州、广东、广西

**苗山枫 Acer miaoshanicum** W. P. Fang
分布：贵州、广西

**庙台枫 Acer miaotaiense** Tsoong
分布：河南、陕西、甘肃、浙江、湖北

**玉山枫 Acer morrisonense** Hayata
分布：台湾

**复叶枫 Acer negundo** L.
分布：中国广泛栽培；原产于北美洲

**毛果枫 Acer nikoense** Maxim.
分布：安徽、浙江、江西、湖南、湖北、四川；日本

**飞蛾枫 Acer oblongum** Wall. ex DC.
分布：河南、陕西、甘肃、江西、湖北、四川、贵州、云南、西藏、福建、广东；不丹、印度、日本、克什米尔地区、老挝、缅甸、尼泊尔、巴基斯坦、泰国、越南

**飞蛾枫(原变种) Acer oblongum** var. **oblongum**
分布：河南、陕西、甘肃、江西、湖北、四川、贵州、云南、西藏、广东；不丹、印度、克什米尔地区、老挝、缅甸、尼泊尔、泰国、越南

**峨眉飞蛾枫 Acer oblongum** var. **omeiense** W. P. Fang et Soong
分布：四川

**少果枫 Acer oligocarpum** W. P. Fang et L. C. Hu
分布：云南、西藏

**五裂枫 Acer oliverianum** Pax
分布：河南、陕西、甘肃、安徽、浙江、江西、湖南、湖北、四川、贵州、云南、福建、台湾

**富宁枫 Acer paihengii** W. P. Fang
分布：云南

**鸡爪枫 Acer palmatum** Thunb.
分布：广泛栽培于全国各大植物园；原产于日本和朝鲜南部

**稀花枫 Acer pauciflorum** Fang
分布：安徽、浙江

**金沙枫 Acer paxii** Franch.
分布：四川、贵州、云南、广西

**篦齿枫 Acer pectinatum** Wall. ex G. Nicholson
分布：四川、云南、西藏；不丹、印度、缅甸、尼泊尔

**篦齿枫(原亚种) Acer pectinatum** subsp. **pectinatum**
分布：云南、西藏；不丹、印度、缅甸、尼泊尔

**独龙枫 Acer pectinatum** subsp. **taronense** (Hand.-Mazz.) A. E. Murray
分布：四川、云南、西藏；不丹、缅甸、印度

**五小叶枫 Acer pentaphyllum** Diels
分布：四川

**色木枫 Acer pictum** Thunb.
分布：黑龙江、吉林、辽宁、内蒙古、河北、山西、河南、陕西、甘肃、安徽、江苏、浙江、湖南、湖北、四川、云南、西藏；日本、韩国、蒙古国、俄罗斯

**色木枫(原亚种) Acer pictum** subsp. **pictum** Thunb. ex Murray
分布：黑龙江、吉林、辽宁、内蒙古、河北、山西、河南、陕西、甘肃、安徽、江苏、浙江、湖南、湖北、四川、云南、西藏；日本、韩国、蒙古国、俄罗斯

**大翅色木枫 Acer pictum** subsp. **macropterum** (W. P. Fang) Ohashi
分布：甘肃、四川、云南、西藏

**五角枫 Acer pictum** subsp. **mono** (Maxim.) Ohashi
分布：黑龙江、吉林、辽宁、内蒙古、河北、山西、河南、陕西、甘肃、安徽、浙江、湖南、湖北、四川、云南；日本、朝鲜、蒙古国、俄罗斯

**江南色木枫 Acer pictum** subsp. **pubigerum** (W. P. Fang) Y. S. Chen
分布：安徽、浙江

**三尖色木枫 Acer pictum** subsp. **tricuspis** (Rehder) Ohashi
分布：山西、陕西、甘肃、湖北

**疏毛枫 Acer pilosum** Maxim.
分布：内蒙古、山西、陕西、宁夏、甘肃

**疏毛枫(原变种) Acer pilosum** var. **pilosum**
分布：山西、陕西、甘肃

**细裂枫 Acer pilosum** var. **stenolobum** (Rehder) W. P. Fang
分布：内蒙古、陕西、宁夏、甘肃

**楠叶枫** **Acer pinnatinervium** Merr.
分布：云南、西藏；印度、泰国

**灰叶枫** **Acer poliophyllum** W. P. Fang et Y. T. Wu
分布：贵州、云南

**紫花枫** **Acer pseudosieboldianum** (Pax) Kom.
分布：黑龙江、吉林、辽宁；朝鲜、俄罗斯

**毛脉枫** **Acer pubinerve** Rehder
分布：安徽、浙江、江西、贵州、福建、广东、广西

**毛柄枫** **Acer pubipetiolatum** Hu et Cheng
分布：贵州、云南

**毛柄枫(原变种)** **Acer pubipetiolatum** var. **pubipetiolatum**
分布：云南

**屏边毛柄枫** **Acer pubipetiolatum** var. **pingpienense** W. P. Fang et W. K. Hu
分布：贵州、云南

**台湾五裂枫** **Acer serrulatum** Hayata
分布：台湾

**陕甘枫** **Acer shenkanense** W. P. Fang ex C. C. Fu
分布：陕西、甘肃、湖北、四川

**平坝枫** **Acer shihweii** F. Chun et W. P. Fang
分布：贵州

**锡金枫** **Acer sikkimense** Miq.
分布：云南、西藏；不丹、印度、缅甸、尼泊尔

**中华枫** **Acer sinense** Pax
分布：河南、湖北、四川、贵州、福建、广东、广西

**滨海枫** **Acer sino-oblongum** F. P. Metcalf
分布：广东

**天目枫** **Acer sinopurpurascens** Cheng
分布：安徽、浙江、江西、湖北

**毛叶枫** **Acer stachyophyllum** Hiern
分布：河南、陕西、宁夏、甘肃、湖北、四川、云南、西藏；不丹、印度、缅甸、尼泊尔

**毛叶枫(原亚种)** **Acer stachyophyllum** subsp. **stachyophyllum**
分布：湖北、四川、云南、西藏；不丹、印度、缅甸、尼泊尔

**四蕊枫** **Acer stachyophyllum** subsp. **betulifolium** (Maxim.) P. C. de Jon.
分布：河南、陕西、宁夏、甘肃、湖北、四川、云南；缅甸

**苹婆枫** **Acer sterculiaceum** Wall.
分布：河南、陕西、湖南、湖北、四川、贵州、云南、西藏；不丹、印度

**苹婆枫(原亚种)** **Acer sterculiaceum** subsp. **sterculiaceum**
分布：云南、西藏；不丹、印度

**房县枫** **Acer sterculiaceum** subsp. **franchetii** (Pax) A. E. Murray
分布：河南、陕西、湖北、四川、贵州、云南

**四川枫** **Acer sutchuenense** Franch.
分布：湖南、湖北、四川

**角叶枫** **Acer sycopseoides** Chun
分布：贵州、云南、广西

**鞑靼槭** **Acer tataricum** L.
分布：黑龙江、吉林、辽宁、内蒙古、河北、山西、山东、河南、陕西、宁夏、甘肃、新疆、安徽、江苏、浙江、江西、湖北、广东；阿富汗、日本、韩国、蒙古国、俄罗斯；亚洲(西南部)、欧洲(中部和东南部)

**茶条枫** **Acer tataricum** subsp. **ginnala** (Maxim.) Wesmael
分布：黑龙江、吉林、辽宁、内蒙古、河北、山西、山东、河南、陕西、宁夏、甘肃、江苏、江西；日本、朝鲜、蒙古国、俄罗斯

**天山枫** **Acer tataricum** subsp. **semenovii** (Regel et Herder) A. E. Murray
分布：新疆；阿富汗、俄罗斯；亚洲(西南部)

**苦条枫** **Acer tataricum** subsp. **theiferum** (W. P. Fang) Y. S. Chen et P. C. DeJong
分布：河南、陕西、安徽、江苏、浙江、江西、湖北、广东

**青楷枫** **Acer tegmentosum** Maxim.
分布：黑龙江、吉林、辽宁；朝鲜、俄罗斯

**薄叶枫** **Acer tenellum** Pax
分布：湖北、四川

**薄叶枫(原变种)** **Acer tenellum** var. **tenellum**
分布：湖北、四川

**七裂薄叶枫** **Acer tenellum** var. **septemlobum** (W. P. Fang et Soong) W. P. Fang et Soong
分布：四川

**巨果枫** **Acer thomsonii** Miq.
分布：云南、西藏；不丹、印度、缅甸、尼泊尔、泰国

**察隅枫 Acer tibetense** W. P. Fang

分布：西藏

**粗柄枫 Acer tonkinense** Lecomte

分布：贵州、云南、西藏、广西；缅甸、泰国、越南

**三花枫 Acer triflorum** Kom.

分布：黑龙江、吉林、辽宁；韩国

**元宝枫 Acer truncatum** Bunge

分布：吉林、辽宁、内蒙古、河北、山西、山东、河南、陕西、甘肃、江苏；韩国

**秦岭枫 Acer tsinglingense** W. P. Fang et C. C. Hsieh

分布：河南、陕西、甘肃

**岭南枫 Acer tutcheri** Duthie

分布：浙江、江西、湖南、福建、台湾、广东、广西

**岭南枫(原变种) Acer tutcheri** var. **tutcheri**

分布：浙江、江西、湖南、福建、广东、广西

**小果岭南枫 Acer tutcheri** var. **shimadae** Hayata

分布：台湾

**花楷枫 Acer ukurunduense** Trautv. et C. A. Mey.

分布：黑龙江、吉林、辽宁；日本、朝鲜、俄罗斯

**天峨枫 Acer wangchii** W. P. Fang

分布：贵州、广西

**滇藏枫 Acer wardii** W. W. Sm.

分布：云南、西藏；印度、缅甸

**三峡枫 Acer wilsonii** Rehder

分布：河南、陕西、江苏、浙江、江西、湖南、湖北、四川、贵州、云南、广东、广西；泰国、缅甸、越南

**漾濞枫 Acer yangbiense** Y. S. Chen et Q. E. Yang

分布：云南

**都安枫 Acer yinkunii** W. P. Fang

分布：广西

**川甘枫 Acer yui** W. P. Fang

分布：甘肃、四川

## 七叶树属 Aesculus L.

**长柄七叶树 Aesculus assamica** Griff.

分布：贵州、云南、西藏、广西；孟加拉国、老挝、越南、泰国、缅甸、不丹、印度

**七叶树 Aesculus chinensis** Bunge

分布：河北、山西、江苏、浙江有栽培，原产于重庆、甘肃、广东、贵州、河南、湖北、湖南、江西、陕西、四川、云南

**七叶树(原变种) Aesculus chinensis** var. **chinensis**

分布：河北、山西、河南、陕西、江苏、浙江

**天师栗 Aesculus chinensis** var. **wilsonii** (Rehder) Turland et N. H. Xia

分布：河南、陕西、甘肃、江西、湖南、湖北、四川、重庆、贵州、云南、广东

**欧洲七叶树 Aesculus hippocastanum** L.

分布：山东、上海栽培；原产于东南欧，世界各地引进

**日本七叶树 Aesculus turbinata** Blume

分布：山东、上海栽培；原产于日本

## 异木患属 Allophylus L.

**波叶异木患 Allophylus caudatus** Radlk.

分布：云南；越南

**大叶异木患 Allophylus chartaceus** (Kurz.) Radlk.

分布：西藏；印度

**滇南异木患 Allophylus cobbe** var. **velutinus** Corner

分布：云南；印度、马来西亚、缅甸、泰国、越南

**五叶异木患 Allophylus dimorphus** Radlk.

分布：海南；菲律宾、越南

**云南异木患 Allophylus hirsutus** Radlk.

分布：云南；泰国、柬埔寨

**长柄异木患 Allophylus longipes** Radlk.

分布：贵州、云南；越南

**广西异木患 Allophylus petelotii** Merr.

分布：广西；越南

**单叶异木患 Allophylus repandifolius** Merr. et Chun

分布：海南

**海滨异木患 Allophylus timoriensis** (DC.) Blume

分布：台湾、海南；印度尼西亚、马来西亚、缅甸、巴布亚新几内亚、菲律宾、泰国、帝汶岛

**毛叶异木患 Allophylus trichophyllus** Merr. et Chun

分布：海南

**异木患 Allophylus viridis** Radlk.

分布：广东、海南；越南

## 细子龙属 Amesiodendron Hu

**细子龙 Amesiodendron chinense** (Merr.) Hu

分布：广西、海南；印度尼西亚、老挝、马来西亚、缅甸、泰国、越南

## 滨木患属 **Arytera** Blume

滨木患 **Arytera littoralis** Blume
分布：云南、广东、广西、海南；印度；东南亚至所罗门群岛

## 黄梨木属 **Boniodendron** Gagnep.

黄梨木 **Boniodendron minus** (Hemsl.) T. C. Chen
分布：湖南、贵州、云南、广东、广西

## 倒地铃属 **Cardiospermum** L.

倒地铃 **Cardiospermum halicacabum** L.
分布：南方各省(自治区、直辖市)广布；热带、亚热带地区广布

## 茶条木属 **Delavaya** Franch.

茶条木 **Delavaya toxocarpa** Franch.
分布：云南、广西；越南

## 龙眼属 **Dimocarpus** Lour.

龙荔 **Dimocarpus confinis** (F. C. How et C. N. Ho) H. S. Lo
分布：湖南、贵州、云南、广东、广西；越南

灰岩肖韶子 **Dimocarpus fumatus** subsp. **calcicola** C. Y. Wu
分布：云南

龙眼 **Dimocarpus longan** Lour.
分布：广东、海南、广西和南方其他地区有栽培；亚热带地区广泛栽培

滇龙眼 **Dimocarpus yunnanensis** (W. T. Wang) C. Y. Wu et T. L. Ming
分布：云南

## 金钱枫属 **Dipteronia** Oliv.

云南金钱枫 **Dipteronia dyeriana** Henry
分布：云南

金钱枫 **Dipteronia sinensis** Oliv.
分布：山西、河南、陕西、甘肃、湖南、湖北、四川、贵州

## 车桑子属 **Dodonaea** Miller

车桑子 **Dodonaea viscosa** Jacquem.
分布：四川、云南、西藏、福建、台湾、广东、广西、海南；世界热带、亚热带地区

## 伞花木属 **Eurycorymbus** Hand.-Mazz.

伞花木 **Eurycorymbus cavaleriei** (H. Lév.) Rehder et Hand.-Mazz.
分布：江西、湖南、四川、贵州、云南、福建、台湾、广东、广西

## 掌叶木属 **Handeliodendron** Rehder

掌叶木 **Handeliodendron bodinieri** (H. Lév.) Rehder
分布：贵州、广西

## 假山萝属 **Harpullia** Roxb.

假山萝 **Harpullia cupanioides** Roxb.
分布：云南、广东、海南；孟加拉国、柬埔寨、印度、印度尼西亚、老挝、马来西亚、缅甸、巴布亚新几内亚、菲律宾、泰国、越南、澳大利亚

## 栾树属 **Koelreuteria** Laxm.

复羽叶栾树 **Koelreuteria bipinnata** Franch.
分布：湖南、湖北、四川、贵州、云南、广东、广西

台湾栾树 **Koelreuteria elegans** subsp. **formosana** (Hayata) F. G. Mey.
分布：台湾

栾树 **Koelreuteria paniculata** Laxm.
分布：安徽、甘肃、河北、河南、辽宁、陕西、山东、四川、云南，其他地区广泛栽培

## 鳞花木属 **Lepisanthes** Blume

心叶鳞花木 **Lepisanthes basicardia** Radlk.
分布：云南；缅甸

大叶鳞花木 **Lepisanthes browniana** Hiern
分布：云南；缅甸

茎花赤才 **Lepisanthes cauliflora** C. F. Liang et S. L. Mo
分布：广西

茎花赤才(原变种) **Lepisanthes cauliflora** var. **cauliflora**
分布：广西

光叶茎花赤才 **Lepisanthes cauliflora** var. **glabrifolia** S. L. Mo et X. X. Lee
分布：广西

鳞花木 **Lepisanthes hainanensis** H. S. Lo
分布：海南

赛木患 **Lepisanthes oligophylla** Merr. et Chun, N. H. Xia
分布：海南

赤才 **Lepisanthes rubiginosa** (Roxb.) Leenh.
分布：广东、广西、海南、云南有栽培；印度、中南半岛、

印度尼西亚、马来西亚、巴布亚新几内亚、菲律宾、澳大利亚

滇赤才 **Lepisanthes senegalensis** (Poir.) Leenh.

分布：云南、广东；孟加拉国、不丹、印度、中南半岛、印度尼西亚、马来西亚、缅甸、尼泊尔、巴布亚新几内亚、菲律宾、斯里兰卡、马达加斯加；非洲

爪耳木 **Lepisanthes unilocularis** Leenh.

分布：海南

### 荔枝属 **Litchi** Sonn.

荔枝 **Litchi chinensis** Sonn.

分布：广东、海南，南方多有栽培；老挝、马来西亚、缅甸、巴布亚新几内亚、菲律宾、泰国、越南；亚热带地区广泛栽培

### 柄果木属 **Mischocarpus** Blume

海南柄果木 **Mischocarpus hainanensis** H. S. Lo

分布：海南

褐叶柄果木 **Mischocarpus pentapetalus** (Roxb.) Radlk.

分布：云南、广东、广西；热带亚洲

柄果木 **Mischocarpus sundaicus** Bl.

分布：广西、海南；东南亚

### 韶子属 **Nephelium** L.

韶子 **Nephelium chryseum** Blume

分布：云南、广东、广西；婆罗洲、菲律宾、越南

红毛丹 **Nephelium lappaceum** L.

分布：台湾、广东、海南栽培；原产于印度尼西亚、马来西亚、菲律宾、泰国；东南亚栽培

海南韶子 **Nephelium topengii** (Merr.) H. S. Lo

分布：海南

### 假韶子属 **Paranephelium** Miq.

海南假韶子 **Paranephelium hainanense** H. S. Lo

分布：海南

云南假韶子 **Paranephelium hystrix** W. W. Sm.

分布：云南；缅甸

### 檀栗属 **Pavieasia** Pierre

广西檀栗 **Pavieasia kwangsiensis** H. S. Lo

分布：广西

云南檀栗 **Pavieasia yunnanensis** H. S. Lo

分布：云南；越南

### 番龙眼属 **Pometia** J. R. Forst. et G. Forst.

番龙眼 **Pometia pinnata** J. R. Forst. et G. Forst.

分布：云南、台湾；太平洋群岛

### 无患子属 **Sapindus** L.

川滇无患子 **Sapindus delavayi** (Franch.) Radlk.

分布：陕西、湖北、四川、贵州、云南

毛瓣无患子 **Sapindus rarak** DC.

分布：云南、台湾；斯里兰卡、印度、印度尼西亚、不丹、柬埔寨、老挝、马来西亚、缅甸、泰国、越南

毛瓣无患子(原变种) **Sapindus rarak** var. **rarak**

分布：云南；不丹、柬埔寨、印度、印度尼西亚、老挝、马来西亚、缅甸、斯里兰卡、泰国、越南

石屏无患子 **Sapindus rarak** var. **velutinus** C. Y. Wu

分布：云南

无患子 **Sapindus saponaria** L.

分布：河南、安徽、江苏、浙江、江西、湖南、湖北、四川、贵州、云南、福建、台湾、广东、广西、海南；日本、朝鲜、印度、印度尼西亚、缅甸、巴布亚新几内亚、泰国、越南

绒毛无患子 **Sapindus tomentosus** Kurz.

分布：云南；缅甸

### 文冠果属 **Xanthoceras** Bunge

文冠果 **Xanthoceras sorbifolium** Bunge

分布：内蒙古、河北、山西、山东、河南、陕西、宁夏、甘肃；韩国

### 干果木属 **Xerospermum** Blume

干果木 **Xerospermum bonii** (Lecomte) Radlk.

分布：云南、广西；越南

## 420. 山榄科 Sapotaceae Juss.

### 金叶树属 **Chrysophyllum** L.

金叶树 **Chrysophyllum lanceolatum** var. **stellatocarpon** P. Royen

分布：广东、广西；柬埔寨、印度尼西亚、老挝、马来西亚、缅甸、新加坡、斯里兰卡、泰国、越南

### 藏榄属 **Diploknema** Pierre

藏榄 **Diploknema butyracea** (Roxb.) H. J. Lam

分布：西藏；不丹、印度、尼泊尔

云南藏榄 **Diploknema yunnanensis** D. D. Tao, Z. H. Yang et Q. T. Zhang
分布：云南

## 梭子果属 **Eberhardtia** Lecomte

锈毛梭子果 **Eberhardtia aurata** (Pierre ex Dubard) Lecomte
分布：云南、广东、广西；越南

梭子果 **Eberhardtia tonkinensis** Lecomte
分布：云南；老挝、越南

## 紫荆木属 **Madhuca** Hamilt. ex J. F. Gmel.

海南紫荆木 **Madhuca hainanensis** Chun et F. C. How
分布：海南

紫荆木 **Madhuca pasquieri** (Dubard) H. J. Lam
分布：云南、广东、广西；越南

## 铁线子属 **Manilkara** Adans.

铁线子 **Manilkara hexandra** (Roxb.) Dubard
分布：广西、海南；柬埔寨、印度、斯里兰卡、泰国、越南

## 胶木属 **Palaquium** Blanco

台湾胶木 **Palaquium formosanum** Hayata
分布：台湾；菲律宾

## 山榄属 **Planchonella** Pierre

狭叶山榄 **Planchonella clemensii** (Lecomte) P. Royen
分布：海南；越南

山榄 **Planchonella obovata** (R. Br.) Pierre
分布：台湾、海南；柬埔寨、印度、印度尼西亚、日本、巴布亚新几内亚、巴基斯坦、菲律宾、越南、澳大利亚

## 桃榄属 **Pouteria** Aubl.

桃榄 **Pouteria annamensis** (Pierre) Baehni
分布：广西、海南；越南

龙果 **Pouteria grandifolia** (Wall.) Baehni
分布：云南；印度、缅甸、泰国

## 肉实树属 **Sarcosperma** Hook. f.

大肉实树 **Sarcosperma arboreum** Buch.-Ham. ex C. B. Clarke
分布：贵州、云南、广西；印度、缅甸、泰国

小叶肉实树 **Sarcosperma griffithii** Hook. f. ex C. B. Clarke
分布：云南；印度

绒毛肉实树 **Sarcosperma kachinense** (King et Prain) Exell
分布：云南、广西、海南；越南

绒毛肉实树(原变种) **Sarcosperma kachinense** var. **kachinense**
分布：云南、广西、海南；越南

光序肉实树 **Sarcosperma kachinense** var. **simondii** (Gagnep.) H. J. Lam et P. Royen
分布：云南；越南

肉实树 **Sarcosperma laurinum** (Benth.) Hook. f.
分布：浙江、福建、广西、海南；越南

## 铁榄属 **Sinosideroxylon** (Engl.) Aubrév.

铁榄 **Sinosideroxylon pedunculatum** (Hemsl.) H. Chuang
分布：湖南、云南、广东、广西；越南

毛叶铁榄 **Sinosideroxylon pedunculatum** var. **pubifolium** H. Chuang
分布：广西

革叶铁榄 **Sinosideroxylon wightianum** (Hook. et Arn.) Aubrév.
分布：贵州、云南、广东、广西；越南

滇铁榄 **Sinosideroxylon yunnanense** (C. Y. Wu) H. Chuang
分布：云南

## 刺榄属 **Xantolis** Raf.

喙果刺榄 **Xantolis boniana** var. **rostrata** (Merr.) P. Royen
分布：海南

琼刺榄 **Xantolis longispinosa** (Merr.) H. S. Lo
分布：海南

瑞丽刺榄 **Xantolis shweliensis** (W. W. Sm.) P. Royen
分布：云南

滇刺榄 **Xantolis stenosepala** (Hu) P. Royen
分布：云南

滇刺榄(原变种) **Xantolis stenosepala** var. **stenosepala**
分布：云南

短柱滇刺榄 **Xantolis stenosepala** var. **brevistylis** C. Y. Wu
分布：云南

# 421. 三白草科 Saururaceae Rich. ex T. Lestib.

## 裸蒴属 **Gymnotheca** Decne.

裸蒴 **Gymnotheca chinensis** Decne.

分布：湖南、湖北、四川、贵州、云南、广东、广西；越南

白苞裸蒴 **Gymnotheca involucrata** S. J. Pei

分布：四川

## 蕺菜属 **Houttuynia** Thunb.

蕺菜 **Houttuynia cordata** Thunb.

分布：河南、陕西、甘肃、安徽、浙江、江西、湖南、湖北、四川、贵州、云南、西藏、福建、台湾、广东、广西、海南；不丹、印度、印度尼西亚、日本、朝鲜、缅甸、尼泊尔、泰国

## 三白草属 **Saururus** L.

三白草 **Saururus chinensis** (Lour.) Baill.

分布：河北、山东、河南、陕西、青海、安徽、江苏、浙江、江西、湖南、湖北、四川、贵州、云南、福建、台湾、广东、广西、海南；印度、日本、朝鲜、菲律宾、越南

# 422. 虎耳草科 Saxifragaceae Juss.

## 落新妇属 **Astilbe** Buch.-Ham. ex D. Don

落新妇 **Astilbe chinensis** (Maxim.) Franch. et Sav.

分布：安徽、甘肃、广东、广西、贵州、河北、黑龙江、河南、湖北、湖南、江西、吉林、辽宁、?内蒙古、青海、陕西、山东、山西、四川、云南、浙江；日本、朝鲜、俄罗斯

大落新妇 **Astilbe grandis** Stapf ex E. H. Wilson

分布：黑龙江、吉林、辽宁、山西、山东、安徽、江苏、浙江、江西、湖北、四川、贵州、福建、广东、广西；朝鲜

长果落新妇 **Astilbe longicarpa** (Hayata) Hayata

分布：台湾

大果落新妇 **Astilbe macrocarpa** Knoll

分布：安徽、浙江、湖南、福建

阿里山落新妇 **Astilbe macroflora** Hayata

分布：台湾

溪畔落新妇 **Astilbe rivularis** Buch.-Ham. ex D. Don

分布：河南、陕西、甘肃、湖北、四川、贵州、云南、西藏；不丹、印度、印度尼西亚、克什米尔地区、老挝、缅甸、尼泊尔、泰国、越南

溪畔落新妇(原变种) **Astilbe rivularis** var. **rivularis**

分布：河南、陕西、四川、云南、西藏；不丹、印度、印度尼西亚、克什米尔地区、老挝、尼泊尔、泰国、越南

狭叶落新妇 **Astilbe rivularis** var. **angustifoliolata** H. Hara

分布：云南；缅甸

多花落新妇 **Astilbe rivularis** var. **myriantha** (Diels) J. T. Pan

分布：河南、陕西、甘肃、湖北、四川、贵州、西藏

腺萼落新妇 **Astilbe rubra** Hook. f. et Thomson

分布：湖北、云南、西藏、福建；印度

## 大叶子属 **Astilboides** Engl.

大叶子 **Astilboides tabularis** (Hemsl.) Engl.

分布：吉林、辽宁；朝鲜

## 岩白菜属 **Bergenia** Moench

厚叶岩白菜 **Bergenia crassifolia** (L.) Fritsch

分布：新疆；朝鲜、蒙古国、俄罗斯

峨眉岩白菜 **Bergenia emeiensis** C. Y. Wu

分布：四川

峨眉岩白菜(原变种) **Bergenia emeiensis** var. **emeiensis**

分布：四川

淡红岩白菜 **Bergenia emeiensis** var. **rubellina** J. T. Pan

分布：四川

舌岩白菜 **Bergenia pacumbis** (Buch.-Ham. ex D. Don) C. Y. Wu et J. T. Pan

分布：云南、西藏；阿富汗、不丹、印度、克什米尔地区、尼泊尔、巴基斯坦

岩白菜 **Bergenia purpurascens** (Hook. f. et Thomson) Engl.

分布：四川、云南、西藏；不丹、印度、缅甸、尼泊尔

岩白菜(原变种) **Bergenia purpurascens** var. **purpurascens**

分布：四川、云南、西藏；不丹、印度、缅甸、尼泊尔

短毛岩白菜 **Bergenia purpurascens** var. **sessilis** H. Chuang

分布：四川、云南

秦岭岩白菜 **Bergenia scopulosa** T. P. Wang

分布：陕西

**短柄岩白菜 Bergenia stracheyi** (Hook. f. et Thomson) Engl.
分布：西藏；阿富汗、印度、克什米尔地区、尼泊尔、巴基斯坦、塔吉克斯坦

**天全岩白菜 Bergenia tianquanensis** J. T. Pan
分布：四川

## 金腰属 Chrysosplenium L.

**蔽果金腰 Chrysosplenium absconditicapsulum** J. T. Pan
分布：西藏

**长梗金腰 Chrysosplenium axillare** Maxim.
分布：陕西、甘肃、青海、新疆；吉尔吉斯斯坦、塔吉克斯坦、土库曼斯坦、乌兹别克斯坦

**秦岭金腰 Chrysosplenium biondianum** Engl.
分布：陕西、甘肃

**肉质金腰 Chrysosplenium carnosum** Hook. f. et Thomson
分布：四川、西藏；不丹、印度、缅甸、尼泊尔

**滇黔金腰 Chrysosplenium cavaleriei** H. Lév. et Vaniot
分布：湖南、湖北、四川、贵州、云南

**乳突金腰 Chrysosplenium chinense** (H. Hara) J. T. Pan
分布：河北、山西

**锈毛金腰 Chrysosplenium davidianum** Decne. ex Maxim.
分布：?贵州、四川、云南

**肾萼金腰 Chrysosplenium delavayi** Franch.
分布：安徽、江苏、湖南、湖北、四川、贵州、云南、台湾、广东、广西；缅甸

**蔓金腰 Chrysosplenium flagelliferum** F. Schmidt
分布：黑龙江、吉林、辽宁、河北；日本、朝鲜、蒙古国、俄罗斯

**贡山金腰 Chrysosplenium forrestii** Diels
分布：云南、西藏；不丹、印度、缅甸、尼泊尔

**褐点金腰 Chrysosplenium fuscopuncticulosum** Z. P. Jien
分布：云南

**纤细金腰 Chrysosplenium giraldianum** Engl.
分布：河南、陕西、甘肃

**无毛金腰 Chrysosplenium glaberrimum** W. T. Wang
分布：江西

**舌叶金腰 Chrysosplenium glossophyllum** H. Hara
分布：四川、广西

**肾叶金腰 Chrysosplenium griffithii** Hook. f. et Thomson
分布：陕西、甘肃、青海、四川、云南、西藏；不丹、印度、缅甸、尼泊尔

**肾叶金腰(原变种) Chrysosplenium griffithii** var. **griffithii**
分布：陕西、甘肃、四川、云南、西藏；不丹、印度、缅甸、尼泊尔

**居间金腰 Chrysosplenium griffithii** var. **intermedium** (H. Hara) J. T. Pan
分布：青海、四川、云南、西藏；不丹、尼泊尔

**大武金腰 Chrysosplenium hebetatum** Ohwi
分布：台湾

**天胡荽金腰 Chrysosplenium hydrocotylifolium** H. Lév. et Vaniot
分布：四川、贵州、云南、广东、广西

**天胡荽金腰(原变种) Chrysosplenium hydrocotylifolium** var. **hydrocotylifolium**
分布：贵州、云南、广西

**峨眉金腰 Chrysosplenium hydrocotylifolium** var. **emeiense** J. T. Pan
分布：四川

**广东金腰 Chrysosplenium hydrocotylifolium** var. **guangdongense** S. J. Xu et Z. X. Li
分布：广东

**日本金腰 Chrysosplenium japonicum** (Maxim.) Makino
分布：吉林、辽宁、安徽、浙江、江西；日本、朝鲜

**日本金腰(原变种) Chrysosplenium japonicum** var. **japonicum**
分布：吉林、辽宁、安徽、浙江、江西；日本、朝鲜

**楔叶金腰 Chrysosplenium japonicum** var. **cuneifolium** X. H. Guo et X. P. Zhang
分布：安徽

**建宁金腰 Chrysosplenium jienningense** W. T. Wang
分布：浙江、福建

**绵毛金腰 Chrysosplenium lanuginosum** Hook. f. et Thomson
分布：湖北、四川、贵州、云南、西藏、台湾、广东、广

西；不丹、印度、缅甸、尼泊尔

**绵毛金(原变种) Chrysosplenium lanuginosum** var. **lanuginosum**

分布：湖北、四川、贵州、云南、西藏；不丹、印度、缅甸、尼泊尔

**睫毛金腰 Chrysosplenium lanuginosum** var. **ciliatum** (Franch.) J. T. Pan

分布：湖北、四川、云南；印度

**台湾金腰 Chrysosplenium lanuginosum** var. **formosanum** (Hayata) H. Hara

分布：台湾

**细弱金腰 Chrysosplenium lanuginosum** var. **gracile** (Franch.) H. Hara

分布：四川、西藏

**毛边金腰 Chrysosplenium lanuginosum** var. **pilosomarginatum** (H. Hara) J. T. Pan

分布：云南

**林金腰 Chrysosplenium lectus-cochleae** Kitag.

分布：黑龙江、吉林、辽宁

**理县金腰 Chrysosplenium lixianense** Z. P. Jien et J. T. Pan

分布：四川

**大叶金腰 Chrysosplenium macrophyllum** Oliv.

分布：陕西、安徽、浙江、江西、湖南、湖北、四川、贵州、云南、福建、广东、广西

**微子金腰 Chrysosplenium microspermum** Franch.

分布：陕西、湖北、四川

**山溪金腰 Chrysosplenium nepalense** D. Don

分布：四川、云南、西藏；不丹、印度、缅甸、尼泊尔

**裸茎金腰 Chrysosplenium nudicaule** Bunge

分布：陕西、甘肃、青海、新疆、云南、西藏；蒙古国、尼泊尔、俄罗斯

**鸦跖花金腰 Chrysosplenium oxygraphoides** Hand.-Mazz.

分布：四川、西藏

**毛金腰 Chrysosplenium pilosum** Maxim.

分布：安徽、甘肃、广东、河北、黑龙江、湖北、湖南、吉林、辽宁、?内蒙古、青海、陕西、山西、四川、浙江；朝鲜、俄罗斯

**毛金腰(原变种) Chrysosplenium pilosum** var. **pilosum**

分布：黑龙江、吉林、辽宁；朝鲜、俄罗斯

**毛柄金腰 Chrysosplenium pilosum** var. **pilosopetiolatum** (Z. P. Jien) J. T. Pan

分布：湖南、广东

**柔毛金腰 Chrysosplenium pilosum** var. **valdepilosum** Ohwi

分布：黑龙江、吉林、辽宁、河北、山西、陕西、甘肃、青海、安徽、浙江、湖北、四川；朝鲜

**陕甘金腰 Chrysosplenium qinlingense** Z. P. Jien ex J. T. Pan

分布：陕西、甘肃

**多枝金腰 Chrysosplenium ramosum** Maxim.

分布：黑龙江、吉林；日本、俄罗斯

**五台金腰 Chrysosplenium serreanum** Hand.-Mazz.

分布：黑龙江、内蒙古、河北、山西；日本、朝鲜、蒙古国、俄罗斯

**西康金腰 Chrysosplenium sikangense** H. Hara

分布：云南、西藏

**中华金腰 Chrysosplenium sinicum** Maxim.

分布：安徽、甘肃、河北、黑龙江、河南、湖北、江西、吉林、辽宁、青海、陕西、山西、四川、?浙江；朝鲜、蒙古国、俄罗斯

**太白金腰 Chrysosplenium taibaishanense** J. T. Pan

分布：陕西

**单花金腰 Chrysosplenium uniflorum** Maxim.

分布：陕西、甘肃、青海、四川、云南、西藏；尼泊尔

**韫珍金腰 Chrysosplenium wuwenchenii** Z. P. Jien

分布：四川

## 唢呐草属 **Mitella** L.

**台湾唢呐草 Mitella formosana** (Hayata) Masam.

分布：台湾

**唢呐草 Mitella nuda** L.

分布：黑龙江、吉林、内蒙古；日本、朝鲜、蒙古国、俄罗斯；北美洲

## 槭叶草属 **Mukdenia** Koidz.

**槭叶草 Mukdenia rossii** (Oliv.) Koidz.

分布：吉林、辽宁；朝鲜

## 独根草属 **Oresitrophe** Bunge

**独根草 Oresitrophe rupifraga** Bunge

分布：辽宁、河北、山西

## 涧边草属 Peltoboykinia (Engl.) Hara

涧边草 **Peltoboykinia tellimoides** (Maxim.) H. Hara
分布：福建；日本

## 鬼灯檠属 Rodgersia A. Gray

七叶鬼灯檠 **Rodgersia aesculifolia** Batalin
分布：河北、河南、陕西、宁夏、甘肃、湖北、四川、云南、西藏；缅甸

七叶鬼灯檠(原变种) **Rodgersia aesculifolia** var. **aesculifolia**
分布：河南、陕西、宁夏、甘肃、湖北、四川、云南

滇西鬼灯檠 **Rodgersia aesculifolia** var. **henrici** (Franch.) C. Y. Wu ex J. T. Pan
分布：云南、西藏；缅甸

羽叶鬼灯檠 **Rodgersia pinnata** Franch.
分布：四川、贵州、云南

羽叶鬼灯檠(原变种) **Rodgersia pinnata** var. **pinnata**
分布：四川、贵州、云南

伏毛鬼灯檠 **Rodgersia pinnata** var. **strigosa** J. T. Pan
分布：四川

鬼灯檠 **Rodgersia podophylla** A. Gray
分布：吉林、辽宁；日本、朝鲜

西南鬼灯檠 **Rodgersia sambucifolia** Hemsl.
分布：四川、贵州、云南

西南鬼灯檠(原变种) **Rodgersia sambucifolia** var. **sambucifolia**
分布：贵州、云南

光腹鬼灯檠 **Rodgersia sambucifolia** var. **estrigosa** J. T. Pan
分布：四川、云南

## 变豆叶草属 Saniculiphyllum C. Y. Wu et T. C. Ku

变叶豆草 **Saniculiphyllum guangxiense** C. Y. Wu et T. C. Ku
分布：云南、广西

## 虎耳草属 Saxifraga L.

具梗虎耳草 **Saxifraga afghanica** Aitch. et Hemsl.
分布：青海、西藏；阿富汗、克什米尔地区、尼泊尔、巴基斯坦

短瓣虎耳草 **Saxifraga andersonii** Engl. et Irmsch.
分布：西藏；不丹、尼泊尔、印度

狭叶虎耳草 **Saxifraga angustata** Harry Sm.
分布：四川

小芒虎耳草 **Saxifraga aristulata** Hook. f. et Thomson
分布：四川、云南、西藏；不丹、印度、尼泊尔

小芒虎耳草(原变种) **Saxifraga aristulata** var. **aristulata**
分布：西藏；不丹、印度、尼泊尔

长毛虎耳草 **Saxifraga aristulata** var. **longipila** (Engler et Irmscher) J. T. Pan
分布：四川、云南

黑虎耳草 **Saxifraga atrata** Engl.
分布：甘肃、青海

阿墩子虎耳草 **Saxifraga atuntsiensis** W. W. Sm.
分布：四川、云南

橙黄虎耳草 **Saxifraga aurantiaca** Franch.
分布：陕西、四川、云南

耳状虎耳草 **Saxifraga auriculata** Engl. et Irmsch.
分布：四川、西藏

耳状虎耳草(原变种) **Saxifraga auriculata** var. **auriculata**
分布：四川

错那虎耳草 **Saxifraga auriculata** var. **conaensis** J. T. Pan
分布：西藏

白马山虎耳草 **Saxifraga baimashanensis** C. Y. Wu
分布：云南

马耳山虎耳草 **Saxifraga balfourii** Engl. et Irmsch.
分布：云南

班玛虎耳草 **Saxifraga banmaensis** J. T. Pan
分布：青海

奔子栏虎耳草 **Saxifraga benzilanensis** H. Chuang
分布：云南

紫花虎耳草 **Saxifraga bergenioides** C. Marquand
分布：西藏；不丹

碧江虎耳草 **Saxifraga bijiangensis** H. Chuang
分布：云南

短叶虎耳草 **Saxifraga brachyphylla** Franch.
分布：云南

短柄虎耳草 **Saxifraga brachypoda** D. Don
分布：四川、云南、西藏；不丹、印度、缅甸、尼泊尔

光花梗虎耳草 **Saxifraga brachypodoidea** J. T. Pan
分布：西藏

短茎虎耳草 **Saxifraga brevicaulis** Harry Sm.
分布：西藏

刺虎耳草 **Saxifraga bronchialis** L.
分布：黑龙江、内蒙古；蒙古国、俄罗斯；北美洲

褐斑虎耳草 **Saxifraga brunneopunctata** Harry Sm.
分布：西藏

须弥虎耳草 **Saxifraga brunonis** Wall. ex Ser.
分布：四川、云南、西藏；不丹、印度、克什米尔地区、缅甸、尼泊尔

小泡虎耳草 **Saxifraga bulleyana** Engl. et Irmsch.
分布：云南

顶峰虎耳草 **Saxifraga cacuminum** Harry Sm.
分布：四川

灯架虎耳草 **Saxifraga candelabrum** Franch.
分布：四川、云南

心叶虎耳草 **Saxifraga cardiophylla** Franch.
分布：四川、云南

肉质虎耳草 **Saxifraga carnosula** Mattf.
分布：四川、云南

近岩梅虎耳草 **Saxifraga caveana** W. W. Sm.
分布：西藏；不丹、尼泊尔、印度

近岩梅虎耳草(原变种) **Saxifraga caveana** var. **caveana**
分布：西藏；不丹、尼泊尔、印度

狭萼虎耳草 **Saxifraga caveana** var. **lanceolata** J. T. Pan
分布：西藏

零余虎耳草 **Saxifraga cernua** L.
分布：吉林、内蒙古、河北、山西、陕西、宁夏、青海、新疆、四川、云南、西藏；印度、日本、韩国、蒙古国、俄罗斯；欧洲、北美洲

菖蒲桶虎耳草 **Saxifraga champutungensis** H. Chuang
分布：云南

雪地虎耳草 **Saxifraga chionophila** Franch.
分布：四川、云南、西藏

拟黄花虎耳草 **Saxifraga chrysanthoides** Engl. et Irmsch.
分布：云南

春丕虎耳草 **Saxifraga chumbiensis** Engl. et Irmsch.
分布：西藏；不丹、印度

毛瓣虎耳草 **Saxifraga ciliatopetala** (Engl. et Irmsch.) J. T. Pan
分布：四川、云南、西藏；尼泊尔

灰虎耳草 **Saxifraga cinerascens** Engl. et Irmsch.
分布：云南

棒蕊虎耳草 **Saxifraga clavistaminea** Engl. et Irmsch.
分布：四川、云南

截叶虎耳草 **Saxifraga clivorum** Harry Sm.
分布：西藏；不丹、印度

矮虎耳草 **Saxifraga coarctata** W. W. Sm.
分布：四川、云南、西藏；不丹、尼泊尔、印度

密花虎耳草 **Saxifraga congestiflora** Engl. et Irmsch.
分布：四川

棒腺虎耳草 **Saxifraga consanguinea** W. W. Sm.
分布：青海、四川、云南、西藏；尼泊尔

对叶虎耳草 **Saxifraga contraria** Harry Sm.
分布：西藏；不丹、尼泊尔

心虎耳草 **Saxifraga cordigera** Hook. f. et Thomson
分布：西藏；尼泊尔、印度

枕状虎耳草 **Saxifraga culcitosa** Mattf.
分布：四川

大海虎耳草 **Saxifraga dahaiensis** H. Chuang
分布：云南

大理虎耳草(新拟) **Saxifraga daliensis** H. Chuang
分布：云南

稻城虎耳草 **Saxifraga daochengensis** J. T. Pan
分布：四川

大桥虎耳草(新拟) **Saxifraga daqiaoensis** F. G. Wang et F. W. Xing
分布：广东

双喙虎耳草 **Saxifraga davidii** Franch.
分布：四川；缅甸

滇藏虎耳草 **Saxifraga decora** Harry Sm.
分布：云南、西藏；克什米尔地区

矮生虎耳草 **Saxifraga decussata** J. Anthony
分布：甘肃、青海、云南

密叶虎耳草 **Saxifraga densifoliata** Engl. et Irmsch.
分布：四川、云南、西藏

密叶虎耳草(原变种) **Saxifraga densifoliata** var. **densifoliata**
分布：四川、云南

乃东虎耳草 **Saxifraga densifoliata** var. **nedongensis** J. T. Pan
分布：西藏

德钦虎耳草 **Saxifraga deqenensis** C. Y. Wu
分布：云南

滇西北虎耳草 **Saxifraga dianxibeiensis** J. T. Pan
分布：云南

岩梅虎耳草 **Saxifraga diapensia** Harry Sm.
分布：四川、云南、西藏

川西虎耳草 **Saxifraga dielsiana** Engl. et Irmsch.
分布：四川、云南

散痂虎耳草 **Saxifraga diffusicallosa** C. Y. Wu
分布：西藏

丁青虎耳草 **Saxifraga dingqingensis** J. T. Pan
分布：西藏

叉枝虎耳草 **Saxifraga divaricata** Engl. et Irmsch.
分布：四川、西藏

异叶虎耳草 **Saxifraga diversifolia** Wall. ex Ser.
分布：四川、云南、西藏；不丹、克什米尔地区、缅甸、尼泊尔、印度

异叶虎耳草(原变种) **Saxifraga diversifolia** var. **diversifolia**
分布：四川、云南、西藏；不丹、克什米尔地区、尼泊尔、印度

高山异叶虎耳草 **Saxifraga diversifolia** var. **alpina** (Engler et Irmscher) H. Chuang
分布：云南

抱茎异叶虎耳草 **Saxifraga diversifolia** var. **amplexifolia** (Irmscher) H. Chuang
分布：云南

狭苞异叶虎耳草 **Saxifraga diversifolia** var. **angustibracteata** (Engl. et Irmsch.) J. T. Pan
分布：四川、云南、西藏

东川虎耳草 **Saxifraga dongchuanensis** H. Chuang
分布：云南

东旺虎耳草 **Saxifraga dongwanensis** H. Chuang
分布：云南

白瓣虎耳草 **Saxifraga doyalana** Harry Sm.
分布：西藏

葶苈虎耳草 **Saxifraga drabiformis** Franch.
分布：云南

中甸虎耳草 **Saxifraga draboides** C. Y. Wu
分布：四川、云南

无爪虎耳草 **Saxifraga dshagalensis** Engl.
分布：四川、西藏

邓波虎耳草 **Saxifraga dungbooi** Engl. et Irmsch.
分布：西藏；印度

长毛梗虎耳草 **Saxifraga eglandulosa** Engl.
分布：云南、西藏

优越虎耳草 **Saxifraga egregia** Engl.
分布：甘肃、青海、四川、云南、西藏

优越虎耳草(原变种) **Saxifraga egregia** var. **egregia**
分布：甘肃、青海、云南、西藏

无睫毛虎耳草 **Saxifraga egregia** var. **eciliata** J. T. Pan
分布：四川、云南、西藏

小金虎耳草 **Saxifraga egregia** var. **xiaojinensis** J. T. Pan
分布：四川

矮优越虎耳草 **Saxifraga egregioides** J. T. Pan
分布：西藏

沟繁缕虎耳草 **Saxifraga elatinoides** Hand.-Mazz.
分布：四川、云南

索白拉虎耳草 **Saxifraga elliotii** Harry Sm.
分布：西藏

光萼虎耳草 **Saxifraga elliptica** Engl. et Irmsch.
分布：西藏；尼泊尔、印度

藏南虎耳草 **Saxifraga engleriana** Harry Sm.
分布：西藏；不丹、尼泊尔、印度

卵心叶虎耳草 **Saxifraga epiphylla** Gornall et H. Ohba
分布：四川、云南、广东、广西；越南

直萼虎耳草 **Saxifraga erectisepala** J. T. Pan
分布：西藏

猬状虎耳草 **Saxifraga erinacea** Harry Sm.
分布：西藏；不丹

线茎虎耳草 **Saxifraga filicaulis** Wall. ex Ser.
分布：陕西、四川、云南、西藏；不丹、印度、克什米尔地区、尼泊尔

细叶虎耳草 **Saxifraga filifolia** J. Anthony
分布：西藏；缅甸

细叶虎耳草(原变种) **Saxifraga filifolia** var. **filifolia**
分布：西藏；缅甸

小线叶虎耳草 **Saxifraga filifolia** var. **rosettifolia** C. Y. Wu
分布：云南

区限虎耳草 **Saxifraga finitima** W. W. Sm.
分布：四川、云南、西藏

柔弱虎耳草 **Saxifraga flaccida** J. T. Pan
分布：西藏

曲茎虎耳草 **Saxifraga flexilis** W. W. Sm.
分布：四川、云南

玉龙虎耳草 **Saxifraga forrestii** Engl. et Irmsch.
分布：云南

齿瓣虎耳草 **Saxifraga fortunei** Hook.
分布：吉林、辽宁、湖北、四川；朝鲜

齿瓣虎耳草(原变种) **Saxifraga fortunei** var. **fortunei**
分布：湖北、四川

镜叶虎耳草 **Saxifraga fortunei** var. **koraiensis** Nakai
分布：吉林、辽宁；朝鲜

格当虎耳草 **Saxifraga gedangensis** J. T. Pan
分布：西藏

芽虎耳草 **Saxifraga gemmigera** Engl.
分布：陕西、甘肃、青海、四川

芽虎耳草(原变种) **Saxifraga gemmigera** var. **gemmigera**
分布：陕西

小牙虎耳草 **Saxifraga gemmigera** var. **gemmuligera** (Engl.) J. T. Pan et Gornall
分布：甘肃、青海、四川

芽生虎耳草 **Saxifraga gemmipara** Franch.
分布：四川、云南；泰国

对生叶虎耳草 **Saxifraga georgei** J. Anthony
分布：四川、云南、西藏；不丹、尼泊尔、印度

秦岭虎耳草 **Saxifraga giraldiana** Engl.
分布：陕西、湖北、四川、云南

光茎虎耳草 **Saxifraga glabricaulis** Harry Sm.
分布：西藏；不丹、尼泊尔、印度

冰雪虎耳草 **Saxifraga glacialis** Harry Sm.
分布：青海、四川、云南

灰叶虎耳草 **Saxifraga glaucophylla** Franch.
分布：四川、云南

贡嘎山虎耳草 **Saxifraga gonggashanensis** J. T. Pan
分布：四川

小刚毛虎耳草 **Saxifraga gongshanensis** T. C. Ku
分布：云南

顶腺虎耳草 **Saxifraga gouldii** C. E. C. Fisch.
分布：西藏；不丹、印度、尼泊尔

顶腺虎耳草(原变种) **Saxifraga gouldii** var. **gouldii**
分布：西藏；不丹

无顶腺虎耳草 **Saxifraga gouldii** var. **eglandulosa** Harry Sm.
分布：西藏；不丹、印度、尼泊尔

珠芽虎耳草 **Saxifraga granulifera** Harry Sm.
分布：四川、云南、西藏；不丹、印度、尼泊尔

加拉虎耳草 **Saxifraga gyalana** C. Marquand et Airy Shaw
分布：西藏

拟繁缕虎耳草 **Saxifraga habaensis** C. Y. Wu
分布：云南

六痂虎耳草 **Saxifraga haplophylloides** Franch.
分布：云南

沼地虎耳草 **Saxifraga heleonastes** Harry Sm.
分布：陕西、四川、云南、西藏

半球虎耳草 **Saxifraga hemisphaerica** Hook. f. et Thomson
分布：青海、西藏；不丹、印度、尼泊尔

横断山虎耳草 **Saxifraga hengduanensis** H. Chuang
分布：云南、西藏

异枝虎耳草 **Saxifraga heteroclada** var. **aurantia** Harry Sm.
分布：西藏；缅甸

近异枝虎耳草 **Saxifraga heterocladoides** J. T. Pan
分布：西藏

异毛虎耳草 **Saxifraga heterotricha** C. Marquand et Airy Shaw
分布：西藏

异毛虎耳草(原变种) **Saxifraga heterotricha** var. **heterotricha**
分布：西藏

波密虎耳草 **Saxifraga heterotricha** var. **anadena** (Harry Sm.) J. T. Pan et Gornall
分布：西藏

唐古拉虎耳草 **Saxifraga hirculoides** Decaisne
分布：青海、西藏；印度、克什米尔地区、蒙古国、尼泊尔

山羊臭虎耳草 **Saxifraga hirculus** L.
分布：山西、四川、新疆、西藏、云南；克什米尔地区、哈萨克斯坦、蒙古国、俄罗斯、塔吉克斯坦；欧洲(中部和北部)、?北美洲

山羊臭虎耳草(原变种) **Saxifraga hirculus** var. **hirculus**
分布：山西、新疆、四川、云南、西藏；克什米尔地区、哈萨克斯坦、蒙古国、俄罗斯、塔吉克斯坦

高山虎耳草 **Saxifraga hirculus** var. **alpina** Engl.
分布：西藏；克什米尔地区、俄罗斯、印度；欧洲、北美洲

纤弱山羊臭虎耳草 **Saxifraga hirculus** var. **humilis** (Engler et Irmscher) H. Chuang
分布：云南

齿叶虎耳草 **Saxifraga hispidula** D. Don
分布：四川、云南、西藏；不丹、印度、缅甸、尼泊尔

近优越虎耳草 **Saxifraga hookeri** Engl. et Irmsch.
分布：西藏；不丹、尼泊尔、印度

金丝桃虎耳草 **Saxifraga hypericoides** Franch.
分布：四川、云南

金丝桃虎耳草(原变种) **Saxifraga hypericoides** var. **hypericoides**
分布：四川、云南

橙瓣虎耳草 **Saxifraga hypericoides** var. **aurantiascens** (Engl. et Irmsch.) J. T. Pan et Gornall
分布：四川、云南

贡嘎虎耳草 **Saxifraga hypericoides** var. **rockii** (Mattf.) J. T. Pan et Gornall
分布：四川

大字虎耳草 **Saxifraga imparilis** Balf. f.
分布：云南

藏东虎耳草 **Saxifraga implicans** Harry Sm.
分布：四川、云南、西藏

贡山虎耳草 **Saxifraga insolens** Irmsch.
分布：云南

林芝虎耳草 **Saxifraga isophylla** Harry Sm.
分布：西藏

隐茎虎耳草 **Saxifraga jacquemontiana** Decne.
分布：西藏；不丹、印度、克什米尔地区、尼泊尔

金珠拉虎耳草 **Saxifraga jainzhuglaensis** J. T. Pan
分布：西藏

景东虎耳草 **Saxifraga jingdongensis** H. Chuang ex H. Peng et C. Y. Wu
分布：云南

太白虎耳草 **Saxifraga josephii** Engl.
分布：河南、陕西

金冬虎耳草 **Saxifraga kingdonii** C. Marquand
分布：西藏；缅甸

毛叶虎耳草 **Saxifraga kingiana** Engl. et Irmsch.
分布：西藏；不丹、尼泊尔、印度

九窝虎耳草 **Saxifraga kongboensis** Harry Sm.
分布：西藏

龙胜虎耳草 **Saxifraga kwangsiensis** Chun et F. C. How ex C. Z. Gao et G. Z. Li
分布：广西

长白虎耳草 **Saxifraga laciniata** Nakai et Takeda
分布：吉林；日本、朝鲜、俄罗斯

异条叶虎耳草 **Saxifraga lepidostolonosa** Harry Sm.
分布：西藏；不丹

丽江虎耳草 **Saxifraga likiangensis** Franch.
分布：青海、四川、云南、西藏；不丹、缅甸

条叶虎耳草 **Saxifraga linearifolia** Engl. et Irmsch.
分布：四川、云南

理塘虎耳草 **Saxifraga litangensis** Engl.
分布：四川、西藏

理县虎耳草 **Saxifraga lixianensis** T. C. Ku
分布：四川

近加拉虎耳草 **Saxifraga llonakhensis** W. W. Sm.
分布：云南、西藏；缅甸、尼泊尔、印度

鞭枝虎耳草 **Saxifraga loripes** J. Anthony
分布：四川

泸定虎耳草(新拟) **Saxifraga ludingensis** J. T. Pan
分布：四川

红瓣虎耳草 **Saxifraga ludlowii** Harry Sm.
分布：西藏

道孚虎耳草 **Saxifraga lumpuensis** Engl.
分布：甘肃、四川

泸水虎耳草 **Saxifraga lushuiensis** H. Chuang
分布：云南

燃灯虎耳草 **Saxifraga lychnitis** Hook. f. et Thomson
分布：青海、四川、西藏；不丹、印度、克什米尔地区、尼泊尔

假大柱头虎耳草 **Saxifraga macrostigmatoides** Engl.
分布：四川、云南、西藏

假大柱头虎耳草(原变种) **Saxifraga macrostigmatoides** var. **macrostigmatoides**
分布：四川、云南、西藏

哈巴虎耳草 **Saxifraga macrostigmatoides** var. **habaensis** H. Chuang
分布：云南

腺毛虎耳草 **Saxifraga manchuriensis** (Engl.) Kom.
分布：黑龙江、吉林；朝鲜、俄罗斯

马熊沟虎耳草 **Saxifraga maxionggouensis** J. T. Pan
分布：四川

墨脱虎耳草 **Saxifraga medogensis** J. T. Pan
分布：西藏

大心虎耳草 **Saxifraga megacordia** C. Y. Wu
分布：云南

黑蕊虎耳草 **Saxifraga melanocentra** Franch.
分布：陕西、甘肃、青海、四川、云南、西藏；不丹、克什米尔地区、尼泊尔、印度

蒙自虎耳草 **Saxifraga mengtzeana** Engl. et Irmsch.
分布：云南、广东

蒙自虎耳草(原变种) **Saxifraga mengtzeana** var. **mengtzeana**
分布：云南、广东

具小叶虎耳草 **Saxifraga mengtzeana** var. **foliolata** H. Chuang
分布：云南

小果虎耳草 **Saxifraga microgyna** Engl. et Irmsch.
分布：青海、四川、云南、西藏

小叶虎耳草 **Saxifraga minutifoliosa** C. Y. Wu
分布：云南

白毛茎虎耳草 **Saxifraga miralana** Harry Sm.
分布：西藏

四数花虎耳草 **Saxifraga monantha** Harry Sm.
分布：西藏

类毛瓣虎耳草 **Saxifraga montanella** Harry Sm.
分布：青海、四川、云南、西藏；不丹、尼泊尔

类毛瓣虎耳草(原变种) **Saxifraga montanella** var. **montanella**
分布：青海、四川、云南、西藏；不丹、尼泊尔

凹瓣虎耳草 **Saxifraga montanella** var. **retusa** J. T. Pan
分布：西藏

聂拉木虎耳草 **Saxifraga moorcroftiana** (Ser.) Wall. ex Sternb.
分布：四川、云南、西藏；不丹、印度、克什米尔地区、尼泊尔

小短尖虎耳草 **Saxifraga mucronulata** Royle
分布：四川、云南、西藏；印度、克什米尔地区、尼泊尔

痂虎耳草 **Saxifraga mucronulatoides** J. T. Pan
分布：西藏；不丹、尼泊尔、印度

平脉腺虎耳草 **Saxifraga nakaoides** J. T. Pan
分布：西藏

南布拉虎耳草 **Saxifraga nambulana** Harry Sm.
分布：西藏

青海虎耳草 **Saxifraga nana** Engl.
分布：甘肃、青海、四川

光缘虎耳草 **Saxifraga nanella** Engl. et Irmsch.
分布：青海、新疆、云南、西藏；尼泊尔

光缘虎耳草(原变种) **Saxifraga nanella** var. **nanella**
分布：青海、新疆、云南、西藏；尼泊尔

秃萼虎耳草 **Saxifraga nanella** var. **glabrisepala** J. T. Pan
分布：西藏

拟光缘虎耳草 **Saxifraga nanelloides** C. Y. Wu
分布：云南

囊谦虎耳草 **Saxifraga nangqenica** J. T. Pan
分布：青海

朗县虎耳草 **Saxifraga nangxianensis** J. T. Pan
分布：西藏

斑点虎耳草 **Saxifraga nelsoniana** D. Don
分布：黑龙江、吉林、内蒙古；朝鲜、蒙古国、俄罗斯；北美洲

垂头虎耳草 **Saxifraga nigroglandulifera** N. P. Balakr.
分布：四川、云南、西藏；不丹、尼泊尔、印度

黑腺虎耳草 **Saxifraga nigroglandulosa** Engl. et Irmsch.
分布：四川、云南、西藏；缅甸

无斑虎耳草 **Saxifraga omphalodifolia** Hand.-Mazz.
分布：四川、云南、西藏

挪威虎耳草 **Saxifraga oppositifolia** L.
分布：新疆、西藏；克什米尔地区、蒙古国、俄罗斯；欧洲、北美洲

刚毛虎耳草 **Saxifraga oreophila** Franch.
分布：云南

山生虎耳草 **Saxifraga oresbia** J. Anthony
分布：四川

派区虎耳草 **Saxifraga paiquensis** J. T. Pan
分布：西藏

多叶虎耳草 **Saxifraga pallida** Wall. ex Seringe
分布：甘肃、四川、西藏；不丹、印度、克什米尔地区、尼泊尔

多叶虎耳草(原变种) **Saxifraga pallida** var. **pallida**
分布：甘肃、四川、西藏；不丹、印度、克什米尔地区、尼泊尔

平顶虎耳草 **Saxifraga pallida** var. **corymbiflora** (Engler et Irmscher) H. Chuang
分布：云南

水杨梅虎耳草 **Saxifraga pallida** var. **geoides** (J. Anthony) H. Chuang
分布：云南

豹纹虎耳草 **Saxifraga pardanthina** Hand.-Mazz.
分布：四川、云南

巴格虎耳草 **Saxifraga parkaensis** J. T. Pan
分布：西藏

梅花草叶虎耳草 **Saxifraga parnassiifolia** D. Don
分布：西藏；不丹、印度、尼泊尔

小虎耳草 **Saxifraga parva** Hemsl.
分布：青海、新疆、西藏；不丹、尼泊尔

微虎耳草 **Saxifraga parvula** Engl. et Irmsch.
分布：云南

透明虎耳草 **Saxifraga pellucida** C. Y. Wu
分布：云南、西藏

耳源虎耳草 **Saxifraga peplidifolia** Franch.
分布：四川、云南

川滇虎耳草 **Saxifraga peraristulata** Mattf.
分布：四川、云南

矮小虎耳草 **Saxifraga perpusilla** Hook. f. et Thomson
分布：云南、西藏；不丹、尼泊尔、印度

草地虎耳草 **Saxifraga pratensis** Engl. et Irmsch.
分布：四川、云南、西藏

康定虎耳草 **Saxifraga prattii** Engl. et Irmsch.
分布：四川、云南、西藏

康定虎耳草(原变种) **Saxifraga prattii** var. **prattii**
分布：四川、云南、西藏

毛茎虎耳草 **Saxifraga prattii** var. **obtusata** Engl.
分布：四川、西藏

青藏虎耳草 **Saxifraga przewalskii** Engl. ex Maxim.
分布：甘肃、青海、四川、西藏

狭瓣虎耳草 **Saxifraga pseudohirculus** Engl.
分布：陕西、甘肃、青海、四川、西藏

细虎耳草 **Saxifraga pseudoparvula** H. Chuang
分布：云南

美丽虎耳草 **Saxifraga pulchra** Engl. et Irmsch.
分布：四川、云南、西藏

垫状虎耳草 **Saxifraga pulvinaria** Harry Sm.
分布：新疆、云南、西藏；不丹、印度、克什米尔地区、尼泊尔

小斑虎耳草 **Saxifraga punctulata** Engl.
分布：西藏；尼泊尔、印度

小斑虎耳草(原变种) **Saxifraga punctulata** var. **punctulata**
分布：西藏；尼泊尔、印度

矮小斑虎耳草 **Saxifraga punctulata** var. **minuta** J. T. Pan
分布：西藏

拟小斑虎耳草 **Saxifraga punctulatoides** J. T. Pan
分布：西藏

日照山虎耳草 **Saxifraga rizhaoshanensis** J. T. Pan
分布：四川

圆瓣虎耳草 **Saxifraga rotundipetala** J. T. Pan
分布：西藏

红毛虎耳草 **Saxifraga rufescens** Balf. f.
分布：湖北、四川、云南、西藏

红毛虎耳草(原变种) **Saxifraga rufescens** var. **rufescens**
分布：湖北、四川、云南、西藏

扇叶虎耳草 **Saxifraga rufescens** var. **flabellifolia** C. Y. Wu et J. T. Pan
分布：四川、云南

单脉红毛虎耳草 **Saxifraga rufescens** var. **uninervata** J. T. Pan
分布：四川

崖生虎耳草 **Saxifraga rupicola** Franch.
分布：云南

漆姑虎耳草 **Saxifraga saginoides** Hook. f. et Thomson
分布：西藏；不丹、印度、尼泊尔

红虎耳草 **Saxifraga sanguinea** Franch.
分布：青海、四川、云南、西藏

灰岩虎耳草 **Saxifraga saxatilis** Harry Sm.
分布：四川

岩生虎耳草 **Saxifraga saxicola** Harry Sm.
分布：四川

景天虎耳草 **Saxifraga sediformis** Engl. et Irmsch.
分布：四川、云南、西藏

加查虎耳草 **Saxifraga sessiliflora** Harry Sm.
分布：西藏

石山虎耳草 **Saxifraga setulosa** var. **gombalana** C. Y. Wu et H. Chuang
分布：云南

舍季拉虎耳草 **Saxifraga sheqilaensis** J. T. Pan
分布：西藏

球茎虎耳草 **Saxifraga sibirica** L.
分布：黑龙江、内蒙古、河北、山西、山东、陕西、甘肃、新疆、湖南、湖北、四川、云南、西藏；印度、克什米尔地区、蒙古国、尼泊尔、俄罗斯

西南虎耳草 **Saxifraga signata** Engl. et Irmsch.
分布：青海、四川、云南、西藏

藏中虎耳草 **Saxifraga signatella** C. Marquand
分布：西藏

山地虎耳草 **Saxifraga sinomontana** J. T. Pan et Gornall
分布：陕西、甘肃、青海、新疆、四川、云南、西藏；不丹、印度、克什米尔地区、尼泊尔

可观山地虎耳草 **Saxifraga sinomontana** var. **amabilis** Harry Sm. ex J. T. Pan
分布：四川

剑川虎耳草 **Saxifraga smithiana** Irmsch.
分布：云南

秃叶虎耳草 **Saxifraga sphaeradena** Harry Sm.
分布：西藏；尼泊尔、印度

秃叶虎耳草(原亚种) **Saxifraga sphaeradena** subsp. **sphaeradena**
分布：西藏；尼泊尔、印度

隆痂虎耳草 **Saxifraga sphaeradena** subsp. **dhwojii** Harry Sm.
分布：西藏；尼泊尔

金星虎耳草 **Saxifraga stella-aurea** Hook. f. et Thomson
分布：青海、四川、云南、西藏；不丹、印度、尼泊尔

金星虎耳草(原变种) **Saxifraga stella-aurea** var. **stella-aurea**
分布：青海、四川、云南、西藏；不丹、印度、尼泊尔

大金星虎耳草 **Saxifraga stella-aurea** var. **macrostellata** H. Chuang
分布：云南、西藏

繁缕虎耳草 **Saxifraga stellariifolia** Franch.
分布：四川、云南

大花虎耳草 **Saxifraga stenophylla** Royle
分布：四川、云南、西藏；印度、克什米尔地区、哈萨克斯坦、尼泊尔、巴基斯坦、塔吉克斯坦

虎耳草 **Saxifraga stolonifera** Curtis
分布：河北、山西、河南、陕西、甘肃、安徽、江苏、浙

江、江西、湖南、湖北、四川、贵州、云南、福建、台湾、广东、广西；日本、朝鲜

伏毛虎耳草 **Saxifraga strigosa** Wall. ex Ser.
分布：四川、云南、西藏；不丹、印度、缅甸、尼泊尔

伏毛虎耳草(原变种) **Saxifraga strigosa** var. **strigosa**
分布：四川、云南、西藏；不丹、印度、缅甸、尼泊尔

分枝伏毛虎耳草 **Saxifraga strigosa** var. **ramosa** (Engler et Irmscher) H. Chuang
分布：云南

近等叶虎耳草 **Saxifraga subaequifoliata** Irmsch.
分布：四川、云南、西藏

近等叶虎耳草(原变种) **Saxifraga subaequifoliata** var. **subaequifoliata**
分布：四川、云南、西藏

横纹虎耳草 **Saxifraga subaequifoliata** var. **striata** H. Chuang
分布：云南

近抱茎虎耳草 **Saxifraga subamplexicaulis** Engl. et Irmsch.
分布：云南

四川虎耳草 **Saxifraga sublinearifolia** J. T. Pan
分布：四川

川西南虎耳草 **Saxifraga subomphalodifolia** J. T. Pan
分布：四川

单窝虎耳草 **Saxifraga subsessiliflora** Engl. et Irmsch.
分布：新疆、四川、云南、西藏；不丹、印度

近匙叶虎耳草 **Saxifraga subspathulata** Engl. et Irmsch.
分布：西藏；不丹、印度

疏叶虎耳草 **Saxifraga substrigosa** J. T. Pan
分布：云南、西藏；尼泊尔

对轮叶虎耳草 **Saxifraga subternata** Harry Sm.
分布：西藏

藏东南虎耳草 **Saxifraga subtsangchanensis** J. T. Pan
分布：西藏

唐古特虎耳草 **Saxifraga tangutica** Engl.
分布：甘肃、青海、四川、西藏；不丹、克什米尔地区、尼泊尔、印度

唐古特虎耳草(原变种) **Saxifraga tangutica** var. **tangutica**
分布：甘肃、青海、四川、西藏；不丹、克什米尔地区、尼泊尔、印度

宽叶虎耳草 **Saxifraga tangutica** var. **platyphylla** (Harry Sm.) J. T. Pan
分布：四川

线叶虎耳草 **Saxifraga taraktophylla** C. Marquand et Airy Shaw
分布：西藏

打箭炉虎耳草 **Saxifraga tatsienluensis** Engl.
分布：四川

秃茎虎耳草 **Saxifraga tentaculata** C. E. C. Fisch.
分布：西藏；不丹、尼泊尔、印度

西藏虎耳草 **Saxifraga tibetica** Losinsk.
分布：青海、新疆、西藏

米林虎耳草 **Saxifraga tigrina** Harry Sm.
分布：西藏

三芒虎耳草 **Saxifraga triaristulata** Hand.-Mazz.
分布：四川

苍山虎耳草 **Saxifraga tsangchanensis** Franch.
分布：云南、西藏

小伞虎耳草 **Saxifraga umbellulata** Hook. f. et Thomson
分布：西藏；尼泊尔、印度

小伞虎耳草(原变种) **Saxifraga umbellulata** var. **umbellulata**
分布：西藏；尼泊尔、印度

白小伞虎耳草 **Saxifraga umbellulata** var. **muricola** (C. Marquand et Airy Shaw) J. T. Pan
分布：西藏

篦齿虎耳草 **Saxifraga umbellulata** var. **pectinata** (C. Marquand et Airy Shaw) J. T. Pan
分布：西藏

爪瓣虎耳草 **Saxifraga unguiculata** Engl.
分布：内蒙古、河北、山西、宁夏、甘肃、青海、四川、云南、西藏

爪瓣虎耳草(原变种) **Saxifraga unguiculata** var. **unguiculata**
分布：内蒙古、甘肃、青海、四川、云南、西藏

五台虎耳草 **Saxifraga unguiculata** var. **limprichtii** (Engl. et Irmsch.) J. T. Pan
分布：河北、山西、宁夏

鄂西虎耳草 **Saxifraga unguipetala** Engl. et Irmsch.
分布：甘肃、湖北

**单脉虎耳草 Saxifraga uninervia** J. Anthony
分布：云南

**山箐虎耳草 Saxifraga valleculosa** H. Chuang
分布：四川、云南

**多痂虎耳草 Saxifraga versicallosa** C. Y. Wu
分布：四川、云南

**流苏虎耳草 Saxifraga wallichiana** Sternb.
分布：四川、云南、西藏；不丹、印度、缅甸、尼泊尔

**腺瓣虎耳草 Saxifraga wardii** W. W. Sm.
分布：云南、西藏

**腺瓣虎耳草(原变种) Saxifraga wardii** var. **wardii**
分布：云南、西藏

**光梗虎耳草 Saxifraga wardii** var. **glabripedicellata** J. T. Pan
分布：西藏

**汶川虎耳草 Saxifraga wenchuanensis** T. C. Ku
分布：四川

**小中甸虎耳草(新拟) Saxifraga xiaozhongdianensis** J. T. Pan
分布：云南

**雅鲁藏布虎耳草 Saxifraga yarlungzangboensis** J. T. Pan
分布：西藏

**叶枝虎耳草 Saxifraga yezhiensis** C. Y. Wu
分布：云南

**玉树虎耳草 Saxifraga yushuensis** J. T. Pan
分布：青海

**云岭虎耳草 Saxifraga zayuensis** T. C. Ku
分布：云南

**泽库虎耳草 Saxifraga zekoensis** J. T. Pan
分布：青海

**治多虎耳草 Saxifraga zhidoensis** J. T. Pan
分布：青海

### 峨屏草属 **Tanakaea** Franch. et Sav.

**峨屏草 Tanakaea radicans** Franch. et Sav.
分布：四川；日本

### 黄水枝属 **Tiarella** L.

**黄水枝 Tiarella polyphylla** D. Don
分布：陕西、甘肃、江西、湖南、湖北、四川、贵州、云南、西藏、台湾、广东、广西；不丹、印度、日本、缅甸、尼泊尔

## 423. 冰沼草科 Scheuchzeriaceae F. Rudolphi

### 冰沼草属 **Scheuchzeria** L.

**冰沼草 Scheuchzeria palustris** L.
分布：吉林、河南、陕西、宁夏、青海、四川；日本、朝鲜、蒙古国、俄罗斯；亚洲(西南部)、欧洲、北美洲

## 424. 五味子科 Schisandraceae Blume

### 八角属 **Illicium** L.

**大屿八角 Illicium angustisepalum** A. C. Sm.
分布：安徽、福建、广东

**台湾八角 Illicium arborescens** Hayata
分布：台湾

**短柱八角 Illicium brevistylum** A. C. Sm.
分布：湖南、云南、广东、广西

**中缅八角 Illicium burmanicum** Wilson
分布：云南；缅甸

**地枫皮 Illicium difengpi** B. N. Chang
分布：广西

**红花八角 Illicium dunnianum** Tutcher
分布：湖南、贵州、福建、广东、广西

**西藏八角 Illicium griffithii** Hook. f. et Thomson
分布：西藏；不丹、印度

**红茴香 Illicium henryi** Diels
分布：河南、陕西、甘肃、安徽、江西、湖南、湖北、四川、贵州、云南、福建、广东、广西

**假地枫皮 Illicium jiadifengpi** B. N. Chang
分布：浙江、江西、湖南、湖北、四川、广东、广西

**红毒茴 Illicium lanceolatum** A. C. Sm.
分布：安徽、江苏、浙江、江西、湖南、湖北、贵州、福建

**平滑八角 Illicium leiophyllum** A. C. Sm.
分布：香港

**大花八角 Illicium macranthum** A. C. Sm.
分布：云南

**大八角 Illicium majus** Hook. f. et Thomson
分布：湖南、贵州、云南、广东、广西；越南、缅甸

**滇西八角 Illicium merrillianum** A. C. Sm.
分布：云南；缅甸

**小花八角 Illicium micranthum** Dunn
分布：湖南、湖北、四川、贵州、云南、广东、广西

**滇南八角 Illicium modestum** A. C. Sm.
分布：云南

**少药八角 Illicium oligandrum** Merr. et Chun
分布：广西、海南

**短梗八角 Illicium pachyphyllum** A. C. Sm.
分布：广西

**少果八角 Illicium petelotii** A. C. Sm.
分布：云南；越南

**白花八角 Illicium philippinense** Merr.
分布：台湾；菲律宾

**野八角 Illicium simonsii** Maxim.
分布：四川、贵州、云南；缅甸、印度

**峦大八角 Illicium tashiroi** Maxim.
分布：台湾；日本

**厚皮香八角 Illicium ternstroemioides** A. C. Sm.
分布：福建、海南

**文山八角 Illicium tsaii** A. C. Sm.
分布：云南

**粤中八角 Illicium tsangii** A. C. Sm.
分布：广东

**八角 Illicium verum** Hook. f.
分布：广西

**贡山八角 Illicium wardii** A. C. Sm.
分布：云南；缅甸

## 南五味子属 Kadsura Juss.

**狭叶南五味子 Kadsura angustifolia** A. C. Sm.
分布：广西；越南

**黑老虎 Kadsura coccinea** (Lem.) A. C. Sm.
分布：江西、湖南、四川、贵州、云南、广东、广西、海南；缅甸、越南

**异形南五味子 Kadsura heteroclita** (Roxb.) Craib
分布：陕西、湖南、四川、贵州、云南、福建、广东、广西、海南；孟加拉国、不丹、印度、印度尼西亚、老挝、马来西亚、缅甸、斯里兰卡、泰国、越南

**毛南五味子 Kadsura induta** A. C. Sm.
分布：云南、广西

**日本南五味子 Kadsura japonica** (L.) Dunal
分布：台湾；朝鲜、日本

**南五味子 Kadsura longipedunculata** Finet et Gagnep.
分布：安徽、江苏、浙江、江西、湖南、湖北、四川、贵州、云南、福建、广东、广西、海南

**冷饭藤 Kadsura oblongifolia** Merr.
分布：广东、广西、海南

**仁昌南五味子 Kadsura renchangiana** S. F. Lan
分布：贵州、广西

## 五味子属 Schisandra Michx.

**阿里山五味子 Schisandra arisanensis** Hayata
分布：安徽、浙江、江西、湖南、贵州、福建、台湾、广东、广西

**阿里山五味子(原亚种) Schisandra arisanensis** subsp. **arisanensis**
分布：台湾

**绿叶五味子 Schisandra arisanensis** subsp. **viridis** (A. C. Sm.) R. M. K. Saunders
分布：安徽、浙江、江西、湖南、贵州、福建、广东、广西

**二色五味子 Schisandra bicolor** Cheng
分布：浙江、湖南、云南、广西

**五味子 Schisandra chinensis** (Turcz.) Baill.
分布：黑龙江、吉林、辽宁、内蒙古、河北、山西；俄罗斯、朝鲜、日本

**金山五味子 Schisandra glaucescens** Diels
分布：湖北、重庆

**大花五味子 Schisandra grandiflora** (Wall.) Hook. f. et Thomson
分布：西藏；不丹、印度、尼泊尔

**翼梗五味子 Schisandra henryi** C. B. Clarke
分布：河南、浙江、江西、湖南、湖北、四川、重庆、贵州、云南、福建、广东、广西

**翼梗五味子(原亚种) Schisandra henryi** subsp. **henryi**
分布：河南、江西、湖南、湖北、四川、重庆、贵州、云南、广西

**东南五味子 Schisandra henryi** subsp. **marginalis** (A. C. Smith) R. M. K. Saunders
分布：浙江、湖南、福建、广东、广西

**滇五味子 Schisandra henryi** subsp. **yunnanensis** (A. C. Smith) R. M. K. Saunders
分布：云南

**兴山五味子 Schisandra incarnata** Stapf

分布：湖北

**狭叶五味子 Schisandra lancifolia** (Rehder et E. H. Wilson) A. C. Smith

分布：四川、云南

**长柄五味子 Schisandra longipes** (Merr. et Chun) R. M. K. Saunders

分布：广东、广西

**大果五味子(新拟) Schisandra macrocarpa** Q. Lin et Y. M. Shui

分布：云南

**小花五味子 Schisandra micrantha** A. C. Sm.

分布：云南；印度、缅甸

**滇藏五味子 Schisandra neglecta** A. C. Sm.

分布：云南；印度、不丹、尼泊尔、缅甸

**近合蕊五味子(新拟) Schisandra parapropinqua** Z. R. Yang et Q. Lin

分布：贵州、云南

**重瓣五味子 Schisandra plena** A. C. Sm.

分布：云南；印度

**合蕊五味子 Schisandra propinqua** (Wall.) Baill.

分布：山西、河南、甘肃、湖南、湖北、四川、贵州、云南、西藏；印度、印度尼西亚、缅甸、尼泊尔、泰国

**合蕊五味子(原变种) Schisandra propinqua** subsp. **propinqua** (Wall.) Baill.

分布：山西、河南、甘肃、湖南、湖北、四川、贵州、云南、西藏；印度、印度尼西亚、缅甸、尼泊尔、泰国

**中间五味子 Schisandra propinqua** subsp. **intermedia** (A. C. Sm.) R. M. K. Saunders

分布：云南；印度、缅甸、泰国

**铁箍散 Schisandra propinqua** subsp. **sinensis** (Oliv.) R. M. K. Saunders

分布：山西、河南、甘肃、湖南、湖北、四川、贵州、云南、西藏

**毛叶五味子 Schisandra pubescens** Hemsl. et E. H. Wilson

分布：湖北、四川、重庆

**毛脉五味子 Schisandra pubinervis** (Rehder et E. H. Wilson) R. M. K. Saunders

分布：湖北、四川

**红花五味子 Schisandra rubriflora** (Franch.) Rehder et E. H. Wilson

分布：四川、云南；印度、缅甸

**球蕊五味子 Schisandra sphaerandra** Stapf

分布：四川、云南

**华中五味子 Schisandra sphenanthera** Rehder et E. H. Wilson

分布：山西、河南、陕西、甘肃、安徽、江苏、浙江、湖南、湖北、四川、贵州、云南

**柔毛五味子 Schisandra tomentella** A. C. Sm.

分布：四川

## 425. 青皮木科 Schoepfiaceae Blume

### 青皮木属 **Schoepfia** Schreb.

**华南青皮木 Schoepfia chinensis** Gardner et Champ.

分布：江西、湖南、四川、贵州、云南、福建、广东、广西

**香芙木 Schoepfia fragrans** Wall.

分布：云南、西藏；孟加拉国、不丹、柬埔寨、印度、印度尼西亚、老挝、缅甸、尼泊尔、泰国、越南

**小果青皮木 Schoepfia griffithii** Tiegh. ex Steenis

分布：云南、西藏；不丹、印度(东部)

**青皮木 Schoepfia jasminodora** Sieb. et Zucc.

分布：陕西、甘肃、安徽、江苏、浙江、江西、湖南、湖北、四川、贵州、云南、福建、台湾、广东、广西、海南；日本、泰国、越南

**青皮木(原变种) Schoepfia jasminodora** var. **jasminodora**

分布：陕西、甘肃、安徽、江苏、浙江、江西、湖南、湖北、四川、贵州、云南、福建、台湾、广东、广西、海南；日本、泰国、越南

**大果青皮木 Schoepfia jasminodora** var. **malipoensis** Y. R. Ling

分布：云南、广西、海南

## 426. 玄参科 Scrophulariaceae Juss.

### 醉鱼草属 **Buddleja** L.

**巴东醉鱼草 Buddleja albiflora** Hemsl.

分布：河南、陕西、甘肃、湖南、湖北、四川、贵州、云南

**互叶醉鱼草 Buddleja alternifolia** Maxim.

分布：内蒙古、河北、山西、河南、陕西、宁夏、甘肃、

青海、四川、西藏

白背枫 **Buddleja asiatica** Lour.

分布：山西、江西、湖南、湖北、四川、贵州、云南、西藏、福建、台湾、广东、广西、海南；孟加拉国、不丹、柬埔寨、印度、印度尼西亚、老挝、马来西亚、缅甸、尼泊尔、巴布亚新几内亚、巴基斯坦、菲律宾、泰国、越南

短序醉鱼草 **Buddleja brachystachya** Diels

分布：甘肃、四川、云南

密香醉鱼草 **Buddleja candida** Dunn

分布：四川、云南、西藏；印度

大花醉鱼草 **Buddleja colvilei** Hook. f. et Thomson

分布：云南、西藏；不丹、印度、尼泊尔

皱叶醉鱼草 **Buddleja crispa** Benth.

分布：甘肃、四川、云南、西藏；阿富汗、不丹、印度、尼泊尔、巴基斯坦

台湾醉鱼草 **Buddleja curviflora** Hook. et Arn.

分布：台湾；日本

大叶醉鱼草 **Buddleja davidii** Franch.

分布：陕西、甘肃、江苏、浙江、江西、湖南、湖北、四川、贵州、云南、西藏、广东、广西；日本

腺叶醉鱼草 **Buddleja delavayi** Gagnep.

分布：云南、西藏

紫花醉鱼草 **Buddleja fallowiana** I. B. Balf. f. et W. W. Sm.

分布：四川、云南、西藏

滇川醉鱼草 **Buddleja forrestii** Diels

分布：四川、云南、西藏；不丹、印度、缅甸

醉鱼草 **Buddleja lindleyana** Fortune

分布：安徽、江苏、浙江、江西、湖南、湖北、四川、贵州、云南、福建、广东、广西

大序醉鱼草 **Buddleja macrostachya** Wall. ex Benth.

分布：四川、贵州、云南、西藏；孟加拉国、不丹、印度、缅甸、泰国、越南

浆果醉鱼草 **Buddleja madagascariensis** Lam.

分布：福建、广东、广西、香港；马达加斯加；亚洲(西南部)

小花醉鱼草(新拟) **Buddleja microstachya** E. D. Liu et H. Peng

分布：云南

酒药花醉鱼草 **Buddleja myriantha** Diels

分布：甘肃、湖南、四川、贵州、云南、西藏、福建、广东；缅甸

金沙江醉鱼草 **Buddleja nivea** Duthie

分布：四川、云南、西藏

密蒙花 **Buddleja officinalis** Maxim.

分布：山西、河南、陕西、甘肃、安徽、江苏、湖南、湖北、四川、贵州、云南、西藏、福建、广东、广西；缅甸、越南

喉药醉鱼草 **Buddleja paniculata** Wall.

分布：江西、湖南、四川、贵州、云南、广西；不丹、印度、缅甸、尼泊尔、越南

近头状醉鱼草(新拟) **Buddleja subcapitata** E. D. Liu et H. Peng

分布：四川

圆头花序醉鱼草 **Buddleja subcarpitata** E. D. Liu et H. Peng

分布：四川

云南醉鱼草 **Buddleja yunnanensis** Gagnep.

分布：云南

## 水茫草属 **Limosella** L.

水茫草 **Limosella aquatica** L.

分布：黑龙江、吉林、青海、四川、云南、西藏；南北半球温带地区

## 石玄参属 **Nathaliella** B. Fedtsch.

石玄参 **Nathaliella alaica** B. Fedtsch.

分布：新疆；吉尔吉斯斯坦

## 藏玄参属 **Oreosolen** Hook. f.

藏玄参 **Oreosolen wattii** Hook. f.

分布：青海、西藏；不丹、尼泊尔、印度

## 苦槛蓝属 **Pentacoelium** Sieb. et Zucc.

苦槛蓝 **Pentacoelium bontioides** Sieb. et Zucc.

分布：浙江、福建、台湾、广东、广西、海南；日本、越南

## 玄参属 **Scrophularia** L.

等唇玄参 **Scrophularia aequilabris** Tsoong

分布：四川

贺兰山玄参 **Scrophularia alaschanica** Batalin

分布：宁夏

北玄参 **Scrophularia buergeriana** Miq.

分布：吉林、辽宁、河北、山西、山东、河南、陕西、甘肃；日本、朝鲜

北玄参(原变种) **Scrophularia buergeriana** var. **buergeriana**
分布：吉林、辽宁、河北、山东、河南；日本、韩国

北秦岭玄参 **Scrophularia buergeriana** var. **tsinglingensis** P. C. Tsoong
分布：山西、陕西、甘肃

岩隙玄参 **Scrophularia chasmophila** W. W. Sm.
分布：四川、云南、西藏

岩隙玄参(原亚种) **Scrophularia chasmophila** subsp. **chasmophila**
分布：四川、云南

西藏岩隙玄参 **Scrophularia chasmophila** subsp. **xizangensis** D. Y. Hong
分布：西藏

大花玄参 **Scrophularia delavayi** Franch.
分布：四川、云南

齿叶玄参 **Scrophularia dentata** Royle ex Benth.
分布：西藏；印度、巴基斯坦

重齿玄参 **Scrophularia diplodonta** Franch.
分布：云南

高玄参 **Scrophularia elatior** Benth.
分布：新疆、云南；尼泊尔、印度

长梗玄参 **Scrophularia fargesii** Franch.
分布：湖北、四川

台湾玄参 **Scrophularia formosana** H. L. Li
分布：台湾

鄂西玄参 **Scrophularia henryi** Hemsl.
分布：湖北

新疆玄参 **Scrophularia heucheriiflora** Schrenk ex Fisch. et C. A. Mey.
分布：新疆；哈萨克斯坦、吉尔吉斯斯坦、塔吉克斯坦、乌兹别克斯坦

高山玄参 **Scrophularia hypsophila** Hand.-Mazz.
分布：云南

砾玄参 **Scrophularia incisa** Weinm.
分布：内蒙古、宁夏、甘肃、青海；哈萨克斯坦、吉尔吉斯斯坦、蒙古国、俄罗斯、塔吉克斯坦、乌兹别克斯坦

丹东玄参 **Scrophularia kakudensis** Franch.
分布：辽宁；日本、朝鲜

甘肃玄参 **Scrophularia kansuensis** Batalin
分布：甘肃、青海、四川

裂叶玄参 **Scrophularia kiriloviana** Schischk.
分布：新疆；哈萨克斯坦、吉尔吉斯斯坦、塔吉克斯坦

拉萨玄参 **Scrophularia lhasaensis** D. Y. Hong
分布：西藏

丽江玄参 **Scrophularia lijiangensis** T. Yamaz.
分布：云南

大果玄参 **Scrophularia macrocarpa** P. C. Tsoong
分布：四川、云南

单齿玄参 **Scrophularia mandarinorum** Franch.
分布：四川、云南、西藏

马边玄参 **Scrophularia mapienensis** P. C. Tsoong
分布：四川、云南

山西玄参 **Scrophularia modesta** Kitag.
分布：河北、山西、陕西

华北玄参 **Scrophularia moellendorffii** Maxim.
分布：山西

南京玄参 **Scrophularia nankinensis** P. C. Tsoong
分布：江苏

玄参 **Scrophularia ningpoensis** Hemsl.
分布：河北、山西、河南、陕西、安徽、江苏、浙江、江西、四川、贵州、福建、广东

轮花玄参 **Scrophularia pauciflora** Benth.
分布：西藏；不丹、印度、尼泊尔

青海玄参 **Scrophularia przewalskii** Batalin
分布：青海；印度

小花玄参 **Scrophularia souliei** Franch.
分布：甘肃、青海、四川

穗花玄参 **Scrophularia spicata** Franch.
分布：云南

长柱玄参 **Scrophularia stylosa** P. C. Tsoong
分布：陕西

太行山玄参 **Scrophularia taihangshanensis** C. S. Zhu et H. W. Yang
分布：河南

翅茎玄参 **Scrophularia umbrosa** Dumort.
分布：新疆；俄罗斯；欧洲

荨麻玄参 **Scrophularia urticifolia** Wall. ex Benth.
分布：云南、西藏；不丹、印度、尼泊尔

双锯叶玄参 **Scrophularia yoshimurae** T. Yamaz.
分布：台湾

云南玄参 **Scrophularia yunnanensis** Franch.
分布：四川、云南

### 毛蕊花属 Verbascum L.

毛瓣毛蕊花 **Verbascum blattaria** L.
分布：新疆；俄罗斯；欧洲

东方毛蕊花 **Verbascum chaixii** subsp. **orientale** (Bieb.) Hayek
分布：新疆；哈萨克斯坦、吉尔吉斯斯坦、俄罗斯

琴叶毛蕊花 **Verbascum chinense** (L.) Santapau
分布：四川、云南、广西；阿富汗、柬埔寨、克什米尔地区、印度、老挝、巴基斯坦、斯里兰卡、泰国

紫毛蕊花 **Verbascum phoeniceum** L.
分布：新疆；俄罗斯；欧洲

准噶尔毛蕊花 **Verbascum songaricum** Schrenk
分布：新疆；哈萨克斯坦、俄罗斯、塔吉克斯坦、土库曼斯坦、乌兹别克斯坦；亚洲(西南部)

毛蕊花 **Verbascum thapsus** L.
分布：新疆、江苏、浙江、四川、云南、西藏；亚洲、欧洲，北半球有归化

## 427. 苦木科 Simaroubaceae DC.

### 臭椿属 Ailanthus Desf.

臭椿 **Ailanthus altissima** (Mill.) Swingle
分布：除海南、黑龙江、吉林、宁夏、青海外中国广布

臭椿(原变种) **Ailanthus altissima** var. **altissima**
分布：除黑龙江、吉林、宁夏、青海外各省(自治区、直辖市)有分布

大果臭椿 **Ailanthus altissima** var. **sutchuenensis** (Dode) Rehder et E. H. Wilson
分布：江西、湖南、湖北、四川、云南、广西

台湾臭椿 **Ailanthus altissima** var. **tanakae** (Hayata) Kanehira et Sasaki
分布：台湾

常绿臭椿 **Ailanthus fordii** Noot.
分布：云南、广东

毛臭椿 **Ailanthus giraldii** Dode
分布：陕西、甘肃、四川、云南

广西臭椿 **Ailanthus guangxiensis** X. L. Mo ex C. F. Liang et X. L. Mo
分布：广西

岭南臭椿 **Ailanthus triphysa** (Dennst.) Alston
分布：云南、福建、广东、广西；印度、马来西亚、缅甸、斯里兰卡、泰国、越南

刺臭椿 **Ailanthus vilmoriniana** Dode
分布：湖北、四川、云南

### 鸦胆子属 Brucea J. F. Mill.

鸦胆子 **Brucea javanica** (L.) Merr.
分布：福建、广东、广西、贵州、海南、台湾、云南；印度、印度尼西亚、马来西亚、缅甸、菲律宾、新加坡、斯里兰卡、澳大利亚

柔毛鸦胆子 **Brucea mollis** Wall. ex Kurz.
分布：云南、广东、广西；柬埔寨、老挝、缅甸、泰国、越南、不丹、印度、马来西亚、菲律宾、尼泊尔

### 苦木属 Picrasma Blume

中国苦树 **Picrasma chinensis** P. Y. Chen
分布：云南、西藏、广西

苦树 **Picrasma quassioides** (D. Don) Benn.
分布：辽宁、河北、山西、山东、河南、陕西、甘肃、安徽、江苏、浙江、江西、湖南、湖北、四川、贵州、云南、西藏、福建、台湾、广东、广西、海南；不丹、印度、日本、尼泊尔、克什米尔地区、韩国、斯里兰卡

苦树(原变种) **Picrasma quassioides** var. **quassioides**
分布：辽宁、河北、山西、山东、河南、陕西、甘肃、安徽、江苏、浙江、江西、湖南、湖北、四川、贵州、云南、西藏、福建、台湾、广东、广西、海南；不丹、印度、日本、克什米尔地区、韩国、尼泊尔、斯里兰卡

光序苦树 **Picrasma quassioides** var. **glabrescens** Pamp.
分布：湖北、云南

## 428. 肋果茶科 Sladeniaceae Airy Shaw

### 毒药树属 Sladenia Kurz.

肋果茶 **Sladenia celastrifolia** Kurz.
分布：贵州、云南；越南、泰国、缅甸

**全缘肋果茶** **Sladenia integrifolia** Y. M. Shui
分布：云南

## 429. 菝葜科 Smilacaceae Vent.

### 肖菝葜属 **Heterosmilax** Kunth

**华肖菝葜** **Heterosmilax chinensis** F. T. Wang
分布：四川、云南、广东、广西

**合丝肖菝葜** **Heterosmilax gaudichaudiana** (Kunth) Maxim.
分布：福建、台湾、广东、广西、海南；越南

**肖菝葜** **Heterosmilax japonica** Kunth
分布：陕西、甘肃、安徽、浙江、江西、湖南、四川、云南、福建、台湾、广东；不丹、印度、日本

**长花肖菝葜** **Heterosmilax longiflora** K. Y. Guan et Noltie
分布：云南

**小花肖菝葜** **Heterosmilax micrandra** T. Koyama
分布：海南

**多蕊肖菝葜** **Heterosmilax polyandra** Gagnep.
分布：云南；印度、老挝、泰国

**台湾肖菝葜** **Heterosmilax seisuiensis** F. T. Wang et T. Tang
分布：台湾

**短柱肖菝葜** **Heterosmilax septemnervia** F. T. Wang et Ts. Tang
分布：湖南、湖北、四川、贵州、云南、广东、广西；越南

**云南肖菝葜** **Heterosmilax yunnanensis** Gagnep.
分布：云南

## 430. 茄科 Solanaceae Juss.

### 山莨菪属 **Anisodus** Link

**三分子** **Anisodus acutangulus** C. Y. Wu et C. Chen
分布：四川、云南

**三分子（原变种）** **Anisodus acutangulus** var. **acutangulus**
分布：四川、云南

**三分七** **Anisodus acutangulus** var. **breviflorus** C. Y. Wu et C. Chen
分布：四川、云南

**赛莨菪** **Anisodus carniolicoides** (C. Y. Wu et C. Chen) D'Arcy et Z. Y. Zhang
分布：青海、四川、云南

**铃铛子** **Anisodus luridus** Link
分布：四川、云南、西藏；不丹、印度、尼泊尔

**山莨菪** **Anisodus tanguticus** (Maxim.) Pascher
分布：甘肃、青海、四川、云南、西藏；尼泊尔

### 颠茄属 **Atropa** L.

**颠茄** **Atropa acuminate** Royle ex Miers
分布：中国南北引种并有逸生；欧洲(中部、西部和南部)

### 天蓬子属 **Atropanthe** Pascher

**天莲子** **Atropanthe sinensis** (Hemsl.) Pascher
分布：湖南、湖北、四川、贵州、云南

### 鸳鸯茉莉属 **Brunfelsia** L.

**鸳鸯茉莉** **Brunfelsia acuminata** Benth.
分布：重庆、云南、广东

### 辣椒属 **Capsicum** L.

**辣椒** **Capsicum annuum** L.
分布：中国南北各地栽培；原产于中美洲，现世界性栽培

### 夜香树属 **Cestrum** L.

**黄花夜香树** **Cestrum aurantiacum** Lindl.
分布：广东栽培；原产于中美洲

**毛茎夜香树** **Cestrum elegans** (Brongn.) Schltdl.
分布：云南栽培；原产于墨西哥，其他地区也有栽培

**夜香树** **Cestrum nocturnum** L.
分布：云南、福建、广东、广西栽培；原产于美洲，热带地区有栽培

### 树番茄属 **Cyphomandra** Mart. ex Sendtn.

**树番茄** **Cyphomandra betacea** (Cav.)Sendtn.
分布：云南、西藏；世界热带和亚热带地区有引种

### 曼陀罗属 **Datura** L.

**毛曼陀罗** **Datura inoxia** Mill.
分布：河北、山东、河南、新疆、江苏、湖北；原产于美洲

**洋金花** **Datura metel** L.
分布：黑龙江、吉林、辽宁、河北、北京、山西、河南、陕西、甘肃、青海、新疆、安徽、江苏、浙江、四川、贵州、云南、西藏、福建、台湾、广东、广西、海南；原产于印度，现热带和亚热带地区广泛引种

曼陀罗 **Datura stramonium** L.

分布：中国各地广布；原产于墨西哥，现世界温带至热带地区广泛引种和归化

## 天仙子属 **Hyoscyamus** L.

天仙子 **Hyoscyamus niger** L.

分布：黑龙江、吉林、辽宁、内蒙古、河北、山西、山东、陕西、宁夏、甘肃、青海、新疆、四川、贵州、云南；阿富汗、印度、日本、哈萨克斯坦、韩国、吉尔吉斯斯坦、尼泊尔、巴基斯坦、俄罗斯、塔吉克斯坦、土库曼斯坦、乌兹别克斯坦；亚洲(西南部)、欧洲、非洲(北部)

中亚天仙子 **Hyoscyamus pusillus** L.

分布：新疆、西藏；阿富汗、印度、哈萨克斯坦、吉尔吉斯斯坦、蒙古国、巴基斯坦、俄罗斯、塔吉克斯坦、土库曼斯坦、乌兹别克斯坦；亚洲(西南部)

## 红丝线属 **Lycianthes** (Dunal) Hassl.

红丝线 **Lycianthes biflora** (Lour.) Bitter

分布：中国广布；印度、印度尼西亚、日本、马来西亚、巴布亚新几内亚、菲律宾、泰国

红丝线(原变种) **Lycianthes biflora** var. **biflora**

分布：中国广布；印度、印度尼西亚、日本、马来西亚、巴布亚新几内亚、菲律宾、泰国

密毛红丝线 **Lycianthes biflora** var. **subtusochracea** Bitter

分布：贵州、云南；泰国

鄂红丝线 **Lycianthes hupehensis** (Bitter) C. Y. Wu et S. C. Huang

分布：湖南、湖北、四川、贵州、云南、福建、广东、广西

缺齿红丝线 **Lycianthes laevis** (Dunal) Bitter

分布：云南、广西、海南；印度尼西亚

单花红丝线 **Lycianthes lysimachioides** (Wall.) Bitter

分布：中国广布；印度、印度尼西亚、尼泊尔

单花红丝线(原变种) **Lycianthes lysimachioides** var. **lysimachioides**

分布：江西、湖南、湖北、四川、贵州、云南、福建、台湾、广东、广西；印度、印度尼西亚、尼泊尔

茎根红丝线 **Lycianthes lysimachioides** var. **caulorhiza** (Dunal) Bitter

分布：贵州、云南、广东、广西、海南；印度尼西亚

中华红丝线 **Lycianthes lysimachioides** var. **sinensis** Bitter

分布：江西、湖南、湖北、四川、云南、广东

大齿红丝线 **Lycianthes macrodon** (Wall. ex Nees) Bitter

分布：云南、台湾；孟加拉国、不丹、印度、尼泊尔、泰国

麻栗坡红丝线 **Lycianthes marlipoensis** C. Y. Wu et R. C. Fang

分布：云南

截齿红丝线 **Lycianthes neesiana** (Wall. ex Nees) D'Arcy et Z. Y. Zhang

分布：湖南、云南、福建、广东、广西；印度、印度尼西亚、泰国

顺宁红丝线 **Lycianthes shunningensis** C. Y. Wu et S. C. Huang

分布：云南

单果红丝线 **Lycianthes solitaria** C. Y. Wu et A. M. Lu

分布：西藏

滇红丝线 **Lycianthes yunnanensis** (Bitter) C. Y. Wu et S. C. Huang

分布：云南

## 枸杞属 **Lycium** L.

宁夏枸杞 **Lycium barbarum** L.

分布：内蒙古、河北、陕西、宁夏、甘肃、青海、新疆、四川；亚洲和欧洲有归化

宁夏枸杞(原变种) **Lycium barbarum** var. **barbarum**

分布：内蒙古、河北、陕西、宁夏、甘肃、青海、新疆、四川；亚洲和欧洲有归化

黄果枸杞 **Lycium barbarum** var. **auranticarpum** K. F. Ching

分布：宁夏

密枝枸杞 **Lycium barbarum** var. **implicatum** T. Y. Chen et Xu L. Jiang

分布：宁夏

枸杞 **Lycium chinense** Mill.

分布：黑龙江、吉林、辽宁、内蒙古、河北、山西、河南、陕西、宁夏、甘肃、青海、安徽、江苏、浙江、江西、湖南、湖北、四川、贵州、云南、福建、台湾、广东、广西、海南；日本、韩国、蒙古国、尼泊尔、巴基斯坦、泰国；亚洲(西南部)、欧洲

枸杞(原变种) **Lycium chinense** var. **chinense**

分布：黑龙江、吉林、辽宁、河北、山西、河南、陕西、甘肃、安徽、江苏、浙江、江西、湖南、湖北、四川、贵州、云南、福建、台湾、广东、广西、海南；日本、韩国、

尼泊尔、巴基斯坦；欧洲

北方枸杞 **Lycium chinense** var. **potaninii** (Pojark.) A. M. Lu

分布：内蒙古、河北、山西、陕西、宁夏、甘肃、青海、新疆；日本、蒙古国、泰国；亚洲(西南部)

柱筒枸杞 **Lycium cylindricum** Kuang et A. M. Lu

分布：新疆

新疆枸杞 **Lycium dasystemum** Pojark.

分布：甘肃、青海、新疆；阿富汗、哈萨克斯坦、吉尔吉斯斯坦、巴基斯坦、塔吉克斯坦、乌兹别克斯坦

小叶黄果枸 **Lycium parvifolium** T. Y. Chen et X. L. Jiang

分布：宁夏

清水河枸杞 **Lycium qingshuiheense** X. L. Jiang et J. N. Li

分布：宁夏

黑果枸杞 **Lycium ruthenicum** Murray

分布：内蒙古、陕西、宁夏、甘肃、青海、新疆、西藏；阿富汗、哈萨克斯坦、吉尔吉斯斯坦、蒙古国、巴基斯坦、俄罗斯、塔吉克斯坦、土库曼斯坦、乌兹别克斯坦；亚洲(西南部)、欧洲

截萼枸杞 **Lycium truncatum** Y. C. Wang

分布：内蒙古、山西、陕西、宁夏、甘肃、新疆；蒙古国

云南枸杞 **Lycium yunnanense** Kuang et A. M. Lu

分布：云南

## 番茄属 **Lycopersicon** Mill.

番茄 **Lycopersicon esculentum** Mill.

分布：黑龙江、吉林、辽宁、内蒙古、河北、北京、河南、宁夏、甘肃、青海、安徽、江苏、江西、湖南、湖北、贵州、福建、广东、广西、海南、香港、澳门；原产于墨西哥和南美洲

## 茄参属 **Mandragora** L.

茄参 **Mandragora caulescens** C. B. Clarke

分布：青海、四川、云南、西藏；不丹、印度、尼泊尔

## 假酸浆属 **Nicandra** Adans.

假酸浆 **Nicandra physalodes** (L.) Gaertn.

分布：河北、甘肃、新疆、湖北、四川、贵州、云南、西藏、台湾有归化；原产于南美洲秘鲁，现世界广布

## 烟草属 **Nicotiana** L.

花烟草 **Nicotiana alata** Link et Otto

分布：黑龙江、北京、江苏；阿根廷、巴西

光烟草 **Nicotiana glauca** Graham

分布：黑龙江、吉林、辽宁、内蒙古、河北、北京、河南、宁夏、甘肃、青海、安徽、江苏、江西、湖南、湖北、贵州、福建、广东、广西、海南、香港、澳门；原产于阿根廷

黄花烟草 **Nicotiana rustica** L.

分布：陕西、甘肃、青海、新疆、贵州、云南、广东；原产于南美洲

烟草 **Nicotiana tabacum** L.

分布：黑龙江、吉林、辽宁、内蒙古、河北、北京、河南、陕西、宁夏、甘肃、青海、安徽、江苏、江西、湖南、湖北、贵州、福建、广东、广西、海南、香港、澳门；原产于南美洲

## 碧冬茄属 **Petunia** Juss.

碧冬茄 **Petunia hybrida** (Hook.) Vilm.

分布：黑龙江、吉林、辽宁、内蒙古、河北、北京、河南、宁夏、甘肃、青海、安徽、江苏、江西、湖南、湖北、贵州、福建、广东、广西、海南、香港、澳门；世界广布，杂种起源

## 散血丹属 **Physaliastrum** Makino

广西地海椒 **Physaliastrum chamaesarachoides** (Makino) Makino

分布：安徽、江西、贵州、福建、台湾、广西；日本

日本散血丹 **Physaliastrum echinatum** (Yatabe) Makino

分布：黑龙江、吉林、辽宁、河北、山东、浙江；日本、韩国、俄罗斯

江南散血丹 **Physaliastrum heterophyllum** (Hemsl.) Migo

分布：河南、安徽、江苏、浙江、湖南、湖北、云南、福建

隐果散血丹 **Physaliastrum japonicum** var. **occultibaccum** X. H. Guo et S. B. Zhou

分布：安徽

散血丹 **Physaliastrum kweichouense** Kuang et A. M. Lu

分布：湖南、湖北、贵州

地海椒 **Physaliastrum sinense** (Hemsl.) D'Arcy et Z. Y. Zhang

分布：安徽、湖北、四川、贵州

华北散血丹 **Physaliastrum sinicum** Kuang et A. M. Lu

分布：山西、湖北

云南散血丹 **Physaliastrum yunnanense** Kuang et A. M. Lu
分布：云南

## 酸浆属 **Physalis** L.

酸浆 **Physalis alkekengi** L.
分布：河北、河南、陕西、甘肃、湖北、四川、贵州、云南；俄罗斯、塔吉克斯坦；亚洲(西南部)、欧洲

酸浆(原变种) **Physalis alkekengi** var. **alkekengi**
分布：河北、河南、陕西、甘肃、湖北、四川、贵州、云南；俄罗斯、塔吉克斯坦；亚洲、欧洲

挂金灯 **Physalis alkekengi** var. **franchetii** (Masters) Makino
分布：除西藏外其他地区；韩国

苦蘵 **Physalis angulata** L.
分布：河南、安徽、江苏、浙江、江西、湖南、湖北、福建、台湾、广东、广西、海南；世界广布

棱萼酸浆 **Physalis cordata** Mill.
分布：海南；北美洲、南美洲

小酸浆 **Physalis minima** L.
分布：江西、四川、云南、广东、广西；世界广布

灯笼果 **Physalis peruviana** L.
分布：江苏、云南、福建、广东；原产于南美洲，现世界广布

毛酸浆 **Physalis philadelphica** Lam.
分布：黑龙江、吉林归化；原产于墨西哥，世界广布

## 泡囊草属 **Physochlaina** G. Don

伊犁泡囊草 **Physochlaina capitata** A. M. Lu
分布：新疆

漏斗泡囊草 **Physochlaina infundibularis** Kuang
分布：山西、河南、陕西

长萼泡囊草 **Physochlaina macrocalyx** Pascher
分布：西藏

大叶泡囊草 **Physochlaina macrophylla** Bonati
分布：四川

泡囊草 **Physochlaina physaloides** (L.) G. Don
分布：黑龙江、内蒙古、河北、新疆；哈萨克斯坦、蒙古国、俄罗斯

西藏泡囊草 **Physochlaina praealta** (Decne.) Miers
分布：西藏；印度、克什米尔地区、巴基斯坦

## 马尿泡属 **Przewalskia** Maxim.

马尿泡 **Przewalskia tangutica** Maxim.
分布：甘肃、青海、四川、西藏

## 茄属 **Solanum** L.

喀西茄 **Solanum aculeatissimum** Jacquem.
分布：浙江、江西、湖南、四川、重庆、贵州、云南、西藏、福建、广东、广西；原产于巴西，现广布于热带亚洲和非洲地区

红茄 **Solanum aethiopicum** L.
分布：河北、河南；非洲

少花龙葵 **Solanum americanum** Mill.
分布：江西、湖南、四川、云南、福建、台湾、广东、广西、海南；广布于热带和温带地区

狭叶茄 **Solanum angustifolium** Mill.
分布：江苏；热带墨西哥到洪都拉斯

刺苞茄 **Solanum barbisetum** Nees
分布：云南；孟加拉国、印度、老挝、泰国

牛茄子 **Solanum capsicoides** All.
分布：江苏、江西、湖南、四川、贵州、云南、福建、台湾、广东、广西、海南、香港、浙江、河南；原产于巴西，现广布于世界热带地区

多裂水茄 **Solanum chrysotrichum** Schltdl.
分布：福建、台湾；原产于中美洲，引种于世界各地

苦刺 **Solanum deflexicarpum** C. Y. Wu et S. C. Huang
分布：云南

黄果龙葵 **Solanum diphyllum** L.
分布：台湾；原产于墨西哥和中北美洲

欧白英 **Solanum dulcamara** L.
分布：河南、新疆、四川、云南、西藏；俄罗斯；亚洲(西南部)、欧洲

假烟叶树 **Solanum erianthum** D. Don
分布：四川、贵州、云南、西藏、福建、台湾、广东、广西、海南、香港；原产于热带美洲，现广布于热带亚洲和大洋洲广布

膜萼茄 **Solanum griffithii** (Prain) C. Y. Wu et S. C. Huang
分布：贵州、云南、广西；印度、缅甸

台白英 **Solanum hidetaroi** Masam.
分布：台湾

**野海茄 Solanum japonense** Nakai

分布：黑龙江、河北、河南、陕西、青海、新疆、安徽、江苏、浙江、湖南、湖北、四川、云南、广东、广西；日本、朝鲜

**光白英 Solanum kitagawae** Schonb.-Tem.

分布：黑龙江、吉林、辽宁、内蒙古、河北、青海、新疆；阿富汗、日本、蒙古国、俄罗斯；亚洲(西南部)

**大洋洲茄 Solanum laciniatum** Aiton

分布：河北、江苏、湖北、四川、云南；原产于大洋洲

**毛茄 Solanum lasiocarpum** Dunal

分布：云南、台湾、广东、广西；柬埔寨、印度、印度尼西亚、老挝、菲律宾、斯里兰卡、泰国、越南

**吕宋茄 Solanum luzoniense** Merr.

分布：台湾；菲律宾

**白英 Solanum lyratum** Thunb.

分布：山西、山东、河南、陕西、甘肃、安徽、江苏、浙江、江西、湖南、湖北、四川、贵州、云南、西藏、福建、台湾、广东、广西；柬埔寨、日本、朝鲜、老挝、缅甸、泰国、越南

**山茄 Solanum macaonense** Dunal

分布：福建、台湾、广东、广西、海南；菲律宾

**乳茄 Solanum mammosum** L.

分布：云南、广东、广西；原产于南美洲

**茄 Solanum melongena** L.

分布：黑龙江、吉林、辽宁、内蒙古、河北、北京、河南、宁夏、甘肃、青海、安徽、江苏、江西、湖南、湖北、贵州、福建、广东、广西、海南、香港、澳门；世界广布

**光枝木龙葵 Solanum merrillianum** Liou

分布：安徽、台湾、广东、海南

**疏刺茄 Solanum nienkui** Merr. et Chun

分布：海南

**龙葵 Solanum nigrum** L.

分布：江苏、湖南、四川、贵州、云南、西藏、福建、台湾、广西；印度、日本；亚洲(西南部)、欧洲

**海桐叶白英 Solanum pittosporifolium** Hemsl.

分布：河北、安徽、浙江、江西、湖南、湖北、四川、贵州、云南、西藏、台湾、广东、广西；越南

**海南茄 Solanum procumbens** Lour.

分布：广东、广西、海南；老挝、越南

**珊瑚樱 Solanum pseudocapsicum** L.

分布：安徽、江西、湖北、广东、广西；南美洲，世界各地广泛栽培

**珊瑚樱(原变种) Solanum pseudocapsicum** var. **pseudocapsicum**

分布：安徽、江西、湖北、广东、广西；南美洲，世界各地广泛栽培

**珊瑚豆 Solanum pseudocapsicum** var. **diflorum** (Vell.) Bitter

分布：山东、陕西、江苏、浙江、江西、湖南、湖北、四川、贵州、云南、福建、广东、海南；南美洲

**木龙葵 Solanum scabrum** Mill.

分布：江西、湖南、四川、贵州、西藏、福建、台湾、广东、广西、云南，浙江有栽培；非洲

**南青杞 Solanum seaforthianum** Andrews

分布：云南；可能源自加勒比地区，现在许多国家栽培和归化

**青杞 Solanum septemlobum** Bunge

分布：辽宁、内蒙古、河北、山西、山东、河南、陕西、甘肃、新疆、安徽、江苏、浙江、四川、西藏；俄罗斯

**蒜芥茄 Solanum sisymbriifolium** Lam.

分布：栽培于广东、云南，归化于云南；原产于南美洲，归化于非洲、澳大利亚

**旋花茄 Solanum spirale** Roxb.

分布：湖南、贵州、云南、西藏、广西；印度、缅甸、泰国、越南、澳大利亚

**水茄 Solanum torvum** Sw.

分布：贵州、云南、西藏、福建、台湾、广东、广西、海南、香港；原产于美洲加勒比地区，现广布于世界热带地区

**阳芋 Solanum tuberosum** L.

分布：黑龙江、吉林、辽宁、内蒙古、河北、北京、河南、甘肃、安徽、江苏、江西、湖南、湖北、贵州、福建、广东、广西、海南、香港、澳门；全世界各地普遍栽培

**野茄 Solanum undatum** Lam.

分布：贵州、云南、台湾、广东、广西、海南；阿富汗、印度、印度尼西亚、马来西亚、巴基斯坦、泰国、越南；亚洲(西南部)、非洲

**毛果茄 Solanum viarum** Dunal

分布：云南、西藏；热带亚洲和非洲广布

**红果龙葵 Solanum villosum** Mill.

分布：山西、甘肃、青海、新疆，河北偶有栽培；阿富汗、印度、尼泊尔；亚洲(西南部)、欧洲

**刺天茄 Solanum violaceum** Ortega

分布：四川、贵州、云南、福建、台湾、广东、广西、海

南；热带亚洲广布

黄果茄 **Solanum virginianum** L.

分布：湖北、四川、云南、台湾、海南；阿富汗、印度、日本、马来西亚、尼泊尔、斯里兰卡、泰国、越南、太平洋岛屿；亚洲(西南部)、非洲

大花茄 **Solanum wrightii** Benth.

分布：香港；原产于玻利维亚和巴西

### 龙珠属 **Tubocapsicum** (Wettst.) Makino

龙珠 **Tubocapsicum anomalum** (Franch. et Sav.) Makino

分布：浙江、江西、湖南、四川、贵州、云南、福建、台湾、广东、广西；印度尼西亚、日本、朝鲜、菲律宾、泰国

### 睡茄属 **Withania** Pauquy

睡茄 **Withania somnifera** (L.) Dunal

分布：甘肃、云南；阿富汗、印度、巴基斯坦；亚洲(西南部)、欧洲

## 431. 尖瓣花科 Sphenocleaceae T. Baskerv.

### 尖瓣花属 **Sphenoclea** Gaertn.

尖瓣花 **Sphenoclea zeylanica** Gaertn.

分布：江西、云南、福建、台湾、广东、广西、海南；孟加拉国、印度、印度尼西亚、马来西亚、缅甸、尼泊尔、巴基斯坦、菲律宾、斯里兰卡、泰国、越南、马达加斯加；亚洲(西南部)、热带非洲和西半球热带归化

## 432. 旌节花科 Stachyuraceae J. Agardh

### 旌节花属 **Stachyurus** Sieb. et Zucc.

中国旌节花 **Stachyurus chinensis** Franch.

分布：河南、陕西、甘肃、安徽、浙江、江西、湖南、湖北、四川、重庆、贵州、云南、福建、台湾、广东、广西

滇缅旌节花 **Stachyurus cordatulus** Merr.

分布：云南；缅甸

西域旌节花 **Stachyurus himalaicus** Hook. f. et Thomson ex Benth.

分布：云南、西藏；不丹、印度、缅甸、尼泊尔

倒卵叶旌节花 **Stachyurus obovatus** (Rehder) Hand.-Mazz.

分布：四川、重庆、贵州、云南

凹叶旌节花 **Stachyurus retusus** Y. C. Yang

分布：四川、云南

柳叶旌节花 **Stachyurus salicifolius** Franch.

分布：四川、重庆、云南

云南旌节花 **Stachyurus yunnanensis** Franch.

分布：湖南、湖北、四川、重庆、贵州、云南、广东、广西；越南

## 433. 省沽油科 Staphyleaceae Martinov

### 野鸦椿属 **Euscaphis** Sieb. et Zucc.

野鸦椿 **Euscaphis japonica** (Thunb.) Dippel

分布：特别是在长江地区到海南；日本、朝鲜、越南

### 省沽油属 **Staphylea** L.

省沽油 **Staphylea bumalda** DC.

分布：黑龙江、吉林、辽宁、河北、山西、陕西、安徽、江苏、四川；日本、朝鲜

钟果省沽油 **Staphylea campanulata** J. Wen

分布：四川

嵩明省沽油 **Staphylea forrestii** Balf. f.

分布：四川、贵州、云南、广东

膀胱果 **Staphylea holocarpa** Hemsl.

分布：陕西、甘肃、安徽、浙江、湖南、湖北、四川、贵州、云南、西藏、广东、广西

膀胱果(原变种) **Staphylea holocarpa** var. **holocarpa**

分布：陕西、甘肃、安徽、浙江、湖南、湖北、四川、贵州、西藏、广东、广西

玫红省沽油 **Staphylea holocarpa** var. **rosea** Rehder et E. H. Wilson

分布：湖北、四川、云南

腺齿省沽油 **Staphylea shweliensis** W. W. Sm.

分布：云南

元江省沽油 **Staphylea yuanjiangensis** K. M. Feng et T. Z. Hsu

分布：云南

### 山香圆属 **Turpinia** Vent.

硬毛山香圆 **Turpinia affinis** Merr. et L. M. Perry

分布：四川、贵州、云南、广西

锐尖山香圆 **Turpinia arguta** Seem.

分布：安徽、浙江、江西、湖南、湖北、重庆、贵州、福建、广东、广西

锐尖山香圆(原变种) **Turpinia arguta** var. **arguta**

分布：浙江、江西、湖南、重庆、贵州、福建、广东、广西

**绒毛锐尖山香圆 Turpinia arguta** var. **pubescens** T. Z. Hsu
分布：安徽、江西、湖南、湖北、贵州、福建、广东、广西

**越南山香圆 Turpinia cochinchinensis** (Lour.) Merr.
分布：四川、贵州、云南、广东、广西；印度、缅甸、越南、马来西亚、不丹、尼泊尔、泰国

**台湾山香圆 Turpinia formosana** Nakai
分布：台湾

**疏脉山香圆 Turpinia indochinensis** Merr.
分布：云南、海南；越南

**大籽山香圆 Turpinia macrosperma** C. C. Huang
分布：云南

**山香圆 Turpinia montana** (Blume) Kurz.
分布：贵州、云南、广东、广西；印度、印度尼西亚、缅甸、泰国、越南

**卵叶山香圆 Turpinia ovalifolia** Elmer
分布：台湾；菲律宾

**大果山香圆 Turpinia pomifera** (Roxb.) DC.
分布：云南、广西；不丹、印度、马来西亚、尼泊尔、越南

**山麻风树 Turpinia pomifera** var. **minor** C. C. Huang
分布：云南、广西

**大果山香圆(原变种) Turpinia pomifera** var. **pomifera**
分布：云南；不丹、印度、马来西亚、尼泊尔、越南

**粗壮山香圆 Turpinia robusta** Craib
分布：云南；泰国

**亮叶山香圆 Turpinia simplicifolia** Merr.
分布：广东、广西；印度尼西亚、马来西亚、菲律宾

**心叶山香圆 Turpinia subsessilifolia** C. Y. Wu
分布：云南

**三叶山香圆 Turpinia ternata** Nakai
分布：台湾；日本

## 434. 百部科 Stemonaceae Caruel

### 金刚大属 **Croomia** Torr.

**黄精叶钩吻 Croomia japonica** Miq.
分布：安徽、浙江、江西、福建；日本

### 百部属 **Stemona** Lour.

**百部 Stemona japonica** (Blume) Miq.
分布：安徽、江苏、浙江、江西、湖北、福建；日本

**克氏百部 Stemona kerrii** Craib
分布：云南；泰国、越南

**云南百部 Stemona mairei** (H. Lév.) K. Krause
分布：四川、云南

**细花百部 Stemona parviflora** C. H. Wright
分布：海南

**直立百部 Stemona sessilifolia** (Miq.) Miq.
分布：山东、河南、安徽、江苏、浙江、江西、湖北、福建；日本

**山东百部 Stemona shandongensis** D. K. Zang
分布：山东

**大百部 Stemona tuberosa** Lour.
分布：江西、湖南、湖北、四川、贵州、云南、福建、台湾、广东、广西、海南；孟加拉国、柬埔寨、印度、老挝、缅甸、菲律宾、泰国、越南

## 435. 粗丝木科 Stemonuraceae Kårehed

### 粗丝木属 **Gomphandra** Wall. ex Lindl.

**吕宋毛蕊木 Gomphandra luzoniensis** (Merr.) Merr.
分布：台湾；菲律宾

**毛粗丝木 Gomphandra mollis** Merr.
分布：云南；越南

**粗丝木 Gomphandra tetrandra** (Wall.) Sleum.
分布：贵州、云南、广东、广西、海南；越南、印度、斯里兰卡、缅甸、泰国、柬埔寨、老挝

## 436. 花柱草科 Stylidiaceae R. Br.

### 花柱草属 **Stylidium** Sw. ex Wild.

**狭叶花柱草 Stylidium tenellum** Sw. ex Willd.
分布：云南、福建、广东、海南；柬埔寨、印度尼西亚、老挝、马来西亚、缅甸、越南

**花柱草 Stylidium uliginosum** Sw. ex Willd.
分布：广东、海南；柬埔寨、斯里兰卡、泰国、越南

## 437. 安息香科 Styracaceae DC. et Spreng.

### 赤杨叶属 **Alniphyllum** Matsum.

**滇赤杨叶 Alniphyllum eberhardtii** Guillaumin
分布：云南、广西；越南

赤杨叶 **Alniphyllum fortunei** (Hemsl.) Makino
分布：安徽、江苏、浙江、江西、湖南、湖北、四川、贵州、云南、福建、广东、广西、海南；印度、老挝、缅甸、越南

台湾赤杨叶 **Alniphyllum pterospermum** Matsum.
分布：台湾

## 歧序安息香属 **Bruinsmia** Boerl. et Koord.

歧序安息香 **Bruinsmia polysperma** (C. B. Clarke) Steenis
分布：云南；印度

## 银钟花属 **Halesia** J. Ellis ex L.

银钟花 **Halesia macgregorii** Chun
分布：浙江、江西、湖南、贵州、福建、广东、广西

## 山茉莉属 **Huodendron** Rehder

双齿山茉莉 **Huodendron biaristatum** (W. W. Sm.) Rehder
分布：江西、湖南、贵州、云南、广东、广西；缅甸、泰国、越南

双齿山茉莉(原变种) **Huodendron biaristatum** var. **biaristatum**
分布：贵州、云南、广西；缅甸、泰国、越南

岭南山茉莉 **Huodendron biaristatum** var. **parviflorum** (Merr.) Rehder
分布：江西、湖南、云南、广东、广西

西藏山茉莉 **Huodendron tibeticum** (J. Anthony) Rehder
分布：湖南、贵州、云南、西藏、广西；越南

绒毛山茉莉 **Huodendron tomentosum** Y. C. Tang et S. M. Hwang
分布：云南、广西；越南

广西绒毛山茉莉(新拟) **Huodendron tomentosum** var. **guangxiensis** S. M. Hwang et C. F. Liang
分布：广西

绒毛山茉莉(原变种) **Huodendron tomentosum** var. **tomentosum**
分布：云南

## 陀螺果属 **Melliodendron** Hand.-Mazz.

陀螺果 **Melliodendron xylocarpum** Hand.-Mazz.
分布：江西、湖南、四川、贵州、云南、福建、广东、广西

## 茉莉果属 **Parastyrax** W. W. Sm.

茉莉果 **Parastyrax lacei** (W. W. Sm.) W. W. Sm.
分布：云南；缅甸

大叶茉莉果 **Parastyrax macrophyllus** C. Y. Wu et K. M. Feng
分布：云南

## 白辛树属 **Pterostyrax** Sieb. et Zucc.

小叶白辛树 **Pterostyrax corymbosus** Sieb. et Zucc.
分布：江苏、浙江、江西、湖南、福建、广东；日本

白辛树 **Pterostyrax psilophyllus** Diels ex Perkins
分布：湖北、四川、贵州、云南、广西

## 木瓜红属 **Rehderodendron** Hu

贡山木瓜红 **Rehderodendron gongshanense** Y. C. Tang
分布：云南

越南木瓜红 **Rehderodendron indochinense** H. L. Li
分布：云南；越南

广东木瓜红 **Rehderodendron kwangtungense** Chun
分布：湖南、云南、广东、广西

贵州木瓜红 **Rehderodendron kweichowense** Hu
分布：贵州、云南、广东、广西；越南

木瓜红 **Rehderodendron macrocarpum** Hu
分布：四川、云南、广西；越南

## 秤锤树属 **Sinojackia** Hu

长果秤锤树 **Sinojackia dolichocarpa** C. J. Qi
分布：湖南

棱果秤锤树 **Sinojackia henryi** (Dummer) Merr.
分布：湖南、湖北、四川、广东

黄梅秤锤树 **Sinojackia huangmeiensis** J. W. Ge et X. H. Yao
分布：广东

小果秤锤树 **Sinojackia microcarpa** C. T. Chen et G. Y. Li
分布：浙江

矩圆秤锤树 **Sinojackia oblongicarpa** C. T. Chen et T. R. Cao
分布：湖南

狭果秤锤树 **Sinojackia rehderiana** Hu
分布：江西、湖南、广东

肉果秤锤树 **Sinojackia sarcocarpa** L. Q. Luo

分布：四川

秤锤树 **Sinojackia xylocarpa** Hu

分布：江苏、四川

秤锤树(原变种) **Sinojackia xylocarpa** var. **xylocarpa**

分布：江苏

乐山秤锤树(新拟) **Sinojackia xylocarpa** var. **leshanensis** L. Q. Luo

分布：四川

## 安息香属 Styrax L.

喙果安息香 **Styrax agrestis** (Lour.) G. Don

分布：云南、广东、海南；印度尼西亚、老挝、马来西亚、巴布亚新几内亚、越南、太平洋岛屿

银叶安息香 **Styrax argentifolius** H. L. Li

分布：云南、广西；越南

巴山安息香 **Styrax bashanensis** S. Z. Qu et K. Y. Wang

分布：陕西

滇南安息香 **Styrax benzoides** Craib

分布：云南；老挝、缅甸、泰国、越南

灰叶安息香 **Styrax calvescens** Perkins

分布：河南、浙江、江西、湖南、湖北

中华安息香 **Styrax chinensis** Hu et S. Ye Liang

分布：云南、广西；老挝

黄果安息香 **Styrax chrysocarpus** H. L. Li

分布：云南

赛山梅 **Styrax confusus** Hemsl.

分布：安徽、江苏、浙江、江西、湖南、湖北、四川、贵州、福建、广东、广西

赛山梅(原变种) **Styrax confusus** var. **confusus**

分布：安徽、江苏、浙江、江西、湖南、湖北、四川、贵州、福建、广东、广西

小叶赛山梅 **Styrax confusus** var. **microphyllus** Perkins

分布：湖北

华丽赛山梅 **Styrax confusus** var. **superbus** (Chun) S. M. Hwang

分布：广东

垂珠花 **Styrax dasyanthus** Perkins

分布：河北、山东、河南、安徽、江苏、浙江、江西、湖南、四川、贵州、云南、福建、广西

白花龙 **Styrax faberi** Perkins

分布：安徽、江苏、浙江、江西、湖南、湖北、四川、贵州、福建、台湾、广东、广西

白花龙(原变种) **Styrax faberi** var. **faberi**

分布：安徽、江苏、浙江、江西、湖南、湖北、四川、贵州、福建、台湾、广东、广西

抱茎白花龙 **Styrax faberi** var. **amplexifolius** Chun et F. C. How ex S. M. Hwang

分布：湖南

苗栗白花龙 **Styrax faberi** var. **formosanus** (Matsum.) S. M. Hwang

分布：台湾

台湾安息香 **Styrax formosanus** Matsum.

分布：安徽、浙江、江西、湖南、福建、台湾、广东、广西

台湾安息香(原变种) **Styrax formosanus** var. **formosanus**

分布：安徽、浙江、江西、湖南、福建、台湾、广东、广西

长柔毛安息香 **Styrax formosanus** var. **hirtus** S. M. Hwang

分布：浙江、湖南、广西

大花安息香 **Styrax grandiflorus** Griff.

分布：贵州、云南、西藏、台湾、广东、广西；不丹、印度、日本、缅甸、尼泊尔

厚叶安息香 **Styrax hainanensis** F. C. How

分布：海南

老鸹铃 **Styrax hemsleyanus** Diels

分布：河南、陕西、湖南、湖北、四川、贵州

墨泡 **Styrax huanus** Rehder

分布：四川

野茉莉 **Styrax japonicus** Sieb. et Zucc.

分布：河北、山西、山东、河南、陕西、安徽、江苏、浙江、江西、湖南、四川、贵州、云南、福建、广东、广西、海南；日本、朝鲜

野茉莉(原变种) **Styrax japonicus** var. **japonicus**

分布：河北、山西、山东、河南、陕西、安徽、江苏、浙江、江西、湖南、四川、贵州、云南、福建、广东、广西、海南；日本、韩国

毛萼野茉莉 **Styrax japonicus** var. **calycothrix** Gilg

分布：山东、贵州、云南

**楚雄安息香 Styrax limprichtii** Lingelsh. et Borza

分布：四川、云南

**禄春安息香 Styrax macranthus** Perkins

分布：云南、广西

**大果安息香 Styrax macrocarpus** Cheng

分布：湖南、广东

**玉铃花 Styrax obassis** Sieb. et Zucc.

分布：辽宁、山东、安徽、浙江、江西、湖北；日本、朝鲜

**芬芳安息香 Styrax odoratissimus** Champ. ex Benth.

分布：安徽、江苏、浙江、江西、湖南、湖北、贵州、福建、广东、广西

**瓦山安息香 Styrax perkinsiae** Rehder

分布：四川、云南

**粉花安息香 Styrax roseus** Dunn

分布：陕西、湖北、四川、贵州、云南、西藏

**皱叶安息香 Styrax rugosus** Kurz.

分布：云南；印度、缅甸

**齿叶安息香 Styrax serrulatus** Roxb.

分布：云南、西藏、台湾、广东、广西、海南；不丹、印度、老挝、马来西亚、缅甸、尼泊尔、泰国、越南

**栓叶安息香 Styrax suberifolius** Hook. et Arn.

分布：安徽、江苏、浙江、江西、湖南、湖北、四川、贵州、云南、福建、台湾、广东、广西、海南；缅甸、越南

**栓叶安息香(原变种) Styrax suberifolius** var. **suberifolius**

分布：江苏、浙江、江西、湖南、湖北、四川、贵州、云南、福建、台湾、广东、广西、海南；越南

**台北安息香 Styrax suberifolius** var. **hayataianus** (Perkins) K. Mori

分布：台湾

**裂叶安息香 Styrax supaii** Chun et F. Chun

分布：湖南、广东

**越南安息香 Styrax tonkinensis** (Pierre) Craib ex Hartwich

分布：江西、湖南、贵州、云南、福建、广东、广西；柬埔寨、老挝、泰国、越南

**小叶安息香 Styrax wilsonii** Rehder

分布：四川

**婺源安息香 Styrax wuyuanensis** S. M. Hwang

分布：安徽、江西

**浙江安息香 Styrax zhejiangensis** S. M. Hwang et L. L. Yu

分布：浙江

## 438. 海人树科 Surianaceae Arn.

### 海人树属 Suriana L.

**海人树 Suriana maritima** L.

分布：台湾、广东；全世界热带海岸

## 439. 山矾科 Symplocaceae Desf.

### 山矾属 Symplocos Jacq.

**腺叶山矾 Symplocos adenophylla** Wall. ex G. Don

分布：云南、福建、广东、广西、海南；印度尼西亚、马来西亚、菲律宾、泰国、越南

**腺柄山矾 Symplocos adenopus** Hance

分布：湖南、贵州、云南、福建、广东、广西、海南

**薄叶山矾 Symplocos anomala** Brand

分布：安徽、江苏、浙江、湖南、湖北、四川、贵州、云南、西藏、福建、台湾、广东、广西、海南；印度尼西亚、日本、马来西亚、缅甸、泰国、越南

**橄榄山矾 Symplocos atriolivacea** Merr. et Chun et H. L. Li

分布：广东、海南；越南

**南国山矾 Symplocos austrosinensis** Hand.-Mazz.

分布：湖南、贵州、广东、广西

**潮安山矾 Symplocos chaoanensis** F. G. Wang et H. G. Ye

分布：广东

**越南山矾 Symplocos cochinchinensis** (Lour.) S. Moore

分布：江苏、浙江、江西、湖南、四川、贵州、云南、西藏、福建、台湾、广东、广西、海南；柬埔寨、印度、印度尼西亚、日本、老挝、马来西亚、缅甸、巴布亚新几内亚、菲律宾、斯里兰卡、泰国、越南、澳大利亚、太平洋岛屿

**越南山矾(原变种) Symplocos cochinchinensis** var. **cochinchinensis**

分布：浙江、江西、四川、云南、西藏、福建、台湾、广东、广西、海南；印度、印度尼西亚、日本、老挝、马来西亚、缅甸、巴布亚新几内亚、菲律宾、泰国、越南

**狭叶山矾 Symplocos cochinchinensis** var. **angustifolia** (Guill.) Noot.

分布：海南；越南

**黄牛奶树 Symplocos cochinchinensis** var. **laurina** (Retz.) Noot.
分布：福建、广东、广西

**兰屿山矾 Symplocos cochinchinensis** var. **philippinensis** (Brand) Noot.
分布：台湾；印度尼西亚、菲律宾

**密花山矾 Symplocos congesta** Benth.
分布：浙江、江西、湖南、云南、福建、台湾、广东、广西、海南

**厚叶山矾 Symplocos crassilimba** Merr.
分布：海南

**长毛山矾 Symplocos dolichotricha** Merr.
分布：广东、广西；越南

**坚木山矾 Symplocos dryophila** C. B. Clarke
分布：四川、云南、西藏；印度、缅甸、尼泊尔、泰国、越南

**柃叶山矾 Symplocos euryoides** Hand.-Mazz.
分布：海南

**三裂山矾 Symplocos fordii** Hance
分布：广东

**福建山矾 Symplocos fukienensis** Y. Ling
分布：福建

**腺缘山矾 Symplocos glandulifera** Brand
分布：湖南、云南、广西

**羊舌树 Symplocos glauca** (Thunb.) Koidz.
分布：浙江、湖南、四川、云南、福建、台湾、广东、广西、海南；印度、日本、缅甸、泰国、越南

**羊舌树(原变种) Symplocos glauca** var. **glauca**
分布：浙江、湖南、四川、云南、福建、台湾、广东、广西、海南；印度、日本、缅甸、泰国、越南

**无乳杂羊舌树 Symplocos glauca** var. **epapillata** Noot.
分布：云南；越南

**团花山矾 Symplocos glomerata** King ex C. B. Clarke
分布：浙江、江西、湖南、云南、西藏、福建、广东；不丹、印度

**毛山矾 Symplocos groffii** Merr.
分布：江西、湖南、广东、广西；越南

**海南山矾 Symplocos hainanensis** Merr. et Chun ex Li
分布：广东、海南

**海桐山矾 Symplocos heishanensis** Hayata
分布：浙江、江西、云南、台湾、广东、广西、海南

**滇南山矾 Symplocos hookeri** C. B. Clarke
分布：云南；印度、老挝、缅甸、泰国、越南

**滇南山矾(原变种) Symplocos hookeri** var. **hookeri**
分布：云南；印度、老挝、缅甸、泰国、越南

**绒毛滇南山矾 Symplocos hookeri** var. **tomentosa** Y. F. Wu
分布：云南

**光叶山矾 Symplocos lancifolia** Sieb. et Zucc.
分布：浙江、江西、湖南、湖北、四川、贵州、云南、福建、台湾、广东、广西、海南；印度、日本、菲律宾、越南

**光亮山矾 Symplocos lucida** (Thunb.) Sieb. et Zucc.
分布：甘肃、安徽、江苏、浙江、江西、湖南、湖北、四川、贵州、云南、西藏、福建、台湾、广东、广西、海南；不丹、柬埔寨、印度、印度尼西亚、日本、老挝、马来西亚、缅甸、泰国、越南

**孟莲山矾 Symplocos menglianensis** Y. Y. Qian
分布：云南

**长梗山矾 Symplocos modesta** Brand
分布：台湾

**能高山矾 Symplocos nokoensis** (Hayata) Kaneh.
分布：台湾

**单花山矾 Symplocos ovatilobata** Noot.
分布：海南

**白檀 Symplocos paniculata** (Thunb.) Miq.
分布：黑龙江、吉林、辽宁、内蒙古、河北、山西、山东、河南、陕西、宁夏、安徽、江苏、浙江、江西、湖南、湖北、四川、贵州、云南、西藏、福建、台湾、广东、广西、海南；不丹、印度、日本、朝鲜、老挝、缅甸、越南

**少脉山矾 Symplocos paucinervia** Noot.
分布：广西

**吊钟山矾 Symplocos pendula** Wight
分布：浙江、江西、湖南、贵州、云南、福建、台湾、广东、广西、海南；印度、印度尼西亚、日本、马来西亚、缅甸、越南

**吊钟山矾(原变种) Symplocos pendula** var. **pendula**
分布：海南；印度、马来西亚

**南岭山矾 Symplocos pendula** var. **hirtistylis** (C. B. Clarke) Noot.
分布：浙江、江西、湖南、贵州、云南、福建、台湾、广东、广西；印度尼西亚、日本、马来西亚、缅甸、越南

**柔毛山矾** **Symplocos pilosa** Rehder
分布：云南

**丛花山矾** **Symplocos poilanei** Guillaumin
分布：广东、广西、海南；越南

**铁山矾** **Symplocos pseudobarberina** Gontsch.
分布：湖南、云南、福建、广东、广西、海南；柬埔寨、越南

**梨叶山矾** **Symplocos pyrifolia** Wall. ex G. Don
分布：西藏；孟加拉国、不丹、印度、尼泊尔

**珠仔树** **Symplocos racemosa** Roxb.
分布：四川、云南、广东、广西、海南；印度、缅甸、泰国、越南

**多花山矾** **Symplocos ramosissima** Wall. ex G. Don
分布：湖南、湖北、四川、贵州、云南、西藏、广东、广西；不丹、印度、缅甸、尼泊尔、越南

**绿春山矾** **Symplocos spectabilis** Brand
分布：云南；缅甸

**老鼠矢** **Symplocos stellaris** Brand
分布：安徽、江苏、浙江、四川、贵州、云南、福建、台湾、广东、广西；日本

**老鼠矢(原变种)** **Symplocos stellaris** var. **stellaris**
分布：安徽、江苏、浙江、四川、贵州、云南、福建、台湾、广东、广西；日本

**铜绿山矾** **Symplocos stellaris** var. **aenea** (Hand.-Mazz.) Noot.
分布：四川、云南

**沟槽山矾** **Symplocos sulcata** Kurz.
分布：云南、西藏

**山矾** **Symplocos sumuntia** Buch.-Ham. ex D. Don
分布：江苏、浙江、江西、湖南、湖北、四川、贵州、云南、福建、台湾、广东、广西、海南；不丹、印度、日本、朝鲜、马来西亚、缅甸、尼泊尔、泰国、越南

**卷毛山矾** **Symplocos ulotricha** Y. Ling
分布：福建、广东

**乌饭树叶山矾** **Symplocos vacciniifolia** H. S. Chen et H. G. Ye
分布：广东

**绿枝山矾** **Symplocos viridissima** Brand
分布：贵州、云南、西藏、广东、广西、海南；印度、缅甸、越南

**微毛山矾** **Symplocos wikstroemiifolia** Hayata
分布：浙江、湖南、贵州、云南、福建、台湾、广东、广西、海南；马来西亚、越南

**木核山矾** **Symplocos xylopyrena** C. Y. Wu ex Y. F. Wu
分布：云南、西藏

**阳春山矾** **Symplocos yangchunensis** H. G. Ye et F. W. Xing
分布：广东

## 440. 土人参科 Talinaceae Doweld

### 土人参属 Talinum Adans.

**土人参** **Talinum paniculatum** (Jacq.) Gaertn.
分布：河南、安徽、江苏、浙江、四川、贵州、云南、福建、广东、广西；原产于热带美洲

## 441. 柽柳科 Tamaricaceae Link

### 水柏枝属 Myricaria Desv.

**宽苞水柏枝** **Myricaria bracteata** Royle
分布：内蒙古、河北、山西、陕西、宁夏、甘肃、青海、新疆、西藏；克什米尔地区、印度、巴基斯坦、阿富汗、蒙古国；亚洲(中部)

**秀丽水柏枝** **Myricaria elegans** Royle
分布：新疆、西藏；印度、巴基斯坦

**秀丽水柏枝(原变种)** **Myricaria elegans** var. **elegans**
分布：新疆、西藏；印度、巴基斯坦

**泽当水柏枝** **Myricaria elegans** var. **tsetangensis** P. Y. Zhang et Y. J. Zhang
分布：西藏

**疏花水柏枝** **Myricaria laxiflora** (Franch.) P. Y. Zhang et Y. J. Zhang
分布：湖北、四川

**三春水柏枝** **Myricaria paniculata** P. Y. Zhang et Y. J. Zhang
分布：山西、河南、陕西、宁夏、甘肃、四川、云南、西藏

**宽叶水柏枝** **Myricaria platyphylla** Maxim.
分布：内蒙古、陕西、宁夏

匍匐水柏枝 **Myricaria prostrata** Hook. f. et Thomson
分布：甘肃、青海、新疆、西藏；巴基斯坦、印度；中亚

心叶水柏枝 **Myricaria pulcherrima** Batalin
分布：新疆

卧生水柏枝 **Myricaria rosea** W. W. Sm.
分布：云南、西藏；尼泊尔、不丹、印度

具鳞水柏枝 **Myricaria squamosa** Desv.
分布：甘肃、青海、新疆、四川、西藏；印度、巴基斯坦、阿富汗；中亚

小花水柏枝 **Myricaria wardii** C. Marquand
分布：西藏；尼泊尔

## 红砂属 **Reaumuria** L.

互叶红砂 **Reaumuria alternifolia** (Labill.) Britten
分布：新疆；阿富汗；亚洲(西南部)

五柱红砂 **Reaumuria kaschgarica** Rupr.
分布：甘肃、青海、新疆、西藏；中亚地区

红砂 **Reaumuria soongarica** (Pall.) Maxim.
分布：内蒙古、宁夏、甘肃、青海、新疆；俄罗斯、蒙古国

黄花红砂 **Reaumuria trigyna** Maxim.
分布：内蒙古、宁夏、甘肃

## 柽柳属 **Tamarix** L.

白花柽柳 **Tamarix androssowii** Litv.
分布：内蒙古、宁夏、甘肃、新疆；蒙古国；中亚地区

无叶柽柳 **Tamarix aphylla** (L.) H. Karst.
分布：台湾；原产于亚洲(西南部)、非洲(北部)

密花柽柳 **Tamarix arceuthoides** Bunge
分布：甘肃、新疆；阿富汗、巴基斯坦、蒙古国；西南亚、中亚地区

甘蒙柽柳 **Tamarix austromongolica** Nakai
分布：内蒙古、河北、山西、河南、陕西、宁夏、甘肃、青海

柽柳 **Tamarix chinensis** Lour.
分布：西南地区广泛栽培；辽宁、河北、河南、山东、江苏、安徽

长穗柽柳 **Tamarix elongata** Ledeb.
分布：内蒙古、宁夏、甘肃、青海、新疆；哈萨克斯坦、蒙古国、俄罗斯、土库曼斯坦、乌兹别克斯坦

甘肃柽柳 **Tamarix gansuensis** H. Z. Zhang ex P. Y. Zhang et M. T. Liu
分布：内蒙古、甘肃、青海、新疆

翠枝柽柳 **Tamarix gracilis** Willd.
分布：内蒙古、甘肃、青海、新疆；哈萨克斯坦、蒙古国、俄罗斯、塔吉克斯坦、土库曼斯坦；西南亚

刚毛柽柳 **Tamarix hispida** Willd.
分布：内蒙古、宁夏、甘肃、青海、新疆；阿富汗、蒙古国；中亚、西南亚

多花柽柳 **Tamarix hohenackeri** Bunge
分布：内蒙古、宁夏、甘肃、青海、新疆；蒙古国；中亚、西南亚地区

金塔柽柳 **Tamarix jintaensis** P. Y. Zhang et M. T. Liu
分布：甘肃

盐地柽柳 **Tamarix karelinii** Bunge
分布：内蒙古、甘肃、青海、新疆；阿富汗、蒙古国、俄罗斯；亚洲(西南部)

短穗柽柳 **Tamarix laxa** Willd.
分布：内蒙古、陕西、宁夏、青海、新疆；阿富汗、哈萨克斯坦、蒙古国、俄罗斯、土库曼斯坦；亚洲(西南部)

短穗柽柳(原变种) **Tamarix laxa** var. **laxa**
分布：内蒙古、陕西、宁夏、青海、新疆；阿富汗、哈萨克斯坦、蒙古国、俄罗斯、土库曼斯坦

伞花短穗柽柳 **Tamarix laxa** var. **polystachya** (Ledeb.) Bunge
分布：内蒙古、陕西、宁夏、青海、新疆；俄罗斯、蒙古国、阿富汗；亚洲(西南部)

细穗柽柳 **Tamarix leptostachya** Bunge
分布：甘肃、内蒙古、宁夏、青海、新疆；蒙古国；亚洲(中部)

多枝柽柳 **Tamarix ramosissima** Ledeb.
分布：内蒙古、宁夏、甘肃、青海、新疆、西藏；阿富汗、蒙古国；中亚、西南亚、欧洲(东部)

莎车柽柳 **Tamarix sachensis** P. Y. Zhang et M. T. Liu
分布：新疆

沙生柽柳 **Tamarix taklamakanensis** M. T. Liu
分布：甘肃、新疆

塔里木柽柳 **Tamarix tarimensis** P. Y. Zheng et M. T. Liu
分布：新疆

# 442. 瘿椒树科 Tapisciaceae Takht.

## 瘿椒树属 **Tapiscia** Oliv.

瘿椒树 **Tapiscia sinensis** Oliver
分布：安徽、浙江、江西、湖南、湖北、四川、贵州、云

南、福建、广东、广西

云南瘿椒树 **Tapiscia yunnanensis** W. C. Cheng et C. D. Chu
分布：湖北、四川、云南

## 443. 四数木科 Tetramelaceae Airy Shaw

### 四数木属 **Tetrameles** R. Br.

四数木 **Tetrameles nudiflora** R. Br.
分布：云南；不丹、尼泊尔、泰国、澳大利亚、孟加拉国、柬埔寨、老挝、缅甸、巴布亚新几内亚、印度、斯里兰卡、缅甸、越南、马来西亚、印度尼西亚

## 444. 山茶科 Theaceae Mirb.

### 圆籽荷属 **Apterosperma** H. T. Chang

圆籽荷 **Apterosperma oblata** H. T. Chang
分布：广东、广西

### 山茶属 **Camellia** L.

抱茎短蕊茶 **Camellia amplexifolia** Merr. et Chun
分布：海南

安龙瘤果茶 **Camellia anlungensis** H. T. Chang
分布：贵州、云南、广西

安龙瘤果茶(原变种) **Camellia anlungensis** var. **anlungensis**
分布：贵州、云南、广西

尖苞瘤果茶 **Camellia anlungensis** var. **acutiperulata** (H. T. Chang) T. L. Ming
分布：广西

大萼毛蕊茶 **Camellia assimiloides** Sealy
分布：湖南、广东

杜鹃叶山茶 **Camellia azalea** C. F. Wei
分布：广东

短柱油茶 **Camellia brevistyla** (Hayata) Cohen-Stuart
分布：安徽、浙江、江西、湖南、湖北、贵州、福建、台湾、广东、广西

短柱油茶(原变种) **Camellia brevistyla** var. **brevistyla**
分布：安徽、浙江、江西、湖南、湖北、贵州、福建、台湾、广东、广西

细叶短柱油茶 **Camellia brevistyla** var. **microphylla** (Merr.) Ming
分布：安徽、浙江、江西、湖南、贵州

白毛蕊茶 **Camellia candida** H. T. Chang
分布：云南

长尾毛蕊茶 **Camellia caudata** Wall.
分布：湖南、湖北、云南、西藏、福建、台湾、广东、广西、海南；越南、缅甸、印度、尼泊尔

长尾毛蕊茶(原变种) **Camellia caudata** var. **caudata**
分布：湖南、湖北、云南、西藏、福建、广东、广西；印度、缅甸、尼泊尔、越南

小长尾毛蕊菜 **Camellia caudata** var. **gracilis** (Hemsl.) Yamamoto ex Keng
分布：台湾、广东、广西、海南

浙江山茶 **Camellia chekiangoleosa** Hu
分布：安徽、浙江、江西、湖南、福建

彻丽山茶(新拟) **Camellia cherryana** Orel
分布：四川

薄叶金花茶 **Camellia chrysanthoides** H. T. Chang
分布：广西

心叶毛蕊茶 **Camellia cordifolia** (F. P. Metcalf) Nakai
分布：江西、湖南、贵州、云南、福建、广东、广西

心叶毛蕊茶(原变种) **Camellia cordifolia** var. **cordifolia**
分布：江西、湖南、贵州、云南、福建、广东、广西

光萼心叶毛蕊茶 **Camellia cordifolia** var. **glabrisepala** T. L. Ming
分布：湖南、贵州、云南

突肋茶 **Camellia costata** H. T. Chang
分布：贵州、广东、广西

贵州连蕊茶 **Camellia costei** H. Lév.
分布：湖南、湖北、四川、贵州、云南、广西

红皮糙果茶 **Camellia crapnelliana** Tutcher
分布：浙江、江西、福建、广东、广西

厚轴茶 **Camellia crassicolumna** H. T. Chang
分布：贵州、云南

厚轴茶(原变种) **Camellia crassicolumna** var. **crassicolumna**
分布：云南

光萼厚轴茶 **Camellia crassicolumna** var. **multiplex** T. L. Ming
分布：贵州、云南

粗梗连蕊茶 **Camellia crassipes** Sealy
分布：云南

**滇南连蕊茶 Camellia cupiformis** T. L. Ming
分布：云南

**连蕊茶 Camellia cuspidata** (Kochs) H. J. Veitch
分布：陕西、安徽、浙江、江西、湖南、湖北、四川、贵州、云南、福建、广东、广西

**浙江连蕊茶 Camellia cuspidata** var. **chekiangensis** Sealy
分布：浙江、江西、湖南、福建、广东、广西

**连蕊茶(原变种) Camellia cuspidata** var. **cuspidata**
分布：陕西、安徽、浙江、江西、湖南、湖北、四川、贵州、云南、福建、广东、广西

**大花连蕊茶 Camellia cuspidata** var. **grandiflora** Sealy
分布：江西、湖南、广东、广西

**毛丝连蕊茶 Camellia cuspidata** var. **trichandra** (H. T. Chang) Ming
分布：广西

**越南油茶 Camellia drupifera** Lour.
分布：广东、广西、海南；越南

**东南山茶 Camellia edithae** Hance
分布：江西、福建、广东

**长管连蕊茶 Camellia elongata** (Rehder et E. H. Wilson) Rehder
分布：四川

**显脉金花茶 Camellia euphlebia** Merr. ex Sealy
分布：广西；越南

**柃叶连蕊茶 Camellia euryoides** Lindl.
分布：江西、湖南、四川、福建、台湾、广东

**柃叶连蕊茶(原变种) Camellia euryoides** var. **euryoides**
分布：江西、福建、广东

**毛蕊柃叶连蕊茶 Camellia euryoides** var. **nokoensis** (Hayata) Ming
分布：江西、湖南、四川、台湾

**防城茶 Camellia fangchengensis** S. Yun Liang et Y. C. Zhong
分布：广西

**云南金花茶 Camellia fascicularis** H. T. Chang
分布：云南

**淡黄金花茶 Camellia flavida** H. T. Chang
分布：广西

**淡黄金花茶(原变种) Camellia flavida** var. **flavida**
分布：广西

**多变淡黄金花茶 Camellia flavida** var. **patens** (Mo et Zhong) T. L. Ming
分布：广西

**窄叶油茶 Camellia fluviatilis** Hand.-Mazz.
分布：广东、广西、海南；印度、缅甸

**窄叶油茶(原变种) Camellia fluviatilis** var. **fluviatilis**
分布：广东、广西、海南；印度、缅甸

**大花窄叶油茶 Camellia fluviatilis** var. **megalantha** (H. T. Chang) Ming
分布：广西

**云南连蕊茶 Camellia forrestii** (Diels) Cohen-Stuart
分布：云南；越南

**云南连蕊茶 (原变种) Camellia forrestii** var. **forrestii**
分布：云南；越南

**尖萼云南连蕊茶 Camellia forrestii** var. **acutisepala** (Tsai et K. M. Feng) H. T. Chang
分布：云南

**膜萼云南连蕊茶 Camellia forrestii** var. **pentamera** (H. T. Chang) Ming
分布：云南

**毛花连蕊茶 Camellia fraterna** Hance
分布：河南、安徽、江苏、浙江、江西、福建

**糙果茶 Camellia furfuracea** (Merr.) Cohen-Stuart
分布：江西、湖南、福建、台湾、广东、广西、海南；老挝、越南

**糙果茶(原变种) Camellia furfuracea** var. **furfuracea**
分布：江西、湖南、福建、台湾、广东、广西、海南；老挝、越南

**阔柄糙果茶 Camellia furfuracea** var. **latipetiolata** (C. W. Chi) T. L. Ming
分布：广东、广西

**上林糙果茶 Camellia furfuracea** var. **shanglinensis** Ming
分布：广西

**硬叶糙果茶 Camellia gaudichaudii** (Gagnep.) Sealy
分布：广西、海南；越南

**中越短蕊茶 Camellia gilbertii** (A. Chev.) Sealy
分布：云南；越南

秃肋连蕊茶 **Camellia glabricostata** Ming
分布：广西；越南

狭叶长梗茶 **Camellia gracilipes** Merr. ex Sealy
分布：广西；越南

大苞茶 **Camellia grandibracteata** H. T. Chang et F. L. Yu
分布：云南

大苞白山茶 **Camellia granthamiana** Sealy
分布：广东

长瓣短柱茶 **Camellia grijsii** Hance
分布：陕西、浙江、江西、湖南、湖北、四川、贵州、福建、广东、广西

长瓣短柱茶(原变种) **Camellia grijsii** var. **grijsii**
分布：浙江、江西、湖南、湖北、贵州、福建、广东、广西

小叶短柱茶 **Camellia grijsii** var. **shensiensis** (H. T. Chang) Ming
分布：陕西、湖北、四川

秃房茶 **Camellia gymnogyna** H. T. Chang
分布：贵州、云南、广东、广西

河口长梗茶 **Camellia hekouensis** C. J. Wang et G. S. Fan
分布：云南

香港山茶 **Camellia hongkongensis** Seem.
分布：广东

贵州金花茶 **Camellia huana** T. L. Ming et W. J. Zhang
分布：贵州、广西

冬青叶瘤果茶 **Camellia ilicifolia** Y. K. Li ex Hung T. Chang
分布：贵州

冬青叶瘤果茶(原变种) **Camellia ilicifolia** var. **ilicifolia**
分布：贵州

狭叶瘤果茶 **Camellia ilicifolia** var. **neriifolia** (H. T. Chang) T. L. Ming
分布：贵州

凹脉金花茶 **Camellia impressinervis** H. T. Chang et S. Y. Liang
分布：广西

柠檬金花茶 **Camellia indochinensis** Merr.
分布：广西；越南

柠檬金花茶(原变种) **Camellia indochinensis** var. **indochinensis**
分布：广西；越南

东兴金花茶 **Camellia indochinensis** var. **tunghinensis** (H. T. Chang) T. L. Ming et W. J. Zhang
分布：广西

山茶 **Camellia japonica** L.
分布：山东、浙江、台湾；日本、朝鲜

山茶(原变种) **Camellia japonica** var. **japonica**
分布：山东、浙江、台湾；日本、韩国

短柄山茶 **Camellia japonica** var. **rusticana** (Honda) Ming
分布：浙江；日本

落瓣油茶 **Camellia kissii** Wall.
分布：云南、广东、广西、海南；不丹、柬埔寨、印度、老挝、缅甸、尼泊尔、泰国、越南

落瓣油茶(原变种) **Camellia kissii** var. **kissii**
分布：云南、广东、广西、海南；不丹、柬埔寨、印度、老挝、缅甸、尼泊尔、泰国、越南

大叶落瓣油茶 **Camellia kissii** var. **confusa** (Craib) T. L. Ming
分布：云南、广西；印度、老挝、缅甸、泰国

广西茶 **Camellia kwangsiensis** H. T. Chang
分布：云南、广西

毛萼广西茶 **Camellia kwangsiensis** var. **kwangnanica** (H. T. Chang et B. H. Chen) T. L. Ming
分布：云南

广西茶(原变种) **Camellia kwangsiensis** var. **kwangsiensis**
分布：云南、广西

乐业披针叶瘤果茶 **Camellia lancifolia** K. X. Huang
分布：广西

四川毛蕊茶 **Camellia lawii** Sealy
分布：湖北、四川、贵州

膜叶茶 **Camellia leptophylla** S. Ye Liang ex H. T. Chang
分布：广西

长萼连蕊茶 **Camellia longicalyx** H. T. Chang
分布：福建、广西

长梗茶 **Camellia longipedicellata** (Hu) H. T. Chang et D. Fang
分布：广西

超长梗茶 **Camellia longissima** H. T. Chang et S. Y. Liang ex H. T. Chang
分布：广西

台湾连蕊茶 **Camellia lutchuensis** T. Ito
分布：台湾、广西、香港；日本

台湾连蕊茶(原变种) **Camellia lutchuensis** var. **lutchuensis**
分布：台湾；日本

微花连蕊茶 **Camellia lutchuensis** var. **minutiflora** (H. T. Chang) Ming
分布：广西、香港

小黄花茶 **Camellia luteoflora** Y. K. Li ex Hung T. Chang et F. A. Zeng
分布：贵州

毛蕊山茶 **Camellia mairei** (H. Lév.) Melch.
分布：湖南、四川、贵州、云南、广东、广西

石果毛蕊山茶 **Camellia mairei** var. **lapidea** (Y. C. Wu) Sealy
分布：湖南、四川、贵州、云南、广东、广西

毛蕊山茶(原变种) **Camellia mairei** var. **mairei**
分布：四川、贵州、云南

滇南毛蕊山茶 **Camellia mairei** var. **velutina** Sealy
分布：云南

牦牛山山茶 **Camellia maoniushanensis** J. L. Liu et Q. Luo
分布：四川

广东毛蕊茶 **Camellia melliana** Hand.-Mazz.
分布：广东

小花金花茶 **Camellia micrantha** S. Ye Liang et Y. C. Zhong
分布：广西

弥勒糙果茶 **Camellia mileensis** Ming
分布：云南

弥勒糙果茶(原变种) **Camellia mileensis** var. **mileensis**
分布：云南

小叶弥勒糙果茶 **Camellia mileensis** var. **microphylla** T. L. Ming
分布：云南

油茶 **Camellia oleifera** Abel
分布：河南、陕西、安徽、江苏、浙江、江西、湖南、湖北、四川、贵州、云南、福建、广东、广西、海南；老挝、缅甸、越南

香花油茶 **Camellia osmantha** C. X. Ye et J. L. Ma
分布：广西

滇南离蕊茶 **Camellia pachyandra** Hu
分布：云南

细花短蕊茶 **Camellia parviflora** Merr. et Chun ex Sealy
分布：海南

小瘤果茶 **Camellia parvimuricata** H. T. Chang
分布：湖南、湖北、重庆、贵州

小瘤果茶(原变种) **Camellia parvimuricata** var. **parvimuricata**
分布：湖南、湖北、重庆、贵州

大萼小瘤果茶 **Camellia parvimuricata** var. **hupehensis** (H. T. Chang) Ming
分布：湖北

光枝小瘤果茶 **Camellia parvimuricata** var. **songtaoensis** K. M. Lan et H. H. Zhang
分布：贵州

腺叶离蕊茶 **Camellia paucipunctata** (Merr. et Chun) Chun
分布：海南

金花茶 **Camellia petelotii** (Merr.) Sealy
分布：广西；越南

金花茶(原变种) **Camellia petelotii** var. **petelotii**
分布：广西；越南

小果金花茶 **Camellia petelotii** var. **microcarpa** (S. L. Mo et S. Z. Huang) T. L. Ming et W. J. Zhang
分布：广西

毛籽短蕊茶 **Camellia pilosperma** S. Ye Liang
分布：广西

平果金花茶 **Camellia pingguoensis** D. Fang
分布：广西

平果金花茶(原变种) **Camellia pingguoensis** var. **pingguoensis**
分布：广西

顶生金花茶 **Camellia pingguoensis** var. **terminalis** (J. Y. Liang et Z. M. Su) T. L. Ming et W. J. Zhang
分布：广西

西南山茶 **Camellia pitardii** Cohen-Stuart
分布：湖南、湖北、四川、贵州、云南、广西

西南山茶(原变种) **Camellia pitardii** var. **pitardii**
分布：湖南、湖北、四川、贵州、云南、广西

多变西南山茶 **Camellia pitardii** var. **compressa** (H. T. Chang et X. K. Wen) T. L. Ming
分布：湖南、湖北、贵州

隐脉西南山茶 **Camellia pitardii** var. **cryptoneura** (H. T. Chang) Ming
分布：湖南、广西

攀西黄山茶 **Camellia pitardii** var. **panxiensis** J. L. Liu
分布：四川

多齿山茶 **Camellia polyodonta** How ex Hu
分布：湖南、广东、广西

多齿山茶(原变种) **Camellia polyodonta** var. **polyodonta**
分布：湖南、广西

长尾多齿山茶 **Camellia polyodonta** var. **longicaudata** (H. T. Chang et S. Ye Liang) T. L. Ming
分布：广东、广西

毛叶茶 **Camellia ptilophylla** H. T. Chang
分布：湖南、广东

毛糙果茶 **Camellia pubifurfuracea** Zhong
分布：广西

毛瓣金花茶 **Camellia pubipetala** Y. Wan et S. Z. Huang
分布：广西

斑枝毛蕊茶 **Camellia punctata** (Kochs) Cohen-Stuart
分布：四川

三江瘤果茶 **Camellia pyxidiacea** Z. R. Xu，F. P. Chen et C. Y. Deng
分布：贵州、云南

三江瘤果茶(原变种) **Camellia pyxidiacea** var. **pyxidiacea**
分布：贵州、云南

红花三江瘤果茶 **Camellia pyxidiacea** var. **rubituberculata** (H. T. Chang ex M. J. Lin et Q. M. Lu) T. L. Ming
分布：贵州

毛药山茶 **Camellia renshanxiangiae** C. X. Ye et X. Q. Zheng
分布：广东

滇山茶 **Camellia reticulata** Lindl.
分布：四川、贵州、云南

皱果茶 **Camellia rhytidocarpa** H. T. Chang et S. Y. Liang
分布：湖南、贵州、广西

皱果茶(原变种) **Camellia rhytidocarpa** var. **rhytidocarpa**
分布：贵州、云南

小叶皱果茶 **Camellia rhytidocarpa** var. **microphylla** Y. C. Zhong
分布：广西

川鄂连蕊茶 **Camellia rosthorniana** Hand.-Mazz.
分布：湖南、湖北、四川、贵州、广西

柳叶毛蕊茶 **Camellia salicifolia** Champ.
分布：江西、福建、台湾、广东、广西

怒江山茶 **Camellia saluenensis** Stapf ex Bean
分布：四川、贵州、云南

南山茶 **Camellia semiserrata** C. W. Chi
分布：广东、广西

南山茶(原变种) **Camellia semiserrata** var. **semiserrata**
分布：广东、广西

大果南山茶 **Camellia semiserrata** var. **magnocarpa** Hu et T. C. Huang ex Hu
分布：广东、广西

茶 **Camellia sinensis** (L.) O. Kuntze
分布：河南、陕西、安徽、江苏、浙江、江西、湖南、湖北、四川、贵州、云南、西藏、福建、台湾、广东、广西、海南；印度、日本、韩国、老挝、缅甸、泰国、越南

茶(原变种) **Camellia sinensis** var. **sinensis**
分布：河南、陕西、安徽、江苏、浙江、江西、湖南、湖北、四川、贵州、云南、西藏、福建、台湾、广东、广西；印度、日本、韩国

普洱茶 **Camellia sinensis** var. **assamica** (Mast.) Kitam.
分布：云南、广东、广西、海南；越南、老挝、缅甸、泰国

**德宏茶 Camellia sinensis** var. **dehungensis** (H. T. Chang et B. H. Chen) T. L. Ming
分布：云南

**白毛茶 Camellia sinensis** var. **pubilimba** H. T. Chang
分布：云南、广东、广西、海南

**五室连蕊茶 Camellia stuartiana** Sealy
分布：云南

**全缘叶山茶 Camellia subintegra** P. C. Huang ex Hung T. Chang
分布：江西、湖南、广东

**川滇连蕊茶 Camellia synaptica** Sealy
分布：湖南、四川、云南

**川滇连蕊茶(原变种) Camellia synaptica** var. **synaptica**
分布：湖南、四川、云南

**毛蕊川滇连蕊茶 Camellia synaptica** var. **parviovata** (H. T. Chang) Ming
分布：四川

**四川离蕊茶 Camellia szechuanensis** C. W. Chi
分布：四川

**斑叶离蕊茶 Camellia szemaoensis** H. T. Chang
分布：云南

**大厂茶 Camellia tachangensis** F. C. Zhang
分布：四川、重庆、贵州、云南、广西

**大厂茶(原变种) Camellia tachangensis** var. **tachangensis**
分布：贵州、云南、广西

**疏齿大厂茶 Camellia tachangensis** var. **remotiserrata** (H. T. Chang et al. ex H. T. Chang) Ming
分布：四川、重庆、贵州、云南

**大理茶 Camellia taliensis** (W. W. Sm.) Melch.
分布：云南；泰国、缅甸

**小糙果茶 Camellia tenii** Sealy
分布：云南

**毛萼连蕊茶 Camellia transarisanensis** (Hayata) Cohen-Stuart
分布：江西、湖南、贵州、云南、福建、台湾、广西

**毛枝连蕊茶 Camellia trichoclada** (Rehder) Chien
分布：浙江、福建

**窄叶连蕊茶 Camellia tsaii** Hu
分布：云南；缅甸、越南

**屏边连蕊茶 Camellia tsingpienensis** Hu
分布：贵州、云南、广西；越南

**屏边连蕊茶(原变种) Camellia tsingpienensis** var. **tsingpienensis**
分布：云南、广西；越南

**大叶屏边连蕊茶 Camellia tsingpienensis** var. **macrophylla** T. L. Ming
分布：云南

**毛萼屏边连蕊茶 Camellia tsingpienensis** var. **pubisepala** H. T. Chang
分布：贵州、云南、广西

**瘤果茶 Camellia tuberculata** Chien
分布：四川、贵州

**瘤果茶(原变种) Camellia tuberculata** var. **tuberculata**
分布：四川、贵州

**秃蕊瘤果茶 Camellia tuberculata** var. **atuberculata** (H. T. Chang) T. L. Ming
分布：贵州

**单体红山茶 Camellia uraku** Kitam.
分布：中国有栽培；原产于日本

**小果毛蕊茶 Camellia villicarpa** Chien
分布：四川

**绿萼连蕊茶 Camellia viridicalyx** H. T. Chang et S. Y. Liang
分布：湖南、贵州、广西

**绿萼连蕊茶(原变种) Camellia viridicalyx** var. **viridicalyx**
分布：湖南、广西

**线叶连蕊茶 Camellia viridicalyx** var. **linearifolia** Ming
分布：贵州

**滇缅离蕊茶 Camellia wardii** Kobuski
分布：云南；缅甸

**滇缅离蕊茶(原变种) Camellia wardii** var. **wardii**
分布：云南；缅甸

**毛滇缅离蕊茶 Camellia wardii** var. **muricatula** (H. T. Chang) Ming
分布：云南；缅甸

**黄花短蕊茶 Camellia xanthochroma** K. M. Feng et L. S. Xie
分布：海南

猴子木 **Camellia yunnanensis** (Pit. ex Diels) Cohen-Stuart
分布：四川、贵州、云南

猴子木(原变种) **Camellia yunnanensis** var. **yunnanensis**
分布：四川、贵州、云南

毛果猴子木 **Camellia yunnanensis** var. **camellioides** (Hu) Ming
分布：云南

## 大头茶属 **Polyspora** Sweet

大头茶 **Polyspora axillaris** (Roxb. ex Ker Gawl.) Sweet
分布：台湾、广东、广西、海南；越南

黄药大头茶 **Polyspora chrysandra** (Cowan) Hu ex Barthol. et Ming
分布：四川、贵州、云南；缅甸

海南大头茶 **Polyspora hainanensis** (H. T. Chang) C. X. Ye ex Bartholomew et Ming
分布：海南

长果大头茶 **Polyspora longicarpa** (H. T. Chang) C. X. Ye ex Bartholomew et Ming
分布：云南；缅甸、越南、泰国

四川大头茶 **Polyspora speciosa** (Kochs) Bartholo et T. L. Ming
分布：湖南、四川、重庆、贵州、云南、广西；越南

天棠大头茶 **Polyspora tiantangensis** (L. L. Deng) G. S. Fan et S. X. Yang
分布：云南

## 核果茶属 **Pyrenaria** Blume

叶萼核果茶 **Pyrenaria diospyricarpa** Kurz.
分布：云南；缅甸、泰国、越南

粗毛核果茶 **Pyrenaria hirta** (Hand.-Mazz.) H. Keng
分布：江西、湖南、湖北、贵州、云南、广东、广西；越南

粗毛核果茶(原变种) **Pyrenaria hirta** var. **hirta**
分布：江西、湖南、湖北、贵州、云南、广东、广西

心叶核果茶 **Pyrenaria hirta** var. **cordatula** (H. L. Li) S. X. Yang et T. L. Ming
分布：湖南、贵州、广东、广西；越南

多萼核果茶 **Pyrenaria jonquieriana** subsp. **multisepala** (Merr. et Chun) S. X. Yang.
分布：海南

印藏核果茶 **Pyrenaria khasiana** R. N. Paul
分布：西藏；印度

广西核果茶 **Pyrenaria kwangsiensis** H. T. Chang
分布：广西

斑枝核果茶 **Pyrenaria maculatoclada** (Y. K. Li) S. X. Yang
分布：贵州、广西

勐腊核果茶 **Pyrenaria menglaensis** G. D. Tao
分布：云南

小果核果茶 **Pyrenaria microcarpa** Keng
分布：安徽、浙江、江西、贵州、福建、台湾、广东、广西、海南；日本、越南

小果核果茶(原变种) **Pyrenaria microcarpa** var. **microcarpa**
分布：安徽、浙江、江西、贵州、福建、台湾、广东、广西、海南；日本、越南

卵叶核果茶 **Pyrenaria microcarpa** var. **ovalifolia** (H. L. Li) T. L. Ming et S. X. Yang ex S. X. Yang
分布：福建、台湾、广东、海南

长核果茶 **Pyrenaria oblongicarpa** H. T. Chang
分布：云南

屏边核果茶 **Pyrenaria pingpienensis** (Hung T. Chang) S. X. Yang et T. L. Ming
分布：贵州、云南

云南核果茶 **Pyrenaria sophiae** (Hu) S. X. Yang et T. L. Ming
分布：云南

大果核果茶 **Pyrenaria spectabilis** (Champ.) C. Y. Wu et S. X. Yang ex S. X. Yang
分布：江西、湖南、福建、广东、广西；越南

大果核果茶（原变种）**Pyrenaria spectabilis** var. **spectabilis**
分布：福建、广东、广西；越南

长柱核果茶 **Pyrenaria spectabilis** var. **greeniae** (Chun) S. X. Yang
分布：江西、湖南、福建、广东、广西

**长萼核果茶 Pyrenaria wuana** (Hung T. Chang) S. X. Yang
分布：广东、广西

## 木荷属 Schima Reinw. ex Blume

**银木荷 Schima argentea** E. Pritz.
分布：江西、四川、云南、广西；缅甸、越南

**短梗木荷 Schima brevipedicellata** H. T. Chang
分布：江西、湖南、四川、贵州、云南、广东、广西；越南

**钝齿木荷 Schima crenata** Korth.
分布：海南；印度尼西亚、马来西亚、柬埔寨、老挝、泰国、越南

**印度木荷 Schima khasiana** Dyer
分布：云南、西藏；印度、缅甸、越南、不丹

**多苞木荷 Schima multibracteata** H. T. Chang
分布：广西

**南洋木荷 Schima noronhae** Reinw. ex Blume
分布：云南；印度尼西亚、马来西亚、缅甸、老挝、泰国、越南

**小花木荷 Schima parviflora** Cheng et H. T. Chang ex H. T. Chang
分布：湖南、湖北、四川、贵州

**疏齿木荷 Schima remotiserrata** H. T. Chang
分布：江西、湖南、福建、广东、广西

**贡山木荷 Schima sericans** (Hand.-Mazz.) Ming
分布：云南、西藏

**贡山木荷(原变种) Schima sericans** var. **sericans**
分布：云南、西藏

**独龙木荷 Schima sericans** var. **paracrenata** (H. T. Chang) Ming
分布：云南

**华木荷 Schima sinensis** (Hemsl. et E. H. Wilson) Airy Shaw
分布：湖南、湖北、四川、贵州、云南、广西

**木荷 Schima superba** Gardner et Champ.
分布：安徽、浙江、江西、湖南、湖北、贵州、福建、台湾、广东、广西、海南；日本

**毛木荷 Schima villosa** Hu
分布：云南

**红木荷 Schima wallichii** (DC.) Korth.
分布：贵州、云南、西藏、广西；印度、尼泊尔、不丹、老挝、缅甸、泰国、越南

## 紫茎属 Stewartia L.

**云南紫茎 Stewartia calcicola** Ming et J. Li
分布：云南、广西

**心叶紫茎 Stewartia cordifolia** (H. L. Li) J. Li et Ming
分布：湖南、贵州、广西

**厚叶紫茎 Stewartia crassifolia** (S. Z. Yan) J. Li et T. L. Ming
分布：江西、湖南、广东、广西

**狭萼紫茎 Stewartia densivillosa** (Hu et H. T. Chang et C. X. Ye) J. Li et Ming
分布：云南

**老挝紫茎 Stewartia laotica** (Gagnep.) J. Li et Ming
分布：云南、广西；老挝、越南

**墨脱紫茎 Stewartia medogensis** J. Li et Ming
分布：西藏

**小花紫茎 Stewartia micrantha** (Chun) Sealy
分布：福建、广东

**钝叶紫茎 Stewartia obovata** (Chun ex H. T. Chang) J. Li et Ming
分布：广东、广西

**翅柄紫茎 Stewartia pteropetiolata** W. C. Cheng
分布：云南

**长喙紫茎 Stewartia rostrata** Spongberg
分布：河南、安徽、浙江、江西、湖南、湖北

**红皮紫茎 Stewartia rubiginosa** H. T. Chang
分布：湖南、广东、广西

**红皮紫茎(原变种) Stewartia rubiginosa** var. **rubiginosa**
分布：湖南、广东

**大明紫茎 Stewartia rubiginosa** var. **damingshanica** (J. Li) Ming
分布：广西

**四川紫茎 Stewartia sichuanensis** (S. Z. Yan) J. Li et T. L. Ming
分布：四川

**紫茎 Stewartia sinensis** Rehder et E. H. Wilson
分布：河南、陕西、安徽、浙江、江西、湖南、湖北、四

川、贵州、云南、福建、广西

紫茎(原变种) **Stewartia sinensis** var. **sinensis**

分布：河南、陕西、安徽、浙江、江西、湖南、湖北、四川、贵州、云南、福建、广西

尖萼紫茎 **Stewartia sinensis** var. **acutisepala** (P. L. Chiu et G. R. Zhong) T. L. Ming et J. Li

分布：浙江

短萼紫茎 **Stewartia sinensis** var. **brevicalyx** (S. Z. Yan) T. L. Ming et J. Li

分布：浙江

陕西紫茎 **Stewartia sinensis** var. **shensiensis** (H. T. Chang) T. L. Ming et J. Li

分布：河南、陕西

黄毛紫茎 **Stewartia sinii** (Y. C. Wu) Sealy

分布：广西

柔毛紫茎 **Stewartia villosa** Merr.

分布：江西、广东、广西

柔毛紫茎(原变种) **Stewartia villosa** var. **villosa**

分布：广东、广西

广东柔毛紫茎 **Stewartia villosa** var. **kwangtungensis** (Chun) J. Li et Ming

分布：江西、广东、广西

齿叶柔毛紫茎 **Stewartia villosa** var. **serrata** (H. T. Chang) T. L. Ming

分布：广西

## 445. 瑞香科 Thymelaeaceae Juss.

### 沉香属 **Aquilaria** Lam.

土沉香 **Aquilaria sinensis** (Lour.) Spreng.

分布：福建、广东、广西、海南

云南沉香 **Aquilaria yunnanensis** S. C. Huang

分布：云南

### 瑞香属 **Daphne** L.

尖瓣瑞香 **Daphne acutiloba** Rehder

分布：湖北、四川、云南

阿尔泰瑞香 **Daphne altaica** Pall.

分布：新疆；俄罗斯、蒙古国

狭瓣瑞香 **Daphne angustiloba** Rehder

分布：四川；缅甸

台湾瑞香 **Daphne arisanensis** Hayata

分布：台湾

橙花瑞香 **Daphne aurantiaca** Diels

分布：四川、云南

腋花瑞香 **Daphne axillaris** (Merr. et Chun) Chun et C. F. Wei

分布：海南

藏东瑞香 **Daphne bholua** Buch.-Ham. ex D. Don

分布：四川、云南、西藏；孟加拉国、印度、尼泊尔、不丹、缅甸

藏东瑞香(原变种) **Daphne bholua** var. **bholua**

分布：四川、云南、西藏；孟加拉国、不丹、印度、缅甸、尼泊尔

落叶瑞香 **Daphne bholua** var. **glacialis** (W. W. Sm. et Cave) B. L. Burtt

分布：云南、西藏；印度、尼泊尔

短管瑞香 **Daphne brevituba** H. F. Zhou ex C. Y. Chang

分布：云南

长柱瑞香 **Daphne championii** Benth.

分布：江苏、江西、湖南、贵州、福建、广东、广西

高山瑞香 **Daphne chingshuishaniana** S. S. Ying

分布：台湾

少花瑞香 **Daphne depauperata** H. F. Zhou ex C. Y. Chang

分布：云南

峨眉瑞香 **Daphne emeiensis** C. Y. Chang

分布：四川

啮蚀瓣瑞香 **Daphne erosiloba** C. Y. Chang

分布：四川

穗花瑞香 **Daphne esquirolii** H. Lév.

分布：四川、云南

滇瑞香 **Daphne feddei** H. Lév.

分布：四川、贵州、云南

滇瑞香(原变种) **Daphne feddei** var. **feddei**

分布：四川、贵州、云南

大理瑞香 **Daphne feddei** var. **taliensis** H. F. Zhou

分布：云南

川西瑞香 **Daphne gemmata** E. Pritz.

分布：四川、云南

芫花 **Daphne genkwa** Sieb. et Zucc.

分布：河北、山西、山东、河南、陕西、甘肃、安徽、江苏、浙江、江西、湖南、湖北、四川、贵州、福建、台湾；韩国

黄瑞香 **Daphne giraldii** Nitsche

分布：黑龙江、辽宁、山西、甘肃、青海、新疆、四川

小娃娃皮 **Daphne gracilis** E. Pritz.

分布：重庆

倒卵叶瑞香 **Daphne grueningiana** H. Winkl.

分布：安徽、浙江

河口瑞香(新拟) **Daphne hekouensis** H. W. Li et Y. M. Shui

分布：云南

丝毛瑞香 **Daphne holosericea** (Diels) Hamaya

分布：四川、云南、西藏

丝毛瑞香(原变种) **Daphne holosericea** var. **holosericea**

分布：四川、云南、西藏

五出瑞香 **Daphne holosericea** var. **thibetensis** (Lecomte) Hamaya

分布：四川、云南、西藏

缙云瑞香 **Daphne jinyunensis** C. Y. Chang

分布：重庆

缙云瑞香(原变种) **Daphne jinyunensis** var. **jinyunensis**

分布：重庆

毛柱瑞香 **Daphne jinyunensis** var. **ptilostyla** C. Y. Chang

分布：重庆

金寨瑞香 **Daphne jinzhaiensis** D. C. Zhang et J. Z. Shao

分布：安徽

毛瑞香 **Daphne kiusiana** var. **atrocaulis** (Rehder) F. Maek.

分布：安徽、江苏、浙江、江西、湖南、湖北、四川、福建、台湾、广东、广西

翼柄瑞香 **Daphne laciniata** Lecomte

分布：云南

雷山瑞香 **Daphne leishanensis** H. F. Zhou ex C. Y. Chang

分布：贵州

铁牛皮 **Daphne limprichtii** H. Winkl.

分布：甘肃、四川

长瓣瑞香 **Daphne longilobata** (Lecomte) Turrill

分布：四川、云南、西藏

长管瑞香 **Daphne longituba** C. Y. Chang

分布：广西

大花瑞香 **Daphne macrantha** Ludlow

分布：西藏

瘦叶瑞香 **Daphne modesta** Rehder

分布：四川、云南

玉山瑞香 **Daphne morrisonensis** C. E. Chang

分布：台湾

乌饭瑞香 **Daphne myrtilloides** Nitsche

分布：山西、陕西、甘肃

小芫花 **Daphne nana** Tagawa

分布：台湾

厚叶瑞香 **Daphne pachyphylla** D. Fang

分布：广西

白瑞香 **Daphne papyracea** Wall. ex Steud.

分布：湖南、湖北、四川、贵州、云南、广东、广西；印度、尼泊尔

白瑞香(原变种) **Daphne papyracea** var. **papyracea**

分布：湖南、湖北、四川、贵州、云南、广东、广西；印度、尼泊尔

山辣子皮 **Daphne papyracea** var. **crassiuscula** Rehder

分布：四川、贵州、云南

短柄白瑞香 **Daphne papyracea** var. **duclouxii** Lecomte

分布：云南

大白花瑞香 **Daphne papyracea** var. **grandiflora** (Meisn. ex Diels) C. Y. Chang

分布：云南

长梗瑞香 **Daphne pedunculata** H. F. Zhou ex C. Y. Chang

分布：云南

岷江瑞香 **Daphne penicillata** Rehder

分布：四川

东北瑞香 **Daphne pseudomezereum** A. Gray

分布：吉林、辽宁；日本、朝鲜

**紫花瑞香 Daphne purpurascens** S. C. Huang

分布：西藏

**凹叶瑞香 Daphne retusa** Hemsl.

分布：山西、甘肃、青海、湖北、四川、云南、西藏；不丹、印度、克什米尔地区、尼泊尔

**喙果瑞香 Daphne rhynchocarpa** C. Y. Chang

分布：云南

**华瑞香 Daphne rosmarinifolia** Rehder

分布：甘肃、青海、四川、云南；缅甸

**头序瑞香 Daphne sureil** W. W. Sm. et Cave

分布：西藏；孟加拉国、不丹、印度、尼泊尔

**唐古特瑞香 Daphne tangutica** Maxim.

分布：山西、陕西、甘肃、青海、湖北、四川、重庆、贵州、云南、西藏

**唐古特瑞香(原变种) Daphne tangutica** var. **tangutica**

分布：山西、陕西、甘肃、青海、四川、贵州、云南、西藏

**野梦花 Daphne tangutica** var. **wilsonii** (Rehder) H. F. Zhou

分布：山西、湖北、四川、重庆

**西藏瑞香 Daphne taylorii** Halda

分布：西藏

**细花瑞香 Daphne tenuiflora** Bureau et Franch.

分布：四川、云南

**细花瑞香(原变种) Daphne tenuiflora** var. **tenuiflora**

分布：四川、云南

**毛细花瑞香 Daphne tenuiflora** var. **legendrei** (Lecomte) Hamaya

分布：四川

**九龙瑞香 Daphne tripartita** H. F. Zhou ex C. Y. Chang

分布：四川、云南

**少丝瑞香 Daphne wangiana** (Hamaya) Halda

分布：西藏

**西畴瑞香 Daphne xichouensis** H. F. Zhou

分布：云南

**云南瑞香 Daphne yunnanensis** H. F. Zhou ex C. Y. Chang

分布：云南

## 草瑞香属 Diarthron Turcz.

**阿尔泰假狼毒 Diarthron altaicum** (Thiéb. ex Pers.) Kit Tan

分布：新疆；俄罗斯，亚洲(中部)

**草瑞香 Diarthron linifolium** Turcz.

分布：吉林、河北、山西、陕西、甘肃、新疆、江苏；蒙古国、俄罗斯

**天山假狼毒 Diarthron tianschanicum** (Pobed.) Kit Tan

分布：新疆；亚洲(中部)

**囊管草瑞香 Diarthron vesiculosum** (Fisch. et C. A. Mey.) C. A. Mey.

分布：新疆；印度、阿富汗、哈萨克斯坦、巴基斯坦、俄罗斯；亚洲(西南部)

## 结香属 Edgeworthia Meisn.

**白结香 Edgeworthia albiflora** Nakai

分布：四川

**结香 Edgeworthia chrysantha** Lindl.

分布：河南、浙江、江西、湖南、贵州、云南、福建、广东、广西；日本栽培并归化

**西畴结香 Edgeworthia eriosolenoides** Feng et S. C. Huang

分布：云南

**滇结香 Edgeworthia gardneri** Meisn.

分布：云南、西藏；不丹、印度、缅甸、尼泊尔

## 毛花瑞香属 Eriosolena Blume

**毛管花 Eriosolena composita** (L. f.) Tiegh.

分布：云南；柬埔寨、印度、印度尼西亚、马来西亚、缅甸、泰国、越南

## 鼠皮树属 Rhamnoneuron Gilg

**鼠皮树 Rhamnoneuron balansae** (Drake) Gilg

分布：云南；越南

## 狼毒属 Stellera L.

**狼毒 Stellera chamaejasme** L.

分布：黑龙江、吉林、辽宁、内蒙古、河北、山西、河南、陕西、宁夏、甘肃、青海、新疆、四川、云南、西藏；不丹、蒙古国、尼泊尔、俄罗斯

## 欧瑞香属 Thymelaea Mill.

**欧瑞香 Thymelaea passerina** (L.) Coss. et Germ.

分布：新疆；阿富汗、克什米尔地区、巴基斯坦(西部)、俄罗斯、土库曼斯坦、乌兹别克斯坦；亚洲(西南部)、欧洲(中部-东部-南部)、非洲(北部)；归化于澳大利亚(南部)、北美洲

## 荛花属 Wikstroemia Endl.

**互生叶荛花 Wikstroemia alternifolia** Batalin

分布：甘肃、四川、云南

岩杉树 **Wikstroemia angustifolia** Hemsl.
分布：山西、湖北、四川

安徽荛花 **Wikstroemia anhuiensis** D. C. Zhang et X. P. Zhang
分布：安徽

白马山荛花 **Wikstroemia baimashanensis** S. C. Huang
分布：云南

荛花 **Wikstroemia canescens** Wall. ex Meisn.
分布：新疆；阿富汗、孟加拉国、印度、日本、尼泊尔、巴基斯坦

头序荛花 **Wikstroemia capitata** Rehder
分布：山西、湖北、四川、贵州

短总序荛花 **Wikstroemia capitatoracemosa** S. C. Huang
分布：四川、云南、西藏

河朔荛花 **Wikstroemia chamaedaphne** (Bunge) Meissn.
分布：河北、山西、河南、陕西、甘肃、江苏、湖北、四川

窄叶荛花 **Wikstroemia chui** Merr.
分布：海南

匙叶荛花 **Wikstroemia cochlearifolia** S. C. Huang
分布：四川

澜沧荛花 **Wikstroemia delavayi** Lecomte
分布：四川、云南

一把香 **Wikstroemia dolichantha** Diels
分布：四川、云南

城口荛花 **Wikstroemia fargesii** (Lecomte) Domke
分布：重庆

富民荛花 **Wikstroemia fuminensis** Y. D. Qi et Y. Z. Wang
分布：云南

光叶荛花 **Wikstroemia glabra** Cheng
分布：安徽、浙江、四川

纤细荛花 **Wikstroemia gracilis** Hemsl.
分布：湖北、四川

灌县荛花(新拟) **Wikstroemia guanxianensis** Y. H. Zhang, H. Sun et D. E. Boufford
分布：四川

海南荛花 **Wikstroemia hainanensis** Merr.
分布：海南

武都荛花 **Wikstroemia haoi** Domke
分布：甘肃、四川

会东荛花 **Wikstroemia huidongensis** C. Y. Chang
分布：四川

了哥王 **Wikstroemia indica** (L.) C. A. Mey.
分布：福建、广东、广西、贵州、海南、湖南、四川、台湾、云南、浙江；印度、马来西亚、缅甸、菲律宾、泰国、越南、澳大利亚、太平洋群岛(东部)到斐济、毛里求斯、斯里兰卡

金丝桃荛花 **Wikstroemia lamatsoensis** Hamaya
分布：云南

披针叶荛花 **Wikstroemia lanceolata** Merr.
分布：台湾；菲律宾

细叶荛花 **Wikstroemia leptophylla** W. W. Sm.
分布：四川、云南

细叶荛花(原变种) **Wikstroemia leptophylla** var. **leptophylla**
分布：四川、云南

黑紫荛花 **Wikstroemia leptophylla** var. **atroviolacea** Hand.-Mazz.
分布：云南

大叶荛花 **Wikstroemia liangii** Merr. et Chun
分布：海南

丽江荛花 **Wikstroemia lichiangensis** W. W. Sm.
分布：四川、云南

白腊叶荛花 **Wikstroemia ligustrina** Rehder
分布：河北、山西、陕西、四川、云南

线叶荛花 **Wikstroemia linearifolia** H. F. Zhou ex C. Y. Chang
分布：四川

亚麻荛花 **Wikstroemia linoides** Hemsl.
分布：山西、湖北、四川

长锥序荛花 **Wikstroemia longipaniculata** S. C. Huang
分布：广西

隆子荛花 **Wikstroemia lungtzeensis** S. C. Huang
分布：西藏

小黄构 **Wikstroemia micrantha** Hemsl.
分布：山西、甘肃、湖南、湖北、四川、贵州、云南、广东、广西

北江荛花 **Wikstroemia monnula** Hance
分布：安徽、浙江、湖南、贵州、广东、广西

北江荛花(原变种) **Wikstroemia monnula** var. **monnula**
分布：浙江、湖南、贵州、广东、广西

休宁荛花 **Wikstroemia monnula** var. **xiuningensis** D. C. Zhang et J. Z. Shao
分布：安徽

独鳞荛花 **Wikstroemia mononectaria** Hayata
分布：台湾

细轴荛花 **Wikstroemia nutans** Champ. ex Benth.
分布：江西、湖南、福建、台湾、广东、广西、海南；越南

细轴荛花(原变种) **Wikstroemia nutans** var. **nutans**
分布：湖南、福建、台湾、广东、广西、海南；越南

短细轴荛花 **Wikstroemia nutans** var. **brevior** Hand.-Mazz.
分布：江西、湖南

粗轴荛花 **Wikstroemia pachyrachis** S. L. Tsai
分布：广东、广西、海南

鄂北荛花 **Wikstroemia pampaninii** Rehder
分布：山西、河南、陕西、甘肃、湖北

懋功荛花 **Wikstroemia paxiana** H. Winkl.
分布：四川

多毛荛花 **Wikstroemia pilosa** Cheng
分布：安徽、浙江、江西、湖南、广东

多毛荛花(原变种) **Wikstroemia pilosa** var. **pilosa**
分布：安徽、浙江、江西、湖南、广东

绢毛荛花 **Wikstroemia pilosa var. kulingensis** (Domke) S. C. Huang
分布：江西、广东

甘肃荛花 **Wikstroemia reginaldi-farreri** (Halda) Y. Z. Wang et M. G. Gilbert
分布：甘肃

倒卵叶荛花 **Wikstroemia retusa** A. Gray
分布：台湾；日本、菲律宾

柳状荛花 **Wikstroemia salicina** (Lév.) Lév. et Blin
分布：云南

革叶荛花 **Wikstroemia scytophylla** Diels
分布：四川、云南、西藏

小花荛花 **Wikstroemia sinoparviflora** Y. Z. Wang et M. G. Gilbert
分布：甘肃

轮叶荛花 **Wikstroemia stenophylla** E. Pritz. ex Diels
分布：四川

亚环鳞荛花 **Wikstroemia subcyclolepidota** L. P. Liu et Y. S. Lian
分布：甘肃

台湾荛花 **Wikstroemia taiwanensis** C. E. Chang
分布：台湾

德钦荛花 **Wikstroemia techinensis** S. C. Huang
分布：云南

白花荛花 **Wikstroemia trichotoma** (Thunb.) Makino
分布：安徽、浙江、江西、湖南、广东、广西；日本、韩国

黄药白花荛花 **Wikstroemia trichotoma** var. **flavianthera** S. Y. Liou
分布：广西

白花荛花(原变种) **Wikstroemia trichotoma** var. **trichotoma**
分布：安徽、浙江、江西、湖南、广东；日本、韩国

平伐荛花 **Wikstroemia vaccinium** (H. Lév.) Rehder
分布：贵州

## 446. 岩菖蒲科 Tofieldiaceae Takht.

### 岩菖蒲属 **Tofieldia** Huds.

长白岩菖蒲 **Tofieldia coccinea** Richardson
分布：吉林、安徽；日本、朝鲜、蒙古国、俄罗斯；北美洲

叉柱岩菖蒲 **Tofieldia divergens** Bureau et Franch.
分布：四川、贵州、云南

岩菖蒲 **Tofieldia thibetica** Franch.
分布：四川、贵州、云南

## 447. 鞘柄木科 Torricelliaceae H. H. Hu

### 鞘柄木属 **Toricellia** DC.

角叶鞘柄木 **Toricellia angulata** Oliv.
分布：陕西、甘肃、湖南、湖北、四川、贵州、云南、西藏、广西

鞘柄木 **Toricellia tiliifolia** DC.
分布：云南、西藏；不丹、印度、尼泊尔

## 448. 霉草科 Triuridaceae Gardner

### 喜荫草属 **Sciaphila** Blume

兰屿霉草 **Sciaphila arfakiana** Becc.
分布：台湾；印度尼西亚、马来西亚、巴布亚新几内亚、菲律宾、太平洋群岛

尖峰岭霉草(新拟) **Sciaphila jianfenglingensis** Han Xu, Y. D. Li et H. Q. Chen
分布：海南

斑点霉草 **Sciaphila maculata** Miers
分布：台湾；马来西亚、巴布亚新几内亚、菲律宾

多枝霉草 **Sciaphila ramosa** Fukuy. et T. Suzuki
分布：台湾、香港；日本

大柱霉草 **Sciaphila secundiflora** Thwaites ex Benth.
分布：?广西、香港、台湾；印度尼西亚、日本、马来西亚、巴布亚新几内亚、斯里兰卡、太平洋群岛

喜荫草 **Sciaphila tenella** Blume
分布：海南；印度尼西亚、日本、马来西亚、巴布亚新几内亚、菲律宾、斯里兰卡、太平洋群岛

## 449. 昆栏树科 Trochodendraceae Eichler

### 水青树属 **Tetracentron** Oliv.

水青树 **Tetracentron sinense** Oliv.
分布：河南、陕西、甘肃、湖南、湖北、四川、贵州、云南、西藏；不丹、印度、缅甸、尼泊尔、越南

### 昆栏树属 **Trochodendron** Sieb. et Zucc.

昆栏树 **Trochodendron aralioides** Sieb. et Zucc.
分布：台湾；日本、韩国

## 450. 旱金莲科 Tropaeolaceae Juss. ex DC.

### 旱金莲属 **Tropaeolum** L.

旱金莲 **Tropaeolum majus** L.
分布：四川、西藏，归化于云南；原产于南美洲

## 451. 香蒲科 Typhaceae Juss.

### 黑三棱属 **Sparganium** L.

线叶黑三棱 **Sparganium angustifolium** Michx.
分布：黑龙江、吉林、新疆；印度、日本；欧洲、北美洲

穗状黑三棱 **Sparganium confertum** Y. D. Chen
分布：云南

小黑三棱 **Sparganium emersum** Rehmann
分布：黑龙江、吉林、辽宁、内蒙古、甘肃、新疆；日本、哈萨克斯坦、吉尔吉斯斯坦、蒙古国、缅甸、俄罗斯；欧洲、北美洲

曲轴黑三棱 **Sparganium fallax** Graebn.
分布：浙江、贵州、云南、福建、台湾；印度、印度尼西亚、日本、缅甸、巴布亚新几内亚

短序黑三棱 **Sparganium glomeratum** Laest. ex Beurl.
分布：黑龙江、吉林、辽宁、内蒙古、云南、西藏；日本、蒙古国、俄罗斯；欧洲、北美洲

无柱黑三棱 **Sparganium hyperboreum** Laest. ex Beurl.
分布：黑龙江、吉林；日本、朝鲜、俄罗斯；欧洲、北美洲

沼生黑三棱 **Sparganium limosum** Y. D. Chen
分布：云南

矮黑三棱 **Sparganium natans** L.
分布：黑龙江、内蒙古、四川；哈萨克斯坦、蒙古国、俄罗斯；欧洲、北美洲

黑三棱 **Sparganium stoloniferum** (Buch.-Ham. ex Graebn.) Buch.-Ham. ex Juz.
分布：黑龙江、吉林、辽宁、内蒙古、河北、山西、陕西、甘肃、新疆、江苏、浙江、江西、湖北、云南、西藏；阿富汗、日本、哈萨克斯坦、韩国、蒙古国、巴基斯坦、俄罗斯、塔吉克斯坦、乌兹别克斯坦；亚洲(西南部)、北美洲

内蒙黑三棱(新拟) **Sparganium stoloniferum** subsp. **choui** (D. Yu) K. Sun
分布：内蒙古

黑三棱(原亚种) **Sparganium stoloniferum** subsp. **stoloniferum**
分布：黑龙江、吉林、辽宁、内蒙古、山西、陕西、新疆、江苏、江西、湖北、云南、西藏；阿富汗、日本、哈萨克斯坦、韩国、巴基斯坦、俄罗斯、塔吉克斯坦、乌兹别克斯坦

狭叶黑三棱 **Sparganium subglobosum** Morong
分布：黑龙江、吉林、辽宁、河北；日本、朝鲜、俄罗斯

云南黑三棱 **Sparganium yunnanense** Y. D. Chen
分布：云南

### 香蒲属 **Typha** L.

水烛 **Typha angustifolia** L.
分布：黑龙江、吉林、辽宁、内蒙古、河北、山东、河南、

陕西、甘肃、新疆、江苏、浙江、湖北、贵州、云南、台湾；印度、印度尼西亚、日本、哈萨克斯坦、吉尔吉斯斯坦、马来西亚、蒙古国、缅甸、尼泊尔、巴基斯坦、菲律宾、俄罗斯、塔吉克斯坦、泰国、乌兹别克斯坦；亚洲(西南部)、欧洲、大洋洲、北美洲

长白香蒲 **Typha changbaiensis** M. J. Wu et Y. T. Zhao
分布：吉林

达香蒲 **Typha davidiana** (Kronf.) Hand.-Mazz.
分布：辽宁、内蒙古、新疆、江苏、浙江

长苞香蒲 **Typha domingensis** Persoon
分布：?安徽、甘肃、贵州、河北、黑龙江、河南、江苏、江西、吉林、辽宁、内蒙古、陕西、山东、山西、四川、台湾、新疆、云南；印度、缅甸、尼泊尔、巴基斯坦、菲律宾、斯里兰卡、蒙古国、俄罗斯、印度尼西亚、日本、韩国、马来西亚、越南、澳大利亚；亚洲(西南部)、中亚、欧洲、非洲、北美洲、南美洲

香蒲 **Typha elephantina** Roxb.
分布：云南；印度、缅甸、尼泊尔、巴基斯坦、塔吉克斯坦、土库曼斯坦、乌兹别克斯坦；非洲

宽叶香蒲 **Typha latifolia** L.
分布：黑龙江、吉林、辽宁、内蒙古、河北、河南、陕西、甘肃、新疆、浙江、四川、云南、西藏；阿富汗、日本、哈萨克斯坦、吉尔吉斯斯坦、巴基斯坦、俄罗斯、塔吉克斯坦、土库曼斯坦、乌兹别克斯坦、澳大利亚；亚洲(西南部)、欧洲、非洲、北美洲、南美洲

无苞香蒲 **Typha laxmannii** Lepech.
分布：黑龙江、吉林、辽宁、内蒙古、河北、山西、山东、河南、陕西、宁夏、甘肃、青海、新疆、江苏、四川；阿富汗、日本、哈萨克斯坦、吉尔吉斯斯坦、蒙古国、巴基斯坦、俄罗斯、塔吉克斯坦、土库曼斯坦、乌兹别克斯坦；亚洲(西南部)、欧洲

短序香蒲 **Typha lugdunensis** P. Chabert
分布：内蒙古、河北、山东、新疆；亚洲(中部及西南部)、欧洲

小香蒲 **Typha minima** Funck ex Hoppe
分布：黑龙江、吉林、辽宁、内蒙古、河北、山西、山东、河南、陕西、甘肃、新疆、湖北、四川；阿富汗、哈萨克斯坦、吉尔吉斯斯坦、蒙古国、巴基斯坦、俄罗斯、塔吉克斯坦、土库曼斯坦、乌兹别克斯坦；亚洲(西南部)、欧洲

东方香蒲 **Typha orientalis** C. Presl
分布：黑龙江、吉林、辽宁、内蒙古、河北、山西、山东、河南、陕西、安徽、江苏、浙江、江西、湖北、贵州、云南、台湾、广东；日本、韩国、蒙古国、缅甸、菲律宾、俄罗斯、澳大利亚

球序香蒲 **Typha pallida** Pobed.
分布：内蒙古、河北、新疆；中亚

普香蒲 **Typha przewalskii** Skvortsov
分布：黑龙江、吉林、辽宁

## 452. 榆科 Ulmaceae Mirb.

### 刺榆属 **Hemiptelea** Planch.

刺榆 **Hemiptelea davidii** (Hance) Planch.
分布：黑龙江、吉林、辽宁、内蒙古、河北、山西、山东、河南、陕西、宁夏、甘肃、安徽、江苏、浙江、江西、湖南、湖北、广西；韩国

### 榆属 **Ulmus** L.

美国榆 **Ulmus americana** L.
分布：山东、江苏、北京栽培；北美洲

毛枝榆 **Ulmus androssowii** var. **subhirsuta** (C. K. Schneid.) P. H. Huang
分布：四川、云南、西藏

兴山榆 **Ulmus bergmanniana** C. K. Schneid.
分布：山西、河南、陕西、甘肃、安徽、浙江、江西、湖南、湖北、四川、云南、西藏

兴山榆(原变种) **Ulmus bergmanniana** var. **bergmanniana**
分布：山西、河南、陕西、甘肃、安徽、浙江、江西、湖南、湖北、四川、云南

蜀榆 **Ulmus bergmanniana** var. **lasiophylla** C. K. Schneid.
分布：陕西、甘肃、四川、云南、西藏

多脉榆 **Ulmus castaneifolia** Hemsl.
分布：安徽、浙江、江西、湖南、湖北、四川、贵州、云南、福建、广东、广西

杭州榆 **Ulmus changii** W. C. Cheng
分布：安徽、江苏、浙江、江西、湖南、湖北、四川、贵州、云南、福建、广西

杭州榆(原变种) **Ulmus changii** var. **changii**
分布：安徽、江苏、浙江、江西、湖南、湖北、四川、福建

昆明榆 **Ulmus changii** var. **kunmingensis** (W. C. Cheng) W. C. Cheng et L. K. Fu
分布：四川、贵州、云南、广西

琅琊榆 **Ulmus chenmoui** W. C. Cheng
分布：安徽、江苏

**黑榆 Ulmus davidiana** Planch.

分布：黑龙江、吉林、辽宁、内蒙古、河北、山西、山东、河南、陕西、宁夏、甘肃、青海、安徽、浙江、湖北；日本、朝鲜、蒙古国、俄罗斯

**黑榆(原变种) Ulmus davidiana** var. **davidiana**

分布：黑龙江、吉林、辽宁、内蒙古、河北、山东、浙江、山西、安徽、河南、湖北、陕西、甘肃、青海；俄罗斯、朝鲜、日本

**春榆 Ulmus davidiana** var. **japonica** (Rehder) Nakai

分布：黑龙江、吉林、辽宁、内蒙古、河北、山西、山东、河南、陕西、宁夏、甘肃、青海、安徽、浙江、湖北；日本、朝鲜、蒙古国、俄罗斯

**长序榆 Ulmus elongata** L. K. Fu et C. S. Ding

分布：安徽、浙江、江西、福建

**醉翁榆 Ulmus gaussenii** W. C. Cheng

分布：安徽

**旱榆 Ulmus glaucescens** Franch.

分布：辽宁、内蒙古、河北、山西、山东、河南、陕西、宁夏、甘肃、青海

**旱榆(原变种) Ulmus glaucescens** var. **glaucescens**

分布：辽宁、内蒙古、河北、山西、山东、河南、陕西、宁夏、甘肃、青海

**毛果旱榆 Ulmus glaucescens** var. **lasiocarpa** Rehder

分布：内蒙古、河北、山西、河南、宁夏、青海

**哈尔滨榆 Ulmus harbinensis** S. Q. Nie et K. Q. Huang

分布：黑龙江

**裂叶榆 Ulmus laciniata** (Trautv.) Mayr

分布：黑龙江、吉林、辽宁、内蒙古、河北、山西、河南、陕西；日本、朝鲜、俄罗斯

**欧洲白榆 Ulmus laevis** Pall.

分布：黑龙江、山东、新疆、安徽、江苏、北京栽培；欧洲

**脱皮榆 Ulmus lamellosa** C. Wang et S. L. Chang

分布：辽宁、北京栽培，河北、河南、内蒙古、山西

**常绿榆 Ulmus lanceifolia** Roxb.

分布：云南、广西、海南；不丹、印度、老挝、缅甸、泰国、越南

**大果榆 Ulmus macrocarpa** Hance

分布：黑龙江、吉林、辽宁、内蒙古、河北、山西、山东、河南、陕西、甘肃、青海、安徽、江苏、湖北；朝鲜、蒙古国、俄罗斯

**大果榆(原变种) Ulmus macrocarpa** var. **macrocarpa**

分布：安徽、甘肃、河北、黑龙江、河南、湖北、江苏、吉林、辽宁、内蒙古、青海、陕西、山东、山西；韩国、蒙古国、俄罗斯

**光秃大果榆 Ulmus macrocarpa** var. **glabra** S. Q. Nie et K. Q. Huang

分布：黑龙江

**绵竹榆(新拟) Ulmus mianzhuensis** T. P. Yi et Lin Yang

分布：四川

**小果榆 Ulmus microcarpa** L. K. Fu

分布：西藏

**榔榆 Ulmus parvifolia** Jacquem.

分布：河北、山西、山东、河南、陕西、安徽、江苏、浙江、江西、湖南、湖北、四川、贵州、福建、台湾、广东、广西；印度、越南、日本、朝鲜

**李叶榆 Ulmus prunifolia** W. C. Cheng et L. K. Fu

分布：湖北、重庆

**假春榆 Ulmus pseudopropinqua** F. T. Wang et Li

分布：黑龙江

**榆树 Ulmus pumila** L.

分布：黑龙江、吉林、辽宁、内蒙古、河北、山西、山东、河南、陕西、宁夏、甘肃、青海、新疆、四川、西藏；朝鲜、蒙古国、俄罗斯；中亚

**红果榆 Ulmus szechuanica** W. P. Fang

分布：安徽、江苏、浙江、江西、四川

**阿里山榆 Ulmus uyematsui** Hayata

分布：台湾

### 榉树属 **Zelkova** Spach

**大叶榉树 Zelkova schneideriana** Hand.-Mazz.

分布：河南、陕西、甘肃、安徽、江苏、浙江、江西、湖南、湖北、四川、贵州、云南、西藏、福建、广东、广西

**榉树 Zelkova serrata** (Thunb.) Makino

分布：辽宁、山东、河南、陕西、甘肃、安徽、江苏、浙江、江西、湖南、湖北、福建、台湾、广东；俄罗斯、日本、朝鲜

**大果榉 Zelkova sinica** C. K. Schneid.

分布：河北、山西、河南、陕西、甘肃、湖北、四川

## 453. 荨麻科 Urticaceae Juss.

### 舌柱麻属 **Archiboehmeria** C. J. Chen

**舌柱麻 Archiboehmeria atrata** (Gagnep.) C. J. Chen

分布：湖南、广东、广西、海南；越南

## 苎麻属 Boehmeria Jacq.

异叶苎麻 **Boehmeria allophylla** W. T. Wang

分布：广西

白面苎麻 **Boehmeria clidemioides** Miq.

分布：陕西、甘肃、安徽、浙江、江西、湖南、湖北、四川、贵州、云南、西藏、福建、广东、广西；不丹、越南、老挝、缅甸、印度、尼泊尔、马来西亚、印度尼西亚

白面苎麻(原变种) **Boehmeria clidemioides** var. **clidemioides**

分布：云南、西藏、广西；不丹、印度、印度尼西亚、老挝、马来西亚、缅甸、尼泊尔、越南

序叶苎麻 **Boehmeria clidemioides** var. **diffusa** (Wedd.) Hand.-Mazz.

分布：陕西、甘肃、安徽、浙江、江西、湖南、湖北、四川、贵州、云南、福建、广东、广西；不丹、印度、老挝、缅甸、尼泊尔、越南

锥序苎麻 **Boehmeria conica** C. J. Chen, Wilmot- Dear et Friis

分布：云南、西藏；印度

密花苎麻 **Boehmeria densiflora** Hook. et Arn.

分布：台湾、广东；日本、菲律宾

密球苎麻 **Boehmeria densiglomerata** W. T. Wang

分布：江西、湖南、湖北、四川、贵州、云南、福建、广东、广西

长序苎麻 **Boehmeria dolichostachya** W. T. Wang

分布：贵州、广东、广西

长序苎麻(原变种) **Boehmeria dolichostachya** var. **dolichostachya**

分布：贵州、广东、广西

柔毛苎麻 **Boehmeria dolichostachya** var. **mollis** (W. T. Wang) W. T. Wang et C. J. Chen

分布：贵州、广东、广西

海岛苎麻 **Boehmeria formosana** Hayata

分布：安徽、浙江、江西、湖南、贵州、福建、台湾、广东、广西；日本

海岛苎麻(原变种) **Boehmeria formosana** var. **formosana**

分布：安徽、浙江、江西、湖南、贵州、福建、台湾、广东、广西；日本

福州苎麻 **Boehmeria formosana** var. **stricta** (C. H. Wright) C. J. Chen

分布：浙江、福建、台湾、广东

腋球苎麻 **Boehmeria glomerulifera** Miq.

分布：云南、西藏、广西；不丹、印度、印度尼西亚、老挝、缅甸、斯里兰卡、泰国、越南

细序苎麻 **Boehmeria hamiltoniana** Wedd.

分布：云南；不丹、印度、印度尼西亚、缅甸、尼泊尔、泰国

盈江苎麻 **Boehmeria ingjiangensis** W. T. Wang

分布：云南

野线麻 **Boehmeria japonica** (L. f.) Miq.

分布：山东、河南、陕西、安徽、江苏、浙江、江西、湖南、湖北、四川、贵州、云南、福建、台湾、广东、广西；日本

北越苎麻 **Boehmeria lanceolata** Ridl.

分布：云南、海南；马来西亚、越南

细穗苎麻 **Boehmeria leptostachya** Friis et Wilmot-Dear

分布：云南；泰国、印度尼西亚

琼海苎麻 **Boehmeria lohuiensis** S. S. Chien

分布：海南

水苎麻 **Boehmeria macrophylla** Hornem.

分布：浙江、贵州、云南、西藏、广东、广西；不丹、印度、印度尼西亚、老挝、缅甸、尼泊尔、斯里兰卡、泰国、越南

水苎麻(原变种) **Boehmeria macrophylla** var. **macrophylla**

分布：浙江、贵州、云南、西藏、广东、广西；不丹、印度、印度尼西亚、老挝、缅甸、尼泊尔、斯里兰卡、泰国、越南

灰绿水苎麻 **Boehmeria macrophylla** var. **canescens** (Wedd.) D. G. Long

分布：云南、广西；不丹、印度、尼泊尔

圆叶苎麻 **Boehmeria macrophylla** var. **rotundifolia** (D. Don) W. T. Wang

分布：云南、西藏；印度、尼泊尔

糙叶苎麻 **Boehmeria macrophylla** var. **scabrella** (Roxb.) D. G. Long

分布：贵州、云南、西藏、广东、广西；不丹、印度、印度尼西亚、老挝、尼泊尔、斯里兰卡、泰国、越南

苎麻 **Boehmeria nivea** (L.) Gaudich.

分布：河南、陕西、甘肃、安徽、浙江、江西、湖北、四

川、贵州、云南、福建、台湾、广东、广西；不丹、柬埔寨、印度、印度尼西亚、日本、朝鲜、老挝、尼泊尔、泰国、越南

**苎麻(原变种) Boehmeria nivea** var. **nivea**

分布：浙江、江西、湖南、湖北、四川、贵州、云南、福建、台湾、广东、广西；不丹、柬埔寨、印度、印度尼西亚、日本、老挝、尼泊尔、越南

**青叶苎麻 Boehmeria nivea** var. **tenacissima** (Gaudich.) Miq.

分布：安徽、浙江、江西、湖南、湖北、四川、贵州、云南、福建、台湾、广东、广西、海南；印度尼西亚、日本、朝鲜、老挝、泰国、越南

**长叶苎麻 Boehmeria penduliflora** Wedd. ex D. G. Long

分布：四川、贵州、云南、西藏、广西；越南、老挝、泰国、缅甸、不丹、尼泊尔、印度

**疏毛苎麻 Boehmeria pilosiuscula** (Blume) Hassk.

分布：云南、台湾、海南；印度尼西亚、泰国

**歧序苎麻 Boehmeria polystachya** Wedd.

分布：西藏；不丹、印度、尼泊尔

**八棱麻 Boehmeria siamensis** Craib

分布：贵州、云南、广西；老挝、缅甸、泰国、越南

**赤麻 Boehmeria silvestrii** (Pamp.) W. T. Wang

分布：吉林、辽宁、河北、山东、河南、陕西、甘肃、湖北、四川；日本、朝鲜

**小赤麻 Boehmeria spicata** (Thunb.) Thunb.

分布：吉林、辽宁、内蒙古、河北、山西、山东、河南、陕西、甘肃、安徽、江苏、浙江、江西、湖南、湖北、四川、贵州、福建；日本、韩国

**密毛苎麻 Boehmeria tomentosa** Wedd.

分布：四川、云南；不丹、印度、尼泊尔

**八角麻 Boehmeria tricuspis** (Hance) Makino

分布：河北、山西、山东、河南、陕西、甘肃、安徽、江苏、浙江、江西、湖南、湖北、四川、贵州、云南、福建、台湾、广东、广西；日本、韩国

**阴地苎麻 Boehmeria umbrosa** (Hand.-Mazz.) W. T. Wang

分布：四川、贵州、云南、西藏、广西

**帚序苎麻 Boehmeria zollingeriana** Wedd.

分布：贵州、云南、台湾、广西；印度、印度尼西亚、老挝、缅甸、泰国、越南

**帚序苎麻(原变种) Boehmeria zollingeriana** var. **zollingeriana**

分布：云南；印度、印度尼西亚、老挝、缅甸、泰国、越南

**黔桂苎麻 Boehmeria zollingeriana** var. **blinii** (H. Lév.) C. J. Chen

分布：贵州、广西；泰国、越南

**柄果苎麻 Boehmeria zollingeriana** var. **podocarpa** (W. T. Wang) W. T. Wang et C. J. Chen

分布：台湾

## 微柱麻属 Chamabainia Wight

**微柱麻 Chamabainia cuspidata** Wight

分布：江西、湖南、湖北、四川、贵州、云南、西藏、福建、台湾、广西；不丹、印度、印度尼西亚、缅甸、尼泊尔、斯里兰卡、越南

## 隆冠麻属 Cypholophus Wedd.

**瘤冠麻 Cypholophus moluccanus** (Blume) Miq.

分布：台湾；印度尼西亚、菲律宾、太平洋岛屿

## 水麻属 Debregeasia Gaudich.

**椭圆叶水麻 Debregeasia elliptica** C. J. Chen

分布：云南、广西；越南

**长叶水麻 Debregeasia longifolia** (Burm. f.) Wedd.

分布：陕西、湖北、四川、贵州、云南、西藏、广东、广西；孟加拉国、不丹、柬埔寨、印度、印度尼西亚、老挝、马来西亚、缅甸、尼泊尔、菲律宾、斯里兰卡、泰国、越南

**水麻 Debregeasia orientalis** C. J. Chen

分布：陕西、甘肃、湖南、湖北、四川、贵州、云南、西藏、台湾、广西；不丹、印度、日本、尼泊尔

**柳叶水麻 Debregeasia saeneb** (Forssk.) Hepper et Wood

分布：新疆、西藏；阿富汗、尼泊尔、克什米尔地区；亚洲(西南部)、非洲

**鳞片水麻 Debregeasia squamata** King ex Hook. f.

分布：贵州、云南、福建、广东、广西、海南；马来西亚、泰国、越南、印度尼西亚

**长序水麻 Debregeasia wallichiana** (Wedd.) Wedd.

分布：云南；孟加拉国、不丹、柬埔寨、印度、缅甸、尼泊尔、斯里兰卡、泰国

## 火麻树属 Dendrocnide Miq.

**圆基火麻树 Dendrocnide basirotunda** (C. Y. Wu) Chew

分布：云南；缅甸、泰国

红头咬人狗 **Dendrocnide kotoensis** (Hayata ex Yamam.) B. L. Shih et Yuen P. Yang
分布：台湾

咬人狗 **Dendrocnide meyeniana** (Walp.) Chew
分布：台湾；菲律宾

全缘火麻树 **Dendrocnide sinuata** (Blume) Chew
分布：云南、西藏、广东、广西、海南；印度、马来西亚、缅甸、斯里兰卡、泰国

海南火树麻 **Dendrocnide stimulans** (L. f.) Chew
分布：台湾、广东、海南；印度尼西亚、老挝、马来西亚、菲律宾、泰国、越南

火麻树 **Dendrocnide urentissima** (Gagnep.) Chew
分布：云南、广西；越南

## 单蕊麻属 **Droguetia** Gaudich.

单蕊麻 **Droguetia iners** subsp. **urticoides** (Wight) Friis et Wilmot-Dear
分布：云南、台湾；印度、印度尼西亚

## 楼梯草属 **Elatostema** J. R. Forst. et G. Forst.

辐脉楼梯草 **Elatostema actinodromum** W. T. Wang
分布：云南

辐毛楼梯草 **Elatostema actinotrichum** W. T. Wang
分布：广西

渐尖楼梯草 **Elatostema acuminatum** (Poir.) Brongn.
分布：云南、广东、海南；不丹、印度尼西亚、马来西亚、缅甸、尼泊尔、印度、泰国、越南

渐尖楼梯草(原变种) **Elatostema acuminatum** var. **acuminatum**
分布：云南、广东、海南；不丹、印度尼西亚、马来西亚、缅甸、尼泊尔、印度、泰国、越南

短齿渐尖楼梯草 **Elatostema acuminatum** var. **striolatum** W. T. Wang
分布：云南

台湾楼梯草 **Elatostema acuteserratum** B. L. Shih et Yuen P. Yang
分布：台湾

尖被楼梯草 **Elatostema acutitepalum** W. T. Wang
分布：云南

腺点楼梯草 **Elatostema adenophorum** W. T. Wang
分布：云南

腺点楼梯草(原变种) **Elatostema adenophorum** var. **adenophorum**
分布：云南

无苞腺托楼梯草 **Elatostema adenophorum** var. **gymnocephalum** W. T. Wang
分布：云南

白托叶楼梯草 **Elatostema albistipulum** W. T. Wang
分布：云南

近疏毛楼梯草(新拟) **Elatostema albopilosoides** Q. Lin et L. D. Duan
分布：贵州

疏毛楼梯草 **Elatostema albopilosum** W. T. Wang
分布：四川、云南、广西

展毛楼梯草 **Elatostema albovillosum** W. T. Wang
分布：广西

翅苞楼梯草 **Elatostema aliferum** W. T. Wang
分布：云南、西藏

桤叶楼梯草 **Elatostema alnifolium** W. T. Wang
分布：云南

雄穗楼梯草 **Elatostema androstachyum** W. T. Wang, A. K. Monro et Y. G. Wei
分布：广西

棱茎楼梯草 **Elatostema angulaticaule** W. T. Wang et Y. G. Wei
分布：广西

棱茎楼梯草(原变种) **Elatostema angulaticaule** var. **angulaticaule**
分布：广西

细棱茎楼梯草 **Elatostema angulaticaule** var. **lasiocladum** W. T. Wang et Y. G. Wei
分布：广西

翅棱楼梯草 **Elatostema angulosum** W. T. Wang
分布：四川

狭苞楼梯草 **Elatostema angustibracteum** W. T. Wang
分布：云南

狭被楼梯草 **Elatostema angustitepalum** W. T. Wang
分布：西藏

厚苞楼梯草 **Elatostema apicicrassum** W. T. Wang
分布：云南

星序楼梯草 **Elatostema asterocephalum** W. T. Wang
分布：广西

深紫楼梯草 **Elatostema atropurpureum** Gagnep.
分布：云南；越南

深绿楼梯草 **Elatostema atroviride** W. T. Wang
分布：贵州、广西；越南

拟渐狭楼梯草 **Elatostema attenuatoides** W. T. Wang
分布：云南

渐狭楼梯草 **Elatostema attenuatum** W. T. Wang
分布：云南

耳状楼梯草 **Elatostema auriculatum** W. T. Wang
分布：云南、西藏

耳状楼梯草(原变种) **Elatostema auriculatum** var. **auriculatum**
分布：云南、西藏

毛茎耳状楼梯草 **Elatostema auriculatum** var. **strigosum** W. T. Wang
分布：西藏

百色楼梯草 **Elatostema baiseense** W. T. Wang
分布：广西

华南楼梯草 **Elatostema balansae** Gagnep.
分布：湖南、四川、贵州、云南、西藏、广东、广西；马来西亚、泰国、越南

华南楼梯草(原变种) **Elatostema balansae** var. **balansae**
分布：湖南、四川、贵州、云南、西藏、广东、广西；马来西亚、泰国、越南

硬毛华南楼梯草 **Elatostema balansae** var. **hispidum** W. T. Wang
分布：云南

巴马楼梯草 **Elatostema bamaense** W. T. Wang et Y. G.
分布：广西

背崩楼梯草 **Elatostema beibengense** W. T. Wang
分布：西藏

叉序楼梯草 **Elatostema biglomeratum** W. T. Wang
分布：云南；不丹

维西楼梯草 **Elatostema bijiangense** var. **weixiense** W. T. Wang
分布：云南

对序楼梯草 **Elatostema binatum** W. T. Wang et Y. G. Wei
分布：广西

二脉楼梯草 **Elatostema binerve** W. T. Wang
分布：云南

苎麻楼梯草 **Elatostema boehmerioides** W. T. Wang
分布：西藏

波密楼梯草(新拟) **Elatostema bomiense** W. T. Wang et Zeng Y. Wu
分布：西藏

短齿楼梯草 **Elatostema brachyodontum** (Hand.-Mazz.) W. T. Wang
分布：湖南、湖北、四川、贵州、云南、广西；越南

显苞楼梯草 **Elatostema bracteosum** W. T. Wang
分布：贵州

短尖楼梯草 **Elatostema breviacuminatum** W. T. Wang
分布：云南

短梗楼梯草 **Elatostema brevipedunculatum** W. T. Wang
分布：云南

褐脉楼梯草 **Elatostema brunneinerve** W. T. Wang
分布：云南、广西

褐脉楼梯草(原变种) **Elatostema brunneinerve** var. **brunneinerve**
分布：广西

乳突褐脉楼梯草 **Elatostema brunneinerve** var. **papillosum** W. T. Wang
分布：云南

具钙楼梯草 **Elatostema calciferum** W. T. Wang
分布：湖南

瀑境楼梯草(新拟) **Elatostema cataractum** L. D. Duan et Q. Lin
分布：贵州

长渐尖楼梯草 **Elatostema caudatoacuminatum** W. T. Wang
分布：云南

尾苞楼梯草 **Elatostema caudiculatum** W. T. Wang
分布：云南

毛翅楼梯草 **Elatostema celingense** W. T. Wang, Y. G. Wei et A. K. Monro
分布：广西

启无楼梯草 **Elatostema chiwuanum** W. T. Wang
分布：云南

茨开楼梯草 **Elatostema cikaiense** W. T. Wang
分布：云南

折苞楼梯草 **Elatostema conduplicatum** W. T. Wang
分布：广西

革叶楼梯草 **Elatostema coriaceifolium** W. T. Wang
分布：贵州、广西

厚叶楼梯草 **Elatostema crassiusculum** W. T. Wang
分布：云南

浅齿楼梯草 **Elatostema crenatum** W. T. Wang
分布：云南

弯毛楼梯草 **Elatostema crispulum** W. T. Wang
分布：云南

兜船楼梯草 **Elatostema cucullatonaviculare** W. T. Wang
分布：云南

刀状楼梯草 **Elatostema cultratum** W. T. Wang
分布：贵州

稀齿楼梯草 **Elatostema cuneatum** Wight
分布：云南；日本、朝鲜、印度、印度尼西亚、老挝

楔苞楼梯草 **Elatostema cuneiforme** W. T. Wang
分布：西藏

楔苞楼梯草(原变种) **Elatostema cuneiforme** var. **cuneiforme**
分布：西藏

细梗楔苞楼梯草 **Elatostema cuneiforme** var. **gracilipes** W. T. Wang
分布：西藏

骤尖楼梯草 **Elatostema cuspidatum** Wight
分布：江西、湖南、湖北、四川、贵州、云南、西藏、福建、广西；印度、尼泊尔、缅甸

骤尖楼梯草(原变种) **Elatostema cuspidatum** var. **cuspidatum**
分布：江西、湖南、湖北、四川、贵州、云南、西藏、福建、广西；印度、缅甸、尼泊尔

长角骤尖楼梯草 **Elatostema cuspidatum** var. **dolichoceras** W. T. Wang
分布：云南

锐齿楼梯草 **Elatostema cyrtandrifolium** (Zoll. et Moritzi) Miq.
分布：甘肃、江西、湖南、湖北、四川、贵州、云南、福建、台湾、广东、广西；不丹、印度、印度尼西亚、马来西亚、缅甸

锐齿楼梯草(原变种) **Elatostema cyrtandrifolium** var. **cyrtandrifolium**
分布：甘肃、江西、湖南、湖北、四川、贵州、云南、福建、台湾、广东、广西；不丹、印度、印度尼西亚、马来西亚、缅甸

短尾楼梯草 **Elatostema cyrtandrifolium** var. **brevicaudatum** (W. T. Wang) W. T. Wang
分布：广西

大围山楼梯草 **Elatostema cyrtandrifolium** var. **daweishanicum** W. T. Wang
分布：云南

毛锐齿楼梯草(新拟) **Elatostema cyrtandrifolium** var. **hirsutum** W. T. Wang et Zeng Y. Wu
分布：云南

指序楼梯草 **Elatostema dactylocephalum** W. T. Wang
分布：云南

大兴楼梯草(新拟) **Elatostema daxinense** W. T. Wang et Zeng Y. Wu
分布：云南、广西

大兴楼梯草(原变种) **Elatostema daxinense** var. **daxinense**
分布：广西

毛大兴楼梯草(新拟) **Elatostema daxinense** var. **septemcostatum** W. T. Wang et Zeng Y. Wu
分布：云南

密钟乳楼梯草(新拟) **Elatostema densistriolatum** W. T. Wang et Zeng Y. Wu
分布：云南

双头楼梯草 **Elatostema didymocephalum** W. T. Wang
分布：西藏

拟盘托楼梯草 **Elatostema dissectoides** W. T. Wang
分布：云南、西藏

盘托楼梯草 **Elatostema dissectum** Wedd.
分布：云南、广东、广西；不丹、印度、老挝、泰国

独龙楼梯草 **Elatostema dulongense** W. T. Wang
分布：云南

都匀楼梯草 **Elatostema duyunense** W. T. Wang et Y. G. Wei
分布：贵州

绒序楼梯草 **Elatostema eriocephalum** W. T. Wang
分布：西藏

凤山楼梯草(新拟) **Elatostema fengshanense** W. T. Wang et Y. G. Wei
分布：广西

锈茎楼梯草 **Elatostema ferrugineum** W. T. Wang
分布：云南

梨序楼梯草 **Elatostema ficoides** Wedd.
分布：湖南、四川、贵州、云南、广西；印度、尼泊尔

梨序楼梯草(原变种) **Elatostema ficoides** var. **ficoides**
分布：湖南、四川、贵州、云南、广西；印度、尼泊尔

毛茎梨序楼梯草 **Elatostema ficoides** var. **puberulum** W. T. Wang
分布：湖南

丝梗楼梯草 **Elatostema filipes** W. T. Wang
分布：广西

丝梗楼梯草(原变种) **Elatostema filipes** var. **filipes**
分布：广西

多花丝梗楼梯草 **Elatostema filipes** var. **floribundum** W. T. Wang
分布：广西

之曲楼梯草 **Elatostema flexuosum** W. T. Wang
分布：云南

福贡楼梯草 **Elatostema fugongense** W. T. Wang
分布：云南

黄褐楼梯草 **Elatostema fulvobracteolatum** W. T. Wang
分布：云南

富宁楼梯草 **Elatostema funingense** W. T. Wang
分布：云南

光苞楼梯草 **Elatostema glabribracteum** W. T. Wang
分布：云南

算盘楼梯草 **Elatostema glochidioides** W. T. Wang
分布：贵州

角托楼梯草 **Elatostema goniocephalum** W. T. Wang
分布：四川

粗齿楼梯草 **Elatostema grandidentatum** W. T. Wang
分布：西藏；不丹

桂林楼梯草 **Elatostema gueilinense** W. T. Wang
分布：广西

贡山楼梯草 **Elatostema gungshanense** W. T. Wang
分布：云南、西藏

围序楼梯草 **Elatostema gyrocephalum** W. T. Wang et Y. G. Wei
分布：广西

围序楼梯草(原变种) **Elatostema gyrocephalum** var. **gyrocephalum**
分布：广西

毛茎圆序楼梯草 **Elatostema gyrocephalum** var. **pubicaule** W. T. Wang et Y. G. Wei
分布：广西

河池楼梯草 **Elatostema hechiense** W. T. Wang et Y. G. Wei
分布：广西

河口楼梯草 **Elatostema hekouense** W. T. Wang
分布：云南

异茎楼梯草 **Elatostema heterocladum** W. T. Wang, A. K. Monro et Y. G. Wei
分布：广西

异晶楼梯草 **Elatostema heterogrammicum** W. T. Wang
分布：云南

贺州楼梯草(新拟) **Elatostema hezhouense** W. T. Wang, Y. G. Wei et A. K. Monro
分布：广西

糙梗楼梯草 **Elatostema hirtellipedunculatum** B. L. Shih et Yuen P. Yang
分布：台湾

硬毛楼梯草 **Elatostema hirtellum** (W. T. Wang) W. T. Wang
分布：广西

疏晶楼梯草 **Elatostema hookerianum** Wedd.
分布：云南、西藏、广西；不丹、印度、越南

黄连山楼梯草 **Elatostema huanglianshanicum** W. T. Wang
分布：云南

环江楼梯草 **Elatostema huanjiangense** W. T. Wang et Y. G. Wei
分布：广西

水蓑衣楼梯草 **Elatostema hygrophilifolium** W. T. Wang
分布：云南

白背楼梯草 **Elatostema hypoglaucum** B. L. Shih et Yuen P. Yang
分布：台湾

宜昌楼梯草 **Elatostema ichangense** H. Schroet.
分布：湖南、湖北、四川、贵州、广西

刀叶楼梯草 **Elatostema imbricans** Dunn
分布：西藏；不丹

全缘楼梯草 **Elatostema integrifolium** (D. Don) Wedd.
分布：云南、海南；不丹、印度、印度尼西亚、缅甸、尼泊尔、泰国

全缘楼梯草(原变种) **Elatostema integrifolium** var. **integrifolium**
分布：云南、海南；不丹、印度、印度尼西亚、缅甸、尼泊尔、泰国

朴叶楼梯草 **Elatostema integrifolium** var. **tomentosum** (Hook. f.) W. T. Wang
分布：云南；印度、马来西亚、泰国

楼梯草 **Elatostema involucratum** Franch. et Sav.
分布：河南、陕西、甘肃、安徽、江苏、浙江、江西、湖南、湖北、四川、贵州、云南、福建、广东、广西；日本、朝鲜

尖山楼梯草 **Elatostema jianshanicum** W. T. Wang
分布：云南

金平楼梯草 **Elatostema jinpingense** W. T. Wang
分布：云南

光茎楼梯草 **Elatostema laevicaule** W. T. Wang, A. K. Monro et Y. G. Wei
分布：广西

光叶楼梯草 **Elatostema laevissimum** W. T. Wang
分布：云南、西藏、广西、海南；越南

毛序楼梯草 **Elatostema lasiocephalum** W. T. Wang
分布：广西

绿脉楼梯草(新拟) **Elatostema latistipulum** W. T. Wang et Zeng Y. Wu
分布：西藏

宽被楼梯草 **Elatostema latitepalum** W. T. Wang
分布：云南

疏伞楼梯草 **Elatostema laxicymosum** W. T. Wang
分布：西藏；印度

绢毛楼梯草 **Elatostema laxisericeum** W. T. Wang
分布：云南

白序楼梯草 **Elatostema leucocephalum** W. T. Wang
分布：四川

荔波楼梯草 **Elatostema liboense** W. T. Wang
分布：贵州

李恒楼梯草 **Elatostema lihengianum** W. T. Wang
分布：云南、西藏

狭叶楼梯草 **Elatostema lineolatum** Wight
分布：云南、西藏、福建、台湾、广东、广西；不丹、印度、缅甸、尼泊尔、斯里兰卡、泰国

木姜楼梯草 **Elatostema litseifolium** W. T. Wang
分布：西藏

长苞楼梯草 **Elatostema longibracteatum** W. T. Wang
分布：云南

长尖楼梯草 **Elatostema longicuspe** W. T. Wang et Y. G. Wei
分布：贵州

长梗楼梯草 **Elatostema longipes** W. T. Wang
分布：四川

显脉楼梯草 **Elatostema longistipulum** Hand.-Mazz.
分布：云南、广西；越南

长被楼梯草 **Elatostema longitepalum** W. T. Wang
分布：云南

绿春楼梯草 **Elatostema luchunense** W. T. Wang
分布：云南

靖西楼梯草(新拟) **Elatostema lui** W. T. Wang, Y. G. Wei et A. K. Monro
分布：广西

龙州楼梯草 **Elatostema lungzhouense** W. T. Wang
分布：广西

罗氏楼梯草 **Elatostema luoi** W. T. Wang
分布：湖南

绿水河楼梯草 **Elatostema lushuiheense** W. T. Wang
分布：云南

潞西楼梯草 **Elatostema luxiense** W. T. Wang
分布：云南

马边楼梯草 **Elatostema mabienense** W. T. Wang
分布：四川、云南

马边楼梯草(原变种) **Elatostema mabienense** var. **mabienense**
分布：四川

六苞楼梯草 **Elatostema mabienense** var. **sexbracteatum** W. T. Wang
分布：云南

多序楼梯草 **Elatostema macintyrei** Dunn
分布：四川、贵州、云南、西藏、广东、广西；不丹、印度、泰国、越南

马关楼梯草 **Elatostema maguanense** W. T. Wang
分布：云南

软毛楼梯草 **Elatostema malacotrichum** W. T. Wang et Y. G. Wei
分布：广西

麻栗坡楼梯草(新拟) **Elatostema malipoense** W. T. Wang et Zeng Y. Wu
分布：云南

曼耗楼梯草 **Elatostema manhaoense** W. T. Wang
分布：云南

马山楼梯草 **Elatostema mashanense** W. T. Wang et Y. G. Wei
分布：广西

墨脱楼梯草 **Elatostema medogense** W. T. Wang
分布：西藏；印度

巨序楼梯草 **Elatostema megacephalum** W. T. Wang
分布：云南；泰国、马来西亚

黑果楼梯草 **Elatostema melanocarpum** W. T. Wang
分布：云南

黑叶楼梯草 **Elatostema melanophyllum** W. T. Wang
分布：云南

勐海楼梯草 **Elatostema menghaiense** W. T. Wang
分布：云南

勐仑楼梯草 **Elatostema menglunense** W. T. Wang et G. D. Tao
分布：云南

小果楼梯草 **Elatostema microcarpum** W. T. Wang et Y. G. Wei
分布：广西

微序楼梯草 **Elatostema microcephalanthum** Hayata
分布：台湾；日本

微齿楼梯草 **Elatostema microdontum** W. T. Wang
分布：云南

微毛楼梯草 **Elatostema microtrichum** W. T. Wang
分布：云南

微鳞楼梯草 **Elatostema minutifurfuraceum** W. T. Wang
分布：云南

异叶楼梯草 **Elatostema monandrum** (D. Don) H. Hara
分布：陕西、四川、贵州、云南、西藏；不丹、印度、缅甸、尼泊尔、斯里兰卡、泰国

多沟楼梯草 **Elatostema multicanaliculatum** B. L. Shih et Yuen P. Yang
分布：台湾

多茎楼梯草(新拟) **Elatostema multicaule** W. T. Wang, Y. G. Wei et A. K. Monro
分布：云南、广西

瘤茎楼梯草 **Elatostema myrtillus** (H. Lév.) Hand.-Mazz.
分布：湖南、湖北、四川、贵州、云南、广西

南川楼梯草 **Elatostema nanchuanense** W. T. Wang
分布：湖北、湖南、重庆、贵州、云南、广西

南川楼梯草(原变种) **Elatostema nanchuanense** var. **nanchuanense**
分布：湖北、重庆

短角南川楼梯草 **Elatostema nanchuanense** var. **brachyceras** W. T. Wang
分布：广西

无角南川楼梯草 **Elatostema nanchuanense** var. **calciferum** (W. T. Wang) W. T. Wang
分布：湖南

黑苞南川楼梯草 **Elatostema nanchuanense** var. **nigribracteolatum** W. T. Wang
分布：云南

**硬角南川楼梯草 Elatostema nanchuanense** var. **schleroceras** W. T. Wang
分布：贵州、广西

**那坡楼梯草 Elatostema napoense** W. T. Wang
分布：广西

**托叶楼梯草 Elatostema nasutum** Hook. f.
分布：江西、湖南、湖北、四川、贵州、云南、西藏、广东、广西、海南；不丹、印度、尼泊尔、泰国

**托叶楼梯草(原变种) Elatostema nasutum** var. **nasutum**
分布：江西、湖南、湖北、四川、贵州、云南、西藏、广东、广西、海南；不丹、尼泊尔

**盘托托叶楼梯草 Elatostema nasutum** var. **discophorum** W. T. Wang
分布：云南

**无角托叶楼梯草 Elatostema nasutum** var. **ecorniculatum** W. T. Wang
分布：西藏；不丹

**短毛楼梯草 Elatostema nasutum** var. **puberulum** (W. T. Wang) W. T. Wang
分布：江西、云南、广东、广西

**软鳞托叶楼梯草 Elatostema nasutum** var. **yui** (W. T. Wang) W. T. Wang
分布：云南

**柳叶楼梯草 Elatostema neriifolium** W. T. Wang et Zeng Y. Wu
分布：云南；?越南

**毛脉楼梯草 Elatostema nianbense** W. T. Wang, Y. G. Wei et A. K. Monro
分布：广西

**黑苞楼梯草 Elatostema nigribracteatum** W. T. Wang et Y. G. Wei
分布：广西

**长圆楼梯草 Elatostema oblongifolium** Fu
分布：湖南、湖北、四川、贵州

**隐脉楼梯草 Elatostema obscurinerve** W. T. Wang
分布：广西

**钝齿楼梯草 Elatostema obtusidentatum** W. T. Wang
分布：广西

**钝叶楼梯草 Elatostema obtusum** Wedd.
分布：陕西、甘肃、浙江、江西、湖南、湖北、四川、贵州、云南、西藏、福建、台湾、广东、广西；不丹、印度、尼泊尔、菲律宾、泰国

**钝叶楼梯草(原变种) Elatostema obtusum** var. **obtusum**
分布：陕西、甘肃、湖南、湖北、四川、云南、西藏；不丹、印度、尼泊尔、泰国

**三齿钝叶楼梯草 Elatostema obtusum** var. **trilobulatum** (Hayata) W. T. Wang
分布：浙江、江西、湖南、湖北、贵州、福建、台湾、广东、广西；菲律宾

**齿翅楼梯草 Elatostema odontopterum** W. T. Wang
分布：云南

**少脉楼梯草(新拟) Elatostema oligophlebium** W. T. Wang, Y. G. Wei et L. F. Fu
分布：广西

**峨眉楼梯草 Elatostema omeiense** W. T. Wang
分布：四川

**对花楼梯草(新拟) Elatostema oppositum** Q. Lin et Y. M. Shui
分布：云南

**紫麻楼梯草 Elatostema oreocnidioides** W. T. Wang
分布：云南

**尖牙楼梯草 Elatostema oxyodontum** W. T. Wang
分布：云南

**粗角楼梯草 Elatostema pachyceras** W. T. Wang
分布：云南

**微晶楼梯草 Elatostema papillosum** Wedd.
分布：西藏；不丹、印度

**拟渐尖楼梯草 Elatostema paracuminatum** W. T. Wang
分布：云南；老挝

**拟小叶楼梯草 Elatostema parvioides** W. T. Wang
分布：云南

**小叶楼梯草 Elatostema parvum** (Blume) Miq.
分布：四川、贵州、云南、西藏、台湾、广东、广西；不丹、印度、印度尼西亚、缅甸、尼泊尔、菲律宾

**小叶楼梯草(原变种) Elatostema parvum** var. **parvum**
分布：四川、贵州、云南、台湾、广东、广西；不丹、印度、印度尼西亚、缅甸、尼泊尔、菲律宾

骤尖小叶楼梯草 **Elatostema parvum** var. **brevicuspis** W. T. Wang
分布：西藏

少花楼梯草(新拟) **Elatostema pauciflorum** W. T. Wang
分布：云南

少叶楼梯草 **Elatostema paucifolium** W. T. Wang
分布：云南

坚纸楼梯草 **Elatostema pergameneum** W. T. Wang
分布：广西

樟叶楼梯草 **Elatostema petelotii** Gagnep.
分布：云南、广西；越南

隆脉楼梯草 **Elatostema phanerophlebium** W. T. Wang et Y. G. Wei
分布：广西

片马楼梯草 **Elatostema pianmaense** W. T. Wang
分布：云南

平脉楼梯草 **Elatostema planinerve** W. T. Wang et Y. G. Wei
分布：贵州

宽角楼梯草 **Elatostema platyceras** W. T. Wang
分布：云南

宽叶楼梯草 **Elatostema platyphyllum** Wedd.
分布：四川、云南、西藏、台湾、海南；不丹、日本、印度、尼泊尔、菲律宾

互脉楼梯草(新拟) **Elatostema pleiophlebium** W. T. Wang et Zeng Y. Wu
分布：云南

多歧楼梯草 **Elatostema polystachyoides** W. T. Wang
分布：云南

渤生楼梯草 **Elatostema procridioides** Wedd.
分布：西藏；印度

樱叶楼梯草 **Elatostema prunifolium** W. T. Wang
分布：四川、贵州、云南

隆林楼梯草 **Elatostema pseudobrachyodontum** W. T. Wang
分布：广西

假骤尖楼梯草 **Elatostema pseudocuspidatum** W. T. Wang
分布：云南

滇桂楼梯草 **Elatostema pseudodissectum** W. T. Wang
分布：贵州、云南、广西

多脉楼梯草 **Elatostema pseudoficoides** W. T. Wang
分布：湖南、湖北、四川、云南

拟托叶楼梯草 **Elatostema pseudonasutum** W. T. Wang
分布：云南

拟长圆楼梯草 **Elatostema pseudooblongifolium** W. T. Wang
分布：广西

拟宽叶楼梯草 **Elatostema pseudoplatyphyllum** W. T. Wang
分布：云南

毛梗楼梯草 **Elatostema pubipes** W. T. Wang
分布：云南

紫线楼梯草 **Elatostema purpureolineolatum** W. T. Wang
分布：云南

紫花楼梯草 **Elatostema purpureum** Q. Lin et L. D. Duan
分布：贵州

密齿楼梯草 **Elatostema pycnodontum** W. T. Wang
分布：湖南、湖北、贵州、云南

五被楼梯草 **Elatostema quinquetepalum** W. T. Wang
分布：云南

多枝楼梯草 **Elatostema ramosum** W. T. Wang
分布：贵州、广西

直尾楼梯草 **Elatostema recticaudatum** W. T. Wang
分布：西藏

反折楼梯草(新拟) **Elatostema recurviramum** W. T. Wang et Y. G. Wei
分布：广西

曲毛楼梯草 **Elatostema retrohirtum** Dunn
分布：四川、云南、广东、广西

反糙毛楼梯草 **Elatostema retrorstigulosum** W. T. Wang, Y. G. Wei et A. K. Monro
分布：广西

菱叶楼梯草 **Elatostema rhombiforme** W. T. Wang
分布：云南；不丹、印度

溪涧楼梯草 **Elatostema rivulare** B. L. Shih et Yuen P. Yang
分布：台湾

大苞楼梯草(新拟) **Elatostema robustipes** W. T. Wang, F. Wen et Y. G. Wei
分布：广西

石生楼梯草 **Elatostema rupestre** (Buch.-Ham.) Wedd.
分布：云南；印度、尼泊尔

迭叶楼梯草 **Elatostema salvinioides** W. T. Wang
分布：云南；老挝、缅甸、泰国

囊花楼梯草(新拟) **Elatostema scaposum** Q. Lin et L. D. Duan
分布：贵州

裂序楼梯草 **Elatostema schizocephalum** W. T. Wang
分布：湖南、四川、贵州、云南、广西

七花楼梯草 **Elatostema septemflorum** W. T. Wang
分布：云南

刚毛楼梯草 **Elatostema setulosum** W. T. Wang
分布：广西

六棱楼梯草(新拟) **Elatostema sexcostatum** W. T. Wang, C. X. He et L. F. Fu
分布：广西

上林楼梯草 **Elatostema shanglinense** W. T. Wang
分布：广西

玉民楼梯草 **Elatostema shuii** W. T. Wang
分布：云南

思茅楼梯草 **Elatostema simaoense** W. T. Wang
分布：云南

对叶楼梯草 **Elatostema sinense** H. Schroet.
分布：安徽、江西、湖南、湖北、四川、云南、福建、广西

对叶楼梯草(原变种) **Elatostema sinense** var. **sinense**
分布：安徽、江西、湖南、湖北、四川、贵州、云南、福建、广西

角苞楼梯草 **Elatostema sinense** var. **longecornutum** (H. Schroet.) W. T. Wang
分布：四川、云南

新宁楼梯草 **Elatostema sinense** var. **xinningense** (W. T. Wang) L. D. Duan et Qi Lin
分布：湖南

庐山楼梯草 **Elatostema stewardii** Merr.
分布：河南、陕西、甘肃、安徽、浙江、江西、湖南、湖北、四川、福建

显柱楼梯草 **Elatostema stigmatosum** W. T. Wang
分布：云南

微粗毛楼梯草 **Elatostema strigillosum** B. L. Shih et Yuen P. Yang
分布：台湾

伏毛楼梯草 **Elatostema strigulosum** W. T. Wang
分布：四川、贵州、云南

近革叶楼梯草 **Elatostema subcoriaceum** B. L. Shih et Yuen P. Yang
分布：台湾

拟骤尖楼梯草 **Elatostema subcuspidatum** W. T. Wang
分布：重庆

条叶楼梯草 **Elatostema sublineare** W. T. Wang
分布：湖南、湖北、四川、贵州、广西；越南

近羽脉楼梯草 **Elatostema subpenninerve** W. T. Wang
分布：四川

歧序楼梯草 **Elatostema subtrichotomum** W. T. Wang
分布：湖南、云南、广东

素功楼梯草 **Elatostema sukungianum** W. T. Wang
分布：云南

薄苞楼梯草 **Elatostema tenuibracteatum** W. T. Wang
分布：云南

拟细尾楼梯草 **Elatostema tenuicaudatoides** W. T. Wang
分布：云南、西藏

拟细尾楼梯草(原变种) **Elatostema tenuicaudatoides** var. **tenuicaudatoides**
分布：西藏

钦朗当楼梯草 **Elatostema tenuicaudatoides** var. **orientale** W. T. Wang
分布：云南

细尾楼梯草 **Elatostema tenuicaudatum** W. T. Wang
分布：贵州、云南、广西；越南

细尾楼梯草(原变种) **Elatostema tenuicaudatum** var. **tenuicaudatum**
分布：贵州、云南、广西；越南

毛枝细尾楼梯草 **Elatostema tenuicaudatum** var. **lasiocladum** W. T. Wang
分布：云南

细角楼梯草 **Elatostema tenuicornutum** W. T. Wang
分布：四川

薄叶楼梯草 **Elatostema tenuifolium** W. T. Wang
分布：贵州、云南、广西

微脉楼梯草 **Elatostema tenuinerve** W. T. Wang et Y. G. Wei
分布：广西

薄托楼梯草 **Elatostema tenuireceptaculum** W. T. Wang
分布：广西

四被楼梯草 **Elatostema tetratepalum** W. T. Wang
分布：西藏

天峨楼梯草 **Elatostema tianeense** W. T. Wang et Y. G. Wei
分布：广西

田林楼梯草 **Elatostema tianlinense** W. T. Wang
分布：广西

三茎楼梯草 **Elatostema tricaule** W. T. Wang
分布：云南

疣果楼梯草 **Elatostema trichocarpum** Hand.-Mazz.
分布：湖南、湖北、四川、贵州、云南

三岐楼梯草 **Elatostema trichotomum** W. T. Wang
分布：云南

三肋楼梯草 **Elatostema tricostatum** W. T. Wang
分布：云南

柔毛楼梯草 **Elatostema villosum** B. L. Shih et Yuen P. Yang
分布：台湾

文采楼梯草 **Elatostema wangii** Q. Lin et L. D. Duan
分布：云南

文县楼梯草 **Elatostema wenxienense** W. T. Wang et Z. X. Peng
分布：甘肃

武冈楼梯草 **Elatostema wugangense** W. T. Wang
分布：湖南

变黄楼梯草 **Elatostema xanthophyllum** W. T. Wang
分布：广西

黄毛楼梯草 **Elatostema xanthotrichum** W. T. Wang et Y. G. Wei
分布：广西

西畴楼梯草 **Elatostema xichouense** W. T. Wang
分布：云南

桠杈楼梯草 **Elatostema yachense** W. T. Wang, Y. G. Wei et A. K. Monro
分布：广西

漾濞楼梯草 **Elatostema yangbiense** W. T. Wang
分布：四川、云南

瑶山楼梯草 **Elatostema yaoshanense** W. T. Wang
分布：广西

永田楼梯草 **Elatostema yongtianianum** W. T. Wang
分布：贵州

酉阳楼梯草 **Elatostema youyangense** W. T. Wang
分布：重庆

俞氏楼梯草 **Elatostema yui** W. T. Wang
分布：云南

永顺楼梯草 **Elatostema yungshunense** W. T. Wang
分布：湖南

## 蝎子草属 **Girardinia** Gaudich.

大蝎子草 **Girardinia diversifolia** (Link) Friis
分布：吉林、辽宁、内蒙古、河北、河南、陕西、甘肃、浙江、江西、湖南、湖北、四川、重庆、贵州、云南、西藏、台湾；不丹、印度、印度尼西亚、朝鲜、马来西亚、尼泊尔、斯里兰卡；非洲

大蝎子草(原变种) **Girardinia diversifolia** subsp. **diversifolia**
分布：甘肃、贵州、湖北、江西、陕西、四川、台湾、西藏、云南、浙江；不丹、印度、印度尼西亚、马来西亚、尼泊尔、斯里兰卡；非洲

蝎子草 **Girardinia diversifolia** subsp. **suborbiculata** (C. J. Chen) C. J. Chen et Friis
分布：吉林、辽宁、内蒙古、河北、河南、陕西；朝鲜

红火麻 **Girardinia diversifolia** subsp. **triloba** (C. J. Chen) C. J. Chen et Friis
分布：陕西、甘肃、湖南、湖北、四川、重庆、贵州、云南

## 糯米团属 **Gonostegia** Turcz.

糯米团 **Gonostegia hirta** (Blume ex Hassk.) Miq.
分布：河南、陕西、安徽、江苏、江西、四川、贵州、云南、西藏、福建、台湾、广东、广西、海南；澳大利亚；亚洲

台湾糯米团 **Gonostegia parvifolia** (Wight) Miq.
分布：台湾；菲律宾、斯里兰卡

**五蕊糯米团 Gonostegia pentandra** (Roxb.) Miq.
分布：云南、台湾、广东、广西、海南；孟加拉国、印度、印度尼西亚、缅甸、巴基斯坦、巴布亚新几内亚、菲律宾、泰国、越南

## 艾麻属 Laportea Gaudich.

**火焰桑叶麻 Laportea aestuans** (L.) Chew
分布：台湾；印度至印度尼西亚、马达加斯加、西印度群岛；热带非洲、热带美洲

**珠芽艾麻 Laportea bulbifera** (Sieb. et Zucc.) Wedd.
分布：黑龙江、吉林、辽宁、河北、山西、山东、河南、陕西、甘肃、安徽、浙江、江西、湖南、湖北、四川、贵州、云南、西藏、福建、广东、广西；不丹、印度、印度尼西亚、日本、朝鲜、斯里兰卡、俄罗斯、泰国、缅甸、越南

**艾麻 Laportea cuspidata** (Wedd.) Friis
分布：河南、陕西、甘肃、安徽、江西、湖南、湖北、四川、贵州、西藏、广西；日本、缅甸

**福建红小麻 Laportea fujianensis** C. J. Chen
分布：福建

**红小麻 Laportea interrupta** (L.) Chew
分布：云南、台湾；印度、印度尼西亚、日本、马来西亚、缅甸、菲律宾、斯里兰卡、泰国、越南；非洲

**墨脱艾麻 Laportea medogensis** C. J. Chen
分布：西藏

**葡萄叶艾麻 Laportea violacea** Gagnep.
分布：广西；越南、泰国

## 假楼梯草属 Lecanthus Wedd.

**假楼梯草 Lecanthus peduncularis** (Wall. ex Royle) Wedd.
分布：江西、湖南、四川、云南、西藏、福建、台湾、广东、广西；不丹、印度、印度尼西亚、尼泊尔、巴基斯坦、菲律宾、斯里兰卡、越南；非洲

**越南假楼梯草 Lecanthus petelotii** (Gagnep.) C. J. Chen
分布：云南、西藏；老挝、越南

**角被假楼梯草 Lecanthus petelotii** var. **corniculata** C. J. Chen
分布：云南、西藏

**云南假楼梯草 Lecanthus petelotii** var. **yunnanensis** C. J. Chen
分布：云南

**冷水花假楼梯草 Lecanthus pileoides** S. S. Chien et C. J. Chen
分布：贵州、云南

## 四脉麻属 Leucosyke Zoll. et Moritzi

**四脉麻 Leucosyke quadrinervia** C. B. Rob.
分布：台湾；菲律宾

## 水丝麻属 Maoutia Wedd.

**水丝麻 Maoutia puya** (Hook.) Wedd.
分布：四川、贵州、云南、西藏、广西；尼泊尔、不丹、印度、越南

**兰屿水丝麻 Maoutia setosa** Wedd.
分布：台湾；日本、菲律宾

## 花点草属 Nanocnide Blume

**花点草 Nanocnide japonica** Blume
分布：陕西、甘肃、安徽、江苏、浙江、江西、湖南、湖北、四川、贵州、云南、福建、台湾；日本、朝鲜

**毛花点草 Nanocnide lobata** Wedd.
分布：安徽、江苏、浙江、江西、湖南、湖北、四川、贵州、云南、福建、台湾、广东、广西；越南

## 紫麻属 Oreocnide Miq.

**膜叶紫麻 Oreocnide boniana** (Gagnep.) Hand.-Mazz.
分布：云南；越南

**紫麻 Oreocnide frutescens** (Thunb.) Miq.
分布：陕西、甘肃、安徽、浙江、江西、湖南、湖北、四川、云南、西藏、福建、广东、广西；不丹、柬埔寨、印度、日本、老挝、马来西亚、缅甸、泰国、越南

**紫麻(原亚种) Oreocnide frutescens** subsp. **frutescens**
分布：陕西、甘肃、安徽、浙江、江西、湖南、湖北、四川、云南、西藏、福建、广东、广西；不丹、柬埔寨、印度、日本、老挝、马来西亚、缅甸、泰国、越南

**细梗紫麻 Oreocnide frutescens** subsp. **insignis** C. J. Chen
分布：广东、广西

**滇藏紫麻 Oreocnide frutescens** subsp. **occidentalis** C. J. Chen
分布：云南、西藏；不丹、印度

**全缘叶紫麻 Oreocnide integrifolia** (Gaudich.) Miq.
分布：云南、西藏、广西、海南；不丹、印度、印度尼西亚、老挝、缅甸、泰国、越南

**广西紫麻 Oreocnide kwangsiensis** Hand.-Mazz.
分布：贵州、广西

**倒卵叶紫麻 Oreocnide obovata** (C. H. Wright) Merr.
分布：湖南、云南、广东、广西；越南

**倒卵叶紫麻(原变种) Oreocnide obovata** var. **obovata**
分布：湖南、云南、广东、广西；越南

**凹尖紫麻 Oreocnide obovata** var. **paradoxa** (Gagnep.) C. J. Chen
分布：广西；越南

**长梗紫麻 Oreocnide pedunculata** (Shirai) Masam.
分布：台湾；日本

**红紫麻 Oreocnide rubescens** (Blume) Miq.
分布：云南、广西、海南；印度、印度尼西亚、马来西亚、缅甸、斯里兰卡、泰国、越南

**细齿紫麻 Oreocnide serrulata** C. J. Chen
分布：云南、广西；越南

**宽叶紫麻 Oreocnide tonkinensis** (Gagnep.) Merr. et Chun
分布：云南、广西；越南

**三脉紫麻 Oreocnide trinervis** (Wedd.) Miq.
分布：台湾；印度尼西亚、菲律宾

## 墙草属 Parietaria L.

**墙草 Parietaria micrantha** Ledeb.
分布：黑龙江、吉林、辽宁、内蒙古、河北、北京、山西、河南、陕西、宁夏、甘肃、青海、新疆、安徽、湖南、湖北、四川、贵州、云南、西藏；日本、朝鲜、蒙古国、俄罗斯、印度、不丹、尼泊尔；亚洲(西南部和中部)、非洲(北部)、大洋洲、南美洲

**台湾墙草(新拟) Parietaria taiwania** C. L. Yeh et C. S. Leou
分布：台湾

## 赤车属 Pellionia Gaudich.

**尖齿赤车 Pellionia acutidentata** W. T. Wang
分布：云南；越南

**短角赤车 Pellionia brachyceras** W. T. Wang
分布：广西

**短叶赤车 Pellionia brevifolia** Benth.
分布：安徽、浙江、江西、湖南、湖北、福建、广东、广西；日本

**翅茎赤车 Pellionia caulialata** S. Y. Liou
分布：广西

**东兰赤车 Pellionia donglanensis** W. T. Wang
分布：广西

**华南赤车 Pellionia grijsii** Hance
分布：江西、湖南、云南、福建、广东、广西、海南

**异被赤车 Pellionia heteroloba** Wedd.
分布：四川、贵州、云南、福建、台湾、广东、广西；不丹、印度、老挝、缅甸、越南

**全缘赤车 Pellionia heyneana** Wedd.
分布：云南、广西；柬埔寨、印度、印度尼西亚、斯里兰卡、泰国

**羽脉赤车 Pellionia incisoserrata** (H. Schroet.) W. T. Wang
分布：广东、广西

**长柄赤车 Pellionia latifolia** (Blume) Boerl.
分布：云南、广西、海南；柬埔寨、印度尼西亚、老挝、马来西亚、缅甸、泰国、越南

**光果赤车 Pellionia leiocarpa** W. T. Wang
分布：广西

**长梗赤车 Pellionia longipedunculata** W. T. Wang
分布：广西；越南

**龙州赤车 Pellionia longzhouensis** W. T. Wang
分布：广西

**大叶赤车 Pellionia macrophylla** W. T. Wang
分布：云南、广西

**滇南赤车 Pellionia paucidentata** (H. Schroet.) S. S. Chien
分布：贵州、云南、广西、海南；越南

**赤车 Pellionia radicans** (Sieb. et Zucc.) Wedd.
分布：安徽、浙江、江西、湖南、湖北、四川、贵州、云南、福建、台湾、广东、广西、海南；日本、朝鲜、越南

**吐烟花 Pellionia repens** (Lour.) Merr.
分布：云南、海南；不丹、柬埔寨、印度、印度尼西亚、老挝、马来西亚、缅甸、菲律宾、泰国、越南

**曲毛赤车 Pellionia retrohispida** W. T. Wang
分布：浙江、江西、湖南、湖北、四川、贵州、福建

**融安赤车(新拟) Pellionia ronganensis** W. T. Wang et Y. G. Wei
分布：广西

**蔓赤车** **Pellionia scabra** Benth.
分布：安徽、浙江、江西、湖南、四川、贵州、云南、福建、台湾、广东、广西、海南；日本、越南

**茎棱楼梯草(新拟)** **Pellionia tenuicuspis** W. T. Wang, Y. G. Wei et F. Wen
分布：广东

**硬毛赤车** **Pellionia veronicoides** Gagnep.
分布：云南；越南

**绿赤车** **Pellionia viridis** C. H. Wright
分布：湖北、四川、云南

**绿赤车(原变种)** **Pellionia viridis** var. **viridis**
分布：湖北、四川、云南

**斜基绿赤车** **Pellionia viridis** var. **basiinaequalis** W. T. Wang
分布：四川

**云南赤车** **Pellionia yunnanensis** (H. Schroet.) W. T. Wang
分布：云南

## 冷水花属 **Pilea** Lindl.

**大托叶冷水花** **Pilea amplistipulata** C. J. Chen
分布：云南

**圆瓣冷水花** **Pilea angulata** (Blume) Blume
分布：陕西、江苏、浙江、江西、湖南、湖北、四川、贵州、云南、西藏、福建、台湾、广东、广西；印度、印度尼西亚、日本、斯里兰卡、越南

**圆瓣冷水花(原亚种)** **Pilea angulata** subsp. **angulata**
分布：陕西、四川、贵州、云南、西藏、广东、广西；印度、印度尼西亚、斯里兰卡、越南

**华中冷水花** **Pilea angulata** subsp. **latiuscula** C. J. Chen
分布：江苏、江西、湖南、湖北、四川、贵州、云南

**长柄冷水花** **Pilea angulata** subsp. **petiolaris** (Siebold et Zucc.) C. J. Chen
分布：浙江、湖南、湖北、四川、贵州、云南、福建、台湾、广东、广西；日本

**异叶冷水花** **Pilea anisophylla** Wedd.
分布：云南、西藏；不丹、印度、缅甸、尼泊尔

**顶叶冷水花** **Pilea approximata** C. B. Clarke
分布：云南、西藏；不丹、尼泊尔、印度

**顶叶冷水花(原变种)** **Pilea approximata** var. **approximata**
分布：云南、西藏；不丹、尼泊尔、印度

**锐裂齿冷水花** **Pilea approximata** var. **incisoserrata** C. J. Chen
分布：西藏；不丹

**湿生冷水花** **Pilea aquarum** Dunn
分布：江西、湖南、四川、贵州、云南、福建、台湾、广东、广西、海南；日本、越南

**锐齿湿生冷水花** **Pilea aquarum** subsp. **acutidentata** C. J. Chen
分布：广东、广西

**湿生冷水花(原亚种)** **Pilea aquarum** subsp. **aquarum**
分布：江西、湖南、四川、福建、广东

**短角湿生冷水花** **Pilea aquarum** subsp. **brevicornuta** (Hayata) C. J. Chen
分布：湖南、贵州、云南、福建、台湾、广东、广西、海南；日本、越南

**耳基冷水花** **Pilea auricularis** C. J. Chen
分布：云南、西藏

**竹叶冷水花** **Pilea bambusifolia** C. J. Chen
分布：贵州

**基心叶冷水花** **Pilea basicordata** W. T. Wang ex C. J. Chen
分布：广西

**五萼冷水花** **Pilea boniana** Gagnep.
分布：贵州、云南、广西；越南

**多苞冷水花** **Pilea bracteosa** Wedd.
分布：云南、西藏；不丹、印度、尼泊尔

**花叶冷水花** **Pilea cadierei** Gagnep. et Guillaumin
分布：贵州、云南；越南

**沧源冷水花** **Pilea cangyuanensis** H. W. Li
分布：云南

**石油菜** **Pilea cavaleriei** H. Lév.
分布：浙江、江西、湖南、湖北、四川、贵州、福建、广东、广西；不丹

**石油菜(原亚种)** **Pilea cavaleriei** subsp. **cavaleriei**
分布：浙江、江西、湖南、湖北、四川、贵州、福建、广东、广西；不丹

**圆齿石油菜** **Pilea cavaleriei** subsp. **crenata** C. J. Chen
分布：贵州、广西

洞穴冷水花(新拟) **Pilea cavernicola** A. K. Monro, C. J. Chen et Y. G. Wei
分布：广西

纸质冷水花 **Pilea chartacea** C. J. Chen
分布：广东；越南

弯叶冷水花 **Pilea cordifolia** Hook. f.
分布：云南、西藏；印度、尼泊尔

心托冷水花 **Pilea cordistipulata** C. J. Chen
分布：贵州、云南、广东、广西

光疣冷水花 **Pilea dolichocarpa** C. J. Chen
分布：云南、广西；越南

石林冷水花 **Pilea elegantissima** C. J. Chen
分布：四川、云南；泰国

椭圆叶冷水花 **Pilea elliptilimba** C. J. Chen
分布：贵州、广西

奋起湖冷水花 **Pilea funkikensis** Hayata
分布：台湾

陇南冷水花 **Pilea gansuensis** C. J. Chen
分布：甘肃、四川

点乳冷水花 **Pilea glaberrima** (Blume) Blume
分布：贵州、云南、广东、广西；不丹、印度尼西亚、印度、缅甸、尼泊尔

贵州冷水花(新拟) **Pilea guizhouensis** A. K. Monro, C. J. Chen et Y. G. Wei
分布：贵州

六棱茎冷水花 **Pilea hexagona** C. J. Chen
分布：云南；越南

翠茎冷水花 **Pilea hilliana** Hand.-Mazz.
分布：四川、贵州、云南、西藏、广西；越南

翠茎冷水花(原变种) **Pilea hilliana** var. **hilliana**
分布：四川、贵州、云南、西藏、广西；越南

角萼翠茎冷水花 **Pilea hilliana** var. **corniculata** H. W. Li
分布：云南

须弥冷水花 **Pilea hookeriana** Wedd.
分布：云南；不丹、印度、尼泊尔

泡果冷水花 **Pilea howelliana** Hand.-Mazz.
分布：云南

泡果冷水花(原变种) **Pilea howelliana** var. **howelliana**
分布：云南

细齿泡果冷水花 **Pilea howelliana** var. **denticulata** C. J. Chen
分布：云南

盾基冷水花 **Pilea insolens** Wedd.
分布：西藏；不丹、印度、尼泊尔

山冷水花 **Pilea japonica** (Maxim.) Hand.-Mazz.
分布：吉林、辽宁、河北、山西、河南、陕西、甘肃、安徽、浙江、江西、湖南、湖北、四川、贵州、云南、福建、台湾、广东、广西；日本、韩国、俄罗斯

条叶冷水花 **Pilea linearifolia** C. J. Chen
分布：西藏；尼泊尔

隆脉冷水花 **Pilea lomatogramma** Hand.-Mazz.
分布：湖北、四川、云南、福建

长茎冷水花 **Pilea longicaulis** Hand.-Mazz.
分布：四川、贵州、广西；老挝、越南

长茎冷水花(原变种) **Pilea longicaulis** var. **longicaulis**
分布：广西；越南

啮蚀冷水花 **Pilea longicaulis** var. **erosa** C. J. Chen
分布：广西

黄花冷水花 **Pilea longicaulis** var. **flaviflora** C. J. Chen
分布：四川、贵州；老挝

鱼眼果冷水花 **Pilea longipedunculata** S. S. Chien et C. J. Chen
分布：贵州、云南、广西；泰国、越南

大果冷水花 **Pilea macrocarpa** C. J. Chen
分布：西藏

大叶冷水花 **Pilea martini** (H. Lév.) Hand.-Mazz.
分布：陕西、甘肃、江西、湖南、湖北、四川、贵州、云南、西藏、广西；不丹、尼泊尔、印度

细尾冷水花 **Pilea matsudae** Yamam.
分布：台湾

中间型冷水花 **Pilea media** C. J. Chen
分布：贵州、云南、广西

墨脱冷水花 **Pilea medogensis** C. J. Chen
分布：西藏；印度

长序冷水花 **Pilca mclastomoides** (Poir.) Wedd.
分布：贵州、云南、西藏、台湾、广西、海南；印度、印度尼西亚、斯里兰卡、缅甸、越南

勐海冷水花 **Pilea menghaiensis** C. J. Chen
分布：云南

**广西冷水花 Pilea microcardia** Hand.-Mazz.

分布：广西

**小叶冷水花 Pilea microphylla** (L.) Liebm.

分布：北京、浙江、江西、福建、台湾、广东、广西、海南、香港、澳门；原产于热带南美洲

**念珠冷水花 Pilea monilifera** Hand.-Mazz.

分布：江西、湖南、湖北、四川、贵州、云南、广西

**串珠毛冷水花 Pilea multicellularis** C. J. Chen

分布：云南

**长穗冷水花 Pilea myriantha** (Dunn) C. J. Chen

分布：西藏；印度

**冷水花 Pilea notata** C. H. Wright

分布：河南、甘肃、安徽、浙江、江西、湖南、湖北、四川、贵州、福建、台湾、广东、广西；日本

**雅致冷水花 Pilea oxyodon** Wedd.

分布：西藏；印度、尼泊尔

**滇东南冷水花 Pilea paniculigera** C. J. Chen

分布：云南；越南

**攀枝花冷水花(新拟) Pilea panzhihuaensis** C. J. Chen, A. K. Monro et L. Chen

分布：四川、贵州

**少花冷水花 Pilea pauciflora** C. J. Chen

分布：甘肃、四川

**赤车冷水花 Pilea pellionioides** C. J. Chen

分布：云南

**盾叶冷水花 Pilea peltata** Hance

分布：湖南、广东、广西

**卵叶盾叶冷水花 Pilea peltata** var. **ovatifolia** C. J. Chen

分布：广东

**盾叶冷水花(原变种) Pilea peltata** var. **peltata**

分布：湖南、广东、广西

**钝齿冷水花 Pilea penninervis** C. J. Chen

分布：云南、广西；越南

**镜面草 Pilea peperomioides** Diels

分布：四川、云南

**苔水花 Pilea peploides** (Gaudich.) Hook. et Arn.

分布：辽宁、内蒙古、河北、河南、安徽、浙江、江西、湖南、贵州、福建、台湾、广东、广西；不丹、印度、印度尼西亚、日本、朝鲜、缅甸、俄罗斯、泰国、越南、太平洋岛屿

**石筋草 Pilea plataniflora** C. H. Wright

分布：陕西、甘肃、湖北、四川、云南、台湾、广西、海南；泰国、越南

**假冷水花 Pilea pseudonotata** C. J. Chen

分布：贵州、云南、西藏；越南

**透茎冷水花 Pilea pumila** (L.) A. Gray

分布：黑龙江、吉林、辽宁、内蒙古、河北、山西、山东、河南、陕西、宁夏、甘肃、安徽、江苏、浙江、江西、湖南、湖北、四川、重庆、贵州、云南、西藏、福建、台湾、广东、广西；日本、朝鲜、蒙古国、俄罗斯；北美洲

**透茎冷水花(原变种) Pilea pumila** var. **pumila**

分布：安徽、重庆、福建、甘肃、广东、广西、贵州、河北、黑龙江、河南、湖北、湖南、江苏、江西、吉林、辽宁、内蒙古、宁夏、陕西、山东、山西、四川、台湾、西藏、云南、浙江；日本、韩国、蒙古国、俄罗斯；北美洲

**荫地冷水花 Pilea pumila** var. **hamaoi** (Makino) C. J. Chen

分布：黑龙江、吉林、河北；日本、朝鲜

**钝尖冷水花 Pilea pumila** var. **obtusifolia** C. J. Chen

分布：陕西、甘肃、湖北、四川、贵州

**总状冷水花 Pilea racemiformis** C. J. Chen

分布：广西；越南

**亚高山冷水花 Pilea racemosa** (Royle) Tuyama

分布：四川、云南、西藏；不丹、印度、尼泊尔

**序托冷水花 Pilea receptacularis** C. J. Chen

分布：陕西、湖北、四川

**短喙冷水花 Pilea rostellata** C. J. Chen

分布：云南

**圆果冷水花 Pilea rotundinucula** Hayata

分布：台湾

**红花冷水花 Pilea rubriflora** C. H. Wright

分布：湖北、四川

**怒江冷水花 Pilea salwinensis** (Hand.-Mazz.) C. J. Chen

分布：云南；缅甸

**细齿冷水花 Pilea scripta** (Buch.-Ham. ex D. Don) Wedd.

分布：云南、西藏；不丹、印度、克什米尔地区、缅甸、尼泊尔

**镰叶冷水花 Pilea semisessilis** Hand.-Mazz.

分布：江西、湖南、四川、云南、西藏、广西；泰国

**师宗冷水花(新拟) Pilea shizongensis** A. K. Monro, C. J. Chen et Y. G. Wei

分布：云南

**厚叶冷水花 Pilea sinocrassifolia** C. J. Chen

分布：湖南、贵州、云南、福建、广东

**粗齿冷水花 Pilea sinofasciata** C. J. Chen

分布：甘肃、安徽、浙江、江西、湖南、湖北、四川、贵州、广东、广西；印度、泰国

**细叶冷水花 Pilea somae** Hayata

分布：台湾

**刺果冷水花 Pilea spinulosa** C. J. Chen

分布：广东、广西、海南；越南

**鳞片冷水花 Pilea squamosa** C. J. Chen

分布：云南、西藏；不丹、印度、尼泊尔

**翅茎冷水花 Pilea subcoriacea** (Hand.-Mazz.) C. J. Chen

分布：湖南、四川、贵州、云南、广西

**小齿冷水花 Pilea subedentata** S. S. Chien et C. J. Chen

分布：海南

**玻璃草 Pilea swinglei** Merr.

分布：安徽、浙江、江西、湖南、湖北、贵州、福建、广东、广西；缅甸

**喙萼冷水花 Pilea symmeria** Wedd.

分布：西藏；不丹、印度、尼泊尔

**羽脉冷水花 Pilea ternifolia** Wedd.

分布：西藏；不丹、印度、尼泊尔

**海南冷水花 Pilea tsiangiana** F. P. Metcalf

分布：广西、海南；越南

**荫生冷水花 Pilea umbrosa** Blume

分布：云南、西藏；不丹、印度、克什米尔地区、尼泊尔

**荫生冷水花(原变种) Pilea umbrosa** var. **umbrosa**

分布：云南、西藏；不丹、印度、克什米尔地区、尼泊尔

**少毛冷水花 Pilea umbrosa** var. **obesa** Wedd.

分布：云南、西藏；尼泊尔

**鹰嘴冷水花 Pilea unciformis** C. J. Chen

分布：云南；越南

**疣果冷水花 Pilea verrucosa** Hand.-Mazz.

分布：湖南、湖北、四川、重庆、贵州、云南、福建、广西、海南；越南

**疣果冷水花(原变种) Pilea verrucosa** var. **verrucosa**

分布：重庆、广西、贵州、湖北、湖南、四川、云南

**闽北冷水花 Pilea verrucosa** var. **fujianensis** C. J. Chen

分布：福建

**离基脉冷水花 Pilea verrucosa** var. **subtriplinervia** C. J. Chen

分布：海南

**毛茎冷水花 Pilea villicaulis** Hand.-Mazz.

分布：云南

**生根冷水花 Pilea wightii** Wedd.

分布：广东、广西；印度、斯里兰卡

## 落尾木属 Pipturus Wedd.

**落尾木 Pipturus arborescens** (Link) C. B. Rob.

分布：台湾；日本、菲律宾

## 锥头麻属 Poikilospermum Zipp. ex Miq.

**毛叶锥头麻 Poikilospermum lanceolatum** (Trécul) Merr.

分布：云南、西藏；印度、缅甸

**大序锥头麻 Poikilospermum naucleiflorum** (Roxb. ex Lindl.) Chew

分布：西藏；印度、缅甸、泰国

**锥头麻 Poikilospermum suaveolens** (Blume) Merr.

分布：云南；柬埔寨、印度、印度尼西亚、马来西亚、菲律宾、泰国、越南

## 雾水葛属 Pouzolzia Gaudich.

**美叶雾水葛 Pouzolzia calophylla** W. T. Wang et C. J. Chen

分布：云南、西藏；不丹、印度、缅甸、尼泊尔

**雪毡雾水葛 Pouzolzia niveotomentosa** W. T. Wang

分布：四川、云南

**红雾水葛 Pouzolzia sanguinea** (Blume) Merr.

分布：四川、贵州、云南、西藏、台湾、广西、海南；不丹、印度、印度尼西亚、老挝、马来西亚、缅甸、尼泊尔、泰国、越南

**红雾水葛(原变种) Pouzolzia sanguinea** var. **sanguinea**

分布：四川、贵州、云南、西藏、台湾、广西、海南；不

丹、印度、印度尼西亚、老挝、马来西亚、缅甸、尼泊尔、泰国、越南

**雅致雾水葛 Pouzolzia sanguinea** var. **elegans** (Wedd.) Friis, Wilmot-Dear et C. J. Chen

分布：四川、贵州、云南、西藏、台湾

**台湾雾水葛 Pouzolzia taiwaniana** C.-I Peng et S. W. Chung

分布：台湾

**雾水葛 Pouzolzia zeylanica** (L.) Benn. et R. Br.

分布：安徽、福建、甘肃、广东、广西、湖北、湖南、江西、四川、台湾、云南、浙江；印度、印度尼西亚、日本、克什米尔地区、马来西亚、缅甸、尼泊尔、巴布亚新几内亚、巴基斯坦、菲律宾、斯里兰卡、泰国、越南、澳大利亚、马尔代夫、波利尼西亚、也门，引种于非洲、新世界

**雾水葛(原变种) Pouzolzia zeylanica** var. **zeylanica**

分布：安徽、福建、甘肃、广东、广西、湖北、湖南、江西、四川、云南、浙江；印度、印度尼西亚、日本、克什米尔地区、马来西亚、缅甸、尼泊尔、巴布亚新几内亚、巴基斯坦、菲律宾、斯里兰卡、泰国、越南、澳大利亚、马尔代夫、波利尼西亚、也门，引种于非洲、新世界

**狭叶雾水葛 Pouzolzia zeylanica** var. **angustifolia** (Wight) C. J. Chen

分布：广东、广西；印度尼西亚、马来西亚

**多枝雾水葛 Pouzolzia zeylanica** var. **microphylla** (Wedd.) W. T. Wang

分布：江西、云南、福建、台湾、广东、广西；亚洲

## 藤麻属 Procris Comm. ex Juss.

**藤麻 Procris crenata** C. B. Rob.

分布：四川、贵州、云南、西藏、福建、台湾、广东、广西、海南；不丹、印度、印度尼西亚、老挝、马来西亚、尼泊尔、菲律宾、斯里兰卡、泰国、越南；非洲

## 肉被麻属 Sarcochlamys Gaudich.

**肉被麻 Sarcochlamys pulcherrima** Gaudich.

分布：云南、西藏；不丹、印度、印度尼西亚、缅甸、泰国

## 荨麻属 Urtica L.

**狭叶荨麻 Urtica angustifolia** Fisch. ex Hornem.

分布：黑龙江、吉林、辽宁、内蒙古、河北、山东、陕西；日本、朝鲜、蒙古国、俄罗斯

**须弥荨麻 Urtica ardens** Link

分布：云南、西藏、广西；不丹、印度、尼泊尔

**小果荨麻 Urtica atrichocaulis** (Hand.-Mazz.) C. J. Chen

分布：四川、贵州、云南

**麻叶荨麻 Urtica cannabina** L.

分布：黑龙江、吉林、辽宁、内蒙古、河北、山西、陕西、宁夏、甘肃、青海、新疆、四川；蒙古国、俄罗斯；亚洲(西南部和中部)、欧洲

**异株荨麻 Urtica dioica** L.

分布：甘肃、青海、新疆、四川、西藏；喜马拉雅(中部)、阿富汗；欧洲、非洲(北部)、北美洲

**异株荨麻(原亚种) Urtica dioica** subsp. **dioica**

分布：青海、新疆、西藏；欧洲、非洲、北美洲

**尾尖异株荨麻 Urtica dioica** subsp. **afghanica** Chrtek

分布：新疆、西藏；阿富汗

**甘肃异株荨麻 Urtica dioica** subsp. **gansuensis** C. J. Chen

分布：甘肃、四川

**荨麻 Urtica fissa** E. Pritz.

分布：河南、陕西、甘肃、安徽、浙江、湖南、湖北、贵州、云南、福建、广西；越南

**高原荨麻 Urtica hyperborea** Jacquem. ex Wedd.

分布：甘肃、青海、新疆、四川、西藏；印度

**宽叶荨麻 Urtica laetevirens** Maxim.

分布：黑龙江、吉林、辽宁、内蒙古、河北、山西、山东、河南、陕西、甘肃、青海、安徽、湖南、湖北、四川、云南、西藏；日本、朝鲜、俄罗斯

**宽叶荨麻(原亚种) Urtica laetevirens** subsp. **laetevirens**

分布：辽宁、内蒙古、河北、山西、山东、河南、陕西、甘肃、青海、安徽、湖南、湖北、四川、云南、西藏；日本、朝鲜、俄罗斯

**乌苏里荨麻 Urtica laetevirens** subsp. **cyanescens** (Kom.) C. J. Chen

分布：黑龙江、吉林、辽宁；朝鲜、俄罗斯

**滇藏荨麻 Urtica mairei** H. Lév.

分布：四川、云南、西藏；不丹、印度、缅甸

**圆果荨麻 Urtica parviflora** Roxb.

分布：云南、西藏、广西；不丹、印度、克什米尔地区、尼泊尔

**台湾荨麻 Urtica taiwaniana** S. S. Ying

分布：台湾

**咬人荨麻 Urtica thunbergiana** Sieb. et Zucc.

分布：云南、台湾；日本

**三角叶荨麻 Urtica triangularis** Hand.-Mazz.
分布：甘肃、青海、四川、云南、西藏

**三角叶荨麻(原亚种) Urtica triangularis** subsp. **triangularis**
分布：青海、四川、云南、西藏

**羽裂荨麻 Urtica triangularis** subsp. **pinnatifida** (Hand.-Mazz.) C. J. Chen
分布：甘肃、青海、云南、西藏

**毛果荨麻 Urtica triangularis** subsp. **trichocarpa** C. J. Chen
分布：甘肃、青海、四川

**欧荨麻 Urtica urens** L.
分布：辽宁、青海、新疆、西藏；亚洲、欧洲、非洲，温带地区和热带高地广布

### 征镒麻属 Zhengyia T. Deng et D. G. Zhang et H. Sun

**征镒神麻 Zhengyia shennongensis** T. Deng et D. G. Zhang et H. Sun
分布：湖北

## 454. 翡若翠科 Velloziaceae J. Agardh

### 芒苞草属 Acanthochlamys P. C. Kao

**芒苞草 Acanthochlamys bracteata** P. C. Kao
分布：四川、西藏

## 455. 马鞭草科 Verbenaceae J. St.-Hill.

### 假连翘属 Duranta L.

**假连翘 Duranta erecta** L.
分布：浙江、江西、湖南、台湾、广东、广西、海南，归化于福建；北美洲、南美洲

### 马缨丹属 Lantana L.

**马缨丹 Lantana camara** L.
分布：安徽、江苏、湖南、贵州、云南、福建、台湾、广东、广西、海南、香港；原产于美洲热带，现为泛热带地区逸生，成为常见杂草

### 过江藤属 Phyla Lour.

**过江藤 Phyla nodiflora** (L.) E. L. Greene
分布：江苏、江西、湖南、湖北、四川、贵州、云南、西藏、福建、台湾、广东、海南；世界热带及亚热带

### 假马鞭属 Stachytarpheta Vahl

**假马鞭 Stachytarpheta jamaicensis** (L.) Vahl
分布：云南、福建、台湾、广东、广西、海南、香港；原产于中美洲，现北美洲和东南亚广布

### 马鞭草属 Verbena L.

**具苞马鞭草(新拟) Verbena bracteata** Cav. ex Lag. et Rodr.
分布：辽宁

**马鞭草 Verbena officinalis** L.
分布：山西、陕西、甘肃、新疆、安徽、江苏、浙江、江西、湖南、湖北、四川、贵州、云南、西藏、福建、台湾、广东、广西、海南；世界温带及热带

## 456. 堇菜科 Violaceae Batsch

### 鼠鞭草属 Hybanthus Jacq.

**鼠鞭草 Hybanthus enneaspermus** (L.) F. Muell.
分布：台湾、广东、海南；亚洲、热带非洲、大洋洲

### 三角车属 Rinorea Aubl.

**三角车 Rinorea bengalensis** (Wall.) Kuntze
分布：广西、海南；越南、缅甸、印度、泰国、马来西亚、斯里兰卡、澳大利亚

**毛蕊三角车 Rinorea erianthera** C. Y. Wu et C. Ho
分布：四川

**短柄三角车 Rinorea longiracemosa** (Kurz) Craib
分布：海南；柬埔寨、印度尼西亚、老挝、马来西亚、缅甸、泰国、越南

**鳞隔堇 Rinorea virgata** (Thwaites) Kuntze
分布：海南；缅甸、泰国、越南、老挝、斯里兰卡

### 堇菜属 Viola L.

**鸡腿堇菜 Viola acuminata** Ledeb.
分布：黑龙江、吉林、辽宁、内蒙古、河北、山西、山东、河南、陕西、宁夏、甘肃、安徽、浙江、湖北、四川；日本、韩国、蒙古国、俄罗斯

**毛花鸡腿堇菜 Viola acuminata** var. **pilifera** C. J. Wang
分布：甘肃

**尖叶堇菜 Viola acutifolia** (Kar. et Kir.) W. Becker
分布：新疆；俄罗斯

**朝鲜堇菜 Viola albida** Palib.

分布：黑龙江、辽宁、山东；韩国、日本

**朝鲜堇菜(原变种) Viola albida** var. **albida**

分布：辽宁；日本、韩国

**菊叶堇菜 Viola albida** var. **takahashii** (Nakai) Nakai

分布：黑龙江、辽宁、山东；韩国

**阿尔泰堇菜 Viola altaica** Ker Gawl.

分布：新疆；哈萨克斯坦、吉尔吉斯斯坦、蒙古国、俄罗斯；亚洲(西南部)、欧洲(东南部)

**如意草 Viola arcuata** Bl.

分布：黑龙江、吉林、辽宁、山东、河南、陕西、甘肃、安徽、江苏、浙江、江西、湖南、湖北、四川、重庆、贵州、云南、福建、台湾、广东、广西；不丹、印度、印度尼西亚、日本、韩国、马来西亚、蒙古国、缅甸、巴布亚新几内亚、尼泊尔、俄罗斯、泰国、越南

**野生堇菜 Viola arvensis** Murray

分布：台湾；原产于西南亚、欧洲、非洲(北部)

**华南堇菜 Viola austrosinensis** Y. S. Chen et Q. E. Yang

分布：广东、广西、海南

**枪叶堇菜 Viola belophylla** H. Boissieu

分布：四川、云南、西藏

**戟叶堇菜 Viola betonicifolia** Sm.

分布：河南、陕西、安徽、江苏、浙江、江西、湖南、湖北、四川、重庆、贵州、云南、福建、台湾、广东、广西、海南、西藏；阿富汗、不丹、日本、印度、印度尼西亚、克什米尔地区、马来西亚、缅甸、尼泊尔、菲律宾、斯里兰卡、泰国、越南、澳大利亚

**双花堇菜 Viola biflora** L.

分布：黑龙江、吉林、辽宁、内蒙古、河北、山西、山东、河南、陕西、宁夏、甘肃、青海、新疆、四川、云南、西藏、台湾；不丹、印度、日本、哈萨克斯坦、朝鲜、马来西亚、蒙古国、缅甸、尼泊尔、俄罗斯；欧洲、北美洲

**双花堇菜(原变种) Viola biflora** var. **biflora**

分布：黑龙江、吉林、辽宁、内蒙古、河北、山西、河南、陕西、宁夏、青海、新疆、四川、云南、西藏、台湾；不丹、印度、印度尼西亚、日本、克什米尔地区、韩国、马来西亚、蒙古国、缅甸、尼泊尔、俄罗斯；欧洲、北美洲

**圆叶小堇菜 Viola biflora** var. **rockiana** (W. Becker) Y. S. Chen

分布：甘肃、青海、四川、云南、西藏

**兴安圆叶堇菜 Viola brachyceras** Turcz.

分布：黑龙江、吉林、内蒙古；蒙古国、俄罗斯

**鳞茎堇菜 Viola bulbosa** Maxim.

分布：陕西、甘肃、青海、四川、云南、西藏；不丹、印度、尼泊尔

**阔紫叶堇菜 Viola cameleo** H. Boissieu

分布：湖北、四川、云南

**南山堇菜 Viola chaerophylloides** (Regel) W. Becker

分布：辽宁、河北、山东、河南、安徽、江苏、浙江、江西、湖北、重庆；朝鲜、日本、俄罗斯

**南山堇菜(原变种) Viola chaerophylloides** var. **chaerophylloides**

分布：辽宁、河北、山东、河南、安徽、江苏、浙江、江西、湖北、重庆；日本、韩国、俄罗斯

**细裂堇菜 Viola chaerophylloides** var. **sieboldiana** (Maxim.) Makino

分布：安徽、浙江、江西、湖北；日本

**张氏堇菜(新拟) Viola changii** J. S. Zhou et F. W. Xing

分布：广东

**球果堇菜 Viola collina** Bess.

分布：黑龙江、吉林、辽宁、内蒙古、河北、山西、山东、河南、陕西、宁夏、甘肃、安徽、江苏、浙江、湖北、四川、重庆、贵州、云南；朝鲜、日本、塔吉克斯坦、蒙古国、俄罗斯；欧洲

**球果堇菜(原变种) Viola collina** var. **collina**

分布：黑龙江、吉林、辽宁、内蒙古、河北、山西、山东、河南、陕西、宁夏、甘肃、江苏、浙江、湖北、四川、重庆、贵州、云南；日本、韩国、蒙古国、俄罗斯、塔吉克斯坦

**光果球果堇菜 Viola collina** var. **glabricarpa** K. Sun

分布：山东

**光叶球果堇菜 Viola collina** var. **intramongolica** Ching J. Wang

分布：内蒙古

**密叶堇菜 Viola confertifolia** Chang

分布：云南

**鄂西堇菜 Viola cuspidifolia** W. Becker

分布：湖南、湖北

**掌叶堇菜 Viola dactyloides** Roem. et Schult.

分布：黑龙江、吉林、内蒙古、河北；蒙古国、俄罗斯

**深圆齿堇菜 Viola davidii** Franch.

分布：浙江、江西、湖南、湖北、四川、重庆、贵州、云南、西藏、福建、广东、广西

**灰叶堇菜 Viola delavayi** Franch.
分布：四川、贵州、云南

**大叶堇菜 Viola diamantiaca** Nakai
分布：吉林、辽宁；朝鲜

**七星莲 Viola diffusa** Ging.
分布：河南、陕西、甘肃、安徽、江苏、浙江、江西、湖南、湖北、四川、重庆、贵州、云南、西藏、福建、台湾、广东、广西、海南；不丹、日本、印度、印度尼西亚、马来西亚、缅甸、尼泊尔、巴布亚新几内亚、菲律宾、泰国、越南

**轮叶堇菜 Viola dimorphophylla** Y. S. Chen et Q. E. Yang
分布：云南

**裂叶堇菜 Viola dissecta** Ledeb.
分布：黑龙江、吉林、辽宁、内蒙古、河北、山西、山东、陕西、宁夏、甘肃、青海、四川；韩国、蒙古国、俄罗斯

**裂叶堇菜(原变种) Viola dissecta** var. **dissecta**
分布：黑龙江、吉林、辽宁、内蒙古、河北、山西、山东、陕西、宁夏、甘肃、青海、四川；韩国、蒙古国、俄罗斯

**总裂叶堇菜 Viola dissecta** var. **incisa** (Turcz.) Y. S. Chen
分布：黑龙江、吉林、辽宁、内蒙古、河北；俄罗斯

**紫点堇菜 Viola duclouxii** W. Becker
分布：云南

**溪堇菜 Viola epipsiloides** Löve et Löve
分布：黑龙江、吉林、内蒙古、新疆；韩国、日本、俄罗斯；欧洲、北美洲

**柔毛堇菜 Viola fargesii** H. Boissieu
分布：安徽、江苏、浙江、江西、湖南、湖北、四川、贵州、云南、福建、台湾、广东、广西

**台湾堇菜 Viola formosana** Hayata
分布：台湾

**台湾堇菜(原变种) Viola formosana** var. **formosana**
分布：台湾

**川上氏堇菜 Viola formosana** var. **kawakamii** (Hayata) Y. S. Chen et Q. E. Yang
分布：台湾

**羽裂堇菜 Viola forrestiana** W. Becker
分布：云南、西藏

**兴安堇菜 Viola gmeliniana** Roem. et Schult.
分布：黑龙江、内蒙古；蒙古国、俄罗斯

**阔萼堇菜 Viola grandisepala** W. Becker
分布：四川、云南

**紫花堇菜 Viola grypoceras** A. Gray
分布：河南、陕西、甘肃、安徽、浙江、江西、湖北、四川、贵州、云南、福建、台湾、广东、广西、湖南、江苏；日本、韩国

**广州堇菜(新拟) Viola guangzhouensis** A. Q. Dong, J. S. Zhou et F. W. Xing
分布：广东

**西山堇菜 Viola hancockii** W. Becker
分布：河北、山西、山东、河南、陕西、甘肃、江苏

**常春藤叶堇菜 Viola hederacea** Labill.
分布：香港；澳大利亚

**紫叶堇菜 Viola hediniana** W. Becker
分布：湖北、四川

**巫山堇菜 Viola henryi** H. Boissieu
分布：湖南、湖北、四川

**硬毛堇菜 Viola hirta** L.
分布：新疆；俄罗斯；欧洲

**毛柄堇菜 Viola hirtipes** S. Moore
分布：吉林、辽宁；朝鲜、日本、俄罗斯

**日本球果堇菜 Viola hondoensis** W. Becker et H. Boissieu
分布：陕西、浙江、江西、湖南、湖北、重庆；日本、韩国

**长萼堇菜 Viola inconspicua** Blume
分布：河南、陕西、安徽、江苏、浙江、江西、湖南、湖北、四川、贵州、云南、福建、台湾、广东、广西、海南；印度、印度尼西亚、日本、马来西亚、缅甸、巴布亚新几内亚、菲律宾、越南

**犁头草 Viola japonica** Langsd. ex DC.
分布：安徽、江苏、浙江、江西、湖南、湖北、四川、重庆、贵州、福建；朝鲜、日本

**井冈山堇菜(新拟) Viola jinggangshanensis** Z. L. Ning et J. P. Liao
分布：江西

**福建堇菜 Viola kosanensis** Nakai
分布：陕西、安徽、江西、湖南、湖北、四川、贵州、云南、福建、台湾、广东、广西

**西藏堇菜 Viola kunawarensis** Royle
分布：甘肃、青海、新疆、四川、西藏；阿富汗、印度、克什米尔地区、哈萨克斯坦、吉尔吉斯斯坦、蒙古国、尼

泊尔、俄罗斯、塔吉克斯坦

**广东苋菜 Viola kwangtungensis** Melch.

分布：江西、湖南、四川、福建、广东

**白花堇菜 Viola lactiflora** Nakai

分布：辽宁、江苏、浙江、江西；朝鲜、日本

**亮毛堇菜 Viola lucens** W. Becker

分布：安徽、江西、湖南、湖北、贵州、福建、广东

**大距堇菜 Viola macroceras** Bunge

分布：新疆；克什米尔地区、哈萨克斯坦、吉尔吉斯斯坦、蒙古国、俄罗斯、塔吉克斯坦、乌兹别克斯坦

**犁头叶堇菜 Viola magnifica** C. J. Wang ex X. D. Wang

分布：河南、安徽、浙江、江西、湖南、湖北、重庆、贵州

**东北堇菜 Viola mandshurica** W. Becker

分布：黑龙江、吉林、辽宁、内蒙古、山东、安徽、福建、台湾；日本、韩国、俄罗斯

**猫儿山堇菜(新拟) Viola maoershanensis** Y. S. Chen et Q. E. Yang

分布：广西

**奇异堇菜 Viola mirabilis** L.

分布：黑龙江、吉林、辽宁、内蒙古、河北、山西、宁夏、甘肃；日本、韩国、蒙古国、俄罗斯

**蒙古堇菜 Viola mongolica** Franch.

分布：黑龙江、吉林、辽宁、内蒙古、河北、山西、山东、河南、陕西、宁夏、甘肃、青海

**高堇菜 Viola montana** L.

分布：新疆；哈萨克斯坦、吉尔吉斯斯坦、俄罗斯、塔吉克斯坦、乌兹别克斯坦；欧洲

**萱 Viola moupinensis** Franch.

分布：陕西、甘肃、安徽、江苏、浙江、江西、湖南、湖北、四川、贵州、云南、西藏、福建、广东、广西；不丹、尼泊尔、印度

**小尖堇菜 Viola mucronulifera** Hand.-Mazz.

分布：四川、贵州、云南、广西

**大黄花堇菜 Viola muehldorfii** Kiss

分布：黑龙江；韩国、俄罗斯

**木里堇菜 Viola muliensis** Y. S. Chen et Q. E. Yang

分布：四川

**台北堇菜 Viola nagasawae** Makino et Hayata

分布：台湾

**台北堇菜(原变种) Viola nagasawae** var. **nagasawae**

分布：台湾

**锐叶台北堇菜 Viola nagasawae** var. **pricei** (W. Becker) J. C. Wang et T. C. Huang

分布：台湾

**南岭堇菜(新拟) Viola nanlingensis** J. S. Zhou et F. W. ing

分布：广东

**光滑堇菜(新拟) Viola nitida** Y. S. Chen et Q. E. Yang

分布：湖南、贵州、广西

**裸堇菜 Viola nuda** W. Becker

分布：云南

**翠峰堇菜 Viola obtusa** var. **tsuifengensis** Hashim.

分布：台湾

**香堇菜 Viola odorata** L.

分布：北京、天津、上海、广东；原产于亚洲(西南部和中部)、欧洲、非洲(北部)

**东方堇菜 Viola orientalis** (Maxim.) W. Becker

分布：黑龙江、吉林、辽宁、山东；俄罗斯、朝鲜、日本

**白花地丁 Viola patrinii** DC. ex Ging.

分布：黑龙江、吉林、辽宁、内蒙古；日本、韩国、蒙古国、俄罗斯

**北京堇菜 Viola pekinensis** (Regel) W. Becker

分布：黑龙江、吉林、辽宁、内蒙古、河北、山西、山东、河南

**悬果堇菜 Viola pendulicarpa** W. Becker

分布：陕西、湖北、四川、云南

**极细堇菜 Viola perpusilla** H. Boissieu

分布：云南

**茜堇菜 Viola phalacrocarpa** Maxim.

分布：黑龙江、吉林、辽宁；朝鲜、日本、俄罗斯

**紫花地丁 Viola philippica** Cavanilles

分布：黑龙江、吉林、辽宁、内蒙古、河北、山西、山东、河南、陕西、宁夏、甘肃、安徽、江苏、浙江、江西、湖北、四川、重庆、贵州、云南、福建、台湾、广东、广西、海南；柬埔寨、印度、印度尼西亚、日本、韩国、老挝、蒙古国、菲律宾、越南

**紫花地丁(原变种) Viola philippica** var. **philippica**

分布：黑龙江、吉林、辽宁、内蒙古、河北、山西、山东、河南、陕西、宁夏、甘肃、江苏、浙江、江西、湖北、四川、重庆、贵州、云南、福建、台湾、广东、广西、海南；

柬埔寨、印度、印度尼西亚、日本、韩国、老挝、蒙古国、菲律宾、越南

**琉球堇菜 Viola philippica** var. **pseudojaponica** (Nakai) Y. S. Chen
分布：台湾；日本

**匍匐堇菜 Viola pilosa** Blume
分布：四川、贵州、云南、西藏、广西；阿富汗、不丹、印度、印度尼西亚、克什米尔地区、马来西亚、缅甸、尼泊尔、斯里兰卡、泰国

**早开堇菜 Viola prionantha** Bunge
分布：黑龙江、吉林、辽宁、内蒙古、河北、山西、山东、河南、陕西、宁夏、甘肃、青海、湖北、四川；韩国、俄罗斯

**立堇菜 Viola raddeana** Regel
分布：黑龙江、吉林、内蒙古；朝鲜、日本、俄罗斯

**辽宁堇菜 Viola rossii** Hemsl.
分布：辽宁、山东、安徽、浙江、江西、湖南；朝鲜、日本

**石生堇菜 Viola rupestris** F. W. Schmidt
分布：山西、陕西、甘肃、新疆；克什米尔地区、哈萨克斯坦、吉尔吉斯斯坦、蒙古国、巴基斯坦、俄罗斯、塔吉克斯坦；亚洲(西南部)、欧洲

**石生堇菜(原亚种) Viola rupestris** subsp. **rupestris**
分布：新疆；克什米尔地区、哈萨克斯坦、吉尔吉斯斯坦、蒙古国、巴基斯坦、俄罗斯、塔吉克斯坦

**长托叶石生堇菜 Viola rupestris** subsp. **licentii** W. Becker
分布：山西、陕西、甘肃

**库叶堇菜 Viola sacchalinensis** H. Boissieu
分布：黑龙江、吉林、内蒙古；日本、朝鲜、俄罗斯、蒙古国

**库叶堇菜(原变种) Viola sacchalinensis** var. **sacchalinensis**
分布：黑龙江、吉林、内蒙古；日本、韩国、蒙古国、俄罗斯

**长白山堇菜 Viola sacchalinensis** var. **alpicola** P. Y. Fu et Y. C. Teng
分布：吉林；朝鲜

**深山堇菜 Viola selkirkii** Pursh ex Goldie
分布：黑龙江、吉林、辽宁、内蒙古、河北、陕西；日本、韩国、蒙古国、俄罗斯；欧洲、北美洲

**尖山堇菜 Viola senzanensis** Hayata
分布：台湾

**小齿堇菜 Viola serrula** W. Becker
分布：重庆、贵州、云南

**锡金堇菜 Viola sikkimensis** W. Becker
分布：云南、西藏；不丹、尼泊尔、印度、缅甸

**圆果堇菜 Viola sphaerocarpa** W. Becker
分布：陕西、四川、重庆、云南

**庐山堇菜 Viola stewardiana** W. Becker
分布：陕西、甘肃、安徽、江苏、浙江、江西、湖南、湖北、四川、贵州、福建、广东

**圆叶堇菜 Viola striatella** H. Boissieu
分布：河南、陕西、甘肃、安徽、江西、湖南、湖北、四川、重庆、云南

**光叶堇菜 Viola sumatrana** Miq.
分布：贵州、云南、广西、海南；印度尼西亚、马来西亚、缅甸、泰国、越南

**四川堇菜 Viola szetschwanensis** W. Becker et H. Boissieu
分布：四川、云南、西藏；尼泊尔

**细距堇菜 Viola tenuicornis** W. Becker
分布：黑龙江、吉林、辽宁、内蒙古、河北、山西、山东、河南、陕西、甘肃、江苏；朝鲜、俄罗斯

**细距堇菜(原亚种) Viola tenuicornis** subsp. **tenuicornis**
分布：黑龙江、吉林、辽宁、内蒙古、河北、山西、山东、河南、陕西、甘肃、江苏；朝鲜、俄罗斯

**毛萼堇菜 Viola tenuicornis** subsp. **trichosepala** W. Becker
分布：吉林、辽宁、内蒙古、河北、山西；朝鲜、俄罗斯

**纤茎堇菜 Viola tenuissima** Chang
分布：四川、贵州

**毛堇菜 Viola thomsonii** Oudem.
分布：云南、西藏；不丹、印度、缅甸、尼泊尔

**滇西堇菜 Viola tienschiensis** W. Becker
分布：四川、贵州、云南、西藏；印度、克什米尔地区、尼泊尔

**凤凰堇菜 Viola tokubuchiana** var. **takedana** (Makino) F. Maekawa
分布：吉林、辽宁；日本、韩国

**三角叶堇菜 Viola triangulifolia** W. Becker
分布：安徽、浙江、江西、湖南、湖北、贵州、福建、广

东、广西

**毛瓣堇菜** **Viola trichopetala** C. C. Chang

分布：四川、云南、西藏；不丹

**三色堇** **Viola tricolor** L.

分布：国内外广泛栽培；原产于欧洲

**粗齿堇菜** **Viola urophylla** Franch.

分布：四川、云南

**粗齿堇菜(原变种)** **Viola urophylla** var. **urophylla**

分布：四川、云南

**密毛粗齿堇菜** **Viola urophylla** var. **densivillosa** Ching J. Wang

分布：四川、云南

**斑叶堇菜** **Viola variegata** Fisch. ex Link

分布：黑龙江、吉林、辽宁、内蒙古、河北、山西；朝鲜、日本、俄罗斯、蒙古国

**紫背堇菜** **Viola violacea** Makino

分布：安徽、浙江、江西、福建；日本、韩国

**西藏细距堇菜** **Viola wallichiana** Ging.

分布：西藏；尼泊尔、印度

**蓼叶堇菜** **Viola websteri** Hemsl.

分布：吉林；朝鲜

**云南堇菜** **Viola yunnanensis** W. Becker et H. Boissieu

分布：云南、海南；印度尼西亚、马来西亚、缅甸、越南

**心叶堇菜** **Viola yunnanfuensis** W. Becker

分布：四川、贵州、云南、西藏、广西；不丹

## 457. 葡萄科 Vitaceae Juss.

### 酸蔹藤属 **Ampelocissus** Planch.

**酸蔹藤** **Ampelocissus artemisiifolia** Planch.

分布：四川、云南

**四川酸蔹藤** **Ampelocissus butoensis** C. L. Li

分布：四川

**红河酸蔹藤** **Ampelocissus hoabinhensis** C. L. Li

分布：云南；尼泊尔、越南

**锡金酸蔹藤** **Ampelocissus sikkimensis** (M. A. Lawson) Planch.

分布：云南；印度、尼泊尔

**西藏酸蔹藤** **Ampelocissus xizangensis** C. L. Li

分布：西藏；尼泊尔

### 蛇葡萄属 **Ampelopsis** Michx.

**槭叶蛇葡萄** **Ampelopsis acerifolia** W. T. Wang

分布：四川

**乌头叶蛇葡萄** **Ampelopsis aconitifolia** Bunge

分布：黑龙江、吉林、辽宁、内蒙古、河北、山西、山东、河南、陕西、宁夏、甘肃、四川

**乌头叶蛇葡萄(原变种)** **Ampelopsis aconitifolia** var. **aconitifolia**

分布：内蒙古、河北、山西、河南、陕西、甘肃

**掌裂草葡萄** **Ampelopsis aconitifolia** var. **palmiloba** (Carrière) Rehder

分布：黑龙江、吉林、辽宁、内蒙古、河北、山西、山东、陕西、宁夏、甘肃、四川

**尖齿蛇葡萄** **Ampelopsis acutidentata** W. T. Wang

分布：四川、云南、西藏

**蓝果蛇葡萄** **Ampelopsis bodinieri** (H. Lév. et Vaniot) Rehder

分布：河南、陕西、湖南、湖北、四川、贵州、云南、福建、广东、广西、海南

**蓝果蛇葡萄(原变种)** **Ampelopsis bodinieri** var. **bodinieri**

分布：河南、陕西、湖南、湖北、四川、贵州、云南、福建、广东、广西、海南

**灰毛蛇葡萄** **Ampelopsis bodinieri** var. **cinerea** (Gagnep.) Rehder

分布：陕西、湖南、四川

**广东蛇葡萄** **Ampelopsis cantoniensis** (Hook. et Arn.) K. Koch

分布：安徽、浙江、湖南、湖北、贵州、云南、西藏、福建、台湾、广东、广西、海南；日本、马来西亚、泰国、越南

**羽叶蛇葡萄** **Ampelopsis chaffanjonii** (H. Lév.) Rehder

分布：安徽、江西、湖南、湖北、四川、重庆、贵州、云南、广西

**三裂蛇葡萄** **Ampelopsis delavayana** Planch. ex Franch.

分布：吉林、辽宁、内蒙古、河北、山东、河南、陕西、甘肃、江苏、湖北、四川、重庆、贵州、云南、福建、广东、广西、海南

**三裂蛇葡萄(原变种)** **Ampelopsis delavayana** var. **delavayana**

分布：湖北、四川、重庆、贵州、云南、福建、广东、广西、海南

掌裂蛇葡萄 **Ampelopsis delavayana** var. **glabra** (Diels et Gilg) C. L. Li
分布：吉林、辽宁、内蒙古、河北、山东、河南、江苏、湖北

毛三裂蛇葡萄 **Ampelopsis delavayana** var. **setulosa** (Diels et Gilg) C. L. Li
分布：河北、河南、陕西、甘肃、四川、贵州、云南

狭叶蛇葡萄 **Ampelopsis delavayana** var. **tomentella** (Diels et Gilg) C. L. Li
分布：湖北、四川

蛇葡萄 **Ampelopsis glandulosa** (Wall.) Momiy.
分布：黑龙江、吉林、辽宁、河北、山东、河南、安徽、江苏、浙江、江西、湖南、湖北、四川、贵州、云南、福建、台湾、广东、广西；印度、日本、缅甸、尼泊尔、菲律宾、越南

蛇葡萄(原变种) **Ampelopsis glandulosa** var. **glandulosa**
分布：河北、河南、安徽、浙江、江西、四川、贵州、云南、福建、台湾、广东、广西；印度、缅甸、尼泊尔

东北蛇葡萄 **Ampelopsis glandulosa** var. **brevipedunculata** (Maxim.) Momiy.
分布：黑龙江、吉林、辽宁

光叶蛇葡萄 **Ampelopsis glandulosa** var. **hancei** (Planch.) Momiy.
分布：山东、河南、江苏、江西、湖南、四川、贵州、云南、福建、台湾、广东、广西；日本、菲律宾

异叶蛇葡萄 **Ampelopsis glandulosa** var. **heterophylla** (Thunb.) Momiy.
分布：黑龙江、吉林、辽宁、河北、山东、河南、安徽、江苏、浙江、江西、湖南、湖北、四川、贵州、云南、福建、广东、广西；日本

牯岭蛇葡萄 **Ampelopsis glandulosa** var. **kulingensis** (Rehder) Momiy.
分布：安徽、江苏、浙江、江西、湖南、四川、贵州、福建、广东、广西

贡山蛇葡萄 **Ampelopsis gongshanensis** C. L. Li
分布：云南

显齿蛇葡萄 **Ampelopsis grossedentata** (Hand.-Mazz.) W. T. Wang
分布：江西、湖南、湖北、贵州、云南、福建、广东、广西；越南

葎叶蛇葡萄 **Ampelopsis humulifolia** Bunge
分布：辽宁、内蒙古、河北、山西、山东、河南、陕西、青海

粉叶蛇葡萄 **Ampelopsis hypoglauca** (Hance) C. L. Li
分布：江西、福建、广东

白蔹 **Ampelopsis japonica** (Thunb.) Makino
分布：吉林、辽宁、河北、山西、河南、陕西、江苏、浙江、江西、湖南、湖北、四川、广东、广西；日本有栽培

大叶蛇葡萄 **Ampelopsis megalophylla** Diels et Gilg
分布：陕西、甘肃、江西、湖北、四川、重庆、贵州、云南

大叶蛇葡萄(原变种) **Ampelopsis megalophylla** var. **megalophylla**
分布：陕西、甘肃、湖北、四川、重庆、贵州、云南

柔毛大叶蛇葡萄 **Ampelopsis megalophylla** var. **jiangxiensis** (W. T. Wang) C. L. Li
分布：江西

毛叶蛇葡萄 **Ampelopsis mollifolia** W. T. Wang
分布：四川

毛枝蛇葡萄 **Ampelopsis rubifolia** (Wall.) Planch.
分布：江西、湖南、四川、贵州、云南、广西；印度

绒毛蛇葡萄 **Ampelopsis tomentosa** Planch. ex Franch.
分布：云南

绒毛蛇葡萄(原变种) **Ampelopsis tomentosa** var. **tomentosa**
分布：云南

脱绒蛇葡萄 **Ampelopsis tomentosa** var. **glabrescens** C. L. Li
分布：云南

## 乌蔹莓属 Cayratia Juss.

白毛乌蔹莓 **Cayratia albifolia** C. L. Li
分布：安徽、浙江、江西、湖南、湖北、四川、贵州、云南、福建、广东、广西

短柄乌蔹莓 **Cayratia cardiospermoides** (Planch.) Gagnep.
分布：四川、云南

节毛乌蔹莓 **Cayratia ciliifera** (Merr.) Chun
分布：海南；越南

心叶乌蔹莓 **Cayratia cordifolia** C. Y. Wu ex C. L. Li
分布：云南

角花乌蔹莓 **Cayratia corniculata** (Benth.) Gagnep.
分布：福建、台湾、广东、海南；马来西亚、菲律宾、越南

**大理乌蔹莓 Cayratia daliensis** C. L. Li

分布：云南

**福贡乌蔹莓 Cayratia fugongensis** C. L. Li

分布：云南

**膝曲乌蔹莓 Cayratia geniculata** (Blume) Gagnep.

分布：云南、西藏、广东、广西、海南；老挝、越南、菲律宾、马来西亚、印度尼西亚

**乌蔹莓 Cayratia japonica** (Thunb.) Gagnep.

分布：河北、山东、河南、陕西、甘肃、安徽、江苏、浙江、湖南、四川、重庆、贵州、云南、福建、台湾、广东、广西、海南；不丹、老挝、马来西亚、尼泊尔、泰国、日本、菲律宾、越南、缅甸、印度、印度尼西亚、澳大利亚

**乌蔹莓(原变种) Cayratia japonica** var. **japonica**

分布：安徽、福建、广东、广西、贵州、海南、河北、河南、湖南、江苏、陕西、山东、四川、台湾、云南、浙江；不丹、印度、印度尼西亚、日本、韩国、老挝、马来西亚、缅甸、菲律宾、泰国、越南、澳大利亚

**毛乌蔹莓 Cayratia japonica** var. **mollis** (Wall. ex M. A. Lawson) Momiy.

分布：贵州、云南、广东、广西、海南；不丹、尼泊尔、印度

**尖叶乌蔹莓 Cayratia japonica** var. **pseudotrifolia** (W. T. Wang) C. L. Li

分布：河北、陕西、甘肃、浙江、江西、湖南、四川、重庆、贵州、云南、广东

**狭叶乌蔹莓 Cayratia lanceolata** (C. L. Li) J. Wen et Z. D. Chen

分布：海南

**海岸乌蔹莓 Cayratia maritima** Jackes

分布：台湾；澳大利亚

**墨脱乌蔹莓 Cayratia medogensis** C. L. Li

分布：西藏

**勐腊乌蔹莓 Cayratia menglaensis** C. L. Li

分布：云南

**华中乌蔹莓 Cayratia oligocarpa** (Lév. et Vaniot) Gagnep.

分布：陕西、湖北、四川、重庆、贵州、云南

**鸟足乌蔹莓 Cayratia pedata** (Lam.) Juss. ex Gagnep.

分布：云南、广西；越南、泰国、马来西亚、印度、柬埔寨、印度尼西亚

**南亚乌蔹霉 Cayratia timoriensis** (DC.) C. L. Li

分布：云南；印度尼西亚、马来西亚、泰国

**南亚乌蔹霉(原变种) Cayratia timoriensis** var. **timoriensis**

分布：云南；印度尼西亚、马来西亚、泰国

**澜沧乌蔹莓 Cayratia timoriensis** var. **mekongensis** (C. Y. Wu ex W. T. Wang) C. L. Li

分布：云南

**三叶乌蔹莓 Cayratia trifolia** (L.) Domin

分布：云南；尼泊尔、老挝、柬埔寨、泰国、孟加拉国、印度、马来西亚、印度尼西亚、越南

## 白粉藤属 Cissus L.

**贴生白粉藤 Cissus adnata** Roxb.

分布：云南；尼泊尔、老挝、柬埔寨、泰国、印度、缅甸、越南

**毛叶苦郎藤 Cissus aristata** Blume

分布：云南、海南；印度尼西亚、菲律宾、缅甸、泰国、马来西亚、印度、巴布亚新几内亚

**苦郎藤 Cissus assamica** (M. A. Lawson) Craib

分布：江西、湖南、四川、贵州、云南、西藏、福建、台湾、广东、广西、海南；不丹、柬埔寨、印度、尼泊尔、泰国、越南

**滇南青紫葛 Cissus austroyunnanensis** Y. H. Li et Yan Zhang

分布：云南

**五叶白粉藤 Cissus elongata** Roxb.

分布：云南、广西、海南；马来西亚、新加坡、越南、印度、不丹

**翅茎白粉藤 Cissus hexangularis** Thorel ex Planch.

分布：福建、广东、广西；泰国、柬埔寨、越南

**青紫葛 Cissus javana** DC.

分布：四川、云南；印度尼西亚、尼泊尔、印度、缅甸、越南、泰国、马来西亚

**鸡心藤 Cissus kerrii** Craib

分布：云南、福建、台湾、广东、广西、海南；印度、越南、泰国、印度尼西亚、澳大利亚

**粉果藤 Cissus luzoniensis** (Merr.) C. L. Li

分布：云南、海南；菲律宾

**翼茎白粉藤 Cissus pteroclada** Hayata

分布：云南、福建、台湾、广东、广西、海南；马来西亚、印度尼西亚、缅甸、泰国、越南

**大叶白粉藤 Cissus repanda** Vahl

分布：四川、云南、海南；不丹、印度、斯里兰卡、泰国

**大叶白粉藤(原变种) Cissus repanda** var. **repanda**

分布：四川、云南；不丹、印度、斯里兰卡、泰国

**海南大叶白粉藤 Cissus repanda** var. **subferruginea** (Merr. et Chun) C. L. Li

分布：海南

**白粉藤 Cissus repens** Lam.

分布：贵州、云南、台湾、广东、广西；不丹、柬埔寨、印度、老挝、马来西亚、尼泊尔、菲律宾、泰国、越南、澳大利亚

**四棱白粉藤 Cissus subtetragona** Planch.

分布：云南、广东、广西、海南；老挝、越南

**掌叶白粉藤 Cissus triloba** (Lour.) Merr.

分布：云南；越南

**文山青紫葛 Cissus wenshanensis** C. L. Li

分布：云南

## 火筒树属 Leea D. Royen ex L.

**圆腺火筒树 Leea aequata** L.

分布：云南；孟加拉国、菲律宾、越南、柬埔寨、缅甸、泰国、印度、尼泊尔、不丹、马来西亚

**单羽火筒树 Leea asiatica** (Linn.) Ridsdale

分布：云南；越南、老挝、柬埔寨、泰国、孟加拉国、印度、不丹、尼泊尔

**密花火筒树 Leea compactiflora** Kurz.

分布：云南、西藏；孟加拉国、不丹、印度、老挝、缅甸、越南

**光叶火筒树 Leea glabra** C. L. Li

分布：云南、广西

**台湾火筒树 Leea guineensis** G. Don

分布：台湾；孟加拉国、不丹、柬埔寨、印度、印度尼西亚、老挝、马来西亚、缅甸、尼泊尔、巴布亚新几内亚、菲律宾、泰国、越南、马达加斯加；非洲

**火筒树 Leea indica** (Burm. f.) Merr.

分布：贵州、云南、广东、广西、海南；不丹、柬埔寨、印度、印度尼西亚、老挝、马来西亚、缅甸、尼泊尔、巴布亚新几内亚、菲律宾、斯里兰卡、泰国、越南、澳大利亚、太平洋岛屿

**窄叶火筒树 Leea longifolia** Merr.

分布：海南

**大叶火筒树 Leea macrophylla** Roxb. ex Hornem.

分布：云南；柬埔寨、老挝、缅甸、泰国、印度、尼泊尔

**菲律宾火筒树 Leea philippinensis** Merr.

分布：台湾；菲律宾

**糙毛火筒树 Leea setuligera** C. B. Clarke

分布：云南；印度、泰国

## 地锦属 Parthenocissus Planch.

**小叶地锦 Parthenocissus chinensis** C. L. Li

分布：四川、云南

**异叶地锦 Parthenocissus dalzielii** Gagnep.

分布：河南、浙江、江西、湖南、湖北、四川、贵州、福建、台湾、广东、广西

**长柄地锦 Parthenocissus feddei** (H. Lév.) C. L. Li

分布：湖南、湖北、贵州、广东

**花叶地锦 Parthenocissus henryana** (Hemsl.) Graebn. ex Diels et Gilg

分布：河南、陕西、甘肃、湖北、四川、重庆、贵州、云南、广西

**花叶地锦(原变种) Parthenocissus henryana** var. **henryana**

分布：河南、陕西、甘肃、湖北、四川、重庆、贵州、云南、广西

**毛脉花叶地锦 Parthenocissus henryana** var. **hirsuta** Diels et Gilg

分布：河南、陕西、湖北、四川

**绿叶地锦 Parthenocissus laetevirens** Rehder

分布：河南、安徽、江苏、浙江、江西、湖南、湖北、四川、福建、广东、广西

**五叶地锦 Parthenocissus quinquefolia** (L.) Planch.

分布：华北各地栽培；北美洲

**三叶地锦 Parthenocissus semicordata** (Wall.) Planch.

分布：陕西、甘肃、湖南、湖北、四川、贵州、云南、西藏、广东；不丹、印度、印度尼西亚、马来西亚、缅甸、尼泊尔、泰国、越南

**栓翅地锦 Parthenocissus suberosa** Hand.-Mazz.

分布：江西、湖南、贵州、广西

**地锦 Parthenocissus tricuspidata** (Sieb. et Zucc.) Planch.

分布：吉林、辽宁、河北、山东、河南、安徽、江苏、浙江、福建、台湾；朝鲜、日本

## 崖爬藤属 Tetrastigma (Miq.) Planch.

**草崖藤 Tetrastigma apiculatum** Gagnep.

分布：云南、广西、海南；老挝、越南

草崖藤(原变种) **Tetrastigma apiculatum** var. **apiculatum**
分布：云南、广西；老挝、越南

柔毛草崖藤 **Tetrastigma apiculatum** var. **pubescens** C. L. Li
分布：云南、海南

多花崖爬藤 **Tetrastigma campylocarpum** (Kurz.) Planch.
分布：云南；泰国、不丹、印度、缅甸

尾叶崖爬藤 **Tetrastigma caudatum** Merr. et Chun
分布：福建、广东、广西、海南；越南

茎花崖爬藤 **Tetrastigma cauliflorum** Merr.
分布：云南、广东、广西、海南；老挝、越南

角花崖爬藤 **Tetrastigma ceratopetalum** C. Y. Wu
分布：贵州、云南、广西

十字崖爬藤 **Tetrastigma cruciatum** Craib et Gagnep.
分布：云南；泰国、越南

红枝崖爬藤 **Tetrastigma erubescens** Planch.
分布：云南、广东、广西、海南；柬埔寨、越南

红枝崖爬藤(原变种) **Tetrastigma erubescens** var. **erubescens**
分布：云南、广东、广西、海南；柬埔寨、越南

单叶红枝崖爬藤 **Tetrastigma erubescens** var. **monophyllum** Gagnep.
分布：云南；越南

台湾崖爬藤 **Tetrastigma formosanum** (Hemsl.) Gagnep.
分布：台湾

富宁崖爬藤 **Tetrastigma funingense** C. L. Li
分布：云南

柄果崖爬藤 **Tetrastigma godefroyanum** Planch.
分布：海南；柬埔寨、老挝、泰国、越南

三叶崖爬藤 **Tetrastigma hemsleyanum** Diels et Gilg
分布：江苏、浙江、江西、湖南、湖北、四川、重庆、贵州、云南、西藏、福建、台湾、广东、广西；印度

蒙自崖爬藤 **Tetrastigma henryi** Gagnep.
分布：云南、贵州、西藏

叉须崖爬藤 **Tetrastigma hypoglaucum** Planch.
分布：四川、云南

景东崖爬藤 **Tetrastigma jingdongense** C. L. Li
分布：云南

景洪崖爬藤 **Tetrastigma jinghongense** C. L. Li
分布：云南

金秀崖爬藤 **Tetrastigma jinxiuense** C. L. Li
分布：广西

广西崖爬藤 **Tetrastigma kwangsiense** C. L. Li
分布：广西

兰屿崖爬藤 **Tetrastigma lanyuense** Chang
分布：台湾

显孔崖爬藤 **Tetrastigma lenticellatum** C. Y. Wu ex W. T. Wang
分布：云南

临沧崖爬藤 **Tetrastigma lincangense** C. L. Li
分布：云南

条叶崖爬藤 **Tetrastigma lineare** W. T. Wang
分布：云南

长梗崖爬藤 **Tetrastigma longipedunculatum** C. L. Li
分布：广西

伞花崖爬藤 **Tetrastigma macrocorymbum** Gagnep. ex J. Wen, Boggan et Turland
分布：云南；越南

毛枝崖爬藤 **Tetrastigma obovatum** Gagnep.
分布：云南；印度、老挝、泰国、越南

崖爬藤 **Tetrastigma obtectum** (Wall. ex Lawson) Planch. ex Franch.
分布：河南、甘肃、江西、湖南、湖北、四川、贵州、云南、福建、台湾、广东、广西；不丹、尼泊尔、越南

崖爬藤(原变种) **Tetrastigma obtectum** var. **obtectum**
分布：河南、甘肃、湖南、湖北、四川、贵州、云南、福建、台湾、广西；不丹、尼泊尔、越南

无毛崖爬藤 **Tetrastigma obtectum** var. **glabrum** (H. Lév.) Gagnep.
分布：江西、四川、贵州、云南、福建、台湾、广东、广西

厚叶崖爬藤 **Tetrastigma pachyphyllum** (Hemsl.) Chun
分布：广东、海南；老挝、越南

海南崖爬藤 **Tetrastigma papillatum** (Hance) C. Y. Wu
分布：贵州、广西、海南

扁担藤 **Tetrastigma planicaule** (Hook. f.) Gagnep.
分布：贵州、云南、西藏、福建、广东、广西；印度、老

挝、斯里兰卡、越南

**过山崖爬藤 Tetrastigma pseudocruciatum** C. L. Li
分布：海南

**毛脉崖爬藤 Tetrastigma pubinerve** Merr. et Chun
分布：广东、广西、海南；柬埔寨、越南

**柔毛网脉崖爬藤 Tetrastigma retinervium** var. **pubescens** C. L. Li
分布：云南、广西

**喜马拉雅爬藤 Tetrastigma rumicispermum** (Lawson) Planch.
分布：云南、西藏；不丹、印度、老挝、尼泊尔、泰国、越南

**喜马拉雅爬藤(原变种) Tetrastigma rumicispermum** var. **rumicispermum**
分布：云南、西藏；不丹、印度、老挝、尼泊尔、泰国、越南

**锈毛喜马拉雅崖爬藤 Tetrastigma rumicispermum** var. **lasiogynum** (W. T. Wang) C. L. Li
分布：云南

**狭叶崖爬藤 Tetrastigma serrulatum** (Roxb.) Planch.
分布：湖南、四川、贵州、云南、西藏、广东、广西；不丹、印度、缅甸、尼泊尔、泰国

**狭叶崖爬藤(原变种) Tetrastigma serrulatum** var. **serrulatum**
分布：湖南、四川、贵州、云南、广东、广西；不丹、印度、缅甸、尼泊尔、泰国

**毛狭叶崖爬藤 Tetrastigma serrulatum** var. **puberulum** W. T. Wang
分布：云南、西藏

**西畴崖爬藤 Tetrastigma sichouense** C. L. Li
分布：贵州、云南、西藏；越南

**西畴崖爬藤(原变种) Tetrastigma sichouense** var. **sichouense**
分布：贵州、云南；越南

**大果西畴崖爬藤 Tetrastigma sichouense** var. **megalocarpum** C. L. Li
分布：贵州、云南、西藏

**红花崖爬藤 Tetrastigma subtetragonum** C. L. Li
分布：云南

**越南崖爬藤 Tetrastigma tonkinense** Gagnep.
分布：广西；越南

**菱叶崖爬藤 Tetrastigma triphyllum** (Gagnep.) W. T. Wang
分布：四川、云南

**菱叶崖爬藤(原变种) Tetrastigma triphyllum** var. **triphyllum**
分布：四川、云南

**毛菱叶崖爬藤 Tetrastigma triphyllum** var. **hirtum** (Gagnep.) W. T. Wang
分布：云南

**蔡氏崖爬藤 Tetrastigma tsaianum** C. Y. Wu
分布：云南

**马关崖爬藤 Tetrastigma venulosum** C. Y. Wu
分布：云南

**西双版纳崖爬藤 Tetrastigma xishuangbannaense** C. L. Li
分布：云南

**西藏崖爬藤 Tetrastigma xizangense** C. L. Li
分布：西藏

**易武崖爬藤 Tetrastigma yiwuense** C. L. Li
分布：云南

**云南崖爬藤 Tetrastigma yunnanense** Gagnep.
分布：云南、西藏

**云南崖爬藤(原变种) Tetrastigma yunnanense** var. **yunnanense**
分布：云南、西藏

**贡山崖爬藤 Tetrastigma yunnanense** var. **mollissimum** C. Y. Wu ex W. T. Wang
分布：云南

## 葡萄属 Vitis L.

**山葡萄 Vitis amurensis** Rupr.
分布：黑龙江、吉林、辽宁、河北、山西、山东、安徽、浙江

**山葡萄(原变种) Vitis amurensis** var. **amurensis**
分布：黑龙江、吉林、辽宁、河北、山西、山东、安徽、浙江

**深裂山葡萄 Vitis amurensis** var. **dissecta** Skvorts.
分布：黑龙江、吉林、辽宁、河北

**小果葡萄 Vitis balansana** Planch.
分布：广东、广西、海南；越南

**小果葡萄(原变种) Vitis balansana** var. **balansana**
分布：广东、广西、海南；越南

**龙州葡萄** ***Vitis balansana*** var. ***ficifolioides*** (W. T. Wang) C. L. Li
分布：广西

**绒毛小果葡萄** ***Vitis balansana*** var. ***tomentosa*** C. L. Li
分布：广西

**麦黄葡萄** ***Vitis bashanica*** P. C. He
分布：陕西

**美丽葡萄** ***Vitis bellula*** (Rehder) W. T. Wang
分布：湖南、湖北、四川、广东、广西

**美丽葡萄(原变种)** ***Vitis bellula*** var. ***bellula***
分布：湖北、四川

**华南美丽葡萄** ***Vitis bellula*** var. ***pubigera*** C. L. Li
分布：湖南、广东、广西

**桦叶葡萄** ***Vitis betulifolia*** Diels et Gilg
分布：河南、陕西、甘肃、湖南、湖北、四川、云南

**蘡薁** ***Vitis bryoniifolia*** Bunge
分布：河北、山西、山东、陕西、安徽、江苏、江西、湖南、湖北、四川、云南、福建、广东、广西

**蘡薁(原变种)** ***Vitis bryoniifolia*** var. ***bryoniifolia***
分布：河北、山西、山东、陕西、安徽、江苏、江西、湖南、湖北、四川、云南、福建、广东、广西

**东南葡萄** ***Vitis chunganensis*** Hu
分布：安徽、浙江、江西、湖南、福建、广东、广西

**闽赣葡萄** ***Vitis chungii*** F. P. Metcalf
分布：江西、福建、广东、广西

**刺葡萄** ***Vitis davidii*** (Rom. Caill.) Föex
分布：陕西、甘肃、安徽、江苏、浙江、江西、湖南、湖北、四川、重庆、贵州、云南、福建、广东、广西

**刺葡萄(原变种)** ***Vitis davidii*** var. ***davidii***
分布：陕西、甘肃、安徽、江苏、浙江、江西、湖南、湖北、四川、重庆、贵州、云南、福建、广东、广西

**蓝果刺葡萄** ***Vitis davidii*** var. ***cyanocarpa*** (Gagnep.) Gagnep.
分布：安徽、湖北、云南

**锈毛刺葡萄** ***Vitis davidii*** var. ***ferruginea*** Merr. et Chun
分布：江西、湖北、福建、广东

**红叶葡萄** ***Vitis erythrophylla*** W. T. Wang
分布：浙江、江西

**凤庆葡萄** ***Vitis fengqinensis*** C. L. Li
分布：云南

**葛藟葡萄** ***Vitis flexuosa*** Thunb.
分布：山东、河南、陕西、甘肃、安徽、江苏、浙江、江西、湖南、四川、贵州、云南、福建、台湾、广东、广西；印度、日本、老挝、尼泊尔、菲律宾、泰国、越南

**菱叶葡萄** ***Vitis hancockii*** Hance
分布：安徽、浙江、江西、福建

**毛葡萄** ***Vitis heyneana*** Roem. et Schult.
分布：河北、山西、山东、河南、陕西、甘肃、安徽、江苏、浙江、江西、湖南、湖北、四川、重庆、贵州、云南、西藏、福建、广东、广西；不丹、印度、尼泊尔

**毛葡萄(原变种)** ***Vitis heyneana*** subsp. ***heyneana***
分布：山西、山东、河南、陕西、甘肃、浙江、江西、湖南、湖北、四川、重庆、贵州、云南、西藏、福建、广东、广西；不丹、印度、尼泊尔

**桑叶葡萄** ***Vitis heyneana*** subsp. ***ficifolia*** (Bunge) C. L. Li
分布：河北、山西、山东、河南、陕西、江苏

**庐山葡萄** ***Vitis hui*** Cheng
分布：浙江、江西

**井冈葡萄** ***Vitis jinggangensis*** W. T. Wang
分布：江西、湖南

**鸡足葡萄** ***Vitis lanceolatifoliosa*** C. L. Li
分布：江西、湖南、广东

**龙泉葡萄** ***Vitis longquanensis*** P. L. Chiu
分布：浙江、江西、福建

**罗城葡萄** ***Vitis luochengensis*** W. T. Wang
分布：广东

**罗城葡萄(原变种)** ***Vitis luochengensis*** var. ***luochengensis***
分布：广西

**连山葡萄** ***Vitis luochengensis*** var. ***tomentosonerva*** C. L. Li
分布：广东

**勐海葡萄** ***Vitis menghaiensis*** C. L. Li
分布：云南

**蒙自葡萄** ***Vitis mengziensis*** C. L. Li
分布：云南

**变叶葡萄** ***Vitis piasezkii*** Maxim.
分布：河北、山西、河南、陕西、甘肃、浙江、四川、重庆

**毛脉葡萄 Vitis pilosonerva** F. P. Metcalf
分布：福建、广东

**华东葡萄 Vitis pseudoreticulata** W. T. Wang
分布：河南、安徽、江苏、浙江、江西、湖南、湖北、福建、广东、广西；朝鲜

**绵毛葡萄 Vitis retordii** Roman.
分布：贵州、广东、广西、海南；越南、老挝

**秋葡萄 Vitis romanetii** Rom. Caill.
分布：河南、陕西、甘肃、安徽、江苏、湖南、湖北、四川；老挝

**乳源葡萄 Vitis ruyuanensis** C. L. Li
分布：广东

**陕西葡萄 Vitis shenxiensis** C. L. Li
分布：陕西

**湖北葡萄 Vitis silvestrii** Pamp.
分布：陕西、湖北

**小叶葡萄 Vitis sinocinerea** W. T. Wang
分布：江苏、浙江、江西、湖南、湖北、云南、福建、台湾

**三出蘡薁 Vitis sinoternata** W. T. Wang
分布：浙江

**狭叶葡萄 Vitis tsoi** Merr.
分布：福建、广东、广西

**葡萄 Vitis vinifera** L.
分布：中国各地栽培；亚洲(西部)

**温州葡萄 Vitis wenchowensis** C. Ling ex W. T. Wang
分布：浙江

**文县蘡薁 Vitis wenxianensis** W. T. Wang
分布：甘肃

**网脉葡萄 Vitis wilsoniae** H. J. Veitch
分布：河南、陕西、甘肃、安徽、湖南、湖北、四川、重庆、贵州、云南、福建

**武汉葡萄 Vitis wuhanensis** C. L. Li
分布：河南、江西、湖北

**云南葡萄 Vitis yunnanensis** C. L. Li
分布：云南

**浙江蘡薁 Vitis zhejiang-adstricta** P. L. Chiu
分布：浙江

### 俞藤属 Yua C. L. Li

**大果俞藤 Yua austro-orientalis** (F. P. Metcalf) C. L. Li
分布：江西、福建、广东、广西

**俞藤 Yua thomsonii** (Lawson) C. L. Li
分布：河南、安徽、江苏、浙江、江西、湖南、湖北、四川、贵州、云南、福建、台湾、广西；印度、尼泊尔

**俞藤(原变种) Yua thomsonii** var. **thomsonii**
分布：江苏、浙江、江西、湖南、湖北、四川、贵州、福建、台湾、广西；印度、尼泊尔

**华西俞藤 Yua thomsonii** var. **glaucescens** (Diels et Gilg) C. L. Li
分布：河南、湖北、四川、贵州

## 458. 黄脂木科 Xanthorrhoeaceae Dumort.

### 芦荟属 Aloe L.

**芦荟 Aloe vera** (L.) Burm. f.
分布：云南；可能源自地中海地区，现广泛栽培，偶尔逸生

### 山菅属 Dianella Lam.

**山管 Dianella ensifolia** (L.) DC.
分布：江西、四川、贵州、云南、福建、台湾、广东、广西、海南；孟加拉国、不丹、柬埔寨、印度、印度尼西亚、日本、老挝、马来西亚、缅甸、尼泊尔、菲律宾、斯里兰卡、泰国、越南、澳大利亚、太平洋岛屿；非洲

### 独尾草属 Eremurus M. Bieb.

**阿尔泰独尾草 Eremurus altaicus** (Pall.) Steven
分布：新疆；哈萨克斯坦、吉尔吉斯斯坦、蒙古国、俄罗斯、塔吉克斯坦、乌兹别克斯坦

**异翅独尾草 Eremurus anisopterus** (Kar. et Kir.) Regel
分布：新疆；哈萨克斯坦

**独尾草 Eremurus chinensis** O. Fedtsch.
分布：甘肃、四川、云南、西藏

**粗柄独尾草 Eremurus inderiensis** (Steven) Regel
分布：新疆；阿富汗、哈萨克斯坦、蒙古国、巴基斯坦、俄罗斯、土库曼斯坦、乌兹别克斯坦；亚洲(西南部)

### 萱草属 Hemerocallis L.

**黄花菜 Hemerocallis citrina** Baroni
分布：内蒙古、河北、山东、河南、陕西、安徽、江苏、浙江、江西、湖南、湖北、四川，广泛栽培；日本、朝鲜

**小萱草 Hemerocallis dumortieri** C. Morren
分布：吉林；日本、朝鲜、俄罗斯

**北萱草 Hemerocallis esculenta** Koidz.
分布：辽宁、河北、山西、山东、河南、陕西、宁夏、甘

肃、湖北；日本、俄罗斯

**西南萱草 Hemerocallis forrestii** Diels

分布：四川、云南

**萱草 Hemerocallis fulva** (L.) L.

分布：河北、山西、山东、河南、陕西、安徽、江苏、浙江、江西、湖南、湖北、四川、贵州、云南、西藏、福建、台湾、广东、广西；印度、日本、朝鲜、俄罗斯

**萱草(原变种) Hemerocallis fulva** var. **fulva**

分布：河北、山西、山东、河南、陕西、安徽、江苏、浙江、江西、湖南、湖北、四川、贵州、云南、西藏、福建、广东、广西；韩国

**长管萱草 Hemerocallis fulva** var. **angustifolia** Baker

分布：中国各地广泛栽培；日本、韩国

**常绿萱草 Hemerocallis fulva** var. **aurantiaca** (Baker) M. Hotta

分布：台湾、广东、广西；日本、朝鲜

**长瓣萱草 Hemerocallis fulva** var. **kwanso** Regel

分布：北京等地有栽培；日本、朝鲜

**对苞萱草 Hemerocallis fulva** var. **oppositibracteata** H. Kong et C. R. Wang

分布：甘肃

**北黄花菜 Hemerocallis lilioasphodelus** L.

分布：黑龙江、吉林、辽宁、河北、山西、山东、河南、陕西、甘肃、江苏、江西；日本、朝鲜、蒙古国、俄罗斯；欧洲

**大苞萱草 Hemerocallis middendorffii** Trautv. et C. A. Mey.

分布：黑龙江、吉林、辽宁；日本、朝鲜、俄罗斯

**大苞萱草(原变种) Hemerocallis middendorffii** var. **middendorffii**

分布：黑龙江、吉林、辽宁；日本、韩国、俄罗斯

**长苞萱草 Hemerocallis middendorffii** var. **longibracteata** Z. T. Xiong

分布：吉林

**小黄花菜 Hemerocallis minor** Mill.

分布：黑龙江、吉林、辽宁、内蒙古、河北、山西、山东、陕西、甘肃；朝鲜、蒙古国、俄罗斯

**多花萱草 Hemerocallis multiflora** Stout

分布：河南

**矮萱草 Hemerocallis nana** Forrest et W. W. Sm.

分布：云南

**折叶萱草 Hemerocallis plicata** Stapf

分布：四川、云南

## 459. 黄眼草科 Xyridaceae C. Agardh

### 黄眼草属 **Xyris** L.

**中国黄眼草 Xyris bancana** Miq.

分布：香港；柬埔寨、印度尼西亚、马来西亚、巴布亚新几内亚、泰国、越南

**南非黄眼草 Xyris capensis** var. **schoenoides** (Mart.) Nilsson

分布：四川、云南；不丹、柬埔寨、印度、印度尼西亚、老挝、马来西亚、尼泊尔、巴布亚新几内亚、泰国、越南；非洲、南美洲

**硬叶葱草 Xyris complanata** R. Br.

分布：福建、海南；柬埔寨、印度、印度尼西亚、老挝、马来西亚、巴布亚新几内亚、菲律宾、斯里兰卡、泰国、越南、澳大利亚

**台湾黄眼草 Xyris formosana** Hayata

分布：台湾

**黄眼草 Xyris indica** L.

分布：福建、广东、海南；澳大利亚、柬埔寨、印度、老挝、马来西亚、菲律宾、斯里兰卡、泰国、越南、印度尼西亚

**葱草 Xyris pauciflora** Willd.

分布：江西、云南、福建、广东、广西、海南；不丹、柬埔寨、印度、印度尼西亚、老挝、马来西亚、尼泊尔、巴布亚新几内亚、菲律宾、斯里兰卡、泰国、越南、澳大利亚

## 460. 姜科 Zingiberaceae Martinov

### 山姜属 **Alpinia** Roxb.

**竹叶山姜 Alpinia bambusifolia** C. F. Liang et D. Fang

分布：贵州、广西

**云南草蔻 Alpinia blepharocalyx** K. Schum.

分布：云南、广东、广西；孟加拉国、印度、老挝、缅甸、泰国、越南

**云南草蔻(原变种) Alpinia blepharocalyx** var. **blepharocalyx**

分布：云南、福建、台湾、广东、广西、海南；印度、印度尼西亚、马来西亚、缅甸、泰国、越南

**光叶云南草蔻 Alpinia blepharocalyx** var. **glabrior** (Hand.-Mazz.) T. L. Wu

分布：云南、广东、广西；泰国、越南

小花山姜 **Alpinia brevis** T. L. Wu et S. J. Chen
分布：云南、广东、广西

距花山姜 **Alpinia calcarata** Roscoe
分布：广东；印度、缅甸、斯里兰卡

节鞭山姜 **Alpinia conchigera** Griff.
分布：云南；孟加拉国、柬埔寨、印度、印度尼西亚、老挝、马来西亚、缅甸、泰国、越南

从化山姜 **Alpinia conghuaensis** J. P. Liao et T. L. Wu
分布：广东

革叶山姜 **Alpinia coriacea** T. L. Wu et S. J. Chen
分布：海南

香姜 **Alpinia coriandriodora** D. Fang
分布：广西

紫纹山姜 **Alpinia dolichocephala** Hayata
分布：台湾

无斑山姜 **Alpinia emaculata** S. Q. Tong
分布：云南

扇唇山姜 **Alpinia flabellata** Ridl.
分布：台湾；日本、菲律宾

美山姜 **Alpinia formosana** K. Schum.
分布：台湾；日本

红豆蔻 **Alpinia galanga** (L.) Willd.
分布：云南、福建、台湾、广东、广西、海南；印度、印度尼西亚、马来西亚、缅甸、泰国、越南

红豆蔻(原变种) **Alpinia galanga** var. **galanga**
分布：云南、福建、台湾、广东、广西、海南；印度、印度尼西亚、马来西亚、缅甸、泰国、越南

毛红豆蔻 **Alpinia galanga** var. **pyramidata** (Blume) K. Schum.
分布：云南、广东、广西；印度尼西亚

脆果山姜 **Alpinia globosa** (Lour.) Horan.
分布：云南；越南

狭叶山姜 **Alpinia graminifolia** D. Fang et J. Y. Luo
分布：广西

桂南山姜 **Alpinia guinanensis** D. Fang et X. X. Chen
分布：广西

草豆蔻 **Alpinia hainanensis** K. Schum.
分布：广东、广西、海南；越南

宜兰月桃 **Alpinia ilanensis** S.-C. Liu et J.-C. Wang
分布：台湾

光叶山姜 **Alpinia intermedia** Gagnep.
分布：台湾、广东；日本、菲律宾

山姜 **Alpinia japonica** (Thunb.) Miq.
分布：江苏、浙江、江西、四川、贵州、云南、福建、台湾、广东、广西；日本

箭杆风 **Alpinia jianganfeng** T. L. Wu
分布：江西、湖南、四川、贵州、云南、广东、广西

靖西山姜 **Alpinia jingxiensis** D. Fang
分布：广西

密毛山姜 **Alpinia kawakamii** Hayata
分布：台湾

菱唇山姜 **Alpinia kusshakuensis** Hayata
分布：台湾

长柄山姜 **Alpinia kwangsiensis** T. L. Wu et S. J. Chen
分布：贵州、云南、广东、广西

假益智 **Alpinia maclurei** Merr.
分布：云南、广东、广西、海南；越南

假益智(原变种) **Alpinia maclurei** var. **maclurei**
分布：江西、贵州、云南、广东、广西

光叶假益智 **Alpinia maclurei** var. **guangdongensis** (S. J. Chen et Z. Y. Chen) Z. L. Zhao et L. S. Yu
分布：广东

毛瓣山姜 **Alpinia malaccensis** (Burm. f.) Roscoe
分布：栽培于广东；孟加拉国、不丹、印度、印度尼西亚、马来西亚(西部)、缅甸、泰国

勐海山姜 **Alpinia menghaiensis** S. Q. Tong et Y. M. Xia
分布：云南

疏花山姜 **Alpinia mesanthera** Hayata
分布：台湾

南川山姜 **Alpinia nanchuanensis** Z. Y. Zhu
分布：四川

那坡山姜 **Alpinia napoensis** H. Dong et G. J. Xu
分布：广西

黑果山姜 **Alpinia nigra** (Gaertn.) B. L. Burtt
分布：云南；不丹、印度、斯里兰卡、泰国

华山姜 **Alpinia oblongifolia** Hayata
分布：浙江、江西、湖南、四川、云南、福建、台湾、广

东、广西、海南；老挝、越南

高良姜 **Alpinia officinarum** Hance
分布：广东、广西、海南

欧氏月桃 **Alpinia oui** Y. H. Tseng et Chih C. Wang
分布：台湾

卵唇山姜 **Alpinia ovata** Z. L. Zhao et L. S. Xu
分布：广东

卵果山姜 **Alpinia ovoideicarpa** H. Dong et G. J. Xu
分布：广西

益智 **Alpinia oxyphylla** Miq.
分布：云南、福建、广东、广西、海南

柱穗山姜 **Alpinia pinnanensis** T. L. Wu et S. J. Chen
分布：广西

宽唇山姜 **Alpinia platychilus** K. Schum.
分布：云南

多花山姜 **Alpinia polyantha** D. Fang
分布：云南、广西

短穗山姜 **Alpinia pricei** Hayata
分布：台湾

矮山姜 **Alpinia psilogyna** D. Fang
分布：广西

花叶山姜 **Alpinia pumila** Hook. f.
分布：湖南、云南、广东、广西

红斑山姜 **Alpinia rubromaculata** S. Q. Tong
分布：云南

皱叶山姜 **Alpinia rugosa** S. J. Chen et Z. Y. Chen
分布：海南

大头山姜 **Alpinia sessiliflora** Kitam.
分布：台湾

密穗山姜 **Alpinia shimadae** Hayata
分布：台湾

箭秆风 **Alpinia sichuanensis** Z. Y. Zhu
分布：四川

密苞山姜 **Alpinia stachyodes** Hance
分布：江西、贵州、云南、广东、广西

密苞山姜(原变种) **Alpinia stachyodes** var. **stachyodes**
分布：江西、贵州、云南、广东、广西

阳春山姜 **Alpinia stachyodes** var. **yangchunensis** Z. L. Zhao et L. S. Xu in Z. L
分布：广东

球穗山姜 **Alpinia strobiliformis** T. L. Wu et S. J. Chen
分布：云南、广西

球穗山姜(原变种) **Alpinia strobiliformis** var. **strobiliformis**
分布：云南、广西

光叶球穗山姜 **Alpinia strobiliformis** var. **glabra** T. L. Wu et S. J. Chen
分布：广西

滑叶山姜 **Alpinia tonkinensis** Gagnep.
分布：广西、海南；越南

台北山姜 **Alpinia tonrokuensis** Hayata
分布：台湾

大花山姜 **Alpinia uraiensis** Hayata
分布：台湾

艳山姜 **Alpinia zerumbet** (Pers.) B. L. Burtt et R. M. Sm.
分布：云南、台湾、广东、广西、海南；孟加拉国、柬埔寨、印度、印度尼西亚、老挝、马来西亚、缅甸、菲律宾、斯里兰卡、泰国、越南

## 豆蔻属 **Amomum** Roxb.

三叶豆蔻 **Amomum austrosinense** D. Fang
分布：广东、广西

辣椒砂仁 **Amomum capsiciforme** S. Q. Tong
分布：云南

海南假砂仁 **Amomum chinense** Chun
分布：海南

爪哇白豆蔻 **Amomum compactum** Sol. ex Maton
分布：云南、海南；印度尼西亚

荽味砂仁 **Amomum coriandriodorum** S. Q. Tong et Y. M. Xia
分布：云南

长果砂仁 **Amomum dealbatum** Roxb.
分布：云南；孟加拉国、印度、?尼泊尔、泰国

长花豆蔻 **Amomum dolichanthum** D. Fang
分布：广西

脆舌砂仁 **Amomum fragile** S. Q. Tong
分布：云南

长序砂仁 **Amomum gagnepainii** T. L. Wu，K. Larsen et Turland
分布：广西；越南

无毛砂仁 **Amomum glabrum** S. Q. Tong
分布：云南

狭叶豆蔻 **Amomum jingxiense** D. Fang et D. H. Qin
分布：广西

野草果 **Amomum koenigii** J. F. Gmel.
分布：云南、广西；印度、泰国

广西豆蔻 **Amomum kwangsiense** D. Fang et X. X. Chen
分布：贵州、广西

海南砂仁 **Amomum longiligulare** T. L. Wu
分布：海南

长柄豆蔻 **Amomum longipetiolatum** Merr.
分布：广西、海南

九翅豆蔻 **Amomum maximum** Roxb.
分布：云南、西藏、广东、广西；印度尼西亚

勐腊砂仁 **Amomum menglaense** S. Q. Tong
分布：云南

蒙自砂仁 **Amomum mengtzense** Tsai et P. S. Chen
分布：云南

细砂仁 **Amomum microcarpum** C. F. Liang et D. Fang
分布：广西

疣果豆蔻 **Amomum muricarpum** Elmer
分布：广东、广西；菲律宾

红壳砂仁 **Amomum neoaurantiacum** T. L. Wu, K. Larsen et Turland
分布：云南

波翅豆蔻 **Amomum odontocarpum** D. Fang
分布：广西

拟草果 **Amomum paratsaoko** S. Q. Tong et Y. M. Xia
分布：贵州、云南、广西

宽丝豆蔻 **Amomum petaloideum** (S. Q. Tong) T. L. Wu
分布：云南

紫红砂仁 **Amomum purpureorubrum** S. Q. Tong et Y. M. Xia
分布：云南

腐花豆蔻 **Amomum putrescens** D. Fang
分布：广西

方片砂仁 **Amomum quadratolaminare** S. Q. Tong
分布：云南

云南豆蔻 **Amomum repoeense** Pierre ex Gagnep.
分布：云南；柬埔寨、泰国

红花砂仁 **Amomum scarlatinum** Tsai et P. S. Chen
分布：云南

银叶砂仁 **Amomum sericeum** Roxb.
分布：云南；印度、缅甸、尼泊尔

头花砂仁 **Amomum subcapitatum** Y. M. Xia
分布：云南

香豆蔻 **Amomum subulatum** Roxb.
分布：云南、西藏、广西；孟加拉国、不丹、印度、缅甸、尼泊尔

梳唇砂仁 **Amomum thysanochililum** S. Q. Tong et Y. M. Xia
分布：云南

草果 **Amomum tsaoko** Crevost et Lem.
分布：云南

德保豆蔻 **Amomum tuberculatum** D. Fang
分布：广西

疣子砂仁 **Amomum verrucosum** S. Q. Tong
分布：云南

砂仁 **Amomum villosum** Lour.
分布：云南、福建、广东、广西；柬埔寨、印度、老挝、缅甸、泰国、越南

砂仁(原变种) **Amomum villosum** var. **villosum**
分布：云南、福建、广东、广西

缩砂仁 **Amomum villosum** var. **xanthioides** (Wall. ex Baker) T. L. Wu et S. J. Chen
分布：云南、广西；柬埔寨、印度、老挝、缅甸、泰国、越南

盈江砂仁 **Amomum yingjiangense** S. Q. Tong et Y. M. Xia
分布：云南

云南砂仁 **Amomum yunnanense** S. Q. Tong
分布：云南

## 凹唇姜属 **Boesenbergia** Kuntze

白斑凹唇姜 **Boesenbergia albomaculata** S. Q. Tong
分布：云南

心叶凹唇姜 **Boesenbergia longiflora** (Wall.) Kuntze
分布：云南；印度、老挝、缅甸、泰国

凹唇姜 **Boesenbergia rotunda** (L.) Mansf.
分布：云南；印度、印度尼西亚、马来西亚、斯里兰卡

## 大苞姜属 **Caulokaempferia** K. Larsen

黄花大苞姜 **Caulokaempferia coenobialis** (Hance) K. Larsen
分布：广东、广西

## 距药姜属 **Cautleya** Hook. f.

多花距药姜 **Cautleya cathcartii** Baker
分布：西藏；印度、尼泊尔

距药姜 **Cautleya gracilis** (Sm.) Dandy
分布：四川、云南、西藏；不丹、印度、克什米尔地区、缅甸、尼泊尔、泰国、越南

红苞距药姜 **Cautleya spicata** (Sm.) Baker
分布：四川、贵州、云南、西藏；不丹、印度、尼泊尔

## 姜黄属 **Curcuma** L.

味极苦姜黄 **Curcuma amarissima** Roscoe
分布：云南；孟加拉国

郁金 **Curcuma aromatica** Salisb.
分布：浙江、四川、贵州、云南、西藏、福建、广东、广西、海南；不丹、印度、缅甸、尼泊尔、斯里兰卡

大莪术 **Curcuma elata** Roxb.
分布：广西；缅甸、泰国

细莪术 **Curcuma exigua** N. Liu
分布：四川

黄花姜黄 **Curcuma flaviflora** S. Q. Tong
分布：云南

古林箐姜黄 **Curcuma gulinqingensis** N. H. Xia et Juan Chen
分布：云南

广西莪术 **Curcuma kwangsiensis** S. G. Lee et C. F. Liang
分布：四川、云南、广东、广西

广西莪术(原变种) **Curcuma kwangsiensis** var. **kwangsiensis**
分布：四川、云南、广东、广西

南岭莪术 **Curcuma kwangsiensis** var. **nanlingensis** N. Liu et X. Y. Ma
分布：广东

姜黄 **Curcuma longa** L.
分布：四川、云南、西藏、福建、台湾、广东、广西；原产地不明，热带亚洲栽培

南昆山莪术 **Curcuma nankunshanensis** N. Liu, X. B. Ye et J. Chen
分布：广东

莪术 **Curcuma phaeocaulis** Valeton
分布：四川、广东、广西、云南，栽培于福建；印度尼西亚、越南

川郁金 **Curcuma sichuanensis** X. X. Chen
分布：四川、云南

二黄 **Curcuma viridiflora** Roxb.
分布：台湾；印度尼西亚、马来西亚、泰国

温郁金 **Curcuma wenyujin** Y. H. Chen et C. Ling
分布：浙江、广东、广西

顶花莪术 **Curcuma yunnanensis** N. Liu et S. J. Chen
分布：云南

印尼莪术 **Curcuma zanthorrhiza** Roxb.
分布：云南；印度尼西亚、马来西亚、泰国

## 似小豆蔻属 **Elettariopsis** Baker

单叶拟豆蔻 **Elettariopsis monophylla** (Gagnep.) Loes.
分布：海南；老挝

## 茴香砂仁属 **Etlingera** Giseke

火炬姜 **Etlingera elatior** (Jack) R. M. Sm.
分布：云南；原产于印度尼西亚、马来西亚、泰国(南部)，栽培并归化于亚洲(东南部)

红茴砂 **Etlingera littoralis** (J. Konig) Giseke
分布：海南；印度尼西亚、马来西亚、泰国

茴香砂仁 **Etlingera yunnanensis** (T. L. Wu et S. J. Chen) R. M. Sm.
分布：云南

## 舞花姜属 **Globba** L.

毛舞花姜 **Globba barthei** Gagnep.
分布：云南；柬埔寨、老挝、菲律宾、泰国

浙江舞花姜(新拟) **Globba chekiangensis** G. Y. Li, Z. H. Chen et G. H. Xia
分布：浙江

**峨嵋舞花姜 Globba emeiensis** Z. Y. Zhu
分布：四川

**澜沧舞花姜 Globba lancangensis** Y. Y. Qian
分布：云南

**勐连舞花姜 Globba menglianensis** Y. Y. Qian
分布：云南

**舞花姜 Globba racemosa** Sm.
分布：湖南、四川、贵州、云南、西藏、广东、广西；不丹、印度、缅甸、尼泊尔、泰国

**双翅舞花姜 Globba schomburgkii** Hook. f.
分布：云南；缅甸、泰国、越南

**双翅舞花姜(原变种) Globba schomburgkii** var. **schomburgkii**
分布：云南；缅甸、泰国、越南

**小珠舞花姜 Globba schomburgkii** var. **angustata** Gagnep.
分布：云南；泰国、越南

## 姜花属 Hedychium J. König

**碧江姜花 Hedychium bijiangense** T. L. Wu et S. J. Chen
分布：云南

**深裂黄姜花 Hedychium bipartitum** G. Z. Li
分布：广西

**矮姜花 Hedychium brevicaule** D. Fang
分布：广西

**红姜花 Hedychium coccineum** Sm.
分布：云南、西藏、广西；不丹、印度、缅甸、尼泊尔、斯里兰卡、泰国

**唇凸姜花 Hedychium convexum** S. Q. Tong
分布：云南

**姜花 Hedychium coronarium** J. Köenig
分布：湖南、四川、云南、台湾、广东、广西；不丹、印度、印度尼西亚、马来西亚、缅甸、尼泊尔、斯里兰卡、泰国、越南、澳大利亚

**密花姜花 Hedychium densiflorum** Wall.
分布：西藏；不丹、印度、尼泊尔

**二歧姜花（新拟）Hedychium dichotomatum** Picheans. et Wongsuwan
分布：云南

**无丝姜花 Hedychium efilamentosum** Hand.-Mazz.
分布：云南、西藏

**峨眉姜花 Hedychium flavescens** Carey ex Roscoe
分布：四川；印度、尼泊尔

**黄姜花 Hedychium flavum** Roxb.
分布：四川、贵州、云南、西藏、广西；印度、缅甸、泰国

**圆瓣姜花 Hedychium forrestii** Diels
分布：四川、贵州、云南、广西；老挝、缅甸、泰国、越南

**圆瓣姜花(原变种) Hedychium forrestii** var. **forrestii**
分布：四川、贵州、云南、广西；老挝、缅甸、泰国

**宽苞圆瓣姜花 Hedychium forrestii** var. **latebracteatum** K. Larsen
分布：四川、云南；?越南

**无毛姜花 Hedychium glabrum** S. Q. Tong
分布：云南

**广西姜花 Hedychium kwangsiense** T. L. Wu et S. J. Chen
分布：广西

**长瓣姜花(新拟) Hedychium longipetalum** X. Hu et N. Liu
分布：云南

**勐海姜花(新拟) Hedychium menghaiense** X. Hu et N. Liu
分布：云南

**勐连姜花 Hedychium menglianense** Y. Y. Qian
分布：云南

**肉红姜花 Hedychium neocarneum** T. L. Wu, K. Larsen et Turland
分布：云南

**垂序姜花 Hedychium nutantiflorum** H. Dong et G. J. Xu
分布：云南

**小苞姜花 Hedychium parvibracteatum** T. L. Wu et S. J. Chen
分布：西藏

**少花姜花 Hedychium pauciflorum** S. Q. Tong
分布：云南

**普洱姜花 Hedychium puerense** Y. Y. Qian
分布：云南

**青城姜花 Hedychium qingchengense** Z. Y. Zhu
分布：四川

思茅姜花 **Hedychium simaoense** Y. Y. Qian
分布：云南

小花姜花 **Hedychium sinoaureum** Stapf
分布：云南、西藏；印度

草果药 **Hedychium spicatum** Sm.
分布：四川、贵州、云南、西藏；不丹、印度、缅甸、尼泊尔、泰国

草果药(原变种) **Hedychium spicatum** var. **spicatum**
分布：四川、贵州、云南、西藏；缅甸、尼泊尔、泰国

疏花草果药 **Hedychium spicatum** var. **acuminatum** (Roscoe) Wall.
分布：云南、西藏；不丹、印度、尼泊尔

腾冲姜花 **Hedychium tengchongense** Y. B. Luo
分布：云南

田林姜花 **Hedychium tienlinense** D. Fang
分布：广西

毛姜花 **Hedychium villosum** Wall.
分布：云南、广东、广西、海南；印度、缅甸、尼泊尔、泰国、越南

毛姜花(原变种) **Hedychium villosum** var. **villosum**
分布：云南、广东、广西、海南；印度、缅甸、泰国、越南

小毛姜花 **Hedychium villosum** var. **tenuiflorum** Wall. ex Baker
分布：云南；印度

西盟姜花 **Hedychium ximengense** Y. Y. Qian
分布：云南

盈江姜花 **Hedychium yungjiangense** S. Q. Tong
分布：云南

滇姜花 **Hedychium yunnanense** Gagnep.
分布：云南、广西；越南

## 大豆蔻属 **Hornstedtia** Retz

大豆蔻 **Hornstedtia hainanensis** T. L. Wu et S. J. Chen
分布：广东、海南

西藏大豆蔻 **Hornstedtia tibetica** T. L. Wu et S. J. Chen
分布：西藏

## 山柰属 **Kaempferia** L.

白花山柰 **Kaempferia candida** Wall.
分布：云南；柬埔寨、缅甸

紫花山柰 **Kaempferia elegans** (Wall.) Baker
分布：四川；印度、马来西亚、缅甸、菲律宾、泰国

山柰 **Kaempferia galanga** L.
分布：广东、广西、台湾、云南；?柬埔寨、印度，栽培于亚洲(东南部)

山柰(原变种) **Kaempferia galanga** var. **galanga**
分布：云南、台湾、广东、广西；东南亚广泛栽培

大叶山柰 **Kaempferia galanga** var. **latifolia** Donn ex Gagnep.
分布：云南；柬埔寨

苦山柰 **Kaempferia marginata** Carey ex Roscoe
分布：云南；印度、缅甸、泰国

海南三七 **Kaempferia rotunda** L.
分布：云南、台湾、广东、广西、海南；印度、印度尼西亚、马来西亚、缅甸、斯里兰卡、泰国

思茅山姜 **Kaempferia simaoensis** Y. Y. Qian
分布：云南

## 偏穗姜属 **Plagiostachys** Ridl.

偏穗姜 **Plagiostachys austrosinensis** T. L. Wu et S. J. Chen
分布：广东、广西

## 直唇姜属 **Pommereschea** Wittm.

直唇姜 **Pommereschea lackneri** Wittm.
分布：云南；缅甸、泰国

短柄直唇姜 **Pommereschea spectabilis** (King et Prain) K. Schum.
分布：云南；缅甸

## 苞叶姜属 **Pyrgophyllum** (Gagnep.) T. L. Wu et Z. Y. Chen

大苞姜 **Pyrgophyllum yunnanense** (Gagnep.) T. L. Wu et Z. Y. Chen
分布：四川、云南

## 喙花姜属 **Rhynchanthus** Hook. f.

喙花姜 **Rhynchanthus beesianus** W. W. Sm.
分布：云南；缅甸

## 象牙参属 **Roscoea** Sm.

高山象牙参 **Roscoea alpina** Royle
分布：西藏；不丹、印度、克什米尔地区、缅甸、尼泊尔

耳叶象牙参 **Roscoea auriculata** K. Schum.
分布：西藏；不丹、尼泊尔、印度

藏南象牙参 **Roscoea bhutanica** Ngamriab
分布：西藏；尼泊尔

苍山象牙参 **Roscoea cangshanensis** M. H. Luo, X. F. Gao et H. H. Lin
分布：云南

头花象牙参 **Roscoea capitata** Sm.
分布：西藏；尼泊尔

早花象牙参 **Roscoea cautleoides** Gagnep.
分布：四川、云南

早花象牙参(原变种) **Roscoea cautleoides** var. **cautleoides**
分布：四川、云南

毛早花象牙参 **Roscoea cautleoides** var. **pubescens** (Z. Y. Zhu) T. L. Wu
分布：四川

长柄象牙参 **Roscoea debilis** Gagnep.
分布：云南

长柄象牙参(原变种) **Roscoea debilis** var. **debilis**
分布：云南

白象牙参 **Roscoea debilis** var. **limprichtii** Cowley
分布：云南

大理象牙参 **Roscoea forrestii** Cowley
分布：云南

大花象牙参 **Roscoea humeana** Balf. f. et W. W. Sm.
分布：四川、云南

昆明象牙参 **Roscoea kunmingensis** S. Q. Tong
分布：云南

昆明象牙参(原变种) **Roscoea kunmingensis** var. **kunmingensis**
分布：云南

延苞象牙参 **Roscoea kunmingensis** var. **elongatebractea** S. Q. Tong
分布：云南

先花象牙参 **Roscoea praecox** K. Schum.
分布：云南

无柄象牙参 **Roscoea schneideriana** (Loes.) Cowley
分布：四川、云南、西藏

绵枣象牙参 **Roscoea scillifolia** (Gagnep.) Cowley
分布：云南

藏象牙参 **Roscoea tibetica** Batalin
分布：四川、云南、西藏；不丹、印度

苍白象牙参 **Roscoea wardii** Cowley
分布：云南、西藏；印度、缅甸

## 长果姜属 **Siliquamomum** Baill.

长果姜 **Siliquamomum tonkinense** Baill.
分布：云南；越南

## 土田七属 **Stahlianthus** Kuntze

土田七 **Stahlianthus involucratus** (King ex Baker) Craib ex Loes.
分布：云南、福建、广东、广西；印度、缅甸、泰国

## 姜属 **Zingiber** Mill.

川东姜 **Zingiber atrorubens** Gagnep.
分布：四川、广西

裂舌姜 **Zingiber bisectum** D. Fang
分布：广西

匙苞姜 **Zingiber cochleariforme** D. Fang
分布：广西

珊瑚姜 **Zingiber corallinum** Hance
分布：广东、广西、海南

多毛姜 **Zingiber densissimum** S. Q. Tong et Y. M. Xia
分布：云南；泰国

侧穗姜 **Zingiber ellipticum** (S. Q. Tong et Y. M. Xia) Q. G. Wu et T. L. Wu
分布：云南

黄斑姜 **Zingiber flavomaculosum** S. Q. Tong
分布：云南

脆舌姜 **Zingiber fragile** S. Q. Tong
分布：云南；泰国

桂姜 **Zingiber guangxiense** D. Fang
分布：广西

古林姜 **Zingiber gulinense** Y. M. Xia
分布：云南

全唇姜 **Zingiber integrilabrum** Hance
分布：香港

全舌姜 **Zingiber integrum** S. Q. Tong
分布：云南；泰国

毛姜 **Zingiber kawagoi** Hayata
分布：台湾

恒春姜 **Zingiber koshunense** C. T. Moo
分布：台湾

梭穗姜 **Zingiber laoticum** Gagnep.
分布：云南；老挝

细根姜 **Zingiber leptorrhizum** D. Fang
分布：广西

乌姜 **Zingiber lingyunense** D. Fang
分布：广西

长腺姜 **Zingiber longiglande** D. Fang et D. H. Qin
分布：广西

长舌姜 **Zingiber longiligulatum** S. Q. Tong
分布：云南

龙眼姜 **Zingiber longyanjiang** Z. Y. Zhu
分布：四川

勐海姜 **Zingiber menghaiense** S. Q. Tong
分布：云南

蘘荷 **Zingiber mioga** (Thunb.) Roscoe
分布：安徽、江苏、浙江、江西、湖南、贵州、云南、广东、广西；日本

斑蝉姜 **Zingiber monglaense** S. J. Chen et Z. Y. Chen
分布：云南

南岭姜(新拟) **Zingiber nanlingensis** L. Chen, A. Q. Dong et F. W. Xing
分布：广东

截形姜 **Zingiber neotruncatum** T. L. Wu, K. Larsen et Turland
分布：云南

黑斑姜 **Zingiber nigrimaculatum** S. Q. Tong
分布：云南

光果姜 **Zingiber nudicarpum** D. Fang
分布：广西

姜 **Zingiber officinale** Roscoe
分布：河北、山东、陕西、安徽、浙江、江西、湖南、湖北、四川、贵州、云南、福建、台湾、广东、广西、海南；原产地不明，热带、亚热带广泛栽培

圆瓣姜 **Zingiber orbiculatum** S. Q. Tong
分布：云南

少斑姜 **Zingiber paucipunctatum** D. Fang
分布：广西

多穗姜 **Zingiber pleiostachyum** K. Schum.
分布：台湾

弯管姜 **Zingiber recurvatum** S. Q. Tong et Y. M. Xia
分布：云南

红冠姜 **Zingiber roseum** (Roxb.) Roscoe
分布：云南；印度、缅甸、泰国

双龙姜 **Zingiber shuanglongensis** C. L. Yeh et S. W. Chung
分布：台湾

思茅姜 **Zingiber simaoense** Y. Y. Qian
分布：云南

唇柄姜 **Zingiber stipitatum** S. Q. Tong
分布：云南

阳荷 **Zingiber striolatum** Diels
分布：江西、湖南、湖北、四川、贵州、广东、广西、海南

柱根姜 **Zingiber teres** S. Q. Tong et Y. M. Xia
分布：云南；泰国

团聚姜 **Zingiber tuanjuum** Z. Y. Zhu
分布：四川

畹町姜 **Zingiber wandingense** S. Q. Tong
分布：云南

版纳姜 **Zingiber xishuangbannaense** S. Q. Tong
分布：云南

盈江姜 **Zingiber yingjiangense** S. Q. Tong
分布：云南

云南姜 **Zingiber yunnanense** S. Q. Tong et X. Z. Liu
分布：云南

红球姜 **Zingiber zerumbet** (L.) Roscoe ex Sm.
分布：云南、台湾、广东、广西；柬埔寨、印度、老挝、马来西亚、缅甸、斯里兰卡、泰国、越南

## 461. 大叶藻科 Zosteraceae Dumort.

### 虾海藻属 **Phyllospadix** Hook.

红纤维虾海藻 **Phyllospadix iwatensis** Makino
分布：辽宁、河北、山东；日本、朝鲜、俄罗斯

黑纤维虾海藻 **Phyllospadix japonicus** Makino
分布：辽宁、山东、河北沿海地区；日本沿海地区、韩国、俄罗斯

### 大叶藻属 **Zostera** L.

宽叶大叶藻 **Zostera asiatica** Miki
分布：辽宁海岸；日本、朝鲜、俄罗斯海岸

丛生叶大叶藻 **Zostera caespitosa** Miki
分布：辽宁；日本、朝鲜

具茎大叶藻 **Zostera caulescens** Miki
分布：辽宁海岸；日本、朝鲜海岸

矮大叶藻 **Zostera japonica** Asch. et Graebn.
分布：辽宁、河北、山东、台湾海岸；日本、朝鲜、俄罗斯、越南；亚洲、欧洲、非洲、北美洲海岸

大叶藻 **Zostera marina** L.
分布：辽宁、河北、山东海岸；日本、韩国、缅甸、俄罗斯、泰国海岸；欧洲、北非、北美洲

## 462. 蒺藜科 Zygophyllaceae R. Br.

### 四合木属 **Tetraena** Maxim.

四合木 **Tetraena mongolica** Maxim.
分布：内蒙古

### 蒺藜属 **Tribulus** L.

大花蒺藜 **Tribulus cistoides** L.
分布：云南、台湾、海南；热带地区

蒺藜 **Tribulus terrestris** L.
分布：黑龙江、吉林、辽宁、内蒙古、河北、山西、山东、河南、陕西、宁夏、甘肃、青海、新疆、安徽、江苏、浙江、江西、湖南、湖北、四川、云南、西藏、福建、台湾、广东、广西、海南；世界广布

### 霸王属 **Zygophyllum** L.

细茎霸王 **Zygophyllum brachypterum** Kar. et Kir.
分布：甘肃、新疆；哈萨克斯坦、蒙古国

豆型霸王 **Zygophyllum fabago** L.
分布：内蒙古、甘肃、青海、新疆；阿富汗、哈萨克斯坦、巴基斯坦、俄罗斯、土库曼斯坦；西亚、欧洲(东南部)、北非

拟豆叶霸王 **Zygophyllum fabagoides** Popov
分布：甘肃、新疆；哈萨克斯坦

戈壁霸王 **Zygophyllum gobicum** Maxim.
分布：内蒙古、甘肃、青海、新疆；哈萨克斯坦、蒙古国

伊犁霸王 **Zygophyllum iliense** Popov
分布：内蒙古、甘肃、新疆；哈萨克斯坦

长果霸王 **Zygophyllum jaxarticum** Popov
分布：新疆；哈萨克斯坦、塔吉克斯坦、土库曼斯坦、乌兹别克斯坦

甘肃霸王 **Zygophyllum kansuense** Y. X. Liou
分布：甘肃

喀什霸王 **Zygophyllum kaschgaricum** Boriss
分布：新疆；哈萨克斯坦、蒙古国

粗茎霸王 **Zygophyllum** loczyi Kanitz
分布：内蒙古、甘肃、青海、新疆；哈萨克斯坦

大叶霸王 **Zygophyllum macropodum** Boriss.
分布：新疆；哈萨克斯坦

大翅霸王 **Zygophyllum macropterum** C. A. Mey.
分布：新疆；哈萨克斯坦、吉尔吉斯斯坦、俄罗斯、塔吉克斯坦、土库曼斯坦、乌兹别克斯坦；西亚

蝎虎霸王 **Zygophyllum mucronatum** Maxim.
分布：内蒙古、宁夏、甘肃、青海、新疆；蒙古国

长梗霸王 **Zygophyllum obliquum** Popov
分布：甘肃、新疆；哈萨克斯坦、吉尔吉斯斯坦、塔吉克斯坦

尖果霸王 **Zygophyllum oxycarpum** Popov
分布：新疆；哈萨克斯坦

大花霸王 **Zygophyllum potaninii** Maxim.
分布：内蒙古、甘肃、新疆；蒙古国、哈萨克斯坦

翼果霸王 **Zygophyllum pterocarpum** Bunge
分布：内蒙古、甘肃、新疆；俄罗斯、哈萨克斯坦、蒙古国

石生霸王 **Zygophyllum rosowii** Bunge
分布：内蒙古、甘肃、新疆；哈萨克斯坦、吉尔吉斯斯坦、蒙古国、塔吉克斯塔

石生霸王(原变种) **Zygophyllum rosowii** var. **rosowii**
分布：甘肃、新疆；哈萨克斯坦、吉尔吉斯斯坦、蒙古国、塔吉克斯坦

宽叶石生霸王 **Zygophyllum rosowii** var. **latifolium** (Schrenk) Popov
分布：内蒙古、甘肃、新疆；哈萨克斯坦、蒙古国

新疆霸王 **Zygophyllum sinkiangense** Y. X. Liou
分布：新疆

霸王 **Zygophyllum xanthoxylon** (Bunge) Maxim.
分布：内蒙古、河北、宁夏、甘肃、青海、新疆；蒙古国

# 主要参考文献


安明态, 罗庆莲. 2008. 小檗属植物一新种——平坝小檗. 植物研究, 28 (6): 641-643.
安明态, 杨瑞, 苟光前. 2009. 贵州六道木属一新种——荔波六道木. 植物研究, 29 (2): 129-130.
蔡联炳, 苏旭. 2007. 国产赖草属的分类修订. 植物研究, 28 (6): 651-660.
蔡联炳. 2006. 中国赖草属 (禾本科)一新种——贫穗赖草 (英文). 西北植物学报, 26 (7): 1464-1467.
常朝阳, 石福臣. 2011. 甘肃锦鸡儿 (*Caragana kansuensis* Pojark.)及其易混种的分类学探讨. 植物研究, 31 (2): 134-138.
常朝阳, 吴振海, 徐朗然. 2005a. 刺叶柄棘豆的一个新变型——白花刺叶柄棘豆. 西北植物学报, 25 (5): 1022-1023.
常朝阳, 徐朗然, Dieter Podlech. 2005b. 中国黄耆属 (豆科)丁字毛类群 2 新种——额尔齐斯黄耆和沙地黄耆 (英文). 西北植物学报, 27 (1): 168-172.
常朝阳, 徐朗然, 吴振海, 等. 2005c. 中国黄耆属植物一些种类的订正. 西北植物学报, 25 (12): 2533-2534.
陈炳辉, 王瑞江, 黄向旭, 等. 2005. 金钟藤——广东分布新记录. 热带亚热带植物学报, 13 (1):76-77.
陈松河, 郭惠珠, 黄克福. 2011. 中国竹亚科思劳竹属一新种——万石山思劳竹. 植物研究, 31 (6): 641-643.
陈松河, 黄克福, 郭惠珠,等. 2012. 中国竹亚科矢竹属一新种——中岩茶秆竹. 植物研究, 32 (5): 513-515.
陈松河, 王振忠, 陈松河, 等. 2005. 唐竹属一新变种——花叶唐竹. 竹子研究汇刊, 24 (4): 12.
陈文红, 邓云飞, 税玉民, 等. 2006. 中国爵床科一新记录种——紧贴马蓝. 热带亚热带植物学报, 14 (4): 345-346.
陈心启, 李恒. 2005. 中国水玉簪属中一个分类群的等级变动和拼写更正. 植物分类与资源学报, 27 (3): 247-248.
陈艺林, 陈淑荣. 2004. 苍耳的一个新异名. 植物分类学报, 42 (2): 191-192.
陈心启, 刘仲健. 2004. 中国兰科杓兰属一新种及一新变种. 植物分类与资源学报, 26 (4): 382-384.
陈心启, 刘仲健. 2005. 杓兰属 (兰科)中一个国产种类的新等级. 武汉植物学研究, 23 (3): 233-234.
陈又生. 2006. 西藏和云南槭树科新资料. 植物分类与资源学报, 28 (5): 468.
邓小芳, 张奠湘. 2004. 玉叶金花一新变种. 热带亚热带植物学报, 12 (5): 476.
邓云飞, 夏念和, 陈恒彬, 等. 2006. 中国爵床科老鼠簕属一新组合. 热带亚热带植物学报, 14 (6): 530-531.
董连新, 杨昌友, 王明庥, 等. 2008. 中国新疆石竹属一新种. 植物研究, 28 (6): 644-647.
董晓东, 李继红. 2008. 云南鸢尾属一新种. 植物研究, 28 (2): 136-137.
段林东, 林祁. 2007. 中国荨麻科植物省级分布新记录. 植物研究, 27 (5): 527-528.
段林东, 林祁. 2009. 变红蛇根草 (茜草科)的二个新异名. 植物研究, 29 (1): 3-5.
樊国盛. 2004. 政德翼核果——云南翼核果属一新种. 南京林业大学学报 (自然科学版), 28 (1): 107-108.
范香媛, 张淑梅, 高天刚. 2011. 胶菀属——中国菊科紫菀族的一个新归化属. 植物分类与资源学报, 33 (2): 171-173.
符国瑗, 洪小江. 2004. 海南岛润楠属一新种. 植物研究, 24 (3): 259-260.
符国瑗, 洪小江. 2007. 海南岛青冈属 (壳斗科)一新种. 广西植物, 27 (1): 29-30.
符国瑗, 潘坤. 2012. 海南岛含笑属 (木兰科)二新植物. 植物研究, 32 (3): 257-259.
符国瑗，杨永康. 2006. 海南岛海红豆属新植物. 植物研究, 26 (3): 257-258.
符国瑗，杨永康. 2008. 海南岛青皮属 (龙脑香科)一新变种和鱼骨木属 (茜草科)一新组合. 植物研究, 28 (3): 259-260.
符国瑗，杨永康，王文泉. 2012. 海南岛黄檀属一新种和油杉属及榕属二新组合. 植物研究, 32 (5): 516-518.
符国瑗. 2004. 我国苏铁属一新种. 植物研究, 24 (4): 387-388 .
符国瑗. 2006. 海南岛苏铁属一新种. 植物研究, 26 (1): 2-3.
符国瑗. 2007. 海南岛青冈属 (壳斗科)一新种. 植物研究, 27 (1): 1-2.
傅大立, 李炳仁, 傅建敏, 等. 2010c. 中国杏属一新种. 植物研究, 30 (1): 1-3.
傅大立, 田国行, 赵天榜, 等. 2004. 中国玉兰属两新种. 植物研究, 24 (3): 261-264.
傅大立, 张东林, 李芳文, 等. 2010a. 四川玉兰属两新种. 植物研究, 30 (4): 385-389.
傅大立, 赵天榜, 陈志秀, 等. 2010b. 湖北玉兰属两新种. 植物研究, 30 (6): 641-644.
傅大立, 赵天榜, 戴惠堂, 等. 2007a. 厚朴一新变种. 植物研究, 27 (4): 388-389.
傅大立, 赵天榜, 赵杰,等. 2007b. 河南玉兰属两新变种. 植物研究, 27 (5): 525-526.
高天刚，陈艺林，吴征镒. 2004. 毛冠菊属一新组. 植物分类与资源学报, 26 (2): 189-190.
高信芬，彭玉兰. 2004. 四川杜鹃花属一新种——腺苞杜鹃. 植物分类与资源学报, 26 (5): 493-494.
苟光前, 王晓宇, 熊源新. 2010. 石蝴蝶属一新种——黄斑石蝴蝶. 植物研究, 30 (4): 394-396.
郭晓思, 陈彦生, 黎斌, 等. 2008. 陕西蕨类植物新记录. 植物研究, 28 (3): 261-263.
韩荣兰, 张奠湘. 2005. 中国槲寄生属—分布新记录种——尼泊尔槲寄生. 热带亚热带植物学报, 13 (2): 175-176.
韩书亮, 杨相甫, 李景原, 等. 2004. 河南植物区系分布新记录. 河南师范大学学报 (自然科学版), 32 (3): 139-140.
郝振萍, 邓云飞. 2005. 爵床科赤水纤穗爵床的订正. 热带亚热带植物学报, 13 (6): 53.
何顺志, 徐文芬, 魏升华, 等. 2005. 贵州植物区系增补Ⅱ. 西北植物学报, 27 (1): 179-182.

何祖霞, 严岳鸿, 陈辉敏, 等. 2008. 产自齐云山的江西藓类植物新记录. 植物研究, 28 (5): 527-529.
侯学良. 2006. 樟科柔毛润楠正确名称的考订. 植物分类与资源学报, 28 (1): 15-16.
胡爱群, 叶德平, 邢福武. 2008. 中国兰科植物新资料. 植物研究, 28 (2): 143-146.
胡喻华. 2006. 叶下珠属植物新资料. 华南农业大学学报, 27 (2): 121-122.
黄素华, 税玉民, 陈文红. 2004. "云南凤仙花属新类群"的更正. 植物分类与资源学报, 26 (5): 569-580.
黄文新, 刘克明, 蔡秀珍, 等. 2004. 湖南的新记录植物 (六). 植物研究, 24 (4): 396-399.
黄肇宇, 刘寿养. 2005a. 广西扁担杆属 (椴树科)一新种——阔腺扁担杆. 热带亚热带植物学报, 13 (4): 367-368.
黄肇宇, 刘寿养. 2005b. 广西牡荆属 (马鞭草科)一新变种——管黄毛牡荆. 热带亚热带植物学报, 13 (4): 366.
季春峰, 向其柏. 2007. 木犀属新资料 (II). 武汉植物学研究, 25 (3): 245-246.
蒋宏, 杨硕. 2005. 中国石斛属 (兰科) 一未详知种——喉红石斛. 植物分类与资源学报, 27 (2): 134-136.
蒋柱檀, 李恒, 刀志灵. 2005. 海菜花 (水鳖科)一新变种——嵩明海菜花. 广西植物, 25 ( 5): 424-425.
金孝锋, 郑朝宗, 丁炳扬. 2004. 浙江薹草属植物新记录. 武汉植物学研究, 22 (1): 49-51.
金效华, 陈心启. 2007. 中国兰科植物三个新记录种. 植物分类与资源学报, 29 (2): 169-170.
赖广辉. 2013. 国产川竹植物的名实考订. 植物研究, 33 (5): 519-522.
郎学东, 苏建荣, 陆树刚, 等. 2012. 从种子和叶片特征论高山三尖杉[*Cephalotaxus alpina* (Li)L.K.Fu]的分类地位 (三尖杉科). 植物研究, 32 (1): 4-9.
郎学东, 苏建荣, 陆树刚. 2013. 贡山三尖杉的新名称(*Cephalotaxus talonensis* Cheng et Feng ex S. G. Lu et X. D. Lang)及分类地位 (英文). 植物研究, 33 (1): 4-6.
黎斌, 陈彦生, 吴振海, 等. 2005. 陕西胡椒科一新记录属——胡椒属. 西北植物学报, 25 (5): 1024
黎斌, 郭晓思, 陈彦生, 等. 2006. 陕西省被子植物分布新资料. 西北植物学报, 26 (9): 1938-1939.
李安仁, 包伯坚. 2012. 中国蓼属植物二新种. 植物研究, 32 (4): 385-388.
李秉滔, 庄雪影, 黄久香. 2006. 越南植物分布新记录 (英文). 华南农业大学学报, 27 (2): 123-124.
李丹丹, 于晶, 郭水良, 何思等. 2013. 世界蓑藓属 (*Macromitrium*,Bryophyta)植物分类修订与系统发育研究：历史、现状和问题. 植物研究, 33 (6): 758-765.
李法曾, 樊守金. 2004. 山东植物志补遗 (一). 广西植物, 24 (2): 122-124.
李法曾, 张学杰. 2006. 山东植物志补遗 (二). 广西植物, 26 (6): 581-582.
李凤岚, 李盼威, 赵建成. 2005. 河北省种子植物 2 个新记录种. 河北师范大学学报 (自然科学版), 29 (1): 77-79, 84.
李根有, 陈征海, 颜福彬, 等. 2006.采自温岭的浙江分布新记录植物. 浙江农林大学学报, 23 (5): 592-594.
李海宁, 田先华, 任毅. 2006. 《秦岭植物志》种子植物补遗——被子植物门的双子叶植物. 西北植物学报, 26 (12): 2580-2582.
李剑武, 陶国达, 刘强 . 2011. 中国兰科一新记录属——袋距兰属. 植物分类与资源学报, 33 (6): 643-644.
李捷, 李锡文. 2006. 中国樟科木姜子属植物纪要. 植物分类与资源学报, 28 (2): 103-107.
李琳, 叶德平, 邢福武. 2009. 中国石豆兰属新资料. 植物研究, 29 (3): 260-263.
李世晋, 吴鸿. 2007. 中国黄檀属植物 (豆科)一新记录. 热带亚热带植物学报, 15 (2):171-172.
李世晋, 张奠湘, 陈忠毅. 2006. 中国云实属植物分类学修订. 广西植物, 26 (1): 8-12.
李柱, 杨刚, 付爱良, 等. 2008. 新疆驼绒藜属 (藜科)一些新分类群. 植物研究, 28 (2): 138-142.
梁立中, 聂思铭, 梁盛华, 等. 2010. 中国东北圆柏属新品种——直立型偃柏. 植物研究, 30 (5): 632-633.
廖宝文, 郑松发, 陈玉军, 等. 2006. 海南东寨港几种国外红树植物引种初报. 中南林业科技大学学报, 26 (3): 63-67.
林春松, 喻勋林. 2005. 湖南木本植物新记录报道. 湖南林业科技, 32 (3): 81-82.
林木木, 郑世群, 王小夏, 等. 2009. 福建苦竹属一新种. 植物研究, 29 (3): 257-259.
林祁, 段林东, 袁琼. 2005a. 单性木兰属 (木兰科)植物的分类学订正. 武汉植物学研究, 23 (3): 236-238.
林祁, 姚炳矾, 段林东, 等. 2005b. 中国楼梯草属荨麻科植物省级分布新记录. 西北植物学报, 25 (1): 0164-0166.
林祁. 2007. 九龙桦 (桦木科)与卵叶茜草 (茜草科)名称的合格发表. 27 (3): 267-268.
林亲众, 李家湘, 赵丽娟. 2005. 湖南植物地理分布新记录. 中南林业科技大学学报, 25 (5): 97-101.
林沁文, 郑世群, 林木木, 等. 2013.王小夏福建冬青属一新种. 植物研究, 33 (3): 257-259.
刘海桑, 池敏杰. 2010. 中国分类学文献中 *Swietenia mahagoni* 之订正. 植物研究, 30 (6): 660-663.
刘海桑. 2011. 《Flora of China》中蒲葵属之分类订正. 植物研究, 31 (6): 644-648.
刘建林, 孟秀祥, 罗强, 等. 2007a. 珍稀濒危植物, 中国山茶属 (山茶科)一新变种. 植物研究, 27 (5): 513-514.
刘建林, 孟秀祥, 罗强, 等. 2007b. 珍稀濒危植物，中国山茶属 (山茶科)一新种——牦牛山山茶. 植物研究, 28 (6): 641-644.
刘建林. 2004. 四川女贞属 (*Ligustrum*)一新变种. 植物研究, 24 (2): 130.
刘建林. 2005. 四川素馨属 (木犀科)一新变种. 植物研究, 25 (1): 7.
刘明, 张钢民. 2013. 黑轴凤丫蕨复合群的分类修订. 植物研究, 33 (5): 523-527.
刘明超, 韦春强, 唐赛春, 等. 2011. 中国马鞭草科一新归化种——南假马鞭. 植物科学学报, 29 (5): 649-651.
刘全儒, 车晋滇, 贯潞生, 等. 2005. 北京及河北植物新记录 (III). 北京师范大学学报 (自然科学版), 41 (5): 510-512.
刘寿养. 2004. 广西黄檀属 (蝶形花科)一新种——靖西黄檀. 热带亚热带植物学报, 12 (6): 575-576.
刘秀梅, 王雷宏, 李小翌. 2009. 花楸属一新种——天堂花楸. 植物研究, 29 (2): 131-133.
刘演, 韦毅刚. 2004. 中国广西唇柱苣苔属 (苦苣苔科)一新种——黄花牛耳朵. 武汉植物学研究, 22 (5): 391-393.
刘永英, 牛俊英, 李琳, 等. 2008. 河南省苔藓植物新记录—残齿藓属 (*Forsstroemia* Lindberg). 植物研究, 28 (5): 516-519.
刘仲健, 陈心启, 金效华. 2005c. 耳唇槽舌兰——中国兰科一新种. 武汉植物学研究, 23 (2): 154-156.
刘仲健, 陈心启, 茹正忠. 2005a. 中国云南兰科一新种——昌宁兰. 植物分类与资源学报, 27 (4): 378-380.

刘仲健，陈心启，茹正忠. 2005b. 麻栗坡蝴蝶兰——中国兰科一新种. 植物分类与资源学报, 27 (1): 37-38.
刘仲健，陈心启，茹正忠. 2006c. 五裂红柱兰——云南兰科一新种. 植物分类与资源学报, 28 (1): 13-14.
刘仲健，陈心启. 2004a. 夏凤兰——云南兰科一新种. 武汉植物学研究, 22 (4): 323-325.
刘仲健，陈心启. 2004b. 细花兰，中国云南兰科一新种. 武汉植物学研究, 22 (6): 500-502.
刘仲健，陈心启. 2004c. 中华紫毛兜兰——紫毛兜兰与亨利兜兰之间的天然杂种（英文）. 华南农业大学学报, 25 (4): 123-124.
刘仲健，陈心启. 2004d. 多根兰，中国云南兰科一新种. 植物分类与资源学报, 26 (3): 297-298.
刘仲健，陈心启. 2004e. 四川兰科一新种——西昌风兰. 植物分类与资源学报, 26 (3): 299-300.
刘仲健，陈心启. 2007. 盈江兜兰，中国兰科一新杂种. 植物分类与资源学报, 29 (3): 289-290.
路端正. 2006. 北京植物新分类群. 北京农学院学报, 21 (1): 53-54.
罗强，刘建林，蔡光泽. 2011. 中国移柭属（*Docynia* Dcne.)一新种——长爪移柭. 植物研究, 31 (4): 389-391.
骆强. 2009. 贵州产耳蕨属（鳞毛蕨科)一新种——韭菜坪耳蕨. 植物研究, 29 (2): 134-135.
马成亮. 2006. 山东省植物区系新资料. 西北植物学报, 26 (8): 1697-1698.
马立华，郁永英，谭振平，等. 2010. 锦带花属 2 个新品种. 植物研究, 30 (5): 629-631.
马丽莎，易同培，史军义，等. 2010. 越香竹——香竹属一新种. 植物研究, 30 (4): 390-393.
马乃训，张文燕，袁金玲. 2006. 国产刚竹属植物初步整理. 竹子研究汇刊, 25 (1): 1-5.
孟雷，朱相云. 2006. 乌拉甘草（豆科)的 3 个新异名. 西北植物学报, 26 (12): 2574-2579.
宁祖林，吴金清，赵子恩，等. 2006. 长江三峡库区堇叶芥属（十字花科)一新种. 武汉植物学研究, 24 (1): 47-48.
牛玉璐，熊源新，刘永英，等. 2012. 拟纤枝真藓（*Bryum petelotii*)的地理新分布与分类地位探讨. 植物研究, 32 (5): 526-531.
彭春良，颜立红，廖菊阳，等. 2007. 湖南杜鹃花属一新种——张家界杜鹃. 植物研究, 27 (4): 385-387.
彭逸生，庄雪影. 2005. 广东植物分布新记录（英文). 华南农业大学学报, 26 (2): 123-124.
钱关泽，邵文豪，刘莲芬，等. 2007. 山东湖北海棠 *Malus hupehensis* (Pamp.) Rehd.)两新变种. 植物研究, 27 (5): 521-524.
秦新生，邢福武. 2006. 海南岛十字苣苔属一新记录种. 植物研究, 26 (2): 133-135.
秦新生，严岳鸿，陈红锋，等. 2004. 海南植物增补（Ⅷ). 华南农业大学学报, 25 (1): 122-123.
秦新生，张荣京，邢福武. 2005. 海南植物增补（Ⅸ). 华南农业大学学报, 26 (4): 123-124.
丘华兴，陈炳辉，曾飞燕. 2006. 值得注意的中国南部植物. 广西植物, 26 (1): 1-4.
萨仁. 2005a. 中国豆科植物新资料（英文). 西北植物学报, 25 (1): 0167-0169.
萨仁. 2005b. 中国鸡头薯属的分类学研究. 植物分类与资源学报, 27 (4): 375-377.
萨仁. 2005c. 披针叶黄华的界定（英文). 西北植物学报, 25 (9): 1859-1862.
萨仁. 2006. 中国岩黄芪属（豆科)植物资料增补. 西北植物学报, 26 (6): 1256-1258.
沈云光，王仲朗，管开云，等. 2004. 中甸鸢尾的分类位置及其一新变型. 植物分类与资源学报, 26 (5): 487-492.
史军义，易同培，王海涛. 2007. 贵州竹子新报道. 植物研究, 28 (6): 645-650.
史军义，邹跃国，易同培. 2005. 单竹属一新分类群. 竹子研究汇刊, 24 (2): 17.
税玉民，陈文红. 2004. 中国秋海棠属等翅组植物订正. 植物分类与资源学报, 26 (5): 482-486.
税玉民，陈文红. 2005. 世界秋海棠属侧膜组植物新资料. 植物分类与资源学报, 27 (4): 355-374.
司马永康，余鸿，陈文红，等. 2007. 粉背含笑，云南东南部木兰科植物一新种. 植物研究, 27 (3): 257-259.
孙军，段玉玺. 2007. 叶苔属 *Jungermannia* (*Hepaticae*, Jungermanniaceae) 3 个不合法命名的订正. 植物研究, 27 (2): 139-140.
田国行，傅大立，赵天榜. 2004a. 河南玉兰属一新变种. 武汉植物学研究, 22 (4): 327-328.
田国行，赵天榜，董惠英，等. 2004b. 河南黄杨属植物的研究. 北京林业大学学报, 26 (2): 74-78.
田怀珍，胡爱群，邢福武，等. 2007. 广东省兰科植物新记录（英文). 热带亚热带植物学报, 15 (2): 173-174.
田怀珍，邢福武. 2006. 广东省紫草科植物新记录（英文). 华南农业大学学报, 27 (1): 130.
田怀珍，钟诗文，郑希龙，等. 2008. 垂枝斑叶兰，中国大陆兰科植物新记录. 植物研究, 28 (1): 1-2.
王泓，王绍能，宋晓军. 2005. 广西薹草属（莎草科)一新种——贺州薹草（英文). 广西植物, 25 (2): 105.
王青，李艳，陈辰. 2005. 中国大陆葫芦科一归化属——野胡瓜属. 西北植物学报, 25 (6): 1227-1229.
王文采. 2006a. 云南东南部赤车属和楼梯草属研究随记. 植物研究, 26 (1): 16-24.
王文采. 2006b. 铁线莲属翅果铁线莲组修订（英文). 广西植物, 26 (4): 341-344.
王文采. 2007a. 铁线莲属铁线莲组修订（英文). 广西植物, 27 (1): 1-28.
王文采. 2007b. 金佛山附地菜,重庆紫草科一新种. 广西植物, 27 (2): 143-145.
王文采. 2011. 云南高黎贡山荨麻科楼梯草属六新种. 植物分类与资源学报, 33 (2): 145-156.
王文采. 2013. 迁西乌头，河北毛茛科一新种. 植物研究, 33 (6): 641-643.
王晓明，梁嘉声，缪汝槐. 2006. 深圳槭——中国槭树科一新种. 西北植物学报, 26 (4): 823-824.
王晓宇，汪德秀. 2005. 中国短月藓属植物一新记录种和真藓属一新记录变种. 广西植物, 25 (2): 102-103.
王月英，金川. 2006. 浙南绿竹一新变型及一变型新记录. 竹子研究汇刊, 25 (1): 30.
韦发南，唐赛春. 2006. 中国及越南樟科润楠属植物一些种类的修订. 广西植物, 26 (4): 345-348.
文军，陈之端. 2006. 中国葡萄科一新组合——狭叶乌蔹莓. 植物分类与资源学报, 28 (5): 471-472.
毋存俭，焦保国，李越，等. 2006. 桂竹一新变型——对花竹. 竹子研究汇刊, 25 (3): 17.
吴丁，高连明，王红，等. 2004. 梅花草属四个种的新异名. 植物分类与资源学报, 26 (6): 628-630.
吴世捷，张荣京，邢福武. 2007. 海南省粗叶木属新记录植物五种（英文). 热带亚热带植物学报, 15 (2): 168-170.

吴彦琼, 胡玉佳, 廖富林. 2005. 从引进到潜在入侵的植物——南美蟛蜞菊. 广西植物, 25 (5): 413-418.
吴玉虎, 卢生莲, 张同林. 2008. 昂赛披碱草——青海禾本科一新种. 植物研究, 28 (5): 513-515.
吴玉虎, 杨永昌. 2006. 青海补血草属一新变种. 武汉植物学研究, 24 (4): 323.
吴玉虎. 2004. 青海狼尾草属一新变种. 西北植物学报, 24 (6): 1117-1118.
吴玉虎. 2005a. 青海肉果草属一新变型. 西北植物学报, 25 (3): 592.
吴玉虎. 2005b. 甘西鼠尾草一新变型. 武汉植物学研究, 23 (3): 235.
吴玉虎. 2007. 新疆虎耳草属——新变型. 西北植物学报, 27 (1): 173-174.
吴玉环, 高谦. 2007. 粗疣类钱袋苔 *Apomarsupella verrucosa* (Nichols.)Vana 及其新异名. 植物研究, 27 (1): 3-5.
吴玉环, 高谦. 2008. 地萼苔科锡金裂萼苔 (*Chiloscyphus sikkimensis*)在中国大陆的新记录. 植物研究, 28 (5): 520-522.
吴珍兰, 杨永昌. 2005. 青海黄精属一新种 (英文). 西北植物学报, 25 (10): 2088-2089.
夏念和, 邓云飞, 叶国梁. 2006a. 国产樟科一新种——香港油果樟 (英文). 热带亚热带植物学报, 14 (1): 75-77.
夏念和, 邓云飞. 2005. 中国爵床属 (爵床科)新名称 (英文). 热带亚热带植物学报, 13 (6): 533-534.
夏念和, 韦发南, 邓云飞. 2006b. 香港樟科一新种——腺叶琼楠 (英文). 热带亚热带植物学报, 14 (1): 78-80.
向其柏, 季春峰. 2006. 五加科大参属的两个新组合——评梁王茶属 "*Nothopanax*" 或 "*Metapanax*" 之归属问题. 南京林业大学学报 (自然科学版), 30 (6): 41-43.
向其柏, 唐开山, 杜多青. 2010. 湖南冬青属一新种. 植物研究, 30 (6): 645-647.
肖家斌. 2006. 中国桦木属一新种. 南京林业大学学报 (自然科学版), 30 (2): 125-126.
谢家, 毛庆. 2010. 九宫山自然保护区细辛属新种的中文拟名. 湖北林业科技, 163: 32-33.
邢福武, 黎昌汉. 2004. 堇菜属 (堇菜科)植物新资料. 热带亚热带植物学报, 12 (5): 475-476.
邢福武, 秦新生. 2004. 中国植物志堇菜科 Violaceae 拾遗. 华南农业大学学报, 25 (1): 120-121.
徐海燕, 周明冬, 阎平. 2006. 新疆帕米尔高原菊科紫菀族 (Astereae)植物分类学研究. 石河子大学学报 (自然科学版), 24 (5): 585-590.
徐向明, 陈利君, 欧阳雄. 2005. 中国云南兰科一新变种——长苞蝉兰 (英文). 华南农业大学学报, 26 (4): 121-122.
徐向明, 欧阳雄. 2005. 岩地兜兰,云南兰科植物一新变种 (英文). 华南农业大学学报, 26 (1): 123-124.
徐远杰, 樊国盛. 2007. 云南沟瓣属植物一新种—大果沟瓣. 植物研究, 27 (2): 129-130.
许炳强, 邓云飞, 郝刚. 2005. 厚叶木犀名称的合格发表. 热带亚热带植物学报, 13 (5): 451.
许桂芳, 孟丽, 李孝伟, 王鸿升, 刘荷芬. 2006. 河南省种子植物新记录. 安徽农业科学, 34 (18): 4738.
严岳鸿, 马其侠, 邢福武. 2007. 广东蕨类植物新资料. 植物研究, 27 (3): 260-266.
颜立红, 彭春良. 2005. 湖南野桐属一新种. 热带亚热带植物学报, 13 (1): 74-75.
杨传东, 王晓宇, 苟光前. 2012. 梵净山景天——景天属一新种. 植物研究, 32 (4): 389-391.
杨林, 易同培. 2013. 贵州西部箭竹属一新种. 植物研究, 33 (5): 513-515.
杨平厚, 王万云, 郭凌峰, 周灵国. 2006. 秦岭兰科一新记录属——蝴蝶兰属. 西北植物学报, 26 (4): 0825-0826.
杨平厚, 王万云, 焦普生, 周灵国. 2005b. 陕西兰科一新记录属——套叶兰属. 西北植物学报, 25 (8): 1653-1654.
杨平厚, 徐振武, 冯宁, 雷颖虎. 2004. 秦岭兰科 6 种新记录植物. 西北植物学报, 24 (7) : 1188-1189.
杨平厚, 徐振武, 冯宁, 雷颖虎. 2005a. 陕西兰科 3 种新记录植物. 西北林学院学报, 20 (3) : 60-61.
杨世雄. 2005. 国产大头茶属的分类处理. 热带亚热带植物学报, 13 (4): 363-365.
杨文权, 冯春生, 郭军康, 吴振海, 韦革宏. 2007. 宁夏豆科 2 种新记录植物. 西北植物学报, 27 (1): 0175-0176.
杨相甫, 李发启, 师学珍, 王太霞, 韩书亮. 2006. 《河南植物志》毛茛科增补与订正. 河南师范大学学报 (自然科学版), 34 (3): 191-193.
杨永. 2005. 麻黄属的属下名称问题. 西北植物学报, 25 (6): 1275-1278.
叶立新, 徐双喜, 梅盛龙, 金孝锋. 2004. 凤阳山自然保护区植物分布新记录及其区系地理学意义. 浙江林业科技, 24 (1): 5-6.
叶育石, 王发国, 曾飞燕, 叶华谷. 2004. 广东植物增补 (英文). 热带亚热带植物学报, 12 (6): 577-579.
叶育石, 叶华谷, 王发国, 黄仕. 2005. 广东植物分布新记录. 热带亚热带植物学报, 13 (2): 177-178.
易同培, 齐辉荣. 2004. 狭叶方竹一新变型. 竹子研究汇刊, 23 (3): 8.
易同培, 史军义, 马丽莎, 杨林, 姚俊. 2008. 云南西部香竹属一新种. 植物研究, 28 (2): 133-135.
易同培, 史军义, 杨林. 2007. 川藏渝高山新竹类. 植物研究, 27 (5): 515-520.
易同培, 杨林. 2004. 四川西部箬竹属一新种. 竹子研究汇刊, 23 (2): 13-15.
易同培, 杨林. 2006. 榆属 (榆科)一新种——绵竹榆. 植物研究, 26 (6): 641-643.
尤庆敏, 刘妍, 王全喜. 2011. 菱板藻属 (硅藻门)中国新纪录种. 植物研究, 31 (2): 129-133.
于景华, 原树生, 佟露. 2010. 内蒙古大兴安岭白头翁属一新变种. 植物研究, 30 (6): 648-648.
喻勋林, 刘克明, 黄孔泽, 曹铁如, . 2006. 湖南省新记录植物. 中南林业科技大学学报, 26 (2): 143-144.
曾新宇. 2005. 观赏竹一新变型——花叶京竹. 竹子研究汇刊, 24 (4): 19.
张方钢, 金孝丰, 韦福民. 2006. 大盘山蔷薇——浙江产蔷薇属一新变种. 植物分类与资源学报, 28 (6) : 606.
张加延, 吴相祝. 2009. 杏属 (蔷薇科)一新种. 植物研究, 29 (1). 1-2.
张荣京, 吴世捷, 邢福武. 2007. 海南一新记录科——伯乐树科. 植物研究, 27 (2): 133-134.
张荣京, 叶育石, 邢福武, 陈焕强, 田怀珍. 2006. 海南植物增补 (X). 热带亚热带植物学报, 14 (3): 243-245.
张淑梅, 王云锁, 李东良, 孙峰. 2009. 曲唇羊耳蒜在中国东北分布的真实性研究. 植物研究, 29 (1): 118-119.
张树仁. 2004a. 西藏列当科一新记录属——野菰属. 西北植物学报, 24 (1) : 0152-0153.
张树仁. 2004b. 关于中国薹草属高秆薹草组莎草科的分类问题. 西北植物学报, 24 (11): 2089-2091.

张树仁. 2005. 中国珍珠茅属 (莎草科)植物省级分布新记录. 西北植物学报, 25 (8): 1655-1656.
张宪春, 董仕勇, 张刚民, 刘红梅. 2006. 骨碎补铁角蕨 (铁角蕨科)——海南岛一新分布种. 植物研究, 26 (2): 136-137.
张宪春. 2008. 中国蕨类植物志中两色鳞毛蕨学名的纠正. 植物研究, 28 (1): 5-6.
张玉节, 孙学刚, 石昌魁. 2006. 杜鹃花科植物在甘肃省的 5 个分布新记录种. 甘肃农业大学学报, 41 (6): 86-88.
赵冰, 龚梅香, 张启翔. 2007. 中国神农架蜡梅属一新变种和新变型. 植物研究, 27 (2): 131-132.
赵亮, 田先华, 任毅. 2006. 秦岭毛茛属植物 (毛茛科)的分类学研究. 西北植物学报, 26 (11): 2360-2366.
智丽, 蔡联炳. 2006. 青海赖草属一新种. 植物研究, 26 (2):129-130.
周虹霞, 刘恩德, 刘振稳, 彭华. 2007. 外来植物西亚大蒜芥在云南出现并定居. 植物分类与资源学报, 29 (3) : 333-336.
周杰, 陈俊愉. 2010. 中国菊属一新变种. 植物研究, 30 (6): 649-650.
周仁章. 2004. 中国木兰科一新种. 热带亚热带植物学报, 12 (5): 473-474.
周世良, Funamoto T, 文军. 2004. 六道木属六道木组种间关系的 AFLP 分析和黄花六道木中国分布新记录的认定. 植物分类与资源学报, 26 (4) : 405-412.
周仕顺, 王洪, 朱华. 2005a. 云南植物新资料. 云南农业大学学报 (自然科学), 20 (5): 737-738.
周仕顺, 王洪, 朱华. 2005b. 中国植物区系新资料. 广西植物, 25 (2): 104.
周仕顺, 王洪. 2005a. 云南植物新资料. 热带亚热带植物学报, 13 (3): 275-276.
周仕顺, 王洪. 2005b. 海南植物新记录. 热带亚热带植物学报, 13 (1): 78-79.
周仕顺, 王洪. 2006. 中国海桐花属省级分布新记录. 热带亚热带植物学报, 14 (2): 160-161.
周守标, 郭新弧. 2004. 安徽米面蓊属 (檀香科)一新种. 广西植物, 24 (4): 332-333.
朱长山, 朱世新. 2006. 铺地藜——中国藜属一新归化种. 植物研究, 26 (2): 131-132.
朱世新, 覃海宁, 籍秀梅. 2006. 细莴苣属的分类学修订. 西北植物学报, 26 (8): 1693-1696.
祝正银, 闵伯清, 王秋玲. 2011. 唇形科鼠尾草属新植物. 植物研究, 31 (1): 1-3.
祝正银, 祝世杰, 江海博. 2008. 四川石斛属一新种. 植物研究, 28 (4): 385-386.
祝正银, 祝世杰. 2008. 峨眉山玉叶金花属一新种. 植物研究, 28 (3): 257-258.
祝正银, 祝世杰. 2011. 峨眉山鸡矢藤属 (茜草科)二新种. 植物研究, 31 (4): 385-388.
左本荣, 曹同. 2007. 中国苔类植物新记录种——尖瓣合叶苔 (*Scapania ampliata*). 植物研究, 27 (2): 135-138.
Al-Shehbaz I A. 2005. *Desideria mieheorum* (Brassicaceae), a New Species from Tibet. Novon, 15 (1): 1-3.
Al-Shehbaz I A. Yue J P, Sun H. 2004. *Shangrilaia* (Brassicaceae), a New Genus from China. Novon, 14 (3): 271-274.
Amaral M C E. 2006. Inclusion of *Sinia* in *Sauvagesia* (Ochnaceae). Novon, 16 (1): 1-2.
Ao Y, Tan Y H, Mu X Y, et al. 2012. *Celastrus yuloensis* (Celastraceae), a new species from China. Annales of Botanici Fennici, 49 (4): 267-270.
Bartholomew B, Ming T L. 2005. New Combinations in Chinese *Polyspora* (Theaceae). Novon, 15 (2): 264-266.
Cai L B, Zhang T L. 2007. Taxonomic notes on two taxa of *Leymus* (Poaceae) from China. Acta Phytotaxonomica Sinica, 45 (3):376-382.
Cai L B, Zhang T L. 2009. A new multiflorous species of *Leymus* (Poaceae: Triticeae) from western China. Botanical Journal of the Linnean Society, 159 (2): 343-348.
Cai L B. 2005a. *Tripogon debilis* (Poaceae), a New Species from Western China. Novon, 15 (3): 390-392.
Cai L B. 2005b. Two new synonymies and a new combination in the genus *Ptilagrostis* Griseb. (Poaceae) from China. Acta Phytotaxonomica Sinica, 43 (1): 60-67.
Cai X Z, Long C L, Liu K M. 2006. *Colocasia yunnanensis* (Araceae), a new species from Yunnan, China. Annales of Botanici Fennici, 43 (2): 139-142.
Cao W, Ma J S. 2006. Proposal to conserve the name *Elaeodendron lortune* against *Euonymus hederaceus* (Celastraceae). Taxon, 55 (1): 227-238.
Chang C S, Chang G S, Qin H N. 2004. A multivariate morphometric study on *Corylus sieboldiana* complex (Betulaceae) in China, Korea, and Japan. Acta Phytotaxonomica Sinica, 42 (3):222-235.
Chang C Y. 2005. *Delphinium neowentsaii*, a new species of the Ranunculaceae from Xinjiang, China. Acta Phytotaxonomica Sinica, 43 (1):68-70.
Chang Z Y, Wu Z H, Xu L R. 2006a. *Onobrychis micrantha* Schrenk, a newly recorded species of Leguminosae from China. Acta Phytotaxonomica Sinica, 44 (2):187-188.
Chang Z Y, Xu L R, Shi F C. 2006b. *Caragana qingheensis* (Fabaceae), a new species from northwestern China. Annales of Botanici Fennici, 43 (6): 445-447.
Chang Z Y, Xu L R, Shi F C. 2007. A taxonomic revision of *Caragana tangutica* and *C. kozlowi* (Leguminosae). Acta Phytotaxonomica Sinica, 45 (3): 391-395.
Chao C T, Tzeng H Y, Tseng Y H. 2012. *Maianthemum harae* (Asparagaceae), a new species from Taiwan. Annales of Botanici Fennici, 49: 234-238.
Chaveerach A, Sudmoon R, Tanee T, Mokkamul P. 2006. Three new species of Piperaceae from Thailand. Acta Phytotaxonomica Sinica, 44 (4): 447-453.
Chen B, Tian X J, Gao J G. 2005a. *Thalictrum fortunei* var. *bulbiliferum* (Ranunculaceae), a new variety from Jiangsu, China. Acta Phytotaxonomica Sinica, 43 (3): 281-283.
Chen C H, Wang J C, Chang Y C. 2006a. *Tripterospermum lilungshanensis* (Gentianaceae), a new species in Taiwan. Botanical Studies, 47 (2): 199-205.
Chen H F, Zhou R Z, Xing F W. 2005b. *Magnolia shangsiensis* (Magnoliaceae), a new species from Guangxi, China. Annales of Botanici Fennici, 42 (2): 129-131.
Chen J R, Monro A K, Chen L. 2007a. Name Changes for Chinese *Pilea* (Urticaceae). Novon, 17 (1): 24-26.
Chen S C, Luo Y B. 2004. *Pennilabium yunnanense*, a new species of Orchidaceae from Yunnan, China. Acta Phytotaxonomica Sinica, 42 (5): 457-459.
Chen S H, Wang Z Z. 2007b. *Drepanostachyum stoloniforme* S. H. Chen & Z. Z. Wang, a new species of Bambusoideae from China. Acta Phytotaxonomica Sinica, 45 (3): 307-310.
Chen S T, Guan K Y, Zhou Z K. 2006b. A new subgenus of *Incarvillea* (Bignoniaceae). Annales of Botanici Fennici, 43 (4): 288-290.
Chen W H, Michael M, Zhang M D, et al. 2012a. *Paraboea hekouensis* and *P. manhaoensis*, two new species of Gesneriaceae from China. Annales of Botanici Fennici, 49: 179-187.
Chen W H, Shu Y M, Zhang M D, et al. 2006c. *Staurogyne petelotii* Benoist and *S. vicina* Benoist, two new records of Acanthaceae from China. Acta

Phytotaxonomica Sinica, 44 (4): 464-466.
Chen W H, Shu Y M, Zhou L M. 2007c. Additional notes on Melastomataceae of China. Acta Phytotaxonomica Sinica, 45 (4): 587-592.
Chen W H, Shu Y M. 2006. *Ancylostemon hekouensis* (Gesneriaceae), a new species from Yunnan, China. Annales of Botanici Fennici, 43 (6): 448-450.
Chen W H, Shui Y M, Hua C L, et al. 2012b. *Ancylostemon dimorphosepalus* (Gesneriaceae), a new species from China. Annales of Botanici Fennici, 49 (5): 391-394.
Chen W H, Wang H, Shui Y M, et al. 2013. *Oreocharis jinpingensis* (Gesneriaceae), a new species from Yunnan, China. Annales of Botanici Fennici, 50: 312-316.
Chen W L, Lee S T. 2005. Taxonomic notes on some species of *Deyeuxia* (Poaceae) from China (II). Acta Phytotaxonomica Sinica, 43 (2): 163-168.
Chen X, Consaul L, Huang J Y, et al. 2010. *Rhododendron subroseum* sp. Nov. and *R. denudatum* var. *glabriovarium* nov. (Ericaceae) from the Guizhou Province, China. Nordic Journal of Botany, 28 (4): 496-498.
Chen X, Philips S M. 2005. Notes on Grasses (Poaceae) for the *Flora of China*, III: A New Name in *Festuca*. Novon, 15 (1): 69.
Chen Y S, Yang Q E. 2005a. A distinctive new species of *Viola* (Violaceae) from Yunnan, China. Botanical Journal of the Linnean Society, 149 (1): 115-119.
Chen Y S, Yang Q E. 2005b. A new species of *Viola* L. (Violaceae) from Sichuan, China. Botanical Journal of the Linnean Society 149 (3): 365-368.
Chen Y S, Yang Q E. 2009a. Two new stoloniferous species of *Viola* (Violaceae) from China. Botanical Journal of the Linnean Society, 159 (2): 349-356.
Chen Y S, Yang Q E. 2009b. Validation of the Name *Sinoleontopodium lingianum* (Asteraceae, Gnaphalieae). Novon, 19 (1): 23-24.
Chen Y S. 2007. Two newly recorded species of *Acer* (Aceraceae) in China. Acta Phytotaxonomica Sinica, 45 (3): 337-340.
Chou F S, Liao C K, Yang C K. 2006a. *Castanopsis chinensis* Hance (Fagaceae), a Newly Recorded Plant in Taiwan. Taiwania, 51 (2): 148-151.
Chou F S, Yang C K, Liao C K. 2006b. Taxonomic Status of *Ophiorrhiza michelloides* (Masam.) X. R. Lo (Rubiaceae) in Taiwan. Taiwania, 51 (2): 143-147.
Cong Y Y, Cai X Z, Liu K M. 2013. *Impatiens unguiculata* (Balsaminaceae), a new species from Xizang, China. Annales of Botanici Fennici, 50 (3): 165-168.
Dao Z L, Ji Y H, Li H. 2007. *Typhonium baoshanense* Z. L. Dao & H. Li, a new species of Araceae from western Yunnan, China. Acta Phytotaxonomica Sinica, 45 (2): 234-238.
Debabrata M. 2010. *Tibetoseris depressa* subsp. *Gauri* D. Maity (Asteraceae), a new subspecies from eastern Himalaya. Candollea, 65 (2):211-216.
Deng M, Zhou Z K, Coombes A. 2006. Taxonomic notes on the genus *Cyclobalanopsis* (Fagaceae). Annales of Botanici Fennici, 43 (1): 57-61.
Deng T, Kim C, Zhang D G, et al. 2013a. *Zhengyia shennongensis*: A new bulbiliferous genus and species of the nettle family (Urticaceae) from central China exhibiting parallel evolution of the bulbil trait. Taxon, 62 (1): 89-99.
Deng T, Zhang D G, Liu Z, et al. 2013b. *Oxalis wulingensis* (Oxalidaceae), an unusual new species from central China. Systematic Botany, 38 (1): 154-161.
Deng X F, Zhang D X. 2006. Three new synonyms in Mussaenda (Rubiaceae) from China. Acta Phytotaxonomica Sinica, 44 (5): 608-611.
Deng Y F, Guo L X. 2007. *Sabia lanceolata* Colebr., a newly recorded species of Sabiaceae from China. Acta Phytotaxonomica Sinica, 45 (3): 341-342.
Deng Y F, Hao Z G. 2005. Proposal to conserve the name *Canarium pimela* (Burseraceae). Taxon, 54 (2): 550.
Deng Y F, Qin H N. 2005. New combination in the genus *Afgekia* (Fabaceae, Papilionoideae). Annales of Botanici Fennici, 42 (2): 133-134.
Deng Y F, Wood J R I, R Scotland W. 2006b. New and reassessed species of *Strobilanthes* (Acanthaceae) in the *Flora of China*. Botanical Journal of the Linnean Society, 150 (3): 369-390.
Deng Y F, Wu D L. 2004. Typification of the Genus *Fordiophyton* (Melastomataceae) and Two New Combinations from China. Novon, 14 (4): 428-430.
Deng Y F, Xia N H. 2005. Proposal to conserve the name *Leptostachya* Nees (Acanthaceae) against *Leptostachia* Adans. (Phrymaceae) with a conserved type. Taxon, 54 (1): 192-193.
Deng Y F. 2007. *Fleroya*, a substitute name for *Hallea* J.-F. Leroy (Rubiaceae). Taxon, 56 (1): 247-248.
Dieter P. 2010. Four New *Astragalus* Species (Leguminosae) From China and Bhutan. Pak J Bot, Special Issue (S. I. Ali Festschrift), 42: 27-34.
Dietrich P, Xu L R. 2004. New Species and Combinations in *Astragalus* (Leguminosae) from China and the Himalayas. Novon, 14 (2): 216-226.
Dietrich P, Xu L R. 2007. New Species and a New Combination in *Astragalus* (Leguminosae) from China. Novon, 17 (2): 228-254.
Ding B Y, Jin X F. 2005. Validation of *Rhododendron huadingense* (Ericaceae), the name of a species endemic to China. Taxon, 54 (3): 804-804.
Dmitry A G, Chen W L, Sergey S, et al. 2012. Plant genera and species new to China recently found in northwest Xinjiang. Nordic Journal of Botany, 30 (1): 61-69.
Dmitry A G, Zhang X C, Chen W L, et al. 2006. Some new floristic findings in Xinjiang, China. Acta Phytotaxonomica Sinica, 44 (5): 598-603.
Dong A Q, Zheng X L, Xing F W, et al. 2012. *Impatiens yangshanensis* (Balsaminaceae), a new species from Guangdong, China. Annales of Botanici Fennici, 49: 75-78.
Dong H J, Peng H. 2013. *Flacourtia turbinata* (Salicaceae: Flacourtieae), a new species from Yunnan, China. Phytotaxa, 94 (2): 56-60.
Du F, He J, Yang S Y, et al. 2010. *Trigonostemon tuberculatus* (Euphorbiaceae), a peculiar new species from Yunnan Province, China. Kew Bulletin, 65 (1): 111-113.
Du X C, Ren Y. 2005. A New Species of *Hypericum* (Clusiaceae) from Shaanxi Province, China. Novon, 15 (2): 274-276.
Duan L D, Lin Q, Shao Q. 2006. Two new synonyms of *Elatostema* (Urticaceae) in Hunan, China. Acta Phytotaxonomica Sinica, 44 (4): 474-476.
Fan Q, Liao W B, Miau R H. 2007. A New Species of *Rhaphiolepis* (Rosaceae) from Hainan Island, China. Novon, 17 (4): 429-432.
Fang D, Ku S M, Wei Y G, et al. 2006. Three new taxa of *Begonia* (sect. Coelocent rum, Begoniaceae) from limestone areas in Guangxi, China. Botanical Studies, 47 (1): 97-110.
Fang D, Wei Y G, Qin D H. 2004. Four new species of *Begonia* L. (Begoniaceae) from Guangxi, China. Acta Phytotaxonomica Sinica, 42 (2): 170-179.
Fang D. Qin D H. 2004. *Wentsaiboea* D. Fang & D. H. Qin, a new genus of the Gesneriaceae from Guangxi, China. Acta Phytotaxonomica Sinica, 42 (6): 533-536.
Fu L F, He C X, Wang W T, Wei Y G. 2012. Two new species of *Elatostema* (Urticaceae) from Guangxi, China. Annales of Botanici Fennici, 49 (5): 397-401.
Gao H, Tang Y. 2006. Typification of *Elaeocarpus decipiens* (Elaeocarpaceae) and its new variety from Taiwan, China. Novon, 16 (1): 59-60.
Gao L M, Li D Z. 2006. Five new synonyms in the genus *Rhododendron* subgen. *azaleastrum* (Ericaceae) from China. Acta Phytotaxonomica Sinica, 44 (5): 604-607.
Gao Q, Liu Y. 2011. *Aspidistra hezhouensis* (Ruscaceae s. l.), a new species from Guangxi, China. Journal of Systematic and Evolution, 49 (5): 506.
Gao T G, Liu Y. 2007. *Gymnocoronis*, a new naturalized genus of the tribe Eupatorieae, Asteraceae in China. Acta Phytotaxonomica Sinica, 45 (3): 329-332.
Gao X F. 2004. A new synonym of *Hylodesmum podocarpum* ssp. *podocarpum* (Leguminosae). Acta Phytotaxonomica Sinica, 42 (6): 573-574.

Gao Y D, Zhou S D, He X J. 2013. *Lilium yapingense* (Liliaceae), a new species from Yunnan, China, and its systematic significance relative to Nomocharis. Annales of Botanici Fennici, 50 (3): 187-194.

Gen Y Y. 2004. New Synonymies in the genus *Rhododendron* from China. Acta Phytotaxonomica Sinica, 42 (6): 566-570.

Guo X, Wang R J. 2011. *Hedyotis xinyiensis* (Rubiaceae), a new species from China. Annales of Botanici Fennici, 48: 443-447.

Harmaja H. 2005. *Carex pallidula*, nom. Nov. Annales of Botanici Fennici, 42 (3): 221-222.

He S Y, Li P T, Lin J Y, et al. 2011a. *Hoya jianfenglingensis* (Apocynaceae), a New Species from Hainan, China. Novon, 21 (3): 343-346.

He S Y, Wei W, Li P T, et al. 2012. *Hoya daimenglongensis* (Apocynaceae, Asclepiadoideae), a New Species from Yunnan, China. Novon, 22 (2): 170-173.

He S Y, Zhou R C, Li P T, et al. 2011b. A new species of Apocynaceae from Hainan, China. Journal of Systematics and Evolution, 49 (2): 161.

He S Y, Zhuang X Y, Li P T, et al. 2009. *Hoya baishaensis* (Apocynaceae), a new species from Hainan, China. Annales of Botanici Fennici, 46: 155-158.

He S Z, He K, Wu J Y. 2011c. *Aspidistra liboensis* (Ruscaceae), a new species from Guizhou, China. Annales of Botanici Fennici, 48: 439-442.

He S Z, Liu A L, Xu W F. 2013. *Aspidistra australis* (Ruscaceae), a new species from Guizhou, China. Annales of Botanici Fennici, 50: 305-308.

He S Z, Peng H. 2006. *Parasenecio weiningensis* (Asteraceae), a new species from Guizhou, SW China. Annales of Botanici Fennici, 43 (3): 220-222.

He S Z, Xu W F, Wang Y Y, et al. 2011d. A New Species of *Aspidistra* (Ruscaceae) from Guizhou, China. Novon, 21 (2): 187-189.

He S Z. 2006a. *Isometrum wanshanense*, a new species of the Gesneriaceae from Guizhou, China. Acta Phytotaxonomica Sinica, 44 (4): 454-456.

He S Z. 2006b. *Rubus wuchuanensis* S. Z. He, a new species of the Rosaceae from Guizhou, China. Acta Phytotaxonomica Sinica, 44 (3): 345-347.

Henderson A. 2005. A New Species of *Calamus* (Palmae) from Taiwan. Taiwania, 50 (3): 222-227.

Henderson A. 2006. A New Species of *Arenga* (Palmae). Taiwania, 51 (4): 298-301.

Henderson A. 2007. A Revision of *Wallichia* (Palmae). Taiwania, 52 (1): 1-11.

Hong D Y, Pan K Y, Zhou Z Q. 2004. Circumscription of *Paeonia suffruticosa* Andrews and identification of cultivated tree peonie. Acta Phytotaxonomica Sinica, 42 (3):275-283.

Hong D Y, Pan K Y. 2005a. Additional taxonomic notes on *Paeonia* sect. *Moutan* (Paeoniaceae). Acta Phytotaxonomica Sinica, 43 (3): 284-287.

Hong D Y, Pan K Y. 2005b. Notes on taxonomy of *Paeonia* sect. *Moutan* DC. (Paeoniaceae). Acta Phytotaxonomica Sinica, 43 (2): 169-177.

Hong D Y, Pan K Y. 2007. *Paeonia cathayana* D. Y. Hong & K. Y. Pan, a new tree peony, with revision of *P. suffruticosa* ssp. *yinpingmudan*. Acta Phytotaxonomica Sinica, 45 (3): 285-288.

Hong Y, Zhang S G. 2005. *Epigeneium gaoligongense* (Orchidaceae), a New Species from Yunnan, China. Novon, 15 (3): 495-497.

Hou X L, Li P T. 2007. Three synonyms of Annonaceae in China. Acta Phytotaxonomica Sinica, 45 (3): 369-375.

Hou X L, Li S J. 2004. A New Species of *Polyalthia* (Annonaceae) from China. Novon, 14 (2): 171-175.

Hou X L, Wang H, Sun T X, et al. 2004. *Miliusa bannaensis*, a new species of the Annonaceae from China. Acta Phytotaxonomica Sinica, 42 (1):79-82.

Hou Y T, Lu F J, Qu C Y, et al. 2006. Three new species in the genus *Polygonum* (Polygonaceae) from China. Acta Phytotaxonomica Sinica, 44 (2): 165-177.

Hou Y T, Zhou X R, Yu S X. 2011. *Impatiens parvisepala* (Balsaminaceae), a new species from Guangxi, China. Annales of Botanici Fennici, 48: 57-62.

Hsieh S I, Leou C S, Yu S K, et al. 2013. *Aphyllorchis rotundatipetala* (Orchidaceae), a new species from Taiwan. Annales of Botanici Fennici, 50 (3): 179-182.

Hsieh T H. 2005. *Rorippa sylvestris* (L.) Bess., a Newly Naturalized Mustard Species in Taiwan. Taiwania, 50 (4): 297-301.

Hsu T C, Kuo C M. 2011. *Gastrodia albida* (Orchidaceae), a new species from Taiwan. Annales of Botanici Fennici, 48: 272-275.

Hu A Q, Tian H Z, Xing F W. 2009. *Cephalanthera nanlingensis* (Orchidaceae), a New Species from Guangdong, China. Novon, 19 (1): 56-58.

Hu C M, Hao G, Deng Y F. 2006. The identity of *Lysimachia longshengensis* G. Z. Li & S. C. Tang. Acta Phytotaxonomica Sinica, 44 (2): 195-196.

Hu C M, Hao G. 2006. A new synonym of *Primula boreiocalliantha* (Primulaceae). Acta Phytotaxonomica Sinica, 44 (4): 477-479.

Hu G W, Li H, Liu Y, et al. 2012a. A new *Arisaema* species from Guangxi and first report of *A. austroyunnanense* from Hainan, China. Journal of Systematics and Evolution, 50 (6): 577-578.

Hu G W, Long C L, Motley T J. 2013. *Cremastra malipoensis* (Orchidaceae), a New Species from Yunnan, China. Systematic Botany, 38 (1): 64-68.

Hu X M, Zeng Q W, Fu L. 2012b. *Magnolia hookeri* var. *longirostrata* (Magnoliaceae), a new taxon from Yunnan, China. Annales of Botanici Fennici, 49 (5): 417-421.

Huang Y F, Xue Y G. 2007. Conservation status of *Paphiopedilum helenae* Aver., a newly recorded orchid in China. Acta Phytotaxonomica Sinica, 45 (3): 333-336.

Huang Y S, Peng R C, Tan W N, et al. 2013. *Aristolochia mulunensis* (Aristolochiaceae), a new species from limestone areas in Guangxi, China. Annales of Botanici Fennici, 50 (3): 175-178.

Huang Y S, Xu W B, Wang L et al. 2012. *Primulina gongchengensis* (Gesneriaceae), a new species from Guangxi, China. Annales of Botanici Fennici, 49: 107-110.

Ji Y H, Li H, Xu Z F. 2004. *Arisaema menglaense* (Araceae), a new species from southern Yunnan, China. Annales of Botanici Fennici, 41 (2): 133-135.

Ji Y H, Zhou Z K, Li H. 2006. *Paris xichouensis*, a new combination of Trilliaceae from China. Acta Phytotaxonomica Sinica, 44 (5): 612-613.

Ji Y H, Zhou Z K, Li H. 2007. Four new synonyms in the genus *Paris* (Trilliaceae). Acta Phytotaxonomica Sinica, 45 (3): 388-390.

Jia Y, He S, Crosby M R. 2007. A New Combination in *Heterophyllium* (Bryopsida, Sematophyllaceae), with a Key to the Himalayan Species. Novon, 17 (3): 332-335.

Jian S G, Zhou R Z, Chen H F. 2007. *Michelia multitepala* (Magnoliaceae), a new species from Yunnan, China. Annales of Botanici Fennici, 44 (1): 65-67.

Jiang R H, Huang Y S, Wu L, et al. 2013. *Ophiopogon yangshuoensis* (Asparagaceae), a new species from Guangxi, China. Annales of Botanici Fennici, 50: 324-326.

Jiang Y S, Zhang Y, Wang Y, et al. 2011. *Petrocodon multiflorus* sp. nov. (Gesneriaceae) from Guangxi, China. Nordic Journal of Botany, 29 (1): 57-60.

Jin X F, Ding B Y, Jin S H, et al. 2007. Revision of some problematic taxa of *Rhododendron* sect. *Tsutsusi* (Ericaceae) from China. Annales of Botanici Fennici, 44 (1): 18-24.

Jin X F, Ding B Y, Jin S H, et al. 2009. Taxonomic revision of *Rhododendron mariae* (Ericaceae) and related taxa. Nordic Journal of Botany, 27 (3): 186-202.

Jin X F, Ding B Y, Zheng C Z. 2005a. *Carex hangzhouensis* and Section *Hangzhouenses*, a New Species and Section of Cyperaceae from Hangzhou, Zhejiang, Eastern China. Novon, 15 (1): 156-159.

Jin X F, Ding B Y, Zheng C Z. 2005b. *Carex obliquicarpa*, a new species of the Cyperaceae from Guangxi, South China. Annales of Botanici Fennici, 42 (3): 223-226.

Jin X F, Zheng C Z, 2007. The identity of *Carex fokienensis* (Cyperaceae). Acta Phytotaxonomica Sinica, 45 (3): 363-368.

Jin X F, Zheng C Z, Ding B Y. 2004a. New taxa of *Carex* (Cyperaceae) from Zhejiang, China. Acta Phytotaxonomica Sinica, 42 (6): 541-550.
Jin X H, Chen X Q, Qin H N, et al. 2004b. A New Species of *Didymoplexiella* (Orchidaceae) from China. Novon, 14 (2): 176-177.
Jin X H, Chen X Q, Qin H N, et al. 2004c. A New Species of *Holcoglossum* (Orchidaceae) from China. Novon, 14 (2): 178-179.
Jin X H, Gloria L P S. 2004. *Trichotosia dongfangensis* (Orchidaceae), a new species from China. Annales of Botanici Fennici, 41 (6): 465-466.
Jin X H, Li H. 2006. *Coelogyne tsii* and *Dendrobium menglaensis* (Orchidaceae), two new species from Yunnan, China. Annales of Botanici Fennici, 43 (4): 295-297.
Jin X H, Qin H N. 2005. *Zeuxine flava*, a newly recorded species of Orchidaceae from China. Acta Phytotaxonomica Sinica, 43 (2): 181.
Jin X H. 2005a. Proposal to conserve the name *Liparis nigra* against *Liparis gigantea* (Orchidaceae). Taxon, 54 (1): 191.
Jin X H. 2005b. *Coelogyne weixiensis* (Orchidaceae), a new species from Yunnan, China. Annales of Botanici Fennici, 42 (2): 135-137.
Jin X H. 2006. A New Species of *Bulbophyllum* (Orchidaceae) from Yunnan, China. Novon, 16 (4): 497-499.
Jin X H. 2011. *Liparis cheniana* (Malaxideae: Orchidaceae), a new species from Xizang, China. Annales of Botanici Fennici, 48: 163-165.
Jung M J, Liao G I, Kuoh C S. 2005. *Phryma leptostachya* (Phrymaceae), a new family record in Taiwan. Botanical Bulletin of Academia Sinica, 46 (3): 239-244.
Kang Y, Zhang M L. 2004. The identity of *Astragalus yatungensis* Ni & P. C. Li and of *A. monanthus* K. T. Fu (Galegeae, Leguminosae). Acta Phytotaxonomica Sinica, 42 (3):271-274.
Krosnick S E. 2005. *Passiflora xishuangbannaensis* (Passifloraceae): A New Chinese Endemic. Novon, 15 (1): 160-163.
Ku S M, Liu Y, Peng C I. 2006. Four new species of *Begonia* sect. *Coelocentrum* (Begoniaceae) from limestone areas in Guangxi, China. Botanical Studies, 47 (2): 207-222.
Ku S M, Peng C I, Liu Y. 2004. Notes on *Begonia* (sect. *Coelocentrum*, Begoniaceae) from Guangxi, China, with the report of two new species. Botanical Bulletin of Academia Sinica, 45 (4): 353-367.
Kuo S M, Yang T Y, Wang J C. 2005. Revision of *Ranunculus cantoniensis* DC. and Allied Species (Ranunculaceae) in Taiwan. Taiwania, 50 (3): 209-221.
Kwok-Leung Y. 2004. Which is the correct scientific name, *Tutcheria championii* or *T. spectabilis*? Acta Phytotaxonomica Sinica, 42 (6): 575-576.
Lauren M G. 2012. New combinations in the genus *Vanda* (Orchidaceae). Phytotaxa, 61 (1): 47-54.
Li D Z, Cai J. 2005. Validation of *Mimulicalyx paludigenus* (Scrophulariaceae), a Species Endemic to China. Novon, 15 (2): 319.
Li D Z, Clark L G, Stapleton C. 2006. The Identity of an Endemic Tibetan Bamboo, *Arundinaria macclureana* (Gramineae, Bambusoideae). Acta Botanica Yunnanica, 28 (2) : 115-118.
Li E X, Fu C X. 2007. A new synonym of *Stemona sessilifolia* (Stemonaceae). Acta Phytotaxonomica Sinica, 45 (3): 399-402.
Li F F, Li Q Y, Cui D F, et al. 2012e. *Eriobotrya fulvicoma* (Rosaceae), a new species from Guangdong Province, China. Annales of Botanici Fennici, 49 (4): 263-266.
Li H, Li D Z, Li R. 2006a. Reappraisal of *Fosbergia shweliensis* (Rubiaceae), a species endemic to the Gaoligong Mountains, Western Yunnan, China. Acta Phytotaxonomica Sinica, 44 (6): 707-711.
Li H, Li D Z. 2006a. A New Species of *Amorphophallus* (Araceae) from Yunnan, China. Novon, 16 (2): 240-243.
Li H Z, Ma H, Guan K Y, et al. 2005b. *Begonia rubinea* (sect. *Platycentrum*, Begoniaceae), a new species from Guizhou, China. Botanical Bulletin of Academia Sinica, 46 (4): 377-383.
Li J, Li X W. 2005. A New Species of the Genus *Actinodaphne* with four new synonyms of the genus *Litsea* (Lauraceae). Novon, 15 (4): 555-558.
Li J, Wang Y, Hua G J, Wen F. 2012c. *Primulina xiziae* sp. nov. (Gesneriaceae) from Zhejiang Province, China. Nordic Journal of Botany, 30 (1): 77-81.
Li J M, Xia Z. 2012. A new species of *Microchirita* (Gesneriaceae) from Yunnan, China. Journal of Systematics and Evolution, 50 (6): 576.
Li J Q, Jiang M X, Wang H C, et al. 2004. Rediscovery of *Berchemiella wilsonii* (Schneid.) Nakai (Rhamnaceae), an endangered species from Hubei, China. Acta Phytotaxonomica Sinica, 42 (1):86-88.
Li R, Pu F D, Li H. 2012a. *Ligusticum gongshanense* sp. nov. (Umbelliferae) from western Yunnan, China. Nordic Journal of Botany, 30 (2): 181-183.
Li R, Pu F D, Li H. 2012b. *Pleurospermum tripartitum* sp. nov. (Umbelliferae) from western Yunnan, China. Nordic Journal of Botany, 30 (2): 178-180.
Li R, Yang J, Dao Z L. 2012d. *Meconopsis xiangchengensis* (Papaveraceae), a New Species from Sichuan, China. Novon, 22 (2): 180-182.
Li S J, Wang H, Zhang D X. 2007a. Typification and new synonyms of taxa in *Dalbergia* (Leguminosae). Acta Phytotaxonomica Sinica, 45 (3): 383-387.
Li S J, Zhang D X, Chen Z Y. 2006b. A New Species of *Caesalpinia* (Leguminosae, Caesalpinioideae) from China. Novon, 16 (1): 78-80.
Li W J, Guan K Y. 2015 Validation of the name *Artemisia rutifolia* var. *ruoqiangensis* (Asteraceae). Annales of Botanici Fennici, 52: 301-302.
Li W P, Chen G X. 2006. *Aster ageratoides* var. *pendulus* W. P. Li & G. X. Chen, a new variety of Aster (Asteraceae) from Hunan, China. Acta Phytotaxonomica Sinica, 44 (3): 348-350.
Li W P, Zhang Z G. 2004. *Aster shennongjiaensis* (Asteraceae), a new species from central China. Botanical Bulletin of Academia Sinica, 45 (1): 95-99.
Li X D, Li J Q, Zan Y Y. 2005a. A New Species of *Triaenophora* (Scrophulariaceae) from China. Novon, 15 (4): 559-561.
Li X W, Li J Q, Soejarto D D. 2006c. New Combinations in Actinidiaceae from China. Novon, 16 (3): 362-363.
Li X W, Li J Q. 2006b. Review of nine putative species of *Actinidia* from Guangxi, China. Annales of Botanici Fennici, 43 (6): 460-462.
Li X Z, Zhang D M, Hong D Y. 2007b. *Disporum jinfoshanense* X. Z. Li, D. M. Zhang & D. Y. Hong, a new species of the Liliaceae from hongqing, China. Acta Phytotaxonomica Sinica, 45 (4): 583-586.
Li Z Y, Li Y B, Xing Q. 2006d. *Chirita tribracteata* var. *zhuana* Z. Y. Li, Q. Xing & Y. B. Li (Gesneriaceae), a new variety from Guangxi, China. Acta Phytotaxonomica Sinica, 44 (6): 649-650.
Li Z Y, Liu Y. 2004. *Hemiboea rubribracteata* Z. Y. Li & Yan Liu, a new species of *Hemiboea* (Gesneriaceae) from Guangxi, China. Acta Phytotaxonomica Sinica, 42 (6): 537-540.
Li Z Y, Zhu G H. 2005. Proposal to conserve the name *Acanthopanax* against *Eleutherococcus* (Araliaceae). Taxon, 54 (1): 194-195.
Li Z Y. 2004. *Hemiboea subcapitata* var. *pterocaulis* (Gesneriaceae), a new variety from Guangxi, China. Acta Phytotaxonomica Sinica, 42 (3): 261-262.
Lian Y S, Chen X L, Sun K. 2004. A new subspecies of *Hippophae* (Elaeagnaceae) from Sichuan Province. Novon, 17 (2): 1-3.
Lian Y S. 2009. A New Species of *Pseudostellaria* (Caryophyllaceae) from Gansu, China. Novon, 19: 191-193.
Liang S Y, Zhang S R. 2006. Two New Species of *Carex* sect. Racemosae (Cyperaceae) from China. Novon, 16 (3): 364-367.
Liao C Y, He X J. 2012. *Angelica dabashanensis* (Apiaceae), a new species from Shaanxi, China. Annales of Botanici Fennici, 49: 125-133.
Liao W F, Xia N H. 2007. A synonym of *Manglietia kwangtungensis* (Magnoliaceae). Acta Phytotaxonomica Sinica, 45 (3): 396-398.
Lidén M, Su Z Y. 2007. New Species of *Corydalis* (Fumariaceae) from China II. Novon, 17 (4): 479-496.

Lin C R, Liu Y. 2011. *Aspidistra longituba* (Ruscaceae), a new species from Guangxi, China. Annales of Botanici Fennici, 48: 519-521.

Lin C R, Meng T, Gao Q, Liu Y. 2013. *Aspidistra nankunshanensis* (Asparagaceae), a new species from Guangdong, China. Annales of Botanici Fennici, 50: 123-126

Lin C R, Xu W B, Huang Y S, et al. 2012. *Aspidistra jingxiensis* (Asparagaceae), a new species from Guangxi, China. Annales of Botanici Fennici, 49: 193-196.

Lin H J, Hsien L Y, Liu P J. 2005a. Seagrasses of Tongsha Island, with descriptions of four new records to Taiwan. Botanical Bulletin of Academia Sinica, 46 (2): 163-168.

Lin Q, Chen J R. 2005. A new synonym of *Procris crenata* (Urticaceae). Acta Phytotaxonomica Sinica, 43 (1): 79-81.

Lin Q, Duan L D, Yao B F. 2005b. Notes on three species of the genus *Kadsura* Juss. (Schisandraceae). Acta Phytotaxonomica Sinica, 43 (6): 567-570.

Lin Q, Shui Y M, Duan L D. 2011. *Elatostema oppositum* (Urticaceae), a New Species from Yunnan, China. Novon, 21 (2): 212-215.

Lin T P, Lin W M. 2009. Newly Discovered Native Orchids of Taiwan (III). Taiwania, 54 (4): 323-333.

Lin W M, Kuo L L, Lin T P. 2006. Newly Discovered Native Orchids of Taiwan. Taiwania, 51 (3): 162-169.

Lin W M, Kuo L L, Lin T P. 2007. Newly Discovered Native Orchids of Taiwan (II). Taiwania, 52 (4): 281-286.

Lin Z J, Chen L J, Liu K W. 2012. *Neuwiedia malipoensis*, a New Species (Orchidaceae, Apostasioideae) from Yunnan, China. Novon, 22 (1): 43-47.

Liu E D, Peng H. 2004. *Buddleja subcapitata* (Buddlejaceae), a new species from SW Sichuan, China. Annales of Botanici Fennici, 41 (6): 467-469.

Liu E D, Peng H. 2006. *Buddleja microstachya* (Buddlejaceae), a new species from SW Yunnan, China. Annales of Botanici Fennici, 43 (6): 463-465.

Liu J L, Luo Q, Yuan Y, et al. 2006a. *Camellia pitardii* var. *longistaminata* J. L. Liu & Q. Luo, a new variety of the Theaceae from China. Acta Phytotaxonomica Sinica, 44 (6): 704-706.

Liu Q R. 2005. *Flaveria* Juss. (Compositae), a newly naturalized genus in China. Acta Phytotaxonomica Sinica, 43 (2): 178-180.

Liu S Y. 2004. *Wikstroemia trichotoma* var. *flavianthera* S. Y. Liu (Thymelaeaceae), a new variety from Guangxi, China. Acta Phytotaxonomica Sinica, 42 (3): 265-267.

Liu X L, Yue X N, Chang Z Y, et al. 2011. A New Species of *Astragalus* (Leguminosae) from Northwestern Xinjiang, China. Novon, 21 (2): 216-218.

Liu Y, Ku S M, Peng C I. 2005. *Begonia picturata* (sect. *Coelocentrum*, Begoniaceae), a new species from limestone areas in Guangxi, China. Botanical Bulletin of Academia Sinica, 46 (4): 367-376.

Liu Y, Peng C I, Yang Q E. 2007a. Validation of the name *Parasenecio morrisonensis* (Compositae-Senecioneae) for a species endemic to Taiwan. Taxon, 56: 583-584.

Liu Y, Peng C I, Yang Q E. 2007b. Validation of the name *Parasenecio morrisonensis* (Compositae-Senecioneae) for a species endemic to Taiwan. Taxon, 56 (2): 583-584.

Liu Y, Wei Y G, Tang S C. 2006b. *Chiritopsis lingchuanensis* Yan Liu & Y. G. Wei, a new species of Gesneriaceae from Guangxi, China. Acta Phytotaxonomica Sinica, 44 (3): 340-344.

Liu Y, Yang Q E. 2011. *Hainanecio*, a new genus of the Senecioneae, Asteraceae from China. Botanical Studies, 52 (1): 115-120.

Liu Y C, Huang Y M, Chiou W L. 2009. Validation of the Name *Adiantum meishanianum* (Pteridaceae), a species endemic to Taiwan. Novon, 19 (1): 59-61.

Liu Y C, Peng H. 2011. *Microstegium butuoense* (Poaceae), a new species from Sichuan, China. Annales of Botanici Fennici, 48: 182-184.

Liu Y Y, Zhao J C, Sulayman M. 2013. *Synthetodontium kunlunense* (Mielichhoferiaceae, Musci), a New Moss Species from the Kunlun Mountain Range, China. Novon, 22 (4): 428-433.

Liu Z J, Chen L J. 2011. *Dendrobium hekouense* (Orchidaceae), a new species from Yunnan, China. Annales of Botanici Fennici, 48: 87-90.

Liu Z J, Chen X Q, Ru Z Z. 2006c. Notes on some taxa of *Cymbidium* sect. *Eburnea*. Acta Phytotaxonomica Sinica, 44 (2): 178-183.

Liu Z J, Chen X Q, Ru Z Z. 2007c. *Vanilla shenzhenica* Z. J. Liu & S. C. Chen, the first new species of Orchidaceae found in Shenzhen, South China. Acta Phytotaxonomica Sinica, 45 (3): 301-303.

Liu Z W, Deng Y F. 2009. *Aristolochia wuana*, a New Name in Chinese *Aristolochia* (Aristolochiaceae). Novon, 19: 370-371.

Lu F Y, Chang K C, Lai K S. 2005. *Cotoneaster dammeri* Schneid. (Rosaceae): A New Record to the Flora of Taiwan. Taiwania, 50 (1): 57-61.

Luo L Q. 2005. A new synonym in the genus *Sinojackia* (Styracaceae). Acta Phytotaxonomica Sinica, 43 (6): 561-564.

Luo M H, Gao X F, Zhu Z Y, et al. 2007. *Roscoea cangshanensis* M. H. Luo, X. F. Gao & H. H. Lin, a new species of Zingiberaceae from Yunnan, China. Acta Phytotaxonomica Sinica, 45 (3): 296-300.

Luo Y, Yang Q E 2005. Taxonomic revision of *Aconitum* (Ranunculaceae) from Sichuan, China. Acta Phytotaxonomica Sinica, 43 (4): 289-386.

Ma H, Li H Z. 2006. *Begonia guaniana* (Begoniaceae), a new species from China. Annales of Botanici Fennici, 43 (6): 466-470.

Ma H, Pan Q J, Wang L, et al. 2011. *Musella lasiocarpa* var. *rubribracteata* (Musaceae), a New Variety from Sichuan, China. Novon, 21 (3): 349-353.

Ma X G, Zhao C, Liang Q L, et al. 2013. *Bupleurum baimaense* (Apiaceae), a new species from Hengduan Mountains, China. Annales of Botanici Fennici, 50 (6): 379-385.

Ma Z H, Zhang D X. 2012. *Callicarpa hainanensis*: A new species of *Callicarpa* from Hainan, China. Journal of Systematics and Evolution, 50 (6): 573.

Mao Y S, Tian X J. 2011. A New Species of *Epimedium* (Berberidaceae) with 24 Chromosomes from Guizhou, China. Novon, 21 (2): 262-265.

Meng L, Zhu X Y. 2007. The identity of *Glycyrrhiza korshinskyi* Grig. and *G . eglandulosa* X. Y. Li (Leguminosae). Acta Phytotaxonomica Sinica, 45 (1): 94-97.

Meng S Y, Wang J L, Liu Q R. 2011. On the identity of *Euonymus pallidifolia* (Celastraceae). Annales of Botanici Fennici, 46: 185-187.

Mu X Y, Xia X F, Zhao L C, et al. 2012. *Celastrus obovatifolius* sp. nov. (Celastraceae) from China. Nordic Journal of Botany, 30 (1): 53-57.

Nan C H, Wang X R, Tang G G, et al.. 2013. *Cerasus xueluoensis* (Rosaceae), a new species from China. Annales of Botanici Fennici 50: 79-82.

Nicholas J T, Xia N H. 2005. A New Combination in Chinese *Aesculus* (Hippocastanaceae). Novon, 15 (3): 488-489.

Ning Z L, Li G F, Wang J, et al. 2013. *Primulina huaijiensis* (Gesneriaceae), a new species from Guangdong, China. Annales of Botanici Fennici, 50: 199-122.

Ning Z L, Zeng Z X, Chen L, et al. 2012. *Viola jinggangshanensis* (Violaceae), a new species from Jiangxi, China. Annales of Botanici Fennici, 49 (5): 383-386.

Nong D X, Xu W B, Wu W H, et al. 2010. *Lysionotus fengshanensis* Yan Liu & D. X. Nong sp. nov. (Gesneriaceae) from Guangxi, China. Nordic Journal of Botany, 28 (6): 720-722.

Oh S H. 2006. *Neillia* includes *Stephanandra* (Rosaceae). Novon, 16 (1): 91-95.

Ohashi H, Zhu X Y. 2005. Taxonomic relationship between *Desmodium diffusum* DC. and *D. laxiflorum* DC. (Fabaceae: Papilionoideae). Acta

Phytotaxonomica Sinica, 43 (6): 557-560.

Orel G, Wilson P G. 2012. *Camellia cherryana* (Theaceae), a new species from China. Annales of Botanici Fennici, 49 (4): 248-254.

Pan J T, Mei L J, Chen S L, et al. 2006. *Saxifraga banmaensis* and *S. dingqingensis*, two new species of the Saxifragaceae from China. Acta Phytotaxonomica Sinica, 44 (4): 443-446.

Pan J T, Mei L J, Zhang D J, et al. 2007. Two New Species of *Saxifraga* (Saxifragaceae) from Southwestern China. Novon, 17 (4): 512-515.

Peng C I, Leong W C, Ku S M, et al. 2006a. *Begonia pulvinifera* (sect. *Diploclinium*, Begoniaceae), a new species from limestone areas in Guangxi, China. Botanical Studies, 47 (3): 319-327.

Peng C I, Leong W C, Shui Y M. 2006b. Novelties in *Begonia* sect. Platycentrum for China: *B. crocea*, sp. nov. and *B. xanthina* Hook., a new distributional record. Botanical Studies, 47 (1): 89-96.

Peng C L, Yan L H, Huang H Q, et al. 2007. *Rhododendron tianmenshanense* C. L. Peng & L. H. Yan, a new species of Ericaceae from Hunan, China. Acta Phytotaxonomica Sinica, 45 (3): 304-306.

Podlech D, Xu L R. 2007. New Species and a New Combination in *Astragalus* (Leguminosae) from China. Novon, 17 (2): 228-254.

Qi Y D, Wang Y Z. 2004. *Wikstroemia fuminensis* (Thymelaeaceae), a New Species from Yunnan, China. Novon, 14 (3): 324-326.

Qian G Z, Liu L F, Tang G G. 2006. A new section in *Malus* (Rosaceae) from China. Annales of Botanici Fennici, 43 (1): 68-73.

Qin X S, Xing F W, Zhou R Z. 2006a. *Manglietia oblonga* (Magnoliaceae), a new species from South China. Annales of Botanici Fennici, 43 (1): 64-67.

Qin X S, Ye Y S, Xing F W, et al. 2006b. *Acalypha chuniana* (Euphorbiaceae), a new species from Hainan Province, China. Annales of Botanici Fennici, 43 (2): 148-151.

Qin X S, Zhou R Z. 2006. A New Species of *Manglietia* (Magnoliaceae) from China. Novon, 16 (2): 260-262.

Quan M H, Ou L J, She C W. 2013. A New Species of *Lycoris* (Amaryllidaceae) from Hunan, China. Novon, 22 (3): 307-310.

Ren S. 2006. A New Combination in *Erythrina* (Leguminosae). Novon, 16 (2): 267-268.

Ren S. 2007a. *Hedysarum jaxartucirdes* (Fabaceae), a new species from Xinjiang, China. Annales of Botanici Fennici, 44 (2): 157-159.

Ren S. 2007b. *Hedysarum krassnovii* B. Fedtsch. (Leguminosae) in China. Acta Phytotaxonomica Sinica, 45 (3): 343-345.

Shao J R, Zhou M L, Zhu X M, et al. 2011. *Fagopyrum wenchuanense* and *Fagopyrum qiangcai*, Two New Species of Polygonaceae from Sichuan, China. Novon, 21 (2): 256-261.

Shao J W, Zhang X P, Guo X H. 2006. *Lysimachia dextrorsiflora* X. P. Zhang, X. H. Guo & J. W. Shao, a new species of Primulaceae from China. Acta Phytotaxonomica Sinica, 44 (5): 589-594.

Shao Q, Lin Q, Duan L D. 2004. A new synonym of *Pellionia radicans* (Urticaceae). Acta Phytotaxonomica Sinica, 42 (6): 571-572.

Shen R J, Lin S S, Yu Y, et al. 2010. *Chiritopsis danxiaensis* sp. nov. (Gesneriaceae) from Mount Danxiashan, south China. Nordic Journal of Botany, 28 (6): 256-261.

Shen Z H, Zhao Z E. 2005. *Arenaria shennongjiaensis*, a new species of the Caryophyllaceae from Hubei, China. Acta Phytotaxonomica Sinica, 43 (1): 73-75.

Shui Y M, Steven J, Huang S H, et al. 2011. Three New Species of *Impatiens* L. from China and Vietnam: Preparation of Flowers and Morphology of Pollen and Seeds. Systematic Botany, 36 (2): 428-439.

Shui Y M. 2007. *Begonia tetralobata* (Begoniaceae), a new species from China. Annales of Botanici Fennici, 44 (1): 76-79.

Sima Y K, Yu H, Chen W H, et al. 2006. *Magnolia amabilis*, a New Species of Magnoliaceae from Yunnan, China. Novon, 16 (1): 133-135.

Song X Q, Meng Q W, Luo Y B. 2007. New records of orchids from Hainan, China. Acta Phytotaxonomica Sinica, 45 (3): 324-328.

Stapleton C, Li D Z, Xia N H. 2005. New Combinations for Chinese Bamboos (Poaceae, Bambuseae). Novon, 15 (4): 599-601.

Tan D Y, Li X R, Hong D Y, 2007. *Amana kuocangshanica* (Liliaceae), a new species from south-east China. Botanical Journal of the Linnean Society, 154 (3): 435-442.

Tang E H, Liu Y, Li J D, et al. 2012. A New Species of *Leymus* (Poaceae, Triticeae) from China. Novon, 22 (2): 227-234.

Tang H, Wen F. 2011. *Chirita tiandengensis* (Gesneriaceae) sp. nov. from Guangxi, China. Nordic Journal of Botany, 29 (2): 233-237.

Tang S C, Xu W B, Wei F N. 2010. *Machilus parapauhoi* sp. nov. and a new synonym of *Machilus* (Lauraceae) from east Asia. Nordic Journal of Botany, 28 (4): 503-505.

Tang Y, Dao Z L, Li H. 2011. *Elaeocarpus gaoligongshanensis* and *E. dianxiensis* (Elaeocarpaceae), two new species from Yunnan, China. Annales of Botanici Fennici, 48: 169-173.

Tian H Z, Tsutsumi C, Xing F W. 2012. A new species of *Liparis* (Malaxideae: Orchidaceae) from Guangdong, China, based on morphological and molecular evidence. Journal of Systematics and Evolution, 50 (6): 577-577.

Tseng Y H, Chao C T, Lin H W. 2011. A new species of *Tylophora* from coral reef areas in Hengchun Peninsula, Taiwan, China. Journal of Systematics and Evolution, 49 (2): 162-162.

Tseng Y H, Chao C T, Lin H W. 2011. *Tylophora sui* (Asclepiadaceae: Marsdenieae), a New Species from Coral Reef Areas in Hengchun Peninsula, Taiwan. Annales of Botanici Fennici, 49: 515-518.

Tseng Y H, Chao C T. 2011. *Tylophora lui* (Apocynaceae), a new species from Taiwan. Annales of Botanici Fennici, 48: 515-518.

Tseng Y H, Wang C C. 2011. *Alpinia oui* (Zingiberaceae), a New Species from Taiwan. Novon, 21 (2): 270-273.

Tu T Y, Zhang D X. 2013. *Bauhinia hekouensis* (Leguminosae, Caesalpinioideae), a New Species from Yunnan, China. Novon, 22 (3): 332-335.

Wang C B, Ma X G, He X J. 2011a. *Bupleurum candollei* var. *paucefulcrans* comb. nov. (Apiaceae) from Guizhou, China: comparison of allied species based on morphology, anatomy and molecular data. Nordic Journal of Botany, 29 (4): 424-430.

Wang C C, Tseng Y H, Chen Y T, et al. 2011b. A New Species of *Memecylon* (Melastomataceae) from Taiwan. Novon, 21 (2): 278-280.

Wang D, Yu D. 2007. A new subspecies of *Myriophyllum oguraense* (Haloragaceae) from China. Annales of Botanici Fennici, 44 (3): 227-230.

Wang F, Ye H, Xing F. 2007b. Proposal to conserve the name *Microsorium* (Polypodiaceae) with that spelling. Taxon, 56: 601-602.

Wang F G, Chen H F, Xing F W. 2011c. *Davallia napoensis*, a New Species of Davalliaceae from Guangxi, China. Novon, 21 (3): 380-384.

Wang F G, Ye Y S, Ye H G. 2005a. *Lithocarpus yangchunensis* (Fagaceae), a new species from Guangdong, China. Annales of Botanici Fennici, 42 (6): 485-489.

Wang H C, Zhang L B, He Z R. 2013a. *Petrocosmea melanophthalma*, a New Species in Section Deianthera (Gesneriaceae) from Yunnan, China. Novon, 22 (4): 486-490.

Wang K, Fu D Z, Zhang Z S, et al. 2007a. Valid publication of the names *Viburnum chingii* var. *impressinervium* and *V. formosanum* var. *pubigerum*

(Adoxaceae). Annales of Botanici Fennici, 44 (2): 153-154.

Wang L, Ma X J, Yang C P. 2012. Two New Infraspecific Taxa of *Orychophragmus violaceus* (Brassicaceae) in Northeast China. Novon, 22 (1): 109-113.

Wang L S. 2012a. A revision of the genus *Pternopetalum* Franch. (Apiaceae). Journal of Systematics and Evolution, 50 (6): 550-572.

Wang W T. 2007. *Ranunculus ailaoshanicus* W. T. Wang, a new species of Ranunculaceae from Yunnan, China. Acta Phytotaxonomica Sinica, 45 (3): 293-295.

Wang W T. 2012b. Five new species of *Elatostema* (Urticaceae) from China. Journal of Systematics and Evolution, 50 (6): 574-576.

Wang X R, Shang C B. 2007. *Cerasus hefengensis* (Rosaceae), a new species from SW Hubei, China. Annales of Botanici Fennici, 44 (2): 151-152.

Wang Y, Li Z Y, Wu J Q, et al. 2004. *Plantago fengdouensis*, a new combination in the Plantaginaceae from China. Acta Phytotaxonomica Sinica, 42 (6): 557-560.

Wang Y H, Yin J T, Xu Z Fu. 2005. *Alocasia hypnosa* (Araceae), a new species from Yunnan, China. Annales of Botanici Fennici, 42 (5): 395-398.

Wang Y J, Eckhard von Raab-Straube, Susanna A, et al. 2013b. *Shangwua* (Compositae), a new genus from the Qinghai-Tibetan Plateau and Himalayas. Taxon, 62 (5): 984-996.

Wang Y J, Pan J T, Liu S W, et al. 2005b. A new species of *Saussurea* (Asteraceae) from Tibet and its systematic position based on ITS sequence analysis. Botanical Journal of the Linnean Society, 147 (3): 349-356.

Wei Y G, Fang W, Wang W T. 2012. *Elatostema robustipes* (Urticaceae), a new species from Guangxi, and *Pellionia tenuicuspis* (Urticaceae), a new species from Guangdong, China. Annales of Botanici Fennici, 49: 188-192.

Wei Y G, Liu Y. 2004. *Pseudochirita guangxiensis* var. *glauca* Y. G. Wei & Yan Liu, a new variety of the Gesneriaceae. Acta Phytotaxonomica Sinica, 42 (6): 555-556.

Wei Y G, Pan B, Tang W X. 2007a. *Chirita guihaiensis* sp. nov. (Gesneriaceae) from Guangxi, China. Nordic Journal of Botany, 25: 296-298.

Wei Y G, Wang W T. 2011a. *Elatostema recurviramum* (Urticaceae), a New Cave-dwelling Species from Guangxi, China. Novon, 21 (2): 281-284.

Wei Y G, Wang W T. 2011b. *Elatostema xanthotrichum* and *E. bamaense* (Urticaceae), two new species from Guangxi, China. Annales of Botanici Fennici, 48: 93-95.

Wei Y G. 2004. *Paralagarosolen* Y. G. Wei, a new genus of the Gesneriaceae from Guangxi, China. Acta Phytotaxonomica Sinica, 42 (6): 528-532.

Wei Y G. 2007. *Petrocodon ferrugineus* (Gesneriaceae), a New Species from Guangxi, China. Novon, 17 (1): 135-137.

Wei Z D, Shui Y M, Zhang M D, et al. 2007b. *Begonia coelocentroides* Y. M. Shui & Z. D. Wei, a new species of Begoniaceae from Yunnan, China. Acta Phytotaxonomica Sinica, 45 (1): 86-89.

Wen F, Xi S L, Wang Y, et al. 2012. *Primulina fengshanensis* (Gesneriaceae), a new species from Guangxi, China. Annales of Botanici Fennici, 49: 103-106.

Wen F, Zhao B, Liang G Y, et al. 2013. *Primulina lutvittata* (Gesneriaceae), a new species from a limestone cave in Guangdong, China. Annales of Botanici Fennici, 50: 87-90.

Wen H Z, Wang R J. 2012. *Ligustrum guangdongense* (Oleaceae), a New Species from China. Novon, 22 (1): 114-117.

Wen X Y, Lin Q. 2007. Validation of names of *Leptodermis pilosa* var. *acanthoclada* and *L. pilosa* var. *spicatiformis* (Rubiaceae). Acta Phytotaxonomica Sinica, 45 (3): 410-412.

Wu J Y, Ogisu, M, Qin H N, et al. 2009. A new species of *Mahonia* (Berberidaceae) from China. Botanical Studies, 50: 487-492.

Wu L, Pan B, Yang J C, et al. 2012b. *Briggsia damingshanensis* (Gesneriaceae), a new species from Guangxi, China. Annales of Botanici Fennici, 49: 79-82.

Wu L, Xu W B, Wei G F, al. 2013. *Aristolochia huanjiangensis* (Aristolochiaceae), a new species from Guangxi, China. Annales of Botanici Fennici, 50 (6): 413-416.

Wu L H, Christine J L, Wang Z T. 2012a. *Gentiana zhenxiongensis* (Gentianaceae), a new species from Yunnan, China. Annales of Botanici Fennici, 49: 197-200.

Wu L H, Yang D P, Wang F S, et al. 2004. New taxa of *Hypericum* (Clusiaceae) from China. Acta Phytotaxonomica Sinica, 42 (1): 73-78.

Wu W H, Xu W B, Nong D X, et al. 2011. *Chirita ningmingensis* (Gesneriaceae), a new species from Guangxi, China. Annales of Botanici Fennici, 48: 424.

Wu Z Y, Li D Z, Wang H et al. 2013. Two new species and one new variety of *Elatostema* (Urticaceae) from China. Annales of Botanici Fennici, 50: 75-78.

Xia G H, Jin S H, Ma D D, et al. 2012. *Liriope zhejiangensis* (Asparagaceae), a new species from eastern China. Annales of Botanici Fennici, 49: 64-66.

Xia N H. 2006. A New Lectotypification for *Magnolia fistulosa* (Magnoliaceae). Novon, 16 (3): 436-438.

Xiang C, Jia-Yong H, Hua X, Xun C. 2012. *Rhododendron cochlearifolium* (Ericaceae), a new species from China. Annales of Botanici Fennici, 49 (5): 422-424.

Xiang C L, Liu E D. 2012a. *Elsholtzia lamprophylla* (Lamiaceae): A new species from Sichuan, southwest China. Journal of Systematics and Evolution, 50 (6): 578-579.

Xiang C L, Liu E D. 2012b. A New Species of *Isodon* (Lamiaceae, Nepetoideae) from Yunnan Province, Southwest China. Systematic Botany, 37 (3): 811-817.

Xiang C L, Liu Z Wen, Xu J, et al. 2009. Validation Of the name *Chelonopsis chekiangensis* (Lamiaceae), A species from eastern China. Novon, 19 (1): 133-134.

Xie L, Shi J H, Li L Q. 2005a. Identity of *Clematis tatarinowii* and *C. pinnata* var. *ternatifolia* (Ranunculaceae). Annales of Botanici Fennici, 42 (4): 305-308.

Xie L, Shi J H, Li L Q. 2005b. *Clematis erectisepala* (Ranunculaceae), a New Species from Eastern Tibet, China. Novon, 15 (4): 650-653.

Xing F W, Wang F G, Chen H F, et al. 2005. *Begonia hongkongensis* (Begoniaceae), a new species from Hong Kong. Annales of Botanici Fennici, 42 (2): 151-154.

Xu B, Gao X F, Zhang L B. 2013. *Lespedeza jiangxiensis*, sp. nov. (Fabaceae) from China Based on Molecular and Morphological Data. Systematic Botany, 38 (1): 118-126.

Xu H, Li Y D, Chen H Q. 2011a. A New Species of *Sciaphila* (Triuridaceae) from Hainan Island, China. Novon, 21 (1): 154-157.

Xu H, Li Y D, Yang H J, et al. 2011b. Two New Species of *Aristolochia* (Aristolochiaceae) from Hainan Island, China. Novon, 21 (2): 285-289.

Xu H, Yang H J, Li Y D. 2012. *Zeuxine hainanensis* (Orchidaceae), a new species from Hainan Island, China. Annales of Botanici Fennici, 49: 134-136.

Xu L, Wei Y G. 2004. *Paraboea guilinensis* L. Xu & Y. G. Wei, a new species of Gesneriaceae from Guangxi, China. Acta Phytotaxonomica Sinica, 42 (4); 380-384.

Xu W B, Pan B, Huang Y S, et al. 2010a. *Chirita leprosa* sp. nov. (Gesneriaceae) from limestone areas in Guangxi, China. Nordic Journal of Botany, 28 (6): 705-708.

Xu W B, Pan B, Huang Y S, et al. 2011c. *Chirita lijiangensis* (Gesneriaceae), a new species from limestone area in Guangxi, China. Annales of Botanici Fennici, 48: 188-190.

Xu W B, Pan B, Liu Y. 2011d. *Petrocosmea huanjiangensis*, a New Species of Gesneriaceae from Limestone Areas in Guangxi, China. Novon, 21 (3): 387.

Xu W B, Wu W H, Nong D X, et al. 2010b. *Hemiboea purpurea* sp. nov. (Gesneriaceae) from a limestone area in Guangxi, China. Nordic Journal of Botany, 28 (3): 313-315.

Xue D W, Zhang C Q. 2004. *Primula sinolisteri* var. *longicalyx*, a new variety of the Primulaceae from Yunnan, China. Acta Phytotaxonomica Sinica, 42 (3): 263-264.

Yan S X, Wang P F, Zhu C S, et al. 2005. *Clematis acerifolia* var. *elobata*, a new variety of the Ranunculaceae from Henan, China. Acta Phytotaxonomica Sinica, 43 (1): 76-78.

Yan Y H, Guo H J, Cui J Y. 2006. *Dracaena impressivenia*, a new species of Dracaena (Agavaceae) from Yunnan, China. Acta Phytotaxonomica Sinica, 44 (2): 184-186.

Yang H Q, Li D Z. 2007. Two new combinations in *Cephalostachyum* (Poaceae: Bambusoideae). Annales of Botanici Fennici, 44 (2): 155-156.

Yang P H, Lang K Y. 2006. *Neottia taibaishanensis*, a new species of Orchidaceae from Shaanxi, China. Acta Phytotaxonomica Sinica, 44 (1): 86-88.

Yang Q E, Luo Y. 2004. *Aconitum ouvrardianum* var. *acutiusculum* (Ranunculaceae), a New Combination from Yunnan, China. Novon, 14 (1): 147-148.

Yang Q E, Zhu G H. 2004. *Thalictrum pseudoichangense* (Ranunculaceae), a New Species from Guizhou, China. Novon, 14 (4): 510-512.

Yang S X. 2005a. New Combinations and Synonyms in Chinese *Pyrenaria* s. l. (Theaceae). Novon, 15 (2): 379-382.

Yang S Z, Chen C F, Lo K P, et al. 2005. *Euphorbia graminea* Jacquin (Euphorbiaceae), a Newly Naturalized Plant in Taiwan. Taiwania, 50 (2): 131-136.

Yang S Z, Chen C F. 2005. *Carex scaposa* C. B. Clarke (Cyperaceae): A New Record to the *Flora of Taiwan*. Taiwania, 50 (3): 227-233.

Yang S Z, Chen C F. 2006. *Pupalia micrantha* Hauman (Amaranthaceae), a Newly Naturalized Species in Taiwan. Taiwania, 51 (4): 302-307.

Yang T Y A, Chiang Y C, Peng C I, et al. 2006. *Chloranthus henryi* Hemsl. (Chloranthaceae), a New Record to the *Flora of Taiwan*. Taiwania, 51 (4): 283-286.

Yang Y, Wiersema J H. 2006. Correcting the type designation of *Phoebe calcarea* S. K. Lee & F. N. Wei (Lauraceae). Taxon, 55 (2): 511-512.

Yang Y. 2005g. A new species of *Ephedra* L. (Ephedraceae) from Sichuan, China with a note on its systematic significance. Botanical Bulletin of Academia Sinica, 46 (4): 363-366.

Yao X H, Ye Q G, Ge J W, et al. 2007b. A New Species of *Sinojackia* (Styracaceae) from Hubei, Central China. Novon, 17 (1): 138-140.

Yao X H, Ye Q G, Ge J W, Kang M, Huang H W. 2007a. A New Species of *Sinojackia* (Styracaceae) from Hubei, Central China. Novon, 17 (1): 138-140.

Ye D P, Luo Y B. 2006. *Paphiopedilum spicerianum*, a new record of Orchidaceae from China. Acta Phytotaxonomica Sinica, 44 (4): 471-473.

Ye H G, Wang F G, Xia N H. 2006a. *Croton yangchunensis* (Euphorbiaceae), a new species from Guangdong, China. Annales of Botanici Fennici, 43 (1): 49-52.

Ye Y S, Ye H G, Wang F G. 2006b. *Cinnamomum purpureum* (Lauraceae): A New Species from Guangdong, China. Novon, 16 (3): 439-442.

Yeh C L, Yeh C R, Leou C S. 2005. *Zeuxine philippinenses* (Ames) Ames (Orchidaceae), a Newly Recorded Plant in Taiwan. Taiwania, 50 (4): 284-289.

Yeh C L, Leou C S, Yeh C R. 2006. *Erythrodes triantherae* C. L. Yeh et C. S. Leou (Orchidaceae), a New Species Bearing 1-3 Anthers. Taiwania, 51 (4): 266-272.

Yin J T, Gusman G. 2006. *Arisaema tsangpoense* (Araceae), a new species from southeast Tibet, China. Annales of Botanici Fennici, 43 (2): 156-159.

Yin J T, Gusman G. 2007. *Arisaema muratae* (Araceae), a new species from western Yunnan, China. Annales of Botanici Fennici, 44 (3): 231-234.

Yin J T. 2006. *Colocasia tibetensis* (Araceae, Colocasieae), a new species from southeast Tibet, China. Annales of Botanici Fennici, 43 (1): 53-56.

Yip K L, Lai C C P. 2006. *Halophila minor* (Hydrocharitaceae), a new record with taxonomic notes of the *Halophila* from the Hong Kong Special Administrative Region, China. Acta Phytotaxonomica Sinica, 44 (4): 457-463.

Yoshida T, Sun H, Boufford D E. 2007. *Meconopsis wilsonii* subsp. *wilsonii* (Papaveraceae) Rediscovered. *Acta Botanica Yunnanica*, 29 (3) : 286-288.

Yu H, Deng Y F, Zhao N X. 2004. *Pseudopogonatherum filifolium*, the correct name for *P. capilliphyllum* (Poaceae: Andropogoneae). Novon, 14 (2): 242-243.

Yu H, Zhao N X. 2005. Synopsis of Chinese *Kengia* (Poaceae). Annales of Botanici Fennici, 42 (1): 47-55.

Yu H. 2006. A new combination in *Dendrobenthamia* (Cornaceae). Annales of Botanici Fennici, 43 (4): 315-316.

Yu W T, Chen S T, Zhou Z K. 2011. *Microula pentagona* sp. nov. and *M. galactantha* sp. nov. (Boraginaceae) from the eastern Qinghai-Tibetan Plateau. Nordic Journal of Botany, 29 (2): 215-220.

Yuan Q, Yang Q E. 2004a. Redescription of *Delphinium nortonii* Dunn from Xizang, China. Acta Phytotaxonomica Sinica, 42 (1):93-96.

Yuan Q, Yang Q E. 2004b. The identity of *Delphinium purpurascens* and the reinstatement of the specific status of *D. conocentrum*, two Himalayan species in the Ranunculaceae. Acta Phytotaxonomica Sinica, 42 (2): 186-190.

Yue J P, Al-Shehbaz I A, Sun H. 2005. *Solms-laubachia zhongdianensis* (Brassicaceae), a new species from the Hengduan Mountains of Yunnan, China. Annales of Botanici Fennici, 42 (2): 155-158.

Zeng Q W, Law Y W. 2004. *Manglietia longipedunculata* (Magnoliaceae), a new species from Guangdong, China. Annales of Botanici Fennici, 41 (2): 151-154.

Zhang D X, Zhu G H. 2006. The identity of *Bauhinia claviflora* and of *B. dioscoreifolia* (Leguminosae). Acta Phytotaxonomica Sinica, 44 (6): 651-653.

Zhang J W, Boufford D E, Sun H. 2011a. *Parasyncalathium* J. W. Zhang, Boufford & H. Sun (Asteraceae, Cichorieae): A new genus endemic to the Himalaya-Hengduan Mountains. Taxon, 60 (6): 1678-1684.

Zhang J W, Sun H, Nie Z L. 2007a. Karyological studies on the Sino-Himalayan endemic *Soroseris* and two related genera of tribe Lactuceae (Asteraceae). Botanical Journal of the Linnean Society, 154 (1): 79-87.

Zhang L B, He H. 2009. *Polystichum weimingii* sp. nov. (sect. Metapolystichum, Dryopteridaceae) from Southern Yunnan, China. Systematic Botany, 34: 13-16.

Zhang M D, Chen W H, Shui Y M. 2007b. Miscellaneous notes on the tribe *Gardenieae* (Rubiaceae) from China and Vietnam. Acta Phytotaxonomica Sinica, 45 (1): 90-93.

Zhang M D, Shui Y M, Chen W H, et al. 2006a. *Lysimachia gesnerioides* (Myrsinaceae), a new species from China and Vietnam. Annales of Botanici Fennici, 43 (4): 317-319.

Zhang R J, Zhou R Z, Xing F W, et al. 2006b. A new species of *Magnolia* sect. *Tulipastrum* (Magnoliaccac) from Fujian, China. Botanical Journal of the Linnean Society, 151 (2): 289-292.

Zhang S D, Wang H, Robert R M. 2006c. A New Species of *Pedicularis* (Scrophulariaceae) from the Yaoshan Mountain, Yunnan, China. Novon, 16 (2): 286-292.

Zhang S R, 2004. Notes on *Carex* subgen. *Vignea* (Cyperaceae) from China. Acta Phytotaxonomica Sinica, 42 (3): 183-185.

Zhang Y H, David E B, Sun H. 2007c. Taxonomic note on *Wikstroemia salicina* (Thymelaeaceae). Acta Phytotaxonomica Sinica, 45 (3): 413-414.

Zhang Y H, Sun H. 2006. *Cypripedium bouffordianum* (Orchidaceae), a new species from western Sichuan, China. Annales of Botanici Fennici, 43 (6): 481-483.

Zhang Z G, Meng A P, Wang H C, et al. 2013. A New Species of *Stephania* (Menispermaceae) from South Guangxi, China. Novon, 22 (3): 379-382.

Zhao L Q, Yang J, Niu J M, et al. 2013. *Carex helingeeriensis* (Cyperaceae), a new species from Inner Mongolia, China. Annales of Botanici Fennici, 50: 32-34.

Zhao L Q, Yang J. 2006. *Gagea daqingshanensis* (Liliaceae), a new species from Inner Mongolia, China. Annales of Botanici Fennici, 43 (3): 223-224.

Zhao Y Z, Hao L X. 2007. On the identity of *Sedum almae*. Acta Phytotaxonomica Sinica, 45 (3): 421-423.

Zhao Y Z, Zhao L Q. 2004. *Gagea chinensis* (Liliaceae), a new species from Inner Mongolia, China. Annales of Botanici Fennici, 41 (4): 297-298.

Zhao Y Z, Zhao L Q. 2006. A New Species of the Genus *Rhamnus* (Rhamnaceae) from China. Novon, 16 (1): 158-160.

Zhao Y Z, Zhu Z Y, Zhao L Q. 2004. *Anagallidium rubrostriatum*, a new species of the Gentianaceae from Nei Mongol, China. Acta Phytotaxonomica Sinica, 42 (1): 83-85.

Zhao Y Z. 2004. *Adenophora biloba* (Campanulaceae), a new species from Inner Mongolia, China. Annales of Botanici Fennici, 41 (5): 381-382.

Zhao Y Z. 2006. A new synonym and a new name in the genus *Adenophora* (Campanulaceae) from Nei Mongol, China. Acta Phytotaxonomica Sinica, 44 (5): 614-615.

Zhou P, Ye Y S, Chen S J, et al. 2012. *Alpinia rugosa* (Zingiberaceae), a New Species from Hainan, China. Novon, 22 (1): 128-130.

Zhou S L, Tsuneo, F, Huang P H, et al. 2006. Discovery of *Abelia spathulata* (Caprifoliaceae) in eastern China. Acta Phytotaxonomica Sinica, 44 (4): 467-470.

Zhu S X, Qin H N, Shih C. 2004. A new synonym in *Chaetoseris* (Compositae). Acta Phytotaxonomica Sinica, 42 (3):268-270.

Zhu X Y, Hong T. 2005. Validation and neotypification of *Paeonia rockii* subsp. *linyanshanii* (Paeoniaceae). Taxon, 54 (3): 806-807.

Zhu X Y, Kirkbride J H. 2006. Proposals to conserve the names *Thermopsis lanceolata* and *Sophora lupinoides* with conserved types (Leguminosae). Taxon, 55 (4): 1027-1052.

Zhu X Y. 2004a. A revision of the genus *Gueldenstaedtia* (Fabaceae). Annales of Botanici Fennici, 41 (4): 283-291.

Zhu X Y. 2004b. Novelty in *Tibetia* (Leguminosae) for China. Novon, 14 (2): 244-244.

Zhu X Y. 2004c. *Oxytropis lhasaensis* (Fabaceae), a new species from Xizang (Tibet) in China, with supplementary notes on the section *Sericopetala*. Annales of Botanici Fennici, 41 (6): 495-497.

Zhu X Y. 2004d. Validation of *Oxytropis xinglongshanica* C. W. Chang (Leguminosae). Taxon, 53 (3): 806-806.

Zhu X Y. 2005. A taxonomic revision of *Tibetia* (Leguminosae; Papilionoideae; Galegeae). Botanical Journal of the Linnean Society, 148 (4): 475-488.

Zhu Y P, Zhang Z Y. 2004. *Stachyurus himalaicus* ssp. *purpureus*, a new subspecies of Stachyuraceae from eastern Himalaya. Acta Phytotaxonomica Sinica, 42 (5): 460-463.

Zhu Y P, Zhang Z Y. 2005. Lectotypification of the Chinese Species *Stachyurus yunnanensis* and the identity of *S. callosus* (Stachyuraceae). Novon, 15 (3): 500-501.

# 属中文名索引

## C

**D**

## G

## H

## J

**K**



**L**

**M**

N

**O**



**P**

## Q

R



S

## T

## W

X

## Y

**Z**

# 属学名索引

**B**

**C**

**D**

**E**

**F**



**G**

**H**

**M**

**N**

## O

**T**

U



V

**W**



**X**



**Y**



**Z**